MECÂNICA PARA ENGENHARIA
dinâmica

G778m   Gray, Gary L.
                Mecânica para engenharia : dinâmica / Gary L. Gray, Francesco Costanzo, Michael E. Plesha ; tradução: Eduardo Antonio Wink de Menezes ... [et al.] ; revisão técnica: Walter Jesus Paucar Casas. – Porto Alegre : Bookman, 2014.
                xxii, 758 p. : il. color. ; 28 cm.

                ISBN 978-85-65837-00-2

                1. Engenharia mecânica. 2. Dinâmica. I. Costanzo, Francesco. II. Plesha, Michael E. III. Título.

                                                    CDU 621:531.3

Catalogação na publicação: Ana Paula M. Magnus – CRB 10/2052

Gary L. Gray
Department of Engineering
Science and Mechanics
Penn State

Francesco Costanzo
Department of Engineering
Science and Mechanics
Penn State

Michael E. Plesha
Department of
Engineering Physics
University of Wisconsin–Madison

MECÂNICA PARA ENGENHARIA
dinâmica

Tradução:
Eduardo Antonio Wink de Menezes
Gustavo Batista Ribeiro
Tiago Chaves Mello
Vinícius Ribeiro da Silva
Walter Jesus Paucar Casas

Revisão técnica:
Walter Jesus Paucar Casas
Doutor em Engenharia Mecânica pela Unicamp
Professor do Departamento de Engenharia Mecânica da UFRGS

2014

Obra originalmente publicada sob o título
Engineering Mechanics: Dynamics, 1st Edition.
ISBN 9780077275549

Copyright © 2010, The McGraw-Hill Global Education Holdings, LLC. New York, New York 10020.
All rights reserved.

Gerente editorial: *Arysinha Jacques Affonso*

Colaboraram nesta edição:

Editora: *Verônica de Abreu Amaral*

Capa: *Maurício Pamplona* (arte sobre capa original)

Foto da capa: *SpaceShip Two* © *Virgin Atlantic*

Leitura final: *Aline Grodt*

Editoração: *Techbooks*

Reservados todos os direitos de publicação, em língua portuguesa, à
BOOKMAN EDITORA LTDA., uma empresa do GRUPO A EDUCAÇÃO S.A.
Av. Jerônimo de Ornelas, 670 – Santana
90040-340 – Porto Alegre – RS
Fone: (51) 3027-7000   Fax: (51) 3027-7070

É proibida a duplicação ou reprodução deste volume, no todo ou em parte, sob quaisquer
formas ou por quaisquer meios (eletrônico, mecânico, gravação, fotocópia, distribuição na Web
e outros), sem permissão expressa da Editora.

Unidade São Paulo
Av. Embaixador Macedo Soares, 10.735 – Pavilhão 5 – Cond. Espace Center
Vila Anastácio – 05095-035 – São Paulo – SP
Fone: (11) 3665-1100   Fax: (11) 3667-1333

SAC 0800 703-3444 – www.grupoa.com.br

IMPRESSO NO BRASIL
PRINTED IN BRAZIL

OS AUTORES

Gary L. Gray é professor associado de Ciência da Engenharia e Mecânica do Department of Engineering Science and Mechanics na Penn State em University Park, P.A. Recebeu seu B.S. em Mechanical Engineering (*cum laude*) da Washington University em St. Louis, MO, seu S.M. em Engineering Science da Harvard University, e graus de M.S. e Ph.D. em Engineering Mechanics da University of Wisconsin-Madison. Seus principais interesses de pesquisa estão em sistemas dinâmicos, dinâmica de sistemas mecânicos, educação da mecânica, e métodos de múltiplas escalas para a previsão de propriedades contínuas dos materiais a partir de cálculos moleculares. Por sua contribuição no ensino da mecânica, recebeu o Outstanding and Premier Teaching Awards da Penn State Engineering Society, o Outstanding New Mechanics Educator Award da American Society for Engineering Education, o Learning Excellence Award da General Electric, e o Collaborative and Curricular Innovations Special Recognition Award do Reitor da Penn State. Além de dinâmica, também ensina mecânica de materiais, vibrações mecânicas, métodos numéricos, dinâmica avançada e matemática de engenharia.

Francesco Costanzo é professor adjunto de Ciência da Engenharia e Mecânica do Department of Engineering Science and Mechanics na Penn State. Recebeu a Láurea em Ingegneria Aeronautica do Politecnico di Milano, Milão, Itália. Após ir para os Estados Unidos como estudante Fulbright, recebeu seu Ph.D. em engenharia aeroespacial da Texas A&M University. Seu interesse principal de pesquisa é a modelagem matemática e numérica do comportamento de materiais. Tem se concentrado na caracterização teórica e numérica da fratura dinâmica em materiais sujeitos a carregamentos termomecânicos através do uso de modelos de regiões coesivas e vários métodos de elementos finitos, incluindo formulações de tempo-espaço. Sua pesquisa também foca o desenvolvimento de métodos de múltiplas escalas para a previsão de propriedades contínuas dos materiais a partir de cálculos moleculares, incluindo o desenvolvimento de métodos de dinâmica molecular para a determinação da resposta tensão-deformação de sistemas elásticos não lineares. Além da pesquisa científica, tem contribuído com diversos projetos para o avanço da educação da mecânica sob o patrocínio de várias organizações, incluindo a National Science Foundation. Por sua contribuição, recebeu vários prêmios, incluindo o GE Learning Excellence Awards de 1998 e 2003, e o ASEE Outstanding New Mechanics Educator Award de 1999. Além do ensino de dinâmica, também ensina estática, mecânica de materiais, mecânica do *continuum* e teoria matemática da elasticidade.

Michael E. Plesha é professor de Engenharia Mecânica do Department of Engineering Physics na University of Wisconsin-Madison. Recebeu seu B.S. da University of Illinois-Chicago em engenharia estrutural e materiais, e seu M.S. e Ph.D. da Northwestern University em engenharia estrutural e mecânica aplicada. Suas áreas principais de pesquisa são a mecânica computacional, com foco no desenvolvimento dos métodos de elementos finitos e elementos discretos para a resolução de problemas de estática e dinâmica não linear, e no desenvolvimento de modelos constitutivos para caracterizar o comportamento dos materiais. Muito de seu trabalho se concentra em problemas de contato, atrito e interfaces de materiais. As aplicações incluem nanotribologia, reologia em alta temperatura de materiais compósitos cerâmicos, modelagem de materiais geológicos, incluindo rochas e solos, mecânica da penetração e modelagem do crescimento de trincas em estruturas. É coautor de *Concepts and Applications of Finite Element Analysis* (com R. D. Cook, D. S. Malkus e R. J. Witt). Leciona disciplinas de estática, mecânica de materiais básica e avançada, vibrações mecânicas, e métodos dos elementos finitos.

Aos nossos familiares, por sua paciência, compreensão e, sobretudo, incentivo durante a longa jornada até a conclusão deste livro. Sem seu apoio, nada disto teria sido possível.

AGRADECIMENTOS

Agradecemos a Jonathan Plant, ex-editor na McGraw-Hill, por sua orientação nos primeiros anos deste projeto.

Somos gratos a Chris Punshon pela atenta leitura do manuscrito e pelas sugestões de melhoria. Também agradecemos a Chris Punshon, Andrew Miller, Chris O'Brien, Chandan Kumar e Joseph Wyne por suas contribuições para o manual de soluções.

Acima de tudo, agradecemos a Andrew Miller pela infraestrutura que manteve autores, manuscrito e manual de soluções em sincronia. Seus conhecimentos de programação, edição, controle de revisões e muitas outras tecnologias computacionais fizeram de uma tarefa gigantesca algo um pouco mais administrável.

PREFÁCIO

Dinâmica é a ciência que relaciona o movimento às forças que a causam e são causadas por esse movimento. Consequentemente, a dinâmica é o coração de qualquer ramo da engenharia que lida com o projeto e a análise de sistemas mecânicos cujos princípios de funcionamento dependem do movimento ou se destinam a controlar o movimento. As aplicações da dinâmica na engenharia são muitas e variadas. As aplicações tradicionais incluem o projeto de mecanismos, motores, turbinas e aviões. Outras aplicações (talvez menos conhecidas) incluem a cinesiologia do corpo humano, a análise do movimento celular e o projeto de micro e nano dispositivos, entre eles sensores e atuadores. Todas estas aplicações resultam da combinação de cinemática, que descreve a geometria do movimento, com alguns princípios básicos ancorados nas leis de movimento de Newton, tais como os princípios do trabalho-energia e impulso--quantidade de movimento.

Com este livro esperamos fornecer uma experiência de ensino e aprendizagem eficaz, mas que também motive o estudo e a aplicação da dinâmica. Estruturamos o livro para atingir quatro objetivos principais. Primeiro, fornecemos uma introdução rigorosa aos princípios fundamentais da dinâmica de partícula e do corpo rígido. Em um cenário em constante mudança tecnológica, com base nos fundamentos é que podemos encontrar novas formas de aplicar o que sabemos. Segundo, motivamos o aprendizado por meio de uma *abordagem centrada no problema*, isto é, introduzindo o assunto da disciplina com problemas concretos e relevantes. Terceiro, incorporamos aqueles princípios pedagógicos que pesquisas recentes em matemática, ciência e educação em engenharia identificaram como essenciais para melhorar a aprendizagem do aluno. Embora seja comumente aceito que um bom entendimento conceitual é importante para melhorar as habilidades de resolução de problemas, é pacífico que as habilidades de resolução de problemas e conceitos precisam ser ensinadas de diferentes maneiras. Quarto, foi feita *modelagem* do assunto subjacente de nossa abordagem para resolução de problemas. Acreditamos que a modelagem, entendida como a realização de considerações sensíveis para reduzir um problema real complexo em um problema mais simples, mas solucionável, também é algo que deve ser ensinado e discutido juntamente com os princípios básicos. Os quatro objetivos que envolvem este livro foram incorporados em uma série de características claramente identificáveis que são usadas de forma consistente ao longo do livro. Acreditamos que essas características tornam o livro novo e único, e esperamos que elas melhorem o ensino e a aprendizagem.

Este livro é acompanhado por volume dedicado à Estática. Vejamos em detalhe o que trazem esses livros de diferente.

Por que outra série de estática e dinâmica?

Estes livros fornecem cobertura completa de todos os tópicos pertinentes tradicionalmente associados com estática e dinâmica. De fato, muitos dos textos atualmente disponíveis também proporcionam isso. No entanto, os novos livros de Gray/Costanzo/ Plesha/ oferecem grandes inovações que aprimoram os objetivos de aprendizagem e os resultados nestes assuntos.

Quais são então as principais diferenças entre Gray/Costanzo/Plesha e os outros textos de engenharia mecânica?

- **Uma abordagem consistente na resolução dos problemas**

Os problemas-exemplo seguem uma metodologia estruturada de solução em cinco etapas que irão ajudá-lo a desenvolver suas habilidades na solução de problemas não só em estática e dinâmica, mas também em quase todas as outras disciplinas da mecânica. Essa abordagem estruturada de resolução de problemas consiste nas seguintes etapas: Roteiro, Modelagem, Equações Fundamentais, Cálculos, e Discussão e Verificação. O Roteiro fornece alguns dos objetivos gerais do problema e desenvolve uma estratégia para a forma como a solução será desenvolvida. Na Modelagem, um problema prático é representado por um modelo. Esta etapa resulta na criação de um diagrama de corpo livre e na seleção das leis de equilíbrio necessárias para a resolução do problema. A etapa das Equações Fundamentais é dedicada a escrever todas as equações necessárias para resolver o problema. Essas equações normalmente incluem as Equações de Equilíbrio e, dependendo do problema, as Leis de Força (por exemplo, lei da mola, critério de falha, critério de deslizamento por atrito) e as Equações Cinemáticas. Na etapa dos Cálculos, as equações fundamentais são resolvidas. Na etapa final, Discussão e Verificação, a solução é questionada para garantir sua exatidão. Esta metodologia de solução de problemas em cinco etapas é seguida para todos os exemplos que envolvem conceitos de equilíbrio. Como alguns problemas (por exemplo, a determinação do centro de massa de um objeto) não envolvem conceitos de equilíbrio, para estes a etapa de Modelagem não é necessária.

- **Exemplos contemporâneos, problemas e aplicações**

Todos os exemplos, conjuntos de problemas e problemas de projeto foram cuidadosamente construídos para ajudar a mostrar como os vários tópicos da estática e da dinâmica são usados na prática de engenharia. Estática e dinâmica são disciplinas extremamente importantes na engenharia e na ciência moderna, e um dos nossos objetivos é alertá-los sobre esses assuntos e a carreira que se encontra à sua frente.

- **Um foco no projeto**

Nossa principal diferença em relação a outros livros é a incorporação sistemática do projeto e modelagem de problemas práticos. Os tópicos incluem discussões importantes sobre projeto, ética e responsabilidade profissional. Procuramos mostrar que é possível montar um bom projeto de engenharia significativo é possível utilizando os conceitos de estática e dinâmica. A competência para desenvolver um projeto é satisfatória por si só mas também ajuda na compreensão dos conceitos básicos e refina a sua competência para aplicar esses conceitos. Como o foco principal dos textos de estática e dinâmica é o estabelecimento de uma compreensão sólida dos conceitos básicos e das técnicas corretas de resolução de problemas, os tópicos de projeto não têm uma presença significativa nos livros, aparecendo apenas onde são mais adequados. Embora algumas discussões sobre projeto possam ser descritas como "senso comum", tal caracterização banaliza a importância e a necessidade de discutir questões pertinentes, tais como a segurança, a incerteza na determinação de cargas, a responsabilidade do projetista para antecipar o uso (mesmo o uso não intencional), as comunicações, a ética e a incerteza na execução. Talvez a característica mais importante da nossa inclusão de tópicos de projeto e modelagem seja o vislumbre que você terá do que a engenharia é capaz e para onde sua carreira em engenheira será dirigida. O livro todo está estruturado de modo que os tópicos de projeto e os problemas de projeto são oferecidos em vários lugares, e é possível escolher quando e onde a cobertura de projeto é mais efetiva.

- **Introduções com base em problemas**

Muitos tópicos são apresentados usando uma introdução com base em um problema. Através dessa abordagem, esperamos despertar o seu interesse e curiosidade com um problema que tem significado prático e/ou oferece uma visão física sobre o fenômeno a ser discutido. Assim, a teoria necessária e/ou as ferramentas exigidas para resolver o problema são desenvolvidas. Introduções com base em problemas são utilizadas quando são especialmente efetivas (por exemplo, em temas difíceis de visualizar ou entender).

- **Ferramentas computacionais**

Alguns exemplos e problemas são adequados para programas computacionais. O uso de computadores amplia os tipos de problemas que podem ser resolvidos ao mesmo tempo em que alivia a complexidade da resolução de equações. Tais exemplos e problemas fornecem uma visão sobre o poder das ferramentas computacionais e uma visão mais aprofundada de como a estática e a dinâmica são utilizadas na prática da engenharia.

- **Pedagogia moderna**

Vários elementos pedagógicos modernos foram incluídos. Esses elementos ajudam a reforçar os conceitos e providenciam informações adicionais para o seu aprendizado. Notas nas margens (incluindo Informações Úteis, Erros Comuns, Fatos Interessantes e Alertas de Conceitos) ajudam a posicionar tópicos, ideias e exemplos em um contexto mais amplo. Essas notas auxiliarão seus estudos (por exemplo, Informações Úteis e Erros Comuns), fornecerão exemplos reais de como os diferentes aspectos da estática e da dinâmica são usados (por exemplo, Fatos Interessantes) e farão com que você compreenda conceitos importantes ou aprenda a eliminar equívocos (por exemplo, Alertas de Conceitos e Erros Comuns). Miniexemplos são utilizados ao longo de todo o texto para rapidamente ilustrar qualquer ponto ou conceito sem precisar esperar pelos exemplos do final da seção.

As pessoas a seguir contribuiram para garantir o mais alto padrão de conteúdo e exatidão em nossos textos. Somos profundamente gratos a elas por seus incansáveis esforços.

Conselho de Assessores

Janet Brelin-Fornari
Kettering University

Manoj Chopra
University of Central Florida

Pasquale Cinnella
Mississippi State University

Ralph E. Flori
Missouri University of Science and Technology

Christine B. Masters
Penn State

Mark Nagurka
Marquette University

David W. Parish
North Carolina State University

Gordon R. Pennock
Purdue University

Michael T. Shelton
California State Polytechnic University-Pomona

Joseph C. Slater
Wright State University

Arun R. Srinivasa
Texas A&M University

Carl R. Vilmann
Michigan Technological University

Ronald W. Welch
The University of Texas at Tyler

Robert J. Witt
University of Wisconsin-Madison

Revisores

Makola M. Abdullah
Florida Agricultural and Mechanical University

Murad Abu-Farsakh
Louisiana State University

George G. Adams
Northeastern University

Farid Amirouche
University of Illinois at Chicago

Stephen Bechtel
Ohio State University

Kenneth Belanus
Oklahoma State University

Glenn Beltz
University of California-Santa Barbara

Haym Benaroya
Rutgers University

Sherrill B. Biggers
Clemson University

James Blanchard
University of Wisconsin-Madison

Janet Brelin-Fornari
Kettering University

Pasquale Cinnella
Mississippi State University

Ted A. Conway
University of Central Florida

Joseph Cusumano
Penn State

Bogdan I. Epureanu
University of Michigan

Ralph E. Flori
Missouri University of Science and Technology

Barry Goodno
Georgia Institute of Technology

Kurt Gramoll
University of Oklahoma

Hartley T. Grandin, Jr.
Professor Emeritus, Worcester Polytechnic Institute

Roy J. Hartfield, Jr.
Auburn University

Paul R. Heyliger
Colorado State University

James D. Jones
Purdue University

Yohannes Ketema
University of Minnesota

Carl R. Knospe
University of Virginia

Sang-Joon John Lee
San Jose State University

Jia Lu
The University of Iowa

Ron McClendon
University of Georgia

Paul Mitiguy
Consulting Professor, Stanford University

William R. Murray
California Polytechnic State University, San Luis Obispo

Mark Nagurka
Marquette University

Robert G. Oakberg
Montana State University

James J. Olsen
Wright State University

Chris Passerello
Michigan Technological University

Gary A. Pertmer
University of Maryland

David Richardson
University of Cincinnati

William C. Schneider
Texas A&M University

Sorin Siegler
Drexel University

Joseph C. Slater
Wright State University

Ahmad Sleiti
University of Central Florida

Arun R. Srinivasa
Texas A&M University

Josef S. Torok
Rochester Institute of Technology

John J. Uicker
Professor Emeritus, University of Wisconsin-Madison

David G. Ullman
Professor Emeritus, Oregon State University

Carl R. Vilmann
Michigan Technological University

Claudia M. D. Wilson
Florida State University

C. Ray Wimberly
University of Texas at Arlington

Robert J. Witt
University of Wisconsin-Madison

T. W. Wu
University of Kentucky

X. J. Xin
Kansas State University

Henry Xue
California State Polytechnic University, Pomona

Joseph R. Zaworski
Oregon State University

M. A. Zikry
North Carolina State University

Participantes do Simpósio

Farid Amirouche
University of Illinois at Chicago

Subhash C. Anand
Clemson University

Manohar L. Arora
Colorado School of Mines

Stephen Bechtel
Ohio State University

Sherrill B. Biggers
Clemson University

J. A. M. Boulet
University of Tennessee

Janet Brelin-Fornari
Kettering University

Louis M. Brock
University of Kentucky

Amir Chaghajerdi
Colorado School of Mines

Manoj Chopra
University of Central Florida

Pasquale Cinnella
Mississippi State University

Adel ElSafty
University of North Florida

Ralph E. Flori
Missouri University of Science and Technology

Walter Haisler
Texas A&M University

Kimberly Hill
University of Minnesota

James D. Jones
Purdue University

Yohannes Ketema
University of Minnesota

Charles Krousgrill
Purdue University

Jia Lu
The University of Iowa

Mohammad Mahinfalah
Milwaukee School of Engineering

Tom Mase
California Polytechnic State University, San Luis Obispo

Christine B. Masters
Penn State

Daniel A. Mendelsohn
The Ohio State University

Faissal A. Moslehy
University of Central Florida

LTC Mark Orwat
United States Military Academy at West Point

David W. Parish
North Carolina State University

Arthur E. Peterson
Professor Emeritus, University of Alberta

W. Tad Pfeffer
University of Colorado at Boulder

David G. Pollock
Washington State University

Robert L. Rankin
Professor Emeritus, Arizona State University

Mario Rivera-Borrero
University of Puerto Rico at Mayaguez

Hani Salim
University of Missouri

Brian P. Self
California Polytechnic State University, San Luis Obispo

Michael T. Shelton
California State Polytechnic University-Pomona

Lorenz Sigurdson
University of Alberta

Larry Silverberg
North Carolina State University

Joseph C. Slater
Wright State University

Arun R. Srinivasa
Texas A&M University

David G. Ullman
Professor Emeritus, Oregon State University

Carl R. Vilmann
Michigan Technological University

Anthony J. Vizzini
Mississippi State University

Andrew J. Walters
Mississippi State University

Ronald W. Welch
The University of Texas at Tyler

Robert J. Witt
University of Wisconsin-Madison

T. W. Wu
University of Kentucky

Musharraf Zaman
University of Oklahoma-Norman

Joseph R. Zaworski
Oregon State University

Participantes de Grupos de Foco

Janet Brelin-Fornari
Kettering University

Yohannes Ketema
University of Minnesota

Mark Nagurka
Marquette University

C. Ray Wimberly
University of Texas at Arlington

M. A. Zikry
North Carolina State University

Verificadores

Walter Haisler
Texas A&M University

Richard McNitt
Penn State

Mark Nagurka
Marquette University

SUMÁRIO

1 Preparando o Cenário para o Estudo da Dinâmica 1

1.1 Uma Breve História da Dinâmica 1
  Isaac Newton (1643-1727) 3
  Leonhard Euler (1707-1783) 6

1.2 Conceitos Fundamentais 8
  Espaço e tempo 8
  Força, massa e inércia 8
  Partícula e corpo rígido 9
  Vetores e sua representação cartesiana 10
  "Dicas e truques" vetoriais úteis 12
  Unidades 14

1.3 Dinâmica e Projeto de Engenharia 25
  Modelagem de sistemas 26

2 Cinemática da Partícula 29

2.1 Posição, Velocidade, Aceleração e Coordenadas Cartesianas 29
  Rastreamento de movimento ao longo de uma pista de corrida 29
  Vetor posição 31
  Trajetória 31
  Vetor velocidade e rapidez 31
  Vetor aceleração 33
  Coordenadas cartesianas 34

2.2 Movimentos Elementares 55
  Dirigindo por uma rua da cidade 55
  Relações de movimento retilíneo 56
  Movimento circular e velocidade angular 59

2.3 Movimento de um Projétil 73
  Trajetória de uma abóbora usada como projétil 73
  Movimento de projétil 74

2.4 A Derivada Temporal de Um Vetor 88
  Derivada temporal de um vetor unitário 91
  Derivada temporal de um vetor arbitrário 92

2.5 Movimento Planar: Componentes Normal-tangencial 104
  Corrida de carros e a *forma* da pista 104
  Geometria das curvas 105
  Componentes normal-tangencial 106

2.6 Movimento Planar: Coordenadas Polares 118
  Rastreando um avião 118
  Coordenadas polares e posição, velocidade e aceleração 118
  Relação entre componentes polares e de trajetória para movimento circular 120

2.7 Análise de Movimento Relativo e Derivação de Restrições Geométricas 135
  Atingindo um alvo em movimento 135

Movimento relativo.. 135
Derivação das restrições geométricas... 137

2.8 Movimento em Três Dimensões..154
Paraquedismo acrobático 154
Posição, velocidade e aceleração em coordenadas cilíndricas............ 154
Revisão do paraquedismo acrobático... 155
Posição, velocidade e aceleração em coordenadas esféricas.............. 156
Posição, velocidade e aceleração em coordenadas cartesianas 158

2.9 Revisão do Capítulo..168

3 Métodos de Força e Aceleração para Partículas....... 183

3.1 Movimento Retilíneo..183
Um camaleão capturando um inseto 183
Atrito 185
Molas 187
Quadros de referência inercial... 188
Equações fundamentais, equações do movimento e
graus de liberdade 189
Uma receita para aplicar a segunda lei de Newton 191

3.2 Movimento Curvilíneo..209
Segunda lei de Newton em sistemas de coordenadas 2D e 3D........... 209
A componente Coriolis da aceleração 222

3.3 Sistemas de Partículas..232
Projetando materiais um átomo por vez 232
Configurando uma simulação de dinâmica molecular
de três átomos de níquel 232
Segunda lei de Newton para sistemas de partículas............................. 235

3.4 Revisão do Capítulo..253

4 Métodos de Energia para Partículas 259

4.1 Princípio do Trabalho-energia para uma Partícula..............259
Relacionando mudanças na velocidade escalar
a mudanças na posição... 259
Princípio do trabalho-energia e sua relação com $\vec{F} = m\vec{a}$ 261
O trabalho de uma força 262

4.2 Forças Conservativas e Energia Potencial 276
Elevando pessoas em uma montanha.. 276
Trabalho de uma força central 277
Forças conservativas e energia potencial.. 279
Princípio do trabalho-energia para qualquer tipo de força 282

**4.3 Princípio do Trabalho-energia para Sistemas
de Partículas..302**
Determinando o quão longe dois livros empilhados
deslizam em uma mesa 302
O trabalho interno e o princípio do trabalho-energia
para um sistema 303
Energia cinética para um sistema de partículas 305

4.4 Potência e Eficiência...320
Potência desenvolvida por uma força 320
Eficiência 320

4.5 Revisão do Capítulo..327

5 Métodos da Quantidade de Movimento para Partículas 333

5.1 Quantidade de Movimento e Impulso 333
Princípio do impulso-quantidade de movimento 334
Conservação da quantidade de movimento linear 337

5.2 Impacto 356
Uma colisão entre dois carros 356
Forças impulsivas 357
Coeficiente de restituição 360
Linha de impacto 362
Impacto central direto 363
Impacto central oblíquo 364
Impacto e energia 365
Impacto restrito 365

5.3 Quantidade de Movimento Angular 388
Um giro de patinador 388
Definição da quantidade de movimento angular de uma partícula 389
Princípio do impulso-quantidade de movimento angular para uma partícula 389
Impulso-quantidade de movimento angular para um sistema de partículas 391
Primeira e segunda leis do movimento de Euler 394

5.4 Mecânica Orbital 410
Determinação da órbita 410
Considerações de energia 416

5.5 Escoamentos de Massa 426
Escoamentos permanentes 426
Escoamentos de massa variável e propulsão 429

5.6 Revisão do Capítulo 446

6 Cinemática Planar de Corpo Rígido 459

6.1 Equações Fundamentais, Translação e Rotação Sobre um Eixo Fixo 459
Descrição qualitativa do movimento de corpo rígido 460
Movimento geral de um corpo rígido 461

6.2 Movimento Planar: Análise de Velocidade 477
Abordagem vetorial 477
Centro instantâneo de rotação 479

6.3 Movimento Planar: Análise de Aceleração 498
Abordagem vetorial 498
Derivação de restrições 499
Rolagem sem deslizamento: análise de aceleração 499

6.4 Sistemas de Referência em Rotação 517
Movimento da pá da hélice de um avião 517
Contatos de deslizamento 517
As equações cinemáticas gerais para o movimento de um ponto em relação a um sistema de referência em rotação 519

6.5 Revisão do Capítulo 536

7 Equações de Newton-Euler para Movimento Plano de Corpo Rígido 545

7.1 Corpos Simétricos em Relação ao Plano do Movimento ... 545
Empinando uma motocicleta 545
Quantidade de movimento linear: equações de translação 548
Quantidade de movimento angular: equações de rotação 548
Sistema de massa dinamicamente equivalente 554
Interpretação gráfica das equações de movimento 555

8 Métodos de Energia e Quantidade de Movimento para Corpos Rígidos 591

8.1 Princípio do Trabalho-energia para Corpos Rígidos 591
Volantes como dispositivos de armazenamento de energia 591
A energia cinética dos corpos rígidos em movimento planar 592
O princípio do trabalho-energia para um corpo rígido 594
Trabalho realizado sobre corpos rígidos 595
Energia potencial e conservação de energia 596
Princípio do trabalho-energia para sistemas 598
Potência 598

8.2 Métodos de Quantidade de Movimento para Corpos Rígidos 625
Modelagem de corpo rígido em reconstruções de acidentes 625
Princípio do impulso-quantidade de movimento para um corpo rígido 625
Princípio do impulso-quantidade de movimento angular para um corpo rígido 626

8.3 Impacto de Corpos Rígidos 646
Colisão de dois carrinhos de choque 646
Impacto de corpo rígido: nomenclatura básica e hipóteses 648
Classificação dos impactos 649
Impacto central 649
Impacto excêntrico 651
Impacto excêntrico restrito 653

8.4 Revisão do Capítulo 666

9 Vibrações Mecânicas 673

9.1 Vibração Livre Não Amortecida 673
Oscilação de um vagão depois do acoplamento 673
Forma padrão do oscilador harmônico 675
Linearizando sistemas não lineares 676
Método da energia 677

9.2 Vibração Forçada Não Amortecida 692
Vibração de um motor desbalanceado 692
Forma padrão do oscilador harmônico forçado 693

9.3 Vibração com Amortecimento Viscoso 704
Vibração livre com amortecimento viscoso 704
Vibração forçada com amortecimento viscoso 707

9.4 Revisão do Capítulo 722

A Momentos de Inércia de Massa 731

B Quantidade de Movimento Angular
   de Um Corpo Rígido 741

Créditos 747

Índice 749

Preparando o cenário para o estudo da dinâmica   1

A **dinâmica** que estudamos neste livro é a parte da mecânica focada no movimento dos corpos, nas forças que geram esse movimento e/ou nas forças geradas por esse movimento. Desde metade do século XX, a dinâmica também incluiu o estudo e análise de qualquer processo variável no tempo, seja ele mecânico, elétrico, químico, biológico ou de algum outro tipo. Enquanto nos concentraremos em processos mecânicos, muito do que estudaremos é também aplicável a outros fenômenos variáveis no tempo. Nosso objetivo é oferecer uma introdução à ciência, habilidade e arte envolvidas na modelagem de sistemas mecânicos para prever seus movimentos. Começamos o estudo da dinâmica com uma visão geral da parte da sua história que é relevante para este livro, ou seja, que envolve o movimento de partículas e corpos rígidos. Na Seção 1.2, revisamos aqueles elementos da física e da álgebra vetorial necessários para desenvolver o material do restante do livro. Na Seção 1.3, concluímos o capítulo abordando o papel da dinâmica no projeto de engenharia.

1.1 UMA BREVE HISTÓRIA DA DINÂMICA[1]

Os primeiros cientistas e engenheiros eram comumente chamados de *filósofos*, e a profissão nobre deles era usar o raciocínio lógico para explicar fenômenos naturais. Grande parte do seu foco estava em compreender e descrever o movimento do Sol, da Lua, dos planetas e das estrelas. Com poucas exceções, os estudos deles tiveram que produzir resultados que fossem intrinsecamente belos e/ou compatíveis com a religião dominante da época e do local. O que segue é um breve levantamento histórico das principais figuras que influenciaram significativamente o desenvolvimento da dinâmica.

Aristóteles (384-322 a.C.) escreveu sobre ciência, política e economia e propôs o que é muitas vezes chamado de "a física do senso comum." Ele classificou os objetos como leves ou pesados e disse que os objetos leves caem mais lentamente do que os objetos pesados. Ele reconheceu que os objetos podem se mover em outras direções além de para cima ou para baixo, que esses movimentos são contrários ao movimento natural do corpo e que alguma força deve atuar permanentemente sobre o corpo para ele se mover desse modo. Mais importante, disse que o estado natural dos objetos é estarem em repouso.

---

[1] Esta história é selecionada a partir dos excelentes trabalhos de C. Truesdell, *Essays in the History of Mechanics*, Springer-Verlag, Berlim, 1968; I. Bernard Cohen, *The Birth of a New Physics*, edição revisada e atualizada, W. W. Norton & Company, Nova York, 1985; e James H. Williams, Jr., *Fundamentals of Applied Dynamics*, John Wiley & Sons, Nova York, 1996.

Claudius Ptolemæus (87-150[2]), comumente conhecido como Ptolomeu, escreveu uma série de volumes chamada de *Almagesto*. O *Almagesto* apresentou a teoria matemática dos movimentos dos objetos observáveis dentro de nosso sistema solar. Ptolomeu acreditava em um sistema solar geocêntrico (centrado na Terra) e criou um sistema complexo de epiciclos para explicar o movimento observado dos planetas. A versão de Ptolomeu do sistema solar apresentado no *Almagesto* não foi substituída até 1400 anos depois, quando o astrônomo polonês Nicolau Copérnico (1473-1543) apresentou sua teoria heliocêntrica (centrada no Sol) no *De Revolutionibus*, em 1543.

Johannes Kepler (1571-1630) acreditava em um sistema solar heliocêntrico. Usando a enorme quantidade de dados sobre o movimento planetário coletada por Tycho Brahe (1546-1601), ele concluiu que a hipótese de órbitas planetárias circulares com o Sol em seu centro não coincidia com os dados de Brahe. O foco dos esforços de Kepler estava na órbita de Marte, que tem a maior excentricidade orbital (ou seja, sua órbita é a menos circular) dos planetas dos quais Kepler dispunha de dados bons. Kepler foi capaz de explicar os dados de Brahe tornando as órbitas planetárias *elípticas*, com o Sol em um dos focos da elipse, em vez de circulares. Durante um período de quase 20 anos, Kepler foi capaz de formular suas três leis do movimento planetário, *baseado inteiramente em dados observacionais*.

1. As órbitas dos planetas são elipses, com o Sol em um dos focos da elipse.
2. A linha que une um planeta ao Sol varre áreas iguais em tempos iguais à medida que o planeta se move ao redor do sol.
3. A razão dos quadrados entre os períodos orbitais de dois planetas é igual à razão dos cubos dos seus semieixos maiores.

$$\frac{P_1^2}{P_2^2} = \frac{r_1^3}{r_2^3}, \qquad (1.1)$$

em que *P* é o período, *r* é o comprimento do semieixo maior da elipse, e os subscritos 1 e 2 denotam dois planetas diferentes.

Galileu Galilei (1564-1642) tinha um forte interesse em astronomia, e uma de suas numerosas descobertas foi que Júpiter tem luas. Mas para os nossos propósitos sua contribuição mais importante foi a sua experiência hipotética na qual concluiu que um corpo em seu estado natural de movimento tem *velocidade constante*. Galileu também descobriu a lei correta para corpos em queda livre; isto é, a distância percorrida do corpo é proporcional ao quadrado do tempo. Além disso, concluiu que dois corpos de pesos diferentes caem com a mesma velocidade e que as diferenças são geradas pela resistência do ar.

---

[2] Estas datas são aproximadas, já que os anos exatos de nascimento e morte de Ptolomeu são desconhecidos.

Isaac Newton (1643[3]-1727)

Newton (Fig. 1.1) costuma ser considerado um dos maiores cientistas de todos os tempos. Ele fez contribuições importantes para a óptica, astronomia, matemática e mecânica. Sua coleção de três livros intitulada *Philosophiæ Naturalis Principia Mathematica*, ou *Principia,* como são geralmente conhecidos, que foram publicados em 1687, é considerada por muitos a maior coleção de livros científicos já escrita.

Em *Principia*, Newton analisou o movimento dos corpos e aplicou seus resultados em mecânica orbital, projéteis, pêndulos e objetos em queda livre perto da Terra. Ao comparar sua "lei da força centrífuga" com a terceira lei de Kepler do movimento planetário, Newton demonstrou ainda que os planetas eram atraídos para o Sol por uma força variável com o inverso do quadrado da distância, e generalizou que todos os corpos celestes atraem mutuamente uns aos outros, da mesma forma. No primeiro livro de *Principia*, Newton desenvolveu suas três leis do movimento; no segundo, desenvolveu alguns conceitos de mecânica dos fluidos, ondas e outras áreas da física; e, no terceiro, apresentou sua lei da gravitação universal. Suas contribuições no primeiro e terceiro livros são especialmente importantes para a dinâmica.

Principia de Newton foi o último tijolo na fundação das leis que regem o movimento dos corpos. Dizemos *fundação* porque tomou a obra de Johann Bernoulli (1667-1748), Daniel Bernoulli (1700-1782), Jean le Rond d'Alembert (1717-1783), Joseph-Louis Lagrange (1736-1813) e Leonhard Euler (1707-1783) para esclarecer, refinar e avançar a mecânica para a forma utilizada na atualidade. As contribuições de Euler são especialmente notáveis, pois ele usou a obra de Newton para desenvolver a teoria da dinâmica de corpo rígido.

Tem sido dito que "Os princípios de Newton são suficientes por si só, sem a introdução de novas leis, para explorar completamente todos os fenômenos mecânicos que ocorrem na prática".[4] Embora a contribuição de Newton seja, sem dúvida, *fundamental*, não é a última palavra, como insinua essa declaração (e como muitos trabalhos na história da ciência parecem indicar). A obra de Newton tem limitações, como quando lida com objetos muito pequenos (na escala atômica) ou com objetos movendo-se com velocidade próxima à da luz. O primeiro é o domínio da mecânica quântica, que se deve a P.A.M. Dirac (1902-1984) e outros, e o último é o domínio da teoria da relatividade, que se deve a Albert Einstein (1879-1955). Além disso, o conceito de força de Newton foi um pouco vago, e sua noção de "corpos" se refere ora ao que chamamos de massas pontuais, ora ao que chamaremos de corpos rígidos. Newton também não mostrou evidências de ser capaz de derivar equações diferenciais de movimento para sistemas mecânicos, o que é a base da análise da dinâmica moderna. Foi preciso a genialidade de Euler para mostrar que as leis de Newton se aplicam a qualquer massa pontual e que a segunda lei de Newton não foi suficiente para descrever o comportamento de todos os sistemas mecânicos. Finalmente, foi Augustin Cauchy (1789-1857) quem desenvolveu as teorias fundamentais dos corpos deformáveis, começando assim a área de estudo agora conhecida como mecânica do contínuo.

Figura 1.1
Retrato de Newton pintado em 1689 por Sir Godfrey Kneller. Ele mostra Newton antes de ir para Londres para assumir o comando da Royal Mint, quando estava no seu auge científico.

> **Fato interessante**
>
> **Quem inventou o cálculo?** A obra de Newton gerou considerável controvérsia durante sua vida (veja, por exemplo, J. Gleick, *Isaac Newton*, Pantheon Books, 2003). Sua discussão mais famosa foi provavelmente com Gottfried Wilhelm Leibniz (1646-1716) sobre qual dos dois teriam inventado o cálculo (Newton o chamou de *método de fluxões*). Embora Newton foi o primeiro a descobrir o cálculo (cerca de 10 anos antes de Leibniz), Leibniz foi o primeiro a publicar a sua própria descoberta (cerca de 15 anos antes de Newton) e propor a notação que usamos atualmente.

---

[3] Esta data de nascimento corresponde ao calendário gregoriano, ou moderno. De acordo com o calendário antigo juliano, o qual estava em uso na Inglaterra naquela época, o nascimento de Newton foi em 1642 (esta data é citada por algumas fontes). A diferença entre esses calendários se deve à forma como eles tratam os anos bissextos. Na época do nascimento de Newton, o calendário gregoriano estava 10 dias à frente do juliano, e assim Newton nasceu em 25 de dezembro de 1642 pelo calendário juliano, e em 4 de janeiro de 1643 pelo gregoriano.

[4] Esta declaração é atribuída a Ernst Mach (1838-1916). Veja C. Truesdell, *Essays in the History of Mechanics*, Springer-Verlag, Berlin, 1968.

> **Fato interessante**
>
> **As Leis de Newton como originalmente formuladas por Newton.** As leis de Newton foram inicialmente formuladas em latim. Aqui relatamos a sua tradução para o português, tal como consta no livro seguinte: I. Newton, *The Principia: Mathematical Principles of Natural Philosophy*; a New Translation by I. Bernard Cohen and Anne Whitman, University of California Press, Berkeley, Califórnia, 1999. Relatamos também a definição de Newton da *quantidade de movimento* (como a encontrada na fonte citada), pois esta é necessária para entender o enunciado da segunda lei.
>
> **Definição** *Quantidade de movimento* é uma medida de movimento que surge a partir da velocidade e da quantidade de matéria conjuntamente.
>
> **Lei 1** *Todo corpo preserva seu estado de repouso ou de movimento uniforme linear para frente, exceto quando é obrigado a mudar seu estado por forças impressas.*
>
> **Lei 2** *Uma mudança no movimento é proporcional à força motriz impressa e se dá ao longo da linha reta na qual aquela força está impressa.*
>
> **Lei 3** *Para cada ação há sempre uma reação igual e oposta; em outras palavras, as ações de dois corpos um sobre o outro são sempre iguais e sempre opostas em direção.*

Leis do movimento de Newton

As três leis do movimento de Newton, formuladas em português contemporâneo, são como segue:

Primeira Lei *Uma partícula permanece em repouso ou se move em uma linha reta com uma velocidade constante, contanto que a força total atuando sobre a partícula seja zero.*

Segunda Lei *A taxa de variação no tempo da quantidade de movimento de uma partícula é igual à força resultante atuando sobre a partícula.*

Terceira Lei *As forças de ação e reação entre partículas interagindo são iguais em magnitude, opostas em direção e colineares.*

A segunda lei, formulada em notação de matemática moderna, é

$$\vec{F} = \frac{d\vec{p}}{dt} = \frac{d(m\vec{v})}{dt}, \quad (1.2)$$

em que $\vec{F}$ é a força resultante agindo sobre a partícula, $\vec{p}$ é a quantidade de movimento da partícula, m é a massa da partícula e $\vec{v}$ é a velocidade da partícula. Usamos a definição da quantidade de movimento, que é $\vec{p} = m\vec{v}$. Ao longo deste livro denotaremos vetores usando uma seta sobreposta (⃗). Você provavelmente conhece melhor a segunda lei de Newton escrita como

$$\vec{F} = m\vec{a}, \quad (1.3)$$

a qual explicitamente enfatiza o fato de que uma partícula é geralmente entendida como possuindo massa constante.[5] Aprenderemos no Capítulo 3 que a primeira lei é simplesmente um caso especial da segunda. A segunda e a terceira lei, junto com as ideias desenvolvidas por Euler para a dinâmica de corpo rígido, são tudo o que é necessário para resolver um amplo espectro de problemas que envolvem partículas e corpos rígidos.

A terceira lei, formulada em notação de matemática moderna, é

$$\vec{F}_{ij} = -\vec{F}_{ji}, \quad (1.4)$$

$$\vec{F}_{ij} \times (\vec{r}_i - \vec{r}_j) = \vec{0}, \quad (1.5)$$

em que, referindo-se à Fig. 1.2 para quaisquer partículas i e j interagindo, $\vec{F}_{ij}$ é a força sobre a partícula i devido à partícula j, e $\vec{r}_i$ é a posição da i-ésima partícula. Algumas pessoas referem-se à terceira lei de Newton apenas como a Eq. (1.4), enquanto outras exigem ambas as Eqs. (1.4) e (1.5). A exigência de ambas as equações é algumas vezes referida como a *forma forte da terceira lei de Newton*.[6]

Lei da gravitação universal de Newton

Newton usou as leis postuladas por Kepler, junto com as suas leis da dinâmica, para deduzir a *lei da gravitação universal*, que descreve a força de atração en-

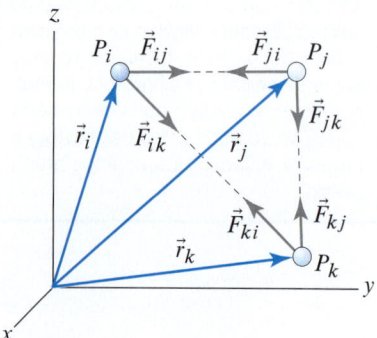

Figura 1.2
Um sistema de partículas interagindo umas com as outras.

---

[5] A aplicação da Eq. (1.2) a sistemas de massa variável será considerada na Seção 5.5, e, surpreendentemente, ela *não* toma a forma $\vec{F} = (dm/dt)\vec{v} + m(d\vec{v}/dt)$.

[6] A mecânica moderna geralmente descarta a terceira lei de Newton e a substitui por um resultado muito mais geral, chamado de *princípio do impulso-quantidade de movimento angular*. Além disso, vem sendo proposto desde a década de 1950 que um conceito ainda mais geral chamado de *o princípio da indiferença do material ao referencial* poderia ser usado para substituir a terceira lei de Newton. Este último princípio estabelece que as propriedades dos materiais e as ações dos corpos de um sobre o outro são as mesmas para todos os observadores.

tre dois corpos. A força gravitacional sobre uma massa m_1 devido a uma massa m_2 a uma distância r de m_1 é

$$\boxed{\vec{F}_{12} = \frac{Gm_1m_2}{r^2}\hat{u},} \quad (1.6)$$

em que $\hat{u}$ é um vetor unitário apontando de m_1 para m_2 e G é a **constante gravitacional universal**[7] (algumas vezes chamada de *constante da gravitação* ou *constante da gravitação universal*). O exemplo a seguir demonstra a aplicação desta lei.

Miniexemplo. Usando os planetas Júpiter e Netuno (cujos símbolos astronômicos são ♃ e ♆, respectivamente) como exemplo, a força sobre Júpiter devido à atração gravitacional de Netuno, $\vec{F}_{JN}$, é dada por (veja a Fig. 1.3).

$$\vec{F}_{JN} = \frac{Gm_Jm_N}{r^2}\hat{u}, \quad (1.7)$$

em que r é a distância entre os dois corpos, m_J é a massa de Júpiter, m_N é a massa de Netuno, e $\hat{u}$ é um vetor unitário que aponta do centro de Júpiter para o centro de Netuno. A massa de Júpiter é de $1,9 \times 10^{27}$ kg, e a de Netuno é de $1,02 \times 10^{26}$ kg. Uma vez que o raio médio da órbita de Júpiter é 778.300.000 km e o de Netuno é 4.505.000.000 km, pode-se supor que a maior aproximação entre eles é de aproximadamente 3.727.000.000 km. Assim, em sua maior aproximação, a magnitude da força entre esses dois planetas enormes é

$$|\vec{F}_{JN}| = \left(6{,}674 \times 10^{-11} \frac{\text{m}^3}{\text{kg} \cdot \text{s}^2}\right) \frac{(1{,}9 \times 10^{27}\text{ kg})(1{,}02 \times 10^{26}\text{ kg})}{(3{,}727 \times 10^{12}\text{m})^2} \quad (1.8)$$

$$= 9{,}31 \times 10^{17}\text{ N}.$$

É interessante comparar essa força com a força da gravitação entre Júpiter e o Sol. A massa do Sol é $1,989 \times 10^{30}$ kg, e já dissemos que o raio médio da órbita de Júpiter é 778.300.000 km. A aplicação da Eq. (1.7) entre Júpiter e o Sol resulta em $4,16 \times 10^{23}$ N, que é quase 450.000 vezes maior. ∎

Aceleração da gravidade. A Eq. (1.6) nos permite determinar a força da gravidade da Terra sobre um objeto de massa m na superfície da Terra. Basta observar que o raio da Terra é 6371,0 km (veja a nota na margem) e a massa da Terra é $5,9736 \times 10^{24}$ kg e, em seguida, aplicar a Eq. (1.6):

$$F_s = \left(6{,}674 \times 10^{-11} \frac{\text{m}^3}{\text{kg} \cdot \text{s}^2}\right) \frac{(5{,}9736 \times 10^{24}\text{ kg})m}{(6371{,}0 \times 10^3\text{ m})^2} \quad (1.9)$$

$$= (9{,}8222\text{ m/s}^2)m.$$

Esse resultado[8] nos diz que a força da gravidade (em N) em um objeto na superfície da Terra é aproximadamente 9,82 vezes a massa do objeto (em kg).

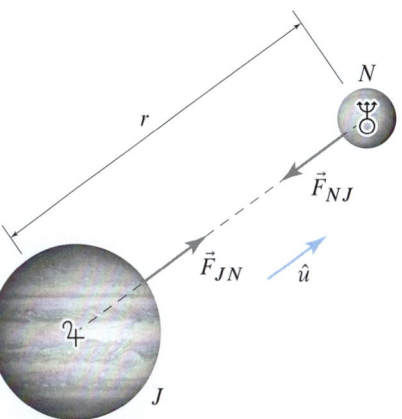

Figura 1.3
A força gravitacional entre os planetas Júpiter (cujo símbolo astronômico é ♃) e Netuno (cujo símbolo astronômico é ♆). Os tamanhos relativos dos planetas são exatos, mas a sua distância de separação não é.

> **Fato interessante**
>
> **O raio da Terra.** A Terra não é uma esfera perfeita. Portanto, há diferentes noções de "raio da Terra". O valor dado de 6.371,0 km é o *raio volumétrico* quando arredondado para 5 dígitos significativos. O raio volumétrico da Terra é o raio de uma esfera perfeita com volume igual ao da Terra. Outras medidas do raio da Terra, arredondadas para 5 dígitos significativos, são o *raio médio quadrático*, o *raio médio autálico* e o *raio meridional da Terra*, iguais a 6372,8; 6371,0 e 6367,4 km, respectivamente.

---

[7] Henry Cavendish (1731-1810) foi o primeiro a medir G e o fez em 1798. O valor geralmente aceito é $G = 6,674 \times 10^{-11}$ m³/(kg · s²) = $3,439 \times 10^{-8}$ ft³/(slug · s²).

[8] Normalmente arredondaremos o resultado de um cálculo para 4 dígitos significativos e arredondaremos os resultados finais para 3 dígitos significativos. Aqui estamos usando 5 algarismos significativos, pois os dados utilizados neste cálculo específico são conhecidos nesse grau de exatidão.

Este fator de 9,82 é tão predominante em engenharia que é dado a ele o rótulo g, e é chamado de *aceleração da gravidade* porque tem unidades de aceleração e seu valor é a aceleração dos objetos em queda livre próximo à superfície da Terra. Tomaremos o valor de g como 9,81 m/s² em unidades do SI e 32,2ft/s² em unidades do sistema Americano. Observe que o valor de g obtido na Eq. (1.9) é ligeiramente maior do que 9,81 m/s², que usaremos neste livro. A diferença entre esses valores advém várias fontes, incluindo o fato de a Terra não ser perfeitamente esférica, não ter distribuição uniforme de massa e estar girando. Devido a essas fontes, o valor real da aceleração da gravidade é em torno de 0,27% menor no equador, e 0,26% maior nos polos, em relação ao valor padrão de $g = 9{,}81$ m/s², que é para uma latitude norte ou sul de 45° ao nível do mar. Além disso, pode haver pequenas variações locais na gravidade devido a formações geológicas. No entanto, ao longo deste livro usaremos o valor padrão de g estabelecido anteriormente.

Mudança na aceleração devida à altitude. Há uma fórmula que nos permite descobrir como a aceleração da gravidade muda com a altitude. Para encontrá-la, começamos igualando as Eqs. (1.3) e (1.6) para determinar a aceleração a em uma altura h acima da superfície da Terra

$$a = \frac{Gm_e}{(r_e + h)^2}, \qquad (1.10)$$

em que r_e é o raio da Terra, m_e é a massa da Terra, e temos cancelado a massa do objeto em ambos os lados da equação. Agora, na superfície da Terra, sabemos que $a = g$ e $h = 0$, de forma que a Eq. (1.10) torna-se

$$g = Gm_e/r_e^2 \quad \Rightarrow \quad Gm_e = gr_e^2. \qquad (1.11)$$

Substituindo a Eq. (1.11) na Eq. (1.10), vemos que a é dada por

$$\boxed{a = g\frac{r_e^2}{(r_e + h)^2},} \qquad (1.12)$$

em que g é a aceleração da gravidade na superfície da Terra. A Eq. (1.12) é muito útil porque exige conhecimento apenas do raio da Terra para obter a aceleração da gravidade em vez de ambos o raio da Terra e a constante gravitacional universal G.

Leonhard Euler (1707-1783)

Leonhard Euler[9] (Fig. 1.4) passou grande parte de sua vida estudando as ideias de Newton, adicionando um número enorme de suas próprias ideias e, então, desenvolvendo a estrutura para que problemas reais pudessem ser resolvidos. Na verdade, a dinâmica que apresentaremos neste texto é em grande parte se deve a Euler. Euler percebeu que o trabalho de Newton em geral estava correto apenas quando aplicado a partículas (pontos de massa concentrada). Além disso, foi o primeiro a reconhecer e empregar a aceleração como uma grandeza cinemática, e o primeiro a utilizar o conceito de vetor para velocidade, aceleração e outras grandezas (em vez de apenas para as forças). Em 1744, Euler foi o primeiro a derivar corretamente as equações diferenciais do movimento de um sistema de n corpos. Este é o primeiro exemplo do que atualmente chamamos de método de Newton. Foi Euler, em 1752, o primeiro a reconhecer que "o princípio da quantidade de movimento linear" (ou seja, a segunda lei

Figura 1.4
Retrato de Leonhard Euler em 1753.

[9] Euler é pronunciado como se pronunciaria "oiler", e não "euler."

de Newton) se aplicava a sistemas mecânicos de todos os tipos, sejam discretos, sejam contínuos. Neste trabalho, ele foi o primeiro a publicar as equações "newtonianas".

$$F_x = ma_x, F_y = ma_y, F_z = ma_z, \qquad (1.13)$$

em que m é a massa. Como sabemos, as Eq. (1.13) não são suficientes para descrever o comportamento de *todos* os sistemas mecânicos – precisamos também de equações do movimento rotacional de corpos de tamanho finito. Para obter essas equações adicionais, Euler aplicou as Eq. (1.13) aos elementos infinitesimais de massa que compõem um corpo rígido. Ao fazer isso, ele escreveu expressões para a aceleração de cada elemento em termos do *vetor velocidade angular* do corpo. Essas expressões foram informadas na mesma publicação na qual as Eq. (1.13) apareceram, e essa é a primeira vez em que o vetor velocidade angular aparece na mecânica. Ao tomar os momentos sobre o centro de massa de um corpo, Euler foi capaz de derivar as equações do movimento rotacional de um corpo rígido, bem como definir os momentos de inércia de massa de um corpo. Essa foi a primeira vez em que a distinção foi feita entre inércia e massa. As equações do movimento rotacional de Euler são discutidas no Capítulo 7.

1.2 CONCEITOS FUNDAMENTAIS

Espaço e tempo

Dar um significado preciso dos conceitos de espaço e tempo é desafiador.[10] Aqui fornecemos apenas as ideias básicas sobre o espaço e o tempo utilizados neste livro.

Espaço

Consideramos *espaço* o ambiente em que os objetos se movem, e consideramos isso um conjunto de locais ou *pontos*. A posição de um ponto no espaço é indicada especificando-se as coordenadas do ponto em relação a um sistema de coordenadas escolhido. A Fig. 1.5 mostra um *sistema de coordenadas cartesianas* em três dimensões, com *origem* em O e eixos x, y e z ortogonais entre si. As *coordenadas cartesianas* do ponto P são x_P, y_P e z_P, que são escalares obtidos por meio da medição da distância entre O e as projeções perpendiculares do ponto P sobre os eixos x, y e z, respectivamente. Note que x_P, y_P, e z_P têm um sinal positivo ou negativo dependendo se, ao ir de O às projeções de P ao longo de cada eixo, movem-se na direção positiva ou negativa desses eixos. No Capítulo 2 apresentaremos dois novos sistemas de coordenadas.

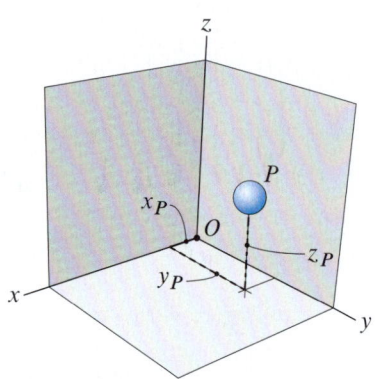

Figura 1.5
Um ponto em um espaço tridimensional.

Tempo

Consideramos *tempo* uma variável escalar que nos permite especificar quando ocorre um evento e ordenar uma sequência de eventos. Em mecânica clássica e neste livro, o pressuposto mais importante sobre tempo é que o tempo é *absoluto*. Especificamente, supomos que a duração de um evento é independente do movimento do observador fazendo as medições do tempo e que o mesmo relógio pode ser usado por todos os observadores. A teoria da relatividade de Einstein rejeita essa hipótese.

Força, massa e inércia

Força

A *força* que age sobre um objeto é a interação do objeto e seu ambiente. Uma descrição mais precisa dessa interação requer conhecimento sobre a interação em questão. Por exemplo, se dois objetos colidem ou deslizam um contra o outro, dizemos que eles interagem por meio de forças de *contato*. Independentemente do tipo, uma força tem duas características essenciais: (1) magnitude e (2) direção. Por isso, usamos *vetores* para representar matematicamente as forças.

A dinâmica se concentra na descrição do movimento de um corpo sob a influência de forças de qualquer tipo – o que é importante aqui é a relação força-movimento e sua descrição matemática, que está enraizada nas leis do movimento de Newton. Uma vez que essas leis estão estabelecidas em termos muito gerais, é preciso "especializar" o seu enunciado matemático dependendo do objeto em particular que pretendemos estudar. Neste livro, estudamos apenas dois tipos de corpos: partículas e corpos rígidos. Ambos são abstrações de corpos físicos reais e serão descritos posteriormente nesta seção.

Informações úteis

A regra da mão direita. Um sistema de coordenadas cartesianas em três dimensões utiliza três direções ortogonais de referência. Estas são as direções x, y e z indicadas a seguir.

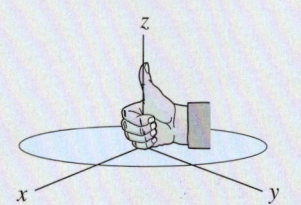

A interpretação adequada de muitas operações com vetores, como o produto vetorial, exige que as direções x, y e z estejam organizadas de forma coerente. A convenção em mecânica e matemática vetorial, em geral, é que, se os eixos estão dispostos como mostrado, então, de acordo com a **regra da mão direita**, girando a direção x na direção y gera a direção z. O resultado é chamado **sistema de coordenadas da mão direita**.

---

[10] É por meio de uma análise criteriosa de como efetuar medições de espaço e tempo que a *teoria da relatividade* de Einstein veio a existir (veja, por exemplo, P.G. Bergmann, *Introduction to the Theory of Relativity*, Dover Publications, Inc., 1976).

Massa

A *massa* de um objeto é uma medida da quantidade de matéria no objeto. Junto com o conceito de força, o conceito de massa tem sido reconhecido como um *conceito primitivo*, ou seja, não explicável por ideias mais elementares.

A segunda lei de Newton postula que a força que atua sobre um corpo é *proporcional* à aceleração do corpo – a constante de proporcionalidade é a *massa* do corpo. É importante entender que a segunda lei de Newton relaciona os conceitos de massa e força, mas não os define.

Inércia

A inércia é geralmente entendida como a resistência de um corpo para mudar seu estado de movimento em resposta à aplicação de um sistema de forças. Neste livro, usamos *inércia* como um termo genérico que engloba tanto a noção de massa quanto a de distribuição de massa sobre uma região do espaço. Chamamos *propriedades de inércia* de um objeto a massa do objeto e a descrição quantitativa da distribuição de sua massa.

> **Fato interessante**
>
> **A história da massa.** O conceito de massa foi desenvolvido a partir do conceito de peso (veja I. B. Cohen, *The Birth of a New Physics*, W.W. Norton & Company, Nova York, 1985), sendo este a *força* que a Terra exerce sobre os objetos em sua superfície. Na teoria da relatividade, a massa de um objeto é uma função da rapidez do objeto. Para os nossos propósitos, a massa de um objeto é uma constante independente da rapidez.

Partícula e corpo rígido

Partícula

Na mecânica clássica, uma *partícula* é um objeto cuja massa é concentrada em um ponto; por esse motivo, também é chamada de massa pontual. A propriedade de inércia de uma partícula consiste apenas na massa da partícula. Uma partícula é geralmente entendida como tendo volume zero. Não faz sentido falar sobre a rotação de uma partícula cuja posição é mantida fixa, embora possamos dizer que uma partícula pode "girar em torno de um ponto", ou seja, uma partícula pode se mover ao longo de uma trajetória em torno de um ponto. Independentemente de seu volume, quando optamos por modelar um objeto real como uma partícula, optamos por desprezar a possibilidade de que o objeto possa "girar" no sentido de "alterar a sua orientação" em relação a algum objeto escolhido como referência.

Corpo rígido

Um corpo rígido é outro *modelo* de objetos físicos reais que consideramos neste livro. Um *corpo rígido* é um objeto cuja massa é (1) distribuída por uma região do espaço e (2) tal que a distância entre dois pontos quaisquer no corpo nunca muda. Já que sua massa não é concentrada em um ponto, o *corpo rígido* é o modelo mais simples para o estudo dos movimentos que incluem a possibilidade de rotação, ou seja, uma mudança de orientação em relação a um objeto escolhido como referência. Modelamos objetos como corpos rígidos quando queremos levar em conta a possibilidade de rotação, mas desprezando os efeitos de deformação. Por último, a distribuição da massa de um corpo rígido não muda em relação a um observador movendo-se com o corpo. Esse fato possibilita descrever as propriedades de inércia de um corpo rígido tridimensional por meio de sete pedaços de informação que consistem na massa do corpo e em seis momentos de inércia de massa.[11]

---

[11] Para uma definição dos momentos de inércia de massa de um corpo rígido, consulte a Seção 10.3 na p. 553 de M. E. Plesha, G. L. Gray e F. Costanzo, *Engeneering Mechanics: Statics*, McGraw-Hill, Dubuque, IA, 2010.

Vetores e sua representação cartesiana

Notação

Escalares. Usamos o termo *escalar* quando queremos dizer um *número real*. Escalares serão indicados por caracteres romanos em itálico (p. ex., *a*, *h* ou *W*) ou por letras gregas (p. ex., α, ω ou δ).

Vetores. No texto, *sempre* indicaremos vetores colocando setas sobre as letras, como $\vec{r}$ ou $\vec{F}$.[12] As convenções que usamos para representar vetores nas figuras são mostradas na Fig. 1.6. O esquema de cores usado na figura é definido na legenda. Dependendo do que queremos ou precisamos destacar em uma figura, um vetor será identificado com uma letra que tem uma seta colocada sobre ela (p. ex., $\vec{a}$ ou $\vec{\omega}$) ou com apenas uma letra (p. ex., *a* ou ω). Especificamente, utilizaremos as seguintes convenções:

- Em figuras, vetores serão identificados com setas sobre as letras quando for importante ressaltar o caráter arbitrário da direção do vetor (como, uma velocidade) ou a natureza vetorial da quantidade (como, um vetor unitário).

- Vetores-base em componentes cartesianas sempre serão designados usando os vetores unitários $\hat{\imath}$, $\hat{\jmath}$ e $\hat{k}$. Um ***vetor unitário*** é um vetor com magnitude igual a 1. Em qualquer outro contexto, por exemplo, em outros sistemas de componentes, vetores unitários serão designados por meio de um acento circunflexo (às vezes chamado de "chapéu") sobre a letra *u*, ou seja, $\hat{u}$, muitas vezes acompanhado por um subscrito que indica a direção do vetor, como $\hat{u}_\theta$.

- Em figuras, o rótulo de um vetor com direção conhecida em geral não será uma letra com uma seta sobre ela. Um vetor com direção conhecida será mais frequentemente rotulado como um *comprimento com sinal* (p. ex., um componente escalar) cuja direção positiva é a da seta na figura.

- Setas de ponta dupla designarão vetores associados a quantidades "rotacionais", por exemplo, momentos, velocidades angulares e acelerações angulares.[13]

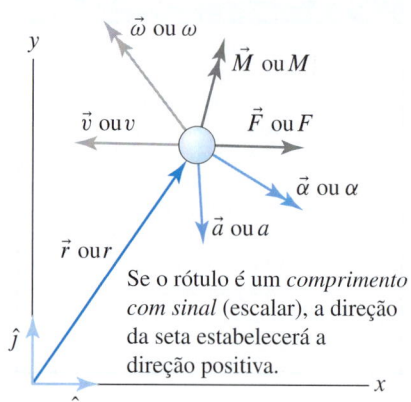

Figura 1.6
Notação e cores para vetores frequentemente usados. Vetores posição estarão sempre em azul ■ ($\vec{r}$); vetores velocidade (linear e angular); em cinza (50%) ■ ($\vec{v}$ e $\vec{\omega}$), e vetores aceleração (linear e angular), em azul (75%) ■ ($\vec{a}$ e $\vec{\alpha}$). Forças e momentos estarão sempre em cinza (70%) ■ ($\vec{F}$ e $\vec{M}$); e vetores unitários, em azul (50%) ■ ($\hat{\imath}$ e $\hat{\jmath}$). Vetores sem significado físico específico estarão em preto ■.

Representação vetorial cartesiana

Aqui, revisaremos os aspectos dos vetores mais importantes para nossas aplicações.[14]

A Fig. 1.7 mostra uma descrição bidimensional da posição de um ponto *P* em relação à origem *O* de um sistema de coordenadas retangulares. A posição de *P* é representada por uma seta que começa em *O* e termina em *P*, que chamamos de vetor $\vec{r}_{P/O}$. O subscrito "*P/O*" é para ser lido como "*P* relativo a *O*", "*P* como visto por *O*" ou "*P* em relação a *O*". O vetor $\vec{r}_{P/O}$ informa a um observador a (1) distância entre *P* e *O* (magnitude) e (2) a orientação do segmento $\overline{OP}$, em que a barra sobre as letras *O* e *P* designa o segmento de linha conectando os pontos *O* e *P*, em relação a uma direção de referência escolhida.

A ***representação cartesiana*** de $\vec{r}$ é a seguinte:

$$\vec{r} = r_x\,\hat{\imath} + r_y\,\hat{\jmath}, \qquad (1.14)$$

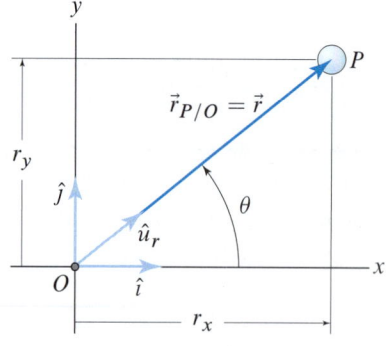

Figura 1.7
Descrição da posição de uma partícula *P*. As setas curvas indicando um ângulo com uma ponta de seta única designam o sentido positivo de um ângulo.

---

[12] A notação vetorial usada nos diversos campos da engenharia é variada. Os vetores também podem ser denotados por letras em negrito, tal como **v**, ou por barras colocadas acima ou abaixo de uma letra, tal como $\bar{v}$ ou $\underline{v}$.

[13] Velocidades e acelerações angulares serão discutidas no Capítulo 2.

[14] A discussão aqui é em duas dimensões, mas é facilmente extensível a três dimensões.

em que $\hat{\imath}$ e $\hat{\jmath}$ são vetores de comprimento unitário nas direções x e y, respectivamente. As quantidades r_x e r_y são as **componentes cartesianas (escalares)** de $\vec{r}$. Usando trigonometria, temos

$$r_x = |\vec{r}|\cos\theta \quad \text{e} \quad r_y = |\vec{r}|\,\text{sen}\,\theta, \tag{1.15}$$

em que θ é a orientação do segmento $\overline{OP}$ em relação ao eixo x, e $|\vec{r}|$, chamado de a **magnitude de $\vec{r}$** ou o **comprimento de $\vec{r}$**, é o comprimento de $\overline{OP}$. Generalizando o que dissemos sobre $\vec{r}_{P/O}$ e referindo-se à Fig. 1.8, dados os pontos A e B com coordenadas (x_A, y_A) e (x_B, y_B), respectivamente, o vetor

$$\vec{r}_{A/B} = (x_A - x_B)\hat{\imath} + (y_A - y_B)\hat{\jmath} \tag{1.16}$$

será chamado de a **posição de A em relação a B**, ou a posição de A relativa a B.

A Eq. (1.14) pode ser escrita como $\vec{r} = \vec{r}_x + \vec{r}_y$, em que os vetores $\vec{r}_x = r_x\hat{\imath}$ e $\vec{r}_y = r_y\hat{\jmath}$ são chamados de componentes *vetoriais* x e y de $\vec{r}$, respectivamente. Neste livro, *componente* significará sempre *componente escalar*. Ao falar sobre *componentes vetoriais*, diremos explicitamente *componentes vetoriais*.

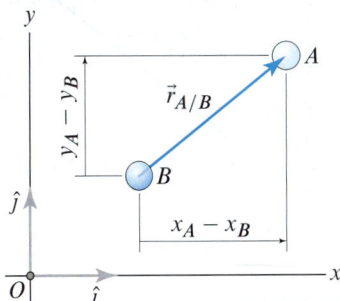

Figura 1.8
Representação vetorial da posição de A relativa a B.

Operações vetoriais

Agora resumiremos as várias operações vetoriais que usaremos neste livro.

1. Um vetor $\vec{r}$ pode ser multiplicado por um escalar a da seguinte forma:

$$a\vec{r} = ar_x\hat{\imath} + ar_y\hat{\jmath}. \tag{1.17}$$

Isso *dimensiona* a magnitude de $\vec{r}$ pelo fator $|a|$. O objeto $a\vec{r}$ é um *vetor* (não um escalar) com a mesma linha de ação que $\vec{r}$; a direção de $a\vec{r}$ é a mesma que a de $\vec{r}$ se $a > 0$, enquanto é oposta a $\vec{r}$ se $a < 0$.

2. Dois vetores podem ser somados para se obter outro vetor da seguinte forma:

$$\vec{r} + \vec{w} = (r_x + w_x)\hat{\imath} + (r_y + w_y)\hat{\jmath}, \tag{1.18}$$

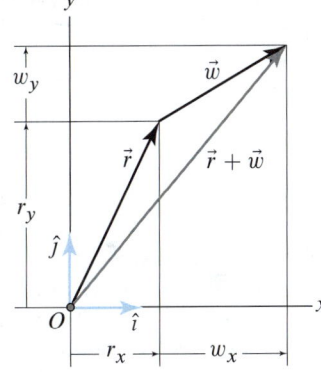

Figura 1.9
Representação gráfica da adição vetorial de $\vec{r}$ e $\vec{w}$ mostrando a "lei do triângulo".

que está em conformidade com a lei do triângulo de **adição de vetores** (veja a Fig. 1.9).

3. A operação de somar um escalar com um vetor não está definida, uma vez que seria como "misturar maçãs e laranjas".

4. Referindo-se à Fig. 1.10, o **produto escalar** ou **ponto** de dois vetores $\vec{r}$ e $\vec{w}$ é indicado por $\vec{r} \cdot \vec{w}$ e produz a quantidade *escalar* a seguir:

$$\vec{r} \cdot \vec{w} = |\vec{r}||\vec{w}|\cos\theta. \tag{1.19}$$

5. Referindo-se à Fig. 1.10, o **produto cruzado** de dois vetores $\vec{r}$ e $\vec{w}$ é o *vetor* denotado por $\vec{r} \times \vec{w}$ com

   (a) magnitude

$$|\vec{r} \times \vec{w}| = |\vec{r}||\vec{w}|\,\text{sen}\,\theta, \tag{1.20}$$

   (b) linha de ação perpendicular ao plano que contém $\vec{r}$ e $\vec{w}$, e direção determinada pela regra da mão direita.

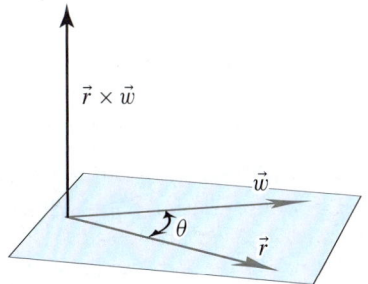

Figura 1.10
Representação gráfica do produto cruzado dos vetores $\vec{r}$ e $\vec{w}$.

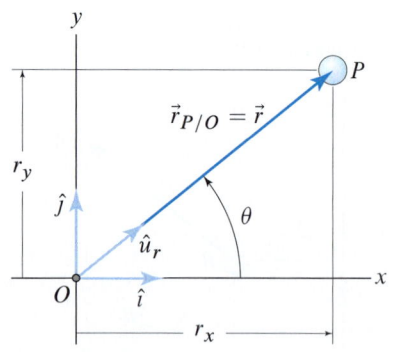

Figura 1.11
Figura 1.7 repetida. Descrição da posição de uma partícula P.

Nas Eqs. (1.19) e (1.20), θ é o menor ângulo que girará um dos vetores para o outro. Para o produto cruzado, essa escolha de θ assegura que a Eq. (1.20) sempre gera um valor maior ou igual a zero. Para o produto escalar, uma vez que $\cos\theta = \cos(2\pi - \theta)$, θ pode ser substituído por $2\pi - \theta$. Finalmente, a definição de produto cruzado implica que o produto cruzado seja *anticomutativo*, ou seja,

$$\vec{r} \times \vec{w} = -\vec{w} \times \vec{r}. \qquad (1.21)$$

Quanto à Fig. 1.11, lembramos que $\vec{r}$ representa o comprimento e a orientação (em relação a uma direção de referência) do segmento $\overline{OP}$. Podemos extrair essas informações de r_x e r_y? Da Fig. 1.11, usando o teorema de Pitágoras e trigonometria e escolhendo o eixo x como a direção de referência, vemos que

$$\text{comprimento de } \vec{r} = |\vec{r}| = \sqrt{r_x^2 + r_y^2}, \qquad (1.22)$$

e

$$\text{direção de } \vec{r} = \theta = \text{tg}^{-1}\left(\frac{r_y}{r_x}\right). \qquad (1.23)$$

Por fim, observamos que as Eqs. (1.14) e (1.15) nos permitem reescrever $\vec{r}$ como

$$\vec{r} = |\vec{r}|\,\hat{u}_r, \text{ em que } \hat{u}_r = \cos\theta\,\hat{\imath} + \text{sen}\,\theta\,\hat{\jmath}. \qquad (1.24)$$

Uma vez que $\hat{u}_r$ é um vetor unitário na direção de $\vec{r}$, a Eq. (1.24) implica que:

> *A informação transportada por qualquer vetor pode ser escrita como o produto de sua magnitude e um vetor unitário apontando na direção desse vetor.*

"Dicas e truques" vetoriais úteis

Componentes de um vetor

Revisaremos como encontrar os componentes de um vetor, uma vez que essa operação ocorre com muita frequência na dinâmica.

A Fig. 1.12 mostra duas linhas perpendiculares e com orientação[15] ℓ_1 e ℓ_2. As linhas são orientadas usando o vetor unitário $\hat{u}_1$ para ℓ_1 e $\hat{u}_2$ para ℓ_2. Além disso, temos um vetor $\vec{q}$ orientado arbitrariamente em relação a ℓ_1 e ℓ_2. Nosso objetivo é encontrar as componentes escalares de $\vec{q}$ ao longo de ℓ_1 e ℓ_2.

Se aplicarmos a Eq. (1.19) na Fig. 1.12 e considerarmos que $\vec{r}$ seja $\vec{q}$, $\vec{w}$ seja $\hat{u}_1$ e θ seja θ_1, veremos que o produto escalar nos dá q_1 diretamente, isto é,

$$q_1 = \vec{q} \cdot \hat{u}_1 = |\vec{q}||\hat{u}_1|\cos\theta_1 = |\vec{q}|\cos\theta_1. \qquad (1.25)$$

A quantidade q_1 na Eq. (1.25) é o que estávamos procurando, pois, segundo a definição de componente escalar de um vetor e a Fig. 1.12,

1. $|q_1|$ é a distância entre A_1 e B_1.
2. O sinal de $\vec{q} \cdot \hat{u}_1$ é determinado pelo sinal de θ_1, que é positivo se $0° \leq \theta_1 < 90°$ e negativo se $90° < \theta_1 \leq 180°$ (se $\theta_1 = 90°$, A_1 e B_1 coincidem, de modo que $q_1 = 0$).

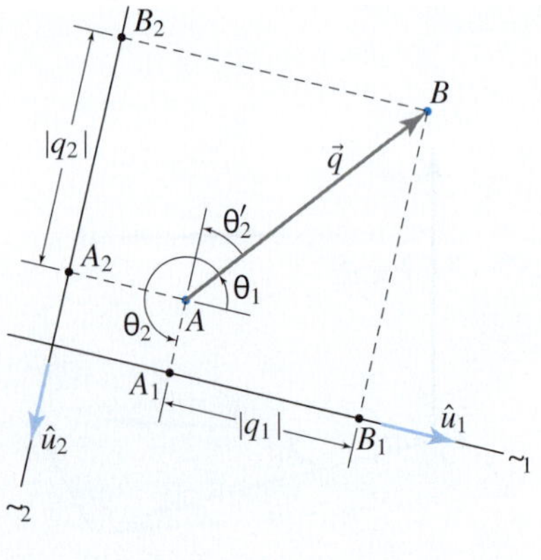

Figura 1.12
Diagrama mostrando as componentes de $\vec{q}$ nas direções de $\hat{u}_1$ e $\hat{u}_2$.

---

[15] Por *orientação*, queremos dizer que elas têm uma direção positiva e uma negativa.

Em resumo,

$$\boxed{\text{componente de } \vec{q} \text{ ao longo de } \ell_1 = q_1 = \vec{q} \cdot \hat{u}_1.} \quad (1.26)$$

Repetindo a discussão anterior, no caso de q_2 temos que a

componente de $\vec{q}$ ao longo de $\ell_2 = q_2 = \vec{q} \cdot \hat{u}_2 = |\vec{q}| \cos\theta_2 = -|\vec{q}| \cos\theta_2'$, (1.27)

já que $\theta_2 = \theta_2' + \pi$ e $\cos(\theta_2' + \pi) = -\cos\theta_2'$.

Muitas vezes, na dinâmica, somos confrontados com a situação retratada na Fig. 1.13, em que precisamos calcular as componentes cartesianas de dois vetores mutuamente ortogonais $\vec{q}$ e $\vec{r}$. Se o ângulo θ que define a orientação de $\vec{q}$ relativo ao eixo y é dado, para expressar $\vec{q}$ e $\vec{r}$ em componentes, podemos escrever $\vec{q}$ como

$$\vec{q} = (\vec{q} \cdot \hat{\imath})\hat{\imath} + (\vec{q} \cdot \hat{\jmath})\hat{\jmath} = |\vec{q}|\cos(\theta + \tfrac{\pi}{2})\hat{\imath} + |\vec{q}|\cos\theta\,\hat{\jmath}$$
$$= -|\vec{q}|\operatorname{sen}\theta\,\hat{\imath} + |\vec{q}|\cos\theta\,\hat{\jmath}$$
$$= |\vec{q}|\underbrace{(-\operatorname{sen}\theta\,\hat{\imath} + \cos\theta\,\hat{\jmath})}_{\text{vetor unitário}}, \quad (1.28)$$

e, então, podemos escrever $\vec{r}$ como

$$\vec{r} = (\vec{r} \cdot \hat{\imath})\hat{\imath} + (\vec{r} \cdot \hat{\jmath})\hat{\jmath} = |\vec{r}|\cos(\pi - \theta)\hat{\imath} + |\vec{r}|\cos(\theta + \tfrac{\pi}{2})\hat{\jmath}$$
$$= -|\vec{r}|\cos\theta\,\hat{\imath} - |\vec{r}|\operatorname{sen}\theta\,\hat{\jmath}$$
$$= |\vec{r}|\underbrace{(-\cos\theta\,\hat{\imath} - \operatorname{sen}\theta\,\hat{\jmath})}_{\text{vetor unitário}}. \quad (1.29)$$

As Eqs. (1.28) e (1.29) demonstram uma característica muito importante e útil; isto é, as duas equações têm a seguinte estrutura:

- Cada vetor é igual à sua magnitude vezes um vetor unitário com um termo seno e outro cosseno.
- O argumento dos termos seno e cosseno é o ângulo de orientação de um dos vetores em relação a uma das direções da componente.
- Nas duas equações haverá *sempre* três termos positivos e um termo negativo ou três termos negativos e um termo positivo. Ou seja, três dos quatro termos seno e cosseno serão *sempre* do mesmo sinal e apenas um dos termos será de sinal contrário.

Em problemas planares, se adotarmos as componentes de dois vetores ortogonais em duas direções ortogonais e obtermos qualquer coisa diferente dessa estrutura, então devemos reconhecer imediatamente que cometemos um erro.

Produtos cruzados

Já que encontraremos muitas vezes os produtos cruzados na dinâmica, explicamos aqui um procedimento útil para nos ajudar a avaliá-los. Considere três vetores unitários $\hat{\imath}$, $\hat{\jmath}$ e $\hat{k}$ tal que, de acordo com a regra da mão direita, $\hat{\imath} \times \hat{\jmath} = \hat{k}$. Organize os três vetores como mostrado na Fig. 1.14. Para calcular o produto de, digamos, $\hat{\jmath} \times \hat{k}$, apenas mova-se ao redor do círculo, saindo de $\hat{\jmath}$ e indo para $\hat{k}$. Agora, observe que (1) o próximo vetor do círculo é $\hat{\imath}$ e (2) ao ir de $\hat{\jmath}$ para $\hat{k}$ nos movemos com a seta (sentido anti-horário). Portanto, $\hat{\jmath} \times \hat{k} = +\hat{\imath}$. Agora considere $\hat{k} \times \hat{\jmath}$ e observe que, para ir de $\hat{k}$ para $\hat{\jmath}$, o próximo vetor ao longo do círculo é $\hat{\imath}$, e nos movemos ao contrário da seta. Portanto, o resultado é negativo, e temos $\hat{k} \times \hat{\jmath} = -\hat{\imath}$.

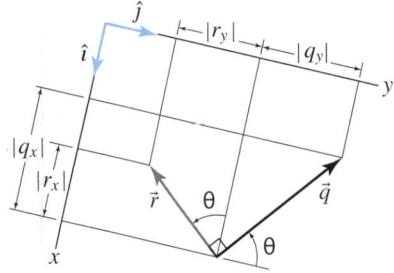

Figura 1.13
Diagrama mostrando as componentes cartesianas do vetor $\vec{q}$, assim como o vetor $\vec{r}$ que é ortogonal a $\vec{q}$.

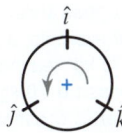

Figura 1.14
Pequeno "truque" para ajudar a lembrar dos produtos cruzados entre os vetores unitários cartesianos.

Informações úteis

Produtos cruzados usando determinantes. Você pode conhecer o seguinte método da "determinante" para avaliar o produto cruzado de dois vetores:

$$\vec{a} \times \vec{b} = \begin{vmatrix} \hat{\imath} & \hat{\jmath} & \hat{k} \\ a_x & a_y & a_z \\ b_x & b_y & b_z \end{vmatrix}.$$

Para vetores em 3D, este método fornece uma avaliação muito eficiente. Como alternativa, o produto cruzado pode ser avaliado em uma base de termo a termo, expandindo o seguinte produto:

$$\vec{a} \times \vec{b} = (a_x\,\hat{\imath} + a_y\,\hat{\jmath} + a_z\,\hat{k})$$
$$\times (b_x\,\hat{\imath} + b_y\,\hat{\jmath} + b_z\,\hat{k}).$$

Quando expandido, nove termos tais como $a_x\,\hat{\imath} \times b_x\,\hat{\imath}$ e $a_x\,\hat{\imath} \times b_y\,\hat{\jmath}$ devem ser avaliados, e isso é feito rapidamente usando a Fig. 1.14. Neste livro, faremos, principalmente, os produtos cruzados de vetores em 2D, e provavelmente consideraremos a avaliação termo a termo a mais rápida.

Unidades

As unidades são uma parte essencial de qualquer medida quantificável. A segunda lei de Newton na forma escalar, $F = ma$, prevê a formulação de um sistema coerente e inequívoco de unidades. Empregaremos tanto as unidades americanas quanto as unidades do SI (Sistema Internacional[16]), conforme mostrado na Tabela 1.1. Cada sistema possui três *dimensões-base* e uma quarta *dimensão derivada*.

Tabela 1.1 Sistemas de unidades SI

Dimensão-base	SI
força	newton* (N) ≡ kg × m/s²
massa	quilograma (kg)
comprimento	metro (m)
tempo	segundo (s)

* unidade derivada

Erro comum

Peso e massa. Infelizmente, é comum a referência a peso usando unidades de massa. Por exemplo, a pessoa que diz "Eu peso 70 kg" realmente quer dizer "Minha massa é 70 kg". Em ciência e engenharia, é essencial que a nomenclatura correta seja usada. Especificamente, os pesos e as forças devem ser reportados utilizando unidades apropriadas de força, e as massas devem ser reportadas utilizando unidades apropriadas de massa.

No sistema SI, as dimensões-base são massa, comprimento e tempo, cujas unidades-base correspondentes são kg (quilograma), m (metro) e s (segundo), respectivamente. A correspondente dimensão derivada é a força, a unidade a qual é obtida a partir da equação $F = ma$, o que dá a unidade de força como kg · m/s². Essa unidade de força é referida como um *newton*, e sua abreviação é N.

Para ambos os sistemas, podemos usar ocasionalmente unidades diferentes, mas consistentes, para algumas dimensões. Por exemplo, podemos usar minutos em vez de segundos, polegadas em vez de pés, gramas em vez de quilogramas. No entanto, as definições de um newton é sempre como mostrado na Tabela 1.1.

Conversões de unidades e homogeneidade dimensional

Quando usamos o símbolo =, o que está no lado esquerdo do símbolo deve ser o mesmo que o que está no lado direito. Normalmente, isso significa que os lados esquerdo e direito têm o mesmo valor numérico, as mesmas dimensões e as mesmas unidades.[17] Nossa principal recomendação é que unidades apropriadas sempre devem ser usadas em todas as equações durante um cálculo para se certificar de que os resultados são dimensionalmente corretos. Essa prática ajuda a evitar erros catastróficos e fornece uma verificação útil em uma solução, pois, se chegarmos a uma equação dimensionalmente inconsistente, então um erro certamente foi cometido.

Prefixos

Prefixos são uma alternativa útil na notação científica para representar números muito grandes ou muito pequenos. Os prefixos mais comuns e um resumo das regras para sua utilização são apresentados na Tabela 1.2.

---

[16] O SI foi adotado como a abreviação do francês *Le Système International d'Unités*.

[17] Um exemplo simples de uma exceção a esta regra é a equação 12 in. = 1ft. Tais equações têm papéis fundamentais na realização de conversões de unidades.

Tabela 1.2 Prefixos comuns usados no sistema de unidades SI

Fator de multiplicação		Prefixo	Símbolo
1 000 000 000 000 000 000 000 000	10^{24}	yotta	Y
1 000 000 000 000 000 000 000	10^{21}	zetta	Z
1 000 000 000 000 000 000	10^{18}	exa	E
1 000 000 000 000 000	10^{15}	peta	P
1 000 000 000 000	10^{12}	tera	T
1 000 000 000	10^{9}	giga	G
1 000 000	10^{6}	mega	M
1 000	10^{3}	kilo	k
100	10^{2}	hecto	h
10	10^{1}	deka	da
0,1	10^{-1}	deci	d
0,01	10^{-2}	centi	c
0,001	10^{-3}	milli	m
0,000 001	10^{-6}	micro	μ
0,000 000 001	10^{-9}	nano	n
0,000 000 000 001	10^{-12}	pico	p
0,000 000 000 000 001	10^{-15}	femto	f
0,000 000 000 000 000 001	10^{-18}	atto	a
0,000 000 000 000 000 000 001	10^{-21}	zepto	z
0,000 000 000 000 000 000 000 001	10^{-24}	yocto	y

> **Informações úteis**
>
> **Exatidão dos números em cálculos.** Ao longo deste livro, geralmente se assume que os dados fornecidos para os problemas têm precisão de 3 dígitos significativos. Quando os cálculos são realizados, tais como nos problemas de exemplo, todos os resultados intermediários são armazenados na memória de uma calculadora ou computador, usando toda a precisão que essas máquinas oferecem. No entanto, quando esses resultados intermediários são relatados neste livro, eles são arredondados para 4 dígitos significativos. As respostas finais são geralmente relatadas com 3 dígitos significativos. Se você verificar os cálculos descritos neste livro usando os números arredondados que são relatados, você pode ocasionalmente calcular resultados que são ligeiramente diferentes daqueles mostrados.

Segue uma lista de regras comuns para o uso correto de prefixos:

1. Com poucas exceções, usamos prefixos apenas no numerador de combinações de unidades; por exemplo, use a unidade km/s (quilômetro por segundo) e evite a unidade m/ms (metro por milissegundo). Uma exceção comum a essa regra é kg, que pode aparecer no numerador ou no denominador; por exemplo, use a unidade kW/kg (quilowatt por quilograma) e evite a unidade W/g (watt por grama).

2. Prefixos duplos devem ser evitados; por exemplo, use a unidade GHz (gigahertz) e evite a unidade kMHz (quilomegahertz).

3. Use um ponto central ou traço para indicar a multiplicação de unidades, por exemplo, N · m ou N-m. Neste livro, denotamos a multiplicação de unidades por um ponto, como N · m.

4. A exponenciação aplica-se tanto à unidade quanto ao prefixo, por exemplo, mm² = (mm)².

5. Quando o número de dígitos em qualquer um dos lados da vírgula decimal exceder 4, é comum agrupar os dígitos em grupos de 3, com os grupos separados por pontos ou espaços estreitos. Como em muitos países é utilizado um ponto para representar um ponto decimal, o espaço estreito é às vezes preferível; por exemplo, 1234,0 poderia ser escrito como é, mas, em contraste, 12345,0 deveria ser escrito como 12.345,0 ou como 12 345,0.

Enquanto prefixos podem frequentemente ser incorporados em uma expressão por inspeção, as regras para realizar essa tarefa são idênticas às das transformações de unidades.

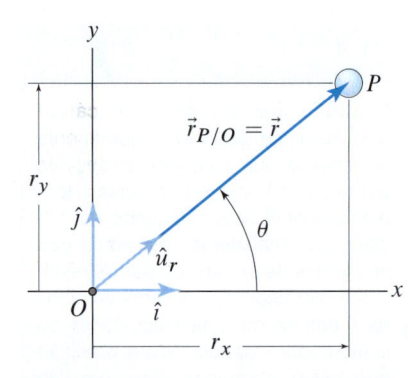

Figura 1.15
Figura 1.7 repetida. Descrição da posição de uma partícula P.

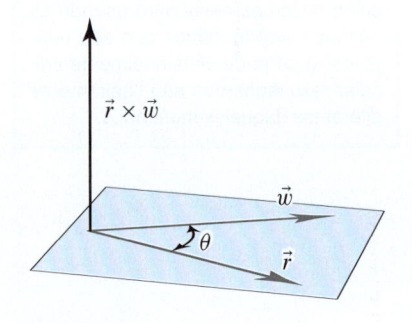

Figura 1.16
Figura 1.10 repetida. Representação gráfica do produto cruzado dos vetores $\vec{r}$ e $\vec{w}$.

Resumo final da seção

Revisão das operações vetoriais. Em relação à Fig. 1.15, a representação cartesiana de um vetor bidimensional $\vec{r}$ assume a forma

Eq. (1.14), p.10
$$\vec{r} = r_x\,\hat{\imath} + r_y\,\hat{\jmath},$$

em que $\hat{\imath}$ e $\hat{\jmath}$ são vetores unitários nas direções positivas de x e y, respectivamente, e em que r_x e r_y são as *componentes* (escalares) x e y de $\vec{r}$, respectivamente. Usando trigonometria, r_x e r_y são dadas por

Eq. (1.15), p.11
$$r_x = |\vec{r}|\cos\theta \quad \text{e} \quad r_y = |\vec{r}|\,\text{sen}\,\theta,$$

em que θ é a orientação do segmento $\overline{OP}$ em relação ao eixo x, e $|\vec{r}|$, chamado de *magnitude de $\vec{r}$* ou *comprimento de $\vec{r}$*, é o comprimento de $\overline{OP}$.

O *produto escalar* ou *ponto* dos vetores $\vec{r}$ e $\vec{w}$ fornece o *escalar*

Eq. (1.19) p.11
$$\vec{r}\cdot\vec{w} = |\vec{r}||\vec{w}|\cos\theta,$$

sendo que θ é o menor ângulo que girará um dos vetores para o outro.

Quanto à Fig. 1.16, o *produto cruzado* de dois vetores $\vec{r}$ e $\vec{w}$ é denotado por $\vec{r}\times\vec{w}$ e fornece um *vetor*

1. Com magnitude igual a

Eq. (1.20), p. 11
$$|\vec{r}\times\vec{w}| = |\vec{r}||\vec{w}|\,\text{sen}\,\theta,$$

em que θ é o menor ângulo que girará um dos vetores para o outro (a fim de garantir que $|\vec{r}||\vec{w}|\,\text{sen}\,\theta \geq 0$).

2. Cuja linha de ação é perpendicular ao plano que contém $\vec{r}$ e $\vec{w}$ e cuja direção é determinada pela regra da mão direita.

3. Para o qual o produto cruzado é anticomutativo; isto é, $\vec{r}\times\vec{w} = -\vec{w}\times\vec{r}$.

Referindo-se à Fig. 1.15, dados r_x e r_y, calculamos $|\vec{r}|$ e θ como segue:

Eqs. (1.22) e (1.23), p. 12
$$\text{comprimento de } \vec{r} = |\vec{r}| = \sqrt{r_x^2 + r_y^2},$$

$$\text{direção de } \vec{r} = \theta = \text{tg}^{-1}\left(\frac{r_y}{r_x}\right).$$

Outra representação útil de um vetor $\vec{r}$ é a seguinte:

> Eq. (1.24), p. 12
>
> $\vec{r} = |\vec{r}|\hat{u}_r$, em que $\hat{u}_r = \cos\theta\,\hat{\imath} + \text{sen}\,\theta\,\hat{\jmath}$,

em que $\hat{u}_r$ é o vetor unitário na direção de $\vec{r}$.

"Dicas e truques" vetoriais úteis Em relação à Fig. 1.17, a componente de um vetor em uma determinada direção pode ser calculada usando o produto escalar. Por exemplo,

> Eq. (1.25), p. 12
>
> $q_1 = \vec{q}\cdot\hat{u}_1 = |\vec{q}||\hat{u}_1|\cos\theta_1 = |\vec{q}|\cos\theta_1$,

isto é,

> Eq. (1.26), p. 13
>
> componente de $\vec{q}$ ao longo de $\ell_1 = q_1 = \vec{q}\cdot\hat{u}_1$.

Quanto à Fig. 1.18, para dois vetores $\vec{r}$ e $\vec{q}$ mutuamente ortogonais, as relações seguintes são válidas:

> Eq. (1.28) e (1.29), p. 13
>
> $\vec{q} = (\vec{q}\cdot\hat{\imath})\,\hat{\imath} + (\vec{q}\cdot\hat{\jmath})\,\hat{\jmath} = |\vec{q}|\cos\left(\theta + \dfrac{\pi}{2}\right)\hat{\imath} + |\vec{q}|\cos\theta\,\hat{\jmath}$
>
> $\phantom{\vec{q}} = -|\vec{q}|\,\text{sen}\,\theta\,\hat{\imath} + |\vec{q}|\cos\theta\,\hat{\jmath}$
>
> $\phantom{\vec{q}} = |\vec{q}|\,(-\,\text{sen}\,\theta\,\hat{\imath} + \cos\theta\,\hat{\jmath})$,
>
> $\vec{r} = (\vec{r}\cdot\hat{\imath})\,\hat{\imath} + (\vec{r}\cdot\hat{\jmath})\,\hat{\jmath} = |\vec{r}|\cos(\pi - \theta)\,\hat{\imath} + |\vec{r}|\cos\left(\theta + \dfrac{\pi}{2}\right)\hat{\jmath}$
>
> $\phantom{\vec{r}} = -|\vec{r}|\cos\theta\,\hat{\imath} - |\vec{r}|\,\text{sen}\,\theta\,\hat{\jmath}$
>
> $\phantom{\vec{r}} = |\vec{r}|\,(-\cos\theta\,\hat{\imath} - \text{sen}\,\theta\,\hat{\jmath})$.

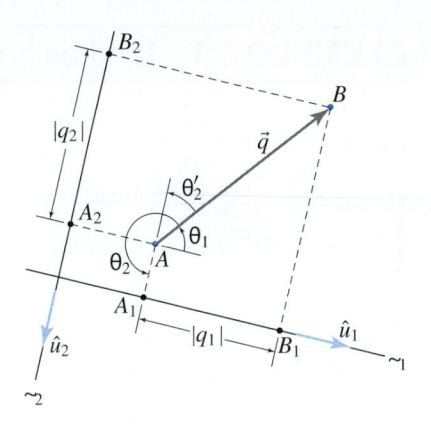

Figura 1.17
Figura 1.12 repetida. Diagrama mostrando as componentes de $\vec{q}$ nas direções de $\hat{u}_1$ e $\hat{u}_2$.

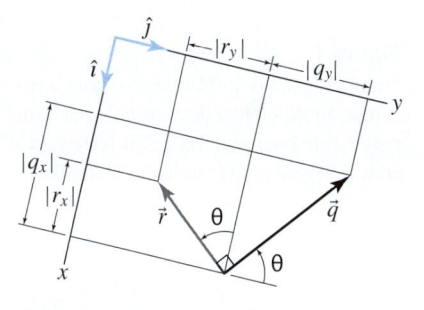

Figura 1.18
Figura 1.13 repetida. Diagrama mostrando as componentes cartesianas do vetor $\vec{q}$, assim como o vetor $\vec{r}$ que é ortogonal a $\vec{q}$.

EXEMPLO 1.1 Vetores posição, vetores posição relativa e componentes

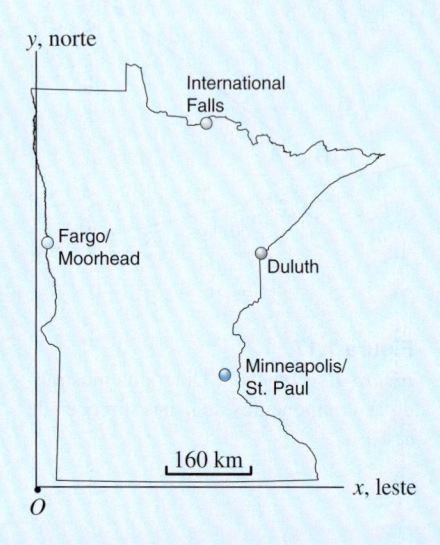

O mapa do estado de Minnesota na Fig. 1 mostra quatro de suas cidades e define um sistema de coordenadas cuja origem está em O. As coordenadas das quatro cidades relativas a O são apresentadas na Tabela 1.3. Assumindo que a Terra é plana e ignorando os erros por causa da projeção cartográfica utilizada, as direções x e y podem ser consideradas leste e norte, respectivamente. Usando as informações da Tabela 1.3, determine

(a) A posição de Duluth (D) relativa a Minneapolis/St. Paul (M), $\vec{r}_{D/M}$.

(b) A orientação, relativa ao norte, da posição de International Falls (I) em relação a Fargo/Moorhead (F).

(c) As componentes (escalares) leste e norte da posição de Fargo/Moorhead em relação a Minneapolis/St. Paul.

(d) A posição do ponto H na metade do caminho entre Minneapolis/St. Paul e Internacional Falls.

Figura 1
Mapa do estado de Minnesota, com a localização de quatro de suas cidades. Um sistema de coordenadas xy ou leste-norte com a origem em O também é definido.

Tabela 1.3 Coordenadas de quatro cidades do estado de Minnesota mostradas na Fig. 1. Todas as coordenadas são relativas à origem O

Cidade	x, leste (km)	y, norte (km)
Minneapolis/St. Paul (M)	348	209
Duluth (D)	417	430
Fargo/Moorhead (F)	18	447
International Falls (I)	314	665

SOLUÇÃO

— Parte (a) —

Roteiro Uma vez que as coordenadas dos pontos D e M estão disponíveis, as componentes de $\vec{r}_{D/M}$ podem ser encontradas usando-se a Eq. (1.16) da p. 11 para calcular a diferença entre as coordenadas de D e M.

Cálculos Considerando a Fig. 2 e a Tabela 1.3 e, em seguida, tomando a diferença entre $\vec{r}_D$ e $\vec{r}_M$, obtemos

$$\vec{r}_{D/M} = \vec{r}_D - \vec{r}_M = (x_D - x_M)\hat{\imath} + (y_D - y_M)\hat{\jmath}$$
$$= [(417 - 348)\hat{\imath} + (430 - 209)\hat{\jmath}]\,\text{km} \qquad (1)$$
$$= (69\,\hat{\imath} + 221\,\hat{\jmath})\,\text{km} = 231{,}5\,\text{km} \, @ \, 72{,}6°\,\triangle,$$

em que $\theta_{D/M} = 72{,}6°$.

Discussão e verificação Considerando a Fig. 2 e aproveitando a escala indicada no mapa, podemos verificar graficamente que nossas respostas estão corretas. Notamos que, neste problema em particular, a resposta dada como um comprimento (231,5 km) e uma direção ($\theta_{D/M} = 72{,}6°$) é provavelmente mais simples para se verificar que a resposta dada em termos de componentes cartesianas, uma vez que poderíamos medir diretamente a distância de Minneapolis/St. Paul para Duluth no próprio mapa.

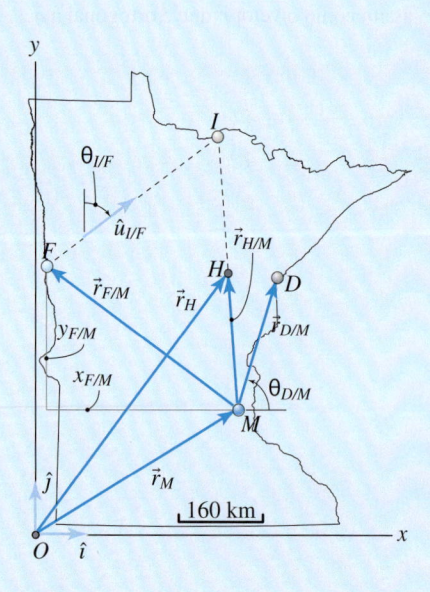

— Parte (b) —

Roteiro Para determinar a orientação de I em relação a F, bastará encontrar o vetor unitário $\hat{u}_{I/F}$ ou o ângulo $\theta_{I/F}$. Para encontrar $\hat{u}_{I/F}$, podemos encontrar $\vec{r}_{I/F}$ e, em seguida, dividir pela sua magnitude (Eq. [1.22] na página 12).

Figura 2
Vetores, projeções e ângulos necessários para calcular as quantidades de interesse.

Cálculos Novamente considerando a Fig. 2 e a Tabela 1.3 e utilizando a Eq. (1.16), o vetor $\hat{u}_{I/F}$ é dado por

$$\hat{u}_{I/F} = \frac{\vec{r}_{I/F}}{|\vec{r}_{I/F}|} = \frac{(314-19)\hat{\imath} + (665-447)\hat{\jmath}}{\sqrt{(314-19)^2 + (665-447)^2}} = 0{,}805\,\hat{\imath} + 0{,}594\,\hat{\jmath}. \qquad (2)$$

Agora, podemos encontrar o ângulo $\theta_{I/F}$ aplicando a Eq. (1.23), que gera

$$\theta_{I/F} = \operatorname{tg}^{-1}\left(\frac{x_{I/F}}{y_{I/F}}\right) = \operatorname{tg}^{-1}\left(\frac{295}{220}\right) = 53{,}3^\circ, \qquad (3)$$

o que seria aproximadamente nordeste.

Discussão e Verificação Como na Parte (a), temos expressado a resposta de duas maneiras diferentes, e a versão dada em termos de um ângulo (i.e., a Eq. [3]), provavelmente, permite uma fácil verificação de que a solução é razoável.

──────────── **Parte (c)** ────────────

Roteiro Para encontrar as componentes leste (x) e norte (y) de $\vec{r}_{F/M}$, podemos usar a Eq. (1.26), da p. 13.

Cálculos Referindo-se à Fig. 2 e usando a Eq. (1.26), encontramos que

$$x_{F/M} = \vec{r}_{F/M} \cdot \hat{\imath} = [(19-348)\hat{\imath} + (447-209)\hat{\jmath}] \cdot \hat{\imath}\, \text{km} = -329\,\text{km}, \qquad (4)$$

$$y_{F/M} = \vec{r}_{F/M} \cdot \hat{\jmath} = [(19-348)\hat{\imath} + (447-209)\hat{\jmath}] \cdot \hat{\jmath}\, \text{km} = 238\,\text{km}, \qquad (5)$$

em que usamos o fato de que $\hat{\imath}\cdot\hat{\imath} = \hat{\jmath}\cdot\hat{\jmath} = 1$ e $\hat{\imath}\cdot\hat{\jmath} = \hat{\jmath}\cdot\hat{\imath} = 0$.

Discusão e verificação Calculamos que Fargo/Moorhead está a 238 km ao norte de Minneapolis/St. Paul e a 329 km a *oeste* (ou seja, -329 km a leste), o que certamente parece razoável de acordo com a figura.

──────────── **Parte (d)** ────────────

Roteiro Como podemos ver na Fig. 2, a posição do ponto H, que está na metade do caminho entre Minneapolis/St. Paul e International Falls, é dada pelo vetor $\vec{r}_H$. A chave para a solução é logo perceber que podemos escrever essa posição como $\vec{r}_H = \vec{r}_M + \vec{r}_{H/M}$.

Cálculos Começamos com a decomposição de $\vec{r}_H$, que é dada por

$$\vec{r}_H = \vec{r}_M + \vec{r}_{H/M}. \qquad (6)$$

Podemos escrever $\vec{r}_{H/M}$ como

$$\vec{r}_{H/M} = \tfrac{1}{2}\vec{r}_{I/M} = \tfrac{1}{2}[(314-348)\hat{\imath} + (665-209)\hat{\jmath}]\,\text{km} = (-17\,\hat{\imath} + 228\,\hat{\jmath})\,\text{km}, \qquad (7)$$

que, quando substituído na Eq. (6), fornece

$$\vec{r}_H = [(348\,\hat{\imath} + 209\,\hat{\jmath}) + (-17\,\hat{\imath} + 228\,\hat{\jmath})]\,\text{km} = (331\,\hat{\imath} + 437\,\hat{\jmath})\,\text{km}, \qquad (8)$$

em que temos usado $\vec{r}_M = (348\,\hat{\imath} + 209\,\hat{\jmath})\,\text{km}$ da Tabela 1.3.

Discussão e verificação Novamente levando-se em consideração a Fig. 2, o resultado da Eq. (8) parece razoável. Além disso, o poder dos vetores começa a entrar em evidência nesta parte do exemplo. Isto é, uma vez obtida a posição de International Falls em relação a Minneapolis/St. Paul, o cálculo da posição a qualquer fração da distância entre as cidades era trivial. Uma vez que foi calculado, a adição vetorial nos permitiu encontrar facilmente a posição do ponto na metade do caminho em relação à origem em O.

EXEMPLO 1.2 Análise dimensional e uso de unidades

Em uma colisão, o para-choque de um carro pode sofrer simultaneamente deformação elástica (i.e. reversível), bem como permanente. Um modelo para a força F transmitida ao carro pelo para-choque é determinado por $F = P + k(s - s_0) + \eta\, ds/dt$, em que $s - s_0$ é a compressão experimentada pelo para-choque e tem dimensão de comprimento, s_0 é uma constante com dimensão de comprimento, e ds/dt é a taxa de variação temporal de s, que tem a dimensão de comprimento sobre o tempo. A quantidade P é a força necessária para deformar permanentemente o para-choque, k é a rigidez do sistema, e k é uma constante que relaciona a força total com a velocidade de deformação. Determine

(a) As dimensões de P, k e η, e

(b) As unidades que essas quantidades teriam nos sistemas americano e SI.

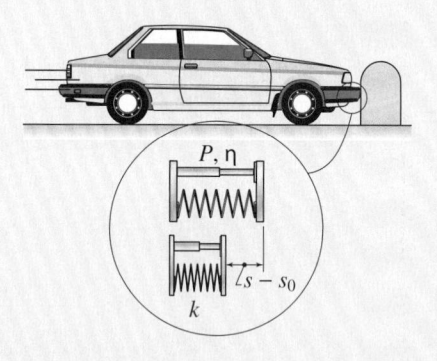

Figura 1
Um carro prestes a colidir com um bloco de concreto.

SOLUÇÃO

──── Parte (a) ────

Roteiro A primeira etapa na análise dimensional é a identificação de uma relação básica, tal como uma lei da natureza, contendo as quantidades para analisar e para as quais as dimensões são conhecidas. Como estamos lidando com a expressão de uma força, podemos usar a Eq. (1.3) da p. 4 como a relação básica. Observe que a lei de força dada consiste na soma de três termos. Para essa soma ser significativa, cada um dos termos em questão deve ter dimensões de força. Chamamos essa propriedade de *homogeneidade dimensional*, e é a chave para resolver o problema dado.

Cálculos Estabelecendo que L, M e T denotam comprimento, massa e tempo, respectivamente. Escrevendo "$[algo]$" para significar as "dimensões de $algo$", na Eq. (1.3), temos

$$[F] = [ma] = [m][a] = M\frac{L}{T^2}. \tag{1}$$

Considerando a lei de força dada, temos

$$[F] = \left[P + k(s - s_0) + \eta\frac{ds}{dt}\right] = [P] + [k(s - s_0)] + \left[\eta\frac{ds}{dt}\right]. \tag{2}$$

> **Alerta de conceito**
>
> **Homogeneidade dimensional.** Ao escrever a Eq. (2), usamos uma propriedade que afirma que "[alguma coisa + alguma outra coisa] = [alguma coisa] + [alguma outra coisa]". Essa propriedade expressa a exigência de que a soma de duas grandezas físicas só faz sentido quando essas grandezas têm as mesmas dimensões. Usando uma linguagem mais formal, dizemos que as quantidades em questão devem satisfazer a *homogeneidade dimensional* ou, de modo equivalente, devem ser *dimensionalmente homogêneas*.

Comparando a Eq. (1) com a Eq. (2) e impondo a homogeneidade dimensional entre elas, vemos que $[P]$, $[k(s - s_0)]$ e $[\eta\, ds/dt]$ devem ser cada um ML/T^2. Portanto, a quantidade P deve ter as dimensões de força. Para o termo k, temos

$$[k(s - s_0)] = [k][s - s_0] = [k]L = M\frac{L}{T^2}, \tag{3}$$

em que usamos o fato de a dimensão de s e s_0 ser L. Simplificando a última igualdade na Eq. (3), temos

$$[k] = \frac{M}{T^2}. \tag{4}$$

Em seguida, considerando o termo com η na Eq. (2), temos

$$\left[\eta\frac{ds}{dt}\right] = [\eta]\left[\frac{ds}{dt}\right] = [\eta]\frac{L}{T} = M\frac{L}{T^2}, \tag{5}$$

em que usamos o fato de as dimensões de ds/dt serem L/T. Simplificando a última igualdade na Eq. (5), temos

$$[\eta] = \frac{M}{T}. \tag{6}$$

Discussão e verificação A exatidão da nossa análise dimensional no caso de P é aparente, já que P deve ter as dimensões de uma força. No caso de k e η, podemos verificar a veracidade da nossa solução substituindo essas quantidades de volta na expressão para F. Esse procedimento confirma que as dimensões de k e η estão corretas.

Parte (b)

Roteiro Para resolver a Parte (b) do problema, é preciso comparar as dimensões obtidas na Parte (a) com as suas respectivas unidades de acordo com as convenções estabelecidas pelos sistemas americano e SI. Para isso, precisamos apenas olhar para a Tabela 1.1 na p. 14.

Cálculos Como P tem as mesmas dimensões de uma força, suas unidades SI podem simplesmente ser dadas por N (newtons) ou, utilizando as unidades-base do sistema SI, kg · m/s². Já no sistema americano, P é medido em lb (libras).

Uma vez que as dimensões de k são massa sobre o quadrado do tempo, as unidades correspondentes são kg/s² no sistema SI. Observe que, no sistema SI, as unidades de k também podem ser expressas como N/m.

Lembrando que η tem dimensões de massa sobre o tempo, as unidades de η são kg/s no sistema SI.

Todos esses resultados estão resumidos na Tabela 1.4.

Tabela 1.4 Resumo da solução para a segunda parte do problema

Grandeza	Unidades SI
P	N ou kg · m/s²
k	kg/s² ou N/m
η	kg/s

Discussão e verificação A exatidão dos nossos resultados pode ser verificada por meio da substituição das unidades com as dimensões a que correspondem. Por exemplo, para P temos que as dimensões correspondentes à unidade de newton são aquelas de uma força, ou seja, ML/T^2, que são as dimensões de P obtidas na Parte (a) da solução do problema. Repetindo esse processo para as outras quantidades e para ambos os sistemas, americano e SI, vemos que nossos resultados estão, de fato, corretos.

EXEMPLO 1.3 Análise dimensional e conversão de unidades

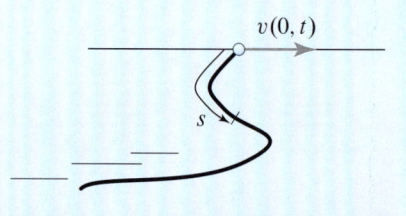

Figura 1
Uma corda em movimento com uma das extremidades sendo arrastada.

Fato interessante

Os engenheiros estão realmente interessados no movimento das cordas? A resposta é: "Na verdade, sim!". Os modelos altamente detalhados de objetos físicos reais tendem a ser bastante complicados, difíceis de resolver do ponto de vista numérico e muitas vezes difíceis de interpretar. Portanto, antes de mergulhar na complexidade dos modelos altamente detalhados, tanto físicos como engenheiros tendem a "simplificar coisas" e modelar sistemas reais como objetos simples, tais como cordas (ou vigas). Modelos simples podem ser muito eficazes em capturar o comportamento essencialmente físico de objetos físicos reais e, dessa forma, dar-nos indicações úteis sobre o mundo físico.

Ao estudar o movimento de uma corda, determinamos que a velocidade dos vários pontos ao longo da corda é dada pela função

$$v(s, t) = \alpha + \beta t^2 - \gamma s + \delta \frac{s}{t}, \quad (1)$$

em que s é a coordenada de pontos ao longo da corda, t é o tempo, e α, β, γ e δ são constantes.

Quais são as dimensões de α, β, γ e δ?

SOLUÇÃO

Roteiro Já que as dimensões da velocidade são L/T (com as unidades correspondentes de m/s no SI e ft/s no sistema americano), as dimensões de cada termo do lado direito da Eq. (1) devem também ser L/T.

Cálculos Começando com $[\alpha]$, que deve ter as mesmas dimensões que as da velocidade v; então, elas são simplesmente L/T. Quanto a $[\beta]$, sabemos que

$$[\beta t^2] = [\beta]T^2 = L/T \quad \Rightarrow \quad [\beta] = L/T^3. \quad (2)$$

Para encontrar $[\gamma]$, vamos proceder como na Eq. (2) para obter

$$[\gamma s] = [\gamma]L = L/T \quad \Rightarrow \quad [\gamma] = 1/T. \quad (3)$$

Finalmente, $[\delta]$ é obtido da mesma forma como

$$\left[\delta \frac{s}{t}\right] = [\delta]L/T = L/T \quad \Rightarrow \quad [\delta] \text{ é adimensional.} \quad (4)$$

Discussão e verificação A verificação dos resultados para α é imediata, já que nenhum cálculo foi realizado para obtê-los. No caso de β, γ e δ, substituindo os resultados nas Eqs. (2)-(4), vemos que os nossos resultados estão corretos.

Capítulo 1 Preparando o cenário para o estudo da dinâmica 23

──── PROBLEMAS ────

Problema 1.1

Determine $(r_{B/A})_x$ e $(r_{B/A})_y$, os componentes x e y do vetor $\vec{r}_{B/A}$, de modo a ser possível escrever $\vec{r}_{B/A} = (r_{B/A})_x \,\hat{\imath} + (r_{B/A})_y \,\hat{\jmath}$.

Problema 1.2

Se o sentido positivo da linha ℓ é de D para C, encontre a componente do vetor $\vec{r}_{B/A}$ ao longo de ℓ.

Problema 1.3

Encontre os componentes de $\vec{r}_{B/A}$ ao longo dos eixos p e q.

Problema 1.4

Determine expressões para o vetor $\vec{r}_{B/A}$ usando ambos os sistemas de coordenadas xy e pq. Em seguida, determine $|\vec{r}_{B/A}|$, a magnitude de $\vec{r}_{B/A}$, usando ambas as representações xy e pq, e estabeleça se os dois valores para $|\vec{r}_{B/A}|$ são iguais ou não.

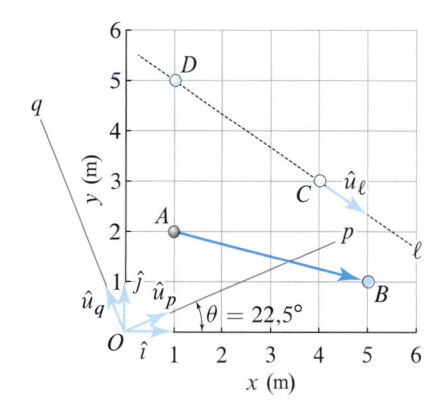

Figura P1.1-P1.5

Problema 1.5

Suponha que você fosse calcular as quantidades $|\vec{r}_{B/A}|_{xy}$ e $|\vec{r}_{B/A}|_{pq}$, isto é, a magnitude do vetor $\vec{r}_{B/A}$ calculada utilizando as coordenadas xy e pq, respectivamente. Você espera que esses dois valores escalares sejam iguais ou diferentes? Por quê?
Nota: Problemas conceituais são sobre *explicações*, não sobre cálculos.

Problema 1.6

A medida de ângulos em radianos é definida de acordo com a seguinte relação: $r\theta = s_{AB}$, em que r é o raio do círculo e s_{AB} denota o comprimento do arco circular. Determine as dimensões do ângulo θ.

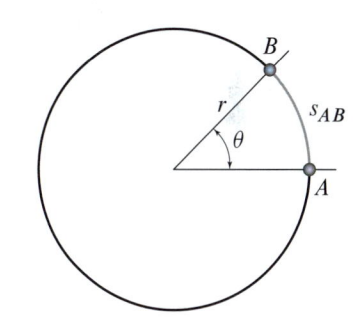

Figura P1.6

Problema 1.7

Um oscilador simples consiste em uma mola linear fixa em uma extremidade e uma massa ligada à outra extremidade, que é livre para se mover. Suponha que o movimento periódico de um oscilador simples é descrito pela relação $y = Y_0 \operatorname{sen}(2\pi\omega_0 t)$, em que y tem unidades de comprimento e indica a posição vertical do oscilador, Y_0 é chamada de amplitude de oscilação, ω_0 é a frequência de oscilação, e t é o tempo. Lembrando que o argumento de uma função trigonométrica é um ângulo, determine as dimensões de Y_0 e ω_0, bem como as respectivas unidades em ambos os sistemas, SI e americano.

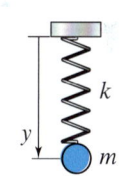

Figura P1.7

Problema 1.8

Para estudar o movimento de uma estação espacial, a estação pode ser modelada como um corpo rígido e as equações que descrevem seu movimento podem ser escolhidas para ser as equações de Euler, que são lidas

$$M_x = I_{xx}\,\alpha_x - \left(I_{yy} - I_{zz}\right)\omega_y\,\omega_z,$$

$$M_y = I_{yy}\,\alpha_y - (I_{zz} - I_{xx})\,\omega_x\,\omega_z,$$

$$M_z = I_{zz}\,\alpha_z - \left(I_{xx} - I_{yy}\right)\omega_x\,\omega_y.$$

Nas equações anteriores, M_x, M_y e M_z denotam as componentes x, y e z dos momentos aplicados ao corpo;[18] ω_x, ω_y e ω_z denotam as componentes correspondentes da veloci-

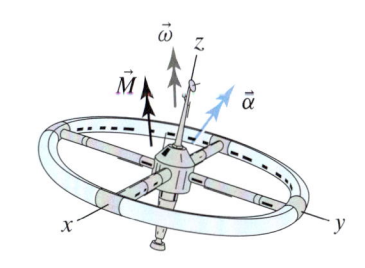

Figura P1.8

---

[18] O sistema xyz utilizado nas equações de Euler é um sistema especial que se move com o corpo, mas, para o propósito da solução do problema, bastará dizer que ele consiste em três eixos ortogonais entre si.

dade angular do corpo, em que a velocidade angular é definida como a taxa de variação temporal de um ângulo; α_x, α_y e α_z denotam as componentes correspondentes da aceleração angular do corpo, em que a aceleração angular é definida como a taxa de variação temporal de uma velocidade angular. As quantidades I_{xx}, I_{yy} e I_{zz} são chamadas de *momentos principais de inércia de massa* do corpo. Determine as dimensões de I_{xx}, I_{yy} e I_{zz} e as suas unidades em ambos os sistemas, SI e americano.

Problema 1.9

A força de sustentação F_L gerada pelo fluxo de ar que se move sobre uma asa é frequentemente expressa como segue:

$$F_L = \tfrac{1}{2}\rho v^2 C_L(\theta) A, \tag{1}$$

em que ρ, v e A indicam a densidade da massa do ar, a velocidade do ar (em relação à asa) e a área de superfície nominal da asa, respectivamente. A quantidade C_L é chamada de *coeficiente de sustentação*, e é uma função do ângulo de ataque θ da asa. Determine as dimensões de C_L e as suas unidades no sistema SI.

Problema 1.10

As palavras *unidades* e *dimensões* são sinônimas?
Nota: Problemas conceituais são sobre *explicações*, e não sobre cálculos.

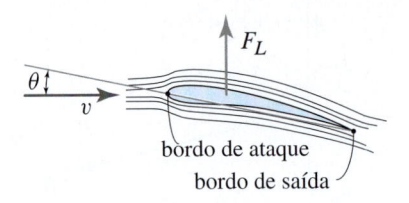

Figura P1.9

1.3 DINÂMICA E PROJETO DE ENGENHARIA[19]

Projetar é o objetivo fundamental de todos os esforços da engenharia. Embora não haja uma definição única para "projeto de engenharia", para nossos propósitos, ele pode ser pensado como o processo que culmina na especificação de como um *sistema* deve ser produzido, de forma que as *necessidades* e *requisitos* identificados no processo de concepção sejam satisfeitos. O "sistema" a que nos referimos pode ser tão simples como um parafuso ou tão complexo como as missões Apollo. A necessidade pode ser a de manter duas placas de aço unidas ou levar um homem à Lua. Os requisitos a que nos referimos podem ser técnicos, ambientais, políticos, financeiros, entre outros.

Uma das coisas difíceis sobre projeto de engenharia é que nem o processo utilizado para chegar ao projeto final, nem o resultado final do projeto são únicos (em contraste com uma típica lição de casa ou um problema de prova que lhe foi dado, em que há apenas *uma* resposta correta). Em geral, há muitos (às vezes, um número infinito) projetos que satisfarão as exigências da maioria das especificações de projeto.

No processo do projeto, os mecanicistas[20] geralmente se interessam pela determinação de uma variedade de respostas mecânicas, tais como deflexão, pressão, tensão, deformação e temperatura em máquinas ou estruturas em virtude das forças aplicadas. Os mecanicistas também se preocupam em relacionar essas respostas à previsão da vida de fadiga, durabilidade e segurança de uma estrutura ou máquina, bem como na escolha de materiais e processos de fabricação. A dinâmica desempenha um papel importante nessa determinação, já que as acelerações são uma causa importante de forças em sistemas mecânicos (por meio das equações desenvolvidas por Newton e Euler).

Existem vários métodos para estruturar o processo de projeto. Independentemente do método, o processo de projeto deve ser feito de forma iterativa com a identificação das necessidades, a definição das prioridades, a tomada de decisões de valor e, ainda, tirando vantagem das leis da física para desenvolver uma boa solução que otimize os objetivos desde que satisfaça as restrições que foram identificadas. Ao progredir nos estudos da área que escolheu, você aprenderá sobre procedimentos estruturados e padrões para projetos, incluindo informações sobre os padrões de desempenho, normas de segurança e códigos de projeto. Por enquanto, vamos nos concentrar na parte do processo de projeto que pode ser introduzida com base no seu conhecimento de cálculo, estática e dinâmica.

Figura 1.19
Carga dinâmica devido à interação da estrutura com o vento, que desempenhou um papel crucial para o colapso da ponte Tacoma Narrows em 7 de novembro de 1940.

Objetivos do projeto

No mínimo, um produto de projeto mecânico deve:

1. Cumprir as metas do projeto.
2. Não falhar durante o uso normal.
3. Minimizar os riscos.
4. Tentar antecipar e considerar todas as utilizações previsíveis.
5. Ser cuidadosamente documentado e arquivado.

Além disso, um projeto deve também levar em consideração:

- Custo de fabricação, compra e direito de propriedade.

---

[19] Veja D. G. Ullman, *The Mechanical Design Process*, 3ª edição, McGraw-Hill, 2003, para um tratamento completo de projeto.

[20] *Mecanicistas* são pessoas que, profissionalmente, se ocupam dos estudos da mecânica. *Mecânicos* são pessoas que consertam carros ou outras máquinas.

- Facilidade de fabricação e manutenção.
- Eficiência energética na fabricação e uso.
- Impacto sobre o meio ambiente em sua fabricação, uso e obsolescência.

O objetivo deste livro não é ensinar a projetar na engenharia, mas vamos apresentar-lhe alguns dos seus aspectos. Aqueles a que daremos mais ênfase são a *modelagem de sistemas* e os *estudos paramétricos* associados. De fato, pode-se argumentar que a dinâmica é sobre a modelagem de um sistema mecânico e, em seguida, o estudo do seu comportamento quando os parâmetros do sistema são modificados.

Modelagem de sistemas

No que diz respeito à dinâmica, vamos considerar a *modelagem* como o processo de tradução da "vida real" em equações matemáticas com a finalidade de fazer previsões sobre o comportamento do modelo. A boa notícia é que, depois de aprender a modelar sistemas mecânicos, você terá uma ferramenta muito poderosa à sua disposição. A má notícia é que o processo de modelagem não é fácil para a maioria dos estudantes, e só é dominada após *muita* prática.

Ao criar modelos, temos que lembrar que eles *não* são representações exatas da realidade, mas fornecem (esperamos) informações suficientes para nos dizer algo significativo sobre os sistemas físicos reais. Por exemplo, um avião comercial como um todo, e as asas em particular, sofrem significativa flexão e torção durante o voo. No entanto, na construção de um modelo de desempenho de um avião, normalmente começamos assumindo que o avião é um objeto perfeitamente rígido. Supor que um avião é um objeto rígido nos permite simplificar as equações do nosso modelo e, mais diretamente, fazer previsões sobre o comportamento do avião para uma ampla gama de condições de voo. Com base nessas previsões, podemos então refinar o modelo para estudar o comportamento do avião em circunstâncias em que o cálculo da deformação do avião é imperativo. O ponto de partida de qualquer modelo que criamos dependerá da quantidade e do tipo de informação que desejamos obter a partir dele.

Em geral, uma vez que um modelo é criado, você deve comparar as previsões do modelo com os dados obtidos a partir do sistema real. Se o comportamento do sistema previsto pelo modelo está de acordo com o comportamento real do sistema, então, dentro das premissas utilizadas para criar o modelo, você tem alguma confiança bem fundada para usar esse modelo para fazer outras previsões do comportamento do sistema. Se eles não estiverem de acordo, você deve voltar para o seu modelo e determinar o que precisa ser melhorado.

Nem sempre é possível comparar os resultados de um modelo com os resultados de um teste de laboratório. Por exemplo, quando os engenheiros estão criando um novo tipo de avião, eles não podem, por motivos financeiros e/ou restrições de tempo, construir um protótipo para cada projeto que criam e testá-lo para que os resultados possam ser comparados com as previsões do modelo. Eles devem usar a experiência obtida a partir de modelos e projetos anteriores e extrapolar, indo além sua experiência e conhecimento de engenharia e de física para criar um novo sistema. Na verdade, quando novos aviões comerciais ou militares são projetados, os primeiros protótipos construídos são geralmente aqueles de voo-teste; não há etapas intermédias.

Informações úteis

Modelagem e equações diferenciais. Começando no Capítulo 3, você verá que os modelos de sistemas mecânicos geralmente consistem em sistemas de equações algébricas ou de sistemas de equações diferenciais ordinárias. Na verdade, a segunda lei de Newton é uma equação diferencial ordinária de segunda ordem, portanto, não é difícil imaginar que, sempre que aplicamos a segunda lei de Newton, prevemos obter uma equação diferencial que precisa ser resolvida.

Partícula e corpo rígido como modelos

A física nos diz que os objetos são formados por uma multidão surpreendente de partículas elementares. Por exemplo, um cálculo rápido indica que 1 mol de ferro, que tem uma massa de 55,844 g e se encaixa muito confortavelmente dentro de um cubo com lados de 2 centímetros de comprimento, tem $6,022 \times 10^{23}$ átomos ($6,022 \times 10^{23}$ átomos/mol é o número de Avogadro). Cada átomo consiste em uma série de entidades (elétrons, prótons e nêutrons), que, por sua vez, consistem em outras partes (p. ex., os quarks). Essa constatação leva à seguinte pergunta: É necessário explicar a existência de todas essas partículas para descrever o movimento de um objeto do tamanho de um carro ou até mesmo do tamanho de um cabelo humano? A resposta depende de o quanto é necessário ser exato e, mais importante ainda, das informações de que precisamos do nosso modelo. Felizmente, na maioria das aplicações de engenharia, mesmo para sistemas que operam em escala nanométrica (1 nm é uma medida aproximada de um comprimento de cadeia de três átomos), um satisfatório grau de exatidão pode ser conseguido sem se recorrer aos modelos avançados de física atômica ou subatômica. Na verdade, respostas muito boas podem ser obtidas por meio de uma gama extremamente grande de escalas de comprimento/tempo, utilizando dois modelos muito simples: (1) a *partícula* (definida na Seção 1.2 na p. 9) e (2) o *corpo rígido* (definido na Seção 1.2 na p. 9). Este livro inteiro é dedicado ao uso desses dois modelos fundamentais de sistemas mecânicos para prever forças e movimentos, bem como sua relação. Em outras disciplinas, como mecânica de materiais, você aprenderá sobre novos modelos em que os corpos são considerados deformáveis e, assim, não são nem uma partícula nem um corpo rígido.

Informações úteis

O quanto uma partícula pode ser grande? Uma partícula é geralmente definida para ter volume nulo e, portanto, ocupar apenas um ponto no espaço. No entanto, muitas vezes idealizamos objetos da vida real, tais como caminhões, aviões e planetas, como partículas! A exatidão dessa escolha de modelagem depende se a rotação do objeto, entendida como uma mudança na orientação do objeto em relação a alguma referência escolhida, pode ou não ser negligenciada. Quando as rotações podem ser desprezadas, a modelagem de um objeto como uma partícula, mesmo que o objeto seja muito grande, é legítima. Isso será visto em detalhes nos Capítulos 2, 3, 7 e 10.

Fato interessante

Corpos rígidos realmente existem? Todos os objetos na natureza são deformáveis, portanto, não existem corpos verdadeiramente rígidos. No entanto, muitos objetos são suficientemente rígidos ou mantêm sua forma de modo que uma idealização de corpo rígido é significativa. Além disso, mesmo quando se trata de um objeto flexível, como uma asa de avião, a análise como corpo rígido é útil, como um primeiro nível de aproximação, para modelar o sistema com a finalidade de estimar cargas.

Cinemática da partícula 2

A cinemática estuda a *geometria do movimento*, sem se referir às causas do movimento. Ela está enraizada na álgebra vetorial e no cálculo, e para muitos "olha e sente como a matemática". A cinemática é essencial para a aplicação da segunda lei de Newton, $\vec{F} = m\vec{a}$, visto que ela nos permite descrever $\vec{a}$ em $\vec{F} = m\vec{a}$. Infelizmente, apenas escrever $\vec{F} = m\vec{a}$ não nos diz como algo se move; apenas descreve a relação entre força e aceleração. Em geral, nós também queremos saber o *movimento* de uma partícula, em que por *movimento* entendemos "todas as posições ocupadas por um objeto ao longo do tempo". É a cinemática que nos permite traduzir $\vec{a}$ no *movimento* de um ponto usando o cálculo. É por isso que neste capítulo estudaremos os conceitos de posição, velocidade e aceleração e como essas grandezas estão relacionadas entre si. Além disso, aprenderemos como escrever posição, velocidade e aceleração nos vários sistemas de componentes mais comumente utilizados na dinâmica.

2.1 POSIÇÃO, VELOCIDADE, ACELERAÇÃO E COORDENADAS CARTESIANAS

Rastreamento de movimento ao longo de uma pista de corrida

Um sistema de rastreamento de movimento, como os utilizados por redes de televisão durante eventos esportivos para a análise do movimento de uma bola de futebol, ou um disco de hóquei, pode ser usado para analisar o movimento de carros de corrida ao longo de pistas, como a da Fig. 2.1. Duas das câmeras, C e D, que fazem parte do sistema de rastreamento são mostradas na Fig. 2.2.

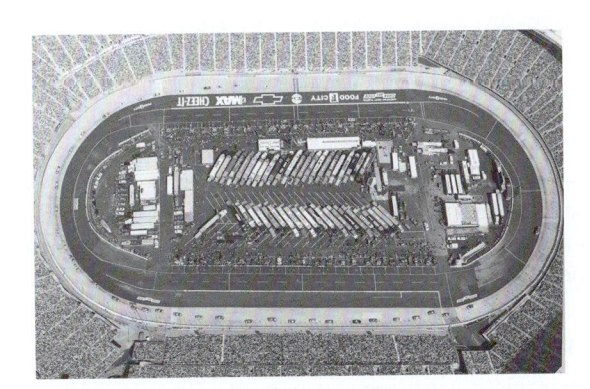

Figura 2.1 Uma pista de corrida de carros.

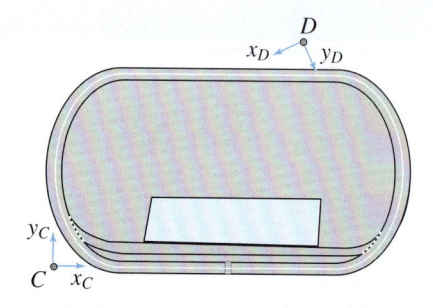

Figura 2.2
Câmeras de rastreamento C e D. As setas em uma câmera indicam as direções do sistema de componentes cartesianas usadas pela câmera.

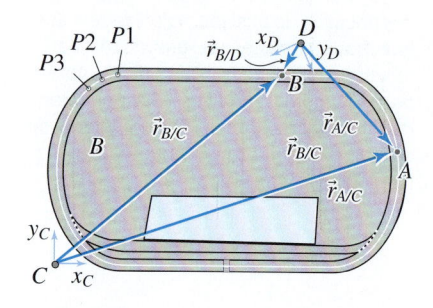

As câmeras podem seguir um carro e medir a distância até ele. As informações do rastreamento são então inseridas em um analisador de movimento, que as registra como na Tabela 2.1, isto é, como coordenadas obtidas em intervalos regulares de tempo. Essas coordenadas são relativas aos eixos indicados na Fig. 2.2. Como podemos usar os dados fornecidos para saber quão rápido um carro está se movendo e a qual aceleração o carro está sujeito?

Tabela 2.1 Coordenadas cartesianas de um carro durante uma corrida de teste (apenas os dados das câmeras C e D são informados). O sistema é capaz de medir o tempo em intervalos de 0,01 s e distâncias de 30 mm

Posição	Tempo (s)	(x_C, y_C) (m)	(x_D, y_D) (m)
A	42,53	(339,8; 109,9)	(-43,8; 133,3)
B	45,76	(220,4; 181,1)	(29,6; 20,3)
$P1$	48,87	(59,6; 180,7)	(175,6; -47,2)
$P2$	49,26	(44,4; 176,1)	(191,4; -49,5)
$P3$	49,66	(31,2; 167,3)	(207,0; -47,0)

Começaremos observando que as localizações de um carro podem ser representadas por setas indo da câmera que as gravou aos locais em questão (veja a Fig. 2.3). Isso sugere que podemos usar *vetores* para descrever as posições dos pontos. Como pode ser visto na Fig. 2.3, a intensidade e direção desses vetores dependem do ponto de referência (ou seja, da câmera) que as define.

A ideia de velocidade deriva do cálculo da razão entre uma mudança de posição e o intervalo de tempo abrangido por essa mudança de posição. Portanto, poderíamos medir a velocidade de um carro calculando a diferença entre os pares de coordenadas de duas linhas consecutivas na Tabela 2.1 e dividindo pela diferença de tempo correspondente. Essa operação levanta várias questões: Se tomarmos as diferenças entre duas posições e então dividirmos pelo intervalo de tempo correspondente, estamos calculando a velocidade em um *local específico* ou estamos calculando a velocidade durante alguma *série de posições*? Podemos sempre falar sobre "a velocidade de um carro em algum local específico"? Se a posição é descrita por um vetor, a velocidade também é descrita por um vetor? Será que devemos esperar que os dois vetores velocidade medidos por duas câmeras diferentes sejam diferentes, já que os vetores posição relativos a essas câmeras são diferentes?

As questões levantadas estão na essência da *cinemática* e nos dizem que, para lidar com qualquer aplicação de engenharia relativa à descrição do movimento, precisamos de definições rigorosas dos conceitos de posição, velocidade e aceleração. No restante desta seção, veremos que os vetores desempenham um papel fundamental em como podemos definir a posição, velocidade e aceleração, e como podemos interpretar corretamente as informações fornecidas por pontos de referência de observação múltipla. Após definirmos formalmente posição, velocidade e aceleração, voltaremos ao problema de rastreamento do carro para fornecer aplicações concretas a nossas definições.

Figura 2.3
Vetores posição de um carro em dois tempos distintos. Os vetores $\vec{r}_{A/C}$ e $\vec{r}_{B/C}$ descrevem a posição de um carro nos tempos $t_1 = 42,53$ s e $t_2 = 45,76$ s, respectivamente, como visto pela câmera C (veja a Tabela 2.1). Da mesma forma, $\vec{r}_{A/D}$ e $\vec{r}_{B/D}$ são as posições do *mesmo* carro e os tempos relativos à câmera D.

A notação para derivadas no tempo

Ao estudar a cinemática, estaremos escrevendo derivadas com relação ao tempo tantas vezes que é conveniente ter uma notação abreviada. Se $f(t)$ é uma função do tempo, escrevemos um ponto sobre ela para denotar $df(t)/dt$. Além disso, o *número* de pontos sobre uma grandeza indica a ordem da derivada; isto é,

$$\dot{f}(t) = \frac{df(t)}{dt}; \quad \ddot{f}(t) = \frac{d^2f(t)}{dt^2}; \quad \dddot{f}(t) = \frac{d^3f(t)}{dt^3}; \quad \text{etc.} \quad (2.1)$$

Vetor posição

A Fig. 2.4 mostra um ponto P em movimento e um sistema de coordenadas com origem em O. Definimos o *vetor posição* de P no tempo t (em relação à origem O) como o *vetor* $\vec{r}_P(t)$ que vai de O para P no tempo t. Em duas dimensões (a Seção 2.8 na p.154 abrange o caso tridimensional) e utilizando componentes cartesianas, temos

$$\vec{r}_P(t) = x_P(t)\,\hat{\imath} + y_P(t)\,\hat{\jmath}, \quad (2.2)$$

em que, conforme discutido na Seção 1.2. uma seta sobre uma letra denota um vetor, e, um "chapéu" sobre uma letra, um vetor unitário.

A magnitude de $\vec{r}_P(t)$ é a distância entre P e O, que pode ser calculada como

$$|\vec{r}_P(t)| = \sqrt{x_P^2(t) + y_P^2(t)}. \quad (2.3)$$

A direção do vetor $\vec{r}_P(t)$ é o da linha de orientação que vai de O para P.

A noção de posição não tem sentido sem a especificação de um ponto de referência em relação à posição que é medida. Em geral, entende-se que a posição é medida em relação à origem de um sistema de coordenadas. Se o ponto de referência não é a origem de um sistema de coordenadas, ou se vários sistemas de coordenadas são utilizados simultaneamente, então usamos a notação introduzida na Seção 1.2 (veja a Eq. [1.16] na p. 11) para indicar a posição de um ponto *em relação* a outro. Por exemplo, se voltarmos ao problema de rastreamento de movimento e recorrermos à Fig. 2.3, bem como à Tabela 2.1, em $t = 42{,}53$ s, a posição do carro em A em relação às câmeras C e D é dada pelos dois vetores

$$\vec{r}_{A/C}(42{,}53\,\text{s}) = (334{,}8\,\hat{\imath}_C + 109{,}9\,\hat{\jmath}_C)\,\text{m}, \quad (2.4)$$

$$\vec{r}_{A/D}(42{,}53\,\text{s}) = (-43{,}8\,\hat{\imath}_D + 133{,}3\,\hat{\jmath}_D)\,\text{m}. \quad (2.5)$$

Embora os vetores $\vec{r}_{A/C}$ e $\vec{r}_{A/D}$ sejam diferentes um do outro, ambos nos dizem onde o carro está no instante especificado no tempo.

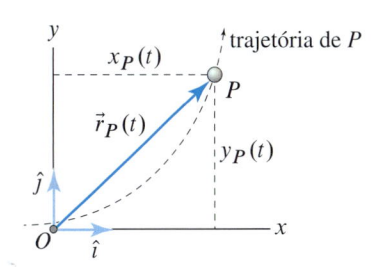

Figura 2.4
Um ponto P em movimento e sua trajetória (ou caminho).

Alerta de conceito

Posição é um *vetor*. A posição de um ponto P, em relação a um ponto de referência escolhido, define um vetor com (1) magnitude igual à distância entre P e o ponto de referência e (2) direção definida pela linha de orientação que vai do ponto de referência até o ponto P.

Alerta de conceito

Trajetória e tempo. Embora a trajetória seja a linha traçada por um ponto ao mover-se, ela não nos diz coisa alguma sobre a quantidade de tempo que levou para percorrer uma distância específica ao longo da trajetória – que depende da *rapidez*.

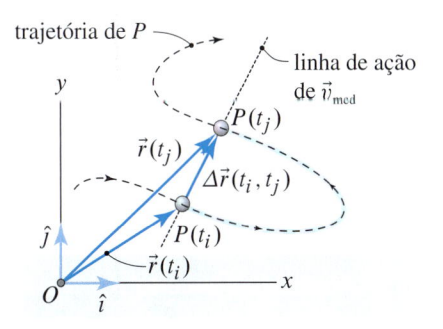

Trajetória

A *trajetória* de um ponto em movimento é a linha traçada através do espaço pelo ponto durante seu movimento. *Caminho* e *curva espacial* são sinônimos de *trajetória*.

Quanto à Fig. 2.3, a trajetória de um carro que anda ao redor da pista é, de modo genérico, a pista em si. Observemos que um carro pode continuar correndo ao redor da pista, mas utilizando quantias diferentes de tempo para voltas diferentes. Isso significa que a trajetória de um objeto por si só não pode nos dizer coisa alguma sobre quão rápido um objeto se move.

Vetor velocidade e rapidez

Vetor deslocamento. Os vetores $\vec{r}(t_i)$ e $\vec{r}(t_j)$ na Fig. 2.5 são as posições de um ponto P nos tempos t_i e t_j, respectivamente, com $t_j > t_i$. Definimos

Figura 2.5
Deslocamento de um ponto entre os tempos t_i e t_j, com $t_j > t_i$. A distância percorrida por P entre t_i e t_j está destacada em amarelo.

o *deslocamento* (ou *mudança de posição*) de P entre t_i e t_j como o vetor $\Delta\vec{r}(t_i, t_j) = \vec{r}(t_j) - \vec{r}(t_i)$. Em geral, o comprimento de $\Delta\vec{r}(t_i, t_j)$ *não* mede a distância percorrida por P entre t_i e t_j (destacada em amarelo na Fig. 2.5). Isso se deve ao fato de a distância percorrida entre t_i e t_j depender da geometria da trajetória de P enquanto $\Delta\vec{r}(t_i, t_j)$ depende apenas de $\vec{r}(t_i)$ a $\vec{r}(t_j)$, sem se referir *à* forma como P passou de uma posição para a outra!

Vetor velocidade média. Definimos o *vetor velocidade média* de P durante o intervalo de tempo (t_i, t_j) como

$$\vec{v}_{\text{med}}(t_i, t_j) = \underbrace{\frac{1}{t_j - t_i}}_{\text{escalar}} \underbrace{\left[\vec{r}(t_j) - \vec{r}(t_i)\right]}_{\text{vetor}} = \frac{\Delta\vec{r}(t_i, t_j)}{t_j - t_i}. \qquad (2.6)$$

Observe que os vetores $\vec{v}_{med}(t_i, t_j)$ e $\Delta\vec{r}(t_i, t_j)$ têm o mesmo sentido, pois o termo $1/(t_j - t_i)$ na Eq. (2.6) é um escalar positivo.

Vetor velocidade. Considerando a velocidade média durante um intervalo de tempo $(t, t + \Delta t)$, definimos o *vetor velocidade* no tempo t como

$$\vec{v}(t) = \lim_{\Delta t \to 0} \vec{v}_{\text{med}}(t, t + \Delta t) = \lim_{\Delta t \to 0} \frac{\Delta\vec{r}(t, t + \Delta t)}{(t + \Delta t) - t}. \qquad (2.7)$$

Do cálculo sabemos que o segundo limite na Eq. (2.7) é a derivada de $\vec{r}(t)$ em relação ao tempo, de forma que o vetor velocidade é normalmente escrito como

$$\boxed{\vec{v}(t) = \frac{d\vec{r}(t)}{dt} = \dot{\vec{r}}(t),} \qquad (2.8)$$

ou seja, o *vetor velocidade é a taxa temporal da variação do vetor posição.*

Rapidez. A *rapidez* de um ponto é definida como a *magnitude de sua velocidade*:

$$\boxed{v(t) = |\vec{v}(t)|.} \qquad (2.9)$$

Portanto, por definição, a *rapidez é uma grandeza escalar que nunca é negativa.*

O vetor velocidade é *sempre* tangente à trajetória. O vetor velocidade possui uma propriedade importante: *o vetor velocidade em um ponto ao longo da trajetória é tangente à trajetória nesse ponto!* Para verificar isso, lembre-se de que, após a Eq. (2.6), observamos que a velocidade média entre dois instantes de tempo, digamos, t e $t + \Delta t$, tem a mesma direção do vetor deslocamento $\Delta\vec{r}(t, t + \Delta t)$. A Fig. 2.6 mostra que, enquanto $\Delta t \to 0$, o vetor $\Delta\vec{r}(t, t + \Delta t)$ torna-se *tangente* à trajetória, tornando assim o vetor velocidade tangente à trajetória na posição $\vec{r}(t)$.

Propriedades adicionais do vetor velocidade. Agora podemos voltar e responder a algumas das questões levantadas pelo problema de rastreamento do carro. Especificamente, se, utilizando a Tabela 2.1, calculamos a razão entre uma variação de posição e o intervalo de tempo correspondente, então (1) agora sabemos que o que estamos realmente calculando é a *velocidade média* do carro e (2) a velocidade média não pode ser dita como pertencente a uma posição específica dentro do intervalo de tempo considerado. Também podemos responder à pergunta sobre se os dados coletados a partir de duas câmeras dife-

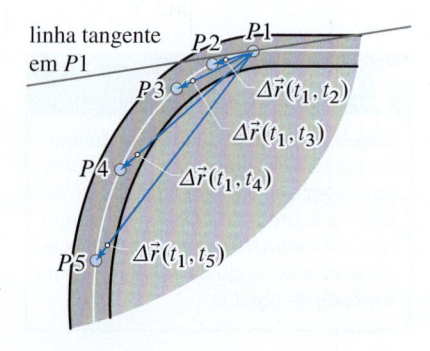

Figura 2.6
Vetores deslocamento $\Delta\vec{r}(t_i, t_j)$ entre a posição temporal P1 no instante t_1 e posições subsequentes e tempos Pi em t_i, i = 2, 3, 4, 5.

> **Alerta de conceito**
>
> **Vetor velocidade.** O *vetor* velocidade é um *vetor* porque é a taxa temporal de variação do vetor posição.

> **Alerta de conceito**
>
> **Direção dos vetores velocidade.** Um dos conceitos mais importantes da cinemática é que a velocidade de uma partícula é sempre tangente à trajetória da partícula.

rentes produzem vetores velocidade diferentes ou não. Observe que o vetor $\Delta\vec{r}$ (t_A, t_B) na Fig. 2.7, entre as posições A e B, ou seja, entre os tempos $t_A = 42,53$ s e $t_B = 45,76$ s, respectivamente, é o mesmo se medido a partir da câmera C ou da câmera D. Devido ao fato de as câmeras C e D não se moverem uma em relação a outra, podemos então concluir que a velocidade de um carro (média ou não) é independente do sistema de referência utilizado para medi-la. São as *componentes* do vetor velocidade que variam de um quadro para outro, e não o vetor velocidade em si. Por exemplo, utilizando a Tabela 2.1 e a Eq. (2.6), podemos escrever

$$\vec{v}_{\text{med}}(t_A, t_B) = \underbrace{(-35,42 \ \hat{i}_C + 22,04 \ \hat{j}_C)\,\text{m/s}}_{\text{câmera } C} = \underbrace{(22,72 \ \hat{i}_D - 34,98 \ \hat{j}_D)\,\text{m/s}}_{\text{câmera } D}. \quad (2.10)$$

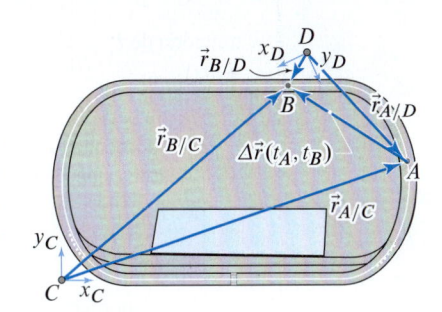

Figura 2.7
O vetor deslocamento $\Delta\vec{r}(t_A, t_B)$ é o mesmo para ambas as câmeras.

Claramente, as componentes de $\vec{v}_{med}(t_A, t_B)$ em relação às câmeras C e D são diferentes, mas o vetor $\vec{v}_{med}(t_A, t_B)$ deve ser o mesmo para as duas câmeras.

Vetor aceleração

O *vetor aceleração* é a taxa temporal da variação do vetor velocidade, ou seja,

$$\boxed{\vec{a}(t) = \frac{d\vec{v}(t)}{dt} = \frac{d^2\vec{r}(t)}{dt^2} = \dot{\vec{v}}(t) = \ddot{\vec{r}}(t),} \quad (2.11)$$

sendo que todos são equivalentes.

A aceleração geralmente não é tangente à trajetória. Ao contrário do que descobrimos sobre a velocidade, o vetor aceleração geralmente não é tangente à trajetória. Para ver o porquê, considere um ponto P se movendo a uma velocidade constante, conforme mostrado na Fig. 2.8. Embora a rapidez seja constante, a aceleração $\vec{a}(t)$ de P, que mede a variação tanto na magnitude quanto na *direção* de $\vec{v}(t)$, não é zero, pois $\vec{v}(t)$ muda de direção, de modo a permanecer tangente à trajetória *curva*. Observe que a variação da velocidade, ou seja, $\vec{a}(t)$, é mais acentuada entre os pontos A e B do que entre B e C, já que a curvatura da trajetória é maior entre A e B do que entre B e C.[1] Além disso, mesmo se a rapidez $v(t)$ é constante, $\vec{a}(t)$ depende da rapidez $v(t)$, pois $v(t)$ determina a rapidez com que P se move ao longo de sua trajetória e, portanto, a rapidez com que $\vec{v}(t)$ varia de direção. Essas observações indicam que o vetor aceleração ao longo de uma trajetória curva depende da rapidez e da curvatura da trajetória. Finalmente, para ter uma noção da *direção* de $\vec{a}(t)$, considere a velocidade entre o tempo t e o tempo $t + \Delta t$, como mostrado na Fig. 2.9. Uma vez que, por definição, temos

$$\vec{a}(t) = \dot{\vec{v}}(t) = \lim_{\Delta t \to 0} \frac{\vec{v}(t + \Delta t) - \vec{v}(t)}{\Delta t}, \quad (2.12)$$

a direção de $\vec{a}(t)\,\Delta t$, que é a mesma de $\vec{a}(t)$, pode ser aproximada pela direção de $\vec{v}(t + \Delta t) - \vec{v}(t)$ se Δt é pequeno o suficiente. Na Fig. 2.9, observe que o vetor $\vec{v}(t + \Delta t) - \vec{v}(t)$, e, portanto $\vec{a}(t)$, aponta para o lado côncavo da trajetória em vez de ser tangente a ela! Enquanto os argumentos aqui fornecidos são qualitativos, na Seção 2.5 mostraremos quantitativamente que, para uma trajetória curva, não só a aceleração tem uma componente que aponta para o lado côncavo da trajetória, mas também essa componente é proporcional ao quadrado da rapidez e inversamente proporcional ao raio da curvatura da trajetória.

Figura 2.8
Os vetores velocidade de uma partícula P em três instantes de tempo t_A, t_B e t_C. A partícula está se movendo com rapidez constante.

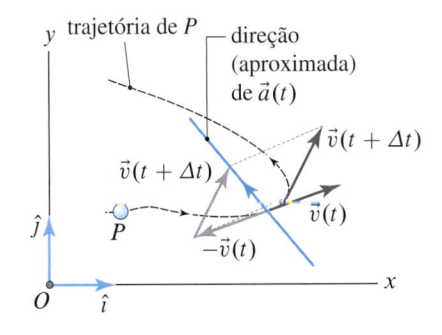

Figura 2.9
Velocidade de P nos instantes t e $t + \Delta t$ demonstrando a direção aproximada de $\vec{a}(t)$.

---
[1] Definir matematicamente *curvatura* na Seção 2.5.

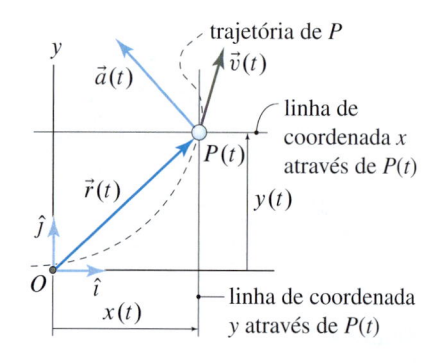

Figura 2.10
Posição, velocidade e aceleração de um ponto P em movimento, junto com um sistema de coordenadas cartesianas.

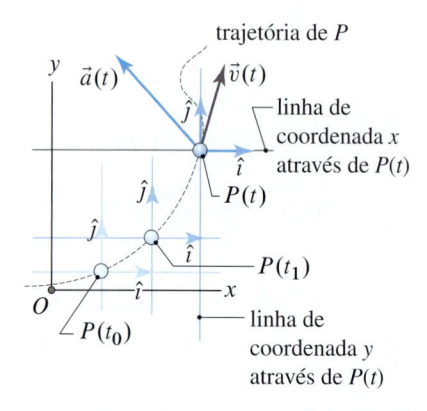

Figura 2.11
Um ponto P em movimento em vários instantes com seus vetores-base correspondentes associados.

Coordenadas cartesianas

Passamos agora a discutir a relação entre as *coordenadas* em um sistema de coordenadas cartesianas e as *componentes* dos vetores posição, velocidade e aceleração. Aqui nos focamos nos movimentos vistos por um único observador situado na origem do sistema de coordenadas. O caso de múltiplos observadores se movimentando um em relação ao outro será discutido primeiro na Seção 2.7, e, em seguida, na Seção 6.4.

A Fig. 2.10 mostra um ponto P em movimento, com coordenadas $(x(t), y(t))$ (para o caso tridimensional, veja a Seção 2.8) em relação a um sistema de coordenadas cartesianas com origem em O e eixos x e y. Os sistemas de coordenadas cartesianas têm a propriedade distintiva de que as coordenadas de um ponto são também as componentes do vetor posição desse ponto em relação à origem do sistema.[2] Portanto, o *vetor posição $\vec{r}(t)$ em um sistema de componentes cartesianas* assume a forma

$$\vec{r}(t) = x(t)\,\hat{\imath} + y(t)\,\hat{\jmath}. \qquad (2.13)$$

Observe que, se x mudar enquanto y permanecer constante, a extremidade de $\vec{r}$ traçará uma linha através de P paralela ao eixo x. Da mesma forma, se y mudar enquanto x permanecer constante, a extremidade de $\vec{r}$ traçará uma linha através de P paralela ao eixo y. Essas linhas são chamadas de **linhas de coordenadas** através de P.

A velocidade $\vec{v}(t)$ e a aceleração $\vec{a}(t)$ de P são baseadas em vetores em P(t), como mostrado na Fig. 2.10. Assim, podemos ver as componentes de $\vec{v}(t)$ e $\vec{a}(t)$ como sendo relacionadas aos *vetores $\hat{\imath}$ e $\hat{\jmath}$, que também são baseados em P(t) e são tangentes às linhas de coordenadas*, como mostrado na Fig. 2.11. Essa escolha tem duas consequências. Em primeiro lugar, diferentes conjuntos de vetores-base $\hat{\imath}$ e $\hat{\jmath}$ são usados conforme P se movimenta, como pode ser visto na Fig. 2.11, que mostra os conjuntos de vetores-base em $P(t_0)$, $P(t_1)$ e $P(t)$. Assim, à medida que P se movimenta no espaço, seus vetores-base associados precisam ser considerados funções (implícitas) do tempo. Em segundo lugar, uma vez que os vetores-base *unitários* em $P(t_0)$, $P(t_1)$ e $P(t)$ precisam permanecer tangentes às linhas de coordenadas, temos que em um sistema de coordenadas cartesianas os vetores-base não mudam em magnitude ou direção à medida que P se movimenta. A primeira observação implica que, quando derivamos a Eq. (2.13) em relação ao tempo para calcular $\vec{v}(t)$, devemos aplicar a regra do produto e escrever

$$\vec{v} = \dot{x}(t)\,\hat{\imath} + x(t)\,\frac{d\hat{\imath}}{dt} + \dot{y}(t)\,\hat{\jmath} + y(t)\,\frac{d\hat{\jmath}}{dt}. \qquad (2.14)$$

No entanto, a segunda observação implica que $\hat{\imath}$ e $\hat{\jmath}$ são constantes, de forma que

$$d\hat{\imath}/dt = \vec{0} \quad \text{e} \quad d\hat{\jmath}/dt = \vec{0}, \qquad (2.15)$$

e o *vetor velocidade $\vec{v}(t)$ em um sistema de componentes cartesianas* torna-se

$$\vec{v} = \dot{x}(t)\,\hat{\imath} + \dot{y}(t)\,\hat{\jmath} = v_x(t)\,\hat{\imath} + v_y(t)\,\hat{\jmath}. \qquad (2.16)$$

Da mesma forma, o *vetor aceleração $\vec{a}(t)$ em um sistema de componentes cartesianas* é

$$\vec{a} = \ddot{x}(t)\,\hat{\imath} + \ddot{y}(t)\,\hat{\jmath} = \dot{v}_x(t)\,\hat{\imath} + \dot{v}_y(t)\,\hat{\jmath} = a_x(t)\,\hat{\imath} + a_y(t)\,\hat{\jmath}. \qquad (2.17)$$

---
[2] Em sistemas de coordenadas curvilíneas, as *coordenadas* não podem ser usadas *diretamente como componentes* do vetor posição. Por exemplo, em coordenadas polares (veja a Seção 2.6 na p.118), as coordenadas de um ponto P são (r, θ), enquanto o vetor posição de P é $r\hat{u}_r$, no qual a *coordenada* θ não aparece como uma *componente*.

Em seções posteriores descobriremos que, em outros sistemas de componentes, as *componentes* da velocidade e aceleração de um ponto em movimento *não* são obtidas pela derivação direta em relação ao tempo das *coordenadas* do ponto.

Resumo final da seção

Posição. A posição de um ponto é um *vetor* que vai da origem do sistema de referência escolhido até o ponto em questão. Os vetores posição de um ponto medido por sistemas de referência diferentes são diferentes uns dos outros.

Trajetória. A trajetória de um ponto em movimento é a linha traçada pelo ponto durante o seu movimento. Outro nome para trajetória é *caminho*.

Deslocamento. O deslocamento entre as posições A e B é o vetor que vai de A até B. Em geral, a magnitude do deslocamento entre as duas posições não é a distância percorrida ao longo da trajetória entre essas posições.

Velocidade. O vetor velocidade é a taxa temporal da variação do vetor posição. O vetor velocidade é o mesmo em relação a quaisquer dois sistemas de referência que não se movam um em relação ao outro. A velocidade é *sempre* tangente à trajetória.

Rapidez. A rapidez é a magnitude da velocidade e é uma grandeza escalar não negativa.

Aceleração. O vetor aceleração é a taxa temporal da variação do vetor velocidade. Tal como acontece com a velocidade, a aceleração é a mesma em relação a quaisquer dois sistemas de referência que não estão se movendo um em relação ao outro. Ao contrário do que acontece para a velocidade, o vetor aceleração é, em geral, não tangente à trajetória.

Coordenadas cartesianas. As coordenadas cartesianas de uma partícula P se movendo ao longo de alguma trajetória são mostradas na Fig. 2.12. O vetor posição é dado por

Eq. (2.13), p. 34
$$\vec{r}(t) = x(t)\,\hat{\imath} + y(t)\,\hat{\jmath}.$$

Em componentes cartesianas, os vetores velocidade e aceleração são dados por

Eqs. (2.16) e (2.17), p. 34
$$\vec{v}(t) = \dot{x}(t)\,\hat{\imath} + \dot{y}(t)\,\hat{\jmath} = v_x(t)\,\hat{\imath} + v_y(t)\,\hat{\jmath},$$
$$\vec{a}(t) = \ddot{x}(t)\,\hat{\imath} + \ddot{y}(t)\,\hat{\jmath} = \dot{v}_x(t)\,\hat{\imath} + \dot{v}_y(t)\,\hat{\jmath} = a_x(t)\,\hat{\imath} + a_y(t)\,\hat{\jmath}.$$

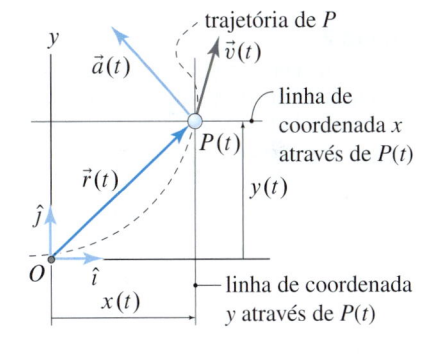

Figura 2.12
Figura 2.10 repetida. O vetor posição $\vec{r}(t)$ do ponto P em coordenadas cartesianas.

Uma observação importante a respeito dos problemas de exemplo. No Capítulo 2, todos os exemplos começarão a empregar uma *parte* da estrutura de resolução de problemas que é formalmente introduzida no Capítulo 3. Ou seja, cada problema exemplo incluirá um passo *Roteiro*, um passo *Cálculo* e um passo *Discussão e Verificação*.[3] O passo Roteiro definirá o caminho para a solução por meio da identificação das informações dadas e das incógnitas, e em seguida proporá uma estratégia de solução do problema. O passo Cálculo estabelecerá as equações apropriadas e irá resolvê-las. Finalmente, o passo Discussão e Verificação verificará se a solução é, ou não, razoável.

---

[3] A estrutura da resolução de problemas apresentada no Capítulo 3 inclui passos adicionais, uma vez que é aplicada a problemas cinéticos, que são geralmente mais complexos do que problemas de cinemática.

EXEMPLO 2.1 Como você chegará ao Carnegie Hall? ... Pratique!

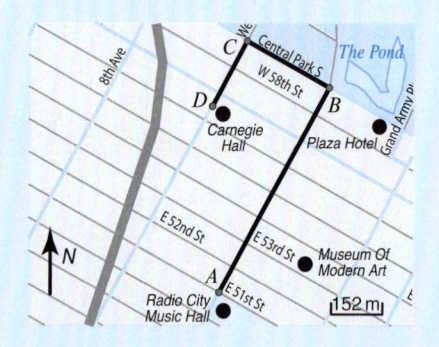

Figura 1
Rota do táxi.

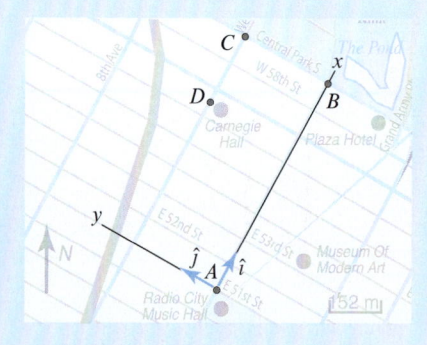

Figura 2
Sistema de coordenadas cartesianas com origem no ponto A. A rede da cidade é tal que a linha de B a C é paralela ao eixo y, e a linha de C a D é paralela ao eixo x.

Um táxi pega um passageiro no Radio City Music Hall, na esquina da Avenue of the Americas com a E 51st St. (ponto A), e o desembarca na frente do Carnegie Hall, na 7th Ave. (ponto D) após 5 min, seguindo o percurso indicado. Encontre o deslocamento do táxi, a velocidade média, a distância percorrida e a rapidez média ao ir de A até D. Note que a distância de A até B é 670 m, de B para C é 276 m, e de C para D é 213 m.

SOLUÇÃO

Roteiro Para resolver o problema, precisamos estabelecer um sistema de coordenadas e identificar as coordenadas dos pontos A, B, C e D que definem a trajetória do táxi. Então, as perguntas do problema podem ser respondidas por meio da aplicação das definições de deslocamento, velocidade média, distância percorrida e rapidez.

Cálculos Consultando a Fig. 2, selecionamos um sistema de coordenadas cartesianas com origem em A e alinhado com a rede da cidade. Utilizando as informações dadas, as coordenadas de A, B, C e D são apresentadas na Tabela 1. Como o deslocamento de A a D é a diferença entre os vetores posição dos pontos A e D, temos

$$\Delta \vec{r}(t_A, t_D) = \vec{r}(t_D) - \vec{r}(t_A) = (457\,\hat{i} + 276\,\hat{j})\,\text{m}, \quad (1)$$

em que t_A e t_D são os tempos em que o táxi está em A e D, respectivamente. Aplicando a definição de velocidade média da Eq. (2.6) ao intervalo de tempo (t_A, t_D), temos

$$\vec{v}_{\text{med}}(t_A, t_D) = \frac{\Delta \vec{r}(t_A, t_D)}{t_D - t_A} = \frac{\vec{r}(t_D) - \vec{r}(t_A)}{t_D - t_A} = (1,52\,\hat{i} + 0,92\,\hat{j})\,\text{m/s}, \quad (2)$$

em que $t_D - t_A = 5$ min $= 300$ s. Em seguida, a distância percorrida pelo táxi, a qual representaremos por d, é dada pela soma dos comprimentos dos segmentos $\overline{AB}$, $\overline{BC}$ e $\overline{CD}$, ou seja,

$$d = (x_B - x_A) + (y_C - y_B) + (x_C - x_D) = 1.159\,\text{m}. \quad (3)$$

Como a rapidez é a magnitude da velocidade, a *rapidez média* deve ser calculada como a *média da magnitude da velocidade*, ou seja,

$$v_{\text{med}} = \frac{1}{t_D - t_A} \int_{t_A}^{t_D} |\vec{v}|\,dt = \frac{1}{t_D - t_A} \left(\int_{t_A}^{t_B} v_x\,dt + \int_{t_B}^{t_C} v_y\,dt - \int_{t_C}^{t_D} v_x\,dt \right), \quad (4)$$

uma vez que v é igual a v_x, v_y e $-v_x$ durante os intervalos de tempo (t_A, t_B), (t_B, t_C) e (t_C, t_D), respectivamente. Agora, observe que as últimas três integrais na Eq. (4) medem a distância percorrida pelo táxi em cada um dos intervalos de tempo correspondentes. Considerando a integral, digamos, durante (t_A, t_B), podemos escrever

$$\int_{t_A}^{t_B} v_x\,dt = \int_{t_A}^{t_B} \frac{dx}{dt}\,dt = \int_{x_A}^{x_B} dx = x_B - x_A. \quad (5)$$

Procedendo da mesma forma com as outras duas integrais, descobrimos que a rapidez média é

$$v_{\text{med}} = \frac{(x_B - x_A) + (y_C - y_B) - (x_D - x_C)}{t_D - t_A} = \frac{d}{t_D - t_A} = 3,86\,\text{m}. \quad (6)$$

Discussão e verificação Os resultados obtidos são dimensionalmente corretos. Como 12,7 ft/s corresponde a 8,66 mph, podemos considerar o resultado aceitável, pois essa rapidez é típica do tráfego da cidade, tal como pode ser encontrada no centro de Manhattan.

Um olhar mais atento Observando que $|\Delta \vec{r}(t_A, t_D)| = 1750$ ft, e que $|\vec{v}_{avg}(t_A, t_D)| = 5,84$ ft/s, vemos que este exemplo reforça a idéia de que nunca devemos confundir a distância percorrida com deslocamento, ou a velocidade média com a rapidez média.

Tabela 1
Coordenadas dos pontos que definem a rota do táxi

Ponto	x (m)	y (m)
A	0	0
B	670	0
C	670	276
D	457	276

EXEMPLO 2.2 Trajetória, velocidade e aceleração

Dois navios parados, A e B, detectam um objeto P lançado de A, voando baixo e paralelo à água. Em relação aos sistemas cartesianos A e B na Fig. 1, e para os primeiros segundos de voo, o movimento registrado de P é

$$\vec{r}_{P/A}(t) = 2{,}35t^3 \, \hat{\imath}_A \text{ m}, \tag{1}$$

$$\vec{r}_{P/B}(t) = \left[(225 + 2{,}13t^3)\, \hat{\imath}_B + (225 + 0{,}993t^3)\, \hat{\jmath}_B\right] \text{m}, \tag{2}$$

em que t está em segundos.

(a) Determine a trajetória de P como vista pelos sistemas A e B.
(b) Utilizando *ambos* $\vec{r}_{P/A}$ e $\vec{r}_{P/B}$, determine a velocidade e a rapidez de P.
(c) Encontre a aceleração e sua orientação em relação à trajetória em ambos os sistemas A e B.

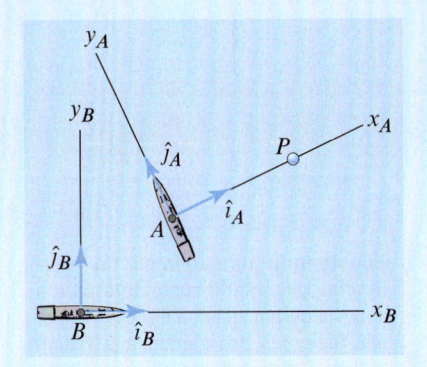

Figura 1
Dois sistemas cartesianos, A e B.

SOLUÇÃO

— Parte (a): Trajetória de P —

Roteiro Temos o movimento de P em função do tempo. Como a trajetória de P é a linha traçada por P no *espaço*, podemos encontrar a trajetória eliminando o tempo do movimento.

Cálculos Começando com o movimento em forma de componentes para o sistema B, temos

$$x_{P/B}(t) = (225 + 2{,}13t^3) \text{ m} \quad \text{e} \quad y_{P/B}(t) = 225 + 0{,}993t^3 \text{ m}. \tag{3}$$

Para eliminar a variável tempo, resolvemos a primeira das Eqs. (3) para t^3 e, em seguida, substitui-se o resultado na segunda das Eqs. (3). Isso resulta em

$$y_{P/B} = \left[225 + \frac{0{,}993}{2{,}13}(x_{P/B} - 225)\right] \text{m} = (120 + 0{,}466 x_{P/B}) \text{ m}. \tag{4}$$

Observe que, no sistema A, $y_{P/A} = 0$ em todos os instantes de tempo, de forma que nenhum cálculo é necessário para eliminar o tempo da componente y do movimento de P. Portanto, a trajetória de P no sistema A é descrita por $y_{P/A} = 0$, que é a equação do eixo x_A.

Discussão e verificação A trajetória no sistema B é dada pela Eq. (4), que é a equação de uma linha reta. Isso está de acordo com o cálculo da trajetória no sistema A, em que a trajetória está no eixo x_A, que também é uma linha reta. A trajetória vista pelos dois sistemas é mostrada na Fig. 2. Note que a Fig. 2 também indica a localização de P em $t = 0$ e a direção do movimento.

— Parte (b): Velocidade e rapidez de P —

Roteiro Temos a posição em componentes cartesianas, então podemos calcular o vetor velocidade usando a Eq. (2.16). A rapidez é encontrada aplicando-se a Eq. (2.9), isto é, calculando a magnitude do vetor velocidade.

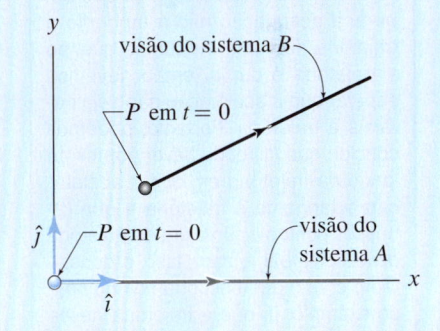

Figura 2
Trajetória de P como vista pelos sistemas A e B.

Cálculos Usando a Eq. (2.16), a velocidade de P em cada um dos dois sistemas é

$$\boxed{\vec{v}_{P/A}(t) = \dot{\vec{r}}_{P/A}(t) = 7{,}05t^2 \, \hat{\imath}_A \text{ m/s},} \tag{5}$$

$$\boxed{\vec{v}_{P/B}(t) = \dot{\vec{r}}_{P/B}(t) = (6{,}39t^2 \, \hat{\imath}_B + 2{,}98t^2 \, \hat{\jmath}_B) \text{ m/s}.} \tag{6}$$

No que diz respeito à rapidez, aplicando a Eq. (2.9) nas Eqs. (5) e (6), obtemos

$$\boxed{v_{P/A}(t) = 7{,}05t^2 \text{ m/s},} \tag{7}$$

$$\boxed{v_{P/B}(t) = \sqrt{(6{,}39t^2)^2 + (2{,}98t^2)^2} \text{ m/s} = 7{,}05t^2 \text{ m/s}.} \tag{8}$$

> **Informações úteis**
>
> **Trajetória e tempo.** A trajetória (ou caminho) é como o movimento se parece quando o tempo é removido da descrição do movimento.

> **Informações úteis**
>
> **Velocidade revista.** Uma vez que os sistemas que usamos não se movem um em relação ao outro, o vetor velocidade é o mesmo, não importando o sistema que é usado. Por isso é correto dizer que $\dot{\vec{r}}_{P/A} = \dot{\vec{r}}_{P/B}$ nas Eqs. (5) e (6).

Discussão e verificação Já que os sistemas A e B não se movem um em relação ao outro, esperamos que os vetores nas Eqs. (5) e (6) sejam iguais um ao outro e, portanto, esperamos encontrar o mesmo valor para a rapidez em cada um dos sistemas. Embora não seja imediatamente óbvio que as Eqs. (5) e (6) estão descrevendo o mesmo vetor velocidade, as Eqs. (7) e (8) confirmam nossas expectativas. No Exemplo 2.3, mostraremos que $\vec{v}_{P/A} = \vec{v}_{P/B}$.

---------- **Parte (c): Aceleração de *P* e sua orientação** ----------

Roteiro Usando os resultados de velocidade das Eqs. (5) e (6), podemos determinar a aceleração usando a Eq. (2.17). Podemos então encontrar a orientação do vetor aceleração em relação à trajetória determinando o ângulo entre a tangente à trajetória e o eixo x e comparando-o com o ângulo entre o vetor aceleração e o eixo x. Como a velocidade é tangente à trajetória, podemos encontrar o ângulo entre a trajetória e o eixo x determinando o ângulo entre a velocidade e o eixo x.

Cálculos Aplicando a Eq. (2.17), a aceleração de P é dada por

$$\boxed{\vec{a}_{P/A}(t) = \dot{\vec{v}}_{P/A}(t) = 14{,}1t \; \hat{\imath}_A \; \text{m/s}^2,} \tag{9}$$

$$\boxed{\vec{a}_{P/B}(t) = \dot{\vec{v}}_{P/B}(t) = (12{,}8t \; \hat{\imath}_B + 5{,}96t \; \hat{\jmath}_B) \, \text{m/s}^2.} \tag{10}$$

Determinar a orientação de $\vec{a}$ em relação à trajetória não é difícil no sistema A, uma vez que ambos $\vec{a}_{P/A}$ e $\vec{v}_{P/A}$ estão sempre no sentido positivo de x_A. Assim, no sistema A, $\vec{a}$ é sempre tangente à trajetória. No sistema B, o ângulo entre a trajetória e o eixo x_B é dado por

$$\boxed{\theta_v = \text{tg}^{-1}\left(\frac{v_y}{v_x}\right) = \text{tg}^{-1}\left(\frac{2{,}98t^2}{6{,}39t^2}\right) = 25{,}0°.} \tag{11}$$

O ângulo entre a aceleração e o eixo x_B é

$$\boxed{\theta_a = \text{tg}^{-1}\left(\frac{a_y}{a_x}\right) = \text{tg}^{-1}\left(\frac{5{,}96t}{12{,}8t}\right) = 25{,}0°.} \tag{12}$$

Como os ângulos nas Eqs. (11) e (12) são iguais, podemos concluir que a aceleração é tangente à trajetória, mesmo quando se utilizam dados do sistema B.

Discussão e verificação Agora que encontramos a aceleração nos sistemas A e B nas Eqs. (9) e (10), respectivamente, não é óbvio que esses dois vetores são os mesmos. Tal como acontece com a velocidade, mostraremos que esse é o mesmo caso do Exemplo 2.3. No que diz respeito à orientação de $\vec{a}$ referente à trajetória, vimos no sistema A que $\vec{a}$ é sempre tangente à trajetória. No sistema B, as Eqs. (11) e (12) nos informam que o ângulo entre $\vec{a}$ e o eixo x_2 é sempre de 25°, e o ângulo entre $\vec{v}$ e o eixo x_2 também é sempre 25°. Portanto, vemos que $\vec{a}$ é também sempre tangente à trajetória no sistema B. O fato de as acelerações em ambos os sistemas serem tangentes às suas respectivas trajetórias nos dá alguma confiança de que as duas acelerações que calculamos são as mesmas e estão corretas.

Informações úteis

Escolhendo um sistema de referência. Um critério importante para a escolha de um sistema é a *conveniência*. Sistemas de referência e (como veremos mais adiante neste capítulo) sistemas de coordenadas influenciam muito a simplicidade da obtenção da solução de um problema. Portanto, saber selecionar o sistema de referência e o sistema de coordenadas que leva à solução com maior facilidade é uma habilidade que deve ser desenvolvida.

Erro comum

A Eq. (12) contradiz o que dissemos anteriormente sobre a aceleração não ser tangente à trajetória? Anteriormente na seção dissemos que *em geral* a aceleração não é tangente à trajetória. Também indicamos que, se a trajetória é curva, então devemos esperar que a aceleração não seja paralela à trajetória. Portanto, podemos concluir que (1) pode haver pontos ao longo da trajetória em que a aceleração é tangente à trajetória e que (2) nesses pontos a curvatura da trajetória deve ser igual a zero. Isso é consistente com o que encontramos no nosso exemplo, já que a trajetória nesse exemplo é uma linha reta, ou seja, *uma linha sem curvatura*.

EXEMPLO 2.3 Vetor aceleração medido por dois observadores estacionários

No Exemplo 2.2, determinamos que as velocidades e acelerações do ponto P são as mesmas, não importando qual sistema é usado para estudar o movimento do ponto, desde que os sistemas não se movam um em relação ao outro. Referindo-se à Fig. 1 e usando as relações para determinar as componentes de um vetor dadas na Seção 1.2, mostre que $\vec{v}_{P/A} = \vec{v}_{P/B}$ e $\vec{a}_{P/A} = \vec{a}_{P/B}$.

SOLUÇÃO

Roteiro Precisamos pegar as representações das componentes da velocidade e aceleração do ponto P em um sistema e transformá-las em representações correspondentes em outro sistema. Visto que o movimento tem uma representação particularmente simples no sistema A, transformaremos essa representação em relação ao sistema B. Para a velocidade, começaremos com a Eq. (5), no Exemplo 2.2, e mostraremos que podemos transformá-la na Eq. (6). Para a aceleração, iniciaremos com a Eq. (9), do Exemplo 2.2, e mostraremos que podemos transformá-la na Eq. (10).

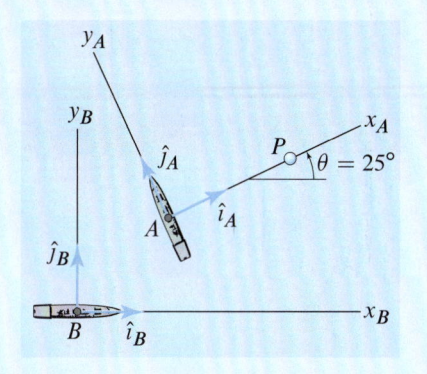

Figura 1
Sistemas A e B, bem como o ângulo θ, definindo sua orientação relativa.

Cálculos Lembre-se de que a velocidade e a aceleração de P no sistema A são, respectivamente,

$$\vec{v}_{P/A} = 7{,}05t^2\,\hat{i}_A \text{ m/s} \quad \text{e} \quad \vec{a}_{P/A} = 14{,}10t\,\hat{i}_A \text{ m/s}^2. \tag{1}$$

Em seguida, expressamos o vetor unitário $\hat{i}_A$, utilizando os vetores unitários $\hat{i}_B$ e $\hat{j}_B$. A partir do método demonstrado na Seção 1.2, ou seja, aplicando a Eq. (1.28) da p.13, obtemos

$$\begin{aligned}\hat{i}_A &= (\hat{i}_A \cdot \hat{i}_B)\,\hat{i}_B + (\hat{i}_A \cdot \hat{j}_B)\,\hat{j}_B \\ &= \cos\theta\,\hat{i}_B + \operatorname{sen}\theta\,\hat{j}_B \\ &= 0{,}906\,\hat{i}_B + 0{,}423\,\hat{j}_B,\end{aligned} \tag{2}$$

em que, como pode ser visto na Fig. 1, θ é o ângulo formado entre as direções de $\hat{i}_A$ e $\hat{i}_B$. Substituindo a Eq. (2) na expressão de $\vec{v}_{P/A}$, obtemos

$$\begin{aligned}\vec{v}_{P/A} &= 7{,}05t^2\,\hat{i}_A \text{ m/s} \\ &= 7{,}05t^2(0{,}906\,\hat{i}_B + 0{,}423\,\hat{j}_B) \text{ m/s} \\ &= (6{,}39t^2\,\hat{i}_B + 2{,}98t^2\,\hat{j}_B) \text{ m/s},\end{aligned} \tag{3}$$

em que o resultado final foi expresso com três dígitos significativos. Repetindo esse processo para a aceleração, temos

$$\vec{a}_{P/A} = 14{,}1t\,\hat{i}_A \text{ m/s}^2 = (12{,}8t\,\hat{i}_B + 5{,}96t\,\hat{j}_B) \text{ m/s}^2. \tag{4}$$

Discussão e verificação Comparando a Eq. (3) com a Eq. (6) do Exemplo 2.2, podemos verificar que a expressão para $\vec{v}_{P/A}$ dada aqui coincide com a de $\vec{v}_{P/B}$ no Exemplo 2.2. Da mesma forma, comparando a Eq. (4) com a Eq. (10) do Exemplo 2.2, podemos verificar que a expressão para $a_{P/A}$ dada aqui coincide com a da $a_{P/B}$ no Exemplo 2.2.

EXEMPLO 2.4 Determinando a posição e a aceleração a partir da velocidade

O vetor velocidade de uma partícula é $\vec{v}(t) = (0{,}075t^2\hat{\imath} - 0{,}01t\hat{\jmath})$ m/s. Se a partícula está na origem quando $t = 0$ s, determine as coordenadas da partícula quando $t = 4$ s, a equação da trajetória da partícula, a aceleração da partícula e o ângulo entre a tangente à trajetória e o vetor aceleração em $t = 4$ s.

SOLUÇÃO

Roteiro Foi dado o vetor velocidade da partícula, logo, precisamos integrar as componentes da velocidade para obter as componentes da posição. Então poderemos encontrar a trajetória $y(x)$ eliminando o tempo das componentes da posição. A aceleração será obtida por meio da derivação da velocidade em relação ao tempo. Por fim, uma vez que a velocidade é sempre tangente à trajetória, o ângulo entre a tangente à trajetória e a aceleração pode ser encontrado determinando o ângulo entre a velocidade e a aceleração. Por sua vez, esse resultado é alcançado por meio do cálculo do produto escalar dos dois vetores.

Cálculos A Eq. (2.16) nos diz que $v_x = \dot{x} = dx/dt$ e $v_y = \dot{y} = dy/dt$. Portanto, as componentes x e y da posição são obtidas como segue

$$dx = v_x\, dt \quad \Rightarrow \quad x(t) = \int v_x\, dt + C_1 = \int 0{,}075t^2\, dt + C_1 = 0{,}025t^3 + C_1, \quad (1)$$

$$dy = v_y\, dt \quad \Rightarrow \quad y(t) = \int v_y\, dt + C_2 = \int -0{,}1t\, dt + C_2 = -0{,}05t^2 + C_2, \quad (2)$$

em que C_1 e C_2 são constantes de integração. As constantes são encontradas observando-se que x e y são ambos zero em $t = 0$, que fornecem $C_1 = C_2 = 0$. Assim, as posições da partícula em coordenadas cartesianas em um instante t arbitrário e em $t = 4$ s, respectivamente, são dadas por

$$\boxed{\vec{r}(t) = (0{,}025t^3\,\hat{\imath} - 0{,}05t^2\,\hat{\jmath})\,\text{m} \quad \text{e} \quad \vec{r}(4\,\text{s}) = (1{,}6\,\hat{\imath} - 0{,}8\,\hat{\jmath})\,\text{m}} \quad (3)$$

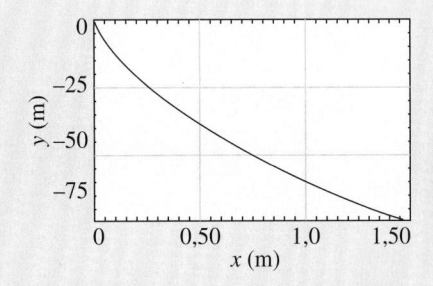

Figura 1
A trajetória da partícula para $0 \le t \le 4$ s. Observe que a Eq. (3) nos diz que, quando $t = 4$ s, $x = 1{,}6$ m.

Para obter a trajetória da partícula, tomamos $x = 0{,}025t^3$ e $y = -0{,}05t^2$ e eliminamos t. Resolvendo a equação de x para t e, em seguida, substituindo-a na equação de y, obtemos

$$\boxed{y = -0{,}584x^{2/3}\,\text{m},} \quad (4)$$

cujo gráfico correspondente ao intervalo de tempo 0 s $\le t \le 4$ s é mostrado na Fig. 1.
Derivando a velocidade em relação ao tempo, temos que a aceleração é

$$\boxed{\vec{a}(t) = (0{,}15t\,\hat{\imath} - 0{,}1\,\hat{\jmath})\,\text{m/s}^2.} \quad (5)$$

Finalmente, aplicando a Eq. (1.19) da p.11, o ângulo θ entre os vetores velocidade e aceleração para qualquer instante t é

$$\cos\theta(t) = \frac{\vec{v}\cdot\vec{a}}{|\vec{v}||\vec{a}|} = \frac{0{,}01125t^3 + 0{,}01t}{t\sqrt{(0{,}1^2 + 0{,}075t^2)(0{,}1^2 + 0{,}15t^2)}}, \quad (6)$$

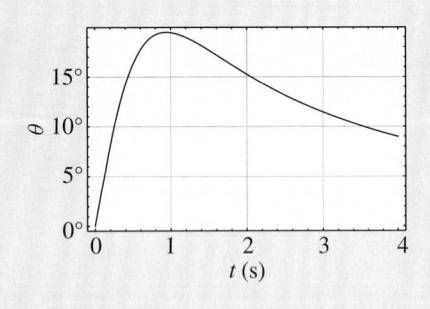

Figura 2
O ângulo entre o vetor velocidade e o vetor aceleração para $0 \le t \le 4$ s.

que, quando calculada para $t = 4$ s, fornece

$$\boxed{\cos\theta(4\,\text{s}) = 0{,}9878 \quad \Rightarrow \quad \theta(4\,\text{s}) = 8{,}97^\circ.} \quad (7)$$

Um gráfico de $\theta(t)$ para 0 s $\le t \le 4$ s é ilustrado na Fig. 2. Conforme argumentado no Roteiro, o ângulo θ entre $\vec{v}$ e $\vec{a}$ também é o ângulo entre a tangente à trajetória e a aceleração.

Discussão e verificação A trajetória mostrada na Fig. 1 não é uma linha reta. Portanto, a aceleração não é tangente à trajetória. Como a velocidade é sempre tangente à trajetória, isso significa que o ângulo entre a velocidade e a aceleração deve ser diferente de zero, e nosso resultado é consistente com essa expectativa.

Capítulo 2 Cinemática da partícula 41

EXEMPLO 2.5 Relacionando a trajetória e a rapidez com a velocidade e a aceleração

Uma partícula P se move com rapidez constante v_0 ao longo da parábola $y^2 = 4ax$ com $\dot{y} > 0$. Determine:

(a) As componentes cartesianas do vetor velocidade em função de y.
(b) As componentes cartesianas do vetor aceleração em função de y.
(c) O ângulo entre os vetores velocidade e aceleração em função de y.

Além disso, esboce as componentes cartesianas dos vetores velocidade e aceleração em função de y para $a = 0,2$ m e $v_0 = 3$ m/s.

SOLUÇÃO

Roteiro É fornecida a trajetória da partícula e sua velocidade ao longo da trajetória, mas não sabemos como x e y variam no tempo, então, não podemos aplicar imediatamente as Eqs. (2.16) e (2.17). Por outro lado, podemos derivar a equação da curva em relação ao tempo e fazer uso do fato de que a rapidez é dada por $\sqrt{\dot{x}^2 + \dot{y}^2}$.

Cálculos Começamos por derivar a trajetória da partícula em relação ao tempo para obter

$$\frac{d}{dt}(y^2 = 4ax) \quad \Rightarrow \quad \frac{d(y^2)}{dy}\frac{dy}{dt} = \frac{d(4ax)}{dt} \quad \Rightarrow \quad 2y\dot{y} = 4a\dot{x}, \quad (1)$$

em que, na derivação em relação ao tempo, usamos a regra da cadeia. Resolvendo a Eq. (1) para $\dot{y}$, obtemos

$$\dot{y} = \frac{2a\dot{x}}{y}. \quad (2)$$

Agora, sabemos também que a rapidez está relacionada às componentes da velocidade por

$$v_0^2 = \dot{x}^2 + \dot{y}^2 \quad \Rightarrow \quad v_0^2 = \dot{x}^2 + \left(\frac{2a\dot{x}}{y}\right)^2, \quad (3)$$

em que substituímos a Eq. (2). Agora podemos resolver a Eq. (3) para a fim de obter $\dot{x}$

$$\boxed{\dot{x} = \frac{v_0 y}{\sqrt{y^2 + 4a^2}},} \quad (4)$$

em que escolhemos o sinal positivo ao extrair a raiz quadrada para ser coerente com a Eq. (2), que, como $\dot{y} > 0$, diz que, para $y < 0$, devemos ter $\dot{x} < 0$, e, para $y > 0$, devemos ter $\dot{x} > 0$. Agora podemos encontrar $\dot{y}(y)$ substituindo a Eq. (4) na Eq. (2), que fornece

$$\boxed{\dot{y} = \frac{2v_0 a}{\sqrt{y^2 + 4a^2}},} \quad (5)$$

em que $\dot{y} > 0$ conforme o esperado. A Figura 2 mostra $\dot{x}$ e $\dot{y}$ em função de y.

Existem várias maneiras de obter as componentes x e y da aceleração. Derivaremos a última das Eqs. (1) em relação ao tempo, e, depois da simplificação, obtemos

$$\dot{y}^2 + y\ddot{y} = 2a\ddot{x} \quad \Rightarrow \quad \ddot{x} = \frac{1}{2a}(\dot{y}^2 + y\ddot{y}). \quad (6)$$

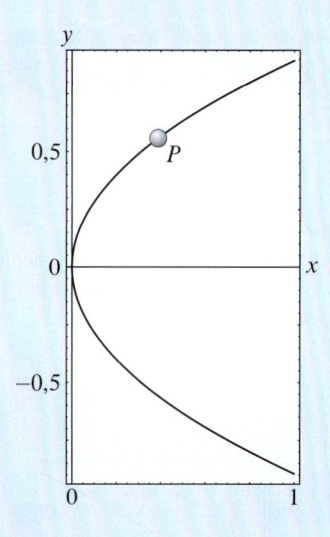

Figura 1
Trajetória parabólica da partícula P para $a = 0,2$ m.

Informações úteis

Por que encontrar componentes em função de y em vez de x? Optou-se por encontrar as componentes da velocidade e aceleração em função de y em vez de x devido ao fato de que, para qualquer dado valor de y, existe um valor de x. O inverso não é verdadeiro; isto é, para um dado valor de x, existem dois valores de y, e isso complica a análise.

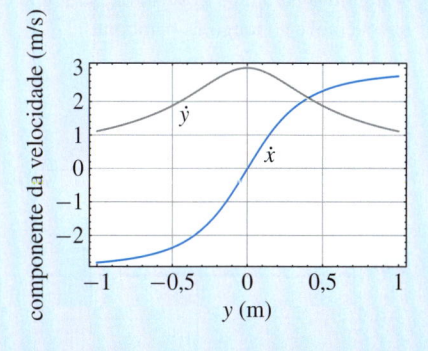

Figura 2
As componentes x e y da velocidade em função de y.

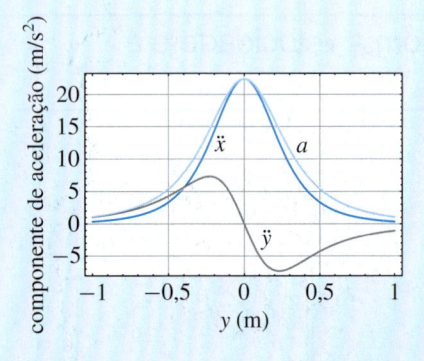

Figura 3
A componente x (azul), a componente y (cinza) e a aceleração total (azul claro) da partícula em função de y.

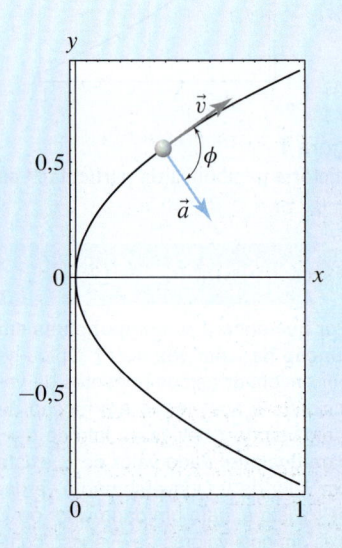

Figura 4
O vetor velocidade, o vetor aceleração e o ângulo ϕ para uma posição da partícula que se move ao longo da parábola.

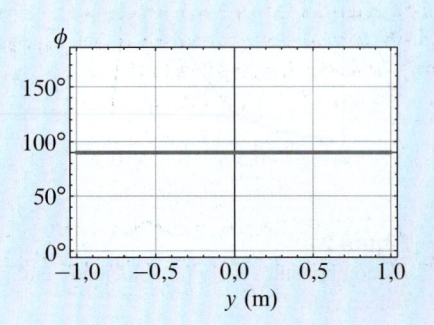

Figura 5
A linha grossa vermelha mostra o ângulo $\phi(y)$ entre o vetor velocidade e o vetor aceleração.

Vemos que precisamos de $\ddot{y}$ para conhecer $\ddot{x}$. Assim, ao derivar a Eq. (5) em relação ao tempo, obtemos

$$\ddot{y} = 2v_0 a \left[\frac{-y\dot{y}}{(y^2 + 4a^2)^{3/2}} \right], \quad (7)$$

que, depois de substituir $\dot{y}$ da Eq. (5), torna-se

$$\boxed{\ddot{y} = \frac{-4v_0^2 a^2 y}{(y^2 + 4a^2)^2}.} \quad (8)$$

Podemos, agora, obter a versão final de $\ddot{x}$ substituindo as Eqs. (5) e (8) na segunda das Eq. (6) – o que resulta em

$$\ddot{x} = \frac{1}{2a} \left[\frac{4v_0^2 a^2}{y^2 + 4a^2} - y \frac{4v_0^2 a^2 y}{(y^2 + 4a^2)^2} \right] \Rightarrow \boxed{\ddot{x} = \frac{8v_0^2 a^3}{(y^2 + 4a^2)^2}.} \quad (9)$$

A Figura 3 mostra $\ddot{x}$, $\ddot{y}$ e $a = \sqrt{\ddot{x}^2 + \ddot{y}^2}$ em função de y.

Por fim, para encontrar o ângulo entre os vetores velocidade e aceleração, primeiro precisamos formar esses vetores conforme

$$\vec{v} = \dot{x}\,\hat{\imath} + \dot{y}\,\hat{\jmath} \quad \text{e} \quad \vec{a} = \ddot{x}\,\hat{\imath} + \ddot{y}\,\hat{\jmath}. \quad (10)$$

Então, usando a Eq. (1.19) da p.11, o ângulo ϕ entre esses dois vetores é

$$\cos\phi = \frac{\vec{v}\cdot\vec{a}}{|\vec{v}||\vec{a}|} = \frac{(\dot{x}\,\hat{\imath} + \dot{y}\,\hat{\jmath})\cdot(\ddot{x}\,\hat{\imath} + \ddot{y}\,\hat{\jmath})}{\sqrt{\dot{x}^2 + \dot{y}^2}\sqrt{\ddot{x}^2 + \ddot{y}^2}} = \frac{\dot{x}\ddot{x} + \dot{y}\ddot{y}}{\sqrt{\dot{x}^2 + \dot{y}^2}\sqrt{\ddot{x}^2 + \ddot{y}^2}}. \quad (11)$$

Embora seja tedioso, podemos substituir as Eqs. (4), (5), (8) e (9) no numerador da última expressão na Eq. (11) para encontrar

$$\dot{x}\ddot{x} + \dot{y}\ddot{y} = 0 \quad \Rightarrow \quad \cos\phi = 0 \quad \Rightarrow \quad \boxed{\phi = 90°.} \quad (12)$$

Já que $\phi = 90°$ para todos os valores de y, então $\vec{v}$ é *sempre* perpendicular a $\vec{a}$.

Discussão e verificação Lembre-se de que $\dot{y} > 0$, o que está coerente com o gráfico na Fig. 2, como deveria, uma vez que escolhemos o sinal positivo ao extrair a raiz quadrada para obter a Eq (5). Vemos também que $\dot{y}$ é maior em $y = 0$. Isso também faz sentido devido ao fato de que a partícula possui rapidez constante. Lembrando que a velocidade é sempre tangente à trajetória, observe que, em $y = 0$, a velocidade deve estar completamente na direção y. Portanto, em $y = 0$, $\dot{x}$ deve ser zero e, assim, $\dot{y}$ atinge um máximo igual a $v_0 = 3$ m/s, como pode ser visto na Fig. 2. Quanto à componente x da velocidade, ela é negativa para $y < 0$ e positiva para $y > 0$. Isso é o que devemos esperar, dado que x está diminuindo para $y < 0$ e aumentando para $y > 0$ (por isso escolhemos o sinal + na Eq. [4]). Além disso, observe que $\dot{x} = 0$ quando $y = 0$, o que também deve ser esperado a partir da parábola da Fig. 1.

Para verificar os nossos resultados da aceleração, lembre-se de que a partícula se move a uma rapidez constante ao longo de uma *parábola*. Como a trajetória da partícula é curva, esperamos que as componentes do vetor aceleração sejam diferentes de zero, como pode ser visto na Fig. 3. Além disso, esperamos que $\ddot{y} = 0$ em $y = 0$, pois, conforme discutido anteriormente, $\dot{y}$ é máximo em $y = 0$. Além disso, note que $\ddot{x}$ é maior em $y = 0$, mesmo que ali tenhamos $\dot{x} = 0$. Embora talvez seja contrário à intuição, esse resultado é consistente com o fato de que parte da aceleração é proporcional à curvatura da trajetória em que a partícula se move. Uma vez que a curvatura da parábola é maior em $y = 0$, a intensidade da aceleração, dada por $a = \sqrt{\ddot{x}^2 + \ddot{y}^2}$, atinge um máximo em $y = 0$.[4]

Quanto ao ângulo ϕ entre $\vec{v}$ e $\vec{a}$, descobrimos que ele é sempre igual a 90°. Visto que a rapidez é constante, sabemos que $\vec{v}$ *não pode* sofrer variação ao longo de sua linha de ação, e, assim, qualquer variação em $\vec{v}$ (ou seja, qualquer $\vec{a}$) deve ser perpendicular a $\vec{v}$. Discutiremos esse tema em detalhes nas Seções 2.4 e 2.5.

---
[4] Este tema será discutido em detalhes na Seção 2.5.

EXEMPLO 2.6 Dos dados de posição para a aceleração

É realizada uma experiência na qual uma bola de basquete é jogada no ar (Fig. 1). Uma vez no ar, o movimento da bola de basquete é capturado por uma câmera. A bola de basquete será modelada como um ponto. O filme do movimento da bola de basquete é digitalizado para extrair um único conjunto de coordenadas por quadro do filme. Os dados são fornecidos na Tabela 1. Considera-se que o experimento foi conduzido na superfície da Terra e que o eixo *y* utilizado no experimento era perpendicular à superfície da Terra e direcionado para cima. Verifique essa afirmação por meio do cálculo da trajetória, da velocidade e da aceleração da bola de basquete em função do tempo.

Informações úteis

Nota para o aluno. Espera-se que este e o próximo exemplo sejam uma experiência de leitura fácil. Nossa expectativa é que estes exemplos *fortaleçam* a sua motivação para se tornar um engenheiro. Enquanto você lê, deve se concentrar nas definições *formais* de posição, velocidade e aceleração e em como essas definições são utilizadas *na prática* quando se lida com dados experimentais.

Figura 1 Uma pessoa jogando uma bola de basquete no ar.

Tabela 1
Posições *v*. tempo obtidas experimentalmente

Quadro	*t* (s)	*x* (m)	*y* (m)
1	0,000	0,000	1,50
2	0,033	0,029	1,66
3	0,067	0,069	1,81
4	0,100	0,105	1,96
5	0,133	0,135	2,08
6	0,167	0,167	2,20
7	0,200	0,197	2,30
8	0,233	0,231	2,40
9	0,267	0,270	2,49
10	0,300	0,305	2,56
11	0,333	0,335	2,62
12	0,367	0,369	2,68
13	0,400	0,401	2,72
14	0,433	0,435	2,74
15	0,467	0,471	2,77
16	0,500	0,502	2,77
17	0,533	0,531	2,77
18	0,567	0,563	2,76
19	0,600	0,596	2,74
20	0,633	0,637	2,70
21	0,667	0,664	2,65
22	0,700	0,704	2,59
23	0,733	0,735	2,53
24	0,767	0,763	2,45
25	0,800	0,795	2,36
26	0,833	0,833	2,26
27	0,867	0,863	2,15
28	0,900	0,903	2,03
29	0,933	0,937	1,89
30	0,967	0,968	1,75
31	1,000	1,000	1,59
32	1,030	1,040	1,43

SOLUÇÃO

Roteiro A aceleração da gravidade na superfície da Terra é constante e igual a 9,81 m/s². Podemos então resolver este problema se valendo da determinação da aceleração e, em seguida, verificando se ela está ou não conforme o esperado. Assuma que a gravidade é a única força atuando na bola de basquete durante o voo, a componente *x* da aceleração deve ser igual a 0, e a componente *y* da aceleração deve ser aproximadamente −9,81 m/s².[5]

Cálculos Iniciaremos utilizando os dados da Tabela 1 para estabelecer a trajetória do ponto esboçando as coordenadas *y* e as coordenadas *x*. A trajetória, mostrada na Fig. 2, *parece* ser consistente com a de um objeto jogado no ar, visto que se parece com a de uma parábola. Continuaremos a verificação.

Uma vez que *não* é dada a posição em função do tempo para a qual uma derivada poderia ser calculada analiticamente, nos *limitamos* a encontrar a velocidade média do corpo sobre cada incremento de tempo. Em particular, se $\vec{r}_i$ e $\vec{r}_{i+1}$ são os vetores posição do objeto nos quadros *i* e *i* + 1, respectivamente, utilizando a definição da Eq. (2.6), a velocidade média entre esses dois quadros será

$$\vec{v}_{med}(t_i, t_{i+1}) = \frac{\vec{r}_{i+1} - \vec{r}_i}{t_{i+1} - t_i}, \quad (1)$$

que não é definida em $t = t_i$ nem em t_{i+1}. Embora esta *não* seja a única abordagem possível, decidimos que $\vec{v}_{med}(t_i, t_{i+1})$ corresponde ao valor de tempo médio entre $t = t_i$ e $t = t_{i+1}$, isto é, $t_{med}(i, i+1) = (t_i + t_{i+1})/2$. Observando que isso nos faz ter um valor

---
[5] Estamos implicitamente usando um modelo baseado na segunda lei de Newton que despreza a resistência do ar e outros fatores. Veremos como isso é feito quando analisarmos o movimento de projéteis na Seção 2.3.

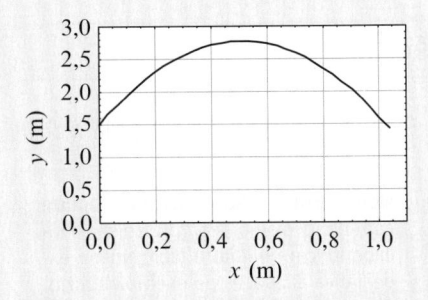

Figura 2
Trajetória do objeto gerada utilizando os dados experimentais fornecidos.

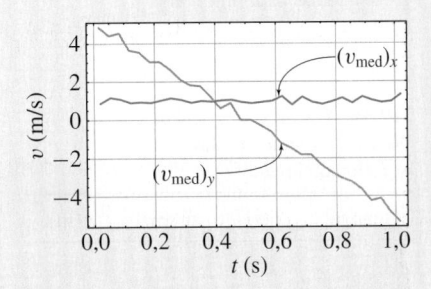

Figura 3
Gráfico dos componentes da velocidade média.

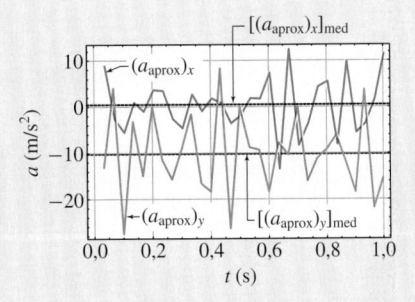

Figura 4
Gráfico dos componentes da aceleração aproximada.

de velocidade média a menos do que os valores da posição, vemos o resultado ilustrado na Fig. 3.

Passamos agora para a aceleração, a qual não podemos calcular como a derivada em relação ao tempo da velocidade, uma vez que não temos uma expressão analítica para a velocidade. Para superar essa dificuldade, observe que, se tivéssemos valores *reais* para a velocidade nos instantes registrados, a aceleração *média* entre $t = t_i$ e $t = t_{i+1}$ seria

$$\vec{a}_{med}(t_i, t_{i+1}) = \frac{\vec{v}(t_{i+1}) - \vec{v}(t_i)}{t_{i+1} - t_i}. \tag{2}$$

No entanto, temos apenas valores $\vec{v}_{med}(t_i, t_{i+1})$ associados aos valores de tempo correspondentes $t_{med}(i, i+1)$. Portanto, nos *limitamos* a *aproximar* a aceleração por meio da Eq. (2), substituindo os valores *reais* da velocidade e do tempo que precisamos pelos valores *médios* da velocidade e do tempo, o que resulta na seguinte fórmula:

$$\vec{a}_{aprox}\left(t_{med}(i, i+1), t_{med}(i+1, i+2)\right) = \frac{\vec{v}_{med}(t_{i+1}, t_{i+2}) - \vec{v}_{med}(t_i, t_{i+1})}{t_{med}(i+1, i+2) - t_{med}(i, i_1)}. \tag{3}$$

Além disso, diremos que a Eq. (3) nos dá a aceleração aproximada em um valor de tempo médio entre $t_{med}(i, i+1)$ e $t_{med}(i+1, i+2)$. O gráfico da aceleração aproximada *versus* tempo é mostrado na Fig. 4. Temos, agora, dois valores de aceleração a menos do que o número original de pontos de dados de posição.

Discussão e verificação Ao verificar a nossa solução, precisamos lembrar que todos os dados experimentais são afetados de uma forma ou de outra por erros de medição. Em segundo lugar, além de erros experimentais, é preciso notar que há consequências por tratar os valores da velocidade *média* como valores da velocidade *real* ao calcular os valores aproximados da aceleração. Com essas considerações em mente, agora precisamos decidir se os gráficos das componentes x e y da aceleração são ou não o que deveriam ser *aproximadamente*, ou seja, 0 e 9,81 m/s², respectivamente. É possível observar que os gráficos da Fig. 4 não são os gráficos de funções constantes. Por outro lado, os gráficos da Fig. 4 podem ser interpretados de tal modo que forneçam as informações esperadas? Olhando para os valores médios da aceleração nas direções x e y, vemos que $[(a_{aprox})_x]_{med} = 0{,}472$ m/s² e $[(a_{aprox})_y]_{med} = -10{,}2$ m/s², respectivamente. A aceleração em x de 0,472 m/s² está próxima de 0, e a aceleração em y de $-10{,}2$ m/s² está próxima do valor esperado de $-9{,}81$ m/s². Infelizmente, o desvio padrão $(a_{aprox})_x$ é 6,04 m/s², e o desvio padrão de $(a_{aprox})_y$ é 8,83 m/s². Portanto, os valores médios das componentes x e y da aceleração não estão longe de seus valores esperados, mas os grandes desvios padrão nos informam que não podemos atribuir qualquer significado aos nossos resultados. A razão pela qual os resultados da aceleração são tão ruins é que passamos da posição para a velocidade e em seguida para a aceleração por *derivação numérica* em vez de por derivação analítica. Derivação numérica é inerentemente sujeita a erros consideráveis. Isso ocorre porque, quando duas curvas podem estar próximas uma das outra, elas podem divergir consideravelmente na sua inclinação, variação na inclinação, etc. Notamos essa situação conforme progredimos da Fig. 2 à Fig. 4, em que o erro continua a crescer à medida que fazemos derivadas de maior ordem. No próximo exemplo mostraremos que o oposto é verdadeiro para *integração numérica*, isto é, a integração de dados discretos. A integração numérica tende a suavizar os erros em vez de ampliá-los.

EXEMPLO 2.7   De dados de aceleração para posição

Acelerômetros foram montados na bicicleta para estudar seu movimento ao longo de uma pista de velódromo. Esses acelerômetros medem a aceleração relativa a um sistema referencial ligado à bicicleta, mas esses dados foram convertidos para um sistema de referência fixo xy, apresentado na Tabela 1, e representados na Fig. 2. Utilizando os dados da Tabela 1 e sabendo que em $t = 0$, $x_0 = 63{,}7$ m, $y_0 = 0{,}0$ m, $\dot{x}_0 = 0{,}00$ m/s e $\dot{y}_0 = 13{,}41$ m/s, determine

(a) As componentes x e y da velocidade, bem como a rapidez, em função do tempo.

(b) A trajetória da bicicleta no sistema xy dado.

SOLUÇÃO

Figura 1
Uma bicicleta em um velódromo.

Roteiro   No início não sabemos coisa alguma sobre a forma da pista e a trajetória da bicicleta. No entanto, as ideias apresentadas nesta seção nos permitirão aproximar tanto a velocidade quanto a posição em todos os pontos dados para que possamos ser capazes de determinar a trajetória da bicicleta e "reconstruir" a forma da pista. Uma vez que temos dados da aceleração e queremos informações da velocidade e da posição, precisamos integrar os dados da aceleração. Além disso, visto que os dados são discretos, teremos de recorrer à integração numérica. Usaremos um esquema intuitivo chamado *regra trapezoidal composta* (RTC).

A ideia básica por trás da RTC é que a área abaixo de uma curva (ou seja, a sua integral) pode ser aproximada pela área sob os trapezoides formados pela conexão de pontos na curva. Isso pode ser visto na Fig. 3, em que aproximamos a integral de sen de x entre 0 e π (a área azul) somando as áreas dos quatro trapezoides mostrados (área hachurada), ou seja,

$$\int_0^\pi \operatorname{sen} x \, dx \approx \frac{\pi}{4}\left[\frac{\operatorname{sen}(0)+\operatorname{sen}\left(\frac{\pi}{4}\right)}{2}\right] + \frac{\pi}{4}\left[\frac{\operatorname{sen}\left(\frac{\pi}{4}\right)+\operatorname{sen}\left(\frac{\pi}{2}\right)}{2}\right]$$

$$+ \frac{\pi}{4}\left[\frac{\operatorname{sen}\left(\frac{\pi}{2}\right)+\operatorname{sen}\left(\frac{3\pi}{4}\right)}{2}\right] + \frac{\pi}{4}\left[\frac{\operatorname{sen}\left(\frac{3\pi}{4}\right)+\operatorname{sen}(\pi)}{2}\right]$$

$$= \frac{\pi/4}{2}\left[\operatorname{sen}(0) + 2\operatorname{sen}\left(\frac{\pi}{4}\right) + 2\operatorname{sen}\left(\frac{\pi}{2}\right) + 2\operatorname{sen}\left(\frac{3\pi}{4}\right) + \operatorname{sen}(\pi)\right]$$

$$= 1{,}896. \qquad (1)$$

O valor exato da integral é 2. A aproximação não é ruim, e ela melhora à medida que acrescentamos mais trapezoides (reduzindo o tamanho do passo). Generalizando o resultado anterior, podemos aproximar a integral $\int_a^b f(x)\,dx$ por meio da RTC dividindo o intervalo $a \leq x \leq b$ em n segmentos iguais, cada um com comprimento de $h = (b-a)/n$, e aplicando a fórmula seguinte:

$$\int_a^b f(x)\,dx = \frac{h}{2}\left[f(x_0) + 2f(x_1) + \cdots + 2f(x_i) + \cdots + 2f(x_{n-1}) + f(x_n)\right], \qquad (2)$$

em que $x_0 = a$, $x_n = b$ e $x_i = x_0 + ih$. Finalmente, antes de aplicar a RTC aos dados de aceleração fornecidos para encontrar as velocidades e posições, lembramos do cálculo que se $f(t) = dF(t)/dt$, então $F(t) = F(t_0) + \int_{t_0}^{t} f(t)\,dt$. Portanto, para calcular $F(t)$ integrando $f(t)$ no intervalo $[t_0, t]$, temos de acrescentar o valor de $F(t)$ em $t = t_0 \int_{t_0}^{t} f(t)\,dt$ (a Seção 2.2 é dedicada inteiramente a ideias como essa).

Cálculos   Seguindo o Roteiro, primeiramente aplicamos a RTC aos dados de aceleração da Tabela 1 para obter a velocidade, prestando atenção ao acrescentar às integrais o valor inicial das componentes da velocidade, ou seja,

$$v_x(t) = \dot{x}_0 + \int_0^t a_x(t)\,dt \qquad \text{e} \qquad v_y(t) = \dot{y}_0 + \int_0^t a_y(t)\,dt. \qquad (3)$$

Tabela 1
Dados coletados dos sensores em uma bicicleta para um circuito completo da pista. Os dados de aceleração possuem erros de medição (aproximadamente $\pm 2\%$) associados ao ruído do sinal, a imprecisões de montagem e a erros na fabricação. O tempo é medido dentro de 1 ms, enquanto a aceleração, é em 10^{-3} m/s^2

Tempo (s)	a_x (m/s^2)	a_y (m/s^2)
0,000	−2,86	0,04
1,864	−2,62	−1,03
3,728	−1,95	−2,02
5,592	−1,03	−2,58
7,456	0,05	−2,78
9,320	1,05	−2,58
11,184	2,05	−1,98
13,048	2,65	−1,08
14,912	2,77	−0,04
16,776	2,65	1,07
18,640	1,94	2,04
20,504	1,10	2,61
22,368	0,04	2,77
24,232	−1,10	2,62
26,096	−1,94	2,02
27,960	−2,63	1,12

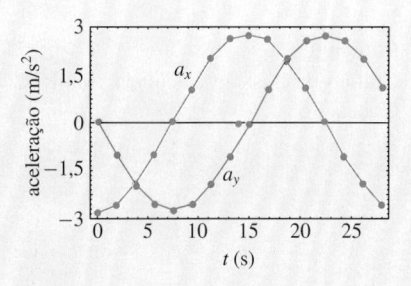

Figura 2
Gráficos dos dados da aceleração da Tabela 1.

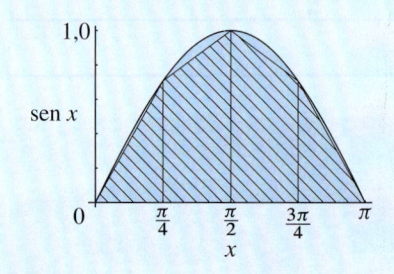

Figura 3
Um gráfico de sen de x e sua aproximação usando RTC para 0 rad $\leq x \leq \pi$ rad.

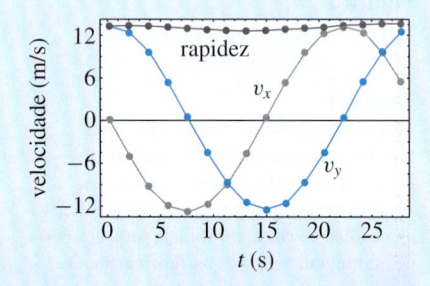

Figura 4
Gráficos das componentes x e y das velocidades, calculadas pela RTC (Tabela 2). A rapidez também é mostrada.

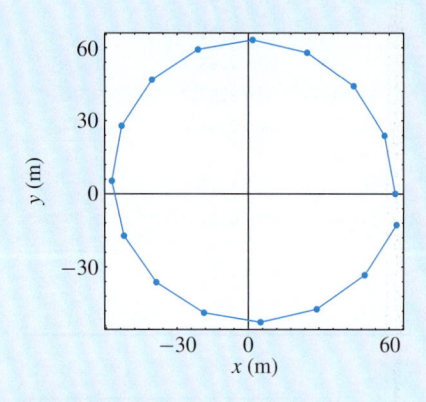

Figura 5
Gráfico da posição calculada pela RTC (Tabela 3).

Na aproximação das integrais nas Eqs. (3) utilizamos o menor valor possível para h permitido pelos dados, ou seja, $h = 1{,}864$ s. Os resultados de velocidade correspondentes são apresentados na Tabela 2 e representados na Fig. 4.

Tabela 2
As componentes x e y de velocidade da bicicleta conforme calculadas pela RTC. Utilizamos $v_{0x} = \dot{x}_0 = 0{,}00$ m/s, $v_{0y} = \dot{y}_0 = 13{,}41$ m/s e $h = 1{,}864$ s

Tempo (s)	v_x (m/s)	v_y (m/s)
0,000	0,00	13,41
1,864	−5,11	12,49
3,728	−9,37	9,64
5,592	−12,14	5,36
7,456	−13,06	0,36
9,320	−12,03	−4,63
11,184	−9,14	−8,88
13,048	−4,76	−11,74
14,912	0,29	−12,78
16,776	5,34	−11,82
18,640	9,62	−8,92
20,504	12,45	−4,51
22,368	13,51	0,43
24,232	12,53	5,45
26,096	9,69	9,78
27,960	5,43	12,70

Tabela 3
As componentes x e y da posição da bicicleta, conforme calculadas pela RTC. Utilizamos $x_0 = 63{,}67$, $y_0 = 0{,}0$ m e $h = 1{,}864$ s

Tempo (s)	x (m/s)	y (m/s)
0,000	63,67	0,00
1,864	58,90	24,14
3,728	45,41	44,76
5,592	25,36	58,74
7,456	1,88	64,08
9,320	−21,51	60,10
11,184	−41,24	47,50
13,048	−54,19	28,29
14,912	−58,36	5,43
16,776	−53,11	−17,49
18,640	−39,17	−36,82
20,504	−18,60	−49,34
22,368	5,60	−53,14
24,232	29,87	−47,66
26,096	50,58	−33,47
27,960	64,67	−12,52

Por exemplo, a segunda e a terceira entrada para v_x são calculadas como segue (a primeira entrada é simplesmente a condição inicial):

$$v_x(1{,}864\,\text{s}) = \frac{1{,}864}{2}(-2{,}86 - 2{,}62) = -5{,}107\,\text{m/s}, \tag{4}$$

$$v_x(3{,}728\,\text{s}) = \frac{1{,}864}{2}[-2{,}86 - 2(2{,}62) - 1{,}95] = -9{,}37\,\text{m/s}. \tag{5}$$

Agora, aplicamos a RTC aos dados de velocidade da Tabela 2, novamente prestando atenção para considerar as componentes da posição inicial fornecidas como em

$$x(t) = x_0 + \int_0^t v_x(t)\,dt \qquad \text{e} \qquad y(t) = y_0 + \int_0^t v_y(t)\,dt. \tag{6}$$

Usando a RTC para aproximar as integrais nas Eqs. (6), obtemos as componentes da posição apresentadas na Tabela 3 e plotadas na Fig. 5. Por exemplo, a segunda e a terceira entrada para y são calculadas conforme a seguir (a primeira entrada é simplesmente a condição inicial):

$$y(1{,}864\,\text{s}) = \frac{1{,}864}{2}(13{,}41 + 12{,}49) = 24{,}14\,\text{m}, \tag{7}$$

$$y(3{,}728\,\text{s}) = \frac{1{,}864}{2}[13{,}41 + 2(12{,}49) + 9{,}64] = 44{,}76\,\text{m}. \tag{8}$$

Discussão e verificação A trajetória plotada na Fig. 5 sugere que o caminho da bicicleta é circular, o que está coerente com a forma de um velódromo. A rapidez representada na Fig. 4 indica que a bicicleta está se movendo a uma rapidez quase constante. Esse resultado, combinado com o da trajetória, sugere que a bicicleta está em um movimento circular uniforme, o que está coerente com os gráficos das componentes da aceleração, que sugerem que as componentes da aceleração são periódicas.

Um olhar mais atento Está bastante evidente que os dados integrados são muito mais "suaves" do que os dados derivados no exemplo anterior. As Figs. 4 e 5 não têm qualquer padrão de "indentação" que pode ser encontrado nas Figs. 3 e 4 do Exemplo 2.6.

Capítulo 2 Cinemática da partícula **47**

―――――――――――――――――――― **PROBLEMAS** ――――――――――――――――――――

Nota: Em todos os problemas, todos os sistemas de referência são estacionários.

Problema 2.1

A posição de um carro viajando entre duas placas de pare ao longo de um quarteirão da cidade em linha reta é dada por $r = [9t - (45/2)\text{sen}(2t/5)]$ m, em que t denota tempo e $0 \text{ s} \leq t \leq 17{,}7$ s. Calcule o deslocamento do carro entre 2,1 e 3,7 s, bem como entre 11,1 e 12,7 s. Para cada um desses intervalos de tempo calcule a velocidade média.

Figura P2.1

Problemas 2.2 e 2.3

A posição do carro em relação ao sistema de coordenadas mostrado é

$$\vec{r}(t) = \left[(1{,}82t^2 + 0{,}042t^3 - 0{,}0045t^4)\,\hat{\imath} + (0{,}159t^2 + 0{,}0037t^3 - 0{,}0004t^4)\,\hat{\jmath}\right] \text{m}.$$

Problema 2.2 Determine a velocidade e a aceleração do carro em $t = 15$ s. Além disso, também em $t = 15$ s, determine a inclinação θ da trajetória do carro em relação ao sistema de coordenadas mostrado, assim como o ângulo ϕ entre a velocidade e a aceleração.

Figura P2.2 e P2.3

Problema 2.3 Determine a diferença entre a velocidade média durante o intervalo de tempo $0 \text{ s} \leq t \leq 2$ s e a velocidade real calculada no ponto médio do intervalo, ou seja, em $t = 1$ s. Repita o cálculo para o intervalo de tempo $8 \text{ s} \leq t \leq 10$ s. O que os resultados sugerem sobre a aproximação da velocidade real pela velocidade média ao longo de diferentes intervalos de tempo?

Problema 2.4

Se $\vec{v}_{med}$ é a velocidade média de um ponto P durante um determinado intervalo de tempo, $|\vec{v}_{med}|$, magnitude da velocidade média, seria igual à rapidez média de P durante o intervalo de tempo em questão?
Nota: problemas conceituais são sobre *explicações*, não sobre cálculos.

Problema 2.5

Um carro é visto estacionado em um determinado espaço do estacionamento às 8 horas de uma manhã de segunda-feira e depois é visto estacionado no mesmo local, na manhã seguinte, na mesma hora. Qual é o deslocamento do carro entre as duas observações? Qual é a distância percorrida pelo carro durante as duas observações?
Nota: problemas conceituais são sobre *explicações*, não sobre cálculos.

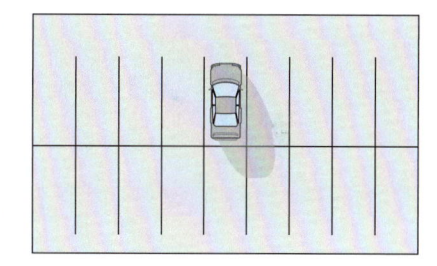

Figura P2.5

Problema 2.6

Se $\vec{r} = [t\,\hat{\imath} + (2 + 3t + 2t^2)\,\hat{\jmath}]$ m descreve o movimento do ponto P em relação ao sistema cartesiano de referência indicado, determine uma expressão analítica do tipo $y = y(x)$ para a trajetória de P.

Problema 2.7

Se $\vec{r} = [0{,}03t\,\hat{\imath} + (0{,}06 + 0{,}9t + 0{,}6t^2)\,\hat{\jmath}]$ m descreve o movimento de um ponto P em relação ao sistema cartesiano de referência indicado, lembrando que, para quaisquer dois vetores $\vec{p}$ e $\vec{q}$, temos que $\vec{p} \cdot \vec{q} = |\vec{p}||\vec{q}|\cos\beta$, em que β é o ângulo formado por $\vec{p}$ e $\vec{q}$, e lembrando que o vetor velocidade é *sempre* tangente à trajetória, determine a função $\phi(x)$ que descreve o ângulo entre o vetor aceleração e a tangente à trajetória de P.

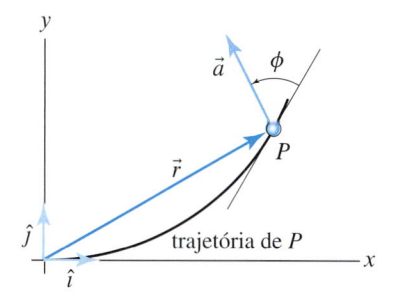

Figura P2.6 e P2.7

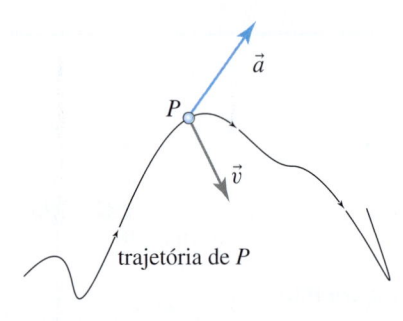

Figura P2.8 e P2.9

💡 Problema 2.8 💡

É possível que o vetor $\vec{v}$ mostrado represente a velocidade do ponto P?
Nota: problemas conceituais são sobre *explicações*, não sobre cálculos.

💡 Problema 2.9 💡

É possível que o vetor $\vec{a}$ mostrado represente a aceleração do ponto P?
Nota: problemas conceituais são sobre *explicações*, não sobre cálculos.

Problemas 2.10 e 2.11

O movimento de um ponto P em relação a um sistema de coordenadas cartesianas é descrito por $\vec{r} = [0{,}6\sqrt{t}\ \hat{i} + (1{,}2\ln(t+1) + 0{,}6t^2)\ \hat{j}]$ m, em que t é o tempo expresso em s.

Problema 2.10 Determine o deslocamento de P entre os tempos $t_1 = 4$ s e $t_2 = 6$ s. Além disso, determine a velocidade média entre t_1 e t_2.

Problema 2.11 Determine a aceleração média de P entre os tempos $t_1 = 4$ s e $t_2 = 6$ s.

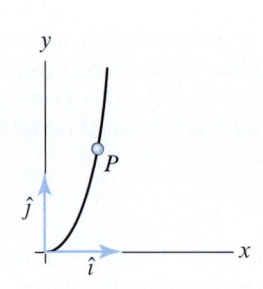

Figura P2.10 e P2.11

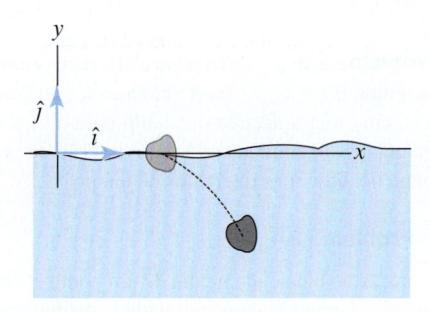

Figura P2.12

Problema 2.12

O movimento de uma pedra atirada em um lago é descrito por

$$\vec{r}(t) = \left[\left(1{,}5 - 0{,}3e^{-13{,}6t}\right)\hat{i} + \left(0{,}094e^{-13{,}6t} - 0{,}094 - 0{,}72t\right)\hat{j}\right]\text{m},$$

em que t é o tempo expresso em s, e $t = 0$ s é o momento em que a pedra atinge a água pela primeira vez. Determine a velocidade e a aceleração da pedra. Além disso, encontre o ângulo inicial de impacto θ da pedra com a água, ou seja, o ângulo formado entre a trajetória da pedra e o eixo x em $t = 0$ s.

💡 Problema 2.13 💡

Dois pontos P e Q estão se movendo no mesmo lugar no espaço (embora em momentos diferentes).

(a) O que as trajetórias de P e Q devem ter em comum se, no local em questão, P e Q têm rapidez idêntica?

(b) O que as trajetórias de P e Q devem ter em comum se, no local em questão, P e Q têm velocidades idênticas?

Nota: Problemas conceituais são sobre *explicações*, não sobre cálculos.

Problemas 2.14 e 2.15

A posição do ponto P é dada por

$$\vec{r}(t) = 2{,}0\,[0{,}5 + \text{sen}(\omega t)]\,\hat{\imath} + [9{,}5 + 10{,}5\,\text{sen}(\omega t) + 4{,}0\,\text{sen}^2(\omega t)]\,\hat{\jmath},$$

com $t \geq 0$, $\omega = 1{,}3\,\text{s}^{-1}$ e a posição é medida em metros.

Problema 2.14 Determine a trajetória de P em componentes cartesianas e, então, usando a componente x de $\vec{r}(t)$, encontre os valores máximo e mínimo de x atingidos por P. A equação para a trajetória é válida para todos os valores de x, mesmo que os valores máximo e mínimo de x dados pela componente x de $\vec{r}(t)$ sejam finitos. Qual é a origem dessa discrepância?

Problema 2.15
(a) Plote a trajetória de P para $0 \leq t \leq 0{,}6$ s, $0 \leq t \leq 1{,}4$ s, $0 \leq t \leq 2{,}3$ s e $0 \leq t \leq 5$ s.
(b) Plote a trajetória $y(x)$ para $-10 \leq t \leq 10$ s.
(c) Você notará que a trajetória encontrada em (b) não concorda com nenhuma daquelas encontradas em (a). Explique essa discrepância determinando analiticamente os valores mínimo e máximo de x atingidos por P.

Conforme você observa essa sequência de plotagens, por que a trajetória muda entre alguns tempos e não entre outros?

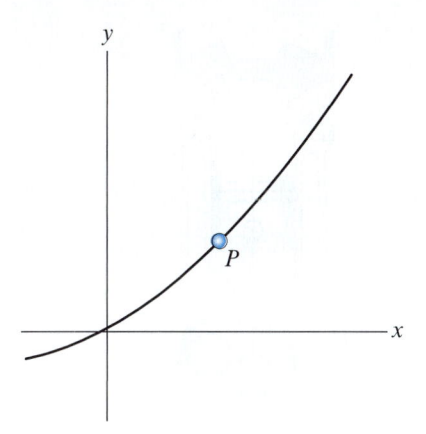

Figura P2.14 e P2.15

Problemas 2.16 a 2.18

Uma bicicleta está se movendo para a direita com uma rapidez de $v_0 = 20$ kmp/h em uma estrada horizontal e reta. O raio das rodas da bicicleta é $R = 0{,}35$ m. Considere P um ponto na periferia da roda dianteira. Pode-se mostrar que as coordenadas x e y de P são descritas pelas seguintes funções de tempo:

$$x(t) = v_0 t + R\,\text{sen}(v_0 t / R) \quad \text{e} \quad y(t) = R[1 + \cos(v_0 t / R)].$$

Figura P2.16-P2.18

Problema 2.16 Determine as expressões para a velocidade, a rapidez e a aceleração de P como funções do tempo.

Problema 2.17 Determine a rapidez máxima e mínima alcançadas por P, bem como a coordenada y de P quando os valores de rapidez máxima e mínima são atingidos. Finalmente, calcule a aceleração de P quando P atinge sua rapidez máxima e mínima.

Problema 2.18 Plote a trajetória de P para 0 s $< t < 1$ s. Para o mesmo intervalo de tempo, plote a rapidez em função do tempo, assim como as componentes da velocidade e da aceleração de P.

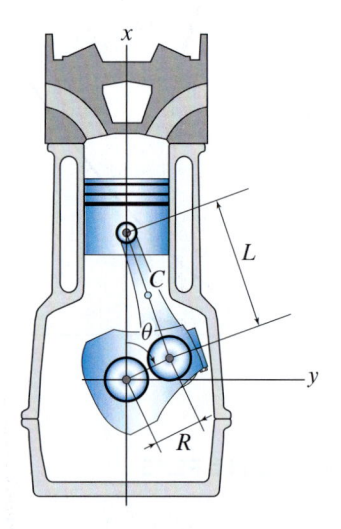

Figura P2.19-P2.21

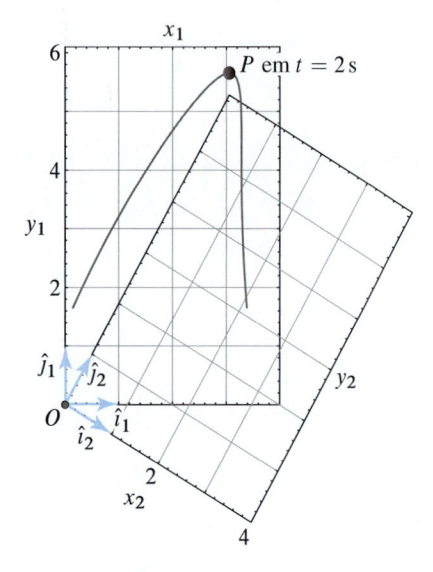

Figura P2.22

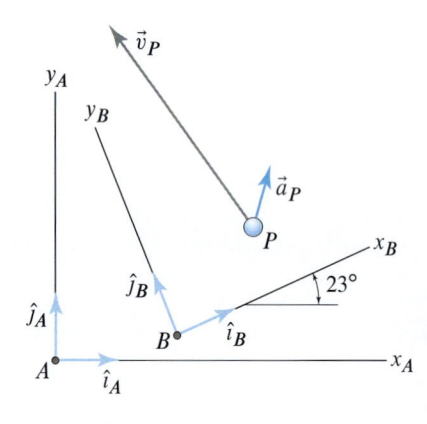

Figura P2.24

Problemas 2.19 a 2.21

O ponto C é um ponto na barra de conexão de um mecanismo chamado *manivela-corrediça*. As coordenadas x e y de C podem ser expressas da seguinte forma: $x_C = R\cos\theta + \frac{1}{2}\sqrt{L^2 - R^2\sin^2\theta}$ e $y_c = (R/2)\sin\theta$, em que θ descreve a posição da manivela. Se a manivela gira a uma taxa constante, então podemos expressar θ por $\theta = \omega t$, em que t é o tempo e ω é a velocidade angular da manivela. Seja $R = 0,1$ m, $L = 0,25$ m e $\omega = 250$ rad/s.

Problema 2.19 Determine expressões para a velocidade, a rapidez e a aceleração de C.

Problema 2.20 Determine a rapidez máxima e mínima de C, bem como as coordenadas de C quando a rapidez máxima e mínima é alcançada. Além disso, determine a aceleração de C quando a rapidez é mínima.

Problema 2.21 Plote a trajetória do ponto C para 0 s $< t <$ 0,025 s. Para o mesmo intervalo de tempo, plote a rapidez em função do tempo, bem como as componentes da velocidade e da aceleração de C.

Problema 2.22

O movimento de um ponto P em relação aos sistemas cartesianos 1 e 2 é descrito por

$$(\vec{r}_{P/O})_1 = \left[(t + \sin t)\,\hat{\imath}_1 + (2 + 4t - t^2)\,\hat{\jmath}_1\right]\,\text{m}$$

e

$$(\vec{r}_{P/O})_2 = \left\{\left[(t + \sin t)\cos\theta + (2 + 4t - t^2)\sin\theta\right]\hat{\imath}_2 \right.$$
$$\left. + \left[-(t + \sin t)\sin\theta + (2 + 4t - t^2)\cos\theta\right]\hat{\jmath}_2\right\}\,\text{m},$$

respectivamente, em que t é o tempo em segundos. Note que os dois sistemas deste problema compartilham a mesma origem, portanto, estamos escrevendo $(\vec{r}_{P/O})_1$ e $(\vec{r}_{P/O})_2$ para indicar explicitamente que $(\vec{r}_{P/O})_1$ é expresso em relação ao sistema 1 e $(\vec{r}_{P/O})_2$ é expresso em relação ao sistema 2. Determine a velocidade e a aceleração de P em relação aos dois sistemas. Além disso, determine a rapidez de P no instante $t = 2$ s, e verifique se a rapidez nos dois sistemas é igual.

Problema 2.23

Considere que $\vec{r}_{P/A}, \vec{v}_{P/A}$ e $\vec{a}_{P/A}$ indicam os vetores posição, velocidade e aceleração de um ponto P em relação ao sistema com origem em A. Considere que $\vec{r}_{P/B}, \vec{v}_{P/B}$ e $\vec{a}_{P/B}$ denotam os vetores posição, velocidade e aceleração do mesmo ponto P em relação ao sistema com origem em B. Se o sistema B não se move em relação ao sistema A, e se os sistemas são distintos, estabeleça se cada uma das seguintes relações é verdadeira ou não e por quê.

(a) $\vec{r}_{P/A} - \vec{r}_{P/B} = \vec{0}$
(b) $\vec{v}_{P/A} - \vec{v}_{P/B} = \vec{0}$
(c) $\vec{v}_{P/A} \cdot \vec{a}_{P/B} = \vec{v}_{P/B} \cdot \vec{a}_{P/B}$

Nota: problemas conceituais são sobre *explicações*, não sobre cálculos.

Problema 2.24

A velocidade do ponto P em relação ao sistema A é $\vec{v}_{P/A} = (-4,54\,\hat{\imath}_A + 5,94\,\hat{\jmath}_A)$ m/s, e a aceleração de P em relação ao sistema B é $\vec{a}_{P/B} = (1,21\,\hat{\imath}_B + 1,46\,\hat{\jmath}_B)$ m/s². Sabendo que os sistemas A e B não se movem um em relação ao outro, determine as expressões para a velocidade de P no sistema B e a aceleração de P no sistema A. Verifique se a rapidez de P e a magnitude da aceleração de P são as mesmas nos dois sistemas.

Problema 2.25

No instante mostrado, quando expressada por meio do sistema de componentes $(\hat{u}_t, \hat{u}_n)$, a velocidade e a aceleração do avião são

$$\vec{v} = 135\,\hat{u}_t \text{ m/s} \quad \text{e} \quad \vec{a} = (-7{,}25\,\hat{u}_t + 182\,\hat{u}_n)\text{ m/s}^2.$$

Considerando os sistemas de componentes $(\hat{u}_t, \hat{u}_n)$ e $(\hat{\imath}, \hat{\jmath})$ como estacionários um em relação ao outro, expresse a velocidade e a aceleração do avião no sistema de componentes $(\hat{\imath}, \hat{\jmath})$. Determine o ângulo ϕ entre os vetores velocidade e aceleração e verifique se ϕ é o mesmo nos sistemas de componentes $(\hat{u}_t, \hat{u}_n)$ e $(\hat{\imath}, \hat{\jmath})$.

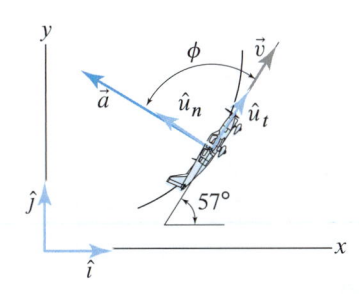

Figura P2.25

Problema 2.26

Dois botes da patrulha da Guarda Costeira P_1 e P_2 estão parados enquanto monitoram o movimento de um navio A na superfície. A velocidade de A em relação a P_1 é expressa por

$$\vec{v}_A = (-7\,\hat{\imath}_1 - 1{,}8\,\hat{\jmath}_1)\text{ m/s},$$

enquanto a aceleração de A, expressa em relação a P_2, é dada por

$$\vec{a}_A = (-0{,}6\,\hat{\imath}_2 - 1{,}2\,\hat{\jmath}_2)\text{ m/s}^2.$$

Determine a velocidade e a aceleração de A expressa em relação à base terrestre no sistema de componentes $(\hat{\imath}, \hat{\jmath})$.

Figura P2.26

Problema 2.27

Para uma partícula que se move ao longo de uma linha reta, a tabela informa a posição x da partícula em função do tempo. Determine a velocidade média entre cada par de valores de tempo consecutivos para esse movimento usando a Eq. (2.6). Forneça um gráfico da velocidade média em função do tempo.

t (s)	x (m)	t (s)	x (m)	t (s)	x (m)
0,00	0,000	1,00	1,344	2,00	1,193
0,20	0,331	1,20	1,458	2,20	0,963
0,40	0,645	1,40	1,500	2,40	0,686
0,60	0,928	1,60	1,468	2,60	0,375
0,80	1,165	1,80	1,364	2,80	0,046

Problema 2.28

Continue o Prob. 2.27 tratando as velocidades médias como se fossem as velocidades reais e calcule as acelerações médias correspondentes a cada par de valores de tempo consecutivos, como foi feito no Exemplo 2.6, na p. 43. Faça um gráfico da aceleração média em função do tempo.

Problema 2.29

A tabela fornece os dados de posição *versus* tempo para um pêndulo oscilando no plano xy. Calcule o deslocamento entre $t = 0{,}0$ s e $t = 0{,}539$ s, e entre $t = 0{,}0$ s e $t = 2{,}023$ s. Além disso, calcule a velocidade média durante os intervalos de tempo dados. Sabendo que os dados na tabela a seguir dizem respeito a um pêndulo oscilante, interprete o resultado que você obtiver para a velocidade média entre $t = 0{,}0$ s e $t = 2{,}023$ s.

Tempo (s)	x (m)	y (m)	Tempo (s)	x (m)	y (m)
0,000	0,516	0,162	1,079	−0,512	0,149
0,135	0,500	0,134	1,214	−0,453	0,110
0,270	0,355	0,066	1,348	−0,274	0,039
0,405	0,199	0,016	1,483	−0,067	0,003
0,539	−0,067	0,001	1,618	0,179	0,012
0,674	−0,293	0,038	1,753	1,350	0,073
0,809	−0,454	0,105	1,888	1,470	0,133
0,944	−0,539	0,157	2,023	1,551	0,161

Figura P2.29 e P2.30

Problema 2.30

A tabela do Prob. 2.29 fornece os dados de posição *versus* tempo para um pêndulo oscilando no plano xy. Calcule as componentes da velocidade média, bem como a magnitude da velocidade média durante cada intervalo de tempo, plotando essas quantidades em função do tempo. Além disso, calcule as componentes da aceleração aproximada, como feito no Exemplo 2.6, na p. 43, usando os dados de velocidade média gerados e plote os resultados *versus* o tempo. Por fim, compare os resultados com os gráficos das componentes da velocidade e aceleração exata *versus* tempo mostrados a seguir. Nestes gráficos, os eixos verticais representam a quantidade designada em cada gráfico, enquanto os eixos horizontais representam o tempo expresso em segundos.

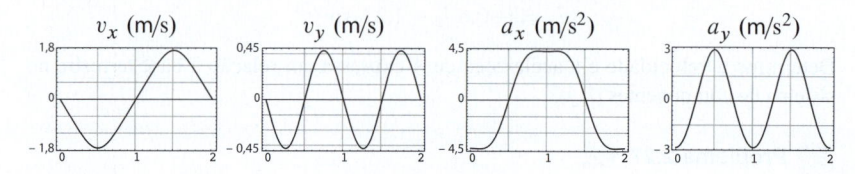

Figura P2.30

Problema 2.31

Considere $f(t)$ uma função do tempo e suponha que uma tabela com os valores de $f(t)$ é fornecida para uma sequência de instantes de tempo igualmente espaçados. Então, para quaisquer três valores consecutivos de $f(t)$, isto é, $f(t_i)$, $f(t_{i+1})$ e $f(t_{i+2})$, pode-se aproximar o valor da derivada de $f(t)$ em relação ao tempo $t = t_i$, usando a fórmula

$$\frac{df}{dt}(t_i) \approx \frac{-f(t_{i+2}) + 4f(t_{i+1}) - 3f(t_i)}{2\Delta t}, \qquad (1)$$

em que $\Delta t = t_{i+1} - t_i = t_{i+2} - t_{i+1}$. Use essa fórmula para calcular as derivadas e refaça o Exemplo 2.6 para obter novos gráficos para a velocidade e para a aceleração. Será que a fórmula dada acima permite que você obtenha gráficos mais suaves para a velocidade e para a aceleração em relação aos do Exemplo 2.6?

Problema 2.32

Encontre as componentes x e y da aceleração no Exemplo 2.5 (exceto para os gráficos) simplesmente derivando as Eqs. (4) e (5) em relação ao tempo. Verifique se você obteve os resultados dados no Exemplo 2.5.

Problema 2.33

Determine as componentes x e y da aceleração no Exemplo 2.5 (exceto para os gráficos), derivando a primeira das Eqs. (3), e a última das Eqs. (1) em relação ao tempo e logo resolvendo as duas equações resultantes para x e y. Verifique se você obteve os resultados dados no Exemplo 2.5.

Problema 2.34

A Pioneer 3 foi uma nave espacial estabilizada na rotação lançada em 6 de dezembro de 1958 pela agência U. S. Army Missile Ballistic em conjunto com a NASA. Era uma sonda em forma de cone de 58 cm de altura e 25 cm de diâmetro em sua base. Ela foi projetada com um mecanismo antirrotação constituído por duas massas de 7 g (m na figura) que poderiam desenrolar-se nas extremidades de dois fios de 150 cm, quando acionados por um temporizador hidráulico 10 horas após o lançamento. À medida que são desenroladas, as massas diminuem a taxa de rotação da nave espacial de seu valor inicial para um valor desejado. A tabela a seguir informa os dados discretos da aceleração *versus* tempo de uma das massas conforme ela é desenrolada em um ensaio em que a nave espacial é mantida em seu eixo vertical z e as massas são desenroladas no plano xy. Siga os passos descritos no Exemplo 2.7 e reconstrua a velocidade, bem como a posição das massas em função do tempo. Por último, represente graficamente a trajetória da massa. Utilize as condições iniciais $x(0) = 0{,}125$ m, $y(0) = 0$ m, $\dot{x}(0) = 0$ m/s e $\dot{y}(0) = 1{,}25$ m/s.

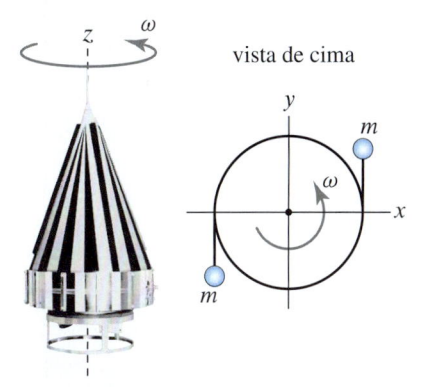

Figura P2.34

Tempo (s)	a_x (m/s²)	a_y (m/s²)	Tempo (s)	a_x (m/s²)	a_y (m/s²)
0,00	0,0	0,0	0,16	4,1	−78,7
0,02	−3,9	9,2	0,18	38,3	−79,6
0,04	−14,3	13,9	0,20	73,1	−64,9
0,06	−27,8	10,8	0,22	101,0	−34,7
0,08	−39,8	−1,1	0,24	116,0	7,5
0,10	−45,2	−20,6	0,26	112,0	55,5
0,12	−40,3	−43,7	0,28	88,5	101,0
0,14	−23,5	−65,0	0,30	46,1	135,0

Problema 2.35

O Center for Gravitational Biology Research no Ames Research Center da NASA opera uma grande centrífuga com capacidade de $20g$ de aceleração ($12{,}5g$ é o máximo para seres humanos). A distância do eixo de rotação até a cabine em A ou B é $R = 7{,}6$ m. A trajetória de A é descrita por $y_A = \sqrt{R^2 - x_A^2}$ para $y_A \geq 0$, e por $y_A = -\sqrt{R^2 - x_A^2}$ para $y_A < 0$. Se A se move à rapidez constante $v_A = 36{,}5$ m/s, determine a velocidade e a aceleração de A quando $x_A = -6$ m e $y_A > 0$.

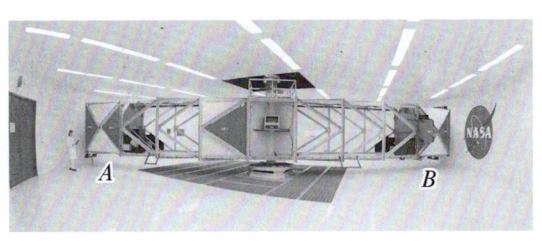

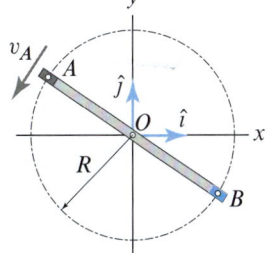

Figura P2.35

Problema 2.36

A órbita de um satélite A em torno de um planeta B é mostrada pela elipse e é descrita pela equação $(x/a)^2 + (y/b)^2 = 1$, em que a e b são o semieixo maior e o semieixo menor da elipse, respectivamente. Quando $x = a/2$ e $y > 0$, o satélite está se movendo com uma velocidade v_0 como mostrada. Determine a expressão para a velocidade $\vec{v}$ do satélite em termos de v_0, a, e b para $x = a/2$ e $y > 0$.

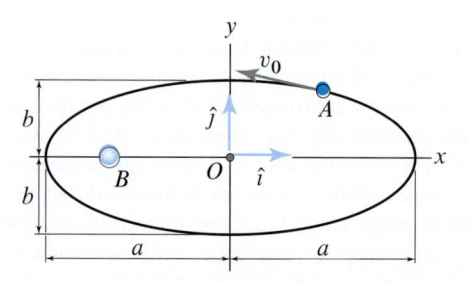

Figura P2.36

2.2 MOVIMENTOS ELEMENTARES

Esta seção analisa em detalhes como relacionar aceleração com posição e velocidade em uma variedade de situações encontradas em aplicações. Para melhor focar em como essas relações são construídas, aqui evitaremos lidar com grandezas vetoriais, e analisaremos apenas movimentos unidimensionais.

Dirigindo por uma rua da cidade

Um carro se desloca por uma rua reta entre duas placas de pare (veja a Fig. 2.13). A velocidade do carro é dada por

$$v = 9 - 9\cos\left(\tfrac{2}{5}t\right) \text{ m/s}, \quad 0\text{ s} \le t \le 5\pi \text{ s}, \quad (2.18)$$

que está plotada na Fig. 2.14. Dada essa informação, queremos determinar

1. O tempo que levou para ir de uma placa de pare até a outra.
2. A distância entre as duas placas de pare.
3. A aceleração a cada instante ao longo do caminho.

Começamos por observar que v na Eq. (2.18) é um escalar e, portanto, não pode ser usado como uma velocidade, que é um vetor. Entretanto, visto que o movimento é unidimensional, podemos deduzir o sentido do movimento a partir do sinal de v. Adotando essa estratégia e indicando a posição do carro pela coordenada s, definimos

$$v = \dot{s}, \quad (2.19)$$

e permitindo que v assuma valores positivos e negativos, podemos nos referir a v como a *velocidade do carro*.

Para responder à questão 1, como $v = 0$ em ambas as placas de pare, podemos igualar a 0 a expressão na Eq. (2.18) e resolver para o tempo, ou seja,

$$v = 9 - 9\cos\left(\tfrac{2}{5}t\right) = 0 \quad \Rightarrow \quad \cos\left(\tfrac{2}{5}t\right) = 1$$
$$\Rightarrow \quad \tfrac{2}{5}t = 0, 2\pi, 4\pi, \ldots \quad \Rightarrow \quad t = 0, 5\pi, 10\pi \text{ s}, \ldots \quad (2.20)$$

Visto que o movimento começa em $t = 0$, os dois tempos de interesse são $t_0 = 0$ s e $t_i = 5\pi$ s. Assim, a resposta à questão 1 é: leva $t_1 - t_0 = 5\pi$ s = 15,7 s para ir da primeira até a segunda placa.

Para responder à pergunta 2, lembre que $v = \dot{s} = ds/dt$, então, podemos escrever $ds = v\,dt$ e usar integração *indefinida* para obter

$$\int ds = \int v(t)\,dt = \int \left[9 - 9\cos\left(\tfrac{2}{5}t\right)\right] dt. \quad (2.21)$$

Alternativamente, podemos usar a integração *definida* para obter

$$\int_0^{s(t)} ds = \int_0^t v(t)\,dt = \int_0^t \left[9 - 9\cos\left(\tfrac{2}{5}t\right)\right] dt, \quad (2.22)$$

em que os limites inferiores de integração indicam a origem do eixo s como sendo a posição do carro em $t = 0$, e os limites superiores indicam que desejamos expressar s como uma função do tempo.

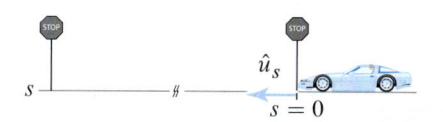

Figura 2.13
Um carro se deslocando entre duas placas de pare.

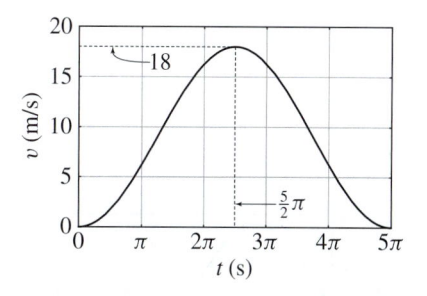

Figura 2.14
Curva da velocidade *versus* tempo para um carro entre duas placas de pare.

Informações úteis

Há algo de errado com a Eq. (2.22)? Para ser rigoroso, a Eq. (2.22) deve ser escrita como

$$\int_0^{s(t)} d\sigma = \int_0^t v(\tau)\,d\tau$$
$$= \int_0^t \left[9 - 9\cos\left(\tfrac{2}{5}\tau\right)\right] d\tau,$$

em que as variáveis de integração são distintas das variáveis utilizadas nos limites de integração. Os símbolos escolhidos para as variáveis de integração não mudam a integral, e é por isso que as variáveis de integração de uma integral definida são chamadas de *variáveis falsas*. No entanto, sentimos que é mais significativo *manter* as variáveis de integração como s e t na Eq. (2.22) para relembrar-nos do seu significado físico. Adotaremos tal prática ao longo deste texto, já que o uso do mesmo símbolo para as variáveis e para os limites de integração ficará claro a partir do contexto.

Da Eq. (2.22), obtemos

$$s\Big|_{s=0}^{s=s(t)} = \left[9t - \tfrac{45}{2}\,\text{sen}\left(\tfrac{2}{5}t\right)\right]\Big|_{t=0}^{t=t} \Rightarrow$$

$$s(t) = \left[9t - \tfrac{45}{2}\,\text{sen}\left(\tfrac{2}{5}t\right)\right]\text{m}. \quad (2.23)$$

O resultado da Eq. (2.23) também pode ser obtido por integração indefinida. Da Eq. (2.21), temos

$$s(t) = \left[9t - \tfrac{45}{2}\,\text{sen}\left(\tfrac{2}{5}t\right) + C\right]\text{m}, \quad (2.24)$$

em que C é a constante de integração necessária. Para encontrar C, lembre que $s = 0$ para $t = 0$. Ao impor essa condição, a Eq. (2.24) fornece

$$0 = 9(0) - \tfrac{45}{2}\,\text{sen}\left[\tfrac{2}{5}(0)\right] + C \Rightarrow C = 0. \quad (2.25)$$

Substituindo $C = 0$ na Eq. (2.24), reencontramos a Eq. (2.23), como esperado.

A fórmula na Eq. (2.23) fornece a posição do carro para qualquer instante t. Isso nos permite calcular a distância entre as placas de pare como $\Delta s = s(t_1) - s(t_0)$. Lembrando que $t_0 = 0$, $t_1 = 5\pi$ s e $s(0) = 0$, Δs é dado por

$$\Delta s = 9(5\pi) - \tfrac{45}{2}\,\text{sen}\left[\tfrac{2}{5}(5\pi)\right] = 45\pi\ \text{m} = 141\ \text{m}. \quad (2.26)$$

Finalmente, para responder à pergunta 3, precisamos apenas derivar v na Eq. (2.18) em relação ao tempo:

$$a = \frac{dv}{dt} = \tfrac{18}{5}\,\text{sen}\left(\tfrac{2}{5}t\right)\ \text{m/s}^2, \quad (2.27)$$

cujo gráfico pode ser encontrado na Fig. 2.15. Observe que a aceleração é positiva (ou seja, o carro ganha rapidez) para os primeiros $(5\pi/2)$ s, e logo é negativa (ou seja, o carro fica mais lento) até que o carro para, como esperado.

Relações de movimento retilíneo

O movimento que acabamos de estudar é chamado de *retilíneo*, uma vez que ocorre ao longo de uma linha reta. As relações que o governam são úteis para descrever outros tipos de movimentos unidimensionais, mesmo quando a trajetória não é uma linha reta (veja o movimento circular na p. 59). Por esse motivo, investigaremos em detalhe como relacionar aceleração, velocidade e posição para movimentos retilíneos em diferentes circunstâncias.

Os sinais de s, v, e a não estão relacionados. Começamos com uma observação simples sobre o problema que consideramos no início desta seção. Embora a posição s do carro era estritamente crescente, e a velocidade v era sempre positiva, a aceleração mudou de sinal no meio do caminho entre as placas de pare. Isso nos diz que, em geral, o sinal de s não nos permite dizer *coisa alguma* sobre os sinais de v e a. Podemos visualizar essa situação de maneira mais clara na Fig. 2.16, na qual consideramos quatro possíveis combinações de sinais para posição e velocidade. No Caso 1, uma partícula com a posição $s > 0$ está se movendo para a direita (ou seja, s está aumentando) de modo que $\dot{s}$ é positivo. No Caso 2, s ainda é positivo, mas agora a partícula está à esquerda da origem, de modo que $\dot{s} < 0$. Os Casos 3 e 4 nos dão as outras duas possíveis combinações de sinais. O Caso 3 mostra $s > 0$ com $\dot{s} < 0$, e o Caso 4 mostra $s < 0$ com $\dot{s} < 0$. Os mesmos argumentos são válidos para a aceleração, de forma que, em cada um dos quatro casos na Fig. 2.16, a aceleração pode ser positiva *ou* negativa.

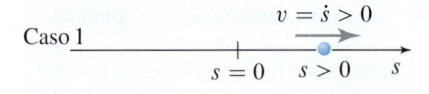

Figura 2.15
Curva de aceleração *versus* tempo para o carro se deslocando entre as duas placas de pare.

Figura 2.16
Movimento retilíneo de uma partícula ilustrando quatro possíveis relações entre posição e velocidade.

Situações tipicamente encontradas em dinâmica. No exemplo do carro movendo-se entre as placas de pare, a informação disponível era a velocidade em função do tempo. No entanto, na maioria das aplicações, não nos é fornecida $v(t)$. Medições físicas[6] e a segunda lei de Newton costumam nos fornecer $a(t)$, $a(v)$ ou $a(s)$. A questão torna-se, então, como podemos calcular a velocidade e a posição a partir dessas formas de aceleração?

Se $a(t)$ é conhecida

Se soubermos a aceleração em função do tempo $a(t)$, então podemos determinar $v(t)$ e $s(t)$ por meio da integração no tempo. Reescrevendo $a = dv/dt$ como $dv = a(t)\,dt$ e considerando $v = v_0$ para $t = t_0$, temos

$$\int_{v_0}^{v} dv = \int_{t_0}^{t} a(t)\,dt, \tag{2.28}$$

ou

$$\boxed{v(t) = v_0 + \int_{t_0}^{t} a(t)\,dt.} \tag{2.29}$$

Da mesma forma, reescrevendo $v = ds/dt$ como $ds = v(t)\,dt$ e considerando $s = s_0$ para $t = t_0$, podemos determinar $s(t)$ a partir da Eq. (2.29) como segue:

$$\int_{s_0}^{s} ds = \int_{t_0}^{t} v(t)\,dt = \int_{t_0}^{t} \left[v_0 + \int_{t_0}^{t} a(t)\,dt \right] dt, \tag{2.30}$$

ou

$$\boxed{s(t) = s_0 + v_0(t - t_0) + \int_{t_0}^{t} \left[\int_{t_0}^{t} a(t)\,dt \right] dt.} \tag{2.31}$$

Se $a(v)$ é conhecida

Se soubermos a aceleração em função da velocidade $a(v)$, determinar v e s por meio de integração é um pouco mais complicado. Observe que podemos escrever

$$a(v) = \frac{dv}{dt} \;\Rightarrow\; dt = \frac{dv}{a(v)}. \tag{2.32}$$

Se $a(v) \neq 0$ durante o intervalo de tempo considerado, podemos integrar a última expressão da Eq. (2.32) para obter o tempo em função da velocidade $t(v)$, ou seja,

$$\boxed{t(v) = t_0 + \int_{v_0}^{v} \frac{1}{a(v)}\,dv,} \tag{2.33}$$

em que v_0 é o valor de v para $t = t_0$. A relação na Eq. (2.33) pode parecer estranha, uma vez que fornece $t(v)$. No entanto, se $a(v) \neq 0$ durante o intervalo de tempo de interesse, podemos, em princípio (embora nem sempre na prática), determinar $v(t)$.

> **Informações úteis**
>
> **Integrais, integrandos e as variáveis de integração.** Quando formamos uma integral tal como
>
> $$\int_{t_0}^{t} \underbrace{a(t)\,dt}_{\text{ambos têm } t},$$
>
> o integrando, que aqui é $a(t)$, deve *sempre* envolver apenas a variável em relação à qual estamos integrando (aqui é t) e constantes. Por exemplo, seria aceitável se $a(t) = 3t^2 + 4$. No entanto, se, por exemplo, $s(t)$ não é conhecida, e se a aceleração é dada por $a(t) = 3t^2 + 4v(s)$, então a integral $\int [3t^2 + 4v(s)]\,dt$ *não pode* ser desenvolvida, pois a depende tanto de t quanto de s.

> **Informações úteis**
>
> **Variáveis falsas podem ser úteis.** Analisando a Eq. (2.30), vemos que o uso de variáveis falsas pode ser uma vantagem real aqui, já que há tantos ts envolvidos. Usando variáveis falsas, a Eq. (2.30) torna-se
>
> $$\int_{s_0}^{s} d\sigma = \int_{t_0}^{t} v(\tau)\,d\tau$$
> $$= \int_{t_0}^{t} \left[v_0 + \int_{t_0}^{\tau} a(\xi)\,d\xi \right] d\tau.$$

---

[6] Acelerômetros, que medem aceleração, são muito mais comuns que velocímetros.

> **Informações úteis**
>
> **A regra da cadeia.** Como é usada muitas vezes, olharemos mais de perto a regra da cadeia. Tomando um pouco de liberdade, a regra da cadeia pode ser apresentada como segue:
>
> $$\frac{d(\text{Groucho})}{d(\text{Harpo})} = \frac{d(\text{Groucho})}{d(\text{Zeppo})} \frac{d(\text{Zeppo})}{d(\text{Harpo})}.$$
>
> Apesar de Zeppo não aparecer no lado esquerdo da equação acima, fomos capazes de forçá-lo a aparecer no lado direito. Esta regra da cadeia baseada em um "artifício" virá a calhar! A razão para usar os Irmãos Marx neste exemplo deve-se ao fato de que a regra da cadeia só funciona se todos os seus termos estiverem relacionados um com o outro (matematicamente, eles devem ser funções um dos outros). Agora, a conexão com a Eq. (2.34) é o que precisávamos para fazer a variável s entrar no quadro, embora, no início, ela não estava presente em $a = dv/dt$. Portanto, tornamos v o nosso Groucho e t o nosso Harpo. Considerando que s assume o papel de Zeppo, fomos capazes de realizar o que queríamos!

Para calcular a posição, podemos tentar inverter[7] $t(v)$ da Eq. (2.33) para encontrar $v(t)$. Logo, podemos tentar integrar $v(t)$ em relação a t para obter $s(t)$. Infelizmente, muitas vezes isso é difícil (ou impossível) de se fazer. Outra abordagem é a obtenção de $s(v)$ em vez de $s(t)$, usando a regra da cadeia do cálculo, ou seja,

$$a = \frac{dv}{dt} = \frac{dv}{ds}\frac{ds}{dt} = v\frac{dv}{ds}, \qquad (2.34)$$

que podemos escrever como

$$ds = \frac{v}{a(v)}\, dv. \qquad (2.35)$$

Definindo $s = s_0$ quando $v = v_0$, a Eq. (2.35) pode ser integrada para obter

$$s(v) = s_0 + \int_{v_0}^{v} \frac{v}{a(v)}\, dv. \qquad (2.36)$$

Se $a(s)$ é conhecida

Quando a aceleração é conhecida em função da posição, ou seja, $a = a(s)$, podemos novamente começar a partir de $a = v\,dv/ds$ dada na Eq. (2.34) e, considerando $v = v_0$ para $s = s_0$, obter a velocidade em função da posição $v(s)$ como segue:

$$\int_{v_0}^{v} v\, dv = \int_{s_0}^{s} a(s)\, ds \quad \Rightarrow \quad \tfrac{1}{2}v^2 - \tfrac{1}{2}v_0^2 = \int_{s_0}^{s} a(s)\, ds, \qquad (2.37)$$

ou

$$v^2(s) = v_0^2 + 2\int_{s_0}^{s} a(s)\, ds. \qquad (2.38)$$

Finalmente, uma vez que $v(s)$ é conhecida pela Eq. (2.38), podemos obter o tempo em função da posição $t(s)$, a partir de $v = ds/dt$, e então escrever

$$dt = \frac{ds}{v(s)} \quad \Rightarrow \quad \int_{t_0}^{t} dt = \int_{s_0}^{s} \frac{ds}{v(s)}, \qquad (2.39)$$

em que novamente consideraremos $s = s_0$ quando $t = t_0$. Concluindo a integração do lado esquerdo, obtemos

$$t(s) = t_0 + \int_{s_0}^{s} \frac{ds}{v(s)}. \qquad (2.40)$$

E se a é constante?

Se a aceleração é uma constante, então as equações obtidas são simplificadas *substancialmente*. As relações de aceleração constante são importantes porque há muitos problemas na dinâmica em que a aceleração é constante. Por exemplo, ao estudar o movimento de um projétil, geralmente supomos que a aceleração do projétil é constante.

---

[7] Ao *inverter* pretendemos resolver $t(v)$ para v de modo que tenhamos $v(t)$.

Se a *aceleração é uma constante* a_c, a Eq. (2.29) torna-se

$$v = v_0 + a_c(t - t_0) \quad \text{(aceleração constante)}, \tag{2.41}$$

a Eq. (2.31) torna-se

$$s = s_0 + v_0(t - t_0) + \tfrac{1}{2}a_c(t - t_0)^2 \quad \text{(aceleração constante)}, \tag{2.42}$$

e a Eq. (2.38) torna-se

$$v^2 = v_0^2 + 2a_c(s - s_0) \quad \text{(aceleração constante)}. \tag{2.43}$$

Movimento circular e velocidade angular

As relações do movimento retilíneo são aplicáveis a qualquer movimento unidimensional. Para demonstrar essa ideia, iremos aplicá-las a um movimento curvilíneo unidimensional comum: o *movimento circular*.

Na Fig. 2.17, vemos uma partícula A movendo-se em um círculo de raio r e centro O. Uma vez que r é constante, a posição de A pode ser descrita por meio de uma única coordenada, como o comprimento de arco orientado s ou o ângulo θ. Novamente referindo-se à Fig. 2.17, se a linha OA gira através do ângulo Δθ no tempo Δt, então podemos definir uma taxa de variação temporal média do ângulo θ por $\omega_{med} = \Delta\theta/\Delta t$. Assim, na sequência do desenvolvimento da Seção 2.1 e considerando $\Delta t \to 0$, obtemos a taxa de variação temporal instantânea de θ, ou seja, $\dot{\theta}$, chamada de *velocidade angular*, como

$$\omega(t) = \lim_{\Delta t \to 0} \frac{\Delta\theta}{\Delta t} = \frac{d\theta(t)}{dt} = \dot{\theta}(t). \tag{2.44}$$

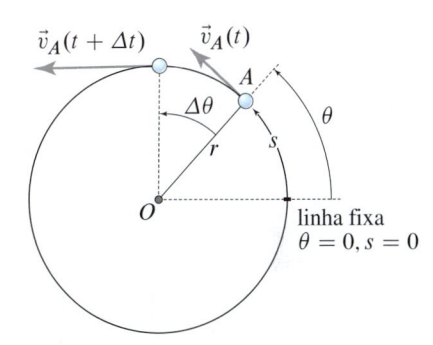

Figura 2.17
A partícula A com rapidez $v_A = |\vec{v}_A|$ movendo-se em um círculo de raio r centrado em O.

Podemos então definir a *aceleração angular* α derivando a Eq. (2.44) em relação ao tempo, ou seja,

$$\alpha(t) = \frac{d\omega(t)}{dt} = \dot{\omega}(t) = \ddot{\theta}(t). \tag{2.45}$$

Ao utilizar a coordenada s, visto que $s = r\theta$ e r é constante, podemos escrever

$$\dot{s} = r\dot{\theta} = \omega r \quad \text{e} \quad \ddot{s} = r\ddot{\theta} = \alpha r. \tag{2.46}$$

Relações do movimento circular

Todos as relações que desenvolvemos para o movimento retilíneo aplicam-se igualmente ao movimento circular, exceto o fato de que precisamos substituir as variáveis retilíneas por suas correspondentes circulares. Por exemplo, a Eq. (2.29) torna-se

$$\omega(t) = \omega_0 + \int_{t_0}^{t} \alpha(t)\, dt. \tag{2.47}$$

A Tabela 2.2 lista cada uma das variáveis cinemáticas do movimento retilíneo e a variável cinemática correspondente do movimento circular. Substituindo cada variável do movimento retilíneo por sua correspondente do movimento circular nas Eqs. (2.29)-(2.43), obtemos as equações do movimento circular correspondente. Por fim, se a aceleração angular é constante, podemos usar as relações de aceleração constante com a_c substituída por α_c.

Tabela 2.2
Correspondência das variáveis cinemáticas entre movimento retilíneo e movimento circular

Variável cinemática	Movimento retilíneo	Movimento circular[a]
tempo	t	t
posição	s	θ
velocidade	v	ω
aceleração	a	α

[a] Exceto para o tempo, cada uma delas deve ter a palavra *angular* após o nome da sua variável cinemática.

Resumo final da seção

Nesta seção, desenvolvemos relações que ligam uma coordenada única e suas derivadas no tempo. Essas relações foram categorizadas com base em como a principal informação é fornecida:

1. Se a aceleração é fornecida em função do tempo, ou seja, $a = a(t)$, para velocidade e posição, temos

   Eqs. (2.29) e (2.31), p. 57

   $$v(t) = v_0 + \int_{t_0}^{t} a(t)\, dt,$$

   $$s(t) = s_0 + v_0(t - t_0) + \int_{t_0}^{t}\left[\int_{t_0}^{t} a(t)\, dt\right] dt.$$

2. Se a aceleração é fornecida em função da velocidade, ou seja, $a = a(v)$, para tempo e posição, temos

   Eq. (2.33), p. 57, e Eq. (2.36), p. 58

   $$t(v) = t_0 + \int_{v_0}^{v} \frac{1}{a(v)}\, dv,$$

   $$s(v) = s_0 + \int_{v_0}^{v} \frac{v}{a(v)}\, dv.$$

3. Se a aceleração é fornecida em função da posição, ou seja, $a = a(s)$, para velocidade e tempo, temos

   Eqs. (2.38) e (2.40), p. 58

   $$v^2(s) = v_0^2 + 2\int_{s_0}^{s} a(s)\, ds,$$

   $$t(s) = t_0 + \int_{s_0}^{s} \frac{ds}{v(s)}.$$

4. Se a aceleração é uma constante a_c, para velocidade e posição, temos

   Eqs. (2.41)-(2.43), p. 59

   $$v = v_0 + a_c(t - t_0),$$

   $$s = s_0 + v_0(t - t_0) + \tfrac{1}{2}a_c(t - t_0)^2,$$

   $$v^2 = v_0^2 + 2a_c(s - s_0).$$

Movimento circular. Para o movimento circular, as equações resumidas nos itens 1-4 acima são obtidas ao usarmos as regras de substituição

$$s \to \theta, \quad v \to \omega, \quad a \to \alpha,$$

em que $\omega = \dot{\theta}$ e $\alpha = \ddot{\theta}$ são a *velocidade angular* e a *aceleração angular*, respectivamente.

EXEMPLO 2.8 Medindo a profundidade de um poço pela relação entre tempo, velocidade e aceleração

Podemos estimar a profundidade de um poço medindo o tempo que leva para uma pedra cair do topo do poço até chegar à água no fundo. Assumindo que a gravidade é a única força atuando sobre a pedra, estime a profundidade de um poço sob duas situações distintas: a rapidez do som é (a) finita e igual a $v_s = 340$ m/s e (b) infinita. Além disso, compare as duas estimativas para fornecer uma "regra de ouro" a respeito de quando podemos assumir que a velocidade do som é infinita.

SOLUÇÃO

Roteiro Neste problema, a nossa medida de tempo é a soma de duas partes: (1) o tempo gasto pela pedra para ir do topo até o fundo do poço e (2) o tempo gasto pelo som para ir do fundo para o topo do poço. A profundidade do poço pode ser relacionada ao primeiro tempo assumindo que a pedra viaja a uma aceleração constante, ou seja, $g = 9{,}81$ m/s^2. A profundidade do poço também pode ser relacionada ao segundo tempo, supondo que o som viaja a uma rapidez constante, que será considerada como sendo finita na Parte (a) e infinita na Parte (b). Ao exigir que as duas estimativas de profundidade sejam idênticas, seremos capazes de encontrar uma relação entre a profundidade do poço e o tempo total medido.

──────── Parte (a): Rapidez do som finita ────────

Cálculos A Fig. 1 mostra um poço de profundidade desconhecida D. Consideramos t_m, t_i e t_s como o tempo medido (total), o tempo gasto pela pedra ao cair da distância D e se chocar com a água e o tempo que leva para o som voltar, respectivamente, de modo que

$$t_m = t_i + t_s. \tag{1}$$

O movimento da pedra caindo da distância D é um movimento retilíneo com aceleração constante $g = 9{,}81$ m/s^2. Assim, escolhendo um eixo de coordenadas com sentido do topo para o fundo do poço, observando que a pedra começa em $s_0 = 0$ m, e supondo que a pedra é solta com velocidade inicial v_0 igual a zero, a Eq. (2.42) nos diz que

$$D = \tfrac{1}{2} g t_i^2 \quad \Rightarrow \quad t_i = \sqrt{\frac{2D}{g}}. \tag{2}$$

Assim que a pedra atinge a água, uma onda sonora se move com uma velocidade constante $v_s = 340$ m/s, e, portanto, com aceleração constante $a = 0$ m/s^2, vai desde o fundo do poço até o ouvido do observador em $s = 0$. A Eq. (2.42), então, nos diz que

$$0 = D - v_s(t_m - t_i) \quad \Rightarrow \quad D = v_s t_s \quad \Rightarrow \quad t_s = \frac{D}{v_s}, \tag{3}$$

em que usamos a Eq. (1) para escrever $t_s = t_m - t_i$. Em seguida, usando as expressões para t_i e t_s nas Eqs. (2) e (3), respectivamente, a Eq. (1) torna-se

$$t_m = \sqrt{\frac{2D}{g}} + \frac{D}{v_s}. \tag{4}$$

Essa equação pode ser resolvida para obter D (veja a nota de Informações úteis na margem para mais detalhes).

$$\boxed{D = v_s t_m - \frac{v_s^2}{g}\left(\sqrt{1 + \frac{2 t_m g}{v_s}} - 1\right).} \tag{5}$$

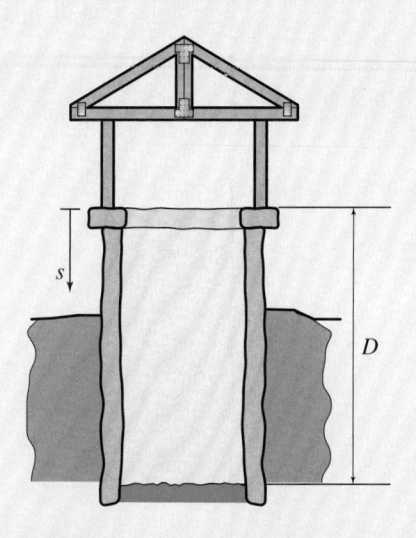

Figura 1
Um poço de profundidade D mostrando a direção positiva da coordenada s.

Informações úteis

Resolvendo a Eq. (4) para D. Para resolver a Eq. (4) para D, primeiramente a reescrevemos de modo a isolar o termo da raiz quadrada, ou seja,

$$D - v_s t_m = -v_s\sqrt{2D/g}.$$

Então, elevamos ao quadrado cada lado para obter

$$D^2 - 2Dv_s t_m + v_s^2 t_m^2 = v_s^2 \frac{2D}{g},$$

que pode ser reorganizada de forma a ler-se

$$D^2 - 2v_s\left(t_m + \frac{v_s}{g}\right)D + v_s^2 t_m^2 = 0.$$

Esta é uma equação quadrática em D com as duas raízes seguintes:

$$D = v_s t_m + \frac{v_s^2}{g}\left(1 \pm \sqrt{1 + \frac{2 t_m g}{v_s}}\right).$$

Apenas uma dessas raízes é fisicamente significativa. A solução com o sinal de mais na frente do termo da raiz quadrada produz um valor diferente de zero para D quando $t_m = 0$. Esse resultado contradiz a Eq. (4), logo a única solução aceitável é aquela com o sinal de menos.

---- **Parte (b): Rapidez do som infinita** ----

Cálculos Se a rapidez do som fosse infinita, a última das Eqs. (3) implicaria que $t_s = 0$. Assim, a partir da Eq. (1), temos que $t_m = t_i$ de forma que a primeira das Eqs. (2) fornece

$$\boxed{D = \tfrac{1}{2} g t_m^2.} \tag{6}$$

Discussão e verificação O resultado da Eq. (5) está dimensionalmente correto. Já que os dados t_m, g e v_s apresentados têm dimensões de tempo (T), comprimento por tempo ao quadrado (L/T^2) e comprimento por tempo (L/T), respectivamente, em seguida, observe que o argumento do termo da raiz quadrada na Eq. (5) é adimensional, ou seja,

$$\left[\frac{2 t_m g}{v_s}\right] = [t_m][g]\frac{1}{[v_s]} = T \frac{L}{T^2} \frac{T}{L} = 1. \tag{7}$$

Por conseguinte, as dimensões de D na Eq. (5) são

$$[D] = \left[v_s t_m + \frac{v_s^2}{g}\right] = [v_s][t_m] + [v_s]^2 \frac{1}{[g]} = \frac{L}{T} T + \frac{L^2}{T^2} \frac{T^2}{L} = L, \tag{8}$$

conforme o esperado. Podemos mostrar que o resultado da Eq. (6) está dimensionalmente correto de forma semelhante.

🔍 **Um olhar mais atento.** Temos agora que comparar as soluções com a rapidez do som finita e infinita para compreender sob quais condições é importante levar em conta a finitude da rapidez do som. Considere a Fig. 2, que apresenta três curvas derivadas sob três diferentes conjuntos de suposições (as curvas têm D no eixo horizontal para nos permitir fazer comentários, com base na profundidade do poço, com maior facilidade). Especificamente, a Fig. 2 não só mostra as funções nas Eqs. (5) e (6), mas também a solução que obteríamos, levando em conta tanto a finitude da rapidez do som *quanto a resistência do ar*. Essa última curva foi obtida supondo que a pedra utilizada para a medição (1) é esférica com um raio $r = 1$ cm e (2) feita de granito, com uma densidade de 2,75 g/cm³; e está sujeita a uma força de arrasto aerodinâmico dada por $F_D = C_D \rho A v^2/2$, em que o coeficiente de arrasto adimensional C_D foi escolhido como sendo igual a 0,3, ρ é a densidade do ar ao nível do solo, e A é a área frontal da pedra esférica.[8] Tratando a curva obtida por esse modelo de arrasto como a relação "verdadeira" entre D e t_m, observe que a curva vermelha, representando a Eq. (5), e a curva preta, que corresponde à Eq. (6), divergem da curva verdadeira à medida que a profundidade do poço aumenta. No entanto, as três curvas coincidem principalmente perto da origem do gráfico. Portanto, uma conclusão é que a estimativa da profundidade de um poço ao desconsiderar a resistência do ar e a finitude da rapidez do som não é tão ruim para poços rasos, em que se poderia definir *raso* como, digamos, menos que cerca de 30 m. A segunda conclusão que podemos tirar é que, ao considerar a finitude da rapidez do som, a nossa fórmula pode ser aplicada a todas as profundidades até 80 m sem ter que se recorrer a teorias complexas de interação pedra-ar. Finalmente, observe que as curvas fornecidas aqui nos permitem obter uma apreciação quantitativa para o erro que teríamos na estimativa da profundidade do poço, dependendo da curva utilizada. Por exemplo, considere o caso em que a medida é $t_m = 4$ s. Qual é a profundidade do poço? Bem, de acordo com a curva vermelha, a profundidade é de aproximadamente 70,5 m, enquanto a linha preta indica uma profundidade de 78,5 m. Assim sendo, poderíamos ficar com a estimativa dada pela linha preta (já que é mais fácil de calcular) com o conhecimento de que o erro é da ordem de 12%.

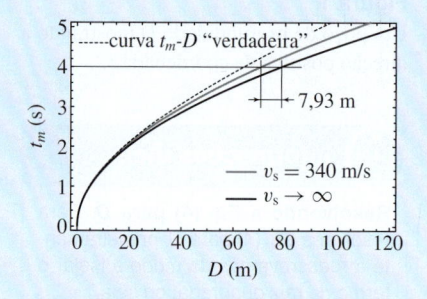

Figura 2
Curvas de tempo medido *v.* profundidade do poço para vários conjuntos de suposições.

---

[8] Esta fórmula para o arrasto aerodinâmico é frequentemente discutida nas disciplinas de mecânica dos fluídos.

EXEMPLO 2.9 Aceleração em função da velocidade: descida de paraquedista

O paraquedista mostrado nas Figs. 1 e 2 abriu seu paraquedas depois de cair em queda livre a $v_0 = 44{,}5$ m/s. Aprenderemos como derivar as equações que governam sistemas como este no Capítulo 3. Por enquanto, basta dizer que as forças relevantes sobre o paraquedista são o peso total (ou seja, o seu peso corporal e de seu equipamento) e a força de arrasto devido ao paraquedas. Se modelarmos a força de arrasto como sendo proporcional ao quadrado da velocidade do paraquedista, ou $F_d = C_d v^2$, em que C_d significa um coeficiente de arrasto,[9] a segunda lei de Newton nos diz que a aceleração do paraquedista é $a = g - C_d v^2/m$. Considerando $C_d = 43{,}2$ kg/m, $m = 110$ kg e $g = 9{,}81$ m/s², determine

(a) A velocidade do paraquedista em função do tempo.
(b) A velocidade terminal atingida pelo paraquedista.
(c) A posição do paraquedista em função do tempo.

SOLUÇÃO

Figura 1
Queda de um paraquedista.

Parte (a): Da aceleração à velocidade

Roteiro Já que a aceleração não é dada em função do tempo, mas em função da velocidade, ou seja, $a = a(v)$, não podemos obter $v(t)$ integrando a em relação ao tempo. No entanto, lembrando que $a = dv/dt$ pode ser reescrita como $dt = dv/a$, podemos obter o tempo em função da velocidade, ou seja, $t = t(v)$ e então tentaremos inverter essa relação para obter $v = v(t)$. Essa é a estratégia seguida no desenvolvimento da Eq. (2.33) para o caso em que $a = a(v)$.

Cálculos Começamos aplicando a Eq. (2.33), ou, equivalentemente, reescrevendo $a = dv/dt$ como $dt = dv/a(v)$ e integrando ambos os lados para obter

$$t(v) = \int_{v_0}^{v} \frac{dv}{g - C_d v^2/m}$$

$$= -\frac{1}{2}\sqrt{\frac{m}{gC_d}} \ln\left[\left(\frac{v\sqrt{C_d} - \sqrt{mg}}{v\sqrt{C_d} + \sqrt{mg}}\right)\left(\frac{v_0\sqrt{C_d} + \sqrt{mg}}{v_0\sqrt{C_d} - \sqrt{mg}}\right)\right], \quad (1)$$

em que temos $v = v_0$ para $t = 0$, e em que podemos observar que essa integral pode ser obtida por meio de uma tabela de integrais[10] abrangente ou um programa tal como o pacote Mathematica. Temos agora $t(v)$, mas queremos $v(t)$. Assim, para inverter a Eq. (1), primeiramente multiplicamos ambos os lados por $-2\sqrt{gC_d/m}$, e em seguida elevamos à exponencial ambos os lados para obter

$$e^{-2t\sqrt{\frac{gC_d}{m}}} = \left(\frac{v\sqrt{C_d} - \sqrt{mg}}{v\sqrt{C_d} + \sqrt{mg}}\right)\left(\frac{v_0\sqrt{C_d} + \sqrt{mg}}{v_0\sqrt{C_d} - \sqrt{mg}}\right). \quad (2)$$

Resolvendo a Eq. (2) para v e simplificando, obtemos

$$\boxed{v(t) = \sqrt{\frac{mg}{C_d}} \frac{v_0\sqrt{C_d} + \sqrt{mg} + (v_0\sqrt{C_d} - \sqrt{mg})e^{-2t\sqrt{\frac{gC_d}{m}}}}{v_0\sqrt{C_d} + \sqrt{mg} - (v_0\sqrt{C_d} - \sqrt{mg})e^{-2t\sqrt{\frac{gC_d}{m}}}},} \quad (3)$$

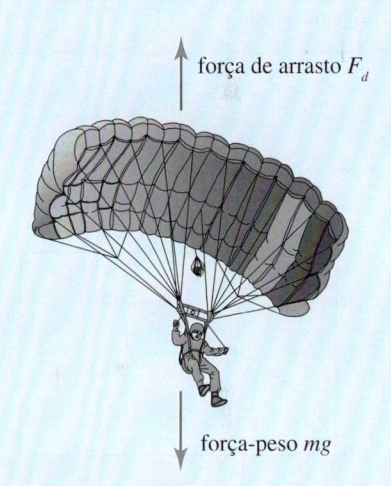

Figura 2
Paraquedista com forças de arrasto e de peso representadas.

cujo gráfico pode ser encontrado na Fig. 3 para os parâmetros indicados. Observe que o paraquedista começa em 44,5 m/s em $t = 0$ s e rapidamente (cerca de um segundo) diminui para aproximadamente 5 m/s.

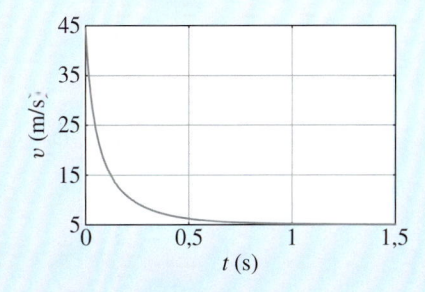

Figura 3
Velocidade do paraquedista quando ele desce com seu paraquedas aberto.

---

[9] O coeficiente de arrasto utilizado neste problema é uma versão condensada do coeficiente de arrasto encontrado no Exemplo 2.8, e eles estão relacionados de acordo com $C_d = \frac{1}{2}C_D\rho A$.

[10] Veja, por exemplo, A. Jeffrey, *Handbook of Mathematical Formulas and Integrals*, 3rd ed., Academic Press, 2003; ou R.J. Tallarida, *Pocket Book of Integrals and Mathematical Formulas*, 3rd ed., CRC Press, Boca Raton, FL, 1999. Além disso, existem vários recursos na Internet, como http://en.wikipedia.org/wiki/Lists_of_integrals.

Informações úteis

Outra definição comumente aceita e consistente de *velocidade terminal*. Quando um corpo está em queda livre em um meio como o ar (ou a água), o corpo experimenta uma resistência aerodinâmica (ou fluidodinâmica), chamada de *arrasto*, que se opõe à gravidade e aumenta com a rapidez. Se o corpo cai por tempo suficiente, o arrasto aerodinâmico acabará equilibrando a força da gravidade e o corpo parará de acelerar. A *velocidade terminal* pode ser definida como o valor da velocidade em que a aceleração torna-se igual a zero.

Parte (b): Velocidade terminal

Roteiro A *velocidade terminal* é definida como a velocidade alcançada após uma quantidade infinita de tempo. Portanto, podemos responder à pergunta na Parte (b) tomando $v(t)$ da Eq. (3) e determinando o limite quando $t \to \infty$.

Cálculos Procedendo conforme descrito acima, obtemos

$$v_{term} = \lim_{t\to\infty} \sqrt{\frac{mg}{C_d}} \frac{v_0\sqrt{C_d} + \sqrt{mg} + (v_0\sqrt{C_d} - \sqrt{mg})e^{-2t\sqrt{\frac{gC_d}{m}}}}{v_0\sqrt{C_d} + \sqrt{mg} - (v_0\sqrt{C_d} - \sqrt{mg})e^{-2t\sqrt{\frac{gC_d}{m}}}}$$

$$= \sqrt{\frac{mg}{C_d}} = \sqrt{\frac{(9{,}81)(110)}{43{,}2}} \text{ m/s} = 5{,}00 \text{ m/s}, \qquad (4)$$

a qual está coerente com o gráfico da Fig. 3.

Parte (c): Posição v. tempo após a abertura do paraquedas

Roteiro Para obter a posição v. tempo do paraquedista, lembre-se de que $v(t) = ds/dt$, o que pode ser reescrito como $ds = v(t)dt$ e pode logo ser integrado para obter o resultado desejado.

Cálculos Dada a forma de $v(t)$ na Eq. (3), realizar a integração necessária pode parecer desafiador. No entanto, esse cálculo pode ser facilmente resolvido por meio da utilização de uma tabela de integrais ou um pacote de álgebra simbólica tal como o Mathematica. Independentemente do método de integração, considerando $s = 0$ para $t = 0$, temos

$$\begin{aligned} s(t) &= \int_0^t v(t)\,dt \\ &= \sqrt{\frac{mg}{C_d}}\left[t + \sqrt{\frac{m}{gC_d}}\ln\left(1 - \frac{v_0\sqrt{C_d} - \sqrt{mg}}{v_0\sqrt{C_d} + \sqrt{mg}}e^{-2t\sqrt{\frac{gC_d}{m}}}\right)\right] \\ &\quad - \frac{m}{C_d}\ln\left(1 - \frac{v_0\sqrt{C_d} - \sqrt{mg}}{v_0\sqrt{C_d} + \sqrt{mg}}\right), \end{aligned} \qquad (5)$$

cujo gráfico pode ser encontrado na Fig. 4 para os parâmetros indicados. Observe que o gráfico de $s(t)$ v. tempo rapidamente se aproxima de um aclive constante e igual à velocidade terminal.

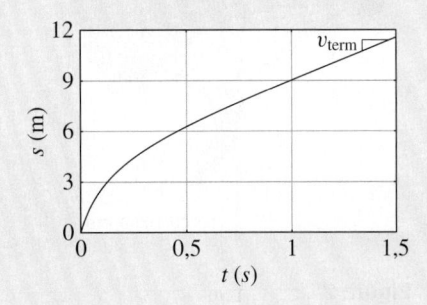

Figura 4
Posição *versus* tempo do paraquedista quando ele desce com seu paraquedas aberto.

Discussão e verificação Para confirmar que as nossas fórmulas estão corretas, podemos começar verificando se estão dimensionalmente corretas. Observe que C_d tem dimensões de massa por comprimento de modo que os termos $v\sqrt{C_d}$, $v_0\sqrt{C_d}$ e $\sqrt{mg}$ nas Eqs. (3) e (5) são dimensionalmente homogêneos e os argumentos das funções exponencial e logarítmica nas Eqs. (3) e (5) são adimensionais. Isso significa que as dimensões de $v(t)$ na Eq. (3) são aquelas do termo $\sqrt{mg/C_d}$, que tem dimensões de comprimento por tempo, como esperado. Quanto à Eq. (5), as dimensões de $s(t)$ são aquelas dos termos $t\sqrt{mg/C_d}$ e m/C_d, os quais têm dimensões de comprimento, mais uma vez como o esperado.

Uma verificação adicional é derivar a Eq. (5) em relação ao tempo para se certificar de que a Eq. (3) é recuperada. Finalmente, poderíamos substituir a Eq. (3) na expressão dada para a aceleração e verificar se obtemos a mesma expressão resultante da derivação da Eq. (3) em relação ao tempo. Deixamos essas verificações para o leitor.

🔍 **Um olhar mais atento** Este exemplo mostra que, mesmo em problemas aparentemente simples, com frequência os engenheiros são confrontados com consideráveis desafios matemáticos. No entanto, esses desafios muitas vezes podem ser abordados por meio de uma variedade de ferramentas computacionais. Essas ferramentas nos ajudam a lidar com tarefas tediosas e repetitivas, de forma que possamos nos focar nos aspectos mais importantes do problema. Neste exemplo, os aspectos importantes foram a aplicação da Eq. (2.33) para obter $t(v)$ a partir de $a(v)$, a inversão de $t(v)$ para obter $v(t)$, a determinação de v_{term} e a integração temporal de $v(t)$ para obter $s(t)$.

EXEMPLO 2.10 — Aceleração angular constante: efeitos supersônicos e da hélice

Quanto à Fig. 2, a hélice (propeller) tem raio $r_p = 5{,}8$ m e gira sobre seu eixo, mantendo o disco da hélice imobilizado.[11] Suponha que a hélice inicia a partir do repouso com uma aceleração angular constante $\alpha = 50$ rad/s².[12] Sabendo que a velocidade do som ao nível do mar em condições normais é $v_s = 345$ m/s, encontre

(a) ω_s, a velocidade angular da hélice, expressa em rpm, quando 50% da superfície do disco da hélice opera em regime supersônico.

(b) t_s, o tempo que ela leva para atingir ω_s.

(c) θ_s, o número de revoluções experimentadas pela hélice do repouso até ω_s.

Figura 1
Aeronave V-22 Osprey.

SOLUÇÃO

Roteiro Enquanto a hélice gira, pontos diferentes ao longo da pá da hélice experimentam velocidades diferentes. Isso se deve ao fato de que o movimento de cada ponto da hélice é circular, e, como a velocidade e a aceleração angular para esse movimento são as mesmas em todos os pontos, a distância do eixo de rotação não é. O movimento total é um movimento de aceleração *angular* constante, e podemos usar as fórmulas derivadas para este caso.

---- **Parte (a): Cálculo de** ω_s ----

Cálculos Referindo à Fig. 3 e usando a Eq. (2.46) para descrever a velocidade dos pontos em movimento circular, temos que a rapidez $|\dot{s}|$ de um ponto situado a uma distância r do eixo de rotação é

$$|\dot{s}| = r|\omega|, \qquad (1)$$

o que mostra que $|\dot{s}|$ é proporcional à distância do eixo de rotação. Assim, se um ponto interior ao disco da hélice se move em rapidez supersônica, todos os pontos entre ela e a periferia da hélice também se moverão com rapidez supersônica. Considerando r_i como o raio do disco interior da hélice, cuja área é 50% da área total do disco (veja a Fig. 3), obtemos

$$\pi r_i^2 = \frac{\pi r_p^2}{2} \;\Rightarrow\; r_i = \frac{r_p}{\sqrt{2}} = 4{,}1\,\text{m}. \qquad (2)$$

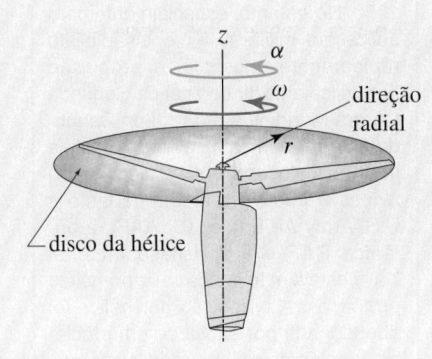

Figura 2
Vista de um dos motores e hélice da V-22 Osprey. O raio das hélices da V-22 é 5,8m.

Se os pontos no círculo de raio r_i alcançam a rapidez do som, então, combinando a Eq. (1) e a segunda das Eqs. (2), temos

$$v_s = r_i \omega_s \;\Rightarrow\; \boxed{\omega_s = \frac{v_s \sqrt{2}}{r_p} = 84{,}12\,\text{rad/s} = 803\,\text{rpm},} \qquad (3)$$

em que $\omega_s > 0$, pois é uma *rapidez* angular.

---- **Parte (b): Cálculo de** t_s ----

Cálculos Para determinar quanto tempo leva para atingir ω_s, lembre que a aceleração angular α é a derivada temporal da velocidade angular ω, ou seja, $\alpha = \dot{\omega} = d\omega/dt$, de modo que podemos escrever $d\omega = \alpha\,dt$. Portanto, observando que α é uma constante e

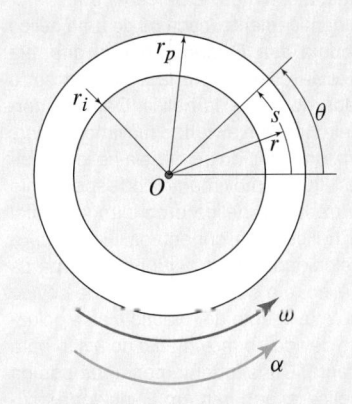

Figura 3
Definição das coordenadas s de um ponto a uma distância r do centro de rotação O. Usando a coordenada angular θ, temos que $s = r\theta$. O círculo sombreado tem uma área igual a 50% da área total do disco da hélice.

---
[11] O disco da hélice é o disco gerado pelas pás da hélice enquanto giram.
[12] Isso é aproximadamente o que se precisa para ir de 0 a 1.430 rpm em 3 s, o que é muito fácil de conseguir, mesmo com um motor médio de carros pequenos.

considerando $\omega_0 = 0$ como a velocidade angular inicial (a hélice começa em repouso), temos

$$\int_{\omega_0}^{\omega} d\omega = \int_0^{t_s} \alpha\, dt \quad \Rightarrow \quad \omega_s = \omega_0 + \int_0^{t_s} \alpha\, dt \quad \Rightarrow \quad \omega_s = \alpha t_s. \tag{4}$$

Combinando os resultados das Eqs. (3) e (4), temos

$$\boxed{t_s = \frac{v_s \sqrt{2}}{\alpha r_p} = 1{,}68\text{ s.}} \tag{5}$$

Fato interessante

Hélices em aviões de alto desempenho. A propulsão por hélice foi extremamente popular até o início dos anos 1950. No entanto, especialmente para aplicações militares, a propulsão a jato rapidamente substituiu a propulsão por hélice a partir do final da Segunda Guerra Mundial. Até o final da Segunda Guerra Mundial, a alemã Luftwaffe já tinha colocado em serviço quatro aviões a jato diferentes, enquanto a U.S. Army Air Forces (USAAF), a britânica RAF e a Japanese Imperial Navy estavam testando seus primeiros protótipos. A propulsão por hélice foi abandonada por causa de um problema aerodinâmico intrínseco: as hélices não têm bom desempenho em velocidades supersônicas. Esse mesmo problema contribui para a manutenção de helicópteros no reino das máquinas voadoras "lentas". Para entender essa questão, temos de perceber que, aerodinamicamente, cada pá de uma hélice é uma *asa*. Quando uma pá gira, ela desvia o ar de um lado para o outro lado do disco da hélice. Devido à terceira lei de Newton, o movimento *para trás* transmitido ao ar pela hélice resulta em um movimento correspondente *à frente* da hélice e do plano ao qual a hélice está conectada. Portanto, a velocidade do ar, vista por uma pá da hélice, é a soma da velocidade devido ao movimento de rotação e a velocidade devido ao movimento do avião para frente. Consequentemente, as pás da hélice experimentam velocidades supersônicas consideravelmente mais cedo do que o avião, e, a menos que estratégias de projeto especiais sejam implementadas, isso diminui rapidamente a eficiência da hélice.

──── Parte (c): Cálculo de θ_s ────

Já que uma *revolução* é um deslocamento angular igual a 2π rad, podemos calcular o número de voltas experimentadas pela hélice calculando a diferença da posição angular θ da hélice entre $t = 0$ e $t = t_s$. Como a aceleração angular é constante, podemos usar a Eq. (2.41) com a Tabela 2.2 para chegar à seguinte relação entre ω_s, α e θ_s:

$$\omega_s^2 = \omega_0^2 + 2\alpha(\theta_s - \theta_0), \tag{6}$$

em que θ_0 é a posição angular de um ponto sobre o disco da hélice em $t = 0$. Uma vez que todos os pontos sobre o disco da hélice experimentam o mesmo deslocamento angular, optando por um ponto com $\theta_0 = 0$ e lembrando que $\omega_0 = 0$, a Eq. (2.2) pode ser resolvida para obter

$$\boxed{\theta_s = \frac{\omega_s^2}{2\alpha} = 70{,}7\text{ rad} = 11{,}3\text{ rev.}} \tag{7}$$

Discussão e verificação Consideremos que L e T indicam dimensões de comprimento e de tempo, respectivamente. Em seguida, referindo-se à Eq. (3), vemos que as dimensões de ω_s são dadas por

$$[\omega_s] = \left[\frac{v_s}{r_p}\right] = [v_s]\frac{1}{[r_p]} = \frac{L}{T}\frac{1}{L} = \frac{1}{T}, \tag{8}$$

conforme o esperado. Além disso, lembrando que a unidade radiano é adimensional, vemos que ω_s tem as dimensões corretas e está expressa pelas unidades adequadas. Em seguida, quanto à Eq. (5), as dimensões de t_s são dadas por

$$[t_s] = \left[\frac{v_s}{\alpha r_p}\right] = [v_s]\frac{1}{[\alpha]}\frac{1}{[r_p]} = \frac{L}{T}\frac{1}{T^{-2}}\frac{1}{L} = T, \tag{9}$$

conforme o esperado. Considerando a Eq. (5) mais uma vez, vemos que t_s foi expresso pelas unidades apropriadas. Finalmente, em relação à Eq. (7), as dimensões de θ_s são dadas por

$$[\theta_s] = \left[\frac{\omega_s^2}{\alpha}\right] = [\omega_s^2]\frac{1}{[\alpha]} = \frac{1}{T^2}\frac{1}{T^{-2}} = 1, \tag{10}$$

conforme o esperado. Considerando a Eq. (7) mais uma vez e lembrando que a unidade de radiano é adimensional, θ_s foi expresso pelas unidades adequadas.

Quanto aos valores numéricos dos nossos resultados em questão, como a hélice está acelerando do repouso a uma rapidez angular ω_s durante o intervalo de tempo $0 \le t \le t_s$, o deslocamento angular θ_s calculado deve ser menor do que o valor $t_s\omega_s$, que representa o deslocamento angular que a hélice teria experimentado se estivesse girando a uma rapidez angular *constante* ω_s para $0 \le t \le t_s$. Já que $t_s\omega_s = 141$ rad, nossa expectativa é satisfeita.

PROBLEMAS

Problemas 2.37 a 2.40

Os quatro problemas seguintes referem-se ao carro movendo-se entre duas placas de pare apresentado no início desta seção na p. 55, em que a velocidade do carro é considerada $v = [9 - 9 \cos(2t/5)]$ m/s para $0 \leq t \leq 5\pi$ s.

Problema 2.37 Determine v_{max}, a velocidade máxima atingida pelo carro. Além disso, determine a posição s_{vmax} e o tempo t_{vmax} em que a v_{max} ocorre.

Problema 2.38 Determine o instante em que os freios são aplicados e o carro começa a desacelerar.

Problema 2.39 Determine a velocidade média do carro entre as duas placas de pare.

Problema 2.40 Determine $|a|_{max}$, o valor máximo da magnitude da aceleração atingida pelo carro, e a(s) posição(ões) em que $|a|_{max}$ ocorre.

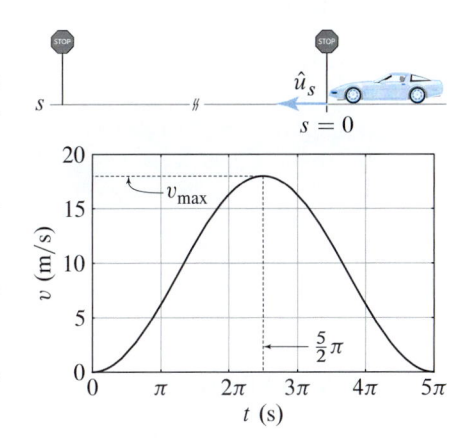

Figura P2.37-P2.40

Problema 2.41

Um aro é lançado diretamente para cima de uma altura $h = 2,5$ m do chão e com uma velocidade inicial de $v_0 = 3,45$ m/s. A gravidade faz o aro ter uma aceleração constante para baixo de $g = 9,81$ m/s. Determine h_{max}, a altura máxima atingida pelo aro.

Problema 2.42

Um aro é lançado diretamente para cima de uma altura $h = 2,5$ m do chão. A gravidade faz o aro ter uma aceleração constante para baixo de $g = 9,81$ m/s. Considerando $d = 5,2$ m, se a pessoa na janela deve receber o anel, da forma mais suave possível, determine a velocidade inicial v_0 a que o anel deverá estar quando lançado pela primeira vez.

Problema 2.43

Um carro para 4 s após a aplicação dos freios, enquanto cobria um trecho retilíneo de 100 m de comprimento. Se o movimento ocorreu com uma aceleração constante a_c, determine a rapidez inicial v_0 do carro e a aceleração a_c. Expresse v_0 em mph e a_c em termos de g, a aceleração da gravidade.

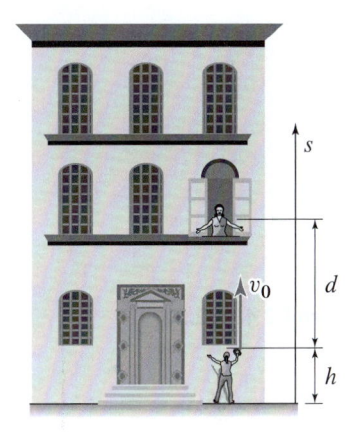

Figura P2.41 e P2.42

Figura P2.43

Problemas 2.44 e 2.45

O movimento de um pino deslizante dentro de um guia retilíneo é controlado por um atuador de tal maneira que a aceleração do pino assume a forma $\ddot{x} = a_0(2\cos 2\omega t - \beta \sen \omega t)$, em que t é o tempo, $a_0 = 3,5$ m/s², $\omega = 0,5$ rad/s e $\beta = 1,5$.

Problema 2.44 Determine as expressões para a velocidade e a posição do pino em funções do tempo se $\dot{x}(0) = 0$ m/s e $x(0) = 0$ m.

Problema 2.45 Determine a distância total percorrida pelo pino durante o intervalo de tempo 0 s $\leq t \leq 5$ s se $\dot{x}(0) = a_0\beta/\omega$.

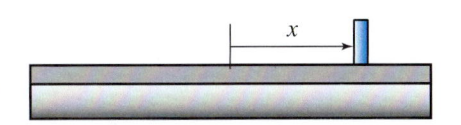

Figura P2.44 e P2.45

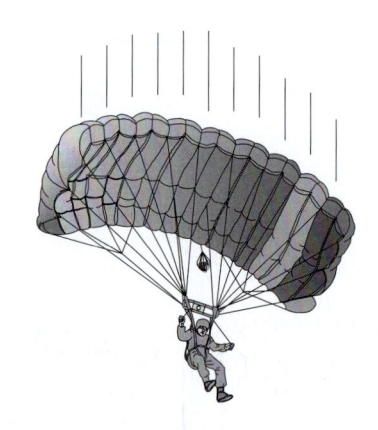

Figura P2.46 e P2.47

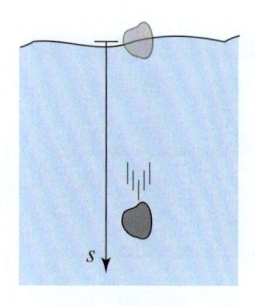

Figura P2.48-P2.52

Problema 2.46
Referindo-se ao Exemplo 2.9 da p. 63 e definindo a *velocidade terminal* como a velocidade na qual um objeto em queda para de acelerar, determine a velocidade terminal do paraquedista sem executar qualquer integração.

Problema 2.47
Com referência ao Exemplo 2.9 da p. 63, determine a distância d percorrida pelo paraquedista no instante em que o paraquedas é aberto até que a diferença entre a velocidade e a velocidade terminal seja de 10% da velocidade terminal.

Problemas 2.48 e 2.49
A aceleração de um objeto em queda livre retilínea imerso em um fluido viscoso linear é $a = g - C_d v/m$, em que g é a aceleração da gravidade, C_d é um coeficiente de arrasto constante, v é a velocidade do objeto e m é a massa do objeto.

Problema 2.48 Considerando $t_0 = 0$ e $v_0 = 0$, determine a velocidade em função do tempo e encontre a velocidade terminal.

Problema 2.49 Considerando $s_0 = 0$ e $v_0 = 0$, determine a posição em função da velocidade.

Problema 2.50
Uma pedra de 1,5 kg é solta a partir do repouso na superfície de um lago calmo. Se a resistência oferecida pela água conforme a pedra cai é diretamente proporcional à velocidade da pedra, a aceleração da pedra é $a = g - C_d v/m$, em que g é a aceleração da gravidade, C_d é um coeficiente de arrasto constante, v é a velocidade da pedra e m é a massa da pedra. Considerando $C_d = 4,1$ kg/s, determine a velocidade da pedra após 1,8 s.

Problemas 2.51 e 2.52
Uma pedra de 1,5 kg é solta a partir do repouso na superfície de um lago calmo, e sua aceleração é $a = g - C_d v/m$, em que g é a aceleração da gravidade, $C_d = 3,94$ Ns/m é um coeficiente de arrasto constante, v é a velocidade da pedra e m é a massa da pedra.

Problema 2.51 Determine a profundidade que a pedra terá afundado quando atingir 99% de sua velocidade terminal.

Problema 2.52 Determine a velocidade da pedra após cair 1,5 m.

Problema 2.53
Suponha que a aceleração de um objeto de massa m ao longo de uma linha reta é $a = g - C_d v/m$, em que as constantes g e C_d são dadas e v é a velocidade do objeto. Se $v(t)$ é desconhecida e $v(0)$ é dada, é possível determinar a velocidade do objeto por meio da seguinte integral?

$$v(t) = v(0) + \int_0^t \left(g - \frac{C_d}{m} v \right) dt$$

Nota: problemas conceituais são sobre *explicações*, não sobre cálculos.

Problema 2.54
Um carro percorre um trecho retilíneo de uma estrada a uma rapidez constante $v_0 = 105$ km/h. Em $s = 0$, o motorista aplica os freios com intensidade suficiente para fazer o carro derrapar. Suponha que o carro continua deslizando até parar e considere que, durante esse processo, a aceleração do carro é dada por $\ddot{s} = -\mu_k g$, em que $\mu_k = 0,76$ é

o coeficiente de atrito cinético e g é a aceleração da gravidade. Calcule a distância e o tempo até o carro parar.

Figura P2.54

Problema 2.55

Fortes chuvas fazem um determinado trecho da estrada ter um coeficiente de atrito que muda em função da localização. Especificamente, as medições indicam que o coeficiente de atrito tem uma diminuição de 3% por metro. Nessas condições, a aceleração de um carro derrapando enquanto tenta parar pode ser aproximada por $\ddot{s} = -(\mu_k - cs)g$ (a diminuição de 3% no atrito foi utilizada na determinação dessa equação para a aceleração), em que μ_k é o coeficiente de atrito em condições secas, g é a aceleração da gravidade, e c, com unidades de m^{-1}, descreve a taxa de diminuição do atrito. Considere $\mu_k = 0{,}5$, $c = 0{,}015 \, m^{-1}$ e $v_0 = 45$ km/h, em que v_0 é a velocidade inicial do carro. Determine a distância que o carro levará para parar e a porcentagem do aumento da distância de parada em relação às condições secas, ou seja, quando $c = 0$.

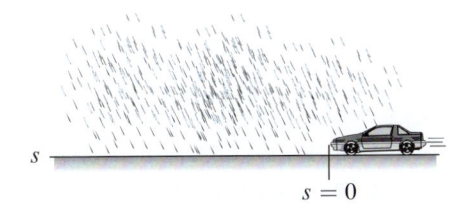

Figura P2.55

Problemas 2.56 a 2.59

Conforme você aprenderá no Capítulo 3, a aceleração angular de um pêndulo simples é dada por $\ddot{\theta} = -(g/L) \operatorname{sen} \theta$, em que g é a aceleração da gravidade e L é o comprimento da corda do pêndulo.

Problema 2.56 Determine a expressão da velocidade angular $\dot{\theta}$ em função da coordenada angular θ. As condições iniciais são $\theta(0) = \theta_0$ e $\dot{\theta}(0) = \dot{\theta}_0$.

Problema 2.57 Considere que o comprimento da corda do pêndulo é $L = 1{,}5$ m. Se $\dot{\theta} = 3{,}7$ rad/s quando $\theta = 14°$, determine o valor máximo de θ atingido pelo pêndulo.

Problema 2.58 A aceleração angular dada permanece válida mesmo se a corda do pêndulo for substituída por uma barra rígida sem massa. Para este caso, considere $L = 1{,}6$ m e suponha que o pêndulo é colocado em movimento em $\theta = 0°$. Qual é a velocidade angular mínima nesta posição para que o pêndulo oscile através de um círculo completo?

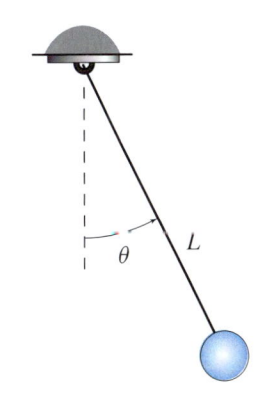

Figura P2.56-P2.59

Problema 2.59 Considere $L = 1$ m e suponha que, em $t = 0$ s, a posição do pêndulo é $\theta(0) = 32°$ com $\dot{\theta}(0) = 0$ rad/s. Determine o período de oscilação do pêndulo, ou seja, desde sua posição inicial até voltar a essa posição.

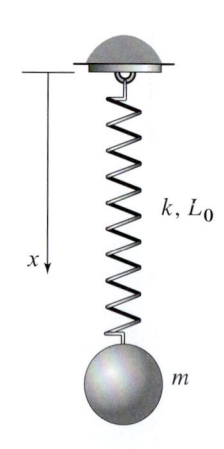

Figura P2.60-P2.62

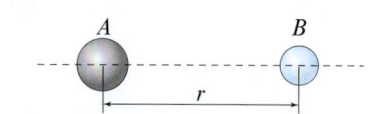

Figura P2.63 e P2.64

Problemas 2.60 a 2.62

Conforme veremos no Capítulo 3, a aceleração de uma partícula de massa m suspensa por uma mola linear com constante de mola k e comprimento não deformado L_0 (quando o comprimento da mola é igual a L_0, a mola não exerce qualquer força sobre a partícula) é dada por $\ddot{x} = g - (k/m)(x - L_0)$.

Problema 2.60 Determine a expressão para a velocidade da partícula $\dot{x}$ em função da posição x. Suponha que, em $t = 0$, a velocidade da partícula é $v = 0$ e sua posição é x_0.

Problema 2.61 Considerando $k = 100$ N/m, $m = 0{,}7$ kg e $L_0 = 0{,}75$ m, se a partícula é solta do repouso em $x = 0$ m, determine o comprimento máximo alcançado pela mola.

Problema 2.62 Considerando $k = 0{,}75$ m, $m = 0{,}7$ kg e $L_0 = 100$ N/m se a partícula é solta do repouso em $x = 0$ m, determine quanto tempo leva para a mola atingir o seu comprimento máximo. *Dica*: Uma boa tabela de integrais virá a calhar.

Problemas 2.63 e 2.64

Duas massas m_A e m_B são colocadas a uma distância r_0 uma da outra. Devido à mútua atração gravitacional, a aceleração da esfera B como vista da esfera A é dada por

$$\ddot{r} = -G\left(\frac{m_A + m_B}{r^2}\right),$$

em que G é a constante gravitacional universal.

Problema 2.63 Se as esferas são liberadas a partir do repouso, determine
(a) A velocidade de B (como vista por A) em função da distância r.
(b) A velocidade de B (como vista por A) no impacto se $r_0 = 2$ m, o peso de A é 0,95 kg, o peso de B 0,32 kg, e
   (i) Os diâmetros de A e B são $d_A = 0{,}35$ m e $d_B = 0{,}5$ m, respectivamente.
   (ii) Os diâmetros de A e B são infinitesimalmente pequenos.

Problema 2.64 Suponha que as partículas são liberadas a partir do repouso em $r = r_0$.
(a) Determine a expressão relacionando a sua posição relativa r e o tempo. *Dica*:

$$\int \sqrt{x/(1-x)}\, dx = \operatorname{sen}^{-1}(\sqrt{x}) - \sqrt{x(1-x)}.$$

(b) Determine o tempo que leva para os objetos entrarem em contato se $r_0 = 3$ m, A e B têm massas de 1,1 e 2,3 kg, respectivamente, e
   (i) Os diâmetros de A e B são $d_A = 22$ cm e $d_B = 15$ cm, respectivamente.
   (ii) Os diâmetros de A e B são infinitesimalmente pequenos.

💡 Problema 2.65 💡

Suponha que a aceleração r de um objeto se movendo em linha reta assume a forma

$$\ddot{r} = -G\left(\frac{m_A + m_B}{r^2}\right),$$

em que as constantes G, m_A e m_B são conhecidas. Se $r(0)$ é dado, sobre quais condições é possível determinar $r(t)$ por meio da seguinte integral?

$$\dot{r}(t) = \dot{r}(0) - \int_0^t G\frac{m_A + m_B}{r^2}\, dt$$

Nota: Problemas conceituais são sobre *explicações*, não sobre cálculos.

Problemas 2.66 e 2.67

Se o caminhão freia e a caixa desliza para a direita em relação ao caminhão, a aceleração horizontal da caixa é dada por $\ddot{s} = -g\mu_k$, em que g é a aceleração da gravidade, $\mu_k = 0{,}87$ é o coeficiente de atrito cinético e s é a posição da caixa em relação a um sistema de coordenadas ligado à terra (e não ao caminhão).

Problema 2.66 Supondo que a caixa desliza sem bater na extremidade direita da caçamba do caminhão, determine o tempo que ela leva para parar se a sua velocidade no início do movimento de deslizamento é $v_0 = 88$ km/h.

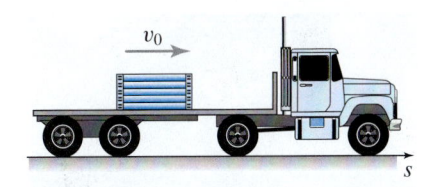

Figura P2.66 e P2.67

Problema 2.67 Supondo que a caixa desliza sem bater na extremidade direita da caçamba do caminhão, determine a distância que ela leva para parar se a sua velocidade no início do movimento de deslizamento é $v_0 = 75$ km/h.

Problema 2.68

Se o caminhão freia com intensidade suficiente para que a caixa deslize para a direita em relação ao caminhão, a distância d entre a caixa e a parte da frente do reboque varia de acordo com a relação

$$\ddot{d} = \begin{cases} \mu_k g + a_T & \text{for } t < t_s, \\ \mu_k g & \text{for } t > t_s, \end{cases}$$

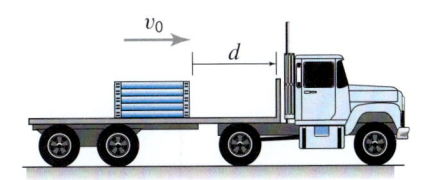

Figura P2.68

em que t_s é o tempo que leva para o caminhão parar, a_T é a aceleração do caminhão, g é a aceleração da gravidade e μ_k é o coeficiente de atrito cinético entre o caminhão e a caixa. Suponha que o caminhão e a caixa estão inicialmente viajando para a direita a $v_0 = 96$ km/h e os freios são aplicados de modo que $a_T = -3$ m/s². Determine o valor mínimo de μ_k para que a caixa não atinja o lado direito da caçamba do caminhão se a distância inicial d é 3,6 m. *Dica*: O caminhão para *antes* de a caixa parar.

Problema 2.69

Os carros A e B estão viajando a $v_A = 116$ km/h e $v_B = 108$ km/h, respectivamente, quando o motorista do carro B aplica os freios bruscamente, fazendo o carro deslizar até parar. O motorista do carro A leva 1,5 s para reagir à situação e aplica os freios, por sua vez, fazendo o carro A deslizar. Se A e B deslizam com acelerações iguais, ou seja, $\ddot{s}_A = \ddot{s}_B = -\mu_k g$, em que $\mu_k = 0{,}83$ é o coeficiente de atrito cinético e g é a aceleração da gravidade, calcule a distância mínima d entre A e B no instante em que B começa a deslizar para evitar uma colisão.

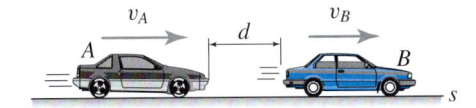

Figura P2.69

Problema 2.70

Um balão de ar quente está subindo a uma velocidade de 7 m/s, quando um saco de areia (utilizado como lastro) é liberado de uma altitude de 305 m. Supondo que o saco de areia está sujeito apenas à gravidade e, portanto, sua aceleração é dada por $\ddot{y} = -g$, sendo g a aceleração da gravidade, determine quanto tempo leva para o saco de areia cair no chão e sua velocidade de impacto.

Figura P2.70

Figura P2.71

Problema 2.71

Aproximadamente a 1h 15 min do filme "King Kong" (dirigido por Peter Jackson), há uma cena em que Kong está segurando Ann Darrow (interpretada pela atriz Naomi Watts) em sua mão, enquanto balança o braço com raiva. Uma rápida análise do filme indica que, em um determinado momento, Kong desloca Ann do repouso por cerca de 3 m em um período de quatro quadros. Sabendo que o DVD exibe 24 quadros por segundo e supondo que Kong submete Ann a uma aceleração constante, determine a aceleração experimentada por Ann na cena em questão. Expresse a sua resposta em termos de aceleração da gravidade g. Comente sobre o que aconteceria com uma pessoa *realmente* submetida a essa aceleração.

Problema 2.72

Obtenha a relação de aceleração constante na Eq. (2.41), a partir da Eq. (2.33). Estabeleça a suposição que você precisa fazer sobre a aceleração a para concluir a dedução. Finalmente, utilize a Eq. (2.36), com o resultado de sua dedução, para obter a Eq. (2.42). Tenha cuidado ao fazer a integral na Eq. (2.36) antes de substituir o seu resultado por $v(t)$ (tente sem fazer isso para ver o que acontece). Depois de concluir este problema, repare que as Eqs. (2.41) e (2.42) *não* estão sujeitas à mesma suposição que você precisou usar para resolver ambas as partes deste problema.

Problemas 2.73 a 2.75

A bobina de papel utilizada em um processo de impressão é desenrolada com velocidade v_p e aceleração a_p. A espessura do papel é h, e o raio exterior da bobina em qualquer instante é r.

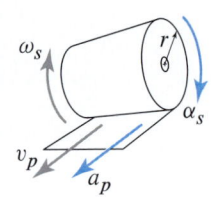

Figura P2.73-P2.75

Problema 2.73

Se a velocidade com que o papel é desenrolado é *constante*, determine a aceleração angular α_s da bobina em função de r, h e v_p. Calcule a sua resposta para $h = 0{,}120$ mm, para $v_p = 5{,}0$ m/s, e para dois valores de r, isto é, $r_1 = 625$ mm e $r_2 = 250$ mm.

Problema 2.74

Se a velocidade com que o papel é desenrolado *não é constante*, determine a aceleração angular α_s da bobina em função de r, h, v_p e a_p. Desenvolva a sua resposta para $h = 0{,}120$ mm, $v_p = 5$ m/s, $a_p = 1$ m/s^2, e para dois valores de r, isto é, $r_1 = 625$ mm e $r_2 = 250$ mm.

Problema 2.75

Se a velocidade com que o papel é desenrolado é *constante*, determine a aceleração angular α_s da bobina em função de r, h e v_p. Plote sua resposta para $h = 120$ mm e $v_p = 5{,}0$ m/s em função de r para 25 mm $\leq r \leq 625$ mm. Sobre que intervalo α_s varia?

2.3 MOVIMENTO DE UM PROJÉTIL

Nesta seção, apresentaremos um modelo simples para estudar o movimento de projéteis: modelamos o movimento do projétil como um movimento de aceleração constante.

Trajetória de uma abóbora usada como projétil

Uma abóbora foi lançada de um trabuco (veja Fig. 2.18) na competição anual do Campeonato Mundial de "Punkin Chunkin" em Millsboro, Delaware.[13] Considerou-se que a abóbora, mostrada na Fig. 2.19, foi lançada em O a uma velocidade inicial v_0 e um ângulo de elevação β. Qual é a trajetória da abóbora depois que sai do trabuco? Para responder a essa questão, consideremos as forças que atuam sobre a abóbora enquanto estiver no ar. Considerando a Fig. 2.21, essas forças são o peso mg da abóbora e a força de arrasto $\vec{F}_d$ devido à resistência do ar. Como uma primeira aproximação, desconsideraremos a resistência do ar, de forma que a força total sobre a abóbora seja $\vec{F} = -mg\,\hat{\jmath}$. A segunda lei de Newton é $\vec{F} = m\vec{a}$[14], de modo que, utilizando o sistema de coordenadas da Fig. 2.19,

$$-mg\,\hat{\jmath} = m(a_x\,\hat{\imath} + a_y\,\hat{\jmath}) \quad \Rightarrow \quad -g\,\hat{\jmath} = a_x\,\hat{\imath} + a_y\,\hat{\jmath}. \quad (2.48)$$

Figura 2.18
Um trabuco em funcionamento.

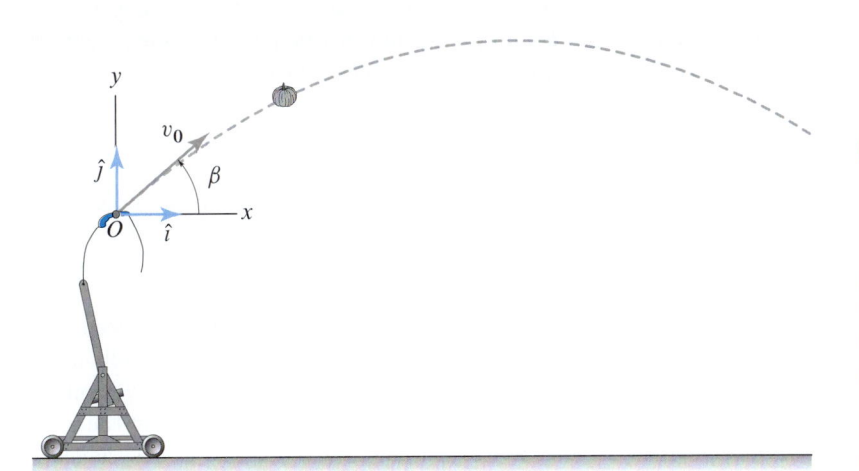

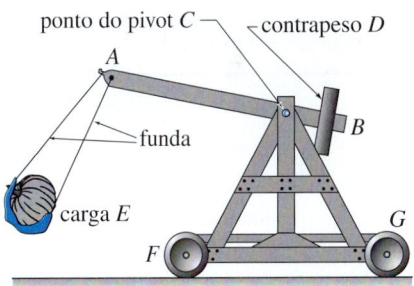

Figura 2.19 Uma abóbora lançada por um trabuco mostrando as grandezas descritas no texto. Veja a Fig. 2.20 para alguns detalhes sobre trabucos.

Figura 2.20
Um trabuco. O braço AB gira no sentido horário sobre C devido ao grande contrapeso D. À medida que o braço chega à posição vertical, é lançada a carga E para a direita. As rodas em F e G são opcionais, mas quando as rodas estão presentes e o trabuco está livre para mover-se, o alcance do lançamento é aumentado.

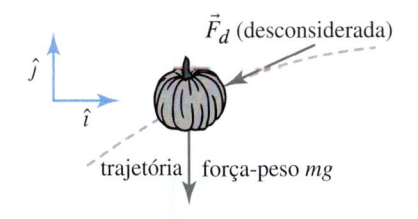

Em coordenadas cartesianas, $a_x = \ddot{x}$ e $a_y = \ddot{y}$, de forma que as Eqs. (2.48) possam ser reescritas como

$$\ddot{x} = 0 \quad \text{e} \quad \ddot{y} = -g. \quad (2.49)$$

As Eqs. (2.48) expressam o fato de que temos modelado o movimento da abóbora como um movimento de *aceleração constante*. As Eqs. (2.49) mostram que *cada* componente da aceleração é constante. Portanto, podemos usar

Figura 2.21
Todas as forças na abóbora quando ela voa pelo ar. Em nosso modelo desconsideramos a força de arrasto devido à resistência do ar.

---
[13] Informações sobre a competição do Campeonato Mundial de "Punkin Chunkin" podem ser encontradas na Internet em <http://www.punkinchunkin.com/>.
[14] A aplicação da segunda lei de Newton é examinada em detalhe no Capítulo 3.

as equações de aceleração constante desenvolvidas na Seção 2.2 em uma base componente por componente. Especificamente, a aplicação da Eq. (2.42) (na p. 59) na direção x, fornece

$$x(t) = x(0) + \dot{x}(0)(t - t_0) + \frac{1}{2}0(t - t_0)^2 \quad \Rightarrow \quad x(t) = v_0 \cos \beta\, t, \quad (2.50)$$

em que $x(0) = 0$, $\dot{x}(0) = v_0 \cos \beta$, e $t_0 = 0$ (veja a Fig. 2.19). Da mesma forma, para a direção y, temos

$$y(t) = y(0) + \dot{y}(0)(t - t_0) - \frac{1}{2}g(t - t_0)^2$$

$$\Rightarrow \quad y(t) = v_0 \operatorname{sen} \beta\, t - \tfrac{1}{2}g t^2, \quad (2.51)$$

em que $y(0) = 0$ e $\dot{y}(t) = v_0 \operatorname{sen} \beta$. Podemos agora obter a trajetória da abóbora por meio da eliminação do tempo das Eqs. (2.50) e (2.51). Resolvendo a Eq. (2.50) para t temos $t = x/(v_0 \cos \beta)$. Substituindo essa expressão na Eq. (2.51) e simplificando, temos

$$y = (\operatorname{tg} \beta)x - \left(\frac{g \sec^2 \beta}{2v_0^2}\right)x^2, \quad (2.52)$$

que mostra que a trajetória da abóbora é uma parábola!

A simplicidade do movimento da abóbora resulta do estudo do movimento de um projétil sem levar em conta a resistência do ar e a dependência da gravidade em relação à altura. Passemos agora a definir formalmente tal movimento e fazer algumas observações sobre a sua análise.

Movimento de projétil

Definimos o *movimento de projétil* como um movimento em que a aceleração é *constante* e dada por

$$a_{\text{horiz}} = 0 \quad \text{e} \quad a_{\text{vert}} = -g, \quad (2.53)$$

em que, referindo-se à Fig. 2.22, a_{horiz} e a_{vert} são as componentes da aceleração nas direções horizontal e vertical, respectivamente, e em que escolhemos o sentido vertical *para cima* como positivo. Nossa definição do movimento de projétil é uma descrição muito simplificada do verdadeiro movimento de projétil devido ao fato de as relações na Eq. (2.53) desconsiderarem a resistência do ar e as variações na atração gravitacional que muda com a altura. Esses efeitos serão considerados nos Capítulos 3 e 5, respectivamente.

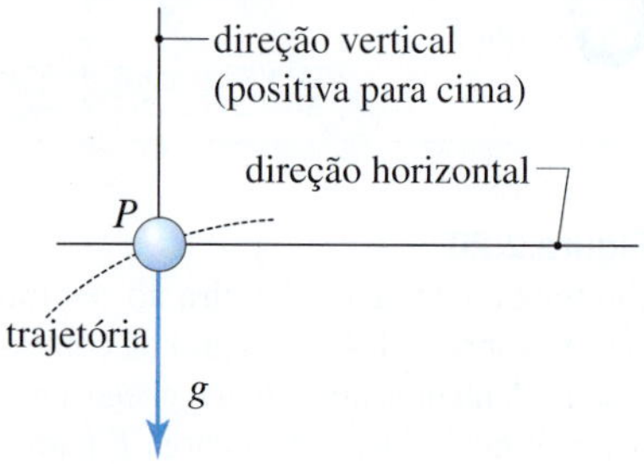

Para descrever a velocidade, a posição e a trajetória de um projétil, tipicamente usamos um sistema de coordenadas cartesianas com os eixos paralelo e perpendicular à direção da gravidade, como foi feito anteriormente na análise do problema da abóbora. No entanto, outras escolhas são possíveis e, em alguns casos, mais convenientes (para uma descrição do movimento de projétil utilizando um sistema de coordenadas cartesianas geral, veja o Exemplo 2.13).

Ao determinar a Eq. (2.52), mostramos que a trajetória de um projétil é uma parábola. Esse resultado é independente do sistema de coordenadas. Contudo, a expressão da parábola depende do sistema de coordenadas utilizado. A trajetória tem a forma mostrada na Eq. (2.52), isto é, $y = C_0 + C_1 x + C_2 x^2$ (C_0, C_1 e C_3 são coeficientes constantes),[15] se o eixo y do nosso sistema de coordenadas cartesianas for paralelo à direção da gravidade (veja o Exemplo 2.13 para um caso em que o eixo y não é paralelo à gravidade).

Fato interessante

Engenheiros e trabucos. Trabucos foram frequentemente chamados de *motores* na Europa (do latim *ingenium*, ou "um artifício engenhoso"). As pessoas que os projetaram, construíram e utilizaram os trabucos foram chamados de *ingeniators*, e é daqui que derivamos os termos modernos *engenheiro* e *engenharia*. Veja P. E. Chevedden, L. Eigenbrod, V. Foley e W. Soedel, "The Trebuchet", Scientific American, 273(1), pp. 66-71, July 1995, para um artigo sobre trabucos.

Figura 2.22
Aceleração de um ponto P no movimento de projétil.

Informações úteis

Trajetória de um projétil. A trajetória de um projétil é uma parábola, e sua expressão matemática é da forma $y = C_0 + C_1 x + C_2 x^2$ somente quando estiver sendo utilizado um sistema de coordenadas cartesianas com o eixo y paralelo à direção da gravidade.

---

[15] Na Eq. (2.52) encontramos $C_0 = 0$, $C_1 = \operatorname{tg} \beta$ e $C_2 = -(g \sec^2 \beta)/(2v_0^2)$.

Resumo final da seção

Definimos *movimento de projétil* como o movimento de uma partícula em voo livre, desconsiderando as forças devido ao arrasto do ar e as variações na atração gravitacional por causa das mudanças na altitude. Neste caso, referindo-se à Fig. 2.23, a única força sobre a partícula é a força da *constante* gravitacional, e as equações que descrevem o movimento são

> Eqs. (2.53), p. 74
>
> $$a_{horiz} = 0 \quad \text{e} \quad a_{vert} = -g.$$

Uma vez que tanto o número 0 quanto a aceleração da gravidade g são constantes, isto é, como as componentes horizontal e vertical da aceleração são constantes, as equações de aceleração constante desenvolvidas na Seção 2.2 podem ser aplicadas tanto na direção vertical quanto na direção horizontal.

No movimento de projétil a trajetória é uma parábola. Observamos que a trajetória de um projétil é uma *parábola*. A forma matemática da trajetória é do tipo $y = C_0 + C_1 x + C_3 x^2$ se o movimento for descrito usando um sistema de coordenadas cartesianas com o eixo y paralelo à direção da gravidade.

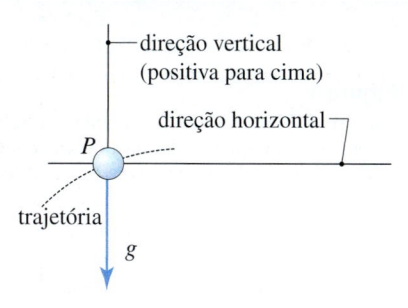

Figura 2.23
Fig. 2.22 repetida. Aceleração de um ponto P no movimento de projétil.

EXEMPLO 2.11 Intervalo de ângulos de elevação de um projétil

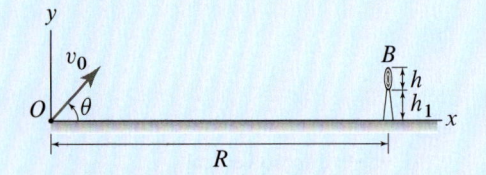

Figura 1
Um projétil lançado de O, na tentativa de acertar o alvo em B. Não desenhado em escala.

Um projétil é lançado a partir de O com uma rapidez $v_0 = 335$ m/s para atingir um alvo no ponto B que está a $R = 300$ m de distância. A superfície inferior do alvo está a $h_1 = 1,2$ m acima do chão, e o alvo apresenta altura de $h = 1,0$ m. Determine o intervalo de ângulos em que o projétil deve ser disparado a fim de atingir o alvo e compare-o com o ângulo subentendido pelo alvo como visto a partir de O.

SOLUÇÃO

Roteiro Este é um movimento de projétil com posições inicial e final dadas, bem como a velocidade inicial v_0. Referindo-se à Fig. 1, as componentes da aceleração do projétil são $a_x = 0$ e $a_y = -g$. Relacionaremos o tempo de voo (flight) do projétil t_f com y_B, a posição vertical de B. Podemos então escrever o ângulo de lançamento em termos y_B e, por sua vez, inferir o intervalo de ângulos que permite que o projétil atinja o alvo. Uma vez que R é muito maior que h e h_1, devemos esperar que o intervalo de ângulos encontrado seja pequeno (ou seja, nossa pontaria terá de ser muito precisa). Portanto, na realização de nossos cálculos, utilizaremos mais dígitos significativos do que usamos normalmente. Discutiremos as implicações práticas dessa escolha na seção Discussão e verificação do exemplo.

Cálculos As posições inicial e final x e y de B podem ser relacionadas com t_f aplicando a Eq. (2.42) (na p. 59) nas direções x e y

$$x_B = x_0 + v_{0x} t_f \quad \text{e} \quad y_B = y_0 + v_{0y} t_f - \tfrac{1}{2} g t_f^2. \tag{1}$$

Considerando a Fig. 1, temos $x_0 = y_0 = 0$, $v_{0x} = v_0 \cos\theta$, $v_{0y} = v_0 \operatorname{sen}\theta$ e $x_B = R$. Definimos $y_B = h_1 = 1,2$ m para encontrar $\theta = \theta_{\min}$ e $y_B = h_1 + h = 2,2$ m para encontrar $\theta = \theta_{\max}$. Portanto, tratando y_B como uma grandeza conhecida, temos

$$R = v_0 t_f \cos\theta \quad \text{e} \quad y_B = v_0 t_f \operatorname{sen}\theta - \tfrac{1}{2} g t_f^2. \tag{2}$$

As Eqs. (2) são duas equações com incógnitas t_f e θ. Resolvendo a primeira das Eqs. (2) para t_f e substituindo o resultado na segunda das Eqs. (2), obtemos

$$y_B = v_0 \left(\frac{R}{v_0 \cos\theta} \right) \operatorname{sen}\theta - \tfrac{1}{2} g \left(\frac{R}{v_0 \cos\theta} \right)^2. \tag{3}$$

Visto que $\operatorname{sen}\theta / \cos\theta = \operatorname{tg}\theta$ e $1/\cos^2\theta = \sec^2\theta$, temos

$$y_B = R \operatorname{tg}\theta - \left(\frac{gR^2}{2v_0^2} \right) \sec^2\theta. \tag{4}$$

Finalmente, observando que $\sec^2\theta = 1 + \operatorname{tg}^2\theta$ e então reorganizando, a Eq. (4) torna-se

$$\left(\frac{gR^2}{2v_0^2} \right) \operatorname{tg}^2\theta - R \operatorname{tg}\theta + \left(y_B + \frac{gR^2}{2v_0^2} \right) = 0, \tag{5}$$

que é uma equação quadrática em $\operatorname{tg}\theta$. Dividindo-se pelo coeficiente do termo $\operatorname{tg}^2\theta$, obtemos

$$\operatorname{tg}^2\theta - \left(\frac{2v_0^2}{gR} \right) \operatorname{tg}\theta + \left(\frac{2 y_B v_0^2}{gR^2} + 1 \right) = 0. \tag{6}$$

A Eq. (6) pode ser resolvida para $\operatorname{tg}\theta$ a fim de se obter as duas soluções

$$\operatorname{tg}\theta = \frac{v_0^2 \pm \sqrt{v_0^4 - g(gR^2 + 2 y_B v_0^2)}}{gR}, \tag{7}$$

Resumo final da seção

Definimos *movimento de projétil* como o movimento de uma partícula em voo livre, desconsiderando as forças devido ao arrasto do ar e as variações na atração gravitacional por causa das mudanças na altitude. Neste caso, referindo-se à Fig. 2.23, a única força sobre a partícula é a força da *constante* gravitacional, e as equações que descrevem o movimento são

Eqs. (2.53), p. 74
$$a_{\text{horiz}} = 0 \quad \text{e} \quad a_{\text{vert}} = -g.$$

Uma vez que tanto o número 0 quanto a aceleração da gravidade g são constantes, isto é, como as componentes horizontal e vertical da aceleração são constantes, as equações de aceleração constante desenvolvidas na Seção 2.2 podem ser aplicadas tanto na direção vertical quanto na direção horizontal.

No movimento de projétil a trajetória é uma parábola. Observamos que a trajetória de um projétil é uma *parábola*. A forma matemática da trajetória é do tipo $y = C_0 + C_1 x + C_3 x^2$ se o movimento for descrito usando um sistema de coordenadas cartesianas com o eixo y paralelo à direção da gravidade.

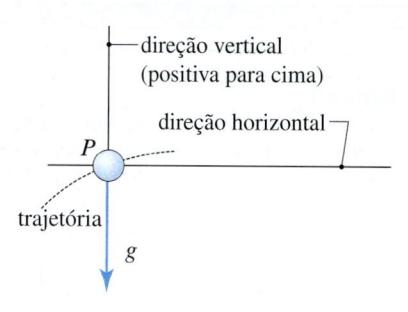

Figura 2.23
Fig. 2.22 repetida. Aceleração de um ponto P no movimento de projétil.

EXEMPLO 2.11 Intervalo de ângulos de elevação de um projétil

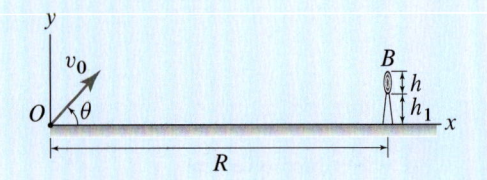

Figura 1
Um projétil lançado de O, na tentativa de acertar o alvo em B. Não desenhado em escala.

Um projétil é lançado a partir de O com uma rapidez $v_0 = 335$ m/s para atingir um alvo no ponto B que está a $R = 300$ m de distância. A superfície inferior do alvo está a $h_1 = 1,2$ m acima do chão, e o alvo apresenta altura de $h = 1,0$ m. Determine o intervalo de ângulos em que o projétil deve ser disparado a fim de atingir o alvo e compare-o com o ângulo subentendido pelo alvo como visto a partir de O.

SOLUÇÃO

Roteiro Este é um movimento de projétil com posições inicial e final dadas, bem como a velocidade inicial v_0. Referindo-se à Fig. 1, as componentes da aceleração do projétil são $a_x = 0$ e $a_y = -g$. Relacionaremos o tempo de voo (flight) do projétil t_f com y_B, a posição vertical de B. Podemos então escrever o ângulo de lançamento em termos y_B e, por sua vez, inferir o intervalo de ângulos que permite que o projétil atinja o alvo. Uma vez que R é muito maior que h e h_1, devemos esperar que o intervalo de ângulos encontrado seja pequeno (ou seja, nossa pontaria terá de ser muito precisa). Portanto, na realização de nossos cálculos, utilizaremos mais dígitos significativos do que usamos normalmente. Discutiremos as implicações práticas dessa escolha na seção Discussão e verificação do exemplo.

Cálculos As posições inicial e final x e y de B podem ser relacionadas com t_f aplicando a Eq. (2.42) (na p. 59) nas direções x e y

$$x_B = x_0 + v_{0x} t_f \quad \text{e} \quad y_B = y_0 + v_{0y} t_f - \tfrac{1}{2} g t_f^2. \qquad (1)$$

Considerando a Fig. 1, temos $x_0 = y_0 = 0$, $v_{0x} = v_0 \cos\theta$, $v_{0y} = v_0 \operatorname{sen}\theta$ e $x_B = R$. Definimos $y_B = h_1 = 1,2$ m para encontrar $\theta = \theta_{\min}$ e $y_B = h_1 + h = 2,2$ m para encontrar $\theta = \theta_{\max}$. Portanto, tratando y_B como uma grandeza conhecida, temos

$$R = v_0 t_f \cos\theta \quad \text{e} \quad y_B = v_0 t_f \operatorname{sen}\theta - \tfrac{1}{2} g t_f^2. \qquad (2)$$

As Eqs. (2) são duas equações com incógnitas t_f e θ. Resolvendo a primeira das Eqs. (2) para t_f e substituindo o resultado na segunda das Eqs. (2), obtemos

$$y_B = v_0 \left(\frac{R}{v_0 \cos\theta} \right) \operatorname{sen}\theta - \tfrac{1}{2} g \left(\frac{R}{v_0 \cos\theta} \right)^2. \qquad (3)$$

Visto que $\operatorname{sen}\theta / \cos\theta = \operatorname{tg}\theta$ e $1/\cos^2\theta = \sec^2\theta$, temos

$$y_B = R \operatorname{tg}\theta - \left(\frac{gR^2}{2v_0^2} \right) \sec^2\theta. \qquad (4)$$

Finalmente, observando que $\sec^2\theta = 1 + \operatorname{tg}^2\theta$ e então reorganizando, a Eq. (4) torna-se

$$\left(\frac{gR^2}{2v_0^2} \right) \operatorname{tg}^2\theta - R \operatorname{tg}\theta + \left(y_B + \frac{gR^2}{2v_0^2} \right) = 0, \qquad (5)$$

que é uma equação quadrática em $\operatorname{tg}\theta$. Dividindo-se pelo coeficiente do termo $\operatorname{tg}^2\theta$, obtemos

$$\operatorname{tg}^2\theta - \left(\frac{2v_0^2}{gR} \right) \operatorname{tg}\theta + \left(\frac{2 y_B v_0^2}{gR^2} + 1 \right) = 0. \qquad (6)$$

A Eq. (6) pode ser resolvida para $\operatorname{tg}\theta$ a fim de se obter as duas soluções

$$\operatorname{tg}\theta = \frac{v_0^2 \pm \sqrt{v_0^4 - g(gR^2 + 2 y_B v_0^2)}}{gR}, \qquad (7)$$

Capítulo 2 Cinemática da partícula 77

o que significa que, para cada valor de y_B, existem dois valores possíveis do ângulo de disparo θ: θ_1 e θ_2. Substituindo valores para todas as constantes, incluindo os dois valores diferentes para y_B, obtemos

$$y_B = 1{,}2\,\text{m} \quad \Rightarrow \quad \begin{cases} \theta_1 = 0{,}9805323°, \\ \theta_2 = 89{,}248609°, \end{cases} \tag{8}$$

$$y_B = 2{,}2\,\text{m} \quad \Rightarrow \quad \begin{cases} \theta_1 = 1{,}17183995°, \\ \theta_2 = 89{,}2485263°. \end{cases} \tag{9}$$

As Eqs. (8) e (9) nos dão os valores de θ necessários para atingir as partes inferiores e superior do alvo, respectivamente. Referindo-se à Eq. (8), é provavelmente intuitivo que, se escolhemos $\theta_1 < \theta < \theta_2$, acertaríamos acima da parte inferior do alvo, enquanto o erraríamos se $\theta < \theta_1$ e $\theta > \theta_2$. Por exemplo, ao substituir $\theta = 45°$ (ou seja, um valor de θ entre aqueles da Eq. (8)) na Eq. (4) obtém-se $y_B = 292{,}1$ m, que, como esperado, é maior que 1,2 m. Estendendo essa discussão sobre a Eq. (9), podemos então dizer que, se $\theta_1 < \theta < \theta_2$ na Eq. (9), ultrapassaríamos a parte superior do alvo, enquanto o acertaríamos para $\theta < \theta_1$ e $\theta > \theta_2$. Assim, podemos concluir que existem dois intervalos de ângulos de disparo tais que nosso projétil atingirá o alvo e que esses intervalos são dados por

$$0{,}9805323° \leq \theta \leq 1{,}17183995° \tag{10}$$

e

$$89{,}2485763° \leq \theta \leq 89{,}248609° \tag{11}$$

Informações úteis

Número de dígitos nos cálculos. Nos cálculos numéricos mostrados neste exemplo, as diferenças em alguns dos números são tão pequenas que estamos mantendo muitos dígitos a mais do que normalmente faríamos. Se não fizéssemos isso, as diferenças não seriam aparentes.

Discussão e verificação Ao obter os intervalos de ângulo nas Eqs. (10) e (11), avançamos por uma simples etapa de verificação, calculando a resposta para $\theta = 45°$, em que vimos que os nossos resultados foram os esperados. Para estender nossa discussão, agora consideraremos o tamanho dos intervalos nas Eqs. (10) e (11):

$$\Delta\theta_1 = 1{,}17183995° - 0{,}9805323° = 0{,}19130765°, \tag{12}$$

$$\Delta\theta_2 = 89{,}2485763° - 89{,}248609° = -0{,}0000327°. \tag{13}$$

As Eqs. (10) e (12) nos mostram que, para atingir o nosso alvo, precisamos elevar nosso lançador cerca de 1° com uma precisão de 0,19°. As Eqs. (11) e (13) nos mostram que também podemos atingir o alvo se elevarmos o nosso lançador para aproximadamente 89,2°, mas, dessa vez, temos uma margem *extremamente pequena* de erro. Na verdade, precisamos ter uma exatidão de três centésimos de milésimos de grau! Além disso, também precisamos ter em mente que o nosso modelo não leva em conta os efeitos aerodinâmicos, que envolvem uma carga adicional de exatidão no nosso objetivo. Essas considerações nos mostram que, em aplicações práticas, é preciso contar com um *sistema de orientação ativa* em vez da exatidão dos ângulos de lançamento.

Vamos concluir este exemplo comparando o ângulo $\Delta\theta_1$ com o ângulo subentendido pelo alvo a uma distância de 300 m. Referindo-se à Fig. 2, podemos ver que o ângulo subentendido é dado por

$$\beta = \gamma - \phi, \tag{14}$$

em que

$$\gamma = \text{tg}^{-1}\left(\frac{2{,}2}{300}\right) = 0{,}4201615° \quad \text{e} \quad \phi = \text{tg}^{-1}\left(\frac{1{,}2}{300}\right) = 0{,}2291819°, \tag{15}$$

de modo que $\beta = 0{,}1909796°$. Já que β está muito próximo do $\Delta\theta_1$ na Eq. (12) e como calcular β é mais simples que calcular $\Delta\theta_1$, podemos pensar que poderíamos ter calculado β para aproximar $\Delta\theta_1$. No entanto, em geral, os intervalos do ângulo de elevação e o ângulo subentendido pelo alvo podem ser substancialmente diferentes.

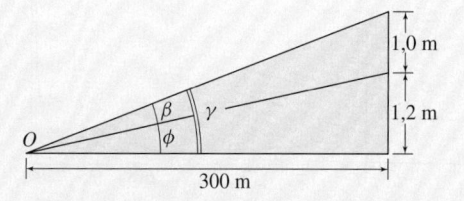

Figura 2
Não desenhado em escala – a dimensão vertical foi bastante exagerada para que os ângulos possam ser facilmente vistos.

EXEMPLO 2.12 Rapidez inicial e ângulo de elevação de um projétil

Um batedor de beisebol rebate uma bola a cerca de 1,2 m acima do chão e a atinge forte o suficiente para que ela ultrapasse *precisamente* o muro do campo, que está a 120 m de distância e possui 3 m de altura. Com que rapidez a bola deve estar se movendo e em qual ângulo ela deve ser rebatida para que precisamente ultrapasse o muro do campo como mostrado na Fig. 1?

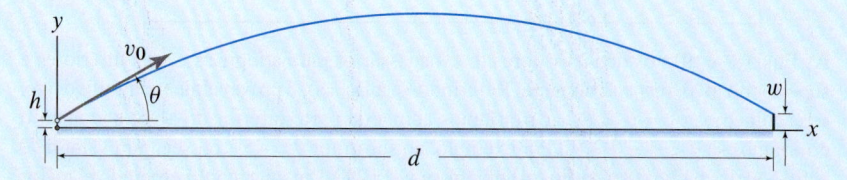

Figura 1 Vista lateral, desenhada em escala, do campo de beisebol dado com todos os parâmetros definidos. Na trajetória mostrada, a bola de beisebol foi atingida 1,2 m acima do chão, a 3,8 m/s e em um ângulo de 30° de modo que *consegue* ultrapassar o muro de 3 m de altura a uma distância de 120 m.

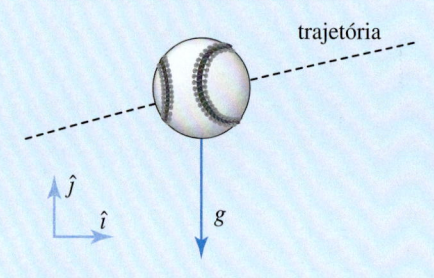

Figura 2
A componente diferente de zero da aceleração de uma bola de beisebol.

SOLUÇÃO

Roteiro Referindo-se à Fig. 2, modelamos a bola como um projétil com aceleração dada por $a_x = 0$ e $a_y = -g$. Sabemos as posições inicial e final do projétil e queremos determinar v_0 e θ necessários para ir do início ao fim. Portanto, podemos proceder como no Exemplo 2.11, ou seja, escrevendo as posições x e y do projétil em função do tempo, e, então, eliminando o tempo, obteremos uma expressão para v_0 em função de θ.

Cálculos Visto que ambas as componentes da aceleração são constantes, podemos aplicar a equação de aceleração constante, Eq. (2.42) (na p. 59) em ambas as direções x e y para obter

$$x = x_0 + v_{0x}t \quad \Rightarrow \quad d = 0 + v_0 t \cos\theta, \tag{1}$$

$$y = y_0 + v_{0y}t + \tfrac{1}{2}a_y t^2 \quad \Rightarrow \quad w = h + v_0 t \operatorname{sen}\theta - \tfrac{1}{2}g t^2. \tag{2}$$

As Eqs. (1) e (2) são duas equações para três incógnitas, v_0, θ e t. Uma vez que estamos interessados em v_0 e θ, podemos eliminar t dessas duas equações e então resolver v_0 em função de θ para obter

$$\boxed{v_0 = d\sqrt{\dfrac{g}{2\cos\theta\,[(h-w)\cos\theta + d\operatorname{sen}\theta]}}.} \tag{3}$$

Esse resultado nos mostra que existem infinitas combinações de v_0 e θ, que farão a bola passar *precisamente* por cima do muro do campo.

Discussão e verificação A solução para o problema é uma expressão em vez de uma resposta quantitativa específica. Para verificar se a Eq. (3) está correta, primeiramente verificamos se as dimensões estão corretas. Considerando L e T como as dimensões de comprimento e tempo, temos $[g] = L/T^2$ e $[h] = [w] = [d] = L$. Portanto, as dimensões do argumento da raiz quadrada na Eq. (3) são T^{-2}, de modo que as dimensões gerais do lado direito da Eq. (3) são L/T, como esperado. Uma nova verificação requer que estudemos o comportamento da expressão na Eq. (3), como é feito a seguir.

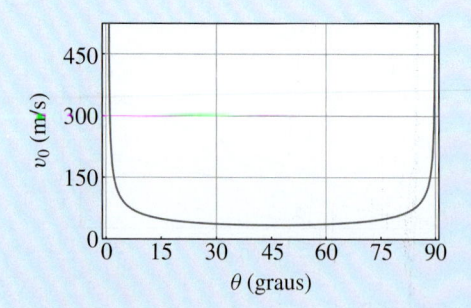

Figura 3
Gráfico da Eq. (3), isto é, v_0 em função de θ.

🔎 **Um olhar mais atento** Para $d = 120$ m, $h = 1,2$ m, $w = 3$ m e $g = 9,81$ m/s², o gráfico de v_0 necessário para $0° \le \theta \le 90°$ é mostrado na Fig. 3. Por meio de uma inspeção cuidadosa do lado esquerdo da curva, vemos que a curva se aproxima de um valor assíntota θ diferente de 0°. Isso se deve ao fato de que o ponto em que o batedor bate na bola é menor do que a altura do muro, de modo que, mesmo que o batedor rebata a bola de maneira infinitamente forte, há um ângulo abaixo do qual a bola não ultrapassará o muro (deixamos para o leitor mostrar que esse ângulo é 0,716°). No lado direito da curva, vemos que a rapidez necessária novamente se aproxima do infinito, mas agora com um ângulo se aproximando de 90°. Por fim, também é evidente que o ângulo ideal para bater a bola está próximo de 45°, em que, por *ângulo ótimo*, significa dizer que é o ângulo correspondente ao menor v_0 possível. Como se constata, o ângulo ótimo não é exatamente 45°, uma vez que estamos tentando obter a distância máxima para a rapidez mínima entre dois pontos de alturas *desiguais*. Para encontrar o ângulo ótimo, poderíamos derivar a Eq. (3) em relação a θ, igualar o resultado a zero e, em seguida, resolver o ângulo ótimo. De forma equivalente, podemos tirar raiz em ambos os lados e derivá-los. Fazendo isso, e igualando o resultado a zero, temos

$$\left.\frac{d(v_0^2)}{d\theta}\right|_{\theta=\theta_0} = \frac{gd^2}{2}\left\{\frac{-d\cos^2\theta_0 + 2(h-w)\cos\theta_0\,\text{sen}\,\theta_0 + d\,\text{sen}^2\theta_0}{\cos^2\theta_0\,[(h-w)\cos\theta_0 + d\,\text{sen}\,\theta_0]^2}\right\} = 0, \qquad (4)$$

em que substituímos θ por θ_0, que é o valor ótimo de θ. Como o denominador e o numerador não vão a zero para os mesmos valores de θ (se eles fossem, teríamos de aplicar a regra de l'Hopital), podemos resolver a Eq. (4) definindo o numerador da fração dentro das chaves como sendo igual a zero. Fazendo isso e utilizando algumas identidades trigonométricas,[16] obtemos

$$-d\cos(2\theta_0) + (h-w)\,\text{sen}(2\theta_0) = 0, \qquad (5)$$

ou

$$\text{tg}(2\theta_0) = \frac{d}{h-w} = -80. \qquad (6)$$

A Eq. (6) possui infinitas soluções dadas por

$$2\theta_0 = 90{,}72° \pm n180°, \qquad n = 0, 1, \ldots, \infty, \qquad (7)$$

mas a única solução que faz sentido nesse contexto é $2\theta_0 = 90{,}72°$, ou $\theta_0 = 45{,}36°$. Isso significa que o ângulo ótimo para atingir a bola ao tentar jogá-la acima de um objeto que é maior do que a posição inicial da bola é maior do que 45°. Da Eq. (5) também podemos ver que o ângulo ótimo é inferior a 45° ao tentar jogá-la acima de um objeto menor, e é exatamente igual a 45° somente se $h = w$, ou seja, se estamos tentando jogar a bola acima de um objeto cuja altura é a mesma da posição inicial da bola.

A discussão acima leva à conclusão de que a solução produzida de fato tem um comportamento que corresponde às nossas expectativas e à nossa intuição física.

---

[16] $\text{sen}^2 x - \cos^2 x = -\cos(2x)$ e $2\,\text{sen}\,x\cos x = \text{sen}(2x)$.

EXEMPLO 2.13 Movimento de projétil em um sistema geral de coordenadas cartesianas

Como parte de um dublê de cinema, um carro P salta de um cume no ponto P_0, com uma rapidez v_0, conforme mostrado. Obtenha expressões para a velocidade, a posição e a trajetória do carro de tal forma que seja fácil manter o controle da distância perpendicular entre o carro e a menor inclinação.

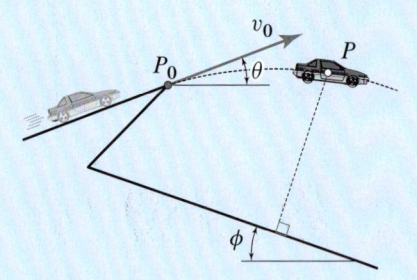

Figura 1 Um dublê de filme com um carro pulando de um cume.

SOLUÇÃO

Roteiro Modelamos o movimento do carro como um movimento de projétil. Ao escolher o sistema de coordenadas cartesianas da Fig. 2, a distância perpendicular entre o carro e a inclinação é diretamente fornecida pela coordenada y do ponto P. Portanto, resolveremos o problema usando o sistema de coordenadas mostrado. Começaremos determinando as componentes da aceleração nas direções x e y. As componentes x e y da aceleração são constantes, de forma que possamos obter a velocidade e a posição por aplicação direta das equações de aceleração constante. Finalmente, a trajetória será encontrada eliminando o tempo da descrição da posição.

Cálculos Dada a orientação do eixo y em relação à gravidade, temos

$$a_x = \ddot{x} = g \operatorname{sen} \phi \quad \text{e} \quad a_y = \ddot{y} = -g \cos \phi. \tag{1}$$

Já que a_x e a_y são constantes, as componentes da velocidade de P podem ser obtidas em funções do tempo por meio de uma aplicação direta da Eq. (2.41), da p. 59, ou seja,

$$v_x(t) = v_0 \cos(\theta + \phi) + (g \operatorname{sen} \phi)(t - t_0), \tag{2}$$

$$v_y(t) = v_0 \operatorname{sen}(\theta + \phi) - (g \cos \phi)(t - t_0), \tag{3}$$

em que t_0 é o momento em que P está em t_0 e em que $v_0 \cos(\theta + \phi)$ e $v_0 \operatorname{sen}(\theta + \phi)$ são as componentes x e y da velocidade inicial, respectivamente.

Por aplicação direta da Eq. (2.42), da p. 59, a posição de P é dada por

$$x(t) = x_0 + v_0 \cos(\theta + \phi)(t - t_0) + \tfrac{1}{2}(g \operatorname{sen} \phi)(t - t_0)^2, \tag{4}$$

$$y(t) = y_0 + v_0 \operatorname{sen}(\theta + \phi)(t - t_0) - \tfrac{1}{2}(g \cos \phi)(t - t_0)^2, \tag{5}$$

em que x_0 e y_0 são as coordenadas do ponto P_0.

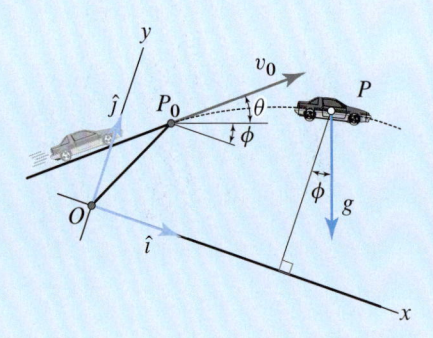

Figura 2 Aceleração em relação a determinado sistema de coordenadas.

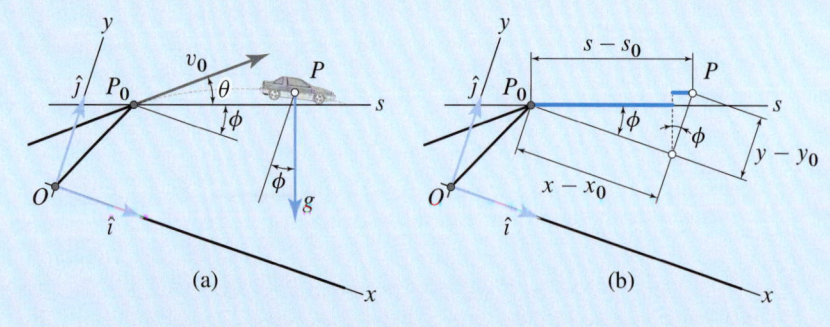

Figura 3 (a) Direção horizontal s e (b) deslocamentos $x - x_0$, $y - y_0$ nas direções x e y correspondentes ao deslocamento horizontal $s - s_0$. O comprimento do segmento azul à esquerda da linha pontilhada é $(x - x_0) \cos \phi$, e o comprimento do segmento azul à direita da linha pontilhada é $(y - y_0) \operatorname{sen} \phi$.

Para determinar a trajetória, precisamos eliminar o tempo das Eqs. (4) e (5). Para isso, precisamos determinar uma expressão para o tempo em termos de x e y. Referindo-se à Fig. 3(a), consideraremos que s é a coordenada do carro na direção horizontal. Uma vez que a aceleração na direção horizontal é zero, temos

$$\ddot{s} = 0 \quad \Rightarrow \quad \dot{s} = \text{constante} = v_{0s} \quad \Rightarrow \quad s - s_0 = v_{0s}(t - t_0), \tag{6}$$

em que $v_{0s} = v_0 \cos\theta$ é a componente horizontal de v_0. Resolvendo a Eq. (6) para $t - t_0$, temos

$$t - t_0 = \frac{s - s_0}{v_{0s}} = \frac{s - s_0}{v_0 \cos\theta}. \tag{7}$$

A Eq. (7) é útil assim que a reescrevermos em termos de x e y. Portanto, referindo-se à Fig. 3(b), usando trigonometria, podemos ver que

$$s - s_0 = (x - x_0)\cos\phi + (y - y_0)\sin\phi. \tag{8}$$

Substituindo a Eq. (8) na Eq. (7), temos

$$t - t_0 = \frac{(x - x_0)\cos\phi + (y - y_0)\sin\phi}{v_0 \cos\theta}. \tag{9}$$

Finalmente, a trajetória é obtida substituindo a Eq. (9) na Eq. (4) ou na (5). Se substituirmos a Eq. (9) na Eq. (5), obtemos a trajetória de P da seguinte forma:

$$\boxed{\begin{aligned} y = y_0 &+ v_0 \sin(\theta + \phi)\left[\frac{(x - x_0)\cos\phi + (y - y_0)\sin\phi}{v_0 \cos\theta}\right] \\ &- \tfrac{1}{2} g \cos\phi \left[\frac{(x - x_0)\cos\phi + (y - y_0)\sin\phi}{v_0 \cos\theta}\right]^2. \end{aligned}} \tag{10}$$

Discussão e verificação As Eqs. (2)-(5) foram obtidas como aplicações diretas da equação da aceleração constante, logo, estão dimensionalmente corretas. Como a Eq. (9) foi obtida substituindo a Eq. (9) na Eq. (5) (sem quaisquer simplificações adicionais ou manipulações), para verificar se a Eq. (10) está dimensionalmente correta, precisamos verificar apenas se a expressão para $t - t_0$ na Eq. (9) está dimensionalmente correta. Na verdade, a Eq. (9) está correta, pois é uma fração com um numerador com dimensões de comprimento e um denominador com dimensões de comprimento sobre tempo.

Para comprovar que a Eq. (10) está correta, podemos verificar se ela é a equação de uma parábola. Uma maneira de realizar essa verificação é aplicando conceitos avançados de geometria analítica. Usaremos uma estratégia diferente baseada na observação do que acontece se girarmos o nosso sistema de coordenadas de forma a tornar o eixo y paralelo à direção da gravidade. Neste caso, $\phi = 0$, $\cos\phi = 1$ e $\sin\phi = 0$, e a Eq. (10) é simplificada para

$$y = y_0 + \text{tg}\,\theta(x - x_0) - \tfrac{1}{2} g \frac{(x - x_0)^2}{v_0^2 \cos^2\theta}, \tag{11}$$

ou seja, ela pode ser reduzida para a forma simples $y = C_0 + C_1 x\, C_3 x^2$ (com C_1, C_2 e C_3 constantes), que podemos reorganizar para ser uma parábola da geometria analítica elementar.

🔍 **Um olhar mais atento** Este exemplo serve para ilustrar que há aplicações em que pode ser necessário estudar o movimento do projétil utilizando um sistema de coordenadas cartesianas com eixos não paralelos à gravidade. Nesses casos, a expressão para a trajetória do projétil pode ser complicada. Uma trajetória da forma simples $y = C_0 + C_1 x\, C_3 x^2$ é somente obtida quando o movimento do projétil é descrito usando um sistema de coordenadas cartesianas com o eixo y paralelo à direção da gravidade.

PROBLEMAS

Problema 2.76

A discussão no Exemplo 2.12 revelou que o ângulo θ tinha que ser maior do que $\theta_{min} = 0{,}716°$. Encontre uma expressão analítica para θ_{min} em termos de h, w e d.

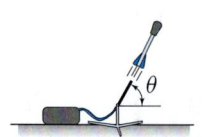

Problema 2.77

Um foguete Stomp é um brinquedo que consiste em uma mangueira ligada a uma "almofada de explosão" (isto é, uma bexiga de ar) em uma extremidade e um tubo curto montado sobre um tripé na outra extremidade. Um foguete com um corpo oco é montado na tubulação e impulsionado no ar ao se "pisar" na almofada de explosão. Alguns fabricantes afirmam que podem disparar um foguete a cerca de 60 m no ar. Desprezando a resistência do ar, determine a rapidez inicial mínima do foguete tal que ele atinja uma altura máxima de voo de 60 m.

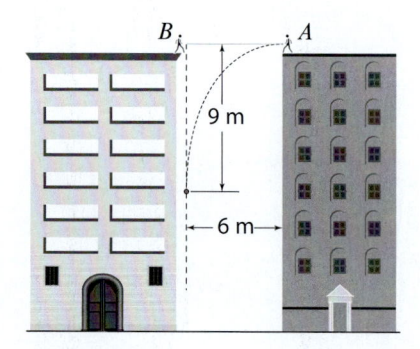

Figura P2.77

Problema 2.78

Os dublês A e B estão gravando uma cena de filme em que A precisa passar uma arma para B. O dublê B deve começar a cair de forma vertical precisamente quando A joga a arma para B. Tratando a arma e o dublê B como partículas, determine a velocidade da arma quando sai da mão de A de modo que B a pegue depois de cair 9 m.

Figura P2.78

Problema 2.79

A onça A salta de O com velocidade $v_0 = 6$ m/s e ângulo $\beta = 35°$ em relação à inclinação para tentar interceptar o leopardo B em C. Determine a distância R que a onça pula de O até C (ou seja, R é a distância entre os dois pontos da trajetória que interceptam a inclinação), dado que o ângulo de inclinação é $\theta = 25°$.

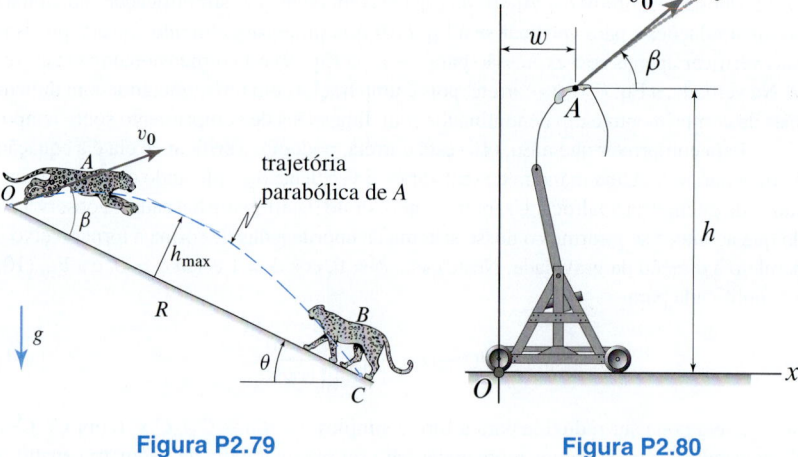

Figura P2.79

Figura P2.80

Problema 2.80

Se o projétil é lançado em A a uma rapidez inicial v_0 e ângulo θ, determine a trajetória do projétil utilizando o sistema de coordenadas mostrado. Despreze a resistência do ar.

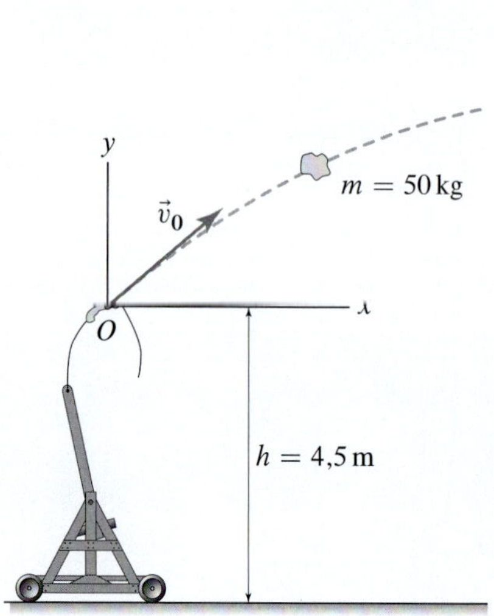

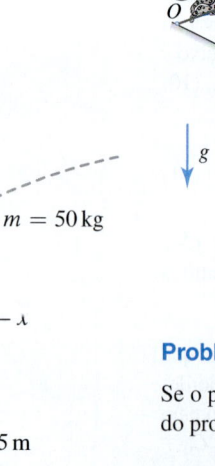

Problema 2.81

Um trabuco lança uma pedra de massa $m = 50$ kg no ponto O. A velocidade inicial do projétil é $\vec{v}_0 = (45\,i + 30\,j)$ m/s. Desprezando os efeitos aerodinâmicos, determine onde a pedra aterrissará e seu tempo de voo.

Figura P2.81

Problema 2.82

Um golfista lança a bola no buraco rapidamente a partir da superfície áspera da grama. Considerando $\alpha = 4°$ e $d = 2,4$ m, verifique se o golfista colocará a bola dentro de 10 mm do buraco se a bola deixar a parte áspera a uma velocidade $v_0 = 5,03$ m/s e um ângulo de $\beta = 41°$.

Problemas 2.83 e 2.84

Em uma cena de filme que envolve perseguição de carros, um carro passa por cima de uma rampa em A e pousa em B abaixo.

Problema 2.83 Se $\alpha = 20°$ e $\beta = 23°$, determine a distância d coberta pelo carro, se a rapidez do carro em A é de 45 km/h. Despreze os efeitos aerodinâmicos.

Problema 2.84 Determine a rapidez do carro em A se o carro deve cobrir uma distância $d = 45$ m para $\alpha = 20°$ e $\beta = 27°$. Despreze os efeitos aerodinâmicos.

Problema 2.85

O obuseiro leve M777 de 155 mm é uma peça de artilharia cujos projéteis são ejetados da arma a uma rapidez de 829 m/s. Considerando que a arma é disparada em um campo de batalha plano e ignorando os efeitos aerodinâmicos, determine (a) o ângulo de elevação necessário para atingir o máximo alcance, (b) o máximo alcance possível da arma e (c) o tempo que levaria para um projétil cobrir o alcance máximo. Expresse o resultado do alcance como uma percentagem do alcance máximo dessa arma, que é de 30 km para munições não assistidas.

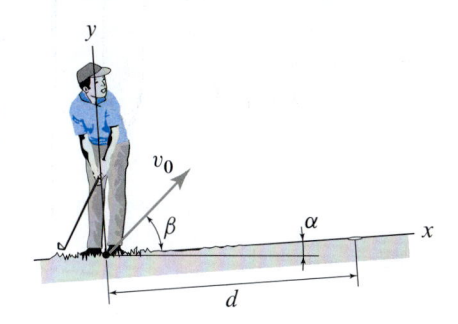

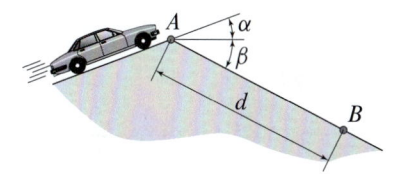

Figura P2.82

Figura P2.83 e P2.84

Figura P2.85

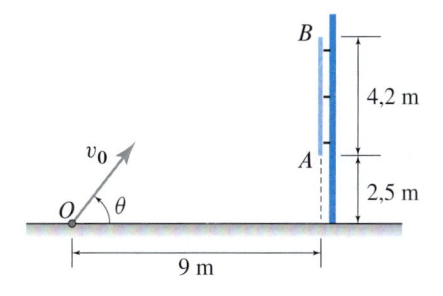

Figura P2.86

Problema 2.86

Você quer arremessar uma pedra do ponto O para acertar uma placa publicitária vertical AB, que está a $R = 9$ m de distância. Você é capaz de arremessar uma pedra com a rapidez $v_0 = 14$ m/s. A parte inferior da placa está a 2,5 m acima do chão, e a placa possui 4,2 m de altura. Determine o intervalo de ângulos em que o projétil pode ser arremessado para que atinja o alvo e compare-o com o ângulo subentendido pelo alvo como visto de um observador no ponto O. Compare seus resultados com os encontrados no Exemplo 2.11.

Problema 2.87

Suponha que você possa lançar um projétil a uma v_0 alta o suficiente para que se possa atingir um alvo a uma distância R. Supondo que você conheça v_0 e R, determine a expressão geral para os *dois* ângulos de lançamento distintos θ_1 e θ_2 que permitirão que o projétil acerte D. Para $v_0 = 30$ m/s e $R = 70$ m, determine valores numéricos para θ_1 e v_2.

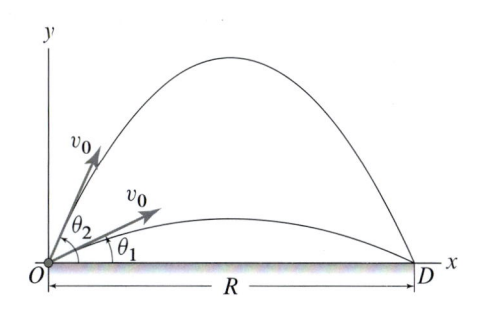

Figura P2.87

Problema 2.88

Um saltador de esqui alpino pode voar distâncias superiores a 100 m[17] usando seu corpo e esquis como uma "asa", tirando, então, proveito dos efeitos aerodinâmicos. Com isso em mente e supondo que um saltador de esqui poderia sobreviver ao salto, determine a distância que o saltador poderia "voar" sem efeitos aerodinâmicos, ou seja, se o saltador estivesse em queda livre depois de sair da rampa. Para efeitos do seu cálculo, utilize os seguintes dados típicos: $\alpha = 11°$ (inclinação da rampa no ponto de decolagem A), $\beta = 36°$ (inclinação média da colina),[18] $v_0 = 86$ km/h (rapidez em A), $h = 3$ m (altura do ponto de decolagem no que diz respeito à colina). Finalmente, para simplificar, considere que a distância do salto é a distância entre o ponto de decolagem e o pouso no ponto B.

Problemas 2.89 e 2.90

Um jogador de futebol pratica chutando uma bola de A diretamente para o gol (ou seja, a bola não pica antes), evitando uma barreira fixa de 1,8 m de altura.

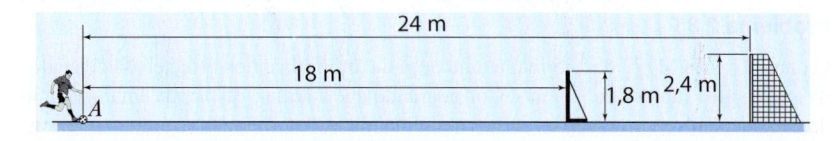

Figura P2.88

Figura P2.89 e P2.90

Problema 2.89 Determine a rapidez mínima que o jogador precisa fornecer à bola para realizar a tarefa. *Dica*: Para encontrar $(v_0)_{min}$, considere a equação da trajetória do projétil (veja, por exemplo, a Eq. (2.52)) para o caso em que a bola atinge o gol em sua base. Em seguida, resolva essa equação para a rapidez inicial v_0 em função do ângulo inicial θ e, por fim, determine $(v_0)_{min}$ como você aprendeu em cálculo. Não se esqueça de verificar se a bola passa ou não pela barreira.

Problema 2.90 Procure a rapidez inicial e o ângulo que permitem à bola passar a barreira e atingir o gol em sua base. *Dica*: Como mostra a Eq. (2.52), a trajetória de um projétil pode ser dada pela forma $y = C_1 x - C_2 x^2$, em que os coeficientes C_1 e C_2 podem ser determinados forçando a parábola a passar por dois pontos dados.

Problemas 2.91 e 2.92

Em uma apresentação de circo, um tigre precisa saltar de um ponto A ao ponto C para que atravesse o anel de fogo em B. *Dica*: Como mostrado na Eq. (2.52), a trajetória de um projétil pode ser dada pela forma $y = C_1 x - C_2 x^2$, em que os coeficientes C_1 e C_2 podem ser encontrados forçando a parábola a passar por dois pontos dados.

Problema 2.91 Determine a velocidade inicial do tigre se o anel de fogo está colocado a uma distância $d = 5,5$ m de A. Além disso, determine a inclinação da trajetória do tigre quando ele atravessa o anel de fogo.

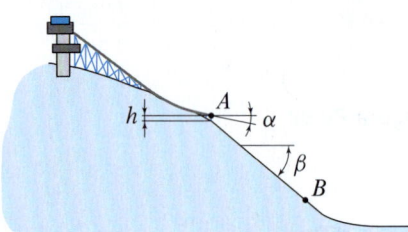

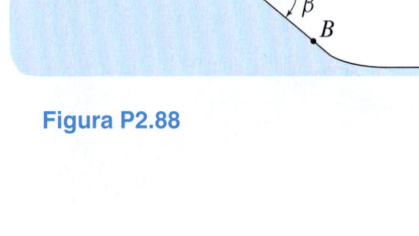

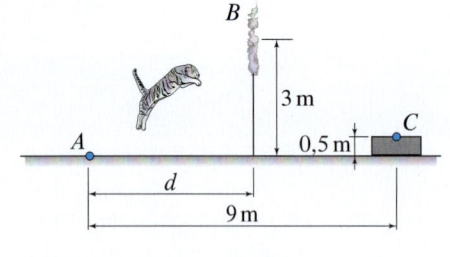

Figura P2.91 e P2.92

Problema 2.92 Determine a velocidade inicial do tigre, assim como a distância d, de modo que a inclinação da trajetória do tigre quando ele atravessa o anel de fogo seja completamente horizontal.

---

[17] Em 20 de março de 2005, utilizando uma rampa de esqui muito grande em Planica, Eslovênia, Bjørn Einar Romøren, da Noruega, estabeleceu o recorde mundial de voo a uma distância de 239 m.

[18] Visto que a média da inclinação da colina de aterrissagem dada é exata, você deve saber que, de acordo com os regulamentos, a colina de aterrissagem deve possuir um perfil curvo. Aqui, optamos por usar uma colina de aterrissagem com uma inclinação *constante* de 36° para simplificar o problema.

Problema 2.93

Uma onça A salta de O a uma rapidez v_0 e ângulo β em relação ao declive para atacar um leopardo B em C. Determine uma expressão para a altura *perpendicular* máxima h_{max} acima do declive alcançada pela onça saltando, dado que o ângulo de inclinação é θ.

Problemas 2.94 e 2.95

A onça A salta de O a uma rapidez inicial v_0 e ângulo β em relação à inclinação para interceptar o leopardo B em C. A distância ao longo do declive de O a C é de R, e o ângulo de inclinação em relação à horizontal é θ.

Problema 2.94 Determine uma expressão para v_0 em função de β para que A seja capaz de pular a partir de O até C.

Problema 2.95 Derive v_0 em função de β para saltar uma distância R dada com o valor ótimo do ângulo de lançamento β, ou seja, o valor de β necessário para saltar uma distância R com a v_0 mínima. Então, plote v_0 em função de β para $g = 9,81$ m/s², $R = 7$ m e $\theta = 25°$ e encontre o valor numérico de β ótimo e o valor correspondente de v_0 para o determinado conjunto de parâmetros.

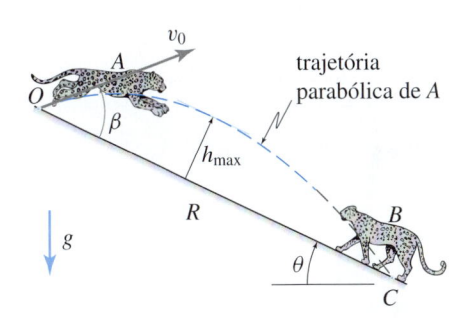

Figura P2.93-P2.95

Problemas 2.96 e 2.97

Um foguete Stomp é um brinquedo que consiste em uma mangueira ligada a uma almofada de explosão (ou seja, uma bexiga de ar) em uma extremidade e um tubo curto montado sobre um tripé na outra extremidade. Um foguete com um corpo oco é montado na tubulação e impulsionado no ar ao se pisar na almofada de explosão.

Figura P2.96 e P2.97

Problema 2.96 Se o foguete pode ser lançado a uma rapidez inicial $v_0 = 38$ m/s e o local de pouso do foguete em B estiver na mesma altitude do ponto de lançamento, ou seja, $h = 0$ m, desconsidere a resistência do ar e determine o ângulo θ de lançamento do foguete tal que o foguete atinja o máximo alcance possível. Além disso, calcule R, a distância máxima do foguete e t_f, o tempo de voo correspondente.

Problema 2.97 Supondo que o foguete possa ter uma rapidez inicial $v_0 = 38$ m/s, o local para o pouso do foguete em B está 3 m acima do ponto de lançamento, ou seja, $h = 3$ m, e desprezando a resistência do ar, determine o ângulo θ de lançamento do foguete de tal forma que o foguete atinja o maior alcance possível. Além disso, como parte da solução, calcule o alcance máximo e o tempo de voo correspondente. Para realizar essa tarefa:

(a) Determine o alcance R em função do tempo.

(b) Considere a expressão para R encontrada em (a), eleve ao quadrado e, em seguida, derive-a em relação ao tempo para encontrar o tempo de voo correspondente ao alcance máximo e, então, o alcance máximo.

(c) Use o tempo encontrado em (b) para encontrar o ângulo necessário para atingir o alcance máximo.

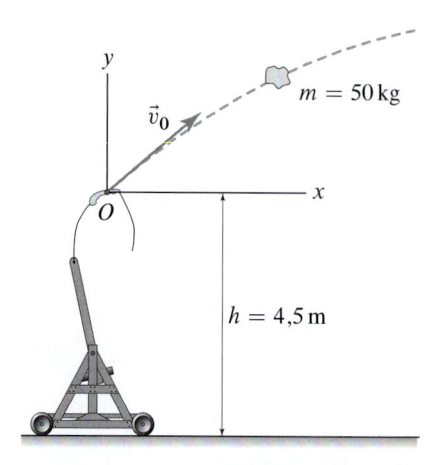

Figura P2.98-P2.101

Problema 2.98

Um trabuco lança uma pedra com massa $m = 50$ kg a partir do ponto O. A rapidez inicial do projétil é $\vec{v}_0 = (45\,i + 30\,j)$ m/s. Se modelássemos os efeitos da resistência do ar por meio de uma força de arrasto diretamente proporcional à velocidade do projétil, as acelerações resultantes nas direções x e y seriam $\ddot{x} = -(\eta/m)\dot{x}$ e $\ddot{y} = -g - (\eta/m)\dot{y}$, respectivamente, em que g é a aceleração da gravidade e $\eta = 0{,}64$ kg/s é um coeficiente de arrasto viscoso. Encontre uma expressão para a trajetória do projétil.

Problema 2.99

Continue o Prob. 2.98 e, para o caso em que $\eta = 0{,}64$ kg/s, determine a altura máxima a partir do chão atingida pelo projétil e o tempo necessário para alcançá-la. Compare o resultado com o que seria obtido na ausência da resistência do ar.

Problema 2.100

Continue o Prob. 2.98 e, para o caso em que $\eta = 0{,}64$ kg/s, determine t_I e x_I, o valor de t e a posição x correspondente ao impacto do projétil com o chão.

Problema 2.101

Com referência aos Probs. 2.98 e 2.100, suponha que um experimento é conduzido de modo que o valor medido de x_I é 10% menor do que o que está previsto na ausência do arrasto viscoso. Determine o valor de η necessário para que a teoria do Prob. 2.98 coincida com o experimento.

Problema 2.102

Expresse a trajetória da bola de golfe usando os eixos mostrados e em termos de rapidez inicial v_0, ângulo inicial β, inclinação α e aceleração da gravidade g.

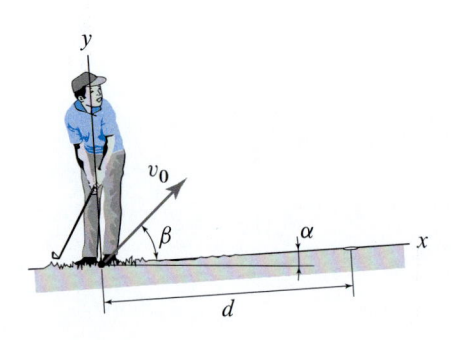

Figura P2.102

PROBLEMAS DE PROJETO

Problema de projeto 2.1

Na fabricação de bolas de aço do modelo usado para rolamentos de esferas, é importante que as propriedades de seu material sejam suficientemente uniformes. Uma maneira de detectar diferenças importantes nas propriedades de seu material é observar como uma bola ricocheteia ao cair em uma placa de impacto rígida. As características do ricochete de uma bola podem ser avaliadas por meio de uma quantidade chamada *coeficiente de restituição* (CDR).[19] Especificamente, se $(v_n)_{\text{impacto}}$ é a componente da velocidade de impacto da bola normal à placa de impacto, então o CDR é dado por

$$\text{CDR} = \frac{|(v_n)_{\text{ricochete}}|}{|(v_n)_{\text{impacto}}|}, \qquad \text{(Equação do CDR)}$$

em que $(v_n)_{\text{ricochete}}$ é a componente da velocidade de ricochete normal à placa de impacto.

Como cada bola tem um raio $R = 5$ mm, projete um dispositivo de classificação para selecionar as bolas com $0{,}800 < \text{CDR} < 0{,}825$. O dispositivo consiste em um declive definido pelo ângulo θ e comprimento L. A placa de impacto é colocada no fundo de uma cavidade com profundidade h e largura w. Por fim, a uma distância ℓ do declive, há uma barreira vertical fina, com uma abertura de tamanho d colocada a uma altura b a partir do fundo da cavidade. Soltando uma bola a partir do repouso no topo do declive e supondo que a bola role sem escorregar, sabemos que a bola chegará ao fundo do declive a uma rapidez[20]

$$v_0 = \sqrt{\tfrac{10}{7} g L \,\text{sen}\, \theta},$$

em que g é a aceleração da gravidade. Depois de rolar pelo declive, cada bola ricocheteará na placa de impacto de tal forma que a componente horizontal da velocidade não será afetada pelo impacto, enquanto a componente vertical se comportará conforme descrito na equação do CDR. Após o ricochete, as bolas a serem isoladas passarão pela abertura vertical, enquanto o resto das bolas não atravessará a abertura. Em seu projeto, escolha valores apropriados de L, $\theta < 45°$, h, w, d e ℓ para realizar a tarefa desejada, assegurando simultaneamente que as dimensões gerais do dispositivo não excedam 1,2 m em ambas as direções, horizontal e vertical.

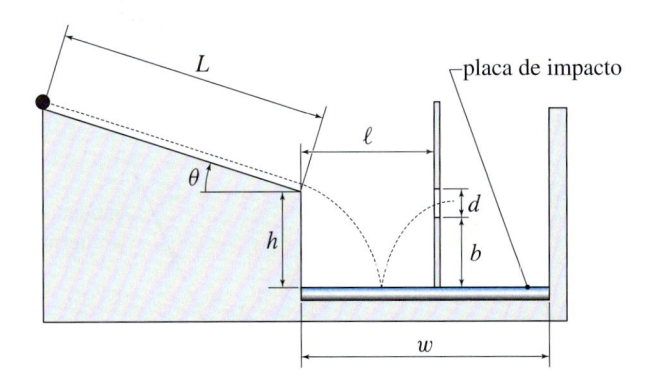

Figura PP2.1

---

[19] Estudaremos o CDR em detalhes na Seção 5.2.
[20] Veremos como obter essa fórmula nos Capítulos 7 e 8.

2.4 A DERIVADA TEMPORAL DE UM VETOR

As derivadas temporais de grandezas vetoriais estão em *toda parte* na dinâmica. Já vimos a derivada temporal dos vetores posição e velocidade. Nos próximos capítulos, veremos também as derivadas temporais de grandezas como velocidade angular, quantidade de movimento e quantidade de movimento angular, sendo todos vetores. Por isso vale a pena dedicar um pouco de tempo às derivadas temporais de um vetor, de modo a reforçar a nossa compreensão sobre essas operações.

Conceitualmente, a nova ideia que se torna necessária é que a derivada temporal de um vetor está intimamente ligada ao conceito de *rotação*. Veremos que os vetores variam no tempo de duas maneiras:

1. Mudança de comprimento.
2. Mudança de direção devido à sua *rotação*.

Considere um vetor arbitrário $\vec{A}$, no plano da página no instante t e instante $t + \Delta t$, como mostrado na Fig. 2.24(a). O vetor $\vec{A}$ está mudando de comprimento e direção bem como na posição de sua "cauda". Consideraremos a mudança em $\vec{A}$ como mostrado na Fig. 2.24(b), em que os pontos da cauda em t e $t + \Delta t$ são feitos de forma a coincidir para fins ilustrativos. Uma vez que podemos expressar A como uma magnitude vezes um vetor unitário na direção de A, derivando-o em relação ao tempo, obtemos

$$\dot{\vec{A}}(t) = \frac{d}{dt}\left[A(t)\,\hat{u}_A(t)\right] = \frac{dA}{dt}\,\hat{u}_A + A\frac{d\hat{u}_A}{dt} = \dot{A}\,\hat{u}_A + A\,\dot{\hat{u}}_A, \quad (2.54)$$

em que A é a magnitude de $\vec{A}$, ou seja, $|\vec{A}|$; $\hat{u}_A$ é o vetor unitário na direção de $\vec{A}$ (veja Fig. 2.24(a)); e usamos a regra da derivada do produto. A Eq. (2.54) mostra que a derivada temporal de A consiste em duas partes:

1. O termo $\dot{A}\hat{u}_A$, que é um vetor na direção de $\vec{A}$ medindo a taxa de variação no tempo da *magnitude* de $\vec{A}$, e
2. O termo $A\dot{\hat{u}}_A$, que é a magnitude de $\vec{A}$ multiplicada pela derivada temporal do vetor unitário $\hat{u}_A$, que mede a taxa de variação no tempo da *direção* de $\vec{A}$.

O vetor $\dot{\hat{u}}_A$ pode ser escrito de uma forma conveniente uma vez que entendamos como descrever rotações e taxas de rotação em particular.

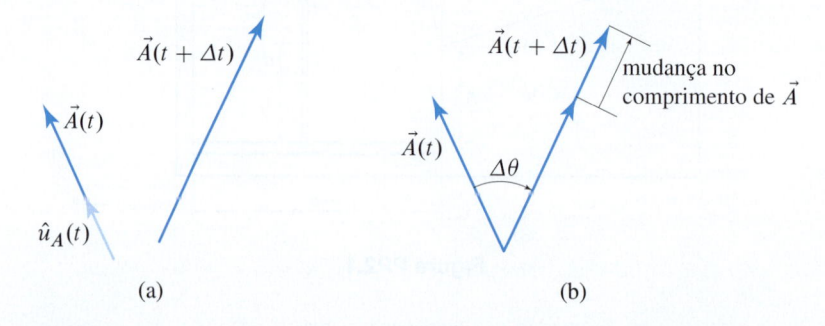

Figura 2.24 (a) Vetor $\vec{A}$ variando de $\vec{A}(t)$ para $\vec{A}(t + \Delta t)$, (b) vetores $\vec{A}(t)$ e $\vec{A}(t + \Delta t)$, desenhados com os pontos de suas caudas coincidindo.

Rotação e velocidade angular

Nosso objetivo agora é usar vetores para descrever rotações, e para isso precisamos entender o que distingue uma rotação de outros tipos de movimento. Começamos considerando a Fig. 2.25, que mostra o movimento oscilante de uma porta. Observe que os pontos na linha de articulação *não se movem*. Isso é o que caracteriza as rotações: um corpo está em rotação se tiver uma "linha de articulação", que é mais apropriadamente chamado de *eixo de rotação*. Para movimentos tridimensionais em geral, a definição do eixo de rotação permite que um eixo sofra translação e altere sua orientação.

Agora que temos o conceito de eixo de rotação, observe que podemos usar um vetor unitário para descrever a orientação e a direção do eixo de rotação por meio da regra da mão direita, com o polegar apontando para o sentido do vetor unitário. É esse sentido que vamos chamar de *sentido de rotação* (veja a Fig. 2.26). Usando essa ideia, e referindo-se à Fig. 2.27, considere o vetor $\vec{\gamma} = \gamma \hat{u}_\gamma$, em que γ é um ângulo expresso em radianos e $\hat{u}_\gamma$ é um vetor unitário paralelo ao eixo de rotação. Podemos usar o vetor $\vec{\gamma}$ para designar o deslocamento angular correspondente a uma rotação pelo ângulo γ com a direção $\hat{u}_\gamma$? Podemos, mas o problema dessa representação é que ela nos dá um "vetor" que não age como um verdadeiro vetor. Para compreender essa afirmação, considere a Fig. 2.28, que mostra duas diferentes sequências de rotação de um livro a partir da mesma posição inicial. Na primeira sequência, o livro é girado 90° sobre o eixo x positivo e, depois, 90° sobre o eixo z positivo. Na segunda sequência, o livro é girado 90° sobre o eixo z positivo e, em seguida, 90° em torno do eixo x positivo. Perceba que tudo o que temos feito é inverter as duas rotações sucessivas entre as duas sequências de rotação, e mesmo assim o livro termina com uma orientação diferente. Agora, digamos que utilizamos $\vec{\rho}_x$ para descrever a rotação de 90° sobre o eixo x positivo e $\vec{\rho}_z$ para descrever a rotação de 90° sobre o eixo z positivo. Então, podemos esperar que a soma dos vetores $\vec{\rho}_x + \vec{\rho}_z$ descreva a primeira sequência, e $\vec{\rho}_z + \vec{\rho}_x$ descreva a segunda. O problema é que a álgebra vetorial requer que $\vec{\rho}_x + \vec{\rho}_z = \vec{\rho}_z + \vec{\rho}_x$, embora saibamos que $\vec{\rho}_x + \vec{\rho}_z$ e $\vec{\rho}_z + \vec{\rho}_x$ são definitivamente diferentes!

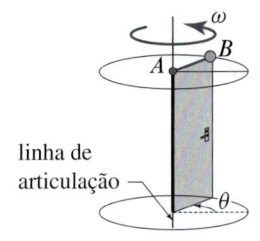

Figura 2.25
Representação do movimento oscilante de uma porta.

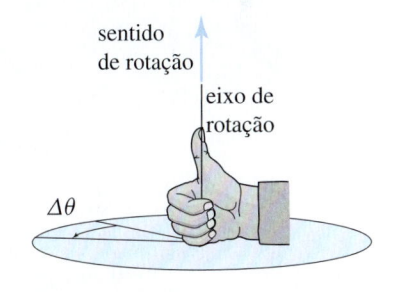

Figura 2.26
Regra da mão direita usada para descrever o sentido de rotação.

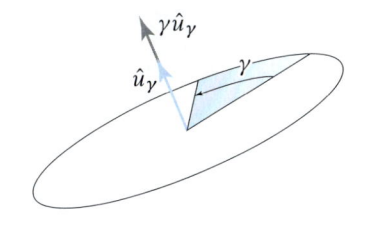

Figura 2.27
Uma utilização possível, *mas não recomendada*, de vetores para representar rotações.

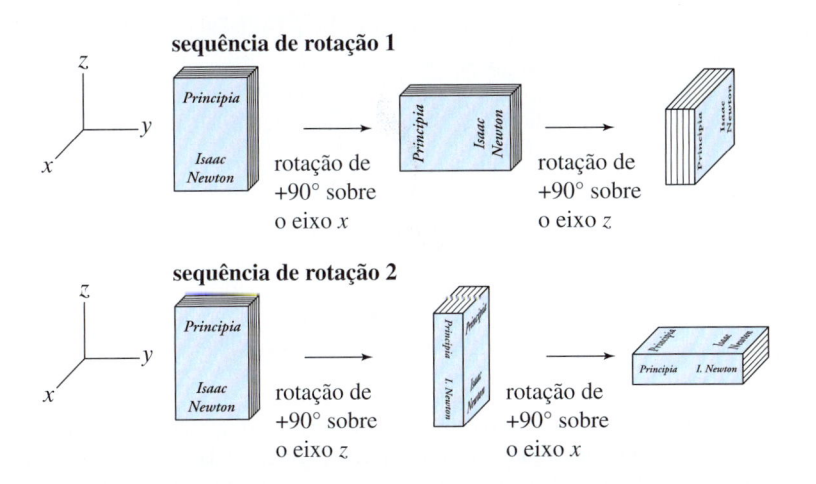

Figura 2.28 Duas sequências de rotação.

Outra razão para não utilizar vetores para representar deslocamentos angulares causados por rotações é que não funcionarão quando se discutem casos gerais em que o eixo de rotação muda com o tempo.[21] Isso acontece porque existe uma certa quantidade finita de tempo para girar pelo ângulo γ, e, para o vetor $\vec{\gamma}$ fazer sentido, seria necessário manter o eixo de rotação fixo até o ângulo γ ser completamente coberto. O eixo de rotação pode ser reorientado depois que γ é atingido, mas isso nos impediria de mudar *continuamente* o eixo com o tempo. Essa limitação na verdade aponta para a solução do problema. Usando uma abordagem inspirada no cálculo, podemos ver qualquer rotação com um eixo móvel como uma sequência *infinita* de rotações *infinitesimais*. De acordo com essa visão, podemos atualizar a posição e a orientação do eixo de rotação entre duas rotações infinitesimais quaisquer, mantendo o eixo fixo durante cada rotação na sequência. Então, usaremos a noção representada na Fig. 2.27 para representar rotações, mas iremos torná-las infinitesimais. Referindo-se à Fig. 2.29, construímos duas sequências de rotações assim como fizemos na Fig. 2.28. A diferença é que agora faremos essas rotações sucessivamente, cada vez *menores*. A Fig. 2.29 demonstra que, conforme as rotações ficam menores, a ordem em que essas rotações são realizadas não afeta o resultado final. Mais

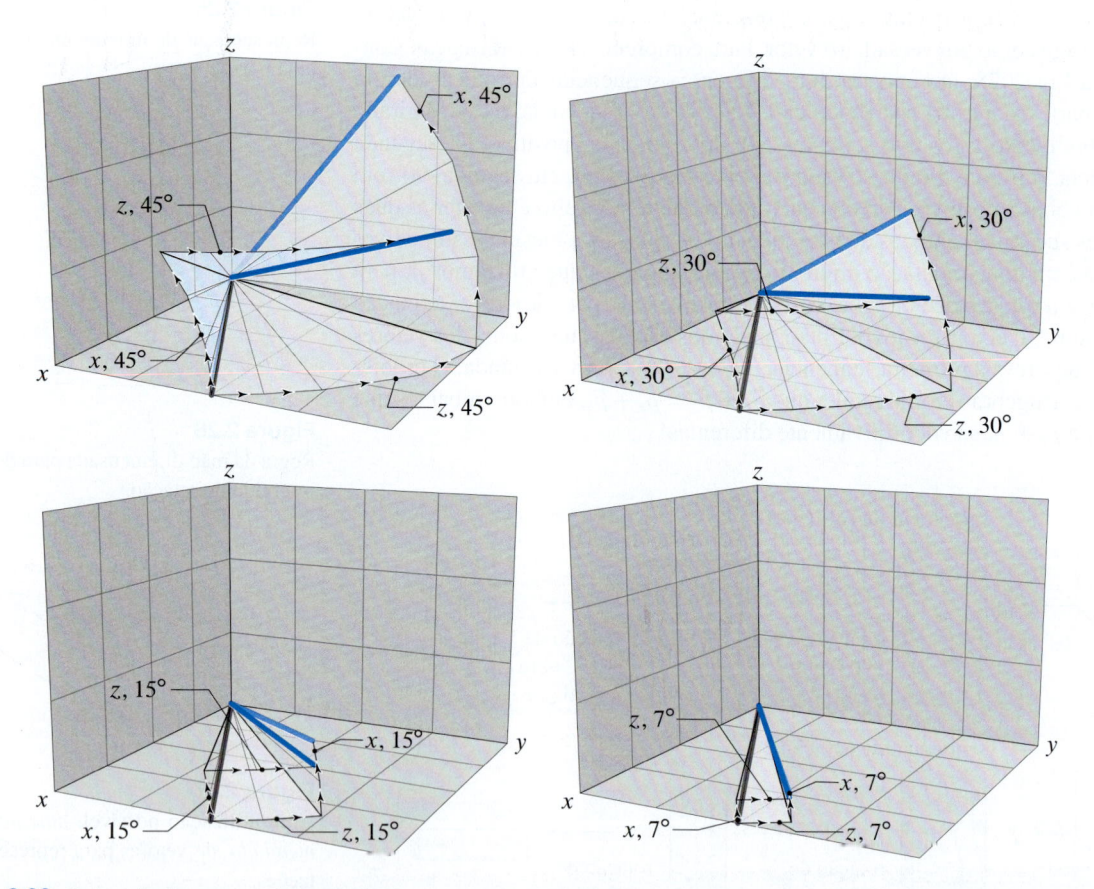

Figura 2.29 Cada painel apresenta duas sequências de rotação. Na primeira sequência (superfície roxa), o segmento vermelho é movido para o segmento azul pela primeira rotação em torno do eixo x e em seguida em torno do eixo z. Na segunda sequência (superfície rosa), o segmento vermelho é movido para o segmento verde pela primeira rotação em torno do eixo z e em seguida em torno do eixo x. As rotações são rotuladas de forma que, por exemplo, o rótulo z, 30° indica uma rotação de 30° em torno do eixo z. À medida que as rotações tornam-se menores, isto é, vão do canto superior esquerdo para o canto inferior direito da figura, torna-se difícil distinguir os segmentos azul e verde; ou seja, o resultado final das sequências de rotação tende a ser o mesmo.

---

[21] Objetos matemáticos chamados *quaternions* têm sido inventados como uma forma de superar as dificuldades que estamos mencionando.

importante, embora isso seja difícil de ver diretamente a partir da Fig 2.29, se $d\gamma\,\hat{u}_\gamma$ e $d\phi\,\hat{u}_\phi$ são duas rotações infinitesimais, não somente o resultado final de $d\gamma\,\hat{u}_\gamma$ seguido de $d\phi\,\hat{u}_\phi$ é o mesmo que $d\phi\,\hat{u}_\phi$ seguido de $d\gamma\,\hat{u}_\gamma$, mas também esse resultado é o vetor $d\gamma\,\hat{u}_\gamma + d\phi\,\hat{u}_\phi$!

A etapa final da nossa discussão é perceber que, dividindo um deslocamento angular infinitesimal pela quantidade de tempo infinitesimal que leva para realizar isso, obtém-se o conceito de *velocidade angular*. Isso nos permite lidar com a quantidade finita $\dot{\vec{\gamma}}$ em vez de $d\vec{\gamma}$ enquanto podemos sempre voltar ao deslocamento angular infinitesimal escrevendo $d\vec{\gamma} = \dot{\vec{\gamma}}\,dt$.

Em resumo, dado um vetor de *tamanho finito* $\vec{\omega} = \omega\,\hat{u}_\omega$, podemos ver esse vetor como descrevendo uma rotação *infinitesimal*, ou seja, um deslocamento angular infinitesimal

1. Com eixo paralelo a $\hat{u}_\omega$,
2. Cobrindo um ângulo $|\vec{\omega}|\,dt$.
3. Em uma direção coerente com a regra da mão direita.

O vetor $\vec{\omega}$ representa uma ***velocidade angular*** e, assim como com outros vetores, os vetores de velocidade angular podem ser manipulados usando operações vetoriais padrão. Por fim, gostaríamos de salientar que, como os ângulos medidos em radianos são adimensionais, as dimensões de uma velocidade angular devem ser $1/T$, em que T denota a dimensão do tempo.

Derivada temporal de um vetor unitário

Agora voltaremos à derivada temporal de um vetor unitário e obteremos uma fórmula para ela com base no que aprendemos sobre rotações.

Quanto à Fig. 2.30, dado o vetor unitário $\hat{u}_A$, o expressamos conforme

$$\hat{u}_A = \cos\theta\,\hat{\imath} + \operatorname{sen}\theta\,\hat{\jmath} \qquad (2.55)$$

de modo que

$$\dot{\hat{u}}_A = \dot{\theta}(-\operatorname{sen}\theta\,\hat{\imath} + \cos\theta\,\hat{\jmath}). \qquad (2.56)$$

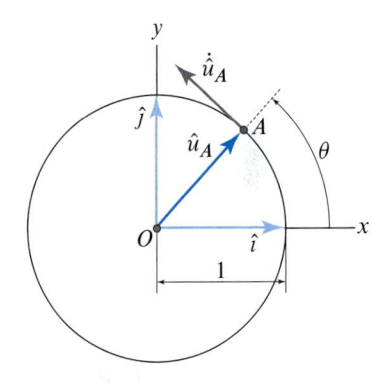

Figura 2.30 Um vetor unitário $\hat{u}_A$ em rotação.

Podemos ver que o termo $-\operatorname{sen}\theta\,\hat{\imath} + \cos\theta\,\hat{\jmath}$ na Eq. (2.56) é um vetor unitário perpendicular a $\hat{u}_A$ e, portanto, $\dot{\hat{u}}_A$ é perpendicular a $\hat{u}_A$ (isso é mostrado na Fig. 2.30). O termo $\dot{\theta}$ na Eq. (2.56) é a taxa de rotação da $\hat{u}_A$. O ângulo infinitesimal $d\theta = \dot{\theta}\,dt$ é precisamente o ângulo varrido pelo vetor unitário $\hat{u}_A$ durante um intervalo de tempo infinitesimal dt. Mas qual é o eixo de rotação correspondente? Usando a regra da mão direita e devido a ambos $\hat{u}_A$ e $\dot{\hat{u}}_A$ estarem no mesmo plano, concluímos que o eixo de rotação para $\hat{u}_A$ é perpendicular ao plano xy e orientado na direção z. Assim, considerando que $\vec{\omega}_A$ denota o *vetor* velocidade angular de $\hat{u}_A$, temos

$$\vec{\omega}_A = \dot{\theta}\,\hat{k}. \qquad (2.57)$$

A Eq. (2.57) implica que os vetores $\hat{u}_A$, $\dot{\hat{u}}_A$ e $\vec{\omega}_A$ são mutuamente perpendiculares e que o vetor $\vec{\omega}_A \times \hat{u}_A$ é paralelo a $\dot{\hat{u}}_A$. Temos

$$\begin{aligned}\vec{\omega}_A \times \hat{u}_A &= \dot{\theta}\hat{k} \times (\cos\theta\,\hat{\imath} + \operatorname{sen}\theta\,\hat{\jmath}) \\ &= \dot{\theta}(\cos\theta\,\hat{k}\times\hat{\imath} + \operatorname{sen}\theta\,\hat{k}\times\hat{\jmath}) \\ &= \dot{\theta}(\cos\theta\,\hat{\jmath} - \operatorname{sen}\theta\,\hat{\imath}).\end{aligned} \qquad (2.58)$$

Informações úteis

Os vetores $\hat{u}_A$ e $\dot{\hat{u}}_A$ são mutuamente perpendiculares. Uma forma de mostrar que $\hat{u}_A$ e $\dot{\hat{u}}_A$ são mutuamente perpendiculares começa com a observação de que $\hat{u}_A \cdot \hat{u}_A = 1 = $ constante, de modo que temos

$$\frac{d}{dt}(\hat{u}_A\cdot\hat{u}_A) = 0 = \dot{\hat{u}}_A\cdot\hat{u}_A + \hat{u}_A\cdot\dot{\hat{u}}_A$$

$$= 2\hat{u}_A\cdot\dot{\hat{u}}_A,$$

o que implica que $\hat{u}_A$ e $\dot{\hat{u}}_A$ são sempre perpendiculares entre si.

> **Informações úteis**
>
> **Será que realmente provamos a Eq. (2.59)?** Nossa derivação da Eq. (2.59) não constitui uma prova matematicamente rigorosa. O que temos realmente apresentado até agora são argumentos simples e baseados fisicamente que apontam para a ideia de que a taxa de variação no tempo de um vetor unitário pode sempre ser expressa como o produto vetorial de sua velocidade angular com o vetor unitário em questão. No entanto, a Eq. (2.59) é válida no âmbito mais geral das circunstâncias e pode ser provada de forma rigorosa.

A Eq. (2.58) é um resultado notável, pois, o comparando a Eq. (2.56), ele nos informa que $\vec{\omega} \times \hat{u}_A$ não é apenas paralelo a $\dot{\hat{u}}_A$, é $\dot{\hat{u}}_A$! Isto é,

$$\dot{\hat{u}}_A = \vec{\omega}_A \times \hat{u}_A. \tag{2.59}$$

Acontece que a Eq. (2.59) é *universal*: seja em 2D ou 3D, a taxa de variação temporal de um vetor unitário pode sempre ser representada como o produto vetorial da velocidade angular desse vetor com o vetor unitário em questão.

Então, agora temos um modo geral e fisicamente motivado para expressar a *derivada temporal de qualquer vetor unitário $\vec{u}$* como

$$\boxed{\dot{\hat{u}} = \vec{\omega}_u \times \hat{u},} \tag{2.60}$$

em que $\vec{\omega}_u$ é a velocidade angular de $\vec{u}$. A Eq. (2.60) é mais bem lembrada como:

> *A derivada temporal de um vetor unitário é o produto vetorial da velocidade angular do vetor com o próprio vetor.*

Derivada temporal de um vetor arbitrário

Usando a Eq. (2.60), a interpretação do termo $A\dot{\hat{u}}_A$ na Eq. (2.54), agora é clara: ele é a magnitude de $\vec{A}$ vezes $\vec{\omega}_A \times \hat{u}_A$, de forma que a Eq. (2.54) torna-se

$$\dot{\vec{A}}(t) = \dot{A}\,\hat{u}_A + A\,\vec{\omega}_A \times \hat{u}_A = \dot{A}\,\hat{u}_A + \vec{\omega}_A \times A\,\hat{u}_A, \tag{2.61}$$

ou

$$\boxed{\dot{\vec{A}}(t) = \dot{A}\,\hat{u}_A + \vec{\omega}_A \times \vec{A}.} \tag{2.62}$$

Agora podemos interpretar a derivada temporal de qualquer vetor como a taxa de variação no tempo da magnitude do vetor mais a taxa de variação no tempo da direção desse vetor

$$\underbrace{\dot{\vec{A}}(t)}_{\text{variação em }\vec{A}} = \underbrace{\dot{A}\,\hat{u}_A}_{\text{variação na magnitude}} + \underbrace{\vec{\omega}_A \times \vec{A}}_{\text{variação na direção}}, \tag{2.63}$$

> **Alerta de conceito**
>
> **$|\dot{\vec{A}}|$ e $\dot{A}$ não são a mesma coisa.** Em geral, $\dot{A} \neq |\dot{\vec{A}}|$, onde $|\dot{\vec{A}}|$ significa $|d\vec{A}/dt|$. A razão para isto é que $\dot{\vec{A}}$ é composto por dois vetores – $\dot{A}\hat{u}_A$ e $\vec{\omega}_A \times \vec{A}$ –, e a magnitude de $\dot{\vec{A}}$ é, portanto, uma combinação das magnitudes desses dois vetores. Já que $\dot{A}\hat{u}_A$ é sempre perpendicular a $\vec{\omega}_A \times \vec{A}$, podemos dizer que
>
> $$|\dot{\vec{A}}| = \sqrt{\dot{A}^2 + |\vec{\omega}_A \times \vec{A}|^2}.$$

em que a taxa de variação no tempo da direção é dada pelo produto vetorial da velocidade angular do vetor com o próprio vetor. Essa relação se aplica a *qualquer* vetor, e iremos usá-la *extensivamente* no restante do livro. Em particular, ela será muito útil quando precisarmos determinar vetores velocidade ao derivarmos os vetores posição e quando precisamos analisar a cinemática de corpos rígidos de tamanho finito.

Finalizamos esta seção mencionando que a aplicação direta das mesmas noções usadas para obter a Eq. (2.62) pode ser usada para obter a *segunda* derivada de um vetor arbitrário em relação ao tempo conforme

$$\boxed{\ddot{\vec{A}} = \ddot{A}\,\hat{u}_A + 2\vec{\omega}_A \times \dot{A}\,\hat{u}_A + \dot{\vec{\omega}}_A \times \vec{A} + \vec{\omega}_A \times (\vec{\omega}_A \times \vec{A}).} \tag{2.64}$$

A Eq. (2.64) pode ser interpretada pela visualização de $\vec{A}$ como o vetor posição de um ponto. De acordo com esse ponto de vista, chamando A como o ponto em questão, a segunda derivada do vetor $\vec{A}$ é composta das seguintes grandezas:

$\ddot{A}\hat{u}_A$ = a componente da aceleração de A na direção de $\vec{A}$ se a direção de $\vec{A}$ não se alterar

$2\vec{\omega}_A \times \dot{A}\hat{u}_A$ = aceleração de Coriolis de A, resultante de dois efeitos iguais, mas diferentes: (1) a mudança na direção de $\vec{A}$ devido a $\vec{\omega}_A$ e (2) o efeito de $\vec{\omega}_A$ na componente da velocidade de A na direção de $\vec{A}$

$\dot{\vec{\omega}}_A \times \vec{A}$ = a componente da aceleração de A perpendicular a $\vec{A}$ se a magnitude de $\vec{A}$ for mantida fixa

$\vec{\omega}_A \times (\vec{\omega}_A \times \vec{A})$ = a componente da aceleração de A perpendicular a $\vec{\omega}_A$ se a magnitude de $\vec{A}$ for mantida fixa

Como demonstrado no Exemplo 2.14, o termo $\ddot{A}\,\hat{u}_A$ também pode ser interpretado como a aceleração de um ponto em movimento retilíneo. Além disso, como demonstrado no Exemplo 2.15, a soma dos termos $\dot{\vec{\omega}}_A \times \vec{A}$ e $\vec{\omega}_A \times (\vec{\omega}_A \times A)$ pode ser interpretada como a aceleração de um ponto em movimento circular.

A Eq. (2.64) provará ser muito útil no entendimento da cinemática de corpos rígidos, como veremos nos Capítulos 6 e 10.

Informações úteis

Produtos vetoriais e movimento 2D. Nesta seção, descobrimos que as rotações e os produtos vetoriais nos dão uma maneira de representar a derivada temporal de um vetor. Rotações e produtos vetoriais são conceitos intrinsecamente tridimensionais (o produto vetorial não pode ser definido em um contexto puramente bidimensional). Isso significa que, quando aplicamos as Eqs. (2.60), (2.62) e (2.64) para estudar os movimentos planares, esses movimentos são vistos como casos especiais de movimentos tridimensionais.

Resumo final da seção

Esta seção considera a derivada temporal de um vetor unitário $\vec{u}$ e um vetor arbitrário $\vec{A}$. Vetores são caracterizados pela sua magnitude e direção, e descobrimos que a derivada temporal de um vetor consiste em parte na mudança de comprimento e em parte na sua mudança de direção. Como um vetor unitário nunca muda seu comprimento, descobrimos que sua derivada temporal consiste somente em uma contribuição a partir de uma mudança na direção:

Eq. (2.60), p. 92

$$\underbrace{\dot{\hat{u}}(t)}_{\text{variação em }\vec{u}} = \underbrace{\vec{\omega}_u \times \hat{u}}_{\text{variação na direção}}.$$

Para um vetor arbitrário $\vec{A}$, a seguinte relação fornece a sua derivada temporal:

Eq. (2.62), p. 92

$$\underbrace{\dot{\vec{A}}(t)}_{\substack{\text{variação}\\\text{em }\vec{A}}} = \underbrace{\dot{A}\hat{u}_A}_{\substack{\text{variação na}\\\text{magnitude}}} + \underbrace{\vec{\omega}_A \times \vec{A}}_{\substack{\text{variação}\\\text{na direção}}},$$

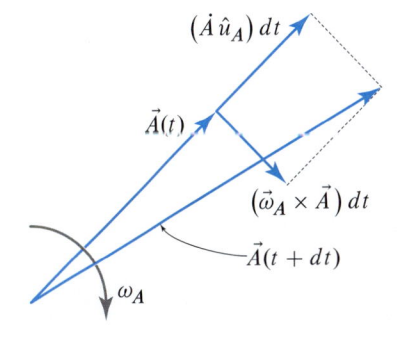

em que, referindo-se à Fig. 2.31, $\hat{u}_A$ é um vetor unitário na direção de $\vec{A}$, $\dot{A} = d|\vec{A}|/dt$ e $\vec{\omega}_A$ é a velocidade angular do vetor $\vec{A}$. Para o mesmo vetor $\vec{A}$, a relação a seguir fornece a sua segunda derivada em relação ao tempo:

Eq. (2.64), p. 92

$$\ddot{\vec{A}} = \ddot{A}\hat{u}_A + 2\vec{\omega}_A \times \dot{A}\hat{u}_A + \dot{\vec{\omega}}_A \times \vec{A} + \vec{\omega}_A \times (\vec{\omega}_A \times \vec{A}).$$

Figura 2.31
Representação do vetor $\vec{A}$ no tempo t e no tempo $t + dt$ mostrando sua variação na magnitude e variação na direção.

EXEMPLO 2.14 Derivada temporal de um vetor e movimento retilíneo

Considere o movimento retilíneo (veja as Eqs. (2.13), (2.16) e (2.17), bem como a Seção 2.2), utilizando o conceito de derivada temporal de um vetor como desenvolvido nesta seção. Em particular, determine expressões para os vetores de velocidade e aceleração de uma partícula cujo movimento é retilíneo.

SOLUÇÃO

Roteiro Para descrever o movimento retilíneo, precisamos de um sistema de representação compatível com os desenvolvimentos desta seção. Referindo-se à Fig. 1, vamos

1. Escolher um ponto fixo A ao longo da trajetória para ser a origem do nosso sistema de componentes.
2. Considerar o vetor unitário $\hat{u}_{P/A}$ apontando *de A para P* (para uma explicação sobre essa notação veja a página 10 da Seção 1.2).

Figura 1
O ponto P deslocando-se em movimento retilíneo ao longo da linha ℓ.

Essa representação nos permite facilmente calcular a derivada temporal da posição para determinar a velocidade e a aceleração.

Cálculos Essas definições permitem-nos escrever o vetor posição de P como

$$\vec{r}_{P/A} = r_{P/A}\,\hat{u}_{P/A}, \tag{1}$$

em que $r_{P/A}$ é a distância entre P e A. Assim, podemos calcular a velocidade de P usando a Eq. (2.62):

$$\vec{v}_P = \dot{r}_{P/A}\,\hat{u}_{P/A} + \vec{\omega}_r \times \vec{r}_{P/A}, \tag{2}$$

em que $\vec{\omega}_r$ é o vetor velocidade angular de $\vec{r}_{P/A}$, que é o mesmo que a do vetor unitário $\hat{u}_{P/A}$, e pela Eq. (2.60) podemos escrever

$$\dot{\hat{u}}_{P/A} = \vec{\omega}_r \times \hat{u}_{P/A}. \tag{3}$$

Lembre-se de que a essência da *forma retilínea* do movimento de P torna $\hat{u}_{P/A}$ uma constante (veja a observação na margem). Referindo-se à Eq. (3) (e visto que $\hat{u}_{P/A}$ nunca pode ser zero), isso significa que, para movimentos retilíneos,

$$\vec{\omega}_r = \vec{0}. \tag{4}$$

Então a expressão para a velocidade de P assume a forma

$$\boxed{\vec{v}_P = \dot{r}_{P/A}\,\hat{u}_{P/A}.} \tag{5}$$

Para derivar o vetor aceleração de P, podemos proceder da mesma maneira que para a velocidade para obter

$$\vec{a}_P = \dot{\vec{v}}_P = \ddot{r}_{P/A}\,\hat{u}_{P/A} + \vec{\omega}_v \times \vec{v}_P, \tag{6}$$

em que $\vec{\omega}_v$ é a velocidade angular do vetor $\vec{v}_P$. Tal como acontece com $\vec{r}_{P/A}$, a velocidade angular de v_P é a mesma que a de $\hat{u}_{P/A}$, que, pela Eq. (4), é zero. Portanto, a aceleração de P é

$$\boxed{\vec{a}_P = \ddot{r}_{P/A}\,\hat{u}_{P/A}.} \tag{7}$$

Discussão e verificação Vimos que as Eqs. (5) e (7), que descrevem um movimento unidimensional, apenas nos fornecem as versões unidimensionais das Eqs. (2.16) e (2.17), da p. 34, que é o que esperamos que deve acontecer.

🔍 **Um olhar mais atento** Observe que a Eq. (7) corresponde ao primeiro termo da Eq. (2.64). Podemos então interpretar o primeiro termo da Eq. (2.64) simplesmente como a aceleração de um ponto em movimento retilíneo.

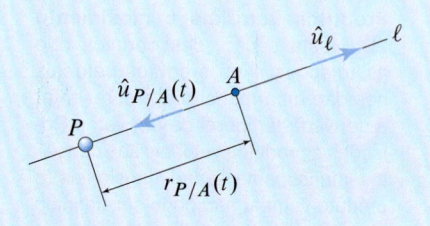

> **Informações úteis**
>
> **De que forma $\hat{u}_{P/A}$ é uma constante?** Quanto à Fig. 1 e considerando que o vetor unitário *constante* $\hat{u}_\ell$ define o sentido positivo da linha ao longo da qual P se move, temos
>
> $$\hat{u}_{P/A}(t) = \begin{cases} \hat{u}_\ell & \text{quando } P \text{ segue } A, \\ -\hat{u}_\ell & \text{quando } P \text{ precede } A. \end{cases}$$
>
> Quando P coincide com A, então $\hat{u}_{P/A}$ é indefinido. Assim, podemos dizer que $\hat{u}_{P/A}$ é constante, exceto quando P coincide com A.

EXEMPLO 2.15 Derivada temporal de um vetor e movimento circular

O ponto Q está se movendo em uma trajetória circular de raio r, que está centrado no ponto fixo O (veja a Fig. 1). Utilize o conceito de derivada temporal de um vetor como desenvolvido nesta seção para determinar expressões para os vetores velocidade e aceleração de uma partícula cujo movimento é circular.

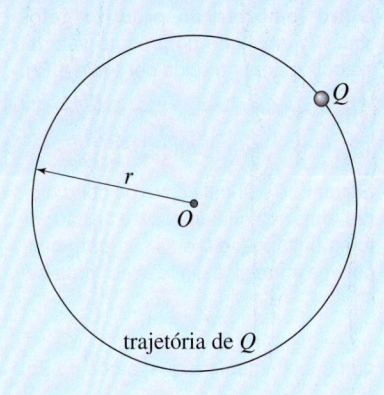

SOLUÇÃO

Roteiro Como no exemplo anterior, iniciaremos definindo um vetor para derivar em relação ao tempo. Neste caso, escolhemos o vetor que define a posição de Q em relação a O. Determinaremos então as derivadas temporais desse vetor, que, por sua vez, nos dá a velocidade e a aceleração do ponto Q à medida que ele se move no círculo.

Cálculo Referindo-se à Fig. 2, a posição de Q em relação a O é

$$\vec{r}_Q = r\,\hat{u}_Q, \qquad (1)$$

em que r é o raio do círculo e $\hat{u}_Q$ é o vetor unitário apontando de O a Q. Usando a Eq. (2.62) para calcular a velocidade de Q, obtemos

$$\vec{v}_Q = \dot{\vec{r}}_Q = \dot{r}\,\hat{u}_Q + \vec{\omega}_Q \times \vec{r}_Q = r\,\vec{\omega}_Q \times \hat{u}_Q, \qquad (2)$$

em que usamos o fato de r ser constante e a Eq. (1) para obter a última igualdade.

Para determinar $\vec{\omega}_Q$, que é a velocidade angular do vetor unitário $\hat{u}_Q$, observe que $\hat{u}_Q$ sempre se situa no plano xy, de modo que seu eixo de rotação deva ser paralelo ao eixo z. Além disso, é evidente que o vetor unitário $\hat{u}_Q$ gira a uma taxa $\dot{\beta}$, e assim devemos ter

$$\vec{\omega}_Q = \omega_Q\,\hat{k} \quad \text{e} \quad \omega_Q = \dot{\beta}. \qquad (3)$$

Substituindo as Eqs. (3) na Eq. (2), obtemos

$$\vec{v}_Q = r\dot{\beta}\,\hat{k} \times \hat{u}_Q, \qquad (4)$$

que agora calcularemos de duas maneiras.

Para o primeiro caso, referindo-se à Fig. 2, podemos escrever $\hat{u}_Q$ em termos de suas componentes cartesianas como

$$\hat{u}_Q = \cos\beta\,\hat{\imath} + \sin\beta\,\hat{\jmath}, \qquad (5)$$

que, quando substituída na Eq. (4), fornece

$$\vec{v}_Q = r\dot{\beta}\,\hat{k} \times (\cos\beta\,\hat{\imath} + \sin\beta\,\hat{\jmath}) = r\dot{\beta}(-\sin\beta\,\hat{\imath} + \cos\beta\,\hat{\jmath}). \qquad (6)$$

Novamente referindo-se à Fig. 2, observe que o termo $-\sin\beta\,\hat{\imath} + \cos\beta\,\hat{\jmath}$ na Eq. (6) é igual ao vetor unitário $\hat{u}_\beta$, que é tangente ao círculo em Q e aponta no sentido do crescimento de β. Portanto, v_Q pode ser dado da seguinte forma compacta

$$\boxed{\vec{v}_Q = r\dot{\beta}\,\hat{u}_\beta,} \qquad (7)$$

que nos lembra que o vetor velocidade é *sempre* tangente à trajetória e é diretamente proporcional tanto à velocidade angular quanto ao raio da trajetória circular.

Também podemos chegar à Eq. (7) observando que a regra da mão direita mostra-nos que $\hat{k} \times \hat{u}_Q$ deve ser perpendicular a ambos $\hat{k}$ e $\hat{u}_Q$ e assim aponta na direção de $\hat{u}_\beta$. Além disso, como $\hat{k}$ e $\hat{u}_Q$ são perpendiculares entre si, o seno do ângulo entre eles é igual a 1, então

$$\hat{k} \times \hat{u}_Q = \hat{u}_\beta, \qquad (8)$$

que, quando substituída na Eq. (4), fornece a Eq. (7).

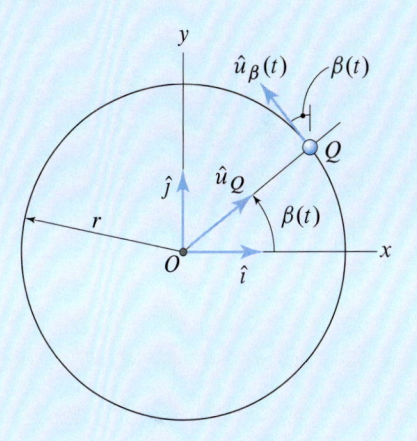

Figura 1
Ponto Q movendo-se sobre um círculo centrado em O.

Figura 2
Partícula Q movendo-se ao longo de um círculo centrado em O.

Informações úteis

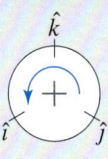

Produtos vetoriais. Uma vez que este exemplo requer o cálculo de vários produtos vetoriais, aqui está um lembrete de uma ajuda visual do Capítulo 1, que contribui com os produtos vetoriais. Organizando os três vetores $\hat{\imath}$, $\hat{\jmath}$ e $\hat{k}$ como mostrado, para calcular $\hat{\jmath} \times \hat{k}$, apenas mova-se ao redor do círculo, a partir de $\hat{\jmath}$ e em direção a $\hat{k}$. Agora observe que o próximo vetor do círculo é $\hat{\imath}$, e indo de $\hat{\jmath}$ para $\hat{k}$ nos movemos na direção da seta. Assim, $\hat{\jmath} \times \hat{k} = +\hat{\imath}$. Se em vez disso quisermos determinar o resultado de $\hat{\imath} \times \hat{k}$, é preciso observar que, movendo-se ao longo do círculo a partir de $\hat{\imath}$ e em direção a $\hat{k}$, o vetor subsequente é $\hat{\jmath}$, e nos movemos em direção contrária à da seta. Portanto, temos que $\hat{k} \times \hat{\imath} = -\hat{\jmath}$.

> **Informações úteis**
>
> **Outro lembrete do produto vetorial.** A magnitude do produto vetorial de dois vetores é dada por (veja a Eq. (1.20))
>
> $$|\hat{k} \times \hat{u}_Q| = |\hat{k}||\hat{u}_Q|\operatorname{sen}\theta,$$
>
> em que θ é o ângulo entre os dois vetores. Uma vez que ambos $\hat{k}$ e $\hat{u}_Q$ são vetores unitários, e $\hat{k}$ e $\hat{u}_Q$ são perpendiculares entre si, essa relação torna-se
>
> $$|\hat{k} \times \hat{u}_Q| = 1,$$
>
> que é exatamente o que temos na Eq. (8).

Em seguida, obteremos a aceleração tomando a derivada temporal da velocidade que é dada pela Eq. (2):

$$\vec{a}_Q = r\left(\dot{\vec{\omega}}_Q \times \hat{u}_Q + \vec{\omega}_Q \times \dot{\hat{u}}_Q\right). \tag{9}$$

A Eq. (2.60) nos mostra que $\dot{\hat{u}}_Q = \vec{\omega}_Q \times \hat{u}_Q$. Assim, a Eq. (9) torna-se

$$\vec{a}_Q = r\left[\dot{\vec{\omega}}_Q \times \hat{u}_Q + \vec{\omega}_Q \times (\vec{\omega}_Q \times \hat{u}_Q)\right]. \tag{10}$$

Derivando a Eq. (3) em relação ao tempo, obtemos

$$\dot{\vec{\omega}}_Q = \ddot{\beta}\hat{k} + \dot{\beta}\dot{\hat{k}} = \ddot{\beta}\hat{k}, \tag{11}$$

em que utilizamos o fato de que $\dot{\hat{k}} = \vec{0}$. Substituindo as Eqs. (3), (5) e (11) na Eq. (10) e realizando todos os produtos vetoriais, obtemos a seguinte expressão para a aceleração de Q:

$$\vec{a}_Q = -r\left(\ddot{\beta}\operatorname{sen}\beta - \dot{\beta}^2\cos\beta\right)\hat{\imath} + r\left(\ddot{\beta}\cos\beta - \dot{\beta}^2\operatorname{sen}\beta\right)\hat{\jmath}. \tag{12}$$

Rearranjando os termos de aceleração da seguinte forma:

$$\vec{a}_Q = -\dot{\beta}^2 r(\cos\beta\,\hat{\imath} + \operatorname{sen}\beta\,\hat{\jmath}) + \ddot{\beta}r(-\operatorname{sen}\beta\,\hat{\imath} + \cos\beta\,\hat{\jmath}) \tag{13}$$

nos permite escrever a_Q como

$$\boxed{\vec{a}_Q = -r\dot{\beta}^2\hat{u}_Q + r\ddot{\beta}\hat{u}_\beta.} \tag{14}$$

Observe que também podemos calcular $\vec{a}_Q$ derivando a Eq. (7) em relação ao tempo para obter

$$\vec{a}_Q = \dot{r}\dot{\beta}\hat{u}_\beta + r\ddot{\beta}\hat{u}_\beta + r\dot{\beta}\dot{\hat{u}}_\beta = r\ddot{\beta}\hat{u}_\beta + r\dot{\beta}\dot{\hat{u}}_\beta, \tag{15}$$

em que utilizamos o fato de r ser constante. Agora, como $\dot{\hat{u}}_\beta = \vec{\omega}_\beta \times \hat{u}_\beta, \vec{\omega}_\beta = \vec{\omega}_Q = \dot{\beta}\hat{k}$ e $\dot{\beta}\hat{k} \times \hat{u}_\beta = -\dot{\beta}\hat{u}_Q$, a Eq. (15) torna-se

$$\vec{a}_Q = r\ddot{\beta}\hat{u}_\beta + (r\dot{\beta})(-\dot{\beta}\hat{u}_Q) = r\ddot{\beta}\hat{u}_\beta - r\dot{\beta}^2\hat{u}_Q, \tag{16}$$

idêntica à Eq. (14).

Discussão e verificação A Eq. (14) nos mostra que, em um movimento circular, o vetor aceleração possui duas componentes:

1. Uma *componente tangencial*, que é *tangente* à trajetória circular e proporcional à aceleração angular $\ddot{\beta}$.
2. Uma *componente radial*, que é
   (a) Proporcional ao *quadrado* da velocidade angular.
   (b) *Sempre* dirigida *radialmente* para dentro em direção ao centro da trajetória circular.

Por fim, observe que ambas as componentes tangencial e radial da aceleração são *diretamente proporcionais* ao raio da trajetória circular.

Um olhar mais atento Este exemplo nos ajuda a compreender melhor o papel desempenhado pelos dois últimos termos da Eq. (2.64), pois ele mostra que os dois termos em questão descrevem a aceleração de um ponto em movimento circular.

EXEMPLO 2.16 Derivada temporal de um vetor aplicado a um problema de rastreamento

Sabe-se que um avião B está voando a uma rapidez constante v_0 e uma altitude constante h (veja a Fig. 1). A estação de radar em A monitora o avião pela medição da distância r entre ela e o avião, a taxa a que r está variando, a orientação θ da antena e a velocidade angular da antena. Determine as relações entre essas grandezas que podem ser determinadas pela estação de rastreamento e pela velocidade e altitude do avião.

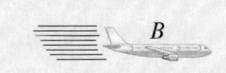

SOLUÇÃO

Roteiro Veremos que a altitude do avião é determinada pelo uso de uma simples relação geométrica. Para obter a relação de velocidade que buscamos, faremos uso de uma noção da qual precisaremos muitas vezes: podemos equacionar uma expressão *específica* para algo (ou seja, a velocidade do avião é horizontal) como uma expressão *geral* para esse algo (ou seja, a velocidade do avião usando a Eq. (2.62)).

Cálculos Referindo-se à Fig. 2, dado que sabemos θ e r e supondo que h_A também é conhecida, determinar a altitude h do avião em termos de θ e r é uma questão fácil, já que

$$h = r \operatorname{sen} \theta + h_A. \qquad (1)$$

Para determinar a rapidez do avião v_0, precisamos primeiro escrever a sua posição e então derivá-la. Novamente referindo-se à Fig. 2, o vetor posição natural a ser usado é a posição do avião em relação à estação de radar, que pode ser representada pela sua magnitude vezes um vetor unitário paralelo a $\vec{r}$, apontando de A para B

$$\vec{r} = r\,\hat{u}_r, \qquad (2)$$

em que $r = |\vec{r}|$. Usando essa expressão para r, podemos empregar a Eq. (2.62) para escrever a velocidade do avião como

$$\dot{\vec{r}} = \dot{r}\,\hat{u}_r + \vec{\omega}_r \times \vec{r} = \dot{r}\,\hat{u}_r + \vec{\omega}_r \times r\hat{u}_r. \qquad (3)$$

Para interpretar $\vec{\omega}_r$, observe que o vetor posição $\vec{r}$ permanece no plano xy o tempo todo, e sua taxa de rotação é medida por θ. Usando a regra da mão direita temos que $\vec{\omega}$ é dado por

$$\vec{\omega} = \dot{\theta}\,\hat{k} = \omega\,\hat{k}, \qquad (4)$$

em que $\omega = \dot{\theta}$ será negativo se θ passar a ser decrescente. Substituindo a Eq. (4) na Eq. (3), obtemos

$$\dot{\vec{r}} = \dot{r}\,\hat{u}_r + \omega\,\hat{k} \times r\hat{u}_r = \dot{r}\,\hat{u}_r + r\omega\,\hat{u}_\theta, \qquad (5)$$

em que, referindo-se à Fig. 2, utilizamos o fato de que $\hat{k} \times \hat{u}_r = \hat{u}_\theta$, e simplesmente definimos $\hat{u}_\theta$ como um vetor unitário perpendicular a $\hat{u}_r$ que aponta no sentido de crescimento de θ.[22]

Este é o momento em que equacionamos o geral com o específico como mencionado no Roteiro. *Sabemos* que a velocidade do avião é reta e horizontal, então podemos escrevê-la como

$$\vec{v} = v_0\,\hat{\imath}. \qquad (6)$$

Figura 1
Uma estação de radar monitorando um avião em voo.

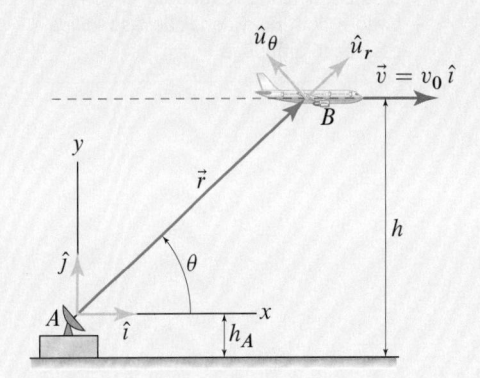

Figura 2
As dimensões e direções de coordenadas fornecidas e definidas.

---
[22] Veremos *muito* mais sobre esses dois vetores unitários na Seção 2.6.

Essa relação *específica* para a velocidade *deve* ser igual à relação geral para a velocidade dada na Eq. (5). Portanto, deve ser verdadeiro que

$$v_0 \, \hat{\imath} = \dot{r}\,\hat{u}_r + r\omega\,\hat{u}_\theta. \tag{7}$$

O problema com a Eq. (7) é que ela está escrita em dois sistemas de componentes diferentes. Para a Eq. (7) ser útil na prática, precisamos escrevê-la usando um único sistema de componentes. Expressando $\hat{\imath}$ em termos de $\hat{u}_r$ e $\hat{u}_\theta$, obtemos

$$v_0(\cos\theta\,\hat{u}_r - \sen\theta\,\hat{u}_\theta) = \dot{r}\,\hat{u}_r + r\omega\,\hat{u}_\theta. \tag{8}$$

Agora, igualamos os coeficientes de $\hat{u}_r$ e os coeficientes de $\hat{u}_\theta$ para obter as duas equações a seguir:

$$v_0 \cos\theta = \dot{r}, \tag{9}$$

$$-v_0 \sen\theta = r\omega. \tag{10}$$

Uma vez que conhecemos r, θ, $\dot{r}$ e ω, as Eqs. (9) e (10) são duas equações para uma incógnita: v_0. Podemos resolver as duas equações e determinar que

$$\boxed{v_0 = \frac{\dot{r}}{\cos\theta} = -\frac{r\omega}{\sen\theta},} \tag{11}$$

em que qualquer expressão fornece v_0 a partir das medições do radar.

Discussão e verificação   Lembrando que r possui dimensão de comprimento, θ é adimensional, e ω tem dimensão de 1 sobre tempo, como esperado, temos que a Eq. (11) está dimensionalmente correta, uma vez que possui as dimensões de comprimento sobre o tempo, como esperado. Além disso, note que, para a situação descrita na Fig. 2, esperamos que $\omega = \dot{\theta}$ seja negativo, e isso é consistente com a Eq. (11). Resolvendo a Eq. (11) para ω, obtemos

$$\omega = -\frac{v_0 \sen\theta}{r}, \tag{12}$$

implicando que $\omega < 0$, como $\sen\theta$ é positivo, r é positivo e v_0 é positivo, pois o avião está se movendo para a direita. Esse resultado também é coerente com a regra da mão direita, uma vez que, para um avião que se desloca para a direita, r gira no sentido *negativo de z*.

Um olhar mais atento   Afirmamos que as Eqs. (9) e (10) formam um sistema de duas equações para uma incógnita v_0. Há algo de errado com isso? A resposta é não, e, para entender isso, precisamos voltar e olhar com mais cuidado para a Eq. (5). Essa equação nos permite determinar a velocidade do avião a partir das medições de r, θ, $\dot{r}$ e ω do radar *não importando como o avião está se movendo* (veja também a nota na margem intitulada "Onde está θ na Eq. (5)?"). No entanto, resolvendo o problema, tiramos vantagem do fato de que o avião está voando em um sentido específico *conhecido*, e isso resulta em mais informações do que é realmente necessário para resolver o problema. Portanto, temos duas equações para determinar uma incógnita. Essa situação é aceitável, desde que as duas equações que temos não se contradigam. Nossa solução é aceitável devido às Eqs. (9) e (10) serem consistentes entre si, pois ambas implicam que o avião está voando a uma altitude constante.

> **Informações úteis**
>
> **Igualando o geral com o específico.** Esta é uma técnica que usaremos repetidas vezes. Neste caso, temos uma expressão *geral* para $\dot{\vec{r}}$ dada pela Eq. (5) que é verdadeira para *qualquer* movimento de $\vec{r}$. Temos também outra expressão para $\dot{\vec{r}}$, isto é, $\dot{\vec{r}} = v_0\,\hat{\imath}$, que é válida para este exemplo específico. Mesmo que as duas expressões para $\dot{\vec{r}}$ sejam diferentes, ambas devem permanecer verdadeiras. É importante lembrar que há muito a ser ganho fazendo, isto é, *forçando*, as duas relações a assumirem a mesma forma. Em termos mais abstratos, há muito a ser ganho ao forçar uma relação *geral* de uma determinada grandeza a corresponder com uma condição *específica* para essa grandeza.

> **Informações úteis**
>
> **Onde está θ na Eq. (5)?** Como o θ aparece na Eq. (5)? Para vê-lo, observe que a Eq. (5) contém os vetores unitários $\hat{u}_r$ e $\hat{u}_\theta$. Uma vez que as direções desses vetores são inteiramente determinadas pelo ângulo θ, o ângulo θ implicitamente aparece nessa equação.

Capítulo 2 Cinemática da partícula

PROBLEMAS

Problema 2.103

Considere os vetores $\vec{a} = 2\hat{\imath} + 1\hat{\jmath} + 7\hat{k}$ e $\vec{b} = 1\hat{\imath} + 2\hat{\jmath} + 3\hat{k}$. Calcule as seguintes grandezas.

(a) $\vec{a} \times \vec{b}$
(b) $\vec{b} \times \vec{a}$
(c) $\vec{a} \times \vec{b} + \vec{b} \times \vec{a}$
(d) $\vec{a} \times \vec{a}$
(e) $(\vec{a} \times \vec{a}) \times \vec{b}$
(f) $\vec{a} \times (\vec{a} \times \vec{b})$

As partes (a)-(d) deste problema servem como lembrete de que o produto vetorial é uma operação *anticomutativa*, enquanto as partes (e) e (f) servem como lembrete de que o produto vetorial é uma operação *não associativa*.

Problema 2.104

Considere os dois vetores $\vec{a} = 1\hat{\imath} + 2\hat{\jmath} + 3\hat{k}$ e $\vec{b} = -6\hat{\imath} + 3\hat{\jmath}$.

(a) Verifique se $\vec{a}$ e $\vec{b}$ são perpendiculares entre si.
(b) Calcule o produto vetorial triplo $\vec{a} \times (\vec{a} \times \vec{b})$.
(c) Compare o resultado do cálculo $\vec{a} \times (\vec{a} \times \vec{b})$ com o vetor $-|\vec{a}|^2 \vec{b}$.

A proposta deste exercício é mostrar que, enquanto $\vec{a}$ e $\vec{b}$ são perpendiculares um ao outro, você sempre pode escrever $\vec{a} \times (\vec{a} \times \vec{b}) = -|\vec{a}|^2 \vec{b}$. Essa identidade revela-se muito útil no estudo do movimento planar de corpos rígidos.

Problema 2.105

Seja $\vec{r}$ o vetor posição de um ponto P em relação a um sistema de coordenadas cartesianas com eixos x, y e z. Considere que o movimento de P esteja somente no plano xy, de modo que $\vec{r} = r_x \hat{\imath} + r_y \hat{\jmath}$ (isto é, $\vec{r} \cdot \hat{k} = 0$). Além disso, considere $\vec{\omega}_r = \omega_r \hat{k}$ o vetor velocidade angular do vetor $\vec{r}$. Calcule o resultado dos produtos $\vec{\omega}_r \times (\vec{\omega}_r \times \vec{r})$ e $\vec{\omega}_r \times (\vec{r} \times \vec{\omega}_r)$.

Problema 2.106

As três hélices mostradas estão todas girando com a mesma *velocidade angular* de 1.000 *rpm* sobre diferentes eixos coordenados.

(a) Forneça as expressões vetoriais apropriadas para a *velocidade angular* de cada uma das três hélices.
(b) Suponha que uma hélice idêntica gira a 1.000 rpm em torno do eixo ℓ orientado pelo vetor unitário $\hat{u}_\ell$. Considere que qualquer ponto P em ℓ tem coordenadas tais que $x_p = y_p = z_p$. Determine a representação vetorial da velocidade angular dessa quarta hélice.

Expresse as respostas usando as unidades em radianos por segundo.

Problema 2.107

A hélice mostrada tem um diâmetro de 12 m e está girando a uma velocidade angular constante de 400 rpm. Em um dado instante, um ponto P sobre a hélice está a $\vec{r}_P = (3,8\,\hat{\imath} + 4,4\hat{\jmath})$ m. Use as Eqs. (2.62) e (2.64) para calcular a velocidade e a aceleração de P, respectivamente.

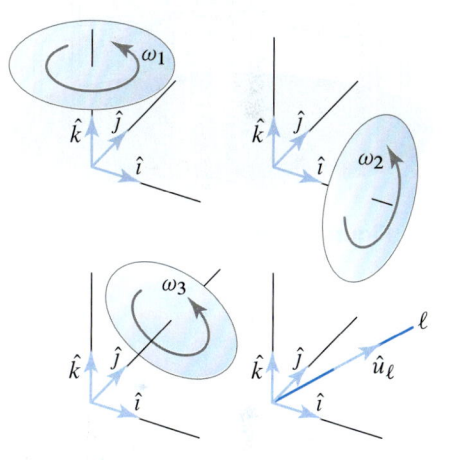

Figura P2.106

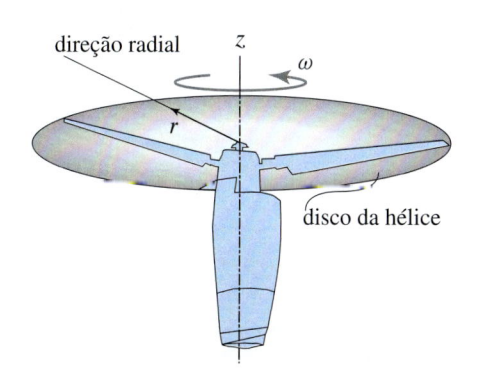

Figura P2.107

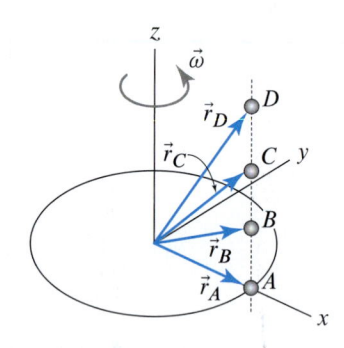

Figura P2.108

Problema 2.108

Considere os quatro pontos cujas posições são dadas pelos vetores $\vec{r}_A = (2\hat{\imath} + 0\hat{k})$ m, $\vec{r}_B = (2\hat{\imath} + 1\hat{k})$ m, $\vec{r}_C = (2\hat{\imath} + 2\hat{k})$ m e $\vec{r}_D = (2\hat{\imath} + 3\hat{k})$ m. Sabendo que a magnitude desses vetores é constante e que a velocidade angular desses vetores em um dado instante é $\vec{\omega} = 5\hat{k}$ rad/s, aplique a Eq. (2.62) para encontrar as velocidades $\vec{v}_A, \vec{v}_B, \vec{v}_C$ e $\vec{v}_D$. Explique por que todos os vetores velocidade são os mesmos, embora os vetores posição não sejam.

Problema 2.109

Uma criança em um carrossel está se movendo radialmente para fora a uma taxa constante de 1,2 m/s. Se o carrossel está girando a 30 rpm, determine a velocidade e a aceleração do ponto P sobre a criança quando a criança está a 0,15 e a 0,7 m do eixo de rotação. Expresse as respostas usando o sistema de componentes mostrado.

Problema 2.110

Quando uma roda gira sem deslizar sobre uma superfície estacionária, o ponto na roda que está em contato com a superfície de rolamento tem velocidade zero. Com isso em mente, considere uma roda indeformável girando sem deslizar sobre uma superfície plana estacionária. O centro da roda P está se movendo para a direita a uma rapidez constante de 23 m/s. Considerando $R = 0,35$ m, determine a velocidade angular da roda utilizando o sistema de componente estacionário mostrado.

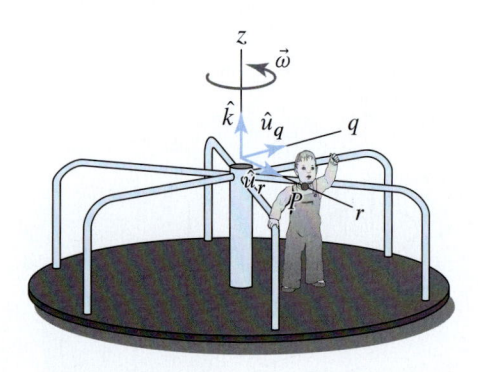

Figura P2.109

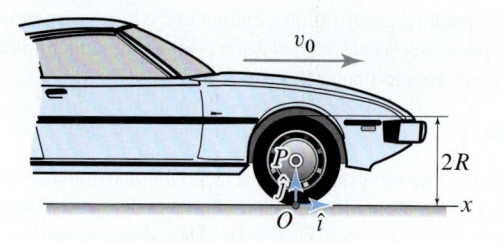

Figura P2.110

Problema 2.111

Utilizando a Eq. (2.62), mostre que a segunda derivada em relação ao tempo de um vetor arbitrário $\vec{A}$ é dada pela Eq. (2.64). Mantenha a resposta em forma de vetor puro e não recorra ao uso de componentes em qualquer sistema de componentes.

Problema 2.112

A estação de radar em O está rastreando o meteoro P conforme ele se move na atmosfera. No instante mostrado, a estação mede os seguintes dados para o movimento do meteoro: $r = 6.400$ m, $\theta = 40°$, $\dot{r} = -7.000$ m/s e $\dot{\theta} = -2,935$ rad/s. Use a Eq. (2.62) para determinar a magnitude e a direção (em relação ao sistema de coordenadas xy mostrado) do vetor velocidade neste instante.

Problema 2.113

A estação de radar em O está rastreando o meteoro P conforme ele se move na atmosfera. No instante mostrado, a estação mede os seguintes dados para o movimento do meteoro: $r = 6.400$ m, $\theta = 40°$, $\dot{r} = -7.000$ m/s, $\dot{\theta} = -2,935$ rad/s, $\ddot{r} = 57.150$ m/s^2 e $\ddot{\theta} = -5,409$ rad/s^2. Use a Eq. (2.64) para determinar a magnitude e a direção (em relação ao sistema de coordenadas xy mostrado) do vetor aceleração neste instante.

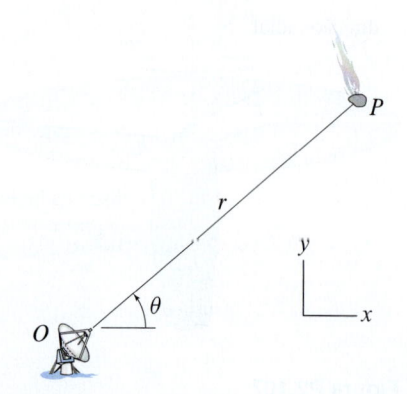

Figura P2.112 e P2.113

Problema 2.114

Um avião B está se aproximando de uma pista ao longo da trajetória mostrada enquanto a antena A de um radar está monitorando a distância r entre A e B, assim como o ângulo θ. Se o avião tem uma rapidez de aproximação constante v_0 como mostrado, use a Eq. (2.62) para determinar as expressões para $\dot{r}$ e $\dot{\theta}$ em termos de r, θ, v_0 e ϕ.

Problema 2.115

Um avião B está se aproximando de uma pista ao longo da trajetória mostrada com $\phi = 15°$, enquanto a antena A de um radar está monitorando a distância r entre A e B, assim como o ângulo θ. O avião tem uma rapidez de aproximação constante v_0. Além disso, quando $\theta = 20°$, sabe-se que $\dot{r} = 66$ m/s e $\dot{\theta} = -0,022$ rad/s. Use a Eq. (2.62) para determinar os valores correspondentes de v_0 e da distância entre o avião e a antena do radar.

Problema 2.116

A extremidade B de um braço robótico está sendo estendida a uma taxa constante $\dot{r} = 1,2$ m/s. Sabendo que $\dot{\theta} = 0,4$ rad/s e é constante, use as Eqs. (2.62) e (2.64) para determinar a velocidade e a aceleração de B quando $r = 0,6$ m. Expresse sua resposta utilizando o sistema de componentes mostrado.

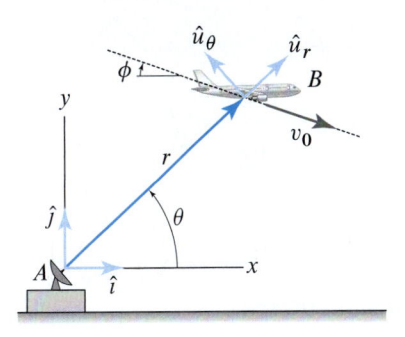

Figura P2.114 e P2.115

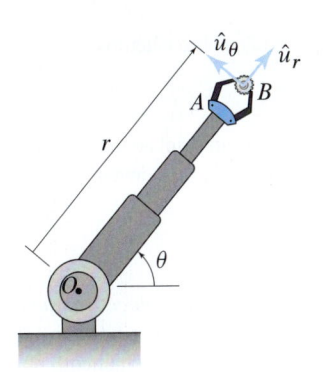

Figura P2.116

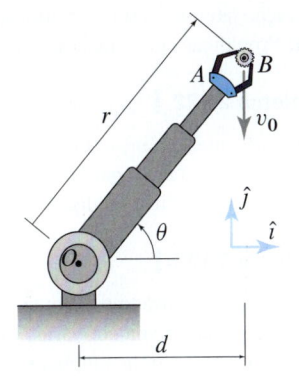

Figura P2.117 e P2.118

Problema 2.117

A extremidade B de um braço robótico está movendo-se verticalmente para baixo com uma rapidez constante de $v_0 = 2$ m/s. Considerando $d = 1,5$ m, aplique a Eq. (2.62) para determinar a taxa com que r e θ estão variando quando $\theta = 37°$.

Problema 2.118

A extremidade B de um braço robótico está movendo-se verticalmente para baixo com uma rapidez constante de $v_0 = 1,8$ m/s. Considerando $d = 1,2$ m, use as Eqs. (2.62) e (2.64) para determinar $\dot{r}$, $\dot{\theta}$, $\ddot{r}$ e $\ddot{\theta}$ quando $\theta = 0°$.

Problema 2.119

Uma microbomba espiral consiste em um canal em espiral ligado a uma placa estacionária. Essa placa tem duas portas, uma para entrada do fluido e outra para a saída; a de saída é mais distante do centro da placa que a de entrada. O sistema é limitado por um disco giratório. O fluido aprisionado entre o disco giratório e a placa estacionária é posto em movimento pela rotação do disco superior, que puxa o fluido pelo canal espiral. Com isso em mente, considere um canal com a geometria dada pela equação $r = \eta\theta + r_0$, em que $\eta = 12$ μm é chamada de inclinação polar, $r_0 = 146$ μm é o raio na entrada,

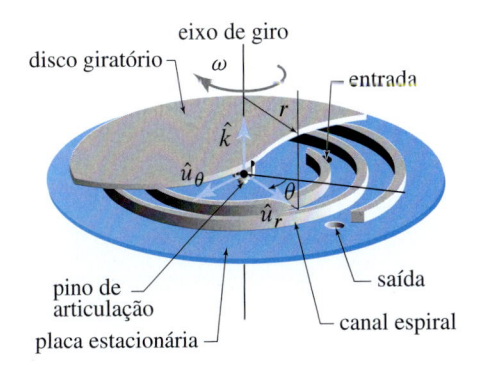

Figura P2.119

r é a distância do eixo de giro e θ é a posição angular de um ponto no canal espiral. Se o disco superior gira a uma rapidez angular constante $\omega = 30.000$ rpm, e assumindo que as partículas do fluido em contato com o disco giratório estão essencialmente presas a ele, determine a velocidade e a aceleração de uma dessas partículas do fluido quando ela está em $r = 170$ μm.[23] Expresse a resposta utilizando o sistema de componentes mostrado (que gira com o disco superior).

Problema 2.120

Um disco gira sobre seu centro, que é o ponto fixo O. O disco tem um canal reto, cuja linha central passa por O, e no qual um anel A pode deslizar. Se, quando A passar por O, a rapidez de A relativa ao canal é $v = 14$ m/s, e está aumentando na direção mostrada a uma taxa de 5 m/s², determine a aceleração de A dado que $\omega = 4$ rad/s e é constante. Expresse a resposta utilizando o sistema de componente mostrado, que gira com o disco. *Dica:* Aplique a Eq. (2.64) para o vetor que descreve a posição de A relativa a O e então considere $r = 0$.

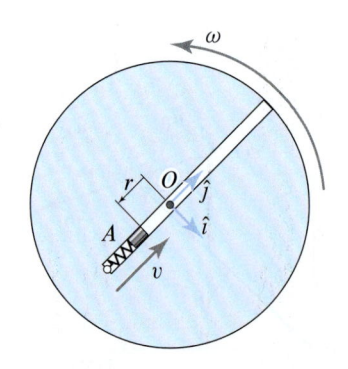

Figura P2.120

Problema 2.121

No instante mostrado, a velocidade e a aceleração angular do carrossel são as indicadas na figura. Assumindo que a criança está andando ao longo de uma linha radial, a criança deve caminhar para fora ou para dentro para se certificar de que não sentirá qualquer aceleração lateral (ou seja, na direção de $\hat{u}_q$)?
Nota: Problemas conceituais são sobre *explicações*, não sobre cálculos.

Problema 2.122

Assumindo que a criança mostrada está se movendo no carrossel ao longo de uma linha radial, use a Eq. (2.64) para determinar a relação que ω, $\dot{\omega}$, r e $\dot{r}$ devem satisfazer para que a criança não sinta qualquer aceleração lateral.

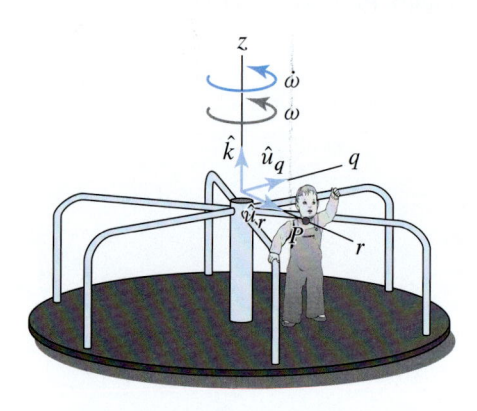

Figura P2.121 e P2.122

Problema 2.123

O mecanismo mostrado é chamado de manivela corrediça com *bloco oscilante*. Utilizado pela primeira vez em vários motores de locomotivas a vapor nos anos de 1800, esse mecanismo é frequentemente encontrado em sistemas de fechamento de portas. Se o disco está girando a uma velocidade angular constante $\dot{\theta} = 60$ rpm, $H = 1,2$ m, $R = 0,45$ m e r é a distância entre B e O, calcule $\dot{r}$ e $\dot{\phi}$ quando $\theta = 90°$. *Dica:* Aplique a Eq. (2.62) para o vetor que descreve a posição de B em relação a O.

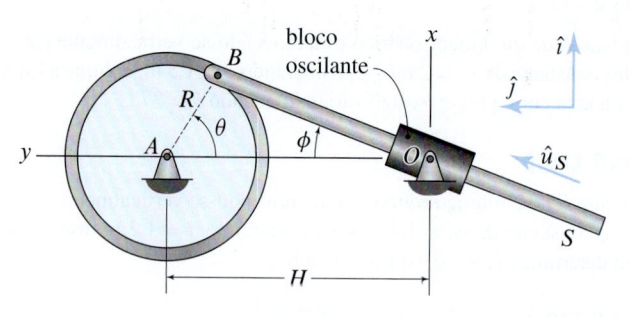

Figura P2.123

---

[23] A bomba espiral foi originalmente inventada em 1746 por H. A. Wirtz, um fabricante suíço de utensílios de estanho de Zurique. Recentemente, o conceito da bomba espiral tem sido empregado em projetos de microdispositivos. Os dados utilizados neste exemplo foram extraídos de M. I. Kilani, P. C. Galambos, Y. S. Haik e C.-J. Chen, "Design and Analysis of a Surface Micromachined Sipra-Channel Viscous Pump", *Journal of Fluids Engineering*, **125**, pp. 339-344, 2003.

Problemas 2.124 e 2.125

Um aspersor consiste essencialmente em um tubo AB montado em um eixo oco. A água entra no tubo em O e sai dos bicos em A e B, fazendo o tubo girar. Suponha que as partículas de água movem-se pelo tubo a uma taxa constante *relativa ao tubo* de 1,5 m/s e o tubo AB está girando a uma velocidade angular constante de 250 rpm. Em todos os casos, expresse as respostas usando a regra da mão direita e o sistema de componentes ortonormais mostrado.

Problema 2.124 Determine a aceleração das partículas de água quando estão a $d/2$ de O (ainda dentro da porção horizontal do tubo). Considere $d = 180$ m.

Problema 2.125 Determine a aceleração das partículas de água antes de serem expelidas em B. Considere $d = 180$ mm, $\beta = 15°$ e $L = 150$ mm. *Dica:* Neste caso, o vetor que descreve a posição de uma partícula de água em B vai de O a B e é mais bem escrito por $\vec{r} = r_B \hat{u}_B + r_z \hat{k}$.

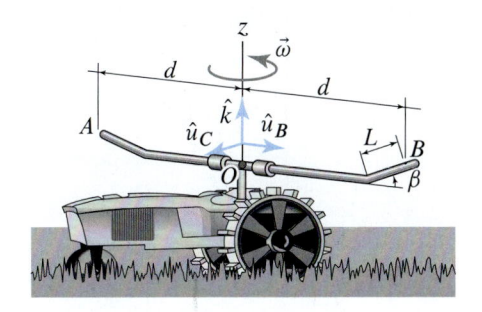

Figura P2.124 e P2.125

2.5 MOVIMENTO PLANAR: COMPONENTES NORMAL-TANGENCIAL

Nem sempre é conveniente para o estudo do movimento usar um sistema de coordenadas cartesianas. Nesta seção e na seguinte, aprenderemos sobre duas formas adicionais de descrever o movimento. Aqui apresentaremos uma maneira de descrever os vetores velocidade e aceleração de uma partícula que se baseia *inteiramente* na trajetória da partícula.

Corrida de carros e a *forma* da pista

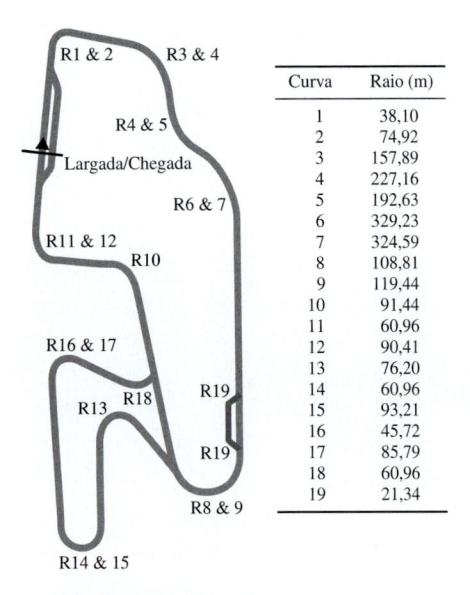

Curva	Raio (m)
1	38,10
2	74,92
3	157,89
4	227,16
5	192,63
6	329,23
7	324,59
8	108,81
9	119,44
10	91,44
11	60,96
12	90,41
13	76,20
14	60,96
15	93,21
16	45,72
17	85,79
18	60,96
19	21,34

Figura 2.32
Raios de curvatura das curvas do circuito de corrida Watkins Glen International.

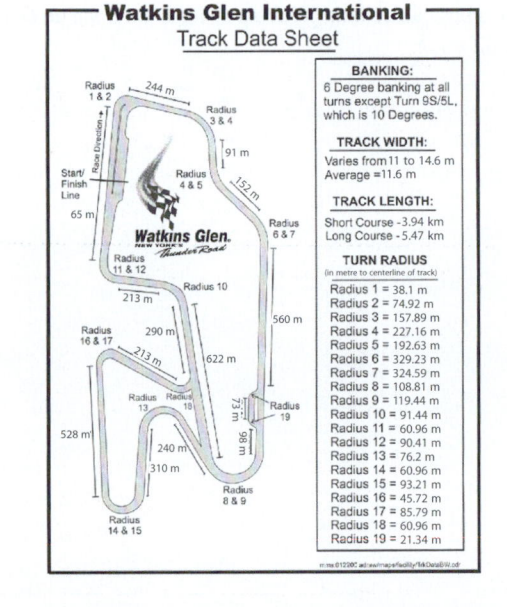

Figura 2.33 Mapa de elevação do circuito de corrida Watkins Glen International.

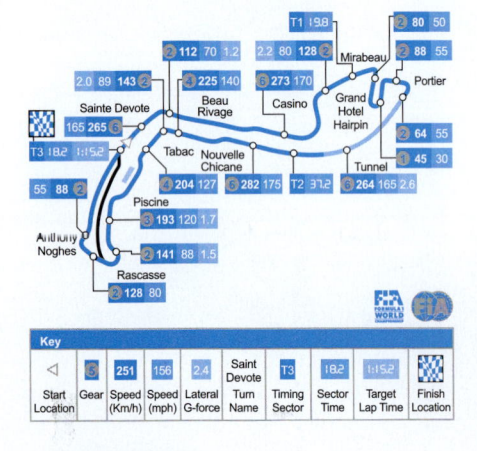

Figura 2.34
Circuito do Grande Prêmio de Mônaco de Fórmula 1.

As Figs. 2.32 e 2.33 representam a geometria da pista de corrida Watkins Glen International, localizada ao sul do estado de Nova York, e recebe corridas de várias classes, incluindo os eventos NASCAR e SCCA. A Fig. 2.34 mostra o circuito do Grande Prêmio de Mônaco, uma corrida de carros de Fórmula 1 que ocorre em Monte Carlo (Principado de Mônaco). Esses dois circuitos possuem *formas* diferentes. Na verdade, praticamente todos os circuitos de corrida de carros possuem formas diferentes. Então, podemos fazer a seguinte pergunta:

> Qual é a *forma* particular de um circuito que testa a habilidade de um piloto e a engenharia de um carro?

Para responder a essa pergunta, precisamos encontrar uma maneira de isolar o "caráter dinâmico" que a *forma* de um circuito fornece para uma corrida. Por *caráter dinâmico*, pretendemos considerar os parâmetros de desempenho, tais como a velocidade máxima ou a aceleração máxima que um carro pode alcançar com sucesso em um determinado circuito. Precisamos aprender a *descrever o movimento* de maneira que as informações, como "a forma do movimento", sejam facilmente relacionadas a outras informações, como a velocidade ou a aceleração. Para cumprir essa tarefa, é preciso dominar alguns conceitos básicos da geometria das curvas, e iremos relacioná-los com velocidade e aceleração.

Geometria das curvas

Para relacionar a velocidade e a aceleração de um ponto à forma de sua trajetória, precisamos de algumas noções da geometria.

Comprimento de arco. Na Fig. 2.35, vemos um ponto P movendo-se ao longo de uma trajetória. Em vez de ver a posição $\vec{r}$ de P diretamente em função do tempo, em geometria preferimos ver r como

$$\vec{r} = \vec{r}(s(t)), \qquad (2.65)$$

em que $s(t)$ é a *distância percorrida por P ao longo de sua trajetória a partir de $t = 0$ para o tempo atual t*. A variável s é chamada de **comprimento de arco**. Uma vez que s é a *distância percorrida*, $s \geq 0$ e, não importando em que direção P se move ao longo da trajetória, s continua a aumentar.

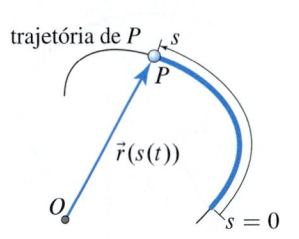

Figura 2.35
Um ponto P se movendo ao longo de uma trajetória. O ponto O é um ponto de referência fixo.

Vetor unitário tangente à trajetória. Referindo-se à Fig. 2.36, como s mede a distância percorrida, para o aumento de s, como $\Delta s \to 0$, o vetor $\Delta \vec{r} = \vec{r}(s + \Delta s) - \vec{r}(s)$ torna-se *tangente à trajetória enquanto aponta na direção do movimento*. Além disso, como $\Delta s \to 0$, $\Delta s \approx |\Delta \vec{r}|$ e $|\Delta \vec{r}/\Delta s| \to 1$. A geometria nos diz, então, que o vetor $d\vec{r}(s)/ds$ tem as três seguintes propriedades: (1) é *tangente* à trajetória, (2) aponta na direção do movimento, e (3) $|d\vec{r}/ds| = 1$. Por causa dessas propriedades, podemos escrever

$$\hat{u}_t(s) = \frac{d\vec{r}(s)}{ds} \quad \text{com} \quad |\hat{u}_t(s)| = 1, \qquad (2.66)$$

em que o t subscrito representa a *tangente*. O vetor unitário $\hat{u}_t(s)$ é chamado de **vetor unitário tangente** à trajetória e *aponta sempre na direção do movimento*.

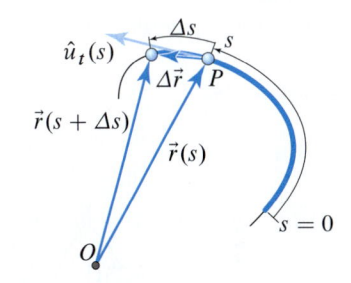

Figura 2.36 Definição de vetor unitário tangente.

Curvatura. A menos que a trajetória seja reta, o vetor unitário $\hat{u}_t(s)$ muda sua orientação ao longo da trajetória. Em geometria, a taxa de variação de $\hat{u}_t(s)$ em relação a s, ou seja, o vetor $d\hat{u}_t(s)/ds$, é utilizada para descrever a curvatura da trajetória. A **curvatura** da trajetória, tradicionalmente denotada pela letra grega κ (kappa), é definida por

$$\kappa(s) = \left|\frac{d\hat{u}_t(s)}{ds}\right|. \qquad (2.67)$$

Observe que $\kappa(s)$ tem dimensões de 1 sobre o comprimento. Além disso, se uma linha é reta, $\hat{u}_t(s) = $ constante e $\kappa(s) = 0$.

Vetor unitário principal normal à trajetória. Visto que $\hat{u}_t(s)$ é um vetor unitário para qualquer valor de s, então $\hat{u}_t(s) \cdot \hat{u}_t(s) = 1 = $ constante, e

$$\frac{d}{ds}(\hat{u}_t \cdot \hat{u}_t) = \frac{d\hat{u}_t}{ds} \cdot \hat{u}_t + \hat{u}_t \cdot \frac{d\hat{u}_t}{ds} = 2\hat{u}_t \cdot \frac{d\hat{u}_t}{ds} = 0, \qquad (2.68)$$

ou seja, $\hat{u}_t$ e $d\hat{u}_t/ds$ são ortogonais. Portanto, quando $\kappa \neq 0$, podemos definir um vetor unitário relacionado com a curvatura e normal à trajetória da seguinte forma:

$$\hat{u}_n(s) = \frac{d\hat{u}_t(s)/ds}{|d\hat{u}_t(s)/ds|} = \frac{1}{\kappa(s)}\frac{d\hat{u}_t(s)}{ds}, \qquad (2.69)$$

em que o n subscrito representa *normal*. Referindo-se à Fig. 2.37, o vetor unitário $\hat{u}_n(s)$ é chamado de **vetor unitário principal normal** à trajetória, e *sempre aponta para o lado côncavo da curva*. Devido a $\hat{u}_n(s)$ estar definido somente quando $\kappa \neq 0$, não podemos usar $\hat{u}_n(s)$ quando se tratar de linhas retas ou em pontos de inflexão das linhas curvas (ou seja, onde uma linha é localmente reta).

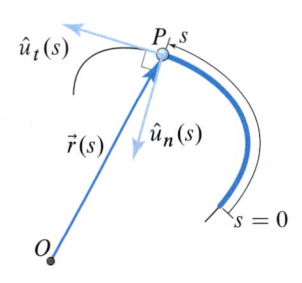

Figura 2.37 Vetor unitário principal normal à trajetória.

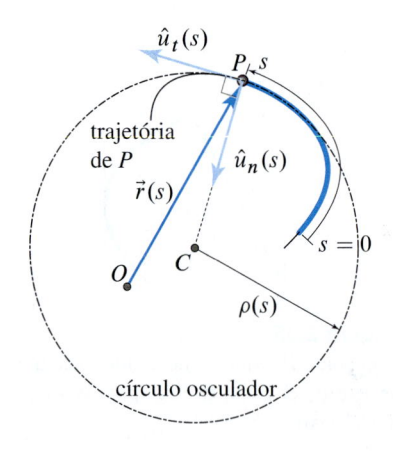

Figura 2.38
Círculo osculador e raio de curvatura.

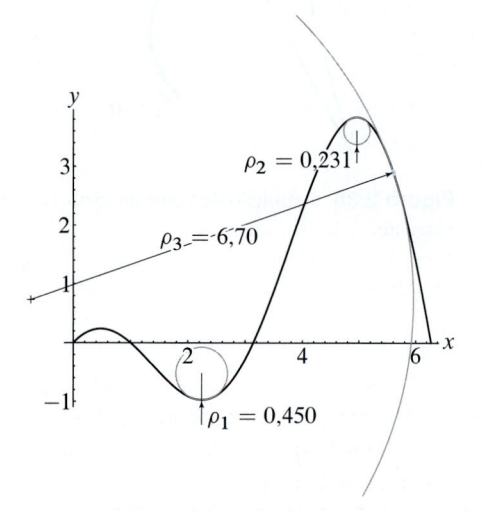

Figura 2.39
Uma trajetória 2D mostrando o seu raio de curvatura em três pontos diferentes.

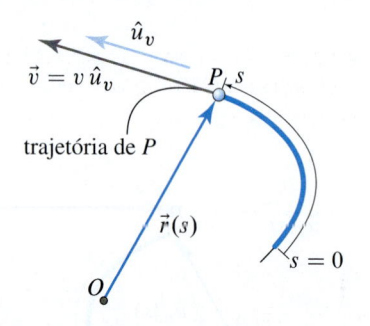

Figura 2.40
Um ponto P que se desloca ao longo de sua trajetória. O ponto O é um ponto de referência fixo.

Círculo osculador e raio de curvatura. Os vetores unitários $\hat{u}_t(s)$ e $\hat{u}_n(s)$ definem um plano especial tangente à trajetória chamado de *plano osculador*.[24] Se a trajetória é planar, então, $\hat{u}_t(s)$ e $\hat{u}_n(s)$ encontram-se no plano do movimento, que, portanto, coincide com o plano osculador. A direção perpendicular ao plano osculador é identificada pelo vetor unitário

$$\hat{u}_b(s) = \hat{u}_t(s) \times \hat{u}_n(s), \qquad (2.70)$$

que é chamado de vetor unitário *binormal*, porque é normal a ambos $\hat{u}_t(s)$ e $\hat{u}_t(s)$. Referindo-se à Fig. 2.38, se $\hat{u}_n(s)$ é definido em um ponto P, um resultado muito importante da geometria é que o plano osculador contém um círculo chamado de *círculo osculador*, com as três seguintes propriedades: (1) o círculo é tangente à trajetória em P, (2) $\hat{u}_n(s)$ aponta para o centro C do círculo e, a mais importante, (3) o raio ρ do círculo é dado por

$$\rho(s) = \frac{1}{\kappa(s)}. \qquad (2.71)$$

O raio $\rho(s)$ é chamado de *raio de curvatura* da trajetória. Em geral, $\rho(s)$ muda ao longo da trajetória. Se $\rho(s)$ é constante, então a trajetória é um círculo.

Raio de curvatura em coordenadas cartesianas. Em coordenadas cartesianas, a trajetória planar de uma partícula é geralmente dada na forma $y = y(x)$. Nesse caso, a geometria nos diz que o raio de curvatura em qualquer posição x é dado por

$$\boxed{\rho(x) = \frac{[1 + (dy/dx)^2]^{3/2}}{|d^2y/dx^2|}.} \qquad (2.72)$$

Como exemplo, a Fig. 2.39 mostra um gráfico da trajetória $y(x) = (1 - x)\text{sen } x$ para $0 \leq x \leq 2\pi$. Usamos a Eq. (2.72) para calcular o raio de curvatura de $y(x)$ em três pontos diferentes. O primeiro ponto, o mínimo local em $x = 2,24$, tem $\rho_1 = 0,450$. O segundo, o máximo local em $x = 4,96$, tem $\rho_2 = 0,231$. Por fim, em $x = 5,60$, $\rho_3 = 6,70$. A Fig. 2.39 demonstra a noção intuitiva de que, quanto "mais fechada a curva" da trajetória, menor o seu raio de curvatura, e, quanto "mais reta a trajetória", maior o seu raio de curvatura.

Componentes normal-tangencial

Agora estamos prontos para enfrentar a questão colocada na introdução sobre a relação entre a forma da trajetória de uma partícula e a velocidade e a aceleração da partícula.

Referindo-se à Fig. 2.40, considere um ponto P se movendo ao longo de uma trajetória. Usando as noções discutidas na Seção 2.4, podemos expressar a velocidade de P como

$$\vec{v} = v\,\hat{u}_v, \qquad (2.73)$$

isto é, como o produto de sua magnitude, ou seja, a rapidez v, e o vetor unitário u_v na direção de v. Utilizando os conceitos geométricos introduzidos anteriormente nesta seção, podemos também escrever

$$\vec{v} = \frac{d\vec{r}(s(t))}{dt} = \frac{d\vec{r}}{ds}\frac{ds}{dt} = \dot{s}(t)\,\hat{u}_t(s(t)), \qquad (2.74)$$

---

[24] O adjetivo *osculador* se origina de uma das palavras latinas para "beijar". O plano osculador foi assim chamado para indicar que, de todos os planos tangentes à trajetória, é o plano a partir do qual a trajetória se separa mais gradualmente.

em que na última igualdade usamos a Eq. (2.66). Uma vez que a velocidade é sempre tangente à trajetória e, por definição, aponta na direção do movimento, então os vetores unitários $\hat{u}_v$ e $\hat{u}_t$ devem ser iguais um ao outro e (veja a Fig. 2.41)

$$\vec{v} = v\,\hat{u}_t \quad \text{e} \quad v = \dot{s}. \tag{2.75}$$

Para obter a aceleração de P, derivamos a primeira das Eqs. (2.75) em relação ao tempo, que fornece

$$\vec{a} = \dot{\vec{v}} = \dot{v}\,\hat{u}_t + v\,\dot{\hat{u}}_t = \dot{v}\,\hat{u}_t + v\,\frac{d\hat{u}_t}{ds}\frac{ds}{dt}, \tag{2.76}$$

em que, na última igualdade, usamos a regra da cadeia para considerar a dependência de $\hat{u}_t$ no comprimento de arco s. Se em P a curvatura $\kappa \neq 0$, então o vetor $d\hat{u}_t/ds$ na Eq. (2.76) pode ser reescrito utilizando as Eqs. (2.69) e (2.71) como

$$\frac{d\hat{u}_t}{ds} = \frac{1}{\rho}\,\hat{u}_n. \tag{2.77}$$

Por fim, visto que na segunda das Eqs. (2.75) $\dot{s} = v$, e substituindo a Eq. (2.77) na Eq. (2.76), temos (veja a Fig. 2.42)

$$\vec{a} = \dot{v}\,\hat{u}_t + \frac{v^2}{\rho}\,\hat{u}_n = a_t\,\hat{u}_t + a_n\,\hat{u}_n, \tag{2.78}$$

em que $a_t = \dot{v}$ e $a_n = v^2/\rho$ são as componentes tangencial e normal da aceleração, respectivamente.

As Eqs. (2.75) e (2.78) nos dizem que, se representarmos a velocidade e aceleração de uma partícula usando o sistema de componentes tangencial-normal (algumas vezes chamado de sistema de componentes da trajetória), isto é, um sistema de componentes que consiste nos vetores unitários $\hat{u}_n$ e $\hat{u}_t$, então (1) a velocidade tem apenas uma componente, ou seja, v, ao longo da direção tangente, e (2) a aceleração tem somente duas componentes, uma na direção tangente e outra na direção normal. A componente normal da aceleração é diretamente proporcional ao quadrado da rapidez e inversamente proporcional ao raio de curvatura da trajetória. Esse resultado é exatamente o que estávamos procurando, pois ele responde à pergunta feita no início da seção. Finalmente, uma vez que a derivação das Eqs. (2.75) e (2.78) não exige que consideremos o movimento como planar, essas relações são válidas mesmo em um contexto tridimensional.

Conexão com a derivada temporal de um vetor. Concluímos nossa discussão voltando à Eq. (2.76) para obter $\vec{a}$, utilizando as noções da Seção 2.4. Fazendo isso, ou seja, aplicando a Eq. (2.62), da p. 92, obtém-se

$$\vec{a} = \dot{\vec{v}} = \dot{v}\,\hat{u}_t + \vec{\omega}_v \times \vec{v} = \dot{v}\,\hat{u}_t + v\vec{\omega}_v \times \hat{u}_t. \tag{2.79}$$

Comparando a Eq. (2.79) com a Eq. (2.78), temos

$$v\vec{\omega}_v \times \hat{u}_t = \frac{v^2}{\rho}\,\hat{u}_n. \tag{2.80}$$

Cancelando v e observando da Eq. (2.70) que $\hat{u}_n = \hat{u}_b \times \hat{u}_t$ obtemos (veja o Fato interessante na margem)

$$\vec{\omega}_v \times \hat{u}_t = \frac{v}{\rho}\,\hat{u}_b \times \hat{u}_t \quad \Rightarrow \quad \vec{\omega}_v = \frac{v}{\rho}\,\hat{u}_b, \tag{2.81}$$

isto é, a taxa de rotação do vetor velocidade é diretamente proporcional à rapidez da partícula, bem como a curvatura (ou seja, $1/\rho$) da trajetória.

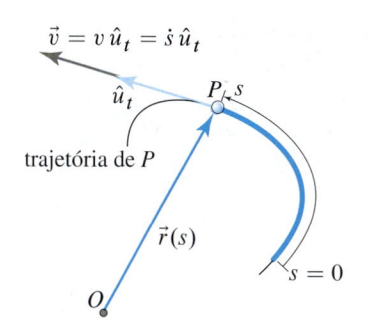

Figura 2.41
Velocidade em componentes normal-tangencial.

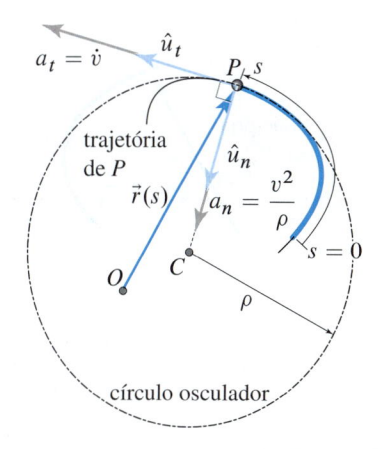

Figura 2.42
Aceleração em componentes normal-tangencial.

> **Fato interessante**
>
> **A velocidade angular de $\vec{v}$.** Nas Eqs. (2.81), a nossa conclusão sobre $\vec{\omega}_v$ não está inteiramente correta. Se $\vec{\omega}_v = \frac{v}{\rho}\hat{u}_b + \beta\hat{u}_t$, em que β é um escalar arbitrário, a primeira das Eqs. (2.81) ainda é satisfeita desde que $\hat{u}_t \times \hat{u}_t = \vec{0}$. No entanto, o termo $\beta\hat{u}_t$ simplesmente faz o vetor v girar sobre si mesmo. Se o vetor velocidade está girando sobre seu próprio eixo, então ele não está variando como um vetor, ou seja, ele não está mudando de direção ou de magnitude. Portanto, se escrevermos $\vec{\omega}_v$ como $\frac{v}{\rho}\hat{u}_b$, ou como $\frac{v}{\rho}\hat{u}_b + \beta\hat{u}_t$, obteremos sempre o mesmo resultado. O que escrevemos nas Eqs. (2.81) é a expressão para $\vec{\omega}_v$ que realmente contribui para $\vec{a}$.

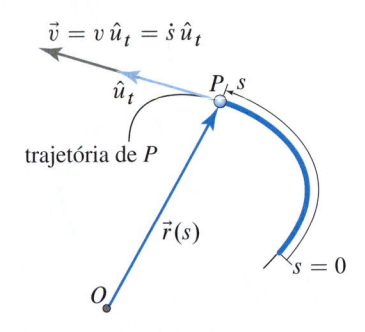

Figura 2.43
Figura 2.41 repetida. Representação da velocidade no sistema de componentes normal-tangencial.

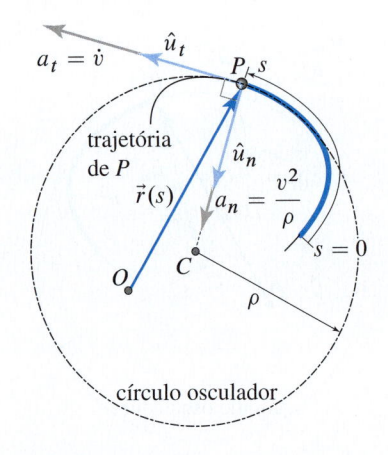

Figura 2.44
Figura 2.42 repetida. Aceleração em componentes normal-tangencial.

Resumo final da seção

Nesta seção determinamos expressões para a velocidade e a aceleração de um ponto usando o sistema de componentes normal-tangencial. Referindo-se à Fig. 2.43, o vetor velocidade tem a forma

Eq. (2.75), p. 107
$$\vec{v} = v\,\hat{u}_t = \dot{s}\,\hat{u}_t,$$

em que v é a rapidez, s é o comprimento do arco ao longo da trajetória e $\hat{u}_t$ é o vetor unitário tangente ao ponto P.

Quanto à Fig. 2.44, o vetor aceleração em componentes normal-tangencial tem a forma

Eq. (2.78), p. 107
$$\vec{a} = \dot{v}\,\hat{u}_t + \frac{v^2}{\rho}\,\hat{u}_n = a_t\,\hat{u}_t + a_n\,\hat{u}_n,$$

em que $\dot{v} = a_t$ é a componente tangencial da aceleração e $v^2/\rho = a_n$ é a componente normal da aceleração.

Quando estamos usando um sistema de coordenadas cartesianas, para uma trajetória expressa por uma relação como $y = y(x)$, o raio de curvatura da trajetória é dado por ρ:

Eq. (2.72), p. 106
$$\rho(x) = \frac{\left[1 + (dy/dx)^2\right]^{3/2}}{|d^2y/dx^2|}.$$

EXEMPLO 2.17 Relacionando a forma da trajetória à aceleração

Vamos assumir que, pela *força G lateral*, a Federação Internacional de Automobilismo (FiA), que elaborou o mapa da Fig. 1, realmente pretende fornecer uma medida da aceleração normal à trajetória dos carros de corrida, expressa em "unidades de g", em que g é a aceleração da gravidade. Use essa informação e a velocidade informada para estimar o raio de curvatura da pista de Mônaco de Fórmula 1 (1) no trecho que precede a Rascasse e (2) no fim do Tunnel.

SOLUÇÃO

Roteiro Se assumirmos que um carro de Fórmula 1 possa ser modelado como uma partícula, então a solução para este problema é obtida pela relação que liga a velocidade com a componente da aceleração normal à trajetória, isto é, $a_n = v^2/\rho$.

Cálculos Conforme indicado no enunciado do problema, se assumirmos que a força G lateral é a componente da aceleração normal à trajetória, então no final do trecho anterior à Rascasse (veja a Fig. 2) temos

$$v = 141 \text{ km/h} = 39{,}17 \text{ m/s} \quad \text{e} \quad a_n = 1{,}5g = 14{,}72 \text{ m/s}^2, \tag{1}$$

de modo que

$$\boxed{\rho = \frac{v^2}{a_n} = 104 \text{ m}.} \tag{2}$$

Procedendo de forma semelhante para o Tunnel (veja a Fig. 3), temos

$$v = 264 \text{ km/h} = 73{,}33 \text{ m/s} \quad \text{e} \quad a_n = 2{,}6g = 25{,}50 \text{ m/s}^2, \tag{3}$$

de modo que

$$\boxed{\rho = \frac{v^2}{a_n} = 211 \text{ m}.} \tag{4}$$

Discussão e verificação A solução foi obtida pela aplicação direta da fórmula para a componente normal da aceleração; portanto, é fundamental verificar se as dimensões estão corretas e se unidades adequadas foram utilizadas.

🔍 **Um olhar mais atento** Uma questão básica para perguntar é: O quanto essas estimativas são boas? Após alguma pesquisa, os autores foram capazes de obter um mapa do circuito, a partir do qual os raios de curvatura da maioria das curvas puderam ser medidos diretamente, embora sem levar em conta as mudanças de altitude ao longo das curvas. A partir desse mapa, o raio de curvatura no primeiro cálculo apresentou uma medida de aproximadamente 90 m, enquanto o raio de curvatura no meio da pista ao longo do túnel mediu cerca de 200 m. Assim, podemos concluir que as estimativas que obtivemos a partir do mapa da Fig. 1 e as que foram obtidas por meio de medições diretas (embora ainda aproximadas) estão em razoável concordância.

Figura 1
Pista de Fórmula 1 em Mônaco. Os locais do Tunnel e da Rascasse estão indicados em preto. Informações adicionais são fornecidas, incluindo velocidade, aceleração e marchas típicas utilizadas em vários pontos importantes ao longo da pista.

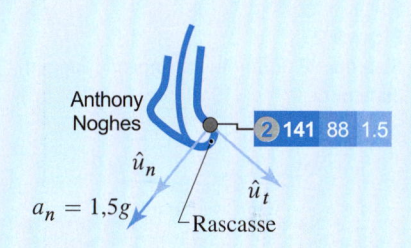

Figura 2
Sistema de componentes normal-tangencial logo antes da Rascasse. A componente normal da aceleração também é mostrada. Consulte a Fig. 1 para a legenda dos números mostrados nas caixas azuis.

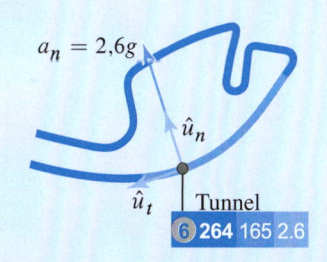

Figura 3
Sistema de componentes normal-tangencial no fim do Tunnel. A componente normal da aceleração também é mostrada. Consulte a Fig. 1 para conferir a legenda dos números mostrados nas caixas azuis.

EXEMPLO 2.18 Curvatura e movimento de projétil

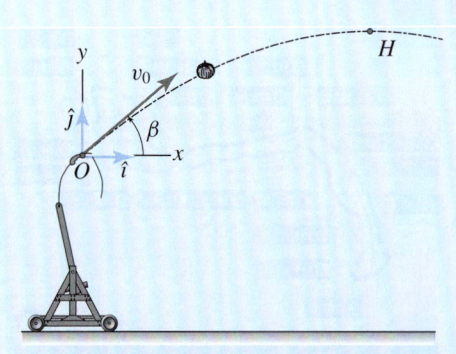

Figura 1
Uma abóbora lançada por um trabuco.

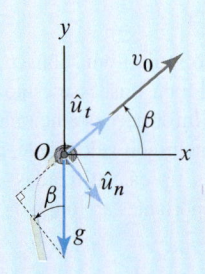

Figura 2
Sistema de componentes normal-tangencial em O.

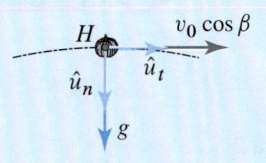

Figura 3
Sistema de componentes normal-tangencial em H.

Uma abóbora foi lançada de um trabuco na competição anual do Campeonato Mundial de "Punkin Chunkin" que ocorre em Millsboro, Delaware. Assume-se que a abóbora, mostrada na Fig. 1, é lançada a partir de O a uma velocidade inicial v_0 e um ângulo de elevação β. Determine a taxa de variação temporal da velocidade no instante do lançamento e o raio de curvatura da trajetória da abóbora em seu ponto mais alto.

SOLUÇÃO

Roteiro Ao modelar o movimento da abóbora como um movimento de projétil, a aceleração da abóbora é a aceleração da gravidade g no sentido negativo de y. A chave para a solução é, então, calcular as componentes tangencial e normal da aceleração, já que a taxa de variação da velocidade é $\dot{v} = a_t$ e o raio de curvatura é tal que $a_n = v^2/\rho$.

Cálculos Referindo à Fig. 2, lembre-se de que a velocidade é sempre tangente à trajetória. Assim, a tangente à trajetória em O está orientada em um ângulo β com relação ao eixo x. Portanto, temos

$$\dot{v}_O = a_{Ot} = -g \operatorname{sen} \beta, \tag{1}$$

em que v_O e a_{Ot} denotam a velocidade em O e a componente tangencial da aceleração em O, respectivamente.

Considerando a situação no ponto mais alto da trajetória, referindo-se à Fig. 3, observe que a tangente à trajetória nesse ponto é completamente horizontal. Portanto, considerando H o ponto mais alto da trajetória, já que a aceleração da abóbora está completamente na direção y, temos

$$a_{Ht} = 0 \quad \text{e} \quad a_{Hn} = g. \tag{2}$$

Além disso, a velocidade em O é completamente na direção x. Do movimento de projétil, sabemos que a componente horizontal da aceleração permanece constante durante todo o movimento. Portanto, temos

$$\vec{v}_O = v_{Ox}\hat{\imath} = v_0 \cos \beta \, \hat{\imath} \quad \Rightarrow \quad v_0 = v_0 \cos \beta. \tag{3}$$

Usando a componente normal da Eq. (2.78), temos $a_n = v^2/\rho$. Então, usando as Eqs. (2) e (3), temos

$$\rho_H = \frac{v_H^2}{a_{Hn}} = \frac{v_0^2 \cos^2 \beta}{g}. \tag{4}$$

Discussão e verificação Ambos os resultados nas Eqs. (1) e (4) estão dimensionalmente corretos. Referindo-se à Eq. (1), observe que sen β é adimensional e, portanto, $\dot{v}_O$ tem as mesmas dimensões de g, ou seja, as dimensões de aceleração, como esperado. No que diz respeito à Eq. (4), lembre-se de que as dimensões de v_O são comprimento sobre tempo e as de g são comprimento sobre tempo ao quadrado. Logo, ρ tem dimensões de comprimento, conforme o esperado. Da Eq. (3), observe que $\dot{v}_O$ é negativo. Isso deve ser esperado uma vez que, até que o projétil atinja o ponto H, a velocidade do projétil deve diminuir. Finalmente, da Eq. (4), observe que ρ aumenta com a componente horizontal da velocidade inicial. Isso deve ser esperado uma vez que o "achatamento" da trajetória total é governado pela componente horizontal da velocidade. Assim, a solução que obtemos parece estar correta.

Capítulo 2 Cinemática da partícula **111**

EXEMPLO 2.19 Aceleração em movimento circular

O Center for Gravitational Biology Research do Ames Research Center da NASA opera uma centrífuga enorme com capacidade de simular 20g de aceleração (12,5g é o máximo para seres humanos). O raio da centrífuga é de 9 m, e a distância do eixo de rotação até a cabine em A ou em B é de cerca de 7,5 m. Assumindo que a centrífuga acelera uniformemente até alcançar a sua velocidade final e leva 12,5 s para atingi-la, determine

(a) A velocidade angular da centrífuga ω_f necessária para manter uma aceleração final de 20g na cabina A.

(b) A magnitude da aceleração da cabine A em função do tempo a partir do momento em que a centrífuga começa a girar até a velocidade final ser alcançada.

Figura 1
A centrífuga de 20g no Center for Gravitational Biology Research, que faz parte do Ames Research Center da NASA em Moffett Field, Califórnia.

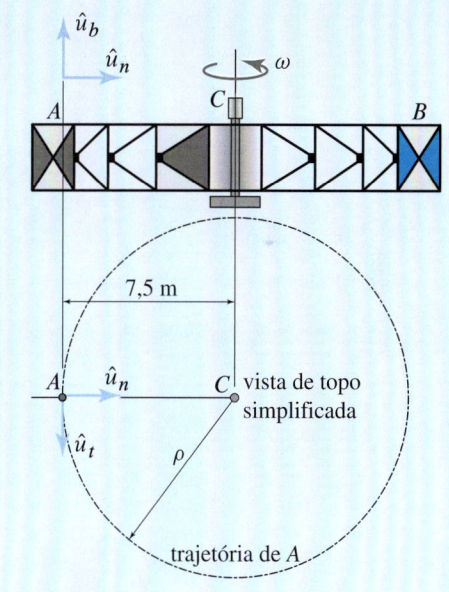

SOLUÇÃO

Roteiro Visto que sabemos a magnitude da aceleração final de A (20g), podemos usar as relações de aceleração desenvolvidas nesta seção para determinar o valor final da velocidade angular da centrífuga. Devido à centrífuga acelerar uniformemente durante o giro, podemos usar as relações de aceleração constante da Seção 2.2 para relacionar a velocidade angular final da centrífuga com a aceleração angular necessária durante o giro. Como a aceleração da centrífuga é conhecida, podemos obter uma expressão para a aceleração de A em função do tempo durante o giro.

Cálculos O elemento-chave para a solução deste problema é a relação entre o movimento de A e o movimento da centrífuga como um todo. Para estabelecer essa relação, considere a Fig. 2 e observe que a trajetória de A é um círculo com centro C no eixo de giro da centrífuga. Visto que $\hat{u}_n$ continua apontando para C, sua velocidade angular é a velocidade angular da centrífuga, ou seja, $\omega\hat{u}_b$. Observando que $\hat{u}_t$ precisa permanecer perpendicular a $\hat{u}_n$, notamos que $\hat{u}_t$ também precisa girar a uma velocidade angular $\omega\hat{u}_b$. Essa velocidade angular é a velocidade angular $\vec{\omega}_v$ que aparece nas Eqs. (2.79)-(2.81). Consequentemente, usando a Eq. (2.81), durante o giro ou não, a velocidade angular da centrífuga e o movimento de A estão relacionados pela relação

$$\omega = \frac{v}{\rho}, \quad (1)$$

em que v é a velocidade de A e ρ é o raio da trajetória de A.

Quando a magnitude da aceleração de A alcança seu valor final $a_f = 20g$, a velocidade de A se tornará constante, ou seja, $\dot{v}_f = 0$, e a_f coincidirá *apenas* com a componente normal da Eq. (2.78), de forma que

$$a_f = \frac{v_f^2}{\rho} = \rho\omega_f^2 \quad \Rightarrow \quad 20g = 20(9{,}81 \text{ m/s}^2) = \rho\omega_f^2, \quad (2)$$

em que usamos a Eq. (1), ω_f é o valor final de ω, e usamos $g = 9{,}81$ m/s². Uma vez que $\rho = 7{,}5$ m, resolvendo ω_f, obtemos

$$\boxed{\omega_f = 5{,}114 \text{ rad/s} = 48{,}84 \text{ rpm.}} \quad (3)$$

Agora podemos utilizar a Eq. (2.41) com a Tabela 2.2 para obter a aceleração angular da centrífuga durante giro conforme

$$\omega_f = \omega_0 + \alpha t_f \quad \Rightarrow \quad 5{,}114 \text{ rad/s} = \alpha(12{,}5 \text{ s}), \quad \Rightarrow \quad \alpha = 0{,}409 \text{ rad/s}^2, \quad (4)$$

em que usamos $\omega_0 = 0$.

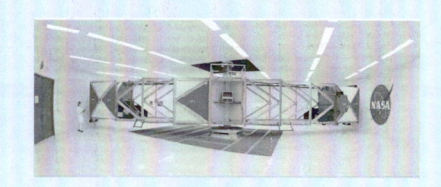

Figura 2
A centrífuga de 20g mostrando o eixo de rotação e a trajetória de A, assim como o sistema de componentes normal-tangencial em A.

Para relacionar α com a aceleração de A, podemos reescrever a Eq. (1) como $v = \rho\omega$, e derivando em relação ao tempo obtemos

$$\dot{v} = \rho\dot{\omega} = \rho\alpha, \qquad (5)$$

em que utilizamos o fato de ρ ser constante. A grandeza $\dot{v}$ é a componente tangencial da aceleração de A. A componente normal da aceleração de A é dada por

$$a_n = \frac{v^2}{\rho} = \rho\omega^2 = \rho\alpha^2 t^2, \qquad (6)$$

em que usamos $\omega = \alpha t$ da Eq. (4), que é o valor de ω em um instante t arbitrário durante o giro. Portanto, a magnitude da aceleração durante o giro é dada por

$$a = \sqrt{a_t^2 + a_n^2} = \sqrt{\rho^2\alpha^2 + \rho^2\alpha^4 t^4} = \rho\alpha\sqrt{1 + \alpha^2 t^4}. \qquad (7)$$

Lembrando que $\rho = 7{,}5$ m e usando o resultado da Eq. (4), temos

$$\boxed{a = (3{,}07 \text{ m/s}^2)\sqrt{1 + (0{,}1673 \text{ s}^{-4})t^4}.} \qquad (8)$$

Discussão e verificação As Eqs. (2) e (7) apresentam os nossos resultados de forma simbólica e nos permitem facilmente verificar que os nossos resultados estão dimensionalmente corretos. Além disso, a forma numérica dos resultados apresentados nas Eqs. (3) e (8) é expressa utilizando unidades adequadas e consistentes. De uma maneira global, nossa solução indica que a velocidade de A aumenta uniformemente, e isso é consistente com a informação de que o giro da centrífuga ocorre a uma taxa constante. Sendo assim, a nossa solução parece estar correta.

Um olhar mais atento A magnitude da aceleração de A, tal como dada na Eq. (8), é uma função crescente no tempo. Assim, a é maior em $t = 12{,}5$ s (o fim do giro) e seu valor é dado por

$$a_{\max} = 196{,}23 \text{ m/s}^2 = 20{,}0g, \qquad (9)$$

que parece ser o mesmo valor de a_f. O resultado da Eq. (9) é um pouco inesperado, pois o valor de a_f baseia-se apenas na aceleração normal de A no final do giro, enquanto $a_{\max}$ inclui as contribuições de ambas as componentes normal e tangencial da aceleração de A. Isso indica que a componente tangencial da aceleração contribui com uma quantia insignificante para a aceleração total. Quando a Eq. (7) é calculada para o final do giro ($t = 12{,}5$ s), $a_t = 3{,}07$ m/s² (veja o termo principal no lado direito da Eq. (8)) e $a_n = 196$ m/s², assim podemos ver que a_n é mais de 63 vezes maior que a_t.

Concluímos observando que a nossa solução assume o fato de a aceleração angular ser constante até $t = 12{,}5$ s, momento em que ela se torna zero para que a velocidade angular se torne constante. Essa hipótese não é totalmente realista, pois essas mudanças bruscas de aceleração não são normalmente encontradas em aplicações.

Capítulo 2 Cinemática da partícula **113**

─────────── **PROBLEMAS** ───────────

💡 Problema 2.126 💡

Uma partícula P está se movendo ao longo de uma trajetória com a velocidade mostrada. O esboço do sistema de componentes normal-tangencial em P está correto?
Nota: problemas conceituais são sobre *explicações*, não sobre cálculos.

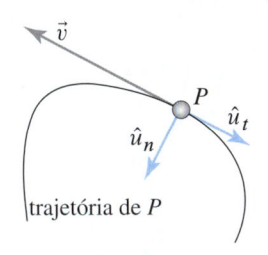

Figura P2.126 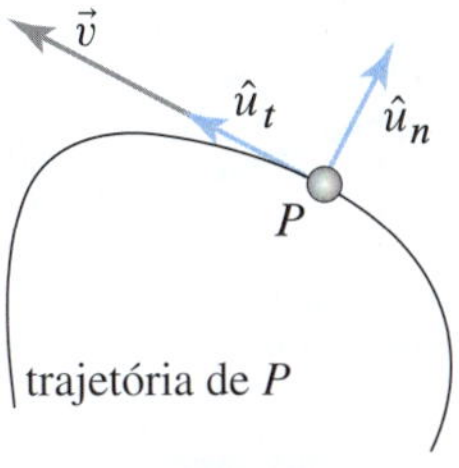   **Figura P2.127**

💡 Problema 2.127 💡

Uma partícula P está se movendo ao longo de uma trajetória com a velocidade mostrada. O esboço do sistema de componentes normal-tangencial em P está correto?
Nota: Problemas conceituais são sobre *explicações*, não sobre cálculos.

💡 Problema 2.128 💡

Uma partícula P está se movendo ao longo de uma linha reta com a velocidade e a aceleração mostradas. O que está errado com os vetores unitários mostrados na figura?
Nota: problemas conceituais são sobre *explicações*, não sobre cálculos.

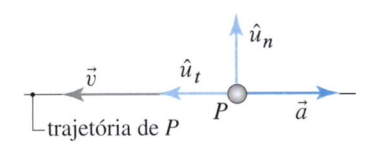

Figura P2.128 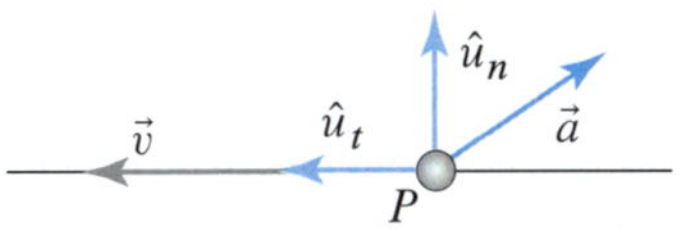   **Figura P2.129**

💡 Problema 2.129 💡

Uma partícula P está se movendo ao longo de uma trajetória com a velocidade e a aceleração mostradas. É possível que a trajetória de P seja a reta mostrada?
Nota: problemas conceituais são sobre *explicações*, não sobre cálculos.

💡 Problema 2.130 💡

Uma partícula P está se movendo ao longo da curva C, cuja equação é dada por

$$(y^2 - x^2)(x - 25)(50x - 75) = 100(x^2 + y^2 - 50x)^2,$$

a uma rapidez *constante* v_c. Para qualquer posição na curva C para a qual o raio de curvatura é definido (ou seja, *não* é infinito), qual *deve* ser o ângulo ϕ entre o vetor velocidade $\vec{v}$ e o vetor aceleração $\vec{a}$?
Nota: Problemas conceituais são sobre *explicações*, não sobre cálculos.

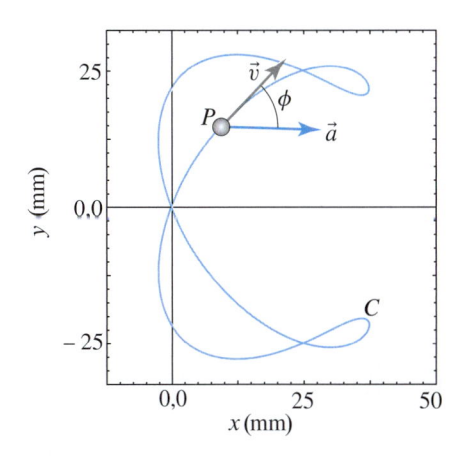

Figura P2.130

Problema 2.131

Fazendo as mesmas suposições estabelecidas no Exemplo 2.17, considere o mapa do circuito de Fórmula 1 em Hockenheim, na Alemanha, e estime o raio de curvatura das curvas Südkurve e Nordkurve (nos locais indicados em preto).

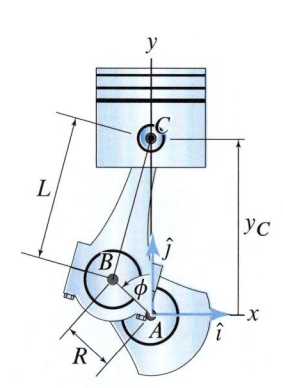

Figura P2.132

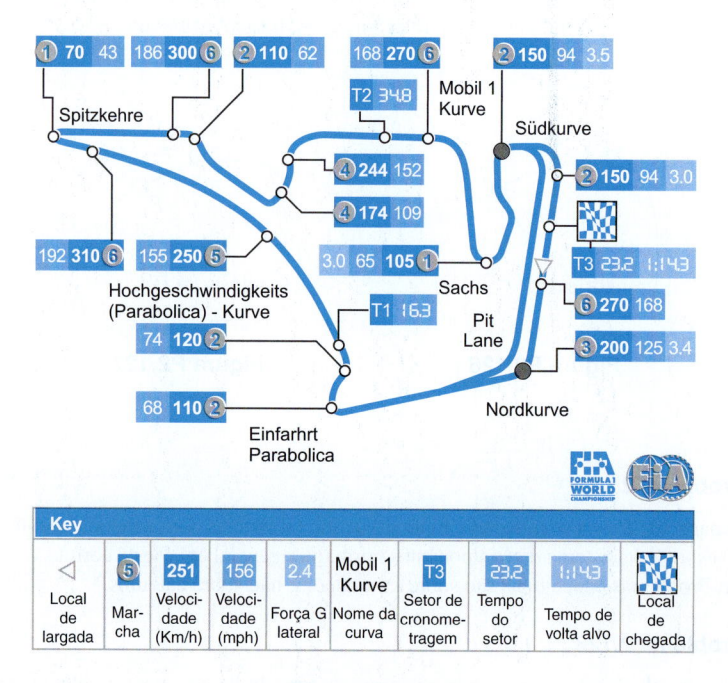

Figura P2.131

Problema 2.132

O movimento do pistão C em função do ângulo da manivela ϕ e dos comprimentos da manivela AB e da biela BC é dado por $y_c = R\cos\phi + L\sqrt{1 - (R\,\text{sen}\,\phi/L)^2}$ e $x_c = 0$. Usando o sistema de componentes mostrado, expresse $\hat{u}_t$, o vetor unitário tangente à trajetória de C, em função do ângulo da manivela ϕ para $0 \leq \phi \leq 2\pi$ rad.
Nota: Problemas conceituais são sobre *explicações*, não sobre cálculos.

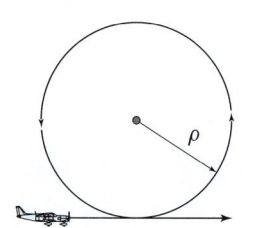

Figura P2.133

Problema 2.133

Um avião de acrobacias começa a manobra básica de *loop* de tal forma que, na parte inferior do *loop*, o avião está indo a 225 km/h, enquanto é submetido a cerca de $4g$ de aceleração. Estime o raio correspondente do *loop*.

Problema 2.134

Suponha que uma rampa para saída de uma autoestrada é projetada para ser um segmento circular de raio $\rho = 40$ m. Um carro começa a sair da autoestrada em A, enquanto viaja a uma rapidez de 105 km/h, e sai pelo ponto B a uma rapidez de 40 km/h. Calcule o vetor aceleração do carro em função do comprimento de arco s, supondo que a componente tangencial da aceleração é constante entre os pontos A e B.

Problema 2.135

Suponha que uma rampa para saída de uma autoestrada é projetada para ser um segmento circular de raio $\rho = 40$ m. Um carro começa a sair da autoestrada em A, enquanto viaja a uma rapidez de 105 km/h, e sai pelo ponto B a uma rapidez de 40 km/h. Calcule

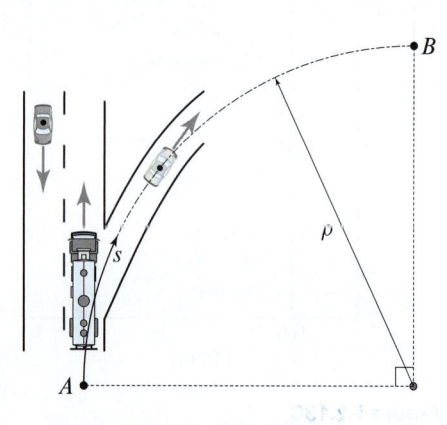

Figura P2.134 e P2.135

o vetor aceleração do carro ao longo da trajetória do carro em função do comprimento de arco s, supondo que entre A e B a rapidez era controlada de modo a manter a taxa dv/ds constante.

💡 Problema 2.136 💡

As partículas A e B estão movendo-se no plano com a mesma rapidez constante v, e suas trajetórias são tangentes em P. Será que essas partículas têm aceleração nula em P? Se não, elas têm a mesma aceleração em P?
Nota: Problemas conceituais são sobre *explicações*, não sobre cálculos.

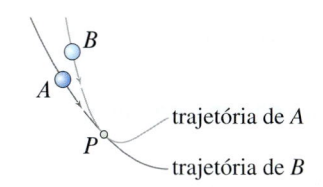

Figura P2.136

Problema 2.137

O urânio é usado em reatores de água leve para produzir uma reação nuclear controlada para a geração de energia. Quando extraído pela primeira vez, o urânio sai na forma do óxido U_3O_8, que é 0,7% do isótopo U-235 e 99,3% do isótopo U-238.[25] Para ser usado em um reator nuclear, a concentração de U-235 deve estar no intervalo de 3-5%.[26] O processo de aumento da percentagem de U-235 é chamado de *enriquecimento*, e é feito de várias maneiras. Um método utiliza centrífugas que giram a taxas muito elevadas para criar uma gravidade artificial. Nelas, os átomos pesados do U-238 concentram-se no exterior do cilindro (onde a aceleração é maior), e os átomos leves de U-235 concentram-se perto do eixo de giro. Antes da centrifugação, o urânio é transformado em hexafluoreto de urânio gasoso, ou UF_6, que é então injetado na centrífuga. Assumindo que o raio da centrífuga é de 20 cm e que ela gira a 70.000 rpm, determine

(a) A velocidade da superfície externa da centrífuga.

(b) A aceleração, em g, experimentada por um átomo de urânio que está no interior da parede exterior da centrífuga.

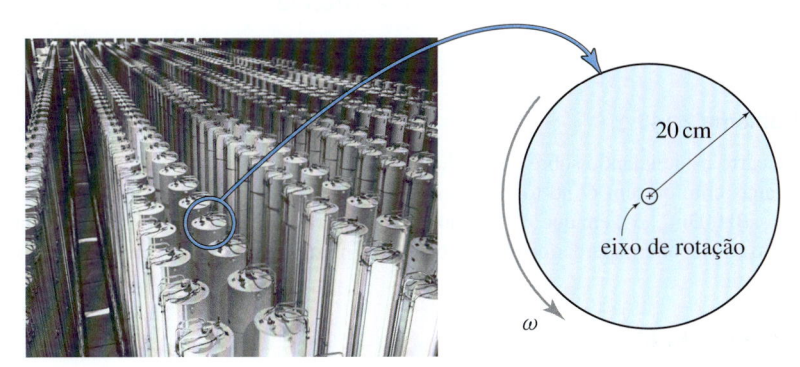

Figura P2.137

Problema 2.138

Tratando o centro da Terra como um ponto fixo, determine a magnitude da aceleração de pontos na superfície da Terra em função do ângulo ϕ mostrado. Use $R = 6.371$ km como o raio da Terra.

---

[25] O átomo do U-235 tem 92 prótons e 143 nêutrons, resultando em uma massa atômica de 235. O núcleo do U-238 também tem 92 prótons, mas tem 146 nêutrons, resultando em uma massa atômica de 238.

[26] Para armas nucleares, a concentração de U-235 deve ser de cerca de 90%.

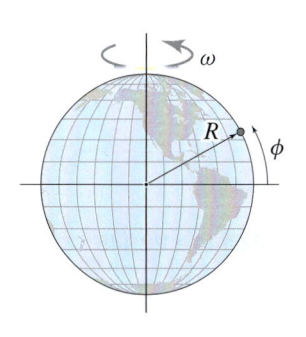

Figura P2.138

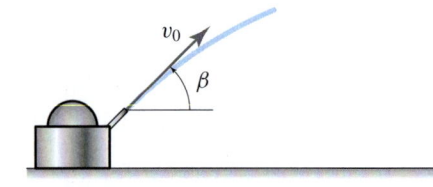

Figura P2.139 e P2.140

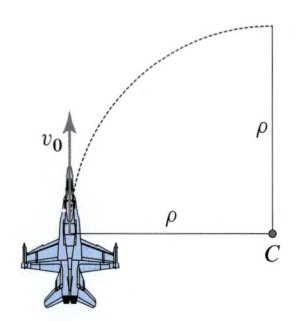

Figura P2.141

Problema 2.139

Um jato de água é ejetado do bocal de uma fonte a uma rapidez $v_0 = 12$ m/s. Considerando $\beta = 33°$, determine a taxa de variação da rapidez das partículas de água logo que estas são ejetadas, bem como o raio de curvatura da trajetória da água correspondente.

Problema 2.140

Um jato de água é ejetado do bocal de uma fonte a uma rapidez v_0. Considerando $\beta = 21°$, determine v_0 para que o raio de curvatura no ponto mais alto do arco de água seja de 3 m.

Problema 2.141

Um jato está voando a uma rapidez constante de $v_0 = 1.200$ km/h durante a execução de uma curva circular com rapidez constante. Se a magnitude da aceleração deve manter-se constante e igual a $9g$, em que g é a aceleração da gravidade, determine o raio de curvatura da curva.

Problema 2.142

Um carro se movendo a uma rapidez $v_0 = 105$ km/h quase perde o contato com o solo quando atinge o topo da colina. Determine o raio de curvatura da colina no seu topo.

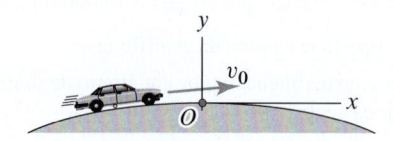

Figura P2.142 e P2.143

Problema 2.143

Um carro está viajando sobre uma colina. Se, usando um sistema de coordenadas cartesianas com origem O no topo da colina, o perfil da colina é descrito pela função $y = -(0,003\text{m}^{-1})x^2$, em que x e y estão em metros, determine a rapidez mínima com a qual o carro poderia perder o contato com o solo no topo da colina. Expresse a resposta em km/h.

Problema 2.144

Um barco de corrida está viajando a uma rapidez constante de $v_0 = 210$ km/h quando executa uma curva com raio constante ρ para mudar o seu curso em 90°, como mostrado. A curva é feita enquanto perde rapidez uniformemente com o tempo, de forma que a rapidez do barco no final da curva seja $v_f = 200$ km/h. Se a máxima aceleração normal permitida é igual a $2g$, em que g é a aceleração da gravidade, determine o menor raio de curvatura possível e o tempo necessário para completar a curva.

Problema 2.145

Um barco de corrida está viajando a uma rapidez constante de $v_0 = 210$ km/h quando executa uma curva com raio constante ρ para mudar o seu curso em 90°, como mostrado. A curva é feita enquanto perde rapidez uniformemente com o tempo, para que a rapidez do barco no final da curva seja $v_f = 186$ km/h. Se não é permitido exceder a magnitude da aceleração de $2g$, em que g é a aceleração da gravidade, determine o menor raio de curvatura possível e o tempo necessário para completar a curva.

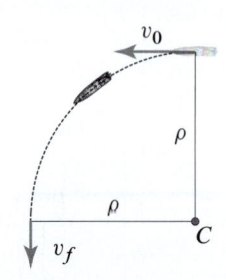

Figura P2.144 e P2.145

Problema 2.146

Um caminhão pega uma rampa de saída a uma rapidez $v_0 = 88$ km/h. A rampa é um arco circular com raio $\rho = 46$ m. Determine a taxa de variação constante da rapidez do caminhão que permitirá ao caminhão parar em B.

Problema 2.147

Um jato está voando reto e nivelado a uma rapidez $v_0 = 1.100$ km/h quando se vira para mudar o seu curso em 90°, como mostrado. Na tentativa de perfazer progressivamente a curva, a rapidez do avião é uniformemente diminuída com o tempo, mantendo a aceleração normal constante e igual a $8g$, em que g é a aceleração da gravidade. No final da curva, a rapidez do avião é $v_f = 800$ km/h. Determine o raio de curvatura ρ_f no final da curva e o tempo t_f que o avião leva para completar a sua mudança de curso.

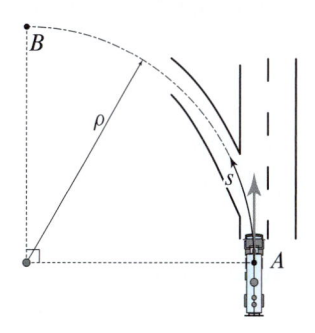

Figura P2.146

Problema 2.148

Um carro está viajando sobre uma colina a uma rapidez constante de $v_0 = 112$ km/h. Usando o sistema de coordenadas cartesianas mostrado, o perfil da colina é descrito pela função $y = -(0{,}00164 \text{ m}^{-1})x^2$, em que x e y são medidos em pés. Em $x = -90$ m, o motorista aplica os freios, provocando uma taxa de variação temporal constante da rapidez $\dot{v} = -0{,}90$ m/s², até que o carro chegue em O. Determine a distância percorrida durante a aplicação dos freios e o tempo para cobrir essa distância. *Dica:* Para calcular a distância percorrida pelo carro ao longo de sua trajetória, observe que $ds = \sqrt{dx^2 + dy^2} = \sqrt{1 + (dy/dx)^2}\, dx$ e

$$\int \sqrt{1 + C^2 x^2}\, dx = \frac{x}{2}\sqrt{1 + C^2 x^2} + \frac{1}{2C} \ln\!\left(Cx + \sqrt{1 + C^2 x^2}\right).$$

Problema 2.149

Lembrando que um círculo de raio R e centro na origem O de um sistema de coordenadas cartesianas, com eixos x e y, pode ser expresso pela fórmula $x^2 + y^2 = R^2$, use a Eq. (2.72) para verificar se o raio de curvatura do círculo é igual a R.

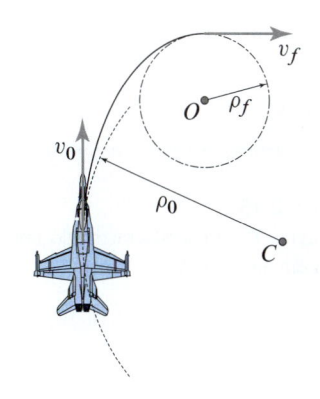

Figura P2.147

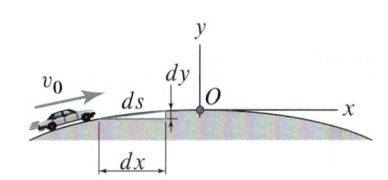

Figura P2.148

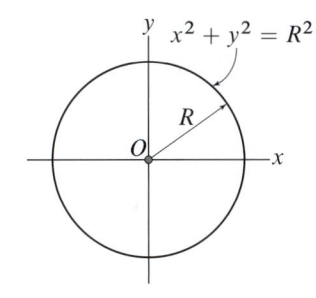

Figura P2.149

2.6 MOVIMENTO PLANAR: COORDENADAS POLARES

Nesta seção, descreveremos a posição, a velocidade e a aceleração de um ponto se movendo em um plano quando as coordenadas do ponto são dadas em relação a um sistema de coordenadas polares.

Rastreando um avião

Um avião voando ao longo de uma trajetória reta é rastreado por um radar em terra, como mostrado na Fig. 2.45. Os dados registrados do rastreamento consistem na distância r entre o radar e o avião, bem como na orientação θ da antena. Como podemos transformar os dados provenientes da estação de rastreamento, ou seja, r e θ, e traduzi-los em posição, velocidade e aceleração do objeto? Quando abordar o problema de rastreamento, lembre que precisamos de um sistema de componentes para descrever vetores. Portanto, um elemento do problema de rastreamento é a seguinte pergunta: Que sistema de componentes deve ser utilizado em relação aos dados medidos?

Referindo-se à Fig. 2.45, parece que a escolha óbvia do sistema de coordenadas para descrever o movimento do avião seria um sistema de coordenadas cartesianas, já que a trajetória do avião é uma linha reta, e poderíamos alinhar o nosso sistema de componentes com essa linha. Por outro lado, temos que lembrar que é a estação de radar em A que está rastreando o avião, e as informações brutas coletadas consistem na distância r até o avião e a direção até o avião definida pelo ângulo θ. Veremos como podemos traduzir $r(t)$ e $\theta(t)$ em $\vec{v}(t)$ e $\vec{a}(t)$ para o avião.

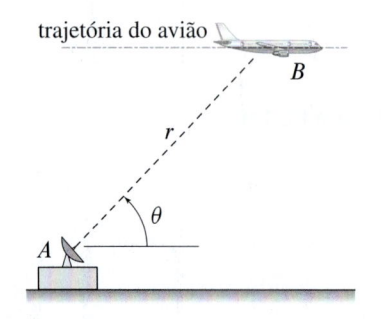

Figura 2.45
Um avião B está sendo rastreado por um radar em terra em A.

Coordenadas polares e posição, velocidade e aceleração

Em referência à Fig. 2.46, a distância r entre A e B e o ângulo θ, medidos em relação ao eixo x, identificam, de forma não ambígua, a posição de B no plano do movimento. As grandezas r e θ são as *coordenadas polares*[27] de B em relação a origem A e uma linha de referência coincidente com o eixo x. O *vetor posição* do avião é então

$$\vec{r} = r\,\hat{u}_r, \qquad (2.82)$$

em que $\hat{u}_r$ é o vetor unitário que aponta de A para B. Embora θ não apareça *explicitamente* na Eq. (2.82), $\vec{r}$ depende de θ, pois θ define a direção de $\hat{u}_r$.

A derivada com relação ao tempo da Eq. (2.82), junto com a regra do produto, fornece

$$\vec{v} = \dot{r}\,\hat{u}_r + r\,\dot{\hat{u}}_r. \qquad (2.83)$$

A derivada temporal do vetor unitário $\hat{u}_r$ pode ser calculada usando a Eq. (2.60), da p. 92, que nos permite reescrever a Eq. (2.83) como

$$\vec{v} = \dot{r}\,\hat{u}_r + r\,\vec{\omega}_r \times \hat{u}_r, \qquad (2.84)$$

em que $\vec{\omega}_r$ é a velocidade angular de $\hat{u}_r$. Já que θ aumenta no sentido anti-horário, utilizando a regra da mão direita, temos que $\vec{\omega}_r = \dot{\theta}\hat{k}$, em que o vetor unitário

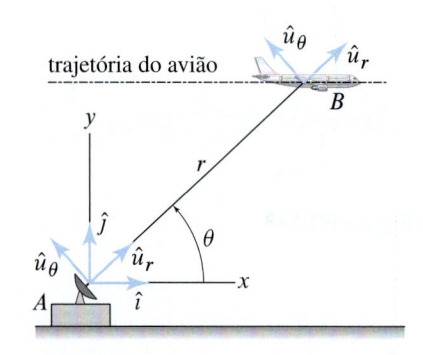

Figura 2.46
O sistema de coordenadas polares definindo a posição do avião em B.

> **Erro comum**
>
> **r não representa raio!** Às vezes, a coordenada radial r é confundida com o raio de curvatura ρ da trajetória de um ponto. O raio de curvatura ρ é usado em relação ao sistema de componentes normal-tangencial, e, em geral, não tem qualquer relação direta com a coordenada r de um sistema de coordenadas polares.

---
[27] As coordenadas polares são também chamadas de coordenadas *radial-transversal*, em que *radial* refere-se à direção r, e *transversal*, à direção θ. Na Seção 2.8, veremos o sistema de coordenadas cilíndricas, que é a generalização tridimensional do sistema de coordenadas polares.

$\hat{k}$ identifica o sentido anti-horário. Usando a expressão $\vec{\omega}_r = \dot{\theta}\hat{k}$, que é válida tanto se θ aumenta ou não, o último termo na Eq. (2.84) torna-se $r\dot{\theta}\,\hat{k} \times \hat{u}_r = r\dot{\theta}\,\hat{u}_\theta$, em que o vetor unitário $\hat{u}_\theta$ é dado por $\hat{k} \times \hat{u}_r = \hat{u}_\theta$. A Eq. (2.84) torna-se então

$$\vec{v} = \dot{r}\,\hat{u}_r + r\dot{\theta}\,\hat{u}_\theta = v_r\,\hat{u}_r + v_\theta\,\hat{u}_\theta, \qquad (2.85)$$

> **Alerta de conceito**
>
> **Direção de $\hat{u}_r$ e $\hat{u}_\theta$.** O vetor unitário $\hat{u}_r$ sempre aponta para fora da origem. O vetor unitário $\hat{u}_\theta$ sempre aponta no sentido do aumento de θ.

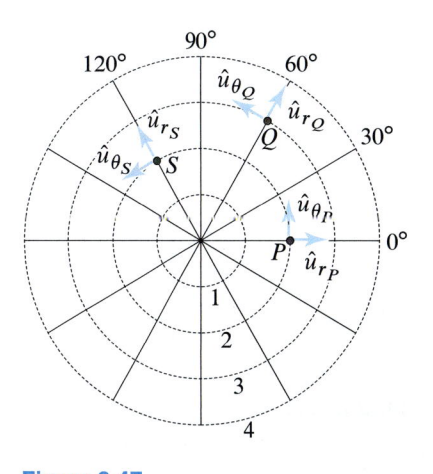

em que

$$v_r = \dot{r} \quad \text{e} \quad v_\theta = r\dot{\theta}. \qquad (2.86)$$

são as *componentes radial* e *transversal da velocidade*, respectivamente. A derivada em relação ao tempo da Eq. (2.85) fornece

$$\vec{a} = \ddot{r}\,\hat{u}_r + \dot{r}\,\dot{\hat{u}}_r + \dot{r}\dot{\theta}\,\hat{u}_\theta + r\ddot{\theta}\,\hat{u}_\theta + r\dot{\theta}\,\dot{\hat{u}}_\theta. \qquad (2.87)$$

Visto que $\dot{\hat{u}}_r = \vec{\omega}_r \times \hat{u}_r$, $\dot{\hat{u}}_\theta = \vec{\omega}_\theta \times \hat{u}_\theta$ e $\vec{\omega}_r = \vec{\omega}_\theta = \dot{\theta}\,\hat{k}$, a Eq. (2.87) se torna

$$\vec{a} = \ddot{r}\,\hat{u}_r + \dot{r}\dot{\theta}\,\hat{k} \times \hat{u}_r + \dot{r}\dot{\theta}\,\hat{u}_\theta + r\ddot{\theta}\,\hat{u}_\theta + r\dot{\theta}^2\,\hat{k} \times \hat{u}_\theta. \qquad (2.88)$$

Observando que $\hat{k} \times \hat{u}_\theta = -\hat{u}_r$ e combinando os coeficientes de $\hat{u}_r$ e $\hat{u}_\theta$, podemos reescrever a Eq. (2.88) como

$$\vec{a} = (\ddot{r} - r\dot{\theta}^2)\hat{u}_r + (r\ddot{\theta} + 2\dot{r}\dot{\theta})\hat{u}_\theta = a_r\,\hat{u}_r + a_\theta\,\hat{u}_\theta, \qquad (2.89)$$

em que

$$a_r = \ddot{r} - r\dot{\theta}^2 \quad \text{e} \quad a_\theta = r\ddot{\theta} + 2\dot{r}\dot{\theta} \qquad (2.90)$$

são as *componentes radial* e *transversal da aceleração*, respectivamente.

As Eqs. (2.82), (2.85) e (2.89) respondem à questão colocada no início da seção, pois elas nos informam como usar os dados $r(t)$ e $\theta(t)$ obtidos a partir da estação de radar para calcular a posição, a velocidade e a aceleração do avião.

🎓 Tópico Avançado 🎓

Uma visão geométrica dos vetores de base em coordenadas polares

Quando discutimos a Eq. (2.15) na p. 34, determinamos as linhas coordenadas de um sistema de coordenadas cartesianas. Temos agora que determinar as linhas coordenadas do sistema de coordenadas polares usando um procedimento similar. Referindo-se à Fig. 2.47, se mantivermos θ fixo, digamos, em $\theta = 30°$, e considerarmos a coordenada r no intervalo de 0 a ∞ (r é um distância e não pode ser negativa), traçamos uma *linha reta* que se afasta da origem. Se mantivermos r fixo, digamos, em $r = 2$, e variarmos θ, traçamos um círculo centrado na origem com raio igual a 2. Esse círculo tem um sentido positivo correspondente a valores crescentes de θ. Como já indicado na discussão da Eq. (2.15), os vetores unitários de um sistema de coordenadas são as tangentes às linhas coordenadas. Referindo-se novamente à Fig. 2.47, no ponto Q com coordenadas $(3, 60°)$, o vetor unitário tangente à linha coordenada r e apontando no sentido de aumento de r é $\hat{u}_{r_Q}$. De forma análoga, o vetor unitário tangente à linha coordenada θ em Q e apontando no sentido de aumento de θ é $\hat{u}_{\theta_Q}$. Ao contrário do que acontece nos sistemas de coordenadas cartesianas, quando nos deslocamos para outros pontos, digamos, P ou S, obtemos vetores unitários que não têm a mesma orientação que aqueles de Q. Pode-se dizer que, indo de um ponto para outro, os vetores-base giram. Em outras palavras, o vetor unitário $\hat{u}_{r_Q}$ em Q pode ser obtido pela rotação do vetor unitário $\hat{u}_{r_P}$ em P em 60°. Para obter o vetor unitário $\hat{u}_{\theta_Q}$ em Q, temos que girar $\hat{u}_{\theta_P}$ na mesma quantidade, ou seja, 60°. Por isso, na derivação de expressões para velocidade e aceleração em coordenadas polares, estabelecemos que as velocidades angulares de $\hat{u}_r$ e $\hat{u}_\theta$ são iguais, ou seja, $\vec{\omega}_r = \vec{\omega}_\theta$.

Figura 2.47
Linhas coordenadas de um sistema de coordenadas polares. As linhas sólidas são *linhas radiais*, enquanto as linhas tracejadas são *linhas circunferenciais*.

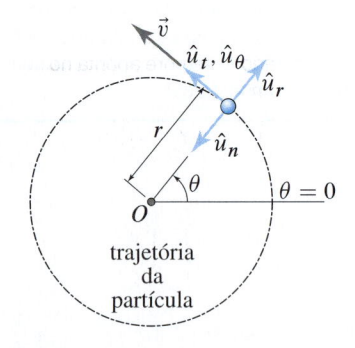

Relação entre componentes polares e de trajetória para movimento circular

Para problemas que envolvem movimento circular, existe uma correspondência simples entre componentes polares e de trajetória de vetores quando o sistema de coordenadas polares usado tem a sua origem no centro da trajetória.

Referindo-se à Fig. 2.48, considere o movimento circular de uma partícula. Considere também um sistema de coordenadas polares com origem no centro da trajetória O. Por fim, considere o sistema de componentes de trajetória definido pelo movimento da partícula. Então

1. Os dois sistemas de vetores unitários são relacionados de acordo com

$$\hat{u}_r = -\hat{u}_n \quad \text{e} \quad \hat{u}_\theta = \pm\hat{u}_t. \tag{2.91}$$

2. As componentes da velocidade são relacionadas de acordo com

$$\hat{u}_r = -\hat{u}_n \quad \Rightarrow \quad v_r = 0 \quad \Rightarrow \quad \dot{r} = 0, \tag{2.92}$$

$$\hat{u}_\theta = \pm\hat{u}_t \quad \Rightarrow \quad v_\theta = \pm v \quad \Rightarrow \quad |r\dot{\theta}| = v. \tag{2.93}$$

3. E as componentes da aceleração são relacionadas de acordo com

$$\hat{u}_r = -\hat{u}_n \quad \Rightarrow \quad a_r = -a_n \quad \Rightarrow \quad \ddot{r} - r\dot{\theta}^2 = -\frac{v^2}{\rho} \tag{2.94}$$

$$\Rightarrow \quad r\dot{\theta}^2 = \frac{v^2}{\rho} \tag{2.95}$$

$$\Rightarrow \quad r^2\dot{\theta}^2 = v^2, \tag{2.96}$$

$$\hat{u}_\theta = \pm\hat{u}_t \quad \Rightarrow \quad a_\theta = \pm a_t \quad \Rightarrow \quad r\ddot{\theta} + 2\dot{r}\dot{\theta} = \pm\dot{v} \tag{2.97}$$

$$\Rightarrow \quad r\ddot{\theta} = \pm\dot{v}. \tag{2.98}$$

O sinal ± nas equações acima nos lembra que a relação entre $\hat{u}_\theta$ e $\hat{u}_t$ (e componentes vetoriais associados) depende da direção do movimento, bem como da convenção escolhida para a coordenada θ. Além disso, já que a origem do sistema de coordenadas polares é o centro da trajetória, r é constante, de modo que $\dot{r} = \ddot{r} = 0$. Por fim, observe que, no caso do movimento circular, o raio r é também o raio de curvatura ρ da trajetória.

Em resumo, para o movimento circular, em geral é igualmente fácil usar componentes polares ou de trajetória para modelar o movimento (desde que, é claro, o sistema de coordenadas polares escolhido tenha sua origem no centro da trajetória circular).

Figura 2.48
Partícula se movendo em uma trajetória circular com ambos os sistemas de componentes polares e de trajetória mostrados.

Resumo final da seção

Em relação à Fig. 2.49, r e θ são as coordenadas polares do ponto P. A coordenada θ foi escolhida positiva no sentido anti-horário como vista a partir do eixo z positivo. Usando coordenadas polares, o vetor posição de P é

Eq. (2.82), p. 118

$$\vec{r} = r\,\hat{u}_r.$$

Figura 2.49
A posição $\vec{r}$ de uma partícula definida utilizando as coordenadas polares r e θ.

Derivando a Eq. (2.82) em relação ao tempo, obtemos o seguinte resultado para o vetor velocidade em coordenadas polares

Eq. (2.85), p. 119

$$\vec{v} = \dot{r}\,\hat{u}_r + r\dot{\theta}\,\hat{u}_\theta = v_r\,\hat{u}_r + v_\theta\,\hat{u}_\theta,$$

em que

Eqs. (2.86), p. 119

$$v_r = \dot{r} \quad \text{e} \quad v_\theta = \dot{\theta}$$

são as componentes radial e transversal da velocidade, respectivamente.

Derivando a Eq. (2.85) em relação ao tempo, vemos que o vetor aceleração em coordenadas polares assume a forma

Eq. (2.89), p. 119

$$\vec{a} = \left(\ddot{r} - r\dot{\theta}^2\right)\hat{u}_r + \left(r\ddot{\theta} + 2\dot{r}\dot{\theta}\right)\hat{u}_\theta = a_r\,\hat{u}_r + a_\theta\,\hat{u}_\theta,$$

em que

Eqs. (2.90), p. 119

$$a_r = \ddot{r} - r\dot{\theta}^2 \quad \text{e} \quad a_\theta = r\ddot{\theta} + 2\dot{r}\dot{\theta}$$

são as componentes radial e transversal da aceleração, respectivamente.

EXEMPLO 2.20 Movimento com velocidade constante em coordenadas polares

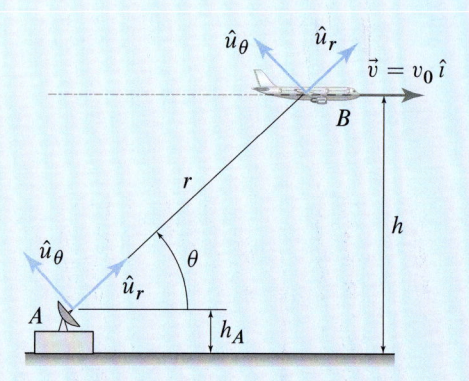

Figura 1
A estação de radar em A rastreando um avião em B.

Que relações as leituras do radar obtidas pela estação em A precisam satisfazer para concluir que o avião em B mostrado na Fig. 1 está voando reto e nivelado a uma altitude h e a uma rapidez constante v_0?

SOLUÇÃO

Roteiro Não é difícil imaginar que uma estação de radar, tal como em A, registraria leituras *discretas* de $r(t)$ e $\theta(t)$ para qualquer objeto que estivesse rastreando. Dada uma lista tabulada de r e θ em função do tempo, a questão é: Como podemos usar essas leituras para determinar se um avião está ou não voando (1) reto e nivelado e (2) a uma rapidez constante?

A estratégia de solução utilizada neste exemplo será usada com frequência. Utilizaremos expressões para as posições, velocidades e acelerações em um sistema de coordenadas escolhido para dar forma aos requerimentos especificados (p. ex., que a altitude seja constante ou a velocidade seja mantida). Quando um requisito é obtido, ele pode ser manipulado posteriormente (p. ex., derivado em relação ao tempo) para obter novas relações que serão consistentes com os requisitos estabelecidos inicialmente.

Cálculos Quanto à avaliação da altitude do avião, primeiro precisamos expressar a altitude utilizando os dados fornecidos, e então temos de *cumprir* a exigência de que a altitude seja mantida constante. Logo, referindo-se à Fig. 1, temos

$$h = r\,\text{sen}\,\theta + h_A. \tag{1}$$

Assim, h permanecerá constante enquanto

$$\boxed{r(t)\,\text{sen}\,\theta(t) = \text{constante.}} \tag{2}$$

Já que obtém-se a rapidez como a magnitude do vetor velocidade, para determinar quais relações devem ser satisfeitas para o avião manter a rapidez constante dada, olhemos para a expressão da velocidade do avião. O vetor velocidade em coordenadas polares é dado pela Eq. (2.85), isto é, $\vec{v} = \dot{r}\,\hat{u}_r + r\dot{\theta}\,\hat{u}_\theta$, e assim a sua magnitude é dada pela raiz quadrada da soma dos quadrados das suas componentes, ou seja,

$$|\vec{v}| = v = \sqrt{\dot{r}^2 + r^2\dot{\theta}^2}. \tag{3}$$

Portanto, para a rapidez ser uma constante igual a v_0, devemos ter

$$\boxed{v_0 = \sqrt{\dot{r}^2 + r^2\dot{\theta}^2} = \text{constante.}} \tag{4}$$

Discussão e verificação Como r tem dimensões de comprimento e θ é adimensional, ambos $\dot{r}$ e $r\dot{\theta}$ possuem dimensões de comprimento sobre tempo, ou seja, de velocidade. Assim, podemos concluir que a Eq. (4) está dimensionalmente correta.

Um olhar mais atento Enquanto a Eq. (4) fornece a relação que queríamos, é frequentemente desejável ter relações que exigem o mínimo de operações matemáticas possível. Por exemplo, verifica-se que não há necessidade de calcular uma raiz quadrada para averiguar se a rapidez é, ou não, uma constante – se é verdade que v_0 é uma constante, então, necessariamente temos que v_0^2 também é uma constante. Então, enquanto

$$\boxed{\dot{r}^2(t) + r^2(t)\dot{\theta}^2(t) = \text{constante,}} \tag{5}$$

podemos concluir que o avião está voando a uma velocidade constante.

> **Fato interessante**
>
> **Leituras discretas.** Dizemos que as leituras são discretas porque os sensores modernos, invariavelmente, fazem leituras digitalmente. Além disso, os valores de $\dot{r}$ e $\dot{\theta}$ que calculamos para cada valor discreto de t são apenas tão bons quanto as fórmulas utilizadas para calculá-los. Por exemplo, uma fórmula para aproximar a derivada temporal com base em leituras discretas é $\dot{r} \approx [r(t_2) - r(t_1)]/(t_2 - t_1)$, para a qual a escala do erro de aproximação é $(t_2 - t_1)/2$. Acontece que uma melhor aproximação pode ser obtida usando $\dot{r} \approx [-3r(t_1) + 4r(t_2) - r(t_3)]/(t_3 - t_1)$, para a qual a escala do erro é $(t_2 - t_1)^2/3$. À medida que o tempo entre as leituras $t_2 - t_1$ fica menor, as aproximações melhoram. Aproximações de miríades existem; veja, por exemplo, W. Cheney e D. Kincaid, *Numerical Mathematics and Computing*, 4th ed., Brooks/Cole Publishing, Pacific Grove, Califórnia, 1999.

EXEMPLO 2.21 Movimento retilíneo e coordenadas polares

Como parte de um processo de montagem, a extremidade A do braço robótico na Fig. 2 precisa mover a engrenagem B ao longo da linha vertical mostrada da forma especificada. O braço OA pode variar o seu comprimento, tornando-se mais curto por meio de atuadores internos. Um motor em O permite que o braço gire no plano vertical. Quando $\theta = 50°$, B está se movendo para baixo a uma velocidade $v_0 = 2{,}5$ m/s e a uma aceleração para baixo com magnitude $a_0 = 0{,}2$ m/s. Nesse instante, determine o comprimento necessário do braço, a taxa na qual o braço está sendo estendido e sua taxa de rotação $\dot\theta$. Além disso, determine a segunda derivada em relação ao tempo do comprimento do braço e do ângulo θ.

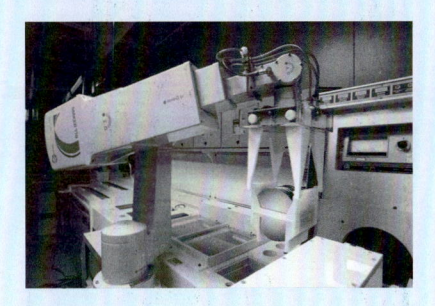

Figura 1
Um braço robótico.

SOLUÇÃO

Roteiro Sabemos a trajetória da engrenagem, sua velocidade e aceleração, bem como o ângulo θ no instante mostrado. Portanto, podemos determinar o comprimento r nesse instante com trigonometria simples. No que diz respeito à determinação de $\dot r$ e $\dot\theta$, observe que a velocidade conhecida de B é facilmente escrita em termos do vetor unitário $\hat\jmath$ mostrado na Fig. 3. Uma vez feito isso, podemos usar trigonometria para reescrever a velocidade de B com $\hat u_r$ e $\hat u_\theta$. Então, $\dot r$ e $\dot\theta$ são encontrados igualando essa expressão *específica* para a velocidade de B à expressão geral do vetor velocidade em coordenadas polares. Finalmente, $\ddot r$ e $\ddot\theta$ são determinadas aplicando à aceleração a mesma estratégia acima descrita para a velocidade.

Cálculos Sabemos que $\theta = 50°$ nesse instante, de modo que a geometria da Fig. 3 nos diz que

$$\boxed{r = \frac{1{,}2 \text{ m}}{\cos\theta} = 1{,}87 \text{ m.}} \qquad (1)$$

Como B se move verticalmente para baixo, a velocidade da extremidade é

$$\vec v = -v_0\,\hat\jmath = -(2{,}5 \text{ m/s})\,\hat\jmath. \qquad (2)$$

Igualando a Eq. (2) com a expressão da velocidade em coordenadas polares, temos

$$-(2{,}5 \text{ m/s})\,\hat\jmath = \dot r\,\hat u_r + r\dot\theta\,\hat u_\theta. \qquad (3)$$

Agora, podemos escrever $\hat\jmath$ em termos dos vetores unitários polares como

$$\hat\jmath = \text{sen}\,\theta\,\hat u_r + \cos\theta\,\hat u_\theta = \text{sen}\,50°\,\hat u_r + \cos 50°\,\hat u_\theta. \qquad (4)$$

Substituindo a Eq. (4) da Eq. (3) e igualando as componentes, temos

$$\dot r = -2{,}5\,\text{sen}\,50° \text{ m/s} \quad \text{e} \quad r\dot\theta = -2{,}5\cos 50° \text{ m/s}, \qquad (5)$$

que, usando o resultado da Eq. (1), pode então ser resolvida para $\dot r$ e $\dot\theta$ a fim de obter

$$\boxed{\dot r = -1{,}92 \text{ m/s} \quad \text{e} \quad \dot\theta = -0{,}859 \text{ rad/s.}} \qquad (6)$$

Aplicando à aceleração de B o que aplicamos à velocidade, temos

$$\vec a = -a_0\,\hat\jmath = -(0{,}2 \text{ m/s}^2)\,\hat\jmath. \qquad (7)$$

Igualando a Eq. (7) à expressão para a aceleração em coordenadas polares, temos

$$-(0{,}2 \text{ m/s}^2)\,\hat\jmath = (\ddot r - r\dot\theta^2)\hat u_r + (r\ddot\theta + 2\dot r\dot\theta)\hat u_\theta. \qquad (8)$$

Usando a Eq. (4) novamente, e igualando as componentes, temos

$$\ddot r - r\dot\theta^2 = -0{,}2\,\text{sen}\,50° \text{ m/s}^2 \quad \text{e} \quad r\ddot\theta + 2\dot r\dot\theta = -0{,}2\cos 50° \text{ m/s}^2. \qquad (9)$$

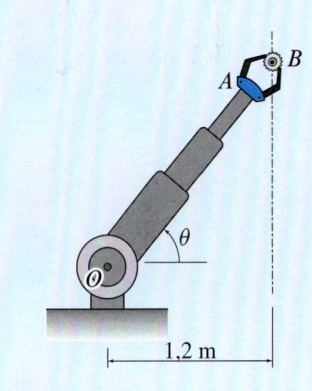

Figura 2
Esquema do braço robótico mostrado na Fig. 1.

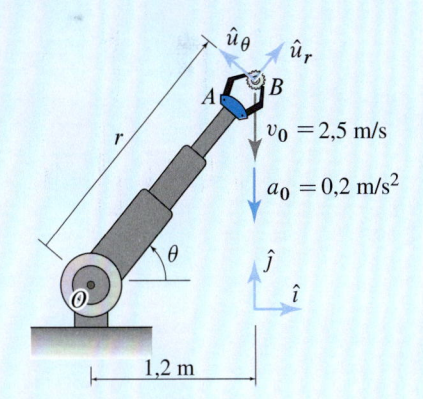

Figura 3
Braço robótico mostrando os sistemas de coordenadas cartesianas e polares que usaremos, bem como a velocidade e a aceleração da extremidade.

Resolvendo as Eqs. (9) para $\ddot{r}$ e $\ddot{\theta}$, temos

$$\ddot{r} = -0{,}2\,\mathrm{sen}\,50°\,\mathrm{m/s^2} + r\dot{\theta}^2 \quad \text{e} \quad \ddot{\theta} = -\frac{1}{r}(0{,}2\cos 50°\,\mathrm{m/s^2} + 2\dot{r}\dot{\theta}). \tag{10}$$

Substituindo nas Eqs. (10) os resultados já obtidos para r, $\dot{r}$ e $\dot{\theta}$, temos

$$\boxed{\ddot{r} = 1{,}123\,\mathrm{m/s^2} \quad \text{e} \quad \ddot{\theta} = -1{,}83\,\mathrm{rad/s^2}.} \tag{11}$$

Discussão e verificação Nossos resultados estão dimensionalmente corretos, e as unidades adequadas foram utilizadas. Para compreender se os sinais de nossos resultados estão ou não corretos, iniciamos percebendo que, nas Eqs. (6), $\dot{r} < 0$ e $\dot{\theta} < 0$, ou seja, o braço está realmente ficando mais curto durante a rotação no sentido horário. A intuição nos diz que, se a extremidade está se movendo em linha reta para baixo, então o braço precisa ser mais curto e girar no sentido horário. Felizmente, essas duas observações são consistentes com os resultados da Eq. (6).

Quanto ao sinal de $\ddot{r}$ nas Eqs. (11), o fato de $\ddot{r} > 0$ indica que, enquanto o braço se torna mais curto (ou seja, $\dot{r} < 0$), a taxa em que isso acontece diminui. Isto é, uma vez que $\ddot{r}$ tem um sinal oposto a $\dot{r}$, devemos esperar que, como B continua se movendo para baixo, o comprimento do braço irá parar de encurtar. Esse resultado é correto, pois o comprimento do braço irá parar de encurtar quando o braço estiver na horizontal, e então ele começará a aumentar para valores negativos de θ. Quanto ao sinal de $\ddot{\theta}$, nosso resultado indica que a taxa de rotação no sentido horário está aumentando. Esse resultado é esperado, mesmo que a aceleração de B seja igual a zero. Nesse caso, ou seja, se $a_\theta = 0 = r\ddot{\theta} + 2\dot{r}\dot{\theta}$, o sinal de $\ddot{\theta}$ é oposto ao sinal do produto $\dot{r}\dot{\theta}$. Para nós, tal produto é positivo, pois encontramos que ambos $\dot{r}$ e $\dot{\theta}$ eram negativos. No nosso caso $a_\theta \neq 0$, mas B está acelerando para baixo, portanto, não fornece contribuição alguma para $\ddot{\theta}$ no sentido anti-horário.

EXEMPLO 2.22 Aceleração durante o movimento orbital

Para um satélite em órbita de um planeta, observações empíricas (veja as leis de Kepler no Capítulo 1) nos dizem que, no sistema de coordenadas polares mostrado na Fig. 1, a grandeza $r^2\dot\theta$ permanece constante durante todo o movimento do satélite. Mostre que, para tal movimento, a aceleração do satélite está puramente na direção radial, ou seja, a componente transversal da aceleração do satélite é igual a zero.

SOLUÇÃO

Roteiro Precisamos mostrar que $a_\theta = 0$. Para tanto, podemos determinar como a expressão para a_θ, dada pela Eq. (2.89), relaciona-se à lei de Kepler afirmando que $r^2\dot\theta$ é constante.

Cálculos A Eq. (2.89) nos diz que, em coordenadas polares, as componentes r e θ da aceleração do satélite são dadas por

$$a_r = \ddot r - r\dot\theta^2 \quad \text{and} \quad a_\theta = r\ddot\theta + 2\dot r\dot\theta. \tag{1}$$

As observações de Kepler indicam que

$$r^2\dot\theta = K, \tag{2}$$

em que K é uma constante cujo valor depende da órbita particular seguida pelo satélite. Agora, se derivarmos a Eq. (2) em relação ao tempo, obtemos

$$2r\dot r\dot\theta + r^2\ddot\theta = 0, \tag{3}$$

em que usamos o fato de K ser constante de modo que $\dot K = 0$. A Eq. (3) nos diz que

$$2r\dot r\dot\theta + r^2\ddot\theta = r(r\ddot\theta + 2\dot r\dot\theta) = 0 \quad\Rightarrow\quad r\ddot\theta + 2\dot r\dot\theta = 0, \tag{4}$$

em que usamos o fato de r nunca ser zero para obter a expressão final. Comparando a Eq. (4) com a Eq. (1), vemos que

$$a_\theta = 0, \tag{5}$$

o que nos propusemos a mostrar.

Figura 1
Um satélite em órbita de um planeta. A órbita é uma elipse com semieixos maior e menor iguais a a e b, respectivamente. O comprimento $c = \sqrt{a^2 - b^2}$ denota a distância entre qualquer foco (um dos quais é ocupado pelo planeta) e o centro da órbita.

Discussão e verificação A obtenção do nosso resultado é fundamental, e está correta porque aplicamos adequadamente as regras do produto e da cadeia do cálculo na obtenção da derivada da Eq. (2).

Um olhar mais atento O resultado que obtivemos é baseado em observações astronômicas que antecedem o trabalho de Newton. Do ponto de vista histórico, isso é importante porque, quando formulou sua segunda lei do movimento e sua lei da gravitação universal, Newton precisou formular uma teoria consistente com as observações de Kepler. Portanto, não é por acaso que a lei da gravitação de Newton requer que a força da gravidade entre duas partículas esteja dirigida ao longo da linha que liga as partículas. Esse requisito, junto com a segunda lei de Newton, $\vec F = m\vec a$, faz a aceleração do planeta na Fig. 1 se dar *completamente* ao longo da linha radial que liga o satélite ao planeta (isto é, $a_\theta = 0$) de modo que, em geral, tanto a lei da gravitação universal quanto a segunda lei de Newton são consistentes com as observações de Kepler.

Nós usaremos novamente a Eq. (2) na Seção 5.3, pois a Eq. (2) é também a expressão matemática do fato de que a quantidade de movimento angular do satélite, calculada em relação ao planeta, é conservada. De uma forma mais geral, a Eq. (2) expressa a conservação da quantidade de movimento angular de uma partícula que se move sob a ação de uma força central (contanto que a origem do sistema de coordenadas polares utilizado seja o centro da força).

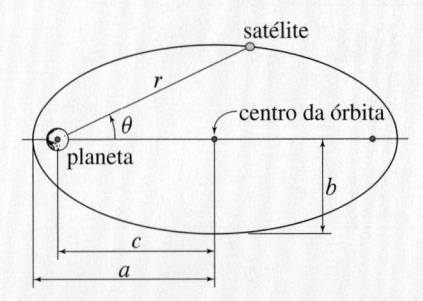

EXEMPLO 2.23 Movimento de projétil em coordenadas polares

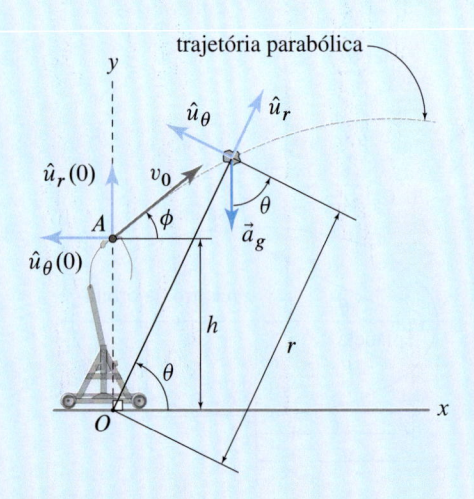

Figura 1
Movimento de projétil em coordenadas polares. O ponto O é a origem do sistema de coordenadas. O ponto A é o ponto no qual o objeto foi lançado, e é considerado a posição inicial do projétil.

Na Seção 2.3, vimos que as equações que descrevem o movimento de um projétil em coordenadas cartesianas tomaram a forma *simples* $\ddot{x} = 0$ e $\ddot{y} = -g$. Referindo-se à Fig. 1, revisite o problema de projétil e obtenha as equações que descrevem o movimento de um projétil lançado em A usando coordenadas polares. Além disso, obtenha as expressões para as condições iniciais do movimento no mesmo sistema de coordenadas polares, uma vez que o projétil é lançado do ponto A com rapidez v_0, na direção indicada na Fig. 1.

SOLUÇÃO

Roteiro O que queremos mostrar é que qualquer problema pode ser formulado usando qualquer sistema de coordenadas que escolhermos. No entanto, essa liberdade de escolha vem com a consequência de que, se não escolhermos com sabedoria, a complexidade matemática do problema pode ser grande.

Como sabemos a aceleração do projétil em qualquer ponto ao longo de sua trajetória, a ideia é relacionar a aceleração conhecida com a direção de a_r e a_θ em cada ponto. Uma ideia semelhante será aplicada para determinar as condições iniciais; isto é, sabemos as condições iniciais em relação ao ponto A, e só precisamos transformá-las para o sistema de coordenadas polares, cuja origem está no ponto O.

Cálculos Começamos encontrando as componentes polares da aceleração do projétil devido à gravidade, que indicamos por $\vec{a}_g$. As componentes desse vetor ao longo das direções radial e transversal são

$$a_{gr} = \vec{a}_g \cdot \hat{u}_r = -g \operatorname{sen} \theta, \qquad (1)$$

$$a_{g\theta} = \vec{a}_g \cdot \hat{u}_\theta = -g \cos \theta, \qquad (2)$$

em que g é a aceleração da gravidade. Igualar as expressões *gerais* para as componentes da aceleração em coordenadas polares, dadas pela Eq. (2.90), às respectivas componentes nas Eqs. (1) e (2) fornece

$$\boxed{\ddot{r} - r\dot{\theta}^2 = -g \operatorname{sen} \theta,} \qquad (3)$$

$$\boxed{r\ddot{\theta} + 2\dot{r}\dot{\theta} = -g \cos \theta.} \qquad (4)$$

As Equações (3) e (4) formam um sistema *acoplado* de equações diferenciais ordinárias *não lineares* que, matematicamente, são *muito* mais complexas do que as equações obtidas em coordenadas cartesianas.

Para integrar as Eqs. (3) e (4) de forma a determinar o movimento do projétil, seria preciso complementar essas equações diferenciais com as correspondentes *condições iniciais*. Essas condições são a posição e a velocidade de A no tempo $t = 0$ expressas em coordenadas polares. Referindo-se à Fig. 1, vemos que no tempo $t = 0$ o projétil está em A, portanto, temos

$$r(0) = h \quad \text{e} \quad \theta(0) = \frac{\pi}{2}. \qquad (5)$$

Para a velocidade em $t = 0$ temos

$$\vec{v}(0) = v_0 \operatorname{sen} \phi \, \hat{u}_r(0) - v_0 \cos \phi \, \hat{u}_\theta(0), \qquad (6)$$

em que as quantidades v_0 e ϕ são conhecidas. Igualando a Eq. (6) à expressão geral para o vetor velocidade em coordenadas polares dada pela Eq. (2.85), temos

$$\vec{v}(0) = \dot{r}(0)\hat{u}_r(0) + r(0)\dot{\theta}(0)\hat{u}_\theta(0) = v_0 \operatorname{sen} \phi \, \hat{u}_r(0) - v_0 \cos \phi \, \hat{u}_\theta(0), \qquad (7)$$

isto é,

$$\dot{r}(0) = v_0 \operatorname{sen} \phi \quad \text{e} \quad r(0)\dot{\theta}(0) = -v_0 \cos \phi. \qquad (8)$$

> **Alerta de conceito**
>
> **Vetores unitários em sistemas de componentes polares e de trajetória são funções do tempo.** Quando expressamos vetores usando componentes normal-tangencial ou componentes polares, é importante lembrar que os vetores unitários desses sistemas de componentes são eles mesmos funções do tempo. Por isso, quando expressamos a velocidade no tempo $t = 0$, tivemos que usar os vetores unitários $\hat{u}_r$ e $\hat{u}_\theta$ em $t = 0$.

Em síntese, as condições iniciais para este problema assumem a forma

$$r(0) = h, \qquad \theta(0) = \frac{\pi}{2}, \tag{9}$$

$$\dot{r}(0) = v_0 \operatorname{sen} \phi, \qquad \dot{\theta}(0) = -\frac{v_0}{h} \cos \phi, \tag{10}$$

em que usamos o fato de que $r(0) = h$ da Eq. (5).

Discussão e verificação Lembrando que r tem dimensões de comprimento, e θ é adimensional, podemos verificar que o lado esquerdo das Eqs. (3) e (4) têm dimensões de comprimento sobre tempo ao quadrado, como esperado, já que as dimensões do lado direito dessas equações são as da aceleração da gravidade g. Podemos verificar a coerência dimensional das Eqs. (9) e (10) de uma maneira similar.

Um olhar mais atento As Eqs. (3), (4), (9) e (10) são muito mais complicadas do que as equações correspondentes em coordenadas cartesianas (isto é, $\ddot{x} = 0$ e $\ddot{y} = -g$, e as condições iniciais $x(0) = 0$ e $y(0) = h$). No entanto, a trajetória obtida resolvendo as Eqs. (3) e (4) é idêntica à obtida pela resolução das equações correspondente em coordenadas cartesianas (isto é, $\ddot{x} = 0$ e $\ddot{y} = -g$); ou seja, obteríamos exatamente a mesma parábola em ambos os casos (desde que, naturalmente, a mesma posição inicial e velocidade sejam usadas).

Uma pergunta frequentemente feita por estudantes é: Eu posso resolver esse problema usando "esse ou aquele" sistema de coordenadas? A resposta a essa pergunta é, em geral, sim. No entanto, se você está resolvendo o problema analítica ou numericamente, o sistema de coordenadas escolhido *faz* diferença na forma como se torna a solução do problema. Neste exemplo, obtemos (embora não resolvemos) as equações que governam o movimento de um projétil. Claramente, a escolha do sistema de coordenadas não alterou a física do problema. Entretanto, o sistema de equações resultante não pode ser facilmente resolvido a mão, pois elas são não lineares e, acima de tudo, acopladas; isto é, a equação contendo $\ddot{r}$ também contém θ e $\dot{\theta}$, e a equação contendo $\ddot{\theta}$ também contém r e $\dot{r}$. Além disso, mesmo a derivação das condições iniciais requer várias etapas para ser concluída.

Outra lição a ser aprendida diz respeito ao sistema de coordenadas polares em particular. Devemos estar conscientes do fato de que esse problema torna-se *desfavorável* se o ponto A, a posição inicial do projétil, é escolhido para coincidir com o ponto O, ou seja, a origem do sistema de coordenadas escolhido. Nesse caso, embora ainda pudéssemos escrever as Eqs. (3) e (4), não podemos mais escrever condições iniciais significativas, porque o valor de θ para um ponto na origem é arbitrário, e (como h seria igual a zero) $\dot{\theta}$ torna-se indefinido. Isso implica que, quando se utiliza o sistema de coordenadas polares, devemos escolher a origem do sistema de coordenadas de forma a *não* coincidir com os pontos em que as condições iniciais são especificadas.

PROBLEMAS

💡 Problema 2.150 💡

Uma partícula P está se movendo ao longo de uma trajetória com a velocidade mostrada. Examine em detalhes se há ou não elementos incorretos no esboço do sistema de componentes polares em P.

Nota: Problemas conceituais são sobre *explicações*, não sobre cálculos.

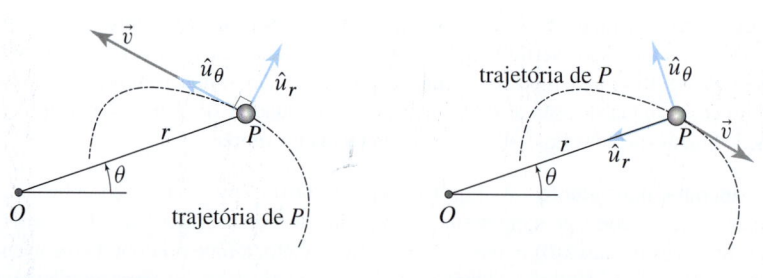

Figura P2.150

Figura P2.151

💡 Problema 2.151 💡

Uma partícula P está se movendo ao longo de uma trajetória à velocidade mostrada. Examine em detalhes se há ou não elementos incorretos no esboço do sistema de componentes polares em P.

Nota: Problemas conceituais são sobre *explicações*, não sobre cálculos.

💡 Problema 2.152 💡

Uma partícula P está se movendo ao longo de uma trajetória à velocidade mostrada. Examine em detalhes se há ou não elementos incorretos no esboço do sistema de componentes polares em P.

Nota: Problemas conceituais são sobre *explicações*, não sobre cálculos.

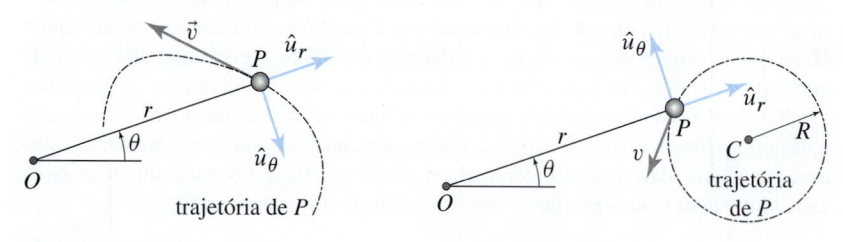

Figura P2.152

Figura P2.153

💡 Problema 2.153 💡

Uma partícula P está se movendo ao longo de um círculo com centro C e raio R na direção mostrada. Considerando O a origem de um sistema de coordenadas polares, com as coordenadas r e θ mostradas, examine em detalhes se há ou não elementos incorretos no esboço do sistema de componentes polares em P.

Nota: Problemas conceituais são sobre *explicações*, não sobre cálculos.

Problema 2.154

Uma estação de radar está monitorando um avião voando a uma altitude constante a uma rapidez $v_0 = 885$ km/h. Se em um determinado instante $r = 12$ km e $\theta = 32°$, determine os valores correspondentes de $\dot{r}, \dot{\theta}, \ddot{r}$ e $\ddot{\theta}$.

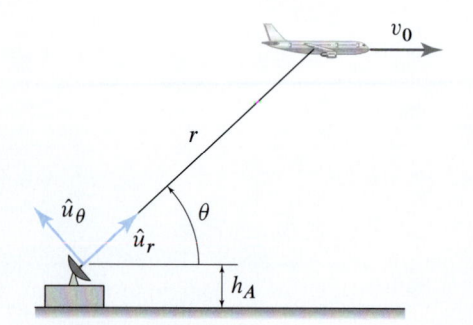

Figura P2.154

Problema 2.155

Durante um intervalo de tempo determinado, uma estação de radar monitora um avião registrando as leituras

$$\dot{r}(t) = [723{,}7\cos\theta(t) + 18{,}95\,\text{sen}\,\theta(t)]\,\text{km/h},$$

$$r(t)\dot{\theta}(t) = [18{,}95\cos\theta(t) - 723{,}7\,\text{sen}\,\theta(t)]\,\text{km/h},$$

em que t denota o tempo. Determine a velocidade do avião. Além disso, determine se o avião monitorado está subindo ou descendo e a sua taxa de subida correspondente (ou seja, a taxa da mudança de altitude do avião), expressa em m/s.

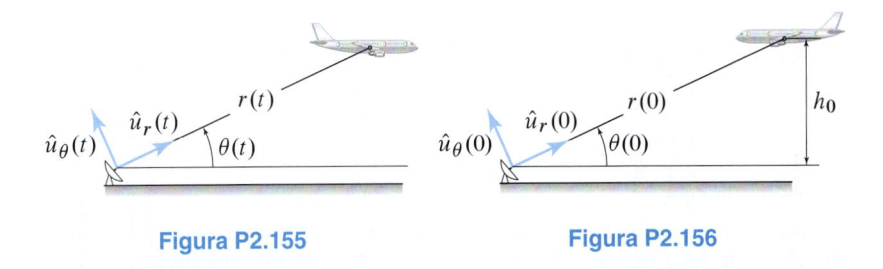

Figura P2.155

Figura P2.156

Problema 2.156

Em um dado instante, um avião voando a uma altitude de $h_0 = 3.050$ m começa a sua descida para preparação para aterrissagem quando ele a $r(0) = 32$ km da estação de radar no aeroporto de destino. Nesse instante, a velocidade do avião é $v_0 = 480$ km/h, a taxa de subida é de $-1{,}5$ m/s, e a componente horizontal da velocidade está diminuindo continuamente a uma taxa de 4,5 m/s². Determine $\dot{r}$, $\dot{\theta}$, $\ddot{r}$ e $\ddot{\theta}$ que seriam observados pela estação de radar.

Problema 2.157

Em um dado instante, o carrossel está girando a uma velocidade angular $\omega = 20$ rpm, enquanto a criança está se movendo radialmente para fora a uma taxa constante de 0,7 m/s. Supondo que a velocidade angular do carrossel permaneça constante, ou seja, $\alpha = 0$, determine a magnitude da velocidade e da aceleração da criança quando ela está a 0,8 m de distância do eixo de giro.

Problema 2.158

Em um dado instante, o carrossel está girando com uma velocidade angular $\omega = 18$ rpm, e está desacelerando a uma taxa de 0,4 rad/s². Quando a criança está a 0,75 m de distância do eixo de giro, determine a taxa de variação temporal da distância da criança em relação ao eixo de giro, de modo que a criança não experimente aceleração transversal enquanto se move ao longo de uma linha radial.

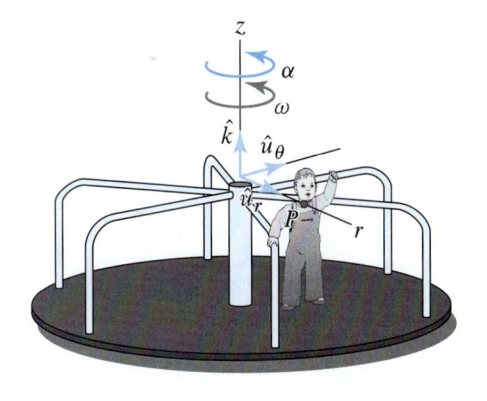

Figura P2.157-P2.159

Problema 2.159

Em um dado instante, o carrossel está girando a uma velocidade angular $\omega = 18$ rpm. Quando a criança está a 0,45 m de distância do eixo de giro, determine a segunda, derivada em relação ao tempo, da distância da criança a partir do eixo de giro, para que a criança não experimente aceleração radial.

Problema 2.160

O corte do cano do canhão mostra um projétil que, ao sair, se move a uma rapidez $v_s = 1.675$ m/s em relação ao cano do canhão. O comprimento do cano é $L = 4{,}5$ m. Supondo que o ângulo θ aumenta a uma taxa constante de 0,15 rad/s, determine a rapidez do projétil quando sai do cano. Além disso, supondo que a aceleração do projétil ao

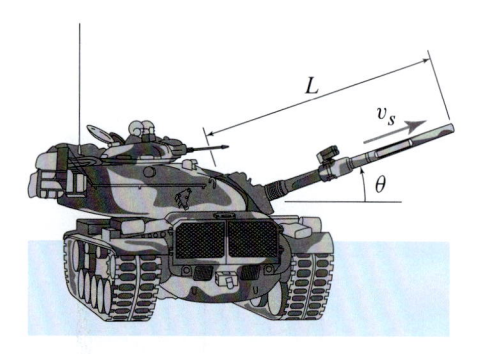

Figura P2.160

longo do cano é constante, e que o projétil parte do repouso, determine a magnitude da aceleração na saída.

Problema 2.161

Uma estação espacial está girando no sentido mostrado a uma taxa constante de 0,22 rad/s. Um membro da tripulação viaja da periferia para o centro da estação através de uma das hastes radiais a uma taxa constante de 1,3 m/s (em relação à haste), enquanto se segura em um corrimão da haste. Considerando $t = 0$ o instante em que o movimento através da haste começa e sabendo que o raio da estação é de 200 m, determine a velocidade e a aceleração do membro da tripulação em função do *tempo*. Expresse a sua resposta usando um sistema de coordenadas polares com origem no centro da estação.

Problema 2.162

Resolva o Prob. 2.161 e expresse suas respostas em função da *posição* ao longo da haste percorrida pelo astronauta.

💡 Problema 2.163 💡

Uma pessoa dirigindo ao longo de um trecho retilíneo de estrada é multada por excesso de velocidade. Ela foi pega a 120 km/h, quando o radar estava apontando como mostrado. O motorista alega que, devido ao fato de o radar estar à beira da estrada, em vez de estar diretamente na frente de seu carro, o radar superestima a sua velocidade. Ele está certo ou errado. Por quê?

Nota: Problemas conceituais são sobre *explicações*, não sobre cálculos.

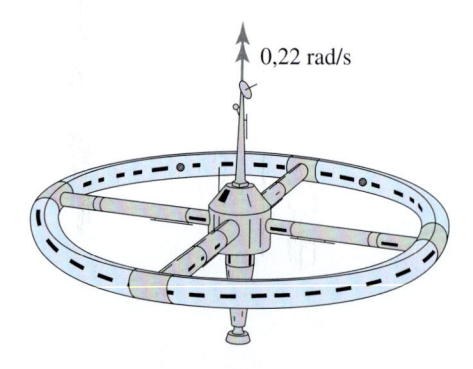

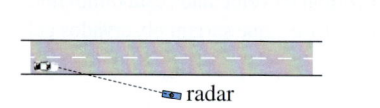

Figura P2.161 e P2.162

Figura P2.163

Figura P2.164

Problema 2.164

Uma câmera que monitora movimentos é colocada ao longo de um trecho retilíneo de uma pista de corrida (a figura não está em escala). Um carro C entra no trecho em A a uma velocidade $v_A = 175$ km/h e acelera uniformemente no tempo, de modo que em B ele tem uma velocidade $v_B = 280$ km/h, em que $d = 1,6$ km. Considerando a distância $L = 15$ m, se a câmera monitora o movimento de C, determine a velocidade angular da câmera, bem como taxa de variação temporal da velocidade angular quando o carro está em A e em H.

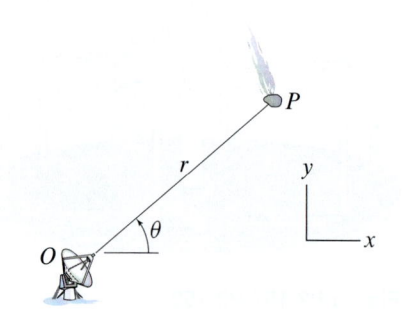

Figura P2.165

Problema 2.165

A estação de radar em O está monitorando um meteoro P conforme ele se move na atmosfera. No instante mostrado, a estação mede os seguintes dados para o movimento do meteoro: $r = 6.400$ m, $\theta = 40°$, $\dot{r} = -7.000$ m/s, $\dot{\theta} = -2,935$ rad/s, $\ddot{r} = 57.150$ m/s² e $\ddot{\theta} = -5,409$ rad/s².

(a) Determine a magnitude e a direção (em relação ao sistema de coordenadas xy mostrado) do vetor velocidade neste instante.

(b) determinar a magnitude e a direção (em relação ao sistema de coordenadas xy mostrado) do vetor aceleração neste instante.

Problemas 2.166 e 2.167

Como parte de um processo de montagem, a garra em A no braço robótico precisa mover a engrenagem em B ao longo da linha vertical mostrada com alguma velocidade v_0

e aceleração a_0 conhecidas. O braço OA pode variar o seu comprimento, tornando-se mais curto, por meio de atuadores internos e de um motor em O que lhe permite girar no plano vertical.

Problema 2.166 Quando $\theta = 50°$, é necessário que $v_0 = 2{,}4$ m/s (para baixo) e que ele esteja desacelerando a $a_0 = 0{,}6$ m/s^2. Usando $h = 1{,}2$ m, determine, neste instante, os valores de $\ddot{r}$ (aceleração extensional) e $\ddot{\theta}$ (aceleração angular).

Problema 2.167 Considerando v_0 e a_0 positivos se a engrenagem se move e acelera para cima, determine as expressões para r, $\dot{r}$, $\ddot{r}$, $\dot{\theta}$ e $\ddot{\theta}$ que são válidas para qualquer valor de θ.

Problema 2.168

A derivada temporal da aceleração, isto é, $\dot{\vec{a}}$, é normalmente referida como a *arrancada*, pois o movimento "brusco" está geralmente associado à mudança rápida de aceleração.[28] A partir da Eq. (2.89), calcule a arrancada em coordenadas polares.

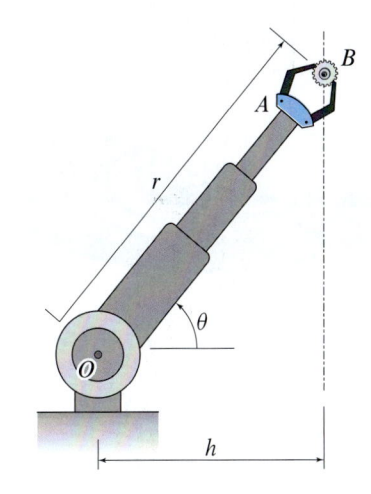

Figura P2.166 e P2.167

Problemas 2.169 e 2.170

No corte de chapas metálicas, o braço robótico OA precisa mover a ferramenta de corte em C no sentido anti-horário, a uma rapidez constante v_0, ao longo de uma trajetória circular de raio ρ. O centro do círculo está localizado na posição mostrada em relação à base do braço robótico em O.

Problema 2.169 Quando a ferramenta de corte está em D ($\phi = 0$), determine r, $\dot{r}$, $\dot{\theta}$, $\ddot{r}$ e $\ddot{\theta}$ em função das grandezas dadas (ou seja, d, h, ρ, v_0).

Problema 2.170 Para todas as posições ao longo do corte circular (ou seja, para qualquer valor de ϕ), determine r, $\dot{r}$, $\dot{\theta}$, $\ddot{r}$ e $\ddot{\theta}$ em função das grandezas dadas (ou seja, d, h, ρ, v_0). Essas grandezas podem ser encontradas "a mão", mas é entediante, de modo que você pode considerar o uso de programas de álgebra simbólica, como o Mathematica ou Maple.

Problema 2.171

Em relação ao sistema analisado no Exemplo 2.23, considere $h = 4{,}6$ m, $v_0 = 88$ km/h e $\phi = 25°$. Plote a trajetória do projétil de duas maneiras diferentes: (1) resolvendo o problema do movimento do projétil usando coordenadas cartesianas e plotando y versus x, e (2) usando um computador para resolver as Eqs. (3), (4), (9) e (10) do Exemplo 2.23. Você deve obter a mesma trajetória, independentemente do sistema de coordenadas utilizado.

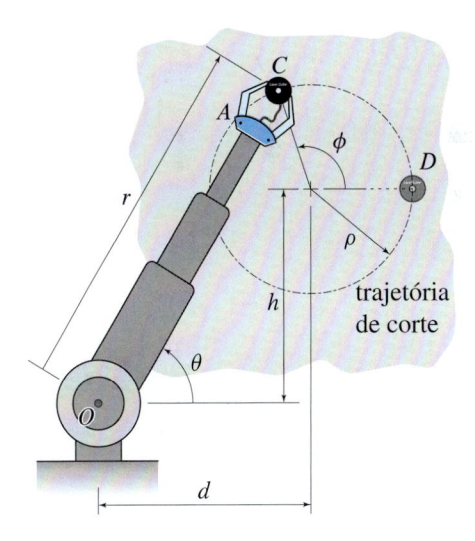

Figura P2.169 e P2.170

Problema 2.172

O mecanismo de *movimento retilíneo alternativo* mostrado consiste em um disco fixado por pino no seu centro em A, que gira a uma velocidade angular constante ω_{AB}, um braço ranhurado CD que é fixado por pino em C, e uma barra que pode oscilar dentro das guias em E e F. À medida que o disco gira, a cavilha em B se move dentro do braço ranhurado, fazendo-o balançar para trás e para frente. Conforme o braço balança, ele fornece um avanço lento e um retorno rápido para a barra alternativa, devido à variação na distância entre C e B. Considerando $\theta = 30°$, $\omega_{AB} = 50$ rpm = constante, $R = 0{,}1$ m e $h = 0{,}2$ m, determine $\dot{\phi}$ e $\ddot{\phi}$, ou seja, a velocidade angular e a aceleração angular do braço ranhurado CD, respectivamente.

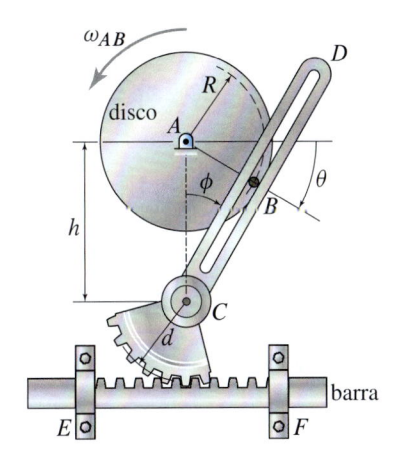

Figura P2.172

---

[28] Para os passageiros andando em veículos, valores elevados da arrancada geralmente ocasionam um passeio desconfortável. Fabricantes de elevadores se interessam muito pelo arranque, uma vez que pretendem mover rapidamente os passageiros de um andar para outro sem grandes mudanças na aceleração.

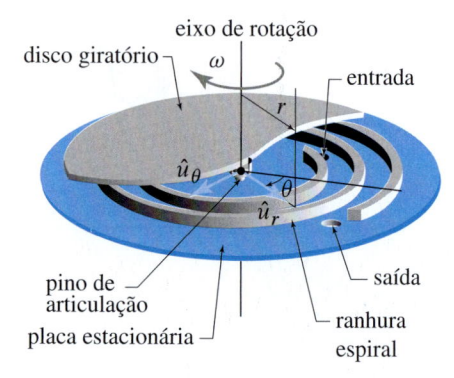

Figura P2.173 e P2.174

Problemas 2.173 e 2.174

Uma microbomba espiral[29] consiste em um canal em espiral ligado a uma placa estacionária. Essa placa tem duas portas, uma para entrada do fluido e outra para saída; a da saída é mais distante do centro da placa que a da entrada. O sistema é limitado por um disco giratório. O fluido aprisionado entre o disco giratório e a placa estacionária é posto em movimento pela rotação do disco superior, que puxa o fluido pelo canal em espiral.

Problema 2.173 Considere um canal em espiral com a geometria dada pela equação $r = \eta\theta + r_0$, em que $r_0 = 146$ μm é o raio de partida, r é a distância a partir do eixo de rotação e θ é a posição angular de um ponto no canal em espiral. Suponha que o raio na saída é $r_{\text{saída}} = 190$ μm, que o disco superior gira com uma velocidade angular constante ω, e que as partículas de fluido em contato com o disco giratório estão essencialmente presas a ele. Determine a constante η e o valor de ω (em rpm) tais que, após 1,25 revolução do disco superior, a velocidade das partículas em contato com esse disco é $v = 0,5$ m/s na saída.

Problema 2.174 Considere um canal em espiral com a geometria dada pela equação $r = \eta\theta + r_0$, em que $\eta = 12$ μm é chamado de inclinação polar, $r_0 = 146$ μm é o raio de partida, r é a distância do eixo de rotação e θ é a posição angular de um ponto no canal em espiral. Se o disco superior gira a uma velocidade angular constante $\omega = 30.000$ rpm, e supondo que as partículas de fluido em contato com o disco giratório estão essencialmente presas a ele, use o sistema de coordenadas polares mostrado e determine a velocidade e a aceleração de uma partícula de fluido quando ela está a $r = 170$ μm.

Problema 2.175

O mecanismo mostrado é chamado de manivela corrediça com *bloco oscilante*. Utilizado pela primeira vez em vários motores de locomotivas a vapor em 1800, esse mecanismo é comumente encontrado em sistemas de fechadura de portas. Se o disco está girando a uma velocidade angular constante $\dot{\theta} = 60$ rpm, $H = 1,2$ m, $R = 0,46$ m e r indica a distância entre B e O, calcule $\dot{r}, \dot{\phi}, \ddot{r}$ e $\ddot{\phi}$ quando $\theta = 90°$.

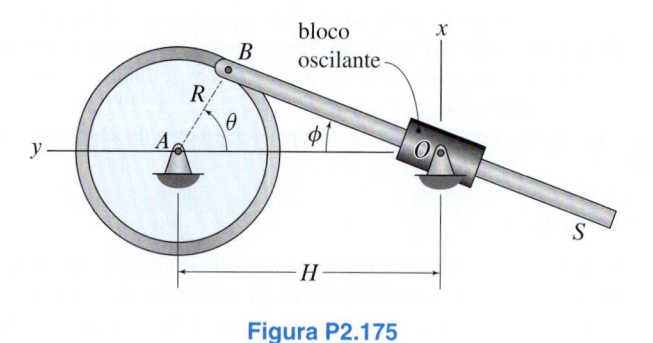

Figura P2.175

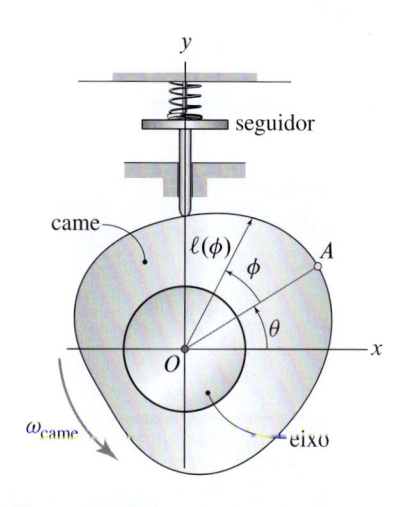

Figura P2.176

Problema 2.176

O came é montado sobre um eixo que gira sobre O a uma velocidade angular constante ω_{came}. O perfil do came é descrito pela função $\ell(\phi) = R_O (1 + 0,25 \cos^3\phi)$, em que o

---

[29] A bomba espiral foi originalmente inventada em 1746 por H. A. Wirtz, um fabricante suíço de utensílios de estanho de Zurique. Recentemente, o conceito da bomba espiral tem sido empregado em projetos de microdispositivos. Alguns dos dados utilizados neste exemplo foram retirados de M. I. Kilani, P. C. Galambos, Y. S. Haik e C.-J. Chen, "Design and Analysis of a Surface Micromachined Spiral-Channel Viscous Pump", *Journal of Fluids Engineering*, **125**, pp. 339-344, 2003.

ângulo ϕ é medido em relação ao segmento OA, que gira com o came. Considerando $\omega_{came} = 3.000$ rpm e $R_0 = 30$ mm, determine a velocidade e a aceleração do seguidor quando $\theta = 33°$. Expresse a aceleração do seguidor em termos de g, a aceleração da gravidade.

Problema 2.177

O colar é montado sobre o braço horizontal mostrado, que está originalmente girando à velocidade angular ω_0. Suponha que, depois que a corda é cortada, o colar desliza ao longo do braço de tal forma que a aceleração total do colar é igual a zero. Determine uma expressão da componente radial da velocidade do colar em função de r, a distância a partir do eixo de rotação. *Dica:* Usando coordenadas polares, observe que $d(r^2\dot\theta)/dt = ra_\theta$.

Problema 2.178

A partícula A desliza sobre o semicilindro enquanto é empurrada pelo braço fixado por pino em C. O movimento do braço é controlado de tal forma que começa a partir do repouso em $\theta = 0$, ω aumenta uniformemente em função de θ, e $\omega = 0,5$ rad/s para $\theta = 45°$. Considerando $R = 100$ mm, determine a rapidez e a magnitude da aceleração de A quando $\phi = 32°$.

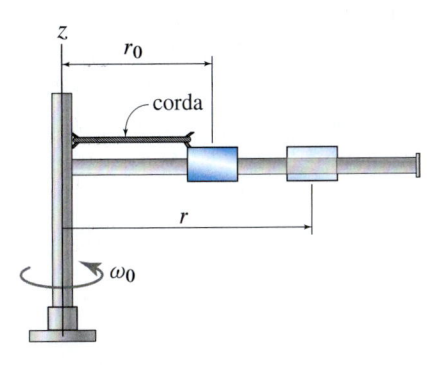

Figura P2.177

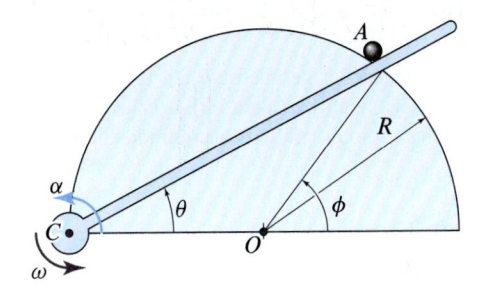

Figura P2.178

Problema 2.179

Um satélite está se movendo ao longo da órbita elíptica mostrada. Usando o sistema de coordenadas polares da figura, a órbita do satélite é descrita pela equação

$$r(\theta) = 2b^2 \frac{a + \sqrt{a^2 - b^2}\cos\theta}{a^2 + b^2 - (a^2 - b^2)\cos(2\theta)},$$

o que implica a seguinte identidade

$$\frac{rr'' - 2(r')^2 - r^2}{r^3} = -\frac{a}{b^2},$$

em que a plica indica derivação em relação a θ. Usando essa identidade e sabendo que o satélite se move de modo que $K = r^2\dot\theta$, com K constante (isto é, de acordo com as leis de Kepler), mostre que a componente radial da aceleração é proporcional a $-1/r^2$, que está de acordo com a lei da gravitação universal de Newton.

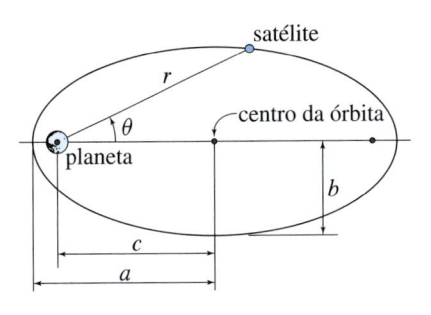

Figura P2.179

PROBLEMAS DE PROJETO

Problema de Projeto 2.2

Como parte de uma competição de robótica, um braço robótico deve ser projetado de modo a pegar um ovo sem quebrá-lo. O ovo é lançado no ponto A a partir do repouso, enquanto o braço também está inicialmente em repouso na posição mostrada. O braço começa a se mover quando o ovo é liberado, e ele pega o ovo em B com a mesma rapidez e aceleração que o ovo tem naquele instante (coincidir a rapidez evita o impacto, e coincidir a aceleração irá mantê-los juntos após o impacto).

Suponha que o braço começará a desacelerar o ovo em B, e irá fazê-lo parar completamente em C. Considere também que a taxa de variação vertical da desaceleração (a derivada temporal da aceleração) sentida pelo ovo permanece constante, e se o ovo chega em C com aceleração zero. Para o movimento entre B e C, determine

(a) A taxa de variação da desaceleração.

(b) A função $y(t)$ do movimento vertical.

(c) O tempo que leva para o braço conduzir o ovo até uma parada.

(d) A posição vertical C em que eles chegam a uma parada.

(e) Então, usando o fato de que $\dot{\vec{a}} \cdot \hat{i}$ é 0 e $\dot{\vec{a}} \cdot \hat{j}$ é a taxa de variação no tempo da aceleração vertical devido ao movimento do braço ao longo de uma linha vertical, plote as funções $r(t)$ e $\theta(t)$ necessárias para alcançar o movimento dado de B para C.

(f) Por último, use as restrições geométricas $0,5 \, \text{tg} \, \theta = y$ e $r^2 = y^2 + (0,5)^2$ para determinar expressões analíticas para $r(t)$ e $\theta(t)$ e compare os gráficos dessas expressões analíticas com os gráficos encontrados na Parte (e). Eles devem ser iguais.

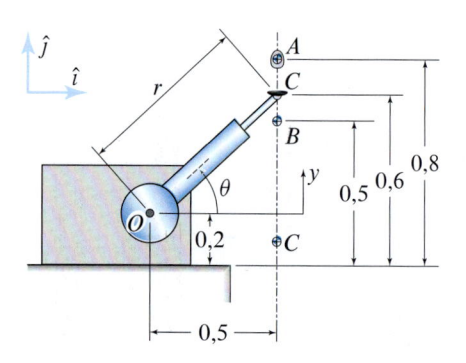

Figura PP2.2 e PP2.3

Problema de Projeto 2.3

Como parte de uma competição de robótica, um braço robótico deve ser projetado de modo a pegar um ovo sem quebrá-lo. O ovo é lançado no ponto A a partir do repouso, enquanto o braço também está inicialmente em repouso na posição mostrada. O braço começa a se mover quando o ovo é liberado, e ele deve pegar o ovo em B, de modo a evitar qualquer impacto entre o ovo e a mão do robô. Veja o Problema de Projeto 2.2 para visualizar como o braço do robô deve mover-se para que ele *pegue* o ovo. Com isso em mente, encontre um perfil de aceleração (isto é, $\ddot{r}(t)$ e $\ddot{\theta}(t)$) do braço que se move a partir de sua posição inicial para B que satisfaça essa condição. Todas as dimensões estão em metros.

2.7 ANÁLISE DE MOVIMENTO RELATIVO E DERIVAÇÃO DE RESTRIÇÕES GEOMÉTRICAS

Nesta seção discutiremos os conceitos de movimento relativo e derivação das restrições. Esses conceitos são utilizados na solução de problemas com múltiplos objetos em movimento e são importantes no desenvolvimento da cinemática do corpo rígido. Estudaremos o movimento relativo usando sistemas de referência que só transladam um em relação ao outro. O caso geral, que inclui sistemas que também giram um em relação ao outro, é apresentado na Seção 6.4. Quanto ao problema do alvo móvel indicado abaixo, apresentaremos a sua solução no Exemplo 2.26.

Atingindo um alvo em movimento

Referindo-se à Fig. 2.50, considere uma cena de filme de ação em que o vagão A e o veículo B estão prestes a colidir no cruzamento da ferrovia C. O vagão A está viajando a uma rapidez constante de 18 m/s, enquanto B, que está carregado com explosivos, está se aproximando do cruzamento a uma rapidez constante de 40 m/s. O herói do filme está em A e precisa apontar uma arma para B e atirar para destruir B antes da colisão. A arma pode disparar um projétil P a 300 m/s, e supõe-se que nosso herói dispara a arma exatamente a 4 s do cruzamento. Se você fosse o assessor técnico desse filme, em *que direção, em relação ao vagão, você diria para o nosso herói apontar a arma em A a fim de acertar B*?

As questões colocadas por este problema requerem que caracterizemos o movimento de B *do ponto de vista do herói*; isto é, a rapidez do projétil deve ser interpretada como a *rapidez do projétil vista pelo herói*. Por outro lado, as velocidades de A e B são dadas por um observador que não está se movendo em relação aos trilhos e a estrada e, portanto, vê *tanto A quanto B em movimento*. O observador, que não está se movendo em relação aos trilhos e a estrada, será referido como *estacionário*, e o herói em A é, então, um *observador em movimento*, ou seja, um observador cujo sistema de referência, neste caso o vagão A, está se movendo. Com base nessas observações, a solução do problema é determinada traduzindo-se as informações de posição, velocidade e aceleração a partir do sistema estacionário para o sistema em movimento. Traduzir as informações entre os sistemas de referência em movimento relativo um ao outro é o que a análise de *movimento relativo* trata.

Movimento relativo

Referindo-se à Fig. 2.51, considere dois pontos A e B se deslocando em trajetórias separadas em um plano. Atrelamos ao plano do movimento um sistema de referência cartesiano com os eixos X e Y e vetores-base $\hat{I}$ e $\hat{J}$. Nos referimos a esse sistema como o *sistema estacionário*. Para a partícula A atrelamos um sistema de referência cartesiano com os eixos x e y e vetores-base $\hat{i}$ e $\hat{j}$. Nos referimos a esse segundo sistema como o *sistema em movimento*. Usando a Eq. (1.16), da p. 11, no sistema XY a posição de B relativa a A é

$$\vec{r}_{B/A} = (X_B - X_A)\hat{I} + (Y_B - Y_A)\hat{J}, \qquad (2.99)$$

em que (X_A, X_B) e (X_B, Y_B) são as coordenadas de A e B em relação ao sistema XY, respectivamente, e em que lembramos que o subscrito B/A é lido "B em relação a A" (veja a discussão da Eq. (1.16) na p. 11).

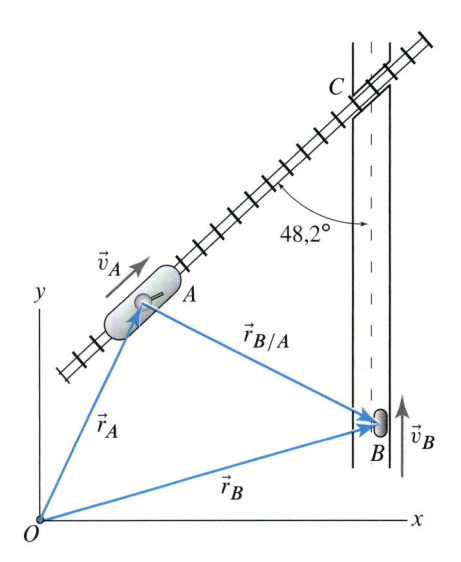

Figura 2.50
Vagão A e veículo B se aproximam de um cruzamento ferroviário. *Não desenhado em escala.*

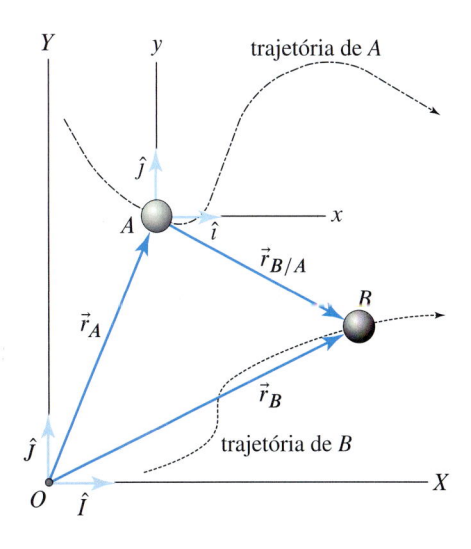

Figura 2.51
Duas partículas A e B e a definição do vetor de posição relativo delas $\vec{r}_{B/A}$.

A posição de B em relação a A como vista pelo sistema xy é

$$\vec{r}_{B/A} = x_B\,\hat{\imath} + y_B\,\hat{\jmath}, \tag{2.100}$$

em que x_B e y_B são as coordenadas de B em relação ao sistema xy. Como o sistema xy é cartesiano, quando o observador em movimento deriva o vetor $r_{B/A}$ em relação ao tempo, esse observador obtém

$$\left(\dot{\vec{r}}_{B/A}\right)_{\text{sistema }xy} = \dot{x}_B\,\hat{\imath} + \dot{y}_B\,\hat{\jmath}. \tag{2.101}$$

Em contrapartida, quando o observador estacionário calcula a mesma derivada no tempo, o resultado é

$$\begin{aligned}\left(\dot{\vec{r}}_{B/A}\right)_{\text{sistema }XY} &= \left(\dot{X}_B - \dot{X}_A\right)\hat{I} + \left(\dot{Y}_B - \dot{Y}_A\right)\hat{J} \\ &= \dot{x}_B\,\hat{\imath} + x_B\,\dot{\hat{\imath}} + \dot{y}_B\,\hat{\jmath} + y_B\,\dot{\hat{\jmath}},\end{aligned} \tag{2.102}$$

em que a última igualdade na Eq. (2.102) é obtida considerando que o observador estacionário calcula a derivada no tempo da Eq. (2.100). A aplicação da Eq. (2.60) da p. 92 fornece $\dot{\hat{\imath}} = \vec{\omega}_{\hat{\imath}} \times \hat{\imath}$ e $\dot{\hat{\jmath}} = \vec{\omega}_{\hat{\jmath}} \times \hat{\jmath}$, em que $\vec{\omega}_{\hat{\imath}} = \vec{\omega}_{\hat{\jmath}}$ é a velocidade angular do sistema xy medida pelo observador estacionário. Nesta seção, consideramos apenas o caso em que os sistemas xy e XY não giram um em relação ao outro, de modo que $\vec{\omega}_{\hat{\imath}} = \vec{\omega}_{\hat{\jmath}} = \vec{0}$, e o observador estacionário obtém

$$\dot{\hat{\imath}} = \vec{0} \quad \text{e} \quad \dot{\hat{\jmath}} = \vec{0}. \tag{2.103}$$

Por conseguinte, substituindo as Eqs. (2.103) na Eq. (2.102) e comparando o resultado com a Eq. (2.101), temos

$$\left(\dot{\vec{r}}_{B/A}\right)_{\text{sistema }xy} = \left(\dot{\vec{r}}_{B/A}\right)_{\text{sistema }XY}. \tag{2.104}$$

A Eq. (2.104) determina que a taxa da variação no tempo do vetor $\vec{r}_{B/A}$ é a mesma para os observadores estacionário e em movimento, quando esses observadores apenas transladam um em relação ao outro.

Para relacionar posição, velocidade e aceleração entre os sistemas de referência xy e XY, consideramos agora o triangulo vetorial OAB, para o qual temos (veja a Fig. 2.51)

$$\boxed{\vec{r}_B = \vec{r}_A + \vec{r}_{B/A},} \tag{2.105}$$

> **Informações úteis**
>
> **A notação $\vec{r}_{B/A}$.** Em alguns livros, o vetor posição relativa $\vec{r}_{B/A}$ é às vezes escrito como $\vec{r}_{AB}$, que é lido como "o vetor posição de A para B". Essa notação é potencialmente confusa quando estamos falando de velocidades e acelerações, pois o vetor $\vec{v}_{AB}$ pode ser lido como "o vetor velocidade de A para B" em vez de "o vetor velocidade relativa de B em relação a A", sendo a última expressão a maneira correta para referir-se à velocidade em questão.

em que $\vec{r}_A$ e $\vec{r}_B$ são os vetores posição de A e B em relação ao sistema de referência XY, respectivamente. A derivada no tempo da Eq. (2.105) fornece

$$\boxed{\vec{v}_B = \vec{v}_A + \vec{v}_{B/A},} \tag{2.106}$$

em que $\vec{v}_{B/A} = d\vec{r}_{B/A}/dt$ é a velocidade relativa de B em relação a A. Derivando a Eq. (2.106) em relação ao tempo, temos

$$\boxed{\vec{a}_B = \vec{a}_A + \vec{a}_{B/A},} \tag{2.107}$$

em que $\vec{a}_{B/A} = d^2\vec{r}_{B/A}/dt^2$ é a aceleração relativa de B em relação a A. Devido à Eq. (2.104), $v_{B/A}$ e $a_{B/A}$ são idênticas nos sistemas xy e XY. A Equação (2.106) diz que *a velocidade de B, vista pelo observador estacionário, é igual à velocidade de A, vista pelo observador estacionário, mais a velocidade relativa de B em relação a A, que é a velocidade de B vista pelo observador em movimento*. Substituindo a *velocidade* pela *aceleração*, a Eq. (2.107) pode ser lida de maneira similar.

Derivação das restrições geométricas

As equações de movimento relativo têm uma aplicação importante na análise de sistemas restritos. Como exemplo de sistema restrito, considere o sistema de polias da Fig. 2.52, para o qual queremos determinar como a velocidade e a aceleração do bloco P estão relacionadas com a velocidade e aceleração do bloco Q, sob a restrição de que as cordas do sistema são *inextensíveis*. Embora para sistemas simples de polias às vezes possamos intuir essas relações, aqui queremos desenvolver uma abordagem sistemática aplicável a sistemas de qualquer complexidade.

A chave para a análise de *qualquer* sistema de polias é o conceito de comprimento de corda (ou cabo, ou cordão) e sua primeira e segunda derivadas em relação ao tempo. Na Fig. 2.52 há três cordas. No entanto, as cordas GI e JH simplesmente mantêm o bloco P ligado à polia G e a polia H ligada ao teto fixo em J, respectivamente. Portanto

$$y_{I/G} = \text{constante} \Rightarrow v_{I/G} = 0 \Rightarrow a_{I/G} = 0 \quad (2.108)$$

$$\Rightarrow v_P = v_G \Rightarrow a_P = a_G, \quad (2.109)$$

$$y_{H/J} = \text{constante} \Rightarrow v_{H/J} = 0 \Rightarrow a_{H/J} = 0 \quad (2.110)$$

$$\Rightarrow v_H = v_J = 0 \Rightarrow a_H = a_J = 0, \quad (2.111)$$

em que as Eqs. (2.111) se sustentam porque J é um ponto fixo. Reconhecendo essas relações, agora só precisamos nos preocupar com a corda *ABCDEF*.

Considere o comprimento da corda *ABCDEF* como L, que é uma constante, uma vez que todas as cordas foram consideradas inextensíveis. Agora expressamos L em termos das grandezas indicadas na Fig. 2.52, ou seja,

$$L = \overline{AB} + \widetilde{BC} + \overline{CD} + \widetilde{DE} + \overline{EF}, \quad (2.112)$$

em que $\widetilde{BC}$ e $\widetilde{DE}$ são os comprimentos dos segmentos *curvos* da corda enrolados nas polias G e H, respectivamente, e as letras com barras em cima representam os comprimentos dos segmentos *retos* correspondentes. Observe que o comprimento de cada segmento de corda ou é *constante*, ou pode ser *escrito em termos das coordenadas dos blocos P e Q*. Escreveremos cada um deles da seguinte forma:

$$\overline{AB} = y_P - \overline{GI}, \quad \overline{CD} = y_P - \overline{GI} - \overline{JH}, \quad \overline{EF} = y_Q - \overline{JH}, \quad (2.113)$$

e então a Eq. (2.112) torna-se

$$L = 2y_P + y_Q - 2\overline{GI} - 2\overline{JH} + \widetilde{BC} + \widetilde{DE}. \quad (2.114)$$

Temos agora que derivar a Eq. (2.114) em relação ao tempo e reconhecer que

- $d(\overline{GI})/dt = dy_{I/G}/dt = v_{I/G} = 0$, devido à Eq. (2.108).
- $d(\overline{JH})/dt = dy_{H/J}/dt = v_{H/J} = 0$, devido à Eq. (2.110).
- $d(\widetilde{BC})/dt$ e $d(\widetilde{DE})/dt$ são ambos zero, porque a *quantidade* de corda enrolada em torno de qualquer uma das polias é sempre a mesma.

Portanto, obtemos

$$\dot{L} = 2\dot{y}_P + \dot{y}_Q. \quad (2.115)$$

Lembrando que L é constante porque a corda é inextensível, $\dot{L} = 0$, e a Eq. (2.115) fornece a relação entre as velocidades dos blocos P e Q, ou seja,

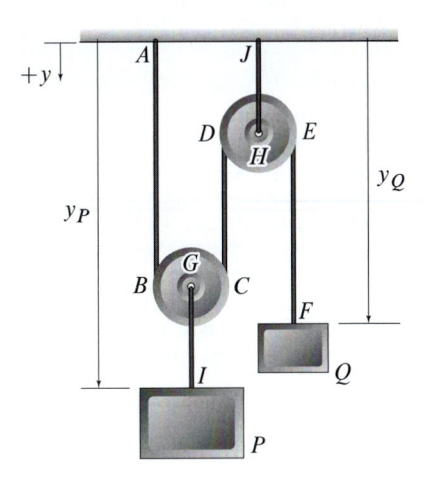

$$2\dot{y}_P + \dot{y}_Q = 0 \quad \text{ou} \quad 2v_P + v_Q = 0. \quad (2.116)$$

Figura 2.52
Sistema de polias simples usado para demonstrar os princípios por trás da derivação das restrições geométricas.

Informações úteis

E sobre a corda enrolada nas polias? O fato de que a derivada temporal do segmento da corda enrolado ao redor de cada polia é zero foi crucial para nossa simplificação das equações cinemáticas. Observe que não é a *parte* da corda que é constante, mas a *quantidade* de corda que é importante. Assim, embora a parte da corda que está tocando cada polia esteja variando, o *comprimento* da corda que está tocando cada polia não está. Esse comprimento é igual a $\pi \times$ o raio da polia, por isso, é constante.

Informações úteis

E se o comprimento da corda não é constante? Em alguns problemas, o comprimento da corda não é constante, como quando um motor ou um guincho está puxando ou soltando a corda. Nesses casos, modificamos a cinemática definindo a derivada temporal do comprimento de corda adequado igual à taxa na qual a corda está se tornando mais longa ou mais curta, ou seja,

$$\dot{L} = \begin{cases} + \text{taxa de aumento} \\ \text{ou} \\ - \text{taxa de diminuição} \end{cases}$$

Algumas observações sobre a Eq. (2.116) estão agora em ordem.

- A Eq. (2.116) diz que, se P está em movimento, digamos, a 4 m/s *para baixo*, então Q deve se deslocar a 8 m/s *para cima*. Isso ocorre porque $v_Q = -2v_P$, e definimos *tanto y_P quanto y_Q* como positivos para baixo.
- Podemos derivar a Eq. (2.116) uma vez em relação ao tempo para obter uma relação entre as acelerações dos blocos P e Q.

$$2a_P + a_Q = 0. \tag{2.117}$$

- Não precisávamos saber o comprimento de cada corda – só precisávamos saber que cada comprimento era constante. Esse caso ocorrerá com frequência.

Resumo final da seção

Movimento relativo. Referindo-se à Fig. 2.53, considere o movimento planar dos pontos A e B. As posições de A e B em relação ao sistema XY são $\vec{r}_A$ e $\vec{r}_B$, respectivamente. Ligado a A, há um sistema xy que translada, mas não gira em relação ao sistema XY. Em ambos os sistemas, a posição de B em relação a A é dada por $\vec{r}_{B/A}$. Usando adição vetorial, os vetores $\vec{r}_A$, $\vec{r}_B$ e $\vec{r}_{B/A}$ estão relacionados como segue:

$$\boxed{\text{Eq. (2.105), p. 136} \\ \vec{r}_B = \vec{r}_A + \vec{r}_{B/A}.}$$

A primeira e a segunda derivada em relação ao tempo da equação acima são, respectivamente,

$$\boxed{\text{Eqs. (2.106) e (2.107), p. 136} \\ \vec{v}_B = \vec{v}_A + \vec{v}_{B/A}, \\ \vec{a}_B = \vec{a}_A + \vec{a}_{B/A},}$$

em que $\vec{v}_{B/A} = \dot{\vec{r}}_{B/A}$ e $\vec{a}_{B/A} = \ddot{\vec{r}}_{B/A}$ são a velocidade e a aceleração relativas de B em relação a A, respectivamente. Em geral, os vetores $\vec{v}_{B/A}$ e $\vec{a}_{B/A}$ calculados pelo observador xy são diferentes dos vetores $\vec{v}_{B/A}$ e $\vec{a}_{B/A}$ calculados pelo observador XY. No entanto, os observadores xy e XY calculam o mesmo $\vec{v}_{B/A}$ e o mesmo $\vec{a}_{B/A}$ se esses observadores não girarem um em relação ao outro.

Movimento restrito. Há muito poucos problemas dinâmicos em que o movimento *não* é restrito de alguma forma. Em certas classes de sistemas, restrições são descritas por relações geométricas entre pontos no sistema. Analisamos um sistema de polias cujo movimento era limitado pela inextensibilidade das cordas no sistema. A chave para a análise do movimento restrito é a consciência de que podemos derivar as equações que descrevem as restrições geométricas para obter as velocidades e acelerações dos pontos de interesse. No caso do sistema de polias estudado nesta seção, era a taxa de variação temporal do comprimento da corda que usamos. Para uma corda inextensível, o comprimento da corda é constante, de forma que a taxa de variação temporal do comprimento da corda é zero.

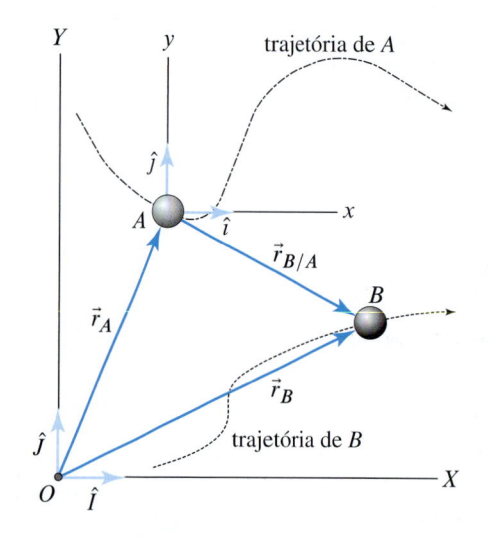

Figura 2.53

Figura 2.51 repetida. Duas partículas A e B e a definição do vetor de posição relativa delas $\vec{r}_{B/A}$.

EXEMPLO 2.24 Velocidade e aceleração relativa

O motorista do carro B vê um carro da polícia P e aplica os freios, fazendo o carro desacelerar a uma taxa constante de 7,6 m/s^2. Ao mesmo tempo, o carro da polícia está viajando a uma rapidez constante $v_P = 56$ km/h e, usando um radar móvel, o policial vê B vindo em sua direção a 105 km/h quando $\theta = 22°$. No instante em que a medição do radar móvel foi feita, determine a rapidez real correspondente de B e a magnitude da aceleração relativa de B em relação a P.

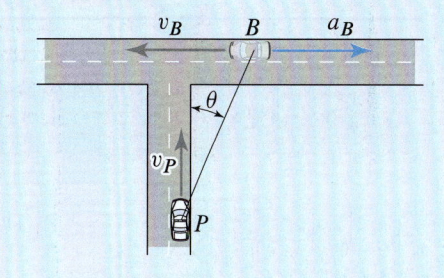

Figura 1

SOLUÇÃO

Roteiro Temos de encontrar a rapidez de B em relação à estrada, que escolhemos como nosso sistema estacionário. A rapidez medida pelo radar é relativa ao observador móvel P, e é a componente da velocidade de B em relação a P ao longo da linha que conecta B e P. Portanto, determinaremos a velocidade de B em relação a P e, em seguida, consideraremos a componente dessa velocidade ao longo da linha PB. Quanto à aceleração relativa de B em relação a P, podemos calculá-la com uma aplicação direta da Eq. (2.107).

Cálculos Considerando v_B a rapidez de B, referindo-se à Fig. 2, a velocidade de B em relação a P é

$$\vec{v}_{B/P} = \vec{v}_B - \vec{v}_P = -v_B\,\hat{\imath} - v_P\,\hat{\jmath}. \tag{1}$$

Indicando a leitura da rapidez do radar móvel por v_r, observando que v_r é negativo, pois o policial vê B vindo *em sua direção*, e observando que $\hat{u}_{B/P} = \operatorname{sen}\theta\,\hat{\imath} + \cos\theta\,\hat{\jmath}$ (o vetor unitário apontando de P para B), temos

$$-v_r = \vec{v}_{B/P} \cdot \hat{u}_{B/P} = -v_B \operatorname{sen}\theta - v_P \cos\theta. \tag{2}$$

Resolvendo a Eq. (2) para v_B, temos

$$\boxed{v_B = \frac{v_r - v_P \cos\theta}{\operatorname{sen}\theta} = 141{,}7\,\text{km/h}.} \tag{3}$$

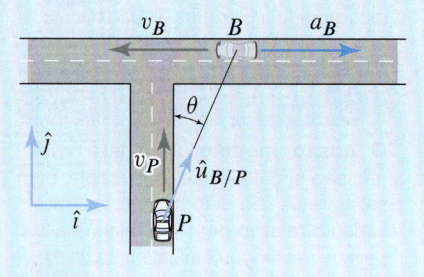

Figura 2 Sistema de componentes estacionários.

Aplicando a Eq. (2.107), a aceleração de B em relação a P é

$$\vec{a}_{B/P} = \vec{a}_B - \vec{a}_P = (7{,}6\,\text{m/s}^2)\,\hat{\imath}, \tag{4}$$

desde que o carro da polícia esteja viajando a uma velocidade constante. Portanto, temos

$$\boxed{|\vec{a}_{B/P}| = 7{,}6\,\text{m/s}^2.} \tag{5}$$

Discussão e verificação Como os termos $\cos\theta$ e $\operatorname{sen}\theta$ são adimensionais, o resultado da Eq. (3) está dimensionalmente correto. O resultado da Eq. (5) também está dimensionalmente correto, pois foi derivado de uma aplicação direta de uma fórmula dimensionalmente correta para a aceleração relativa.

EXEMPLO 2.25 — Movimento relativo de um sistema de absorção de impacto de um carro

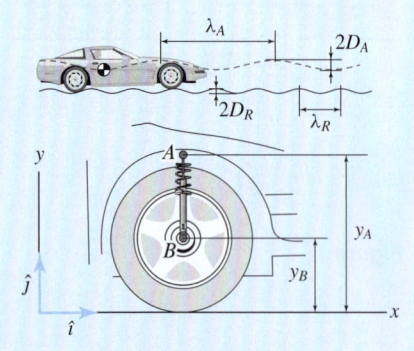

Considere um carro movendo-se sobre uma estrada ondulada (Fig. 1) de tal forma que os pontos A e B tenham a mesma velocidade horizontal constante v_0. Determine, como funções do tempo, a posição, a velocidade e a aceleração relativa de A em relação a B. Suponha que A e B se deslocam de tal forma que $y_A = h_A + D_A\,\text{sen}(2\pi x_A/\lambda_A)$ e $y_B = R_W + D_R\,\text{sen}(2\pi x_B/\lambda_R)$, respectivamente. Considere h_A e R_W a altura do topo da suspensão e do centro da roda, respectivamente, quando o carro não está se movendo.

SOLUÇÃO

Roteiro Uma vez que descrevemos a posição dos pontos A e B, podemos encontrar a sua posição relativa subtraindo-as. A velocidade e a aceleração relativa podem então ser encontradas pela derivação da posição relativa em relação ao tempo.

Figura 1
Esquema simplificado do sistema de absorção de impacto de um carro. O ponto A é incorporado à estrutura do carro.

Informações úteis

O nosso modelo. Estradas reais não são onduladas senoidalmente, as rodas reais são deformáveis, e o movimento relativo de A em relação a B deve ser estudado em um contexto 3D. Este exemplo serve apenas para nos ajudar a ter uma noção da ordem de grandeza das velocidades e das acelerações nesse tipo de sistema.

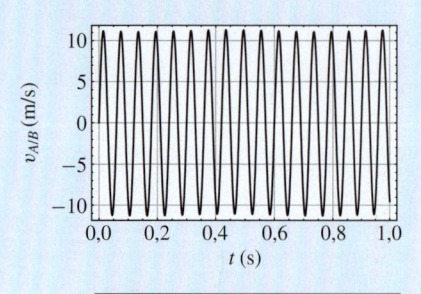

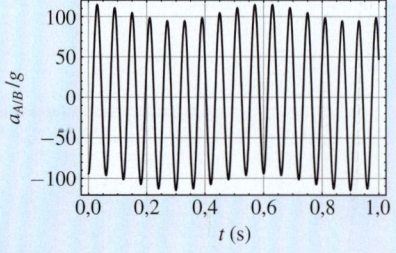

Cálculos Usando o sistema de coordenadas mostrado na Fig. 1, temos

$$\vec{r}_A = x_A\,\hat{\imath} + y_A\,\hat{\jmath} \quad \text{e} \quad \vec{r}_B = x_B\,\hat{\imath} + y_B\,\hat{\jmath}. \tag{1}$$

Usando a Eq. (2.105), a posição relativa torna-se

$$\vec{r}_{A/B} = \vec{r}_A - \vec{r}_B = (x_A - x_B)\,\hat{\imath} + (y_A - y_B)\,\hat{\jmath} = y_{A/B}\,\hat{\jmath}, \tag{2}$$

em que $x_A = x_B$, visto que A e B se movem a uma mesma velocidade horizontal constante. Usando as trajetórias dadas de A e B, o vetor de posição relativa $\vec{r}_{A/B}$ assume a forma

$$\vec{r}_{A/B} = y_{A/B}\,\hat{\jmath} = \left[h_A - R_W + D_A\,\text{sen}\left(\frac{2\pi v_0 t}{\lambda_A}\right) - D_R\,\text{sen}\left(\frac{2\pi v_0 t}{\lambda_R}\right)\right]\hat{\jmath}, \tag{3}$$

em que temos usado $x_A = x_B = v_0 t$, pois o veículo se movimenta à rapidez constante v_0. Estabelecemos, sem perda de generalidade, que $x_A(0) = x_B(0) = 0$.

A velocidade e a aceleração relativa são obtidas pela derivação da Eq. (3) em relação ao tempo, usando a regra da cadeia e observando que $\dot{x}_A = v_0$ e $\ddot{x}_A = 0$, ou seja,

$$\dot{y}_{A/B} = \frac{dy_{A/B}}{dx_A}\frac{dx_A}{dt} = \frac{dy_{A/B}}{dx_A}\dot{x}_A = \frac{dy_{A/B}}{dx_A}v_0, \tag{4}$$

$$\ddot{y}_{A/B} = v_0\frac{d}{dt}\left(\frac{dy_{A/B}}{dx_A}\right) = v_0\frac{d}{dx_A}\left(\frac{dy_{A/B}}{dx_A}\right)\frac{dx_A}{dt} = \frac{d^2 y_{A/B}}{dx_A^2}v_0^2, \tag{5}$$

de modo que

$$\vec{v}_{A/B} = \dot{y}_{A/B}\,\hat{\jmath} = \frac{dy_{A/B}}{dx_A}v_0\,\hat{\jmath} \quad \text{e} \quad \vec{a}_{A/B} = \ddot{y}_{A/B}\,\hat{\jmath} = \frac{d^2 y_{A/B}}{dx_A^2}v_0^2\,\hat{\jmath}. \tag{6}$$

Substituindo a Eq. (3) nas Eqs. (6), obtemos

$$\vec{v}_{A/B} = 2\pi v_0\left[\frac{D_A}{\lambda_A}\cos\left(\frac{2\pi x_A}{\lambda_A}\right) - \frac{D_R}{\lambda_R}\cos\left(\frac{2\pi x_B}{\lambda_R}\right)\right]\hat{\jmath}, \tag{7}$$

$$\vec{a}_{A/B} = -4\pi^2 v_0^2\left[\frac{D_A}{\lambda_A^2}\text{sen}\left(\frac{2\pi x_A}{\lambda_A}\right) - \frac{D_R}{\lambda_R^2}\text{sen}\left(\frac{2\pi x_B}{\lambda_R}\right)\right]\hat{\jmath}. \tag{8}$$

Discussão e verificação A verificação da certeza dimensional do resultado é deixada ao leitor como um exercício.

Um olhar mais atento A Figura 2 mostra uma representação das Eqs. (7) e (8) para uma escolha específica dos parâmetros geométricos relevantes. Observe que as magnitudes da velocidade vertical são da mesma ordem que a rapidez horizontal do carro. Além disso, a aceleração máxima é superior a $100g$!

Figura 2
Gráficos da velocidade e da aceleração relativa. O gráfico acima mostra valores da aceleração em g. Os seguintes valores foram utilizados: $D_A = D_R = 0{,}1$ m, $\lambda_A = 10$ m, $\lambda_R = 1$ m, $v_0 = 60$ km/h.

EXEMPLO 2.26 Análise de um problema envolvendo um alvo móvel

Em uma cena de um filme de ação, o vagão A e o veículo B estão a 4 s de uma colisão no cruzamento C (Fig. 1). Nesse momento, o herói do filme viaja no vagão e atira com uma arma em B para destruir B antes da colisão. A e B se movem à rapidez constante $v_A = 18$ m/s e $v_B = 40$ m/s, respectivamente, e o projétil P da arma viaja a 300 m/s. Em que direção θ você diria para o herói em A apontar a arma para acertar B?

SOLUÇÃO

Roteiro Considere $\vec{v}_{P/A}$ como o vetor velocidade do projétil P em relação ao vagão A. A magnitude de $\vec{v}_{P/A}$ é de 300 m/s, e queremos resolver para $\vec{v}_{P/A}$, que fornece a direção para a qual o herói aponta a arma e pode ser descrita pelo ângulo θ na Fig. 1. Para encontrar θ, usaremos relações cinemáticas para relacionar $\vec{v}_{P/A}$, que é medido em relação a A, com $\vec{v}_A$ e $\vec{v}_B$, que são medidos em relação ao solo. Se $\vec{r}_P(t)$ e $\vec{r}_B(t)$ são as posições do projétil P e do alvo B em função do tempo, respectivamente, então "acertar o alvo" envolve o fato de que deve haver um tempo t_h, tal que P e B ocupem a mesma posição, ou seja,

$$\vec{r}_P(t_h) = \vec{r}_B(t_h). \tag{1}$$

Nossa estratégia será a de descrever as velocidades de P e B, que integraremos em relação ao tempo para obter $\vec{r}_P(t)$ e $\vec{r}_B(t)$ de forma que possamos satisfazer a Eq. (1).

Cálculos Referindo-se à Fig. 2, definimos um sistema de referência com origem em C e um eixo y coincidindo com a trajetória de B. Definiremos esse sistema como *estacionário*. Observamos também que, uma vez disparado, P viaja a uma velocidade constante $\vec{v}_P$ em relação ao sistema estacionário. Assim, se estabelecermos t_f como o momento do disparo, P move-se ao longo do segmento que começa na posição de A em t_f e termina na posição de B em t_h. Se considerarmos v_P e v_B as velocidades de P e B, respectivamente, no sistema estacionário, elas podem ser escritas como

$$\vec{v}_P = v_{Px}\,\hat{i} + v_{Py}\,\hat{j} \quad \text{e} \quad \vec{v}_B = v_B\,\hat{j}, \tag{2}$$

em que v_{Px} e v_{Py} são desconhecidos e $v_B = 40$ m/s. Uma vez que $\vec{v}_P$ e $\vec{v}_B$ são constantes, aplicando as equações de aceleração constante componente por componente, a Eq. (2) torna-se

$$\vec{r}_P(t) = [r_{Px}(t_f) + v_{Px}(t - t_f)]\,\hat{i} + [r_{Py}(t_f) + v_{Py}(t - t_f)]\,\hat{j}, \tag{3}$$

$$\vec{r}_B(t) = [r_{By}(t_f) + v_B(t - t_f)]\,\hat{j}, \tag{4}$$

em que $r_P(t_f) = r_{Px}(t_f)\,\hat{i} + r_{Py}(t_f)\,\hat{j}$ e $\vec{r}_B(t_f) = r_{By}(t_f)\,\hat{j}$ são as posições de P e B no momento do disparo, respectivamente.

Como P é disparado de A, para $t = t_f$ devemos ter $\vec{r}_P(t_f) = \vec{r}_A(t_f)$. Além disso, em $t = t_f$, A e B estão a 4 s de distância de C, e assim temos (veja a Fig. 3)

$$\vec{r}_P(t_f) = \vec{r}_A(t_f) = -d\,\text{sen}\,\beta\,\hat{i} - d\cos\beta\,\hat{j} \quad \text{com} \quad d = v_A(4\text{ s}) = 72\text{m}, \tag{5}$$

e

$$\vec{r}_B(t_f) = -\ell\,\hat{j} \quad \text{com} \quad \ell = v_B(4\text{ s}) = 160\text{m}. \tag{6}$$

Já que $\vec{v}_P$ é constante, seu valor é determinado pelas condições em A (ou seja, em $t = t_f$). Referindo-se à Fig. 4, a cinemática relativa mostra que, no momento do disparo, temos

$$\vec{v}_P = \vec{v}_A + \vec{v}_{P/A} = v_A(\text{sen}\,\beta\,\hat{i} + \cos\beta\,\hat{j}) + v_{P/A}(\cos\theta\,\hat{i} - \text{sen}\,\theta\,\hat{j}),$$

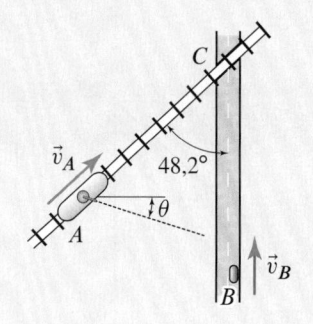

$$= (v_A\,\text{sen}\,\beta + v_{P/A}\cos\theta)\,\hat{i} + (v_A\cos\beta - v_{P/A}\,\text{sen}\,\theta)\,\hat{j}, \tag{7}$$

Figura 1
Um vagão e um robô se aproximando de um cruzamento ferroviário. A figura *não é desenhada em escala*.

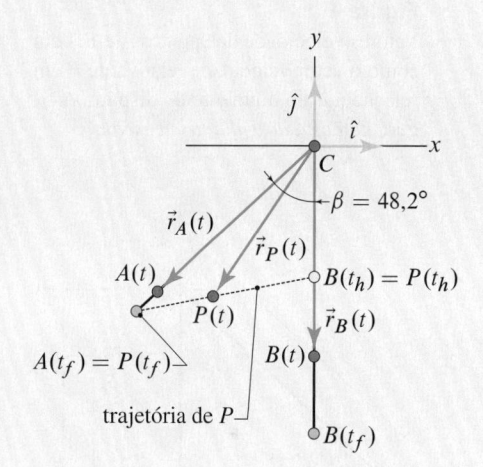

Figura 2
Vetores posição dos pontos A, B e P em um tempo genérico t. A figura *não é desenhada em escala*.

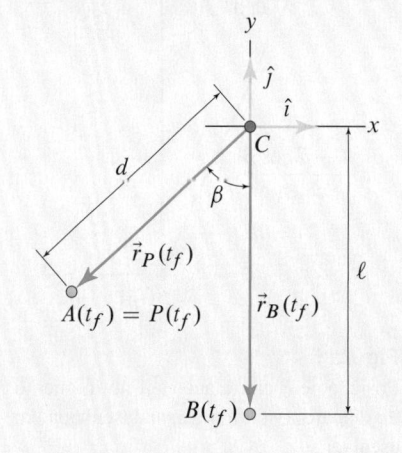

Figura 3
Vetores posição dos pontos P e B no momento do disparo. A figura *não é desenhada em escala*.

Figura 4
Vetores velocidade dos pontos A e B, bem como o vetor velocidade relativa de P em relação a A no momento do disparo. A figura *não está desenhada em escala*.

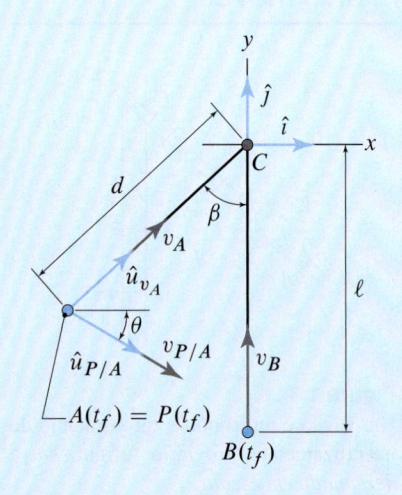

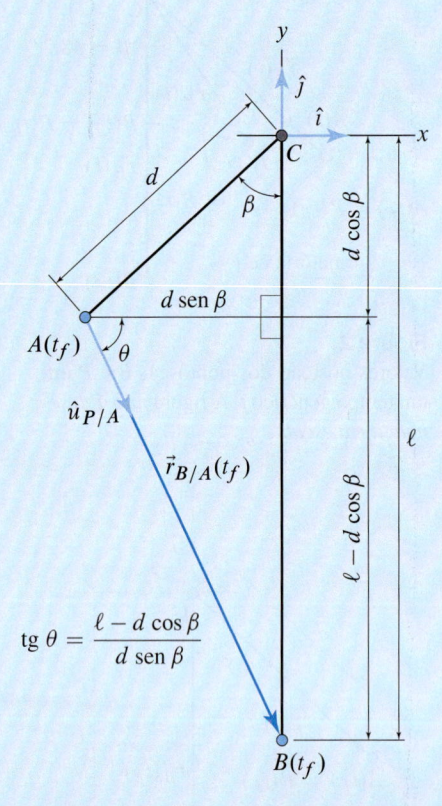

Figura 5
Posição de B em relação a A no momento do disparo. Esta figura *está* desenhada em escala.

Usando as Eqs. (5)-(7), podemos reescrever as Eqs. (3) e (4) como

$$\vec{r}_P(t) = [-d\operatorname{sen}\beta + (v_A \operatorname{sen}\beta + v_{P/A}\cos\theta)(t-t_f)]\,\hat{i} \\ + [-d\cos\beta + (v_A\cos\beta - v_{P/A}\operatorname{sen}\theta)(t-t_f)]\,\hat{j}, \quad (8)$$

$$\vec{r}_B(t) = [-\ell + v_B(t-t_f)]\,\hat{j}. \quad (9)$$

Agora estamos prontos para aplicar a condição da Eq. (1), ou seja, definir $\vec{r}_P(t_h) = \vec{r}_B(t_h)$. Considerando $t = t_h$ nas Eqs. (8) e (9) e definindo $\vec{r}_P(t_h) = \vec{r}_B(t_h)$ componente a componente, temos

$$-d\operatorname{sen}\beta + (v_A \operatorname{sen}\beta + v_{P/A}\cos\theta)(t_h - t_f) = 0, \quad (10)$$

$$-d\cos\beta + (v_A\cos\beta - v_{P/A}\operatorname{sen}\theta)(t_h - t_f) = -\ell + v_B(t_h - t_f). \quad (11)$$

Resolvendo a Eq. (10) para $t_h - t_f$, e substituindo o resultado da Eq. (11), obtemos

$$-d\cos\beta + (v_A\cos\beta - v_{P/A}\operatorname{sen}\theta)\frac{d\operatorname{sen}\beta}{v_A\operatorname{sen}\beta + v_{P/A}\cos\theta} \\ = -\ell + v_B\frac{d\operatorname{sen}\beta}{v_A\operatorname{sen}\beta + v_{P/A}\cos\theta}. \quad (12)$$

Multiplicando do início ao fim pelo denominador das duas frações e simplificando, temos

$$-dv_{P/A}(\cos\theta\cos\beta + \operatorname{sen}\theta\operatorname{sen}\beta) = -\ell(v_A\operatorname{sen}\beta + v_{P/A}\cos\theta) + v_B d\operatorname{sen}\beta. \quad (13)$$

Agora, lembre-se de que queremos resolver para θ, e, assim, isolando $\operatorname{sen}\theta$ e $\cos\theta$ em um lado da equação, obtemos

$$(\ell - d\cos\beta)\cos\theta - d\operatorname{sen}\beta\operatorname{sen}\theta = \frac{\operatorname{sen}\beta}{v_{P/A}}(v_B d - v_A \ell). \quad (14)$$

Agora lembre-se de que, em $t = t_f$, A e B estão a 4 s de distância de uma colisão em C, e, portanto, devemos ter

$$4\text{ s} = d/v_A = \ell/v_B \quad \Rightarrow \quad v_A\ell = v_B d \quad \Rightarrow \quad v_B d - v_A \ell = 0. \quad (15)$$

Por isso, a Eq. (14) torna-se

$$(\ell - d\cos\beta)\cos\theta - d\operatorname{sen}\beta\operatorname{sen}\theta = 0, \quad (16)$$

que pode ser resolvida para θ a fim de obter

$$\boxed{\theta = \operatorname{tg}^{-1}\left(\frac{\ell - d\cos\beta}{d\operatorname{sen}\beta}\right) = 64{,}4°.} \quad (17)$$

Discussão e verificação O argumento da tangente inversa na Eq. (17) é adimensional, como deveria ser.

Observe que nosso resultado é independente de $v_{P/A}$. Esse resultado é incomum em problemas de alvos móveis, e, em geral, sugere que um observador em B veja P se mover ao longo de uma reta que não muda sua orientação, quase como se B fosse estacionário e P viajasse ao longo da linha que une A e B no momento do disparo. Apesar de incomum, neste problema específico o resultado está correto, mas somente porque A e B estão em rota de colisão, enquanto viajam a uma velocidade constante. Isso significa que A e B veem um ao outro que se deslocar diretamente um ao outro ao longo de uma linha reta cuja orientação em relação a A ou B permanece fixa. Por sua vez, isso significa que, quando o herói aponta a arma para B, ele deve apontar diretamente para B. Isso pode ser visto consultando a Fig. 5, que também nos permite obter o resultado encontrado na Eq. (17) usando trigonometria simples.

EXEMPLO 2.27 Análise de sistema de polias

A Fig. 1 mostra um sistema de polias para o qual queremos determinar como a velocidade e a aceleração do bloco P estão relacionadas à velocidade e à aceleração do bloco Q, quando eles estão conectados pelas polias e cordas *inextensíveis* mostradas. Encontre as equações que relacionem v_P com v_Q e a_P com a_Q.

SOLUÇÃO

Roteiro A chave para a análise de *qualquer* sistema de polias é o conceito de comprimento de corda (ou cabo, ou cordão) e sua primeira e segunda derivadas em relação ao tempo. Notamos que na Fig. 1 existe um total de quatro cordas, mas duas delas, ou seja, as cordas *EF* e *MN*, simplesmente mantêm o bloco P ligado à polia E e a polia N ligada ao teto fixo, respectivamente. Cinematicamente, estamos dizendo que

$$y_{F/E} = \text{constante} \Rightarrow v_{F/E} = 0 \Rightarrow a_{F/E} = 0 \quad (1)$$

$$\Rightarrow v_P = v_F = v_E \Rightarrow a_P = a_F = a_E, \quad (2)$$

$$y_{N/M} = \text{constante} \Rightarrow v_{N/M} = 0 \Rightarrow a_{N/M} = 0 \quad (3)$$

$$\Rightarrow v_M = v_N = 0 \Rightarrow a_M = a_N = 0. \quad (4)$$

Identificando essas relações, agora só precisamos chamar a atenção para as duas cordas: *ABCD* e *GHIJKL*.

Cálculos Considere que o comprimento da corda *ABCD* é L_1, e o comprimento da corda *GHIJKL* é L_2. Observe que, na situação mostrada na Fig. 1, as cordas têm comprimento constante, visto que nos é dito que elas são inextensíveis. Expressaremos esses comprimentos em termos das grandezas mostradas na Fig. 1. Os comprimentos L_1 e L_2 podem ser escritos como

$$L_1 = \overline{AB} + \widetilde{BC} + \overline{CD}, \quad (5)$$

$$L_2 = \overline{GH} + \widetilde{HI} + \overline{IJ} + \widetilde{JK} + \overline{KL}, \quad (6)$$

em que $\widetilde{BC}$, $\widetilde{HI}$ e $\widetilde{JK}$ representam os comprimentos dos segmentos *curvos* da corda que envolvem as polias E, D e N, respectivamente, e as letras com barras em cima representam os comprimentos dos segmentos correspondentes em linha *reta*. Observe que os comprimentos de cada um dos segmentos de corda ou são *constantes*, ou podem ser *escritos em termos das coordenadas que descrevem as posições dos blocos P e Q*. Assim, podemos escrever

$$\overline{AB} = y_P - \overline{EF}, \qquad \overline{CD} = y_P - \overline{EF} - \overline{GH}, \quad (7)$$

$$\overline{IJ} = \overline{GH} - \overline{MN}, \qquad \overline{KL} = y_Q - \overline{MN}, \quad (8)$$

e então as Eqs. (5) e (6) tornam-se, respectivamente,

$$L_1 = 2y_P - \overline{GH} - 2\overline{EF} + \widetilde{BC}, \quad (9)$$

$$L_2 = y_Q + 2\overline{GH} + \widetilde{HI} + \widetilde{JK} - 2\overline{MN}. \quad (10)$$

Se agora derivarmos as Eqs. (9) e (10) em relação ao tempo e identificarmos que

- $d(\overline{EF})/dt = dy_{F/E}/dt = v_{F/E} = 0$ devido à Eq. (1),
- $d(\overline{MN})/dt = dy_{N/M}/dt = v_{N/M} = 0$ devido à Eq. (3),
- $d(\widetilde{BC})/dt$, $d(\widetilde{HI})/dt$ e $d(\widetilde{JK})/dt$ são todos zero, devido ao fato de a *quantidade* de corda enrolada em torno de qualquer uma das polias ser sempre a mesma,

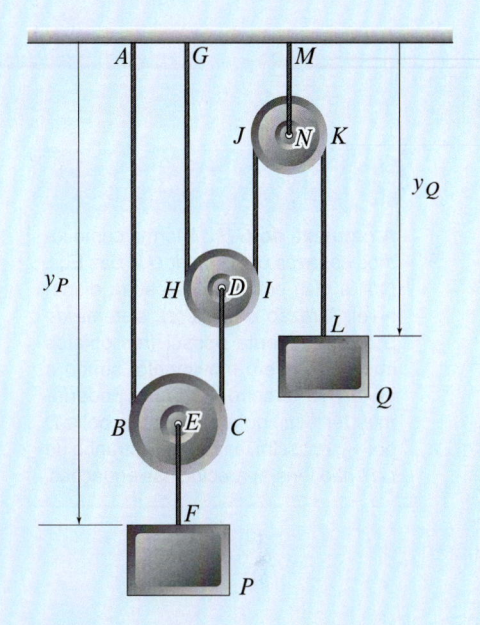

Figura 1
Um sistema de polias para o qual pretendemos relacionar o movimento do bloco P com o bloco Q.

> **Alerta de conceito**
>
> **Será que o comprimento da corda importa?** Novamente, não é o comprimento da corda que é importante; apenas a sua taxa de variação no comprimento que interessa.

então obtemos

$$\dot{L}_1 = 2\dot{y}_P - \frac{d(\overline{GH})}{dt} = 2\dot{y}_P - \dot{\overline{GH}}, \qquad (11)$$

$$\dot{L}_2 = \dot{y}_Q + 2\frac{d(\overline{GH})}{dt} = \dot{y}_Q + 2\dot{\overline{GH}}. \qquad (12)$$

Fazemos agora as seguintes observações:

1. Como afirmamos que a corda é inextensível, seu comprimento deve ser constante, portanto, a derivada temporal de seu comprimento deve ser zero, ou seja, $\dot{L}_1 = \dot{L}_2 = 0$.
2. Ainda temos $\dot{\overline{GH}}$ sobrando nas Eqs. (11) e (12). No entanto, ambas envolvem $\dot{\overline{GH}}$, por esse motivo, ele pode ser eliminado delas.

Usando esses dois itens, as Eqs. (11) e (12) tornam-se a relação entre a velocidade do bloco P e do bloco Q

$$\boxed{4\dot{y}_P + \dot{y}_Q = 0 \quad \text{ou} \quad 4v_P + v_Q = 0,} \qquad (13)$$

que podem, então, ser derivadas para a relação de aceleração conforme

$$\boxed{4a_P + a_Q = 0.} \qquad (14)$$

Discussão e verificação As Eqs. (13) e (14) são dimensionalmente homogêneas, como deveriam ser. Além disso, note que a Eq. (13) mostra que, se P está se movendo a 4 m/s *para baixo*, então Q deve se mover a 16 m/s *para cima*. Isso ocorre porque definimos *tanto* y_P quanto y_Q como positivos para baixo e $v_Q = -4v_P$. Esse resultado é consistente com a geometria do sistema de polias na Fig. 1.

Informações úteis

A natureza do $\dot{\overline{GH}}$. A forma como fomos capazes de eliminar $\overline{GH}$ das Eqs. (11) e (12) sempre nos estará disponível. A razão é que esse sistema de polias realmente possui *três* objetos importantes em movimento, sendo a polia D o terceiro. Portanto, poderíamos ter definido a posição da polia D por y_D, e, assim, a notação estranha de $\overline{GH}$ não teria aparecido nas equações.

EXEMPLO 2.28 Movimento restrito de uma escada

Um trabalhador de uma equipe de manutenção decidiu que seria mais fácil deixar sua camioneta "fazer o levantamento" do que fazer ele mesmo. Com isso em mente, ele decide apoiar sua escada contra o edifício e ficar de pé na extremidade da escada em A, enquanto seu companheiro parte com a camioneta do repouso e dá marcha a ré com uma aceleração constante a_T na direção indicada na Fig. 1. Considerando uma escada suficientemente forte e o fato de que não há janelas no caminho, esse procedimento fará o trabalhador em A subir a parede do edifício. Observando que a extremidade da escada em B está a uma distância h do chão, o comprimento da escada é L, e θ começa em θ_0, determine a velocidade e a aceleração do trabalhador em A em função do ângulo θ e, como parte da solução, determine como $\dot{\theta}$ e $\ddot{\theta}$ relacionam-se com a_T.

SOLUÇÃO

Roteiro Podemos fazer a análise cinemática necessária do sistema observando as seguintes restrições geométricas:

1. O comprimento da escada é uma constante L.
2. A extremidade A da escada está restrita a se movimentar somente na direção vertical da parede.
3. A extremidade B da escada está restrita a se movimentar somente na direção horizontal do movimento da camioneta.

Figura 1
As grandezas v_T e a_T denotam as componentes da velocidade e da aceleração, respectivamente, da camioneta no sentido do movimento da camioneta, que é para a esquerda.

Todos esses itens podem ser incorporados em uma relação, observando que o ponto A, o ponto B e a parede do edifício sempre formarão um triângulo retângulo de modo que

$$(y_A - h)^2 + x_B^2 = L^2. \tag{1}$$

A Eq. (1) é a chave para nossa análise.

Cálculos Uma vez que a Eq. (1) é verdadeira para qualquer valor de y_A e x_B, podemos derivá-la em relação ao tempo para obter

$$(y_A - h)\dot{y}_A + x_B \dot{x}_B = 0, \tag{2}$$

em que usamos o fato de o comprimento da escada ser constante, de forma que sua derivada no tempo seja zero. Reorganizando a Eq. (2), obtemos

$$\dot{y}_A = -\left(\frac{x_B}{y_A - h}\right)\dot{x}_B. \tag{3}$$

Isso não nos fornece a velocidade de A na forma que buscamos, pois ainda podemos escrever x_B e y_A em termos do ângulo θ. Notando que

$$x_B = L \operatorname{sen} \theta, \qquad y_A - h = L \cos \theta, \tag{4}$$

e $\dot{x}_B = -v_T$, vemos que a Eq. (3) torna-se

$$\dot{y}_A = v_A = v_T \operatorname{tg} \theta. \tag{5}$$

Precisamos dar mais um passo, visto que sabemos somente a_T, a aceleração constante da camioneta, e não v_T. Veremos como.

Começamos aplicando a regra da cadeia em v_T para obter a_T, o que dá

$$a_T = \frac{dv_T}{dt} = \frac{dv_T}{d\theta}\frac{d\theta}{dt} = \dot{\theta}\frac{dv_T}{d\theta}, \tag{6}$$

em que $\dot{\theta}$ pode ser encontrado obtendo-se a derivada no tempo de x_B nas Eqs. (4), isto é,

$$\dot{x}_B = L\dot{\theta}\cos\theta \quad \Rightarrow \quad \dot{\theta} = \frac{\dot{x}_B}{L\cos\theta} = \frac{-v_T}{L\cos\theta}. \tag{7}$$

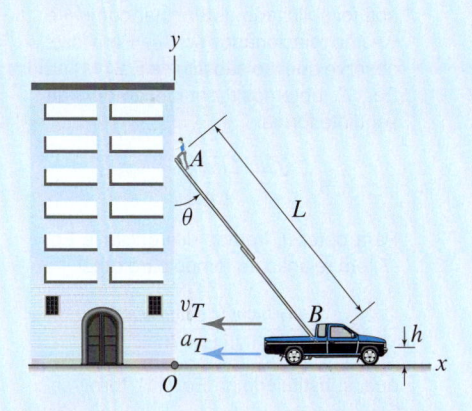

Informações úteis

Sinais de $\dot{x}_B$ e $\dot{y}_A$. Devemos ter o sinal de menos na relação $\dot{x}_B = -v_T$ porque definimos x_B positivo para a direita e porque indicamos v_T positivo para a esquerda. Além disso, como y é positivo para cima e $0° < \theta < 90°$ a Eq. (3) nos diz que, quando a camioneta está dando marcha a ré, ou seja, quando $v_T > 0$, então o trabalhador em A deve estar em movimento para cima.

Informações úteis

$\dot\theta$ e $\ddot\theta$ como funções de a_T. Também nos foi solicitado determinar como $\dot\theta$ e $\ddot\theta$ estão relacionados com a_T. Para isso, observe que, ao substituir a Eq. (11) na Eq. (7), obtemos $\dot\theta$ em função de θ da seguinte forma:

$$\dot\theta = \frac{-\sqrt{2a_T L(\operatorname{sen}\theta_0 - \operatorname{sen}\theta)}}{L\cos\theta}.$$

Para obter $\ddot\theta$, iremos diferenciar a Eq. (7) em relação ao tempo para obter

$$\ddot\theta = \frac{-a_T L \cos\theta - v_T L\dot\theta\operatorname{sen}\theta}{L^2\cos^2\theta},$$

que, substituindo na Eq. (11), torna-se

$$\ddot\theta = -\frac{a_T}{L}\sec\theta$$
$$+ \frac{2a_T\operatorname{sen}\theta}{L\cos^3\theta}(\operatorname{sen}\theta_0 - \operatorname{sen}\theta).$$

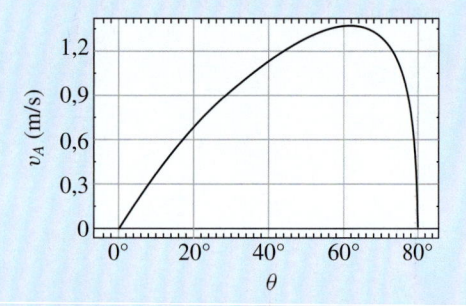

Substituindo $\dot\theta$ da Eq. (7) na Eq. (6), obtemos

$$a_T = \frac{-v_T}{L\cos\theta}\frac{dv_T}{d\theta} \quad \Rightarrow \quad a_T L\cos\theta\, d\theta = -v_T\, dv_T. \tag{8}$$

Agora, já que a_T é constante, podemos integrá-la da seguinte forma

$$a_T L \int_{\theta_0}^{\theta}\cos\theta\, d\theta = -\int_0^{v_T} v_T\, dv_T, \tag{9}$$

$$a_T L(\operatorname{sen}\theta - \operatorname{sen}\theta_0) = -\tfrac{1}{2}v_T^2, \tag{10}$$

que fornece o seguinte para v_T em função de θ

$$v_T^2 = 2a_T L(\operatorname{sen}\theta_0 - \operatorname{sen}\theta). \tag{11}$$

Finalmente, substituindo a Eq. (11) na Eq. (5), obtemos o resultado final para v_A

$$\boxed{v_A = \sqrt{2a_T L(\operatorname{sen}\theta_0 - \operatorname{sen}\theta)}\,\operatorname{tg}\theta.} \tag{12}$$

Para obter a aceleração do trabalhador em A, poderíamos derivar as Eqs. (2), (3) ou (5), mas trabalharemos com a Eq. (5), pois é a mais simples das três. Assim, obtemos

$$\dot v_A = a_A = \dot v_T\,\operatorname{tg}\theta + v_T\dot\theta\sec^2\theta \tag{13}$$

$$= a_T\,\operatorname{tg}\theta + v_T\dot\theta\sec^2\theta, \tag{14}$$

de modo que, depois de substituirmos $\dot\theta$ da Eq. (7), a Eq. (14) torna-se

$$a_A = a_T\,\operatorname{tg}\theta - \frac{v_T^2\sec^2\theta}{L\cos\theta} = a_T\,\operatorname{tg}\theta - \frac{v_T^2}{L}\sec^3\theta. \tag{15}$$

Substituindo a Eq. (11) na Eq. (15), obtemos

$$\boxed{a_A = a_T[\operatorname{tg}\theta - 2\sec^3\theta(\operatorname{sen}\theta_0 - \operatorname{sen}\theta)].} \tag{16}$$

Discussão e verificação Nosso resultado foi obtido de forma analítica e está dimensionalmente correto. Para facilitar a discussão do nosso resultado, gráficos das funções das Eqs. (12) e (16) podem ser encontrados nas Figs. 2 e 3, respectivamente, para os valores especificados dos parâmetros. Lembre que ambas as Figs. 2 e 3 devem ser lidas da direita para a esquerda, uma vez que θ diminui à medida que a camioneta dá marcha a ré. Deve ser observado que a velocidade da pessoa em A tende a zero quando a escada atinge a posição vertical. Isso deve ser esperado, pois a escada tem um comprimento finito e, como a escada fica cada vez mais na vertical, a quantidade de deslocamento vertical possível diminui. É interessante que a aceleração da pessoa em A é muito grande quando a camioneta começa a se mover, isto é, quando $\theta = \theta_0 = 80°$. Devemos ainda mencionar que a Eq. (12) também pode ser encontrada usando as equações de aceleração constante da Seção 2.2.

Figura 2
Gráfico de v_A como dado pela Eq. (12) para $L = 8{,}5$ m, $a_T = 0{,}3$ m/s² e $\theta_0 = 80°$.

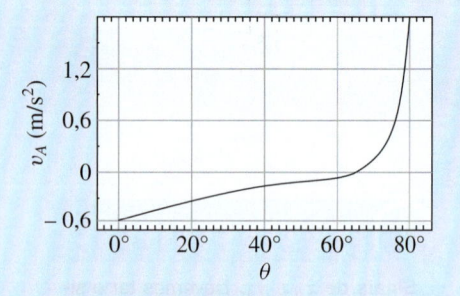

Figura 3
Gráfico de a_A como dado pela Eq. (16) para $a_T = 0{,}3$ m/s² e $\theta_0 = 80°$.

PROBLEMAS

Problema 2.180

O sistema de referência A está transladando em relação ao sistema de referência B. Ambos os sistemas acompanham o movimento de uma partícula C. Se em um instante a velocidade da partícula C é a mesma nos dois sistemas, o que se pode inferir sobre o movimento dos sistemas A e B naquele instante?

Nota: Problemas conceituais são sobre *explicações*, não sobre cálculos.

Problema 2.181

O sistema de referência A está transladando em relação ao sistema de referência B com velocidade $\vec{v}_{A/B}$ e aceleração $\vec{a}_{A/B}$. Uma partícula C parece estar estacionária em relação ao sistema A. O que você pode dizer sobre a velocidade e a aceleração da partícula C em relação ao sistema B?

Nota: Problemas conceituais são sobre *explicações*, não sobre cálculos.

Problema 2.182

O sistema de referência A está transladando em relação ao sistema de referência B com velocidade constante $\vec{v}_{A/B}$. Uma partícula C parece estar em movimento retilíneo uniforme em relação ao sistema A. O que você pode dizer sobre o movimento da partícula C em relação ao sistema B?

Nota: Problemas conceituais são sobre *explicações*, não sobre cálculos.

Problema 2.183

Uma esquiadora está descendo uma *ladeira* ondulada com morros. Considere os esquis curtos o suficiente para que possamos assumir que os pés da esquiadora estão seguindo o perfil dos morros. Então, se a esquiadora é hábil o suficiente para manter seus quadris em uma trajetória linear reta e alinhada verticalmente sobre os pés dela, determine a velocidade e a aceleração dos quadris em relação a seus pés, quando sua rapidez é igual a 15 km/h. Para o perfil dos morros, utilize a fórmula $y(x) = h_I - 0{,}15x + 0{,}125 \operatorname{sen}(\pi x/2)$ m, em que h_I é a altitude em que a esquiadora inicia a descida.

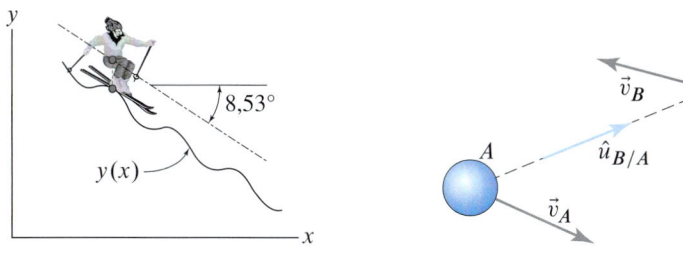

Figura P2.183

Figura P2.184

Problema 2.184

Duas partículas A e B estão se movendo em um plano com os vetores velocidade arbitrários $\vec{v}_A$ e $\vec{v}_B$, respectivamente. Considerando que a *taxa de separação* (TDS) é definida como a componente do vetor velocidade relativa ao longo da linha que liga as partículas A e B, determine uma expressão geral para a TDS. Expresse seu resultado em termos de $\vec{r}_{B/A} = \vec{r}_B - \vec{r}_A$, em que $\vec{r}_A$ e $\vec{r}_B$ são os vetores posição de A e B, respectivamente, em relação a algum ponto fixo escolhido no plano do movimento.

Problema 2.185

Três veículos, A, B e C, estão nas posições mostradas e estão se movendo para as direções indicadas. Definimos a *taxa de separação* (TDS) de duas partículas P_1 e P_2 como a

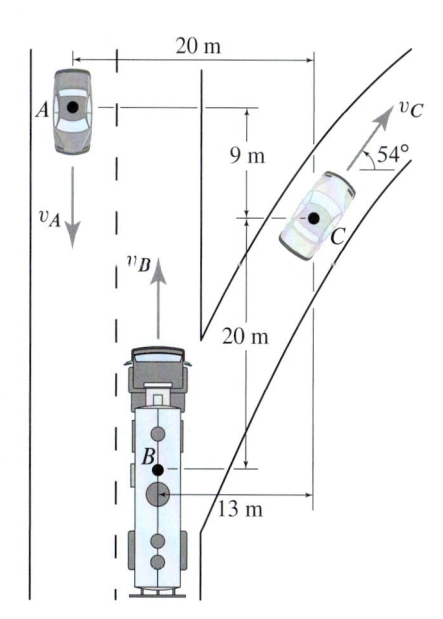

Figura P2.185 e P2.186

componente da velocidade relativa de, digamos, P_2 em relação a P_1 na direção do vetor posição relativa de P_2 em relação a P_1, que está ao longo da linha que liga as duas partículas. Em um dado instante, determine as taxas de separação TDS$_{AB}$ e TDS$_{CB}$, isto é, a taxa de separação entre A e B e entre C e B. Considere $v_A = 96$ km/h, $v_B = 88$ km/h e $v_C = 56$ km/h. Além disso, trate os veículos como partículas e use as dimensões indicadas na figura.

Problema 2.186

O carro A está se movendo a uma rapidez constante $v_A = 75$ km/h, enquanto o carro C está se movendo a uma rapidez constante $v_C = 42$ km/h em uma rampa de saída circular com raio $\rho = 80$ m. Determine a velocidade e a aceleração de C em relação a A.

Problema 2.187

Um barco de controle remoto, capaz de atingir uma rapidez máxima de 3 m/s na água parada, é feito para atravessar um riacho com uma largura $w = 10$ m que está fluindo a uma rapidez $v_W = 2$ m/s. Se o barco começa a partir do ponto O e mantém a sua orientação paralela à direção transversal do riacho, encontre a localização do ponto A na qual o barco atinge a outra margem, enquanto se desloca com sua rapidez máxima. Além disso, determine quanto tempo exige a travessia.

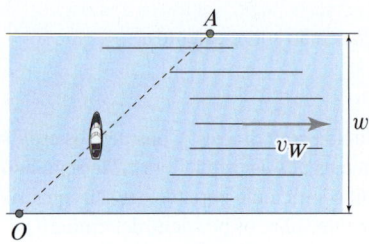

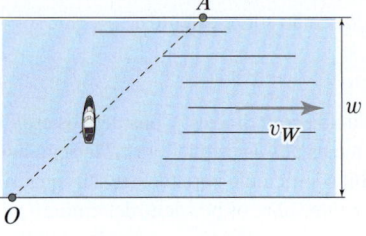

Figura P2.187

Figura P2.188

Problema 2.188

Um barco de controle remoto, capaz de atingir uma rapidez máxima de 3 m/s na água parada, é feito para atravessar um riacho com uma largura $w = 10$ m que está fluindo a uma rapidez $v_W = 2$ m/s. O barco é colocado na água em O, e *pretende-se* chegar a A usando um dispositivo de navegação que faz o barco sempre apontar na direção de A. Determine o tempo que o barco leva para chegar a A e a trajetória que ele percorre. Além disso, considere um caso em que a rapidez máxima do barco é igual à velocidade da corrente. Nesse caso, o barco chegará no ponto A? *Dica:* Para resolver o problema, escreva $\vec{v}_{B/W} = v_{B/W}\, \hat{u}_{A/B}$, em que o vetor unitário $\hat{u}_{A/B}$ sempre aponta do barco para o ponto A, e é, portanto, uma função do tempo.

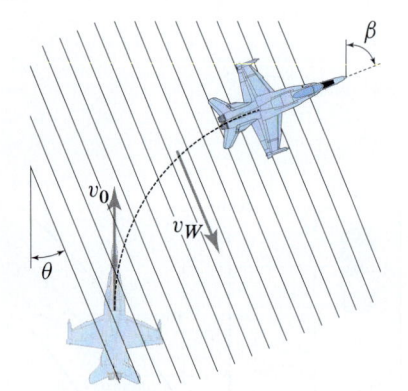

Figura P2.189

Problema 2.189

Um avião está voando inicialmente para o norte a uma rapidez $v_0 = 690$ km/h em relação ao solo enquanto o vento tem uma rapidez constante $v_W = 20$ km/h, formando um ângulo $\theta = 23°$ com a direção norte-sul. O avião faz uma mudança de curso de $\beta = 75°$ para o leste, mantendo uma leitura constante no indicador de velocidade do ar. Considerando $\vec{v}_{P/A}$ a velocidade do avião em relação ao ar e assumindo que o indicador de velocidade do ar mede a magnitude da componente de $\vec{v}_{P/A}$ na direção do movimento do avião, determine a rapidez do avião em relação ao solo após a correção do curso.

Problema 2.190

Uma aplicação interessante das equações de movimento relativo é a determinação experimental da rapidez com que a chuva cai. Digamos que você execute um experimento em seu carro, em que estaciona o seu carro na chuva e mede o ângulo que a chuva cain-

Figura P2.190

do faz na janela ao seu lado. Considere esse ângulo como $\theta_{\text{repouso}} = 20°$. Em seguida, dirija para frente a 40 km/h e meça o novo ângulo $\theta_{\text{movimento}} = 70°$ que a chuva faz com a vertical. Determine a rapidez da chuva que cai.[30]

Problema 2.191

Uma mulher está deslizando para baixo em uma rampa a uma aceleração constante $a_0 = 2,3$ m/s² em relação à rampa. Ao mesmo tempo, a rampa está acelerando para a direita a 1,2 m/s² em relação ao solo. Considere $\theta = 34°$ e $L = 4$ m e assuma que tanto a mulher quanto a rampa partem do repouso, determine a distância horizontal percorrida pela mulher em relação ao solo quando ela atinge a parte inferior da rampa.

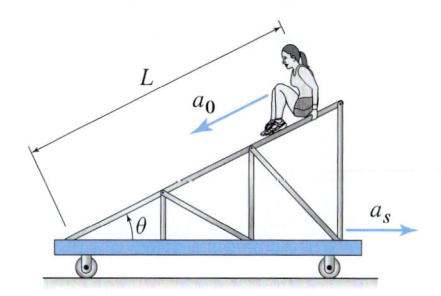

Figura P2.191

Problema 2.192

O prumo do pêndulo A oscila em torno de O, que é um ponto fixo, enquanto o prumo B oscila em torno de A. Expresse as componentes da aceleração de B em relação ao sistema de componentes mostrado com origem no ponto fixo O em termos de L_1, L_2, θ, ϕ, e das derivadas temporais necessárias de ϕ e θ.

Problema 2.193

Revise o Exemplo 2.26 no qual o herói do filme viaja em um vagão de trem em A à rapidez constante $v_A = 18$ m/s, enquanto o alvo em B está se movendo a uma rapidez constante $v_B = 40$ m/s (de modo que $a_B = 0$). Lembre que, 4 s antes de uma colisão inevitável entre A e B, um projétil P que viaja a uma rapidez de 300 m/s em relação a A é disparado em direção a B. Utilize a solução no Exemplo 2.26 e determine o tempo que o projétil P leva para chegar a B e a distância que o projétil percorreu.

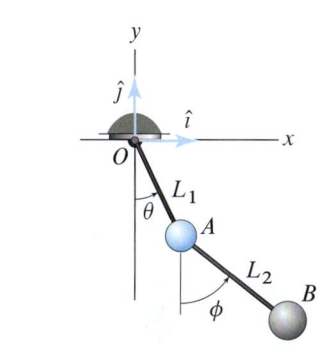

Figura P2.192

Problema 2.194

Considere a seguinte variação do problema no Exemplo 2.26, no qual o herói do filme precisa destruir um robô móvel em B, só que desta vez eles não colidirão em C. Suponha que o herói viaja no vagão do trem A com rapidez constante $v_A = 18$ m/s, enquanto o robô B viaja a uma rapidez constante $v_B = 50$ m/s. Além disso, suponha que no instante $t = 0$ s o vagão do trem A e o robô B estão a 72 e 160 m de distância de C, respectivamente. Para evitar que B atinja o seu alvo pretendido, em $t = 0$ s o herói dispara um projétil P em B. Se P pode viajar a uma rapidez constante de 300 m/s em relação à arma, determine a orientação θ que deve ser dada à arma para acertar B. *Dica:* Uma equação do tipo sen $\beta \pm A \cos \beta = C$ tem a solução $\beta = \mp \gamma + \text{sen}^{-1}(C \cos \gamma)$, se $|C \cos \gamma| \le 1$, em que $\gamma = \text{tg}^{-1} A$.

Problema 2.195

Considere a seguinte variação do problema no Exemplo 2.26, no qual o herói do filme precisa destruir um robô móvel em B. Como foi feito nesse problema, assuma que o herói do filme viaja no vagão do trem A com rapidez constante $v_A = 18$ m/s e que 4 s antes de uma colisão inevitável em C o herói dispara um projétil P viajando a 300 m/s em relação a A. Diferentemente do problema no Exemplo 2.26, suponha que o robô B viaja a uma aceleração constante $a_B = 10$ m/s² e que $v_B(0) = 20$ m/s, em que $t = 0$ é o instante do disparo. Determine a orientação de θ para a arma disparada pelo herói de forma que B possa ser destruído antes da colisão em C.

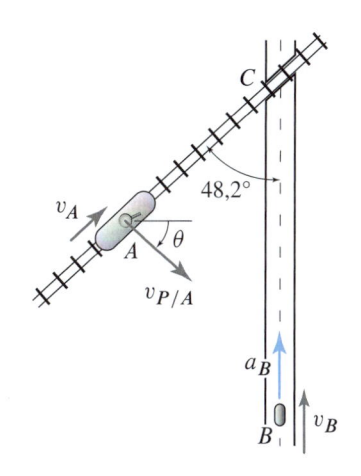

Figura P2.193-P2.195

Problema 2.196

Um guarda florestal R está apontando um rifle carregado com um dardo tranquilizante para um urso (a figura não está em escala). O urso está se movendo na direção indicada a uma rapidez constante $v_B = 40$ km/h. O guarda atira com o rifle quando o urso está em C a uma distância de 46 m. Sabendo que $\alpha = 10°$, $\beta = 108°$, o dardo se move a

---

[30] Uma pequena gota de chuva em uma chuva leve (1,0 mm/h de chuva) possui cerca de 0,5 mm de diâmetro e cai a aproximadamente 2 m/s. Uma gota de chuva de 2,6 mm em uma chuva moderada (6,5 mm/h de chuva) cai a aproximadamente 7,6 m/s, e uma gota de chuva grande de 4 mm em uma tempestade (25 mm/h de chuva) cai a 8,8 m/s.

uma rapidez constante de 130 m/s, e o dardo e o urso estão se movendo em um plano horizontal, determine a orientação θ do rifle de modo que o guarda possa atingir o urso. *Dica:* Uma equação do tipo sen $\beta \pm A \cos \beta = C$ tem a solução $\beta = \mp \gamma + \text{sen}^{-1}(C \cos \gamma)$, se $|C \cos \gamma| \leq 1$, em que $\gamma = \text{tg}^{-1} A$.

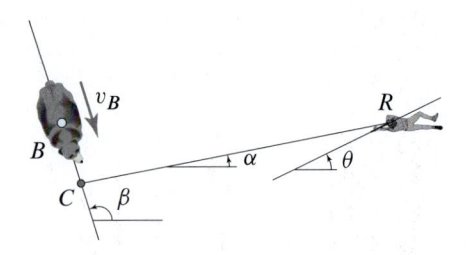

Figura P2.196

Problema 2.197

Um avião voando horizontalmente a uma rapidez $v_p = 110$ km/h, em relação à água, solta uma caixa em um porta-aviões quando está verticalmente sobre a extremidade traseira do navio, que está viajando a uma rapidez $v_S = 26$ km/h em relação à água. Se o avião solta a caixa de uma altura $h = 20$ m, a que distância a partir da parte de trás do navio a caixa pousará no convés do navio?

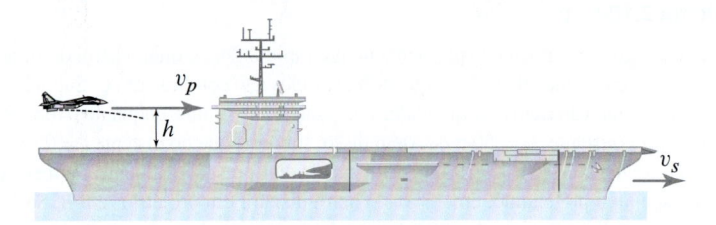

Figura P2.197 e P2.198

Problema 2.198

Um avião voando horizontalmente a uma rapidez v_p, em relação à água, solta uma caixa em um porta-aviões quando está verticalmente sobre a extremidade traseira do navio, que está viajando a uma rapidez $v_S = 52$ km/h em relação à água. O comprimento do convés do porta-aviões é $\ell = 300$ m, e a altura da queda é $h = 15$ m. Determine o valor máximo de v_p para que a caixa bata primeiramente dentro da metade traseira do convés.

Problema 2.199

O objeto na figura é chamado de talha e é usado comumente em veleiros para ajudar na operação de carregamento frontal. Se a extremidade em A é puxada para baixo a uma rapidez de 1,5 m/s, determine a velocidade de B. Desconsidere o fato de que algumas partes da corda não estão alinhadas verticalmente.

Problema 2.200

A talha mostrada na figura é operada com a ajuda de um cavalo. Se o cavalo se move para a direita a uma rapidez de 2 m/s, determine a velocidade e a aceleração de B, quan-

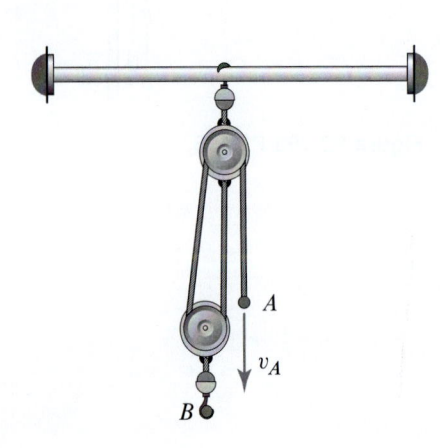

Figura P2.199

do a distância horizontal de B até A é de 4,5 m. Exceto para a parte da corda amarrada ao cavalo, desconsidere o fato de que algumas partes não estão alinhadas verticalmente.

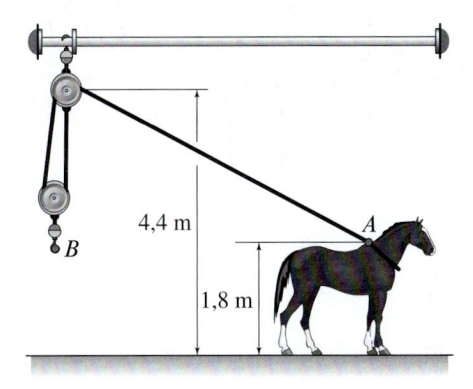

Figura P2.200

Problema 2.201

A figura mostra uma talha invertida com um bloco preso, que é usada comumente em veleiros. Se a extremidade em A é puxada a uma velocidade de 1,5 m/s, determine a velocidade de B. Desconsidere o fato de que algumas partes da corda não estão alinhadas verticalmente.

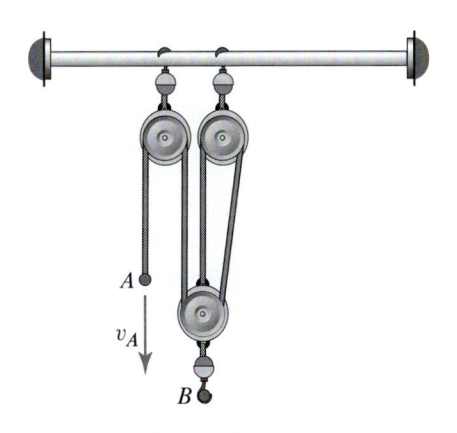

Figura P2.201

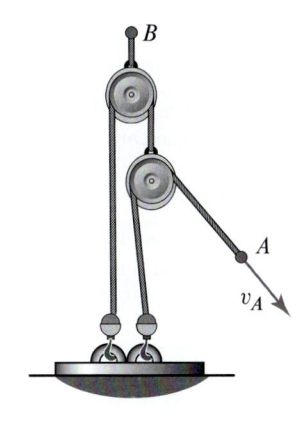

Figura P2.202

Problema 2.202

Em linguagem marítima, o sistema na figura é muitas vezes chamado de *açoite sobre açoite* e é usado para controlar certos tipos de velas em pequenas embarcações (unindo o ponto B com a vela a ser desdobrada). Se a extremidade da corda em A é puxada a uma rapidez de 4 m/s, determine a velocidade de B. Desconsidere o fato de que algumas partes da corda não estão alinhadas verticalmente.

Problema 2.203

O sistema de roldanas apresentado é utilizado para guardar uma bicicleta em uma garagem. Se a bicicleta é içada por um guincho que enrola a corda a uma taxa $v_0 = 125$ mm/s, determine a rapidez vertical da bicicleta.

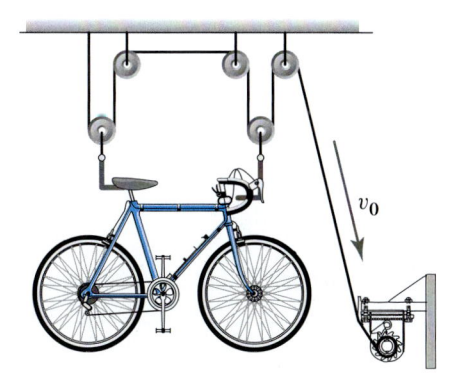

Figura P2.203

Problema 2.204

O bloco A é liberado do repouso e começa a deslizar pela inclinação a uma aceleração $a_0 = 3{,}7$ m/s². Determine a aceleração do bloco B em relação à inclinação. Além disso, determine o tempo necessário para B se mover a uma distância $d = 0{,}2$ m em relação a A.

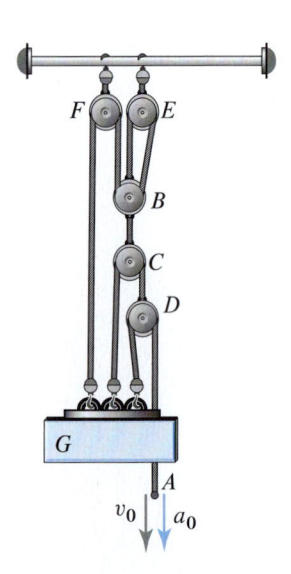

Figura P2.205 e P2.206

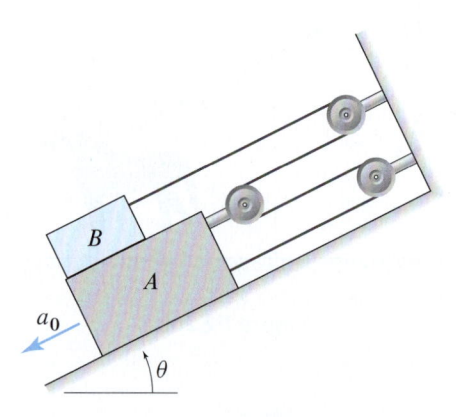

Figura P2.204

Problema 2.205

Assumindo que todos as cordas estão alinhadas verticalmente, determine a velocidade e a aceleração da carga G se $v_0 = 0{,}9$ m/s e $a_0 = 0{,}3$ m/s².

Problema 2.206

A carga G está inicialmente em repouso quando a extremidade A da corda é puxada a uma aceleração constante a_0. Determine a_0 de modo que G seja elevado 0,6 m em 4,3 s.

Problema 2.207

No instante mostrado, o bloco A está se movendo a uma rapidez constante $v_0 = 3$ m/s para a esquerda, e $w = 2{,}3$ m. Usando $h = 2{,}7$ m, determine quanto tempo é necessário para que B baixe 0,75 m a partir da sua posição inicial.

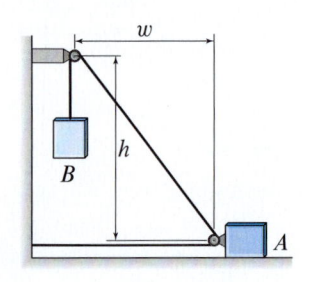

Figura P2.207 e P2.208

Problema 2.208

No instante mostrado, $h = 3$ m, $\omega = 2{,}4$ m, e o bloco B está se movendo a uma rapidez $v_0 = 1{,}5$ m/s e a uma aceleração $a_0 = 0{,}3$ m/s², ambos para baixo. Determine a velocidade e a aceleração do bloco A.

Todas as dimensões estão em metros.

Problema 2.209

Como parte de uma competição de robótica, um braço robótico deve ser projetado para capturar um ovo sem quebrá-lo. O ovo é liberado a partir do repouso em $t = 0$ no ponto A, enquanto o braço C também está inicialmente em repouso na posição mostrada. O braço começa a se mover quando o ovo é liberado, e deve capturar o ovo em algum momento de modo a evitar qualquer impacto entre o ovo e a mão robótica. O braço captura o ovo sem qualquer impacto, especificando que o braço e o ovo devem estar na mesma posição ao mesmo tempo a velocidades idênticas. Um estudante propõe que isso pode ser feito especificando um valor constante de $\ddot{\theta}$ para o qual (depois de um pouco de trabalho) verifica-se que o braço captura o ovo em $t = 0{,}4391$ s para $\ddot{\theta} = -13{,}27$ rad/s². Usando esses valores de t e $\ddot{\theta}$, determine a aceleração do braço e do ovo no momento da captura. Quando realizar essa tarefa, explique se o uso de um valor constante de $\ddot{\theta}$, como foi proposto, é ou não uma estratégia aceitável.

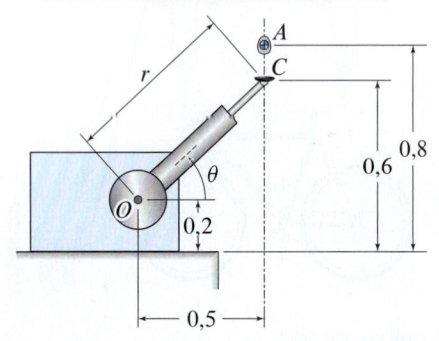

Figura P2.209 e P2.210

Capítulo 2 Cinemática da partícula **153**

💡 Problema 2.210 💡

Referindo-se ao problema de um braço robótico capturando um ovo (Prob. 2.209), a estratégia é que o braço e o ovo devam ter a mesma velocidade e a mesma posição, ao mesmo tempo, para o braço suavemente capturar o ovo. Além disso, o que deve ser verdadeiro sobre as acelerações do braço e do ovo para a captura ser bem-sucedida *após* o encontro dos mesmos a uma mesma velocidade na mesma posição e tempo? Descreva o que acontece se a aceleração do braço e a do ovo não coincidirem.

Nota: Problemas conceituais são sobre *explicações*, não sobre cálculos.

Problema 2.211

A cabeça de um pistão em C está restrita a se mover ao longo do eixo y. Considere a manivela AB girando no sentido anti-horário à rapidez angular constante $\dot{\theta} = 2.000$ rpm, $R = 90$ mm e $L = 135$ mm. Determine a velocidade de C quando $\theta = 35°$.

Problema 2.212

A cabeça de um pistão em C está restrita a se mover ao longo do eixo y. Considere a manivela AB girando no sentido anti-horário à rapidez angular constante $\dot{\theta} = 2000$ rpm, $R = 90$ mm e $L = 135$ mm. Determine expressões para a velocidade e a aceleração de C em função de θ e dos parâmetros dados.

Problema 2.213

Considere $\vec{\omega}_{BC}$ a velocidade angular do vetor posição relativa $\vec{r}_{C/B}$. Sendo assim, $\vec{\omega}_{BC}$ é também a velocidade angular da biela BC. Usando o conceito de derivada temporal de um vetor dado na Seção 2.4 da p. 88, determine a componente da velocidade relativa de C em relação a B ao longo da direção da biela BC.

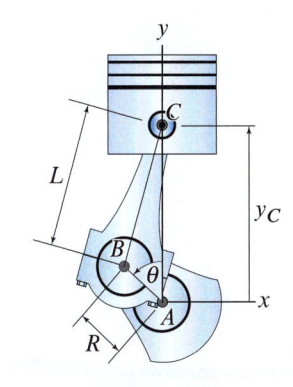

Figura P2.211-P2.213

Problemas 2.214 e 2.215

No corte de chapas metálicas, o braço robótico OA precisa mover a ferramenta de corte em C no sentido anti-horário a uma rapidez constante v_0 ao longo de uma trajetória circular de raio ρ. O centro do círculo está localizado na posição mostrada em relação à base do braço robótico em O.

Problema 2.214 Para todas as posições ao longo do corte circular (ou seja, para qualquer valor de ϕ), determine r, $\dot{r}$ e $\dot{\theta}$ em função das grandezas indicadas (ou seja, d, h, ρ, v_0). Use uma ou mais restrições geométricas e suas derivadas para executar a tarefa. Essas grandezas podem ser determinadas "a mão", mas é tedioso, por esse motivo, você pode considerar o uso de um programa de álgebra simbólica como o Maple ou Mathematica.

Problema 2.215 Para todas as posições ao longo do corte circular (ou seja, para qualquer valor de ϕ), determine $\ddot{r}$ e $\ddot{\theta}$ em função das grandezas indicadas (ou seja, d, h, ρ, v_0). Essas grandezas podem ser encontradas a mão, mas é muito tedioso, portanto, você pode considerar o uso de um programa de álgebra simbólica como o Maple ou Mathematica.

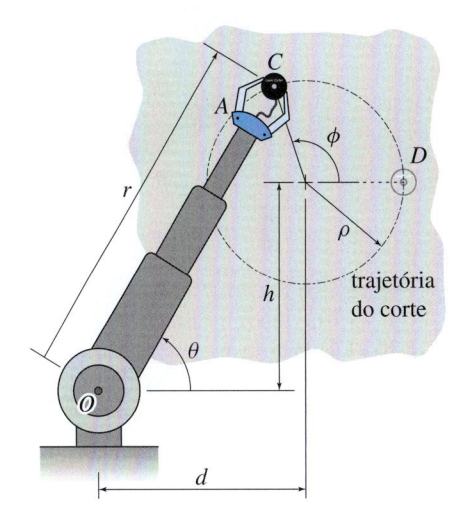

Figura P2.214 e P2.215

2.8 MOVIMENTO EM TRÊS DIMENSÕES

Até agora, no Capítulo 2, focamos principalmente o movimento planar, que, embora ocorra em um ambiente tridimensional, é tal que podemos descrever a posição dos pontos móveis utilizando apenas duas coordenadas. Nesta seção, consideramos o movimento dos pontos que não estão restritos a deslocar-se em um plano e, portanto, requerem que usemos três coordenadas para descrever a sua posição.

Paraquedismo acrobático

O surfista aéreo mostrado na Fig. 2.54 saltou de um avião e está caindo enquanto gira em torno do eixo vertical que passa pelo seu centro de massa. Referindo-se à Fig. 2.55, suponha que colocamos um acelerômetro na extremidade da prancha no ponto A. Esse dispositivo pode mostrar a aceleração $\vec{a}_A$ de A em qualquer instante, e podemos integrar $\vec{a}_A$ em relação ao tempo para fornecer a velocidade $\vec{v}_A$ (supondo que sabemos a velocidade inicial de A). Nosso objetivo é relacionar as medições indicadas de $\vec{a}_A$ e $\vec{v}_A$ com as taxas de giro e queda do surfista. Vamos supor que o eixo de rotação, ou seja, o eixo z na Fig. 2.55, passa pelo centro de massa do surfista, e que esse centro de massa atingiu a velocidade terminal durante a descida, ou seja, $v_s =$ constante. Descrevendo a orientação da prancha por meio de um ângulo θ_S, podemos caracterizar as taxas de rotação do surfista aéreo pelas derivadas temporais de θ_S, ou seja, $\dot{\theta}_S$ e $\ddot{\theta}_S$. Assim, como $\vec{v}_A$ e $\vec{a}_A$ estão relacionados a v_S, $\dot{\theta}_S$ e $\ddot{\theta}_S$?

Quando enfrentamos esse problema, imediatamente observamos que a curva que representa a trajetória de A não é uma curva plana. Portanto, o primeiro passo para resolver o nosso problema é descrever o movimento tridimensional de A com a escolha apropriada do sistema de coordenadas. Observe que, se o surfista não estivesse caindo, o seu movimento giratório poderia facilmente ser descrito utilizando um sistema de coordenadas polares com origem no eixo z. A intuição então sugere que o movimento do surfista aéreo pode ser convenientemente descrito simplesmente "acrescentando um eixo z" no conhecido sistema de coordenadas polares. Por isso, consideraremos a sugerida extensão tridimensional do sistema de coordenadas polares. Após fazer isso, iremos nos voltar para o estudo do movimento do surfista e proporcionar uma resposta à nossa pergunta. Por fim, consideraremos outras abordagens comuns para descrever o movimento tridimensional.

Posição, velocidade e aceleração em coordenadas cilíndricas

A extensão tridimensional do sistema de coordenadas polares é chamada de *sistema de coordenadas cilíndricas*. A Fig. 2.56 mostra as direções coordenadas de um sistema de coordenadas cilíndricas com origem em O e com a coordenada θ definida como positiva no sentido anti-horário, vista a partir do eixo z positivo. Se θ é definido como positivo no sentido horário, os resultados que seguem serão diferentes. Referindo-se à Fig. 2.56, as *coordenadas cilíndricas* de um ponto P são

$$R, \theta \text{ e } z, \tag{2.118}$$

em que R e θ são as coordenadas polares da projeção do ponto P sobre o plano $R\theta$, ou seja, o ponto Q, e a coordenada z é igual à distância entre P e Q tomados positivos ou negativos, dependendo se P é ou não alcançado a partir de Q ao mover-se no sentido z positivo.

Figura 2.54
Um surfista aéreo invertido e girando.

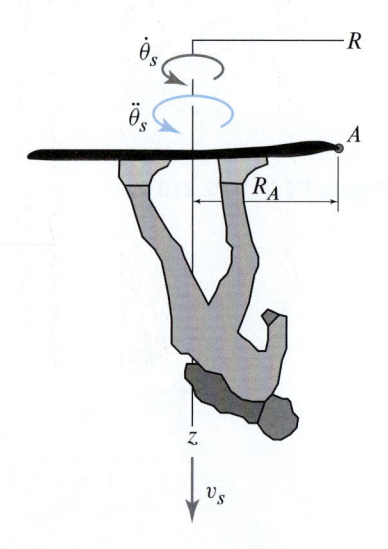

Figura 2.55
Um surfista aéreo e o sistema de coordenadas escolhido para descrever o movimento do ponto A na prancha.

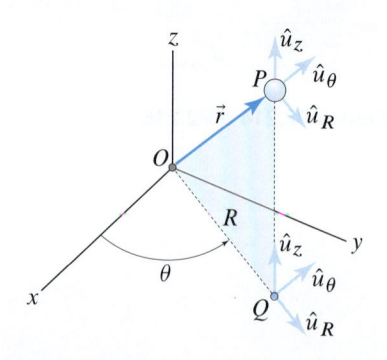

Figura 2.56
Direções coordenadas no sistema de coordenadas cilíndricas. Tal como acontece com as coordenadas polares, definidas na Seção 2.6, a coordenada θ está implicitamente contida em $\hat{u}_R$.

Para descrever vetores, apresentamos o seguinte conjunto de três vetores-base mutuamente ortogonais

$$\hat{u}_R, \hat{u}_\theta \text{ e } \hat{u}_z \text{ com } \hat{u}_z = \hat{u}_R \times \hat{u}_\theta, \qquad (2.119)$$

em que $\hat{u}_R$ e $\hat{u}_\theta$ são determinados como no caso do sistema de coordenadas polares e são, portanto, paralelos ao plano $R\theta$, enquanto $\hat{u}_z$ é um vetor unitário paralelo ao eixo z que aponta na direção z positiva. Disso resulta que o *vetor posição* de P em relação à origem O é dado por

$$\boxed{\vec{r} = R\,\hat{u}_R + z\,\hat{u}_z.} \qquad (2.120)$$

A Eq. (2.120) expressa o fato de que podemos localizar um ponto seguindo a projeção do ponto sobre o plano $R\theta$, dada pelo termo $R\hat{u}_R$, e, em seguida, adicionando a este a elevação z do ponto em relação ao plano $R\theta$. Observamos que as coordenadas R e z aparecem explicitamente na expressão para o vetor posição na Eq. (2.120), enquanto a coordenada θ aparece *implicitamente* no vetor unitário $\hat{u}_R$.

Derivando a Eq. (2.120) em relação ao tempo, obtemos o seguinte resultado para a velocidade em coordenadas cilíndricas

$$\boxed{\vec{v} = \dot{R}\,\hat{u}_R + R\dot{\theta}\,\hat{u}_\theta + \dot{z}\,\hat{u}_z = v_R\,\hat{u}_R + v_\theta\,\hat{u}_\theta + v_z\,\hat{u}_z,} \qquad (2.121)$$

em que

$$\boxed{v_R = \dot{R}, \quad v_\theta = R\dot{\theta} \quad \text{e} \quad v_z = \dot{z}} \qquad (2.122)$$

são as componentes cilíndricas do vetor velocidade. Quando escrevemos a Eq. (2.121), usamos a Eq. (2.85) da p. 119 e o fato de que $\hat{u}_z$ é constante porque o eixo z é fixo. Obtemos a aceleração em coordenadas cilíndricas derivando a Eq. (2.121) em relação ao tempo, ou seja,

$$\boxed{\begin{aligned}\vec{a} &= \left(\ddot{R} - R\dot{\theta}^2\right)\hat{u}_R + \left(R\ddot{\theta} + 2\dot{R}\dot{\theta}\right)\hat{u}_\theta + \ddot{z}\,\hat{u}_z \\ &= a_R\,\hat{u}_R + a_\theta\,\hat{u}_\theta + a_z\,\hat{u}_z,\end{aligned}} \qquad (2.123)$$

em que

$$\boxed{a_R = \ddot{R} - R\dot{\theta}^2, \quad a_\theta = R\ddot{\theta} + 2\dot{R}\dot{\theta} \quad \text{e} \quad a_z = \ddot{z}} \qquad (2.124)$$

são as componentes cilíndricas do vetor aceleração. Quando escrevemos a Eq. (2.123), usamos a Eq. (2.89) da p. 119 e a constância de $\hat{u}_z$.

Revisão do paraquedismo acrobático

Agora que o sistema de coordenadas cilíndricas foi formalmente introduzido, voltemos ao problema do surfista aéreo. Lembre-se de que esperávamos descrever o movimento giratório do surfista aéreo por meio de algum ângulo θ_S tal que as taxas $\dot{\theta}_S$ e $\ddot{\theta}_S$ descreveriam a velocidade e a aceleração angular do surfista aéreo, respectivamente. Usando um sistema de coordenadas cilíndricas, podemos chegar ao resultado identificando θ_S com a coordenada θ do ponto A. Em seguida, usando as Eqs. (2.121) e (2.123) para expressar $\vec{v}_A$ e $\vec{a}_A$, temos

$$\vec{v}_A = R_A\dot{\theta}_S\,\hat{u}_\theta + v_s\,\hat{u}_z, \qquad (2.125)$$

em que $\dot{R}_A = 0$, pois R_A é constante. Para a aceleração, obtemos

$$\vec{a}_A = -R_A \dot{\theta}_s^2 \, \hat{u}_R + R_A \ddot{\theta}_s \, \hat{u}_\theta, \qquad (2.126)$$

em que usamos o fato de que o surfista aéreo atingiu a velocidade terminal de modo que $\ddot{z} = d\dot{z}/dt = dv_s/dt = 0$. Nosso próximo passo é considerar com cuidado as informações que o acelerômetro em A disponibiliza. Em geral, os acelerômetros fornecem informações de aceleração ao longo de três eixos mutuamente ortogonais. Essas acelerações podem ser integradas em relação ao tempo dentro do acelerômetro para também fornecer velocidades ao longo dos mesmos três eixos mutuamente perpendiculares. Se tivermos o cuidado de montar o acelerômetro de modo que os eixos estejam alinhados como mostra a Fig. 2.57, então podemos dizer que os dados da velocidade e da aceleração do acelerômetro ao longo de seus eixos x, y e z, que escrevemos, respectivamente, como v_{Ax}, v_{Ay}, v_{Az}, a_{Ax}, a_{Ay} e a_{Az}, podem ser relacionados às Eqs. (2.125) e (2.126) por meio das relações

$$v_{Ax} = v_R = 0, \qquad a_{Ax} = a_R = -R_A \dot{\theta}_s^2, \qquad (2.127)$$

$$v_{Ay} = v_\theta = R_A \dot{\theta}_s, \qquad a_{Ay} = a_\theta = R_A \ddot{\theta}_s, \qquad (2.128)$$

$$v_{Az} = v_z = v_s, \qquad a_{Az} = a_z = 0. \qquad (2.129)$$

> **Fato interessante**
>
> **Como o acelerômetro mede uma velocidade constante?** Como o acelerômetro montado na prancha pode medir a componente vertical constante da velocidade de $v_z = v_s$ dado que, por hipótese, não há aceleração nessa direção? Um acelerômetro pode fazer isso porque está coletando dados desde *antes* de o surfista aéreo saltar do avião. O surfista foi acelerado na direção z para chegar na rapidez constante v_s, e o acelerômetro integrou a aceleração para obter o valor atual de v_S.

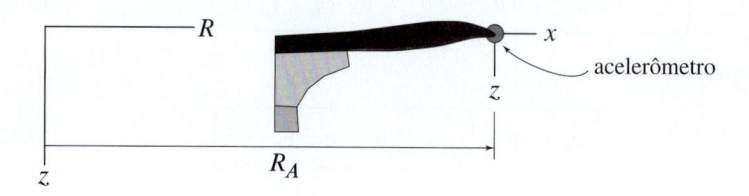

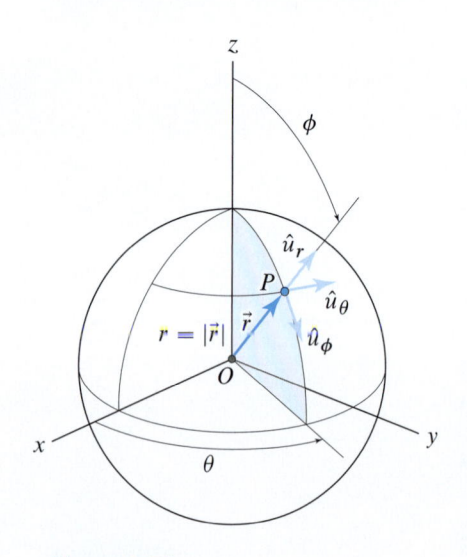

Figura 2.57 Visão ampliada do acelerômetro e da prancha do surfista aéreo da Fig. 2.55.

Essas equações permitem determinar R_A, v_s, $\dot{\theta}_s$ e $\ddot{\theta}_s$ resolvendo as quatro equações que consistem na segunda das Eqs. (2.127), das Eqs. (2.128) e da primeira das Eqs. (2.129). Essas soluções são

$$\dot{\theta}_s = -\frac{a_{Ax}}{v_{Ay}}, \quad \ddot{\theta}_s = -\frac{a_{Ax} a_{Ay}}{v_{Ay}^2}, \quad R_A = -\frac{v_{Ay}^2}{a_{Ax}}, \quad v_s = v_{Az}. \qquad (2.130)$$

As Eqs. (2.130) mostram que, com o acelerômetro montado na extremidade da prancha, podemos determinar a rapidez com que o surfista aéreo está caindo, as taxas de sua rotação e até mesmo a distância do acelerômetro até o eixo de rotação.

Posição, velocidade e aceleração em coordenadas esféricas

Outro sistema de coordenadas frequentemente utilizado no estudo do movimento tridimensional, como, por exemplo, na resolução de problemas que envolvem a navegação e o movimento relativo à Terra, é o *sistema de coordenadas esféricas*.

Referindo-se à Fig. 2.58, a posição de um ponto P em um espaço tridimensional pode ser descrita pelas três grandezas r, ϕ e θ. Elas são chamadas de *coordenadas esféricas* de P: os ângulos ϕ e θ fornecem a orientação da linha que vai da origem O até P, enquanto r é a distância entre P e O. Na Fig. 2.58 também temos indicados os três vetores unitários mutuamente ortogonais $\hat{u}_r$, $\hat{u}_\phi$ e $\hat{u}_\theta$. Eles são orientados de tal forma que $\hat{u}_r$ aponta de O a P, enquanto $\hat{u}_\phi$ e $\hat{u}_\theta$ apontam na direção de crescimento de ϕ e θ, respectivamente, com $\hat{u}_\phi \times \hat{u}_\theta = \hat{u}_r$. Se ϕ e θ,

Figura 2.58
Definição das coordenadas esféricas e seus vetores-base correspondentes ortonormais.

bem como os vetores unitários $\hat{u}_r$, $\hat{u}_\phi$ e $\hat{u}_\theta$ não são definidos como dados aqui, os resultados que se seguem não podem ser aplicáveis.

Em coordenadas esféricas, o vetor posição de P em relação à origem O é dado por

$$\vec{r} = r\,\hat{u}_r. \tag{2.131}$$

Derivando r em relação ao tempo, obtemos

$$\vec{v} = \dot{\vec{r}} = \dot{r}\,\hat{u}_r + r\,\dot{\hat{u}}_r, \tag{2.132}$$

implicando que para descrever o vetor velocidade precisamos expressar $\dot{\hat{u}}_r$ em termos dos vetores-base $\hat{u}_r$, $\hat{u}_\theta$ e $\hat{u}_\phi$. Lembre-se de que a derivada temporal de um vetor unitário é igual ao produto vetorial da velocidade angular do vetor unitário com o próprio vetor, como mostrado na Eq. (2.60) da p. 92. Portanto, precisamos encontrar a velocidade angular dos vetores-base unitários para obter $\dot{\hat{u}}_r$. Para tanto, notamos que, se as coordenadas θ e ϕ experimentam variações infinitesimais, a velocidade angular correspondente a essas mudanças infinitesimais é (veja a discussão a partir da p. 89)

$$\vec{\omega} = \dot{\phi}\,\hat{u}_\theta + \dot{\theta}\,\hat{u}_z$$
$$= \dot{\theta}\cos\phi\,\hat{u}_r - \dot{\theta}\,\text{sen}\,\phi\,\hat{u}_\phi + \dot{\phi}\,\hat{u}_\theta, \tag{2.133}$$

em que a Eq. (2.133) é obtida pela observação de que $\hat{u}_z = \cos\phi\,\hat{u}_r - \text{sen}\,\phi\,\hat{u}_\phi$.

Usando o resultado da Eq. (2.133), com a Eq. (2.60) da p. 92, podemos encontrar a derivada temporal de cada um dos vetores unitários $\hat{u}_r$, $\hat{u}_\theta$ e $\hat{u}_\phi$ como

$$\dot{\hat{u}}_r = \vec{\omega} \times \hat{u}_r = \dot{\phi}\,\hat{u}_\phi + \dot{\theta}\,\text{sen}\,\phi\,\hat{u}_\theta, \tag{2.134}$$

$$\dot{\hat{u}}_\phi = \vec{\omega} \times \hat{u}_\phi = -\dot{\phi}\,\hat{u}_r + \dot{\theta}\cos\phi\,\hat{u}_\theta, \tag{2.135}$$

$$\dot{\hat{u}}_\theta = \vec{\omega} \times \hat{u}_\theta = -\dot{\theta}\,\text{sen}\,\phi\,\hat{u}_r - \dot{\theta}\cos\phi\,\hat{u}_\phi. \tag{2.136}$$

Substituindo a Eq. (2.134) na Eq. (2.132), obtemos a velocidade em coordenadas esféricas conforme

$$\vec{v} = \dot{r}\,\hat{u}_r + r\dot{\phi}\,\hat{u}_\phi + r\dot{\theta}\,\text{sen}\,\phi\,\hat{u}_\theta = v_r\,\hat{u}_r + v_\phi\,\hat{u}_\phi + v_\theta\,\hat{u}_\theta, \tag{2.137}$$

em que

$$v_r = \dot{r}, \quad v_\phi = r\dot{\phi} \quad \text{e} \quad v_\theta = r\dot{\theta}\,\text{sen}\,\phi \tag{2.138}$$

são as componentes esféricas do vetor velocidade. Derivando a Eq. (2.137) em relação ao tempo e usando as Eqs. (2.134)-(2.136), obtemos a aceleração como

$$\begin{aligned}\vec{a} &= \left(\ddot{r} - r\dot{\phi}^2 - r\dot{\theta}^2\,\text{sen}^2\,\phi\right)\hat{u}_r \\ &\quad + \left(r\ddot{\phi} + 2\dot{r}\dot{\phi} - r\dot{\theta}^2\,\text{sen}\,\phi\cos\phi\right)\hat{u}_\phi \\ &\quad + \left(r\ddot{\theta}\,\text{sen}\,\phi + 2\dot{r}\dot{\theta}\,\text{sen}\,\phi + 2r\dot{\phi}\dot{\theta}\cos\phi\right)\hat{u}_\theta \\ &= a_r\,\hat{u}_r + a_\phi\,\hat{u}_\phi + a_\theta\,\hat{u}_\theta, \end{aligned} \tag{2.139}$$

em que

$$\begin{aligned} a_r &= \ddot{r} - r\dot{\phi}^2 - r\dot{\theta}^2\,\text{sen}^2\,\phi, \\ a_\phi &= r\ddot{\phi} + 2\dot{r}\dot{\phi} - r\dot{\theta}^2\,\text{sen}\,\phi\cos\phi, \\ a_\theta &= r\ddot{\theta}\,\text{sen}\,\phi + 2\dot{r}\dot{\theta}\,\text{sen}\,\phi + 2r\dot{\phi}\dot{\theta}\cos\phi \end{aligned} \tag{2.140}$$

são as componentes esféricas do vetor aceleração.

Informações úteis

Onde estão ϕ e θ? Já vimos isso antes, o vetor posição *parece* não depender de todas as "coordenadas". Neste caso, o vetor posição $\vec{r} = r\,\hat{u}_r$ não parece estar em função de θ ou ϕ. No entanto, os ângulos θ e ϕ estão *implicitamente* contidos na definição da direção de $\hat{u}_r$.

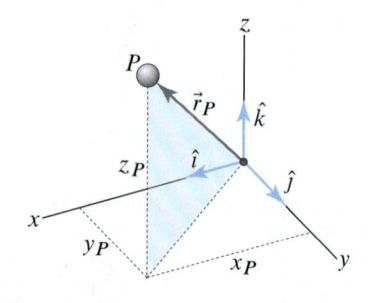

Figura 2.59
O sistema de coordenadas cartesianas e seus vetores unitários em três dimensões.

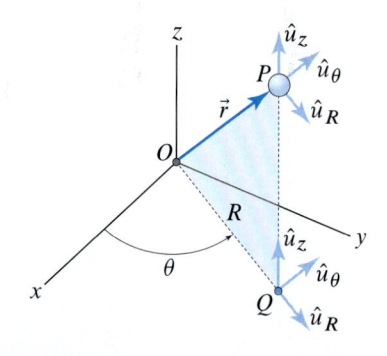

Figura 2.60
Figura 2.56 repetida. Direções coordenadas no sistema de coordenadas cilíndricas. Tal como acontece com as coordenadas polares, definidas na Seção 2.6, a coordenada θ está implicitamente contida em $\hat{u}_r$.

Posição, velocidade e aceleração em coordenadas cartesianas

O sistema de coordenadas cartesianas (discutido em detalhe na Seção 1.2) e seus vetores unitários em três dimensões são definidos como mostrado na Fig. 2.59. Já que os sentidos dos vetores unitários não mudam, obtemos as seguintes relações para posição, velocidade e aceleração, respectivamente, em coordenadas cartesianas:

$$\vec{r}(t) = x(t)\,\hat{\imath} + y(t)\,\hat{\jmath} + z(t)\,\hat{k}, \qquad (2.141)$$

$$\vec{v}(t) = \dot{x}\,\hat{\imath} + \dot{y}\,\hat{\jmath} + \dot{z}\,\hat{k} = v_x\,\hat{\imath} + v_y\,\hat{\jmath} + v_z\,\hat{k}, \qquad (2.142)$$

$$\vec{a}(t) = \ddot{x}\,\hat{\imath} + \ddot{y}\,\hat{\jmath} + \ddot{z}\,\hat{k} = a_x\,\hat{\imath} + a_y\,\hat{\jmath} + a_z\,\hat{k}. \qquad (2.143)$$

Resumo final da seção

Coordenadas cilíndricas. Referindo-se à Fig. 2.60, a posição de um ponto P em três dimensões pode ser descrito pelas três grandezas R, θ e z, que são as coordenadas cilíndricas do ponto. Além disso, vemos que as coordenadas cilíndricas envolvem a tríade ortogonal de vetores unitários $\hat{u}_r$, $\hat{u}_\theta$ e $\hat{u}_z$. Usando essa tríade, a posição em coordenadas cilíndricas é dada por

Eq. (2.120), p. 155
$$\vec{r} = R\,\hat{u}_R + z\,\hat{u}_z.$$

O vetor velocidade em coordenadas cilíndricas é dado por

Eq. (2.121), p. 155
$$\vec{v} = \dot{R}\,\hat{u}_R + R\dot{\theta}\,\hat{u}_\theta + \dot{z}\,\hat{u}_z = v_R\,\hat{u}_R + v_\theta\,\hat{u}_\theta + v_z\,\hat{u}_z,$$

em que

Eqs. (2.122), p. 155
$$v_R = \dot{R}, \quad v_\theta = R\dot{\theta} \quad \text{e} \quad v_z = \dot{z}$$

são as componentes do vetor velocidade nas direções $\hat{u}_r$, $\hat{u}_\theta$ e $\hat{u}_z$, respectivamente. Por fim, o vetor aceleração em coordenadas cilíndricas é dado por

Eq. (2.123), p. 155
$$\vec{a} = \left(\ddot{R} - R\dot{\theta}^2\right)\hat{u}_R + \left(R\ddot{\theta} + 2\dot{R}\dot{\theta}\right)\hat{u}_\theta + \ddot{z}\,\hat{u}_z$$
$$= a_R\,\hat{u}_R + a_\theta\,\hat{u}_\theta + a_z\,\hat{u}_z,$$

em que

Eqs. (2.124), p. 155
$$a_R = \ddot{R} - R\dot{\theta}^2, \quad a_\theta = R\ddot{\theta} + 2\dot{R}\dot{\theta} \quad \text{e} \quad a_z = \ddot{z}$$

são as componentes do vetor aceleração nas direções $\hat{u}_r$, $\hat{u}_\theta$ e $\hat{u}_z$, respectivamente.

Coordenadas esféricas. Referindo-se à Fig. 2.61, a posição de um ponto P em três dimensões pode ser descrita por meio das três grandezas r, θ e ϕ que são as coordenadas esféricas de um ponto. Além disso, as coordenadas esféricas envolvem a tríade ortogonal de vetores unitários $\hat{u}_r$, $\hat{u}_\phi$ e $\hat{u}_\theta$, com $\hat{u}_\phi \times \hat{u}_\theta = \hat{u}_r$. Usando essa tríade, o vetor posição em coordenadas esféricas é dado por

Eq. (2.131), p. 157
$$\vec{r} = r\,\hat{u}_r.$$

O vetor velocidade em coordenadas esféricas é dado por

Eq. (2.137), p. 157
$$\vec{v} = \dot{r}\,\hat{u}_r + r\dot{\phi}\,\hat{u}_\phi + r\dot{\theta}\,\text{sen}\,\phi\,\hat{u}_\theta = v_r\,\hat{u}_r + v_\phi\,\hat{u}_\phi + v_\theta\,\hat{u}_\theta,$$

em que

Eqs. (2.138), p. 157
$$v_r = \dot{r}, \quad v_\phi = r\dot{\phi} \quad \text{e} \quad v_\theta = r\dot{\theta}\,\text{sen}\,\phi$$

são as componentes do vetor velocidade nas direções $\hat{u}_r$, $\hat{u}_\phi$ e $\hat{u}_\theta$, respectivamente. Por fim, o vetor aceleração em coordenadas esféricas é dado por

Eq. (2.139), p. 157
$$\begin{aligned}\vec{a} &= \left(\ddot{r} - r\dot{\phi}^2 - r\dot{\theta}^2\,\text{sen}^2\,\phi\right)\hat{u}_r \\ &\quad + \left(r\ddot{\phi} + 2\dot{r}\dot{\phi} - r\dot{\theta}^2\,\text{sen}\,\phi\cos\phi\right)\hat{u}_\phi \\ &\quad + \left(r\ddot{\theta}\,\text{sen}\,\phi + 2\dot{r}\dot{\theta}\,\text{sen}\,\phi + 2r\dot{\phi}\dot{\theta}\cos\phi\right)\hat{u}_\theta \\ &= a_r\,\hat{u}_r + a_\phi\,\hat{u}_\phi + a_\theta\,\hat{u}_\theta,\end{aligned}$$

em que

Eqs. (2.140), p. 157
$$\begin{aligned}a_r &= \ddot{r} - r\dot{\phi}^2 - r\dot{\theta}^2\,\text{sen}^2\,\phi, \\ a_\phi &= r\ddot{\phi} + 2\dot{r}\dot{\phi} - r\dot{\theta}^2\,\text{sen}\,\phi\cos\phi, \\ a_\theta &= r\ddot{\theta}\,\text{sen}\,\phi + 2\dot{r}\dot{\theta}\,\text{sen}\,\phi + 2r\dot{\phi}\dot{\theta}\cos\phi\end{aligned}$$

são as componentes do vetor aceleração nas direções $\hat{u}_r$, $\hat{u}_\phi$ e $\hat{u}_\theta$, respectivamente.

Coordenadas cartesianas. Referindo-se à Fig. 2.62, no sistema de coordenadas cartesianas tridimensional, posição, velocidade e aceleração, respectivamente, são apresentadas na forma de componentes como

Eqs. (2.141)-(2.143), p. 158
$$\begin{aligned}\vec{r}(t) &= x(t)\,\hat{\imath} + y(t)\,\hat{\jmath} + z(t)\,\hat{k}, \\ \vec{v}(t) &= \dot{x}\,\hat{\imath} + \dot{y}\,\hat{\jmath} + \dot{z}\,\hat{k} = v_x\,\hat{\imath} + v_y\,\hat{\jmath} + v_z\,\hat{k}, \\ \vec{a}(t) &= \ddot{x}\,\hat{\imath} + \ddot{y}\,\hat{\jmath} + \ddot{z}\,\hat{k} = a_x\,\hat{\imath} + a_y\,\hat{\jmath} + a_z\,\hat{k}.\end{aligned}$$

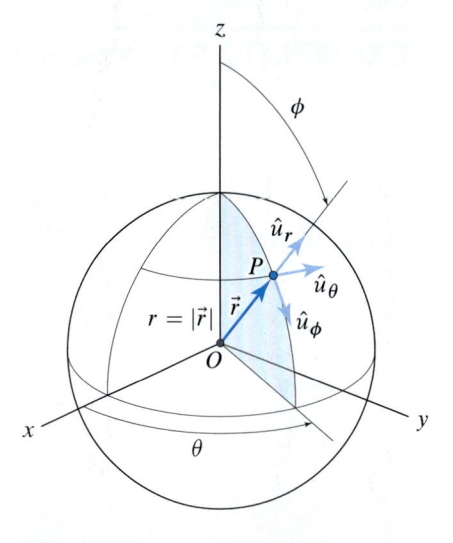

Figura 2.61
Figura 2.58 repetida. Definição de vetores unitários em coordenadas esféricas.

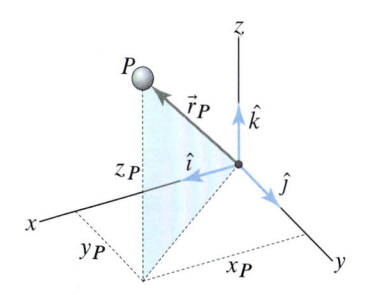

Figura 2.62
Figura 2.59 repetida. O sistema de coordenadas cartesianas e seus vetores unitários em três dimensões.

EXEMPLO 2.29 Aplicação das coordenadas cartesianas

Precipitadores eletrostáticos são usados para "esfregar" ou limpar as emissões de usinas termelétricas a carvão (veja a Fig. 1). Eles funcionam enviando gás de combustão de partículas carregadas através de uma estrutura de grande porte que desacelera as partículas para que possam ser eficientemente coletadas. O gás entra a 15-18 m/s e diminui para 1-2 m/s quando se expande. Dentro da estrutura principal há linhas alternadas de eletrodos de coleta e descarga. A aplicação de uma alta tensão (cerca de 45.000-70.000 V para precipitadores grandes) nos eletrodos de descarga localizados entre as placas coletoras os faz emitir elétrons no gás, o que ioniza a área imediata. Quando o gás de combustão passa através dessa "coroa", as partículas tornam-se negativamente carregadas e então são atraídas para as placas coletoras com carga positiva, a partir das quais elas podem ser coletadas e removidas.

Usando a geometria definida na Fig. 2, determine onde a partícula P chegará na placa coletora dado que $\theta_1 = 30°$, $\theta_2 = 55°$, $d = 0,45$ m, $|\vec{v}_P| = v_P = 1,5$ m/s e que a gravidade atua no sentido $-z$. Suponha que a placa coletora impõe uma componente de aceleração y constante na partícula de $a_{ep} = 76$ m/s².

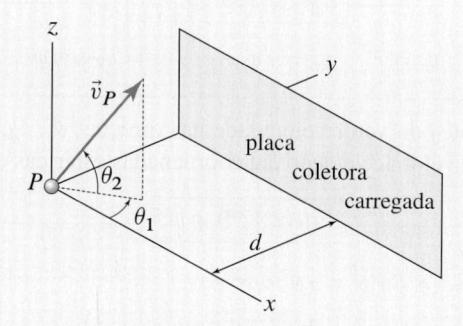

Figura 2 Esquema de uma partícula em movimento perto de uma placa coletora carregada positivamente em um precipitador eletrostático. A eficiência de coleta dos precipitadores modernos está em torno de 99,5-99,9%.

Figura 1
Fotos de um precipitador eletrostático de uma fábrica. A foto superior mostra a parte externa de um precipitador com a entrada de ar no meio. A foto inferior mostra as placas coletoras no interior do precipitador.

SOLUÇÃO

Roteiro A chave para a solução é primeiramente determinar o tempo que a partícula leva para chegar à placa. Podemos encontrar o tempo uma vez que já sabemos a aceleração na direção y, e podemos encontrar a velocidade inicial na direção y. Como o tempo é conhecido, podemos usar a cinemática da aceleração constante para encontrar a posição em que a partícula atinge a placa.

Cálculos Começamos encontrando as componentes da velocidade inicial de P em todas as três direções das coordenadas cartesianas. Referindo-se à Fig. 3, podemos ver que a componente inicial de $\vec{v}_P$ no plano xy é $v_P \cos \theta_2$, e que a componente z inicial de $\vec{v}_P$ é dada por

$$v_{Pz} = v_P \operatorname{sen} \theta_2. \tag{1}$$

Agora que temos a componente de v_P no plano xy, é mais fácil ver que as componentes x e y iniciais são dadas por

$$v_{Px} = (v_P \cos \theta_2) \cos \theta_1, \tag{2}$$

$$v_{Py} = (v_P \cos \theta_2) \operatorname{sen} \theta_1. \tag{3}$$

Em seguida, somos informados de que a aceleração da partícula é

$$\vec{a}_P = a_{\text{ep}}\,\hat{\jmath} - g\,\hat{k} = (76\,\hat{\jmath} - 9{,}81\,\hat{k})\,\text{m/s}^2, \qquad (4)$$

que é constante em todas as componentes direcionais.

Agora que temos todas as acelerações e as velocidades iniciais, podemos usar a componente y para determinar o tempo que leva para a partícula bater na placa. Usando a Eq. (2.42), temos

$$d = v_{Py} t_c + \tfrac{1}{2} a_{\text{ep}} t_c^2, \qquad (5)$$

em que t_c é o tempo para P alcançar a placa coletora. A Eq. (5) pode ser resolvida para t_c para obter

$$t_c = -\frac{v_P}{a_{\text{ep}}}\cos\theta_2 \operatorname{sen}\theta_1 \pm \sqrt{2 d a_{\text{ep}} + v_P^2 \cos^2\theta_2 \operatorname{sen}^2\theta_1}, \qquad (6)$$

em que a Eq. (3) foi utilizada. Substituindo nos parâmetros dados, descobrimos que t_c equivale tanto a 0,1040 s quanto a −0,1154 s, com a resposta física adequada sendo a positiva

$$t_c = 0{,}1040 \text{ s}. \qquad (7)$$

Sabendo o tempo para atingir o coletor, agora podemos determinar a distância percorrida nas direções x e z. Novamente aplicando a Eq. (2.42), mas agora nas direções x e z, obtemos

$$\boxed{x_c = v_{Px} t_c = 77{,}5\,\text{cm},} \qquad (8)$$

$$\boxed{z_c = v_{Pz} t_c - \tfrac{1}{2} g t_c^2 = 74{,}7\,\text{cm}.} \qquad (9)$$

A Fig. 4 mostra a trajetória da partícula que foi atraída para a placa coletora.

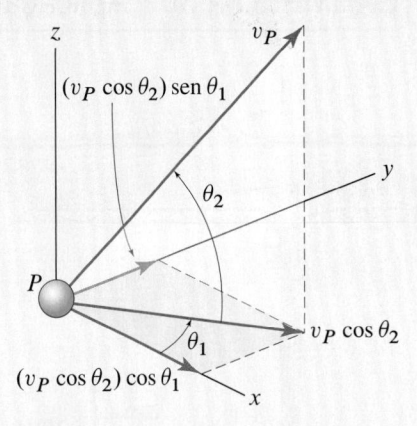

Figura 3 Representação gráfica da velocidade inicial da partícula no precipitador.

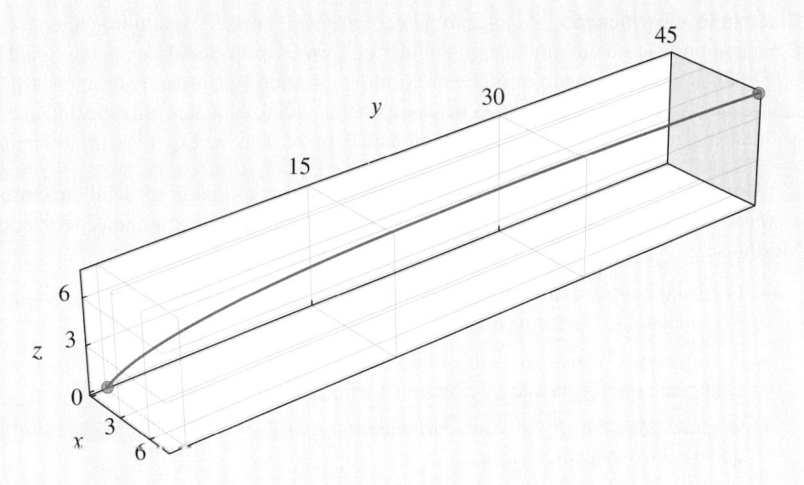

Figura 4 Trajetória da partícula P. Todas as dimensões estão em cm.

Fato interessante

Uma aceleração de 76 m/s² é razoável? Dissemos que a partícula está acelerando a 76 m/s² em direção à placa coletora. Isso é razoável quando consideramos que as partículas coletadas nessas placas são muito pequenas. Por exemplo, em alguns precipitadores eletrostáticos, as partículas variam desde menos de 1 μm até 3 μm de diâmetro. Uma partícula de sódio de 1 μm teria uma massa de cerca de 10^{-15} kg, e, para gerar uma aceleração de 76,2 m/s², requeriria uma força de apenas 8×10^{-14} N.

Discussão e verificação A Fig. 4 é muito útil para avaliar se a nossa solução é ou não razoável. Dado que a rapidez inicial da partícula é de 1,5 m/s e que está acelerando em direção à placa coletora a 76 m/s², parece razoável que ela não poderia avançar para muito longe no precipitador (ou seja, na direção x) antes de atingir a placa coletora.

EXEMPLO 2.30 Aplicação das coordenadas cilíndricas

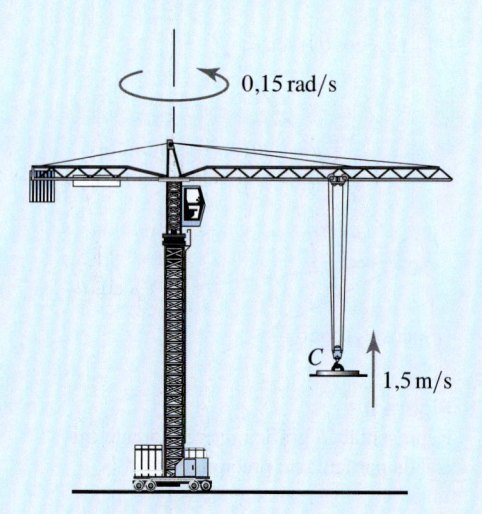

Um guindaste giratório (também chamado de um guindaste de torre) está levantando um objeto C a uma taxa constante de 1,5 m/s, enquanto gira a uma taxa constante de 0,15 rad/s na direção indicada na Fig. 1. Se a distância entre o objeto e o eixo de rotação da lança do guindaste é 45 m, determine a velocidade e a aceleração de C, supondo que o movimento oscilatório de C possa ser desconsiderado.

SOLUÇÃO

Roteiro Este problema é facilmente resolvido usando coordenadas cilíndricas, uma vez que nos são fornecidas as grandezas naturalmente definidas em um sistema de coordenadas cilíndricas com sua origem localizada na interseção dos vetores $\hat{u}_R$ e $\hat{u}_z$ na base do guindaste (veja a Fig. 2).

Cálculos De acordo com a nossa escolha de coordenadas cilíndricas, os vetores velocidade e aceleração de C são dados pelas Eqs. (2.121) e (2.123), respectivamente, que são

$$\vec{v}_C = \dot{R}\,\hat{u}_R + R\dot{\theta}\,\hat{u}_\theta + \dot{z}\,\hat{u}_z, \qquad (1)$$

$$\vec{a}_C = \left(\ddot{R} - R\dot{\theta}^2\right)\hat{u}_R + \left(R\ddot{\theta} + 2\dot{R}\dot{\theta}\right)\hat{u}_\theta + \ddot{z}\,\hat{u}_z. \qquad (2)$$

Lembrando que $R = 45$ m, $\dot{R} = 0$, $\ddot{R} = 0$, $\dot{z} = 1,5$ m/s, $\ddot{z} = 0$, $\dot{\theta} = 0,15$ rad/s e $\ddot{\theta} = 0$, as Eqs. (1) e (2) tornam-se

$$\vec{v}_C = (6,75\,\hat{u}_\theta + 1,5\,\hat{u}_z)\text{ m/s}, \qquad (3)$$

$$\vec{a}_C = -1,01\,\hat{u}_R \text{ m/s}^2. \qquad (4)$$

Figura 1
Um guindaste de torre. Esse tipo de guindaste é muito comum em locais de grandes construções.

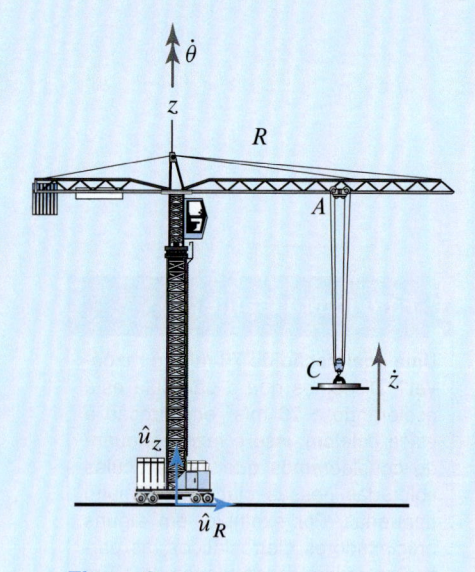

Figura 2
O guindaste de torre com um sistema de coordenadas cilíndricas definido.

Discussão e verificação A solução parece razoável, uma vez que o movimento de C é a composição de um movimento circular uniforme com velocidade angular igual a 0,15 rad/s e um movimento retilíneo uniforme no sentido z positivo. Estávamos esperando que a velocidade não tivesse uma componente radial, enquanto era esperado que a aceleração tivesse apenas uma componente radial, que é o que as Eqs. (3) e (4) refletem.

Um olhar mais atento Este exemplo demonstra como pode ser fácil encontrar as velocidades e acelerações quando o sistema de componentes apropriado é utilizado. Mesmo se:

- O carrinho em A estivesse em movimento para dentro ou para fora em *qualquer* $R(t)$ conhecido (de forma que R, $\dot{R}$ e $\ddot{R}$ fossem conhecidos).
- A carga em C estivesse se movendo para cima ou para baixo em *qualquer* $z(t)$ conhecido (de forma que $\dot{z}$ e $\ddot{z}$ fossem conhecidos).
- O guindaste de torre estivesse girando com *qualquer* $\theta(t)$ conhecido (de forma que $\dot{\theta}$ e $\ddot{\theta}$ fossem conhecidos),

ainda assim seríamos capazes de determinar facilmente os valores de todas as grandezas nas Eqs. (1) e (2) para encontrar a velocidade e a aceleração da carga em C.

EXEMPLO 2.31 Aplicação de coordenadas esféricas

Reveja o Exemplo 2.20 e determine, usando coordenadas esféricas, que relações as leituras do radar obtidas pela estação em A precisam satisfazer para que você possa concluir que o jato em B mostrado na Fig. 1 está voando

(a) Em uma altitude nivelada.
(b) Em uma linha reta com rapidez constante v_0.

SOLUÇÃO

Roteiro Como no Exemplo 2.20, a ideia é escrever as restrições impostas em termos do sistema de coordenadas escolhido. Para esse sistema, isso significa que a altitude é constante e que o vetor velocidade é constante.

Cálculos Considerando o sistema de coordenadas indicado na figura, a altitude h do avião é dada por

$$h = r \cos \phi + h_A, \qquad (1)$$

em que h_A é a elevação da antena do radar acima do solo. Como h_A é constante, pode-se dizer que o avião está voando a uma altitude constante, enquanto

$$\boxed{r(t) \cos \phi(t) = \text{constante}.} \qquad (2)$$

No entanto, ao contrário do que vimos no Exemplo 2.20, essa relação não é suficiente para garantir que a trajetória do avião é uma linha reta, pois a Eq. (2) é satisfeita para *qualquer* trajetória sobre um plano h acima do solo.

Se o avião que está sendo rastreado está voando ao longo de uma linha reta *e* a uma rapidez constante, então o seu vetor velocidade deve ser constante. Embora seja tentador dizer que a velocidade constante significa que

$$\dot{r} = \text{constante}, \qquad (3)$$

$$r\dot{\phi} = \text{constante}, \qquad (4)$$

$$r\dot{\theta} \operatorname{sen} \phi = \text{constante}, \qquad (5)$$

isto é, que cada componente da velocidade deve ser constante, não é esse o caso, visto que os vetores-base de um sistema de coordenadas esféricas mudam de direção à medida que o avião se move (veja a nota na margem). Portanto, para que v seja constante, a aceleração do avião deve ser igual a zero, ou seja,

$$\boxed{\begin{aligned} \ddot{r} - r\dot{\phi}^2 - r\dot{\theta}^2 \operatorname{sen}^2 \phi &= 0, \\ r\ddot{\phi} + 2\dot{r}\dot{\phi} - r\dot{\theta}^2 \operatorname{sen} \phi \cos \phi &= 0, \\ r\ddot{\theta} \operatorname{sen} \phi + 2\dot{r}\dot{\theta} \operatorname{sen} \phi + 2r\dot{\phi}\dot{\theta} \cos \phi &= 0. \end{aligned}} \qquad (6)$$

Finalmente, para medir a rapidez v_0 do avião, precisamos calcular a magnitude de $\vec{v}$, que é dada pela raiz quadrada da soma dos quadrados dos componentes do vetor velocidade, isto é,

$$\boxed{v_0 = \sqrt{\dot{r}^2 + (r\dot{\phi})^2 + (r\dot{\theta} \operatorname{sen} \phi)^2}.} \qquad (7)$$

Discussão e verificação Nossos resultados estão corretos, pois foram obtidos em forma simbólica pela aplicação direta das Eqs. (2.140) e (2.138), respectivamente, isto é, sem manipulações adicionais que poderiam ter introduzido erros.

Um olhar mais atento Verificar que a rapidez é constante não nos permite dizer que a trajetória do avião é constante ou nivelada.

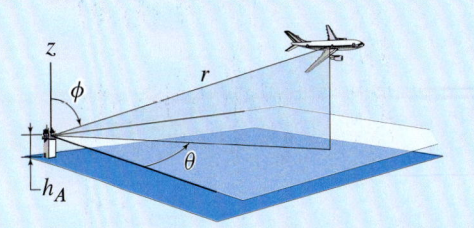

Figura 1
Um avião voando reto e nivelado a uma altitude h.

Informações úteis

O que significa *velocidade constante*? Sabemos que, matematicamente, velocidade constante significa $\dot{\vec{v}} = \vec{0}$. Sabemos que isso quer dizer que o vetor velocidade não muda sua magnitude ou direção. Em coordenadas esféricas, essa relação assume a forma

$$\dot{\vec{v}} = \frac{d}{dt}\left(\dot{r}\,\hat{u}_r + r\dot{\phi}\,\hat{u}_\phi + r\dot{\theta}\operatorname{sen}\phi\,\hat{u}_\theta\right).$$

Quando essa derivada é expandida, precisamos diferenciar os coeficientes escalares dos vetores unitários, *bem como os vetores unitários deles mesmos*. Assim, como já vimos, as componentes escalares constantes de um vetor não implicam que o vetor é constante, pois os vetores unitários podem mudar de direção. Por isso as Eqs. (3)-(5) não são suficientes para dizer que $\vec{v}$ é constante. Além disso, esse é o motivo por que *é suficiente* dizer, em coordenadas cartesianas, que a constância dos coeficientes escalares é suficiente para dizer que um vetor é constante.

PROBLEMAS

💡 Problema 2.216 💡

Embora o ponto P esteja se movendo em uma esfera, seu movimento está sendo estudado com o sistema de coordenadas *cilíndricas* mostrado. Discuta em detalhes se há ou não elementos incorretos no desenho do sistema de componentes cilíndricos em P.
Nota: Problemas conceituais são sobre *explicações*, não sobre cálculos.

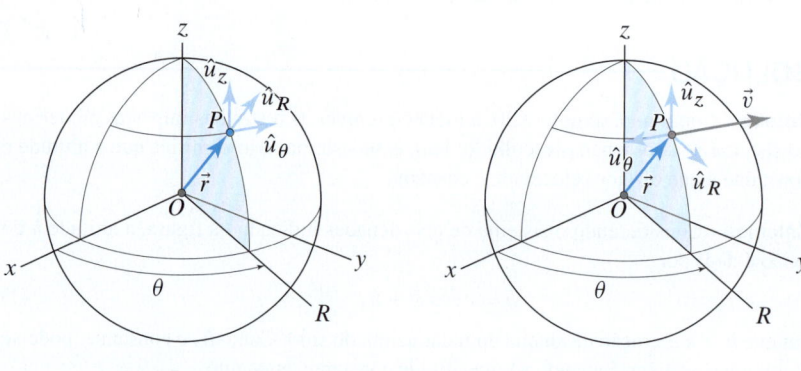

Figura P2.216

Figura P2.217

💡 Problema 2.217 💡

Embora o ponto P esteja se movendo em uma esfera, seu movimento está sendo estudado com o sistema de coordenadas *cilíndricas* mostrado. Discuta em detalhes se há ou não elementos incorretos no desenho do sistema de componentes cilíndricos em P.
Nota: Problemas conceituais são sobre *explicações*, não sobre cálculos.

💡 Problema 2.218 💡

Discuta em detalhes se (a) há ou não elementos incorretos no desenho do sistema de componentes cilíndricos em P e se (b) as fórmulas para as componentes da velocidade e da aceleração obtidas na seção podem ser usadas com o sistema de coordenadas mostrado.
Nota: Problemas conceituais são sobre *explicações*, não sobre cálculos.

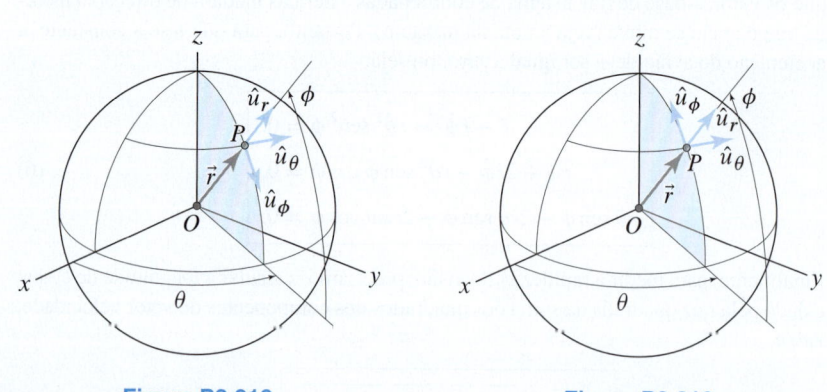

Figura P2.218

Figura P2.219

💡 Problema 2.219 💡

Discuta em detalhes se (a) há ou não elementos incorretos no desenho do sistema de componentes cilíndricos em P e se (b) as fórmulas para as componentes da velocidade e da aceleração obtidas na seção podem ser usadas com o sistema de coordenadas mostrado.
Nota: Problemas conceituais são sobre *explicações*, não sobre cálculos.

Problema 2.220

Um guindaste giratório está levantando um objeto C a uma taxa constante de 1,6 m/s enquanto gira a uma taxa constante de 0,12 rad/s em torno do eixo vertical. Se a distância entre o objeto e o eixo de rotação da lança do guindaste é atualmente 14 m e está sendo reduzida a uma taxa constante de 2 m/s, encontre a velocidade e a aceleração de C, supondo que o movimento oscilatório de C possa ser desconsiderado.

Problema 2.221

Um avião voa horizontalmente a uma rapidez $v_0 = 515$ km/h enquanto suas hélices giram a uma velocidade angular $\omega = 1.500$ rpm. Se as hélices têm um diâmetro $d = 4,3$ m, determine a magnitude da aceleração de um ponto na periferia das pás da hélice.

Problema 2.222

Uma partícula está se movendo sobre a superfície de um cone reto com ângulo β e sob a restrição de que $R^2\dot{\theta} = K$, em que K é uma constante. A equação que descreve o cone é $R = z \,\text{tg}\, \beta$. Determine as expressões para a velocidade e a aceleração da partícula em termos de K, β, z e as derivadas temporais de z.

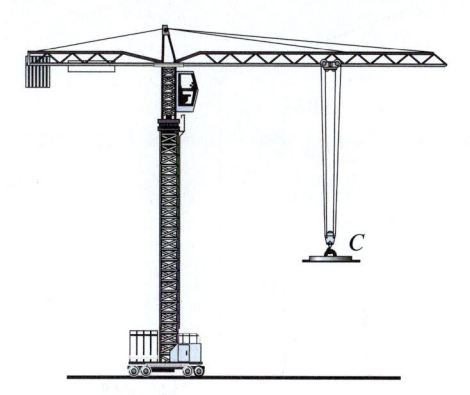

Figura P2.220

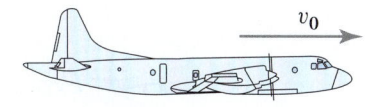

Figura P2.221

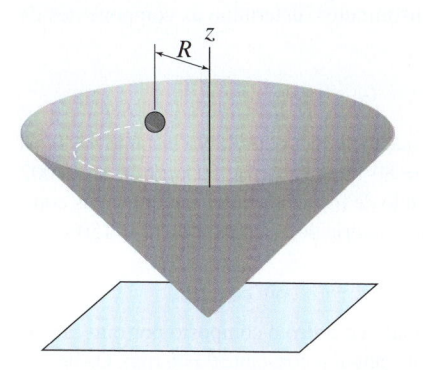

Figura P2.222

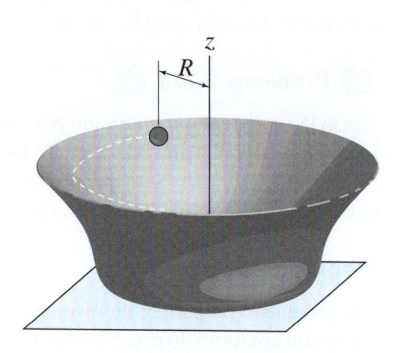

Figura P2.223

Problema 2.223

Resolva o Prob. 2.222 para superfícies gerais de revolução; ou seja, R não é mais igual a $z\,\text{tg}\,z$, mas agora é uma função arbitrária de z, isto é, $R = f(z)$. As expressões que você deve encontrar conterão K, $f(z)$, derivadas de $f(z)$ em relação a z, bem como as derivadas de z em relação ao tempo.

Problema 2.224

Reveja o Exemplo 2.31 e, assumindo que o avião está acelerando, determine a relação que as leituras do radar obtidas pela estação em A precisam satisfazer para concluir se o jato está voando ao longo de uma linha reta a uma altitude constante ou não.

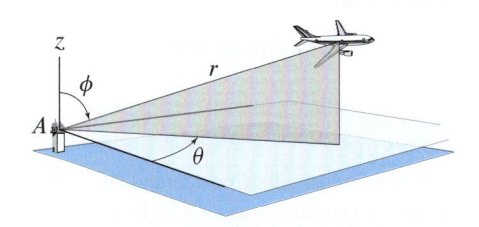

Figura P2.224

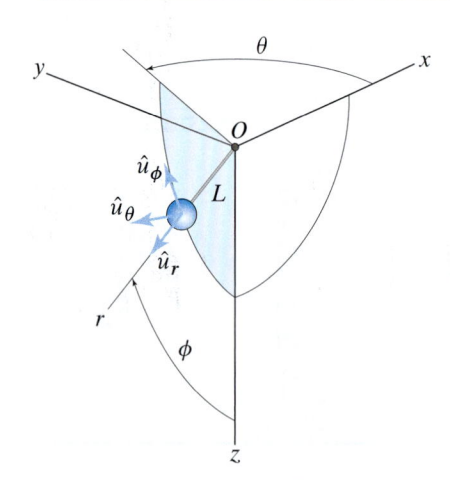

Figura P2.225

Problema 2.225

O sistema representado na figura é chamado de um *pêndulo esférico*. A extremidade fixa do pêndulo está em O. O ponto O comporta-se como uma junta esférica; ou seja, a localização de O é fixa, enquanto o cabo de pêndulo pode oscilar em qualquer direção no espaço tridimensional. Suponha que o cabo do pêndulo tem um comprimento constante L e use o sistema de coordenadas representado na figura para obter a expressão para a aceleração do pêndulo.

Problema 2.226

Um avião está viajando a uma altitude constante de 3.000 m, a uma rapidez constante de 725 km/h, dentro do plano cuja equação é dada por $x + y = 16$ km e no sentido de crescimento de x. Encontre as expressões para $\dot{r}, \dot{\theta}, \dot{\phi}, \ddot{r}, \ddot{\theta}$ e $\ddot{\phi}$, que seriam medidos quando o avião estivesse o mais próximo possível da estação de radar.

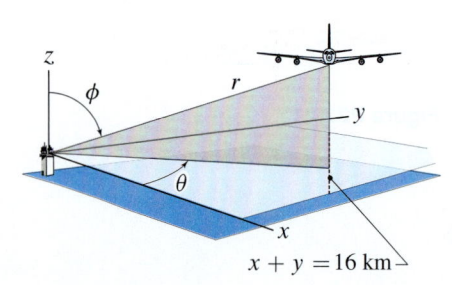

Figura P2.226

Problema 2.227

Um avião está sendo monitorado por uma estação de radar em A. No instante $t = 0$, os seguintes dados são gravados: $r = 15$ km, $\phi = 80°$, $\theta = 15°$, $\dot{r} = 350$ km/h, $\dot{\phi} = -0,002$ rad/s, $\dot{\theta} = 0,003$ rad/s. Se o avião estava voando de forma a manter cada uma das componentes da velocidade constante por alguns minutos, determine as componentes da aceleração do avião quando $t = 30$ s.

Problema 2.228

Um avião está sendo monitorado por uma estação de radar em A. No instante $t = 0$, os seguintes dados são gravados: $r = 15$ km, $\phi = 80°$, $\theta = 15°$, $\dot{r} = 350$ km/h, $\dot{\phi} = -0,002$ rad/s, $\dot{\theta} = 0,003$ rad/s. Se o avião estava voando de forma a manter cada uma das componentes da velocidade constante, desenhe a trajetória do avião para $0 < t < 150$ s.

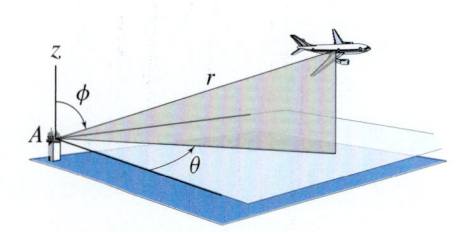

Figura P2.227 e P2.228

Problema 2.229

Um brinquedo do parque de diversões chamado de *polvo* é composto por oito braços que giram em torno do eixo z a uma velocidade angular constante $\dot{\theta} = 6$ rpm. Os braços têm um comprimento $L = 7$ m e formam um ângulo ϕ com o eixo z. Assumindo que ϕ varia com o tempo conforme $\phi(t) = \phi_0 + \phi_1 \operatorname{sen} \omega t$, com $\phi_0 = 70,5°$, $\phi_1 = 25,5°$ e $\omega = 1$ rad/s, determine a magnitude da aceleração da extremidade externa de um braço quando ϕ atinge seu valor máximo.

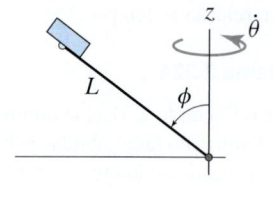

Figura P2.229

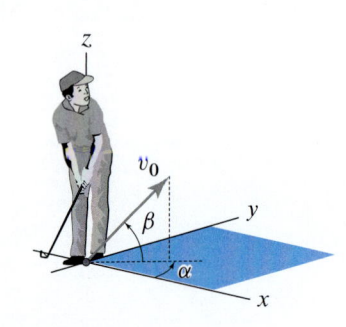

Figura P2.230

Problema 2.230

Um golfista lança a bola como mostrado. Considerando $\alpha = 23°$, $\beta = 41°$ e a rapidez inicial $v_0 = 6$ m/s, determine as coordenadas x e y do local onde a bola vai cair.

Problema 2.231

Em uma quadra de raquetebol, no ponto P com coordenadas $x_P = 10$ m, $y_P = 4,8$ m e $z_P = 0,3$ m, uma bola é lançada a uma rapidez $v_0 = 145$ km/h e a uma direção definida pelos ângulos $\theta = 63°$ e $\beta = 8°$ (β é o ângulo formado pelo vetor velocidade inicial e o plano xy). A bola quica na parede vertical à esquerda para em seguida bater na parede frontal da quadra. Suponha que o ricochete da parede vertical esquerda ocorra tal que (1) a componente da velocidade da bola tangente à parede antes e depois do ricochete é a mesma, e (2) a componente da velocidade normal à parede logo após o impacto é igual em magnitude e contrária em sentido à mesma componente da velocidade logo antes do impacto. Considerando o efeito da gravidade, determine as coordenadas do ponto na parede frontal que será atingido pela bola após o ricochete na parede à esquerda.

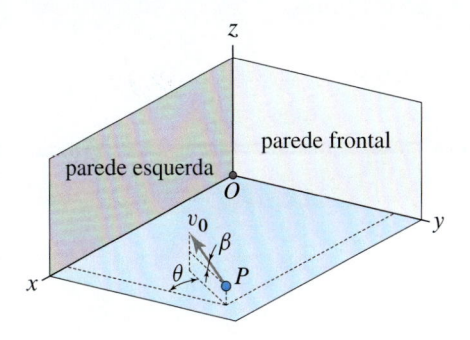

Figura P2.231

2.9 REVISÃO DO CAPÍTULO

Neste capítulo, introduzimos algumas definições básicas necessárias para estudar o movimento de objetos. Também desenvolvemos algumas ferramentas básicas para a análise do movimento tanto em duas quanto em três dimensões. Agora apresentamos um resumo conciso do material visto neste capítulo.

Posição, velocidade, aceleração

Posição. A posição de um ponto é um *vetor* que vai da origem do sistema de referência escolhido até o ponto em questão. Os vetores posição de um ponto medido por diversos sistemas de referência são diferentes uns dos outros.

Trajetória. A trajetória de um ponto em movimento é a linha traçada pelo ponto durante o seu movimento. Outro nome para trajetória é *caminho*.

Deslocamento. O deslocamento entre as posições A e B é o vetor que vai de A para B. Em geral, a magnitude do deslocamento entre duas posições não é a distância percorrida ao longo da trajetória entre essas posições.

Velocidade. O vetor velocidade é a taxa de variação temporal do vetor posição. O vetor velocidade é o mesmo em relação a quaisquer dois sistemas de referência que não se movam um em relação ao outro. A velocidade é *sempre* tangente à trajetória.

Rapidez. A rapidez é a magnitude da velocidade e é uma grandeza escalar não negativa.

Aceleração. O vetor aceleração é a taxa de variação temporal do vetor velocidade. Tal como acontece com a velocidade, a aceleração é a mesma em relação a quaisquer dois sistemas de referência que não se movam um em relação ao outro. Ao contrário do que acontece com a velocidade, o vetor aceleração, em geral, não é tangente à trajetória.

Coordenadas cartesianas. As coordenadas cartesianas de uma partícula P se movendo ao longo de alguma trajetória são mostradas na Fig. 2.12. O vetor posição é dado por

$$\boxed{\text{Eq. (2.13), p. 34} \\ \vec{r}(t) = x(t)\,\hat{\imath} + y(t)\,\hat{\jmath}.}$$

Em componentes cartesianas, os vetores velocidade e aceleração são dados por

$$\boxed{\text{Eqs. (2.16) e (2.17), p. 34} \\ \vec{v}(t) = \dot{x}(t)\,\hat{\imath} + \dot{y}(t)\,\hat{\jmath} = v_x(t)\,\hat{\imath} + v_y(t)\,\hat{\jmath}, \\ \vec{a}(t) = \ddot{x}(t)\,\hat{\imath} + \ddot{y}(t)\,\hat{\jmath} = \dot{v}_x(t)\,\hat{\imath} + \dot{v}_y(t)\,\hat{\jmath} = a_x(t)\,\hat{\imath} + a_y(t)\,\hat{\jmath}.}$$

Movimentos fundamentais e movimento de projétil

Nas aplicações, a aceleração de um ponto pode ser encontrada em função do tempo, da posição, e, às vezes, da velocidade.

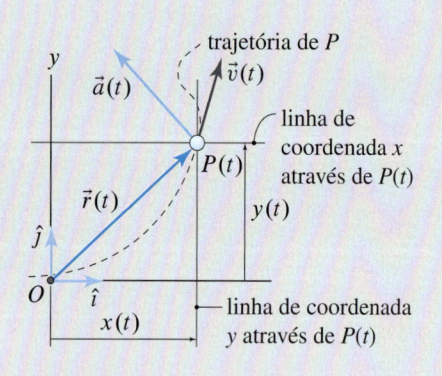

Figura 2.63
Figura 2.10 repetida. O vetor posição $r(t)$ do ponto P em coordenadas cartesianas.

1. Se a aceleração é fornecida em função do tempo, ou seja, $a = a(t)$, para velocidade e posição, temos

   > Eqs. (2.29) e (2.31), p. 57
   $$v(t) = v_0 + \int_{t_0}^{t} a(t)\, dt,$$
   $$s(t) = s_0 + v_0(t - t_0) + \int_{t_0}^{t} \left[\int_{t_0}^{t} a(t)\, dt \right] dt.$$

2. Se a aceleração é fornecida em função da velocidade, ou seja, $a = a(v)$, para tempo e posição, temos

   > Eq. (2.33), p. 57, e Eq. (2.36), p. 58
   $$t(v) = t_0 + \int_{v_0}^{v} \frac{1}{a(v)}\, dv,$$
   $$s(v) = s_0 + \int_{v_0}^{v} \frac{v}{a(v)}\, dv.$$

3. Se a aceleração é fornecida em função da posição, ou seja, $a = a(s)$, para velocidade e tempo, temos

   > Eqs. (2.38) e (2.40), p. 58
   $$v^2(s) = v_0^2 + 2 \int_{s_0}^{s} a(s)\, ds,$$
   $$t(s) = t_0 + \int_{s_0}^{s} \frac{ds}{v(s)}.$$

4. Se a aceleração é uma constante a_c, para velocidade e posição, temos

   > Eqs. (2.41)-(2.43), p. 59
   $$v = v_0 + a_c(t - t_0),$$
   $$s = s_0 + v_0(t - t_0) + \tfrac{1}{2} a_c (t - t_0)^2,$$
   $$v^2 = v_0^2 + 2 a_c (s - s_0).$$

Movimento circular. Para o movimento circular, as equações resumidas nos itens (1)-(4) acima são mantidas desde que sejam usadas as regras de substituição

$$s \to \theta, \quad v \to \omega, \quad a \to \alpha, \tag{2.1}$$

em que $\omega = \dot{\theta}$ e $\alpha = \ddot{\theta}$ são a *velocidade angular* e a *aceleração angular*, respectivamente.

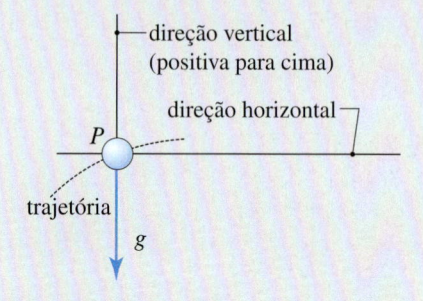

Figura 2.64

Figura 2.22 repetida. Aceleração de um ponto P no movimento de projétil.

Movimento de projétil. Uma aplicação comum das equações de aceleração constante resumidas anteriormente é o estudo do movimento de projétil. Definimos o *movimento de projétil* como o movimento de uma partícula em voo livre, desconsiderando as forças devido à resistência do ar e desconsiderando as mudanças na atração gravitacional devido a alterações na altitude. Neste caso, referindo-se à Fig. 2.64, a única força sobre a partícula é a força gravitacional *constante*, e as equações que descrevem o movimento são

> Eqs. (2.53), p. 74
>
> $$a_{\text{horiz}} = 0 \quad \text{e} \quad a_{\text{vert}} = -g.$$

Mostramos que a trajetória de um projétil é uma *parábola*. A forma matemática da trajetória é do tipo $y = C_0 + C_1 x + C_3 x^2$ se o movimento for descrito usando um sistema de coordenadas cartesianas com o eixo y paralelo à direção da gravidade.

Derivada temporal de um vetor

Uma habilidade muito importante no estudo do movimento é a capacidade de calcular a derivada temporal de grandezas vetoriais. Os vetores são caracterizados pela sua magnitude e direção, portanto, a derivada temporal de um vetor consiste em uma variação de comprimento e uma variação de direção. No caso de um vetor unitário, a sua derivada temporal consiste em apenas uma variação na direção:

> Eq. (2.60), p. 92
>
> $$\underbrace{\dot{\hat{u}}(t)}_{\text{variação em } \vec{u}} = \underbrace{\vec{\omega}_u \times \hat{u}}_{\text{variação em direção}}.$$

No caso de um vetor arbitrário $\vec{A}$, temos

> Eq. (2.62), p. 92
>
> $$\underbrace{\dot{\vec{A}}(t)}_{\text{variação em } \vec{A}} = \underbrace{\dot{A}\,\hat{u}_A}_{\substack{\text{variação em}\\ \text{magnitude}}} + \underbrace{\vec{\omega}_A \times \vec{A}}_{\substack{\text{variação}\\ \text{em direção}}},$$

em que, referindo-se à Fig. 2.65, $\hat{u}_A$ é um vetor unitário na direção de $\vec{A}$, $\dot{A} = d|\vec{A}|/dt$ e $\vec{\omega}_A$ é a velocidade angular do vetor $\vec{A}$. Para o mesmo vetor $\vec{A}$, a relação a seguir apresenta a sua segunda derivada em relação ao tempo:

> Eq. (2.64), p. 92
>
> $$\ddot{\vec{A}} = \ddot{A}\,\hat{u}_A + 2\vec{\omega}_A \times \dot{A}\,\hat{u}_A + \dot{\vec{\omega}}_A \times \vec{A} + \vec{\omega}_A \times (\vec{\omega}_A \times \vec{A}).$$

Figura 2.65

Figura 2.31 repetida. Representação do vetor A no tempo t e no tempo $t + dt$ mostrando a sua variação na magnitude e a variação na direção.

Componentes normal-tangencial e coordenadas polares

Embora possamos sempre representar vetores usando componentes cartesianas, algumas vezes é mais útil representar grandezas vetoriais de outras maneiras.

Sistema de componentes normal-tangencial. Referindo-se à Fig. 2.66, o vetor velocidade tem a forma

> Eq. (2.75), p. 107
>
> $$\vec{v} = v\,\hat{u}_t = \dot{s}\,\hat{u}_t,$$

em que v é a rapidez, s é o comprimento do arco ao longo da trajetória, e $\hat{u}_t$ é o vetor unitário tangente ao ponto P.

Referindo-se à Fig. 2.67, o vetor aceleração em componentes normal-tangencial tem a forma

> Eq. (2.78), p. 107
>
> $$\vec{a} = \dot{v}\,\hat{u}_t + \frac{v^2}{\rho}\,\hat{u}_n = a_t\,\hat{u}_t + a_n\,\hat{u}_n,$$

em que $\dot{v} = a_t$ é a componente tangencial da aceleração e $v^2/\rho = a_n$ é a componente normal da aceleração.

Quando estamos usando um sistema de coordenadas cartesianas, para uma trajetória expressa por uma relação tal como $y = y(x)$, o raio de curvatura da trajetória é dado por ρ:

> Eq. (2.72), p. 106
>
> $$\rho(x) = \frac{\left[1 + (dy/dx)^2\right]^{3/2}}{\left|d^2y/dx^2\right|}.$$

Figura 2.66
Figura 2.41 repetida. Representação da velocidade no sistema de componentes normal-tangencial.

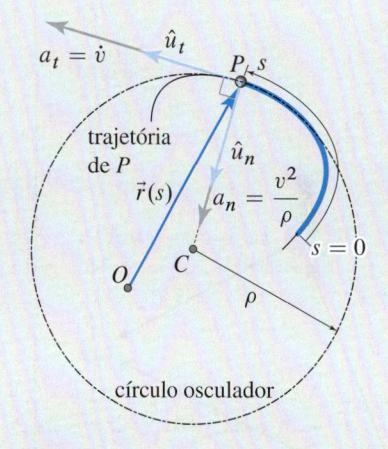

Figura 2.67
Figura 2.42 repetida. Aceleração em componentes normal-tangencial.

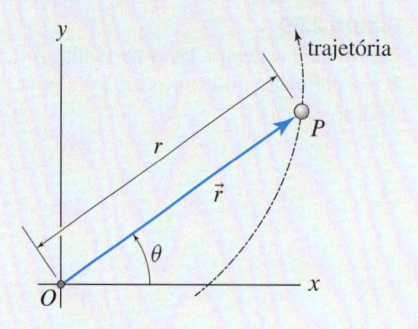

Coordenadas polares. Referindo-se à Fig. 2.68, r e θ são as coordenadas polares do ponto P. A coordenada θ foi escolhida como positiva no sentido anti-horário como visto a partir do eixo z positivo. Usando coordenadas polares, o vetor posição de P é

> Eq. (2.82), p. 118
>
> $$\vec{r} = r\,\hat{u}_r.$$

Derivando a posição em relação ao tempo, obtemos o seguinte resultado para o vetor velocidade em coordenadas polares

> Eq. (2.85), p. 119
>
> $$\vec{v} = \dot{r}\,\hat{u}_r + r\dot{\theta}\,\hat{u}_\theta = v_r\,\hat{u}_r + v_\theta\,\hat{u}_\theta,$$

em que

> Eqs. (2.86), p. 119
>
> $$v_r = \dot{r} \quad \text{e} \quad v_\theta = r\dot{\theta}.$$

são as componentes radial e transversal da velocidade, respectivamente.

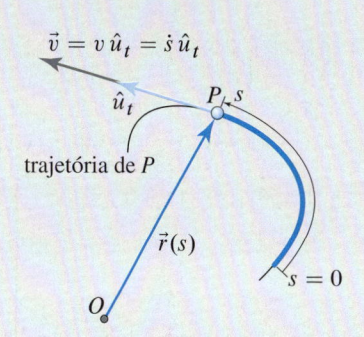

Figura 2.68
Figura 2.49 repetida. A posição $\vec{r}$ de uma partícula definida utilizando as coordenadas polares r e θ.

Derivando a velocidade em relação ao tempo, o vetor aceleração em coordenadas polares assume a forma

Eq. (2.89), p. 119

$$\vec{a} = (\ddot{r} - r\dot{\theta}^2)\hat{u}_r + (r\ddot{\theta} + 2\dot{r}\dot{\theta})\hat{u}_\theta = a_r\hat{u}_r + a_\theta\hat{u}_\theta,$$

em que

Eqs. (2.90), p. 119

$$a_r = \ddot{r} - r\dot{\theta}^2 \quad \text{e} \quad a_\theta = r\ddot{\theta} + 2\dot{r}\dot{\theta}$$

são as componentes radial e transversal da aceleração, respectivamente.

Movimento relativo

Em geral, os sistemas físicos consistem em várias partes móveis. Para estudar o movimento desses sistemas, é importante ser capaz de descrever o movimento de um objeto em relação a outro. Referindo-se à Fig. 2.69, considere o movimento planar dos pontos A e B. As posições de A e B em relação ao sistema XY são $\vec{r}_A$ e $\vec{r}_B$, respectivamente. Acoplado a A temos um sistema xy que translada, mas não gira em relação ao sistema XY. Em ambos os sistemas, a posição de B em relação a A é dada por $\vec{r}_{B/A}$. Usando soma vetorial, os vetores $\vec{r}_A$, $\vec{r}_B$ e $\vec{r}_{B/A}$ estão relacionados da seguinte forma:

Eq. (2.105), p. 136

$$\vec{r}_B = \vec{r}_A + \vec{r}_{B/A}.$$

A primeira e segunda derivadas em relação ao tempo da equação acima são, respectivamente,

Eqs. (2.106) e (2.107), p. 136

$$\vec{v}_B = \vec{v}_A + \vec{v}_{B/A},$$

$$\vec{a}_B = \vec{a}_A + \vec{a}_{B/A},$$

em que $\vec{v}_{B/A} = \dot{\vec{r}}_{B/A}$ e $\vec{a}_{B/A} = \ddot{\vec{r}}_{B/A}$ são a velocidade e a aceleração relativa de B em relação a A, respectivamente. Em geral, os vetores e $\vec{v}_{B/A}$ e $\vec{a}_{B/A}$ calculados pelo observador em xy são diferentes dos vetores $\vec{v}_{B/A}$ e $\vec{a}_{B/A}$ calculados pelo observador em XY. No entanto, os observadores em xy e XY calculam o mesmo $\vec{v}_{B/A}$ e o mesmo $\vec{a}_{B/A}$ se esses observadores não girarem um em relação ao outro.

Movimento restrito. Há muito poucos problemas de dinâmica em que o movimento *não* é restrito de alguma forma. As restrições são muitas vezes descritas por relações geométricas entre os pontos do sistema. Analisamos um sistema de polias cujo movimento era restrito pela inextensibilidade dos cabos do sistema. A chave para a análise do movimento restrito é a consciência de que podemos derivar as equações que descrevem as restrições geométricas para obter as velocidades e acelerações dos pontos de interesse. No caso do sistema de polias estudado nesta seção, foi a taxa de variação temporal do comprimento do cabo que usamos. Para um cabo inextensível, o comprimento do cabo é constante, então, a taxa de variação temporal do comprimento do cabo é zero.

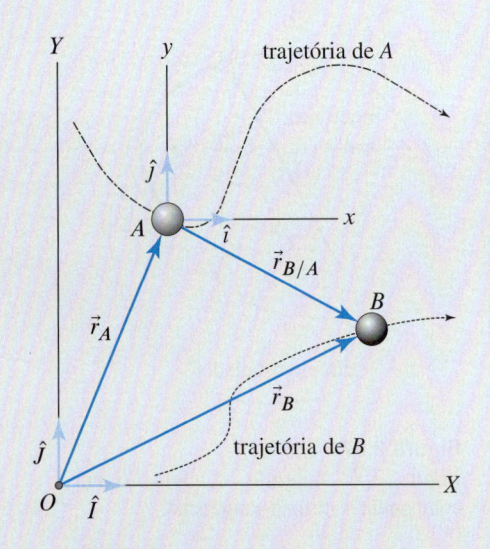

Figura 2.69
Figura 2.51 repetida. Duas partículas A e B e a definição do vetor posição relativa delas $\vec{r}_{B/A}$.

Movimento em três dimensões

Quando o movimento dos pontos em um sistema não é restrito a ser planar, precisamos usar sistemas de coordenadas que sejam totalmente tridimensionais. Estudamos três desses sistemas de coordenadas.

Coordenadas cilíndricas. Referindo-se à Fig. 2.70, a posição de um ponto P em três dimensões pode ser descrita pelas três grandezas R, θ e z que são as coordenadas cilíndricas de um ponto. Além disso, vemos que as coordenadas cilíndricas envolvem a tríade ortogonal de vetores unitários $\hat{u}_R$, $\hat{u}_\theta$ e $\hat{u}_z$. Usando essa tríade, a posição em coordenadas cilíndricas é dada por

Eq. (2.120), p. 155
$$\vec{r} = R\,\hat{u}_R + z\,\hat{u}_z.$$

O vetor velocidade em coordenadas cilíndricas é dado por

Eq. (2.121), p. 155
$$\vec{v} = \dot{R}\,\hat{u}_R + R\dot{\theta}\,\hat{u}_\theta + \dot{z}\,\hat{u}_z = v_R\,\hat{u}_R + v_\theta\,\hat{u}_\theta + v_z\,\hat{u}_z,$$

em que

Eqs. (2.122), p. 155
$$v_R = \dot{R}, \quad v_\theta = R\dot{\theta} \quad \text{e} \quad v_z = \dot{z}$$

são as componentes do vetor velocidade nas direções $\hat{u}_R$, $\hat{u}_\theta$ e $\hat{u}_z$, respectivamente. Por fim, o vetor aceleração em coordenadas cilíndricas é dado por

Eq. (2.123), p. 155
$$\vec{a} = \left(\ddot{R} - R\dot{\theta}^2\right)\hat{u}_R + \left(R\ddot{\theta} + 2\dot{R}\dot{\theta}\right)\hat{u}_\theta + \ddot{z}\,\hat{u}_z$$
$$= a_R\,\hat{u}_R + a_\theta\,\hat{u}_\theta + a_z\,\hat{u}_z,$$

em que

Eqs. (2.124), p. 155
$$a_R = \ddot{R} - R\dot{\theta}^2, \quad a_\theta = R\ddot{\theta} + 2\dot{R}\dot{\theta} \quad \text{e} \quad a_z = \ddot{z}$$

são as componentes do vetor aceleração nas direções $\hat{u}_R$, $\hat{u}_\theta$ e $\hat{u}_z$, respectivamente.

Coordenadas esféricas. Referindo-se à Fig. 2.71, a posição de um ponto P em três dimensões pode ser descrita pelas três grandezas r, θ e ϕ, que são as coordenadas esféricas de um ponto. Além disso, as coordenadas esféricas envolvem a tríade ortogonal de vetores unitários $\hat{u}_r$, $\hat{u}_\phi$ e $\hat{u}_\theta$ com $\hat{u}_\phi \times \hat{u}_\theta = \hat{u}_r$. Usando essa tríade, o vetor posição em coordenadas esféricas é dado por

Eq. (2.131), p. 157
$$\vec{r} = r\,\hat{u}_r.$$

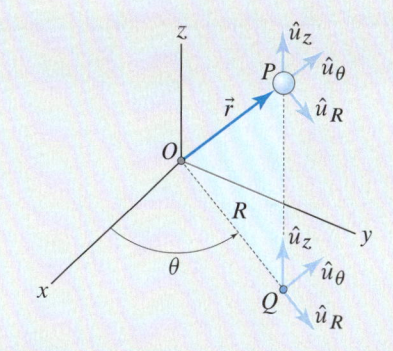

Figura 2.70
Figura 2.56 repetida. Direções coordenadas no sistema de coordenadas cilíndricas. Tal como acontece com as coordenadas polares definidas na Seção 2.6, a coordenada θ está implicitamente contida em $\hat{u}_r$.

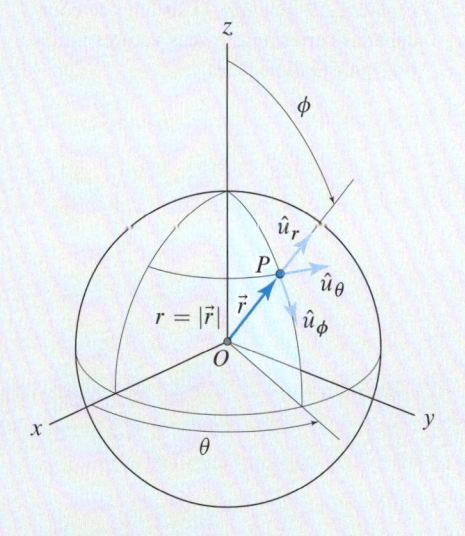

Figura 2.71
Figura 2.58 repetida. Definição de vetores unitários em coordenadas esféricas.

O vetor velocidade em coordenadas esféricas é dado por

> Eq. (2.137), p. 157
>
> $$\vec{v} = \dot{r}\,\hat{u}_r + r\dot{\phi}\,\hat{u}_\phi + r\dot{\theta}\operatorname{sen}\phi\,\hat{u}_\theta = v_r\,\hat{u}_r + v_\phi\,\hat{u}_\phi + v_\theta\,\hat{u}_\theta,$$

em que

> Eqs. (2.138), p. 157
>
> $$v_r = \dot{r}, \quad v_\phi = r\dot{\phi} \quad \text{e} \quad v_\theta = r\dot{\theta}\operatorname{sen}\phi$$

são as componentes do vetor velocidade nas direções $\hat{u}_r$, $\hat{u}_\phi$ e $\hat{u}_\theta$, respectivamente. Por fim, o vetor aceleração em coordenadas esféricas é dado por

> Eq. (2.139), p. 157
>
> $$\begin{aligned}\vec{a} &= \left(\ddot{r} - r\dot{\phi}^2 - r\dot{\theta}^2\operatorname{sen}^2\phi\right)\hat{u}_r \\ &\quad + \left(r\ddot{\phi} + 2\dot{r}\dot{\phi} - r\dot{\theta}^2\operatorname{sen}\phi\cos\phi\right)\hat{u}_\phi \\ &\quad + \left(r\ddot{\theta}\operatorname{sen}\phi + 2\dot{r}\dot{\theta}\operatorname{sen}\phi + 2r\dot{\phi}\dot{\theta}\cos\phi\right)\hat{u}_\theta \\ &= a_r\,\hat{u}_r + a_\phi\,\hat{u}_\phi + a_\theta\,\hat{u}_\theta,\end{aligned}$$

em que

> Eqs. (2.140), p. 157
>
> $$\begin{aligned}a_r &= \ddot{r} - r\dot{\phi}^2 - r\dot{\theta}^2\operatorname{sen}^2\phi, \\ a_\phi &= r\ddot{\phi} + 2\dot{r}\dot{\phi} - r\dot{\theta}^2\operatorname{sen}\phi\cos\phi, \\ a_\theta &= r\ddot{\theta}\operatorname{sen}\phi + 2\dot{r}\dot{\theta}\operatorname{sen}\phi + 2r\dot{\phi}\dot{\theta}\cos\phi\end{aligned}$$

são as componentes do vetor aceleração nas direções $\hat{u}_r$, $\hat{u}_\phi$ e $\hat{u}_\theta$, respectivamente.

Coordenadas cartesianas. Referindo-se à Fig. 2.72, no sistema de coordenadas cartesianas tridimensional, posição, velocidade e aceleração, respectivamente, são apresentadas na forma de componentes como

> Eqs. (2.141)-(2.143), p. 158
>
> $$\begin{aligned}\vec{r}(t) &= x(t)\,\hat{\imath} + y(t)\,\hat{\jmath} + z(t)\,\hat{k}, \\ \vec{v}(t) &= \dot{x}\,\hat{\imath} + \dot{y}\,\hat{\jmath} + \dot{z}\,\hat{k} = v_x\,\hat{\imath} + v_y\,\hat{\jmath} + v_z\,\hat{k}, \\ \vec{a}(t) &= \ddot{x}\,\hat{\imath} + \ddot{y}\,\hat{\jmath} + \ddot{z}\,\hat{k} = a_x\,\hat{\imath} + a_y\,\hat{\jmath} + a_z\,\hat{k}.\end{aligned}$$

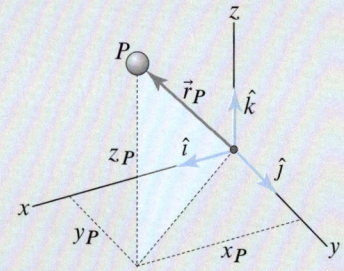

Figura 2.72
Figura 2.59 repetida. O sistema de coordenadas cartesianas e seus vetores unitários em três dimensões.

PROBLEMAS PARA REVISÃO

💡 Problema 2.232 💡

A figura mostra o vetor deslocamento de um ponto P entre dois instantes de tempo t_1 e t_2. É possível que o vetor $\vec{v}_{med}$ mostrado seja a velocidade média de P durante o intervalo de tempo $[t_1, t_2]$?

Nota: Problemas conceituais são sobre *explicações*, não sobre cálculos.

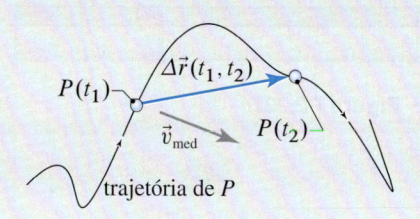

Figura P2.232

Problema 2.233

O movimento de um ponto P em relação a um sistema de coordenadas cartesianas é descrito por $\vec{r} = \{0{,}6\sqrt{t}\ \hat{i} + [1{,}2\ln(t+1) + 0{,}6t^2]\ \hat{j}\}$ m, em que t é o tempo expresso em segundos. Determine a velocidade média entre $t_1 = 4$ s e $t_2 = 6$ s. Em seguida, determine o instante $\bar{t}$ para o qual a componente x da velocidade P é *exatamente* igual à componente x da velocidade média de P entre os instantes t_1 e t_2. É possível encontrar um instante no qual a velocidade de P e a velocidade média de P são exatamente iguais? Explique por qual motivo. *Dica:* A velocidade é um vetor.

Problema 2.234

A velocidade e a aceleração do ponto P, expressa em relação ao sistema A em algum tempo t, são

$$\vec{v}_{P/A} = (12{,}5\ \hat{i}_A + 7{,}34\ \hat{j}_A)\ \text{m/s} \quad \text{e} \quad \vec{a}_{P/A} = (7{,}23\ \hat{i}_A - 3{,}24\ \hat{j}_A)\ \text{m/s}^2.$$

Sabendo que o sistema B não se move em relação ao sistema A, determine as expressões para a velocidade e a aceleração de P em relação ao sistema B. Verifique se a rapidez de P e a magnitude da aceleração de P são as mesmas nos dois sistemas.

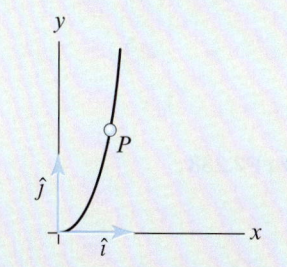

Figura P2.233

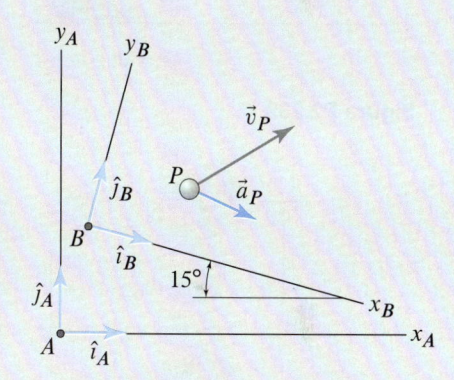

Figura P2.234

Problemas 2.235 e 2.236

Um modelo de fratura dinâmica proposto para explicar o comportamento da propagação de trincas em alta velocidade observa a trajetória da trinca como uma *trajetória ondulada*.[31] Neste modelo, uma ponta da trinca parecendo percorrer uma trajetória reta na verdade percorre, aproximadamente na rapidez do som, uma trajetória ondulada. Considere a trajetória ondulada da ponta da trinca como descrita pela função $y = h\operatorname{sen}(2\pi x/\lambda)$, em que h é a amplitude das oscilações da ponta da trinca na direção perpendicular ao plano da trinca, e λ é o período correspondente. Suponha que a ponta da trinca se desloca ao longo de uma trajetória ondulada a uma rapidez constante v_s (p. ex., a rapidez do som).

Problema 2.235
Encontre a expressão para a componente x da velocidade da ponta da trinca em função de v_s, λ, h e x.

💻 Problema 2.236 💻
Considere a velocidade *aparente* da ponta da trinca como v_a, definindo ela como o valor médio da componente x da velocidade da trinca, ou seja,

$$v_a = \frac{1}{\lambda}\int_0^\lambda v_x\,dx.$$

Em experimentos de fratura dinâmica em materiais poliméricos, $v_a = 2v_s/3$, v_s é encontrada perto de 800 m/s, e λ é da ordem dos 100 μm. Qual o valor de h que você espera encontrar nos experimentos se a teoria da trinca ondulada for confirmada como sendo exata?

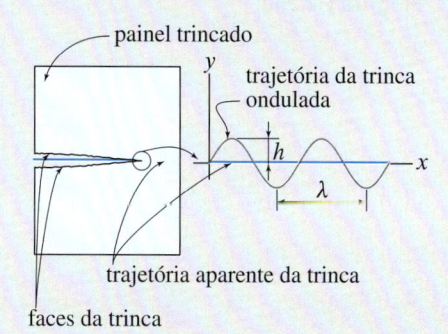

Figura P2.235 e P2.236

---

[31] Na fratura dinâmica, a falha estrutural de um material ocorre em velocidades próximas à velocidade do som (naquele material). Esse campo de estudo é muito importante no projeto de estruturas resistentes a explosões e/ou impactos. O modelo mencionado nestes problemas se deve a H. Gao, "Surface Roughening and Branching Instabilities in Dynamic Fracture", *Journal of the Mechanics and Physics of Solids*, **41** (3), pp. 457-486, 1993.

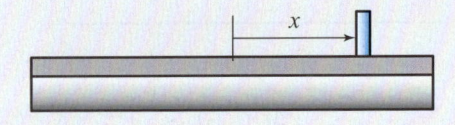

Figura P2.237

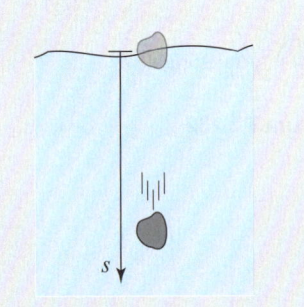

Figura P2.238

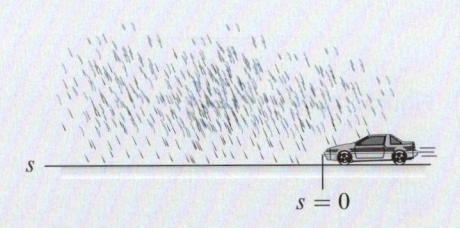

Figura P2.239

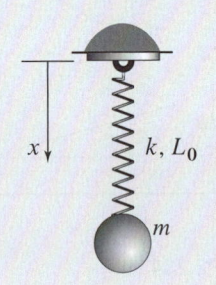

Figura P2.240

Problema 2.237

O movimento de uma cavilha que desliza dentro de uma guia retilínea é controlado por um atuador de tal forma que a aceleração da cavilha assume a forma $\ddot{x} = a_0(2 \cos 2\omega t - \beta \, \text{sen} \, \omega t)$, em que t é o tempo, $a_0 = 3{,}5$ m/s^2, $\omega = 0{,}5$ rad/s e $\beta = 1{,}5$. Determine a distância total percorrida pela cavilha durante o intervalo de tempo 0 s $\leq t \leq 5$ s se $\dot{x}(0) = a_0 \beta/\omega + 0{,}3$ m/s. Quando comparado ao Prob. 2.45, por que a adição de 0,3 m/s na velocidade inicial transforma isso em um problema que requer um computador para sua solução?

Problema 2.238

A aceleração de um objeto em queda livre retilínea quando imerso em um líquido viscoso linear é $a = g - C_d v/m$, em que g é a aceleração da gravidade, C_d é um coeficiente de arrasto constante, v é a velocidade do objeto e m é a massa do objeto. Considerando $v = 0$ e $s = 0$ para $t = 0$, em que s é a posição e t é o tempo, determine a posição em função do tempo.

Problema 2.239

Fortes chuvas fazem um determinado trecho da estrada ter um coeficiente de atrito que muda em função da localização. Nessas condições, a aceleração de um carro derrapando enquanto tenta parar pode ser aproximada por $\ddot{s} = -(\mu_k - cs)g$, em que μ_k é o coeficiente de atrito em condições secas, g é a aceleração da gravidade, e c, com unidades de m^{-1}, descreve a taxa de diminuição do atrito. Considere $\mu_k = 0{,}5$, $c = 0{,}015$ m^{-1} e $v_0 = 45$ km/h, em que v_0 é a velocidade inicial do carro. Determine o tempo que o carro leva até parar e a porcentagem do aumento no tempo de parada em relação às condições secas, ou seja, quando $c = 0$.

Problema 2.240

A aceleração de uma partícula de massa m suspensa por uma mola linear de constante elástica k e comprimento L_0 quando não esticada (quando o comprimento da mola é igual a L_0, a mola não exerce força sobre a partícula) é dada por $\ddot{x} = g - (k/m)(x - L_0)$. Supondo que em $t = 0$ a partícula está em repouso e sua posição é $x = 0$ m, determine a expressão da posição x da partícula em função do tempo. *Dica:* Uma boa tabela de integrais poderá ajudar.

Problema 2.241

Em uma cena de filme que envolve uma perseguição de carros, um carro passa por cima de uma rampa em A e aterrissa abaixo em B. Considerando $\alpha = 18°$ e $\beta = 25°$, determine a rapidez do carro em A se ele voa durante 3 s. Além disso, determine a distância d alcançada pelo carro durante a manobra, bem como a rapidez do impacto e o ângulo B. Desconsidere os efeitos aerodinâmicos. Expresse a sua resposta usando o sistema de unidades americano.

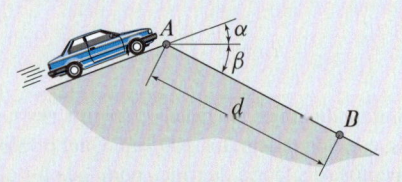

Figura P2.241

Problema 2.242

Considere o problema do lançamento de um projétil a uma distância R de O até D, com uma rapidez de lançamento v_0 conhecida. Provavelmente, é claro que você também precisaria saber o ângulo de lançamento θ se quiser que o projétil pouse exatamente em R. Mas verifique se a condição determinante v_0 é ou não suficientemente grande para chegar a R sem depender de θ. Determine essa condição em v_0. *Dica:* Encontre v_0 em função de R e θ e, em seguida, lembre que a função seno é limitada por 1.

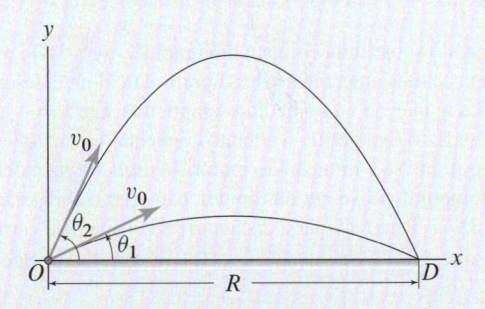

Figura P2.242

Problema 2.243

Uma patinadora está girando com os braços completamente esticados e com uma velocidade angular $\omega = 60$ rpm. Considerando $r_b = 168$ mm e $\ell = 670$ mm, e desprezando a mudança em ω quando a patinadora abaixa os braços, determine a velocidade e a aceleração da mão A quando $\beta = 0°$, se a patinadora abaixa os braços a uma taxa constante $\dot\beta = 0{,}2$ rad/s. Expresse as respostas utilizando o sistema de componentes mostrado, que gira com a patinadora e para o qual o vetor unitário $\hat\jmath$ (não mostrado) é tal que $\hat\jmath = \hat k \times \hat\imath$.

Problema 2.244

Uma montanha-russa se move pela parte superior em A da seção de pista mostrada a uma rapidez $v = 96$ km/h. Calcule o maior raio de curvatura ρ em A tal que os passageiros da montanha-russa experimentem uma falta de gravidade em A.

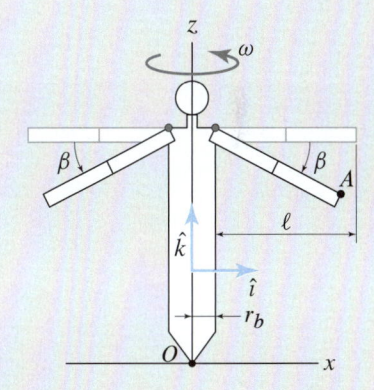

Figura P2.243

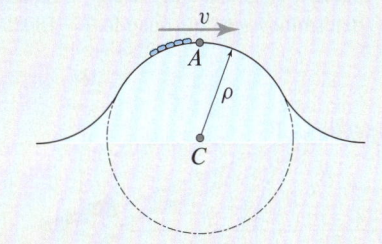

Figura P2.244

Problema 2.245

Determine, em função da latitude λ, a aceleração normal do ponto P sobre a superfície da Terra devido à rotação ω_E da Terra sobre seu eixo. Além disso, determine a aceleração normal da Terra devido à sua rotação em torno do Sol. Usando esses resultados, determine a latitude acima da qual a aceleração devido ao movimento orbital da Terra é mais significativa do que a aceleração devido à rotação da Terra sobre seu eixo. Use $R_E = 6.371$ km para o raio médio da Terra e assuma que a órbita da Terra ao redor do Sol é circular com raio $R_O = 1{,}497 \times 10^8$ km.

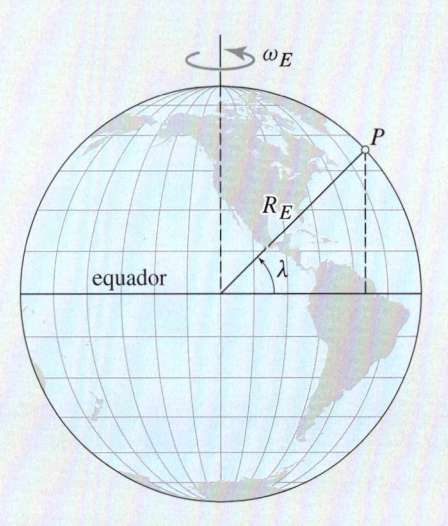

Figura P2.245

Problema 2.246

Um jato está voando reto e nivelado a uma rapidez $v_0 = 1.100$ km/h quando gira para mudar o seu curso em 90°, como mostrado. O giro é realizado diminuindo o raio de curvatura da trajetória uniformemente em função da posição s ao longo da trajetória, mantendo a aceleração normal constante e igual a $8g$, em que g é a aceleração da gravidade. No final do giro, a rapidez do avião é $v_f = 800$ km/h. Determine o raio de curvatura ρ_f no final do giro e o tempo t_f que o avião leva para completar a sua mudança de curso.

Problema 2.247

Um carro está viajando sobre uma colina a uma rapidez $v_0 = 160$ km/h. Usando o sistema de coordenadas cartesianas mostrado, o perfil da colina é descrito pela função $y = -(0{,}003 \text{ m}^{-1})x^2$, em que x e y são medidos em metros. Em $x = -100$ m, o motorista percebe que sua rapidez o fará perder o contato com o solo assim que ele atingir o topo da colina em O. Verifique se a intuição do motorista está correta e determine a mínima taxa de variação temporal constante da rapidez para que o carro não perca o contato com o solo em O. *Dica:* Para calcular a distância percorrida pelo carro ao longo da sua trajetória, observe que $ds = \sqrt{dx^2 + dy^2} = \sqrt{1 + (dy/dx)^2}\, dx$ e que

$$\int \sqrt{1 + C^2 x^2}\, dx = \frac{x}{2}\sqrt{1 + C^2 x^2} + \frac{1}{2C}\ln\left(Cx + \sqrt{1 + C^2 x^2}\right).$$

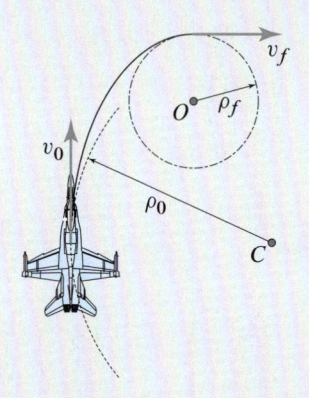

Figura P2.246

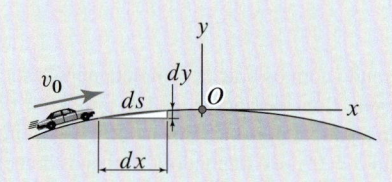

Figura P2.247

Problema 2.248

O mecanismo mostrado é chamado de manivela corrediça de *bloco oscilante*. Usado pela primeira vez em diversos motores de locomotivas a vapor em 1800, esse mecanismo é comumente encontrado em sistemas de fechaduras de porta. Considere que $H = 1{,}25$ m, $R = 0{,}45$ m e r denota a distância entre B e O. Supondo que a rapidez de B é constante e igual a 5 m/s, determine $\dot{r}$, $\dot{\phi}$, $\ddot{r}$ e $\ddot{\phi}$ quando $\theta = 180°$.

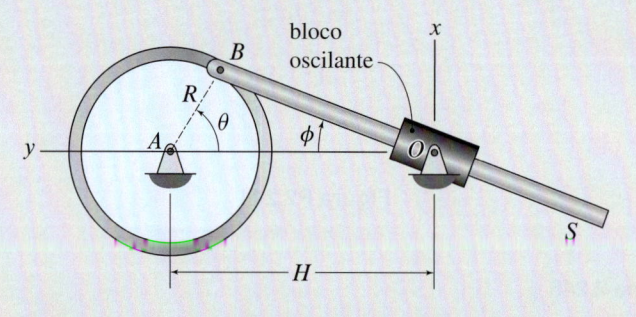

Figura P2.248

Problema 2.249

O came é montado sobre um eixo que gira sobre O a uma velocidade angular constante ω_{came}. O perfil do came é descrito pela função $\ell(\phi) = R_0(1 + 0{,}25 \cos^3 \phi)$, em que o ângulo ϕ é medido em relação ao segmento OA, que gira com o came. Considerando $R_0 = 30$ mm, determine o valor máximo da velocidade angular $\omega_{\max}$ tal que a rapidez máxima do seguidor seja limitada a 2 m/s. Além disso, calcule o menor ângulo θ_{min} para o qual o seguidor alcança a rapidez máxima.

Problema 2.250

Um carro está viajando a uma rapidez constante $v_0 = 210$ km/h ao longo de uma curva circular com raio $R = 137$ m (a figura não está em escala). A câmera em O está monitorando o movimento do carro. Considerando $L = 15$ m, determine a taxa de rotação da câmera, bem como a taxa correspondente de variação temporal da taxa de rotação quando $\phi = 30°$.

Problemas 2.251 a 2.253

Uma fonte tem uma bica que pode girar em torno de O e cujo ângulo β é controlado de forma a variar com o tempo de acordo com $\beta = \beta_0[1 + \text{sen}^2(\omega_t)]$, com $\beta_0 = 15°$ e $\omega = 0,4\pi$ rad/s. O comprimento da bica é $L = 0,45$ m, o fluxo de água que sai da bica é constante, e a água é ejetada a uma rapidez $v_0 = 1,8$ m/s, medida em relação à bica.

Problema 2.251 Determine a maior rapidez com que as partículas de água são lançadas da bica.

Problema 2.252 Determine a magnitude da aceleração imediatamente antes do lançamento, quando $\beta = 15°$.

Problema 2.253 Determine a posição mais alta alcançada pelo arco de água resultante.

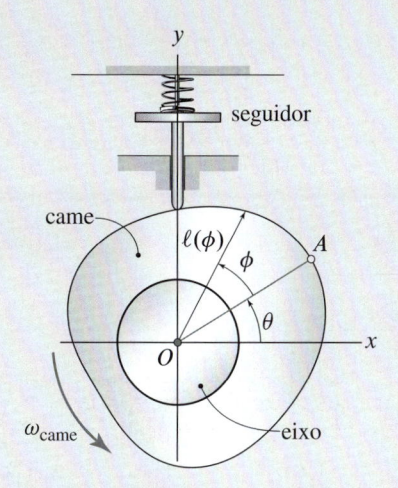

Figura P2.249

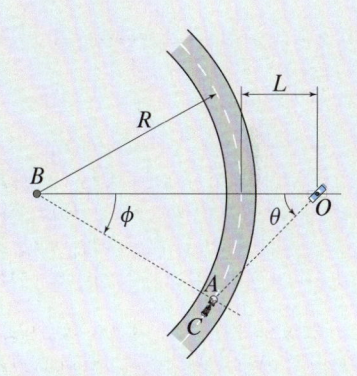

Figura P2.250

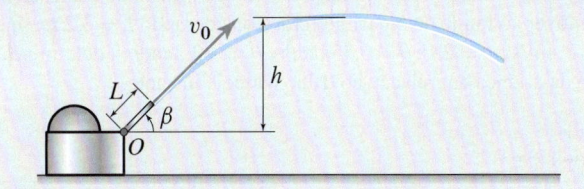

Figura P2.251-P2.253

Problema 2.254

Um avião está voando inicialmente para o norte a uma rapidez $v_0 = 690$ km/h em relação ao solo, enquanto o vento tem uma rapidez constante $v_W = 20$ km/h no sentido norte-sul. O avião faz uma curva circular com raio $\rho = 725$ m. Suponha que o indicador de rapidez no avião mede o valor absoluto da componente da velocidade relativa do avião em relação ao ar na direção do movimento. Em seguida, determine o valor da componente tangencial da aceleração do avião quando o avião está na metade da curva, assumindo que ele mantém constante a leitura do indicador de rapidez.

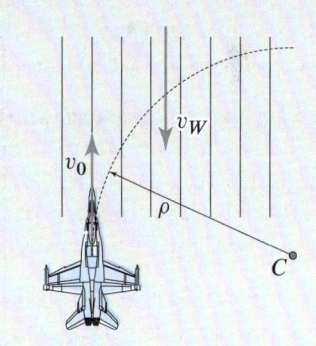

Figura P2.254

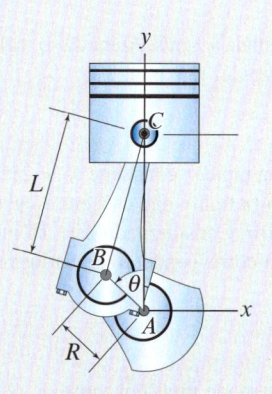

Figura P2.255

Problema 2.255

A cabeça do pistão em C é restrita a se mover ao longo do eixo y. Considere a manivela AB girando no sentido anti-horário à rapidez angular constante $\dot{\theta} = 2.000$ rpm, $R = 90$ mm e $L = 135$ mm. Obtenha a velocidade angular da biela BC derivando o vetor posição relativa de C em relação a B quando $\theta = 35°$. *Dica:* Você também precisará determinar a velocidade de B e impor a restrição que exige que C se mova somente ao longo do eixo y.

Problema 2.256

Uma criança A está se balançando em um balanço que é anexado a um carrinho que está livre para se mover ao longo de um trilho fixo. Considerando $L = 3,2$ m, se em um dado instante $a_B = 3,4$ m/s^2, $\theta = 23°$, $\dot{\theta} = 0,45$ rad/s e $\ddot{\theta} = -0,2$ rad/s^2, determine a magnitude da aceleração da criança em relação ao trilho naquele instante.

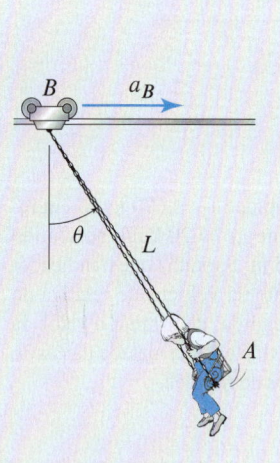

Figura P2.256 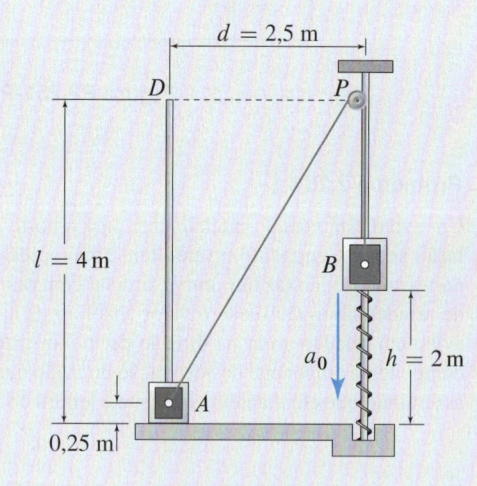   Figura P2.257

Problema 2.257

O bloco B é lançado a partir do repouso na posição mostrada e tem uma aceleração constante descendente $a_0 = 5,7$ m/s^2. Determine a velocidade e a aceleração do bloco A no instante em que B toca o chão.

Problema 2.258

Em um dado instante, um avião está voando horizontalmente a uma rapidez $v_0 = 470$ km/h e a uma aceleração $a_0 = 3,6$ m/s². Ao mesmo tempo, as hélices do avião giram a uma rapidez angular $\omega = 1.500$ rpm enquanto aceleram a uma taxa $\alpha = 0,3$ rad/s². Sabendo que o diâmetro da hélice é $d = 4,3$ m, determine a magnitude da aceleração de um ponto na periferia das hélices no instante dado.

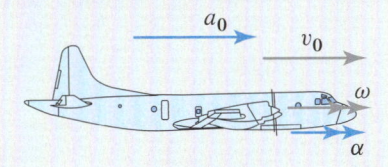

Figura P2.258

Problema 2.259

Um golfista lança a bola, como mostrado. Tratando α, β e a rapidez inicial v_0 como dados, encontre uma expressão para o raio de curvatura da trajetória da bola em função do tempo e dos parâmetros dados. *Dica:* Use o sistema de coordenadas cartesianas mostrado para determinar a aceleração e a velocidade da bola. Então, expresse novamente essas grandezas usando componentes normal-tangencial.

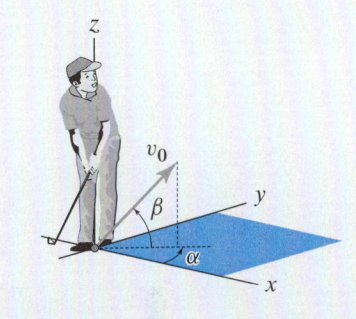

Figura P2.259

Problema 2.260

Um brinquedo do parque de diversões chamado de polvo é composto por oito braços que giram em torno do eixo z a uma velocidade angular constante $\dot{\theta} = 6$ rpm. Os braços têm um comprimento $L = 8$ m e formam um ângulo ϕ com o eixo z. Assumindo que ϕ varia com o tempo conforme $\phi(t) = \phi_0 + \phi_1 \operatorname{sen} \omega t$ com $\phi_0 = 70,5°$, $\phi_1 = 25,5°$ e $\omega = 1$ rad/s, determine a magnitude da aceleração da extremidade externa de um braço quando ϕ atinge seu valor mínimo.

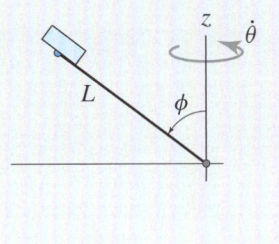

Figura P2.260

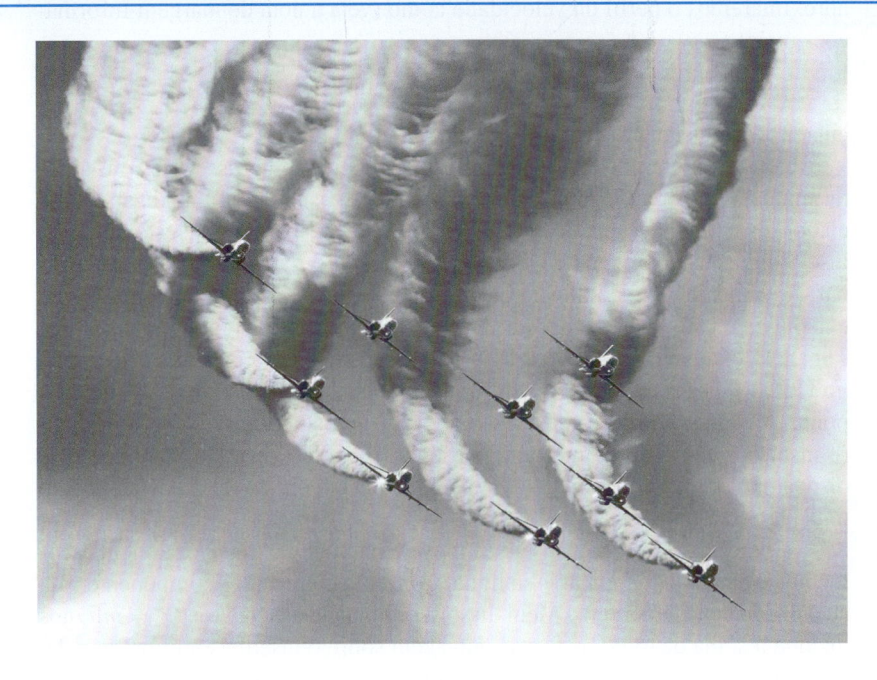

Métodos de força e aceleração para partículas 3

Neste capítulo, mostraremos como a segunda lei de Newton, $\vec{F} = m\vec{a}$, é aplicada no estudo do movimento de corpos que são modelados como partículas. Ao longo deste capítulo, a segunda lei de Newton é vista como um *axioma*, isto é, uma afirmação que tratamos como verdadeira e não derivável de outros princípios. Como tal, há pouco para explicar sobre a lei. O capítulo, portanto, enfatizará *como* $\vec{F} = m\vec{a}$ é aplicada e começará o estudo da *cinética*, ou seja, o estudo das forças que causam ou são causadas pelo movimento. Quando completarmos este capítulo, seremos capazes de usar a cinemática (discutida no Capítulo 2) com a segunda lei de Newton para (1) prever o movimento de um sistema de partículas causado por forças dadas ou (2) determinar as forças necessárias para um sistema de partículas se mover de uma maneira prescrita.

3.1 MOVIMENTO RETILÍNEO

Um camaleão capturando um inseto

Suponha que um camaleão está impulsionando a sua longa língua para fora a fim de agarrar um inseto para uma refeição (veja a Fig. 3.1). Esse processo ocorre tão rapidamente que uma câmera de vídeo de alta velocidade deve ser usada para capturar o evento. Uma vez que é a "aderência" da língua do camaleão que permite agarrar o inseto, a questão é: Podemos usar o vídeo para estimar quanta aderência, ou seja, quanta força é necessária para capturar o inseto onde o camaleão gostaria que fosse?

Começamos por descrever o movimento do inseto com base nos dados disponíveis do vídeo, que nos diz que é preciso 0,15 s para o camaleão capturar completamente o inseto. Se o inseto não está se movendo inicialmente, a velocidade inicial do inseto é zero. A velocidade final do inseto deve ser zero, pois acaba na boca do camaleão. Você deve se lembrar do problema que estudamos na Seção 2.2 em que um carro se move entre dois sinais de pare – o movimento do inseto não é diferente. De maneira semelhante ao carro, há três aspectos que precisamos levar em conta ao gerar o perfil velocidade *versus* tempo:

1. O tempo que o camaleão demora para capturar o inseto
2. A velocidade, que deve ser zero no início e no final do intervalo de tempo
3. A distância percorrida pelo inseto do começo ao fim

Figura 3.1

Um camaleão capturando um inseto.

Informações úteis

Modelando o perfil de velocidade. O perfil de velocidade na Figura 3.2 está na forma

$$v(t) = A[1 - \cos(Bt)].$$

Uma vez que a expressão acima é tal que $v = 0$ para $t = 0$, os coeficientes A e B podem ser encontrados satisfazendo os dois critérios restantes listados. Para fazer v ser zero em $t = 0{,}15$ s, temos que $B(0{,}15 \text{ s}) = 2\pi$, e, assim, $B = 41{,}89$ s^{-1}. Para a distância percorrida ser 0,3 m, a integral de $v(t)$ no intervalo [0, 0,15 s] deve ser igual a 0,3 m, ou seja,

$$\int_0^{0,15\,\text{s}} A[1 - \cos(41{,}89\,t)]\,dt = 0{,}3\,\text{m}$$

$$\Rightarrow \quad (0{,}15\,\text{s})A = 0{,}3\,\text{m},$$

de modo que $A = 2$ m/s.

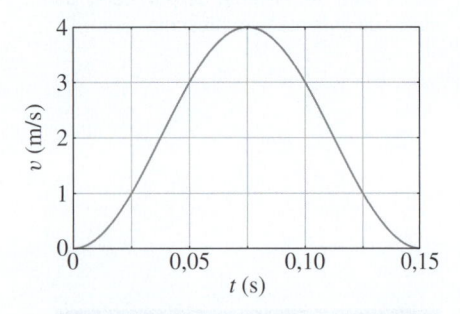

Figura 3.2
Perfil de velocidade *versus* tempo para a ponta da língua do camaleão.

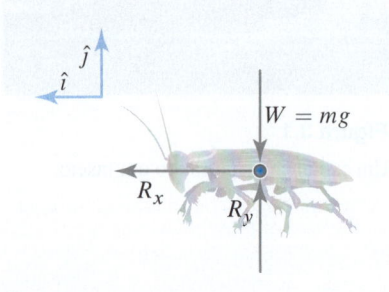

Figura 3.3
DCL do inseto capturado pelo camaleão. Note que o inseto é mostrado "em transparência" e que as forças são aplicadas em um "ponto azul". Assim, enfatizamos que o nosso objeto original (o inseto) é modelado como uma partícula (o ponto azul).

A distância percorrida deve ser determinada de maneira experimental, e é encontrada como sendo aproximadamente 0,3 m. Como queremos uma curva suave para o perfil de velocidade, aproximaremos a velocidade por meio de uma função trigonométrica. Usando os três critérios citados anteriormente, aproximaremos o perfil da velocidade como (veja a nota de margem Informações úteis)

$$v(t) = 2[1 - \cos(41{,}89\,t)] \text{m/s}, \tag{3.1}$$

cuja representação gráfica é mostrada na Figura 3.2.

Agora que temos um modelo de v v. t, podemos prosseguir com a determinação da força. Primeiro, identificamos o sistema para analisar e logo elaboramos um diagrama de corpo livre (DCL) desse sistema. Neste caso, é o inseto que consideramos, pois é a força *sobre o inseto* que queremos determinar. Novamente, o vídeo mostra que o inseto se move em uma linha quase reta e não toca o solo quando capturado. Modelando o inseto como uma partícula, seu DCL, enquanto está sendo capturado, é mostrado na Figura 3.3. Note que, no DCL, o inseto é mostrado "em transparência" e um "ponto azul" indica o ponto de aplicação das forças. Assim, enfatizamos que nosso objeto original (o inseto) é modelado como uma partícula (o ponto azul). Utilizaremos esse dispositivo gráfico ao longo do livro sempre que um objeto for modelado como uma partícula.

Como sabemos que o inseto se move em uma linha reta horizontal, escolhemos o eixo x para indicar essa linha. Consequentemente, a componente y da aceleração do inseto é zero. Além disso, a segunda lei de Newton, $\vec{F} = m\vec{a}$, nos diz que a soma de todas as forças que agem sobre o inseto é equilibrada pela, ou é igual à, massa do inseto vezes a aceleração do inseto, ou seja,

$$\vec{R} + \vec{W} = m\vec{a}, \tag{3.2}$$

em que $\vec{R}$ é a força exercida pelo camaleão sobre o inseto e $\vec{W}$ é o peso do inseto, que pode ser expresso como $\vec{W} = -mg\,\hat{\jmath}$. Como a segunda lei de Newton é uma equação vetorial, podemos considerar suas componentes separadamente para obter

$$\sum F_x = ma_x \quad \Rightarrow \quad R_x = ma_x, \tag{3.3}$$

$$\sum F_y = ma_y \quad \Rightarrow \quad R_y - mg = 0. \tag{3.4}$$

A Eq. (3.4) nos diz que $R_y = mg$ ou que a componente y da força adesiva simplesmente precisa suportar o peso do inseto. Como camaleões gostam de comer baratas, consideraremos que o inseto é uma barata, que normalmente tem uma massa $m = 6$ g. Quando a Eq. (3.1) é derivada em relação ao tempo e substituída na Eq. (3.3), obtemos

$$R_x = m[83{,}78\,\text{sen}(41{,}89\,t)]\text{N}, \tag{3.5}$$

que, como $R_y = mg$, fornece uma força total necessária de

$$|\vec{R}| = \sqrt{R_x^2 + R_y^2} = \sqrt{[83{,}78m\,\text{sen}(41{,}89\,t)]^2 + (mg)^2}. \tag{3.6}$$

O valor de $|\vec{R}|$ dado pela Eq. (3.6), dividido pelo peso da barata, foi plotado na Figura 3.4. O gráfico mostra que a força máxima necessária é quase $9mg$, e essa situação ocorre em dois pontos diferentes no tempo. Referindo-se à Eq. (3.5), a primeira vez em que a força máxima é atingida corresponde a um valor positivo de R_x de modo que a força é dirigida para o camaleão. A segunda máxima corresponde a um valor negativo de R_x, que é necessário para desacelerar a barata antes de ela parar na boca do camaleão. O valor máximo de $|\vec{R}|$ pode ser calculado derivando a Eq. (3.6) em relação ao tempo e igualando o resultado a zero, o que nos diz que $R_{max} = 0{,}5061$ N. Esse valor ocorre em $t_1 = 0{,}03750$ s e $t_2 = 0{,}1125$ s.

Terminamos nossa discussão determinando a aceleração experimentada pela barata. Vimos que $a_y = 0$ e $a_x = 83{,}78 \, \text{sen}(41{,}89t)$ m/s² para que a_{max} ocorra quando a_x é a maior.[1] Derivando a_x e fixando-a igual a zero para encontrar o tempo t_m em que a aceleração é máxima, obtemos

$$\frac{da_x}{dt} = 3509{,}5 \cos(41{,}89 \, t_m) \, \text{m/s}^3 = 0, \qquad (3.7)$$

ou $41{,}89 t_m = (2n + 1)\,\pi/2$ $(n = 0, 1, 2, \ldots)$ para que $(t_m)_1 = 0{,}03750$ s e $(t_m)_2 = 0{,}1125$ s (essas são as únicas duas vezes que se enquadram no intervalo de 0,15 s). Substituindo t_m em a_x, obtemos 83,78 m/s², e assim vemos que o inseto experimenta $83{,}78/9{,}81 = 8{,}54g$ de aceleração. Observe que a força máxima ocorre ao mesmo tempo em que a aceleração é máxima. Em problemas unidimensionais, a força máxima e a aceleração máxima ocorrem sempre ao mesmo tempo.

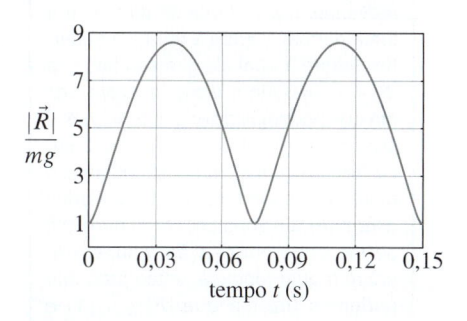

Figura 3.4
Força necessária sobre o inseto ao ser puxado para dentro da boca do camaleão.

Observações sobre o problema do camaleão

O problema do camaleão mostra como é possível usar a segunda lei de Newton para calcular a força sobre um objeto cujo movimento é dado. A segunda lei de Newton também pode ser aplicada para resolver o problema inverso, isto é, dadas as forças que atuam sobre um objeto, podemos encontrar o movimento resultante. Por esse motivo, é importante saber como representar matematicamente os diversos tipos de forças que frequentemente encontramos nas aplicações. Começamos nossa discussão formal da aplicação da segunda lei de Newton com uma revisão de duas forças comumente encontradas em aplicações de engenharia: atrito e as forças de mola.

Outra observação sobre o problema do camaleão diz respeito ao fato de que sua solução incluiu o esboço de um DCL, com a escolha do sistema de componentes para expressar corretamente a cinemática, bem como as forças do problema. Esses elementos, ou seja, o DCL e a escolha de um sistema de componentes, a expressão das forças, e a cinemática são comuns em qualquer problema envolvendo o uso da segunda lei de Newton. Discutiremos esses passos de forma sistemática após rever atrito e forças de mola.

Atrito

O atrito desempenha um papel importante em muitos problemas de engenharia e ainda é objeto ativo de pesquisas, pois trata-se de um fenômeno extremamente complexo. Aqui, somente revisaremos um modelo elementar de atrito[2] chamado *modelo de atrito de Coulomb*, que foi publicado pela primeira vez por Charles Augustin Coulomb (1736-1806) em torno de 1773. Embora esse modelo seja bastante simples, ainda podemos considerá-lo preciso para muitas situações.

---

[1] Lembre que $a_{max} \neq R_{max}\,m$, já que R_{max} inclui a força-peso de R_y mesmo que o inseto não esteja acelerando na direção y.

[2] Uma explicação sobre atrito pode ser encontrada no Capítulo 9 de M. E. Plesha, G. L. Gray e F. Costanzo, *Engineering Mechanics: Statics*, McGraw-Hill, Dubuque, 2010.

> **Erro comum**
>
> **Sobre o atrito.** Um equívoco comum sobre o modelo de atrito de Coulomb é que $F = \mu_s N$ quando o corpo não está se movendo e $F = \mu_k N$ quando o corpo está se movendo. Quando uma roda gira sem deslizar, está se movendo, mas a força de atrito F e a força normal N entre a roda e a superfície sobre a qual ela gira são tais que $|F| \leq \mu_s |N|$. Além disso, a única vez em que podemos dizer que $F = \mu_k N$ é quando um objeto *desliza* sobre a superfície na qual ele repousa, ou seja, o objeto e a superfície têm velocidades diferentes. Quando um corpo não está se movendo em relação à superfície sobre a qual repousa, então tudo que podemos dizer é que $|F| \leq \mu_s |N|$ e nada mais, a menos que saibamos que o deslizamento é iminente, caso em que podemos dizer que $|F| = \mu_s |N|$.

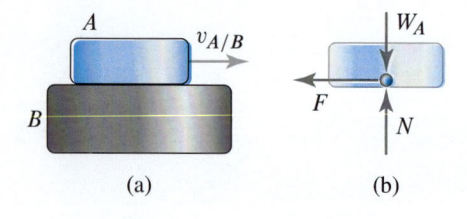

A força de atrito é geralmente definida como a componente da força de contato entre dois objetos que é tangente à superfície de contato. O modelo de atrito de Coulomb afirma que, quando dois objetos deslizam um em relação ao outro, a força de atrito entre os dois objetos é igual à força normal entre os objetos vezes um parâmetro chamado de *coeficiente de atrito cinético*. Quando os objetos não deslizam um em relação ao outro, a força de atrito é limitada pelo valor da força normal vezes um parâmetro chamado de *coeficiente de atrito estático*. A força de atrito atua no sentido oposto ao movimento relativo ou tendência para o movimento relativo entre os objetos que estão em contato. O modelo de atrito de Coulomb especifica que todos os atritos estão dentro de uma das três condições seguintes:

Sem deslizamento Quando dois objetos não se movem (ou não *escorregam* ou não *deslizam*) um em relação ao outro, então a força de atrito satisfaz a desigualdade

$$|F| \leq \mu_s |N|, \quad (3.8)$$

em que μ_s é o coeficiente de atrito estático e N é a força normal entre os dois corpos. O sentido de F sobre um corpo é igual e oposto ao sentido de F sobre o outro corpo (devido à terceira lei de Newton). Além disso, o sentido de F em um determinado corpo é *oposto* ao sentido que o vetor velocidade desse corpo teria, em relação ao outro corpo, na ausência de atrito. Note que os sinais de valor absoluto em torno de F e N são importantes. Com frequência, o sentido da força de atrito é uma das incógnitas do problema, e escrever $|F|$ permite que não nos preocupemos em ter que adivinhar o sentido "certo" de F. Sobre N, em geral assume-se como positivo quando "em compressão", e, pelo menos para os problemas de equilíbrio, o sinal de N é facilmente predito. No entanto, na dinâmica há exemplos importantes, como os mecanismos com molas (pegs) que se deslocam ao longo de guias ranhuradas, em que a força N pode mudar de sinal com o tempo. Portanto, escrevemos $|N|$ em vez de N para assegurar que a Eq. (3.8) sempre é avaliada corretamente.

Deslizamento iminente Quando o deslizamento entre dois corpos é iminente, ou seja, quando um corpo está *prestes* a deslizar em relação ao outro, então o atrito e as forças normais estão relacionados de acordo com

$$F = \mu_s N, \quad (3.9)$$

em que o sentido de F deve ser coerente com o fato de que a força de atrito opõe-se à tendência de movimento relativo de A e B.

Deslizamento Quando dois corpos A e B deslizam um em relação ao outro (veja a Figura 3.5), então a força de atrito no corpo A devido ao corpo B é

$$\vec{F} = -\mu_k |N| \frac{\vec{v}_{A/B}}{|\vec{v}_{A/B}|}, \quad (3.10)$$

em que μ_k é o coeficiente de atrito cinético e $\mu_k \leq \mu_s$. Observe que o sentido de $\vec{F}$ no corpo A é *oposto* ao sentido da velocidade de A em relação a B. A Eq. (3.10) é geralmente escrita como

$$F = \mu_k N, \quad (3.11)$$

em que o sentido de F deve ser coerente com o fato de que a força de atrito se opõe ao movimento relativo de A e B.

Figura 3.5
(a) Corpo A deslizando sobre o corpo B; a velocidade relativa é dada por $v_{A/B}$. (b) DCL do corpo A mostrando o sentido do atrito cinético. O corpo A foi modelado como uma partícula.

Molas

Molas, cuja forma é frequentemente enrolada, como mostrado na Figura 3.6, vêm em infinidade de formas, tamanhos e materiais. Elas incluem cordas elásticas (bungee cords), vigas de metal ou de outros materiais, chapas e cascas, e barras de torção.[3]

Referindo-se à Fig. 3.7, a partir de um ponto de vista geométrico, descrevemos uma mola em função do seu comprimento. O *comprimento indeformado da mola* é o comprimento da mola quando nenhuma força é aplicada sobre ela. Considerando L e L_0 como os comprimentos atual e indeformado de uma mola, respectivamente, definimos o *alongamento*, denotado pela letra Grega δ, como

$$\delta = L - L_0. \qquad (3.12)$$

Dizemos que uma mola está alongada ou comprimida, dependendo se $\delta > 0$ ou $\delta < 0$, respectivamente.

Na grande maioria das aplicações que consideramos, assume-se que as molas têm massa desprezível. Essa hipótese faz a força interna de uma mola ser igual à força externa aplicada à mola. Salvo quando dito o contrário, sempre assumiremos que as molas não têm massa.

Figura 3.6 Molas em espiral simples do tipo que pode ser encontrado em uma caneta.

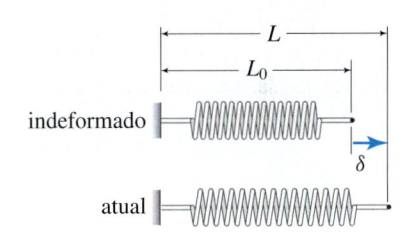

Figura 3.7 Deformação de uma mola.

Molas elásticas lineares

Uma mola é dita *elástica linear* se a força interna da mola está linearmente relacionada à quantia que a mola está alongada ou comprimida. Referindo-se à Figura 3.8, a força F_s necessária para estender uma mola elástica linear em uma quantia δ é dada por

$$F_s = k\delta = k(L - L_0), \qquad (3.13)$$

em que k é a *constante da mola* e tem dimensões de força sobre comprimento. A menos que indiquemos o contrário, sempre assumiremos que as molas são elásticas lineares.

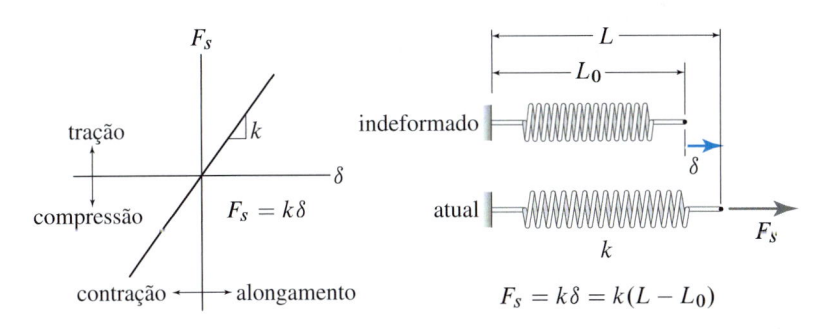

Figura 3.8 Lei da mola para uma mola elástica linear.

Não linearidades das molas

Enquanto estivermos lidando quase exclusivamente com molas elásticas lineares, as não linearidades em estruturas elásticas (p. ex., molas) são importantes na

---

[3] Veja, por exemplo, A. M. Wahl, *Mechanical Springs*, 2nd ed. McGraw-Hill, Nova York, 1963. Reimpresso em 1991 pelo Spring Manufacturers Institute, Inc., Rolling Meadows, IL.

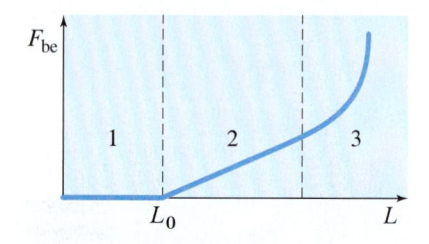

Figura 3.9
Representação qualitativa da curva da força *não linear versus* deslocamento de uma braçadeira elástica.

dinâmica da engenharia. Como um exemplo simples, uma braçadeira elástica é altamente não linear ao longo de um amplo intervalo do seu alongamento possível. A Figura 3.9 mostra um gráfico qualitativo da força em uma braçadeira elástica em função do seu comprimento. Quando o comprimento do elástico L é inferior ao seu comprimento L_0 indeformado, então a força no elástico é zero (região 1). Quando o seu comprimento atinge o seu comprimento indeformado, então a força do elástico começa a aumentar a partir de zero e a curva força-deslocamento é próxima a linear (região 2). Se continuarmos a esticar o elástico, então a força começa a aumentar muito rapidamente (região 3), até que não seja possível esticá-lo mais (a parte vertical da curva na extremidade direita) antes de quebrar. Ao longo deste livro, nos exemplos e nos problemas, ocasionalmente encontraremos molas não lineares e descobriremos as maneiras surpreendentes que podem afetar o comportamento de um sistema.

Molas e modelagem de sistemas mecânicos

Além de ser um elemento estrutural real, uma mola pode ser pensada em termos mais abstratos como qualquer elemento que fornece uma força entre dois pontos que depende apenas da distância entre os pontos. Por exemplo, em muitas substâncias, sabemos que a força entre dois átomos depende apenas da distância entre eles. Nesses casos, dizemos que os átomos se comportam como se estivessem conectados por molas (não lineares) e, na verdade, modelamos as ligações atômicas como molas em uma estrutura molecular dinâmica. Outro exemplo é o provido pela lei da gravitação universal, que nos mostra que a atração gravitacional entre dois corpos é inversamente proporcional ao quadrado da distância entre os corpos. Novamente, podemos ver os corpos em questão, conectados por uma mola (não linear). De forma mais geral, utilizamos molas quando modelamos sistemas elásticos, em que sistema elástico é qualquer sistema físico no qual as forças internas ao sistema dependem apenas da posição relativa dos pontos no sistema. Uma vez que quase qualquer sistema mecânico apresenta alguma elasticidade, podemos dizer que "as molas estão em toda parte", quer apareçam, quer não, na forma da bobina tradicional mostrada na Figura 3.6.

Quadros de referência inercial

O uso da segunda lei de Newton requer que a aceleração seja medida em relação a um *quadro referencial inercial*. Um *quadro referencial inercial* é aquele em que a primeira e a segunda lei de Newton são válidas, pelo menos ao nível de precisão desejado. Além disso, se encontramos um quadro que satisfaz *aceitavelmente* essa definição (ou seja, é inercial), então qualquer quadro que não esteja acelerando em relação a esse quadro inercial também é inercial. Curiosamente, para todos, exceto uma pequena classe de problemas de engenharia (p. ex., contanto que fiquemos longe de efeitos relativistas ou não estejamos interessados em mecânica orbital), um quadro ligado à superfície da Terra pode ser considerado inercial. Veremos o porquê.

Um quadro inercial *muito bom* é aquele que tem sua origem no centro de massa do nosso sistema solar (que é muito perto do centro do Sol). Em relação a esse quadro de referência inercial, um quadro referencial ligado à superfície da Terra está acelerando devido a uma série de movimentos, incluindo a rotação da Terra sobre seu eixo e da órbita da Terra em torno do Sol. A rotação da Terra sobre seu eixo é, de longe, o maior contribuinte, enquanto o quadro de referência é colocado suficientemente longe dos polos. Referindo-se à Figura 3.10, para calcular a magnitude da aceleração do ponto P, consideraremos o raio médio da Terra como sendo 6.371 km. Como a Terra gira a 1 rev/dia, sua

Figura 3.10
Vista do movimento de rotação da Terra mostrando como a latitude λ é medida.

velocidade angular é 0,00007272 rad/s, e, assim, referindo-se à Figura 3.10, vemos que a aceleração normal devido à rotação da Terra é igual a

$$a_n = r_\lambda \omega_E^2 = (R_E \cos \lambda) \omega_E^2 = (6.371.000 \text{ m})\left(0,00007272 \tfrac{\text{rad}}{\text{s}}\right)^2 \cos \lambda$$
$$= 0,03369 \cos \lambda \text{ m/s}^2. \tag{3.14}$$

Para uma localização em média latitude como o State College, Pensilvânia, Estados Unidos, que está na latitude 40,8° norte, a aceleração dada pela Eq. (3.14) é aproximadamente 0,0255 m/s² – que é insignificante na maioria das aplicações de engenharia.

Equações fundamentais, equações do movimento e graus de liberdade

A aplicação da segunda lei de Newton para a solução de problemas de dinâmica foi acompanhada pela criação de uma rica terminologia utilizada para identificar os muitos aspectos desses problemas. Apresentamos aqui alguns dos termos mais utilizados.

A segunda lei de Newton é um princípio de equilíbrio. A segunda lei de Newton, que pode ser escrita como

$$\boxed{\vec{F} = m\vec{a},} \tag{3.15}$$

é o primeiro *princípio de equilíbrio* que encontramos na dinâmica. Um *princípio de equilíbrio*, ou uma *lei de equilíbrio*, é uma relação que equaciona a mudança em uma propriedade fundamental de um sistema físico, como a sua massa ou carga, com a causa dessa mudança. No caso da segunda lei de Newton, o equilíbrio em questão está entre a força total $\vec{F}$ que atua sobre uma partícula de massa m e a alteração no estado do movimento da partícula medida pela quantidade $m\vec{a}$. Se modelarmos um corpo físico como uma partícula, então o movimento de nosso objeto deve estar em conformidade com a segunda lei de Newton, não importando a composição específica do corpo. Por isso, a segunda lei de Newton é essencial no processo de modelagem de corpos físicos. No entanto, quando escrevemos $\vec{F} = m\vec{a}$, é importante compreender que a segunda lei de Newton não fornece $\vec{F}$ nem $m\vec{a}$: simplesmente exige o equilíbrio dessas duas quantidades entre si. A segunda lei de Newton é apenas um dos elementos contribuintes para a solução de um problema – os outros dois elementos essenciais são as leis da força, que descrevem $\vec{F}$ em detalhe, e as equações cinemáticas, que descrevem $\vec{a}$ em detalhe, como discutido a seguir.

Leis da força e equações cinemáticas. Para resolver um problema, as expressões para todas as forças (e momentos) e para todos os termos da aceleração devem ser fornecidas. As forças que aparecem na segunda lei de Newton muitas vezes contêm variáveis cinemáticas misturadas com grandezas que chamamos de *parâmetros materiais* (ou *constitutivos*). Por exemplo, quando a força de uma mola F_s é expressa pela forma familiar $F_s = kx$, F_s é uma função da variável cinemática "posição" por meio de x e de um parâmetro k que depende da composição material da mola. Outro exemplo é a força que descreve a resistência do ar. Essa força depende do vetor velocidade e de um coeficiente de arrasto. Nesse caso, é o vetor velocidade a variável cinemática, e o coeficiente de arrasto é o parâmetro do material. De agora em diante, chamaremos de *leis da força* aquelas equações que fornecem as formas específicas das forças em termos de parâmetros materiais e variáveis cinemáticas. As equações que

---

> **Fato interessante**
>
> **Aceleração devido à rotação da Terra em torno do seu eixo *versus* aceleração devido ao movimento orbital da Terra em torno do Sol.** Na Figura 3.10 e na Eq. (3.14), podemos ver que, supondo que o centro da Terra não se mova, a componente normal da aceleração para o ponto P na latitude λ deve ser
>
> $$a_n = r_\lambda \omega_E^2 = (R_E \cos \lambda) \omega_E^2.$$
>
> Assim, vemos que a_n é maior quando estamos no equador ($\lambda = 0°$) e menor quando estamos em um dos polos ($\lambda = \pm 90°$). Supondo que o Sol esteja na origem de um referencial inercial, a mecânica orbital nos mostra que a aceleração normal devido à órbita da Terra em torno do Sol é aproximadamente igual a 0,005941 m/s². Portanto, a aceleração devido ao movimento orbital da Terra é mais importante que a aceleração devido à rotação da Terra em torno do seu eixo apenas para latitudes acima de $\lambda = 80°$.

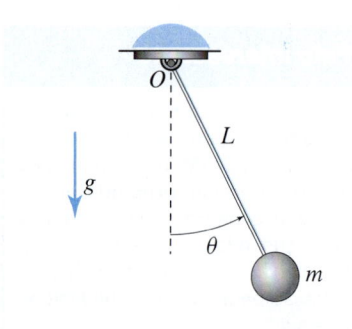

Figura 3.11
À medida que o pêndulo oscila, a tração no cabo do pêndulo muda. A equação que descreve a tração (como uma função da posição ou do tempo) é um exemplo de uma equação da força de restrição.

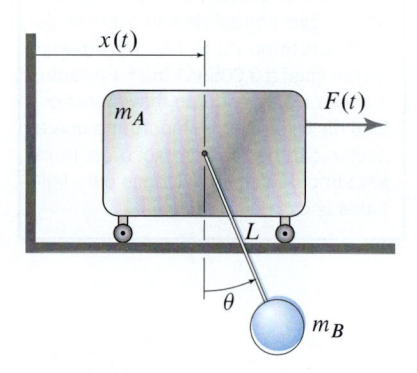

Figura 3.12
Uma ilustração dos *graus de liberdade* usando um carro rolante com um pêndulo fixado nele.

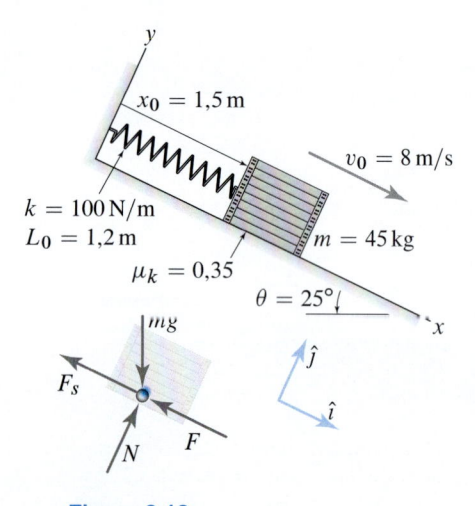

Figura 3.13
Uma caixa desliza em um declive; x_0 e v_0 são a posição e a velocidade inicial da caixa, respectivamente. A caixa foi modelada como uma partícula.

descrevem os termos de aceleração que aparecem em $\vec{F} = m\vec{a}$, por meio da utilização de um sistema de componente específico, chamaremos de *equações cinemáticas*.

Equações fundamentais. Chamamos de *equações fundamentais* todas as equações necessárias para resolver um problema específico. Em um problema de partícula, as equações fundamentais são a segunda lei de Newton, as leis da força e as relações cinemáticas tomadas em conjunto.

Equações do movimento. O movimento de uma partícula é o vetor posição da partícula em função do tempo. Para modelos mais complexos, como um corpo rígido, o movimento é o conjunto de funções capazes de especificar com exclusividade a posição do corpo em função do tempo. As *equações do movimento* de um objeto são aquelas que nos permitem determinar o movimento do objeto. Neste livro, as equações do movimento assumem a forma de equações diferenciais ordinárias e, no caso de uma partícula, normalmente são derivadas pela substituição das leis da força e das equações da cinemática na segunda lei de Newton.

Equações da força de restrição. As equações fundamentais podem ser manipuladas para obter expressões para as forças (e momentos) que atuam sobre o sistema em função do movimento. Um exemplo desse tipo de equação é a expressão para a tração em um cabo de pêndulo em função da posição do prumo do pêndulo (veja a Fig. 3.11). Chamaremos essas equações de *equações da força de restrição*. Referindo-se ao problema do camaleão no início da seção, outro exemplo de uma equação da força de restrição é a Eq. (3.5), que descreve a força exercida sobre o inseto pela língua do camaleão necessária para o movimento do inseto ocorrer como observado.

Graus de liberdade. Matematicamente, os *graus de liberdade* de um sistema são as coordenadas independentes necessárias para especificar com exclusividade a posição de um sistema. Uma maneira mais fisicamente intuitiva de pensar sobre os graus de liberdade é pensar no *número de graus de liberdade* como o número de coordenadas diferentes em um sistema que deve ser fixado de modo a impedir o movimento do sistema. Por exemplo, o pêndulo simples na Figura 3.11 tem um grau de liberdade, uma vez que só precisa fixar a coordenada θ para impedir o movimento do pêndulo. O carro e o pêndulo mostrados na Fig. 3.12 têm dois graus de liberdade, já que seria necessário fixar as duas coordenadas x e θ para impedir completamente o movimento do sistema. É útil identificar os graus de liberdade de um sistema, pois *o número de equações do movimento de um sistema é igual ao seu número de graus de liberdade*.

■ **Miniexemplo.** Para ilustrar a terminologia introduzida, determinaremos o movimento da caixa da Figura 3.13 e a força na mola em função do tempo a partir do momento da liberação até a primeira parada da caixa.

Solução. Como o movimento da caixa é retilíneo, escolhemos o sistema de coordenadas cartesianas mostrado na Figura 3.13 e, usando o DCL da caixa, o princípio de equilíbrio que se aplica à caixa é a segunda lei de Newton, que fornece

$$\sum F_x: \quad mg \operatorname{sen}\theta - F - F_s = ma_x, \qquad (3.16)$$

$$\sum F_y: \quad N - mg \cos\theta = ma_y, \qquad (3.17)$$

em que F_s e F são as forças da mola e de atrito, respectivamente. Não podemos obter as informações que procuramos diretamente a partir dessas equações, porque ainda precisamos descrever as forças que atuam sobre o sistema, bem como a geometria do movimento. Começamos com a descrição de F_s e F por meio das chamadas *leis da força*. Essas leis são

$$F_s = k(x - L_0) \quad \text{e} \quad F = \mu_k N, \qquad (3.18)$$

em que k e L_0 são a constante da mola e o comprimento indeformado da mola, respectivamente, e μ_k é o coeficiente de atrito cinético entre a caixa e o declive. Em seguida, descrevemos a aceleração por meio das *equações cinemáticas*:

$$a_x = \ddot{x} \quad \text{e} \quad a_y = \ddot{y} \quad \text{com} \quad y = 0 = \text{const.} \quad \Rightarrow \quad a_y = 0. \qquad (3.19)$$

Temos, agora, todas as equações de que precisamos para resolver o problema. As Eqs. (3.16)-(3.19) são as *equações fundamentais* do sistema porque descrevem completamente o comportamento do sistema. Em seguida, obtemos as equações do movimento da caixa. Como a caixa não se move na direção y e é suficiente fixar a coordenada x para impedir que a caixa se mova, a caixa tem apenas um g*rau de liberdade*. Isso significa que precisamos obter apenas uma equação do movimento para $x(t)$. Para obter essa equação, substituímos as Eqs. (3.19) na Eq. (3.17) e calculamos N para obter $N = mg \cos \theta$, que é a equação da força de restrição para esse sistema. Finalmente, substituindo esse resultado, bem como as Eqs. (3.18) e a_x das Eqs. (3.19) na Eq. (3.16), obtemos

$$m\ddot{x}(t) + kx(t) = mg(\text{sen } \theta - \mu_k \cos \theta) + kL_0. \qquad (3.20)$$

Na equação anterior, uma vez que $\ddot{x}(t)$ é a segunda derivada temporal de $x(t)$, ela *não* é independente de $x(t)$. Como a Eq. (3.20) contém tanto a função $x(t)$ como a sua segunda derivada, essa equação é uma *equação diferencial* com $x(t)$ como a única incógnita. Isso faz da Eq. (3.20) a *equação do movimento* para este problema. Como a maior derivada na Eq. (3.20) é a *segunda* derivada temporal de $x(t)$, a teoria das equações diferenciais nos mostra que precisamos de *duas* condições extras para resolver completamente o problema. No nosso problema, essas duas condições são obtidas garantindo que a posição e a velocidade da caixa no instante $t = 0$ sejam as indicadas no enunciado do problema (veja a Fig. 3.13), ou seja, $x(0) = x_0 = 1,5$ m e $\dot{x}(0) = v_0 = 8$ m/s. A teoria das equações diferenciais nos mostra que a nossa solução é dada por

$$x(t) = A \operatorname{sen} \sqrt{\frac{k}{m}} t + B \cos \sqrt{\frac{k}{m}} t + \frac{mg}{k}(\operatorname{sen} \theta - \mu_k \cos \theta) + L_0, \quad (3.21)$$

em que A e B são determinadas utilizando as condições anteriormente mencionadas em $t = 0$. Essa solução só é válida desde que seja coerente com o DCL utilizado para obtê-la. Especificamente, ela só é válida a partir do instante da liberação até a caixa atingir sua posição mais inferior. Depois que a caixa parar, o DCL da caixa irá variar à medida que a força de atrito mudar (1) sua direção e (2) seu tipo, ou seja, tornar-se estático, pelo menos para o instante de tempo quando $\dot{x} = 0$. Para prever o movimento da caixa após sua primeira parada, nós teríamos que esboçar um novo DCL e iniciar o processo de solução novamente. Por fim, a força da mola F_s é obtida substituindo a Eq. (3.21) na expressão para a força da mola na Eq. (3.18). ■

Uma receita para aplicar a segunda lei de Newton

Agora, apresentaremos uma "receita" para a aplicação da segunda lei de Newton. Essa receita fornece uma estrutura que pode ser aplicada a qualquer problema cinético na dinâmica e é usado em todas as áreas e em todos os níveis da mecânica para resolver problemas.

> **Informações úteis**
>
> **Já chegamos lá?** As equações fundamentais na dinâmica sempre podem ser organizadas em três grupos: os princípios de equilíbrio (para uma partícula isso significa $\vec{F} = m\vec{a}$), as leis da força e as equações cinemáticas. Esse fato é útil porque nos ajuda a determinar quando deixar de procurar equações.

> **Informações úteis**
>
> **Resolvendo as equações do movimento.** Para resolver equações do movimento, precisamos conhecer as equações diferenciais e os problemas de condições iniciais. Estudantes com um curso introdutório de dinâmica podem não ter essa familiaridade. No entanto, existem pacotes de programas, tais como o Mathematica, que simplificam a solução desses problemas.

Ingredientes

Quando resolvermos um problema na dinâmica, *sempre* haverá três grupos de equações a partir das quais as equações fundamentais do problema são obtidas:

1. **Princípios de equilíbrio**

    Para o exemplo do camaleão, o princípio de equilíbrio aplicado foi a segunda lei de Newton, expressa pelas Eqs. (3.3) e (3.4). Nos Capítulos 4 e 5, usaremos os princípios de equilíbrio tais como o equilíbrio de energia, a quantidade de movimento linear e/ou a quantidade de movimento angular.

2. **Leis da força**

    Essas equações descrevem as *forças* que atuam sobre o sistema. As leis da força que mais frequentemente encontramos neste livro são (1) a gravidade, (2) as leis de atrito, (3) as leis da força da mola, e (4) as leis de resistência devido a fluidos. Às vezes, a descrição de uma força é tão elementar que não escrevemos uma equação explícita para isso. Por exemplo, referindo-se à Figura 3.13, a lei da força que descreve a atração gravitacional entre a caixa e a Terra foi indicada como *mg* diretamente no DCL. Em alguns casos, a força pode ser uma das incógnitas do problema. Esse foi o caso no exemplo do camaleão. Nessas situações, indicamos a força em questão no DCL e, em seguida, usamos o resto das equações fundamentais para determiná-lo.

3. **Equações cinemáticas**

    Estas são as equações que fornecem uma descrição geométrica do movimento. No exemplo do camaleão, a relação cinemática é a equação da velocidade (Eq. (3.1)), cuja derivada é usada para obter a aceleração necessária.

Preparação

Agora que temos os ingredientes, podemos combiná-los. Não é necessário seguir rigorosamente os passos descritos abaixo: são os passos que os autores usam na solução de problemas. No final, a forma como os ingredientes são combinados depende de quem resolverá o problema.

Passo 1. Roteiro e modelagem: *Revisar as informações prestadas, identificar o sistema, estabelecer suposições, esboçar o DCL e identificar uma estratégia de solução do problema.* No exemplo do camaleão, a revisão da informação fornecida nos ajudou a perceber que o problema era do tipo "*dado* o movimento do inseto, *encontrar* as forças que atuam sobre ele" e nos mostrou que o sistema a ser analisado era o inseto. Ao desenhar um DCL do inseto, esse foi *modelado* como uma partícula, e também decidimos quais forças incluir e quais forças desconsiderar; isto é, incluímos o peso do inseto e a força entre o inseto e a língua do camaleão. Escolher as forças relevantes é o resultado de suposições, que devem ser estabelecidas, sobre os fenômenos físicos que realmente importam no problema. Como as forças são vetores, um elemento necessário do DCL e do processo de modelagem é a escolha de um sistema de componentes, que deve ser o mesmo que o utilizado para descrever a cinemática. *O DCL (e o sistema de componentes associado) é o elemento mais importante da solução porque visualiza o modelo completamente.* Você sempre deve se certificar de que o DCL seja fácil de ler, com todas as forças (e, em capítulos posteriores, momentos) facilmente distinguíveis entre si e seja desenhado sem ambiguidades e com uma clara indicação de sua direção positiva.

Informações úteis

O que é um bom modelo? Um bom modelo captura toda a física relevante de um problema com a mínima complexidade matemática. Temos que decidir o que é uma "resposta suficientemente boa", e, por sua vez, isso depende do que queremos fazer com um modelo. Sabe-se que as forças incluídas no modelo são uma função da experiência, assim como da precisão desejada. No geral, um modelo "com tudo incluso" quase nunca é um bom modelo. Além disso, quanto mais sofisticado é o modelo, mais cálculos estarão envolvidos no processo de solução, de modo que uma análise de custo/benefício é muitas vezes uma parte necessária do processo de modelagem.

Quando uma imagem física clara do problema é formada, precisamos decidir sobre uma estratégia de solução. No exemplo do camaleão, a estratégia de solução consistiu em uma aplicação direta da segunda lei de Newton.

Passo 2. Equações fundamentais: *Escrever os princípios de equilíbrio, as leis da força e as equações da cinemática.* Uma vez que um DCL é esboçado, podemos montar as equações que traduzem o nosso modelo matematicamente. Estas são as *equações fundamentais* do problema, que consistem nos princípios de equilíbrio, das leis da força e das equações cinemáticas. Os *princípios de equilíbrio*, que neste capítulo serão sempre dados pela segunda lei de Newton, são as equações que mais imediatamente decorrem do DCL. Tal como no problema do camaleão, isso significa somar as forças nas direções das componentes e considerar essas somas equivalentes à componente de $m\vec{a}$ correspondente. Em geral, essas equações se parecem com

$$\sum F_a = ma_a, \quad \sum F_b = ma_b \quad e \quad \sum F_c = ma_c, \qquad (3.22)$$

em que a, b e c são as direções ortogonais do sistema de coordenadas escolhido, e geralmente só precisamos de duas direções para problemas planares. Em seguida, é preciso descrever o lado esquerdo da segunda lei de Newton. Por exemplo, F_a, F_b e F_c podem consistir em forças devido a gravidade, atrito, molas, etc. As equações que descrevem esses fenômenos são as *leis da força*. Temos então de descrever corretamente o lado direito da segunda lei de Newton, ou seja, as componentes da aceleração. Isso é feito por meio das *equações cinemáticas*.

Passo 3. Cálculo: *Resolver o sistema de equações montado.* A solução das equações fundamentais nos obriga a avaliar se o sistema de equações que temos é ou não *solucionável*. Os princípios de equilíbrio, as leis da força e as equações cinemáticas sempre produzem *equações independentes*. Se o sistema de equações que montamos não é solucionável, temos que voltar e verificar (1) se o modelo está completo, (2) se todas as forças foram adequadamente descritas e (3) se toda a cinemática foi devidamente descrita.

Passo 4. Discussão e verificação: *Estudar a solução e fazer um "teste de conformidade".* Depois que uma solução é obtida, devemos ter certeza de que *faz sentido fisicamente*. Isso implica verificar a exatidão das unidades utilizadas para expressar a solução, bem como a ordem de grandeza dos resultados. Finalmente, a solução deve ser conciliada com a experiência prática de como o mundo físico se comporta. Às vezes isso é tão fácil de confirmar que a solução corresponde à nossa intuição física. Em outras vezes, nossa intuição física não será satisfeita, e isso significa que cometemos um erro ou que a nossa intuição física está incorreta. Um problema não deve ser declarado resolvido até que tudo se encaixe.

> **Informações úteis**
>
> **Diagramas de corpo livre.** Um DCL é um diagrama do objeto em consideração mostrando todas as forças externas (e, em capítulos posteriores, momentos), agindo sobre o objeto. Enquanto as forças desenhadas no DCL são vetores, eles normalmente não são rotulados como tal; por exemplo, uma força normal seria rotulada N em vez de $\vec{N}$ ou $N\hat{\jmath}$. Além disso, em geral não nos preocupamos com o dimensionamento dos comprimentos relativos das setas que representam as forças de acordo com sua intensidade relativa, principalmente porque, muitas vezes, não conhecemos a sua intensidade até termos resolvido o problema. Quando representamos um vetor de força em um DCL, é essencial incluir a sua linha de ação e seu sentido, com a indicação que mostre o *comprimento com sinal* da força ao longo do seu sentido (ainda que esses elementos sejam desconhecidos).

Resumo do fim da seção

Aplicando a segunda lei de Newton. Nesta seção, desenvolvemos um processo de solução de problemas em quatro passos para aplicar a segunda lei de Newton em sistemas mecânicos. O elemento central desse processo é a obtenção das equações fundamentais que se originam, no máximo:

1. Dos princípios de equilíbrio
2. Das leis da força
3. Das equações cinemáticas

> **Informações úteis**
>
> Estruturaremos a solução de problemas cinéticos usando os seguintes quatro passos:
>
> 1. *Roteiro e modelagem:* Identificar os dados e as incógnitas, identificar o sistema, estabelecer suposições, esboçar o DCL e identificar uma estratégia de solução do problema.
> 2. *Equações fundamentais:* Escrever os princípios de equilíbrio, as leis da força e as equações cinemáticas.
> 3. *Cálculo:* Resolver a montagem do sistema de equações.
> 4. *Discussão e verificação:* Estudar a solução e realizar um "teste de conformidade".

Neste capítulo, o princípio de equilíbrio é a segunda lei de Newton, que escrevemos como

> Eq. (3.15), p. 189
> $$\vec{F} = m\vec{a}.$$

Aplicamos a segunda lei de Newton na forma de componentes como

> Eqs. (3.22), p. 193
> $$\sum F_a = ma_a, \quad \sum F_b = ma_b \quad \text{e} \quad \sum F_c = ma_c,$$

em que a, b e c são as direções ortogonais do sistema de coordenadas escolhido, e geralmente só precisamos de duas direções para problemas no plano. A "receita" de quatro passos que apresentamos para aplicar a segunda lei de Newton, descrita na nota de margem, é dada como uma guia para a *ordem* em que as coisas devem ser feitas, e iremos usá-la de forma consistente em cada exemplo que apresentarmos.

Capacidade de solução de um sistema de equações. Precisamos de tantas equações quanto temos de incógnitas para as equações algébricas e diferenciais. É importante lembrar que, para as equações diferenciais, uma função e suas derivadas temporais, digamos, $x(t)$ e $\dot{x}(t)$, *não* são duas incógnitas diferentes, uma vez que $\dot{x}(t)$ não é independente de $x(t)$.

Sistemas de referência inerciais. Um *sistema de referência inercial* é um sistema no qual as leis do movimento de Newton fornecem previsões que estão de acordo com a verificação experimental. Para a maioria dos problemas de engenharia, um sistema ligado à superfície da Terra pode ser considerado inercial. Sistemas que não estão acelerando em relação a um determinado sistema inercial também são inerciais.

Equações fundamentais e equações de movimento. As *equações fundamentais* para um sistema consistem (1) nos princípios de equilíbrio, (2) nas leis da força e (3) nas equações cinemáticas. As *equações de movimento* são equações diferenciais derivadas das equações fundamentais, que permitem a determinação do movimento.

Graus de liberdade. Os *graus de liberdade* de um sistema são as coordenadas independentes necessárias para descrever completamente a posição de um sistema. O número de graus de liberdade é igual ao número de coordenadas diferentes em um sistema que devem ser fixadas de modo a impedir o movimento do sistema. O número necessário de equações de movimento é igual ao número de graus de liberdade para um sistema.

Atrito. Incluiremos o atrito por meio do modelo de atrito de Coulomb. De acordo com esse modelo, na ausência de deslizamento, a magnitude da força de atrito F satisfaz a seguinte desigualdade:

> Eq. (3.8), p. 186
> $$|F| \leq \mu_s |N|,$$

em que μ_S é o *coeficiente de atrito estático* e N é a força normal à superfície de contato. A relação

> Eq. (3.9), p. 186
> $$F = \mu_s N$$

define o caso de deslizamento iminente.

Se A e B são dois objetos que deslizam um em relação ao outro, a intensidade da força de atrito exercida por B em A é dada por

> Eq. (3.11), p. 186
> $$F = \mu_k N$$

em que μ_k é o *coeficiente de atrito cinético* e em que o sentido da força de atrito deve ser coerente com o fato de que o atrito se opõe ao movimento relativo de A e B.

Molas. Uma mola é dita *linear elástica* se sua força interna está linearmente relacionada ao quanto ela é alongada ou comprimida. Essas molas serão bastante usadas neste livro. A força F_s necessária para esticar uma mola linear elástica em uma quantia δ é dada por

> Eq. (3.13), p. 187
> $$F_s = k\delta = k(L - L_0),$$

em que k é a *constante de mola* e em que L e L_0 são os comprimentos atual e indeformado da mola, respectivamente. Quando $\delta > 0$, a mola é dita alongada, e, quando $\delta < 0$, a mola é dita comprimida.

EXEMPLO 3.1 Atrito e deslizamento iminente

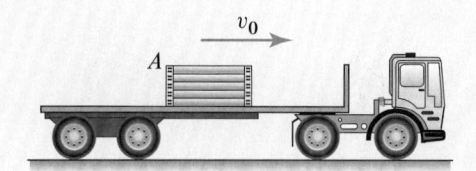

Figura 1
Um caminhão transportando uma caixa grande.

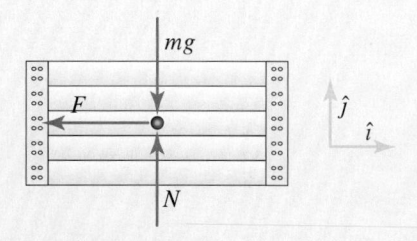

Figura 2
DCL da caixa.

O caminhão mostrado na Fig. 1 está viajando a $v_0 = 100$ km/h quando o motorista pisa nos freios e para o mais rapidamente possível. Se o coeficiente de atrito estático entre a caixa A e a caçamba do caminhão é 0,35, determine a mínima distância de parada d_{min} e o mínimo tempo de parada t_{min} do caminhão de tal forma que a caixa não deslize para frente no caminhão.

SOLUÇÃO

Roteiro e modelagem O caminhão deve parar o mais rápido possível sem causar o deslizamento da *caixa*. Portanto, o sistema a ser analisado é a caixa, que modelamos como uma partícula. No DCL mostrado na Figura 2, assumimos que as únicas forças relevantes são o peso mg da caixa, a força normal N entre a caixa e o caminhão e a força de atrito F entre a caixa e o caminhão. A força F aponta para a esquerda porque, se a caixa estivesse deslizando, deslizaria para a direita em relação ao caminhão e a força F deve se opor a esse movimento. Uma vez que o movimento é retilíneo, escolhemos um sistema de coordenadas cartesianas com o eixo x paralelo à direção do movimento. A desaceleração máxima sem deslizar corresponde à máxima força de atrito possível sobre a caixa, que é a força correspondente ao *deslizamento iminente*. Nossa estratégia de solução será relacionar a força de atrito máxima com a aceleração por meio da segunda lei de Newton. Como temos uma expressão para a aceleração máxima, aplicaremos nosso conhecimento de cinemática para calcular d_{min} e t_{min}.

Equações fundamentais

Princípios de equilíbrio Referindo-se à Figura 2, a segunda lei de Newton fornece

$$\sum F_x: \quad -F = ma_x, \tag{1}$$

$$\sum F_y: \quad N - mg = ma_y. \tag{2}$$

Leis da força A lei de atrito para o *deslizamento iminente* é

$$F = \mu_s N. \tag{3}$$

Equações cinemáticas As equações cinemáticas são

$$a_x = a_{max} \quad \text{e} \quad a_y = 0, \tag{4}$$

que expressam o fato de que, enquanto a_x ainda é desconhecido, estamos buscando o valor máximo da aceleração, e a caixa não está se movendo verticalmente.

Cálculo As Eqs. (1)-(4) são quatro equações com as incógnitas N, a_y, a_{max} e F. A Eq. (2) e a segunda das Eqs. (4) nos mostram que $N = mg$. Substituindo esse resultado na Eq. (3) e, por sua vez, substituindo na Eq. (1), obtemos

$$-\mu_s mg = ma_{max} \quad \Rightarrow \quad a_{max} = -\mu_s g, \tag{5}$$

em que o sinal negativo indica que a caixa (e o caminhão) está desacelerando quando o motorista aplica os freios.

Uma vez que a desaceleração máxima é constante (ambos μ_s e g são constantes), podemos determinar a distância de parada usando a Eq. (2.43) da p. 59:

$$v^2 = v_0^2 + 2a_c(x - x_0) \quad \Rightarrow \quad 0 = v_0^2 - 2\mu_s g d_{min}, \tag{6}$$

de modo que

$$\boxed{d_{min} = \frac{v_0^2}{2\mu_s g} = 112 \text{ m},} \tag{7}$$

Erro comum

Segunda lei de Newton e sistema inercial. A aplicação da segunda lei de Newton requer o uso de um sistema de referência inercial. Portanto, deve-se entender o sistema de componentes mostrado no DCL na Figura 2 como proveniente de um sistema de coordenadas xy fixo ao solo, que supomos ser um sistema de referência inercial. Seria um erro escolher um sistema de coordenadas em movimento com o caminhão, porque o caminhão está desacelerando em relação ao solo e, portanto, não é um sistema de referência inercial.

em que temos usado a conversão de que 100 km/h = 27,78 m/s. Para determinar o tempo de parada, aplicamos a Eq. (2.41) da p. 59:

$$v = v_0 + a_c t \quad \Rightarrow \quad 0 = v_0 - \mu_s g t_{\min}, \tag{8}$$

de modo que

$$\boxed{t_{\min} = \frac{v_0}{\mu_s g} = 8{,}09 \text{ s}.} \tag{9}$$

Discussão e verificação As formas simbólicas dos resultados nas Eqs. (7) e (9) têm as dimensões corretas para d_{min} e t_{min}. Os resultados numéricos finais também foram expressos utilizando as unidades adequadas. No que diz respeito aos valores obtidos para d_{min} e t_{min}, estes são sem dúvida razoáveis, já que, em valor absoluto, a máxima desaceleração possível, sob as condições dadas, é de aproximadamente um terço da aceleração da gravidade.

🔍 **Um olhar mais atento** O modelo utilizado aqui, baseado no modelo de atrito de Coulomb, é tal que a desaceleração calculada é completamente independente da massa da caixa. Portanto, a caixa poderia ser duas vezes mais pesada que teríamos obtido a mesma resposta. Essa é uma propriedade fundamental desse modelo de atrito. Outra observação importante é que, novamente por causa do modelo de atrito utilizado, o tempo mínimo necessário para parar é linearmente proporcional à rapidez inicial v_0, e a distância mínima necessária para parar é proporcional à rapidez inicial ao quadrado v_0^2. Isso é mostrado nas Figuras 3 e 4, respectivamente.

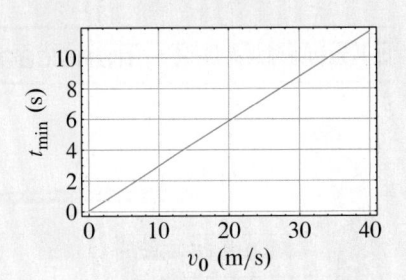

Figura 3
O tempo de parada mínimo da caixa em função da rapidez inicial do caminhão.

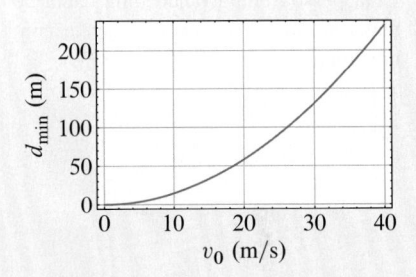

Figura 4
A distância de parada mínima da caixa em função da rapidez inicial do caminhão.

EXEMPLO 3.2 Transição de atrito estático para atrito cinético

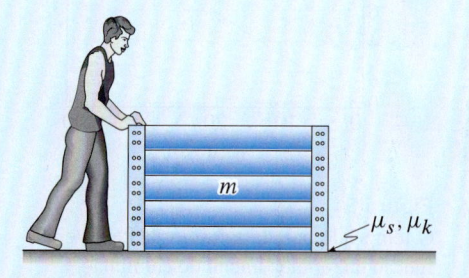

Um problema simples de importância prática que ilustra a natureza do atrito é o estudo do início do movimento de um objeto sobre uma superfície áspera. Para o propósito deste exemplo, vejamos o que acontece quando uma pessoa empurra uma caixa de massa m sobre um piso áspero, como mostrado na Fig. 1. Definindo μ_s e μ_k, com $\mu_k < \mu_s$, como os coeficientes de atrito estático e cinético entre a caixa e o solo, respectivamente, considere um caso em que a força $P(t)$ exercida pela pessoa aumenta linearmente com o tempo; ou seja, $P(t) = P_0 t$. Para este caso, determine o momento em que começa o movimento e a força de atrito em função do tempo.

SOLUÇÃO

Figura 1
Uma pessoa empurrando uma caixa de massa m sobre uma superfície áspera, com uma força dependente do tempo $P(t)$.

Roteiro e modelagem Consideremos que uma das forças aplicadas à caixa é uma função do tempo. Para determinar o momento em que o movimento começa, precisamos determinar quando a componente horizontal da força P aplicada supera a força de atrito máxima permitida pelo coeficiente de atrito *estático*, o que é feito pela aplicação da segunda lei de Newton. Referindo-se à Figura 2, modelamos a caixa como uma partícula sob ação da gravidade mg, a força de atrito F, a força normal N entre a caixa e o solo, e a força $P(t)$ aplicada pela pessoa. A força $P(t)$ foi desenhada em função do tempo na Figura 3. Por razões de generalidade, a direção da força aplicada $P(t)$ é assumida formando um ângulo genérico (θ) com a direção horizontal.

Equações fundamentais

Princípios de equilíbrio Com base no DCL da Fig. 2, a segunda lei de Newton fornece

$$\sum F_x: \qquad P_0 t \cos\theta - F = m a_x, \qquad (1)$$

$$\sum F_y: \quad N - P_0 t \,\text{sen}\,\theta - mg = m a_y. \qquad (2)$$

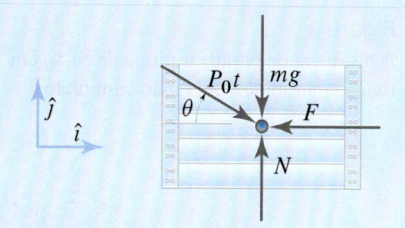

Figura 2
DCL da caixa.

Leis da força A lei da força para o atrito dependerá do valor de F. Se não houvesse atrito, a caixa se moveria para a direita, assim a força F deve apontar para a esquerda, como indicado no DCL da Figura 2. Além disso, $F \leq \mu_s N$ quando a caixa não estiver se movendo, e $F = \mu_k N$ após a caixa começar a se mover. Enquanto a componente de $P(t)$ que impulsiona a caixa para frente é menor que o máximo atrito estático possível, a caixa não se moverá, isto é, enquanto $P(t)\cos\theta \leq \mu_s N$. Uma vez que $P(t)\cos\theta > \mu_s N$, então a caixa começará a se mover, e o atrito cinético entra em jogo, e a força de atrito *imediatamente* cai para $\mu_k N$ (desde que $\mu_k < \mu_s$). Portanto, para calcular o tempo em que o movimento começa, a lei da força a ser usada é

$$F = \mu_s N. \qquad (3)$$

Quando a caixa começar a se mover, essa equação terá de ser substituída por

$$F = \mu_k N. \qquad (4)$$

A lei da força que descreve o peso da caixa é elementar e foi indicada diretamente no DCL como mg. Não temos uma lei da força explícita para N porque seu valor é determinado pelo fato de que a caixa não pode se mover na direção y.

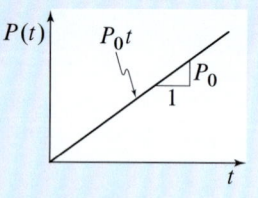

Figura 3
Gráfico de $P(t)$ versus tempo.

Equações cinemáticas Como a caixa não se move na direção y, temos

$$a_y = 0. \qquad (5)$$

Na direção x, antes de começar o movimento, temos

$$a_x = 0. \qquad (6)$$

Uma vez que o movimento começa, a_x torna-se uma incógnita.

Cálculo Substituindo a Eq. (5) na Eq. (2) e resolvendo N, obtemos

$$N = P_0 t \operatorname{sen} \theta + mg. \tag{7}$$

Lembrando que $a_x = 0$ até que o movimento comece, resolvemos a Eq. (1) para F e estabelecemos o resultado igual a $\mu_s N$, em que N vem da Eq. (7). Isso fornece

$$\mu_s (P_0 t_s \operatorname{sen} \theta + mg) = P_0 t_s \cos \theta, \tag{8}$$

em que t_s é o momento em que o movimento começa. Resolvendo para t_s na Eq. (8), obtemos

$$\boxed{t_s = \frac{mg}{P_0} \left(\frac{\mu_s}{\cos \theta - \mu_s \operatorname{sen} \theta} \right).} \tag{9}$$

Uma vez que $t = t_s$, a caixa começa a se mover, e, conforme indicado na Eq. (4), F imediatamente cai de $\mu_s N$ para $\mu_k N$. Além disso, para $t > t_s$, a_x não é mais conhecida. Portanto, para $t > t_s$, temos quatro equações – as Eqs. (1), (2), (4) e (5) – para resolver para as quatro incógnitas a_x, a_y, F e N. Calculando, obtemos

$$\left. \begin{array}{l} a_x = \dfrac{P_0 t}{m}(\cos \theta - \mu_k \operatorname{sen} \theta) - \mu_k g, \\[4pt] a_y = 0, \\[4pt] F = \mu_k (mg + P_0 t \operatorname{sen} \theta), \\[4pt] N = mg + P_0 t \operatorname{sen} \theta. \end{array} \right\} \text{ for } t > t_s. \tag{10}$$

Discussão e verificação Observando que a quantidade P_0 tem dimensões de força por unidade de tempo, podemos facilmente verificar que as dimensões dos resultados das Eqs. (9) e (10) estão corretas.

🔍 **Um olhar mais atento** Este exemplo demonstra diversas características do modelo de atrito de Coulomb. Em primeiro lugar, a Eq. (9) nos diz que a caixa nunca se moverá se $\theta \leq \mu_s \operatorname{sen} \theta$ (uma vez que o denominador torna-se negativo). Além disso, ao aproximar $\cos \theta$ como $\mu_s \operatorname{sen} \theta$, o denominador da Eq. (9) se aproxima de zero e mais tempo levará para a caixa se mover. 💻 ➡ Uma representação interessante da Eq. (9) pode ser encontrada na Figura 4, que mostra t_s em função de θ e μ_s. A curva preta na borda da região vermelha representa os valores θ e μ_s para os quais o denominador da Eq. (9) é zero. Uma vez que a caixa se move apenas para valores positivos de t_s, não importa quanto tempo podemos esperar ou o quanto empurramos, a caixa nunca se moverá para quaisquer valores de θ e μ_s acima e à direita da curva preta. Quando abordamos a curva preta por baixo, leva cada vez mais tempo para a caixa se mover. Por exemplo, quando θ se aproxima de 90°, torna-se impossível mover a caixa não importa quão pequeno seja μ_s, a menos que $\mu_s = 0$. ⬅ 💻 Como o atrito é o ingrediente-chave para este problema, é ilustrativo desenhar a força de atrito F em função do tempo. Até a caixa começar a se mover, a Eq. (1) fornece F como

$$F = P_0 t \cos \theta, \quad \text{para } t < t_s. \tag{11}$$

Como acabamos de ver, a Eq. (10) nos fornece F para $t > t_s$. Um gráfico de F versus t para alguns valores particulares dos parâmetros do sistema é mostrado na Fig. 5. Observe a descontinuidade da força de atrito quando a caixa começa a deslizar em $t = t_s$. Esta é uma característica geral do atrito de Coulomb e sempre acontecerá enquanto $\mu_s \neq \mu_k$. Finalmente, observe que F aumenta com o tempo após iniciar o movimento, porque o valor de N aumenta para equilibrar o valor crescente correspondente da componente vertical de $P(t)$.

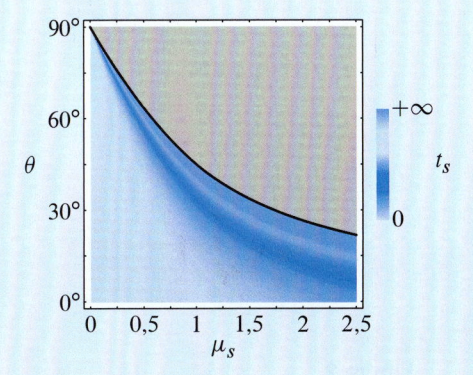

Figura 4
Um gráfico de contorno do termo entre parênteses na Eq. (9). O fator mg/P_0 foi ignorado porque simplesmente multiplica o tempo por um fator constante, e não temos números específicos para m e P_0. Observe que as combinações de θ e μ_s na área cinza acima da curva preta correspondem aos valores para os quais a caixa nunca se moverá.

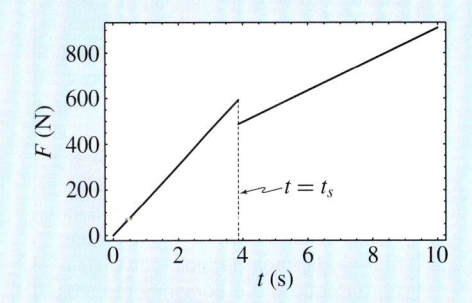

Figura 5
Atrito F versus tempo t. Os parâmetros utilizados foram: $m = 50$ kg, $g = 9{,}81$ m/s^2, $P_0 = 200$ N/s, $\theta = 40°$, $\mu_s = 0{,}6$, e $\mu_k = 0{,}45$.

EXEMPLO 3.3 Movimento sob a ação das forças de molas

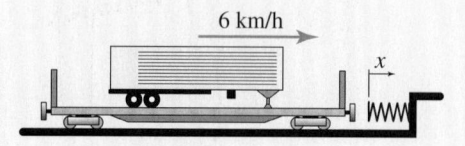

Figura 1
Vagão se movimentando em direção a uma mola grande.

Um vagão de 60.000 kg e sua carga, um reboque de 27.000 kg, estão se movendo para a direita a 6 km/h, como mostrado na Fig. 1, quando se deparam com uma grande mola linear, que foi projetada para parar um vagão de 60.000 kg se movendo a 8 km/h em uma distância de 1 m, quando ela está inicialmente indeformada. Se o reboque não desliza em relação ao vagão e se a mola está inicialmente indeformada, determine (a) quanto a mola se comprime para parar os 87.000 kg do vagão carregado e (b) quanto tempo leva para a mola parar o vagão.

SOLUÇÃO

Roteiro e modelagem   A informação dada é composta (1) pelas condições em que o vagão e sua carga batem na mola e (2) pelo critério de projeto da mola. Temos de calcular a distância e o tempo de parada do vagão e da sua carga, assim "o vagão e a carga" são o sistema a ser analisado. Vamos modelar esse sistema como uma partícula. Seu DCL, por sua vez, é mostrado na Fig. 2. Assumimos que as únicas forças relevantes são a gravidade, a reação com os trilhos e a força da mola. Observe que não são dadas informações diretas sobre a constante da mola ou o seu comprimento indeformado. No entanto, usando o critério de projeto indicado em conjunto com a segunda lei de Newton, seremos capazes de, primeiramente, determinar a lei da força da mola e, logo, usar o resultado para calcular a aceleração do sistema. Depois de obtermos a aceleração do sistema, teremos de aplicar a cinemática para obter a informação correspondente ao tempo e à distância de parada.

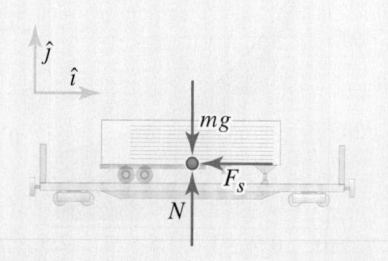

Figura 2
DCL do vagão mostrado na Fig. 1, em que m é tanto a massa do vagão quanto do vagão e reboque.

Equações fundamentais

Princípios de equilíbrio   Com base no DCL da Fig. 2, a segunda lei de Newton fornece

$$\sum F_x: \qquad -F_s = ma_x, \tag{1}$$

$$\sum F_y: \qquad N - mg = ma_y. \tag{2}$$

Leis da força   Enquanto a constante de mola k for desconhecida, a lei da força da mola pode ainda ser dada na forma

$$F_s = kx, \tag{3}$$

em que x é medido a partir da posição final indeformada da mola.

Equações cinemáticas   As relações cinemáticas são

$$a_x = \ddot{x} \quad \text{e} \quad a_y = 0, \tag{4}$$

em que escolhemos representar a_x como $\ddot{x}$ porque o problema está nos pedindo para relacionar a aceleração com a posição, e em que a segunda das Eqs. (4) afirma que não há qualquer movimento na direção vertical.

Cálculo   Como não há movimento na direção y, ignoraremos as equações na direção vertical. Em seguida, substituindo a primeira das Eqs. (4) e a Eq. (3) na Eq. (1) e reorganizando, obtemos

$$\ddot{x} + \frac{k}{m}x = 0. \tag{5}$$

Reorganizando a Eq. (5) e fazendo uso da regra da cadeia, obtemos

$$\ddot{x} = \dot{x}\frac{d\dot{x}}{dx} = -\frac{k}{m}x \quad \Rightarrow \quad \dot{x}\,d\dot{x} = -\frac{k}{m}x\,dx, \tag{6}$$

Erro comum

A força de uma mola. A noção de que a força de uma mola linear é sempre igual a kx, em que k é a constante da mola, é muito comum. Infelizmente, essa forma de lei da força da mola é frequentemente mal utilizada. A força fornecida por uma mola linear é dada pela constante da mola multiplicada por quanto a mola é *esticada ou comprimida a partir do seu comprimento indeformado*. Portanto, é melhor lembrar-se da força da mola como $k(L - L_0)$, em que L é o comprimento atual da mola e L_0 é o comprimento da mola quando ela está indeformada (ou seja, não há força nela). Neste exemplo, a escolha do sistema de coordenadas é tal que $L - L_0 = x$, obtendo a Eq. (3) como a lei da força da mola.

que pode ser integrada como

$$\int_{v_i}^{v} \dot{x}\, d\dot{x} = -\int_{x_i}^{x} \frac{k}{m} x\, dx \quad \Rightarrow \quad v^2 - v_i^2 = -\frac{k}{m}(x^2 - x_i^2), \tag{7}$$

em que v é a rapidez do vagão na posição x e o subíndice i significa *inicial*. Considerando v_f a rapidez correspondente à posição final x_f, resolvendo a Eq. (7) para k, e substituindo por números correspondentes aos critérios de projeto da mola, obtemos

$$k = \frac{m_r(v_f^2 - v_i^2)}{x_i^2 - x_f^2} = 296{,}237\,\text{N/m}, \tag{8}$$

em que usamos a conversão de unidades 8 km/h = 2,222 m/s, m_r é a massa do vagão, v_f = 0, x_i = 0, e x_f = 1 m.

────────────── Parte (a) ──────────────

Agora que temos k, podemos determinar o quanto a mola é comprimida em virtude do vagão carregado aplicando a Eq. (7) novamente. Considerando $v = v_f$ para $x = x_f$, resolvendo a Eq. (7) para x_f e substituindo os números para o vagão carregado, obtemos

$$\boxed{x_f = \sqrt{x_i^2 - \frac{m_t}{k}(v_f^2 - v_i^2)} = 0{,}9033\,\text{m},} \tag{9}$$

em que usamos a conversão de unidade 6 km/h = 1,667 m/s e m_t é a massa total do vagão e do reboque.

────────────── Parte (b) ──────────────

Para determinar o tempo de parada t_f, voltaremos à Eq. (7), resolvê-la para v e reorganizar o resultado para integrá-lo em relação ao tempo, ou seja,

$$v = \frac{dx}{dt} = \sqrt{v_i^2 - \frac{k}{m_t}(x^2 - x_i^2)} \quad \Rightarrow \quad \int_{x_i}^{x_f} \frac{dx}{\sqrt{v_i^2 - \frac{k}{m_t}(x^2 - x_i^2)}} = \int_{t_i}^{t_f} dt. \tag{10}$$

Usando um programa de álgebra simbólica ou uma tabela de integrais, obtemos

$$\boxed{\begin{aligned} t_f - t_i &= \sqrt{\frac{m_t}{k}}\left[\operatorname{sen}^{-1}\left(\frac{\sqrt{\frac{k}{m_t}}\,x_f}{\sqrt{v_i^2 + \frac{k}{m_t}x_i^2}}\right)\right. \\ &\quad \left. - \operatorname{sen}^{-1}\left(\frac{\sqrt{\frac{k}{m_t}}\,x_i}{\sqrt{v_i^2 + \frac{k}{m_t}x_i^2}}\right)\right] \quad \Rightarrow \quad t_f = 0{,}774\,\text{s},\end{aligned}} \tag{11}$$

em que substituímos x_f = 0,9033 m, v_i = 1,667 m/s, k = 296.237 N/m, m_t = (87.000 kg), t_i = 0 s, e x_i = 0 m.

Discussão e verificação O resultado da Eq. (9) nos mostra que um vagão carregado com 87.000 kg viajando a 6 km/h comprime a mola um pouco menos de 1 m. Esse resultado parece razoável. Embora o vagão carregado é 45% mais pesado do que quando vazio, a compressão da mola não deveria ter sido, necessariamente, aumentada porque o vagão carregado se movimenta a apenas 80% da rapidez de projeto para um impacto entre um vagão sem carga e o para-choque. É evidente que o aumento de peso é maior do que a diminuição na rapidez; no entanto, a compressão da mola depende do *quadrado* da rapidez, ou seja, neste problema, a rapidez é um fator mais significativo que o peso.

Informações úteis

Integral na Eq. (10). No cálculo da integral na Eq. (10), pode ajudar perceber que, se considerarmos

$$a = \sqrt{v_i^2 + \frac{k}{m_t}x_i^2} \quad \text{e} \quad u = \sqrt{\frac{k}{m_t}}\,x,$$

então a Eq. (10), com limites inferiores iguais a zero, torna-se

$$\int_0^{t_f} dt = \sqrt{\frac{m_t}{k}} \int_0^{\sqrt{\frac{k}{m_t}}\,x_f} \frac{du}{\sqrt{a^2 - u^2}},$$

ou

$$\begin{aligned} t_f &= \sqrt{\frac{m_t}{k}}\,\operatorname{sen}^{-1}\left(\frac{u}{a}\right)\bigg|_0^{\sqrt{\frac{k}{m_t}}\,x_f} \\ &= \sqrt{\frac{m_t}{k}}\,\operatorname{sen}^{-1}\left(\frac{\sqrt{\frac{k}{m_t}}\,x_f}{\sqrt{v_i^2 + \frac{k}{m_t}x_i^2}}\right).\end{aligned}$$

PROBLEMAS

Problema 3.1

Duas pedras redondas A e B, com massas m e $4m$, respectivamente, são empurradas por duas forças F idênticas a uma distância d. Qual pedra chega primeiro à linha de chegada?
Nota: Problemas conceituais são sobre *explicações*, não sobre cálculos.

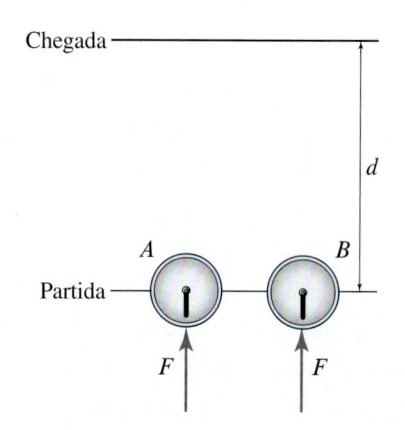

Figura P3.1

Problema 3.2

Um objeto desce muito lentamente sobre uma correia transportadora. Qual é o sentido da força de atrito agindo sobre o objeto no instante em que o objeto toca a correia?

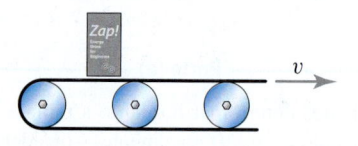

Figura P3.2

Nota: Problemas conceituais são sobre *explicações*, não sobre cálculos.

Problema 3.3

Uma pessoa está tentando mover uma caixa pesada empurrando-a. Enquanto a pessoa está empurrando, qual é a força resultante ou total atuando sobre a caixa se ela não se move?
Nota: Problemas conceituais são sobre *explicações*, não sobre cálculos.

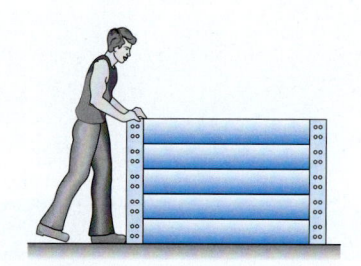

Figura P3.3

Problema 3.4

Uma pessoa está levantando uma caixa A de 34 kg aplicando uma força constante $P = 180$ N no sistema de polias apresentado. Desprezando o atrito e a inércia das polias, determine a aceleração da caixa.

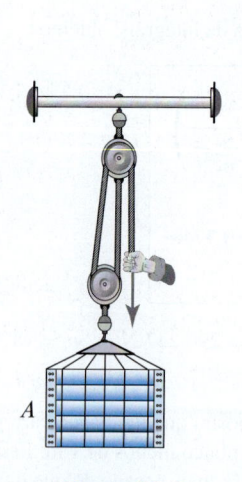

Figura P3.4

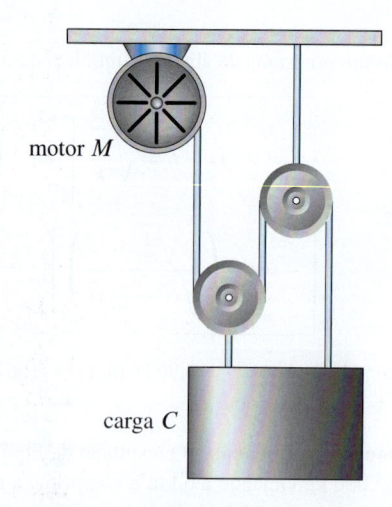

Figura P3.5

Problema 3.5

O motor M está em repouso quando alguém aperta um botão e ele começa a puxar a corda. A aceleração da corda é uniforme e de tal ordem que leva 1 s para atingir uma taxa de retração de 1,2 m/s. Após 1 s, a taxa de retração torna-se constante. Determine a tração na corda durante e após o intervalo inicial de 1 s. A massa da carga C é 60 kg, a massa das cordas e das polias é desconsiderada, e o atrito nas polias é desprezível.

Problema 3.6

Um martelo atinge uma massa m na extremidade de uma barra de metal. No Capítulo 5, veremos que isso fornece uma velocidade inicial instantânea v_0 em $x = 0$ à massa. Trate a barra como uma mola sem massa, determine a equação do movimento da massa m. A constante de mola equivalente de uma barra em compressão é dada por $k_{eq} = EA/L$, em que E é o módulo de Young da barra, A é a área da seção transversal da barra e L é o comprimento da barra.[4]

Problema 3.7

Para a massa descrita no Problema 3.6:

(a) Integre a equação do movimento para determinar a rapidez da massa $v(x)$ em função de x.

(b) Integre o resultado encontrado na Parte (a) para obter a posição da massa em função do tempo $x(t)$ a partir do momento inicial até a massa parar pela primeira vez.

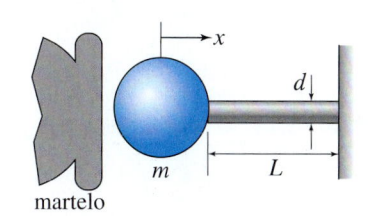

Figura P3.6 e P3.7

Problema 3.8

Como o paraquedista se move para baixo com a rapidez v, o arrasto do ar exercido pelo paraquedas sobre o paraquedista tem magnitude $F_d = C_d v^2$ (C_d é um coeficiente de arrasto) e um sentido oposto ao sentido do movimento. Determine a expressão da aceleração do paraquedista em termos de C_d, v, da massa do paraquedista m e da aceleração da gravidade.

Problemas 3.9 a 3.11

O caminhão mostrado está viajando a $v_0 = 100$ km/h quando o motorista aplica os freios para parar. A desaceleração do caminhão é constante e o caminhão para completamente após uma frenagem por uma distância de 100 m. Considere a caixa uma partícula de modo que seu formato possa ser desprezado.

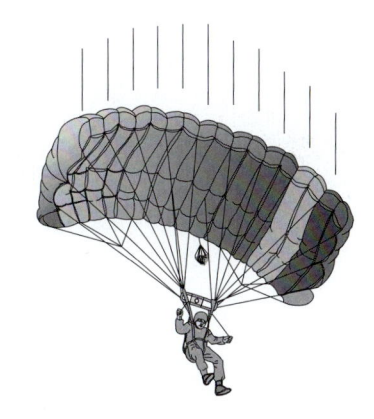

Figura P3.8

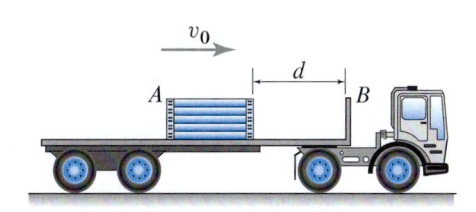

Figura P3.9-P3.11

Problema 3.9
Determine o coeficiente mínimo de atrito estático entre a caixa A e o caminhão para que a caixa *não* deslize em relação ao caminhão.

Problema 3.10
Se o coeficiente de atrito cinético entre a caixa A e a caçamba do caminhão é 0,3 e o atrito estático não é suficiente para evitar o deslizamento, determine a distância mínima d entre a caixa e o caminhão B para que a caixa nunca atinja o caminhão em B.

Problema 3.11
Se o coeficiente de atrito cinético entre a caixa A e a caçamba do caminhão é 0,3, o atrito estático não é suficiente para evitar o deslizamento, e a distância d da frente da caixa ao caminhão em B é 3 m, determine a rapidez *relativa ao caminhão* com a qual a caixa atinge o caminhão em B.

---

[4] Aqueles que tiveram um curso sobre resistência dos materiais podem reconhecer que $\sigma = F/A = E\epsilon = E\Delta/L$. Portanto, $F = (EA/L)\Delta L = (EA/L)x$. Uma vez que $F = k_{eq}x$ para este sistema, vemos que $k_{eq} = EA/L$.

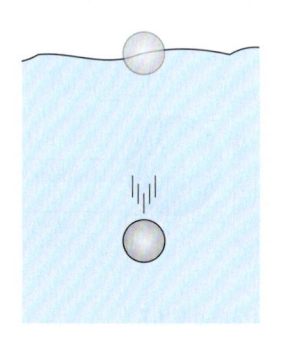

Figura P3.12 e 3.13

Problema 3.12
Uma bola de metal com massa $m = 0{,}15$ kg é deixada cair do repouso em um fluido. A magnitude da resistência devido ao fluido é dada por $C_d v$, em que C_d é um coeficiente de arrasto e v é a rapidez da bola. Se $C_d = 2{,}1$ kg/s, determine a rapidez da bola 4 s após a liberação.

Problema 3.13
Uma bola de metal de 0,16 kg é deixada cair do repouso em um fluido. A magnitude da resistência devido ao fluido é dada por $C_d v$, em que C_d é um coeficiente de arrasto e v é a rapidez da bola. Observa-se que 2 s após a liberação a rapidez da bola é 7,6 m/s. Determine o valor de C_d.

Problema 3.14
Um cavalo está levantando uma caixa de 225 kg movendo-se para a direita a uma velocidade constante de $v_0 = 1$ m/s. Observando que B é fixo e considerando $h = 1{,}8$ m e $\ell = 4{,}2$ m, determine a tração na corda quando a distância horizontal d entre B e o ponto A sobre o cavalo é 3 m.

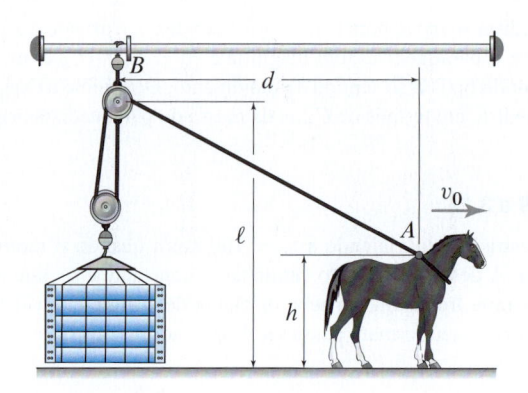

Figura P3.14

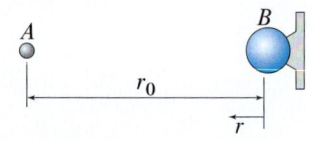

Figura P3.15

Problema 3.15
Os centros das duas esferas A e B com massas $m_A = 1$ kg e $m_B = 2$ kg estão a $r_0 = 1$ m de distância. B está fixo no espaço e A está inicialmente em repouso. Usando a Eq. (1.6), da p. 5, que é a lei universal da gravitação de Newton, determine a rapidez com que A colide em B se os raios das duas esferas são $r_A = 0{,}05$ m e $r_B = 0{,}15$ m. Assuma que as duas massas estão infinitamente distantes de qualquer outra massa de modo que elas só sejam influenciadas pela sua atração mútua.

Problemas 3.16 e 3.17
As balanças de mola trabalham medindo o deslocamento de uma mola que suporta tanto a plataforma como o objeto de massa m, cujo peso está sendo medido. Despreze a massa da plataforma sobre a qual a massa está apoiada e assuma que a mola esteja indeformada antes de a massa ser colocada na plataforma. Além disso, suponha que a mola é linear elástica com constante de mola k.

Problema 3.16 Se a massa m é delicadamente colocada na balança de mola (ou seja, cai da altura zero acima da balança), determine a *leitura máxima* na balança depois que a massa é liberada.

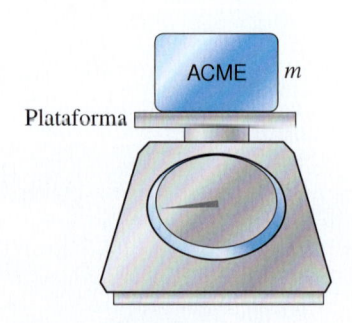

Figura P3.16 e P3.17

Problema 3.17 Se a massa m é delicadamente colocada na balança de mola (ou seja, cai da altura zero acima da escala), determine a *rapidez máxima* atingida pela massa m à medida que a mola é comprimida.

Problema 3.18

A balança é para ser usada em uma bancada de madeira feita de uma cerejeira brasileira muito apreciada. Para proteger a bancada, o proprietário coloca almofadas de feltro autoadesivas nos pés da balança. Quando o peso foi colocado na balança antes de as almofadas serem aplicadas, a balança leu um determinado valor. Será que o valor é maior, menor ou o mesmo quando o mesmo peso é colocado na balança, mas com as almofadas entre a balança e a bancada? Ignore os efeitos dinâmicos transitórios que ocorrem imediatamente após o peso ser colocado na balança.
Nota: Problemas conceituais são sobre *explicações*, não sobre cálculos.

Figura P3.18

Problemas 3.19 e 3.20

Um veículo está preso na via férrea quando uma locomotiva de 195.000 kg se aproxima a uma rapidez de 120 km/h. Assim que o problema é detectado, os freios de emergência da locomotiva são ativados, bloqueando as rodas e fazendo a locomotiva deslizar.

Problema 3.19 Se o coeficiente de atrito cinético entre a locomotiva e a via é 0,45, qual é a distância mínima d em que os freios devem ser aplicados para evitar uma colisão? Qual seria essa distância se, em vez de uma locomotiva, houvesse um trem de 14×10^6 kg? Trate a locomotiva e o trem como partículas e assuma que os trilhos são retilíneos e horizontais.

Figura P3.19 e P3.20

Problema 3.20 Continue o Problema 3.19 e determine o tempo necessário para parar a locomotiva.

Problema 3.21

Um carro está descendo por uma inclinação aproximada de 23° a 55 km/h quando os freios são aplicados. Tratando o carro como uma partícula e desprezando todas as forças exceto a gravidade e o atrito, determine a distância para parar se:

(a) Os pneus deslizam e o coeficiente de atrito cinético entre os pneus e a estrada é 0,7.
(b) O carro é equipado com freios ABS e os pneus não escorregam. Use 0,9 para o coeficiente de atrito estático entre os pneus e a estrada.

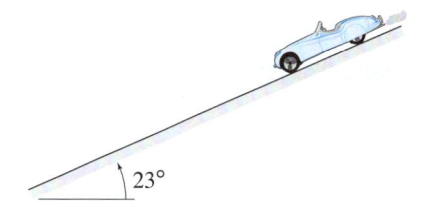

Figura P3.21

Problemas 3.22 a 3.24

Os para-choques dos carros são projetados para limitar a extensão dos danos ao carro em caso de colisões em baixa velocidade. Considere um carro de passageiros de 1.500 kg atingindo uma barreira de concreto, enquanto anda a uma rapidez de 6 km/h. Modele o carro como uma partícula e considere dois tipos de para-choques: (1) uma mola linear simples com constante k e (2) uma mola linear com constante k em paralelo com um amortecedor gerando uma força quase constante de 320 kg sobre 76 mm.

Problema 3.22 Se o para-choque é do tipo 1 e se $k = 95.000$ N/m, encontre a compressão da mola necessária para parar o carro.

Problema 3.23 Se o para-choque é do tipo 1, encontre o valor de k necessário para parar o carro quando o para-choque é pré-comprimido em 76 mm.

Problema 3.24 Se o para-choque é do tipo 2, encontre o valor de k necessário para parar o carro quando o para-choque é pré-comprimido em 76 mm.

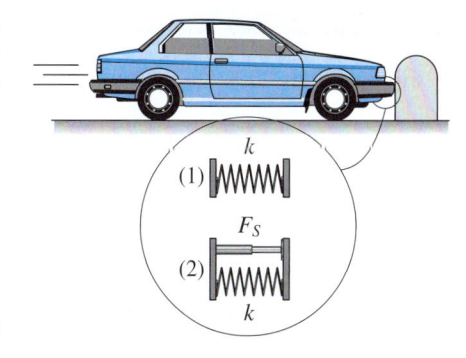

Figura P3.22-P3.24

Problema 3.25

O que significa para os coeficientes de atrito estático ou cinético serem negativos? Isso é possível? Pode tanto o coeficiente de atrito estático quanto o cinético ser superior a 1? Se sim, explique e dê um exemplo.
Nota: Problemas conceituais são sobre *explicações*, não sobre cálculos.

Problema 3.26

Embalagens para o transporte de itens delicados (p. ex., um laptop ou vidros) são projetadas para "absorver" um pouco da energia do impacto, a fim de proteger o conteúdo. Essas energias absorvidas podem ficar bastante complicadas de modelar (p. ex., a mecânica de flocos de isopor não é fácil), mas podemos começar a entender como elas funcionam modelando-as como uma mola linear elástica de constante k que é colocada entre o conteúdo (um vaso caro) de massa m e a embalagem P. Supondo que $m = 3$ kg e que a caixa é deixada cair de uma altura de 1,5 m, determine o deslocamento máximo do vaso em relação à caixa e a força máxima no vaso se $k = 3.500$ N/m. Trate o vaso como uma partícula e despreze todas as forças exceto a gravidade e a força da mola. Suponha que a mola relaxa após a caixa cair e que não oscila.

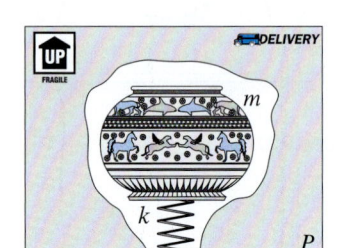

Figura P3.26

Problemas 3.27 e 3.28

Os para-choques de carros são projetados para limitar a extensão do dano ao carro em caso de colisões em baixa velocidade. Considere um carro de passageiros colidindo em uma barreira de concreto enquanto se desloca a uma rapidez de 6,4 km/h. Modele o carro como uma partícula de massa m e assuma que o para-choques tem um elemento de mola em paralelo com um amortecedor de modo que a força total exercida pelo para-choque seja $F_B = k\delta + \eta\dot{\delta}$, em que k, δ, e η denotam a constante da mola, a compressão da mola e o coeficiente de amortecimento do para-choques, respectivamente.

Problema 3.27 Obtenha as equações do movimento para o carro durante a colisão.

Problema 3.28 Considere a massa do carro = 1.500 kg, $k = 95.000$ N/m e $\eta = 4.500$ N/m e o fato de o carro estar viajando a 6,4 km/h no momento do impacto. Determine a compressão máxima do para-choque necessária para parar o carro. Também determine o tempo necessário para parar o carro.

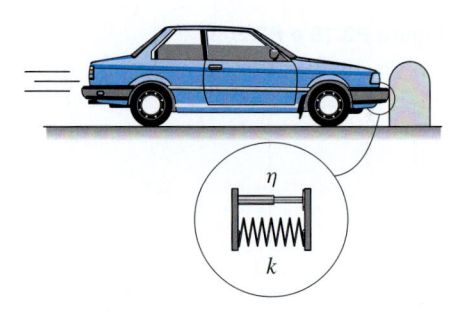

Figura P3.27 e P3.28

Problemas 3.29 a 3.31

Um vagão com uma massa total de 75.000 kg viajando a uma velocidade v_i está se aproximando de uma barreira equipada com um para-choque que consiste em uma mola não linear cuja lei de força *versus* compressão é dada por $F_s = \beta x^3$, em que $\beta = 640 \times 10^6$ N/m³ e x é a compressão do para-choque.

Problema 3.29 Considerando o sistema uma partícula e assumindo que o contato entre o vagão e os trilhos ocorra sem atrito, determine o valor máximo de v_i, de modo que a compressão do para-choque seja limitada a 20 cm.

Problema 3.30 Considerando o sistema uma partícula, assumindo que o contato entre o vagão e os trilhos ocorra sem atrito e definindo $v_i = 6$ km/h, determine a compressão do para-choque necessária para que o vagão pare.

Problema 3.31 Considerando o sistema uma partícula, assumindo que o contato entre o vagão e os trilhos ocorra sem atrito e definindo $v_i = 6$ km/h, determine quanto tempo leva para o para-choque fazer o vagão parar.

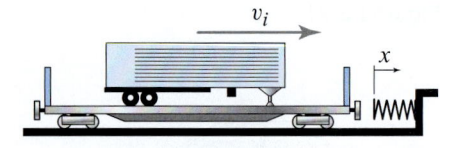

Figura P3.29-P3.31

Problema 3.32

Um colar de 2,7 kg é restrito a se deslocar ao longo de uma barra retilínea e sem atrito de comprimento $L = 1,5$ m. As molas ligadas ao colar são idênticas e estão indeformadas quando o colar está em B. Considerando o colar uma partícula, desprezando a resistência do ar, e sabendo que em A o colar está se movendo para a direita a uma rapidez de 3,5 m/s, determine a constante k da mola linear de modo que o colar alcance D a uma rapidez zero. Os pontos E e F são fixos.

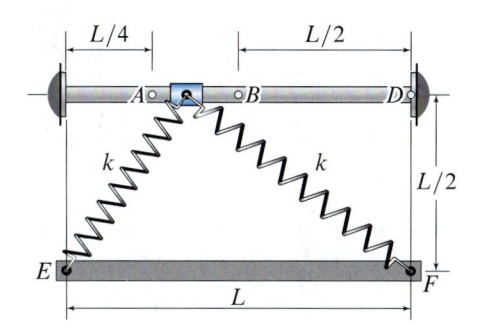

Figura P3.32 e P3.33

Problema 3.33

Um colar de 4,5 kg é restrito a se deslocar ao longo de uma barra retilínea e sem atrito de comprimento $L = 1,5$ m. As molas ligadas ao colar são idênticas, têm uma constante de mola $k = 60$ N/m e estão indeformadas quando o colar está em B. Considerando o colar uma partícula, desprezando a resistência do ar e sabendo que em A o colar está se movendo para a direita a uma rapidez de 4,2 m/s, determine a rapidez com que o colar chega em D. Os pontos E e F são fixos.

Problema 3.34

Um colar de 11 kg é restrito a se deslocar ao longo de uma barra retilínea e sem atrito de comprimento $L = 2$ m. As molas ligadas ao colar são idênticas e estão indeformadas quando o colar está em B. Considerando o colar uma partícula, desprezando a resistência do ar e sabendo que em A o colar está se movendo para cima a uma rapidez de 23 m/s, determine a constante k da mola linear de modo que o colar atinja D a uma rapidez zero. Os pontos E e F são fixos.

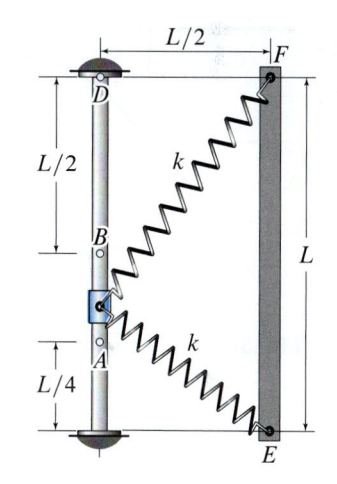

Figura P3.34

Problema 3.35

Obtenha a equação de movimento da massa m lançada do repouso em $x = x_0$ do estilingue. Assuma que os cabos ligando a massa ao estilingue são molas lineares com constante de mola k e comprimento indeformado L_0. Além disso, assuma que a massa está equidistante dos dois suportes e que a massa e ambas as molas permanecem no plano xy. Ignore a gravidade e assuma $L > L_0$.

Problema 3.36

Determine a rapidez da massa m quando atinge $x = 0$ se for liberada do repouso em $x = x_0$ do estilingue. Suponha que os cabos ligando a massa ao estilingue sejam molas lineares com constante de mola k e comprimento indeformado L_0. Ignore a gravidade e assuma $L > L_0$.

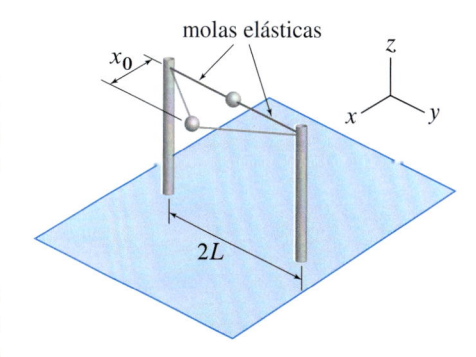

Figura 3.35P-P3.38

Problema 3.37

Dada a aproximação

$$\frac{1}{\sqrt{(x/L)^2 + 1}} \approx 1 - \frac{(x/L)^2}{2}, \quad (1)$$

mostre que a equação de movimento para a massa m quando é liberada do repouso em $x = x_0$ do estilingue pode ser escrita como

$$\ddot{x} + \omega_0^2 x(1 + \Lambda x^2) = 0, \quad (2)$$

em que

$$\omega_0^2 = \frac{2k}{m}\left(\frac{L - L_0}{L}\right) \quad \text{e} \quad \Lambda = \frac{L_0}{2L^2(L - L_0)}. \quad (3)$$

Assuma que os cabos ligando a massa ao estilingue são molas lineares com constante de mola k, comprimento L e comprimento indeformado L_0. Ignore a gravidade e assuma que $L > L_0$. A Eq. (2) é uma equação diferencial famosa na mecânica chamada *equação de Duffing*.

Problema 3.38

A força sobre a massa no estilingue do Problema 3.35 e a força sobre a massa na equação de Duffing obtida a partir da equação de movimento do estilingue (e definida pelas Eqs. (2) e (3)) podem ser plotadas em função de x. A natureza dessa força depende se as molas estão inicialmente indeformadas ($L > L_0$) ou inicialmente comprimidas ($L < L_0$). A figura mostra a força de restauração elástica sobre a massa m em função do deslocamento x para quatro casos diferentes:

— Força de estilingue com $L = 2$ e $L_0 = 1$
— Força de estilingue com $L = 1$ e $L_0 = 2$
— Força para a equação de Duffing com $L = 2$ e $L_0 = 1$
— Força para a equação de Duffing com $L = 1$ e $L_0 = 2$

Para pequenos x, a força dada pela equação de Duffing é uma boa aproximação para a força no estilingue. Explique qual das curvas corresponde a uma mola com "endurecimento" (uma mola que fica mais rígida quando puxada) e qual corresponde a uma mola com "amolecimento" (uma mola que fica menos rígida quando puxada) e explique fisicamente por que vemos esse comportamento.

Nota: Problemas conceituais são sobre *explicações*, não sobre cálculos.

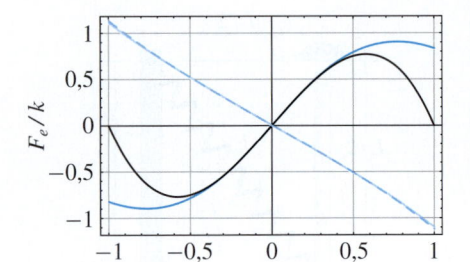

Figura P3.38

3.2 MOVIMENTO CURVILÍNEO

Esta seção baseia-se no que aprendemos na Seção 3.1, aplicando a segunda lei de Newton a problemas de movimento curvilíneo. Nenhum material novo será introduzido, permitindo assim reforçar a nossa modelagem e habilidades na resolução de problemas. Aqui, queremos consolidar a ideia de que a aplicação da segunda lei de Newton a problemas curvilíneos é formalmente idêntica ao que vimos na Seção 3.1. O elemento central de uma solução continua sendo o DCL do sistema analisado. Então, depois de escolher um sistema de coordenadas conveniente, a solução de um problema ainda consiste em aplicar a segunda lei de Newton, obter as leis da força e certificar que utilizamos as equações cinemáticas para descrever a posição, a velocidade e a aceleração na segunda lei de Newton e nas leis da força.

Segunda lei de Newton em sistemas de coordenadas 2D e 3D

Quando aplicamos a equação vetorial $\vec{F} = m\vec{a}$ na solução de problemas de engenharia, realizamos essa tarefa em forma de componentes, usando a Eq. (3.22), da p. 193, após a escolha de um sistema de coordenadas conveniente. Para problemas curvilíneos, podemos escolher o nosso sistema de coordenadas daqueles descritos no Capítulo 2.[5] Neste livro, consideramos problemas planares tratáveis por meio de sistemas de coordenadas puramente bidimensionais bem como problemas planares exigindo a análise das forças normais ao plano do movimento e, portanto, necessitando de sistemas de coordenadas tridimensionais. Consideramos também problemas tridimensionais. Por isso, apresentamos expressões na forma de componentes da segunda lei de Newton usando os sistemas de coordenadas bi e tridimensionais que introduzimos no Capítulo 2. A utilização desses sistemas de coordenadas será ilustrada nos exemplos e nos problemas.

Sistema de coordenadas bidimensionais

Coordenadas cartesianas. Referindo-se à Figura 3.14, a segunda lei de Newton em componentes cartesianas planares é

$$\sum F_x = ma_x \quad \text{e} \quad \sum F_y = ma_y. \tag{3.23}$$

As equações cinemáticas associadas são dadas pelas Eqs. (2.17), que implicam

$$a_x = \ddot{x} \quad \text{e} \quad a_y = \ddot{y}. \tag{3.24}$$

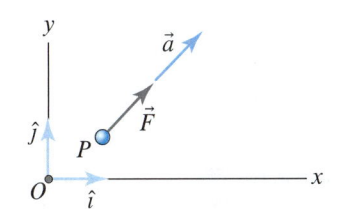

Figura 3.14
Força, aceleração e um sistema de coordenadas cartesianas.

Coordenadas da trajetória. Referindo-se à Figura 3.15, a segunda lei de Newton em coordenadas planares da trajetória é

$$\sum F_n = ma_n \quad \text{e} \quad \sum F_t = ma_t. \tag{3.25}$$

As equações cinemáticas associadas são dadas pelas Eqs. (2.78), que implicam

$$a_n = \frac{v^2}{\rho} \quad \text{e} \quad a_t = \dot{v}. \tag{3.26}$$

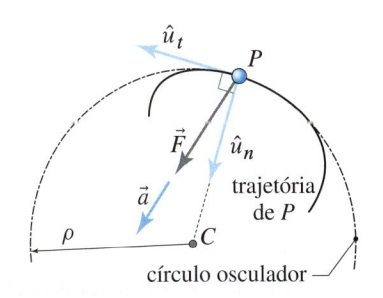

Figura 3.15
Força, aceleração e um sistema de coordenadas da trajetória.

---

[5] O Capítulo 2 aborda algumas das coordenadas e dos sistemas de coordenadas mais frequentemente utilizados em engenharia. No entanto, outros sistemas de coordenadas são possíveis e são de fato utilizados em aplicações.

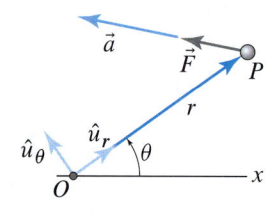

Figura 3.16
Força, aceleração e um sistema de coordenadas polares.

Coordenadas polares. Referindo-se à Fig. 3.16, a segunda lei de Newton em coordenadas polares planares é

$$\sum F_r = ma_r \quad \text{e} \quad \sum F_\theta = ma_\theta. \tag{3.27}$$

As equações cinemáticas associadas são dadas pelas Eqs. (2.90), que são

$$a_r = \ddot{r} - r\dot{\theta}^2 \quad \text{e} \quad a_\theta = r\ddot{\theta} + 2\dot{r}\dot{\theta}. \tag{3.28}$$

Sistemas de coordenadas tridimensionais

Coordenadas cartesianas. Referindo-se à Figura 3.17, a segunda lei de Newton em coordenadas cartesianas tridimensionais é

$$\sum F_x = ma_x, \quad \sum F_y = ma_y \quad \text{e} \quad \sum F_z = ma_z. \tag{3.29}$$

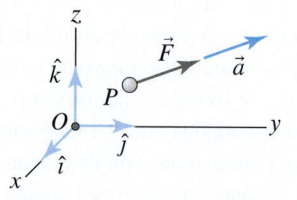

Figura 3.17 Força, aceleração e um sistema de coordenadas cartesianas em 3D.

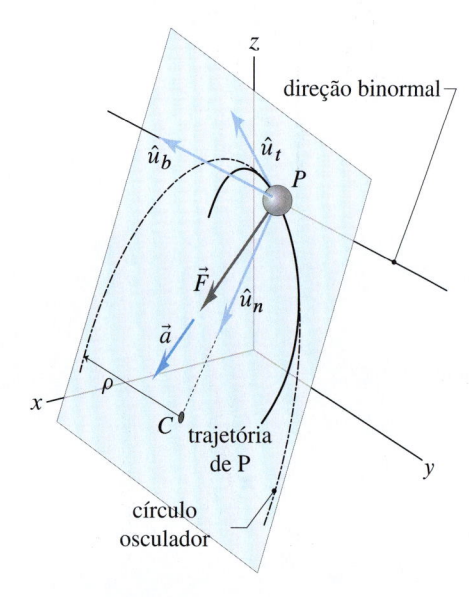

As equações cinemáticas associadas são dadas pelas Eqs. (2.143), que implicam

$$a_x = \ddot{x}, \quad a_y = \ddot{y} \quad \text{e} \quad a_z = \ddot{z}. \tag{3.30}$$

Coordenadas da trajetória. Referindo-se à Figura 3.18, a segunda lei de Newton em coordenadas tridimensionais da trajetória é

$$\sum F_n = ma_n, \quad \sum F_t = ma_t \quad \text{e} \quad \sum F_b = ma_b. \tag{3.31}$$

As equações cinemáticas associadas são dadas pelas Eqs. (2.78), que implicam

$$a_n = \frac{v^2}{\rho}, \quad a_t = \dot{v} \quad \text{e} \quad a_b = 0, \tag{3.32}$$

em que $a_b = 0$, pois, por definição, $\hat{u}_b$ é perpendicular ao plano que contém os vetores velocidade e aceleração (veja a Seção 2.5).

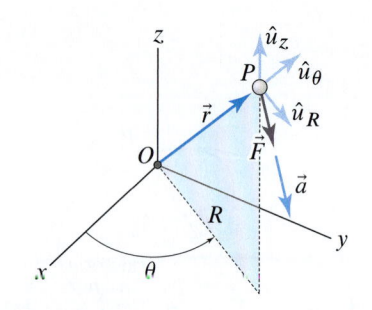

Figura 3.18
Força, aceleração e um sistema de coordenadas da trajetória em 3D.

Coordenadas cilíndricas. Referindo-se à Fig. 3.19, a segunda lei de Newton em coordenadas cilíndricas tridimensionais é

$$\sum F_R = ma_R, \quad \sum F_\theta = ma_\theta \quad \text{e} \quad \sum F_z = ma_z. \tag{3.33}$$

Figura 3.19
Força, aceleração e um sistema de coordenadas cilíndricas.

As equações cinemáticas associadas são dadas pelas Eqs. (2.124), que são

$$a_R = \ddot{R} - R\dot{\theta}^2, \quad a_\theta = R\ddot{\theta} + 2\dot{R}\dot{\theta} \quad \text{e} \quad a_z = \ddot{z}. \tag{3.34}$$

Coordenadas esféricas. Referindo-se à Figura 3.20, a segunda lei de Newton em coordenadas esféricas tridimensionais é

$$\sum F_r = ma_r, \quad \sum F_\phi = ma_\phi \quad \text{e} \quad \sum F_\theta = ma_\theta. \tag{3.35}$$

As equações cinemáticas associadas são dadas pelas Eqs. (2.140), que são

$$\begin{aligned} a_r &= \ddot{r} - r\dot{\phi}^2 - r\dot{\theta}^2 \operatorname{sen}^2 \phi, \\ a_\phi &= r\ddot{\phi} + 2\dot{r}\dot{\phi} - r\dot{\theta}^2 \operatorname{sen} \phi \cos \phi, \\ a_\theta &= r\ddot{\theta} \operatorname{sen} \phi + 2\dot{r}\dot{\theta} \operatorname{sen} \phi + 2r\dot{\phi}\dot{\theta} \cos \phi. \end{aligned} \tag{3.36}$$

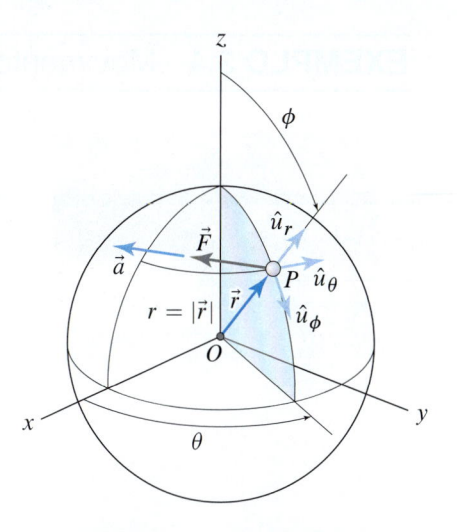

Figura 3.20 Força, aceleração e um sistema de coordenadas esféricas.

EXEMPLO 3.4 Movimento de projétil com arrasto

Figura 1
Tiger Woods balançando um taco.

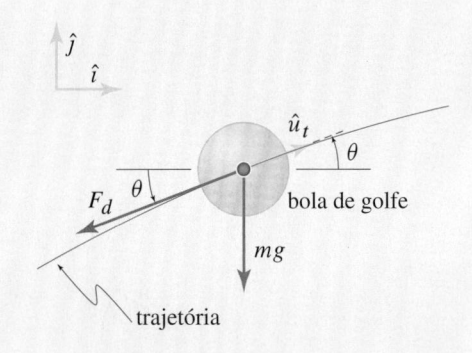

O modelo do movimento de projétil apresentado na Seção 2.3, em que um projétil está sujeito apenas à gravidade constante e que sua trajetória é uma parábola, não é adequada para estudar a trajetória de objetos como bolas de golfe. Em geral, a trajetória de uma bola de golfe não é uma parábola e é significativamente afetada por muitos fatores, tais como o padrão de ondulação da bola, a rotação transmitida para a bola, a umidade relativa do ar, a densidade local do ar, etc. Contabilizar todos esses fatores está fora do escopo deste livro. Aqui, podemos considerar uma simples melhoria no modelo da Seção 2.3 agregando os efeitos do arrasto aerodinâmico, que supomos ser proporcional ao quadrado da rapidez da bola e agir no sentido oposto à velocidade da bola. Use este modelo para obter as equações de movimento da bola de golfe.

SOLUÇÃO

Roteiro e modelagem Referindo-se à Figura 2, modelamos a bola de golfe como uma partícula sujeita ao seu próprio peso mg e uma força de arrasto F_d. Escolhemos um sistema de coordenadas cartesianas com o eixo y paralelo à gravidade porque simplifica a representação da força-peso e permite uma fácil comparação entre o modelo atual e o da Seção 2.3. O sentido da força de arrasto é oposto ao da velocidade da bola, que está na direção $\hat{u}_t$. Embora a orientação de $\hat{u}_t$ seja atualmente desconhecida, por conveniência, a orientamos por meio da dependência temporal do ângulo θ. Como vimos na Seção 3.1, as equações de movimento da bola são obtidas combinando a segunda lei de Newton com as leis da força e as equações cinemáticas.

Equações fundamentais

Princípios de equilíbrio Usando o DCL da Fig. 2, a segunda lei de Newton, em forma de componentes, fornece

$$\sum F_x: \qquad -F_d \cos\theta = ma_x, \qquad (1)$$

$$\sum F_y: \quad -F_d \sen\theta - mg = ma_y. \qquad (2)$$

Leis da força Como F_d é proporcional ao quadrado da rapidez, temos

$$F_d = C_d v^2, \qquad (3)$$

em que C_d é um *coeficiente de arrasto*[6] e v é a rapidez da bola.

Equações cinemáticas No sistema de coordenadas escolhido, temos

$$a_x = \ddot{x} \quad \text{e} \quad a_y = \ddot{y}. \qquad (4)$$

Além disso, já que a rapidez da bola pode ser escrita como $\vec{v} = \dot{x}\,\hat{\imath} + \dot{y}\,\hat{\jmath}$ e a rapidez é a magnitude de $\vec{v}$, temos

$$v = \sqrt{\dot{x}^2 + \dot{y}^2}. \qquad (5)$$

Finalmente, dado que θ é a orientação de $\vec{v}$ em relação à direção x, temos

$$\cos\theta = \frac{\dot{x}}{v} = \frac{\dot{x}}{\sqrt{\dot{x}^2 + \dot{y}^2}} \quad \text{e} \quad \sen\theta = \frac{\dot{y}}{v} = \frac{\dot{y}}{\sqrt{\dot{x}^2 + \dot{y}^2}}, \qquad (6)$$

em que as componentes de $\vec{v}$ estão representadas na Figura 3.

Figura 2
DCL de uma bola de golfe em pleno voo, modelada como uma partícula e sujeita à gravidade e à força de arrasto aerodinâmico F_d. O vetor unitário $\hat{u}_t$ é tangente à trajetória da bola e indica o sentido da velocidade da bola.

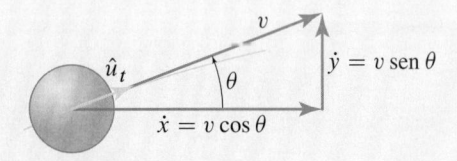

Figura 3
Componentes do vetor velocidade da bola de golfe.

---

[6] O coeficiente C_d na Eq. (3) tem dimensões de massa por comprimento e não deve ser confundido com o coeficiente de arrasto adimensional normalmente utilizado na aerodinâmica.

Cálculo Substituindo as Eqs. (3)-(6) nas Eqs. (1) e (2), obtemos

$$-C_d \dot{x}\sqrt{\dot{x}^2 + \dot{y}^2} = m\ddot{x}, \qquad (7)$$

$$-C_d \dot{y}\sqrt{\dot{x}^2 + \dot{y}^2} - mg = m\ddot{y}. \qquad (8)$$

As Eqs. (7) e (8) são as equações de movimento para este problema.

Discussão e verificação Uma vez que as dimensões de C_d são massa por comprimento, as Eqs. (7) e (8) estão dimensionalmente corretas. Além disso, referindo-se à Eq. (7), note que, para um $\dot{x}$ positivo, o lado esquerdo é negativo, indicando que o efeito do arrasto retardará a partícula, conforme o esperado. Um argumento semelhante pode ser usado para a Eq. (8). Finalmente, observe que, se considerarmos $C_d = 0$ nas Eqs. (7) e (8), recuperamos as equações de movimento de um projétil de acordo com o modelo da Seção 2.3, ou seja, $\ddot{x} = 0$ e $\ddot{y} = -g$. Portanto, podemos concluir que, em geral, as equações de movimento que obtivemos parecem estar corretas.

Uma olhar mais atento Quando $C_d \neq 0$, as Eqs. (7) e (8) não podem ser resolvidas analiticamente. No entanto, elas podem ser resolvidas numericamente utilizando um programa matemático, contanto que forneça valores para m, g e C_d, bem como a posição inicial e a velocidade da bola. Uma bola de golfe típica pesa 45,64 g. Para estimar C_d, calibramos o modelo atual, usando dados experimentais referentes ao balanço de Tiger Woods, que, usando um taco, impõe à bola uma rapidez inicial de 300 km/h e um sentido ascendente de 11,2° com relação à horizontal, que fez a bola voar a uma distância de aproximadamente 246 m. Usando essa informação, e com a ajuda de um computador, estimamos que $C_d = 2{,}255 \times 10^{-5}$ Ns²/m². A Fig. 4 mostra uma comparação entre a trajetória correspondente aos valores estabelecidos de C_d e as condições iniciais (a origem do sistema de coordenadas xy escolhido foi utilizada como posição inicial da bola) e uma trajetória com as mesmas condições iniciais, mas com $C_d = 0$. A redução do alcance da bola devido ao arrasto é cerca de 8%.

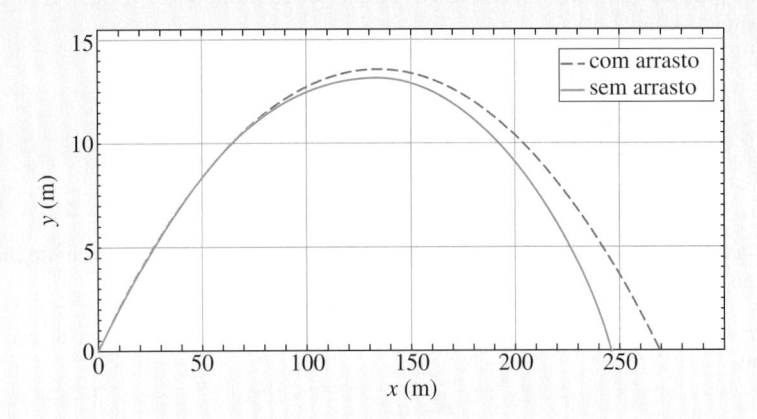

Figura 4 Trajetórias de uma bola de golfe, com e sem arrasto, calculadas utilizando os parâmetros e as condições iniciais fornecidas no texto. Para permitir que as duas trajetórias sejam facilmente distinguidas, os eixos x e y foram dados em diferentes escalas.

EXEMPLO 3.5 Rapidez máxima permitida pelo atrito

Um carro de corrida se move a uma rapidez constante v ao longo de uma curva inclinada na pista mostrada. Considere o ângulo de inclinação e o raio de curvatura da curva como as da Talladega Superspeedway, em East Aboga, Alabama, em que ρ é 350 m e o ângulo de inclinação da curva é de 33°. Para essa curva, determine o valor *máximo* de v para que o carro não deslize. Assuma que o coeficiente de atrito estático entre o carro e a pista é $\mu_s = 0{,}9$.

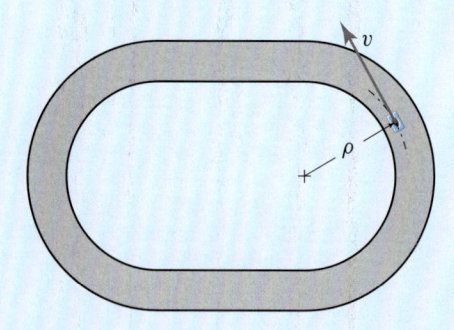

Figura 1
Vista superior da pista com curvas inclinadas.

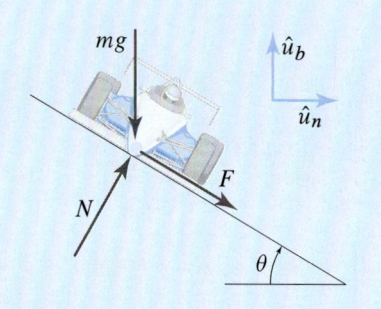

Figura 2
DCL do carro na curva inclinada. O vetor velocidade do carro está apontando para fora da página.

SOLUÇÃO

Roteiro e modelagem Se o valor máximo de v para o carro não deslizar for excedido, o carro deslizará para a *parte externa* da pista. Assim, a componente da força de atrito que evita que o carro deslize lateralmente aponta em direção ao interior da pista. Portanto, modelando do carro como uma partícula e desprezando todas as forças exceto a de atrito e a da gravidade, o DCL do carro é mostrado na Figura 2. Para encontrar $v_{\max}$, aplicaremos a segunda lei de Newton, com a condição de que o carro não deslize, o que implica que o carro se move ao longo de uma circunferência com raio ρ com nenhum movimento na direção vertical. Dado que precisamos encontrar a *máxima* rapidez possível para o carro não deslizar, trabalharemos com a suposição de que o deslizamento seja iminente. Essa é uma "suposição operacional", isto é, que nos permitirá obter uma solução, mas essa solução pode não ser necessariamente viável fisicamente. Depois de obter a nossa solução, teremos de verificar se ela é compatível com a suposição operacional em questão. Por fim, como a trajetória do carro é circular, o uso de coordenadas da trajetória ou de coordenadas cilíndricas é igualmente conveniente. Na Figura 2, usamos as coordenadas da trajetória (você terá a oportunidade de usar coordenadas cilíndricas no Problema 3.55).

Equações fundamentais

Princípios de equilíbrio Aplicando a segunda lei de Newton para o DCL da Figura 2, temos

$$\sum F_n: \quad F\cos\theta + N\sen\theta = ma_n, \quad (1)$$

$$\sum F_t: \quad F_t = ma_t, \quad (2)$$

$$\sum F_b: \quad -mg + N\cos\theta - F\sen\theta = ma_b, \quad (3)$$

em que F_t é a "força motriz" no sentido tangente devido ao atrito entre os pneus do carro e a pista.

Leis da força. Partindo do pressuposto do deslizamento iminente estabelecido acima, temos

$$F = \mu_s N. \quad (4)$$

Equações cinemáticas Nas coordenadas da trajetória, a aceleração tem apenas componentes no plano $n\,t$. Portanto, temos

$$a_n = v_{\max}^2/\rho, \quad a_t = \dot{v} = 0 \quad \text{e} \quad a_b = 0, \quad (5)$$

em que aplicamos o fato de que o carro se move a uma rapidez constante quando escrevemos $a_t = 0$.

Cálculo As Eqs. (1)-(5) são as equações fundamentais para este problema. As grandezas g, θ, e ρ são conhecidas, por isso temos sete equações para sete incógnitas, F_t, N, F, a_t, a_b, a_n, e $v_{\max}$. Essas equações podem ser resolvidas a mão ou com um programa matemático, como o Mathematica ou o Maple, para obter

$$a_t = 0 = a_b, \tag{6}$$

$$a_n = \frac{g(\mu_s + \operatorname{tg}\theta)}{1 - \mu_s \operatorname{tg}\theta} = 36{,}57\,\text{m/s}^2, \tag{7}$$

$$F_t = 0, \tag{8}$$

$$F = \frac{\mu_s mg}{\cos\theta - \mu_s \operatorname{sen}\theta} = (25{,}33\,\text{m/s}^2)\,m, \tag{9}$$

$$N = \frac{mg}{\cos\theta - \mu_s \operatorname{sen}\theta} = (28{,}15\,\text{m/s}^2)\,m, \tag{10}$$

$$v_{\max} = \sqrt{\rho g}\sqrt{\frac{\mu_s + \operatorname{tg}\theta}{1 - \mu_s \operatorname{tg}\theta}} = 113{,}15\,\text{m/s} = 407\,\text{km/h}. \tag{11}$$

Informações úteis

Porque a massa ainda está nas equações fundamentais? A massa do carro ainda aparece nas equações fundamentais, mas não fizemos menção a ela – não estabelecemos se é conhecida ou desconhecida. A solução das Eqs. (3)-(4) mostra que somente F e N dependem de m. No entanto, fomos capazes de encontrar a rapidez máxima $v_{\max}$ sem precisar conhecer m. Esta é uma característica de alguns problemas dinâmicos – a massa, por vezes, não desempenha um papel na totalidade ou em parte da solução. Tal como acontece com este problema, é uma simples questão de chamar a massa de m e encontrar a solução para ver o que acontece no final.

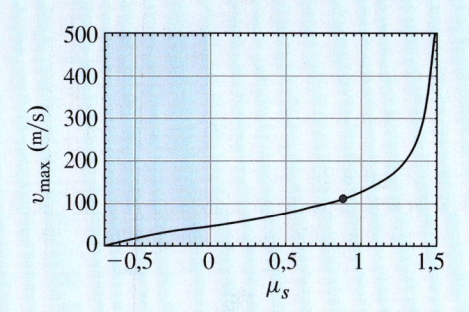

Discussão e verificação Os resultados nas Eqs. (6)-(11) estão dimensionalmente corretos e expressos utilizando as unidades adequadas. Portanto, precisamos responder se a solução é compatível ou não com a hipótese do deslizamento iminente utilizada para obtê-la. A resposta é sim. Especificamente, nota-se que os valores obtidos para F e N são positivos; ou seja, F e N apontam exatamente como mostrados no DCL. Além disso, o valor de a_n é positivo, como deveria ser, uma vez que a componente normal da aceleração só pode apontar para o centro da trajetória circular. Assim, podemos concluir que a solução é fisicamente aceitável, que a hipótese de trabalho estava correta e que o problema é solucionável.

Um olhar mais atento Para compreender melhor a verificação da condição do deslizamento iminente apresentada, suponhamos que o valor dado para μ_s seja 1,6, em vez de 0,9. Então $\mu_s > 1/\operatorname{tg}\theta = 1{,}54$ e o termo $1 - \mu_s \operatorname{tg}\theta$ na expressão para $v_{\max}$ seria negativa de forma que $v_{\max}$ envolveria a raiz quadrada de um número negativo. Esse resultado mostra que, se $\mu_s > 1/\operatorname{tg}\theta$, então a consideração original de deslizamento iminente torna-se incorreta! A questão agora é, se $\mu_s > 1/\operatorname{tg}\theta$, como resolveremos o problema? Para responder a essa questão, precisamos analisar a solução de deslizamento iminente mais de perto. Considere o gráfico de $v_{\max}$ v. μ_s dado pela Eq. (11) e mostrado na Figura 3. Quando μ_s se aproxima de $1/\operatorname{tg}\theta$, $v_{\max}$ se torna infinito. Isso implica que nunca precisaríamos de um μ_s maior que 1,54, não importa o quão rápido queremos ir, e isso indica que, para $\mu_s > 1/\operatorname{tg}\theta$, a suposição operacional deve mudar de deslizamento iminente para sem deslizamento. Sob essa nova suposição, a Eq. (4) é substituída pela desigualdade $|F| \leq \mu_s|N|$, e resolvemos as Eqs. (1)-(3), bem como as Eqs. (5), para F_t, N, F, a_t, a_b e a_n como funções de v:

$$a_t = 0 = a_b, \tag{12}$$

$$a_n = v^2/\rho, \tag{13}$$

$$F_t = 0, \tag{14}$$

$$F = \frac{mv^2}{\rho}\cos\theta - mg\operatorname{sen}\theta, \tag{15}$$

$$N = \frac{mv^2}{\rho}\operatorname{sen}\theta + mg\cos\theta. \tag{16}$$

Figura 3
Gráfico de $v_{\max}$ *versus* μ_s como dado pela Eq. (11), isto é, sob o pressuposto da condição do deslizamento iminente. O ponto preto corresponde a $\mu_s = 0{,}9$ usado no exemplo. O ponto azul corresponde a $\mu_s = 0$.

Usando as Eqs. (15) e (16) e lembrando que essa solução assume $\mu_s > 1/\operatorname{tg}\theta$, é possível verificar que a condição de não deslizamento é realmente satisfeita para qualquer valor de v, ou seja, $v_{\max}$ não é restrita por atrito insuficiente. Voltando à Figura 3, observamos que, desde que μ_s seja uma grandeza positiva, a parte da figura pintada em amarelo engloba situações que não são fisicamente viáveis. No entanto, o gráfico indica que, se não houvesse atrito ($\mu_s = 0$), o carro não deslizaria enquanto se movesse a cerca de 45 km/h.

EXEMPLO 3.6 Análise de movimento circular

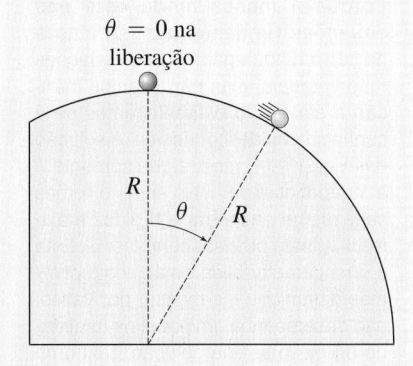

Figura 1
Uma pequena esfera deslizando sobre uma superfície semicilíndrica lisa.

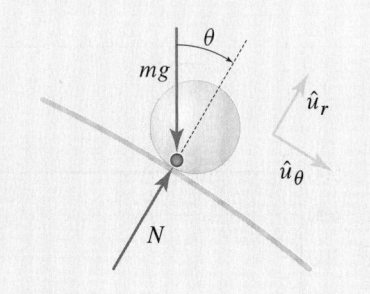

Figura 2
DCL da partícula quando ela está em uma posição arbitrária no semicilindro.

Uma pequena esfera está em repouso no topo de uma superfície semicilíndrica sem atrito. A esfera é empurrada *levemente* para a direita e desliza ao longo da superfície. Determine o ângulo θ em que a esfera perde o contato com a superfície.

SOLUÇÃO

Roteiro e modelagem Pode não ser imediatamente óbvio que a esfera se separa da superfície antes que θ chegue a 90°. No entanto, usando uma pequena bola, é fácil elaborar um experimento simples para verificar essa afirmação. Considere θ_s denotando o valor de θ em que a separação ocorre. Referindo-se à Figura 2, para determinar analiticamente θ, podemos modelar a esfera como uma partícula e esboçar seu DCL, que desenhamos com um valor arbitrário de θ dado que θ_s ainda não é conhecido. Para simplificar, foi considerado somente o peso da esfera mg e a força normal N entre a esfera e a superfície deslizante. O atrito foi omitido, uma vez que a superfície deslizante é sem atrito.[7] Até a esfera se separar, o movimento da esfera é circular e usaremos coordenadas polares para estudá-lo. Para encontrar θ, lembramos que a *separação* implica "falta de contato", uma condição em que $N = 0$. Portanto, vamos resolver o problema aplicando a segunda lei de Newton com a cinemática para determinar N em função de θ. Então, determinaremos θ_s, encontrando o valor de θ para o qual $N = 0$.

Equações fundamentais

Princípios de equilíbrio Usando o DCL da Figura 2, a segunda lei de Newton fornece

$$\sum F_r: \quad N - mg\cos\theta = ma_r, \tag{1}$$

$$\sum F_\theta: \quad mg\,\text{sen}\,\theta = ma_\theta. \tag{2}$$

Leis da força Como somente a lei da força que descreve a gravidade é necessária neste problema, podemos dizer que todas as leis da força são consideradas pelo DCL.

Equações cinemáticas As equações cinemáticas são

$$a_r = \ddot{r} - r\dot{\theta}^2 = -R\dot{\theta}^2, \tag{3}$$

$$a_\theta = r\ddot{\theta} + 2\dot{r}\dot{\theta} = R\ddot{\theta}, \tag{4}$$

em que consideramos $r = R =$ constante, uma vez que a trajetória é circular.

Cálculo Substituindo as Eqs. (3) e (4) nas Eqs. (1) e (2) e simplificando, obtemos

$$N - mg\cos\theta = -mR\dot{\theta}^2, \tag{5}$$

$$g\,\text{sen}\,\theta = R\ddot{\theta}. \tag{6}$$

A Eq. (5) nos fornece N em função de θ e $\dot{\theta}$. Uma vez que precisamos de N em apenas em função de θ, precisamos encontrar uma expressão para $\dot{\theta}$ em função de θ. Podemos encontrar essa expressão considerando a Eq. (6), que nos fornece $\ddot{\theta}$ em função de θ. Para transformar essa relação em uma expressão de $\dot{\theta}$ em função de θ, começaremos reescrevendo $\ddot{\theta}$ usando a regra da cadeia e depois iremos usá-la na Eq. (6), ou seja,

$$\ddot{\theta} = \frac{d\dot{\theta}}{d\theta}\frac{d\theta}{dt} = \dot{\theta}\frac{d\dot{\theta}}{d\theta} \quad \Rightarrow \quad \dot{\theta}\frac{d\dot{\theta}}{d\theta} = \frac{g}{R}\,\text{sen}\,\theta. \tag{7}$$

---
[7] Revisaremos este problema no Exemplo 7.5 do Capítulo 7, em que modelaremos a esfera como um corpo rígido e consideraremos o atrito, que faz a esfera girar sobre a superfície do cilindro.

Multiplicando ambos os lados da Eq. (7) por $d\theta$ e, em seguida, integrando o resultado a partir do topo do cilindro até uma posição arbitrária, obtemos

$$\int_0^{\dot\theta} \dot\theta\, d\dot\theta = \int_0^{\theta} \frac{g}{R}\,\text{sen}\,\theta\, d\theta, \tag{8}$$

$$\frac{\dot\theta^2}{2} = -\frac{g}{R}\cos\theta\Big|_0^{\theta} = \frac{g}{R}(1-\cos\theta), \tag{9}$$

$$\dot\theta^2 = \frac{2g}{R}(1-\cos\theta), \tag{10}$$

em que usamos o fato de que $\dot\theta = 0$ quando $\theta = 0$ para obter o limite inferior da integração. Substituindo a Eq. (10) na Eq. (5), obtemos N em função de θ

$$N = mg(3\cos\theta - 2), \tag{11}$$

que foi plotada na Figura 3. A força N tende a zero quando

$$3\cos\theta_s - 2 = 0 \;\;\Rightarrow\;\; \cos\theta_s = \frac{2}{3} \tag{12}$$

$$\Rightarrow\;\; \theta_s = \pm 48{,}2° \pm n360°,\; n = 0, 1, \ldots, \infty. \tag{13}$$

Uma vez que estamos apenas interessados nas soluções na faixa de $0° \leq \theta \leq 90°$, a única solução fisicamente significativa é

$$\boxed{\theta_s = 48{,}2°.} \tag{14}$$

Discussão e verificação O resultado na Eq. (11) está dimensionalmente correto uma vez que o termo mg tem dimensões de força e o termo entre parênteses é adimensional. Além disso, o resultado parece ser razoável, porque, como a intuição sugere, N é igual a mg quando $\theta = 0$ e diminui com o aumento de θ.

🔍 **Um olhar mais atento** A Figura 3 mostra que, para $\theta > 48{,}2°$, a força normal torna-se negativa. O que isso significa fisicamente? Como as equações fundamentais são escritas sob a suposição de que a esfera se move ao longo da trajetória circunferencial com raio igual a R, a solução fornece o valor de N que é necessário para a esfera se mover como prescrito. Isso significa que, para $48{,}2° < \theta \leq 90°$, para a esfera permanecer em contato com a superfície de deslizamento, a superfície deve realmente *puxar a esfera para dentro*. Em $\theta = 90°$, a massa deve ser puxada em *duas vezes o seu peso*. Finalmente, observe que, embora a força normal seja uma função do peso da esfera, o ângulo em que a esfera deixa a superfície é independente de m e g.

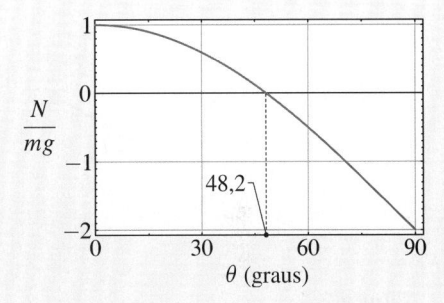

Figura 3
A força normal N (normalizada pelo peso da partícula mg) em função de θ à medida que a partícula desliza para baixo no semicilindro.

EXEMPLO 3.7 Movimento de força centrípeta

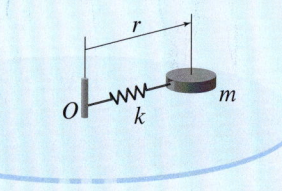

Figura 1
Um disco de massa m movendo-se sobre um plano horizontal liso. O movimento do disco é limitado apenas pela mola elástica linear.

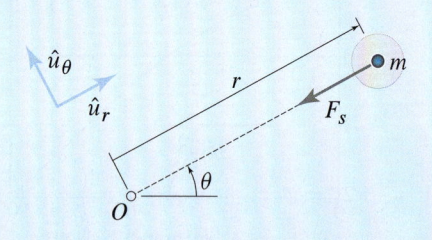

Figura 2
Vista superior do DCL do sistema.

Considere um disco de massa m na extremidade de uma mola linear elástica; a outra extremidade é fixa. O disco está livre para se mover no plano horizontal liso. Determine as equações de movimento do disco para quaisquer valores de posição e velocidade iniciais, bem como os parâmetros do sistema, ou seja, a constante de mola k, o comprimento indeformado da mola r_u e a massa do disco m. Feito isso, plote a trajetória do disco usando $r(0) = 0{,}35$ m, $\theta(0) = 0$ rad, $\dot{r}(0) = 0$ m/s, $\dot{\theta}(0) = 0{,}5$ rad/s, $r_u = 0{,}25$ m e quatro valores diferentes de k/m: 5, 20, 100 e 500 s^{-2}. Faça cada um dos quatro gráficos para $0 \leq t \leq 10$ s.

SOLUÇÃO

Roteiro e modelagem Para encontrar as equações de movimento, aplicaremos a segunda lei de Newton ao disco e iremos combiná-la com as leis da força e com as equações cinemáticas. Quantas equações de movimento devem ser encontradas? A resposta é que precisamos encontrar tantas equações de movimento quantos são os graus de liberdade, que, neste caso, são dois, porque o movimento do disco é planar. Referindo-se à Figura 2, dado que o movimento do disco ocorre sobre um plano horizontal *liso*, modelaremos o disco como uma partícula sujeita apenas à força da mola F_s. O movimento é planar, então podemos usar coordenadas cartesianas para descrever o movimento, mas o fato de que F_s sempre aponta para O torna conveniente o uso de um sistema de coordenadas polares com origem em O.

Equações fundamentais

Princípios de equilíbrio Referindo-se ao DCL na Figura 2, a segunda lei de Newton fornece

$$\sum F_r: \quad -F_s = ma_r, \tag{1}$$

$$\sum F_\theta: \quad 0 = ma_\theta. \tag{2}$$

Leis da força A única lei da força necessária é a da mola linear, ou seja,

$$F_s = k(r - r_u). \tag{3}$$

Equações cinemáticas As equações cinemáticas em coordenadas polares são

$$a_r = \ddot{r} - \dot{\theta}^2, \tag{4}$$

$$a_\theta = r\ddot{\theta} + 2\dot{r}\dot{\theta}. \tag{5}$$

Cálculo Substituindo as Eqs. (3)-(5) nas Eqs. (1) e (2) e rearranjando, obtemos as equações de movimento para esse sistema como[8]

$$\boxed{\ddot{r} - r\dot{\theta}^2 + \frac{k}{m}(r - r_u) = 0, \tag{6}}$$

$$\boxed{r\ddot{\theta} + 2\dot{r}\dot{\theta} = 0, \tag{7}}$$

em que dividimos por m para tirá-lo da Eq. (7). Resolver as Eqs. (6) e (7) para $r(t)$ e $\theta(t)$ nos mostraria o movimento da massa na extremidade da mola em todos os instantes. Infelizmente, essas equações não podem ser resolvidas analiticamente. Portanto, temos de recorrer a soluções computacionais.

---

[8] Observe que a constante de mola k e a massa m só aparecem como uma relação na Eq. (6). Portanto, não é necessário especificar k e m individualmente, basta especificar a sua relação.

Informações úteis

A integral da Eq. (7). Embora seja necessária alguma experiência para ver isso, a Eq. (7) pode ser escrita como

$$r\ddot{\theta} + 2\dot{r}\dot{\theta} = \frac{1}{r}\frac{d}{dt}(r^2\dot{\theta}) = 0.$$

Essa equação mostra que a derivada temporal de $r^2\dot{\theta}$ é igual a zero. Portanto, $r^2\dot{\theta}$ é uma constante. O fato de que existe essa grandeza associada com o movimento que não muda está referenciado como uma *constante do movimento*, ou como uma *integral das equações de movimento*. Neste caso, essa constante decorre do fato de que a força que atua sobre o disco é uma *força centrípeta*; isto é, ela sempre aponta para um ponto central, nesse caso, o pino em O (veja a Figura 1). No Capítulo 5, veremos que uma força centrípeta sempre leva a uma quantidade de movimento *angular* constante e que a grandeza $r^2\dot{\theta}$ é simplesmente a quantidade de movimento angular do sistema (por unidade de massa).

💻 ➡ Para resolver as Eqs. (6) e (7) em um computador, será necessário usar os valores para todas as constantes no sistema, bem como as condições iniciais, que são dadas no enunciado do problema. Calcularemos quatro soluções diferentes, as quais terão as mesmas condições iniciais, que são dadas como $r(0) = 0{,}35$ m, $\theta(0) = 0$ rad, $\dot{r}(0) = 0$ m/s e $\dot{\theta}(0) = 0{,}5$ rad/s. Além disso, todas terão o mesmo valor para o comprimento indeformado da mola, ou seja, $r_u = 0{,}25$ m. As simulações em questão só diferirão nos valores escolhidos para a relação k/m, que definimos como 5, 20, 100 e 500 s^{-2}. Utilizando um programa matemático e integrando nossas equações para $0 \leq t \leq 10$ s, obtemos as trajetórias mostradas na Figura 3. ⬅ 💻

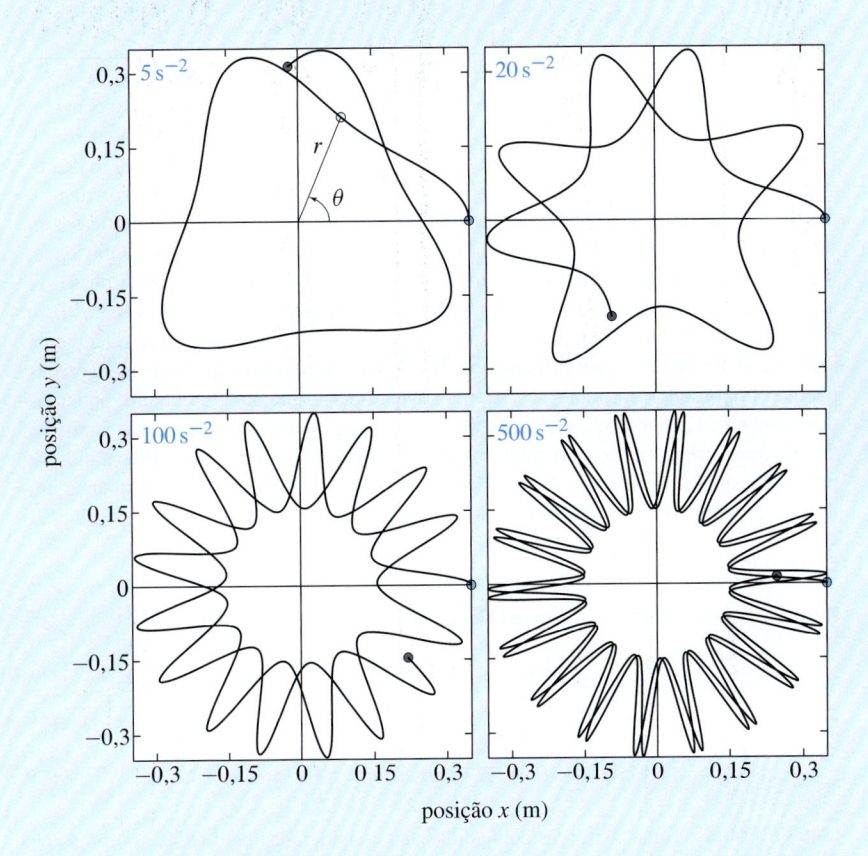

Figura 3 Trajetórias do disco para quatro valores diferentes de k/m, que são mostrados no canto superior esquerdo de cada figura. Os valores de x e y são calculados como $r \cos \theta$ e $r \sin \theta$, respectivamente. Os pontos azuis indicam o início de cada trajetória, e os pontos pretos indicam o final após 10 s.

Discussão e verificação A "resposta" para este exemplo não é um número, mas um par de equações diferenciais ordinárias dadas pelas Eqs. (6) e (7). O número de equações do movimento coincide com o número de graus de liberdade, que é igual a dois porque o disco é livre para se mover no plano horizontal, que é bidimensional. Como a equação de movimento que obtivemos não pode ser obtida analiticamente, tivemos que recorrer a uma solução computacional para valores específicos dos parâmetros do sistema e durante um intervalo de tempo específico. Encorajamos você a tentar algumas outras soluções.

EXEMPLO 3.8 Efeito de Coriolis

Quando um dos autores era criança, ele e alguns de seus amigos foram ao parque de diversões e brincaram em um carrossel semelhante ao mostrado na Figura 1. Em pé sobre a plataforma, enquanto ela girava, não só nos sentimos jogados radialmente para fora, mas também nos sentimos jogados de lado. Investigue esse movimento e determine as forças necessárias para caminhar radialmente a uma velocidade constante v_0 em uma plataforma de raio ρ, enquanto ela gira a uma velocidade angular constante ω_0.

SOLUÇÃO

Roteiro e modelagem Fomos informados de como uma criança se move e convidados a encontrar quais forças são necessárias para que o movimento ocorra como descrito. Relembrando a segunda lei de Newton, $\vec{F} = m\vec{a}$, neste problema nos foi dado $\vec{a}$, e pediu-se para encontrar $\vec{F}$. Referindo-se à Fig. 2, modelaremos a criança como uma partícula e descreveremos o seu movimento por meio de um sistema de coordenadas cilíndricas com origem no eixo de rotação do carrossel. Supomos que a criança esteja sujeita à gravidade, ou seja, mg, a reação normal N no solo, bem como qualquer outra força que possa ser necessária para o movimento a ser descrito. É por isso que o DCL inclui as forças F_R e F_θ nos sentidos radial e transversal, respectivamente. O valor dessas forças é ditado pela segunda lei de Newton e pela cinemática. Os detalhes de como essas forças são geradas não são importantes do ponto de vista da solução do problema. No entanto, podemos dizer que F_R e F_θ devem-se ao atrito entre a criança e a plataforma giratória, bem como ao fato de que a criança pode se segurar nos suportes montados no carrossel. Preparando-se para a Discussão e verificação da solução, notamos que a força necessária para manter um determinado movimento tem um sentido *oposto* aquele ao qual nos sentimos "jogados".[9]

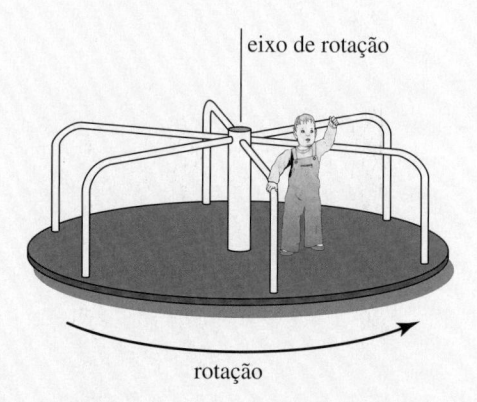

Figura 1
Uma criança pequena andando radialmente em um carrossel em rotação.

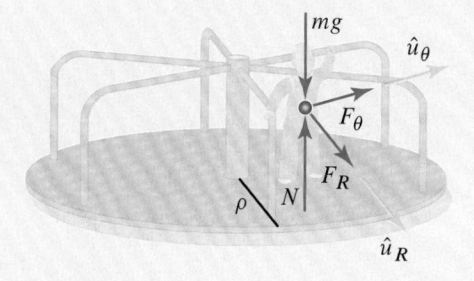

Figura 2
DCL da criança andando radialmente para fora no carrossel.

Equações fundamentais

Princípios de equilíbrio A segunda lei de Newton nos mostra que

$$\sum F_R : \qquad F_R = ma_R, \tag{1}$$

$$\sum F_\theta : \qquad F_\theta = ma_\theta, \tag{2}$$

$$\sum F_z : \qquad N - mg = ma_z. \tag{3}$$

Leis da Força Todas as forças conhecidas são consideradas pelo DCL. As forças N, F_R, e F_θ são as incógnitas do problema.

Equações cinemáticas Usando coordenadas cilíndricas e considerando o movimento dado, temos

$$a_R = \ddot{R} - R\dot{\theta}^2 = -R\omega_0^2, \tag{4}$$

$$a_\theta = R\ddot{\theta} + 2\dot{R}\dot{\theta} = 2v_0\omega_0, \tag{5}$$

$$a_z = \ddot{z} = 0. \tag{6}$$

Cálculo As Eqs. (3) e (6) simplesmente nos mostram que $N = mg$. As Eqs. (1), (2), (4) e (5) nos mostram que

$$\boxed{\begin{aligned} F_R &= -mR\omega_0^2, \\ F_\theta &= 2mv_0\omega_0, \end{aligned}} \tag{7} \tag{8}$$

---

[9] Por exemplo, a força sobre você quando contorna uma curva em um carro está no mesmo sentido que a sua aceleração, ou seja, para o centro da curva. No entanto, a sensação física que você experimenta é a de ser jogado para *fora* do centro da curva.

que são as forças necessárias para manter a criança se movendo na direção radial a uma velocidade constante à medida que o carrossel gira a uma velocidade angular constante.

Discussão e verificação A Eq. (7) mostra que F_R é independente de quão rápido a criança anda e que sempre atua para dentro, pois m, r e ω_0^2 são positivos. Como a intuição pode sugerir, isso corresponde a uma sensação física de ser "jogado" para fora. Em contrapartida, F_θ na Eq. (8) pode ser positivo ou negativo, porque v_0 e ω_0 podem, cada um, ser positivos ou negativos,[10] levando assim a quatro possíveis casos. Em cada um deles, quando usamos direita e esquerda para indicar o sentido, eles serão relativos à criança, que assumimos estar orientada no sentido do movimento.

Caso 1 Neste caso, consideramos $v_0 > 0$ e $\omega_0 > 0$, de forma que a criança está caminhando para o *exterior* e o carrossel está girando como mostrado na Figura 1, ou seja, no sentido anti-horário (ccw) quando visto de cima. Essa situação é ilustrada na Figura 3(a). Para este caso, a Eq. (8) nos mostra que $F_\theta > 0$ de modo que a força *aplicada à criança* enquanto caminha para o *exterior* será para sua *esquerda*. A criança se sentirá jogada para a *direita*.

Caso 2 Neste caso, $v_0 < 0$ e $\omega_0 > 0$, de forma que a criança está caminhando para o *interior* e o carrossel está girando no sentido anti-horário (ccw). Essa situação é ilustrada na Figura 3(b). Para este caso, a Eq. (8) nos mostra que $F_\theta < 0$ de modo que a força *aplicada à criança* enquanto caminha para o *interior* será novamente para sua *esquerda*. Mais uma vez, a criança se sentirá jogada para a *direita*.

Caso 3 Neste caso, $v_0 > 0$ e $\omega_0 < 0$, de forma que a criança está caminhando para o *exterior* e o carrossel agora está girando no sentido horário (cw). Essa situação é ilustrada na Figura 3(c). Para este caso, a Eq. (8) nos mostra que $F_\theta < 0$ de modo que a força *aplicada à criança* enquanto caminha para o *exterior* será agora para sua *direita*. Desta vez, a criança se sentirá jogada para a *esquerda*.

Caso 4 Neste caso, $v_0 < 0$ e $\omega_0 < 0$, de forma que a criança está caminhando para o *interior* e o carrossel está novamente girando no sentido horário (cw). Essa situação é ilustrada na Fig. 3(d). Para este caso, a Eq. (8) nos mostra que $F_\theta > 0$ de modo que a força *aplicada à criança* enquanto caminha para o *interior* agora será para sua *direita*, e a criança voltará a se sentir jogada para a *esquerda*.

A análise dos quatro casos acima nos mostra que, se a criança caminha para o interior ou para o exterior, enquanto o carrossel girar no sentido anti-horário (ccw), a criança será sempre jogada para a direita. Da mesma forma, se a criança caminha para o interior ou para o exterior, enquanto o carrossel girar no sentido horário (cw), a criança será sempre jogada para a esquerda. Acontece que podemos generalizar esses resultados para uma pessoa que caminha em *qualquer* sentido afirmando o seguinte:

> Não importa em qual sentido uma pessoa caminha sobre um sistema de referência rotativo, se o sistema está girando no sentido anti-horário (ccw), então a pessoa é lançada à sua direita, ao passo que a pessoa é lançada para sua esquerda se o sistema de referência está girando no sentido horário (cw).

Este resultado é um pouco difícil de provar, em geral, com o que sabemos agora, mas não será difícil demonstrar, quando aprendermos sobre a cinemática do movimento relativo a sistemas de referência em rotação, que abordaremos na Seção 6.4.

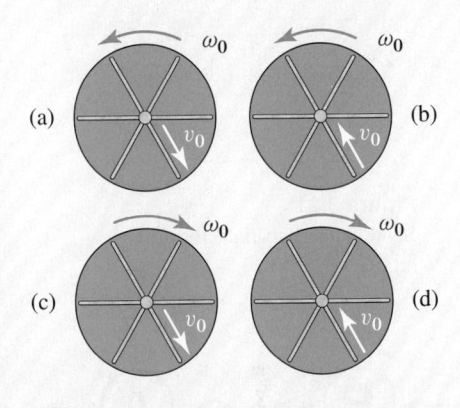

Figura 3
(a) Caso 1: $v_0 > 0$, $\omega_0 > 0$; (b) Caso 2: $v_0 < 0$, $\omega_0 > 0$; (c) Caso 3: $v_0 > 0$, $\omega_0 < 0$; (d) Caso 4: $v_0 < 0$, $\omega_0 < 0$.

> **Informações úteis**
>
> **A aceleração de Coriolis surge do movimento de um *sistema em rotação*.** A F_θ neste problema surge da componente $2\dot{R}\dot{\theta}$ de a_θ. Para essa componente de a_θ ser diferente de zero, ambos ω_0 e v_0 devem ser diferentes de zero. Fisicamente, isso significa que, para $2\dot{R}\dot{\theta}$ ser diferente de zero, devemos estar em movimento ($\dot{R} \neq 0$) em um sistema de referência em rotação ($\dot{\theta} \neq 0$).

---
[10] A expressão para F_θ origina-se da componente $2\dot{R}\dot{\theta}$ de a_θ. Como discutimos na Seção 2.4 (veja a discussão da Eq. (2.64)), essa componente da aceleração é muitas vezes denominada a *componente de Coriolis da aceleração*.

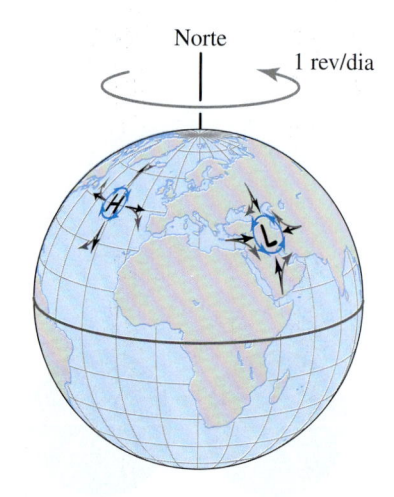

Figura 3.21
Sentido da rotação da Terra.

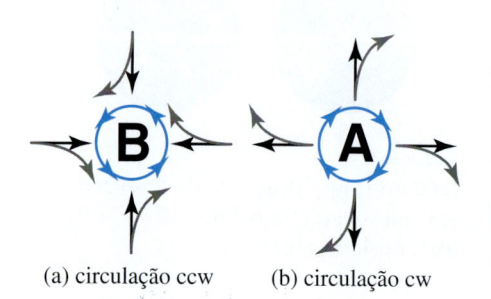

Figura 3.22
Circulação em torno de sistemas de (a) baixa e de (b) alta pressão no hemisfério norte.

(a) circulação ccw   (b) circulação cw

> **Fato interessante**
>
> **Descarga em vasos sanitários.** Você pode ter ouvido que é a *força de Coriolis* ou a *aceleração de Coriolis* que faz a água drenada em um vaso sanitário ou em uma pia de cozinha girar em um sentido no hemisfério norte e no sentido oposto no hemisfério sul. Quando fazemos uma cuidadosa análise em três dimensões, o efeito da componente Coriolis da aceleração é pequena quando comparada com fatores como a forma do vaso sanitário, o ângulo dos jatos de água no vaso sanitário, etc. Mesmo em algo tão grande como uma piscina, ela é insignificante.

A componente Coriolis da aceleração

A componente $2\dot{r}\dot{\theta}$ da aceleração é muitas vezes referida como a *aceleração de Coriolis*, que preferimos chamar de a *componente* Coriolis da aceleração. Foi nomeada por Gaspard-Gustave Coriolis (1792-1843), que estudou mecânica e matemática na França. Ele forneceu aos termos *trabalho* e *energia cinética* seu significado científico atual e, em uma publicação de 1835, Coriolis mostrou que as leis de Newton podem ser aplicadas em um sistema de referência rotacional, enquanto uma aceleração "extra" é adicionada às equações de movimento. O fenômeno em que uma pessoa se sente como se estivesse sendo jogada para o lado quando se desloca sobre uma plataforma giratória é uma consequência dessa aceleração. Na verdade, essa aceleração dá origem à circulação ccw em torno de sistemas de baixa pressão e a circulação cw em torno de sistemas de alta pressão no hemisfério norte. Podemos entender essa circulação em torno de sistemas de alta e baixa pressão se virmos a rotação da Terra, como fizemos no giro do carrossel da Fig. 3 do Exemplo 3.8. Essa "visão do carrossel" da Terra exigirá que olhemos para *baixo* do Polo Norte da Terra enquanto gira sobre seu eixo (veja a Figura 3.21). Olhando para baixo do Polo Norte, vemos que a Terra está girando em sentido anti-horário. A partir do que aprendemos no Exemplo 3.8, isso significa que, se alguma coisa se mover sobre a superfície da Terra no hemisfério norte, seria desviada para a direita (ou seja, seria preciso uma força dirigida para a esquerda para mantê-la se movendo em linha reta). Agora, em referência à Figura 3.22, que mostra sistemas de baixa e de alta pressão no hemisfério norte, sabemos que sistemas de baixa e de alta pressão são assim chamados porque a pressão do ar neles é menor e maior, respectivamente, do que a pressão do ar circundante. Uma vez que os fluxos de ar partem de áreas de alta pressão para áreas de baixa pressão, vemos que o ar tentará fluir para *dentro* da área de baixa desde o seu entorno e para *fora* da área de alta ao seu entorno (as setas pretas na Figura 3.22). Como o ar flui para dentro da área de baixa, a componente Coriolis da aceleração o faz desviar para a direita (as setas vermelhas na Figura 3.22). Como cada "partícula" de ar é desviada para a direita, o movimento total torna-se uma circulação *em torno* da área de baixa - uma circulação no sentido ccw (Figura 3.22 (a)). Um argumento semelhante nos mostra que a circulação em torno da área de alta deve ser no sentido cw (Figura 3.22 (b)). Naturalmente, se vemos a Terra do hemisfério sul, ela parece estar girando no sentido cw, de modo que no hemisfério sul os objetos são desviados para a esquerda e a circulação em torno de áreas de alta e baixa pressão se dá no sentido cw e ccw, respectivamente.

Você pode estar se perguntando por que não precisa se preocupar com a componente Coriolis da aceleração quando joga beisebol ou basquete – ela está lá, o fato é que $\dot{\theta}$ para a Terra é *muito* pequena. É fácil mostrar que 1 rev/dia é 0,00007272 rad/s. Embora esteja presente quando você atira uma bola de basquete, essa aceleração precisaria agir por um *longo* tempo para ter um efeito visível - o período de tempo (dias) experimentada por uma partícula de ar que se move através da atmosfera. Isso não quer dizer que os engenheiros não precisam se preocupar com a componente Coriolis da aceleração – eles se preocupam. No entanto, se a análise cinemática de um sistema é realizada por meio das noções apresentadas no Capítulo 2, a componente Coriolis da aceleração será *sempre* adicionada "automaticamente".

PROBLEMAS

💡 Problema 3.39 💡

Um trem está viajando a uma rapidez constante v_0 em uma pista nivelada OAB, que se situa no plano horizontal. A seção entre os pontos O e A é reta, e a seção entre os pontos A e B é circular com raio de curvatura ρ. O trem começa no ponto O no tempo $t = 0$, atinge o ponto A no tempo t_A, e atinge o ponto B no tempo t_B. Para esse movimento, esboce a magnitude do vetor aceleração em função do tempo. Você gostaria de projetar um trilho de trem com essa forma?
Nota: Problemas conceituais são sobre *explicações*, não sobre cálculos.

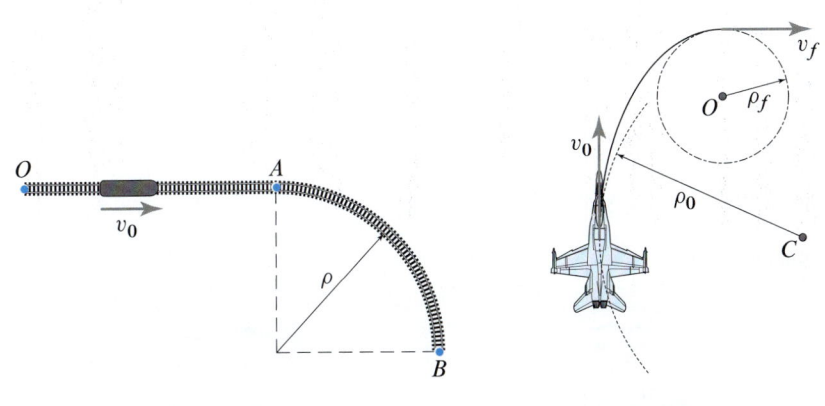

Figura P3.39

Figura P3.40

💡 Problema 3.40 💡

Um avião está fazendo uma curva através de uma trajetória horizontal a uma rapidez constante. Qual é a força total que atua sobre o avião no sentido da trajetória?
Nota: Problemas conceituais são sobre *explicações*, não sobre cálculos.

💡 Problema 3.41 💡

O corpo D está em equilíbrio quando de repente o cabo AC se rompe. Se B é fixo, a tensão no cabo inextensível BC aumenta ou diminui no instante do rompimento?
Nota: Problemas conceituais são sobre *explicações*, não sobre cálculos.

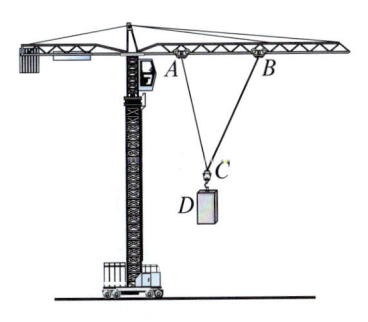

Figura P3.41

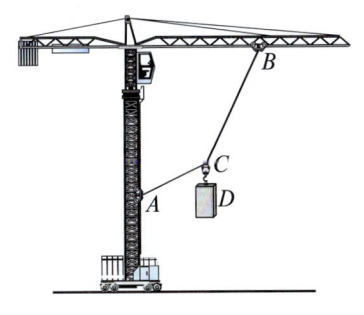

Figura P3.42

💡 Problema 3.42 💡

O corpo D está em equilíbrio quando de repente o cabo AC se rompe. Se B é fixo, a tensão no cabo inextensível BC aumenta ou diminui no instante do rompimento?
Nota: Problemas conceituais são sobre *explicações*, não sobre cálculos.

Problema 3.43

Um porta-aviões está fazendo uma curva a uma rapidez constante v ao longo de uma trajetória circular com raio ρ e centro O. Durante a manobra, uma empilhadeira está sendo conduzida pelo convés do navio a uma rapidez constante v_0, em relação ao convés. Será que a força de atrito entre a empilhadeira e o convés tem uma componente perpendicular à velocidade relativa da empilhadeira em relação ao convés?

Nota: Problemas conceituais são sobre *explicações*, não sobre cálculos.

Problema 3.44

Um jato está saindo de um mergulho, e um sensor no assento do piloto mede uma força de 3,5 kN para um piloto cuja massa é 82 kg. Se os instrumentos do jato indicam que o avião está viajando a 1.350 km/h, determine o raio de curvatura da trajetória do avião neste instante.

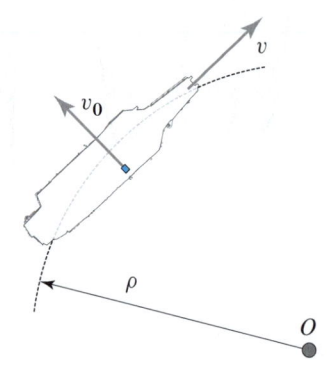

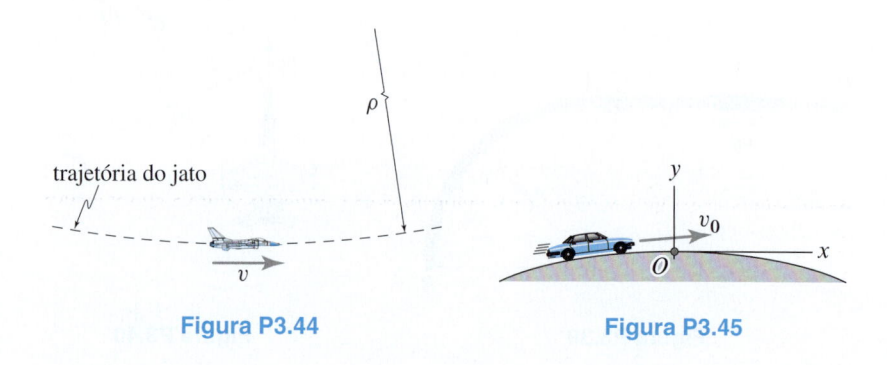

Figura P3.43

Figura P3.44

Figura P3.45

Problema 3.45

Um carro viajando sobre uma colina a uma rapidez constante começa a perder o contato com o solo em O. Se o raio de curvatura da colina é 85 m, determine a rapidez do carro em O.

Problema 3.46

Um avião de acrobacias de 950 kg inicia a manobra de um loop básico na parte inferior do loop com raio $\rho = 110$ m e uma rapidez de 225 km/h. Nesse instante, determine a magnitude da aceleração do avião, expressa em termos de g, a aceleração devido à gravidade, e a magnitude da sustentação fornecida pelas asas.

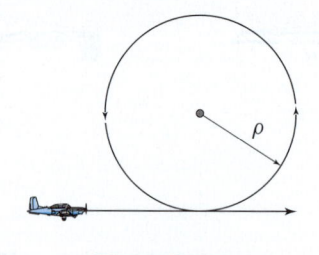

Figura P3.46

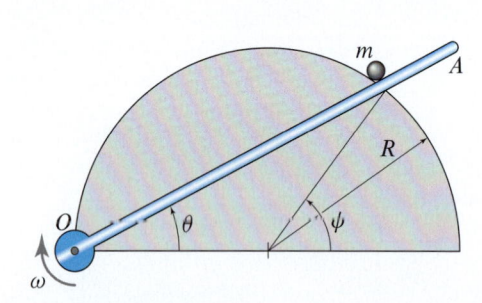

Figura P3.47

Problema 3.47

A bola de massa m é guiada ao longo de uma trajetória circular vertical de raio $R = 1$ m utilizando o braço OA. Se o braço começa em $\phi = 90°$ e gira no sentido horário a uma velocidade angular constante $\omega = 0{,}87$ rad/s, determine o ângulo ϕ em que a partícula começa a deixar a superfície do semicilindro. Desconsidere todas as forças de atrito que atuam sobre a bola a espessura do braço AO e trate a bola como uma partícula.

Problema 3.48

Referindo-se ao Exemplo 3.7, em vez de utilizar coordenadas polares, como foi feito nesse exemplo, trabalhe o problema usando um sistema de coordenadas cartesianas com origem em O (veja a Fig. 1 do Exemplo 3.7) e obtenha as equações de movimento do problema.

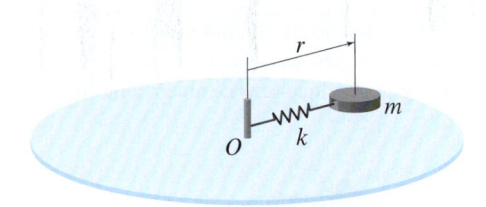

Figura P3.48 e P3.49

Problema 3.49

Continue o Problema 3.48 e, utilizando um programa matemático, resolva numericamente as equações de movimento. Use os mesmos parâmetros e condições iniciais que foram empregados no Exemplo 3.7 e compare seus resultados com os apresentados naquele exemplo.

Problema 3.50

Obtenha as equações de movimento para o pêndulo apoiado por uma mola linear de constante k e comprimento indeformado r_u. Desconsidere o atrito no pivô O, a massa da mola e a resistência do ar. Trate o prumo do pêndulo como uma partícula de massa m e use coordenadas polares.

Problema 3.51

Utilizando um programa matemático, resolva as equações de movimento para o pêndulo apoiado por uma mola linear de constante k (obtida no Problema 3.50). Plote a trajetória da massa m no plano vertical para um número de diferentes valores de k/m. O comprimento indeformado da mola é de 0,25 m, e a massa é liberada quando o pêndulo está na vertical, a mola é esticada em 0,75 m, e a massa está se movendo para a direita a 1 m/s.

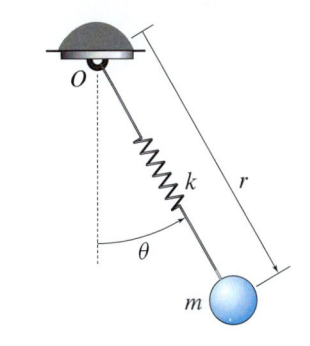

Figura P3.50 e P3.51

Problema 3.52

Revendo o Exemplo 3.4, assuma que a força de arrasto na direção x é proporcional ao quadrado da componente x da velocidade, mas a trajetória da bola é baixa o suficiente para desconsiderar a força de arrasto na direção y. Usando essa afirmação, estabelecendo O como a posição inicial da bola e considerando que a velocidade inicial da bola tenha uma magnitude v_0 e forme um ângulo θ_0 com o eixo x, determine uma expressão para a trajetória da bola na forma $y = y(x)$.

Problema 3.53

Reveja o Exemplo 3.4 e assuma que a trajetória da bola é baixa o suficiente para que os efeitos da força de arrasto na direção y possam ser desprezados e a componente da força de arrasto na direção x seja proporcional ao quadrado da componente x da velocidade. Utilizando essa hipótese e o mesmo coeficiente discutido no exemplo ($C_d = 2{,}255 \times 10^{-5}$ Ns^2/m^2), calcule a distância horizontal R percorrida por uma bola de golf de 45 g sujeita às mesmas condições iniciais apresentadas no exemplo, ou seja, a velocidade inicial tem uma magnitude $v_0 = 300$ km/h e uma orientação inicial $\theta_0 = 11{,}2°$.

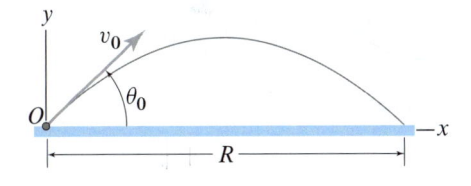

Figura P3.52 e P3.53

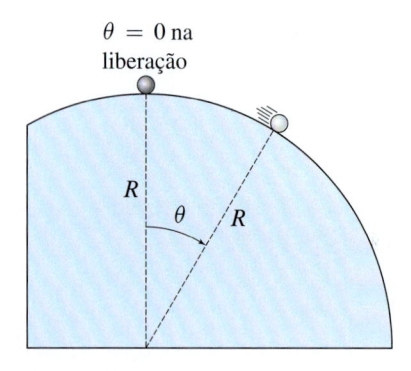

Figura P3.54

Problema 3.54

Reveja o Exemplo 3.6 da p. 216 considerando que a esfera tenha sido liberada em $\theta = 0$ a uma rapidez $v_0 = 0,5$ m/s. Desconsiderando o atrito, calcule o ângulo em que a esfera se separa do cilindro se $R = 1,35$ m.

Problema 3.55

Utilizando um sistema de coordenadas cilíndricas cuja origem está no centro de curvatura da trajetória do carro, obtenha as equações fundamentais para o Exemplo 3.5 da p. 214. Resolva as equações e verifique se você obtém a mesma solução.

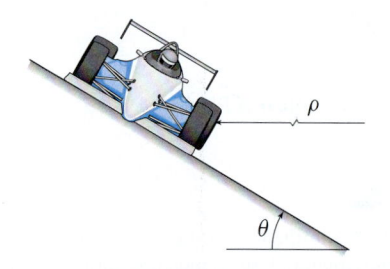

Figura P3.55-P3.57

Problema 3.56

Um carro de corrida está se movendo a uma rapidez constante ao longo de uma curva circular inclinada. Óleo na pista fez o coeficiente de atrito estático entre os pneus e a pista ser $\mu_s = 0,2$. Se o raio da trajetória do carro é $\rho = 320$ m e o ângulo de inclinação é $\theta = 33°$, determine o intervalo de rapidez em que o carro deve se mover para não deslizar lateralmente.

Problema 3.57

Um carro de corrida está se movendo a uma rapidez constante $v = 320$ km/h ao longo de uma curva circular inclinada. Considere a massa do carro como $m = 1.800$ kg, o raio da trajetória do carro como $\rho = 335$ m, o ângulo de inclinação como $\theta = 33°$ e o coeficiente de atrito estático entre o carro e a pista como $\mu_s = 1,7$. Determine a componente da força de atrito perpendicular à direção do movimento.

Problema 3.58

O corte do cano da arma mostra um projétil se movendo através do cano. Se a rapidez de saída do projétil é $v_s = 1.675$ m/s (em relação ao cano), a massa do projétil é 18,5 kg, o comprimento do cano é $L = 4,4$ m, a aceleração do projétil pelo cano da arma é constante, e θ está aumentando a uma taxa constante de 0,18 rad/s, determine

(a) A aceleração do projétil.

(b) A força devido à pressão atuando na parte de trás do projétil.

(c) A força normal no cano da arma devido ao projétil.

quando o projétil sai da arma, mas enquanto ele ainda está no cano. Suponha que o projétil sai do cano quando $\theta = 20°$ e ignore o atrito entre o projétil e o cano.

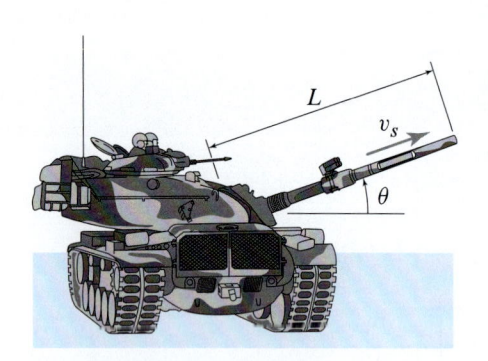

Figura P3.58

Problemas 3.59 e 3.60

Um estilingue simples pode ser construído colocando-se um projétil em um tubo e, em seguida, girando-o. Considere um modelo simples em que o tubo é fixo conforme mostrado e é girado sobre o pino no plano *horizontal* a uma velocidade angular constante ω. Suponha que não há atrito entre o projétil e o interior do tubo e que o projétil é inicialmente mantido fixo a uma distância d da extremidade aberta do tubo.

Problema 3.59 Após o projétil ser lançado, calcule a força normal exercida pelo interior do tubo no projétil em função da posição do projétil ao longo do tubo.

Problema 3.60 Considerando $d = 1$ m e $L = 2$ m, determine o valor da velocidade angular (constante) ω do tubo se, após o lançamento, o projétil sai do tubo a uma rapidez (total) de 28 m/s.

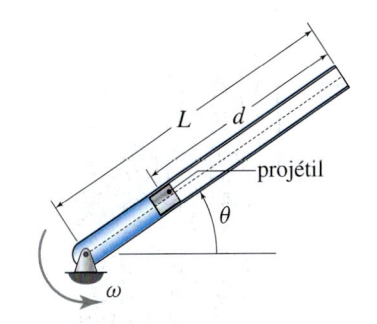

Figura P3.59 e P3.60

Problema 3.61

A talha T se move ao longo de trilhos na treliça horizontal do guindaste de torre. A talha e a carga de massa m estão ambos inicialmente em repouso (com $\theta = 0$) quando a talha começa a se mover para a direita com aceleração constante $a_T = g$. Determine

(a) O ângulo máximo $\theta_{\max}$ atingido pela carga m.

(b) A tensão no cabo de suporte em função de θ.

Trate a carga m como uma partícula e ignore a massa do cabo de suporte.

💡 Problema 3.62 💡

Se a partícula é restrita a se mover somente para frente e para trás no plano central da bacia, quantos graus de liberdade deve ter? Lembre-se de que este também será o número de equações de movimento da partícula.

Nota: Problemas conceituais são sobre *explicações*, não sobre cálculos.

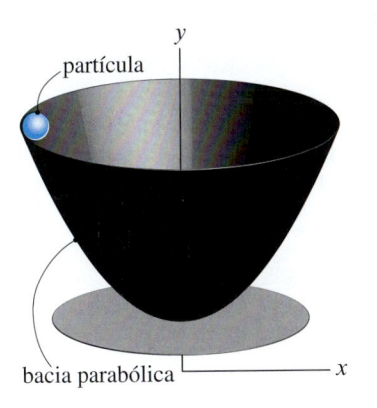

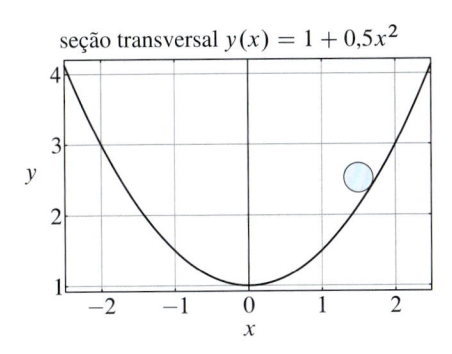

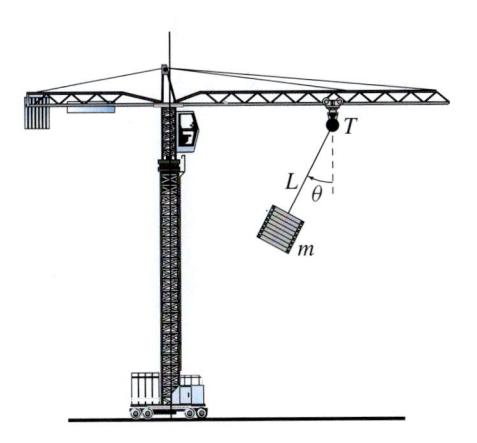

Figura P3.61

Figura P3.62 e P3.63

Problema 3.63

Obtenha a(s) equação(ões) de movimento para uma partícula que se move sobre a superfície interna da bacia parabólica mostrada. Suponha que a partícula se move apenas no plano vertical xy que passa pelo centro da bacia, que a equação da parábola é $y(x) = 1 + 0{,}5x^2$, e que a gravidade atua no sentido $-y$. A seção transversal da bacia é mostrada no lado direito da figura.

Problema 3.64

Uma partícula se move sobre uma superfície interna de um cone invertido. Supondo que a superfície do cone é sem atrito e utilizando o sistema de coordenadas cilíndricas ilustrado, mostre que as equações de movimento da partícula são

$$\ddot{R}(1 + \cot^2 \phi) - R\dot{\theta}^2 = -g \cot \phi,$$

$$R\ddot{\theta} + 2\dot{R}\dot{\theta} = 0.$$

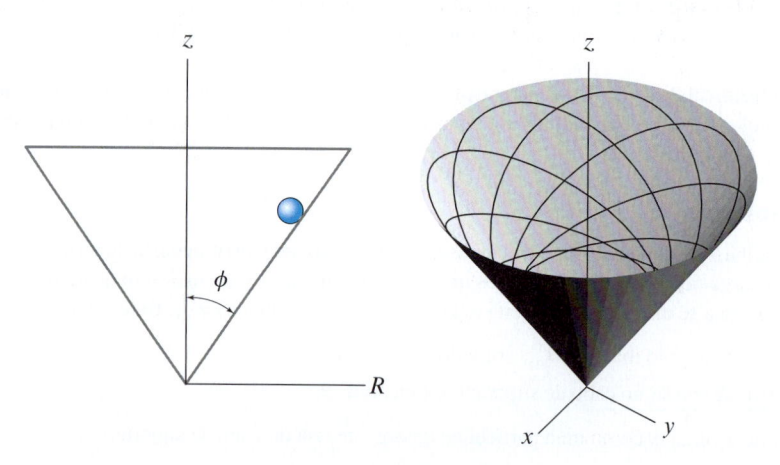

Figura P3.64 e P3.65

Problema 3.65

Continue o Problema 3.64 integrando as equações de movimento da partícula e plotando sua trajetória para $0 \leq t \leq 25$ s. Utilize os seguintes valores dos parâmetros e as condições iniciais: $g = 9{,}81$ m/s², $\phi = 30°$, $\theta(0) = 0°$, $\dot{\theta}(0) = 1{,}00$ rad/s, $R(0) = 5$ m, $\dot{R}(0) = 0$ m/s.

Problema 3.66

O pêndulo é liberado do repouso quando $\theta = 0°$. Se a corda que segura o prumo do pêndulo se rompe quando a tensão é o dobro do peso do prumo, em que ângulo a corda se rompe? Trate o pêndulo como uma partícula, ignore a resistência do ar e considere a corda como inextensível e sem massa.

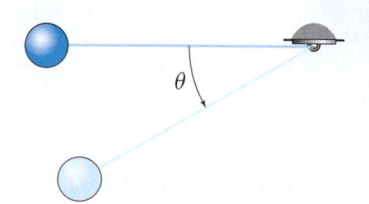

Figura P3.66

Problema 3.67

O sistema de manipulação de pacotes é projetado para lançar o pequeno pacote de massa m a partir de A usando uma mola linear comprimida de constante k. Após o lançamento, o pacote desliza ao longo da pista até aterrissar na correia transportadora em B. A pista tem pequenos rolamentos lubrificados, fazendo qualquer atrito entre as embalagens e a pista ser insignificante. Modelando o pacote como uma partícula, determine o mínimo de compressão inicial da mola para que o pacote chegue em B sem se separar da pista e determine a rapidez correspondente com que o pacote atinge a correia transportadora em B.

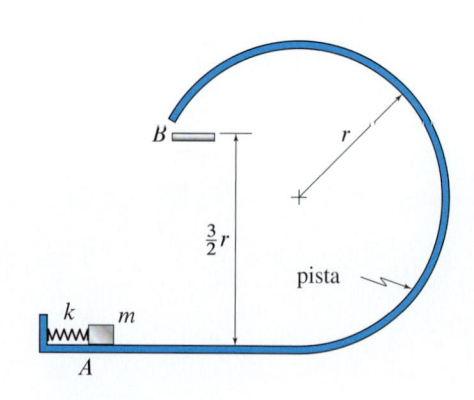

Figura P3.67

Problemas 3.68 e 3.69

Um satélite orbita a Terra, como mostrado. Modele o satélite como uma partícula e assuma que o centro da Terra pode ser escolhido como um sistema inercial de referência.

Problema 3.68 Utilizando um sistema de coordenadas polares e considerando m_e a massa da Terra, determine as equações de movimento do satélite.

Problema 3.69 As distâncias mínima e máxima a partir do centro da Terra são $R_P = 4,5 \times 10^7$ m e $R_A = 6,163 \times 10^7$ m, respectivamente, em que os subscritos P e A referem-se ao *perigeu* (ponto da órbita mais próximo da Terra) e ao *apogeu* (ponto da órbita mais distante da Terra), respectivamente. Se a rapidez do satélite em P é $v_P = 3,2 \times 10^3$ m/s, determine a rapidez do satélite em A.

Problema 3.70

O disco mostrado, de 1,4 kg, gira sobre O, deslizando sem atrito sobre a superfície horizontal mostrada. A mola é linear com constante k e possui comprimento indeformado $L_0 = 0,23$ m. A distância máxima atingida pelo disco a partir de O é $d_{max} = 0,56$ m, enquanto viaja a uma rapidez $v_0 = 6$ m/s. Determine o valor de k tal que a distância mínima entre o disco e O seja $d_{min} = d_{max}/2$.

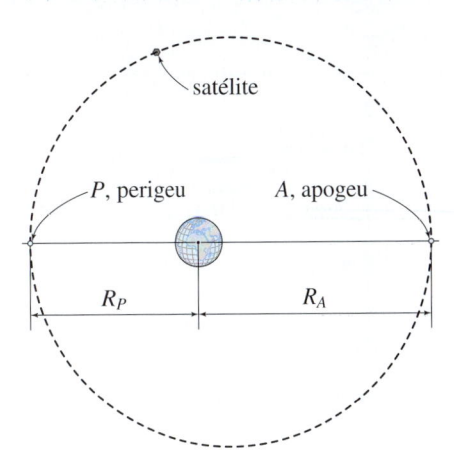

Figura P3.68 e P3.69

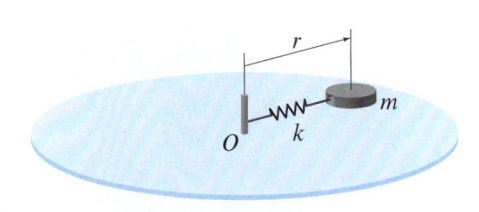

Figura P3.70

Problemas 3.71 e 3.72

Um pêndulo com um comprimento de cabo $L = 1,8$ m e um prumo de 1,4 kg é liberado a partir do repouso em um ângulo θ_i. Quando o pêndulo oscilou para a posição vertical (ou seja, $\theta = 0$), o seu cabo encontra um pequeno obstáculo fixo. Na solução deste problema, despreze o tamanho do obstáculo; modele o prumo do pêndulo como uma partícula e o cabo do pêndulo como sem massa e inextensível; e considere a gravidade e a tensão no cabo como sendo as únicas forças relevantes.

Problema 3.71 Qual é a altura máxima atingida pelo pêndulo, medida a partir do seu ponto mais baixo, se $\theta_i = 20°$?

Problema 3.72 Se o prumo é liberado a partir do repouso em $\theta_i = 90°$, que ângulo ϕ o cabo atinge?

Problemas 3.73 a 3.76

Um pêndulo esférico é suspenso no ponto O e é posto em movimento.

Problema 3.73 Obtenha as equações de movimento do pêndulo usando coordenadas cartesianas.

Problema 3.74 Obtenha as equações de movimento do pêndulo usando coordenadas cilíndricas.

Problema 3.75 Obtenha as equações de movimento do pêndulo usando coordenadas esféricas.

Problema 3.76 No ponto mais baixo de sua trajetória, o pêndulo da figura apresenta uma rapidez $v_0 = 0,75$ m/s, enquanto $\phi_0 = 15°$. Considerando $L = 0,6$ m, plote a trajetória do prumo do pêndulo para 5 s.

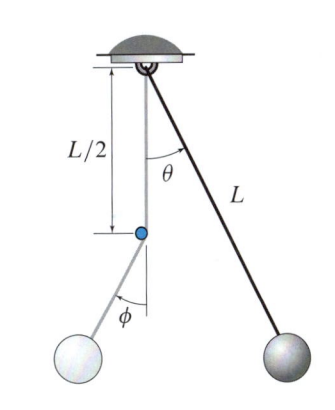

Figura P3.71 e P3.72

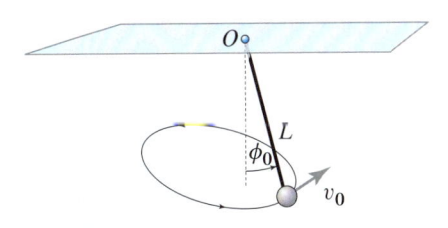

Figura P3.73-P3.76

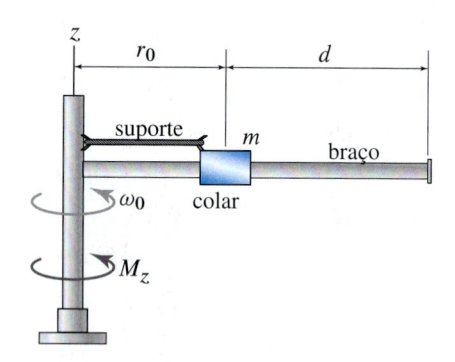

Figura P3.77-P3.80

Problemas 3.77 a 3.80

Considere um colar com massa m que é livre para deslizar sem atrito ao longo de um braço rotativo que tem massa desprezível. O sistema está inicialmente girando a uma velocidade angular ω_0 enquanto o colar é mantido a uma distância r_0 do eixo z. Em algum momento, o suporte que mantém o colar no lugar é removido para que o colar possa deslizar.

Problema 3.77 Obtenha as equações de movimento do colar quando $M_z = 0$.

Problema 3.78 Se nenhuma força externa e momento são aplicados ao sistema, quais são a rapidez radial e a rapidez total do colar quando atinge a extremidade do braço? Utilize $m = 2$ kg, $\omega_0 = 1$ rad/s, $r_0 = 0{,}5$ m, e $d = 1$ m.

Problema 3.79 Calcule o momento M_z que você necessitará aplicar no braço, em função de r, para manter o braço girando a uma velocidade angular *constante* ω_0. Além disso, determine a rapidez radial, bem como a rapidez total com que o colar atingirá a extremidade do braço com esse momento aplicado. *Dica*: O momento M_z aplicado ao braço de massa desprezível é equivalente a uma força M_z/r aplicada ao colar no plano do movimento e perpendicular ao braço.

Problema 3.80 Calcule e plote a trajetória do colar a partir do momento da liberação até o colar atingir a extremidade do braço. Use os parâmetros e as condições iniciais dadas no Prob. 3.78.

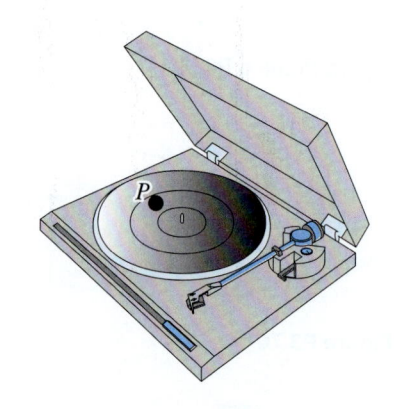

Figura P3.81

Problema 3.81

A partícula P é colocada em um toca-disco, e ambos estão inicialmente em repouso. O toca-disco é então ligado de modo que o disco começa a girar. Assumindo que não há atrito entre o disco e a partícula, qual será o movimento da partícula após o disco começar a girar? Explique.
Nota: Problemas conceituais são sobre *explicações*, não sobre cálculos.

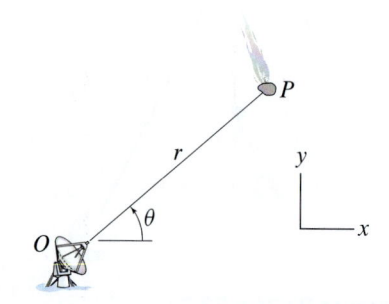

Figura P3.82

Problema 3.82

A estação de radar em O está monitorando o meteoro P enquanto ele se move na atmosfera. Os dados medidos pela estação de radar indicam que o vetor aceleração de P está quase exatamente no sentido oposto ao do vetor velocidade. Explique por que é isso que esperamos.
Nota: Problemas conceituais são sobre *explicações*, não sobre cálculos.

Problema 3.83

A correia transportadora move peças, cada uma com massa m, a uma rapidez constante v_0. Quando as peças chegarem em A, elas começarão a se mover ao longo de uma trajetória circular de raio ρ. Se o coeficiente de atrito estático entre a correia e as peças é μ_s, determine o ângulo θ em que as peças começarão a deslizar sobre a correia. Despreze o tamanho das peças. Após determinar θ em termos de μ_s, v_0, ρ, e g, encontre θ para $\mu_s = 0{,}6$, $v_0 = 4{,}8$ km/h, e $\rho = 0{,}35$ m.

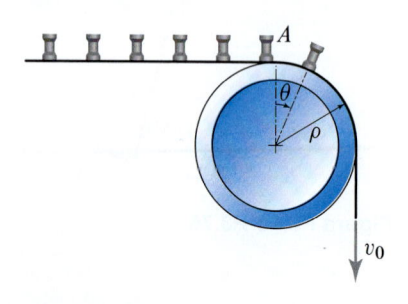

Figura P3.83

PROBLEMAS DE PROJETO

Problema de projeto 3.1

O mecanismo na figura necessita ser projetado a fim de capturar as peças em A e entregá-las em B. A rapidez do impacto em B não deve ultrapassar 1,5 m/s. As peças têm massas que variam entre 5 e 10 kg chegando com rapidez entre 3 e 6 m/s. Determine os intervalos aceitáveis da constante de mola, o comprimento indeformado da mola, bem como o coeficiente de atrito cinético entre a superfície deslizante e o suporte para obter o resultado desejado.

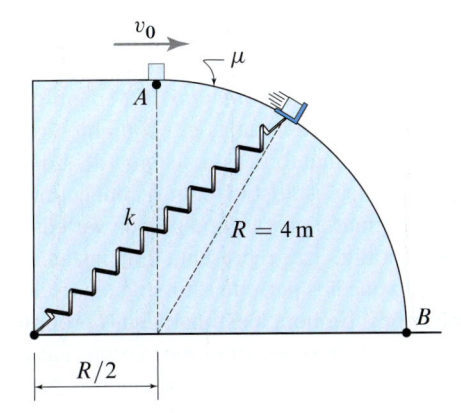

Figura PP3.1

Problema de projeto 3.2

Considere o sistema de came-seguidor na figura. O came está em um eixo que gira a uma rapidez de até 3.000 rpm. O perfil do came é descrito pela função $\ell(\phi) = R_0(1 + 0{,}25\cos^3\phi)$, em que ϕ é o ângulo medido em relação ao segmento OA, que gira com o came, e em que $R_0 = 30$ mm. O seguidor tem uma massa de 90 g. Supondo que o contato entre o came e o seguidor não apresenta atrito, escolha valores apropriados da constante de mola k e do comprimento indeformado de mola L_0 de tal forma que do seguidor sempre permaneça em contato com o came enquanto minimiza o valor da força de contato entre o seguidor e o came.

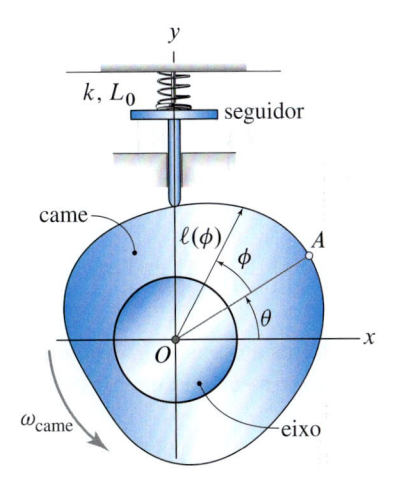

Figura PP3.2

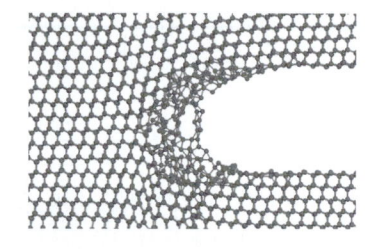

Figura 3.23
Simulação da dinâmica molecular de uma fratura em silício.

3.3 SISTEMAS DE PARTÍCULAS

Projetando materiais um átomo por vez

A nanotecnologia[11] é o desenvolvimento de processos e dispositivos em que o comportamento de um material é projetado em escalas de comprimento inferiores a 100 nm (1 nm = 10^{-9} m), muitas vezes por meio da manipulação de átomos individualmente. Como acontece em qualquer campo da ciência e da engenharia, é desejável modelar sistemas nanoeletromecânicos para prever e compreender o seu comportamento. Acontece que a dinâmica de partículas estudada neste livro desempenha um papel importante na obtenção de algumas das capacidades de modelagem necessárias em nanotecnologia. A dinâmica da partícula é a componente principal de uma abordagem de modelagem em nanoescala chamada de *dinâmica molecular* (DM), em que as leis da força descrevem as interações atômicas usadas em conjunto com a segunda lei de Newton para estudar o movimento de um sistema de átomos. Então, combinando conceitos da mecânica estatística com o conhecimento do movimento do sistema, é possível estimar e prever uma grande variedade de propriedades físicas. Como exemplo, a Fig. 3.23 representa uma instante de uma simulação DM da fratura em silício que nos permite estimar a tenacidade à fratura do material sob várias condições. Embora a estimativa das propriedades do material esteja fora do escopo deste livro, mostraremos como realizar uma simulação prevendo o movimento de um sistema de três átomos de Ni (níquel). O processo seguido para um sistema pequeno, quando automatizado em um computador e aplicado a sistemas que variam de milhares a milhões de átomos, é muito semelhante ao que é realmente feito na DM. Para configurar as equações de movimento do sistema, usar algumas ideias que não são necessárias no estudo do movimento de partículas individuais, mas se tornam importantes no estudo dos *sistemas de partículas*.

Configurando uma simulação de dinâmica molecular de três átomos de níquel

Para obter as equações necessárias para realizar uma simulação DM de um sistema que consiste em três átomos de níquel, começamos com a modelagem das forças interatômicas. À medida que os átomos se aproximam uns dos outros, eles se repelem *muito* fortemente. Quando estão longe, a atração é *muito* fraca. A obtenção das relações precisas capazes de explicar essas características tipicamente requer a aplicação da mecânica quântica e está além do escopo deste livro. Portanto, utilizaremos a descrição das forças interatômicas da física. Para elementos como o Ni, há uma relação famosa que pode ser encontrada na maioria dos livros de física de estado sólido[12], estabelecendo que a força $\vec{f}_{ij}$ no átomo i devido ao átomo j pode ser aproximada por

$$\vec{f}_{ij} = 24\epsilon \left(\frac{\sigma^6}{r_{ij}^7} - \frac{2\sigma^{12}}{r_{ij}^{13}} \right) \hat{u}_{j/i}, \tag{3.37}$$

em que r_{ij} é a distância entre os átomos i e j, $\hat{u}_{j/i}$ é um vetor unitário dirigido do átomo i para o átomo j, e ϵ e σ são parâmetros específicos do material com

> **Fato interessante**
>
> **Simulações da dinâmica molecular.** Simulações DM nos permitem prever as propriedades mecânicas, elétricas e químicas dos nanomateriais, inclusive as propriedades do atrito de materiais em nanoescala que estão em contato entre si. (Esse campo é chamado *nanotribologia* e está se tornando uma área de investigação cada vez mais importante. Veja J. Krim, "Friction at the Atomic Scale", *Scientific American*, **275** (4), pp. 74-80, outubro de 1996.) Lembrando que 1 g de Ni tem cerca de 10^{22} átomos (isso é provavelmente maior que o número de estrelas no universo), executar as simulações DM de uma quantidade significativamente grande de material é uma tarefa computacional formidável. No entanto, devido aos recentes avanços na computação numérica, bem como nos hardwares dos computadores, agora é possível realizar as simulações DM de sistemas que consistem em milhões de átomos.

---

[11] Veja, por exemplo, G. Stix. "Little Big Science", *Scientific American*, **285** (3), setembro de 2001, pp. 32-37. O tema de setembro de 2001 publicado pela *Scientific American* é dedicado à nanotecnologia.

[12] Veja, por exemplo, C. Kittel, *Introduction to Solid State Physics*, 7 ed., Wiley, Nova York, 1995.

dimensões de energia e comprimento, respectivamente. Para o átomo de Ni, os valores dos parâmetros são $\epsilon = 0{,}74$ eV e $\sigma = 2{,}22$ Å.[13] A expressão na Eq. (3.37) é a famosa lei da força de Lennard-Jones, e sua componente na direção $\hat{u}_{j/i}$ foi representada na Fig. 3.24.

Princípios do equilíbrio. Vamos supor que os três átomos de Ni sejam liberados a partir do repouso nas posições indicadas na Fig. 3.25. Ignoraremos a gravidade, pois as forças de peso são muito menores em magnitude do que as forças interatômicas. Para ver isso, referindo-se à Fig. 3.25, observamos que as forças interatômicas são da ordem de 10^{-9} N. Além disso, como a massa de um átomo de Ni é $9{,}749 \times 10^{-26}$ kg, o peso de um átomo de Ni é $9{,}564 \times 10^{-25}$ N. Assim, as forças interatômicas são 10^{15} vezes maiores do que as forças de peso (a atração gravitacional entre os átomos é ainda menor do que entre os átomos e a Terra).

Para obter as equações de movimento válidas em qualquer instante, precisamos considerar uma posição arbitrária do sistema como o que está na Fig. 3.26. Usando os DCLs da Fig. 3.26 e aplicando a segunda lei de Newton para cada partícula, temos

$$\vec{f}_{12} + \vec{f}_{13} = m_1 \vec{a}_1, \quad (3.38)$$

$$\vec{f}_{21} + \vec{f}_{23} = m_2 \vec{a}_2, \quad (3.39)$$

$$\vec{f}_{31} + \vec{f}_{32} = m_3 \vec{a}_3. \quad (3.40)$$

Referindo-se à Fig. 3.26, podemos escrever a Eq. (3.38) em componentes como

$$f_{12} \cos \theta_{12} + f_{13} \cos \theta_{13} = m_1 a_{1x}, \quad (3.41)$$

$$f_{12} \sen \theta_{12} + f_{13} \sen \theta_{13} = m_1 a_{1y}, \quad (3.42)$$

em que $f_{ij} = |\vec{f}_{ij}|$. Da mesma forma, reescrevemos a Eq. (3.39) como

$$-f_{12} \cos \theta_{12} + f_{23} \cos \theta_{23} = m_2 a_{2x}, \quad (3.43)$$

$$-f_{12} \sen \theta_{12} + f_{23} \sen \theta_{23} = m_2 a_{2y}, \quad (3.44)$$

e a Eq. (3.40) como

$$-f_{13} \cos \theta_{13} - f_{23} \cos \theta_{23} = m_3 a_{3x}, \quad (3.45)$$

$$-f_{13} \sen \theta_{13} - f_{23} \sen \theta_{23} = m_3 a_{3y}. \quad (3.46)$$

Observe que, ao escrever as Eqs. (3.41)-(3.46), aplicamos também a terceira lei de Newton, que diz que $\vec{f}_{ij} = -\vec{f}_{ji}$.

Leis da força. Usando a Eq. (3.37) para expressar f_{12}, f_{13}, e f_{23}, temos

$$f_{12} = 24\epsilon \left(\frac{\sigma^6}{r_{12}^7} - \frac{2\sigma^{12}}{r_{12}^{13}} \right), \quad (3.47)$$

$$f_{13} = 24\epsilon \left(\frac{\sigma^6}{r_{13}^7} - \frac{2\sigma^{12}}{r_{13}^{13}} \right), \quad (3.48)$$

$$f_{23} = 24\epsilon \left(\frac{\sigma^6}{r_{23}^7} - \frac{2\sigma^{12}}{r_{23}^{13}} \right). \quad (3.49)$$

Figura 3.24
A força de interação entre duas partículas de níquel como descrita pelo potencial de Lennard-Jones, em que os valores utilizados para ϵ e σ são aqueles do Ni.

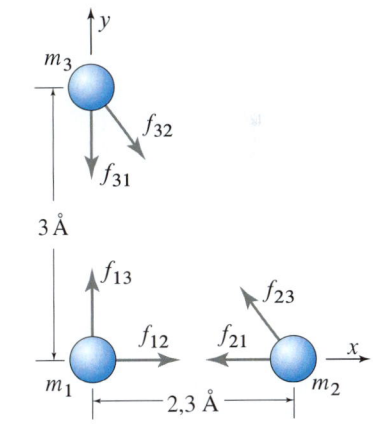

Figura 3.25
Posições iniciais dos três átomos de Ni em consideração. Suas velocidades iniciais são zero.

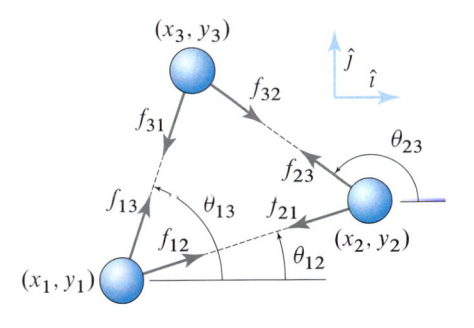

Figura 3.26
Os átomos de Ni em posições arbitrárias. A posição de m_1 é (x_1, y_1), de m_2 é (x_2, y_2) e de m_3 é (x_3, y_3).

---
[13] O símbolo eV representa o *elétron-volt*, uma unidade de energia em que 1 eV = $1{,}6021892 \times 10^{-19}$ J. O símbolo Å representa o *angstrom*, uma unidade de comprimento em que 1 Å = 10^{-10} m.

Equações cinemáticas. Como escolhemos um sistema de coordenadas cartesianas, as componentes da aceleração das três partículas são dadas por

$$a_{1x} = \ddot{x}_1, \qquad a_{1y} = \ddot{y}_1, \tag{3.50}$$

$$a_{2x} = \ddot{x}_2, \qquad a_{2y} = \ddot{y}_2, \tag{3.51}$$

$$a_{3x} = \ddot{x}_3, \qquad a_{3y} = \ddot{y}_3. \tag{3.52}$$

Se substituirmos as Eqs. (3.47)-(3.52) nas Eqs. (3.41)-(3.46), obtemos um sistema de seis equações com as seguintes incógnitas: $\ddot{x}_1, \ddot{y}_1, \ddot{x}_2, \ddot{y}_2, \ddot{x}_3, \ddot{y}_3$, $\theta_{12}, \theta_{13}, \theta_{23}, r_{12}, r_{13}$ e r_{23}. Precisamos reduzir essa lista para seis, e faremos isso reconhecendo que $\theta_{12}, \theta_{13}, \theta_{23}, r_{12}, r_{13}$ e r_{23} podem ser escritos em termos das posições das partículas. Referindo-se à Fig. 3.26, as relações cinemáticas adicionalmente necessárias são

$$r_{12} = \sqrt{(x_2 - x_1)^2 + (y_2 - y_1)^2}, \tag{3.53}$$

$$r_{13} = \sqrt{(x_3 - x_1)^2 + (y_3 - y_1)^2}, \tag{3.54}$$

$$r_{23} = \sqrt{(x_3 - x_2)^2 + (y_3 - y_2)^2}, \tag{3.55}$$

e

$$\cos\theta_{12} = \frac{x_2 - x_1}{r_{12}}, \qquad \text{sen}\,\theta_{12} = \frac{y_2 - y_1}{r_{12}}, \tag{3.56}$$

$$\cos\theta_{13} = \frac{x_3 - x_1}{r_{13}}, \qquad \text{sen}\,\theta_{13} = \frac{y_3 - y_1}{r_{13}}, \tag{3.57}$$

$$\cos\theta_{23} = \frac{x_3 - x_2}{r_{23}}, \qquad \text{sen}\,\theta_{23} = \frac{y_3 - y_2}{r_{23}}. \tag{3.58}$$

As Eqs. (3.41)-(3.58) são as equações fundamentais do sistema. As equações de movimento são obtidas primeiramente substituindo as Eqs. (3.53)-(3.55) nas Eqs. (3.47)-(3.49) e (3.56)-(3.58) e, em seguida, substituindo o resultado nas Eqs. (3.41)-(3.46). Para a partícula 1, obtemos as duas equações seguintes:

$$\frac{m_1}{24\epsilon\sigma^6}\ddot{x}_1 = \frac{(x_2 - x_1)\left\{\left[(x_2 - x_1)^2 + (y_2 - y_1)^2\right]^3 - 2\sigma^6\right\}}{\left[(x_2 - x_1)^2 + (y_2 - y_1)^2\right]^7} \\ + \frac{(x_3 - x_1)\left\{\left[(x_3 - x_1)^2 + (y_3 - y_1)^2\right]^3 - 2\sigma^6\right\}}{\left[(x_3 - x_1)^2 + (y_3 - y_1)^2\right]^7}, \tag{3.59}$$

$$\frac{m_1}{24\epsilon\sigma^6}\ddot{y}_1 = \frac{(y_2 - y_1)\left\{\left[(x_2 - x_1)^2 + (y_2 - y_1)^2\right]^3 - 2\sigma^6\right\}}{\left[(x_2 - x_1)^2 + (y_2 - y_1)^2\right]^7} \\ + \frac{(y_3 - y_1)\left\{\left[(x_3 - x_1)^2 + (y_3 - y_1)^2\right]^3 - 2\sigma^6\right\}}{\left[(x_3 - x_1)^2 + (y_3 - y_1)^2\right]^7}. \tag{3.60}$$

As equações de movimento para as partículas 2 e 3 são semelhantes.

As equações que obtemos são equações diferenciais não lineares que podem ser resolvidas numericamente. Considerando $m_1 = m_2 = m_3 = 9{,}749 \times 10^{-26}$ kg, $\epsilon = 1{,}1856 \times 10^{-19}$ J e $\sigma = 2{,}22 \times 10^{-10}$ m, adotando as condições iniciais especificadas na Fig. 3.25 e resolvendo as equações numericamente, obtemos as trajetórias mostradas na Fig. 3.27. Essas trajetórias foram obtidas com a integração das equações de movimento para 2×10^{-12} s (2 ps).

Concluímos a análise do movimento de nosso sistema de três átomos de Ni com duas observações importantes:

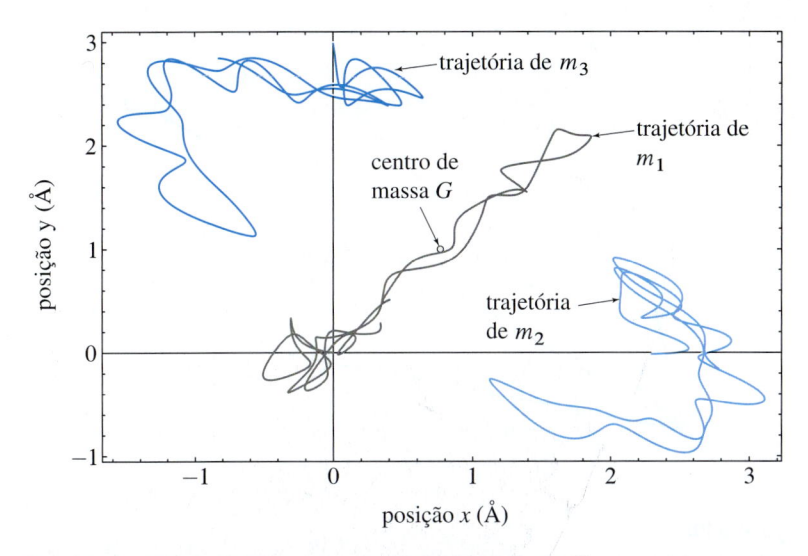

Figura 3.27 Trajetórias dos três átomos de Ni para 2×10^{-12} s.

1. A solução apresentada nos mostrou que a abordagem de resolução do problema desenvolvido na Seção 3.1, em que se aplicam os princípios de equilíbrio e se escrevem as leis da força e as equações cinemáticas, podem ser aplicada na solução de problemas que envolvam mais de uma partícula. No entanto, tivemos de introduzir um ingrediente novo em nosso processo de solução – além da segunda lei de Newton, foi necessário aplicar a terceira lei de Newton. Como demonstraremos nos exemplos, em geral não escrevemos equações especiais para impor a terceira lei de Newton. Pelo contrário, tipicamente consideramos a terceira lei de Newton diretamente nos DCLs dos diferentes corpos do sistema.

2. Na Fig. 3.27, além das trajetórias dos três átomos, temos também plotada a trajetória do centro de massa do sistema, que calculamos por meio das relações

$$x_G = \frac{m_1 x_1 + m_2 x_2 + m_3 x_3}{m_1 + m_2 + m_3}, \qquad (3.61)$$

$$y_G = \frac{m_1 y_1 + m_2 y_2 + m_3 y_3}{m_1 + m_2 + m_3}. \qquad (3.62)$$

Nossa solução revela que a trajetória do centro de massa G consiste no único ponto amarelo perto do centro da Fig. 3.27. Isso nos mostra que o centro de massa não se move durante a simulação, embora os átomos 1, 2 e 3 continuem mudando suas posições. Para explicar esse comportamento, analisaremos mais cuidadosamente as aplicações das leis do movimento de Newton em sistemas de partículas e desenvolveremos alguns conceitos novos.

Segunda lei de Newton para sistemas de partículas

Referindo-se à Fig. 3.28, considere um conjunto de n partículas. As grandezas m_i e $\vec{r}_i$ denotam a massa e a posição da partícula i, respectivamente. Uma força que age sobre uma partícula do sistema é chamada de *interna* se surgir de uma

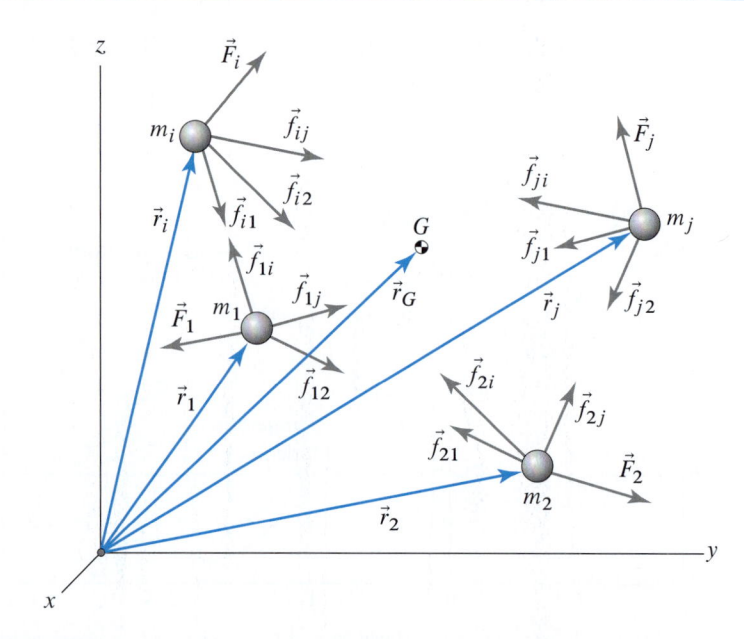

Figura 3.28
Sistema de n partículas mostrando os vetores posição $\vec{r}_i$, as forças externas $\vec{F}_i$ e as forças internas $\vec{f}_{ij}$.

interação daquela partícula com outras partículas dentro do sistema; caso contrário, a força é chamada de ***externa***. A força denotada por $\vec{F}_i$ é a *soma* de todas as forças externas que agem sobre a partícula i (p. ex., a gravidade, o arrasto do ar, etc.), que existiriam mesmo se o restante das partículas fosse retirado do sistema. Com $\vec{f}_{ij}$ denotamos a força sobre a partícula i devido à partícula j. Portanto, as forças $\vec{f}_{i1}, \vec{f}_{i2}, ..., \vec{f}_{in}$ são as forças *internas* que agem sobre a partícula i.

Aplicando a segunda lei de Newton para cada partícula dentro do sistema, temos

$$\vec{F}_1 + \sum_{\substack{j=1 \\ j \neq 1}}^{n} \vec{f}_{1j} = m_1 \vec{a}_1, \tag{3.63}$$

$$\vec{F}_2 + \sum_{\substack{j=1 \\ j \neq 2}}^{n} \vec{f}_{2j} = m_2 \vec{a}_2, \tag{3.64}$$

$$\vdots$$

$$\vec{F}_n + \sum_{\substack{j=1 \\ j \neq n}}^{n} \vec{f}_{nj} = m_n \vec{a}_n, \tag{3.65}$$

em que notamos que, na equação i, não podemos ter $j = i$, porque não permitimos que uma partícula interaja com ela mesma.

Para entender o efeito da terceira lei de Newton sobre o sistema como um todo, somamos as Eqs. (3.63)-(3.65) e obtemos

$$\sum_{i=1}^{n} \vec{F}_i + \sum_{i=1}^{n} \sum_{\substack{j=1 \\ j \neq i}}^{n} \vec{f}_{ij} = \sum_{i=1}^{n} m_i \vec{a}_i. \qquad (3.66)$$

O primeiro termo na Eq. (3.66), $\sum_{i=1}^{n} \vec{F}_i$, é a soma de todas as forças externas que agem sobre o sistema de partículas, que denotaremos por $\vec{F}$, ou seja,

$$\vec{F} = \sum_{i=1}^{n} \vec{F}_i. \qquad (3.67)$$

O segundo termo é a soma de todas as forças internas. Referindo-se à Fig. 3.28, observamos que, para cada $\vec{f}_{ij}$ no sistema; deve haver um $\vec{f}_{ji}$. Pela terceira lei de Newton, essas forças são iguais e opostas e *sempre* se cancelarão. Por exemplo, se $n = 3$, o segundo termo na Eq. (3.66) fornece

$$\sum_{i=1}^{3} \sum_{\substack{j=1 \\ j \neq i}}^{3} \vec{f}_{ij} = \vec{f}_{12} + \vec{f}_{13} + \vec{f}_{21} + \vec{f}_{23} + \vec{f}_{31} + \vec{f}_{32} = \vec{0}, \qquad (3.68)$$

dado que $\vec{f}_{12} = -\vec{f}_{21}$, $\vec{f}_{13} = -\vec{f}_{31}$, e $\vec{f}_{23} = -\vec{f}_{32}$. Portanto, pela terceira lei de Newton, a segunda soma no lado esquerdo da Eq. (3.66) *sempre* desaparece, ou seja,

$$\sum_{i=1}^{n} \sum_{\substack{j=1 \\ j \neq i}}^{n} \vec{f}_{ij} = \vec{0}. \qquad (3.69)$$

Por fim, o último termo na Eq. (3.66), $\sum_{i=1}^{n} m_i \vec{a}_i$, pode ser escrito como

$$\sum_{i=1}^{n} m_i \vec{a}_i = \sum_{i=1}^{n} m_i \frac{d^2 \vec{r}_i}{dt^2} = \frac{d^2}{dt^2} \sum_{i=1}^{n} m_i \vec{r}_i, \qquad (3.70)$$

em que, movendo d^2/dt^2 para fora do somatório, utilizamos o fato de que a massa de cada partícula é constante. Temos agora de relembrar que o termo $\sum_{i=1}^{n} m_i \vec{r}_i$ define a posição do centro de massa do sistema pela relação

$$m \vec{r}_G = \sum_{i=1}^{n} m_i \vec{r}_i, \qquad (3.71)$$

em que $m = \sum_{i=1}^{n} m_i$ é a massa total do sistema e $\vec{r}_G$ é a posição do centro de massa G (veja a Fig. 3.28). Usando a Eq. (3.71), a Eq. (3.70) torna-se

$$\sum_{i=1}^{n} m_i \vec{a}_i = \frac{d^2}{dt^2}(m\vec{r}_G) = m \frac{d^2 \vec{r}_G}{dt^2} = m\vec{a}_G, \qquad (3.72)$$

em que usamos o fato de que, como cada massa m_i é constante, a massa total m também deve ser constante. Substituindo as Eqs. (3.67), (3.69), e (3.72) na Eq. (3.66), obtemos

$$\boxed{\vec{F} = \sum_{i=1}^{n} m_i \vec{a}_i = m\vec{a}_G.} \qquad (3.73)$$

A Eq. (3.73) nos mostra que o centro de massa de um sistema de partículas se move como se fosse uma partícula de massa m sujeita a *apenas* a força externa total $\vec{F}$. Assim,

- Se $\vec{F} = \vec{0}$, então o centro de massa se move com velocidade constante. Portanto, se $\vec{F} = \vec{0}$ e o centro de massa está inicialmente em repouso, o centro de massa deverá permanecer em repouso.
- Se $\vec{F} = \vec{0}$, então $m\vec{a}_G = \vec{0}$ e sua integral temporal deve ser constante, ou seja,

$$\int m\vec{a}_G \, dt = m\vec{v}_G = \text{constante}, \tag{3.74}$$

que é uma declaração da *conservação do momento linear* para um sistema de partículas. Discutiremos essa lei de conservação na Seção 5.1.

Estas considerações explicam o comportamento do centro de massa do sistema de três átomos de Ni estudados anteriormente nesta seção (veja a Fig. 3.27). Como o sistema foi lançado a partir do repouso, seu centro de massa também estava inicialmente em repouso. Isso, em conjunto com o fato de que o sistema de partículas em questão não foi submetido a forças externas, nos mostra que o centro de massa do sistema deve permanecer em repouso.

Resumo final da seção

Na prática, a aplicação da segunda lei de Newton para um sistema de partículas é essencialmente idêntica à sua aplicação em uma partícula única – escrevemos $(\vec{F}_i)_{\text{tot}} = m_i\vec{a}_i$, $i = 1,..., n$, para cada uma das n partículas do sistema, em que $(\vec{F}_i)_{\text{tot}}$ é a força total que atua sobre a partícula i, consistindo em ambas as forças interna e externa que atuam sobre a partícula. Além da segunda lei de Newton, temos de aplicar a terceira lei de Newton, que é crucial para considerar corretamente o efeito das forças internas.

Movimento do centro de massa. O movimento do centro de massa de um sistema de partículas é regido pela relação

Eq. (3.73), p. 237

$$\vec{F} = \sum_{i=1}^{n} m_i\vec{a}_i = m\vec{a}_G,$$

em que $\vec{F}$ é a força externa total no sistema, m é a massa total do sistema e $\vec{a}_G$ é a aceleração do centro de massa do sistema. A equação anterior tem algumas consequências importantes:

- Se $\vec{F} = \vec{0}$, então o centro de massa se move com velocidade constante; e, se o centro de massa está inicialmente em repouso, ele permanecerá em repouso.
- Se $\vec{F} = \vec{0}$, então podemos concluir que $m\vec{a}_G$ deve ser zero e sua integral temporal deve ser uma constante.

EXEMPLO 3.9 Movimento com conservação da quantidade de movimento linear

A canoísta P remou sua canoa D até o píer, como mostrado na Fig. 1. Após a extremidade frontal de sua canoa chegar ao extremo do píer, ela decide caminhar a distância L da parte de trás da canoa para frente e sair para o píer. Supondo que a canoa possa deslizar na água com resistência desprezível, determine a distância entre a pessoa e o píer quando ela atinge a extremidade dianteira da canoa para determinar se ela será capaz de sair ou não para o píer sem se molhar. Suponha que a massa da pessoa seja 80 kg, a da canoa seja 15 kg, e $L = 3$ m.

Figura 1
A canoísta acaba de chegar ao píer e está prestes a andar o comprimento da canoa, a fim de sair para o píer.

SOLUÇÃO

Roteiro e modelagem Veremos a pessoa e canoa como um "sistema de partículas". Na Fig. 2, elaboramos o DCL do sistema *como um todo* e, portanto, indicamos apenas as forças externas ao sistema. O nosso modelo inclui o peso da pessoa e o da canoa, bem como a força de empuxo F_B. Desprezamos qualquer resistência horizontal oferecida pela água e/ou ar. Como a força horizontal externa total é igual a zero e o sistema está inicialmente em repouso, a posição da pessoa e da canoa mudará de forma a preservar a posição inicial do centro de massa. Para resolver o problema, escreveremos a segunda lei de Newton para o sistema *como um todo* e o integraremos com relação ao tempo para determinar a posição de cada parte do sistema.

Equações fundamentais

Princípios de equilíbrio Referindo-se ao DCL na Fig. 2, aplicando a primeira das Eqs. (3.73) na direção x, temos

$$\sum F_x: \quad 0 = m_P a_{Px} + m_D a_{Dx}, \quad (1)$$

em que a_{Px} e a_{Dx} são as componentes x da aceleração de P e D, respectivamente.

Leis da força Todas as forças estão consideradas no DCL.

Equações cinemáticas Como a nossa análise é limitada à direção x, as relações cinemáticas necessárias são

$$a_{Px} = \dot{v}_{Px}, \quad v_{Px} = \dot{x}_P, \quad a_{Dx} = \dot{v}_{Dx} \quad \text{e} \quad v_{Dx} = \dot{x}_D, \quad (2)$$

em que, referindo-se à Fig. 3, a coordenada x é medida a partir da extremidade do píer.

Cálculo A integração da Eq. (1) com relação ao tempo fornece

$$m_P v_{Px} + m_D v_{Dx} = C_1, \quad (3)$$

em que C_1 é uma constante de integração. Essa equação mostra que, *para qualquer posição arbitrária de P e D*, o somatório do produto de suas massas e da componente x de suas velocidades é constante. Assim, podemos avaliar C_1 lembrando que tanto a canoa D quanto a canoísta P têm velocidade igual a zero após chegar ao píer e antes de a canoísta começar a andar ao longo da canoa, ou seja,

$$m_P \cdot 0 + m_D \cdot 0 = C_1 \quad \Rightarrow \quad C_1 = 0. \quad (4)$$

Em seguida, substituindo $C_1 = 0$ na Eq. (3) e integrando com relação ao tempo, temos

$$m_P x_P + m_D x_D = C_2, \quad (5)$$

em que C_2 é uma segunda constante de integração. Referindo-se à Fig. 3, para encontrar C_2 avaliamos a Eq. (5) quando $h = 0$, ou seja, quando a canoa está tocando o píer e a canoísta está na extremidade esquerda da canoa. Isso fornece

$$m_P(d + L) + m_D(d + L/2) = C_2, \quad (6)$$

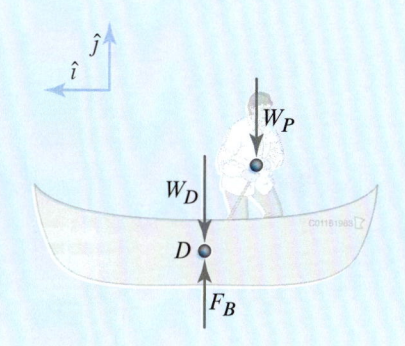

Figura 2
DCL da canoa e da canoísta. Modelamos a canoa e a canoísta como partículas.

Informações úteis

DCLs e forças externas. A força de contato entre a canoísta e a canoa não é mostrada na Fig. 2 porque essa força é *interna* ao sistema. É muito importante lembrar que as *únicas* forças que aparecem no DCL de um sistema são as forças *externas*.

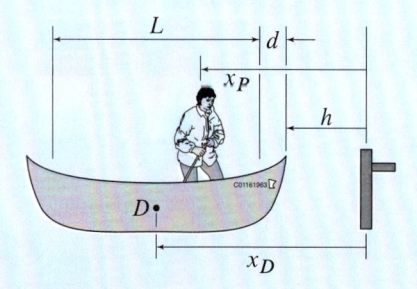

Figura 3
Definições das distâncias e sentidos das coordenadas para a cinemática do problema.

em que d é a distância constante a partir do extremo da canoa até o ponto na canoa em que a canoísta sairia. Substituindo a expressão para C_2 dada pela Eq. (6) na Eq. (5), temos que as posições da canoísta e da canoa estão relacionadas como segue:

$$m_P x_P + m_D x_D = m_P(d+L) + m_D(d+L/2). \tag{7}$$

Agora podemos determinar onde acaba a canoa quando a canoísta caminha para frente. Quando a canoísta está na parte dianteira da canoa, devemos ter $x_{D/P} = x_D - x_P = L/2$. Portanto, $x_D = x_P + L/2$, e a Eq. (7) torna-se

$$m_P x_P + m_D(x_P + L/2) = m_P(d+L) + m_D(d+L/2). \tag{8}$$

Resolvendo para x_P, temos

$$x_P = \frac{m_P(d+L) + m_D d}{m_P + m_D}. \tag{9}$$

Finalmente, para $h = x_P - d$, quando a canoísta está na parte dianteira da canoa, nessa situação obtemos

$$\boxed{h = \frac{m_P}{m_P + m_D}L = 2{,}53\,\text{m},} \tag{10}$$

em que usamos os dados apresentados para obter a resposta numérica final. O resultado na Eq. (10) indica que a pobre canoísta não será capaz de passar da canoa para o píer sem se molhar!

Discussão e verificação O resultado da Eq. (10) tem a dimensão de comprimento, como deveria. A distância h é menor que o comprimento da canoa, portanto, faz sentido.

🔍 Um olhar mais atento Uma solução para o problema da canoa se afastando do píer seria alguém, no píer, amarrar a canoa ao píer após a canoa chegar. Exploraremos essa ideia no Exemplo 5.5.

Uma característica interessante da Eq. (10) é que a rapidez com que a pessoa caminha de um extremo ao outro da canoa não aparece na solução. Além disso, seria razoável esperar que, se a canoa estivesse amarrada ao píer com uma corda e, em seguida, a canoísta andasse o comprimento da canoa, haveria uma tensão na corda. Acontece que não é a rapidez que determina a tensão na corda – é a aceleração da pessoa que determina a tensão da corda. Veremos uma variação interessante deste problema no Capítulo 5, quando estudaremos métodos de quantidade de movimento para sistemas de partículas (veja os Exemplos 5.4 e 5.5).

EXEMPLO 3.10 Análise de um sistema de polias

O sistema de polias na Fig. 1 serve para levantar uma carga pesada em A amarrando uma massa em P (ou, alternativamente, embora não de forma equivalente, puxando o cabo em P com alguma força). Supondo que a carga A tenha uma massa m_A e a caixa de polias B (incluindo as polias) tenha massa m_B, determine as acelerações de A e P se uma massa m_P é amarrada em P.

SOLUÇÃO

Roteiro e modelagem Como temos que determinar a aceleração de elementos específicos do sistema, temos que isolar esses elementos e esboçar um DCL individualmente (em vez de esboçar um DCL para o sistema como um todo, como foi feito no Exemplo 3.9). Modelaremos cada elemento em movimento como uma partícula e esboçaremos seu DCL correspondente. Esses elementos são os pesos A e P, bem como a caixa de polias B. Vamos supor que as polias não possuam atrito nem massa. Assumimos também que os cabos não possuam massa e são inextensíveis, de modo que a tensão em cada cabo é a mesma ao longo de todo o seu comprimento. Então, supondo que a gravidade e a tensão nos cabos são as únicas forças relevantes, os DCLs para os elementos selecionados são aqueles da Fig. 2. Repare que na Fig. 2 apenas à direção vertical é dado explicitamente um sentido positivo (por meio do vetor unitário $\hat{j}$), uma vez que o problema é unidimensional.

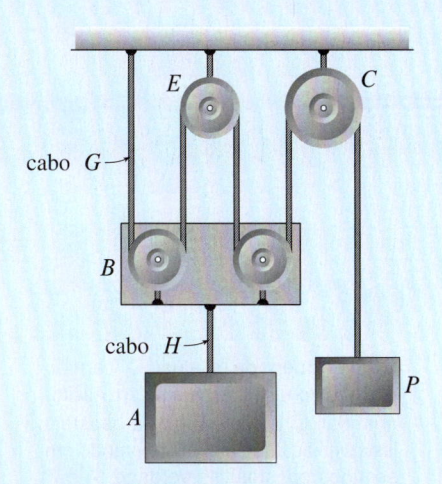

Figura 1
Um sistema de polias projetado para levantar cargas pesadas.

Equações fundamentais

Princípios de equilíbrio Usando o DCL da Fig. 2, a aplicação da segunda lei de Newton para A, B, e P fornece

$$\left(\sum F_y\right)_A: \qquad m_A g - T_H = m_A a_A, \qquad (1)$$

$$\left(\sum F_y\right)_B: \quad m_B g + T_H - 4T_G = m_B a_B, \qquad (2)$$

$$\left(\sum F_y\right)_P: \qquad m_P g - T_G = m_P a_P. \qquad (3)$$

Leis da força Os pesos de A, B e P já estão contabilizados na Fig. 2. Quanto aos cabos, sua inextensibilidade é considerada nas restrições cinemáticas em vez de nas leis da força.

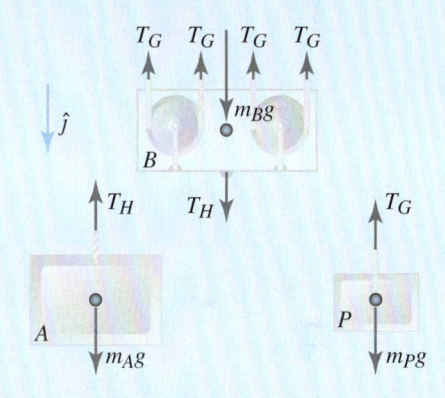

Figura 2
DCL da massa A, da massa P e da caixa de polias B.

Equações cinemáticas Como os cabos são inextensíveis, da Fig. 3 temos

$$L_G = 4y_B + y_P \quad \Rightarrow \quad 4a_B + a_P = 0, \qquad (4)$$

em que L_G denota o comprimento do cabo G. Além disso, a inextensibilidade do cabo que conecta A e B exige que

$$a_A = a_B. \qquad (5)$$

Cálculo As Eqs. (1)-(5) fornecem um sistema de cinco equações e cinco incógnitas a_A, a_B, a_P, T_G e T_H que podem ser resolvidas para obter

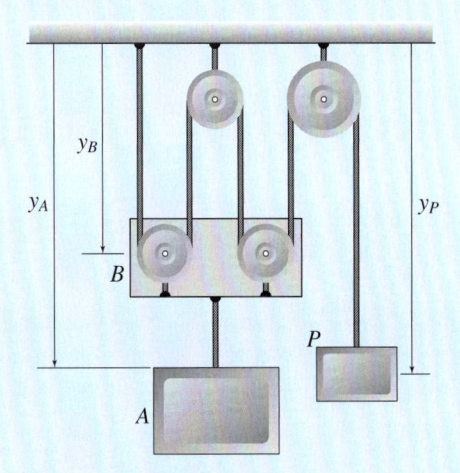

Figura 3
As posições de A, B e P.

$$a_A = -\frac{4m_P - (m_A + m_B)}{16m_P + (m_A + m_B)}g = a_B, \qquad (6)$$

$$a_P = \frac{4[4m_P - (m_A + m_B)]}{16m_P + (m_A + m_B)}g, \qquad (7)$$

$$T_G = \frac{5m_P(m_A + m_B)}{16m_P + (m_A + m_B)}g, \qquad (8)$$

$$T_H = \frac{20m_A m_P}{16m_P + (m_A + m_B)}g. \qquad (9)$$

Informações úteis

Convenções de sinais. O sentido positivo do eixo y é para baixo. Assim, quando a_{Ay} e a_{Py} têm sinais opostos, isso significa que estão acelerando em sentidos opostos. Na verdade, A e P movem-se em sentidos opostos, como pode ser visto na derivação da primeira das Eqs. (4) em relação ao tempo.

Discussão e verificação As razões nas Eqs. (6) e (7) são adimensionais, então os resultados dessas equações têm dimensões de g, ou seja, de aceleração, como deveriam. As razões das Eqs. (8) e (9) têm dimensões de massa, então os resultados dessas equações têm dimensões de força, como deveriam. As Eqs. (6) e (7) nos mostram que as acelerações de A e P estão em sentidos opostos, mais uma vez conforme o esperado. Finalmente, a tensão do cabo T_G é *sempre* positiva para que o cabo nunca tenha folga, como deveria. Portanto, a nossa solução parece estar correta.

Um olhar mais atento Focando em qualquer uma das Eqs. (6) ou (7), notamos que o "pulo do gato" resultante da massa em P é 4 vezes sua massa, uma vez que o numerador de qualquer uma dessas equações contém o termo $4m_P - (m_A + m_B)$. Esse termo é positivo se $m_P > 1/4(m_A + m_B)$; e, além disso, se $m_P > 1/4(m_A + m_B)$, logo $a_P > 0$ (caso contrário, $a_p < 0$). Assim, vemos que não é m_P que deve ser maior que a massa combinada de A e B, para que P puxe A para cima: m_P só precisa ser maior do que $1/4(m_A + m_B)$!

EXEMPLO 3.11 Deslizamento com atrito

Um par de livros empilhados com massas $m_1 = 1{,}5$ kg e $m_2 = 1$ kg são arremessados sobre uma mesa (Fig. 1). Os livros atingem a mesa essencialmente com rapidez vertical zero e a rapidez horizontal comum entre eles é $v_0 = 0{,}75$m/s. Considerando $\mu_{k1} = 0{,}45$ como o atrito cinético entre a base do livro e a mesa e $\mu_{s2} = 0{,}4$ e $\mu_{k2} = 0{,}3$ como os coeficientes de atrito estático e cinético entre os dois livros, respectivamente, determine as posições finais dos livros.

SOLUÇÃO

Roteiro e modelagem Quando os livros atingem a mesa, o livro de baixo *deve* deslizar sobre a mesa, caso contrário experimentaria uma desaceleração infinita ao ir de v_0 a zero. No entanto, não há argumento semelhante nos dizendo que o livro de cima deve deslizar em relação ao livro de baixo. Assim, começamos *assumindo* que m_2 não desliza sobre m_1, e então calculamos a solução correspondente. Após essa solução ser obtida, verificaremos se ela é consistente com a hipótese utilizada para calculá-la. Se não, concluiremos que os livros deslizam um em relação ao outro, e deveremos calcular uma nova solução. Modelamos os livros como partículas e, uma vez que precisamos determinar suas posições individuais, elaboramos um DCL para cada um, conforme mostrado na Fig. 2, que também mostra a nossa escolha do sistema de componentes. Escolhemos o eixo x como paralelo à trajetória dos livros. Além disso, a origem do sistema escolhido é considerada o primeiro ponto de impacto dos livros com a mesa. Na elaboração dos DCLs, assumimos que as únicas forças relevantes são os pesos, as reações normais e o atrito.

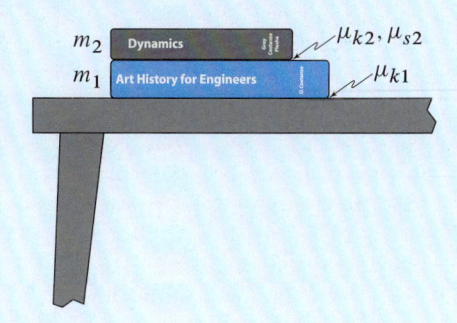

Figura 1
Um par de livros empilhados lançados horizontalmente sobre uma mesa áspera.

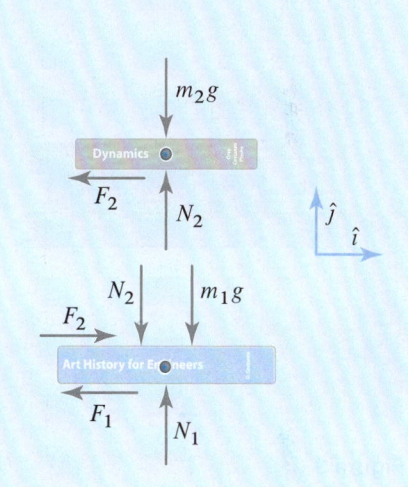

Equações fundamentais

Princípios de equilíbrio Referindo-se à Fig. 2, a segunda lei de Newton fornece

$$\left(\sum F_x\right)_2: \qquad -F_2 = m_2 a_{2x}, \qquad (1)$$

$$\left(\sum F_y\right)_2: \qquad N_2 - m_2 g = m_2 a_{2y}, \qquad (2)$$

$$\left(\sum F_x\right)_1: \qquad F_2 - F_1 = m_1 a_{1x}, \qquad (3)$$

$$\left(\sum F_y\right)_1: \qquad N_1 - N_2 - m_1 g = m_1 a_{1y}. \qquad (4)$$

Leis da força Partindo do pressuposto de que não há deslizamento entre os livros 1 e 2, e assumindo que há deslizamento entre o livro 1 e a mesa, as leis de atrito são

$$F_1 = \mu_{k1} N_1 \quad \text{e} \quad |F_2/N_2| < \mu_{s2}. \qquad (5)$$

Equações cinemáticas Considerando a a aceleração comum dos livros, temos

$$a_{2x} = a, \quad a_{2y} = 0, \quad a_{1x} = a \quad \text{e} \quad a_{1y} = 0. \qquad (6)$$

Cálculo A primeira das Eqs. (5), com as equações resultantes da substituição das Eqs. (6) nas Eqs. (1)-(4), forma um sistema de cinco equações e cinco incógnitas F_1, F_2, a, N_1 e N_2. Como o nosso primeiro objetivo é verificar se a hipótese de não deslizamento está correta, começaremos resolvendo apenas para F_2 e N_2:

$$F_2 = \mu_{k1} m_2 g = 4{,}414 \text{ N} \quad \text{e} \quad N_2 = m_2 g = 9{,}81 \text{N}. \qquad (7)$$

Discussão e verificação Substituindo os resultados das Eqs. (7) na desigualdade da Eq. (5), temos

$$|F_2/N_2| = 0{,}45 \not< \mu_{s2} = 0{,}4, \qquad (8)$$

ou seja, a hipótese de não deslizamento está incorreta, e m_1 *desliza* sobre m_2.

Figura 2
DCLs dos dois livros modelados como partículas.

> **Informações úteis**
>
> **Verificação da lei do atrito.** É importante lembrar que quando começamos uma solução usando uma consideração de não deslizamento entre dois corpos, as forças obtidas a partir da solução são as forças que são *necessárias* para que a hipótese seja verdadeira. Então, quando obtemos F_2 e N_2, estas são as forças corretas somente se a nossa hipótese estava correta. Por isso temos de verificar a validade da nossa hipótese comparando $|F_2/N_2|$ com a quantidade de atrito *efetivamente* disponível, como fizemos na Eq. (8).

———————— m_2 desliza sobre m_1 ————————

Temos agora que reformular o problema, assumindo que os livros deslizam um em relação ao outro. Os DCLs da Fig. 2 ainda se aplicam, de forma que as Eqs. (1)-(4) ainda são válidas. No entanto, as leis da força e as equações cinemáticas correspondentes precisam refletir a nova hipótese de trabalho.

Leis da força As leis da força agora são

$$F_1 = \mu_{k1}N_1 \quad \text{e} \quad F_2 = \mu_{k2}N_2. \tag{9}$$

Equações cinemáticas As componentes x da aceleração de m_1 e m_2 são diferentes, por isso temos

$$a_{2x} = a_2, \quad a_{2y} = 0, \quad a_{1x} = a_1 \quad \text{e} \quad a_{1y} = 0. \tag{10}$$

Cálculo As relações obtidas substituindo as Eqs. (10) nas Eqs. (1)-(4), com as Eqs. (9), formam um sistema de seis equações e seis incógnitas a_1, a_2, F_1, F_2, N_1 e N_2. Resolvendo esse sistema, temos

$$a_1 = -(g/m_1)[\mu_{k1}(m_1 + m_2) - \mu_{k2}m_2] = -5{,}396 \text{ m/s}^2, \tag{11}$$

$$a_2 = -\mu_{k2}g = -2{,}943 \text{ m/s}^2, \tag{12}$$

$$F_1 = \mu_{k1}g(m_1 + m_2) = 11{,}04 \text{ N}, \tag{13}$$

$$F_2 = \mu_{k2}m_2 g = 2{,}943 \text{ N}, \tag{14}$$

$$N_1 = g(m_1 + m_2) = 24{,}52 \text{ N}, \tag{15}$$

$$N_2 = gm_2 = 9{,}81 \text{ N}. \tag{16}$$

Agora que conhecemos a_1 e a_2, e lembrando que v_0 é a rapidez inicial dos dois livros, podemos calcular o quanto cada um deles desliza usando a cinemática de aceleração constante da Seção 2.2. Isso fornece

$$0 = v_0^2 + 2a_1 x_1 = v_0^2 - \frac{2g}{m_1}[\mu_{k1}(m_1 + m_2) - \mu_{k2}m_2]x_1, \tag{17}$$

$$0 = v_0^2 + 2a_2 x_2 = v_0^2 - 2\mu_{k2}gx_2. \tag{18}$$

Resolvendo para x_1 e x_2 e utilizando os parâmetros fornecidos, temos

$$\boxed{x_1 = \frac{m_1 v_0^2}{2g[\mu_{k1}(m_1 + m_2) - \mu_{k2}m_2]} = 0{,}0521 \text{ m},} \tag{19}$$

$$\boxed{x_2 = \frac{v_0^2}{2g\mu_{k2}} = 0{,}0956 \text{ m}.} \tag{20}$$

Referindo-se à Fig. 3, a nossa solução implica que o livro 2, como visto por um observador inercial, ou seja, alguém sentado em cima da mesa, desliza 9,6 cm, mas *em relação* ao livro de baixo, desliza

$$\boxed{x_{\text{superior/inferior}} = x_{2/1} = x_2 - x_1 = 0{,}0434 \text{m}.} \tag{21}$$

Discussão e verificação Os sinais dos resultados nas Eqs. (19)-(21) são o que esperamos, dado que ambos os livros se movem para a direita, e o livro 2 para à direita do livro 1. Além disso, as distâncias deslizadas pelos livros são da ordem de centímetros, o que parece razoável. Como suas acelerações são constantes e os dois livros iniciam seu movimento a partir da mesma posição com a mesma rapidez, o fato de que $x_1 < x_2$ implica que o livro 1 para primeiro, ou seja, antes do livro 2. Isso nos mostra que as leis de atrito utilizadas nesta solução permaneceram válidas durante todo o movimento de ambos os livros. Se a situação se invertesse, teríamos de calcular uma nova solução, apesar de que nessa situação não se consiga utilizar o modelo de atrito de Coulomb (veja a nota Fato interessante na margem). Concluindo, a solução atual parece estar correta.

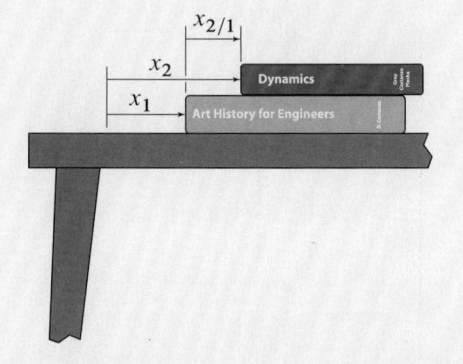

Figura 3
Cinemática da posição relativa dos dois livros.

Fato interessante

Algumas soluções não são possíveis? De forma interessante, o modelo que usamos para o atrito (veja a p. 185) não permite alguns movimentos que, de acordo com a experiência comum, parecem fisicamente possíveis. Por exemplo, já que a força normal é constante, o modelo de Coulomb implica que o atrito é constante enquanto os livros estão deslizando. Portanto, ele não permite que o livro de cima deixe de deslizar em relação ao livro de baixo antes de este parar de deslizar em relação à mesa, já que isso exigiria uma aceleração não constante do livro de cima. Isso ilustra como os engenheiros devem estar cientes das limitações dos modelos que estão usando.

PROBLEMAS

Problema 3.84

O motorista do caminhão de repente aplica os freios, e o caminhão começa a parar. Durante a frenagem, a caixa desliza ou não. Considerando as forças que atuam sobre o caminhão durante a frenagem, o caminhão parará em uma distância (ou tempo) menor se a caixa deslizar, ou a distância (ou o tempo) será menor se a caixa não deslizar? Justifique sua resposta.

Nota: Problemas conceituais são sobre *explicações*, não sobre cálculos.

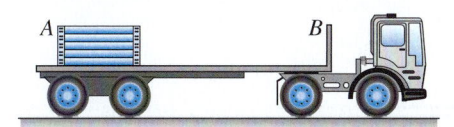

Figura P3.84

Problema 3.85

Um carro está sendo puxado para a direita das duas maneiras mostradas. Desconsiderando a inércia das polias e cabos, bem como qualquer atrito nas polias, se o carro está livre para se mover, a aceleração do carro em (a) será menor, igual ou maior do que a aceleração do carro em (b)?

Nota: Problemas conceituais são sobre *explicações*, não sobre cálculos.

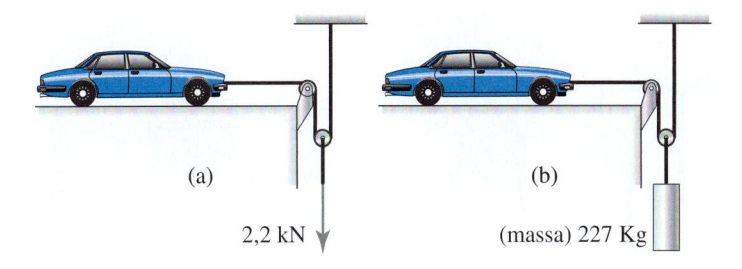

Figura P3.85

Problema 3.86

As partículas A e B, que são conectadas por uma mola linear sem massa, foram lançadas no ar e estão movendo-se sob a ação da força da mola e de seu próprio peso. Supondo que nenhuma outra força está afetando o movimento das partículas, qual será a aceleração do seu centro de massa?

Nota: Problemas conceituais são sobre *explicações*, não sobre cálculos.

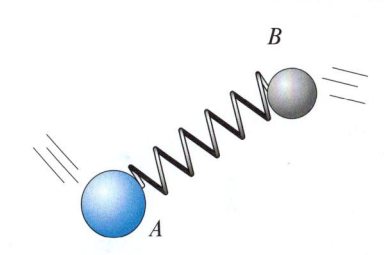

Figura P3.86

Problema 3.87

Uma pessoa levanta a carga A de 80 kg puxando o cabo para baixo com uma força F constante, como mostrado. Desconsiderando qualquer fonte de atrito, bem como a inércia dos cabos e polias, determine F se A acelera para cima a 0,5 m/s².

Problema 3.88

A carga A pesa 84 kg. Desconsiderando qualquer fonte de atrito, bem como a inércia dos cabos e polias, determine a aceleração de A se uma pessoa puxa o cabo para baixo com uma força constante $F = 824$ N, conforme mostrado.

Problema 3.89

Uma pessoa levanta a carga A de 80 kg puxando o cabo para baixo com uma força F constante, como mostrado. Desconsiderando o atrito, a inércia dos cabos e a inércia rotacional das polias, mas considerando o fato de que a polia D tem uma massa $m_D = 8$ kg, determine F se A acelera para cima a 2,5 m/s².

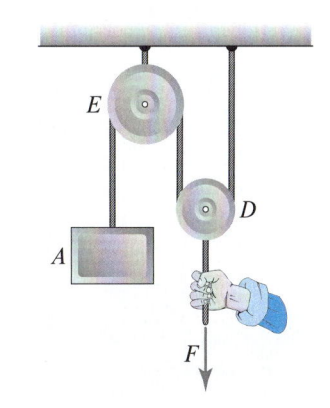

Figura P3.87-P3.89

Problema 3.90

Duas partículas A e B com massas m_A e m_B, respectivamente, são colocadas a uma distância r_0 uma da outra. Assumindo que a única força que atua sobre as massas é a sua atração gravitacional mútua, determine a aceleração da partícula B em relação à partícula A.

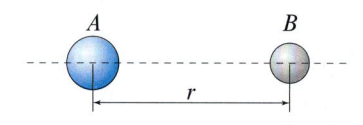

Figura P3.90

Problema 3.91

Reveja o Exemplo 3.10 e determine a expressão para a aceleração de A se a carga em P é substituída por uma força com magnitude igual ao peso da carga, ou seja, $F = m_P g$.

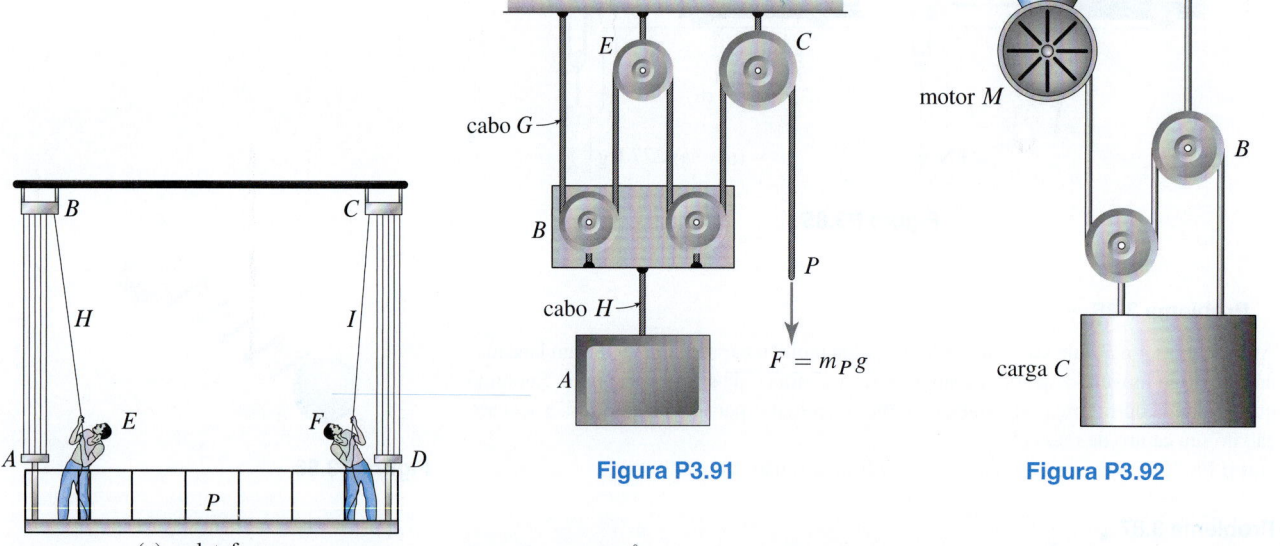

Figura P3.91

Figura P3.92

Problema 3.92

O motor M está em repouso quando alguém aperta um botão e o motor começa a puxar o cabo. A aceleração do cabo é uniforme e leva 1 s para atingir uma taxa de retração de 1,2 m/s. Após 1 s a taxa de retração se torna constante. Determine a tensão no cabo durante e após o primeiro intervalo de 1 s. A massa da carga C é 60 kg, as polias A e B têm, cada uma, uma massa de 5,45 kg, e a massa dos cabos é desprezível. Desconsidere o atrito nas polias e a inércia rotacional das polias.

Problema 3.93

Como visto na Fig. P3.93 (a), uma plataforma de lavagem de janelas é controlada por dois sistemas de polias em AB e CD. Os trabalhadores E e F podem levantar e abaixar a plataforma P puxando os cabos H e I, respectivamente. A massa de cada um dos trabalhadores é 84 kg, e a da plataforma P é 90 kg. Uma representação esquemática do sistema de polias é mostrado na Fig. P3.93 (b). Se os trabalhadores começam a partir do repouso e, em 1,5 s, uniformemente começam a puxar o cabo a 0,76 m/s, determine a força que cada trabalhador deve exercer sobre os cabos H e I durante aquele 1,5 s. Desconsidere a massa das polias, o atrito nas polias e a massa do cabo.

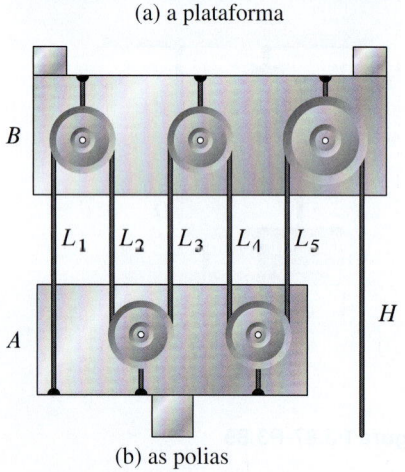

(a) a plataforma

(b) as polias

Figura P3.93

Problema 3.94

Reveja o Exemplo 3.11 e assuma que o coeficiente de atrito estático entre os dois livros é $\mu_{s2} = 0{,}55$, enquanto todos os outros parâmetros permanecem como especificados no exemplo. Determine a aceleração de cada um dos livros.

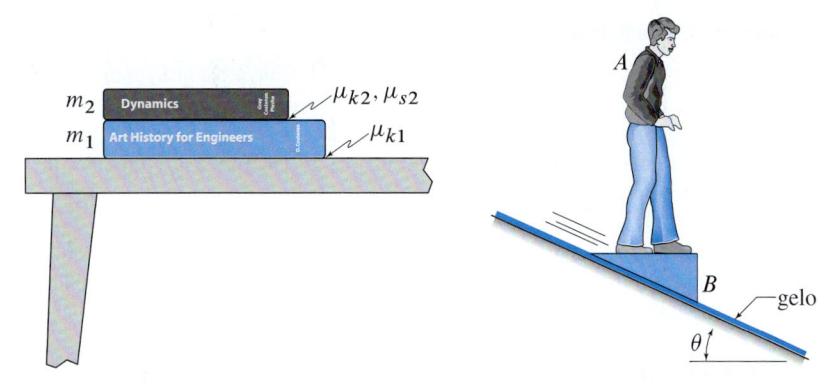

Figura P3.94

Figura P3.95 e P3.96

Problema 3.95

Uma pessoa A tenta manter o equilíbrio enquanto está sobre um trenó B que desliza para baixo em uma rampa de gelo. Considerando $m_A = 78$ kg e $m_B = 25$ kg como as massas de A e B, respectivamente, e supondo que não há atrito suficiente entre A e B para que A não deslize em relação a B, determine o valor da força normal de reação entre A e B, bem como a magnitude de sua aceleração se $\theta = 20°$. O atrito entre o trenó e a rampa é desprezível.

Problema 3.96

Uma pessoa A tenta manter o equilíbrio enquanto está sobre um trenó B que desliza para baixo em uma rampa de gelo. As massas de A e B são $W_A = 82$ kg e $W_B = 23$ kg, respectivamente. Determine o mínimo coeficiente de atrito estático μ_s entre A e B exigido para A não deslizar em relação a B se $\theta = 23°$. O atrito entre o trenó e a inclinação é desprezível.

Problema 3.97

Uma força F_0 de 1,8 kN é aplicada ao bloco A. Considerando as massas de A e B como 25 kg e 34 kg, respectivamente, e considerando que os coeficientes de atrito estático e cinético entre os blocos A e B são $\mu_1 = 0{,}25$, e os coeficientes de atrito estático e cinético entre o bloco B e o solo são $\mu_2 = 0{,}45$, determine as acelerações de ambos os blocos.

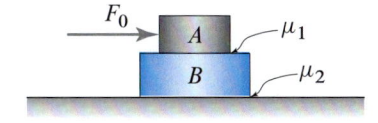

Figura P3.97

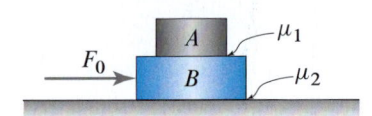

Figura P3.98

Problema 3.98

Uma força F_0 de 1,8 kN é aplicada ao bloco B. Considerando as massas de A e B como 25 kg e 34 kg, respectivamente, e supondo que os coeficientes de atrito estático e cinético entre os blocos A e B são $\mu_1 = 0{,}25$, e os coeficientes de atrito estático e cinético entre o bloco B e o solo são $\mu_2 = 0{,}45$, determine as acelerações de ambos os blocos.

Problemas 3.99 e 3.100

A balança de mola trabalha medindo o deslocamento de uma mola que suporta tanto a plataforma de massa m_p quanto o objeto de massa m, cujo peso está sendo medido. A leitura da balança é zero quando não há massa m colocada sobre a plataforma, isto é, é calibrada para que a leitura do peso despreze a massa da plataforma m_p. Suponha que a mola seja elástica linear com constante de mola k.

Problema 3.99 Se a massa m é suavemente colocada na balança de mola (ou seja, é largada de uma altura zero acima da balança), determine a *leitura máxima* na balança depois que a massa é liberada.

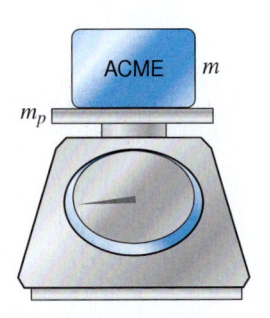

Figura P3.99 e P3.100

Problema 3.100 Se a massa m é suavemente colocada na balança (ou seja, é largada de uma altura zero acima da balança), determine a expressão para a *rapidez máxima* atingida pela massa m quando a mola é comprimida.

Problema 3.101

Duas bolas idênticas, cada uma de massa m, estão conectadas por um cabo de massa desprezível e comprimento $2l$. Um cabo curto é fixado no meio do cabo que conecta as duas bolas e é puxado verticalmente a uma força constante P. Se o sistema se mover a partir do repouso em $\theta = \theta_0$ e supondo que as bolas só se movam na direção horizontal, determine a expressão para a rapidez das duas bolas quando θ se aproxima de 90°. Desconsidere o tamanho das bolas, bem como o atrito entre elas e a superfície na qual deslizam.

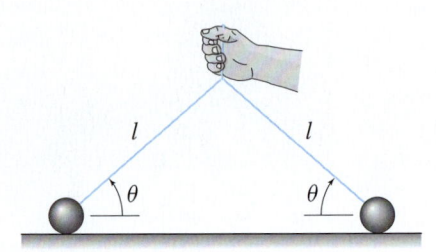

Figura P3.101

Problema 3.102

Um elevador simples consiste em um carro A de 15.000 kg conectado a um contrapeso B de 12.000 kg. Suponha que uma falha ocorra quando o carro está em repouso e a 50 m acima de seu amortecedor, fazendo o carro do elevador cair. Modele o carro e o contrapeso como partículas e os cabos como sem massa e inextensíveis; e modele a ação dos freios de emergência usando um modelo de atrito de Coulomb, com coeficiente de atrito cinético $\mu_k = 0{,}5$ e uma força normal igual a 35% do peso do carro. Determine a rapidez com que o carro atinge o amortecedor.

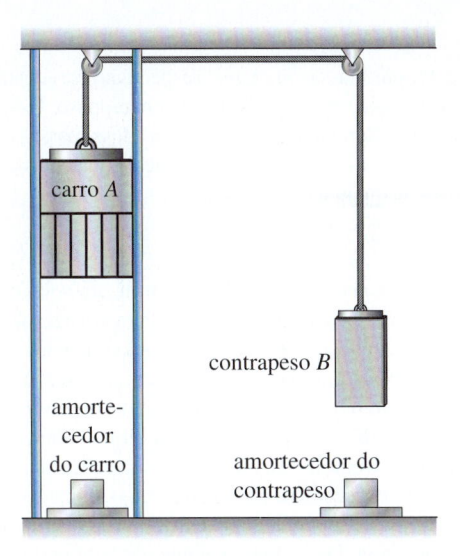

Figura P3.102

Problema 3.103

O pêndulo duplo mostrado consiste em duas partículas com massas $m_1 = 7,5$ kg e $m_2 = 12$ kg conectadas por dois cabos inextensíveis de comprimento $L_1 = 1,4$ m e $L_2 = 2$ m e de massa desprezível. Se o sistema é liberado do repouso quando $\theta = 10°$ e $\phi = 20°$, determine a tensão nos dois cabos no instante da liberação.

Figura P3.103

Figura P3.104 e P3.105

Problemas 3.104 e 3.105

Duas pequenas esferas A e B, cada uma de massa m, estão acopladas em cada extremidade de uma haste de comprimento d. O sistema é solto do repouso na posição mostrada. Desconsidere o atrito, trate as esferas como partículas (suponha que seu diâmetro é desprezível), desconsidere a massa da haste e assuma que a haste é rígida e $d < R$. *Dica*: A força que a haste exerce sobre cada bola tem o mesmo sentido que o da própria haste.

Problema 3.104 Usando o ângulo θ como uma variável dependente, obtenha a equação de movimento para o sistema de partículas a partir do momento da liberação até a partícula B atingir o ponto D.

Problema 3.105 Determine a expressão para a rapidez das esferas imediatamente antes de B atingir o ponto D.

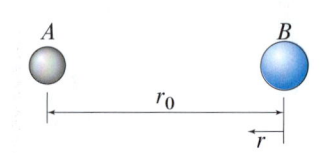

Figura P3.106

Problema 3.106

Duas partículas A e B com massas m_A e m_B, respectivamente, estão separadas a uma distância r_0, e ambas as massas estão inicialmente em repouso. Usando a Eq. (1.6) da p. 5, determine a quantidade de tempo que leva para as duas massas entrarem em contato se $m_A = 1$ kg, $m_B = 2$ kg e $r_0 = 1$ m. Suponha que as duas massas estão no espaço e infinitamente distantes de qualquer outra massa.

Problema 3.107

Os dispositivos de armazenamento de energia que utilizam volantes giratórios para armazenar energia estão cada vez mais disponíveis.[14] Para armazenar tanta energia quanto possível, é importante que o volante gire o mais rápido que puder. Infelizmente, se ele gira muito rápido, as tensões internas no volante causam seu desprendimento catastroficamente. Portanto, é importante manter a rapidez na periferia do volante abaixo de cerca de 1.000 m/s. Além disso, é fundamental que o volante seja tão equilibrado quanto possível para evitar a enorme quantidade de vibrações que de outra forma resultariam. Com isso em mente, considere o volante D, cujo diâmetro é de 0,3 m, girando a $\omega = 60.000$ rpm. Além disso, suponha que o carrinho B é restrito a se mover em linha reta ao longo dos trilhos guia. Dado que o volante não está perfeitamente balanceado, que o peso desbalanceado A tem massa m_A, e que a massa total do volante D, do carro B, e do pacote eletrônico é m_B, determine a força de restrição entre as rodas do carro e os trilhos guia em função de θ, das massas, do diâmetro e da velocidade angular do volante. Qual é a força de restrição *máxima* entre as rodas do carrinho e os trilhos guia? Finalmente, avalie suas respostas para $m_A = 1$ g (aproximadamente a massa de um clipe de papel) e $m_B = 70$ kg (a massa do volante pode ser cerca de 40 kg). Suponha que a massa desbalanceada está na periferia do volante.

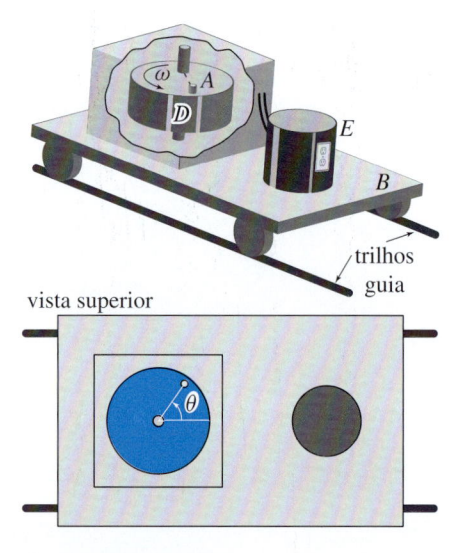

Figura P3.107

Problemas 3.108 a 3.111

Dois blocos A e B, de 56 e 106 kg, respectivamente, são liberados a partir do repouso, conforme mostrado. No momento da liberação, a mola está indeformada. Na solução desses problemas, modele A e B como partículas, desconsidere a resistência do ar e assuma que o cabo é inextensível. *Dica*: Se B atinge o solo, então o seu deslocamento máximo é igual à distância entre a posição inicial de B e o solo.

Problema 3.108 Determine o deslocamento máximo e a rapidez máxima do bloco B se $\alpha = 0°$, o contato entre A e a superfície não possui atrito, e a constante de mola é $k = 440$ N/m.

Problema 3.109 Determine o deslocamento máximo e a rapidez máxima do bloco B se $\alpha = 20°$, o contato entre A e a inclinação não possui atrito, e a constante de mola é $k = 440$ N/m.

Problema 3.110 Determine o deslocamento máximo e a rapidez máxima do bloco B se $\alpha = 20°$, o contato entre A e a inclinação não possui atrito, e a constante de mola é $k = 4,4$ N/m.

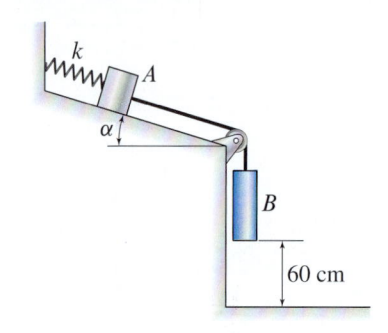

Figura P3.108, P3.111

Problema 3.111 Determine o deslocamento máximo e a rapidez máxima do bloco B se $\alpha = 35°$, os coeficientes de atrito estático e cinético são $\mu_s = 0,25$ e $\mu_k = 0,2$, respectivamente, e a constante de mola é $k = 360$ N/m.

Problema 3.112

Uma mulher A de 62 kg senta-se sobre o carrinho B de 60 kg, e ambos estão inicialmente em repouso. Se a mulher desliza sobre a rampa sem atrito de comprimento $L = 3,5$ m, determine a velocidade da mulher e do carro quando ela atinge o fim da rampa. Ignore a massa das rodas nas quais o carrinho rola e qualquer atrito em seus rolamentos. O ângulo $\theta = 26°$.

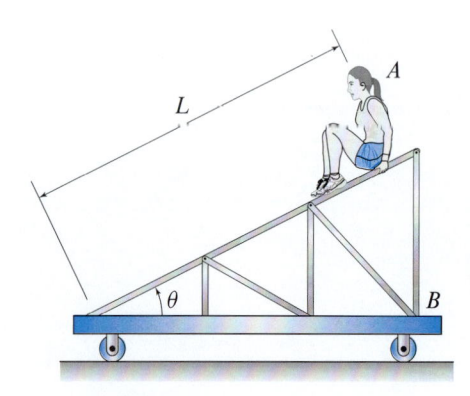

Figura P3.112

---

[14] Você verá os detalhes no Capítulo 8, mas por enquanto pense nisso como um grupo de partículas movendo-se em círculos, cada uma armazenando ($\frac{1}{2}mv^2$) em energia cinética.

Problemas 3.113 e 3.114

No balanço mostrado, uma pessoa A senta-se em um assento que está ligado por um cabo de comprimento L em um carrinho B de massa m_B que se move livremente. A massa total da pessoa e do assento é m_A. O carrinho está restrito pelo trilho a mover-se apenas na direção horizontal. O sistema é liberado do repouso no ângulo $\theta = \theta_0$ e é permitido oscilar no plano vertical. Desconsidere a massa do cabo e trate a pessoa e o assento como uma única partícula.

Problema 3.113 Obtenha as equações de movimento do sistema usando a posição do carrinho e o ângulo θ como variáveis dependentes.

Problema 3.114 Obtenha as equações de movimento do sistema usando a posição do carrinho e o ângulo θ como variáveis dependentes e, em seguida, use um computador para resolver essas equações para um período/ciclo completo de movimento. Plote a rapidez do carrinho e a rapidez da pessoa v. o ângulo θ para $m_A = 45$ kg, $m_B = 10$ kg, $L = 3$ m e $\theta_0 = 70°$.

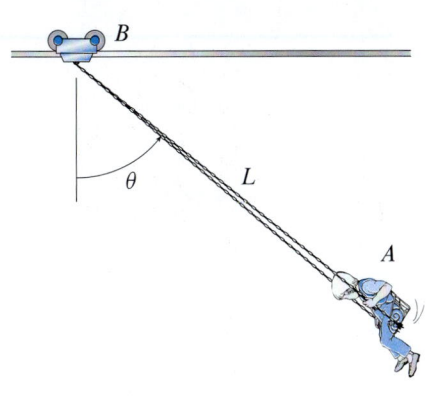

Figura P3.113 e P3.114

PROBLEMAS DE PROJETO

Problema de projeto 3.3

Em problemas envolvendo polias, assumimos que os cabos são inextensíveis e sem massa. Em alguns problemas de engenharia, como no projeto de elevadores rápidos, isso pode não ser uma hipótese razoável. Aqui confrontaremos um aspecto de qualquer processo de projeto sobre a *qualidade* das informações fornecidas pelos modelos de complexidade diferentes. Neste problema, consideraremos os efeitos da deformação do cabo. No entanto, para evitar excessiva complexidade, modelaremos a elasticidade do cabo como sendo "concentrada" em uma extremidade.

Considere que o sistema seja liberado a partir do repouso e que a velocidade de A seja controlada de forma que A acelera uniformemente para baixo a uma rapidez de 3 m/s em 1,2 s. Durante esse intervalo de tempo, determine e plote, para diferentes valores de k, a posição de B em função do tempo, bem como a tensão no cabo em função do tempo. Lembre que o modelo de cabo inextensível pode ser visto como um caso especial do modelo de cabo deformável com uma rigidez infinita k. Considere diferentes valores de k, começando com valores extremamente grandes (para simular o infinito) e de maneira gradual diminua o valor de k para compreender em que ponto os dois modelos fornecem respostas significativamente diferentes (você terá que decidir a definição de *significante* neste contexto).

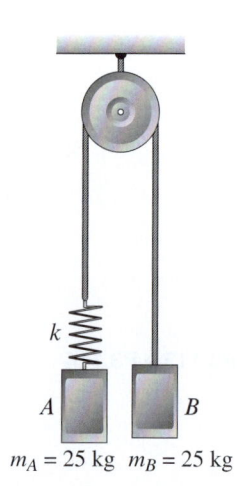

Figura PP3.3

$m_A = 25$ kg $m_B = 25$ kg

Problema de projeto 3.4

Neste problema, exploraremos uma hipótese que elaboramos, ou seja, que podemos desprezar a massa dos cabos ou cordas em sistemas de polias.

Considere o pêndulo simples na parte esquerda da figura. Considere o prumo do pêndulo como estando em movimento na posição mostrada a uma rapidez $v_0 = 3$ m/s. Determine o movimento do prumo do pêndulo e, em particular, o seu deslocamento máximo de sua posição inicial. Em seguida, considere um pêndulo duplo com um cabo igualmente longo, mas com uma corda de massa m_C. A fim de obter uma estimativa para o efeito da massa do cabo no movimento do pêndulo, considere que a massa inteira do cabo está concentrada em seu ponto médio (desconsideramos a massa dos dois cabos ligando O a m_C e m_C a m_B). Em seguida, considere esse pêndulo duplo como posto em movimento, da mesma forma como no caso anterior. Mais uma vez, determine o movimento do prumo do pêndulo m_B e determine o valor de m_C necessário para causar uma diferença de 10% no deslocamento máximo de sua posição inicial.

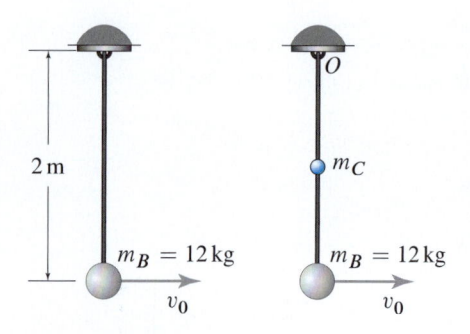

Figura PP3.4

2 m $m_B = 12$ kg v_0 m_C $m_B = 12$ kg v_0

Problema de projeto 3.5

Neste problema, exploraremos uma hipótese que formulamos, ou seja, que podemos desprezar a massa dos cabos ou cordas em sistemas de polias.

Considere o pêndulo simples na parte esquerda da figura. Considere o prumo do pêndulo como estando em movimento na posição mostrada a uma rapidez $v_0 = 3$ m/s. Determine o movimento do prumo do pêndulo e, em particular, o seu deslocamento máximo de sua posição inicial. Em seguida, considere um pêndulo com um cabo igualmente longo, mas com uma corda de massa m_C. A fim de obter uma estimativa para o efeito da massa do cabo no movimento do pêndulo, considere que a massa inteira do cabo está concentrada em seu ponto médio (desconsideramos neste caso a massa da única barra rígida ligando O a m_C e m_C a m_B). Em seguida, considere esse pêndulo rígido como posto em movimento, da mesma forma como no caso anterior. Mais uma vez, determine o movimento do prumo do pêndulo m_B e o valor de m_C necessário para causar uma diferença de 10% no deslocamento máximo de sua posição inicial.

Dica: Assuma que a barra rígida pode fornecer apenas forças paralelas à própria barra.

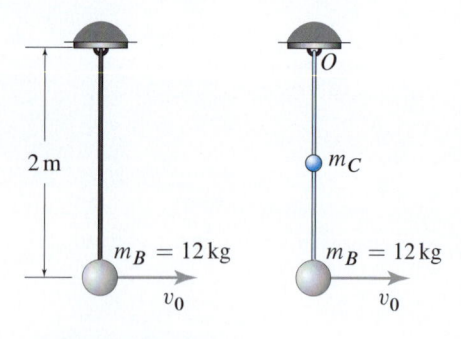

Figura PP3.5

2 m $m_B = 12$ kg v_0 m_C $m_B = 12$ kg v_0

3.4 REVISÃO DO CAPÍTULO

Neste capítulo, apresentamos uma abordagem geral para a solução de problemas cinéticos envolvendo o movimento de uma partícula única ou de um sistema de partículas. Agora, apresentamos um resumo conciso do material abordado no capítulo.

Aplicação da segunda lei de Newton

Aplicando a segunda lei de Newton. Neste capítulo, desenvolvemos um procedimento de solução de problemas em quatro passos para aplicar a segunda lei de Newton aos sistemas mecânicos. O elemento central desse procedimento é a determinação das equações fundamentais, que se originam, no máximo,

1. dos princípios de equilíbrio
2. das leis da força
3. das equações cinemáticas

No capítulo, o princípio do equilíbrio foi a segunda lei de Newton, que se escreve como

Eq. (3.15), p. 189
$$\vec{F} = m\vec{a}.$$

Aplicamos a segunda lei de Newton na forma de componentes como

Eq. (3.22), p. 193
$$\sum F_a = ma_a, \quad \sum F_b = ma_b \quad \text{e} \quad \sum F_c = ma_c,$$

em que a, b e c são as direções ortogonal do sistema de componentes escolhido, e geralmente precisamos apenas de duas direções para os problemas planares. A "receita" de quatro passos que apresentamos para aplicar a segunda lei de Newton, descrita na nota de margem, é dada como um guia para a *ordem* em que as coisas devem ser feitas, e a usamos de forma coerente em cada exemplo que apresentamos.

Capacidade de solução de um sistema de equações. Precisamos de tantas equações quanto o número de incógnitas que temos para as equações algébricas e diferenciais. É importante lembrar que, para as equações diferenciais, uma função e suas derivadas no tempo, digamos, $x(t)$ e $\dot{x}(t)$, *não* são duas incógnitas diferentes, visto que $x(t)$ não é independente de $x(t)$.

Sistemas de referencial inercial. Um *sistema de referencial inercial* é um sistema no qual as leis de movimento de Newton fornecem previsões que concordam com a verificação experimental. Para a maioria dos problemas de engenharia, um sistema fixado à superfície da Terra pode ser considerado inercial. Sistemas que não estão acelerando em relação a um determinado sistema inercial também são inerciais.

Equações fundamentais e equações de movimento. As *equações fundamentais* para um sistema consistem (1) nos princípios de equilíbrio, (2) nas leis da força e (3) nas equações cinemáticas. As *equações de movimento* são equações diferenciais derivadas das equações fundamentais, que permitem a determinação do movimento.

Informações úteis

Vamos estruturar a solução de problemas cinéticos usando os seguintes quatro passos:

1. **Roteiro e modelagem:** Identificar os dados e as incógnitas, identificar o sistema, estabelecer os pressupostos, esboçar o DCL e identificar uma estratégia de resolução do problema.
2. **Equações fundamentais:** Escrever os princípios de equilíbrio, as leis da força e as equações cinemáticas.
3. **Cálculo:** Resolver o sistema de equações.
4. **Discussão e verificação:** Estudar a solução e realizar uma "checagem de conformidade".

Graus de liberdade. Os *graus de liberdade* de um sistema são as coordenadas independentes necessárias para descrever completamente a posição de um sistema. O número de graus de liberdade é igual ao número de coordenadas diferentes em um sistema que devem ser fixadas de modo a impedir o movimento do sistema. O número necessário de equações de movimento é igual ao número de graus de liberdade para um sistema.

Atrito. Consideraremos o atrito usando o modelo de atrito de Coulomb. De acordo com esse modelo, na ausência de deslizamento, a magnitude da força de atrito F satisfaz a desigualdade

Eq. (3.8), p. 186
$$|F| \leq \mu_s |N|,$$

em que μ_s é o *coeficiente de atrito estático* e N é a força normal à superfície de contato. A relação

Eq. (3.9), p. 186
$$F = \mu_s N$$

define o caso de deslizamento iminente.

Se A e B são dois objetos deslizando um em relação ao outro, a magnitude da força de atrito exercida por B em A é dada por

Eq. (3.10), p. 186
$$F = \mu_k N,$$

em que μ_k é o *coeficiente de atrito cinético* e em que o sentido da força de atrito deve ser coerente com o fato de que o atrito se opõe ao movimento relativo de A e B.

Molas. Uma mola é considerada *elástica linear* se a força interna na mola está linearmente relacionada ao quanto a mola é esticada ou comprimida. A força F_s necessária para esticar ou comprimir uma mola elástica linear por uma quantidade δ é dada por

Eq. (3.13), p. 187
$$F_s = k\delta = k(L - L_0),$$

em que k é a *constante de mola* e em que L e L_0 são os comprimentos atual e indeformado da mola, respectivamente. Quando $\delta > 0$, a mola é considerada esticada; e quando $\delta < 0$, a mola é considerada comprimida.

Sistemas de partículas

Na prática, a aplicação da segunda lei de Newton em um sistema de partículas é essencialmente idêntica à sua aplicação sobre uma única partícula – escrevemos $(\vec{F}_i)_{tot} = m_i \vec{a}_i$, $i = 1, ..., n$, para cada uma das n partículas no sistema, em que $(\vec{F}_i)_{tot}$ é a força total que age sobre a partícula i, incluindo assim tanto as forças internas quanto as forças externas que atuam sobre a partícula. Além da segunda lei de Newton, temos de aplicar a terceira lei de Newton, que é crucial para explicar o efeito das forças internas.

Movimento do centro de massa. O movimento do centro de massa de um sistema de partículas é governado pela relação

Eq. (3.73), p. 237
$$\vec{F} = \sum_{i=1}^{n} m_i \vec{a}_i = m\vec{a}_G,$$

em que $\vec{F}$ é a força externa total no sistema, m é a massa total do sistema, e $\vec{a}_G$ é a aceleração do centro de massa do sistema. A equação acima tem algumas consequências importantes:

- Se $\vec{F} = \vec{0}$, então o centro de massa se move a uma velocidade constante; e, se o centro de massa está inicialmente em repouso, ele permanecerá em repouso.
- Se $\vec{F} = \vec{0}$, então podemos concluir que $m\vec{a}_G$ deve ser zero e sua integral temporal deve ser uma constante.

PROBLEMAS PARA REVISÃO

Problema 3.115

Uma força constante P é aplicada em A na corda atrás da carga G, que tem uma massa de 300 kg. Supondo que qualquer fonte de atrito e a inércia das polias possam ser desprezadas, determine P tal que G tenha uma aceleração para cima de 1 m/s².

Problema 3.116

Uma força constante $P = 1.300$ N é aplicada em A na corda atrás da carga G, com uma massa de 450 kg. Se a massa de cada uma das polias é 3,2 kg, e supondo que qualquer fonte de atrito e a inércia rotacional das polias possam ser desprezadas, determine a aceleração de G e a tensão na corda que liga as polias B e C.

Problema 3.117

Uma bola de metal cuja massa é 90 g está afundando a partir do repouso em um fluido. Se a magnitude da resistência devido ao fluido é dada por $C_d v$, em que $C_d = 7,3$ N · s/m é um coeficiente de arrasto e v é a rapidez da bola, determine a profundidade que a bola terá afundado quando atingir uma rapidez de 0,09 m/s.

Problema 3.118

Uma bola de metal cuja massa é 90 g está afundando a partir do repouso em um fluido. Observa-se que após a descida de 0,3 m, a bola tem uma rapidez de 0,7 m/s. Se a magnitude da resistência devido ao fluido é dada por $C_d v$, em que C_d é um coeficiente de arrasto e v é a rapidez da bola, determine o valor de C_d.

Problema 3.119

Duas partículas A e B, com massas m_A e m_B, respectivamente, estão separadas por uma distância r_0. A partícula B está fixa no espaço, e A está inicialmente em repouso. Usando a Eq. (1.6) e supondo que os diâmetros das massas são desprezíveis, determine o tempo que leva para as duas partículas entrarem em contato se $m_A = 1$ kg, $m_B = 2$ kg e $r_0 = 1$ m. Suponha que as duas massas estão infinitamente distantes de qualquer outra massa.

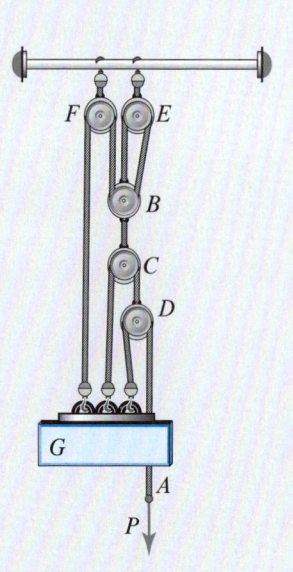

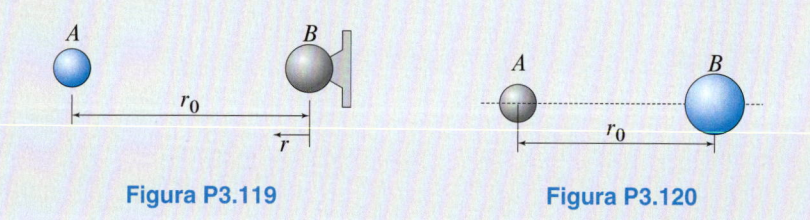

Figura P3.115 e P3.116

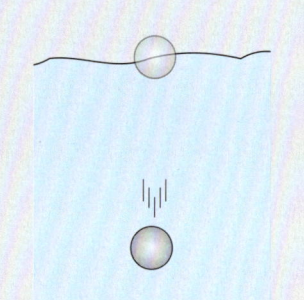

Figura P3.117 e P3.118

Figura P3.119

Figura P3.120

Problema 3.120

Os centros das duas esferas A e B, com massas $m_A = 1,36$ kg e $m_B = 3,2$ kg, respectivamente, estão separados por uma distância $r_0 = 1,5$ m quando são liberados a partir do repouso. Usando a Eq. (1.6), determine a rapidez com que eles se chocam se os diâmetros das esferas A e B são $d_A = 64$ mm e $d_B = 100$ mm, respectivamente. Suponha que as duas massas estão infinitamente distantes de qualquer outra massa.

Problema 3.121

O carro da montanha-russa se move sobre o topo A da pista mostrada a uma rapidez $v = 135$ km/h. Se o raio de curvatura em A é $\rho = 60$ m, determine a força mínima que uma restrição deve aplicar a uma pessoa com uma massa de 85 kg a fim de manter a pessoa em seu assento.

Problema 3.122

Uma aeronave de 22.500 kg está voando ao longo de uma trajetória retilínea a uma altitude constante a uma rapidez $v = 1.160$ km/h quando o piloto inicia uma curva inclinando o avião 20° para a direita. Considerando que a taxa inicial de variação da rapidez é desprezível, determine as componentes da aceleração da aeronave no instante em que ele começa a curva se o piloto não ajusta a altitude da aeronave para que a magnitude de sustentação continue a mesma quando o avião estiver voando em linha reta e o arrasto aerodinâmico permaneça no plano horizontal. Além disso, determine o raio de curvatura no início da curva.

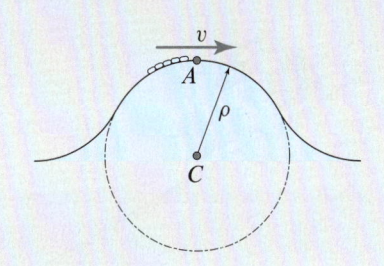

Figura P3.121

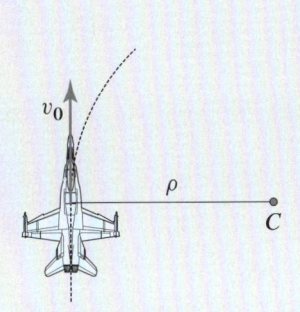

Figura P3.122

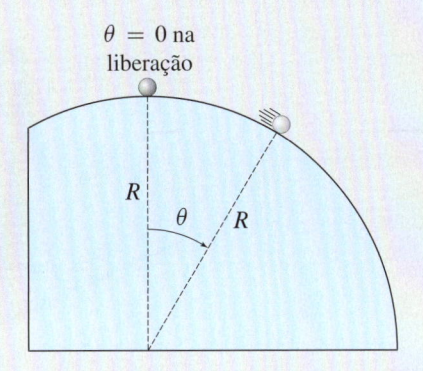

Figura P3.123

Problema 3.123

Referindo-se ao Exemplo 3.6 da p. 216, considere $R = 0,4$ m e o ângulo em que a esfera se separa do cilindro $\theta_s = 34°$. Se a esfera foi colocada em movimento no ponto mais alto do cilindro, determine a rapidez inicial da esfera.

Problema 3.124

Reveja o Exemplo 3.4 e assuma que a força de arrasto que atua sobre a bola tem a forma $\vec{F}_d = -\eta\vec{v}$, em que $\vec{v}$ é a velocidade da bola e η é um coeficiente de arrasto. Determine a trajetória da bola, expressando-a na forma $y = y(x)$.

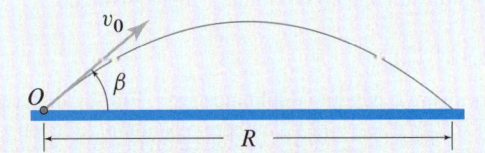

Figura P3.124 e P3.125

Problema 3.125

Reveja o Exemplo 3.4 e assuma que a força de arrasto que atua sobre a bola tem a forma $\vec{F}_d = -\eta\vec{v}$, em que $\vec{v}$ é a velocidade da bola e η é um coeficiente de arrasto. Determine o valor de η para que uma bola de 45 g tenha um alcance $R = 245$ m quando colocada em movimento a uma velocidade inicial de magnitude $v_0 = 300$ km/h e direção inicial $\beta = 11,2°$.

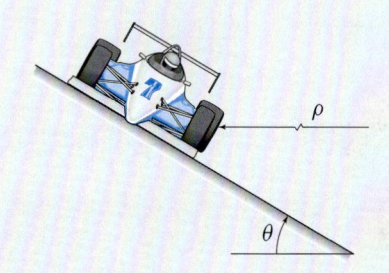

Figura P3.126

Problema 3.126
Referindo-se ao Exemplo 3.5 da p. 214, mostre que, para $\theta = 33°$ e sob a condição de que $\mu_s > 1/\operatorname{tg}\theta$, a solução sem deslizamento das Eqs. (15) e (16) satisfaz a condição de não deslizamento $|F| \leq \mu_s |N|$ para qualquer valor da rapidez do carro.

Problema 3.127
A carga B tem uma massa $m_B = 250$ kg, a carga A tem uma massa $m_A = 120$ kg. Considere que o sistema seja liberado a partir do repouso e, desprezando qualquer fonte de atrito, bem como a inércia dos cabos e polias, determine a aceleração de A e a tensão no cabo em que A é ligado.

Problema 3.128
A carga B tem massa de 135 kg. Desconsiderando qualquer fonte de atrito, bem como a inércia dos cabos e das polias, determine o peso de A se, depois que o sistema é liberado a partir do repouso, B se move para cima a uma aceleração de 0,23 m/s^2.

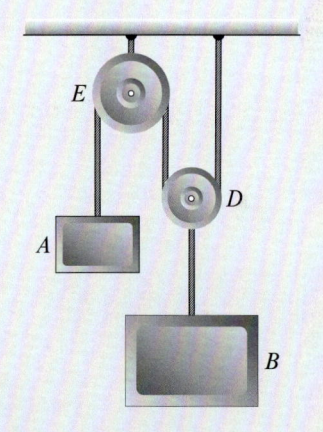

Figura P3.127 e P3.128

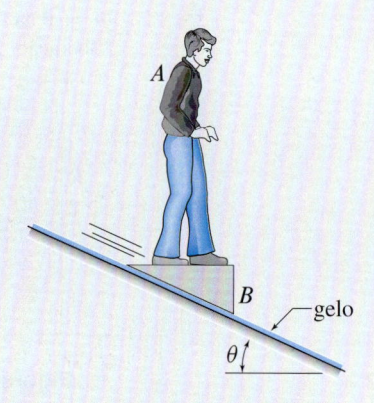

Figura P3.129

Problema 3.129
Uma pessoa A tenta manter o equilíbrio enquanto está em um trenó B que desliza para baixo em uma rampa de gelo. Considere $m_A = 78$ kg e $m_B = 25$ kg as massas de A e B, respectivamente. Além disso, considere que os coeficientes de atrito estático e cinético entre A e B sejam $\mu_s = 0,4$ e $\mu_k = 0,35$, respectivamente. Determine a aceleração de A se $\theta = 23°$. O atrito entre o trenó e a rampa é desprezível.

Problema 3.130
Obtenha as equações de movimento do pêndulo duplo mostrado.

Problema 3.131
Obtenha as equações para o pêndulo duplo mostrado. Em seguida, considere $L_1 = 1,4$ m, $L_2 = 2$ m, $m_1 = 7,5$ kg e $m_2 = 12$ kg e libere o pêndulo do repouso com $\theta(0) = 25°$ e $\phi(0) = -37°$. Integre as equações de movimento e plote a trajetória de cada uma das partículas por, pelo menos, 5 s.

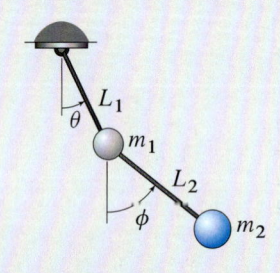

Figura P3.130 e P3.131

Métodos de energia para partículas 4

Este capítulo apresenta os conceitos de *trabalho de uma força* e *energia cinética* de uma partícula. Essas duas grandezas desempenham uma função crucial em uma lei de equilíbrio chamada princípio do trabalho-energia, que está intimamente relacionada com a segunda lei de Newton. Veremos que o princípio do trabalho-energia pode ser deduzido a partir de $\vec{F} = m\vec{a}$ pela integração de $\vec{F} = m\vec{a}$ em relação à posição. Às vezes nos referimos ao princípio do trabalho-energia como a forma "pré-integrada" da segunda lei de Newton para nos lembrarmos da conexão entre essas duas leis fundamentais da física. O capítulo concluirá com uma apresentação dos conceitos de *potência* e *eficiência*, que são importantes para medir o desempenho de motores e máquinas.

4.1 PRINCÍPIO DO TRABALHO-ENERGIA PARA UMA PARTÍCULA

Relacionando mudanças na velocidade escalar a mudanças na posição

Para encontrar o ponto em que uma pequena esfera deslizando para baixo em um semicilindro se separa da superfície (veja a Fig. 4.1), no Exemplo 3.6 da p. 216, (1) escrevemos $\vec{F} = m\vec{a}$ para a esfera em coordenadas polares, (2) aplicamos a regra da cadeia e integramos a componente θ de $\vec{F} = m\vec{a}$ em relação a θ, (3) obtemos a relação para a velocidade angular em função de θ, e

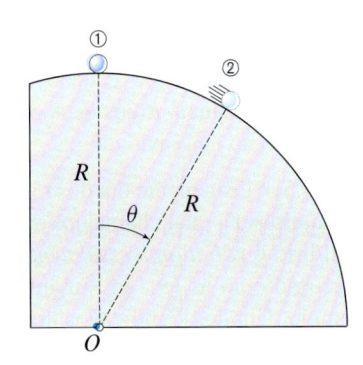

Figura 4.1 Uma partícula deslizando em uma superfície semicilíndrica sem atrito. Em ①, a partícula possui posição e velocidade escalar (rapidez) conhecidas, e desejamos encontrar a sua velocidade escalar em ②.

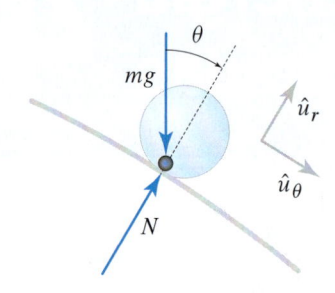

Figura 4.2
DCL da partícula em ② da Fig. 4.1.

(4) utilizamos a relação para resolver o valor de θ para o qual a força normal entre a esfera e a superfície deslizante se torna zero. Felizmente, existe uma maneira de "condensar" as etapas 1-3 em um único passo. Para entender como isso é possível, precisamos reexaminar as etapas que seguimos para resolver o Exemplo 3.6.

Iniciamos denotando uma posição específica da partícula por um número dentro do círculo, de forma que a posição 1 é indicada por ①, a posição 2 por ②, etc. Referindo-se à Fig. 4.1, liberaremos a partícula em ① e encontraremos a sua rapidez em ②. Considere $\theta = \theta_1$ e $\dot\theta = \dot\theta_1$ em ①, e $\theta = \theta_2$ e $\dot\theta = \dot\theta_2$ em ②. Referindo-se à Fig. 4.2, a segunda lei de Newton fornece

$$\sum F_r: \quad N - mg\cos\theta = ma_r = -mR\dot\theta^2, \qquad (4.1)$$

$$\sum F_\theta: \qquad mg\,\text{sen}\,\theta = ma_\theta = mR\ddot\theta, \qquad (4.2)$$

em que $a_r = \ddot r - r\dot\theta^2 = -R\dot\theta^2$ e $a_\theta = r\ddot\theta + 2\dot r\dot\theta = R\ddot\theta$ devido a $r = R =$ constante. A Equação (4.1) nos fornece N em função de θ ao sabermos $\dot\theta$ em função de θ. A Equação (4.2) nos fornece $\dot\theta$ em função de θ. Lembrando que $\ddot\theta = \dot\theta\,d\dot\theta/d\theta$ e integrando a Eq. (4.2) entre ① e ②, obtemos

$$\int_{\dot\theta_1}^{\dot\theta_2} mR\dot\theta\,d\dot\theta = \int_{\theta_1}^{\theta_2} mg\,\text{sen}\,\theta\,d\theta$$

$$\Rightarrow \quad \tfrac{1}{2}mR(\dot\theta_2^2 - \dot\theta_1^2) = -mg(\cos\theta_2 - \cos\theta_1). \qquad (4.3)$$

Multiplicando a Eq. (4.3) por R e reorganizando, obtemos

$$\tfrac{1}{2}mR^2\dot\theta_2^2 - \tfrac{1}{2}mR^2\dot\theta_1^2 = mg[R(\cos\theta_1 - \cos\theta_2)]. \qquad (4.4)$$

Por fim, visto que $\dot r = 0$, a velocidade da esfera é $\vec v = R\dot\theta\,\hat u_\theta$ e sua rapidez é $v = |R\dot\theta|$. Utilizando esse resultado, a Eq. (4.4) pode ser dada da seguinte forma:

$$\tfrac{1}{2}mv_2^2 - \tfrac{1}{2}mv_1^2 = mg[R(\cos\theta_1 - \cos\theta_2)]. \qquad (4.5)$$

A Equação (4.5) é um excelente resultado. Veremos por quê.

- A partir da física elementar, reconhecemos os termos do lado esquerdo da Eq. (4.5) como termos de *energia cinética*.
- O termo $mg[R(\cos\theta_1 - \cos\theta_2)]$ consiste no produto da força mg com a distância vertical percorrida pela partícula ao deslocar-se de ① até ②. Então, lembrando novamente da física elementar, podemos enxergar esses termos como o *trabalho* do peso ao deslocar-se de ① até ②.
- Com base nessas observações, notamos que a Eq. (4.5) indica que a variação na energia cinética entre ① e ② é igual ao, ou *equilibrada pelo*, trabalho da força mg sobre a distância $R(\cos\theta_1 - \cos\theta_2)$, que é a distância que separa ① de ② na direção da gravidade.

Conforme mostrado, a Eq. (4.5) é exatamente um dos resultados mais profundos em mecânica: uma lei de equilíbrio a qual chamamos de *princípio do trabalho--energia*. Essa lei de equilíbrio é *válida universalmente*; ou seja, ela se aplica a tudo que se mova de acordo com as leis do movimento de Newton, e não apenas à esfera deste exemplo. Um dos significados práticos dessa realização é que podemos ter nos aproximado da solução de nosso problema simplesmente escrevendo a Eq. (4.5) desde o início, em vez de começar por $\vec F = m\vec a$ e integrar;

é por essa razão que dissemos que as Etapas 1-3 podem ser "condensadas" em uma única etapa, ou seja, a expressão do princípio do trabalho-energia.

Mostraremos agora que o resultado aqui obtido serve para qualquer partícula em movimento. Nesse processo, apresentaremos definições formais de trabalho e energia cinética.

Princípio do trabalho-energia e sua relação com $\vec{F} = m\vec{a}$

Referindo-se à Fig. 4.3, considere uma partícula de massa m movendo-se ao longo do caminho $\mathcal{L}_{1\text{-}2}$ entre os pontos P_1 e P_2 sobre a ação de uma força $\vec{F}$. De acordo com a segunda lei de Newton, temos que $\vec{F} = m\vec{a}$, em que $\vec{a}$ é a aceleração da partícula. Multiplicando escalarmente ambos os lados de $\vec{F} = m\vec{a}$ pelo deslocamento infinitesimal da partícula, $d\vec{r}$, obtemos

$$\vec{F} \cdot d\vec{r} = m\vec{a} \cdot d\vec{r}. \tag{4.6}$$

Lembrando que $d\vec{r} = \vec{v}\,dt$ e $\vec{a} = d\vec{v}/dt$, podemos reescrever a Eq. (4.6) conforme

$$\vec{F} \cdot d\vec{r} = m\frac{d\vec{v}}{dt} \cdot \vec{v}\,dt = m\vec{v} \cdot d\vec{v}, \tag{4.7}$$

em que a última expressão foi obtida eliminando-se dt. Agora observamos que o diferencial de $\tfrac{1}{2}m\vec{v} \cdot \vec{v}$ é igual ao último termo da Eq. (4.7), ou seja,

$$d\left(\tfrac{1}{2}m\vec{v} \cdot \vec{v}\right) = \tfrac{1}{2}m\left(d\vec{v} \cdot \vec{v} + \vec{v} \cdot d\vec{v}\right) = \tfrac{1}{2}m\left(2\vec{v} \cdot d\vec{v}\right) = m\vec{v} \cdot d\vec{v}, \tag{4.8}$$

em que $d(\ )$ indica o diferencial da quantidade em parênteses. Substituindo a Eq. (4.8) na Eq. (4.7) e integrando na direção da trajetória da partícula, do ponto inicial P_1 até o ponto final P_2, obtemos

$$\int_{\mathcal{L}_{1\text{-}2}} \vec{F} \cdot d\vec{r} = \int_{\mathcal{L}_{1\text{-}2}} d\left(\tfrac{1}{2}m\vec{v} \cdot \vec{v}\right). \tag{4.9}$$

Ambas as integrais na Eq. (4.9) são integrais *de trajetória* ou *de linha*, as quais você provavelmente estudou em suas disciplinas de cálculo. A integral do lado direito da Eq. (4.9) é a integral de linha de um *diferencial exato* (veja a nota Informações úteis na margem) e pode ser escrita conforme

$$\int_{\mathcal{L}_{1\text{-}2}} d\left(\tfrac{1}{2}m\vec{v} \cdot \vec{v}\right) = \tfrac{1}{2}m\vec{v}_2 \cdot \vec{v}_2 - \tfrac{1}{2}m\vec{v}_1 \cdot \vec{v}_1, \tag{4.10}$$

em que $\vec{v}_1$ e $\vec{v}_2$ são as velocidades da partícula nos pontos P_1 e P_2, respectivamente. Visto que $\vec{v} \cdot \vec{v} = v^2$, substituir a Eq. (4.10) na Eq. (4.9) resulta em

$$\boxed{\int_{\mathcal{L}_{1\text{-}2}} \vec{F} \cdot d\vec{r} = \tfrac{1}{2}mv_2^2 - \tfrac{1}{2}mv_1^2.} \tag{4.11}$$

Agora introduzimos as seguintes definições:

$$U_{1\text{-}2} = \int_{\mathcal{L}_{1\text{-}2}} \vec{F} \cdot d\vec{r} = \text{o } \textit{trabalho} \text{ realizado por } \vec{F} \text{ na partícula em movimento do ponto } P_1 \text{ ao } P_2\text{, ao longo da trajetória } \mathcal{L}_{1\text{-}2}, \tag{4.12}$$

$$T = \tfrac{1}{2}mv^2 = \text{a } \textit{energia cinética} \text{ da partícula.} \tag{4.13}$$

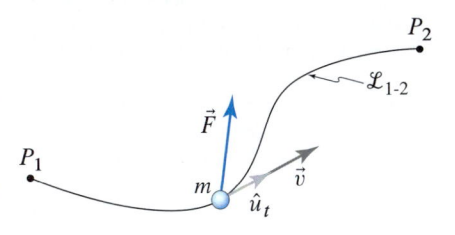

Figura 4.3
Uma partícula de massa m movendo-se ao longo da trajetória $\mathcal{L}_{1\text{-}2}$ sendo submetida a uma força $\vec{F}$.

Informações úteis

Integral de linha de um diferencial exato. Todos os livros de cálculo elementar tratam sobre integrais de linha (veja, p. ex., G. B. Thomas, Jr., e R. L. Finney, *Calculus and Analytic Geometric*, 9ª ed., Addison-Wesley, Boston, 1996). Um teorema relacionado com integrais de linha determina que $\varphi = \varphi(\vec{r})$, então

$$\int_{\mathcal{L}_{1\text{-}2}} d\varphi = \varphi(\vec{r}_2) - \varphi(\vec{r}_1),$$

em que $\vec{r}_1$ é o ponto inicial de $\mathcal{L}_{1\text{-}2}$, e $\vec{r}_2$ é o ponto final de $\mathcal{L}_{1\text{-}2}$. As únicas restrições a esse resultado são que $\varphi(\vec{r})$ precisa ser contínua e possuir um único valor na região contendo $\mathcal{L}_{1\text{-}2}$, e que $\mathcal{L}_{1\text{-}2}$ deve ser suave. Este é o teorema que aplicamos na Eq. (4.10)

Alerta de conceito

Trabalho igual à variação na energia cinética. O trabalho realizado em um objeto de massa *m* equivale à variação na energia cinética do objeto *independentemente da massa do objeto*. Ou seja, a mesma força *F* atuando através da mesma distância sempre resulta na mesma quantidade de trabalho realizado, independentemente se a massa da partícula for, digamos, *m*, 4*m* ou 100*m*. Isso não quer dizer que a rapidez de partículas de massa diferente será a mesma, mas elas terão *exatamente a mesma energia cinética*.

Erro comum

Energia cinética nunca é negativa. Se você calcula uma energia cinética utilizando uma componente de velocidade que é negativa, *não* seja tentado a escrever $T = -\frac{1}{2}mv^2$; visto que v está elevada ao quadrado, independentemente do sinal da componente de velocidade, a energia cinética *nunca* poderá ser negativa.

Utilizando essas definições, é possível perceber o porquê de considerar a Eq. (4.12) o *princípio do trabalho-energia*. Em palavras, interpretamos o princípio do trabalho-energia dizendo que *a variação em energia cinética de uma partícula é igual ao trabalho realizado naquela partícula*. Observe que o trabalho e a energia cinética são grandezas *escalares*. Além disso, observe que, por definição, a energia cinética *nunca* é negativa. Utilizando as definições nas Eqs. (4.12) e (4.13), o princípio do trabalho-energia pode ser dado na forma

$$T_1 + U_{1\text{-}2} = T_2. \qquad (4.14)$$

Unidades de trabalho e energia cinética

As dimensões de ambos, trabalho e energia cinética, são (força) × (comprimento) ou, de forma equivalente, (massa) × (comprimento)²/(tempo)². A Tabela 4.1 fornece as unidades de energia. Incluímos também as unidades de um momento na Tabela 4.1. De um ponto de vista dimensional, energia, trabalho e momento são equivalentes. Isso não representa um problema para o sistema SI, visto que, referindo-se a energia, a unidade N · m é chamada de *joule* e escrita com o símbolo J.

Tabela 4.1 Unidades de trabalho, energia e momento

Grandeza	Sistema SI
energia ou trabalho	J (joule)
momento	N · m

O trabalho de uma força

Tendo deduzido o princípio do trabalho-energia, é importante agora desenvolver uma intuição física sobre o que significa para uma força realizar um trabalho. Consultando a Fig. 4.4, observe que o trabalho de uma força $\vec{F}$ pode ser escrito das seguintes maneiras

$$U_{1\text{-}2} = \int_{\mathcal{L}_{1\text{-}2}} \vec{F} \cdot d\vec{r} = \int_{t_1}^{t_2} \vec{F} \cdot \vec{v}\, dt = \int_{t_1}^{t_2} \vec{F} \cdot v\, \hat{u}_t\, dt \qquad (4.15)$$

$$= \int_{t_1}^{t_2} \vec{F} \cdot \frac{ds}{dt} \hat{u}_t\, dt = \int_{s_1}^{s_2} \vec{F} \cdot \hat{u}_t\, ds, \qquad (4.16)$$

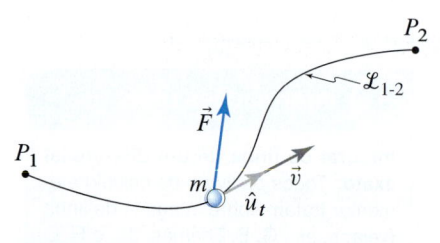

Figura 4.4

Figura 4.3 repetida. Uma partícula de massa *m* movendo-se na trajetória $\mathcal{L}_{1\text{-}2}$ quando submetida a uma força $\vec{F}$.

em que t_1 e t_2 são os tempos nos quais a partícula está em P_1 e P_2, respectivamente, e utilizamos $d\vec{r} = \vec{v}dt$. Nas Eqs. (4.15) e (4.16) também utilizamos o comprimento de arco *s* com o sistema de componentes normal-tangencial. Especificamente, s_1 e s_2 são os valores do comprimento do arco em P_1 e P_2, respectivamente; $\hat{u}_t$ é o vetor unitário tangente (apontando na direção do movimento); e $\vec{v} = v\hat{u}_t = (ds/dt)\hat{u}_t$.

A última expressão na Eq. (4.16) nos informa que o trabalho realizado pela força $\vec{F}$ ao deslocar-se ao longo da trajetória $\mathcal{L}_{1\text{-}2}$ depende somente da componente de $\vec{F}$ na direção do movimento, ou seja, $\vec{F} \cdot \hat{u}_t$. As equações (4.15) e (4.16) também nos informam que

- O sinal do trabalho é determinado pelo sinal de $\vec{F} \cdot \hat{u}_t$: é positivo se $\vec{F}$ provoca o movimento, enquanto é negativo se $\vec{F}$ impede o movimento (veja a Fig. 4.5).
- Visto que a segunda integral na Eq. (4.15) é em relação ao tempo, $\vec{F} \cdot \vec{v}$ pode ser interpretado como a *taxa de trabalho* realizado pela força $\vec{F}$. Exploraremos essa ideia na Seção 4.4, na qual estudaremos potência e eficiência.
- Forças de restrição, como forças normais, *nunca* contribuem para U_{1-2} porque sempre são perpendiculares à trajetória.[1]

Figura 4.5
O ângulo θ_p entre a força $\vec{F}_p$ e o vetor de velocidade $\vec{v}$ é agudo. Consequentemente, $\cos \theta_p$ é positivo, e o trabalho de $\vec{F}_p$ é positivo. Em contrapartida, o ângulo θ_h entre a força $\vec{F}_h$ e o vetor velocidade $\vec{v}$ é obtuso. Consequentemente, $\cos \theta_h$ é negativo, e o trabalho de $\vec{F}_h$ é negativo.

Trabalho de uma força constante

Aqui consideraremos um exemplo bidimensional simples no qual calculamos o trabalho realizado por uma força constante. A generalização para três dimensões não é difícil. Consideraremos exemplos mais complexos na Seção 4.2, na qual calcularemos o trabalho de forças como forças elásticas e gravitacionais conforme a lei da gravitação universal de Newton.

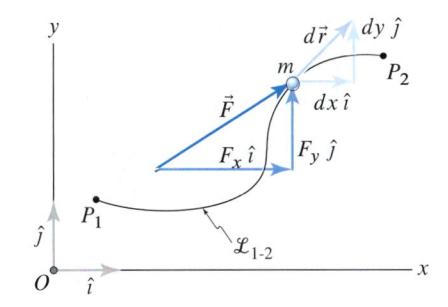

Figura 4.6 Uma força constante $\vec{F}$ atuando em uma partícula.

Consultando a Fig. 4.6, podemos expressar uma força $\vec{F}$ em duas dimensões em coordenadas cartesianas como $\vec{F} = F_x \, \hat{i} + F_y \, \hat{j}$. Assumiremos que $\vec{F}$ é *constante*. Considerando que $d\vec{r}$ representa o deslocamento infinitesimal do ponto de aplicação de $\vec{F}$, em coordenadas cartesianos podemos escrever $d\vec{r}$ como $d\vec{r} = dx \, \hat{i} + dy \, \hat{j}$. Obtemos então a seguinte expressão para o trabalho realizado por $\vec{F}$:

$$U_{1-2} = \int_{\mathcal{L}_{1-2}} \vec{F} \cdot d\vec{r} = \int_{\mathcal{L}_{1-2}} (F_x \, \hat{i} + F_y \, \hat{j}) \cdot (dx \, \hat{i} + dy \, \hat{j})$$

$$= \int_{x_1}^{x_2} F_x \, dx + \int_{y_1}^{y_2} F_y \, dy = F_x \int_{x_1}^{x_2} dx + F_y \int_{y_1}^{y_2} dy$$

$$= F_x(x_2 - x_1) + F_y(y_2 - y_1) = \vec{F} \cdot (\vec{r}_2 - \vec{r}_1). \quad (4.17)$$

A equação (4.17) nos informa que o trabalho de uma força constante depende somente das extremidades da trajetória sobre a qual a força atua, e não da trajetória em si.

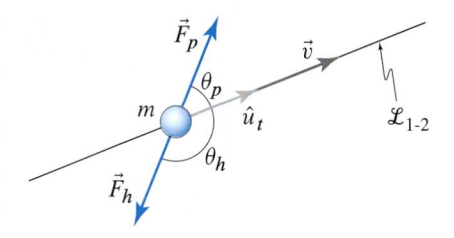

> **Erro comum**
>
> **Limites e variáveis de integração.** Na Eq. (4.17) começamos com uma integral de linha sobre $\mathcal{L}_{1-2}$ e terminamos com integrais simples em d_x e d_y. Mudanças nas variáveis de integração, como mostrado na Eq. (4.17), são muito comuns nesta seção, e é crucial que a variável de integração em uma integral sempre seja compatível com os limites de integração correspondentes. Por exemplo, nas Eqs. (4.15) e (4.16), os limites de integração são t_1 e t_2 quando a integral estiver em dt, enquanto os limites de integração são s_1 e s_2 quando a integral estiver em d_s.

---

[1] Se a restrição está *se movendo* e possui uma componente de velocidade normal à superfície de restrição, então a Eq. (4.15) determina que a força de restrição *irá* realizar trabalho. Não consideraremos tais casos neste livro, visto que este é um tópico para disciplinas avançadas de dinâmica.

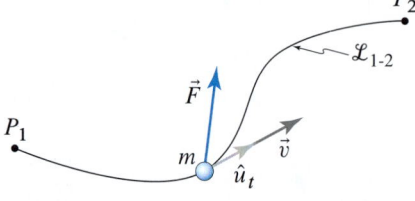

Figura 4.7
Figura 4.3 repetida. Uma partícula de massa m movendo-se ao longo da trajetória $\mathcal{L}_{1\text{-}2}$ submetida à ação da força $\vec{F}$.

Informações úteis

Outras formas de trabalho de uma força. Relembrando que posição e velocidade estão relacionadas pela expressão $d\vec{r} = \vec{v}\,dt$ e que, em componentes normal-tangenciais, a velocidade pode ser expressa por $\vec{v} = v\,\hat{u}_t$, podemos obter as duas formas úteis seguintes do trabalho de uma força:

$$U_{1\text{-}2} = \int_{t_1}^{t_2} \vec{F}\cdot\vec{v}\,dt = \int_{s_1}^{s_2} \vec{F}\cdot\hat{u}_t\,ds,$$

em que t é o tempo, s é o comprimento de arco ao longo da trajetória, e $\hat{u}_t$ é o vetor unitário tangente à trajetória e apontando no sentido do movimento.

Resumo final da seção

O princípio do trabalho-energia pode ser expresso pela seguinte equação:

Eq. (4.14), p. 262
$$T_1 + U_{1\text{-}2} = T_2,$$

em que $U_{1\text{-}2}$ é o *trabalho*, definido conforme (veja a Fig. 4.7)

Eq. (4.12), p. 261
$$U_{1\text{-}2} = \int_{\mathcal{L}_{1\text{-}2}} \vec{F}\cdot d\vec{r}$$

e T é a *energia cinética*, definida conforme

Eq. (4.13), p. 261
$$T = \tfrac{1}{2}mv^2.$$

O trabalho e a energia cinética possuem as seguintes propriedades básicas:

- O trabalho e a energia cinética são grandezas *escalares*.
- O trabalho depende somente da componente de $\vec{F}$ no sentido do movimento, ou seja, de $\vec{F}\cdot\hat{u}_t$, e seu sinal é determinado pelo sinal de $\vec{F}\cdot\hat{u}_t$.
- A energia cinética *nunca* é negativa.

EXEMPLO 4.1 Relacionando energia cinética com força média

Um Hornet F/A-18 (veja a Fig. 1) decola de um porta-aviões utilizando dois sistemas de propulsão separados: seus dois motores a jato e uma catapulta a vapor. Durante o lançamento, um Hornet completamente carregado e de massa 22.000 kg vai de 0 (em relação ao porta-aviões) a 265 km/h (em relação à superfície da Terra) em uma distância de 90 m (relativa ao porta-aviões), enquanto cada um de seus dois motores opera com potência total, gerando aproximadamente 100 kN de propulsão, e a catapulta está engatada. Para um porta-aviões *estacionário*, desprezando forças aerodinâmicas, determine:

(a) O trabalho total realizado sobre a aeronave durante o lançamento.
(b) O trabalho realizado pela catapulta sobre a aeronave durante o lançamento.
(c) A força média exercida pela catapulta sobre a aeronave.

Figura 1
Um Hornet F/A-18 decolando de um porta-aviões.

SOLUÇÃO

Roteiro e modelagem Referindo-se ao DCL na Fig. 2, modelaremos o avião como uma partícula sobre a ação da gravidade, a propulsão dos motores F_T, a força da catapulta F_C e a reação normal entre a aeronave e o convés. Baseado neste modelo, o princípio do trabalho-energia determina que o trabalho realizado sobre o avião é igual à variação da energia cinética do avião. Podemos calcular a energia cinética porque nos foi fornecido o peso do avião e a variação de sua rapidez. Visto que a propulsão dos motores é constante e sabemos a distância da decolagem, podemos calcular o trabalho realizado pelos motores com uma aplicação direta da definição de trabalho. Subtrair-se o trabalho dos motores do trabalho total nos permitirá encontrar o trabalho da catapulta.

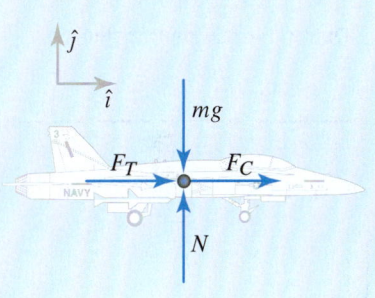

Figura 2
DCL da aeronave, impulsionada pelos motores a jato e pela catapulta.

Equações fundamentais

Princípios de equilíbrio O princípio do trabalho-energia nos fornece

$$T_1 + U_{1\text{-}2} = T_2. \qquad (1)$$

em que ① está no início do lançamento, ② está no instante anterior à decolagem, $U_{1\text{-}2}$ é o trabalho total realizado sobre a aeronave entre ① e ②, e T_1 e T_2 são a energia cinética da aeronave em ① e ②, respectivamente, que são determinadas por

$$T_1 = \tfrac{1}{2} m v_1^2 \quad \text{e} \quad T_2 = \tfrac{1}{2} m v_2^2, \qquad (2)$$

em que v_1 e v_2 são as velocidades da aeronave em ① e ②, respectivamente.

Leis da força Tanto a propulsão dos motores quanto a gravidade foram consideradas forças constantes. Devido a estarmos interessados somente no valor médio da força da catapulta, modelaremos F_C como uma constante. Visto que o trabalho é calculado usando forças e leis da força, em problemas de trabalho-energia, sempre determinaremos expressões para o trabalho na parte das leis da força de nosso procedimento de solução. Consequentemente, as expressões para o trabalho realizado pelos motores e pela catapulta são

$$(U_{1\text{-}2})_{\text{motores}} = \int_{\mathcal{L}_{1\text{-}2}} \vec{F}_T \cdot d\vec{r} = \int_{0\,\text{m}}^{90\,\text{m}} (200.000\,\text{N})\, dx = 18 \times 10^6\,\text{N} \cdot \text{m}, \qquad (3)$$

$$(U_{1\text{-}2})_{\text{catapulta}} = \int_{\mathcal{L}_{1\text{-}2}} \vec{F}_C \cdot d\vec{r} = \int_{0\,\text{m}}^{90\,\text{m}} F_C\, dx = (90\,\text{m}) F_C, \qquad (4)$$

em que $\mathcal{L}_{1\text{-}2}$ é o trecho retilíneo de 90 m percorrido pelo avião entre ① e ②. Observe que o peso da aeronave e a força de reação normal N não realizam trabalho, pois o movimento do avião é presumido como horizontal e, consequentemente, perpendicular a essas forças.

Equações cinemáticas Lembrando a definição de ① e ②, temos

$$v_1 = 0 \quad \text{e} \quad v_2 = 265 \text{ km/h} = 73,6 \text{ m/s}. \tag{5}$$

Cálculos Combinando as Eqs. (2) e (5) com a Eq. (1) e resolvendo para $U_{1\text{-}2}$, encontramos o trabalho total realizado sobre o avião durante o lançamento como sendo

$$\boxed{U_{1\text{-}2} = T_2 - T_1 = 59,58 \times 10^6 \text{ N} \cdot \text{m}.} \tag{6}$$

Portanto, o trabalho realizado pela catapulta é o trabalho total realizado menos o trabalho realizado pelos motores, ou seja,

$$(U_{1\text{-}2})_{\text{catapulta}} = U_{1\text{-}2} - (U_{1\text{-}2})_{\text{motores}}. \tag{7}$$

Substituindo as Eqs. (3) e (6) na Eq. (7), temos

$$\boxed{(U_{1\text{-}2})_{\text{catapulta}} = 41,58 \times 10^6 \text{ N} \cdot \text{m}.} \tag{8}$$

Por fim, resolvendo a Eq. (4) para F_C e usando o resultado da Eq. (8), temos

$$\boxed{F_C = \frac{(U_{1\text{-}2})_{\text{catapulta}}}{90 \text{ m}} = 462 \text{ kN}.} \tag{9}$$

Discussão e verificação O cálculo do trabalho total realizado sobre o avião e o trabalho realizado pela catapulta foi feito pela aplicação direta do princípio do trabalho-energia, portanto, precisamos apenas verificar se as unidades adequadas foram utilizadas para expressar nosso resultado, o que é de fato o caso. Quanto ao resultado na Eq. (9) em interesse, visto que as dimensões do trabalho são força vezes comprimento, sabemos que as dimensões do nosso resultado estão corretas e as unidades apropriadas foram utilizadas para expressá-las.

🔍 **Um olhar mais atento** Este problema enfatiza um ponto importante: *não importa quais forças estão agindo em uma partícula, o trabalho realizado por todas as forças é igual à variação da energia cinética do corpo.*

A quantidade de trabalho realizado sobre o F/A-18 é equivalente a empurrar um caixote de madeira de 310 N sobre o concreto ($\mu_k \approx 0,6$) a uma rapidez constante por mais de 330 km! Além disso, observe que a força da catapulta é maior que o dobro da produzida pelos motores da aeronave. Isso nos diz que um avião como um F/A-18 não poderia decolar de um porta-aviões sem ajuda.

EXEMPLO 4.2   Relacionando rapidez com posição

O bloco de massa $m = 20$ kg está conectado por uma polia em D ao guincho em E por meio de uma corda inextensível. O guincho é capaz de exercer uma força constante $P = 130$ N na corda. O atrito entre o bloco e a barra horizontal sobre a qual o bloco desliza é desprezível. Considerando $h = 0{,}8$ m, se o bloco parte do repouso na posição mostrada, determine a velocidade do bloco após ele mover-se uma distância $d = 1{,}15$ m e quando está bem embaixo da polia.

SOLUÇÃO

Roteiro e modelagem   Visto que estamos interessados em relacionar velocidade com posição, resolveremos este problema utilizando o princípio do trabalho-energia. Referindo-se ao DCL na Fig. 2, modelaremos o bloco como uma partícula submetida ao seu próprio peso, à reação normal entre o bloco e a barra horizontal, bem como à força na corda. Repare que nem o peso nem a força N realizam qualquer trabalho, pois o bloco se move na direção horizontal.

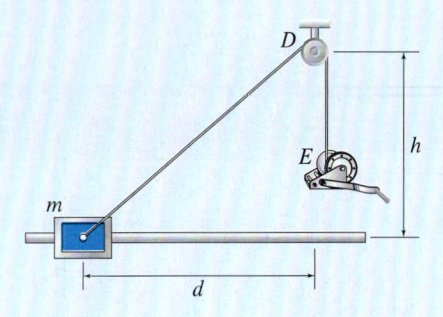

Figura 1
Geometria do sistema de guincho e bloco.

Equações fundamentais

Princípios de equilíbrio   Referindo-se à Fig. 3 e aplicando o princípio do trabalho--energia entre ① e ②, obtemos

$$T_1 + U_{1\text{-}2} = T_2. \tag{1}$$

As energias cinéticas são dadas por

$$T_1 = \tfrac{1}{2}mv_1^2 \quad \text{e} \quad T_2 = \tfrac{1}{2}mv_2^2, \tag{2}$$

em que v_1 e v_2 são as velocidades do bloco em ① e ②, respectivamente.

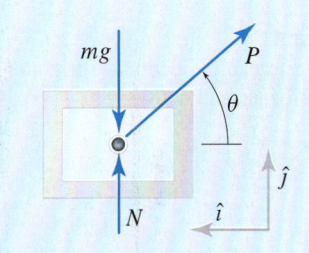

Figura 2
DCL do bloco em uma posição genérica entre as posições inicial e final.

Leis da força   A única força realizando trabalho é a força P, cuja intensidade é constante e dada. Como mencionado no Exemplo 4.1, quando utilizamos o princípio do trabalho-energia, dedicamos a etapa leis da força do nosso procedimento de solução ao cálculo do trabalho realizado pelas forças que aparecem no DCL. Assim, temos

$$U_{1\text{-}2} = \int_{\mathcal{L}_{1\text{-}2}} \vec{F} \cdot d\vec{r} = \int_d^0 -P \cos\theta\, dx, \tag{3}$$

em que utilizamos $\vec{F} = -P\cos\theta\,\hat{\imath} + P\sin\theta\,\hat{\jmath}$ e $d\vec{r} = dx\,\hat{\imath}$.

Equações cinemáticas   Lembrando que o bloco é liberado do repouso e que a velocidade em 2 é a incógnita deste problema, temos

$$v_1 = 0. \tag{4}$$

Além disso, observe que a integral na Eq. (3) contém a variável θ no integrando e utiliza a variável x como variável de integração. Para calcular essa integral, precisamos expressar ou a variável θ em função de x, ou a variável x em função de θ. Escolheremos a última estratégia (o resultado final deve ser o mesmo, não importa qual estratégia utilizarmos) e usaremos diferenciação das restrições (veja a Seção 2.7 na p. 135) para obter a relação de que precisamos. Observando que $\theta = h$ e, então, tomando o diferencial dessa relação, temos

$$\operatorname{tg}\theta\, dx + x\sec^2\theta\, d\theta = \operatorname{tg}\theta\, dx + \frac{h}{\operatorname{tg}\theta}\sec^2\theta\, d\theta = 0, \tag{5}$$

em que usamos o fato de que $x = h/\operatorname{tg}\theta$ e $dh = 0$, pois h é uma constante.

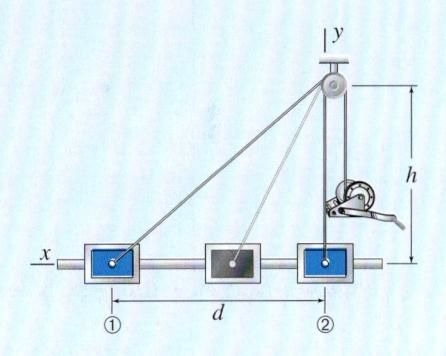

Figura 3
Sistema de guincho e bloco mostrando ① e ② e o sistema de coordenadas cartesianas utilizado.

Resolvendo para dx, encontramos que

$$dx = \frac{-h}{\text{sen}^2 \theta} d\theta. \qquad (6)$$

Cálculos Substituindo a Eq. (6) na Eq. (3), temos

$$U_{1\text{-}2} = \int_{\text{tg}^{-1}(h/d)}^{\pi/2} P\left(\frac{h \cos \theta}{\text{sen}^2 \theta}\right) d\theta, \qquad (7)$$

em que utilizamos o fato de que $\theta = \text{tg}^{-1}(h/d)$ quando $x = d$ e $\theta = \pi/2$ rad quando $x = 0$. Calculando a integral na Eq. (7), obtemos

$$U_{1\text{-}2} = -P \frac{h}{\text{sen}\,\theta}\bigg|_{\text{tg}^{-1}(h/d)}^{\pi/2} = -P\left(h - \sqrt{d^2 + h^2}\right), \qquad (8)$$

em que usamos a identidade $\text{sen}(\text{tg}^{-1} x) = x/\sqrt{1 + x^2}$ (veja a Fig. 4)

Combinando as Eqs. (2), (4) e (8) com a Eq. (1), obtemos

$$-P\left(h - \sqrt{d^2 + h^2}\right) = \tfrac{1}{2} m v_2^2, \qquad (9)$$

que, após resolver para v_2, fornece

$$\boxed{v_2 = \sqrt{\frac{2P}{m}\left(\sqrt{d^2 + h^2} - h\right)} = 2{,}79 \text{ m/s}.} \qquad (10)$$

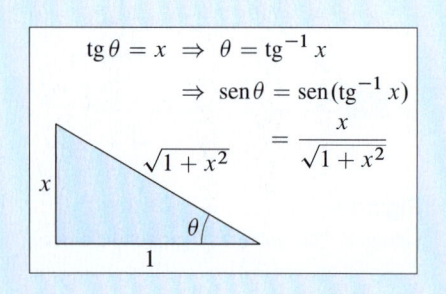

Figura 4
Demonstração da identidade trigonométrica utilizada na Eq. (8).

$\text{tg}\,\theta = x \Rightarrow \theta = \text{tg}^{-1} x$
$\Rightarrow \text{sen}\,\theta = \text{sen}(\text{tg}^{-1} x) = \dfrac{x}{\sqrt{1 + x^2}}$

Discussão e verificação Observando que o termo P/m possui dimensões de aceleração e, o termo $\sqrt{d^2 + h^2} - h$, dimensões de comprimento, vemos que v_2 possui dimensões de comprimento sobre tempo, como deveria. Além disso, o resultado numérico final foi expresso nas unidades apropriadas. Também, observe que o argumento da raiz quadrada na Eq. (10) contém o termo $P(\sqrt{d^2 + h^2} - h)$, que pode ser interpretado como o trabalho de uma força *constante* (isto é, constante em intensidade e direção) com intensidade P ao longo da distância $\Delta = \sqrt{d^2 + h^2} - h$. O que faz Δ interessante é que ele corresponde à quantidade de corda que é enrolada no guincho quando o bloco vai de ① a ②. Na verdade, esse é o trabalho realizado pela tensão no trecho vertical da corda, isto é, a porção da corda que vai da polia ao guincho. Assim, de uma maneira geral, nosso resultado parece estar correto.

Um olhar mais atento Uma questão que devemos considerar é se é ou não possível obter o resultado na Eq. (10) sem recorrer às integrações envolvidas nas Eqs. (7) e (8), mas, em vez disso, calcular $U_{1\text{-}2}$ por um caminho mais baseado na física. Exploraremos essa questão no Exemplo 4.3.

EXEMPLO 4.3 Escolhendo um DCL conveniente para relacionar rapidez com posição

Iremos consultar o Exemplo 4.2 e, novamente, determinar a velocidade do bloco quando ele se move a distância d e está bem embaixo da polia. Entretanto, em vez de focar apenas no DCL do bloco, resolveremos o problema usando um DCL que inclua a polia em D.

SOLUÇÃO

Roteiro e modelagem Como no Exemplo 4.2, aplicaremos o princípio do trabalho-energia, mas usaremos o DCL sugerido no enunciado do problema, que é mostrado na Fig. 2. Novamente, a única força realizando trabalho no bloco é P, pois o ponto de aplicação das reações R_x e R_y é fixo (portanto, R_x e R_y não realizam trabalho) e as forças mg e N são perpendiculares à direção do movimento do bloco.

Equações fundamentais

Princípios de equilíbrio Considerando ① a posição do bloco no instante em que é liberado e ② a posição do bloco quando ele está bem embaixo da polia, aplicando o princípio do trabalho-energia entre ① e ②, obtemos

$$T_1 + U_{1\text{-}2} = T_2. \tag{1}$$

As energias cinéticas do bloco são dadas por

$$T_1 = \tfrac{1}{2}mv_1^2 \quad \text{e} \quad T_2 = \tfrac{1}{2}mv_2^2, \tag{2}$$

em que v_1 e v_2 são as velocidades escalares do bloco em ① e ②, respectivamente.

Lei da força Dessa vez, $U_{1\text{-}2}$ assume a seguinte forma simples:

$$U_{1\text{-}2} = P\,\Delta, \tag{3}$$

em que Δ é a quantidade de corda enrolada no guincho quando o bloco se move de ① para ②, e é, portanto, dada por (veja a Fig. 3)

$$\Delta = L_① - L_② = \left(\sqrt{d^2 + h^2} + \ell\right) - (h + \ell) = \sqrt{d^2 + h^2} - h, \tag{4}$$

em que L_1 e L_2 são os comprimentos da corda em ① e ②, respectivamente.

Equações cinemáticas Lembrando que m inicia do repouso e v_2 é a incógnita do problema, temos

$$v_1 = 0. \tag{5}$$

Cálculos Substituindo as Eqs. (2)-(5) na Eq. (1), obtemos

$$P\left(\sqrt{d^2 + h^2} - h\right) = \tfrac{1}{2}mv_2^2, \tag{6}$$

que, ao resolver para v_2, resulta em

$$\boxed{v_2 = \sqrt{\frac{2P}{m}\left(\sqrt{d^2 + h^2} - h\right)}.} \tag{7}$$

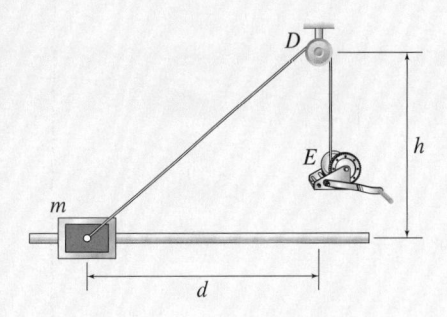

Figura 1
Geometria do sistema de guincho e bloco.

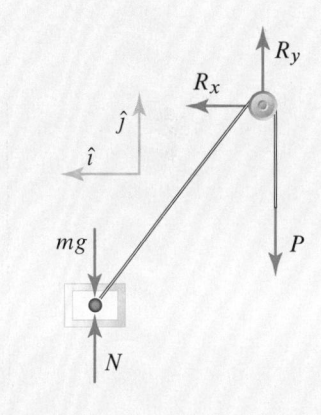

Figura 2
DCL do bloco, corda e polia quando o bloco se move de ① para ②.

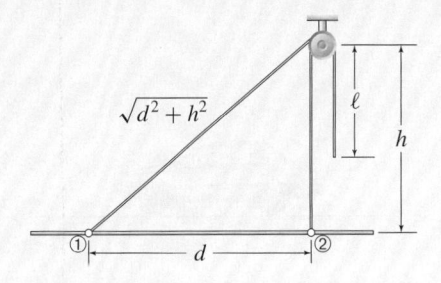

Figura 3
O comprimento da corda em ① e ②.

Discussão e verificação Conforme esperado, obtivemos o mesmo resultado encontrado no Exemplo 4.2.

Um olhar mais atento A abordagem seguida neste exemplo é *muito* mais simples e direta que a do Exemplo 4.2, embora a *única* diferença entre os dois exemplos é a maneira como calculamos $U_{1\text{-}2}$. A lição aqui é que a seleção criteriosa para analisar o sistema pode economizar tempo e esforço significativamente.

PROBLEMAS

💡 Problema 4.1 💡

Um foguete decola a uma aceleração a. Durante a decolagem, em termos de valores absolutos, o trabalho realizado sobre um astronauta pela gravidade é maior, igual ou menor que o trabalho realizado pela reação normal entre o astronauta e o assento dele?
Nota: Problemas conceituais são sobre *explicações*, não sobre cálculos.

Figura P4.1

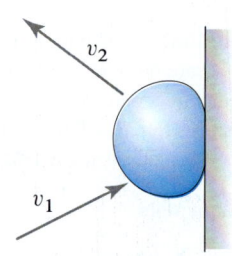

Figura P4.2

💡 Problema 4.2 💡

Uma bola de borracha macia bate contra uma parede. Assumindo que a deformação da parede devido ao impacto da bola é desprezível, a força de contato da parede produz um trabalho positivo, nenhum trabalho, ou um trabalho negativo na bola?
Nota: Problemas conceituais são sobre *explicações*, não sobre cálculos.

Problema 4.3

Determine a energia cinética dos corpos listados a seguir quando modelados como partículas.

(a) Uma bala .30-06 cuja massa é 10 g (1 lb = 7.000 g) e movendo-se a 915 m/s.
(b) Uma criança de 25 kg viajando em um carro a 45 km/h.
(c) Uma locomotiva de 180.000 kg viajando a 120 km/h.
(d) Um fragmento de metal de 20 g de um veículo espacial movendo-se a 8.000 km/s.
(e) Um carro de 1.400 kg viajando a 100 km/h.

Problemas 4.4 e 4.5

Considere um carro de 1.400 kg, cuja rapidez é aumentada em 50 km/h.

Problema 4.4 Modelando o carro como uma partícula e assumindo que o carro está viajando em um trecho retilíneo e horizontal da estrada, determine a quantidade de trabalho realizado sobre o carro durante o processo de aceleração se o carro parte do repouso.

Figura P4.4 e P4.5

Problema 4.5 Modelando o carro como uma partícula e assumindo que o carro está viajando em um trecho retilíneo e horizontal da estrada, determine a quantidade de trabalho realizado sobre o carro durante o processo de aceleração se o carro possui uma rapidez inicial de 70 km/h.

Problema 4.6

Um paraquedista de 75 kg está caindo a uma rapidez de 250 km/h quando o paraquedas é aberto, permitindo que o paraquedista aterrisse a uma rapidez de 4 m/s. Modelando o paraquedista como uma partícula, determine o trabalho total realizado sobre o paraquedista a partir do momento em que o paraquedas é aberto até a aterrissagem.

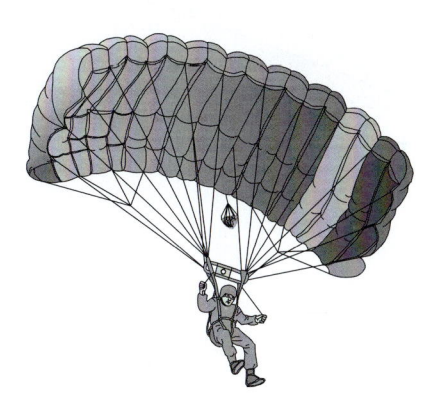

Problema 4.7 e 4.8

Considere um carro de 1.500 kg cuja rapidez aumenta 45 km/h em uma distância de 50 m, enquanto sobe uma rampa com 15% de inclinação.

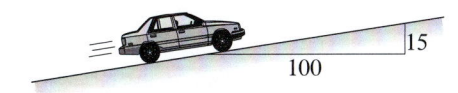

Figura P4.7 e P4.8

Figura P4.6

Problema 4.7 Modelando o carro como uma partícula, determine o trabalho realizado sobre o carro se ele parte do repouso.

Problema 4.8 Modelando o carro como uma partícula, determine o trabalho realizado sobre o carro se ele possui uma rapidez inicial de 60 km/h.

Problema 4.9

Uma caixa de 350 kg está deslizando para abaixo em um declive acentuado a uma rapidez constante $v = 7$ m/s. Assumindo que o ângulo de inclinação é $\theta = 33°$ e que as únicas forças atuando na caixa são gravidade, atrito, e a força normal entre a caixa e o declive, determine o trabalho realizado pelo atrito sobre cada metro deslizado pela caixa.

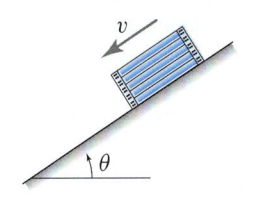

Figura P4.9

Problema 4.10

Um veículo A está preso na via férrea e um trem B se aproxima a uma rapidez de 120 km/h. Assim que o problema é detectado, os freios de emergência do trem são ativados, bloqueando as rodas e fazendo-as deslizar sobre os trilhos. Se o coeficiente de atrito cinético entre as rodas e os trilhos é 0,2, determine a distância mínima d_{min} na qual os freios devem ser ativados para evitar a colisão sobre as seguintes circunstâncias:

(a) O trem consiste apenas em uma locomotiva de 195.000 kg.
(b) O trem consiste em uma locomotiva de 195.000 kg e uma série de vagões cuja massa é 10×10^6 kg, sendo que todos eles são capazes de ativar os freios e bloquear suas rodas.
(c) O trem consiste em uma locomotiva de 195.000 kg e uma série de vagões cuja massa é 10×10^6 kg, mas apenas a locomotiva é capaz de ativar os freios e bloquear suas rodas.

Trate o trem como uma partícula e assuma que os trilhos são retilíneos e horizontais.

Figura P4.10

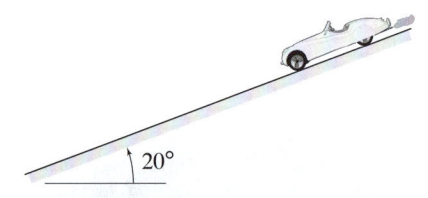

Figura P4.11 e P4.12

Problemas 4.11 e 4.12

Um carro clássico está descendo um declive de 20° a 45 km/h quando os freios são acionados. Trate o carro como uma partícula e despreze todas as forças, exceto gravidade e atrito.

Problema 4.11 Determine a distância da parada se os pneus deslizam e o coeficiente de atrito cinético entre os pneus e a estrada é 0,7.

Problema 4.12 Determine a distância mínima da parada se o carro é adaptado com um sistema de freios antitravamento e os pneus não deslizam. Use 0,9 para o coeficiente de atrito estático entre os pneus e a estrada.

Problema 4.13

Muitos materiais avançados consistem em fibras (feitas de vidro, Kevlar, carbono, etc.) colocadas dentro de uma matriz (como epóxi, liga de titânio, etc.). Para esses materiais, é importante avaliar a resistência de ligação entre as fibras e a matriz, o que é muitas vezes realizado por um *teste de extração*, em que a extremidade de uma fibra é exposta, o material coletado é devidamente preso, e a fibra é retirada para fora da matriz. Os dados coletados frequentemente consistem em um gráfico como o mostrado, em que a força exercida na fibra é registrada em função do deslocamento de extração. Com isso em mente, o processo de avaliação de tenacidade da interface pode exigir uma medida da *energia* gasta para extrair a fibra. Utilize o gráfico força-deslocamento mostrado, que é característico de uma fibra de vidro reforçada com epóxi, para medir a energia total retirada. *Dica*: O trabalho da força de extração é dado pela área abaixo da curva.

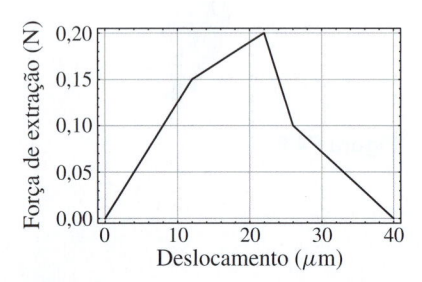

Figura P4.13

Problema 4.14

Componentes estruturais submetidos a grandes forças de contato (como discos de freio) são muitas vezes feitos em aço inoxidável revestido com um filme fino de um material muito duro como diamante. Um ensaio comum para avaliar as propriedades mecânicas (dureza, módulo de elasticidade, etc.) do revestimento é o *ensaio de nanoindentação*, que, basicamente, consiste em fazer uma indentação controlada no filme usando um objeto pontudo, chamado de *indentador*. Durante o ensaio, é medida a força aplicada no indentador e a profundidade de indentação. No gráfico mostrado, você pode ver as curvas interpolando os dados de carregamento e descarregamento para um filme de diamante no aço. Visto que a curva de descarregamento não volta à origem do gráfico, o filme fica permanentemente deformado durante o processo de indentação (ou seja, uma indentação permanente real permanece). Determine a energia perdida pela deformação permanente se a força de indentação é dada por

$$F_I = \begin{cases} \frac{25}{4}x + \frac{5}{32}x^2 & \text{durante o carregamento,} \\ 300 - \frac{145}{6}x + \frac{7}{18}x^2 & \text{durante o descarregamento,} \end{cases}$$

em que F_I é expresso em μN, e x (profundidade de indentação), em nm.

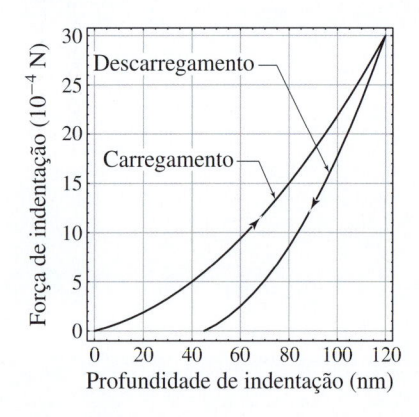

Figura P4.14

💡 Problema 4.15 💡

Duas locomotivas idênticas A e B estão acopladas com 1 e 2 vagões de passageiros, respectivamente. Suponha que os vagões de passageiro são idênticos uns aos outros em todos os aspectos. Se cada trem (locomotiva mais vagões) parte do repouso, cada locomotiva exerce o esforço trativo máximo (força de tração), e supondo que a gravidade e o esforço trativo são as únicas forças relevantes atuando nos trens, qual dos dois trens terá maior energia cinética após as locomotivas terem se movido 50 m ao longo de um trecho horizontal e retilíneo?

Nota: Problemas conceituais são sobre *explicações*, não sobre cálculos.

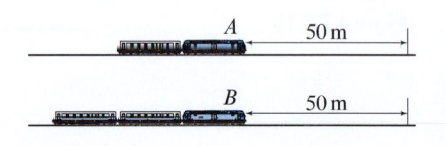

Figura P4.15

Problema 4.16

Um Hornet F/A-18 decola de um porta-aviões utilizando dois sistemas de propulsão separados: seus dois motores a jato e uma catapulta a vapor. Durante o lançamento, um Hornet completamente carregado de aproximadamente 22.000 kg vai de 0 km/h (em relação ao porta-aviões) a 265 km/h (em relação à superfície da Terra) em uma distância de 90 m (medida em relação ao porta-aviões) enquanto cada um de seus dois motores está em potência total gerando aproximadamente 100 kN de propulsão. Supondo que o porta-aviões está viajando na mesma direção da decolagem e a uma rapidez de 55 km/h, determine:

(a) O trabalho total realizado sobre o avião durante o lançamento.

(b) O trabalho realizado pela catapulta sobre o avião durante o lançamento.

(c) A força exercida pela catapulta sobre o avião.

Ao resolver este problema, modele o avião como uma partícula; suponha que a trajetória dele é horizontal e que a catapulta auxilia o avião nos 90 m necessários para a decolagem; e, por fim, considere todas as forças constantes e despreze a resistência do ar e o atrito.

Figura P4.16

Problema 4.17

Para-choques de borracha são comumente usados em aplicações marítimas para proteger barcos e navios dos danos causados pelas docas. Tratando o barco C como uma partícula e desprezando o seu movimento vertical e a força de arrasto entre a água e o barco C, qual é a velocidade máxima do barco no momento do impacto com o para-choque B de modo que a deformação do para-choque limite-se a 150 mm? A massa do barco é 32.000 kg, e o perfil da força de compressão para o para-choque de borracha é dado por $F_B = \beta x_3$, em que $\beta = 5{,}5 \times 10^8$ N/m^3 e x é a compressão do para-choque.

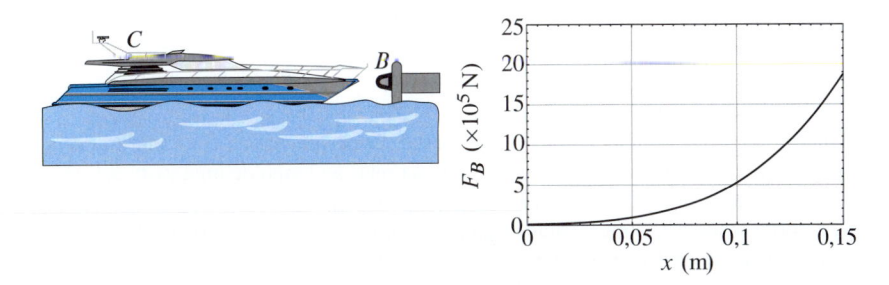

Figura P4.17

Problema 4.18

Dois carros idênticos viajam a uma rapidez de 100 km/h, um ao longo de uma estrada asfaltada recentemente pavimentada, reta e horizontal, o outro em uma estrada de terra reta e horizontal. Se os freios são aplicados e se o segundo carro desliza durante o processo de freio, que diferença existirá na quantidade de trabalho realizada para parar cada carro?

Nota: Problemas conceituais são sobre *explicações*, não sobre cálculos.

Problemas 4.19 e 4.20

Embalagens para transportar artigos frágeis (como um laptop ou um espelho) são projetadas para "absorver" alguma energia de impacto, protegendo o conteúdo delas. Esses absorventes de energia podem ser bem complicados (p. ex., a mecânica das bolinhas de isopor não é fácil), mas podemos começar a entender como eles funcionam modelando-os como uma mola elástica linear de constante k, que é colocada entre o conteúdo (um vaso caro) de massa m e a embalagem P. Considere que a massa do vaso seja 2,5 kg e que a caixa é derrubada de uma altura de 1,5 m. Considere o vaso uma partícula e despreze todas as forças, com exceção da gravitacional e da força da mola.

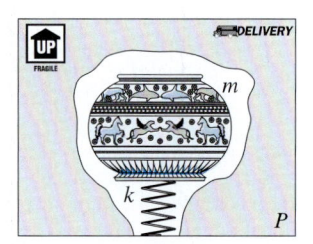

Figura P4.19 e P4.20

Problema 4.19 Determine o deslocamento máximo do vaso em relação à caixa e a força máxima no vaso se $k = 3.850$ N/m.

Problema 4.20 Trace o deslocamento máximo do vaso em relação à caixa e a força máxima sobre o vaso em função da constante da mola elástica linear k. O que essas curvas lhe infomam sobre o problema que você poderia encontrar na tentativa de minimizar a força sobre o vaso?

Problema 4.21

Um bloco A se move horizontalmente sob a ação de uma força F, cuja linha de ação é paralela ao movimento. Se a energia cinética de A em função de x é mostrada (x_1 e x_2 são extremos de T_A), o que você pode dizer sobre o *sinal* de F para $x_0 < x < x_1$ e $x_1 < x < x_2$?

Nota: Problemas conceituais são sobre *explicações*, não sobre cálculos.

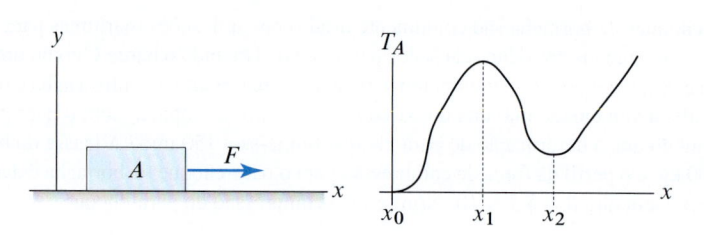

Figura P4.21

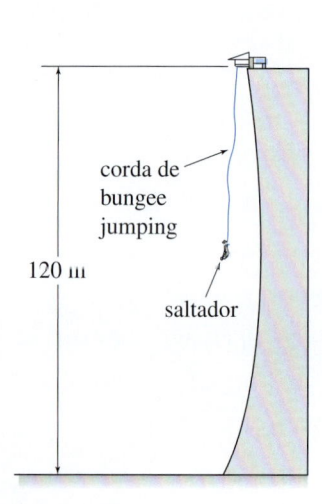

Figura P4.22

Problema 4.22

Embora a rigidez de uma corda elástica possa ser perfeitamente constante (ou seja, a curva força *versus* deslocamento é uma linha reta) ao longo de uma vasta extensão do estiramento, quando uma corda de *bungee jumping* é esticada, ela flexibiliza; isto é, a corda tende a se tornar menos rígida conforme se torna mais longa. Assumindo uma relação de deslocamento de força de flexibilidade da forma $k\delta - \beta\delta^3$, em que δ (medido em m) é o deslocamento da corda a partir do seu comprimento indeformado, considerando uma corda de *bungee jumping* cujo comprimento indeformado é 45 m, e estabelecendo $k = 38$ N/m, determine o valor da constante β de forma que um saltador de massa igual a 78 kg e partindo do repouso atinja a base de uma torre de 120 m com velocidade zero.

Problemas 4.23 a 4.25

Para-choques de carro são projetados para limitar a extensão do dano ao carro no caso de colisões de baixa velocidade. Considere um carro de passeio de 1.420 kg colidindo uma barreira de concreto enquanto viaja a uma velocidade de 5,0 km/h. Modele o carro como uma partícula e considere dois modelos de para-choque: (1) uma simples mola linear com constante k e (2) uma mola linear de constante k em paralelo com uma unidade absorvedora de impacto que gera uma força quase constante $F_S = 2.000$ N ao longo de 100 mm.

Problema 4.23 Se o para-choque é do tipo (1) e $k = 9 \times 10^4$ N/m, determine a compressão da mola (distância) necessária para parar o carro.

Problema 4.24 Se o para-choque é do tipo (1), determine o valor de k necessário para parar o carro quando o para-choque estiver comprimido em 100 mm.

Problema 4.25 Se o para-choque é do tipo (2), determine o valor de k necessário para parar o carro quando o para-choque estiver comprimido em 100 mm.

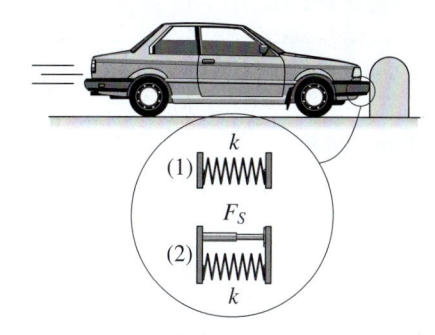

Figura P4.23-P4.25

Figura 4.8
Exemplo de um teleférico de gôndola.

Figura 4.9
Exemplo de um teleférico.

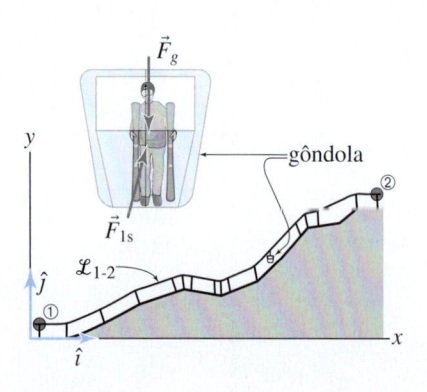

Figura 4.10
Representação esquemática de um teleférico de gôndola com o DCL de um passageiro. A força sobre o passageiro devido ao sistema de elevação é F_{ls}.

4.2 FORÇAS CONSERVATIVAS E ENERGIA POTENCIAL

Elevando pessoas em uma montanha

As Figuras 4.8 e 4.9 mostram dois teleféricos (também chamados de elevadores de esqui ou simplesmente elevadores), que são sistemas de transporte usados para conduzir pessoas entre duas elevações diferentes. Há vários tipos de teleféricos. Por exemplo, os sistemas de gôndola (veja a Fig. 4.8) podem ter uma capacidade de cabine de até 15 pessoas, uma capacidade de transporte de até 5.000 pessoas por hora, com uma velocidade da linha de 6 m/s ao longo de distâncias de alguns quilômetros, e com mudanças de elevação de mais de 1.000 m. A Tabela 4.2 contém um resumo de dados técnicos públicos disponíveis para três elevadores de gôndola. Com base nesses dados, uma das perguntas que podemos fazer é:

Qual fração da energia disponível para acionar um elevador é gasta elevando pessoas?

Respondendo a essa questão obteremos uma ideia do "custo da energia" do restante da operação do elevador (p. ex., para superar o atrito no sistema da unidade inteira).

Tabela 4.2 Dados técnicos para três teleféricos de gôndola. Os dados foram obtidos da Leitner AG Ropeways no site http://www.leitner-lifts.com. A coluna mais à direita nos informa sobre a quantidade de energia que pode ser fornecida ao sistema do elevador a cada segundo

Localização	Comprimento (m)	Elevação (m)	Capacidade (pessoas/h)	Energia por unidade de tempo (kJ/s)
Hochgurgl (AT)	2216	554	2489	980
Verbier (CH)	1826	264	2400	800
Bruneck (IT)	4060	1314	1700	1560

Iniciamos considerando uma pessoa em uma gôndola indo de ① para ② ao longo da trajetória $\mathcal{L}_{1\text{-}2}$, que depende da paisagem (Fig. 4.10). Modelando a pessoa como uma partícula, o princípio do trabalho-energia nos informa que $T_1 + U_{1\text{-}2} = T_2$, em que T_1 e T_2 são a energia cinética da pessoa em ① e ②, respectivamente, e $U_{1\text{-}2}$ é o trabalho realizado sobre a pessoa por *todas as forças* que agem nela. Visto que o teleférico se move a uma velocidade essencialmente constante, $T_1 = T_2$ e $U_{1\text{-}2} = 0$. Consultando o DCL da pessoa na Fig. 4.10, observamos que

$$U_{1\text{-}2} = (U_{1\text{-}2})_{\text{ls}} + (U_{1\text{-}2})_g, \tag{4.18}$$

em que $(U_{1\text{-}2})_{\text{ls}}$ e $(U_{1\text{-}2})_g$ são o trabalho realizado pelo sistema de elevação e pela gravidade, respectivamente. Então, dado que $U_{1\text{-}2} = 0$, podemos encontrar $(U_{1\text{-}2})_{\text{ls}}$ pelo cálculo do trabalho da gravidade, ou seja,

$$(U_{1\text{-}2})_{\text{ls}} = -(U_{1\text{-}2})_g \quad \text{com} \quad (U_{1\text{-}2})_g = \int_{\mathcal{L}_{1\text{-}2}} \vec{F}_g \cdot d\vec{r}. \tag{4.19}$$

Perceba que *nossos dados não nos informam qual é a* $\mathcal{L}_{1\text{-}2}$! Como se constata, nossos cálculos não necessitam de um conhecimento exato de $\mathcal{L}_{1\text{-}2}$ porque a força da gravidade não é "sensível" à forma de $\mathcal{L}_{1\text{-}2}$. Para visualizar esse fato, descreveremos a gravidade como a força constante $\vec{F}_g = -mg\,\hat{\jmath}$. Então, visto que $d\vec{r} = dx\,\hat{\imath} + dy\,\hat{\jmath}$, aplicando a segunda das Eqs (4.19), obtemos

$$(U_{1\text{-}2})_g = \int_{\mathcal{L}_{1\text{-}2}} -mg\,\hat{\jmath}\cdot(dx\,\hat{\imath} + dy\,\hat{\jmath}) = -mg\int_{y_1}^{y_2} dy, \qquad (4.20)$$

ou

$$\boxed{(U_{1\text{-}2})_g = -mg(y_2 - y_1).} \qquad (4.21)$$

A equação (4.21) determina que o trabalho realizado pela gravidade sobre uma partícula movendo-se em uma trajetória *arbitrária* é igual ao peso da partícula vezes a variação da altura da partícula (ou seja, $y_1 - y_2$). O fato de esse trabalho não depender de *como* ② é alcançado a partir de ① é uma propriedade importante, a qual discutiremos a seguir em maiores detalhes.

Voltando para o cálculo da energia necessária para operar um elevador, consultando a Tabela 4.2, consideramos, por exemplo, o teleférico em Hochgurgl, que, em plena capacidade, pode elevar 2.489 pessoas por hora em uma mudança de altitude de $y_2 - y_1 = 554$ m. Para usar esses dados com a Eq. (4.21), precisamos de um valor para a massa de uma pessoa. Uma escolha razoável para a massa média de um passageiro, com o equipamento dele, é 95 kg (veja a observação Fato interessante na margem para uma justificativa). Assim, utilizando a Eq. (4.21) e a primeira das Eqs. (4.19), o trabalho realizado em uma hora em capacidade plena é

$$(U_{1\text{-}2})_{ls} = 2489(95\text{ kg})(9{,}81\text{m/s}^2)(554\text{m}) = 1{,}285 \times 10^9\text{ J}. \qquad (4.22)$$

Para responder à nossa pergunta original, a energia na Eq. (4.22) precisa ser dividida pela energia que o fornecimento de potência do elevador pode fornecer no decorrer de uma hora. Utilizando a Tabela 4.2 novamente, em Hochgurgl a energia máxima disponível por hora é $(980 \text{ kJ/s})(3600 \text{ s}) = 3{,}528 \times 10^9$ J, de forma que

$$\frac{\text{energia necessário para elevar pessoas}}{\text{energia disponível}} = \frac{1{,}285 \times 10^9 \text{ J}}{3{,}528 \times 10^9 \text{ J}} = 0{,}364. \qquad (4.23)$$

Para os teleféricos em Verbier e Bruneck, a relação da Eq. (4.23) é 0,205 e 0,371, respectivamente, indicando que há muito mais fatores que precisam ser levados em conta para operar um elevador do que simplesmente elevar pessoas!

Calculando o trabalho realizado por um sistema de elevação, aprendemos que o trabalho realizado pela gravidade ao ir de ① para ② depende somente das posições inicial e final, sendo de outra forma independente da trajetória $\mathcal{L}_{1\text{-}2}$. Existem outras forças que têm a propriedade distintiva de seu trabalho ser independente da trajetória seguida para ir de uma posição inicial para uma posição final. Consideraremos agora outro exemplo importante desse tipo de força, a saber, uma força central, que inclui, como casos especiais, a força de uma mola e da gravidade conforme descrito pela lei da gravitação universal.

Trabalho de uma força central

Uma *força central* $\vec{F}_c(r)$ atuando sobre uma partícula P é uma força cuja linha de ação sempre passa pelo mesmo ponto O (veja a Fig. 4.11) e cuja intensidade é uma função da distância r de O até P. As forças de mola e a lei da gravitação universal de Newton podem ser consideradas forças centrais. Agora deduziremos a expressão geral do trabalho de uma força central e então aplicaremos esse resultado ao caso de forças de mola e da gravidade.

> **Fato interessante**
>
> **O peso de uma pessoa.** Nossa suposição sobre o peso de uma pessoa se baseia em dados da National Health and Nutrition Examination Survey (NHANES), obtidos entre 1999 e 2002 (disponíveis online no site http://www.cdc.gov/), de acordo com os quais as massas médias de um adulto do sexo masculino e feminino nos Estados Unidos são 86 kg e 74 kg, respectivamente. Nossa estimativa de peso também considera a massa dos esquis (aproximadamente 1,4 kg), das botas de esquiar (aproximadamente 3,6 kg), das roupas, e de outros equipamentos os quais a pessoa poderia estar carregando.

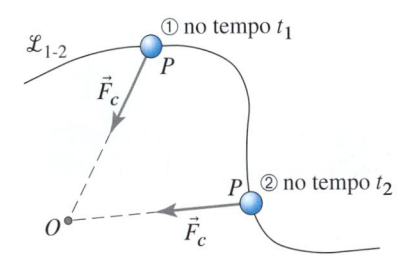

Figura 4.11

Uma partícula P movendo-se sob a ação de uma força central F_c.

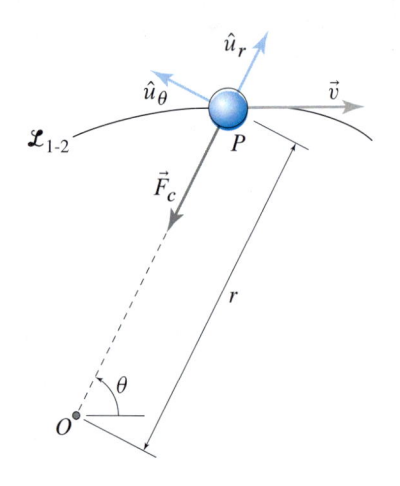

Figura 4.12
Uma partícula P sob a ação de uma força central F_c. A figura também mostra o vetor velocidade de P, bem como o sistema de coordenadas polares utilizado para descrever $\vec{F}_c$ e o movimento de P.

Consultando novamente a Fig. 4.11, desejamos determinar o trabalho realizado por $\vec{F}_c(r)$ sobre a partícula P, conforme ela se move ao longo da trajetória $\mathcal{L}_{1\text{-}2}$ de ①, no tempo t_1, para ②, no tempo t_2. A Figura 4.12 mostra o sistema de coordenadas polares que usaremos para descrever o movimento de P e a força central $\vec{F}_c$. Utilizando o sistema de coordenadas mostrado e aplicando a Eq. (4.15) da p. 262, o trabalho realizado por $\vec{F}_c$ é dado por

$$(U_{1\text{-}2})_c = \int_{t_1}^{t_2} \vec{F} \cdot \vec{v}\, dt = \int_{t_1}^{t_2} F_c(r)\, \hat{u}_r \cdot \left(\dot{r}\, \hat{u}_r + r\dot{\theta}\, \hat{u}_\theta\right) dt, \quad (4.24)$$

em que usamos $\vec{F}_c = F_c(r)\, \hat{u}_r$ e a Eq. (2.85) da p. 119, que é a expressão da velocidade em coordenadas polares. Expandindo o último produto escalar na Eq. (4.24) e observando que $\dot{r}\, dt = (dr/dt)\, dt = dr$, obtemos

$$\boxed{(U_{1\text{-}2})_c = \int_{r_1}^{r_2} F_c(r)\, dr.} \quad (4.25)$$

Trabalho realizado pela força de uma mola. A Figura 4.13(a) mostra uma mola linear conectando uma partícula P ao ponto fixo O, enquanto P se move no plano do ponto ① para ② ao longo da trajetória arbitrária $\mathcal{L}_{1\text{-}2}$. Como pode ser visto na Fig. 4.13(b), a força da mola sempre age em direção a ou para longe de O. Para uma mola cujo comprimento atual é r e comprimento indeformado é L_0, o alongamento da mola é $\delta = r - L_0$, e a força correspondente é $F_e = -k(r - L_0)\, \hat{u}_r$ (veja a Eq.(3.13) na p. 187; o subscrito e significa elástica). Portanto, utilizando a Eq. (4.25) temos

$$(U_{1\text{-}2})_e = \int_{r_1}^{r_2} -k(r - L_0)\, dr = -\tfrac{1}{2}k\left[(r_2 - L_0)^2 - (r_1 - L_0)^2\right], \quad (4.26)$$

ou

$$\boxed{(U_{1\text{-}2})_e = -\tfrac{1}{2}k\left(\delta_2^2 - \delta_1^2\right),} \quad (4.27)$$

em que $\delta_1 = r_1 - L_0$ e $\delta_2 = r_2 - L_0$. Da mesma forma que o trabalho realizado por uma força constante, o trabalho realizado pela força de uma mola sobre uma partícula depende somente das extremidades da trajetória seguida pela partícula.

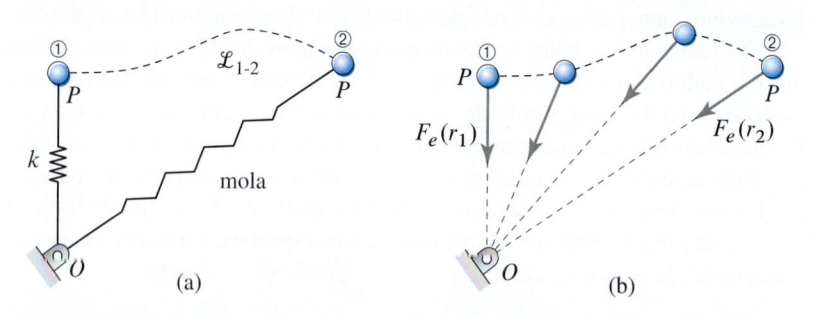

Figura 4.13 (a) Uma partícula P movendo-se ao longo da trajetória $\mathcal{L}_{1\text{-}2}$ de ① até ②. Uma extremidade da mola linear está fixada em P, e a outra no ponto fixo O. (b) Direção da força da mola enquanto P se move ao longo de $\mathcal{L}_{1\text{-}2}$.

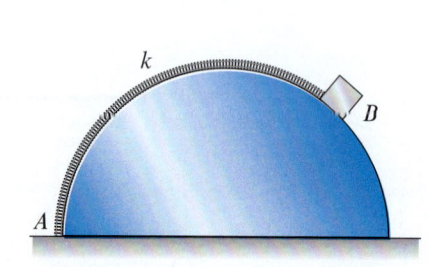

Figura 4.14
Um bloco B em um semicilindro conectado ao ponto A por uma mola linear com rigidez k situada sobre a superfície do semicilindro.

Consultando a Fig. 4.14, vemos que em alguns casos as forças da mola não são realmente forças centrais. Entretanto, mesmo nesses casos pode ser provado que o trabalho realizado por uma mola sempre assume a forma dada pela Eq. (4.27).

Trabalho realizado pela força da gravidade. Consultando a Fig. 4.15, considere a força gravitacional em uma partícula B de massa m_B exercida por uma partícula A de massa m_A, cuja posição é fixa. Essa força é determinada pela lei da gravitação universal de Newton (veja a Eq. (1.6) na p. 5), que é,[2]

$$\vec{F}_{BA} = -\frac{Gm_A m_B}{r^2} \hat{u}_r. \qquad (4.28)$$

A equação (4.25), então, nos dá

$$(U_{1\text{-}2})_G = \int_{r_1}^{r_2} -\frac{Gm_A m_B}{r^2} dr = -Gm_A m_B \int_{r_1}^{r_2} \frac{dr}{r^2}, \qquad (4.29)$$

que resulta em

$$\boxed{(U_{1\text{-}2})_G = -Gm_A m_B \left(-\frac{1}{r_2} + \frac{1}{r_1}\right).} \qquad (4.30)$$

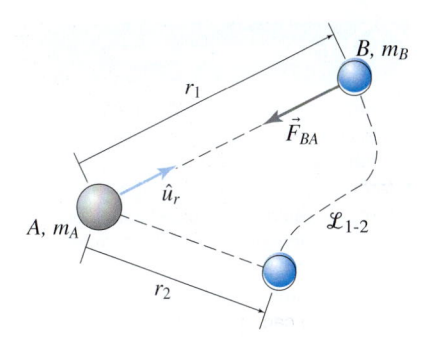

Figura 4.15
A força da gravidade $\vec{F}_{BA}$ em B devido à sua atração gravitacional sobre A.

Novamente, vemos que o trabalho realizado depende somente das posições inicial e final da partícula.

Forças conservativas e energia potencial

Quando calculamos o trabalho realizado em uma partícula por forças de mola e gravitacionais, descobrimos que esse trabalho depende *somente* das posições inicial e final da partícula, em vez de depender da trajetória de alguma forma intrínseca. Como vimos na nota de margem "Integral de linha de um diferencial exato", da p. 261, se uma integral de linha ou de trajetória depende somente dos limites de integração, então o integrando deve ser o diferencial exato de alguma função. Portanto, podemos dizer que, para certos tipos de forças, podemos escrever o trabalho conforme

$$U_{1\text{-}2} = \int_{\mathcal{L}_{1\text{-}2}} \vec{F} \cdot d\vec{r} = \int_{\mathcal{L}_{1\text{-}2}} -(dV) = -[V(\vec{r}_2) - V(\vec{r}_1)]$$
$$= -(V_2 - V_1), \qquad (4.31)$$

em que $\vec{r}_1$ e $\vec{r}_2$ são os vetores posição correspondentes a ① e ②, respectivamente, e V é uma função escalar de posição chamada de *energia potencial* da força $\vec{F}$. Forças para as quais a Eq. (4.31) é válida, ou seja, forças para as quais existe uma energia potencial escalar, são chamadas de *forças conservativas*.

Se todas as forças que realizam trabalho em um sistema físico são conservativas, então a definição do princípio do trabalho-energia pode ser dada de uma forma que mostre a natureza conservativa das forças. Especificamente, substituindo a Eq. (4.31) na Eq. (4.14) da p. 262, obtemos a forma do princípio do trabalho-energia chamada de *conservação da energia mecânica*:

$$\boxed{T_1 + V_1 = T_2 + V_2.} \qquad (4.32)$$

Sistemas regidos pela Eq. (4.32) são chamados de *sistemas conservativos*. A Eq. (4.32) estabelece que a energia mecânica total, ou seja, a energia cinética mais a potencial, é conservada entre quaisquer dois pontos na trajetória $\mathcal{L}_{1\text{-}2}$, contanto que todas as forças que realizem trabalho sejam conservativas.

Fato interessante

Por que o sinal negativo na Eq. (4.31)? O sinal de menos está lá para que a *energia potencial V possa ser vista como uma medida do potencial ou capacidade para realizar um trabalho positivo ao retornar para o estado de energia potencial nula.* Isso pode ser visto percebendo que a Eq. (4.31) determina que $U_{1\text{-}2} = V_1 - V_2$ de forma que o trabalho é positivo se V diminui e negativo se V aumenta.

Erro comum

A importância da trajetória ao calcular o trabalho. A Equação (4.12) da p. 261 indica que, *em geral*, o trabalho de uma força *depende da trajetória*! Calculando o trabalho de forças constantes e centrais, descobrimos que o trabalho realizado por essas forças depende somente das extremidades da trajetória. Isso significa que existem algumas forças comuns e importantes para as quais não há dependência da trajetória. Entretanto, a independência da trajetória não deve ser considerada um acontecimento comum. Em muitas ocasiões, como na presença de atrito, o oposto é verdadeiro.

---

[2] Observe que a Eq. (4.28) tem um sinal diferente em relação à Eq. (1.6). Isso se deve ao fato de o vetor unitário $\hat{u}_r$ na Eq. (4.28) apontar de A para B.

> **Informações úteis**
>
> **A linha de referência é arbitrária.** A linha de referência ($y = 0$) para V_g é arbitrária, desde que essa posição de referência esteja *fixa* em relação ao sistema de referência inercial subjacente. Para problemas que envolvam mais de uma partícula, às vezes é conveniente escolher uma linha de referência *diferente* para cada partícula.

> **Erro comum**
>
> **A energia potencial elástica nunca é negativa.** Pode ser tentador escrever $V_e = -\frac{1}{2}k\delta^2$ quando δ é negativo, ou seja, quando a mola é comprimida. Entretanto, é importante lembrar que a energia potencial de uma mola elástica linear nunca é negativa, devido ao fato de a mola sempre possuir o potencial de realizar um trabalho positivo ao retornar para seu comprimento sem deformações, a partir de uma condição alongada ou comprimida. Isso se reflete no fato de δ aparecer na expressão para V como δ^2, que *sempre* deve ser positivo ou zero.

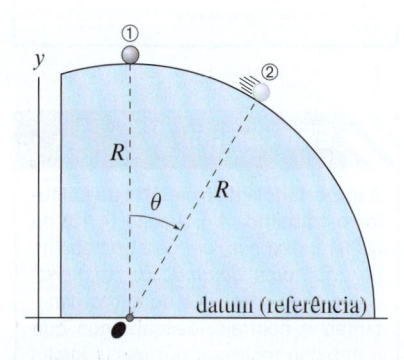

Com a ajuda da Eq. (4.31), determinaremos V para algumas das forças conservativas que encontramos.

Energia Potencial de uma força gravitacional constante. Na Eq. (4.21), verificamos que o trabalho realizado por uma força gravitacional constante sobre uma partícula de massa m é $U_{1\text{-}2} = -mg(y_2 - y_1)$. Comparando essa expressão com a Eq. (4.31), obtemos

$$V_g = mgy, \quad (4.33)$$

em que V_g é a energia potencial que corresponde à força gravitacional constante mg, e y é a posição vertical medida a partir de $y = 0$ ou da **linha de referência**[3], com y aumentando no sentido *oposto* à gravidade. Considerando que é somente a mudança de altura que determina o trabalho realizado por uma força gravitacional constante, a posição vertical da linha de referência é completamente arbitrária.

Energia potencial da força de uma mola. O trabalho realizado pela força de uma mola foi determinado como $U_{1\text{-}2} = -\frac{1}{2}k(\delta_2^2 - \delta_1^2)$. Comparando esse resultado com a Eq. (4.31), verificamos que

$$V_e = \tfrac{1}{2}k\delta^2, \quad (4.34)$$

em que V_e é a energia potencial elástica da força de mola linear e δ é *a distância que a mola é alongada ou comprimida a partir de seu comprimento indeformado*.

Energia potencial da força da gravidade. Na Eq. (4.30), determinamos o trabalho realizado pela força da gravidade sobre uma partícula B devido à sua interação com uma partícula A como $U_{1\text{-}2} = -Gm_A m_B(-1/r_2 + 1/r_1)$. Comparando essa expressão com a Eq. (4.31), vemos que a energia potencial associada à força gravitacional entre A e B é dada por

$$V_G = -\frac{Gm_A m_B}{r}, \quad (4.35)$$

em que r é a distância entre A e B.

■ **Miniexemplo** Reveja o problema no início da Seção 4.1, no qual uma partícula desliza para baixo sobre um semicilindro sem atrito. Mostre que a Eq. (4.4) pode ser obtida *diretamente* pela aplicação do princípio do trabalho-energia.

Solução Consultando a Fig. 4.16, usaremos um sistema de coordenadas polares com origem em O. Aplicando a Eq. (4.32), obtemos

$$T_1 + V_1 = T_2 + V_2. \quad (4.36)$$

Agora precisamos fornecer expressões para as energias cinéticas T_1 e T_2 e as energias potenciais V_1 e V_2. Enquanto a partícula permanece em contato com a superfície, temos que sua velocidade é descrita por

$$\vec{v} = R\dot{\theta}\,\hat{u}_\theta \quad \Rightarrow \quad T_1 = \tfrac{1}{2}m(R\dot{\theta}_1)^2 \quad \text{e} \quad T_2 = \tfrac{1}{2}m(R\dot{\theta}_2)^2. \quad (4.37)$$

Para calcular V_1 e V_2, precisamos contar com o DCL da partícula na Fig. 4.17. Como acabamos de ver, o trabalho da força-peso pode ser levado em conta por

Figura 4.16
Uma partícula deslizando sobre a superfície de um semicilindro sem atrito.

---

[3] A palavra *datum* (referência) vem do verbo latino *dare*, que significa dar, e é usada em inspeções, mapeamentos e geologia para designar um determinado ponto, linha ou superfície utilizada como referência.

meio das funções de energia potencial $V_1 = mgy_1$ e $V_2 = mgy_2$, em que, conforme mostrado na Fig. 4.16, selecionamos a linha de referência de forma a coincidir com a base do semicilindro. Além disso, não precisamos nos preocupar com N, pois, como já verificamos, forças normais não realizam trabalho. Utilizando as Eqs. (4.37) e as expressões anteriores para V_1 e V_2, a Eq. (4.36) se torna

$$\tfrac{1}{2}m(R\dot\theta_1)^2 + mgy_1 = \tfrac{1}{2}m(R\dot\theta_2)^2 + mgy_2. \qquad (4.38)$$

Observando que $y_1 = R\cos\theta_1$ e $y_2 = R\cos\theta_2$, a Eq. (4.38) se torna

$$\tfrac{1}{2}m(R\dot\theta_1)^2 + mgR\cos\theta_1 = \tfrac{1}{2}m(R\dot\theta_2)^2 + mgR\cos\theta_2, \qquad (4.39)$$

que, com um pequeno rearranjo, é idêntica à Eq. (4.4). O que deve ser observado é que, pela aplicação do princípio do trabalho-energia, estávamos habilitados para obter a Eq. (4.4) sem integrar explicitamente a segunda lei de Newton! ∎

🎓 Tópico avançado 🎓
Quando uma força é conservativa?

Existe uma maneira de descobrir se uma força é ou não conservativa? Ou seja, podemos determinar se existe ou não a presença de uma energia potencial associada? Se estabelecermos que uma energia potencial existe, podemos encontrá-la? E também, dada uma energia potencial, podemos descobrir qual a força associada a ela? Tentaremos responder a essas questões.

A Eq. (4.31) determina que o trabalho infinitesimal de uma força conservativa $\vec{F}$ pode ser escrito conforme

$$\vec{F}\cdot d\vec{r} = -dV, \qquad (4.40)$$

em que recordamos que uma força conservativa é uma função somente da posição. Em termos de coordenadas cartesianas, podemos escrever o diferencial de V conforme

$$dV = \frac{\partial V}{\partial x}dx + \frac{\partial V}{\partial y}dy + \frac{\partial V}{\partial z}dz \qquad (4.41)$$

e $\vec{F}\cdot d\vec{r}$ conforme

$$\vec{F}\cdot d\vec{r} = \left(F_x\,\hat\imath + F_y\,\hat\jmath + F_z\,\hat{k}\right)\cdot\left(dx\,\hat\imath + dy\,\hat\jmath + dz\,\hat{k}\right) = F_x\,dx + F_y\,dy + F_z\,dz. \quad (4.42)$$

Inserindo as Eqs. (4.41) e (4.42) na Eq. (4.40), verificamos que

$$F_x\,dx + F_y\,dy + F_z\,dz = -\frac{\partial V}{\partial x}dx - \frac{\partial V}{\partial y}dy - \frac{\partial V}{\partial z}dz. \qquad (4.43)$$

Uma vez que dx, dy e dz são independentes entre si, para a Eq. (4.43) ser satisfeita, deve ser verdadeiro que

$$F_x = -\frac{\partial V}{\partial x}, \quad F_y = -\frac{\partial V}{\partial y}, \quad \text{e} \quad F_z = -\frac{\partial V}{\partial z}. \qquad (4.44)$$

Algumas pessoas podem reconhecer que, com exceção do sinal, o lado direito das Eqs. (4.44) são as componentes do gradiente de V, por isso podemos dizer

$$\boxed{\vec{F} = -\left(\frac{\partial V}{\partial x}\hat\imath + \frac{\partial V}{\partial y}\hat\jmath + \frac{\partial V}{\partial z}\hat{k}\right) = -\nabla V,} \qquad (4.45)$$

em que ∇V é o gradiente de V. A Eq. (4.45) responde a uma de nossas perguntas; ou seja, dado um potencial V, podemos encontrar $\vec{F}$ pelo cálculo do gradiente negativo de V.

Se calcularmos o rotacional de $\vec{F}$, que é definido como $\nabla \times \vec{F}$ (também escrito como rotacional de $\vec{F}$), em coordenadas cartesianas, obtemos

$$\nabla\times\vec{F} = \left(\frac{\partial}{\partial x}\hat\imath + \frac{\partial}{\partial y}\hat\jmath + \frac{\partial}{\partial z}\hat{k}\right)\times\left(F_x\,\hat\imath + F_y\,\hat\jmath + F_z\,\hat{k}\right)$$

$$= \left(\frac{\partial F_z}{\partial y} - \frac{\partial F_y}{\partial z}\right)\hat\imath + \left(\frac{\partial F_x}{\partial z} - \frac{\partial F_z}{\partial x}\right)\hat\jmath + \left(\frac{\partial F_y}{\partial x} - \frac{\partial F_x}{\partial y}\right)\hat{k}. \qquad (4.46)$$

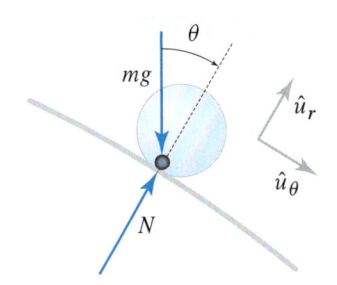

Figura 4.17
Figura 4.2 repetida. DCL da partícula em ② da Fig. 4.16.

> **Fato Interessante**
>
> **Petiscos do operador gradiente.** O operador diferencial de vetores ∇ deve ser lido como *nabla* ou *del*. O gradiente da função escalar V é frequentemente escrito grad V. Por fim, o operador gradiente em coordenadas cilíndricas pode ser escrito conforme
>
> $$\nabla = \frac{\partial}{\partial r}\hat{u}_r + \frac{1}{r}\frac{\partial}{\partial\theta}\hat{u}_\theta + \frac{\partial}{\partial z}\hat{u}_z.$$

Substituindo as Eqs. (4.44) na Eq. (4.46), obtemos

$$\nabla \times \vec{F} = \left(-\frac{\partial^2 V}{\partial z \partial y} + \frac{\partial^2 V}{\partial y \partial z}\right)\hat{i} + \left(-\frac{\partial^2 V}{\partial x \partial z} + \frac{\partial^2 V}{\partial z \partial x}\right)\hat{j}$$
$$+ \left(-\frac{\partial^2 V}{\partial y \partial x} + \frac{\partial^2 V}{\partial x \partial y}\right)\hat{k} = \vec{0}, \quad (4.47)$$

em que a igualdade a zero ocorre desde que as derivadas parciais na Eq. (4.47) sejam contínuas, de forma que possamos trocar a ordem da diferenciação das segundas derivadas de V, ou seja,

$$\frac{\partial^2 V}{\partial z \, \partial y} = \frac{\partial^2 V}{\partial y \, \partial z}, \quad \frac{\partial^2 V}{\partial x \, \partial z} = \frac{\partial^2 V}{\partial z \, \partial x}, \quad \text{e} \quad \frac{\partial^2 V}{\partial y \, \partial x} = \frac{\partial^2 V}{\partial x \, \partial y}. \quad (4.48)$$

A Eq. (4.47) nos ajuda a responder à outra pergunta que fizemos, pois ela mostra que *o rotacional de uma força conservativa é necessariamente igual a zero*. É possível provar que o oposto dessa afirmação também é válido, ou seja, *se o rotacional de uma força é igual a zero, então a força é conservativa*.

Princípio do trabalho-energia para qualquer tipo de força

A Eq. (4.14) é a forma *mais* geral do princípio do trabalho-energia, visto que se aplica a qualquer sistema. No entanto, quando todas as forças que realizam trabalho em um sistema são conservativas, então podemos usar as variações da energia potencial para encontrar o trabalho realizado por uma força (veja a Eq. (4.31)) em vez de calcular o trabalho por meio de sua definição integral (veja a Eq. (4.12)). Quando um problema envolve ambas as forças conservativas *e* não conservativas, é útil ter uma forma do princípio do trabalho-energia que ainda se aproveite da Eq. (4.31) para calcular o trabalho das forças conservativas. Para derivar tal forma do princípio do trabalho-energia, começamos considerando $U_{1\text{-}2} = (U_{1\text{-}2})_c + (U_{1\text{-}2})_{nc}$ e, então, escrevendo o princípio do trabalho-energia conforme

$$T_1 + (U_{1\text{-}2})_c + (U_{1\text{-}2})_{nc} = T_2, \quad (4.49)$$

em que $(U_{1\text{-}2})_c$ e $(U_{1\text{-}2})_{nc}$ são as contribuições de trabalho das forças conservativas e não conservativas, respectivamente, sendo que os subscritos c e nc representam conservativa e não conservativa, respectivamente. Utilizando a Eq. (4.31), podemos escrever $(U_{1\text{-}2})_c = -(V_2 - V_1)$ de forma que a Eq. (4.49) se torna

$$\boxed{T_1 + V_1 + (U_{1\text{-}2})_{nc} = T_2 + V_2.} \quad (4.50)$$

A Eq. (4.50) é tão geral quanto a Eq. (4.14), mas é de mais fácil aplicação, uma vez que o trabalho realizado por forças conservativas, como forças das molas e gravitacionais, pode ser incluído nos termos V_1 e V_2.

Nota importante. As *únicas* forças conservativas que incluiremos na energia potencial V são forças de molas e gravitacionais. Apesar de existirem algumas forças conservativas, como forças constantes, que poderiam ser incluídas em V, não faremos isso aqui para evitar confusão com forças como as de atrito constantes.

Resumo final da seção

Nesta seção, descobrimos que existem forças cujo trabalho, ao deslocar uma partícula de uma posição inicial para uma posição final, não depende da trajetória que conecta essas posições. Especificamente, deduzimos as seguintes expressões.

Trabalho de uma força gravitacional constante. Para uma partícula de massa m que se move em um campo gravitacional constante de ① para ②, o trabalho realizado sobre a partícula é

Eq.(4.21), p.277
$$(U_{1\text{-}2})_g = -mg(y_2 - y_1),$$

para o qual a gravidade deve atuar na direção $-y$.

Trabalho realizado pela força de uma mola. Para uma partícula sujeita à força de uma mola elástica linear de constante k, o trabalho realizado sobre a partícula é

Eq. (4.27), p. 278
$$(U_{1\text{-}2})_e = -\tfrac{1}{2}k\left(\delta_2^2 - \delta_1^2\right),$$

em que δ_1 e δ_2 são a deformação da mola em ① e ②, respectivamente.

Sistemas conservativos. Uma força é dita *conservativa* quando seu trabalho depende somente das posições inicial e final de seu ponto de aplicação, sendo por outro lado independente da trajetória que conecta essas posições. O trabalho de uma força conservativa pode ser caracterizado por uma função escalar de energia potencial V. Um *sistema conservativo* é aquele em que todas as forças que realizam trabalho são conservativas. Para sistemas conservativos, o princípio do trabalho-energia torna-se a *conservação de energia mecânica*, a qual é dada por

Eq. (4.32), p. 279
$$T_1 + V_1 = T_2 + V_2.$$

Forças conservativas importantes incluem forças de molas elásticas e forças gravitacionais. A *energia potencial da força de uma mola elástica linear* é dada por

Eq. (4.34), p. 280
$$V_e = \tfrac{1}{2}k\delta^2,$$

a *energia potencial de uma força gravitacional constante* é dada por

Eq. (4.33), p. 280
$$V_g = mgy,$$

Alerta de conceito

A energia potencial elástica nunca é negativa. Não importa se uma mola é alongada ou comprimida, ou seja, se δ é positivo ou negativo, a energia potencial de uma mola nunca é negativa!

Fato interessante

Energia potencial gravitacional de esferas. A Eq. (4.35) é válida para corpos de tamanho finito (quer dizer, diferente de partículas) contanto que r seja medido a partir do centro deles e ambos apresentem distribuição de massa com simetria esférica. Portanto, é válida para quase todos os grandes corpos celestiais, visto que sua distribuição de massa é normalmente muito próxima da simetria esférica, e porque estarão muito longe um dos outros.

e a *energia potencial da força da gravidade* é dada por

Eq. (4.35), p. 280

$$V_G = -\frac{Gm_A m_B}{r}.$$

Por fim, se temos um sistema no qual atuam forças conservativas e não conservativas realizando trabalho, *podemos* utilizar a Eq. (4.14) da p. 262, isto é, $T_1 + U_{1\text{-}2} = T_2$, *ou* podemos tirar proveito das energias potenciais das forças conservativas escrevendo o princípio do trabalho-energia conforme

Eq. (4.50), p. 282

$$T_1 + V_1 + (U_{1\text{-}2})_{nc} = T_2 + V_2,$$

em que $(U_{1\text{-}2})_{nc}$ é o trabalho realizado por forças não conservativas. Neste livro, as únicas forças conservativas que incluiremos em V são forças de molas elásticas lineares e forças gravitacionais.

EXEMPLO 4.4 A demolição de um edifício. Velocidade de uma bola de demolição

Uma bola de demolição A de 1.125 kg é liberada do repouso com $\beta = 27°$, conforme mostrado na Fig. 1. Quando a bola atinge a estrutura a ser demolida, o cabo que segura a bola de demolição forma um ângulo $\gamma = 11°$ em relação à vertical. Se o comprimento L do cabo é 9 m, determine a velocidade com a qual a bola de demolição atinge a estrutura.

SOLUÇÃO

Roteiro e modelagem Este problema requer que relacionemos uma mudança na posição da bola de demolição a uma mudança correspondente em velocidade, então é um candidato ideal para a aplicação do princípio do trabalho-energia. Referindo-se à Fig. 2, modelaremos a bola de demolição como uma partícula sujeita ao seu próprio peso e à tensão no cabo no qual a bola está presa. Assumiremos que o cabo é inextensível e que sua extremidade em O está fixa. Quanto à Fig. 3, indicaremos a posição em que a bola é solta por ①, e a posição no instante anterior ao impacto com a estrutura por ②. Observe que, como a trajetória da bola é um círculo com centro em O, a tensão P no cabo é sempre perpendicular à trajetória da bola, não realizando, assim, trabalho algum. A única força realizando trabalho é a gravidade, que é uma força conservativa.

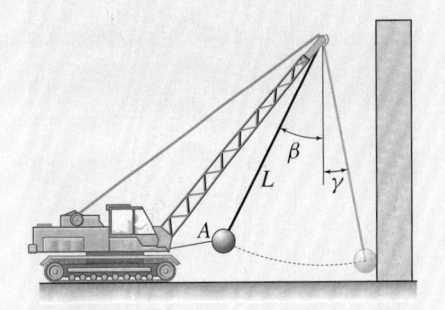

Figura 1

Equações fundamentais

Princípios de equilíbrio Agora aplicaremos o princípio da conservação da energia mecânica entre ① e ②, que diz

$$T_1 + V_1 = T_2 + V_2, \quad (1)$$

em que

$$T_1 = \tfrac{1}{2} m v_1^2 \quad \text{e} \quad T_2 = \tfrac{1}{2} m v_2^2, \quad (2)$$

e m é a massa da bola de destruição, e v_1 e v_2 são suas velocidades em ① e ②, respectivamente.

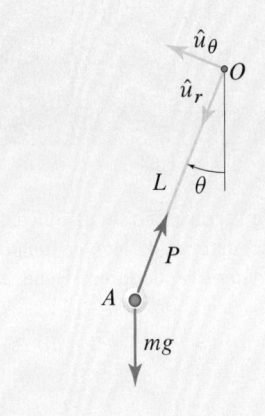

Figura 2
DCL da bola de demolição.

Leis da força Lembrando que somente a gravidade realiza trabalho e escolhendo a linha de referência mostrada na Fig. 3, temos que

$$V_1 = -mgL \cos \beta \quad \text{e} \quad V_2 = -mgL \cos \gamma. \quad (3)$$

Equações cinemáticas Visto que o sistema é liberado do repouso, temos que

$$v_1 = 0. \quad (4)$$

Cálculos Substituindo as Eqs. (2)-(4) na Eq. (1), obtemos

$$-mgL \cos \beta = \tfrac{1}{2} m v_2^2 - mgL \cos \gamma, \quad (5)$$

que, após resolver para v_2, resulta em

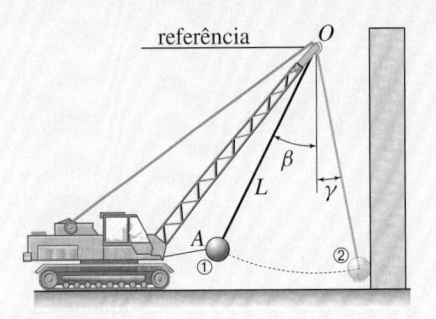

$$\boxed{v_2 = \sqrt{2gL(\cos \gamma - \cos \beta)} = 4 \text{ m/s}.} \quad (6)$$

Figura 3
Definição de ① e ②, assim como a linha de referência para a energia potencial gravitacional.

Discussão e verificação As dimensões do termo no argumento do sinal de raiz quadrada são comprimento ao quadrado sobre tempo ao quadrado. Portanto, nosso resultado final está correto em termos de dimensões e foi expresso com as unidades corretas.

Um olhar mais atento Observe que a quantidade $L(\cos \gamma - \cos \beta)$ corresponde à queda vertical da bola. Então, a velocidade atingida pela bola é precisamente o que a bola atingiria se tivesse caído de uma altura igual a $L(\cos \gamma - \cos \beta)$.

EXEMPLO 4.5 Bungee jumping: conservação da energia mecânica

A mecânica do *bungee jumping* é bastante simples, mas um erro de cálculo pode ter consequências terríveis. Consideremos o local de *bungee jumping* mais alto do mundo – a represa de Verzasca, ao sul da Suíça. A altura de um salto da represa de Verzasca é de 220 m. Considerando um saltador cuja massa é 77 kg, determine a relação entre a rigidez k da corda de *bungee jumping* e seu comprimento indeformado L_0; ou seja, determine k em função de L_0, de forma que o saltador tenha velocidade nula no fundo da represa. Além disso, determine o comprimento indeformado, a fim de que a aceleração do saltador não exceda $4g$ durante o salto.

SOLUÇÃO

Roteiro e modelagem   Referindo-se ao DCL na Fig. 2, modelamos o saltador como uma partícula sujeita à gravidade e à força F_b da corda de *bungee jumping*, que modelamos como uma mola elástica linear. O saltador inicia o salto em ① com velocidade zero e termina o salto em ② com velocidade zero (veja a Fig. 2). Visto que sabemos a velocidade do saltador em ① e ② e conhecemos todas as forças que realizam trabalho sobre o saltador, podemos aplicar o princípio do trabalho-energia no saltador para determinar a relação entre a rigidez da corda de *bungee jumping* e seu comprimento indeformado. Aplicaremos então a segunda lei de Newton no saltador para determinar a aceleração máxima, de forma que possamos encontrar k e L_0 para a corda de *bungee jumping*. Observe que todas as forças que agem no saltador são conservativas e F_b é zero até o momento em que o saltador cai uma distância equivalente ao comprimento indeformado da corda.

Equações fundamentais

Princípios de equilíbrio   Aplicando o princípio do trabalho-energia entre ① e ②, temos que

$$T_1 + V_1 = T_2 + V_2, \qquad (1)$$

em que utilizamos o fato de que todas as forças realizando trabalho são conservativas. As energias cinéticas podem ser escritas conforme

$$T_1 = \tfrac{1}{2}mv_1^2 \quad \text{e} \quad T_2 = \tfrac{1}{2}mv_2^2, \qquad (2)$$

em que m é a massa do saltador e v_1 e v_2 são as velocidades do saltador em ① e ②, respectivamente. Visto que precisamos determinar também a aceleração do saltador, escreveremos a segunda lei de Newton para o saltador no sentido de y conforme

$$\sum F_y: \quad mg - F_b = ma_y, \qquad (3)$$

em que observamos que $F_b = 0$ até que a corda de *bungee jumping* saia de seu comprimento indeformado.

Leis da força   Se posicionarmos a linha de referência para a energia potencial gravitacional em ②, então

$$V_1 = mgh \quad \text{e} \quad V_2 = \tfrac{1}{2}k(h - L_0)^2, \qquad (4)$$

em que $h = 220$ m, $mg = 756$ N, e levamos em conta a energia potencial da corda de *bungee jumping* em V_2. Precisaremos também da lei da força da corda de *bungee jumping*, que é dada por

$$F_b = k\delta = k(y - L_0), \qquad (5)$$

em que observamos que $F_b = 0$ quando $y \leq L_0$.

Equações cinemáticas   Como o saltador inicia e termina o salto com velocidade zero, temos que

$$v_1 = v_2 = 0. \qquad (6)$$

Figura 1
A represa de Verzasca, no sul da Suíça, foi a localização da cena de *bungee jumping* do filme *GoldenEye*, de James Bond, em 1995.

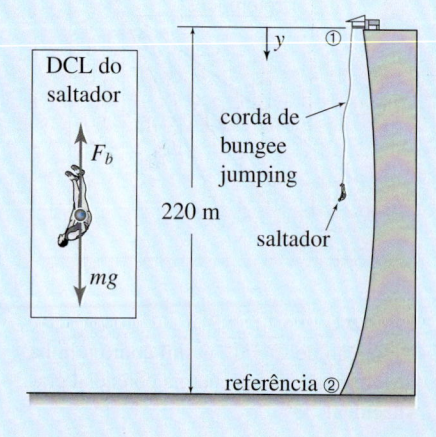

Figura 2
Perfil da represa de Verzasca mostrando a plataforma de salto assim como o saltador. Também são definidos ① e ②. A inserção em azul mostra o DCL depois de o saltador ter caído uma distância maior do que a do comprimento indeformado da corda.

Cálculos Substituindo as Eqs. (2), (4) e (6) na Eq. (1) e resolvendo para k, obtemos

$$k = \frac{2mgh}{(h-L_0)^2}. \qquad (7)$$

A Eq. (7) fornece o k desejado em função de L_0, cujo gráfico é mostrado na Fig. 3.

Agora desejamos projetar o sistema de *bungee jumping* de forma que a aceleração máxima de um saltador de 77 kg não exceda $a_{max} = 4g$. Como com qualquer problema de projeto, há uma infinidade de soluções que satisfarão os critérios de forma que o saltador tenha velocidade zero em ②, e que a aceleração do saltador não exceda $4g$. Consultando o DCL da inserção na Fig. 2, sabemos que, até que a mola engaje, o saltador estará em queda livre, e sua aceleração será de g para baixo. Quando a mola engajar, a aceleração é determinada resolvendo as Eqs. (3) e (5) para a_y, que nos dá

$$a_y = g - \frac{k}{m}(y - L_0). \qquad (8)$$

Lembre que a Eq. (7) fornece uma relação entre k e L_0, que assegura que o saltador possui velocidade zero em ②. Portanto, utilizando a Eq. (7), a Eq. (8) se torna

$$a_y = g - \frac{2gh(y-L_0)}{(h-L_0)^2} \quad \text{ou} \quad \frac{a_y}{g} = 1 - \frac{2h(y-L_0)}{(h-L_0)^2}, \quad y > L_0. \qquad (9)$$

Adotaremos o seguinte valor de comprimento para a corda de *bungee jumping* sem deformações:

$$L_0 = h/2 = 110 \text{ m}. \qquad (10)$$

Agora precisamos verificar se o critério de projeto requerendo $a_y < 4g$ é atingido sempre. Para tanto, utilizando o L_0 escolhido e consultando a Fig. 4, elaboramos um gráfico a_y/g versus y. O gráfico mostra que o valor escolhido para L_0 é tal que o objetivo do projeto foi atingido.

Discussão e verificação O lado direito da Eq. (7) possui dimensões de força sobre comprimento, possuindo, então, as dimensões apropriadas para k. A Eq. (7) também indica que a rigidez da corda deve ser proporcional ao peso do saltador, o que era esperado. Além disso, a Eq. (7) e seu correspondente gráfico na Fig. 3 demonstram um interessante aspecto da rigidez exigida k. Se a corda de *bungee jumping* possui um comprimento sem deformações muito curto (isto é, o denominador da Eq. (7) será grande), então a rigidez exigida para parar o saltador, após cair 220 m, é muito pequena, e aumenta muito lentamente até que L_0 atinja aproximadamente 150 m. Conforme L_0 se aproxima da altura do salto de 220 m (isto é, o denominador na Eq. (7) será pequeno), a mola deve ficar muito rígida para poder parar o saltador a tempo e, em $L_0 = 220$ m, a rigidez se torna infinita.

Consequentemente, nossa solução parece estar correta. Em relação ao valor de L_0 em questão, já verificamos que satisfaz os critérios exigidos.

Um olhar mais atento A Fig. 4 mostra a aceleração do saltador em função da distância do topo da represa para $L_0 = 110$ m. Essa figura demonstra que a maior aceleração experimentada pelo saltador é $3g$, e isso acontece no fim do salto (ou seja, em $y = 220$ m, a aceleração é 3g *para cima*). Conforme L_0 aumenta, a aceleração máxima experimentada pelo saltador aumenta de forma que, por exemplo, quando $L_0 = 200$ m, descobrimos que a aceleração máxima do saltador é mais de $19g$!

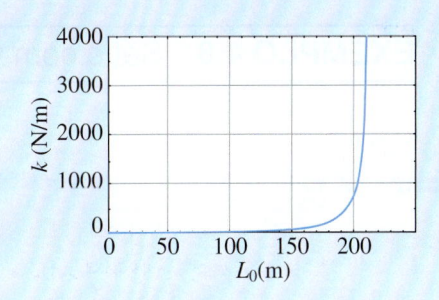

Figura 3
A rigidez k da corda de *bungee jumping* em função de seu comprimento sem deformações L_0, necessária para atingir uma velocidade nula no fundo do salto (curva azul). A linha vertical azul está em $L_0 = 220$ m.

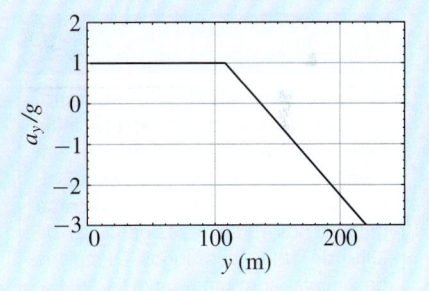

Figura 4
A aceleração do saltador em função de y, para $L_0 = h/2 = 110$ m.

> **Fato interessante**
>
> **Rigidez da corda de *bungee jumping* e comprimento indeformado.** Não levamos em conta o fato de que uma corda real de *bungee jumping* possui limites de elasticidade. Por exemplo, para $L_0 = 1$ m, a Eq. (7) informa que $k = 6.930$ N/m para $h = 220$ m. De fato, aumentando L_0 para 120 m, k aumenta somente para 33,24 N/m. Claro que a corda de *bungee jumping* de 1 m teria que esticar-se 219 m, ou 21.900%, e a corda de *bungee jumping* de 120 m só teria que esticar-se 100 m, ou 83,3%. Enquanto uma liga de borracha pode facilmente esticar-se um pouco menos que duas vezes o seu comprimento original, não temos conhecimento de uma liga de borracha que possa esticar-se acima de 200 vezes o seu comprimento original!

EXEMPLO 4.6 Salto com vara: transformando velocidade em altura

Figura 1
Sequência de imagens mostrando as posições de um saltador durante um salto com vara. A vara azul foi encurtada em alguns dos quadros para clareza.

Fato interessante

O ápice da velocidade humana. Acredita-se que a velocidade mais rápida registrada alcançada por um humano tenha sido de Donovan Bailey, do Canadá, que marcou o recorde mundial nos 100 m rasos no dia 27 de julho de 1996, nos Jogos Olímpicos de Atlanta, com um tempo de 9,84 s. Perto da marca de 60 m, um radar registrou a velocidade dele como sendo de 12,1 m/s = 43,6 km/h. No Campeonato Mundial em Atenas, em 1997, com medições mais cuidadosas, Maurice Greene e Bailey foram medidos a 11,87 m/s (Greene correu em 9,86 s e Bailey em 9,91 s). No mesmo campeonato, Bailey atingiu 11,91 m/s no revezamento 4 × 100 m. Veja J. R. Mureika, "A Simple Model for Predicting Sprint-Race Times Accounting for Energy Loss on the Curve," *Canadian Journal of Physics*, **75**(11), 1997, pp. 837-851.

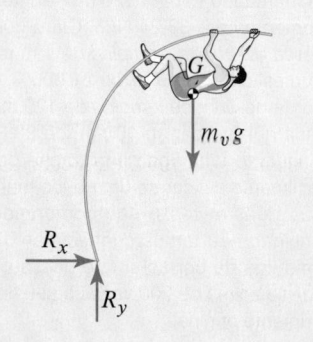

Figura 2
DCL do saltador e da vara durante o salto. A força-peso atuando no saltador age em seu centro de massa G.

Um saltador de vara conta com várias habilidades para alcançar a altura máxima durante o salto com vara, mas uma das mais importantes é a velocidade de sua corrida. A velocidade é importante porque é vital que o saltador transforme energia cinética (velocidade da corrida) em energia potencial (altura do salto). A Fig. 1 mostra os momentos finais de um salto com vara, durante o qual a velocidade frontal do saltador em A é transformada em altura em B. Modelando o saltador como uma partícula, determine a altura máxima possível que pode ser alcançada pelo "saltador com vara mais rápido do mundo" utilizando os seguintes dados e hipóteses:

1. Na ocasião em que este livro foi escrito, o recorde mundial masculino nos 100 m rasos era 9,72 s, que foi estabelecido por Usain Bolt, da Jamaica, no dia 31 de maio de 2008; o recorde nos 200 m era 19,32 s, que foi estabelecido no dia 1 de agosto de 1996 por Michael Johnson, dos Estados Unidos.

2. A altura do saltador de vara é 1,82 m, com centro de massa a 55% da altura do corpo medido a partir do chão.

3. *Toda* a energia cinética do saltador é convertida em energia potencial durante o salto, e nenhuma energia é perdida no sistema constituído pela vara e pelo saltador.

4. O saltador não realiza qualquer trabalho durante o salto, e a velocidade dele é zero quando ele alcança a altura de pico do salto.

SOLUÇÃO

Roteiro e modelagem Assumiremos que a salto começa quando o saltador alcança a velocidade máxima. Para determinar a velocidade máxima, utilizaremos os dados dos 100 e 200 m rasos conforme a seguir. Consideraremos que o saltador parte do repouso e acelera para a velocidade máxima com uma aceleração que é aproximadamente a mesma para ambas as corridas. Considerando que o corredor alcança a velocidade máxima ao mesmo tempo em que ele atinge 100 m, assumiremos que ele corre a uma velocidade uniforme entre 100 e 200 m. Então, podemos aproximar a velocidade máxima dele conforme

$$v_{max} = \frac{200 - 100}{19{,}32 - 9{,}72} \text{ m/s} = 10{,}42 \text{ m/s}. \tag{1}$$

Para completar nosso modelo, precisamos determinar as forças que atuam no saltador. Referindo-se à Fig. 2, tratamos o saltador como uma partícula e desprezamos a resistência do ar, como também qualquer momento que poderia ser aplicado na parte inferior da vara pela caixa durante o salto.[4] Note que no DCL não incluímos o peso da vara. Faremos isso no Prob. 4.63 da Seção 4.3 (depois de abordar o princípio do trabalho-energia para sistemas de partículas) para ver se é importante levar em conta o peso da vara em nossa análise. Observe que o ponto de aplicação das forças R_x e R_y é fixo, de forma que essas forças não realizam trabalho algum. Então, a única força que realiza trabalho é a gravidade, que é uma força conservativa da qual conhecemos a função da energia potencial. Por conseguinte, visto que queremos relacionar variações de velocidade a variações de posição, poderemos resolver este problema aplicando o princípio do trabalho-energia.

Equações fundamentais

Princípios de equilíbrio Todas as forças realizando trabalho são conservativas, e o princípio do trabalho-energia é

$$T_1 + V_1 = T_2 + V_2, \tag{2}$$

---
[4] A caixa é a depressão de 20 cm na qual o saltador apoia a vara para iniciar o salto.

em que, referindo-se à Fig. 3, ① corresponde ao instante em que o saltador apoia a vara, e ② corresponde ao pico da altura do saltador. As energias cinéticas do saltador em ① e ② são dadas por

$$T_1 = \tfrac{1}{2}m_v v_1^2 \quad \text{e} \quad T_2 = \tfrac{1}{2}m_v v_2^2, \tag{3}$$

em que m_v é a massa do saltador, e v_1 e v_2 são as velocidades do saltador em ① e ②, respectivamente.

Leis da força Incluiremos todas as energias potenciais e termos de trabalho aqui. Lembrando que o peso do saltador é a única força realizando trabalho, obtemos (veja a Fig. 3)

$$V_1 = m_v g d \quad \text{e} \quad V_2 = m_v g(d+h), \tag{4}$$

em que utilizamos o chão como nossa linha de referência para a energia potencial gravitacional.

Equações cinemáticas Com base na discussão do Roteiro e modelagem e ignorando qualquer componente horizontal de velocidade que o saltador possa ter em ②, obtemos

$$v_1 = v_{\max} \quad \text{e} \quad v_2 = 0. \tag{5}$$

Cálculos Substituindo as Eqs. (3)-(5) na Eq. (2) e simplificando, obtemos

$$\tfrac{1}{2}v_{\max}^2 = gh \quad \Rightarrow \quad h = \frac{v_{\max}^2}{2g} = 5{,}534\,\text{m}, \tag{6}$$

em que utilizamos o valor de v_{max} da Eq. (1). Visto que em ① o centro de massa do saltador está a uma distância $d = 0{,}55(6)$ ft $= 3{,}3$ ft $= 1{,}006$ m acima do solo, podemos adicionar a distância d em h para descobrir que a altura máxima realizável por um saltador de vara é

$$\boxed{h_{\max} = 6{,}54\text{m}.} \tag{7}$$

Discussão e verificação Como o lado direito da Eq. (6) possui dimensões de comprimento, podemos dizer que o nosso resultado possui as dimensões corretas. Analisando a exatidão do valor que obtivemos, notamos que é maior que o recorde mundial atual, mas não muito distante dele (veja a discussão abaixo). Então, de uma maneira geral, nossa solução parece estar correta.

Um olhar mais atento Na ocasião em que este livro foi escrito, o recorde mundial no salto com vara era 6,14 m (veja a observação na margem intitulada "Recordes mundiais"). A altura que obtivemos não está longe disso (é 8% mais alta). Existem muitos fatores que não incluímos em nossa análise. Aqui estão alguns deles, que podem ter contribuído para o nosso resultado *elevado*.

- Os saltadores não conseguem aproveitar-se de toda a sua velocidade ao fixar a vara, visto que precisam saltar com um ângulo de saída de 15-20°.
- Apesar de saltadores da elite masculina correrem mais rápido que 9 m/s durante os últimos 5 m da sua corrida de curta distância de aproximação, nossa estimativa de 10,42 m/s foi muito alta.
- Os saltadores não podem possuir velocidade zero em sua altura máxima, pois precisam de alguma velocidade horizontal para atravessar a barra.

Por outro lado, não levamos em conta o fato de que o saltador pode realizar trabalho entre ① e ②, por exemplo, empurrando a vara com os braços. Isso permite que o saltador vá mais alto do que a nossa previsão sugere, e esse trabalho adicional pode contribuir, geralmente, com cerca de 0,8 m ao saltador.

Figura 3
Sequência mostrando ① e ② durante o salto.

Fato interessante

Varas de fibra de vidro. Varas de fibra de vidro foram introduzidas no início dos anos 1960. Antes disso, varas de alumínio, aço ou bambu eram usadas. Com as varas de fibra de vidro, as alturas e recordes dos saltos aumentaram dramaticamente. De 1940 a 1960, o recorde mundial aumentou de 4,7 para 4,8 m, enquanto de 1960 a 1963, aumentou de 4,8 para 5,1 m. As varas de fibra de vidro foram pensadas para "catapultar" o saltador por cima da barra, mas estudos mostraram o contrário. Há duas razões pelas quais as varas de fibra de vidro facilitam o desempenho. Primeiro, uma vara flexível permite uma pegada mais alta na vara. A altura da pegada de um saltador é determinada pela energia cinética na decolagem – quanto maior a energia cinética, mais longe o saltador com vara pode girar para a vertical. Segundo, as varas flexíveis permitem que os saltadores tenham um menor ângulo de decolagem, visto que varas flexíveis podem absorver e retornar muito mais energia do que uma vara rígida.

Fato interessante

Recordes mundiais. Na ocasião em que este livro foi escrito, o recorde mundial no salto com vara era 6,14 m, estabelecido por Sergey Bubka, da Ucrânia, em 1994. Para comparação, o recorde mundial de salto em altura era 2,45 m, estabelecido por Javier Sotomayor, de Cuba, em 1993. Se tudo que importasse fosse energia cinética, esses dois recordes seriam idênticos. Contudo, sem uma vara, essa energia não poderia ser usada para ganhar altitude, e este é o motivo pelo qual a velocidade horizontal não desempenha um forte papel no salto em altura.

EXEMPLO 4.7 Deslizando com e sem atrito

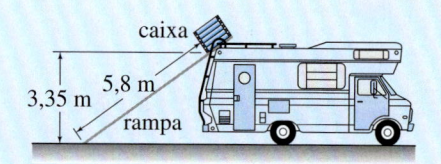

Figura 1
O VR com a rampa e suas dimensões

Uma caixa é descarregada do topo de um veículo recreativo (VR) que utiliza a rampa mostrada na Fig. 1. Determine a velocidade da caixa ao bater no chão para cada um dos dois casos seguintes, considerando que a caixa é liberada do repouso na posição mostrada e se

(a) o atrito entre a caixa e a rampa é desprezível; e

(b) o coeficiente de atrito cinético entre a caixa e a rampa é $\mu_k = 0{,}32$.

Assuma que o atrito estático é insuficiente para impedir o deslizamento.

SOLUÇÃO

Roteiro e modelagem Referindo-se à Fig. 2, modelaremos a caixa como uma partícula sujeita ao seu próprio peso, à reação normal entre a caixa e a rampa, e à força de atrito F. A força F será fixada em zero quando considerarmos o caso em que não há atrito entre a caixa e a rampa. Levando em conta que precisamos relacionar uma variação na posição da caixa a uma variação correspondente na velocidade, aplicaremos o princípio do trabalho-energia. No entanto, como uma das forças que realizam trabalho é a força de atrito F, também aplicaremos a segunda lei de Newton na direção perpendicular à rampa para determinar a relação entre a reação normal N e F. Definimos ① como o ponto de liberação da caixa e ② como logo antes de a caixa bater no chão (veja a Fig. 3). O comprimento da rampa l é 5,8 m, e a queda vertical h é 3,35 m. Resolveremos as Partes (a) e (b) ao mesmo tempo, uma vez que a solução da Parte (a) é um caso especial da solução da Parte (b). Por fim, como será usado em cálculos posteriores, observamos que o ângulo θ que aparece no DCL da Fig. 2 é tal que

$$\operatorname{sen}\theta = 3{,}35/5{,}8 \quad \Rightarrow \quad \theta = 35{,}28°. \tag{1}$$

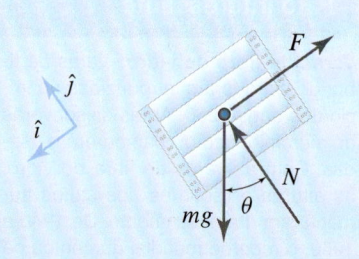

Figura 2
DCL da caixa conforme ela desliza para baixo na rampa.

Equações fundamentais

Princípios de equilíbrio O princípio do trabalho-energia, aplicado entre ① e ②, fornece

$$T_1 + V_1 + (U_{1\text{-}2})_{nc} = T_2 + V_2, \tag{2}$$

As energias cinéticas podem ser escritas conforme

$$T_1 = \tfrac{1}{2}mv_1^2 \quad \text{e} \quad T_2 = \tfrac{1}{2}mv_2^2, \tag{3}$$

Figura 3
Definição de ① e ② para o princípio do trabalho-energia.

em que m é a massa da caixa, e v_1 e v_2 são as velocidades da caixa em ① e ②, respectivamente. Referindo-se ao DCL da Fig. 2, a segunda lei de Newton na direção y fornece

$$\sum F_y: \quad N - mg\cos\theta = ma_y. \tag{4}$$

Leis da força Com o posicionamento da linha de referência em ②, as energias potenciais na Eq. (2) são

$$V_1 = mgh \quad \text{e} \quad V_2 = 0. \tag{5}$$

O trabalho realizado pela força de atrito F é

$$(U_{1\text{-}2})_{nc} = \int_{\mathcal{L}_{1\text{-}2}} -F\,\hat{\imath}\cdot d\vec{r} = \int_0^l -F\,\hat{\imath}\cdot dx\,\hat{\imath} = \int_0^l -F\,dx, \tag{6}$$

em que F está relacionada à força normal N por meio da lei de atrito de Coulomb para deslizamento, ou seja,

$$F = \mu_k N. \tag{7}$$

Equações cinemáticas Visto que a caixa desliza ao longo da rampa, temos

$$a_y = 0. \tag{8}$$

Para calcular as energias cinéticas em ① e ②, observamos que

$$v_1 = 0 \tag{9}$$

e v_2 é a principal incógnita do problema.

Cálculos Utilizando as Eqs. (4), (7) e (8), temos que

$$F = \mu_k mg \cos\theta. \tag{10}$$

Substituindo a Eq. (10) na Eq. (6), temos, então, que

$$(U_{1\text{-}2})_{nc} = -\mu_k mgl \cos\theta. \tag{11}$$

Por fim, substituindo as Eqs. (3), (5), (9) e (11) na Eq. (2), obtemos

$$mgh - \mu_k mgl \cos\theta = \tfrac{1}{2}mv_2^2. \tag{12}$$

Para o caso (a), temos $\mu_k = 0$, de forma que a Eq. (12) fornece

$$\boxed{v_2 = \sqrt{2gh} = 8{,}1 \text{ m/s}.} \tag{13}$$

Para o caso (b), μ_k é diferente de zero e igual ao valor dado de 0,32, de forma que, a partir da Eq. (12), obtemos

$$\boxed{v_2 = \sqrt{2g(h - \mu_k l \cos\theta)} = 6 \text{ m/s}.} \tag{14}$$

Discussão e verificação Como os termos do argumento do sinal da raiz quadrada nas Eqs. (13) e (14) possuem dimensões de aceleração vezes comprimento, nossos resultados estão dimensionalmente corretos. Além disso, o resultado da Eq. (13) é maior do que o da Eq. (14), como era esperado, visto que o efeito do atrito é oposto ao movimento da caixa. Então, nossa solução é razoável.

Um olhar mais atento O resultado da Eq. (13) corresponde à velocidade que a caixa teria se tivesse sido *derrubada* do topo do VR. Apesar de talvez surpreendente, esse resultado realmente está correto. De fato, na Parte (a), as duas únicas forças que atuam na caixa são a força-peso mg e a força normal N. A força normal não realiza trabalho, e o trabalho realizado pela força-peso pode ser facilmente calculado por meio da multiplicação da força pela componente do deslocamento na direção da força (pois o peso, neste problema, é uma força constante); essa componente é a queda vertical h. Portanto, o trabalho realizado por mg é mgh, e isso é exatamente o que ocorreria se tivéssemos derrubado a caixa do topo do VR.

EXEMPLO 4.8 Trabalho cíclico para gerar movimento oscilatório

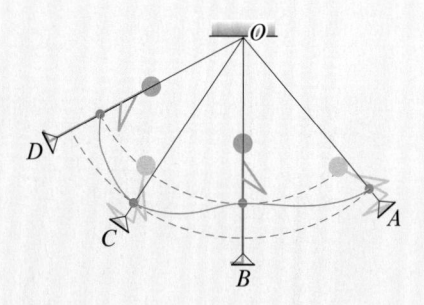

Figura 1
Uma possível sequência entre posições de agachamento e de pé durante meia oscilação. Você está se agachando em A, se levantando em B, se agachando em C, e então se levantando novamente no topo do balanço em D. Os pontos azuis indicam a posição do seu centro de massa, e a linha roxa é a trajetória do seu centro de massa. As duas linhas tracejadas indicam arcos de distâncias mais próximas e mais distantes do seu centro de massa em relação ao ponto O.

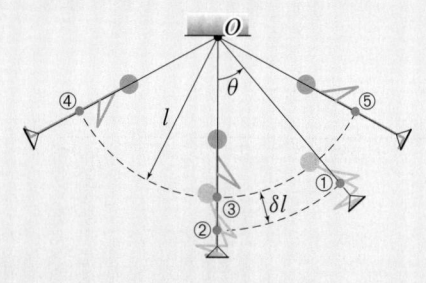

Figura 2
As cinco posições-chave do movimento de bombeamento, com as dimensões do movimento do centro de massa.

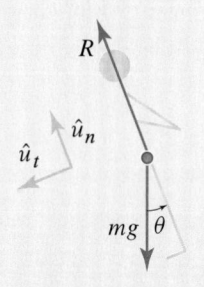

Figura 3
DCL de você no balanço em um ângulo arbitrário.

A Fig. 1 mostra você se balançando nas posições de agachamento e de pé. Como você provavelmente sabe, se você se levantar (ficar em pé) e se abaixar (agachar-se), conforme se balança, você pode aumentar a amplitude de oscilação em cada ciclo. Embora a análise do movimento mostrado na Fig. 1 possa ser muito confusa,[5] podemos criar um modelo simples para investigar como esse bombeamento pode aumentar a amplitude de cada ciclo de oscilação.

Analisaremos o movimento do bombeamento descrito na Fig. 2. Esse movimento consiste na sucessão dos seguintes eventos:

1. Em ①, ou seja, no topo de uma oscilação para trás, a velocidade é zero e você está agachado.
2. Em ②, que ocorre no ponto mais baixo do balanço, você põe-se de pé para mover-se até ③. Esse movimento é considerado como se acontecesse instantaneamente.
3. Em seguida, você se balança de ③ até ④, e então de volta a ⑤, enquanto mantém-se de pé.
4. Em ⑤, você instantaneamente se agacha e outro ciclo começa.

O objetivo é encontrar θ_5 em função de θ_1 devido ao movimento de bombeamento descrito acima. Quando você está de pé, o seu centro de massa estará a uma distância l do ponto fixo O; e quando você está agachado, seu centro de massa estará a uma distância $l + \delta l$ de O.

SOLUÇÃO

Roteiro e modelagem Como você alternadamente se põe de pé e se agacha, você estará realizando trabalho, e é esse trabalho que aumentará o ângulo de oscilação em cada ciclo. Escreveremos o princípio do trabalho-energia para relacionar a energia potencial no início e no final da oscilação, com o trabalho realizado durante a oscilação. Você será modelado como uma partícula localizada em seu centro de massa, que se move conforme descrito na Fig. 2. Aplicando o princípio do trabalho-energia entre ① e ⑤, precisaremos calcular o trabalho realizado quando você sai da posição de agachamento para a posição de pé, entre ② e ③. Sua velocidade tanto em ① quanto em ⑤ é zero. Ignoraremos quaisquer forças de arrasto ou dissipativas. Seu DCL em uma posição arbitrária é mostrado na Fig. 3. Essa figura nos mostra que a força-peso mg deve realizar trabalho (que calcularemos em termos da energia potencial). Embora possivelmente não esteja óbvio, a força R também realiza trabalho, pois é responsável por elevar o seu centro de massa de $l + \delta l$ até l ao ir de ② até ③.

Equações fundamentais

Princípios de equilíbrio O princípio do trabalho-energia, aplicado entre ① e ⑤, fornece

$$T_1 + V_1 + (U_{1\text{-}5})_{nc} = T_5 + V_5. \qquad (1)$$

As energias cinéticas são dadas por

$$T_1 = \tfrac{1}{2}mv_1^2 \quad \text{e} \quad T_5 = \tfrac{1}{2}mv_5^2, \qquad (2)$$

em que m é a massa da pessoa, e v_1 e v_5 são as velocidades da pessoa em ① e ⑤, respectivamente. Além disso, referindo-se à Fig. 3, a segunda lei de Newton aplicada em ② (ou seja, em $\theta = 0$) fornece

$$\sum F_n: \quad R - mg = ma_n. \qquad (3)$$

---

[5] Veja, por exemplo, W. B. Case e M. A. Swanson, "The Pumping of a Swing from the Seated Position", *American Journal of Physics*, **58**(5), 1990, pp. 463-467, ou W. B. Case, "The Pumping of a Swing from the Standing Position", *American Journal of Physics*, **64**(3), 1996, pp. 215-220.

Leis da força Adotando a referência para a energia potencial gravitacional em ②, obtemos

$$V_1 = mg(l + \delta l)(1 - \cos\theta_1) \quad \text{e} \quad V_5 = mgl(1 - \cos\theta_5). \tag{4}$$

Além disso, lembrando que $(U_{1\text{-}5})_{nc}$ é o trabalho realizado por R para elevar o centro de massa de ② para ③, temos

$$(U_{1\text{-}5})_{nc} = R\,\delta l, \tag{5}$$

em que *consideramos* que R é constante durante a elevação.

Equações cinemáticas Em ① e ⑤, temos que

$$v_1 = 0 \quad \text{e} \quad v_5 = 0. \tag{6}$$

Além disso, a aceleração a_n em ② é dada por

$$a_n = \frac{v_2^2}{l + \delta l}. \tag{7}$$

Cálculos Combinando as Eqs. (3)-(7) com a Eq. (1), obtemos

$$mg(l+\delta l)(1-\cos\theta_1) + m\left(g + \frac{v_2^2}{l+\delta l}\right)\delta l = mgl(1-\cos\theta_5). \tag{8}$$

Aplicando o princípio do trabalho-energia entre ① e ②, durante o qual somente a força-peso realiza trabalho, podemos relacionar v_2 a θ_1 da seguinte maneira

$$T_1 + V_1 = T_2 + V_2 \quad\Rightarrow\quad mg(l+\delta l)(1-\cos\theta_1) = \tfrac{1}{2}mv_2^2, \tag{9}$$

que, resolvendo para $v_2^2/(l+\delta l)$, resulta em

$$\frac{v_2^2}{l+\delta l} = 2g(1-\cos\theta_1). \tag{10}$$

Substituindo a Eq. (10) na Eq. (8) e resolvendo para θ_5, obtemos o resultado final

$$\boxed{\theta_5 = \cos^{-1}\left[\cos\theta_1 + \frac{\delta l}{l}(3\cos\theta_1 - 4)\right].} \tag{11}$$

Discussão e verificação O argumento da função cosseno inversa na Eq. (11) é adimensional como deveria ser. Além disso, lembrando que a função cosseno varia somente entre -1 e 1, observamos que o termo $3\cos\theta_1 - 4$ sempre é negativo. Em contrapartida, isso faz o valor de θ_5 ser maior do que o de θ_1 sempre que δl for positivo. Esse resultado confirma que a ação de bombeamento resultará em um ângulo de oscilação maior.

🔎 Um olhar mais atento Agora que temos o ângulo do final do ciclo de oscilação θ_5 em termos do ângulo do início do ciclo de oscilação θ_1, podemos testar alguns valores para ver se o nosso esquema de bombeamento funciona. Por exemplo, digamos que $l = 1,8$ m, $\delta l = 0,2$ m e $\theta_1 = 40°$. Com esses números, a Eq. (11) determina que $\theta_5 = 54,8°$, confirmando assim que obtivemos um aumento no ângulo de oscilação para cada ciclo (veja as Figs. 4 e 5). Entretanto, observe que as Figs. 4 e 5 nos informam que, se $\theta_1 = 0°$, então simplesmente se levantando (enquanto balança com velocidade zero), você balançará de alguma maneira até $\theta_5 \approx 27°$! Este resultado está obviamente em conflito com o que acontece na realidade, indicando que nosso modelo possui algumas fortes limitações. Em particular, conforme discutido na nota Informações úteis na margem, não podemos esperar que o nosso modelo seja exato, a menos que a relação $\delta l/l$ seja suficientemente pequena. Além disso, nosso modelo considera implicitamente que $\theta_1 = 0$; ou seja, que nosso movimento não parte do equilíbrio estático. A lição a aprender aqui é que, quando construímos um modelo físico, precisamos ter consciência das limitações do modelo ao interpretar as previsões do mesmo.

Informações úteis

Está correto considerar que R é constante? As Eqs. (3) e (7) implicam que R não pode ser constante entre ② e ③, pois R depende de a_n. Por sua vez, a_n depende da distância até o ponto O e de v_2, que variam conforme a partícula é erguida de ② para ③. A distância da partícula até O varia de $l + \delta l$ para l. Além disso, aplicando o princípio do trabalho-energia de ② até ③, sabemos que deve haver uma variação na velocidade entre essas duas posições, pois R realiza trabalho entre elas. Porém, pode ser argumentado que a hipótese de R ser constante entre ② e ③ é aceitável, desde que δl seja pequeno se comparado a l.

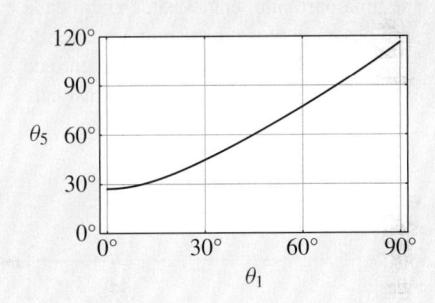

Figura 4
O ângulo θ_5 em função de θ_1. Esta figura, junto com a Fig. 5, mostra que o nosso modelo fornece resultados fisicamente não realísticos quando θ_1 é pequeno.

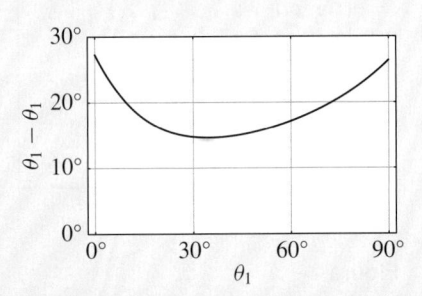

Figura 5
Este gráfico mostra o aumento na amplitude da oscilação $\theta_5 - \theta_1$ em função de θ_1. Nosso modelo fornece resultados fisicamente não realísticos quando θ_1 é pequeno.

EXEMPLO 4.9 Um campo de forças conservativo

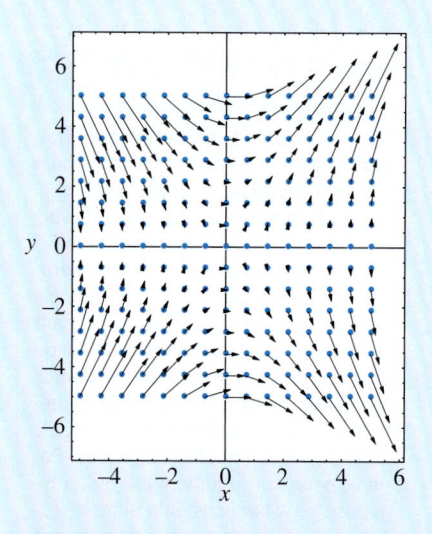

O campo de forças mostrado na Fig. 1 está matematicamente representado por

$$\vec{F} = y^2\,\hat{\imath} + 2xy\,\hat{\jmath}. \tag{1}$$

Determine a energia potencial de $\vec{F}$.

SOLUÇÃO

Roteiro e modelagem Calculando o rotacional do campo de força dado, podemos facilmente verificar que o rotacional $\vec{F} = \vec{0}$. Então, sabemos que existe um V potencial cujo gradiente é $-\vec{F}$. Com isso em mente, nossa estratégia será usar as Eqs. (4.44) da p. 281, uma vez que elas nos informam como as componentes de $\vec{F}$ estão relacionadas – V. Podemos ver cada uma dessas equações como simples equações diferenciais de primeira ordem, as quais integraremos.

Equações fundamentais A partir da Eq. (1), as componentes de $\vec{F}$ são

$$F_x = y^2 \quad \text{e} \quad F_y = 2xy. \tag{2}$$

Utilizando as Eqs. (4.44), a relação entre as componentes de $\vec{F}$ e V é

$$F_x = -\frac{\partial V}{\partial x} \quad \text{e} \quad F_y = -\frac{\partial V}{\partial y}. \tag{3}$$

Cálculos Igualando a primeira das Eqs. (2) com a primeira das Eqs. (3), obtemos

$$y^2 = -\frac{\partial V}{\partial x}, \tag{4}$$

que integramos para obter

$$V = -xy^2 + f(y), \tag{5}$$

em que $f(y)$ é uma função arbitrária de y. A seguir, igualamos a segunda das Eqs. (2) com a segunda das Eqs. (3) a fim de obter

$$2xy = -\frac{\partial V}{\partial y}, \tag{6}$$

a qual integramos para obter

$$V = -xy^2 + g(x), \tag{7}$$

em que $g(x)$ é uma função arbitrária de x. Comparando as Eqs. (5) e (7) notamos que

$$V = -xy^2 + f(y) \quad \text{e} \quad V = -xy^2 + g(x), \tag{8}$$

e a única maneira para que ambas possam ser verdadeiras é se $V = -xy^2 + $ constante. Visto que somente a variação em energia potencial importa, podemos definir a constante como zero para obter

$$\boxed{V = -xy^2.} \tag{9}$$

Discussão e verificação A Eq. (9) para valores diferentes de V foi plotada na parte superior da Fig. 1, e o resultado é mostrado na Fig. 2. Observe que as linhas azuis, ou seja, as linhas de V constante, são perpendiculares aos vetores força. Isso é o que deveríamos esperar, pois o campo de forças $\vec{F}$ é o negativo do gradiente de V. Lembre-se, das aulas de cálculo, que o gradiente de uma função escalar fornece, em cada ponto, a direção de maior variação dessa função. Isso está de acordo com nosso resultado, uma vez que a direção da maior variação de V deve ser ortogonal às linhas de V constante.

Figura 1
Representação gráfica do campo de forças dado na Eq. (1). Se cada ponto azul fosse uma partícula, então a flecha em cada um desses pontos representaria o vetor de força nela. Além disso, o comprimento de cada flecha é proporcional à intensidade da força.

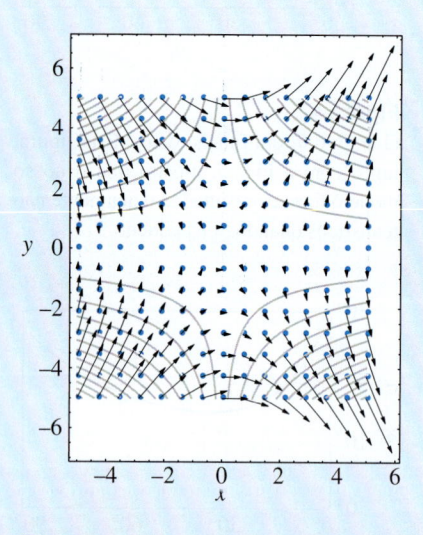

Figura 2
Figura 1 com valores constantes de V sobrepostos (ou seja, as linhas azuis).

PROBLEMAS

Problema 4.26

O pêndulo mostrado é posto em movimento a uma velocidade v_0 quando $\theta = 0°$. Considerando $L = 0,6$ m, determine v_0 se o pêndulo para pela primeira vez em $\theta = 47°$.

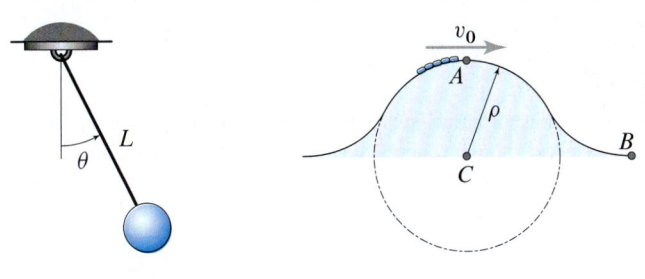

Figura P4.26

Figura P4.27

Problema 4.27

O ponto A é o mais alto ao longo do setor de elevação da montanha-russa mostrada. O círculo inscrito em A possui raio $\rho = 25$ m e centro em C. Se o ponto B está em uma linha horizontal passando através de C, e o trem da montanha-russa possui uma velocidade $v_0 = 45$ km/h em A, desprezando o atrito e a resistência do ar e tratando o trem da montanha-russa como uma partícula, determine a velocidade do trem da montanha-russa em B.

Problema 4.28

Supondo que o êmbolo de uma máquina de pinball possua massa e atrito desprezíveis, determine a constante da mola k tal que uma bola de 80 g é liberada a uma velocidade $v = 4,6$ m/s depois que o êmbolo é puxado 50 mm para dentro de sua posição de repouso, ou seja, da posição na qual a mola não está comprimida.

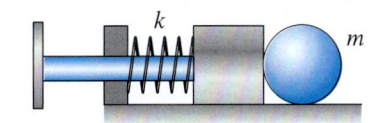

Figura P4.28

Problemas 4.29 e 4.30

Considere um carro de 1.400 kg cuja velocidade aumenta 56 km/h em uma distância de 600 m ao mover-se para cima de uma inclinação em linha reta com grau de 15%. Modele o carro como uma partícula, considere que os pneus não deslizam e despreze *todas* as fontes de perda de atrito e de arrasto.

Figura P4.29 e P4.30

Problema 4.29 Determine o trabalho realizado pelo motor do carro sobre o carro se o carro parte do repouso.

Problema 4.30 Determine o trabalho realizado sobre o carro pelo motor se o carro possui uma velocidade inicial de 48 km/h.

Problema 4.31

Um carro clássico está sendo conduzido em um declive a 60 km/h quando os freios são acionados. Tratando o carro como uma partícula, desprezando todas as forças com exceção da gravidade e do atrito e supondo que os pneus deslizem, determine o coeficiente de atrito cinético se o carro para em 55 m e $\theta = 20°$.

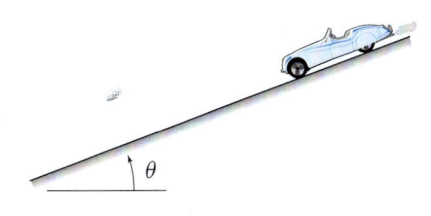

Figura P4.31

Figura P4.32

Problema 4.32

Um paraquedista de 75 kg está caindo a uma velocidade de 250 km/h quando, a uma altura de 245 m, o paraquedas é aberto, permitindo que o paraquedista aterrisse a uma velocidade de 4 m/s. Modelando o paraquedista como uma partícula e partindo do princípio de que ele segue uma trajetória perfeitamente vertical, determine a força média exercida pelo paraquedas desde o momento em que é aberto até o momento da aterrissagem.

Problema 4.33

Embalagens para transportar artigos frágeis (como um laptop ou um espelho) são projetadas para "absorver" alguma energia de impacto, protegendo o conteúdo delas. Esses absorvedores de energia podem ser bem complicados (p. ex., a mecânica das bolinhas de isopor pode ser complexa), mas podemos começar a entender como eles funcionam modelando-os como uma mola elástica linear de constante k, que é colocada entre o conteúdo (um vaso caro) de massa m e a embalagem P. Suponha que a massa do vaso é 3 kg e a caixa é derrubada do repouso de uma altura de 1,5 m. Tratando o vaso como uma partícula e desprezando todas as forças com exceção da gravitacional e da força da mola, determine o valor da constante k da mola de forma que o deslocamento máximo do vaso em relação à caixa seja de 0,15 m. Assuma que a mola relaxe após a caixa ser derrubada, e que ela não oscila.

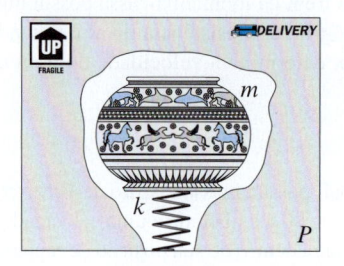

Figura P4.33

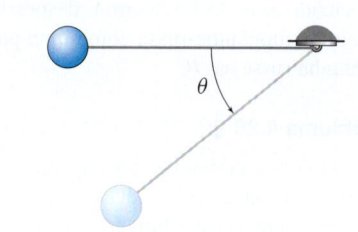

Figura P4.34

Problema P4.34

O pêndulo é solto do repouso em $\theta = 0°$. Se a corda que segura o prumo do pêndulo se rompe quando a tensão é duas vezes o peso do prumo, em que ângulo a corda se rompe? Considere o pêndulo uma partícula, ignore a resistência do ar e suponha que a corda é inextensível e sem massa.

Problema 4.35

A força atuando em uma carga elétrica estacionária q_A interagindo com uma carga q_B é descrita pela lei de Coulomb e possui a forma

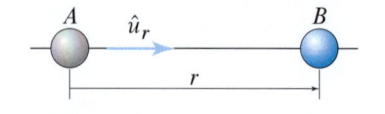

$$\vec{F} = k\frac{q_A q_B}{r^2}\hat{u}_r,$$

Figura P4.35

em que $k = 8{,}9875 \times 10^9$ N · m²/C² (C é o símbolo para coulomb, a unidade utilizada para medir cargas elétricas) é uma constante, e r é a distância entre A e B. Essa lei da força é matematicamente muito similar à lei da gravitação universal de Newton. Tendo isso em mente, determine uma expressão para a energia potencial eletrostática, escolhendo a referência no infinito, ou seja, tal que a energia potencial é igual a zero quando as duas cargas estão separadas por uma distância infinita.

Problema 4.36

O perfil da força-compressão de um para-choque de borracha B é determinado por $F_B = \beta x^3$, em que $\beta = 5{,}5 \times 10^8$ N/m³ e x é a compressão do para-choque medida na direção horizontal. Determine a expressão para a energia potencial do para-choque B. Além disso, se a massa do cruzeiro C é 31.000 kg e impacta B a uma velocidade de 1,5 m/s, determine a compressão necessária para C parar. Modele C como uma partícula e despreze o movimento vertical de C, assim como a força de arrasto entre a água e o cruzeiro C.

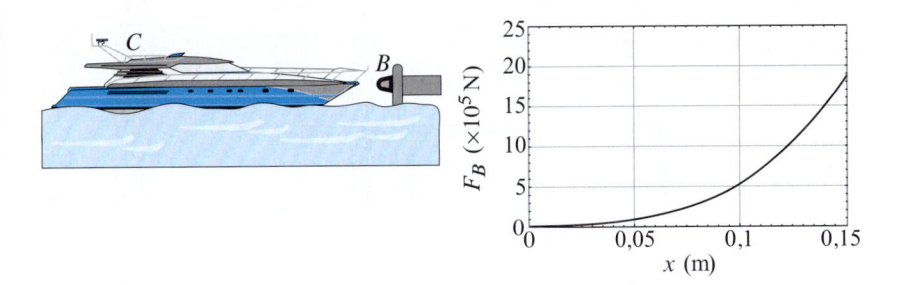

Figura P4.36

Problema 4.37

A lei da força entre dois átomos de Ni foi determinada na Eq. (3.37) na p. 232. Utilizando essa equação, determine o potencial entre dois átomos de Ni. Considere que o potencial entre os dois átomos é zero quando a distância entre esses dois átomos é infinita.

Problema 4.38

Um satélite move-se em torno da Terra ao longo da órbita mostrada. As distâncias mínima e máxima a partir do centro da Terra são $R_P = 4,5 \times 10^7$ e $R_A = 6,163 \times 10^7$, respectivamente, sendo que os subscritos P e A são usados para *perigeu* (o ponto da órbita mais próximo da Terra) e *apogeu* (o ponto da órbita mais distante da Terra), respectivamente. Modelando o satélite como uma partícula e supondo que o centro da Terra possa ser escolhido como a origem de um sistema de referencial inercial, se a velocidade do satélite em P é $|\vec{v}|_P = 3,2 \times 10^3$ m/s, determine a velocidade do satélite em A.

Figura P4.38

Problema 4.39

O sistema de manipulação de pacotes é projetado para lançar o pequeno pacote de massa m a partir de A utilizando uma mola linear de constante k comprimida. Depois de lançado, o pacote desliza ao longo do trilho até que pousa na correia transportadora em B. O trilho possui pequenos roletes bem lubrificados, de forma que você pode desprezar qualquer perda de energia devido ao movimento do pacote ao longo do trilho. Modelando o pacote como uma partícula, determine a compressão inicial mínima da mola de forma que o pacote chegue em B sem se separar do trilho em C. Por fim, determine a velocidade com a qual o pacote atinge a correia em B.

Problema 4.40

Gás comprimido é utilizado em muitas circunstâncias para impulsionar objetos dentro de tubos. Por exemplo, ainda é possível encontrar tubos pneumáticos em muitos bancos para enviar e receber itens dos atendentes,[6] e é o gás comprimido que impulsiona a bala para fora do cano de uma arma. Considerando que a área da seção transversal do tubo seja dada por A e a posição do cilindro por s e supondo que o gás comprimido é um gás

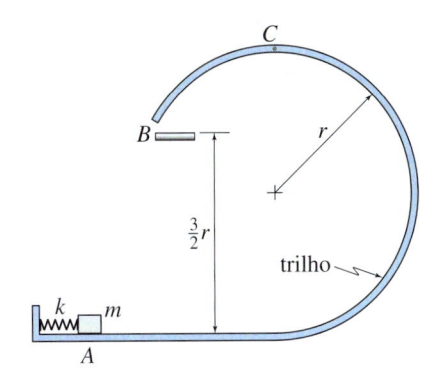

Figura P4.39

---

[6] Tubos pneumáticos foram amplamente utilizados pelos serviços postais no final do século XIX e no início do século XX. No início do século XX, as cidades da Filadélfia, Nova York, Boston e Chicago possuíam redes de comunicações pneumáticas, assim como Paris, Berlim e Londres. A sua utilização para o correio não durou além do fim da Primeira Guerra Mundial (1918), mas quase todas as lojas de departamentos dos Estados Unidos possuíam tubos transportando dinheiro e trabalhos de escritório nas décadas de 1920 e de 1930. Eles também encontraram uso em hospitais para a entrega de medicamentos e outros itens. Veja Robin Pogrebin "Underground Mail Road", *New York Times*, 7 de maio de 2001.

ideal a temperatura constante, de forma que a pressão P vezes o volume Ω é uma constante, isto é, $P\Omega =$ constante. Mostre que a energia potencial desse gás comprimido é dada por $V = -P_0 s_0 A \ln(s/s_0)$, em que P_0 é a pressão inicial e s_0 é o valor inicial de s. Modele o cilindro como uma partícula e considere que as forças de resistência ao movimento do cilindro são desprezíveis.

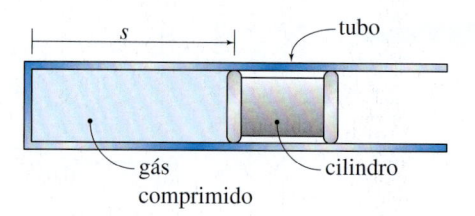

Figura P4.40 e P4.41

Problema 4.41

Quando uma arma dispara uma bala, o cano da arma atua como o tubo, e a bala atua como o cilindro do Prob. 4.40. Utilizando os pressupostos e os resultados daquele problema, determine a velocidade de uma bala ao término do cano de uma arma de 610 mm, dado que o diâmetro do furo é 12 mm, a massa da bala é 20 g, a pressão inicial do disparo é 186 MPa, e a distância inicial entre a parte de trás da bala e a parede da parte de trás da câmara de explosão (isto é, s_0 no Prob. 4.40) é

(a) 47 mm (essa distância é realística e exata),

(b) 38 mm, e

(c) explique os motivos de a velocidade da bala ao final do cano ser menor na Parte (b) quando comparada com a Parte (a).

Problema 4.42

A resistência à fratura de um material pode ser avaliada por um teste de fratura. Um desses testes é o *teste de impacto Charpy*, no qual a tenacidade à fratura é avaliada medindo a energia necessária para quebrar um corpo de prova de geometria especificada. Esse procedimento é realizado liberando um pêndulo pesado, inicialmente em repouso, de um ângulo θ_i, e medindo o ângulo máximo de balanço θ_f alcançado pelo pêndulo após o corpo de prova quebrar-se. Suponha que em um experimento $\theta_i = 45°$, $\theta_f = 23°$, a massa do prumo do pêndulo é 1,4 kg e o comprimento do pêndulo é 0,9 m. Desprezando a massa de qualquer outro componente do equipamento de teste, supondo que o eixo do pêndulo não possui atrito e considerando o prumo do pêndulo como uma partícula, determine a energia de fratura do corpo de prova testado. Suponha que a energia de fratura é a energia necessária para quebrar o corpo de prova.

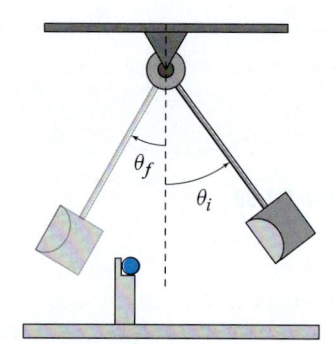

Figura P4.42

Problemas 4.43 e 4.44

Um pêndulo com massa $m = 1,4$ kg e comprimento $L = 1,75$ m é solto do repouso com um ângulo θ_i. Uma vez que o pêndulo tenha balançado até sua posição vertical (isto é, $\theta = 0$), sua corda colide com um pequeno obstáculo fixo. Ao resolver o problema, despreze o tamanho do obstáculo, modele o prumo do pêndulo como uma partícula, modele a corda do pêndulo de forma que ela não possua massa e seja inextensível e considere a gravidade e a tensão na corda como as únicas forças relevantes.

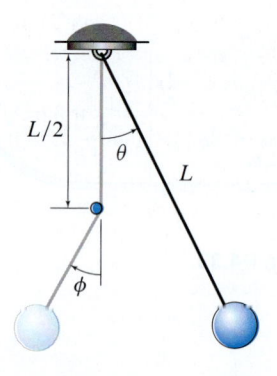

Figura P4.43 e P4.44

Problema 4.43 Qual é a altura máxima, medida a partir do ponto mais baixo, alcançada pelo pêndulo se $\theta_i = 20°$?

Problema 4.44 Se o prumo é solto a partir do repouso em $\theta_i = 90°$, em qual ângulo ϕ a corda irá afrouxar-se?

Problema 4.45

Embora a rigidez de uma corda elástica possa ser aproximadamente constante (ou seja, a curva de força *versus* deslocamento é uma linha reta) sobre uma grande extensão de estiramento, à medida que uma corda de *bungee jumping* é esticada, ela amolece; ou seja, a corda tende a se tornar menos rígida conforme se torna mais longa. Supondo uma relação de força de amolecimento-deslocamento da forma $k\delta - \beta\delta^3$, em que $k = 38$ N/m e $\beta = 0,002$ N/m^3 e δ (medido em ft) é o deslocamento da corda a partir de seu comprimento sem deformações e considerando uma corda de *bungee jumping* cujo comprimento não deformado é de 45 m, determine

(a) a expressão para a energia potencial da corda em função de δ;
(b) a velocidade do saltador, cuja massa é 78 kg, no fundo de uma torre de 120 m, considerando que ele parte do repouso;
(c) a aceleração máxima, expressa em função de g, experimentada pelo saltador em questão.

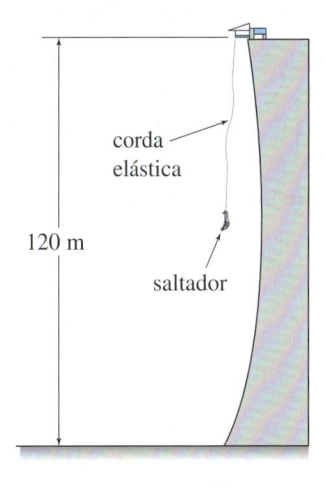

Figura P4.45

Problemas 4.46 a 4.48

Uma caixa, inicialmente se movendo horizontalmente a uma velocidade de 5,5 m/s, está prestes a deslizar para baixo em uma rampa de 4,3 m com inclinação de 35°. A superfície da rampa possui um coeficiente de atrito cinético μ_k, e em sua extremidade inferior ela faz a caixa retornar suavemente à sua trajetória horizontal. A superfície horizontal na extremidade da rampa possui um coeficiente de atrito cinético μ_{k2}. Modele a caixa como uma partícula e suponha que a gravidade e as forças de contato entre a caixa e a superfície deslizante são as únicas forças relevantes.

Problema 4.46 Se $\mu_k = 0,35$, qual é a velocidade com a qual a caixa atinge o fundo da rampa (imediatamente antes de a trajetória da caixa tornar-se horizontal)?

Problema 4.47 Encontre μ_k tal que a velocidade da caixa no fundo da rampa (imediatamente antes de a trajetória da caixa tornar-se horizontal) seja 4,6 m/s.

Problema 4.48 Considere $\mu_k = 0,5$ e suponha que, quando a caixa tiver atingido o fundo da rampa e após deslizar horizontalmente 1,5 m, a caixa colide com um para-choque. Se a massa da caixa é $m = 50$ kg, $\mu_{k2} = 0,33$ e você modela o para-choque como uma mola linear de constante k e desprezando a massa do para-choque, determine o valor de k de forma que a caixa pare 0,6 m após colidir com o para-choque.

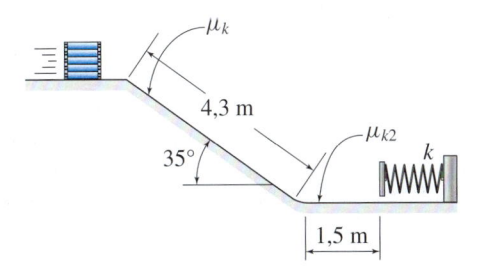

Figura P4.46-P4.48

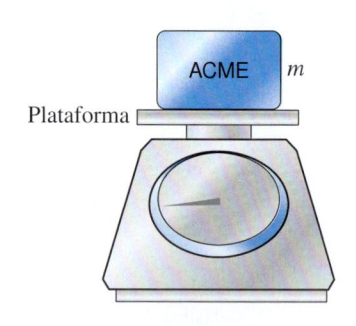

Figura P4.49 e P4.50

Problemas 4.49 e 4.50

Balanças de mola funcionam por meio da medição do deslocamento de uma mola que sustenta tanto a plataforma quanto o objeto, de massa m, cujo peso está sendo medido. Despreze a massa da plataforma na qual a massa repousa e suponha que a mola não está comprimida antes que a massa seja colocada sobre a plataforma. Além disso, considere que a mola é elástica linear, com constante de mola k. Você pode ter resolvido esses mesmos problemas utilizando a segunda lei de Newton, ao fazer os Prob. 3.16 e 3.17 – aqui utilize o princípio do trabalho-energia para solucioná-los.

Problema 4.49 Se a massa m é delicadamente colocada na balança de mola (ou seja, é descida de uma altura zero sobre a balança), determine a *leitura máxima* na balança após a massa ser solta.

Problema 4.50 Se a massa m é delicadamente colocada na balança de mola (ou seja, é descida de uma altura zero sobre a balança), determine a expressão para a *velocidade máxima* alcançada pela massa m ao comprimir a mola.

Problema 4.51

Um colar de 2,5 kg está restrito a mover-se ao longo de uma barra retilínea e sem atrito de comprimento $L = 1,5$ m. As molas presas no colar são idênticas e não estão deformadas quando o colar está em B. Tratando o colar como uma partícula, desprezando a resistência do ar e sabendo que em A o colar se move para a direita a uma velocidade de 3,3 m/s, determine a constante da mola linear k de forma que o colar atinge D à velocidade zero. Os pontos E e F são fixos.

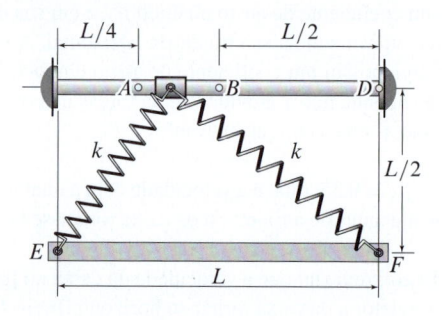

Figura P4.51

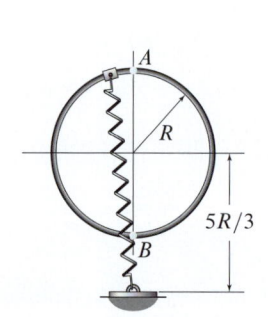

Figura P4.52

Problema 4.52

Um colar de 3 kg está restrito a mover-se no *plano horizontal* ao longo de um aro sem atrito de raio $R = 0,75$ m. A mola presa ao colar possui uma constante de mola $k = 21$ N/m. Tratando o colar como uma partícula, desprezando a resistência do ar e sabendo que em A o colar está em repouso, determine o comprimento da mola sem deformações se o colar está para atingir o ponto B a uma velocidade de 2 m/s.

PROBLEMAS DE PROJETO

Problema de projeto 4.1

Durante um salto de *bungee jumping*, as cordas elásticas esticam-se de 2 a 4 vezes o seu comprimento sem deformações, e um saltador não sente mais do que de 2,5 a 3,5g de aceleração. Suponha que a força na corda elástica possua a forma matemática $k\delta - \beta\delta^3$, em que k e β são constantes e δ é a quantidade de estiramento na corda além do seu comprimento original. Projete uma corda (ou seja, projete as constantes k e β) de forma que ela se estique 2,5 vezes o seu comprimento original, a aceleração do saltador não ultrapasse $3g$ e a corda elástica possua rigidez zero na parte mais baixa de uma queda de 120 m.

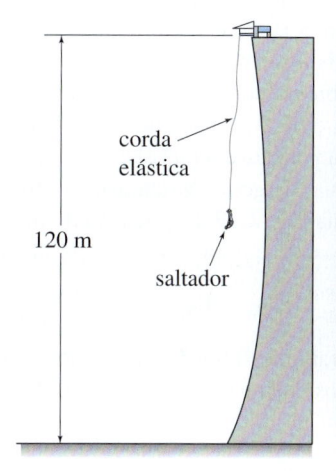

Figura DP4.1

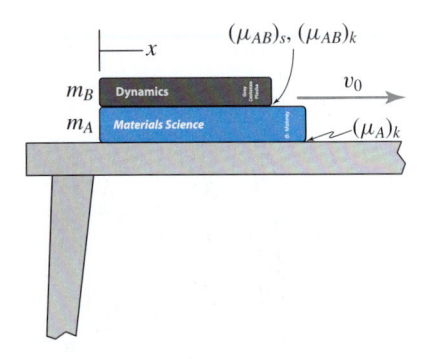

Figura 4.18
Uma versão modificada da Fig. 1 do Exemplo 3.11, no qual os livros A e B foram classificados como 1 e 2, respectivamente. Os parâmetros do sistema são $m_A = 1,5$ kg, $m_B = 1,0$ kg, $(\mu_A)_k = 0,45$, $(\mu_{AB})_k = 0,3$ e $(\mu_{AB})_s = 0,4$.

Informações úteis

O significado de ① e ②. Quando estudamos sistemas de partículas e afirmamos que "① (ou ②, etc.) é a posição em que uma condição X acontece", queremos dizer que "① (ou ②, etc.) é o conjunto das *posições* de cada elemento individual do sistema que corresponde à condição X ser verdadeira para cada elemento do sistema". No entanto, não estamos dizendo que a condição em questão é alcançada por cada elemento ao mesmo tempo. Por exemplo, os livros A e B não alcançam ②, ou seja, não param, no mesmo instante.

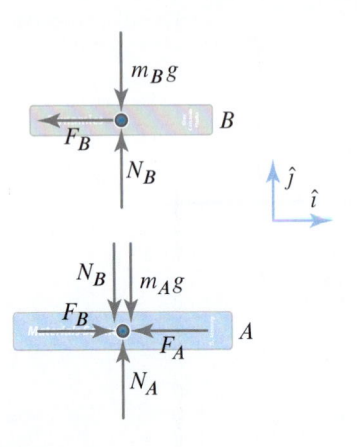

4.3 PRINCÍPIO DO TRABALHO-ENERGIA PARA SISTEMAS DE PARTÍCULAS

Esta seção apresenta a aplicação do princípio do trabalho-energia para sistemas de partículas. Descobriremos um novo conceito fundamental pertencente a sistemas de partículas que está ausente no caso de uma única partícula – o trabalho interno.

Determinando o quão longe dois livros empilhados deslizam em uma mesa

Consultando a Fig. 4.18, reexaminamos o Exemplo 3.11 da p. 243, no qual um estudante havia lançado um par de livros empilhados sobre uma mesa, ambos a uma velocidade horizontal inicial $v_0 = 0,75$ m/s. Como no Exemplo 3.11, queremos determinar as posições finais dos livros quando colidem em $x = 0$. No entanto, aqui resolveremos o problema com a aplicação do princípio do trabalho-energia. Denotaremos como ① e ② as posições nas quais os livros primeiramente colidem com a mesa e a posição em que eles param, respectivamente (veja a nota Informações úteis na margem). Modelando os livros como partículas e consultando o DCL de B na Fig. 4.19, a aplicação do princípio do trabalho-energia em B fornece

$$T_{B1} + V_{B1} + (U_{1\text{-}2})_{\text{nc}}^B = T_{B2} + V_{B2}. \quad (4.51)$$

Somente a força de atrito F_B realiza trabalho sobre B. Então, observando que F_B é uma força não conservativa, vemos que os termos na Eq. (4.51) são

$$T_{B1} = \tfrac{1}{2} m_B v_0^2, \quad T_{B2} = 0, \quad V_{B1} = 0, \quad V_{B2} = 0, \quad (4.52)$$

$$(U_{1\text{-}2})_{\text{nc}}^B = \int_0^{x_{B2}} -F_B \, dx_B. \quad (4.53)$$

De forma similar, aplicando o princípio do trabalho-energia em A, obtemos (veja a Fig. 4.19)

$$T_{A1} + V_{A1} + (U_{1\text{-}2})_{\text{nc}}^A = T_{A2} + V_{A2}, \quad (4.54)$$

em que

$$T_{A1} = \tfrac{1}{2} m_A v_0^2, \quad T_{A2} = 0, \quad V_{A1} = 0, \quad V_{A2} = 0, \quad (4.55)$$

$$(U_{1\text{-}2})_{\text{nc}}^A = \int_0^{x_{A2}} (F_B - F_A) \, dx_A. \quad (4.56)$$

Conforme vimos no Exemplo 3.11, A desliza em relação à mesa, B desliza em relação a A, e A para antes de B. Portanto, as leis da força para o atrito são as seguintes:

$$F_A = (\mu_A)_k N_A = (\mu_A)_k (m_A + m_B) g, \quad (4.57)$$

$$F_B = (\mu_{AB})_k N_B = (\mu_{AB})_k m_B g, \quad (4.58)$$

em que somamos forças na direção vertical em A e B para obter N_A e N_B, respectivamente. Substituindo as Eqs. (4.52), (4.53) e (4.58) na Eq. (4.51), obtemos

$$\tfrac{1}{2} m_B v_0^2 - (\mu_{AB})_k m_B g x_{B2} = 0, \quad (4.59)$$

e substituindo as Eqs. (4.55)-(4.58) na Eq. (4.54), obtemos

$$\tfrac{1}{2} m_A v_0^2 + [(\mu_{AB})_k m_B g - (\mu_A)_k (m_A + m_B) g] x_{A2} = 0. \quad (4.60)$$

Figura 4.19
DCL dos dois livros mostrados na Fig. 4.18.

As Eqs. (4.59) e (4.60) podem ser resolvidas para x_{B2} e x_{A2}, respectivamente, para obter $x_{B2} = 0{,}09557$ e $x_{A2} = 0{,}05213$ m, que, não de maneira surpreendente, são exatamente os mesmos que obtivemos no Exemplo 3.11.

Depois de aplicar o princípio do trabalho-energia para A e B individualmente, agora nos concentramos na questão sobre qual forma o princípio do trabalho-energia para A e B como um sistema deveria tomar. Iniciamos a resposta a essa pergunta recapitulando as Eqs. (4.59) e (4.60), que, depois de reorganizadas, fornecem

$$\tfrac{1}{2}m_A v_0^2 + \tfrac{1}{2}m_B v_0^2 - (\mu_{AB})_k m_B g(x_{B2} - x_{A2})$$
$$- (\mu_A)_k (m_A + m_B) g x_{A2} = 0. \quad (4.61)$$

Os dois primeiros termos da Eq. (4.61) representam as energias cinéticas individuais de A e B, respectivamente. Parece natural visualizar o somatório das energias cinéticas individuais como a *energia cinética total do sistema*, visto que isso asseguraria que a energia cinética do sistema (1) nunca é negativa (como no caso de uma única partícula) e (2) é sensível ao movimento de cada parte do sistema (veja a nota Informações úteis na margem). Em seguida, o termo $-(\mu_A)_k (m_A + m_B) g x_{A2}$ é o trabalho da força $F_A = (\mu_A)_k (m_A + m_B) g$ sobre a distância x_{A2}. Referindo-se ao DCL do sistema na Fig. (4.20), como F_A é uma força *externa*, o termo $-F_A x_{A2}$ pode ser interpretado como o trabalho das forças externas ao sistema. Por fim, o termo $-(\mu_{AB})_k m_B g(x_{B2} - x_{A2})$ é o trabalho da força $F_B = (\mu_{AB})_k m_B g$ sobre a distância $x_{B2} - x_{A2}$. O interessante sobre o termo do trabalho $-F_B(x_B - x_A)$ é que

1. F_B, sendo uma força interna, *não aparece no DCL do sistema*; e
2. a distância $x_B - x_A$ não é a distância percorrida por B: *é a distância percorrida por B em relação a A!*

Essas observações nos dizem que, ao contrário do que acontece ao escrever as leis de Newton, as forças internas desempenham um papel importante ao escrever o princípio do trabalho-energia para um sistema. Além disso, observando que, se A e B tivessem se movido conjuntamente, ou seja, se $x_{B2} = x_{A2}$, então o trabalho das forças internas teria sido zero, parece que a presença do movimento relativo é necessária para que as forças internas realizem trabalho. Este é um ponto importante, pois em muitos problemas seremos capazes de escrever a expressão do princípio do trabalho-energia para um sistema sem nos preocuparmos com o trabalho de forças internas, ou por não haver movimento relativo, ou devido ao fato de o movimento relativo ser tal que o trabalho interno seja igual a zero.

Passemos, agora, a um desenvolvimento mais formal para colocar todas as observações feitas até o momento em uma base mais sólida.

O trabalho interno e o princípio do trabalho-energia para um sistema

Referindo-se à Fig. 4.21, considere um sistema de n partículas. A i-ésima partícula, cuja massa é m_i e a posição é $\vec{r}_i$, é posta em atividade por uma *força externa* total $\vec{F}_i$ e interage com as outras $n - 1$ partículas por meio de *forças internas* denominadas $\vec{f}_{ij}$ ($j = 1, ..., n, i \neq j$). Aplicando a segunda lei de Newton à i-ésima partícula, temos

$$\vec{F}_i + \sum_{j=1}^{n} \vec{f}_{ij} = m_i \vec{a}_i, \quad i \neq j. \quad (4.62)$$

Conforme fizemos para uma única partícula, obtemos o produto interno dessa equação com $d\vec{r}_i$ e integramos a $(\mathcal{L}_{1\text{-}2})_i$, a trajetória percorrida pela partícula i

Informações úteis

Sobre a energia cinética de um sistema. Considere que m e v_G sejam a massa total e a velocidade do centro de massa do sistema, respectivamente. Seria significativo calcular a energia cinética do sistema por meio de $\tfrac{1}{2}mv_G^2$? A resposta para essa questão é *não!* Para entender por que isso não é uma boa ideia, considere um objeto girando em torno de seu centro de massa, que é fixo. Neste caso, a fórmula $\tfrac{1}{2}mv_G^2$ nos informaria que a energia cinética do corpo é igual a zero, mesmo que o sistema como um todo estivesse em movimento. Já que a variação na energia cinética nos diz quanto trabalho é realizado no sistema, é crucial que a energia cinética leve em conta o movimento de cada partícula do sistema, e não apenas de seu centro de massa.

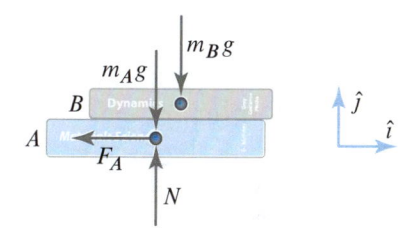

Figura 4.20
DCL de ambos os livros ao deslizarem na superfície da mesa.

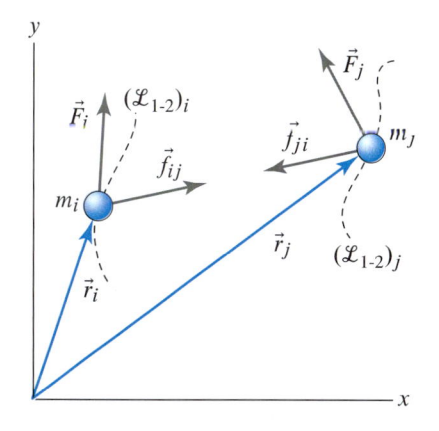

Figura 4.21
Partículas i e j de um sistema de n partículas.

ao ir de ① até ②. Existirão n dessas equações (uma para cada partícula). Somando todas as n partículas, obtemos

$$\sum_{i=1}^{n} \int_{(\mathcal{L}_{1\text{-}2})_i} \left(\vec{F}_i + \sum_{j=1}^{n} \vec{f}_{ij} \right) \cdot d\vec{r}_i = \sum_{i=1}^{n} \int_{(\mathcal{L}_{1\text{-}2})_i} m_i \frac{d\dot{\vec{r}}_i}{dt} \cdot d\vec{r}_i, \qquad (4.63)$$

em que escrevemos $\vec{a}_i = d\dot{\vec{r}}_i/dt$. Procedendo como fizemos no caso de uma única partícula, podemos escrever o lado direito da Eq. (4.63) conforme

$$\sum_{i=1}^{n} \int_{(\mathcal{L}_{1\text{-}2})_i} m_i \frac{d\dot{\vec{r}}_i}{dt} \cdot d\vec{r}_i = \sum_{i=1}^{n} \int_{(\mathcal{L}_{1\text{-}2})_i} m_i \vec{v}_i \cdot d\vec{v}_i$$

$$= \sum_{i=1}^{n} \tfrac{1}{2} m_i \vec{v}_i \cdot \vec{v}_i \Big|_1^2$$

$$= \left(\sum_{i=1}^{n} \tfrac{1}{2} m_i v_i^2 \right)_2 - \left(\sum_{i=1}^{n} \tfrac{1}{2} m_i v_i^2 \right)_1. \qquad (4.64)$$

Se definirmos a *energia cinética do sistema de partículas* como a soma das energias cinéticas de cada partícula do sistema, então a grandeza

$$\boxed{T = \sum_{i=1}^{n} \tfrac{1}{2} m_i v_i^2} \qquad (4.65)$$

na Eq. (4.64) pode ser reescrita como

$$\sum_{i=1}^{n} \int_{(\mathcal{L}_{1\text{-}2})_i} m_i \frac{d\dot{\vec{r}}_i}{dt} \cdot d\vec{r}_i = T_2 - T_1. \qquad (4.66)$$

Retornando à Eq. (4.63), o lado esquerdo dessa equação pode ser escrito conforme

$$\sum_{i=1}^{n} \int_{(\mathcal{L}_{1\text{-}2})_i} \left(\vec{F}_i + \sum_{j=1}^{n} \vec{f}_{ij} \right) \cdot d\vec{r}_i = \overbrace{\sum_{i=1}^{n} \int_{(\mathcal{L}_{1\text{-}2})_i} \vec{F}_i \cdot d\vec{r}_i}^{(U_{1\text{-}2})_{\text{ext}}}$$

$$+ \overbrace{\sum_{i=1}^{n} \sum_{\substack{j=1 \\ j \neq i}}^{n} \int_{(\mathcal{L}_{1\text{-}2})_i} \vec{f}_{ij} \cdot d\vec{r}_i}^{(U_{1\text{-}2})_{\text{int}}}, \qquad (4.67)$$

em que $(U_{1-2})_{ext}$ e $(U_{1-2})_{int}$ representam o trabalho realizado sobre o sistema por forças *externas* e *internas*, respectivamente. Ao discutir sobre a segunda lei de Newton para sistemas, verificamos que termos semelhantes aos da dupla soma na Eq. (4.67) desaparecem devido à terceira lei de Newton. No entanto, neste caso, a dupla soma não desaparece, e continua a ser uma contribuição importante para o princípio do trabalho-energia. Na realidade, para cada par de partículas i e j, é a dupla soma que define que o termo $(U_{1-2})_{int}$ contém os termos

$$\vec{f}_{ij} \cdot d\vec{r}_i + \vec{f}_{ji} \cdot d\vec{r}_j = \vec{f}_{ij} \cdot (d\vec{r}_i - d\vec{r}_j) = \vec{f}_{ij} \cdot d\vec{r}_{i/j}, \qquad (4.68)$$

em que utilizamos o fato de $\vec{f}_{ij} = -\vec{f}_{ji}$ pela terceira lei de Newton e, empregando cinemática relativa, $d\vec{r}_{i/j} = d\vec{r}_i - d\vec{r}_j$ ser o deslocamento infinitesimal *relativo* da partícula *i* em relação à partícula *j*. A Eq. (4.68) determina que, para que as forças internas não realizem trabalho, não deve haver qualquer movimento relativo, ou a componente de $d\vec{r}_{i/j}$ ao longo de $\vec{f}_{ij}$ deve ser zero para todos os pares de partículas.

Resumindo, utilizamos as Eqs. (4.66) e (4.67) para escrever o princípio do trabalho-energia para um sistema de partículas conforme

$$\boxed{T_1 + (U_{1\text{-}2})_{\text{ext}} + (U_{1\text{-}2})_{\text{int}} = T_2} \qquad (4.69)$$

ou conforme

$$\boxed{T_1 + V_1 + (U_{1\text{-}2})_{\text{nc}}^{\text{ext}} + (U_{1\text{-}2})_{\text{nc}}^{\text{int}} = T_2 + V_2} \qquad (4.70)$$

quando há também forças conservativas realizando trabalho no sistema.

A Eq. (4.69) (ou Eq. (4.70)) formaliza o que havíamos descoberto na análise do problema de deslizamento dos livros anteriormente nesta seção. Ou seja, ao aplicar o princípio do trabalho-energia para um sistema de partículas, é importante considerar o trabalho das forças internas. Além disso, em vista da discussão que sucede a Eq. (4.68), existem situações em que o trabalho das forças internas desaparece, mesmo quando há movimento relativo. Demonstraremos uma importante aplicação dessa ideia em alguns exemplos no final desta seção.

Energia cinética para um sistema de partículas

Aqui, consideraremos uma maneira de expressar a energia cinética de um sistema de partículas que facilitará o entendimento da expressão para a energia cinética de um corpo rígido no Capítulo 8.

Havíamos definido a energia cinética para um sistema de partículas conforme

$$T = \sum_{i=1}^{n} \tfrac{1}{2} m_i \vec{v}_i \cdot \vec{v}_i. \qquad (4.71)$$

Agora, referindo-se à Fig. 4.22, perceba que $\vec{r}_i = \vec{r}_G + \vec{r}_{i/G}$, em que r_G e $r_{i/G}$ são a posição do centro de massa G e a posição da partícula i em relação a G, respectivamente. Derivar a expressão para $\vec{r}_i$ em relação ao tempo resulta em $\vec{v}_i = \vec{v}_G + \vec{v}_{i/G}$, que nos permite escrever a Eq. (4.71) conforme

$$T = \sum_{i=1}^{n} \tfrac{1}{2} m_i (\vec{v}_G + \vec{v}_{i/G}) \cdot (\vec{v}_G + \vec{v}_{i/G})$$

$$= \sum_{i=1}^{n} \tfrac{1}{2} m_i (\vec{v}_G \cdot \vec{v}_G + 2\vec{v}_G \cdot \vec{v}_{i/G} + \vec{v}_{i/G} \cdot \vec{v}_{i/G})$$

$$= \tfrac{1}{2} m \underbrace{\vec{v}_G \cdot \vec{v}_G}_{v_G^2} + \underbrace{\left(\sum_{i=1}^{n} m_i \vec{v}_{i/G}\right)}_{\frac{d}{dt}\sum_{i=1}^{n} m_i \vec{r}_{i/G}} \cdot \vec{v}_G + \sum_{i=1}^{n} \tfrac{1}{2} m_i \underbrace{\vec{v}_{i/G} \cdot \vec{v}_{i/G}}_{v_{i/G}^2}, \qquad (4.72)$$

em que m é a massa total do sistema. Referindo-se ao segundo termo na última linha da Eq. (4.72), utilizando a definição de centro de massa da Eq. (3.71) da p. 237 e lembrando que $\vec{r}_{i/G}$ descreve a posição de cada partícula

Fato interessante

Trabalho realizado por forças internas: Conforme veremos no Exemplo 4.12, nem todas as forças internas realizam trabalho. Na realidade, as únicas forças que realizam trabalho interno são as que provocam deformações, tais como forças de mola (embora normalmente calculamos o trabalho dela por meio da energia potencial) e forças de atrito. Apesar de não ser óbvio, até mesmo superfícies muito lisas exibem rugosidades em pequenas escalas (veja, por exemplo, S. Chandrasekaran, J. Check, S. Sundararajan, e P. Shrotriya, "The Effect of Anisotropic Wet Etching on the Surface Roughness Parameters and Micro/nanoscale Friction Behavior of Si(100) Surfaces", *Sensors and Actuators A*, **121**, 2005, pp. 121-130). A imagem abaixo mostra dois objetos deslizando um sobre o outro.

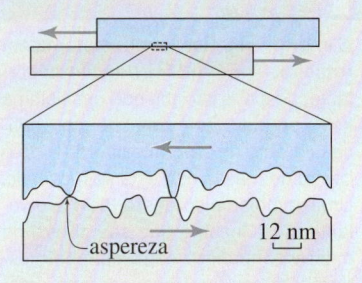

Embora pareçam lisas, uma ampliação da interface mostra que as superfícies são ásperas e só se tocam em uma pequena porcentagem de sua área aparente. As saliências são chamadas de *asperezas*, e são elas que quebram e/ou deformam conforme as superfícies deslizam uma sobre a outra.

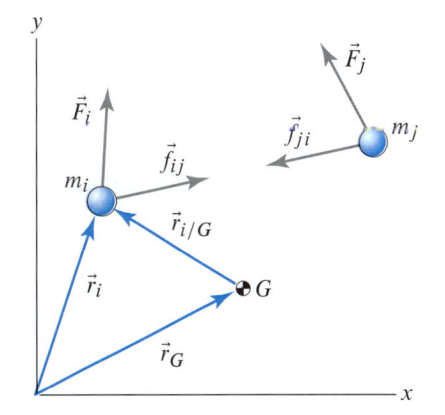

Figura 4.22
Partículas *i* e *j* de um sistema de *n* partículas com centro de massa em *G*.

Informações úteis

Posição relativa do centro de massa. A posição absoluta do centro de massa, ou seja, $\vec{r}_G$, é definida como

$$\vec{r}_G = \frac{1}{m}\sum_{i=1}^{n} m_i \vec{r}_i.$$

Então, se Q é um ponto de referência com posição $\vec{r}_Q$, a posição do centro de massa em relação a Q, ou seja, o vetor $\vec{r}_{G/Q}$, é dada por

$$\vec{r}_{G/Q} = \frac{1}{m}\sum_{i=1}^{n} m_i \vec{r}_{i/Q},$$

em que $\vec{r}_{i/Q}$ é a posição relativa da partícula i em relação ao ponto de referência Q.

Alerta de conceito

A energia cinética de um sistema em rotação. A Eq. (4.74) é muito importante, pois nos informa que um sistema físico pode possuir uma energia cinética diferente de zero, mesmo quando o centro de massa não está se movendo. Um exemplo típico dessa ideia é o volante, que, mesmo que seu centro de massa permaneça completamente estacionário, pode armazenar uma notável quantidade de energia cinética por meio de seu movimento giratório.

Erro comum

Trabalho interno devido a forças não conservativas. Não se esqueça de que o *trabalho interno* devido a forças não conservativas tem de ser levado em conta no termo $(U_{1\text{-}2})_{nc}^{int}$ ao escrevermos o princípio do trabalho-energia. O exemplo mais importante desse tipo de trabalho é o do atrito interno.

Erro comum

Trabalho interno devido a forças conservativas. Não se esqueça de que o *trabalho interno* devido a forças conservativas (p. ex., molas) *não está* incluído no termo $(U_{1\text{-}2})_{nc}^{int}$ – ele é levado em conta pela energia potencial V, em que, para um sistema, a energia potencial V inclui as energias potenciais das forças conservativas externas e internas.

---

em relação ao centro de massa (veja também a nota Informações úteis, na margem), obtemos

$$\frac{d}{dt}\sum_{i=1}^{n} m_i \vec{r}_{i/G} = \frac{d}{dt}\left(m\,\vec{r}_{G/G}\right). \quad (4.73)$$

Como o termo $\vec{r}_{G/G}$ é a posição do centro de massa em relação ao próprio centro de massa, o lado esquerdo da Eq. (4.73) deve ser sempre igual a zero. Em conclusão, a Eq. (4.72) toma a forma

$$T = \tfrac{1}{2}mv_G^2 + \tfrac{1}{2}\sum_{i=1}^{n} m_i v_{i/G}^2, \quad (4.74)$$

estabelecendo que *a energia cinética de um sistema de partículas depende do movimento do centro de massa do sistema de partículas, assim como do movimento de todas as partículas em relação ao centro de massa.*

Resumo final da seção

Nesta seção, desenvolvemos o princípio do trabalho-energia para um sistema de partículas e descobrimos que as forças internas desempenham um papel importante ao escrever esse princípio. Definimos a energia cinética de um sistema de partículas conforme

Eq. (4.65), p. 304
$$T = \sum_{i=1}^{n} \tfrac{1}{2}m_i v_i^2,$$

em que m_i e v_i são a massa e a velocidade da i-ésima partícula do sistema, respectivamente. Então, o princípio do trabalho-energia para um sistema de partículas é

Eq. (4.70), p. 305
$$T_1 + V_1 + (U_{1\text{-}2})_{nc}^{ext} + (U_{1\text{-}2})_{nc}^{int} = T_2 + V_2,$$

em que V é a energia potencial do sistema, que pode possuir contribuições tanto de forças *externas* quanto de *internas*. A energia cinética do sistema pode também ser expressa em termos da velocidade do centro de massa e da velocidade relativa das partículas do sistema em relação ao centro de massa, ou seja,

Eq. (4.74), p. 306
$$T = \tfrac{1}{2}mv_G^2 + \tfrac{1}{2}\sum_{i=1}^{n} m_i v_{i/G}^2.$$

EXEMPLO 4.10 Conservação de energia em um sistema de partículas

Analise a catapulta simples mostrada na Fig. 1, que consiste em dois blocos A e B conectados pela polia em P. A mola deformada presa em B, assim como o peso de B caindo através da distância h, lançarão A. Considere que B, com massa $m_B = 8$ kg, seja liberado do repouso a uma distância $h = 2$ m acima do chão. No instante da liberação, A, com massa $m_A = 1$ kg, está na posição mostrada na Fig.1. A mola presa em B é linear e com constante $k = 40$ N/m, e quando B alcança o chão a mola não está deformada. Utilizando as dimensões mostradas na Fig. 1, determine as velocidades de A e B, imediatamente antes de B colidir com o chão.

SOLUÇÃO

Roteiro e modelagem Precisamos relacionar as variações de posição com as variações de velocidade, e para isso aplicaremos o princípio do trabalho-energia. Iremos supor que a inércia e as dimensões da polia são desprezíveis, o sistema não possui atrito, e a corda não possui massa e é também inextensível. Referindo-se à Fig. 2 e modelando A e B como partículas, podemos supor que as únicas forças externas que atuam sobre o sistema são a gravidade, a força da mola, as reações em P e as forças normais em A e B. As reações em P não realizam trabalho algum, visto que os seus pontos de aplicação estão fixos. As forças gravitacional e da mola são conservativas. Embora a corda forneça uma força interna, para que ela realize trabalho, suas duas extremidades precisam se mover uma em relação à outra na direção da tensão (veja a discussão da Eq. (4.68) na p. 304), ou seja, a corda teria que se deformar. Como a corda é inextensível, sua tensão não realiza trabalho. Definimos ① como a liberação (do repouso) e ② como a posição em que B colide com o chão e a mola não está mais deformada.

Equações fundamentais

Princípios de equilíbrio A partir da discussão acima, notamos que $(U_{1\text{-}2})_{nc}^{ext}$ e $(U_{1\text{-}2})_{nc}^{int}$, na Eq. (4.70), são ambos zero. Portanto, o princípio do trabalho-energia entre ① e ② se torna

$$T_1 + V_1 = T_2 + V_2. \quad (1)$$

As energias cinéticas do sistema podem ser escritas conforme

$$T_1 = \tfrac{1}{2}m_A v_{A1}^2 + \tfrac{1}{2}m_B v_{B1}^2 \quad \text{e} \quad T_2 = \tfrac{1}{2}m_A v_{A2}^2 + \tfrac{1}{2}m_B v_{B2}^2, \quad (2)$$

em que v_{A1} e v_{B1} são as velocidades de A e B, respectivamente, em ①, e v_{A2} e v_{B2} são as velocidades de A e B, respectivamente, em ②.

Leis da força As energias potenciais na Eq. (1) são constituídas a partir das energias potenciais gravitacionais de m_A e m_B, assim como a energia potencial elástica da mola. Portanto, referindo-se às Figs. 1 e 3, temos

$$V_1 = \tfrac{1}{2}kh^2 + m_A g y_{A1} + m_B g y_{B1} \quad \text{e} \quad V_2 = m_A g y_{A2} + m_B g y_{B2}, \quad (3)$$

em que utilizamos o fato de a mola não estar deformada em ②.

Equações cinemáticas Em ① temos que

$$v_{A1} = 0 \quad \text{e} \quad v_{B1} = 0. \quad (4)$$

Quanto à ②, observamos que v_{A2} e v_{B2} são as incógnitas do problema. Além disso, notamos que tanto a posição quanto a velocidade de A estão relacionadas com a posição e a velocidade de B. Para determinar essas relações, consultamos a Fig. 3 e observamos que o comprimento da corda é

$$L = \sqrt{(l - y_A)^2 + d^2} + (l - y_B). \quad (5)$$

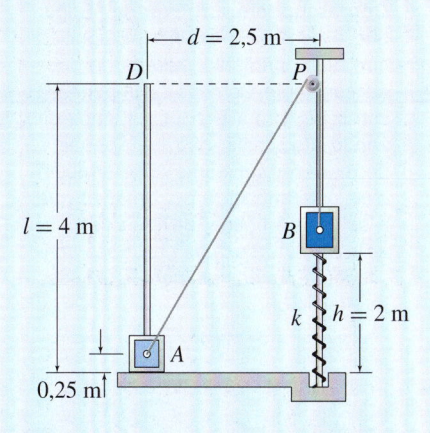

Figura 1
Sistema de catapulta proposto com massas A e B conectadas por uma polia em P. As dimensões mostradas são as da liberação.

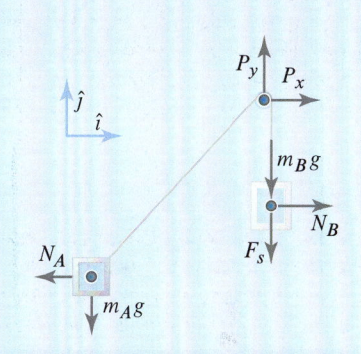

Figura 2
DCL do sistema mostrado na Fig. 1.

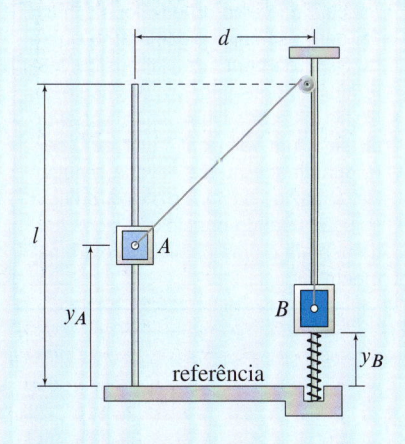

Figura 3
Definição de y_A, y_B, e a linha de referência para a energia potencial gravitacional.

> **Erro comum**
>
> **Cordas podem afrouxar-se.** Supor que a corda é inextensível significa que o comprimento L da corda deve ser constante. Contudo, ao impor essa condição com a Eq. (5), estamos dizendo algo mais: não faz apenas L permanecer constante, mas também o faz permanecer *tenso*! Uma vez que a solução é obtida, deve-se verificar se a corda afrouxa ou não. Essa verificação é um dos elementos exigidos no Prob. 4.69.

Como a corda é inextensível, derivando a Eq. (5) em relação ao tempo, temos

$$0 = \frac{-(l - y_A)v_{Ay}}{\sqrt{(l - y_A)^2 + d^2}} - v_{By} \quad \Rightarrow \quad \left|-\frac{l - y_A}{\sqrt{(l - y_A)^2 + d^2}}\right| v_A = v_B, \quad (6)$$

em que a introdução do valor absoluto na segunda equação nos permite substituir v_{Ay} e v_{By} pelas *velocidades* v_A e v_B, respectivamente. Para determinar a relação entre o deslocamento de A e o deslocamento de B, podemos calcular a Eq. (5) em ① e ② conforme se segue:

$$L = \sqrt{(l - y_{A1})^2 + d^2} + (l - y_{B1}) = \sqrt{(l - y_{A2})^2 + d^2} + (l - y_{B2}). \quad (7)$$

A segunda igualdade na Eq. (7) implica

$$y_{B1} - y_{B2} = \sqrt{(l - y_{A1})^2 + d^2} - \sqrt{(l - y_{A2})^2 + d^2}. \quad (8)$$

Lembrando que $y_{B1} - y_{B2} = h$ e y_{A1} é conhecido e resolvendo a Eq. (8) para y_{A2} temos

$$y_{A2} = l - \sqrt{h^2 + (l - y_{A1})^2 - 2h\sqrt{(l - y_{A1})^2 + d^2}}. \quad (9)$$

Cálculos Substituindo as Eqs. (2)-(4) na Eq. (1), obtemos

$$\tfrac{1}{2}kh^2 + m_A g y_{A1} + m_B g y_{B1} = \tfrac{1}{2}m_A v_{A2}^2 + \tfrac{1}{2}m_B v_{B2}^2 + m_A g y_{A2} + m_B g y_{B2}. \quad (10)$$

Lembrando novamente que $y_{B1} - y_{B2} = h$, substituindo as Eqs. (6) na Eq. (10) e resolvendo para v_{A2}, obtemos

$$v_{A2} = \sqrt{\frac{kh^2 + 2m_A g(y_{A1} - y_{A2}) + 2m_B g h}{m_A + m_B(l - y_{A2})^2/[(l - y_{A2})^2 + d^2]}}. \quad (11)$$

Lembrando que $l = 4$ m, $y_{A1} = 0{,}25$ m, $h = 2$ m e $d = 2{,}5$ m, a partir da Eq. (9) vemos que $y_{A2} = 3{,}814$ m. Utilizando esse resultado com os dados fornecidos a partir das Eqs. (11) e (6), temos

$$\boxed{v_{A2} = 19{,}7\,\text{m/s} \quad \text{e} \quad v_{B2} = 1{,}46\,\text{m/s}.} \quad (12)$$

> **Fato interessante**
>
> **Contornando uma solução.** O cálculo mostrado na Eq. (13) é do tipo "cálculo do verso do envelope", muito útil para estimar rapidamente o que é razoável do ponto de vista físico. Matematicamente falando, o cálculo da Eq. (13) fornece um *limite superior*, ou seja, um valor acima do qual certa quantidade nunca deveria resultar. Ser capaz de *contornar* o valor de uma solução usando princípios físicos fundamentais é uma habilidade extremamente útil.

Discussão e verificação O termo multiplicando v_A na Eq. (6) é adimensional, ou seja, a Eq. (6) está dimensionalmente correta. O argumento da raiz quadrada na Eq. (11) possui dimensões de energia dividida pela massa, ou seja, velocidade ao quadrado. Portanto, a Eq. (11) também está dimensionalmente correta. Para estimar se o valor de v_{A2} (e, por consequência, o valor de v_{B2}) na Eq. (12) é razoável, podemos dizer que v_{A2} não deve exceder a velocidade que poderíamos ter obtido se *todas* as energias potenciais de B fossem transformadas na energia cinética de A. Tal valor é obtido como segue:

$$\tfrac{1}{2}kh^2 + m_B g h = \tfrac{1}{2}m_A v_{A2}^2 \quad \Rightarrow \quad v_{A2} = 21{,}8\,\text{m/s}. \quad (13)$$

Em razão de o resultado da Eq. (12) ser menor que o da Eq. (13), podemos dizer que nossa resposta se comporta conforme esperávamos. De forma interessante, mesmo sem a mola (ou seja, para $k = 0$), obtemos $v_{A2} = 15{,}3$ m/s com $v_{B2} = 1{,}14$ m/s. Se fôssemos orientar o cabo que segura A horizontalmente, então não precisaríamos nos preocupar com o aumento na energia potencial de A e teríamos alcançado um valor ainda maior para v_{A2}.

EXEMPLO 4.11   Por que o estalar de uma toalha dói?

Se você já foi atingido pelo estalo de uma toalha, você sabe que ela fere e que muitas vezes há um estalo alto que pode ser ouvido no final do golpe. Gostaríamos de construir um modelo capaz de explicar essas observações.

Para explicar o desconforto e o som associado ao estalo da toalha, olharemos para o modelo simples da toalha mostrado na Fig. 2. Usando esse modelo básico de corda, amarramos uma das extremidades no teto, dobramos a corda em volta dela mesma e soltamos a extremidade solta deixando-a cair livremente. Para uma corda de comprimento L e massa m, determine a velocidade da extremidade livre da corda em função da sua distância abaixo do teto.

SOLUÇÃO

Roteiro e modelagem   Estamos interessados na velocidade da extremidade livre após ela ter caído a distância dada. Portanto, o princípio do trabalho-energia parece ser a abordagem ideal para obter a solução. Embora a corda não seja um sistema de partículas (é um sistema no qual a massa está distribuída no espaço), ainda podemos aplicar os conceitos de sistemas de partículas, o que será feito pela aplicação do princípio do trabalho-energia para o centro de massa equivalente do sistema. Iniciamos supondo que a corda é inextensível. Em seguida, referindo-se ao DCL da Fig. 3, *visualizamos* a corda como um sistema de duas partículas (cuja soma de massas equivale à da corda), em que uma partícula é o braço esquerdo e, a outra, o direito. Essas partículas serão colocadas no ponto médio ou centro de massa de seus braços correspondentes. A Figura 3 mostra a corda em uma posição arbitrária, que chamaremos de ②, e consideraremos ① o instante de liberação. Observe que as únicas forças atuando na corda são o peso de cada segmento e a reação do suporte. Assumiremos que nenhuma outra força atua no sistema, ou seja, que as forças-peso $m_L g$ e $m_R g$ são as únicas forças realizando trabalho sobre a corda – temos um sistema conservativo.

Equações fundamentais

Princípios de equilíbrio   O sistema é conservativo, então o princípio do trabalho-energia é dado por

$$T_1 + V_1 = T_2 + V_2. \quad (1)$$

As energias cinéticas são dadas por

$$T_1 = \tfrac{1}{2} m_{L1} v_{L1}^2 + \tfrac{1}{2} m_{R1} v_{R1}^2 \quad \text{e} \quad T_2 = \tfrac{1}{2} m_{L2} v_{L2}^2 + \tfrac{1}{2} m_{R2} v_{R2}^2, \quad (2)$$

em que m_L e m_R são as massas dos braços esquerdo e direito da corda, respectivamente, e v_L e v_R são as velocidades dos centros de massa dos braços esquerdo e direito, respectivamente. Em todos os casos, o segundo subscrito indica a posição.

Leis da força   Supomos que a corda é inextensível e não dissipa qualquer energia. Para determinarmos a energia potencial do sistema, é útil fazer uso da massa por unidade de comprimento da corda $\rho = m/L$. Considerando ℓ_L e ℓ_R os comprimentos dos braços esquerdo e direito da corda, respectivamente, e definindo a linha de referência para a energia potencial gravitacional no topo da porção fixa da corda, temos

$$V_1 = -m_{L1} g L/4 - m_{R1} g L/4 = -(m_{L1} + m_{R1}) g L/4, \quad (3)$$

$$V_2 = -m_{L2} g \ell_L / 2 - m_{R2} \ell g (y + \ell_R/2), \quad (4)$$

em que as massas dos braços esquerdo e direito da corda em ① e ② são dadas por

$$m_{L1} = \rho L/2, \quad m_{R1} = \rho L/2, \quad m_{L2} = \rho L, \quad m_{R2} = \rho \ell_R, \quad (5)$$

Figura 1
Uma sequência de fotos mostrando um de seus autores estalando uma toalha. O tempo de exposição de cada foto é 0,0008 s. *Quadro superior:* preparando-se para o golpe. *Quadro central:* A toalha está a meio caminho da parte do estalo. A toalha está curva como a posição inicial de nossa corda. *Quadro inferior:* A toalha atingiu sua maior distância. Observe que as últimas polegadas da toalha estão distorcidas devido à alta velocidade com a qual essa parte da toalha está se movendo.

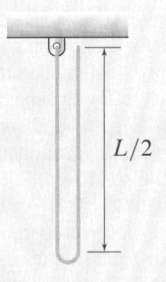

Figura 2
A configuração inicial da corda.

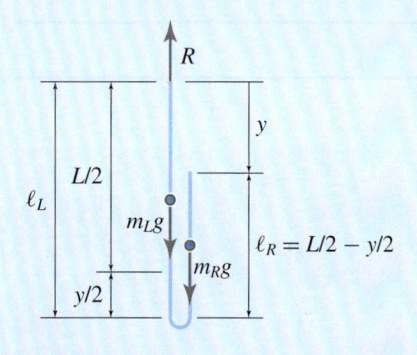

Figura 3
DCL e cinemática da corda após a extremidade livre cair uma distância y, em que $m_L g$ é o peso do segmento da esquerda e $m_R g$ é o peso do da direita.

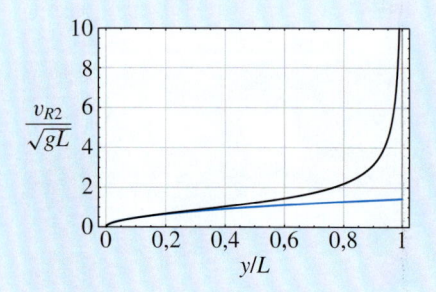

Figura 4
Velocidade adimensional da corda ao cair (linha preta) e uma partícula em queda livre (linha azul) em função da distância adimensional. A linha vertical cinza representa $y = L$.

> **Fato interessante**
>
> **O estalar de um chicote.** Quando um chicote estala, a ponta atinge uma velocidade supersônica de duração de 1,2 ms. Em uma distância de 45 cm, a ponta é acelerada a partir de $M = 1$ até $M = 2,2$ (M é o número de Mach, que é a razão entre a velocidade do objeto e a velocidade do som no meio circundante). Assumindo uma aceleração uniforme durante esse período, e a velocidade do som no ar sendo de 345 m/s, a aceleração da ponta supera os 51.000 g! Veja P. Krehl, S. Engemann, e D. Schwenkel, "The Puzzle of Whip Cracking – Uncovered by a Correlation of Whip-Tip Kinematics with Shock Wave Emission", *Shock Waves*, **8** (1), 1998, pp. 1-9.

de forma que V_1 e V_2 se tornam

$$V_1 = -\tfrac{1}{4}\rho g L^2 \quad \text{e} \quad V_2 = -\rho g \ell_L^2/2 - \rho g \ell_R(y + \ell_R/2). \tag{6}$$

Equações cinemáticas Referindo-se à Fig. 3, o comprimento total L da corda e a distância da queda y estão relacionados ao comprimento dos braços esquerdo e direito conforme segue:

$$L = \ell_L + \ell_R \quad \text{e} \quad \ell_L = y + \ell_R. \tag{7}$$

Resolvendo as Eqs. (7) para ℓ_L e ℓ_R, obtemos

$$\ell_L = L/2 + y/2 \quad \text{e} \quad R = L/2 - y/2, \tag{8}$$

que são mostrados na Fig. 3.

Visto que a corda é liberada a partir do repouso, em ① temos

$$v_{L1} = 0 \quad \text{e} \quad v_{R1} = 0. \tag{9}$$

Devido ao fato de a corda ser inextensível, todos os pontos no segmento esquerdo da corda precisam ter uma velocidade em comum (assim como todos os pontos no segmento da direita). Portanto, como o braço esquerdo está amarrado ao teto fixo, devemos ter

$$v_{L2} = 0. \tag{10}$$

Cálculos Substituindo as Eqs. (5), (8), (9) e (10) na Eq. (2) e então simplificando, as energias cinéticas se tornam

$$T_1 = 0 \quad \text{e} \quad T_2 = \tfrac{1}{2}\rho \ell_R v_{R2}^2 = \tfrac{1}{4}\rho(L - y)v_{R2}^2. \tag{11}$$

Substituindo as Eqs. (8) na segunda das Eqs. (6) e simplificando, obtemos a forma final de V_2 como

$$V_2 = -\frac{\rho g}{4}\left(L^2 + 2Ly - y^2\right). \tag{12}$$

Substituindo a primeira das Eqs. (6), Eqs. (11) e Eq. (12) na Eq. (1) e resolvendo para v_{R2}, obtemos

$$\boxed{v_{R2} = \sqrt{gy\left(\frac{2L - y}{L - y}\right)}.} \tag{13}$$

Discussão e verificação O argumento da raiz quadrada na Eq. (13) possui dimensões de aceleração vezes comprimento, que é o mesmo que velocidade ao quadrado. Portanto, a resposta da Eq. (13) está dimensionalmente correta. Além disso, observe que o valor da velocidade aumenta à medida que y aumenta, conforme era esperado. Assim, de uma forma geral, nossa solução parece estar correta.

Um olhar mais atento Quando consideramos $y \to L$, isto é, conforme a corda se aproxima do final de sua queda, observamos que $v_{R2} \to \infty$ (veja a Fig. 4). Este é um resultado incrível! Basta ter uma corda, dobrá-la e soltá-la como fizemos aqui, e a velocidade da ponta da corda se torna infinita no final da queda. Apesar de sabermos que uma velocidade infinita não é alcançada na realidade, o que o modelo indica é que a ponta da corda se torna *muito* rápida. Na verdade, quando o estalar real de uma toalha é ajudado por uma pessoa estalando-a, o alto estalo produzido é uma consequência da onda de choque gerada pela ponta da toalha quando a velocidade da ponta se torna maior que a velocidade do som.[7] Isso também se aplica ao estalar de um chicote.

---

[7] N. Lee, S. Allen, E. Smith, e L. M. Winters, "Does the Tip of a Snapped Towel Travel Faster Than Sound?", *The Physics Teacher*, **31**(6), 1993, pp. 376-377.

EXEMPLO 4.12 Trabalho interno devido ao atrito

Os dois blocos A e B na Fig. 1 estão ligados por uma corda inextensível e pelo sistema de polias mostrado. Há um atrito desprezível entre A e a inclinação, e os coeficientes de atrito estático e cinético entre A e B são μ_s e μ_k, respectivamente. Supondo que μ_s é insuficiente para evitar o deslizamento e o sistema é liberado a partir do repouso, determine as velocidades de A e B após B mover-se uma distância d para cima da inclinação em relação a A. Resolva o problema usando os seguintes parâmetros: $m_A = 4$ kg, $m_B = 1$ kg, $\theta = 30°$, $d = 0{,}35$ m e $\mu_k = 0{,}1$.

SOLUÇÃO

Roteiro e modelagem Aplicaremos o princípio do trabalho-energia, uma vez que precisamos relacionar variações na posição a variações na velocidade. Como fizemos no Exemplo 4.3, modelaremos o sistema de modo que não precisaremos nos preocupar com a tensão na corda. Referindo-se à Fig. 2, esboçamos o DCL do sistema, que inclui A e B modelados como partículas, a corda e as polias. As forças de contato entre A e B não são mostradas, pois são internas ao sistema. Trataremos das polias como se não tivessem atrito, e as cordas como inextensíveis e sem massa. Visto que as polias são fixas, as reações nas polias não realizam trabalho algum. Além disso, a tensão da corda não realiza trabalho algum, pois a corda é inextensível (o Prob. 4.59 demonstra isso). Contudo, como A e B deslizam um em relação ao outro, precisamos incluir o trabalho realizado pela força de atrito interna entre A e B, então desenhamos também o DCL de B na Fig. 2, de forma que possamos encontrar essa força de atrito. Por fim, consideraremos ① o instante em que o sistema é liberado e ② quando B se move a distância d acima da inclinação em relação a A.

Equações fundamentais

Princípios de equilíbrio O princípio do trabalho-energia para o sistema da Fig. 2 é

$$T_1 + V_1 + (U_{1\text{-}2})_{\text{nc}}^{\text{int}} = T_2 + V_2, \qquad (1)$$

em que $(U_{1\text{-}2})_{\text{nc}}^{\text{int}}$ é o trabalho realizado pelo atrito. As energias cinéticas são dadas por

$$T_1 = \tfrac{1}{2}m_A v_{A1}^2 + \tfrac{1}{2}m_B v_{B1}^2 \quad \text{e} \quad T_2 = \tfrac{1}{2}m_A v_{A2}^2 + \tfrac{1}{2}m_B v_{B2}^2, \qquad (2)$$

em que v_A e v_B são as velocidades de A e B, respectivamente, e o segundo subscrito nas velocidades indica a posição. Referindo-se novamente à Fig. 2, somamos as forças em y na direção de B para obter

$$\sum F_y: \quad N_B - m_B g \cos\theta = 0, \qquad (3)$$

em que consideramos $a_{By} = 0$, pois não há movimento na direção y.

Leis da força Para a energia potencial do sistema podemos escrever

$$V_1 = V_{A1} + V_{B1} = 0, \qquad (4)$$

$$V_2 = V_{A2} + V_{B2} = -m_A g\, \Delta x_A \operatorname{sen}\theta - m_B g\, \Delta x_B \operatorname{sen}\theta, \qquad (5)$$

em que posicionamos a linha de referência da energia potencial em ① e Δx_A e Δx_B são os deslocamentos paralelos à inclinação de A e B, respectivamente, entre ① e ②. Tanto Δx_A quanto Δx_B são desconhecidos, e utilizaremos a cinemática para relacioná-los à distância fornecida d.

O trabalho da força interna de atrito F_B é dado por

$$(U_{1\text{-}2})_{\text{nc}}^{\text{int}} = -\int_0^d F_B\, dx. \qquad (6)$$

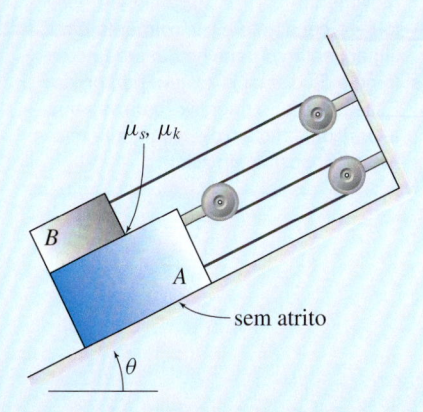

Figura 1
O sistema de dois blocos conectados por polias.

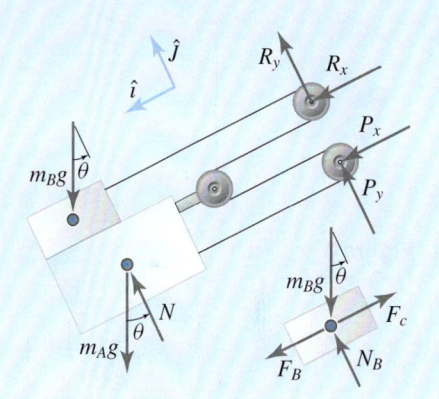

Figura 2
DCL do sistema e de apenas B.

Informações úteis

Por que escolher o DCL de B ao determinar F_B? Poderíamos ter escolhido o DCL de A para encontrar F_B? A maneira mais fácil de descobrir é experimentar, mas poderíamos descobrir rapidamente que o DCL de A envolve a incógnita N_B, e que N_B não pode ser encontrado até que desenhemos o DCL de B. Em contrapartida, se começamos pela Eq. (3) imediatamente obtemos F_B por meio da Eq. (7).

> **Informações úteis**
>
> **Trabalho do atrito.** Durante o deslizamento, a força de atrito se opõe ao movimento *relativo*. Portanto, se essa força é constante e o movimento é retilíneo, então o trabalho é o produto da força e da distância *relativa* percorrida. Esse trabalho é negativo, uma vez que a força de atrito e o deslocamento relativo são opostos em sinal.

Por fim, como sabemos que μ_s é insuficiente para evitar o escorregamento, sabemos que

$$F_B = \mu_k N_B. \tag{7}$$

Equações cinemáticas Visto que o sistema inicia do repouso, temos

$$v_{A1} = 0 \quad \text{e} \quad v_{B1} = 0. \tag{8}$$

Além disso, podemos relacionar os movimentos de A e B usando a cinemática da polia (veja a Seção 2.7, da p. 135). Referindo-se à Fig. 3, observamos que para valores arbitrários de x_A e x_B

$$3x_A + x_B = L \;\Rightarrow\; 3v_A = -v_B, \tag{9}$$

em que L é constante e v_A e v_B representam a velocidade de A e B, respectivamente, já que o movimento é unidimensional. A partir da Eq. (9), em ② temos

$$3v_{A2} = -v_{B2} \quad \text{e} \quad 3\Delta x_A = -\Delta x_B. \tag{10}$$

Por fim, sabemos que A se desloca uma distância d em relação a B. Portanto, podemos escrever

$$\Delta x_{A/B} = d = \Delta x_A - \Delta x_B. \tag{11}$$

Resolvendo as Eqs. (10) e (11) para Δx_A e Δx_B, obtemos

$$\Delta x_A = \tfrac{1}{4}d \quad \text{e} \quad \Delta x_B = -\tfrac{3}{4}d. \tag{12}$$

Cálculos Substituindo as Eqs. (3) e (7) na Eq. (6), temos

$$(U_{1\text{-}2})_{\text{nc}}^{\text{int}} = -\mu_k m_B g d \cos\theta. \tag{13}$$

Em seguida, substituímos a primeira das Eqs. (10) na Eq. (2) para obter

$$T_2 = \tfrac{1}{2}m_A v_{A2}^2 + \tfrac{1}{2}m_B(-3v_{A2})^2 = \tfrac{1}{2}(m_A + 9m_B)v_{A2}^2, \tag{14}$$

e logo substituímos as Eqs. (12) na Eq. (5) para obter

$$V_2 = \tfrac{1}{4}(3m_B - m_A)gd \operatorname{sen}\theta. \tag{15}$$

Na sequência, substituímos as Eqs.(4), (8) e (13)-(15) na Eq. (1) para obter uma equação para v_{A2}

$$-\mu_k m_B g d \cos\theta = \tfrac{1}{2}(m_A + 9m_B)v_{A2}^2 + \tfrac{1}{4}(3m_B - m_A)gd \operatorname{sen}\theta, \tag{16}$$

que fornece

$$v_{A2} = \pm\sqrt{\frac{2gd}{m_A + 9m_B}\left[\tfrac{1}{4}(m_A - 3m_B)\operatorname{sen}\theta - \mu_k m_B \cos\theta\right]}. \tag{17}$$

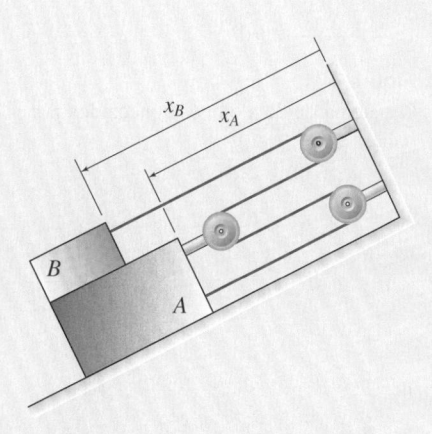

Figura 3
Definição de x_A e x_B para os dois blocos.

Observando que A se move para cima do declive e B se move para baixo, usando as Eqs. (17) e (9), bem como os dados fornecidos, temos

$$\boxed{v_{A2} = 0{,}142 \text{m/s} \quad \text{e} \quad v_{B2} = -0{,}427 \text{m/s}.} \tag{18}$$

> **Informações úteis**
>
> **O que os sinais $\pm$ na Eq. (17) significam?** Neste exemplo, precisamos determinar uma *velocidade*. Visto que o movimento é unidimensional, a velocidade que estamos procurando pode ser igual ou oposta à rapidez. O sinal $\pm$ na Eq. (17) está lá para nos lembrar de que precisamos determinar o sinal da velocidade.

Discussão e verificação As dimensões do argumento da raiz quadrada na Eq. (17) são energia dividida por massa, ou seja, a velocidade ao quadrado. Assim, a expressão para v_{A2} na Eq. (17) está dimensionalmente correta. A expressão para v_B nas Eqs. (9) também está dimensionalmente correta. Quanto aos valores da Eq. (18), visto que B atua como um contrapeso para A, uma forma de verificar a razoabilidade do nosso resultado é calcular a velocidade que A teria se estivesse desconectado de B e se movesse uma distância $d/4$ para baixo do declive sem atrito. Essa velocidade, dada por $(v_{A2})_{\text{sem atrito}} = \sqrt{2(d/4)g \operatorname{sen}\theta} = 0{,}926 \text{ m/s}$, é um limite superior para v_{A2}. Ou seja, v_{A2} deve ser inferior a 0,926 m/s, como de fato é.

Capítulo 4 Métodos de energia para partículas **313**

🔍 **Um olhar mais atento** Embora a solução do problema esteja completa, há uma questão adicional que merece ser considerada: o que aconteceria se não tivéssemos sido informados de que o bloco B deslizava para cima do declive? Nesse caso, teríamos que resolver um problema companheiro de estática para determinar se ocorre ou não deslizamento afinal e, no caso de ocorrer, em que sentido. Consideraremos brevemente este problema e determinaremos o valor crítico de μ_s para que o deslizamento ocorra.

Referindo-se à Fig. 4, podemos escrever a segunda lei de Newton para A conforme

$$\sum F_x: \quad m_A g \operatorname{sen} \theta - F_B - 3F_c = m_A a_{Ax} = 0, \quad (19)$$

$$\sum F_y: \quad N - N_B - m_A g \cos \theta = m_A a_{Ay} = 0, \quad (20)$$

e para B conforme

$$\sum F_x: \quad F_B - F_c + m_B g \operatorname{sen} \theta = m_B a_{Bx} = 0, \quad (21)$$

$$\sum F_y: \quad N_B - m_B g \cos \theta = m_B a_{By} = 0, \quad (22)$$

em que definimos todas as acelerações como zero, visto que estamos analisando o equilíbrio estático do sistema. Resolvendo as Eqs. (19)-(22) para N, N_B, F_B e F_C, obtemos

$$N = (m_A + m_B) g \cos \theta, \qquad N_B = m_B g \cos \theta, \quad (23)$$

$$F_B = \tfrac{1}{4}(m_A - 3m_B) g \operatorname{sen} \theta, \qquad F_c = \tfrac{1}{4}(m_A + m_B) \operatorname{sen} \theta. \quad (24)$$

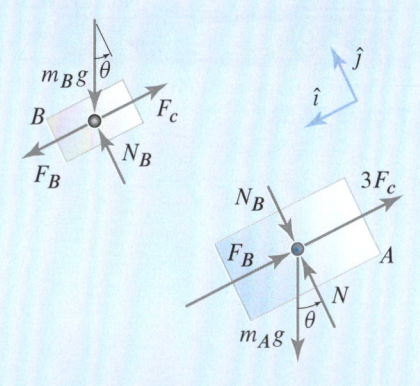

Figura 4
DCLs de A e B para determinar as condições de deslizamento.

O valor crítico de μ_s para o deslizamento é igual a F_B/N_B, que pode ser facilmente encontrado a partir das Eqs. (23) e (24) como sendo

$$\frac{F_B}{N_B} = \frac{m_A - 3m_B}{4m_B} \operatorname{tg} \theta = \tfrac{1}{4}(v - 3) \operatorname{tg} \theta, \quad (25)$$

em que definimos v como a razão entre m_A e m_B. 💻 ➡ Uma plotagem dos contornos de F_B/N_B dados pela Eq. (25) pode ser encontrada na Fig.5. Essa plotagem proporciona uma riqueza de informações.

- Para $v > 3$, descobrimos que $F_B/N_B > 0$ e assim os blocos sempre deslizarão como indicado no enunciado do problema, isto é, B deslizará para cima do declive em relação a A. Por outro lado, um valor negativo de F_B/N_B nos diz que o deslizamento ocorre no sentido oposto ao assumido. Isso é válido para todo o lado esquerdo da plotagem para o qual $v < 3$ e para qualquer valor de θ. Em qualquer caso, o deslizamento depende do valor de μ_s. Especificamente, se $\mu_s > (\mu_s)_{\text{crit}}$, então ele *não deslizará*; e se $\mu_s < (\mu_s)_{\text{crit}}$, então ele *deslizará*. Observe que o valor de v que separa os dois comportamentos discutidos acima, isto é, $v = 3$, vem do arranjo da polia, isto é, a força aplicada em A é 3 vezes a força aplicada em B.

- Conforme θ (o ângulo de inclinação) aumenta, o valor de μ_s para evitar que os blocos deslizem um em relação ao outro aumenta rapidamente, e é infinito para $\theta = 90°$. Perceba que todas as curvas da Fig. 5 convergem para o ponto em $v = 3$ e $\theta = 90°$. Isso acontece porque, para o arranjo de polias dado, o sistema está perfeitamente em equilíbrio quando m_A é 3 vezes m_B, e então ele não deslizará para *qualquer* valor de μ_s. ⬅ 💻

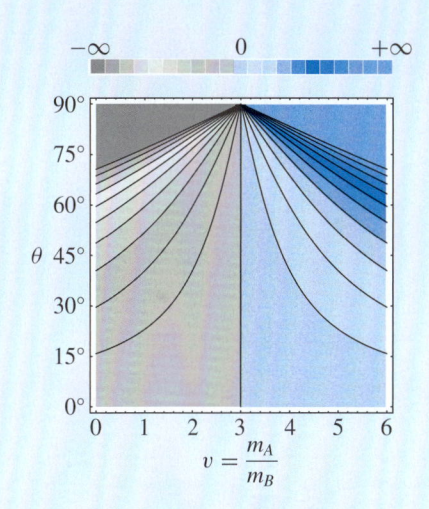

Figura 5
Plotagem dos contornos de $F_B/N_B = (\mu_s)_{\text{crit}}$ em função do ângulo de inclinação θ e $v = m_A/m_B$ a partir da Eq. (25).

PROBLEMAS

💡 Problema 4.53 💡

O motorista do caminhão subitamente aplica os freios, e o caminhão para sob a ação de uma força de frenagem constante. Durante a frenagem, a caixa pode ou não deslizar. Considerando o princípio do trabalho-energia aplicado ao caminhão durante a frenagem, o caminhão parará em uma distância (ou tempo) mais curta se a caixa deslizar, ou a distância (ou tempo) será mais curta se ela não deslizar? Suponha que a plataforma do caminhão é longa o suficiente de forma que você não precisa se preocupar se a caixa bate ou não no caminhão. Justifique sua resposta.

Nota: Problemas conceituais são sobre *explicações*, não sobre cálculos.

Figura P4.53

Problema 4.54

Considere um sistema de polias no qual os corpos A e B possuem massas $m_A = 2$ kg e $m_B = 10$ kg. Se o sistema é liberado do repouso, desprezando todas as fontes de atrito, assim como a inércia das polias, determine as velocidades de A e B depois que B se deslocou uma distância de 0,6 m para baixo.

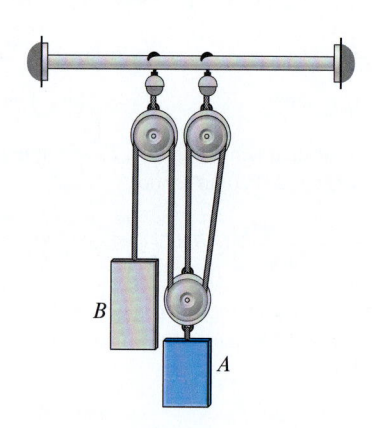

Figura P4.54

Problema 4.55

Os blocos A e B, com massas de 3 kg e 6 kg, respectivamente, são liberados do repouso quando a mola não está deformada. Se todas as fontes de atrito são desprezíveis e $k = 175$ N/m, determine o deslocamento vertical máximo de B a partir da posição de lançamento, supondo que A nunca deixa a superfície horizontal mostrada e a corda conectando A e B é inextensível.

Problema 4.56

Os blocos A e B são liberados do repouso quando a mola não está deformada. O bloco A possui massa $m_A = 2$ kg, e a mola linear possui rigidez $k = 7$ N/m. Se todas as fontes de atrito são desprezíveis, determine a massa do bloco B de tal forma que possua uma velocidade $v_B = 1,5$ m após mover-se 1,2 m para baixo, partindo da suposição de que A nunca deixa a superfície horizontal mostrada e a corda conectando A e B é inextensível.

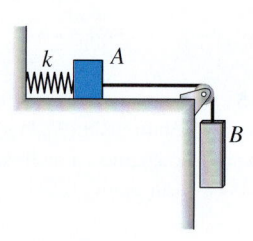

Figura P4.55 e P4.56

Problema 4.57

Uma plataforma flutuante de 300 kg está em repouso quando uma caixa de 90 kg é lançada sobre ela a uma velocidade horizontal $v_0 = 3,6$ m/s. Uma vez que a caixa para de deslizar em relação à plataforma, a plataforma e a caixa movem-se a uma velocidade $v = 0,8$ m/s. Desprezando o movimento vertical do sistema, bem como qualquer resistência devido ao movimento relativo da plataforma em relação à água, determine a distância que a caixa desliza em relação à plataforma se o coeficiente de atrito cinético entre a plataforma e a caixa é $\mu_k = 0,25$.

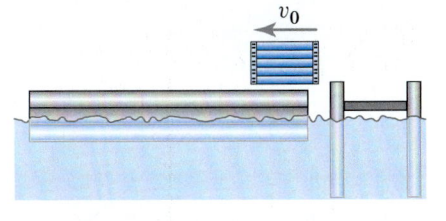

Figura P4.57

Problema 4.58

Duas pequenas esferas A e B, ambas de massa m, estão fixadas nas extremidades de uma barra rígida e leve de comprimento d. O sistema é liberado do repouso na posição mostrada. Determine a velocidade das esferas quando A atinge o ponto D e a força normal entre a esfera A e a superfície sobre a qual ela está deslizando imediatamente antes de atingir o ponto D. Despreze o atrito, trate as esferas como partículas (suponha que o diâmetro é insignificante) e despreze a massa da barra.

Problema 4.59

Resolva o Exemplo 4.12 aplicando o princípio do trabalho-energia para cada bloco individualmente e mostre que o trabalho resultante realizado pela corda sobre os dois blocos é zero.

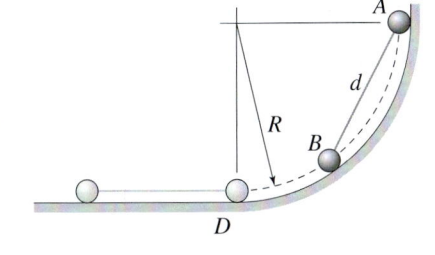

Figura P4.58

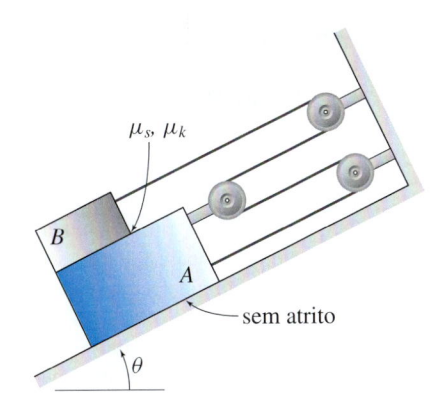

Figura P4.59

Problema 4.60

Considere o projeto de um elevador simples em que um carro A de 15.000 kg está ligado a um contrapeso B de 12.000 kg Suponha que uma falha do sistema de acionamento ocorra (a falha não afeta o cabo que liga A e B) quando o carro está em repouso e 50 m acima de seu amortecedor, fazendo o carro do elevador cair. Modele o carro e o contrapeso como partículas e o cabo sem massa e inextensível, e modele a ação dos freios de emergência por meio de um modelo de atrito de Coulomb, com coeficiente de atrito cinético $\mu_k = 0,5$ e uma força normal igual a 35% do peso do carro. Determine a velocidade com que o carro colide com o amortecedor.

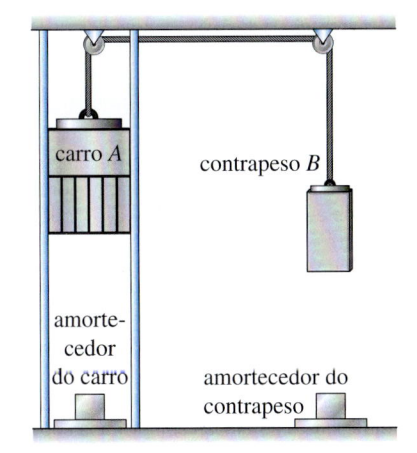

Figura P4.60

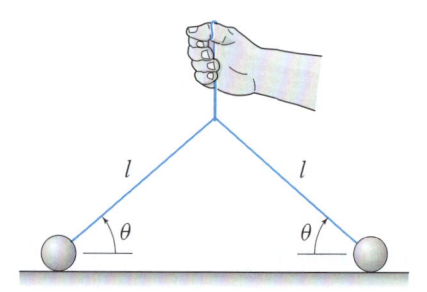

Figura P4.61

Problema 4.61

Duas bolas idênticas, ambas de massa m, são conectadas por uma corda de massa desprezível e comprimento $2l$. Uma corda curta é amarrada no meio delas e é puxada verticalmente com uma força constante P (exercida pela mão). Se o sistema parte do repouso quando $\theta = \theta_0$, determine a velocidade das duas bolas quando θ se aproxima de $90°$. Despreze o tamanho das bolas, assim como o atrito entre elas e a superfície em que deslizam.

Problema 4.62

Considere a catapulta simples mostrada na figura com um contrapeso A de 350 kg e um projétil B de 70 kg. Se o sistema é liberado do repouso conforme mostrado, determine a velocidade do projétil após a rotação do braço (sentido anti-horário) através de um ângulo de $110°$. Modele A e B como partículas, despreze a massa do braço da catapulta e suponha que o atrito é desprezível. A estrutura da catapulta está fixa em relação ao solo, e o projétil não se separa do braço durante o movimento considerado.

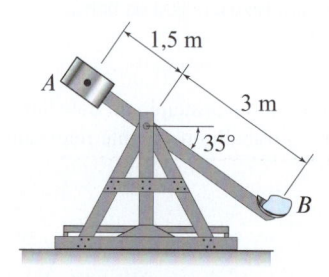

Figura P4.62

Problema 4.63

Reveja o Exemplo 4.6, da p. 288, e determine a altura máxima atingida pelo saltador, mas desta vez inclua a massa da vara em sua análise. Para resolver o problema, utilize os seguintes dados: a velocidade máxima atingida pelo saltador e pela vara no instante em que o salto começa é $v_{max} = 10$ m/s; o saltador possui 1,8 m de altura com centro de massa a 55% da altura do corpo (medida a partir do solo) e sua massa é 86 kg; a vara é uniforme, possui uma massa de 2,5 kg e 5,2 m de comprimento. Além disso, suponha que, quando o saltador corre antes do salto, a vara é carregada horizontalmente na mesma altura que o centro de massa do saltador em relação ao solo. Explique por que a altura do salto que você encontra quando a vara é incluída é maior que a altura do salto determinada no Exemplo 4.6, no qual a vara não foi incluída.

Figura P4.63

Problemas 4.64 e 4.65

Dois blocos A e B cujas massas são 56 kg e 106 kg, respectivamente, são liberados do repouso conforme mostrado. No momento da liberação, a mola não está deformada. Ao resolver estes problemas, modele A e B como partículas, despreze a resistência do ar e suponha que a corda é inextensível.

Problema 4.64 Determine a velocidade máxima atingida pelo bloco B e a distância em relação ao chão onde a velocidade máxima é atingida se $\alpha = 20°$, não há atrito no contato entre A e o declive, e a constante da mola é $k = 438$ N/m.

Problema 4.65 Determine o deslocamento máximo do bloco B se $\alpha = 20°$, não há atrito no contato entre A e o declive, e a constante da mola é $k = 400$ N/m.

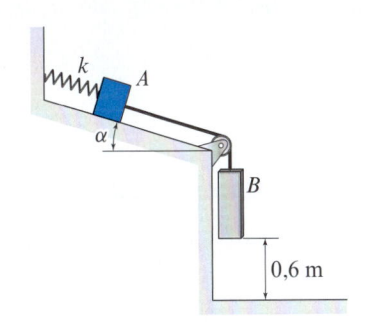

Figura P4.64 e P4.65

Problema 4.66

Balanças de mola funcionam medindo o deslocamento de uma mola que sustenta a plataforma de massa m_P e o objeto de massa m, cujo peso está sendo medido. Em sua solução, observe que na maioria das balanças a leitura é zero quando nenhuma massa m é colocada, isto é, as balanças são calibradas para que a leitura de peso despreze a massa da plataforma m_P. Suponha que a mola é linear elástica, com constante de mola k. Se a massa m é colocada suavemente sobre a balança de mola (ou seja, ela é solta de uma altura nula acima da balança), determine a *leitura máxima* na balança depois que a massa é liberada.

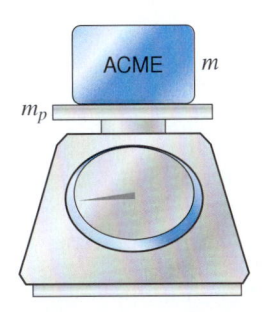

Figura P4.66

Problema 4.67

A corda de massa m e comprimento l é liberada do repouso, com uma quantia *muito pequena* dela pendurada sobre a borda (ou seja, $s > 0$, mas está muito próximo de zero). Determine a velocidade da corda em função de s. Suponha que a superfície é lisa.

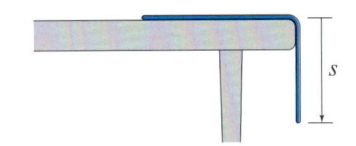

Figura P4.67

Problema 4.68

Considere um sistema de quatro partículas idênticas A, B, D e E, cada uma com massa de 2,3 kg. Essas partículas são montadas em uma roda de massa desprezível, cujo cubo está em O e cujo raio é $R = 0{,}75$ m. A roda é montada sobre um carrinho H de massa desprezível. Suponha que a roda está girando no sentido anti-horário a uma velocidade angular $\omega = 3$ rad e o carrinho está se movendo para a direita a uma velocidade escalar $v_H = 11$ m/s. Calcule a energia cinética do sistema utilizando

(a) A Eq. (4.71) da p. 305
(b) A Eq. (4.74) da p. 306

Mostre que o resultado é o mesmo para ambos os casos.

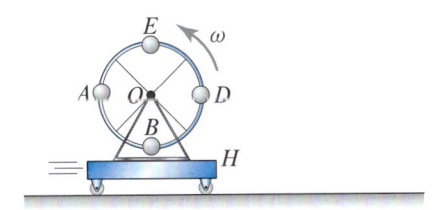

Figura P4.68

Problema 4.69

Reexamine o Exemplo 4.10 escolhendo ① para ser o mesmo do exemplo e ② uma posição arbitrária após a liberação. Determine a velocidade de A em função de y_A e represente graficamente a energia cinética de A em função de y_A. Use esse gráfico para argumentar que a corda que liga A e B nunca afrouxará entre o instante da liberação e o impacto de B com o chão. *Dica*: Para argumentar que a corda permanece esticada entre as posições de interesse, você pode revisar os conceitos do Prob. 4.21, na p. 274.

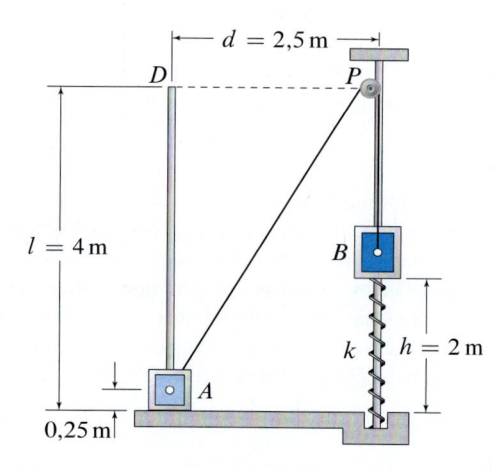

Figura P4.69

PROBLEMAS DE PROJETO

Problema de projeto 4.2

O êmbolo (a haste e o bloco retangular presos na extremidade do mesmo) de uma máquina de fliperama tem massa $m_p = 140$ g. A massa da bola é $m_b = 80$ g, e a máquina está inclinada a $\theta = 8°$ com a horizontal. Projete as molas k_1 e k_2 (isto é, suas rigidezes e comprimentos não deformados) de forma que a bola se separe do êmbolo a uma velocidade $v = 4,6$ m/s depois que o êmbolo é puxado 50 mm para trás em relação à sua posição de repouso, e de modo que o êmbolo não venha a menos de 12 mm da posição em que para. Note que, como parte de seu projeto, você também precisará especificar valores razoáveis para as dimensões ℓ_1 e ℓ_2.

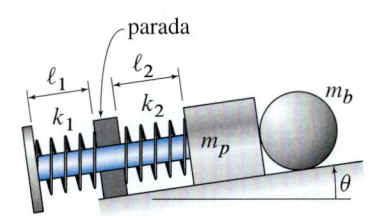

Figura PP4.2

Figura 4.23
O carro de corrida de Fórmula 1 da Ferrari de 2009. Máquinas como este carro produzem uma quantidade enorme de potência em relação ao seu tamanho.

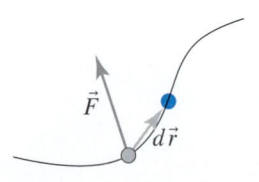

Figura 4.24
Uma força atuando em um ponto movendo-o ao longo da trajetória.

4.4 POTÊNCIA E EFICIÊNCIA

Potência desenvolvida por uma força

O conceito de *potência mecânica* surgiu de uma necessidade de quantificar a habilidade de um motor ou outra máquina (veja a Fig 4.23) para fazer trabalho mecânico ou gerar energia em uma determinada quantidade de tempo. Para tornar esse conceito preciso, consultando a Fig. 4.24, consideramos uma força $\vec{F}$ cujo ponto de aplicação sofre um deslocamento infinitesimal $d\vec{r}$ em um intervalo de tempo infinitesimal correspondente dt. O trabalho infinitesimal realizado por $\vec{F}$ durante o intervalo de tempo dt é

$$dU = \vec{F} \cdot d\vec{r}. \tag{4.75}$$

A *potência* P desenvolvida pela força $\vec{F}$ é definida como a taxa de tempo na qual $\vec{F}$ realiza trabalho, isto é,

$$\boxed{\text{potência} = P = \frac{dU}{dt}.} \tag{4.76}$$

Substituindo a Eq. (4.75) na Eq. (4.76), temos

$$P = \frac{\vec{F} \cdot d\vec{r}}{dt} = \vec{F} \cdot \frac{d\vec{r}}{dt}. \tag{4.77}$$

Lembrando que a velocidade no ponto de aplicação de $\vec{F}$ é $\vec{v} = d\vec{r}/dt$, podemos reescrever a Eq. (4.77) conforme

$$\boxed{P = \vec{F} \cdot \vec{v}.} \tag{4.78}$$

Dimensões e unidades de potência

Por causa de sua definição, a potência desenvolvida por uma força é uma grandeza escalar com dimensões de (força) × (comprimento)/(tempo) ou, equivalentemente, (massa) × (comprimento)²/(tempo)³.

No sistema SI, a unidade de medida para potência é chamada de *watt*, que é abreviada pelo símbolo W e definida conforme a seguir:

$$\boxed{1\text{W} = 1\text{N} \cdot (1\text{m/s}) = 1 \text{ J/s}.} \tag{4.79}$$

Eficiência

Quando um motor ou uma máquina realiza trabalho, utiliza-se de alguma forma de abastecimento energético, como combustível orgânico, baterias químicas, eletricidade, etc. Portanto, uma importante medida de desempenho de um motor ou de uma máquina é a razão entre sua capacidade de *gerar* potência (isto é, saída de potência) e a potência *necessária* para a sua operação (isto é, entrada de potência). Tal medida é chamada de *eficiência*, que é frequentemente representada pela letra grega ϵ (épsilon) e definida como segue:

$$\boxed{\epsilon = \frac{\text{saída de potência}}{\text{entrada de potência}}.} \tag{4.80}$$

Devido à sua definição, a eficiência é uma grandeza escalar adimensional. Como parte da potência fornecida a um motor ou a uma máquina é usada para mover os componentes internos do motor ou da máquina, superando assim a resistência interna de atrito, a saída de potência de um motor ou de uma máquina é sempre menor que a entrada de potência. Portanto, a eficiência de um motor ou de uma máquina é um número sempre menor que 1.

EXEMPLO 4.13 Calculando potência

Figura 1
Um F/A-18 decolando de um porta-aviões.

No Exemplo 4.1 da p. 265, consideramos a decolagem de um Hornet F/A-18 de 20.000 kg (veja a Fig. 1) a partir de um porta-aviões estacionário. O F/A-18 vai de 0 a 265 km/h em uma distância de 90 m, auxiliado por uma catapulta e com cada um de seus dois motores gerando um empuxo constante de 100 kN. Desprezando as forças aerodinâmicas, no Exemplo 4.1 determinamos que o trabalho realizado sobre o avião pela catapulta era $(U_{1\text{-}2})_{\text{catapulta}} = 41,58 \times 10^6$ N · m. Continuando o Exemplo 4.1, determine a potência desenvolvida pelo empuxo gerado pelos motores no início e no final da decolagem. Além disso, determine a potência média fornecida à aeronave pela catapulta, sabendo que a decolagem dura 2 s.

SOLUÇÃO

Roteiro e modelagem Denotando o início e o fim da decolagem por ① e ②, respectivamente, sabemos o empuxo dos motores, assim como a velocidade da aeronave em ① e ②. Portanto, podemos calcular a potência desenvolvida pelo empuxo dos motores por meio da expressão que relaciona a potência desenvolvida por uma força em termos da própria força e do vetor velocidade. Para calcular a potência *média* da catapulta, calcularemos o tempo médio da potência desenvolvida pela força exercida pela catapulta na aeronave e relacionar o resultado ao trabalho dado realizado pela catapulta.

Cálculo Lembre que a grandeza $\vec{F} \cdot \vec{v}$ é a potência desenvolvida por uma força $\vec{F}$ cujo ponto de aplicação se move com a velocidade $\vec{v}$. Visto que o avião parte do repouso, ou seja, $\vec{v}_1 = \vec{0}$, considerando P_{T1} a potência desenvolvida pelo empuxo dos motores em ①, devemos ter

$$P_{T1} = 0. \tag{1}$$

Referindo-se à Fig. 2, em ② assumiremos que o avião está se movendo horizontalmente a uma velocidade $\vec{v}_2 = v_2\,\hat{\imath}$, em que $v_2 = 265$ km/h. Além disso, assumindo que o empuxo dos motores também é horizontal, o empuxo total dos motores é $\vec{F}_T = F_T\,\hat{\imath}$, com $F_T = 200$ kN. Portanto, considerando P_{T2} a potência desenvolvida por $\vec{F}_T$ em ②, temos

$$P_{T2} = F_T\,\hat{\imath} \cdot v_2\,\hat{\imath} = F_T v_2 = 14{,}720 \text{ kN}. \tag{2}$$

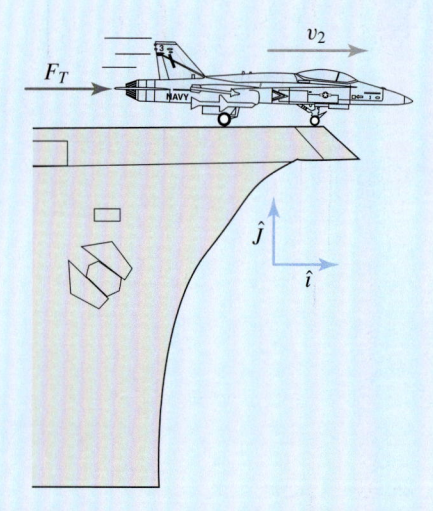

Figura 2
Diagrama mostrando o vetor velocidade da aeronave e o vetor empuxo dos motores em ②.

Por fim, considerando P_{cat} e $(P_{\text{med}})_{\text{cat}}$ a potência instantânea e média fornecida à aeronave pela catapulta entre ① e ②, respectivamente, temos

$$(P_{\text{med}})_{\text{cat}} = \frac{1}{t_2 - t_1}\int_{t_1}^{t_2} P_{\text{cat}}\,dt = \frac{1}{t_2 - t_1}\int_{t_1}^{t_2}\frac{dU_{\text{cat}}}{dt}\,dt = \frac{(U_{1\text{-}2})_{\text{cat}}}{t_2 - t_1}. \tag{3}$$

Lembrando que $t_2 - t_1 = 2$ s e $(U_{1\text{-}2})_{\text{cat}} = 41{,}580$ kNm, temos

$$(P_{\text{med}})_{\text{cat}} = 20{,}790 \text{ kN}. \tag{4}$$

Discussão e verificação Os resultados nas Eqs. (1) e (2) são obtidos pela aplicação direta de uma fórmula conhecida. Assim, precisamos apenas verificar se usamos as unidades corretas, as quais obtivemos, visto que expressamos nossos resultados em horse-power e os dados foram fornecidos no sistema americano de unidades. O resultado da Eq. (3) foi obtido aplicando a definição do tempo médio. Com isso em mente, a intuição sugere que a noção de "potência média" deve corresponder à relação entre o trabalho realizado pela catapulta e o tempo necessário para realizar tal trabalho, que é exatamente o que o nosso cálculo resultou.

EXEMPLO 4.14 Avaliando a velocidade de elevação conforme a eficiência

Um motor elétrico com uma eficiência de 85% aciona o sistema de polias mostrado para erguer um caixote de 400 kg. Depois que o motor é ligado e o sistema atinge uma velocidade constante de elevação, o motor está produzindo 15 kW. Suponha que o motor está operando com sua eficiência nominal, as perdas por atrito no sistema de polias são desprezíveis e os pesos das polias A e B são desprezíveis. Determine a velocidade com que o caixote está sendo levantado, considerando

(a) um DCL do sistema que inclui o caixote e as duas polias A e B,

(b) um DCL do caixote que foi separado do sistema no gancho H.

Despreze o tamanho das polias na sua solução.

SOLUÇÃO

Roteiro e modelagem Usando o conhecimento da potência de entrada e da eficiência, podemos calcular a potência de saída do motor. Essa potência corresponde à potência utilizada pelo sistema de polias para levantar o caixote. Já que não há perdas de potência no sistema de polias, a potência de saída pode ser vista tanto como *a potência do cabo entre a polia A e o motor* quanto como *a potência produzida pela tensão no gancho H ligado ao caixote*. As Partes (a) e (b) do enunciado do problema refletem esses dois pontos de vista. Por isso, precisamos usar a segunda lei de Newton para determinar a tensão no cabo ligado ao motor, e logo seremos capazes de calcular a velocidade de elevação, dividindo a potência desenvolvida por essa força pela intensidade da força. Utilizaremos um cálculo semelhante para o gancho ligado ao caixote.

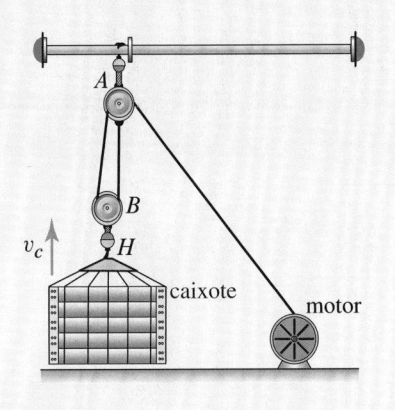

Figura 1
Sistema de polias erguendo um caixote com velocidade v_c.

──────── Solução da Parte (a) ────────

Equações fundamentais

Princípios de equilíbrio O DCL das polias e do caixote é mostrado na Fig. 2, no qual o caixote foi modelado como uma partícula, e T é a tensão no cabo que está sendo puxado pelo motor. Embora seja a potência produzida pela tensão T que queremos encontrar, esse DCL não nos permite encontrá-lo. Em vez disso, aplicando a segunda lei de Newton para o DCL na Fig. 3(a), encontramos

$$\sum F_y: \quad 2T - mg = ma_y. \qquad (1)$$

Leis da força Todas as forças foram levadas em conta no DCL.

Equações cinemáticas Visto que o caixote se move a uma velocidade constante, temos

$$a_y = 0. \qquad (2)$$

Para encontrar a velocidade do ponto de aplicação da tensão no cabo entre o motor e a polia em A, precisamos recorrer à cinemática da polia na Fig. 3(b) e escrever

$$2\ell_c + \ell_m = \text{constante} \quad \Rightarrow \quad 2\dot{\ell}_c = -\dot{\ell}_m \quad \Rightarrow \quad 2v_c = \dot{\ell}_m, \qquad (3)$$

em que utilizamos o fato de que $v_c = -\dot{\ell}_c$ e notamos que, quando $\dot{\ell}_m > 0$, o motor está enrolando o cabo.

Cálculos Substituindo a Eq. (2) na Eq. (1), descobrimos que

$$T = mg/2. \qquad (4)$$

Precisamos calcular a potência fornecida pelo motor para o sistema de polias. Considerando que P_i e P_0 são as potências de entrada e saída do motor, respectivamente, temos

$$P_i = 15 \text{kW} \quad \text{e} \quad P_o = \epsilon \; P_i = 12{,}75 \text{kW}. \qquad (5)$$

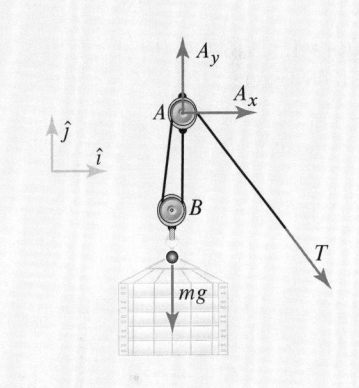

Figura 2
DCL do caixote e das polias.

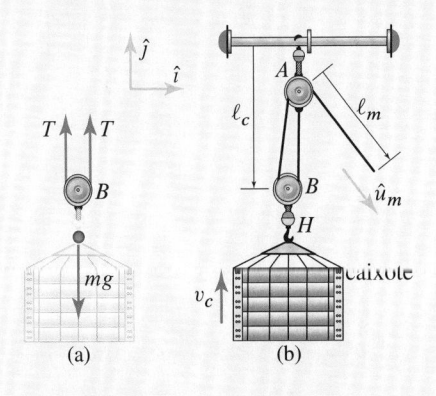

Figura 3
(a) DCL do caixote e da polia em B.
(b) Cinemática do sistema de polias conectando o motor ao caixote.

Lembrando que P_0 é a potência desenvolvida pela tensão T, e T está na mesma direção que a velocidade do cabo enrolando no motor, então devemos ter

$$P_o = T\,\hat{u}_m \cdot \dot{\ell}_m\,\hat{u}_m = T\dot{\ell}_m = \frac{mg}{2}(2v_c) = mgv_c, \qquad (6)$$

em que usamos as Eqs. (3) e (4). Resolvendo a Eq. (6) para v_c, temos

$$v_c = \frac{P_o}{mg} = 3{,}25 \text{ m/s}, \qquad (7)$$

em que usamos P_0 da Eq. (5).

─────────── Solução da parte (b) ───────────

Equações fundamentais

Princípios de equilíbrio O DCL do caixote é mostrado na Fig. 4, no qual o caixote foi modelado como uma partícula submetida ao seu próprio peso e à tensão F_H no gancho. Usando o DCL da Fig. 4, a segunda lei de Newton fornece

$$\sum F_y: \quad F_H - mg = ma_y. \qquad (8)$$

Leis da força Todas as forças foram levadas em conta no DCL.

Equações cinemáticas Visto que o caixote se move a uma velocidade constante, temos

$$a_y = 0. \qquad (9)$$

Cálculos Substituindo a Eq. (9) na Eq. (8) e resolvendo para F_H, temos

$$F_H = mg. \qquad (10)$$

Novamente, precisamos calcular a potência fornecida pelo motor para o sistema de polias. Lembrando que P_0 é a potência desenvolvida pela tensão F_H, e F_H está na mesma direção que a velocidade do caixote, devemos ter, então,

$$P_o = F_H\,\hat{j} \cdot v_c\,\hat{j} = F_H v_c, \qquad (11)$$

em que v_c é a velocidade do caixote. Resolvendo a Eq. (11) para v_c, temos

$$\boxed{v_c = \frac{P_o}{F_H} = \frac{P_o}{mg} = 3{,}25 \text{ m/s},} \qquad (12)$$

em que utilizamos P_0 da Eq. (5).

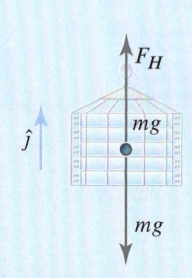

Figura 4.
DCL do caixote.

Discussão e verificação Nas Partes (a) e (b), P_0 possui dimensões de força vezes comprimento dividido pelo tempo, assim os resultados das Eqs. (7) e (12) terão as dimensões esperadas de comprimento sobre o tempo. Além disso, visto que os dados foram fornecidos usando unidades SI, os resultados em questão são expressos usando as unidades apropriadas. Quanto ao valor de v_c em questão, como esperado, é menor que o valor máximo possível de velocidade de levantamento dado por $P_i/mg = 3{,}82$ m/s. Portanto, nossa solução, de uma maneira geral, parece estar correta.

🔎 **Um olhar mais atento** Repare que, na Parte (a) deste exemplo, tivemos que analisar a cinemática das polias, o que não foi necessário na Parte (b). Isso ocorre porque, em um sistema de polias, a potência fornecida determina a velocidade da carga, independentemente do arranjo das polias, pois a potência é o produto da força e da velocidade, e a natureza do sistema de polias é manter esse produto constante.

PROBLEMAS

Problema 4.70

Considere uma bateria que pode alimentar uma máquina cuja operação necessita de 200 W de potência. Se a bateria pode manter a máquina operando por 8 h e fornecer energia a uma taxa constante, determine a quantidade de energia inicialmente armazenada na bateria.

Figura P4.70

Problema 4.71

Uma pessoa leva 16 s para levantar um caixote de 90 kg a uma altura de 9 m. Determine a potência média fornecida pela pessoa.

Figura P4.71

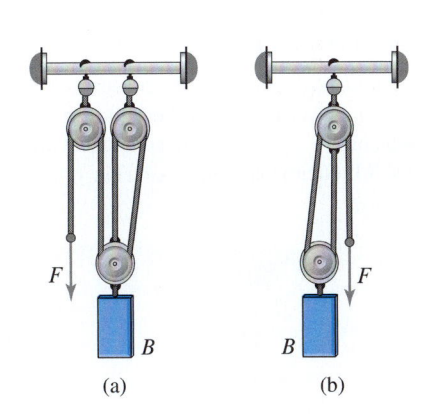

Figura P4.72

Problema 4.72

Os pesos B nos sistemas de polias mostrados são idênticos. Considere que os dois sistemas são liberados a partir do repouso, não há perdas de energia nas polias, e a mesma força F constante é aplicada. Após 1 s, a potência desenvolvida pela força F para o sistema (a) será menor, igual ou maior que a do sistema (b)?
Nota: problemas conceituais são sobre *explicações*, não sobre cálculos.

Problema 4.73

Os pesos B nos sistemas de polias mostrados são idênticos e são levantados à mesma velocidade constante v. Considere que não há perdas de energia nas polias. A potência desenvolvida pela força F_1 em (a) é menor, igual, ou maior que a desenvolvida pela força F_2 em (b)?
Nota: problemas conceituais são sobre *explicações*, não sobre cálculos.

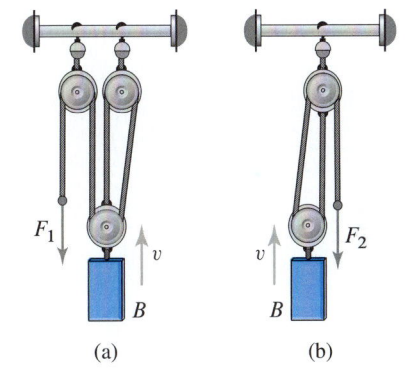

Figura P4.73 e P4.74

Problema 4.74

Para os dois sistemas de polias mostrados, o bloco B possui uma massa $m_B = 254$ kg e está sendo levantado a uma velocidade constante $v = 3$ m/s. Determine a potência desnevolvida pelas forças F_1 e F_2.

Problema 4.75

Um ciclista está andando a uma velocidade $v = 30$ km/h sobre uma estrada inclinada com $\theta = 15°$. Desprezando o arrasto aerodinâmico, se o ciclista quer manter a sua potência de saída constante, que velocidade ele deve alcançar se θ for igual a 20°?

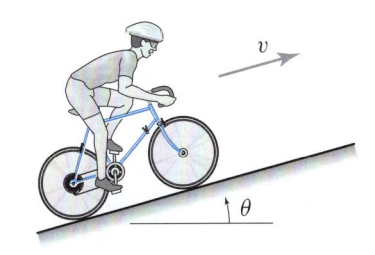

Figura P4.75

Figura P4.76

Figura P4.77
Foto © 2006 Mazda Motor of America, Inc. Utilizada mediante permissão.

Problema 4.76

Um carro de 1.500 kg está se movendo para cima do declive mostrado a uma velocidade constante. Sabendo que a potência de saída máxima do carro é 160 hp, em que velocidade o carro pode andar se a resistência do ar é desprezível? Além disso, sabendo que 1 L de gasolina comum fornece 34,8 MJ de energia, quantos litros de gasolina serão necessários em 1 h se o motor possui uma eficiência $\epsilon = 0{,}20$?

Problema 4.77

Um carro de 1.200 kg em uma estrada horizontal reta vai de 0 a 100 km/h em 7 s. Desprezando o arrasto aerodinâmico, se a força que propulsiona o carro é constante durante o período de aceleração, determine a potência desenvolvida por essa força 7 s após o início do movimento.

Problema 4.78

A altura h do degrau aeróbico mostrado é 250 mm. Uma pessoa de 65 kg sobe e desce o degrau uma vez a cada 2 s. Levando em conta apenas o trabalho realizado para levantar o seu corpo e assumindo uma eficiência muscular de 25%, determine as calorias (1 C = 4,184 kJ) queimadas pela pessoa em 1 h.

Figura P4.78

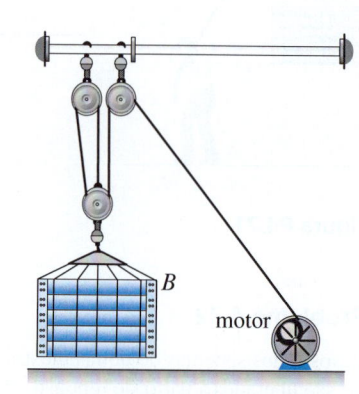

Figura P4.79

Problema 4.79

O motor de acionamento do sistema de polias mostrado está produzindo 6 kW de potência. O caixote B tem uma massa de 250 kg. Determine a velocidade do caixote se ele é levantado a uma velocidade constante e a eficiência do motor é $\epsilon = 0{,}87$.

Problema 4.80

Assumindo que o motor mostrado possua uma eficiência de $\epsilon = 0{,}80$, determine a potência a ser fornecida ao motor para que ele puxe um caixote de 110 kg para cima da inclinação a uma velocidade constante $v = 2$ m/s. Assuma que o coeficiente de atrito cinético entre o declive e o caixote é $\mu_k = 0{,}25$ e $\theta = 28°$.

Problema 4.81

Considere que o motor mostrado possua uma eficiência de $\epsilon = 0{,}82$ e produz 4,5 kw de potência. Determine a velocidade constante com a qual o motor possa puxar um caixote de 130 kg para cima da inclinação se o coeficiente de atrito cinético entre o declive e o caixote é $\mu_k = 0{,}45°$ e $\theta = 32°$.

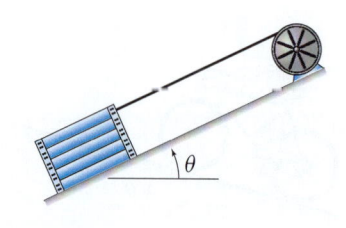

Figura P4.80 e P4.81

4.5 REVISÃO DO CAPÍTULO

Neste capítulo, introduzimos os conceitos do trabalho de uma força, energia cinética de uma partícula e energia cinética de um sistema de partículas. Mostramos que o trabalho realizado em um sistema é igual à variação da energia cinética do sistema. Essa relação é conhecida como o princípio do trabalho-energia, sendo uma consequência direta da segunda lei de Newton. Por fim, introduzimos os conceitos de potência produzida por uma força e eficiência de um motor ou de uma máquina.

Princípio do trabalho-energia para uma partícula

O *princípio do trabalho-energia* é expresso pela equação seguinte

Eq. (4.14), p. 262
$$T_1 + U_{1\text{-}2} = T_2,$$

em que $U_{1\text{-}2}$ é o *trabalho* realizado pela força $\vec{F}$ (veja a Fig.4.25) e é definido como

Eq. (4.12), p. 261
$$U_{1\text{-}2} = \int_{\mathcal{L}_{1\text{-}2}} \vec{F} \cdot d\vec{r}$$

e T é a *energia cinética* da partícula, que é definida como

Eq. (4.13), p. 261
$$T = \tfrac{1}{2} m v^2,$$

em que m é a massa da partícula e v é sua velocidade. Trabalho e energia cinética têm as propriedades básicas seguintes

- O Trabalho e a energia cinética são grandezas *escalares*.
- O trabalho depende apenas da componente de $\vec{F}$ na direção do movimento, ou seja, de $\vec{F} \cdot \hat{u}_t$, e seu sinal é determinado pelo sinal de $\vec{F} \cdot \hat{u}_t$.
- A energia cinética *nunca* é negativa.

Forças conservativas e energia potencial

Na Seção 4.2, descobrimos que existem forças cujo trabalho, ao deslocar uma partícula de uma posição inicial para uma posição final, não depende da trajetória que liga essas posições. Especificamente, deduzimos as seguintes expressões.

Trabalho de uma força gravitacional constante. Para uma partícula de massa m movendo-se em um campo gravitacional constante de ① até ②, o trabalho realizado sobre a partícula é

Eq. (4.21), p. 277
$$(U_{1\text{-}2})_g = -mg(y_2 - y_1),$$

para a qual a gravidade deve atuar na direção $-y$.

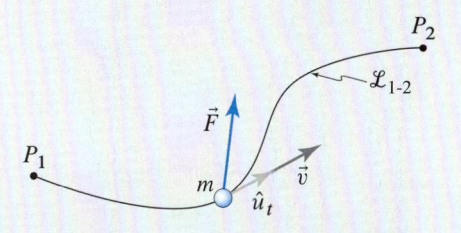

Figura 4.25
Figura 4.3 repetida. Partícula de massa m se movendo ao longo da trajetória $\mathcal{L}_{1\text{-}2}$ ao ser submetida à força $\vec{F}$.

Informações úteis

Outras formas de trabalho de uma força. Lembrando que posição e velocidade são relacionadas pela expressão $d\vec{r} = \vec{v}\, dt$ e, em componentes normais-tangenciais, a velocidade pode ser expressa por $\vec{v} = v\, \hat{u}_t$, podemos obter as seguintes duas formas úteis para o trabalho de uma força:

$$U_{1\text{-}2} = \int_{t_1}^{t_2} \vec{F} \cdot \vec{v}\, dt = \int_{s_1}^{s_2} \vec{F} \cdot \hat{u}_t\, ds,$$

em que t é o tempo, s é o comprimento do arco ao longo da trajetória, e $\hat{u}_t$ é o vetor unitário tangente à trajetória e apontando no sentido do movimento.

Trabalho realizado pela força de uma mola. Para uma partícula submetida à força de uma mola elástica linear de constante k, o trabalho realizado sobre a partícula é

Eq. (4.27), p. 278
$$(U_{1\text{-}2})_e = -\tfrac{1}{2}k\left(\delta_2^2 - \delta_1^2\right),$$

em que δ_1 e δ_2 são a quantia que a mola é esticada (ou comprimida) em ① e ②, respectivamente.

Sistemas conservativos. Uma força é dita *conservativa* se seu trabalho depende apenas das posições inicial e final de seu ponto de aplicação, mas é, de qualquer maneira, independente da trajetória que liga essas posições. O trabalho de uma força conservativa pode ser caracterizado por uma função escalar da energia potencial. Um *sistema conservativo* é tal que todas as forças realizando trabalho são conservativas. Para sistemas conservativos, o princípio do trabalho-energia se torna a *conservação da energia mecânica*, que é dada por

Eq. (4.32), p. 279
$$T_1 + V_1 = T_2 + V_2.$$

Forças conservativas importantes incluem forças de molas elásticas e forças gravitacionais (constantes ou não). A *energia potencial da força de uma mola elástica linear* é dada por

Eq. (4.34), p. 280
$$V_e = \tfrac{1}{2}k\delta^2.$$

> **Alerta de conceito**
>
> **A energia potencial elástica nunca é negativa.** Se uma mola é alongada ou comprimida, ou seja, se δ é positivo ou negativo, a energia potencial de uma mola nunca é negativa!

A *energia potencial de uma força gravitacional constante* é dada por

Eq. (4.33), p. 280
$$V_g = mgy,$$

em que a direção positiva de y é oposta à gravidade. A *energia potencial da força da gravidade* é dada por

> **Fato interessante**
>
> **Energia potencial gravitacional de esferas.** A Eq. (4.35) é válida para corpos de tamanho finito (isto é, além de partículas), desde que r seja medido a partir de seus centros e ambos tenham distribuições de massa esfericamente simétricas. Portanto, é válida para quase todos os grandes corpos celestes, visto que suas distribuições de massa são geralmente muito próximas da simetria esférica, e por eles estarem muito longe uns dos outros.

Eq. (4.35), p. 280
$$V_G = -\frac{Gm_A m_B}{r}.$$

Em um sistema em que há tanto forças conservativas quanto não conservativas realizando trabalho, podemos usar a Eq. (4.14) da p. 262 ou podemos aproveitar as energias potenciais das forças conservativas, escrevendo o princípio do trabalho-energia conforme

Eq. (4.50), p. 282
$$T_1 + V_1 + (U_{1\text{-}2})_{nc} = T_2 + V_2,$$

em que $(U_{1\text{-}2})_{nc}$ é o trabalho realizado pelas forças não conservativas.

Princípio do trabalho-energia para sistemas de partículas

Na Seção 4.3, desenvolvemos o princípio do trabalho-energia para um sistema de partículas e descobrimos que as forças internas desempenham um papel importante na elaboração desse princípio. Definimos a energia cinética de um sistema de partículas como a soma das energias cinéticas individuais de cada partícula, ou seja,

Eq. (4.65), p. 304
$$T = \sum_{i=1}^{n} \tfrac{1}{2} m_i v_i^2,$$

em que m_i e v_i são a massa e a velocidade da i-ésima partícula do sistema. O princípio do trabalho-energia para um sistema de partículas foi determinado como

Eq. (4.70), p. 305,
$$T_1 + V_1 + (U_{1\text{-}2})_{\text{nc}}^{\text{ext}} + (U_{1\text{-}2})_{\text{nc}}^{\text{int}} = T_2 + V_2,$$

em que V é a energia potencial do sistema, que pode ter contribuições de ambas as forças *externas* e *internas*.

A energia cinética de um sistema também pode ser expressa em termos da velocidade do centro de massa e da velocidade de cada uma das partículas em relação ao centro de massa. Especificamente, temos

Eq. (4.74), p. 306
$$T = \tfrac{1}{2} m v_G^2 + \tfrac{1}{2} \sum_{i=1}^{n} m_i v_{i/G}^2.$$

Erro comum
Trabalho interno devido às forças não conservativas. Não esqueça que o *trabalho interno* devido às forças não conservativas precisa ser levado em conta no termo $(U_{1\text{-}2})_{\text{nc}}^{\text{int}}$ quando elaboramos o princípio do trabalho-energia. O exemplo mais importante desse tipo de trabalho é o do atrito interno.

Potência e eficiência

Na Seção 4.4, definimos a *potência P desenvolvida por uma força $\vec{F}$ cujo ponto de aplicação se move a uma velocidade v* conforme

Eq. (4.78), p. 320
$$P = \vec{F} \cdot \vec{v},$$

e observamos que a potência possui unidades de trabalho por unidade de tempo.

Além da potência, a Seção 4.4 introduziu a noção da *eficiência*, que é um importante conceito utilizado para avaliar o desempenho de motores e/ou máquinas. Dada uma máquina ou um motor cuja operação requer certa potência de entrada, a eficiência, geralmente representada pela letra grega ϵ (épsilon), é definida conforme

Eq. (4.80), p. 320,
$$\epsilon = \frac{\text{saída de potência}}{\text{entrada de potência}}.$$

em que a saída de potência é o trabalho realizado pela máquina ou motor por unidade de tempo.

Erro comum
Trabalho interno devido às forças conservativas. Não esqueça que o *trabalho interno* devido às forças conservativas (como molas) *não está* incluído no termo $(U_{1\text{-}2})_{\text{nc}}^{\text{int}}$ – ele é levado em conta pela energia potencial V, em que, para um sistema, a energia potencial V inclui as energias potenciais tanto das forças conservativas externas quanto das internas.

PROBLEMAS PARA REVISÃO

Problema 4.82

Para-choques de borracha são comumente usados em aplicações marítimas para proteger barcos e navios de danos provocados pelas docas. Considere um barco com uma massa de 35.000 kg e um para-choque com um perfil de força de compressão dado por $F_B = \beta x^3$, em que β é uma constante e x é a compressão do para-choque. Tratando o barco C como uma partícula e desprezando o seu movimento vertical e a força de arrasto entre a água e o barco C, determine β de forma que, se o barco fosse colidir com o para-choque a uma velocidade de 4 m/s, a compressão máxima do para-choque seria 180 mm.

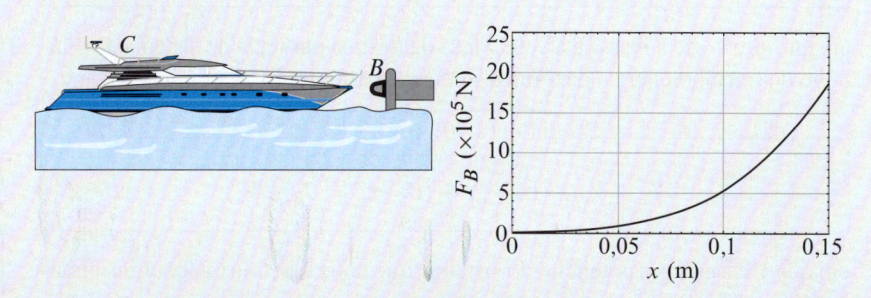

Figura P4.82

Problema 4.83

Partindo da posição indicada, assuma que cada cavalo se move para a direita de tal forma que a tensão no cabo é a mesma nos casos (a) e (b) e permanece constante. Sabendo que $\beta < \gamma$ e em ambos os casos (a) e (b) os cavalos avançam uma quantidade similar L, determine quais das seguintes afirmações é verdadeira: (1) a tensão no cabo realiza mais trabalho em (a) do que em (b); (2) a tensão no cabo realiza exatamente a mesma quantidade de trabalho em (a) e em (b); (3) a tensão no cabo realiza menos trabalho em (a) do que em (b).

Nota: Problemas conceituais são sobre *explicações*, não sobre cálculos.

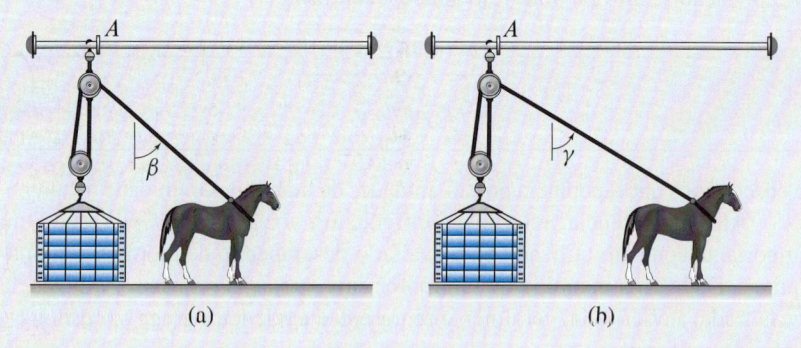

Figura P4.83

Problema 4.84

Uma bola de metal com massa $m = 0{,}15$ kg é derrubada a partir do repouso em um fluido. A intensidade da resistência devido ao fluido é dada por $C_d v$, em que C_d é um coeficiente de arrasto, e v é a velocidade da bola. Se $C_d = 2{,}1$ kg/s, determine o trabalho total realizado sobre a bola desde o momento da liberação até o momento em que a bola atinge 99% da velocidade terminal.

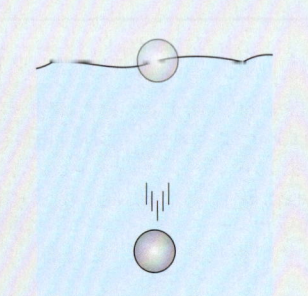

Figura P4.84 e P4.85

Problema 4.85

Uma bola de metal cuja massa é 90 g é derrubada a partir do repouso em um fluido. Se a intensidade da resistência devido ao fluido é dada por $C_d v$, em que $C_d = 7{,}3$ Ns/m é o coeficiente de arrasto e v é a velocidade da bola, determine o trabalho realizado pela força de arrasto durante os primeiros 2 s do movimento da bola.

Problema 4.86

Um colar de 11 kg é forçado a mover-se ao longo de uma barra retilínea e sem atrito de comprimento $L = 2$ m, situada no plano vertical. As molas presas ao colar são idênticas e não estão esticadas quando o colar está em B. Tratando o colar como uma partícula, desprezando a resistência do ar e sabendo que em A o colar está se movendo para cima a uma velocidade de 23 m/s, determine a constante k da mola de modo que o colar atinja D a uma velocidade nula. Os pontos E e F são fixos.

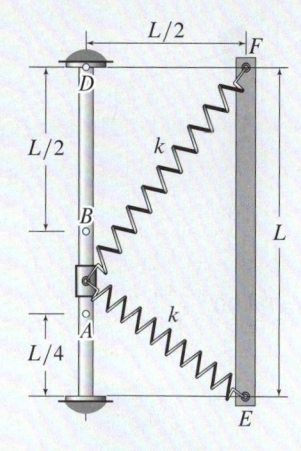

Figura P4.86

Problema 4.87

Um colar de 3 kg é forçado a mover-se ao longo de um aro vertical sem atrito de raio $R = 2$ m. A mola presa ao colar possui uma constante de mola $k = 300$ N/m. Tratando o colar como uma partícula, desprezando a resistência do ar e sabendo que, quando em repouso em A, o colar é deslocado suavemente para a esquerda, determine o comprimento não deformado da mola se o colar atingir o ponto B a uma velocidade de 4,6 m/s.

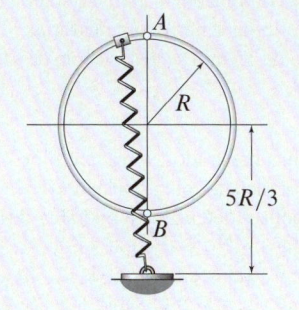

Figura P4.87

Problema 4.88

A resistência dos materiais nos ensina que, se uma carga P é aplicada à extremidade livre de uma viga em balanço, então o deslocamento δ na ponta é dado por $\delta = PL^3/(3EI_{cs})$, em que L é o comprimento da viga, e E e I_{CS} são constantes que dependem da composição do material e da geometria da seção transversal, respectivamente. Determine uma expressão para a energia potencial de uma viga em balanço carregada conforme mostrado.

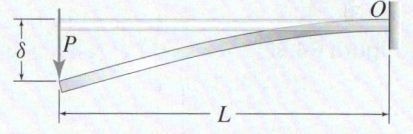

Figura P4.88

Problema 4.89

Considere a catapulta mostrada na figura com um contrapeso A de 1.200 kg e um projétil B de 330 kg. Se o sistema é liberado a partir do repouso conforme mostrado, determine a velocidade do projétil após a rotação do braço (no sentido anti-horário) através de um ângulo de 110°. Modele A e B como partículas e assuma que o braço da catapulta possui massa desprezível e o atrito é desprezível. Além disso, assuma que a corda possui massa desprezível, é inextensível e é sempre vertical. A estrutura da catapulta é fixa em relação ao solo, e o projétil não se separa do braço durante o movimento considerado.

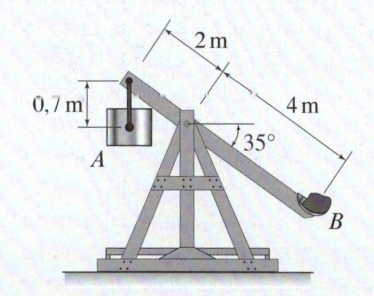

Figura P4.89

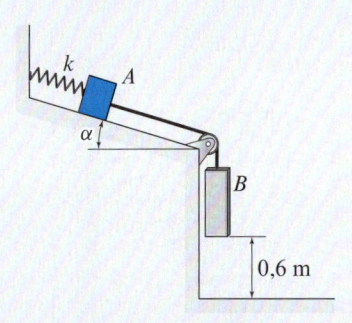

Figura P4.90

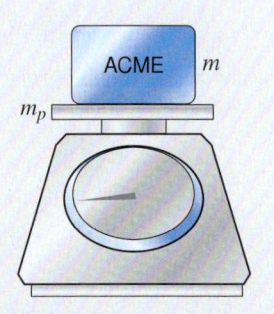

Figura P4.91

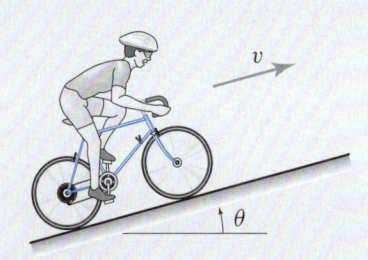

Figura P4.92

Problema 4.90

Dois blocos A e B, de massas 56 kg e 106 kg, respectivamente, são liberados a partir do repouso conforme mostrado. No momento da liberação a mola não está esticada. Modele A e B como partículas, despreze a resistência do ar e considere que a corda é inextensível. Determine a velocidade máxima atingida pelo bloco B e a distância a partir do chão na qual a velocidade máxima é alcançada se $\alpha = 35°$, os coeficientes de atrito estático e cinético são $\mu_s = 0,25$ e $\mu_k = 0.2$, respectivamente, e a constante da mola é $k = 365$ N/m.

Problema 4.91

Balanças de mola funcionam medindo o deslocamento de uma mola que suporta tanto a plataforma de massa m_P quanto o objeto, de massa m, cujo peso está sendo medido. Em sua solução, observe que na maioria das balanças a leitura é zero quando nenhuma massa m é colocada sobre elas; ou seja, elas são calibradas para que a leitura de peso despreze a massa da plataforma m_P. Suponha que a mola é linear elástica com constante de mola k. Se a massa m é colocada suavemente sobre a balança de mola (ou seja, ela é solta de uma altura nula acima da balança), determine a *velocidade máxima* atingida pela massa m ao comprimir a mola.

Problema 4.92

Um ciclista está andando a uma velocidade constante $v = 25$ km/h sobre uma estrada inclinada a $\theta = 15°$. A massa combinada do ciclista e da bicicleta é 85 kg. Desprezando o arrasto aerodinâmico, determine o número de calorias (1 C = 4,184 kJ) queimadas pelo ciclista em um percurso de 15 min se a eficiência de seus músculos é 25%.

Problema 4.93

Para os dois sistemas de polias mostrados, o mesmo bloco B, cuja massa é 68 kg, está sendo erguido aplicando-se a mesma força constante $F = 356$ N. Se os dois sistemas são liberados a partir do repouso, determine a potência desenvolvida pela força F nos dois casos, 1 s após a liberação.

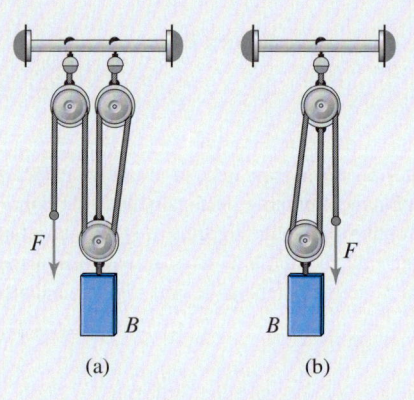

Figura P4.93

Métodos da quantidade de movimento para partículas 5

O capítulo começa discutindo os conceitos de quantidade de movimento e impulso. Determinaremos uma nova lei de equilíbrio, o princípio do impulso-quantidade de movimento, que *integra* a segunda lei de Newton para uma partícula em relação ao tempo. Essa lei de equilíbrio será fundamental para o estudo de impactos.

Em seguida, estudaremos um novo conceito que passa a ser fundamental para a mecânica, o conceito de quantidade de movimento angular. Veremos que o conceito da quantidade de movimento angular é útil não apenas para a solução de problemas como os encontrados em mecânica orbital, mas também é fundamental na ampliação da aplicabilidade das leis de Newton para corpos rígidos. Finalmente, concluiremos com o estudo dos fluxos de massa, que é novamente um assunto para o qual a ideia da quantidade de movimento será essencial.

5.1 QUANTIDADE DE MOVIMENTO E IMPULSO

Reconstrução de uma colisão de automóveis

A Fig. 5.1 mostra a cena de uma colisão de automóveis. Uma investigação preliminar falhou ao revelar a causa do acidente, e um perito em colisão é contratado para *reconstruir* o acidente. Para isso, o perito recolhe dados como comprimento e orientação das marcas de derrapagem; o tipo, os pesos e o nível dos danos dos veículos; bem como a rugosidade do pavimento. Nesta seção, aprenderemos alguns dos princípios físicos utilizados pelos engenheiros peritos para explicar como a colisão ocorreu.

Usando o princípio do trabalho-energia, o engenheiro perito poderá estimar as velocidades dos carros logo após o impacto, sabendo o quanto os carros se moveram após o impacto, bem como as propriedades dos pneus e do pavimento. No entanto, é a determinação das velocidades dos carros logo antes do impacto que é de interesse para entender a suscetibilidade a uma colisão. Como vimos no Capítulo 3, para determinar a mudança na velocidade de um objeto entre dois tempos diferentes, é necessário um conhecimento *detalhado* das forças que agem no objeto, bem como o conhecimento do tempo durante o qual as forças agirão. No entanto, em um acidente, a rapidez de um veículo pode ser reduzida 70 km/h em menos de 0,2 s. Na verdade, em se tratando de colisões, 0,2 s é um tempo longo, e muitos impactos (p. ex., quando um bastão de beisebol ou a ponta de um taco de golfe batem em uma bola) tipicamente duram menos de 100 ms. Por exemplo, como pode ser visto na Fig. 5.2, o impacto de uma bola de raquetebol contra um muro leva cerca de 0,004 s (4 ms). A mensagem aqui é que as forças, sejam elas grandes (como nos exemplos anteriores) ou pequenas, alteram tanto a rapidez quanto a direção em que se movem os

Figura 5.1
Cena após um acidente de carro.

> **Fato interessante**
>
> **Reconstrutores de colisões realmente existem?** Os reconstrutores de colisões são mais propriamente conhecidos como engenheiros peritos, e desempenham um papel importante como peritos em tribunais.

Fato interessante

A tecnologia de reconstrução de colisões. Os aviões são equipados com caixas-pretas, dispositivos de gravação que conservam registros de uma variedade de parâmetros do voo. Esses dispositivos são usados em caso de um acidente para ajudar a determinar as causas. Desde o advento de airbags em carros (no início dos anos 1970), dispositivos semelhantes têm estado presentes em automóveis. A abertura de um airbag é o resultado de um processo de tomada de decisão baseado em uma série de parâmetros. Esse processo de decisão é dado por um dispositivo chamado *módulo de detecção e diagnóstico* (MDD). Com esse módulo, os sistemas de abertura do airbag são acompanhados por uma unidade que armazena a informação processada pelo MDD. A unidade de gravação é chamada de sistema de recuperação de dados de um acidente (CR), e, em qualquer determinado tempo, ela contém informações coletadas durante os últimos segundos (tipicamente 5) da vida do carro. Essas informações incluem, entre outras, a velocidade do veículo, a velocidade do motor, bem como os estados dos cintos de segurança e dos freios.

Alerta de conceito

Quantidade de movimento é paralela à velocidade. A quantidade de movimento de uma partícula é um *vetor*, pois é dada pelo vetor velocidade da partícula *escalonada* pela massa da partícula.

Informações úteis

Qual deve ser: quantidade de movimento linear ou quantidade de movimento? É uma questão de prática se referir à quantidade de movimento linear simplesmente como quantidade de movimento. No entanto, é importante distinguir quantidade de movimento de quantidade de movimento angular, grandeza que definiremos na Seção 5.3.

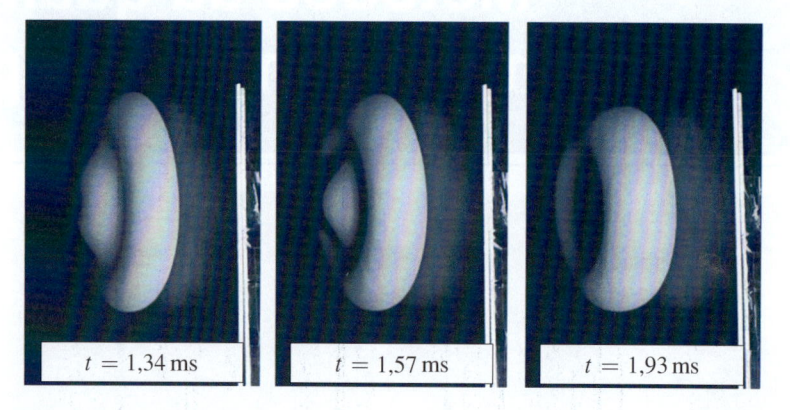

Figura 5.2 Sequência de fotografias em alta velocidade capturando a rebatida de uma bola de raquetebol contra uma parede.

objetos. Isto é, as forças mudam a *velocidade* dos objetos. É esse conceito que exploraremos nesta seção.

Princípio do impulso-quantidade de movimento

Agora, consideraremos como uma mudança na velocidade está relacionada ao intervalo de tempo durante o qual essa mudança ocorre. Para tanto, considerando uma partícula de massa m, integramos a segunda lei de Newton em relação ao tempo durante um intervalo de tempo $t_1 \leq t \leq t_2$:

$$\int_{t_1}^{t_2} \vec{F}\, dt = \int_{t_1}^{t_2} m\vec{a}\, dt. \tag{5.1}$$

Visto que $\vec{a}\, dt = d\vec{v}$ (e m, para uma partícula, é constante), obtemos

$$\int_{t_1}^{t_2} \vec{F}\, dt = m\vec{v}(t_2) - m\vec{v}(t_1). \tag{5.2}$$

A Eq. (5.2) estabelece que uma mudança na grandeza $m\vec{v}$ ao longo de um determinado intervalo de tempo está relacionada à *integral temporal* da força durante esse intervalo de tempo. Para entender melhor o significado da Eq. (5.2) e ver como ela pode nos ajudar a lidar com fenômenos como colisões, introduziremos uma terminologia básica.

Quantidade de movimento linear de uma partícula

Uma vez que a grandeza $m\vec{v}$ desempenha um papel relevante na Eq. (5.2), damos a essa grandeza um nome e símbolo próprios. Considere a grandeza vetorial $\vec{p}(t)$ definida como

$$\boxed{\vec{p}(t) = m\vec{v}(t).} \tag{5.3}$$

A grandeza $\vec{p}(t)$ é chamada de *quantidade de movimento linear*, ou simplesmente *quantidade de movimento*, da partícula de massa m. Por definição, a quantidade de movimento tem dimensões de massa vezes comprimento *dividido pelo* tempo:

$$[\vec{p}] = [M][L][T]^{-1}. \tag{5.4}$$

Consequentemente, as unidades no sistema SI são kg·m/s e, no sistema de unidades americano, são lb·s ou slug·ft/s.

Impulso linear de uma força

A grandeza do lado esquerdo da Eq. (5.2), isto é,

$$\int_{t_1}^{t_2} \vec{F}(t)\,dt, \tag{5.5}$$

é chamada de *impulso linear* (ou simplesmente *impulso*) *da força $\vec{F}(t)$ entre os tempos t_1 e t_2*. Devido ao fato de ela ser integrável ao longo do tempo, qualquer componente do impulso pode ser interpretado graficamente como a *área sob a curva* de um gráfico força *versus* tempo, como mostrado na Fig. 5.3.

O impulso tem dimensões de força vezes tempo ou massa vezes comprimento dividido pelo tempo. Portanto, as unidades do impulso são as mesmas da quantidade de movimento. No entanto, é comum utilizar N·s para expressar o impulso no sistema SI e lb·s no sistema de unidades americano.

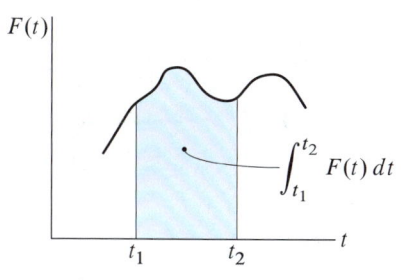

Figura 5.3
Interpretação geométrica do conceito de impulso de uma força.

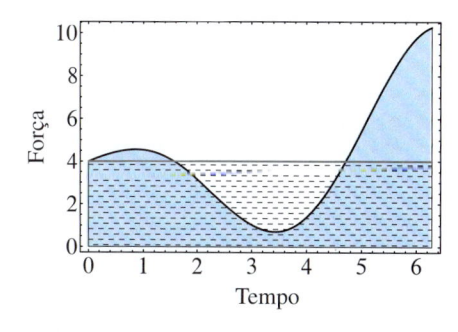

Princípio do impulso-quantidade de movimento para uma partícula

Utilizando a definição da quantidade de movimento, a Eq. (5.2) pode ser escrita como

$$\int_{t_1}^{t_2} \vec{F}(t)\,dt = \vec{p}(t_2) - \vec{p}(t_1) \quad \text{ou} \quad \vec{p}(t_1) + \int_{t_1}^{t_2} \vec{F}(t)\,dt = \vec{p}(t_2). \tag{5.6}$$

A Eq. (5.6) estabelece que *a mudança na quantidade de movimento de uma partícula durante um intervalo de tempo é igual ao impulso transmitido a essa partícula durante esse mesmo intervalo de tempo*. A expressão na Eq. (5.6) é chamada de *princípio do impulso-quantidade de movimento* e, como veremos mais adiante neste capítulo, nos permitirá resolver os problemas de colisão.

A Eq. (5.6) pode ser escrita na forma diferencial como

$$\vec{F} = \dot{\vec{p}}, \tag{5.7}$$

que pode ser vista como uma reafirmação da segunda lei de Newton.

Força média

Suponha que queremos saber a força que causa uma mudança conhecida na quantidade de movimento. Esse problema pode ser impossível de resolver, pois a mudança na quantidade de movimento entre dois instantes t_1 e t_2 não é suficiente para permitir a reconstrução da força $\vec{F}(t)$ para cada instante de tempo entre t_1 e t_2. Isso pode ser visto na Figura 5.4, na qual há uma força variando com o tempo e sua média durante algum intervalo de tempo - temos de saber o valor da força em cada instante de tempo para conhecer a área sob a curva força *versus* tempo. No entanto, podemos calcular a *força média* que causou essa mudança na quantidade de movimento. Por definição, a força média durante um determinado intervalo de tempo é o valor da força se ela fosse constante, ou seja,

$$\vec{F}_{\text{med}} = \frac{\int_{t_1}^{t_2} \vec{F}(t)\,dt}{t_2 - t_1} \tag{5.8}$$

Portanto, usando as Eqs. (5.6), a força média pode ser calculada pela aplicação da seguinte fórmula:

$$\vec{F}_{\text{med}} = \frac{\vec{p}(t_2) - \vec{p}(t_1)}{t_2 - t_1}. \tag{5.9}$$

Figura 5.4
A força (a linha preta) e sua média (a linha cinza) durante um determinado intervalo de tempo. A área sob a curva da força (azul-claro) é igual à área sob a curva da força média (área tracejada).

A capacidade de calcular a força média necessária para realizar uma determinada mudança na quantidade de movimento é muito útil, pois nos informa que a magnitude da força efetiva deve ser pelo menos tão grande quanto ou maior que a média durante alguma parte do intervalo de tempo.

Princípio do impulso-quantidade de movimento para sistemas de partículas

A fim de estender o princípio do impulso-quantidade de movimento para um sistema de partículas, precisamos rever algumas ideias discutidas no Capítulo 3 e fazer a distinção entre sistemas fechados e abertos.

Os *sistemas fechados* não trocam massa com seu ambiente, enquanto *sistemas abertos* realizam troca de massa com seu ambiente. A massa de um sistema fechado é necessariamente constante, enquanto um sistema aberto tem massa constante ou variável. A distinção entre esses dois tipos de sistemas torna-se particularmente importante quando estamos falando de sistemas de partículas e, em especial, dos *fluxos de massa* e *sistemas de massa variável*, que são abertos por definição (veja a Seção 5.5).

Consideramos um sistema fechado de N partículas (N é constante) e vemos a força total em cada partícula como a soma de duas partes (veja a Fig. 5.5):

1. uma força *externa* $\vec{F}_i$ devido à interação da partícula i com os corpos físicos que não pertencem ao sistema,
2. uma força *interna* $\sum_{j=1}^{N} \vec{f}_{ij}$ devido à interação entre a partícula i e todas as outras partículas do sistema ($\vec{f}_{ii} = \vec{0}$, visto que uma partícula não exerce uma força sobre si mesma).

Aplicando a Eq. (5.7), temos

$$\vec{F}_i + \sum_{j=1}^{N} \vec{f}_{ij} = \dot{\vec{p}}_i, \qquad (5.10)$$

em que $\vec{p}_i = m_i \vec{v}_i$ é a quantidade de movimento da partícula i. A Eq. (5.10) representa N equações, uma para cada partícula. Considere

$$\vec{F} = \sum_{i=1}^{N} \vec{F}_i \quad \text{e} \quad \vec{p} = \sum_{i=1}^{N} \vec{p}_i, \qquad (5.11)$$

em que $\vec{F}$ é a força externa total agindo sobre o sistema de partículas e $\vec{p}$ é a quantidade de movimento total do sistema de partículas. Lembrando que a terceira lei de Newton requer que $\sum_{i=1}^{N} \left(\sum_{j=1}^{N} \vec{f}_{ij} \right) = \vec{0}$, vemos que a soma para i vai de 1 a N na Eq. (5.10), junto com as Eqs. (5.11), resulta em

$$\boxed{\vec{F} = \dot{\vec{p}}} \qquad (5.12)$$

Encontramos essa relação em uma forma um pouco diferente no Capítulo 3 (veja a Eq. (3.73) na p. 237). A Eq. (5.12) estabelece que as forças internas não desempenham qualquer papel na mudança da quantidade de movimento total de um sistema de partículas. Além disso, utilizando a definição de centro de massa de um sistema de partículas fechado, temos

$$\vec{p} = \sum_{i=1}^{N} \vec{p}_i = \sum_{i=1}^{N} m_i \vec{v}_i = m \vec{v}_G, \qquad (5.13)$$

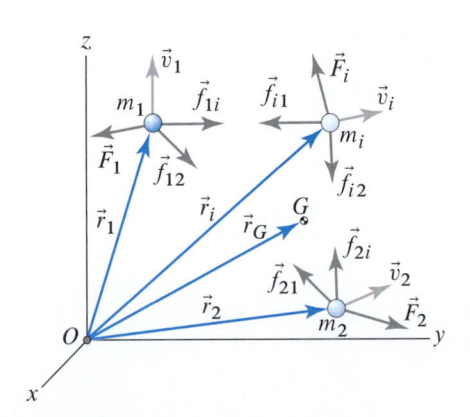

Figura 5.5
Um sistema de partículas sob a ação de forças externas e internas. O centro de massa está em G.

> **Alerta de conceito**
>
> **Forças internas não modificam a quantidade de movimento.** Forças internas não podem modificar a quantidade de movimento de um sistema. Essa afirmação é um axioma fundamental da mecânica.

> **Informações úteis**
>
> **Sistemas fechados *versus* abertos.** A Eq. (5.12) é aplicada somente a sistemas fechados. Para um *sistema aberto*, não podemos afirmar que
>
> $$\frac{d}{dt}\sum_{i=1}^{N} \vec{p}_i = \sum_{i=1}^{N} \dot{\vec{p}}_i,$$
>
> uma vez que N não é constante e sua mudança precisa ser levada em conta ao realizar a derivada temporal.

em que m é a massa total do sistema e $\vec{v}_G$ é a velocidade do centro de massa do sistema. Usando a Eq. (5.13), podemos escrever a Eq. (5.12) como

$$\vec{F} = \frac{d}{dt}(m\vec{v}_G) = m\vec{a}_G, \qquad (5.14)$$

em que usamos o fato de a massa de um sistema de partículas fechado ser constante. A Eq. (5.14) estabelece que podemos ver um sistema de partículas como uma partícula única, cuja massa é igual à massa total do sistema de partículas, movendo-se com o centro de massa do sistema de partículas.

Seguindo o trabalho de Euler, a Eq. (5.12) é geralmente reconhecida como válida para qualquer corpo cuja massa é constante e para qualquer sistema de forças internas. Por essa razão, a Eq. (5.12) é geralmente considerada um axioma mais fundamental que governa o movimento dos corpos do que a segunda lei de Newton, e é referida como a *primeira lei de Euler*.

Como argumentado anteriormente nesta seção, para investigar diretamente as relações entre mudanças na quantidade de movimento e nas forças aplicadas, podemos integrar ambos os lados da Eq. (5.12) em relação ao tempo, o que resulta em

$$\int_{t_1}^{t_2} \vec{F}(t)\,dt = \vec{p}(t_2) - \vec{p}(t_1), \qquad (5.15)$$

em que o lado esquerdo da Eq. (5.15) é o *impulso externo total exercido sobre o sistema entre t_1 e t_2*. Embora as Eqs. (5.6) e (5.15) sejam visualmente idênticas, é importante saber que as definições de $\vec{F}$ e $\vec{p}$ são diferentes nas duas equações.

Fato interessante

Contribuição de Leonhard Euler. A Eq. (5.12) foi nomeada em homenagem a Euler porque ele foi o primeiro a perceber que ela é um dos princípios fundamentais que regem o movimento de qualquer sistema. A subsequente nomeação da Eq. (5.12) em homenagem a Euler é um reconhecimento de que essa equação, em conjunto com a equação de momento (Eq. (5.87) na p. 394), fornece uma generalização importante das leis do movimento de Newton.

Conservação da quantidade de movimento linear

Uma série de problemas de engenharia exige a análise de *sistemas isolados*, os quais não sofrem ação de qualquer força externa. Em outras aplicações, incluindo problemas de impacto, é comum ter uma situação em que há alguma direção fixa em que a força é zero. Nesses casos, o princípio do impulso--quantidade de movimento pode tomar a forma da *lei de conservação*, em que a grandeza conservada é a quantidade de movimento (vimos conservação de energia na Seção 4.1). Para um melhor entendimento, considere a Fig. 5.6, cujo lado esquerdo mostra duas bolas de bilhar batendo uma na outra. Agora, considere q a linha tangente à superfície de impacto e ω a linha perpendicular a essa superfície. Se ignorarmos o atrito entre as duas superfícies durante o impacto (esta é uma aproximação razoável para bolas de bilhar), então a única força no plano $q\omega$ agindo sobre a bola 5 está direcionada ao longo do eixo ω e não há força externa alguma sobre as duas bolas juntas (elas formam um sistema isolado). Se o impacto começa no tempo t_1 e termina no tempo t_2, e se definirmos nosso sistema composto por ambas as bolas, então durante o intervalo $t_1 \leq t \leq t_2$, o DCL inferior na Fig. 5.6 indica que temos

$$\left[\vec{F}(t)\right]_{\text{sistemas de duas bolas}} = \vec{0}, \qquad (5.16)$$

e, portanto, pela Eq. (5.15) temos

$$\left[\vec{p}(t_1)\right]_{\text{sistemas de duas bolas}} = \left[\vec{p}(t_2)\right]_{\text{sistemas de duas bolas}}, \qquad (5.17)$$

ou seja, a quantidade de movimento total do sistema de duas bolas permanece constante.

Informações úteis

Sistemas isolados. Um *sistema isolado* é uma noção abstrata de um sistema físico que não interage com qualquer outro objeto no universo. Assim, a massa de um sistema isolado deve permanecer constante em todos os tempos, e a força externa total agindo em um sistema isolado é sempre igual a zero.

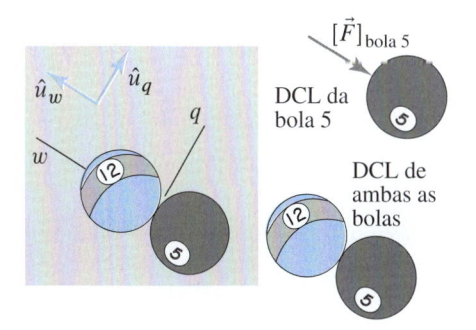

Figura 5.6
Duas bolas de bilhar batendo uma na outra, bem como o DCL da bola 5 e o DCL de ambas as bolas durante o impacto.

Se agora definíssemos o sistema consisitindo apenas na bola 5, para $t_1 \leq t \leq t_2$, o DCL superior na Fig. 5.6 indica que

$$\left[\vec{F}(t)\right]_{\text{bola 5}} \cdot \hat{u}_q = 0. \tag{5.18}$$

Pontilhando a Eq. (5.12) com $\hat{u}_q$, assumindo que $\hat{u}_q$ permanece constante para $t_1 \leq t \leq t_2$, e usando a Eq. (5.18), obtemos

$$[\dot{\vec{p}}\,]_{\text{bola 5}} \cdot \hat{u}_q = 0 \quad \Rightarrow \quad [\dot{p}_q]_{\text{bola 5}} = 0 \quad \Rightarrow \quad [p_q(t)]_{\text{bola 5}} = \text{const.} \tag{5.19}$$

durante o impacto. A última das Eqs. (5.19) estabelece que, enquanto a força externa total agindo em um sistema tem uma componente igual a zero durante o intervalo de tempo de interesse, então a componente correspondente da quantidade de movimento do sistema permanece constante. Para o impacto da bola de bilhar na Fig. 5.6, isso significa que a componente q da quantidade de movimento da bola 5 permanece constante (da mesma forma, a componente q da quantidade de movimento da bola 12 permanece constante), e significa que o vetor quantidade de movimento do sistema de duas bolas permanece constante (isto é, sua quantidade de movimento é constante em qualquer direção), já que não há força externa agindo no sistema de duas bolas. Como a força resultante total agindo sobre um sistema isolado é igual a zero, sabemos que a *quantidade de movimento total de um sistema isolado nunca muda*. Além disso, utilizando a Eq. (5.13) e observando que a massa de um sistema isolado não muda com o tempo, sabemos que *a velocidade do centro de massa de um sistema isolado é constante*.

> **Alerta de conceito**
>
> **Movimento de um sistema sem nenhuma força externa.** Visto que a quantidade de movimento total de um sistema pode ser expressa como o produto da massa total do sistema e a velocidade do centro de massa do sistema, podemos concluir que o centro de massa de um sistema sem nenhuma força externa está em repouso ou em movimento a uma velocidade constante.

> **Informações úteis**
>
> **Quando devemos usar o princípio do impulso-quantidade de movimento?** O princípio do impulso-quantidade de movimento fornece uma abordagem natural para problemas em que precisamos relacionar velocidade, força e tempo, visto que ele relaciona forças que atuam ao longo do tempo com as mudanças na quantidade de movimento.

Resumo final da seção

Nós aprendemos no Capítulo 3 que as forças geram mudanças nas velocidades porque forças causam acelerações. Começamos esta seção aprendendo que as forças atuando ao longo do tempo modificam a quantidade de movimento (não apenas a velocidade). Ao integrar a segunda lei de Newton, obtivemos o *princípio do impulso-quantidade de movimento*, que é dado por

Eq. (5.6), p. 335
$$\vec{p}(t_1) + \int_{t_1}^{t_2} \vec{F}(t)\, dt = \vec{p}(t_2),$$

em que a *quantidade de movimento linear* (ou *quantidade de movimento*) foi definida como

Eq. (5.3), p. 334
$$\vec{p}(t) = m\vec{v}(t)$$

e uma força atuando durante algum intervalo de tempo foi chamada de *impulso* (ou *impulso linear*) e é dada por

Eq. (5.5), p. 335
$$\int_{t_1}^{t_2} \vec{F}(t)\, dt.$$

Além disso, descobrimos que, sem o conhecimento detalhado da força que age sobre uma partícula em cada instante no tempo, não podemos determinar a mudança na quantidade de movimento. Por outro lado, sabendo apenas a variação na quantidade de movimento permite-nos determinar a *força média* agindo sobre uma partícula durante o intervalo de tempo correspondente, que é

Eq. (5.9), p. 335
$$\vec{F}_{\text{med}} = \frac{\vec{p}(t_2) - \vec{p}(t_1)}{t_2 - t_1}.$$

Princípio do impulso-quantidade de movimento para sistemas de partículas. Quando se lida com sistemas fechados de partículas, descobrimos que podemos escrever o princípio do impulso-quantidade de movimento como

Eq. (5.12), p. 336, e Eq. (5.15), p. 337
$$\vec{F} = \dot{\vec{p}} \quad \text{e} \quad \int_{t_1}^{t_2} \vec{F}(t)\,dt = \vec{p}(t_2) - \vec{p}(t_1),$$

em que $\vec{F}$ é a força externa total sobre o sistema de partículas e $\vec{p} = \sum_{i=1}^{N} m_i \vec{v}_i$ é a quantidade de movimento total do sistema de partículas. Usando a definição do centro de massa para um sistema de partículas, o princípio do impulso--quantidade de movimento também pode ser escrito como

Eq. (5.14), p. 337
$$\vec{F} = \frac{d}{dt}(m\vec{v}_G) = m\vec{a}_G,$$

em que m é a massa total do sistema de partículas, $\vec{v}_G$ é a velocidade de seu centro de massa e $\vec{a}_G$ é a aceleração de seu centro de massa.

Conservação da quantidade de movimento linear. Quando existe uma direção na qual a força externa sobre um sistema de partículas é zero, então a quantidade de movimento nessa direção é constante e é dita ser conservada. Se a força externa total sobre um sistema de partículas é zero, ou seja, $\vec{F} = 0$, logo a quantidade de movimento em todas as direções é constante e o centro de massa do sistema de partículas se moverá a uma velocidade constante.

EXEMPLO 5.1 Força média sobre um avião devido ao cabo de retenção

Para pousar com sucesso em um porta-aviões, o piloto deve usar o gancho da cauda do avião para pegar um dos quatro cabos de aço de retenção estendidos por todo o convés de pouso (veja a Fig. 1). O sistema hidráulico ativado pelo movimento do cabo de retenção pode parar um avião de 24.000 kg viajando a uma velocidade de 240 km/h em pouco menos de 2 s. Usando essa informação, estime a força de frenagem média exercida sobre o avião pelo cabo de retenção.

SOLUÇÃO

Roteiro e modelagem Uma vez que nos é fornecida uma *mudança de velocidade* ao longo de um *intervalo de tempo* conhecido e precisamos estimar o valor de uma força, podemos aplicar o princípio do impulso-quantidade de movimento, que oferece uma abordagem natural para relacionar informações de força, velocidade e tempo. Modelaremos o avião inteiro como uma *partícula* e focaremos no que acontece entre o instante t_e em que o gancho da cauda primeiro engata um dos cabos de retenção e o instante t_s em que o avião para. Embora existam numerosas forças que atuam sobre o avião durante o pouso (p. ex., empuxo do motor, sustentação e arrasto), como pode ser visto na Fig. 2, incluímos apenas a força exercida pelo cabo de retenção, a gravidade e a força de contato entre o avião e o convés de pouso. Visto que queremos determinar a *força de frenagem média*, que é a força que atuaria sobre o avião se essa força fosse *constante*, a nossa estratégia de solução consiste em escrever o princípio do impulso-quantidade de movimento sob o pressuposto de que a força exercida sobre o avião pelo cabo de retenção é constante.

Figura 1
Pouso de um avião militar em um porta-aviões com uma visão detalhada do cabo de retenção.

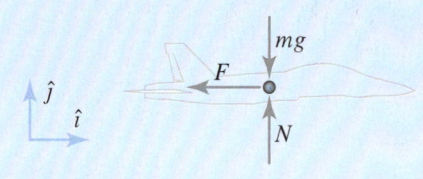

Figura 2
DCL de um pouso de avião em um porta-aviões. A força F é a força exercida pelo gancho da cauda.

Equações fundamentais

Princípios de equilíbrio Aplicando a Eq. (5.6) na forma de componentes ao DCL na Figura (2), obtemos

$$\text{quantidade de movimento em } x: \quad \int_{t_e}^{t_s} F(t)\,dt = p_x(t_s) - p_x(t_e), \quad (1)$$

$$\text{quantidade de movimento em } y: \quad \int_{t_e}^{t_s} (N - mg)\,dt = p_y(t_s) - p_y(t_e), \quad (2)$$

em que $p_x = mv_x$ e $p_y = mv_y$.

Lei da força Todas as forças que estamos modelando são consideradas no DCL.

Equações cinemáticas Como estamos supondo que o avião só se move em uma linha reta paralela ao convés de pouso, a Fig. 2 nos diz que o movimento é apenas ao longo do eixo x com $v_x(t_e) = 240$ km/h. Visto que o avião para no tempo t_s, temos

$$v_x(t_e) = 66{,}67 \text{ m/s}, \quad v_x(t_s) = 0 \text{ m/s}, \quad v_y(t_e) = 0 \text{ m/s}, \quad v_y(t_s) = 0 \text{ m/s}. \quad (3)$$

Cálculos As duas últimas das Eqs. (3) nos dizem que não há movimento na direção y, assim a Eq. (2) nos diz que a força N e mg cancelam-se mutuamente durante todo o intervalo de tempo de interesse. Então, tratando F como uma constante, as Eqs. (1) e (3) fornecem

$$F(t_s - t_e) = mv_x(t_e) \quad \Rightarrow \quad \boxed{F = \frac{mv_x(t_e)}{t_s - t_e} = 800 \text{ kN}.} \quad (4)$$

Discussão e verificação A aceleração do avião é $a_x = F/m = 33{,}33 \text{ m/s}^2 = 3{,}39\,g$. Aterrissagens de aviões geralmente são consideradas manobras com cerca de $3g$. Já que temos calculado um valor de força *média*, o avião terá acelerações superiores a $3{,}39\,g$. Contudo, essas acelerações elevadas não são sustentadas durante toda a manobra (ou seja, 2 s).

Fato interessante

Sistemas de aterrissagem em porta-aviões. Os cabos de retenção têm cerca de 38 mm. de diâmetro e são esticados de 50-125 mm acima do convés de pouso em intervalos de 10-12 m. Quando um dos cabos é capturado pelo gancho da cauda de um avião, o movimento do cabo resulta na ativação de um sistema hidráulico situado abaixo do convés, cuja tarefa é dissipar a energia cinética do avião. Nos porta-aviões, aviões pousam com velocidades entre 200 e 240 km/h, e levam cerca de 90 m para parar. O limite de tolerância humana à aceleração de sustentação (por mais de 2 s) é cerca de $8g$. Em um acidente de carro a 48 km/h, o limite de aceleração do tórax é aproximadamente $60g$.

EXEMPLO 5.2 Aplicação do impulso-quantidade de movimento em uma bolinha de raquetebol colidindo contra uma parede

A Fig. 1 mostra uma bola de raquetebol de 40 g batendo contra uma parede a 135 km/h a um ângulo $\theta_1 = 65°$. A duração do impacto é de 2,5 ms, e a velocidade do ricochete é a 117 km/h e o ângulo de ricochete de $\theta_2 = 61,9°$. Determine a variação na quantidade de movimento, o impulso e a força média aplicada na bola durante o impacto.

SOLUÇÃO

Roteiro e modelagem Foi dada a massa da bola e suas velocidades pré e pós-impacto, então podemos facilmente calcular sua quantidade de movimento pré e pós-impacto ($\vec{p}_1$ e $\vec{p}_2$, respectivamente). Isso nos permitirá calcular a variação na quantidade de movimento e impulso com a Eq. (5.6) e a força média com a Eq. (5.9). Modelaremos a bola como uma partícula e ignoraremos os efeitos da gravidade durante os 2,5 ms do impacto. O DCL da bola durante o impacto na Fig. 2 reflete esse modelo. Decompomos a força de contato em uma força normal N e uma força de atrito F, sendo que ambas são uma função do tempo.

Equações fundamentais

Princípios de equilíbrio Aplicando a Eq. (5.6), o princípio do impulso-quantidade de movimento, na bola durante o impacto, obtemos

$$\Delta \vec{p} = \int_{t_1}^{t_2} \vec{F}(t)\,dt = \vec{p}_2 - \vec{p}_1, \qquad (1)$$

em que $\Delta \vec{p}$ é a variação da quantidade de movimento, $\int_{t_1}^{t_2} \vec{F}(t)\,dt$ é o impulso aplicado na bola de raquetebol, $\vec{p}_1 = m\vec{v}_1$ é a quantidade de movimento imediatamente antes do impacto e $\vec{p}_2 = m\vec{v}_2$ é a quantidade de movimento logo após o impacto.

Leis da força Todas as forças são consideradas no DCL.

Equações cinemáticas Da Fig. 1 podemos ver que as velocidades pré e pós-impacto da bola de raquetebol são

$$\vec{v}_1 = v_1(-\operatorname{sen}\theta_1\,\hat{i} + \cos\theta_1\,\hat{j}), \qquad (2)$$

$$\vec{v}_2 = v_2(\operatorname{sen}\theta_2\,\hat{i} + \cos\theta_2\,\hat{j}). \qquad (3)$$

Cálculos Substituindo as Eqs. (2) e (3) na Eq. (1) e avaliando o resultado usando as grandezas fornecidas, que, quando convertidas, são $m = 40$ g, $v_1 = 37,5$ m/s e $v_2 = 32,5$ m/s, obtemos o impulso e a variação da quantidade de movimento como

$$\boxed{\vec{p}_2 - \vec{p}_1 = m\big[(v_2\operatorname{sen}\theta_2 + v_1\operatorname{sen}\theta_1)\hat{i} + (v_2\cos\theta_2 - v_1\cos\theta_1)\hat{j}\big]} \qquad (4)$$
$$= (2{,}5062\,\hat{i} - 0{,}02161\,\hat{j})\,\text{N}\cdot\text{s}.$$

A força média é encontrada pela aplicação da Eq. (5.9) para obter

$$\boxed{\vec{F}_{\text{med}} = \frac{\vec{p}_2 - \vec{p}_1}{t_2 - t_1} = \frac{(2{,}5062\,\hat{i} - 0{,}02161\,\hat{j})\,\text{N}\cdot\text{s}}{(0{,}0025 - 0)\,\text{s}} = (1002{,}480\,\hat{i} - 8{,}645\,\hat{j})\,\text{N}.} \qquad (5)$$

Discussão e verificação A Fig. 3 mostra a direção da variação na quantidade de movimento da bola. Essa direção é também a direção do impulso que atua sobre a bola e da força média sobre a bola durante seu impacto com a parede. A Eq. (4) nos diz que a maior parte da variação na quantidade de movimento ocorre na direção x. Visto que a quantidade de movimento muda muito pouco na direção paralela à parede, a hipótese de impacto sem atrito que frequentemente utilizamos nos impactos muitas vezes está correta. A magnitude da força média é de 1002,44 N, o que parece correto se você já foi atingido por uma bola de raquetebol.

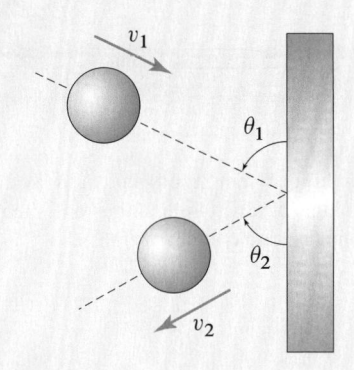

Figura 1
Bola de raquetebol se aproximando da parede a uma velocidade v_1 e logo ricocheteando a uma velocidade v_2.

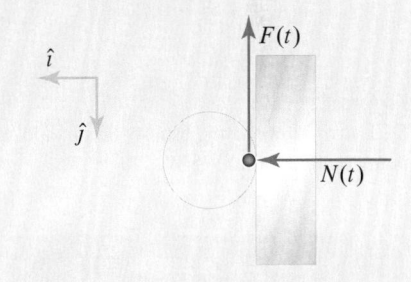

Figura 2
DCL da bola de raquetebol durante seu impacto com a parede.

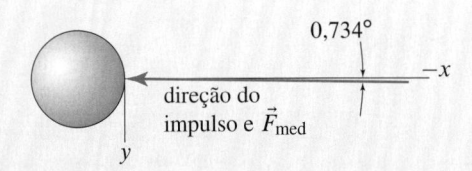

Figura 3
Vetor mostrando a direção da variação da quantidade de movimento, impulso e força média agindo sobre a bola de raquetebol durante o seu impacto com a parede. Esse vector desvia do eixo x em menos de 1°.

EXEMPLO 5.3 Uma pessoa puxando um avião comercial

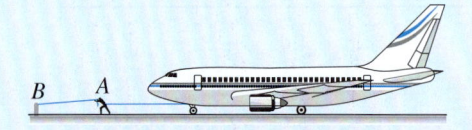

Figura 1
Um homem em A puxando um avião Boeing 737 utilizando ambos os braços (com a corda AB) e suas pernas.

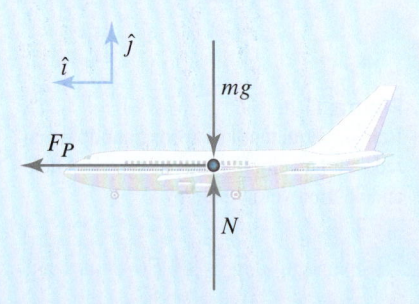

Figura 2
DCL do 737 conforme está sendo puxado pelo competidor do WSM.

Informações úteis

Por que ignoramos a massa do competidor? Para incluir a massa do competidor em nossa solução, teríamos que perceber que a força F_P com que o competidor está puxando o avião também está puxando *ele*. Naturalmente, a adição de 135 kg de um homem forte pouco altera o resultado, pois ele representa apenas 0,2% do peso do avião.

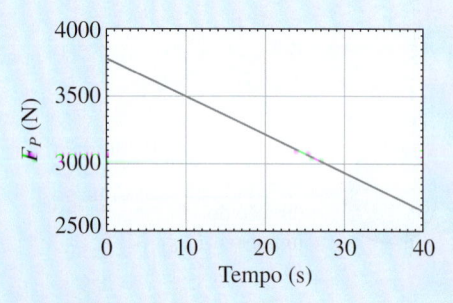

Figura 3
A curva da força F_P versus tempo para o competidor do WSM.

Um evento na competição do Homem mais Forte do Mundo (World's Strongest Man – WSM) envolve a puxada cronometrada de um avião Boeing 737 por uma distância de 25 m. Considerando que a massa de um Boeing 737 é 75 ton, o competidor inicia puxando com uma força de 850 lb, sua força diminui linearmente em 30% durante o curso da puxada e ele termina a puxada em 40 s, determine a rapidez com que ele está se movendo no final da puxada.

SOLUÇÃO

Roteiro e modelagem São dadas informações suficientes para determinar a força em função do tempo com a qual o competidor puxa. Sabemos que o sistema inicia a partir do repouso e que queremos encontrar a sua velocidade final após um determinado período de tempo, de modo que este problema presta-se à aplicação do princípio do impulso-quantidade de movimento. Desprezaremos a resistência à rolagem do avião e a massa do competidor, trataremos o avião como uma partícula e assumiremos que a força com que a pessoa puxa o avião é paralela ao movimento. Usando essas premissas, o DCL do avião é mostrado na Fig. 2.

Equações fundamentais

Princípios de equilíbrio Aplicando o princípio do impulso-quantidade de movimento na direção x para o DCL na Fig. 2 a partir do momento que a pessoa começa a puxar até que passe 40 s, temos

$$\text{Quantidade de movimento em } x: \quad p_1 + \int_{t_1}^{t_2} F_P\, dt = p_2, \quad (1)$$

em que $t_1 = 0$ s é o momento em que ele começa a puxar, $t_2 = 40$ s é o momento em que ele para de puxar, $p_1 = mv_1$ é a quantidade de movimento do avião no tempo t_1, e $p_2 = mv_2$ é a quantidade de movimento do avião no tempo t_2.

Lei da força Para determinar a lei da força $F_P(t)$ para o competidor do WSM, observamos que ele começa a puxar com uma força de 850 lb e diminui linearmente em 30% no decorrer da puxada. Portanto, a curva força *versus* tempo deve ser como a mostrada na Fig. 3, e a equação para a curva é

$$F_P = -\frac{0{,}3(850)}{40}t + 850 = (-6{,}375t + 850)\,\text{lb}. \quad (2)$$

Equações cinemáticas A equação cinemática para este problema é a de que o competidor começa do repouso, logo

$$v_1 = 0. \quad (3)$$

Cálculos Substituindo as Eqs. (2) e (3) na Eq. (1), integrando e utilizando $m = 4658$ slug, obtemos a velocidade final v_2:

$$\int_0^{40} (-6{,}375t + 850)\, dt = mv_2 \quad \Rightarrow \quad \boxed{v_2 = 6{,}204\,\text{ft/s} = 4{,}23\,\text{mph}.} \quad (4)$$

Discussão e verificação O competidor e o avião estão ambos se movendo a pouco mais de 4 mph no final dos 82 ft da puxada. Essa velocidade está na faixa de uma caminhada típica, por isso não é um resultado irracional. Assim, o valor especificado para F_P foi apropriado. Observe que um Boeing 737 de 75 ton teria uma resistência a rolagem substancial, a qual ignoramos. Também é de se notar que uma pessoa *realmente* puxa um Boeing 737 de 75 ton por uma distância de 82 ft em 40 s durante uma competição do WSM. Portanto, a força inicial gerada pelo competidor do WSM deve ter sido efetivamente maior do que as 850 lb que estimamos.

EXEMPLO 5.4 Caminhando sobre uma plataforma flutuante: conservação da quantidade de movimento

Uma pessoa de massa m_P está na extremidade A de uma plataforma flutuante de massa m_{fp} e comprimento L_{fp}. A pessoa e a plataforma estão inicialmente em repouso. A plataforma está tocando o píer (como mostrado na Fig. 1) quando a pessoa começa a se mover em direção a B a uma velocidade constante v_0 em relação à plataforma. Determine a distância entre a plataforma e o píer quando a pessoa atinge a outra extremidade da plataforma em B.

SOLUÇÃO

Roteiro e modelagem Modelaremos tanto a pessoa quanto a plataforma como partículas e ignoraremos o movimento vertical de plataforma quando a pessoa caminha ao longo de seu comprimento. Também ignoraremos a força de arrasto entre a plataforma e a água. Visto que não sabemos as forças que atuam entre a pessoa e a plataforma, a nossa solução será baseada na análise das forças *externas* ao sistema, em que o sistema consiste em pessoa + plataforma. Essas premissas implicam o DCL mostrado na Fig. 2, no qual se observa que não existem forças na direção horizontal, de maneira que a quantidade de movimento nessa direção deve ser conservada.

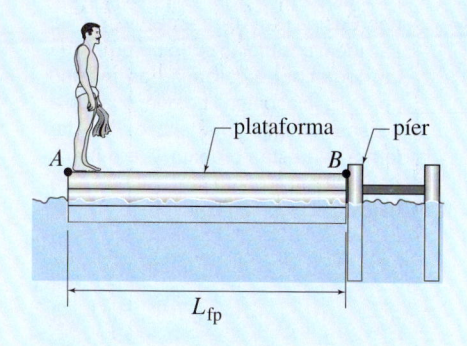

Figura 1
Pessoa sobre uma plataforma flutuante.

Informações úteis

Um método de solução alternativo. Este exemplo tem muito em comum com o Exemplo 3.9, que foi resolvido sem a utilização do princípio do impulso-quantidade de movimento. Você deveria comparar os dois exemplos.

Equações fundamentais

Princípios de equilíbrio Aplicando o princípio do impulso-quantidade de movimento para um sistema de partículas, isto é, a Eq. (5.15), na direção x para o DCL na Fig. 2, obtemos

$$\int_{t_1}^{t_2} F_x(t)\,dt = p_x(t_2) - p_x(t_1), \quad (1)$$

em que t_1 é quando a pessoa está em A, t_2 é qualquer tempo posterior, F_x é a força total sobre o sistema na direção x, e P_x é a quantidade de movimento do sistema na direção x. Usando a Eq. (5.11), podemos escrever $p_x(t_1)$ e $p_x(t_2)$ como

$$p_x(t_1) = m_p \dot{x}_{p1} + m_{\text{fp}} \dot{x}_{\text{fp}1} \quad \text{e} \quad p_x(t_2) = m_p \dot{x}_{p2} + m_{\text{fp}} \dot{x}_{\text{fp}2}, \quad (2)$$

em que x_p e x_{fp} estão definidos na Fig. 3 (os subscritos p e fp representam a pessoa e a plataforma flutuante, respectivamente). O DCL na Fig. 2 nos informa que $F_x = 0$, e assim as Eqs. (1) e (2) tornam-se

$$m_p \dot{x}_{p1} + m_{\text{fp}} \dot{x}_{\text{fp}1} = m_p \dot{x}_{p2} + m_{\text{fp}} \dot{x}_{\text{fp}2}, \quad (3)$$

que simplesmente diz que a quantidade de movimento em x do sistema é conservada.

Lei da força Todas as forças são consideradas no DCL.

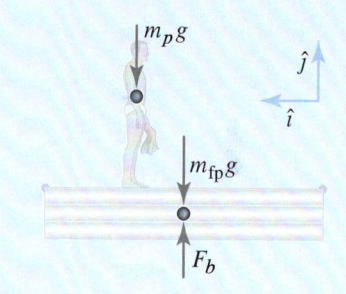

Figura 2
DCL do sistema, isto é, pessoa + plataforma. A força F_b é a força de empuxo.

Equações cinemáticas Ambas a pessoa e a plataforma partem do repouso, então

$$\dot{x}_{p1} = \dot{x}_{\text{fp}1} = 0. \quad (4)$$

Além disso, referindo-se à Fig. 3, aplicando a equação da velocidade relativa $\vec{v}_p = \vec{v}_{p/\text{fp}} + \vec{v}_{\text{fp}}$ e desprezando o movimento vertical do sistema, temos

$$\dot{x}_{p2} = -v_0 + \dot{x}_{\text{fp}2}. \quad (5)$$

O t_2 em que estamos interessados é o momento em que a pessoa chega até o final da plataforma, isto é, $t_2 = t_f$. Visto que a pessoa anda a uma velocidade constante v_0 uma distância L_{fp}, o momento em que ela chega ao extremo da plataforma deve ser

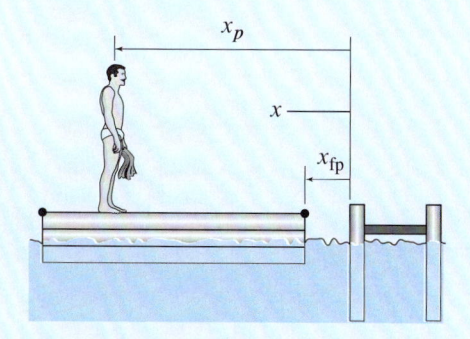

$$t_f = \frac{L_{\text{fp}}}{v_0}. \quad (6)$$

Figura 3
Diagrama cinemático mostrando a origem do eixo x, assim como a definição das posições da pessoa e da plataforma.

> **Informações úteis**
>
> **Por que x_{pf} e x_{fpf} são o mesmo?** Os resultados para x_{pf} e x_{fpf} encontrados nas Eqs. (9) e (10), respectivamente, são idênticos um ao outro porque cada um fornece a localização do mesmo ponto. Isso acontece porque, quando a pessoa caminha na extensão da plataforma, ela está no ponto B, e o ponto B é também o ponto que usamos para medir a posição da plataforma.

> **Informações úteis**
>
> **Qual é o efeito de v_0?** A Eq. (10) implica que v_0 não desempenha papel algum na determinação da posição da plataforma depois que a pessoa andou ao longo do comprimento. Qual é o papel desempenhado pelo valor de v_0? O valor de v_0 determina o valor de t_f; ou seja, a pessoa não pode fazer coisa alguma para controlar a posição da plataforma quando ela chega ao outro extremo, mas pode escolher *quando* esse evento ocorre.

Cálculos Substituindo a Eq. (4) na Eq. (3), obtemos

$$0 = m_p \dot{x}_{p2} + m_{fp}\dot{x}_{fp2}. \tag{7}$$

As Eqs. (5) e (7) são duas equações para as duas incógnitas $\dot{x}_{p2}$ e $\dot{x}_{fp2}$. Resolvendo essas duas equações resultantes, obtemos

$$\dot{x}_{p2} = \left(\frac{-m_{fp}}{m_p + m_{fp}}\right) v_0 \quad \text{e} \quad \dot{x}_{fp2} = \left(\frac{m_p}{m_p + m_{fp}}\right) v_0. \tag{8}$$

Lembrando que v_0 é constante, vemos que podemos integrar as Eqs. (8) para obter

$$\int_{L_{fp}}^{x_{pf}} dx_{p2} = \int_0^{t_f} \frac{-m_{fp}v_0}{m_p + m_{fp}} dt \quad \Rightarrow \quad x_{pf} = \left(\frac{m_p}{m_p + m_{fp}}\right) L_{fp}, \tag{9}$$

e

$$\int_0^{x_{fpf}} dx_{fp2} = \int_0^{t_f} \frac{m_p v_0}{m_p + m_{fp}} dt \quad \Rightarrow \quad \boxed{x_{fpf} = \left(\frac{m_p}{m_p + m_{fp}}\right) L_{fp},} \tag{10}$$

em que substituímos na Eq. (6) para t_f e substituímos o subscrito 2 por f. Estávamos tentando encontrar a distância entre a plataforma e o píer depois que a pessoa caminha ao longo do comprimento da plataforma, e essa resposta é fornecida pela Eq. (10), visto que x_{fpf} mede exatamente essa distância.

Discussão e verificação Os resultados finais em ambas as Eqs. (9) e (10) têm a dimensão de comprimento, que é o que deveriam ter. Além disso, note que a Eq. (10) nos diz que, quanto mais pesada é a pessoa (em relação à plataforma), mais distante do píer ficará a plataforma, com o limite sendo quando m_p é infinitamente mais pesado que m_{fp} e, então, $x_{fpf} = L_{fp}$. Além disso, ela diz que, se algo com uma massa muito pequena (como uma pulga) caminha sobre a plataforma, a plataforma pouco se moverá. Ambas as observações provavelmente coincidem com a sua intuição.

Um olhar mais atento Repare que a resposta é independente de v_0; isto é, não importa a rapidez com que a pessoa caminha, a plataforma sempre acaba na mesma distância do píer. Na seção de problemas, resolveremos esse problema usando um método de solução alternativo, embora perfeitamente equivalente.

EXEMPLO 5.5 Uma plataforma flutuante amarrada ao píer: modelando o movimento

Uma pessoa de massa m_p está na extremidade A de uma plataforma flutuante de massa m_{fp} e comprimento L_{fp}. A pessoa e a plataforma estão inicialmente em repouso. A plataforma está tocando o píer (como mostrado na Fig. 1) quando a pessoa começa a se mover em direção a B a uma velocidade constante v_0, em relação à plataforma. Ao contrário do Exemplo 5.4, a plataforma está atracada ao píer por meio de uma corda sem massa e inextensível de comprimento L_r. Determine

(a) a velocidade da plataforma em relação à água,
(b) o tempo em que a corda é tensionada e
(c) a tensão na corda em função do tempo, se a corda é tensionada antes de a pessoa chegar a B.

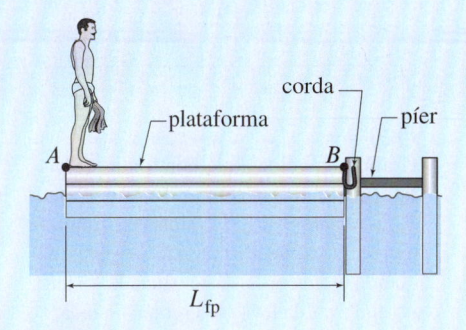

Figura 1
Plataforma flutuante atracada em um píer fixo.

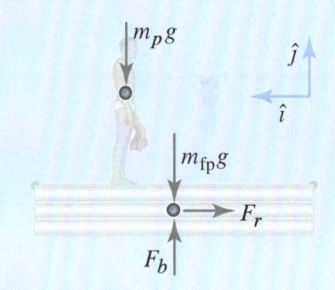

Figura 2
DCL do sistema, ou seja, pessoa + plataforma. A força de empuxo é F_b e a força da corda é F_r.

SOLUÇÃO

Roteiro e modelagem Como no Exemplo 5.4, trataremos a pessoa e a plataforma como partículas, ignoraremos a força de arrasto entre a plataforma e a água e desprezaremos o movimento vertical do sistema. Uma vez que não sabemos as forças atuantes entre a pessoa e a plataforma, a nossa solução será novamente baseada na análise das forças *externas* ao sistema que consiste em pessoa + plataforma. Esse modelo implica o DCL mostrado na Fig. 2, no qual a força F_r, que é exercida pela corda na plataforma, é diferente de zero somente quando a corda está esticada. Tal como acontece com o Exemplo 5.4, o princípio do impulso-quantidade de movimento será usado.

Equações fundamentais

Princípios de equilíbrio Aplicando o princípio do impulso-quantidade de movimento para um sistema de partículas, ou seja, a Eq. (5.15), na direção x para o DCL na Fig. 2, obtemos

$$\int_{t_1}^{t_2} -F_r \, dt = p_x(t_2) - p_x(t_1), \qquad (1)$$

em que $t_1 = 0$, t_2 é qualquer momento depois que a pessoa começa a andar e p_x é a quantidade de movimento do sistema na direção x. Usando a Eq. (5.11), podemos escrever $p_x(t_1)$ e $p_x(t_2)$ como

$$p_x(t_1) = m_p \dot{x}_{p1} + m_{fp} \dot{x}_{fp1} \quad \text{e} \quad p_x(t_2) = m_p \dot{x}_{p2} + m_{fp} \dot{x}_{fp2}, \qquad (2)$$

em que x_p e x_{fp} são definidos na Fig. 3.

Leis da força Para descrever a tensão fornecida por uma corda *inextensível*, precisamos distinguir entre dois casos. Se a corda não está totalmente estendida, ou seja, se a distância entre as extremidades da corda é menor do que o seu comprimento, então $F_r = 0$. Se a distância entre as extremidades da corda é igual ao seu comprimento, então F_r deve assumir qualquer valor necessário para impedir a corda de esticar. Matematicamente, estamos dizendo que

$$F_r = 0 \text{ para } x_{fp} < L_r \quad \text{e} \quad F_r \geq 0 \text{ para } x_{fp} = L_r. \qquad (3)$$

Equações cinemáticas Ambas pessoa e plataforma partem do repouso, então

$$\dot{x}_{p1} = \dot{x}_{fp1} = 0. \qquad (4)$$

Além disso, referindo-se à Figura 3, aplicando a equação da velocidade relativa $\vec{v}_p = \vec{v}_{p/fp} + \vec{v}_{fp}$ e desprezando o movimento vertical do sistema, temos

$$\dot{x}_{p2} = -v_0 + \dot{x}_{fp2}. \qquad (5)$$

Cálculos Agora que temos as equações fundamentais, podemos começar a obter algumas respostas.

> **Informações úteis**
>
> **Modelagem da plataforma como uma massa pontual.** Isso parece contradizer o fato de que a plataforma tem um comprimento finito L_{fp}. Isso é razoável, visto que não estamos interessados no movimento de balanço da plataforma.

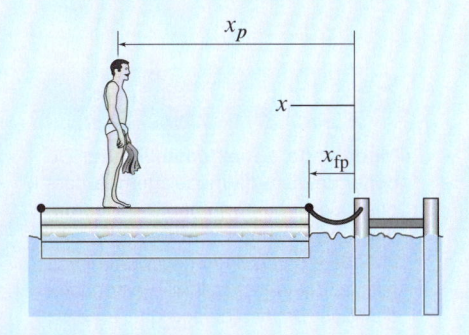

Figura 3
Diagrama mostrando a origem do eixo x, assim como a definição das posições da pessoa e da plataforma.

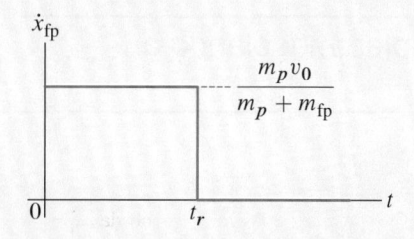

Figura 4
Gráfico da velocidade horizontal da plataforma *versus* o tempo. O fato de que $\dot{x}_{\text{fp}} > 0$ para $0 < t < t_r$ significa simplesmente que a plataforma se move para a esquerda até a corda ser tensionada. O tempo que a corda leva para ser tensionada, t_r, é dado pela Eq. (8).

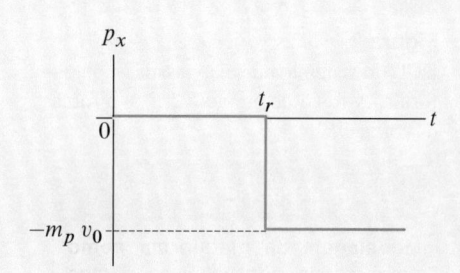

Figura 5
Gráfico da quantidade de movimento horizontal do sistema *versus* o tempo. O tempo que a corda leva para ser tensionada, t_r, é dado pela Eq. (8).

Informações úteis

Modelando a inextensibilidade. Do ponto de vista da modelagem, a descrição do comportamento da corda, dado na segunda das Eqs. (3), não impede a corda de fornecer uma força infinita. Em outras palavras, a segunda das Eqs. (3) estabelece que a corda pode suportar qualquer força possível entre zero e infinito positivo. Portanto, nossa solução é compatível com nosso modelo.

──────── **Parte (a): A velocidade da plataforma em relação à água** ────────

Como vimos no Exemplo 5.4, a quantidade de movimento é conservada quando substituímos a primeira das Eqs. (3) na Eq. (1). Além disso, se também substituirmos as Eqs. (2), (4) e (5) na Eq. (1) e, em seguida, resolvermos para $\dot{x}_{\text{fp2}}$ obtemos

$$\dot{x}_{\text{fp2}} = \frac{m_p v_0}{m_p + m_{\text{fp}}} \quad \text{para} \quad x_{\text{fp}} < L_r \text{ ou } 0 < t_2 < t_r, \tag{6}$$

em que t_r é o tempo no qual a corda é tensionada. Essa solução é válida somente até a corda ser tensionada, e para $t > t$ a velocidade da plataforma é igual a zero, visto que a plataforma não pode mais se mover devido à restrição imposta pela corda *inextensível*. A velocidade da plataforma em função do tempo é descrita pelo gráfico da Fig. 4.

──────── **Parte (b): O tempo até a corda torna-se tensionada** ────────

Para determinar o tempo que leva para a corda ser tensionada, podemos integrar a Eq. (6) para obter

$$\int_0^{x_{\text{fp}}} dx_{\text{fp}} = \int_0^{t_r} \frac{m_p v_0}{m_p + m_{\text{fp}}} dt \quad \Rightarrow \quad x_{\text{fp}} = \left(\frac{m_p v_0}{m_p + m_{\text{fp}}} \right) t_r. \tag{7}$$

Deixando $x_{\text{fp}} = L_r$ na Eq. (7), concluímos que o tempo que leva para a corda ser tensionada é

$$t_r = \left(\frac{m_p + m_{\text{fp}}}{m_p v_0} \right) L_r. \tag{8}$$

──────── **Parte (c): Tensão na corda em função do tempo** ────────

Para calcular a força na corda após ela ser tensionada, podemos diferenciar a Eq. (1) em relação ao tempo e então substituir a Eq. (4) no resultado para obter

$$-F_r = \frac{d}{dt}(m_p \dot{x}_{p2} + m_{\text{fp}} \dot{x}_{\text{fp2}}). \tag{9}$$

Já sabemos que, para $x_{\text{fp}} < L_r$, a força na corda é igual a zero. Para $x_{\text{fp}} = L_r$, a plataforma não pode mover-se mais, de modo que $\dot{x}_{\text{fp2}} = 0$. Portanto, temos

$$-F_r = \frac{d}{dt}(m_p \dot{x}_{p2}) = \frac{d}{dt}(-m_p v_0) = 0 \quad \Rightarrow \quad \boxed{F_r = 0,} \tag{10}$$

em que usamos a Eq. (5) e o fato de que m_p e v_0 são ambos constantes.

Discussão e verificação As dimensões do lado direito das Eqs. (6), (8) e (10) são as de velocidade, tempo e força, respectivamente, como deveriam ser.

🔎 **Um olhar mais atento** A força na corda é igual a zero para $t < t_r$, e a Eq. (10) nos diz que a força na corda *também* é zero para $t > t_r$. Para entender esse comportamento, considere o gráfico da quantidade de movimento horizontal em função do tempo dado na Fig. 5. Para $0 < t < t_r$, ou seja, até a corda ser tensionada, o sistema se comporta como se fosse *isolado*, já que nenhuma força horizontal externa é aplicada a ele. A quantidade de movimento resultante é então constante e igual a zero, pois o sistema está inicialmente em repouso. Quando a corda é tensionada, ela aplica uma força no sistema de modo a proporcionar ao sistema uma quantidade de movimento finita. Entretanto, visto que a corda é inextensível e a pessoa mantém sua velocidade relativa *constante* em relação à plataforma, para $t > t_r$ a quantidade de movimento do sistema é novamente constante, embora não seja igual a zero. Lembre-se de que a derivada temporal da quantidade de movimento produz a força que age sobre o sistema. Por isso F_r, a única força externa horizontal presente, é igual a zero mesmo para $t > t_r$. A questão que fica a ser respondida é: O que acontece em $t = t_r$? Em $t = t_r$ o sistema sofre um *salto* instantâneo na sua quantidade de movimento horizontal, que pode ser interpretado como o reconhecimento de que em $t = t_r$ a corda exerce uma força *infinita* no sistema. Esse comportamento, claramente impossível em sistemas físicos reais, é o resultado do modelo que usamos dizendo que a corda é inextensível.

PROBLEMAS

Problema 5.1

Use a definição de impulso dada na Eq. (5.5) para calcular o impulso das forças mostradas durante o intervalo $0 \leq t \leq 2$ s.

Problema 5.2

A massa total da Terra é $m_e = 5,9736 \times 10^{24}$ kg. Modelando a Terra (com tudo dentro e sobre ela) como um sistema isolado e assumindo que o centro da Terra é também o centro de massa dela, determine o deslocamento do centro da Terra por causa de

(a) um salto de 2 m para fora da superfície por uma pessoa 85 kg;

(b) o Ônibus Espacial, com uma massa de 124.000 kg, alcançando uma órbita de 200 km;

(c) 170.000 km³ de água sendo elevados em 50 m (esses números são estimativas baseadas em informações publicamente disponíveis sobre a Barragem de Assuão, na fronteira entre o Egito e o Sudão). Use 1 g/cm³ para a densidade da água.

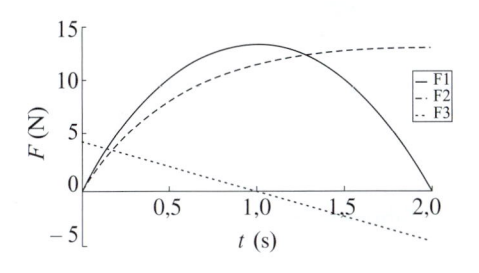

Figura P5.1

Problema 5.3

Considere um elevador que se move a uma velocidade de operação de 2,5 m/s. Suponha que uma pessoa que embarca no elevador no piso térreo saia no quinto andar. Supondo que o elevador atingiu velocidade de operação no momento que alcançou o segundo andar e que ainda está se movendo à sua velocidade de operação até que passa o quarto andar, determine a variação na quantidade de movimento de uma pessoa com uma massa de 80 kg entre o segundo e o quarto andar se cada andar tem 4 m de altura. Além disso, determine o impulso do peso da pessoa durante o mesmo intervalo de tempo.

Problema 5.4

Uma bala de 11,5 g vai do repouso a 1.000 m/s em 0,0011 s. Determine a magnitude do impulso exercido sobre a bala durante o intervalo de tempo dado. Além disso, determine a magnitude da força média agindo sobre a bala.

Figura P5.3

Figura P5.4

Figura P5.5

Problema 5.5

Um carro de 1.500 kg está estacionado como mostrado. Determine o impulso da força de reação normal que atua sobre o carro durante o período de uma hora se $\theta = 15°$.

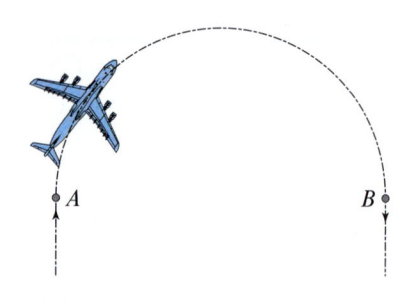

Figura P5.6

💡 **Problema 5.6** 💡

Um avião executa um giro a uma velocidade e altitude constantes de modo a alterar o seu curso em 180°. Considere que A e B designam os pontos inicial e final do giro. Assumindo que a variação da massa do avião devido ao consumo de combustível é desprezível, a quantidade de movimento do avião em A é diferente da quantidade de movimento do avião na B? Além disso, novamente desprezando a variação da massa entre A e B, o trabalho total realizado sobre o avião entre A e B é positivo, negativo ou igual a zero?

Nota: problemas conceituais são sobre *explicações*, não sobre cálculos.

Problemas 5.7 e 5.8

A pista de decolagem dos porta-aviões é muito curta para aviões a jato modernos decolarem por conta própria. Em decorrência disso, a decolagem de aviões em porta-aviões é auxiliada por *catapultas hidráulicas* (Fig. A). O sistema de catapulta se encontra abaixo do convés, exceto para um sistema de *lançamento* relativamente pequeno que desliza ao longo de um trilho no meio da pista (Fig. B). O trem de pouso dianteiro de um avião é equipado com uma *barra de reboque* que, na decolagem, é anexada à catapulta de lançamento (Fig. C). Quando a catapulta é ativada, o sistema de lançamento puxa o avião ao longo da pista ajudando-o a alcançar a sua velocidade de decolagem. A pista de decolagem possui aproximadamente 90 m de comprimento, e os porta-aviões mais modernos possuem de três a quatro catapultas.

A   B   C

Figura P5.7 e P5.8

Problema 5.7   Em uma decolagem assistida por catapulta, suponha que um avião de 20.000 kg vai de 0 a 265 km/h em 2 s, enquanto se desloca ao longo de uma trajetória retilínea e horizontal. Assuma também que durante toda a decolagem os motores do avião estão fornecendo 142 kN de força de empuxo.

(a) Determine a força média exercida pela catapulta sobre o avião.

(b) Agora suponha que a ordem de decolagem seja alterada para que um pequeno avião de treinamento decole primeiro. Se a massa e a força de empuxo do avião são 5.800 kg e 26 kN, respectivamente, e se a catapulta não é reconfigurada para corresponder às especificações para a decolagem de uma aeronave pequena, estime a aceleração média a que o piloto instrutor é submetido e expresse a resposta em termos de g. O que você acha que aconteceria com o piloto instrutor?

Problema 5.8   Se a decolagem, a partir do porta-aviões, de um avião de 20.000 kg sujeito a uma força de empuxo de 142 kN de seus motores não fosse assistida por uma catapulta, estime quanto tempo levaria para um avião decolar com segurança, ou seja, atingir uma velocidade de 265 km/h a partir do repouso. Além disso, qual o comprimento necessário para a pista nessas condições?

Problema 5.9

Um vagão carregado de 60.000 kg, um reboque de 27.000 kg, estão se movendo para a direita a 6,5 km/h quando entram em contato com um amortecedor que é capaz de parar o sistema em 0,78 s. Determine a magnitude da força média exercida sobre o vagão pelo amortecedor.

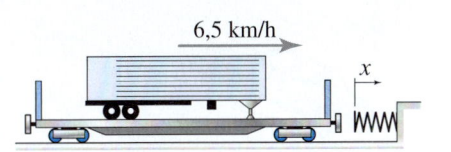

Figura P5.9

Problema 5.10

Em um experimento simples de força controlada, dois discos espessos de pedra A e B são feitos para deslizar sobre uma lâmina de gelo. Inicialmente, A e B estão em repouso na linha de partida. Em seguida, eles sofrem ação de forças idênticas e constantes $\vec{F}$, que continuamente empurram A e B pelo caminho até a linha de chegada. Utilize $\vec{p}_{A_{FL}}$ e $\vec{p}_{B_{FL}}$ para indicar a quantidade de movimento de A e B na linha de chegada, respectivamente, assumindo que as forças $\vec{F}$ são as únicas forças não desprezíveis agindo no plano do movimento. Se $m_A < m_B$, qual das seguintes afirmações é verdadeira?

(a) $|\vec{p}_{A_{FL}}| < |\vec{p}_{B_{FL}}|$.

(b) $|\vec{p}_{A_{FL}}| = |\vec{p}_{B_{FL}}|$.

(c) $|\vec{p}_{A_{FL}}| > |\vec{p}_{B_{FL}}|$.

(d) Não há informação suficiente dada para fazer uma comparação entre $|\vec{p}_{A_{FL}}|$ e $|\vec{p}_{B_{FL}}|$.

Nota: Problemas conceituais são sobre *explicações*, não sobre cálculos.

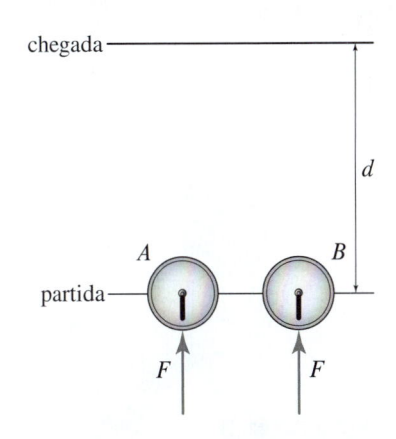

Figura P5.10

Problema 5.11

Um avião de 13.500 kg está voando em uma trajetória horizontal a uma velocidade $v_0 = 1.045$ km/h quando, no ponto A, é feita uma manobra de modo que, no ponto B, ele é definido em uma subida constante a $\theta = 40°$ e uma velocidade de 965 km/h. Assumindo que a variação da massa do avião entre A e B é desprezível, determine o impulso que precisou ser exercido sobre o avião para ir de A para B.

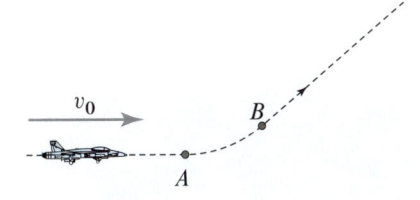

Figura P5.11

Problema 5.12

Um carro de 1.600 kg, quando em um trecho retilíneo e horizontal de estrada, pode ir do repouso a 100 km/h em 5,5 s.

(a) Supondo que o carro se desloque em tal estrada, estime o valor médio da força que age sobre o carro para ele corresponder ao desempenho esperado.

(b) Lembrando que a força propulsora no carro é causada pelo atrito entre as rodas motrizes e a estrada, e novamente supondo que o carro viaja em um trecho retilíneo e horizontal da estrada, estime o valor médio da força de atrito agindo sobre o carro para ele corresponder ao desempenho esperado. Também estime o coeficiente de atrito necessário para gerar essa força.

Figura P5.12

Figura P5.13

Problema 5.13

Um carro de 1.600 kg, quando em um trecho retilíneo e horizontal de estrada e quando os pneus não deslizam, pode ir do repouso a 100 km/h em 5,5 s. Supondo que o carro se desloca em um trecho reto da estrada com uma inclinação de 40% e que nenhum deslizamento ocorre, determine quanto tempo levaria para atingir uma velocidade de 100 km/h se o carro fosse impulsionado pela mesma força média máxima que pode ser gerada em uma estrada horizontal.

Problema 5.14

Uma bola de beisebol de 150 g se desloca a 130 km/h quando é rebatida por um taco a uma velocidade de 260 km/h. A bola está em contato com o taco por cerca de 10^{-3} s. A velocidade de entrada da bola é horizontal, e a trajetória de saída forma um ângulo $\alpha = 31°$ em relação à trajetória de entrada.

(a) Determine o impulso fornecido à bola pelo taco.
(b) Determine a força média exercida pelo taco na bola.
(c) Determine quanto o ângulo α mudaria (em relação aos 31°) se desprezássemos os efeitos da força da gravidade sobre a bola.

Figura P5.14

Problema 5.15

Em um incidente infeliz, um laptop de 2,75 kg é derrubado no chão de uma altura de 1 m. Supondo que o laptop parte do repouso, que sobe até uma altura de 5 cm devido ao rebote no chão e que o contato com o chão dura 10^{-3} s, determine o impulso fornecido pelo chão sobre o laptop e a aceleração média a que o laptop é submetido quando em contato com o chão (expresse esse resultado em termos de g, aceleração da gravidade).

Figura P5.15

Problema 5.16

Um trem está se movendo a uma velocidade constante v_t em relação ao solo quando uma pessoa que inicialmente está em repouso (em relação ao trem) começa a correr e atinge uma velocidade v_0 (em relação ao trem) após um intervalo de tempo Δt. Se a pessoa partisse do repouso no solo (ao contrário do trem em movimento), a magnitude do impulso total exercido sobre a pessoa durante Δt seria menor, igual ou maior do que o impulso necessário para causar a mesma mudança de velocidade relativa, no mesmo intervalo de tempo, no trem em movimento? Suponha que a pessoa sempre se move na direção do movimento do trem.

Nota: Problemas conceituais são sobre *explicações*, não sobre cálculos.

Figura P5.16 e P5.17

Problema 5.17

Um trem está desacelerando a uma taxa constante quando uma pessoa que inicialmente está em repouso (em relação ao trem) começa a correr e atinge uma velocidade v_0 (novamente em relação ao trem) depois de um intervalo de tempo Δt. Se a pessoa partiu do repouso no solo (ao contrário do trem em movimento), a magnitude do impulso total exercido sobre a pessoa durante Δt seria menor, igual ou maior do que o impulso necessário para causar a mesma mudança de velocidade, no mesmo intervalo de tempo, no trem em movimento? Suponha que a pessoa sempre se move na direção do movimento do trem e que o trem não reverte seu movimento durante o intervalo de tempo Δt.

Nota: Problemas conceituais são sobre *explicações*, não sobre cálculos.

Problema 5.18

Um carro de massa m colide frontalmente com um caminhão de massa $50m$. Qual é a relação entre a magnitude do impulso fornecido pelo carro no caminhão e a magnitude do impulso fornecido pelo caminhão no carro durante a colisão?

Nota: Problemas conceituais são sobre *explicações*, não sobre cálculos.

Problemas 5.19 a 5.21

Estes problemas são uma introdução ao impacto perfeitamente plástico (que abordaremos na Seção 5.2). Em cada problema, modele os veículos A e C como partículas e considere o enxame de insetos B atingindo os veículos como uma única partícula. Também assuma que o enxame de insetos adere perfeitamente a cada veículo (isso é o que se entende por um *impacto perfeitamente plástico*).

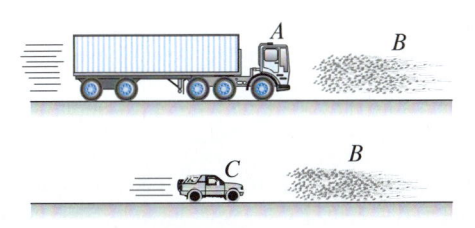

Figura P5.19-P5.21

Problema 5.19

Uma carreta A de 35.000 kg (massa máxima permitida em muitos estados) está viajando a 110 km/h quando encontra um enxame de mosquitos B. O enxame está viajando a 1,6 km/h em sentido contrário ao do caminhão. Supondo que o enxame inteiro adere ao caminhão, a massa de cada mosquito é 2 mg e todos esses mosquitos não danificam significativamente o caminhão, quantos mosquitos devem ter atingido o caminhão se ele diminui 3,2 km/h com o impacto? Se o mesmo número de mosquitos atinge o veículo utilitário esportivo C de 1.350 kg, em quanto o veículo diminui?

Problema 5.20

Uma carreta A de 35.000 kg (massa máxima permitida em muitos estados) está viajando a 110 km/h quando encontra um enxame de abelhas operárias B. O enxame está viajando a 20 km/h em sentido contrário ao do caminhão. Supondo que o enxame inteiro adere ao caminhão, a massa de cada abelha é 0,1 g e todas essas abelhas não danificam significativamente o caminhão, quantas abelhas devem ter atingido o caminhão se ele diminui 3,2 km/h com o impacto? Se o mesmo número de abelhas atinge o veículo utilitário esportivo C de 1.350 kg, em quanto o veículo diminui?

Problema 5.21

Uma carreta A de 35.000 kg (massa máxima permitida em muitos estados) está viajando a 110 km/h quando encontra um enxame de libélulas B. O enxame está viajando a 55 km/h em sentido contrário ao do caminhão. Supondo que o enxame inteiro adere ao caminhão, a massa de cada libélula é 0,25 g e todas essas libélulas não danificam significativamente o caminhão, quantas libélulas devem ter atingido o caminhão se ele diminui por 3,2 km/h com o impacto? Se o mesmo número de libélulas atinge o veículo esportivo C de 1.350 kg, em quanto o veículo diminui?

Problema 5.22

Resolva o Exemplo 5.4 com a aplicação direta da Eq. (5.14) utilizando as mesmas suposições feitas nessa solução. Note que, ao contrário do Exemplo 5.4, a velocidade da pessoa em relação à plataforma não aparece na solução.

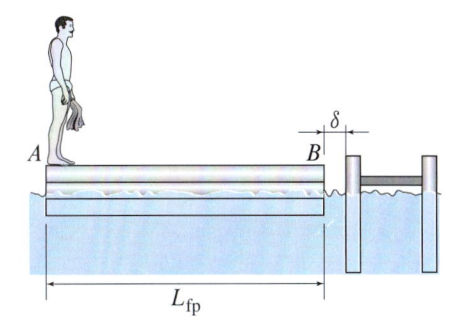

Figura P5.22

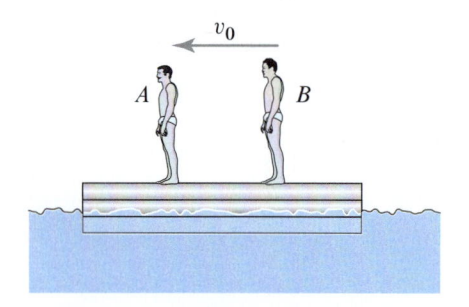

Figura P5.23-P5.25

Problemas 5.23 a 5.25

Duas pessoas A e B de 62 kg e 80 kg, respectivamente, pulam de uma plataforma flutuante (no mesmo sentido) a uma velocidade em relação à plataforma que está totalmente horizontal e com magnitude $v_0 = 1{,}8$ m/s para ambos A e B. A plataforma flutuante possui massa de 350 kg. Suponha que A, B e a plataforma estão inicialmente em repouso.

Problema 5.23 Desprezando a resistência da água para o movimento horizontal da plataforma, determine a velocidade da plataforma depois de A e B saltarem ao mesmo tempo.

Problema 5.24 Desprezando a resistência da água para o movimento horizontal da plataforma e sabendo que B salta primeiro, determine a velocidade da plataforma depois de ambos A e B terem saltado.

Problema 5.25 Desprezando a resistência da água para o movimento horizontal da plataforma e sabendo que A salta primeiro, determine a velocidade da plataforma depois de ambos A e B terem saltado.

Problema 5.26

No instante mostrado, um grupo de três fragmentos de lixo espacial com massas $m_1 = 7{,}45$ kg, $m_2 = 3{,}22$ kg e $m_3 = 8{,}45$ kg estão se deslocando, como mostrado, a $v_1 = 7{.}701$ m/s, $v_2 = 6{.}996$ m/s e $v_3 = 6{.}450$ m/s. Suponha que os vetores velocidade dos fragmentos são coplanares, $\vec{v}_1$ e $\vec{v}_2$ são paralelos, e θ é medido em relação a uma linha perpendicular à direção de ambos $\vec{v}_1$ e $\vec{v}_2$. Além disso, suponha que o sistema é *isolado* e, por causa da gravidade, os fragmentos eventualmente formarão um único corpo. Determine a velocidade comum dos fragmentos após eles se unirem se $\theta = 25°$.

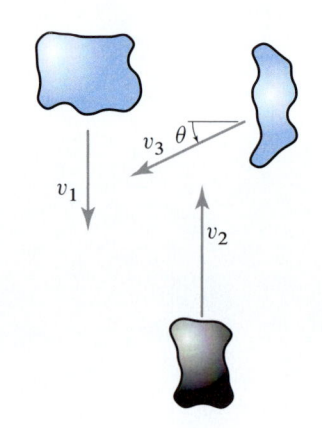

Figura P5.26

Problema 5.27

Um homem A de 80 kg e uma criança C de 18 kg estão em extremos opostos de uma plataforma flutuante P de 120 kg com um comprimento $L_{fp} = 4{,}6$ m. O homem, a criança e a plataforma estão inicialmente em repouso a uma distância de $\delta = 300$ mm do cais de atracação. A criança e o homem se movem um em direção ao outro com a mesma velocidade v_0 em relação à plataforma. Determine a distância d do cais de atracação em que a criança e o homem se encontrão. Suponha que a resistência da água devido ao movimento horizontal da plataforma é desprezível.

Problema 5.28

Um homem A, com uma massa $m_A = 85$ kg, e uma criança C, com uma massa $m_C = 18$ kg, estão em extremos opostos de uma plataforma flutuante P, com uma massa $m_P = 150$ kg e um comprimento $L_{fp} = 6$ m. Suponha que o homem, a criança e a plataforma estão inicialmente em repouso e a resistência da água devido ao movimento horizontal da plataforma é desprezível. Suponha que o homem e a criança começam a se mover um em direção ao outro de tal forma que a plataforma não se movimenta em relação à água. Determine a distância percorrida pela criança até encontrar o homem.

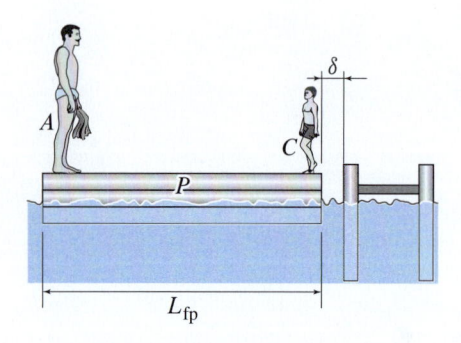

Figura P5.27 e P5.28

Problema 5.29

O A-10 Thunderbolt de 12.500 kg está voando a uma velocidade constante de 600 km/h quando dispara por 4 s a sua metralhadora de sete canos voltada para frente. A arma dispara projéteis de 375 kg a uma taxa de 70 tiros/segundo. A velocidade inicial de cada projétil é 990 m/s. Supondo que cada um dos dois motores a jato do avião mantém um empuxo constante de 40 kN, o avião está sujeito a uma resistência do ar constante enquanto a arma está disparando (igual a antes da explosão) e o avião voa em linha reta e nivelada, determine a mudança em velocidade do avião no final dos 4 s de disparo.

Figura P5.29

Problema 5.30

Uma pessoa P em um carrinho sobre trilhos está recebendo pacotes de pessoas em pé sobre uma plataforma estacionária. Suponha que a pessoa P e o carrinho tenham uma massa combinada de 160 kg e partam do repouso. Além disso, suponha que uma pessoa P_A lance um pacote A de 26 kg, que é recebido pela pessoa P a uma velocidade horizontal $v_A = 1,4$ m/s. Após a pessoa P ter recebido o pacote da pessoa P_A, uma segunda pessoa P_B lança um pacote B de 36 kg, que é recebido pela pessoa P a uma velocidade horizontal em relação a P e na mesma direção que a velocidade de P de 1,6 m/s. Determine a velocidade final da pessoa P e do carrinho. Desconsidere qualquer atrito ou resistência do ar agindo em P e no carrinho.

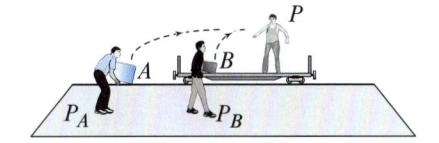

Figura P5.30

Problema 5.31

O veículo espacial é mostrado no espaço e está suficientemente longe de qualquer outra massa (como planetas, etc.) para não ser afetado por qualquer influência gravitacional (ou seja, a força externa resultante sobre o foguete é aproximadamente zero). O sistema (o veículo espacial *e todo* o seu combustível) está em repouso quando parte de A e percorre todo o caminho até B ao longo da linha reta mostrada utilizando foguetes químicos internos (que trabalham expulsando a massa de combustível em velocidades muito altas pela cauda do foguete). Estamos assumindo que a massa do sistema em A é m e que ele ejetou metade de sua massa ao se mover de A para B. Qual será a localização do centro de massa do sistema quando a nave espacial chegar a B?
Nota: Problemas conceituais são sobre *explicações*, não sobre cálculos.

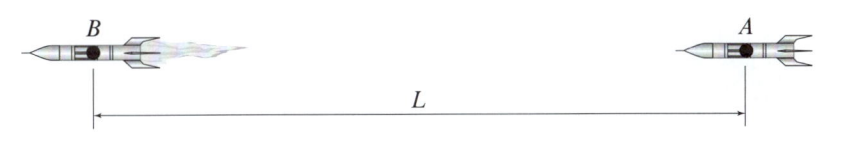

Figura P5.31

Problema 5.32

Dispositivos de armazenamento de energia que usam volantes girantes para armazenar energia estão começando a se tornar acessíveis.[1] Para armazenar o máximo de energia, é importante que a rotação do volante seja a mais rápida possível. Infelizmente, se ele gira muito rápido, as tensões internas no volante podem ocasionar uma separação catastrófica. Portanto, é importante manter a velocidade na borda do volante abaixo de 1.000 m/s. Além disso, é fundamental que o volante esteja perfeitamente balanceado para evitar vibrações que ocorreriam de outra forma. Com essas informações, considere o volante D, cujo diâmetro é 0,3 m, girando a $\omega = 60.000$ rpm. Além disso, suponha que

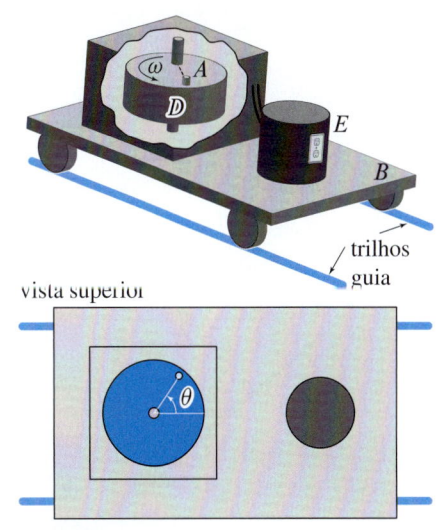

Figura P5.32

---
[1] Veremos os detalhes no Capítulo 8, mas agora podemos pensar nisso como um grupo de partículas movendo-se em círculos, cada uma das quais armazena $\frac{1}{2}mv^2$ em energia cinética.

o carrinho B está restrito a mover-se retilineamente ao longo dos trilhos guia. Dado que o volante não está perfeitamente balanceado, o peso desbalanceado A tem massa m_A, e a massa total do volante D, do carrinho B e do pacote eletrônico E é m_B, determine o seguinte em função de θ, das massas, do diâmetro e da velocidade angular do volante:

(a) a amplitude do movimento do carrinho,

(b) a velocidade máxima atingida pelo carrinho.

Despreze a massa das rodas, suponha que inicialmente tudo está em repouso e assuma que a massa desbalanceada está na borda do volante. Finalmente, avalie as suas respostas para as Partes (a) e (b) para $m_A = 1$ g (aproximadamente a massa de um clipe de papel) e $m_B = 70$ kg (a massa do volante pode ser cerca de 40 kg).

Problema 5.33

A mulher A de 60 kg senta-se em cima do carrinho B de 40 kg, ambos inicialmente em repouso. Se a mulher desliza sem atrito pelo plano inclinado de comprimento $L = 3{,}4$m, determine a velocidade de ambos, a mulher e o carro, quando ela atinge a parte inferior da inclinação. Ignore a massa das rodas em que o carrinho rola e qualquer atrito em seus rolamentos. O ângulo $\theta = 26°$.

Problema 5.34

Um Módulo Lunar Apollo A e o Módulo de Comando e Serviço B estão se movendo no espaço longe de qualquer outro corpo (de modo que os efeitos gravitacionais podem ser desprezados). Quando $\theta = 30°$, os dois veículos espaciais estão separados usando uma mola elástica linear interna, cuja constante é $k = 200.000$ N/m e está pré-comprimida em 0,5 m. Observando que a massa do Módulo de Comando e Serviço é cerca de 29.000 kg e a massa do Módulo Lunar é cerca de 15.100 kg, determine suas velocidades após a separação se sua velocidade comum antes da separação é 11.000 m/s.

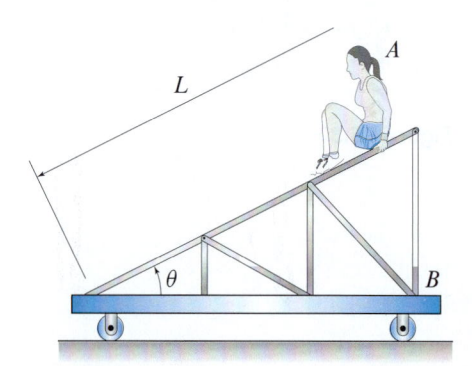

Figura P5.33

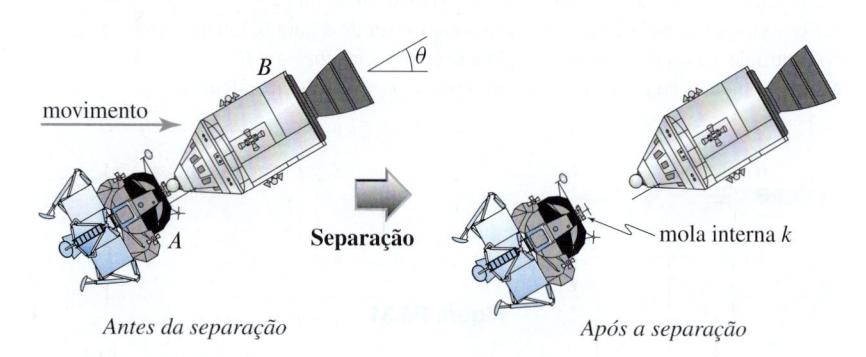

Figura P5.34

Problemas 5.35 a 5.38

No percurso mostrado, uma pessoa A senta-se em um banco que está ligado por um cabo de comprimento L a um carrinho B de massa m_B que se movimenta livremente. A massa total da pessoa e do banco é m_A. O carrinho está restrito pela viga a mover-se apenas na direção horizontal. O sistema é solto a partir do repouso no ângulo $\theta = \theta_0$ e é deixado oscilar no plano vertical. Despreze a massa do cabo e trate a pessoa e o banco como uma única partícula.

Problema 5.35
Determine as velocidades do carrinho e da pessoa na primeira vez em que $\theta = 0°$. Avalie a sua solução para $W_A = 45$ kg, $W_B = 9$ kg, $L = 4{,}6$m e $\theta_0 = 70°$.

Problema 5.36
Como no Problema 5.35, determine as velocidades do carrinho e da pessoa na primeira vez em que $\theta = 0°$. Em seguida, dados g, L, m_A e θ_0, determine a

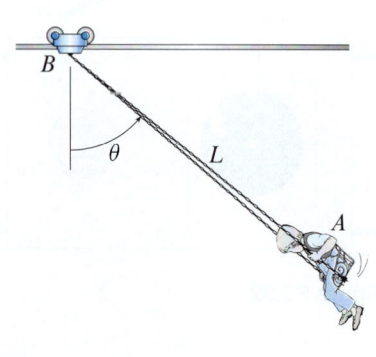

Figura P5.35 – P5.38

velocidade máxima alcançada pela pessoa para $\theta = 0°$ e o valor correspondente de m_B. Avalie a sua solução para $W_A = 45$ kg, $L = 4,6$m e $\theta_0 = 70°$. Qual seria o movimento de B para o valor de m_B?

Problema 5.37 Determine a velocidade do carrinho e a velocidade da pessoa para qualquer valor arbitrário de θ.

Problema 5.38 Determine as equações necessárias para encontrar a velocidade do carrinho e da pessoa para qualquer valor arbitrário de θ. Identifique claramente todas as equações e liste as incógnitas correspondentes, mostrando que você tem tantas equações quanto incógnitas. Resolva as equações para as incógnitas e plote a velocidade do carrinho e a rapidez da pessoa em função do ângulo θ para ambas as metades de uma oscilação completa da pessoa. Use $W_A = 45$ kg, $W_B = 3$ kg, $L = 4,6$m e $\theta_0 = 70°$.

Problema 5.39

Um guindaste de torre está levantando um objeto B de 4.500 kg a uma taxa constante de 2 m/s enquanto gira a uma taxa constante de $\dot{\theta} = 0,15$ rad/s. Além disso, B está se movendo para fora a uma velocidade radial de 0,5 m/s. Suponha que o objeto B não oscile em relação ao guindaste (isto é, ele sempre pende na vertical) e o guindaste esteja fixo ao solo em O.

(a) Determine a velocidade radial exigida pelo contrapeso A de 20 toneladas para evitar o movimento horizontal do centro de massa do sistema.

(b) Encontre a força total atuando em A e em B.

(c) Determine a velocidade e a aceleração do centro de massa do sistema quando A se move conforme determinado na Parte (a).

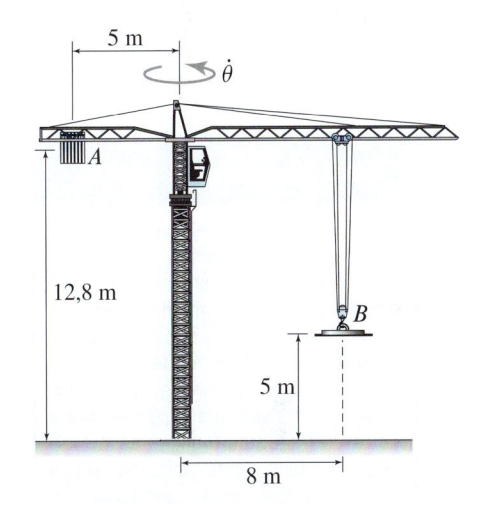

Figura P5.39

5.2 IMPACTO

Uma colisão entre dois carros

A Fig. 5.7 mostra dois carros A e B, de massas m_A e m_B e velocidades constantes $\vec{v}_A$ e $\vec{v}_B$, respectivamente, viajando na mesma pista em um trecho horizontal de estrada. O carro A alcança o carro B e ocorre uma colisão. O problema clássico do impacto é prever as velocidades pós-impacto dos carros sabendo suas velocidades pré-impacto.[2]

Começamos a modelagem desse impacto assumindo que a colisão ocorre em uma quantidade *infinitesimal* de tempo em torno de um instante específico t_i, o *tempo de impacto*. As expressões *pré* e *pós-impacto* implicarão uma quantidade *infinitesimal* de tempo antes e após t_i, respectivamente. Valores pré e pós-impacto serão indicados pelos sobrescritos − e +, respectivamente.

Em seguida, considere o DCL do sistema de dois carros em t_i na Fig. 5.8(a). Uma vez que elas não serão importantes aqui, o nosso DCL despreza qualquer força externa atuando na direção horizontal. Além disso, desprezaremos o movimento vertical dos carros e modelaremos os carros como partículas. Como mostrado na Fig. 5.8(b), assumiremos também que a força P de contato entre os carros é puramente horizontal.

Figura 5.7
Dois carros viajando em uma estrada horizontal.

Fato interessante

O que realmente significa os sobrescritos + e −? Impactos podem causar mudanças substanciais na velocidade de um objeto em um intervalo de tempo extremamente pequeno. Quando esse intervalo é modelado como *infinitesimal*, a matemática nos diz que os valores de velocidade podem *saltar* entre os instantes logo antes e logo após o impacto. Matematicamente, um *salto* é chamado de *descontinuidade*, e consequentemente as velocidades pré e pós-impacto podem ser entendidas como os seguintes limites:

$$\vec{v}^-(t_i) = \lim_{\varepsilon \to 0^+} \vec{v}(t_i - \varepsilon),$$

$$\vec{v}^+(t_i) = \lim_{\varepsilon \to 0^+} \vec{v}(t_i + \varepsilon).$$

(a) DCL do sistema

(b) DCL de ambos os carros

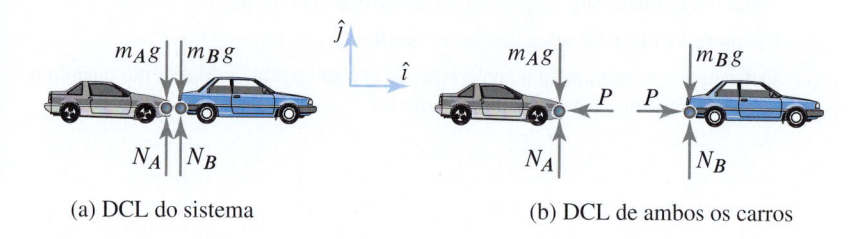

Figura 5.8 (a) Diagrama de corpo livre de todo o sistema formado pelos carros A e B. (b) Diagrama de corpo livre de ambos os carros durante o impacto.

Como não há forças *externas* agindo na direção x, podemos concluir que a componente x da quantidade de movimento do sistema é conservada durante o impacto, ou seja,

$$m_A v_{Ax}^- + m_B v_{Bx}^- = m_A v_{Ax}^+ + m_B v_{Bx}^+ \quad (5.20)$$

Uma vez que estamos desprezando qualquer movimento vertical, o problema é unidimensional com duas incógnitas v_{Ax}^+ e v_{Bx}^+, que aparecem na Eq. (5.20). Portanto, precisamos de uma equação adicional em v_{Ax}^+ e v_{Bx}^+ para obter uma solução. Observando que a Eq. (5.20) é uma consequência da segunda lei de Newton e a cinemática do problema é conhecida (o movimento é apenas na direção x), a segunda equação necessária deve ser a *lei da força* descrevendo o papel desempenhado pela composição do material dos objetos em colisão. Embora essa equação possa ser muito complicada, por enquanto, suponha que A e B estejam interligados (grudados) após a colisão, situação que é chamada de impacto *perfeitamente plástico* e é descrita pela seguinte equação:

$$v_{Ax}^+ = v_{Bx}^+. \quad (5.21)$$

Alerta de conceito

Impacto perfeitamente plástico. Em um impacto *perfeitamente plástico*, dois objetos distintos acabam aderindo-se formando um único corpo. Portanto, as velocidades pós-impacto desses objetos acabam sendo iguais.

---

[2] O problema de encontrar as velocidades pré-impacto dadas as velocidades pós-impacto é resolvido de maneira similar e é essencialmente o problema que encontramos na reconstrução de acidentes.

As Eqs. (5.20) e (5.21) podem ser resolvidas para obter

$$v^+_{Ax} = v^+_{Bx} = \frac{m_A v^-_{Ax} + m_B v^-_{Bx}}{m_A + m_B}. \quad (5.22)$$

Qual é a essência de um problema de impacto?

Para entender como estender nosso modelo para impacto, considere a Fig. 5.9, que mostra a solução para a seguinte escolha de parâmetros: $m_A = 1.200$ kg, $m_B = 950$ kg, $v^-_{Ax} = 18{,}1$ m/s e $v^-_{Bx} = 14{,}0$ m/s. Observe como a velocidade de cada carro *salta* em $t = t_i$ de valores de pré para pós-impacto. Para que isso aconteça, os carros devem ser submetidos a uma aceleração elevada durante o impacto. Na verdade, é possível dizer que o nosso modelo *matemático* implica que essa aceleração seja *infinita*! Que tipo de força pode causar uma aceleração "infinita"? Responder a essa pergunta nos ajudará a lidar com os mais variados cenários de impacto, incluindo os casos em que temos forças externas e nos quais uma lei de força mais geral para impactos pode ser incorporada.

A colisão de carros contém os dois elementos-chave para a solução de qualquer problema de impacto:

1. Aplicação do princípio do impulso–quantidade de movimento para o *sistema* formado pelos corpos em colisão.
2. Uma lei de força que nos diz como os objetos em colisão ricocheteiam.

Veremos que a estratégia básica de solução para qualquer problema de impacto permanece a mesma: combinar a conservação da quantidade de movimento com uma lei de força de impacto.

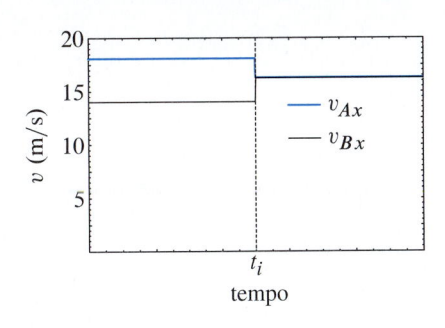

Figura 5.9 Gráfico das velocidades pré e pós-impacto para os carros A e B. Esse gráfico foi obtido utilizando a Eq. (5.22) e os seguintes parâmetros: $m_A = 1.200$ kg, $m_B = 950$ kg, $v^-_{Ax} = 18{,}1$ m/s e $v^-_{Bx} = 14{,}0$ m/s.

Forças impulsivas

Depois de descobrir que as forças durante uma colisão podem provocar um salto na velocidade, voltaremos à Eq. (5.6) e nos concentraremos em *variações na quantidade de movimento*. Na Fig. 5.10, considere uma partícula sujeita a uma força *constante* $\vec{F}_1$ durante o intervalo de tempo $(t, t + \Delta t_1)$. Utilizando a Eq. (5.6), a correspondente mudança na quantidade de movimento $\Delta \vec{p}_1$ é

$$\Delta \vec{p}_1 = \int_t^{t+\Delta t_1} \vec{F}_1 \, dt = \vec{F}_1 \Delta t_1. \quad (5.23)$$

Figura 5.10 Partícula se movendo ao longo de uma trajetória linear sob a ação de uma força constante.

Que tipo de força pode proporcionar uma *variação finita na quantidade de movimento* quando o tempo Δt durante o qual ela age vai para zero? Para responder a essa questão, considere um intervalo de tempo $\Delta t_n = \Delta t_1 / n$, com $n = 2, 3, \ldots$, e vamos determinar a força constante $\vec{F}_n$ necessária para produzir $\Delta \vec{p}_n = \Delta \vec{p}_1$. Utilizando $\Delta \vec{p}_n = \Delta \vec{p}_1$ e a Eq. (5.23), devemos ter

$$\vec{F}_n \Delta t_n = \vec{F}_1 \Delta t_1 \quad \Rightarrow \quad \vec{F}_n = n \vec{F}_1. \quad (5.24)$$

Como mostrado na Fig. 5.11, aumentar n (diminuindo Δt_n) significa que $|\vec{F}_n|$ aumenta, e, como $n \to \infty$ ($t_n \to 0$), sabemos que $|\vec{F}_n| \to \infty$. Considerando $n \to \infty$ na Eq. (5.24), vemos que, *para gerar uma variação finita na quantidade*

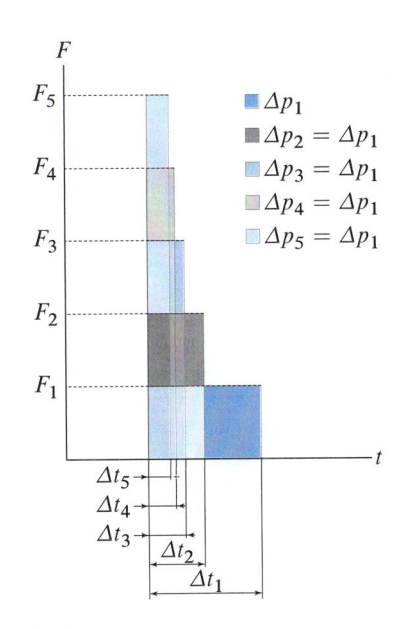

Figura 5.11 Relação entre um intervalo de tempo e a força correspondente que preserva a mudança na quantidade de movimento.

de movimento em uma quantidade infinitesimal de tempo, é necessária uma força com magnitude infinita. Essa força é chamada de *força impulsiva*. Observe que, *a menos que uma força tenha uma magnitude infinita, ela não desempenha papel algum durante o impacto,* uma vez que não pode causar uma mudança na quantidade de movimento em um intervalo infinitesimal de tempo. Isso é importante porque quando esboçamos o DCL para um problema de impacto podemos desprezar todas as forças não impulsivas. Por exemplo, mesmo se quiséssemos levar em conta uma força como a resistência do ar na colisão do carro, ela não teria papel significativo, pois a sua magnitude não pode ser infinita.

Forças impulsivas *versus* não impulsivas

Examinaremos algumas forças comuns e classificaremos cada uma como impulsiva ou não impulsiva. Uma vez que as forças impulsivas devem ter uma magnitude infinita, *qualquer força com magnitude finita não pode ser impulsiva*. Além disso, quando distinguirmos entre forças impulsivas e não impulsivas, temos que lembrar que o nosso modelo de impacto pressupõe que elas ocorrem em um intervalo de tempo infinitesimal. Isso também significa que os objetos não se movem durante o impacto. Usando essas ideias, podemos dizer o seguinte:

- *Forças-peso*, sendo finitas, são *não impulsivas*.
- Uma *força de mola* (ou de qualquer objeto elástico), com uma magnitude proporcional à mudança do comprimento da mola, é *não impulsiva* porque, em geral, as molas não esticam em um comprimento infinito.
- *Forças de arrasto*, que são tipicamente uma função crescente da velocidade, são *não impulsivas* porque os objetos não podem ter velocidade infinita.
- Como foi visto no Exemplo 5.4, a *tensão em uma corda inextensível* pode ser *impulsiva*, pois nenhum limite é colocado sobre a tensão.
- A *tensão ou compressão em uma barra rígida* pode ser *impulsiva*, uma vez que nenhum limite é colocado sobre a carga que a barra rígida pode suportar.
- As *forças de contato* entre dois objetos em colisão podem ser *impulsivas* se os objetos em colisão não quebrarem.

Reconhecendo as forças impulsivas: dois modelos do mesmo evento

Para aumentar nossa compreensão sobre nosso modelo de impacto, olharemos para o mesmo evento modelado de duas maneiras muito diferentes, as quais dão a mesma resposta quando a energia é conservada.

Considere os dois modelos diferentes do impacto de uma bola de borracha com uma superfície sólida, conforme mostrado na Fig. 5.12. Em cada caso, a partícula atinge a parede a uma velocidade v_0 perpendicular à parede, e então ela ricocheteia. A metade superior da figura mostra o modelo de impacto de partícula (MIP), sobre o qual temos falado, e a metade inferior mostra um modelo em que a partícula interage com a parede somente por meio de uma mola elástica que está fixada à partícula e a um amortecedor pequeno A que atinge a parede (o modelo partícula-mola, ou MPM).

No MIP, o impacto tem um *intervalo de tempo infinitesimal*, a partícula *não se move* durante o impacto, a força normal entre a partícula e a parede é infinita e a quantidade de movimento da partícula inverte de direção instantaneamente. Se assumirmos que nenhuma energia é dissipada durante o impacto, então a partícula retornará com a mesma velocidade com que bateu na parede.

O MPM é muito diferente (você pode rever o Exemplo 3.3). A partícula e o amortecedor em A batem na parede a uma velocidade v_0, e a mola deforma-se

---

Informações úteis

O modelo de força impulsiva utilizado em impactos. Forças impulsivas são uma consequência do modelo que usamos para impactos, ou seja, elas ocorrem em um intervalo de tempo infinitesimal. Tal como acontece em muitos modelos de fenômenos físicos, podemos questioná-la. Por exemplo, superfícies sem atrito ou cabos sem massa podem parecer irreais. No entanto, usamos esses modelos para fins pedagógicos e porque eles funcionam bem em muitas situações. Algumas superfícies têm atrito muito pequeno, e na maioria dos sistemas de polia a massa da corda é desprezível em comparação com as massas das polias e dos objetos que estão sendo içados pelo sistema; por isso esses modelos funcionam tão bem. Da mesma forma, o nosso modelo de impacto que usa forças impulsivas funciona muito bem para alguns impactos de partículas.

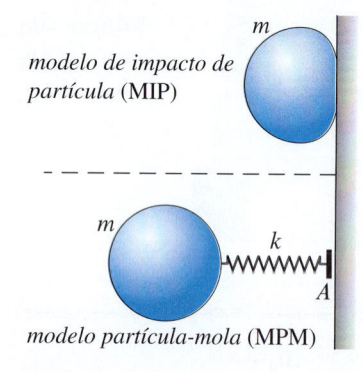

Figura 5.12
Dois modelos diferentes de impacto de partícula que fornecem o mesmo resultado. A mola é utilizada no MPM para representar a elasticidade da bola. No MIP, a bola é mostrada deformada como uma ajuda visual.

conforme a partícula se aproxima da parede. A velocidade da partícula diminuirá à medida que a mola comprime até que a partícula atinge a velocidade zero e começa a ricochetear. A velocidade da partícula aumentará até atingir a velocidade v_0, o para-choque A se separará da parede e o impacto estará completo. Com o MPM, o impacto leva um *tempo finito*, a partícula *se move* durante o impacto (move-se o dobro da compressão total da mola), a força normal é igual à força na mola e nunca é infinita, e a quantidade de movimento reverte de direção, mas não instantaneamente. Tal como acontece no MIP, a velocidade da partícula no final do impacto será v_0. O contraste entre os dois modelos está resumido na Tabela 5.1.

A mensagem que devemos tirar a partir da comparação desses dois modelos é que o mesmo fenômeno quase sempre pode ser modelado de maneiras diferentes. Muitas vezes os modelos dão resultados diferentes, mas também podem dar resultados idênticos (como no caso em questão), embora, como pode ser visto na Tabela 5.1, os detalhes do que acontece com a partícula entre o instante imediatamente antes do impacto e o imediatamente após são muito diferentes. Então, por que não usamos o MPM para o impacto? Poderíamos, mas lidar com impactos mais complicados ficaria *muito* difícil com o MPM e, como veremos nesta seção, eles são tratáveis utilizando o MIP.

■ **Miniexemplo.** Agora que sabemos um pouco sobre forças impulsivas, redesenharemos o DCL na Fig. 5.8 (a) mostrando apenas as forças que são *relevantes* para o problema de impacto sob dois diferentes pressupostos: (1) o terreno é flexível e (2) o terreno é rígido.

Solução. Para ambos os casos, forças como o peso do carro e a resistência do ar são não impulsivas. Para o caso 1, a flexibilidade do terreno exige que a força de reação entre ele e o carro seja proporcional à deformação do terreno; ou seja, o terreno atua como uma mola (Fig. 5.13). Essas forças de reação são não impulsivas e, portanto, não aparecem no DCL relevante de impacto. Em contrapartida, para o caso 2, o comportamento do material do terreno é semelhante ao de uma barra rígida, por isso, as forças de contato com o terreno *podem* precisar ser contabilizadas no DCL (Fig. 5.14). Dizemos "podem" porque isso depende se a geometria da colisão empurra ou não um dos carros contra o terreno. Se nenhum dos carros é empurrado contra o terreno pela colisão, então as forças de contato não aumentam além do seu valor (finito) de pré-impacto, e são, assim, não impulsivas. Nesse caso, o DCL relevante de impacto seria o da Fig. 5.13. Por outro lado, se sabemos que um dos carros é empurrado contra o chão, então podemos excluir a força de contato que atua sobre o *outro* carro, visto que essa força diminuiria durante o impacto.

Para o impacto modelado pelo DCL na Fig. 5.13, o sistema está isolado (não há forças externas impulsivas) e sua quantidade de movimento *total* é conservada durante o impacto. Em contrapartida, para o sistema na Fig. 5.14, apenas a componente da quantidade de movimento *perpendicular* à força de contato é conservada. ■

Impactos restritos *versus* impactos não restritos

Como vimos no Miniexemplo acima, dois objetos em colisão para os quais não há forças *externas* impulsivas formam um sistema que está isolado. Nesse caso, temos que a quantidade de movimento linear total do sistema é conservada, e o impacto é conhecido como *impacto não restrito*. Em contrapartida, um impacto que ocorre na presença de forças externas impulsivas é chamado de *impacto restrito*. Em geral, problemas de impacto não restrito são mais fáceis de resolver do que problemas com impacto restrito.

Tabela 5.1
Resumo das diferenças entre os modelos de impacto MIP e MPM

Grandeza física	MIP	MPM
tempo	infinitesimal	finito
deslocamento	zero	finito[a]
força normal	infinito	finito[b]
Δquantidade de movimento[c]	instantâneo	tempo finito

[a]Igual ao dobro da compressão completa da mola.
[b]Igual à força da mola.
[c]Reverte em ambos os modelos.

> **Fato interessante**
>
> **Solucionando problemas de impacto usando o MPM.** Com o MIP, impactos com perda de energia e até mesmo impactos que não ocorrem em ângulo reto são simples de resolver. Usando o MPM, teríamos que incluir múltiplas molas e dissipação de energia (p. ex., por meio do atrito) para alcançar os mesmos resultados que podemos obter facilmente com o MIP.

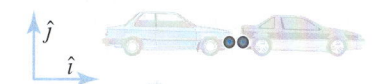

Figura 5.13
DCL para o caso com terreno flexível.

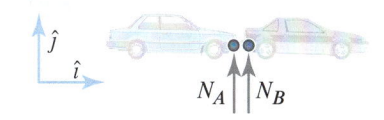

Figura 5.14
DCL para o caso com terreno rígido.

> **Alerta de conceito**
>
> **Usando o conceito de força impulsiva.** Na prática, iremos utilizá-lo *para encontrar as direções ao longo das quais a quantidade de movimento é conservada*. Isto é, se percebermos que uma partícula ou um sistema é acionado por uma força impulsiva *total* ao longo de alguma direção, então podemos dizer que, para essa partícula ou sistema, a componente da quantidade de movimento linear perpendicular à direção da força impulsiva é conservada.

Coeficiente de restituição

Agora, formularemos uma lei de força de impacto para lidar com ricochetes. Começamos lembrando que as leis da força são baseadas em *observações experimentais*. Em decorrência disso, considere o experimento mostrado na Fig. 5.15, no qual registramos as velocidades pré e pós-impacto das duas bolas, A e B. Antes de interpretar os dados experimentais, faremos duas observações a partir da experiência cotidiana:

1. A severidade de um impacto depende da velocidade *relativa* pré-impacto, também chamada de *velocidade de aproximação*.
2. A "qualidade" do ricochete é descrita pela velocidade *relativa* pós-impacto, também chamada de *velocidade de separação*.

> **Alerta de conceito**
>
> **Velocidades relativas e impacto.** A intuição nos diz que o impacto entre dois carros, um viajando a 35 mph e outro a 40 mph, é essencialmente equivalente à colisão de um carro viajando a 75 mph com um que está parado. Portanto, o que é realmente importante é $\vec{v}_{A/B}^{\,-} = \vec{v}_A^{\,-} - \vec{v}_B^{\,-}$ e não $\vec{v}_A^{\,-}$ e $\vec{v}_B^{\,-}$ individualmente.

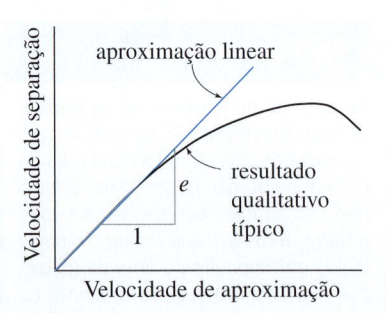

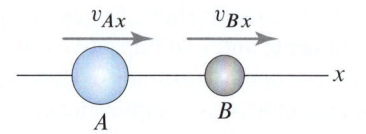

Figura 5.15 Geometria de um experimento para medir as velocidades pré e pós-impacto.

Figura 5.16 Tendência qualitativa geralmente encontrada em experimentos de colisão quando a velocidade *relativa* pós *versus* pré-impacto (curva preta) é representada graficamente.

Portanto, ao estudar os dados experimentais, desejaremos correlacionar as velocidades de aproximação e separação como é feito na Fig. 5.16. Essa figura mostra que a velocidade de separação depende da velocidade de aproximação e, para velocidades de aproximação mais altas, há falta de proporcionalidade entre as velocidades relativas pré e pós-impacto. Isso normalmente ocorre devido ao fato de que um dano mais permanente é causado pela colisão com velocidades de aproximação elevadas. A Fig. 5.16 também mostra que existe um regime (perto da origem) no qual as velocidades de aproximação e separação são *linearmente proporcionais* uma à outra. Baseados nessa observação experimental, estudaremos apenas os impactos no âmbito linear, portanto, adotaremos a seguinte *lei de força de impacto*:

$$e = \frac{\text{velocidade de separação}}{\text{velocidade de aproximação}} = \frac{v_{Bx}^+ - v_{Ax}^+}{v_{Ax}^- - v_{Bx}^-}. \quad (5.25)$$

> **Informações úteis**
>
> **Tenha cuidado ao usar a Eq. (5.25).** Quando lhe é fornecido um e para uso na Eq. (5.25), assume-se que é apropriado para as condições dadas (p. ex., velocidades de aproximação, composição do material dos corpos em colisão, etc.), porém, deve-se ter cuidado ao aplicá-lo em outras condições.

A Eq. (5.25) é chamada de *equação do coeficiente de restituição*, em que e é a constante de proporcionalidade medida experimentalmente chamada de *coeficiente de restituição* (CR).

Depois de obter uma lei da força de impacto, faremos as seguintes observações:

1. O CR e é *adimensional*.
2. Para garantir que $e \geq 0$ para qualquer impacto, as velocidades de aproximação e separação foram tomadas como $v_{A/Bx}^-$ e $v_{B/Ax}^+$, respectivamente.
3. É um fato experimental que a velocidade de ricochete nunca é maior do que a velocidade de aproximação para materiais passivos. Em conjunto com o item 1, este nos diz que

$$0 \leq e \leq 1. \quad (5.26)$$

4. O CR e depende da composição do material de *ambos* os objetos que colidem.

Tabela 5.2
Tipo de impacto em função do valor do CR.

Valor do CR	Tipo de impacto
$e = 0^*$	impacto plástico
$0 < e < 1$	impacto elástico
$e = 1$	impacto perfeitamente elástico

* Um impacto é perfeitamente plástico se $\vec{v}_A^{\,+} = \vec{v}_B^{\,+}$, isto é, os objetos ficam juntos após o impacto.

Um impacto é dito *plástico* se $e = 0$, *elástico* se $0 < e < 1$, e *perfeitamente elástico* se $e = 1$ (Tabela 5.2).

■ **Miniexemplo.** Para o exemplo de colisão de automóveis do início desta seção, compare a velocidade pós-impacto obtida usando a Eq. (5.25) em vez da Eq. (5.21). Use as mesmas massas, mesmas velocidades pré-impacto e $e = 0,5$. Plote a solução como foi feito na Fig. 5.9.

Solução. Este problema de impacto é governado pelas Eqs. (5.20) e (5.25), que formam um sistema linear de duas equações nas duas incógnitas v_{Ax}^+ e v_{Bx}^+. A solução desse sistema produz o seguinte resultado:

$$v_{Ax}^+ = \frac{v_{Ax}^-(m_A - m_B e) + m_B v_{Bx}^-(1 + e)}{m_A + m_B} = 15,4 \text{ m/s}, \quad (5.27)$$

$$v_{Bx}^+ = \frac{m_A v_{Ax}^-(1 + e) + v_{Bx}^-(m_B - m_A e)}{m_A + m_B} = 17,4 \text{ m/s}. \quad (5.28)$$

Para $e = 0,5$ e para os parâmetros usados para gerar a Fig. 5.9, as Eqs. (5.27) e (5.28) fornecem o gráfico mostrado na Fig. 5.17. ■

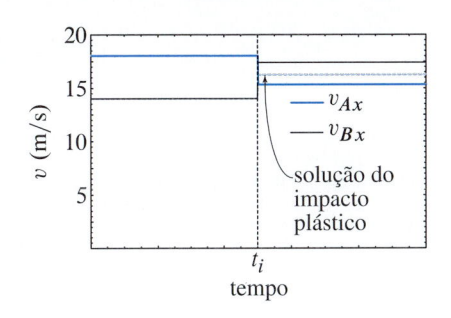

Figura 5.17
Velocidades pré e pós-impacto com $e = 0,5$ (compare com o gráfico na Fig. 5.9).

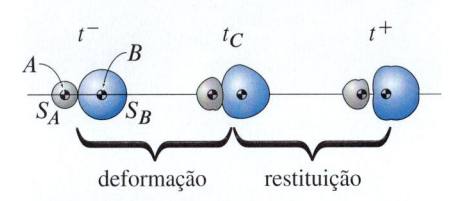

Princípio do impulso-quantidade de movimento e CR

Além da abordagem experimental utilizada anteriormente, a Eq. (5.25) pode ser obtida de forma puramente *teórica*; a chave para essa determinação alternativa é ver os objetos em colisão como *corpos deformáveis* em vez de partículas.

Referindo-se à Fig. 5.18, no tempo t^- considere que dois objetos *deformáveis* S_A e S_B, com centros de massa nos pontos A e B, respectivamente, começam a colidir entre si. Uma vez que A e B são corpos deformáveis, após o impacto começar eles se aproximam um do outro até que cheguem a uma deformação máxima no tempo t_C, ponto em que compartilham uma velocidade comum v_C. Após t_C, A e B começam a se afastar um do outro até o tempo t^+, no qual os corpos S_A e S_B se separam. O processo que ocorre entre t^- e t_C é chamado de *deformação*, e o processo que ocorre entre t_C e t^+ é chamado de *restituição*.

Figura 5.18
Colisão entre dois corpos deformáveis com centros de massa em A e B, respectivamente. Note que no final do processo de restituição pode haver alguma deformação permanente.

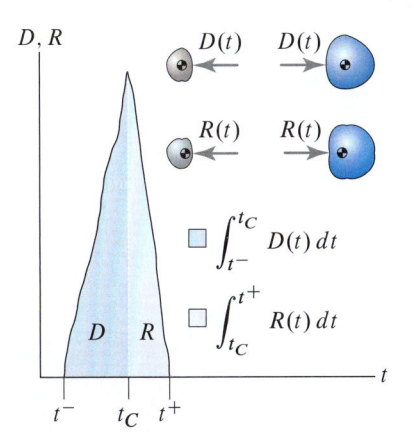

Se medíssemos a força de contato entre os objetos em colisão em função do tempo, obteríamos uma curva muito semelhante à vista na Fig. 5.19. Sabendo que essa curva existe e usando o princípio do impulso-quantidade de movimento, podemos calcular a variação da velocidade de A e B. Durante o processo de deformação, para A temos

$$m_A v_A^- - \int_{t^-}^{t_C} D(t)\,dt = m_A v_C, \quad (5.29)$$

em que m_A é a massa do objeto S_A, v_A^- é a velocidade de A em t^- e D é a força de deformação. Repetindo a mesma operação para B, obtemos

$$m_B v_B^- + \int_{t^-}^{t_C} D(t)\,dt = m_B v_C, \quad (5.30)$$

em que m_B é a massa do objeto S_B e v_B^- é a velocidade de B em t^-. Eliminando a velocidade comum v_C entre as Eqs. (5.29) e (5.30), obtemos a velocidade pré-impacto relativa

$$v_A^- - v_B^- = \left(\frac{1}{m_A} + \frac{1}{m_B}\right) \int_{t^-}^{t_C} D(t)\,dt. \quad (5.31)$$

Figura 5.19
Força de deformação interna $D(t)$ e força de restituição $R(t)$ entre dois objetos *versus* tempo.

No que diz respeito ao processo de restituição, procedendo de forma semelhante, o princípio do impulso-quantidade de movimento aplicado para A e B resulta em

$$m_A v_C - \int_{t_C}^{t^+} R(t)\,dt = m_A v_A^+, \qquad (5.32)$$

$$m_B v_C + \int_{t_C}^{t^+} R(t)\,dt = m_B v_B^+, \qquad (5.33)$$

respectivamente. Mais uma vez, eliminando a velocidade comum v_C, obtemos a seguinte expressão para a velocidade pós-impacto relativa:

$$v_B^+ - v_A^+ = \left(\frac{1}{m_A} + \frac{1}{m_B}\right)\int_{t_C}^{t^+} R(t)\,dt. \qquad (5.34)$$

Construindo a relação entre a velocidade pós-impacto relativa e a velocidade pré-impacto relativa obtemos o seguinte resultado importante:

$$\boxed{\frac{v_B^+ - v_A^+}{v_A^- - v_B^-} = \frac{\int_{t_C}^{t^+} R(t)\,dt}{\int_{t^-}^{t_C} D(t)\,dt} = e.} \qquad (5.35)$$

Essa representação do CR é importante porque nos diz que e pode ser visto como a razão entre o impulso de restituição e o impulso de deformação. Por meio da Eq. (5.35), fica mais fácil entender o motivo de o CR estar restrito a valores entre 0 e 1, uma vez que esses valores definem todo o espectro de possibilidades variando desde a não restituição até a restituição integral. Outro aspecto notável da Eq. (5.35) é que as massas dos corpos que colidem não são relevantes. Quando introduzimos pela primeira vez a equação do CR, implicitamente decidimos desprezar os efeitos das massas envolvidas no impacto. A Eq. (5.35) *demonstra* que as massas dos corpos que colidem não desempenham papel no controle da razão entre as velocidades de separação e aproximação.

Linha de impacto

Agora, estenderemos o nosso modelo de impacto para os impactos em duas dimensões. Para começar, introduziremos um sistema de coordenadas que descreve a orientação das forças de contato em uma colisão. Consultando a Fig. 5.20, considere o impacto de duas bolas de bilhar. A experiência nos diz que um dos elementos cruciais para a execução da tacada é a *orientação do plano tangente ao contato*. O conhecimento desse plano é importante em qualquer tipo de colisão e não apenas no bilhar.

Da geometria sabemos que a orientação de um plano é especificada pela direção *perpendicular* ao plano em questão. No estudo de impactos, isso é feito com a identificação *da linha perpendicular à superfície de contato no ponto de contato*. Essa linha é chamada de **linha de impacto** (LI). Referindo-se à Fig. 5.21, é fácil ver que a LI, rotulada por y na figura, pode ser tomada como um dos eixos de um sistema de referência (x e y na figura), que é *intrínseco* aos objetos em colisão. Uma vez que assumimos que um impacto abrange um intervalo de tempo infinitesimal, vamos supor também que esse sistema de referência xy define a geometria do impacto *em todo o impacto*.

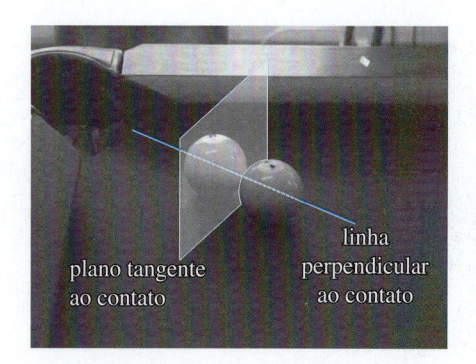

Figura 5.20
Fotografia de duas bolas de bilhar em contato.

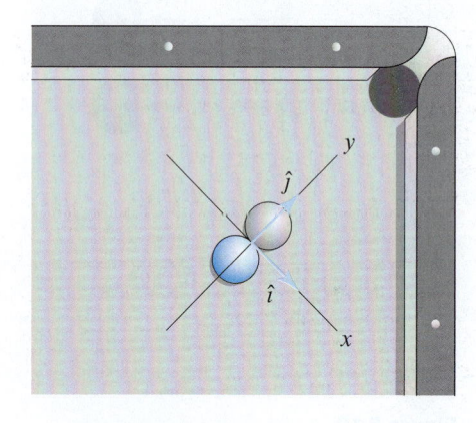

Figura 5.21
Sistema de referência formado por linhas perpendicular e tangente ao ponto de contato entre duas bolas de bilhar em colisão.

Classificação de impactos

Estratégias para a solução de problemas de impacto dependem de como as velocidades pré-impacto são orientadas em relação à LI. Por isso, classificaremos os impactos irrestritos de acordo com a orientação das velocidades pré-impacto, e então analisaremos uma estratégia para resolvê-los. No final da seção, discutiremos a forma de abordar os impactos restritos.

Referindo-se à Fig. 5.22 (a), um *impacto direto* entre duas partículas é aquele em que as velocidades pré-impacto de ambas as partículas são *paralelas* à LI. Consultando a Fig. 5.22 (b), se uma das partículas em colisão tem uma velocidade pré-impacto que não é paralela à LI, o impacto é chamado de *impacto oblíquo*. Um impacto é considerado *central* se a LI contém os centros de massa dos corpos de impacto; caso contrário, o impacto é chamado de *excêntrico*. Se virmos uma partícula como algo que coincide com seu próprio centro de massa, chegamos à conclusão de que as partículas só podem ter impactos centrais.

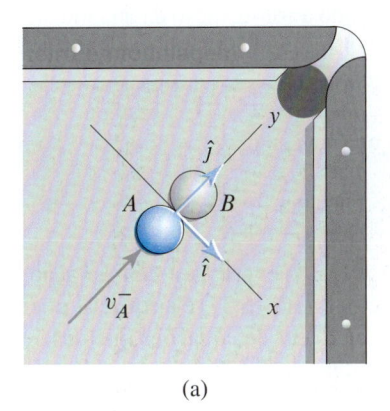

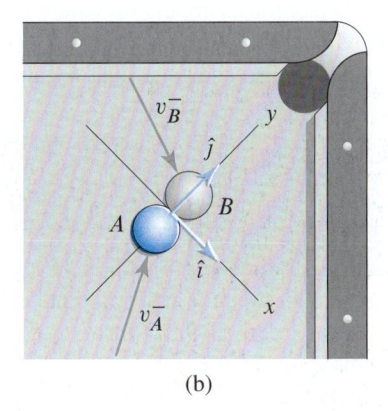

Figura 5.22 (a) Um *impacto central direto*. (b) Um *impacto central oblíquo*.

Essas classificações de impacto (ou seja, direto *versus* oblíquo e central *versus* excêntrico) são então aplicadas a qualquer impacto de forma que, por exemplo, um impacto entre duas partículas em que pelo menos uma das velocidades pré-impacto não é paralela à LI é chamado de *impacto central oblíquo*. Essas noções estão resumidas na Tabela 5.3 e serão vistas novamente no Capítulo 8.

Tabela 5.3 Classificação de impactos

Critério geométrico de impacto		
Velocidades pré-impacto	Centro de massa	Tipo de impacto
paralela à LI	na LI	central direto
paralela à LI	não na LI	excêntrico direto
não paralela à LI	na LI	central oblíquo
não paralela à LI	não na LI	excêntrico oblíquo

Impacto central direto

Observando a Fig. 5.22 (a), considere o impacto das bolas de bilhar A e B tal que as velocidades pré-impacto e a LI coincidam. Este é um *impacto central direto*, que pode ser sempre visto como unidimensional ao longo da LI. Referindo-se à Fig. 5.23 (a), o DCL de impacto relevante para as partículas A e B não contém

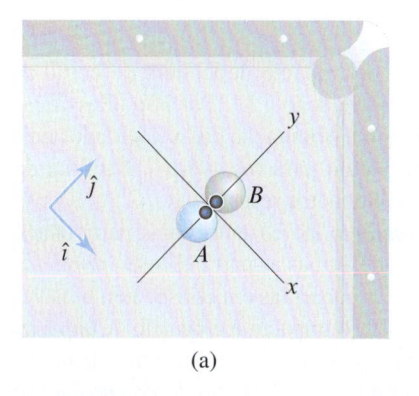

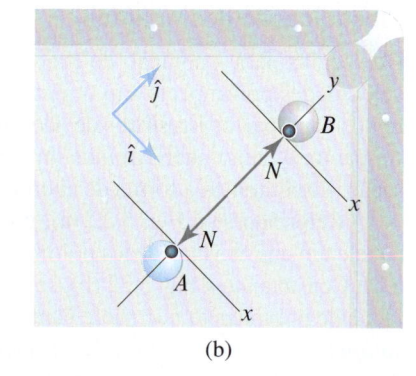

Figura 5.23 (a) DCL do impacto de duas bolas de bilhar modeladas como partículas. (b) DCL das bolas de bilhar A e B individualmente.

quaisquer forças impulsivas externas. Aplicando a conservação da quantidade de movimento e a equação do CR ao longo da LI, vemos que um impacto central direto é governado pelas duas seguintes equações:

$$m_A v^-_{Ay} + m_B v^-_{By} = m_A v^+_{Ay} + m_B v^+_{By}, \qquad (5.36)$$

$$v^+_{By} - v^+_{Ay} = e\left(v^-_{Ay} - v^-_{By}\right), \qquad (5.37)$$

em que a direção y é dada pela LI. A Eq. (5.36) expressa a conservação da quantidade de movimento durante o impacto, e a Eq. (5.37) é a equação do CR. As Eqs. (5.36) e (5.37) formam um sistema linear de equações que descreve completamente o impacto central direto de duas partículas.

Impacto central oblíquo

A Fig. 5.22 (b) mostra o impacto das bolas de bilhar A e B em que a LI não é paralela às velocidades pré-impacto. Este é um *impacto central oblíquo*. Assumindo que sabemos as velocidades pré-impacto, encontraremos as velocidades pós-impacto, ou seja, necessitamos de quatro equações para resolver as duas componentes de cada velocidade pós-impacto. Os DCLs de impacto relevante para esse impacto são mostrados na Fig. 5.23(a) e (b), que mostra que podemos conservar a componente y da quantidade de movimento para A e B juntas (Fig. 5.23(a)) e a componente x da quantidade de movimento para A e B individualmente (Fig. 5.23(b)), ou seja,

$$m_A v^-_{Ay} + m_B v^-_{By} = m_A v^+_{Ay} + m_B v^+_{By}, \qquad (5.38)$$

$$v^-_{Ax} = v^+_{Ax}, \qquad (5.39)$$

$$v^-_{Bx} = v^+_{Bx}, \qquad (5.40)$$

em que cancelamos a massa em ambos os lados das Eqs. (5.39) e (5.40) e assumimos que o impacto é *sem atrito*. Como já vimos, a equação final é a lei de força dada pela equação do CR aplicada ao longo da LI, que nesse caso é

$$v^+_{By} - v^+_{Ay} = e\left(v^-_{Ay} - v^-_{By}\right). \qquad (5.41)$$

As Eqs. (5.38)-(5.41) formam um sistema de quatro equações que podem ser usadas para encontrar as componentes da velocidade pós-impacto de A e B.

Fato interessante

O quanto o modelo de impacto sem atrito é bom? Para o impacto de duas bolas de bilhar (cujas superfícies são duras e lisas), é um modelo muito bom e dá respostas razoáveis. Para o impacto de uma bola de raquetebol (cuja superfície é macia e aderente) com uma parede, o modelo não é tão preciso.

Informações úteis

As Eqs. (5.38)-(5.41) nos permitem resolver as quatro incógnitas. No exemplo da bola de bilhar, as quatro incógnitas foram as velocidades pós-impacto, mas esse não precisa ser o caso. Em um impacto irrestrito em duas dimensões, podemos sempre escrever quatro equações, de modo que sempre podem ser quatro incógnitas - elas não precisam ser as velocidades pós-impacto das partículas.

Impacto perfeitamente plástico. Esse impacto significa que as duas partículas em colisão ficam juntas tornando-se um único objeto, e o DCL na Fig. 5.23 (a) se aplica. (Você percebe por que o DCL da Fig. 5.23(b) não é mais verdadeiro?) Ou seja, após o impacto, temos que ter

$$v_{Ay}^+ = v_{By}^+, \quad (5.42)$$

$$v_{Ax}^+ = v_{Bx}^+, \quad (5.43)$$

e, durante o impacto, a quantidade de movimento é conservada em ambas as direções x e y:

$$m_A v_{Ax}^- + m_B v_{Bx}^- = m_A v_{Ax}^+ + m_B v_{Bx}^+, \quad (5.44)$$

$$m_A v_{Ay}^- + m_B v_{By}^- = m_A v_{Ay}^+ + m_B v_{By}^+. \quad (5.45)$$

As Eqs. (5.42)-(5.45) são as quatro equações que governam qualquer impacto perfeitamente plástico em 2D.

Impacto e energia

Uma vez que os impactos ocorrem em um intervalo infinitesimal de tempo e os objetos em colisão não se movem durante o impacto, esses objetos não podem sofrer mudanças na energia potencial durante o impacto. Do mesmo modo, não pode haver trabalho realizado por qualquer força que exija um deslocamento finito dos objetos em colisão. Assim, o trabalho realizado durante o impacto, que é feito pelas forças impulsivas, só pode ser medido pela comparação das energias cinéticas pré e pós-impacto.

A experiência nos diz que a *energia cinética total* de um sistema de objetos em colisão pode apenas diminuir. A energia cinética total de um sistema de objetos em colisão permanece constante apenas se as colisões forem perfeitamente elásticas, o que é uma idealização. Por esse motivo, é comum dizer-se que há perda de energia em uma colisão. Em uma colisão entre duas partículas A e B, a perda de energia é geralmente expressa como uma porcentagem da energia cinética total pré-impacto, ou seja,

$$\text{Porcentagem de perda de energia} = \frac{T^- - T^+}{T^-} \times 100\%, \quad (5.46)$$

em que

$$T^- = \tfrac{1}{2} m_A (v_A^-)^2 + \tfrac{1}{2} m_B (v_B^-)^2, \quad (5.47)$$

$$T^+ = \tfrac{1}{2} m_A (v_A^+)^2 + \tfrac{1}{2} m_B (v_B^+)^2, \quad (5.48)$$

e T^- e T^+ são as energias cinéticas pré e pós-impacto, respectivamente.

Impacto restrito

Referindo-se à Fig. 5.24, considere a colisão entre o caminhão A e o carro B. Dadas as velocidades pré-impacto, queremos calcular as velocidades pós-impacto, em que a LI é perpendicular à superfície de contato entre o caminhão e o carro, como mostrado. Modelaremos o impacto como um impacto central oblíquo bidimensional entre duas partículas e assumiremos que o contato entre o caminhão e o carro não tem atrito (essa hipótese nem sempre pode ser realista). Isso significa que a força de contato entre A e B é completamente paralela

Alerta de conceito

Impacto plástico *versus* impacto perfeitamente plástico. Um equívoco comum é que, em um impacto com $e = 0$ (ou seja, um impacto plástico), os objetos que colidem ficam juntos após o impacto. Se $e = 0$ na Eq. (5.41), isso significa que a *componente* da velocidade de separação ao longo da LI é igual a zero, mas nada pode ser dito sobre a velocidade de separação perpendicular à LI. Portanto, um impacto com $e = 0$ (um *impacto plástico*) não é, em geral, o mesmo que um *impacto perfeitamente plástico*.

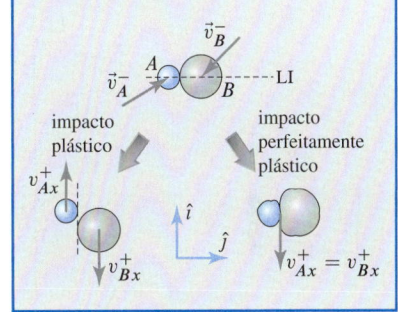

Fato interessante

A energia é realmente perdida? Os princípios da termodinâmica nos dizem que não existem tais coisas como perda de energia a energia é simplesmente transformada em diferentes formas. Especificamente, em uma colisão, a energia que parece ser perdida é transformada em calor, em energia sonora e em energia empregada em deformação permanente.

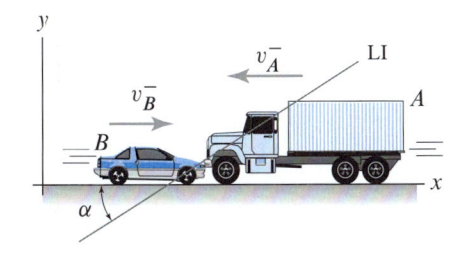

Figura 5.24
Colisão frontal entre um caminhão e um carro pequeno. A orientação da LI é tal que o carro será empurrado para o chão e o caminhão será erguido do chão.

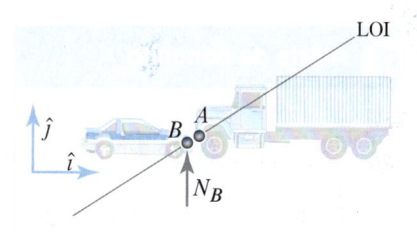

Figura 5.25
DCL de impacto relevante para o sistema caminhão e carro assumindo que o terreno é *rígido* e *sem atrito*. A reação entre o caminhão e o terreno foi omitida porque ela não é impulsiva, uma vez que o caminhão tenderá a ser levantado do chão.

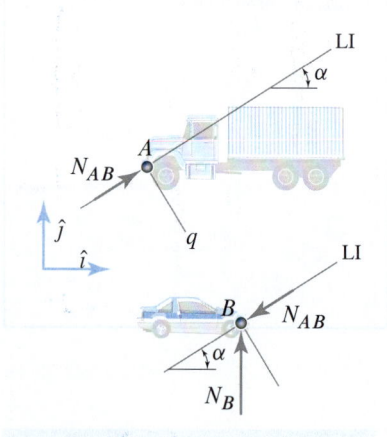

Figura 5.26
DCLs de impacto relevate de *A* e *B*.

à LI. Também assumiremos que o terreno é *rígido* e sem atrito. Por causa da orientação da LI, *B* será empurrado contra o terreno durante o impacto, e, devido à rigidez do chão, a reação entre *B* e o terreno será impulsiva. A terceira lei de Newton então nos diz que *A* tenderá a ser levantado do chão por essa força impulsiva, e por isso a reação entre *A* e o terreno será não impulsiva. O DCL de impacto relevante do sistema formado por *A* e *B* é mostrado na Fig. 5.25.

Dado o DCL na Fig. 5.25, podemos concluir que apenas a componente *x* da quantidade de movimento total é conservada, isto é,

$$m_A v_{Ax}^- + m_B v_{Bx}^- = m_A v_{Ax}^+ + m_B v_{Bx}^+. \qquad (5.49)$$

Uma vez que o impacto é bidimensional, temos quatro incógnitas, a saber, as componentes das velocidades pós-impacto; por isso, precisamos de mais três equações. Outra equação pode ser encontrada observando que o terreno rígido impede *B* de mover-se verticalmente e, assim,

$$v_{By}^+ = 0. \qquad (5.50)$$

Para encontrar as duas últimas equações, temos que considerar os DCLs de *A* e *B* individualmente, que são mostrados na Fig. 5.26. Assumindo que o contato não possui atrito, vemos que não há forças impulsivas atuando em *A* na direção *q*, e, portanto, podemos concluir que a quantidade de movimento linear de *A* é conservada ao longo dessa direção, isto é, $m_A v_{Aq}^- = m_A v_{Aq}^+$, ou

$$v_{Ax}^- \operatorname{sen} \alpha - v_{Ay}^- \cos \alpha = v_{Ax}^+ \operatorname{sen} \alpha - v_{Ay}^+ \cos \alpha. \qquad (5.51)$$

A última equação vem da aplicação da equação do CR ao longo da LI, que fornece

$$\left(v_B^+\right)_{LI} - \left(v_A^+\right)_{LI} = e\left[\left(v_A^-\right)_{LI} - \left(v_B^-\right)_{LI}\right]. \qquad (5.52)$$

Não se pode esperar que o CR para um impacto restrito seja igual ao que mediríamos se o impacto fosse irrestrito, uma vez que o impulso em *A* não é igual e oposto ao que atua em *B*; portanto, os argumentos que usamos para obter a Eq. (5.35) não se aplicam mais. Ainda podemos usar a equação do CR; ela só precisa ser medida sob essas circunstâncias. Escrevendo a Eq. (5.52) em termos das coordenadas *x* e *y*, obtemos

$$\left(v_{Bx}^+ - v_{Ax}^+\right)\cos\alpha + \left(v_{By}^+ - v_{Ay}^+\right)\operatorname{sen}\alpha$$
$$= e\left[\left(v_{Ax}^- - v_{Bx}^-\right)\cos\alpha + \left(v_{Ay}^- - v_{By}^-\right)\operatorname{sen}\alpha\right]. \qquad (5.53)$$

Agora temos quatro equações, isto é, as Eqs. (5.49), (5.50), (5.51) e (5.53), para as quatro incógnitas v_{Ax}^+, v_{Ay}^+, v_{Bx}^+ e v_{By}^+. Em resumo, nossa estratégia teve os seguintes elementos:

1. Identificação das direções ao longo das quais a quantidade de movimento é conservada ao longo do impacto de um e/ou de ambos os corpos, como foi feito nas Eqs. (5.49) e (5.51).
2. Descrição cinemática da restrição, como foi feito na Eq. (5.50).
3. Aplicação da equação do CR ao longo da LI, como foi feito na Eq. (5.53).

Como podemos ver, a identificação da restrição (a rigidez do terreno) e a expressão das suas consequências são a chave para resolver o problema.[3]

Resumo final da seção

Esta seção discutiu o impacto entre partículas. Introduzimos um modelo baseado nas hipóteses resumidas na Tabela 5.4. Descobrimos que existem dois elementos fundamentais para *todo* problema de impacto: (1) a aplicação do princípio do impulso-quantidade de movimento e (2) uma lei de força que nos diz como os objetos em colisão ricocheteiam.

Forças impulsivas são forças que geram uma mudança finita na quantidade de movimento em uma quantidade infinitesimal de tempo. Quando aplicamos o princípio do impulso-quantidade de movimento durante um impacto, apenas as forças impulsivas desempenham papel, então, elas são as únicas forças incluídas no DCL. Problemas envolvendo o impacto entre duas partículas geralmente implicam quatro incógnitas; logo, quatro equações são necessárias. A geometria de um *impacto irrestrito* (para o qual não existem forças externas impulsivas) entre duas partículas é mostrada na Fig. 5.27. Quando o impacto é sem atrito, as quatro equações vêm de

1. Aplicação do princípio do impulso-quantidade de movimento para ambas as partículas ao longo da LI (a direção y), que fornece

   Eq. (5.38), p.364
   $$m_A v_{Ay}^- + m_B v_{By}^- = m_A v_{Ay}^+ + m_B v_{By}^+.$$

2. Aplicação do princípio do impulso-quantidade de movimento para a partícula A na direção x, que fornece

   Eq. (5.39), p.364
   $$v_{Ax}^- = v_{Ax}^+.$$

3. Aplicação do princípio do impulso-quantidade de movimento para a partícula B na direção x, que fornece

   Eq. (5.40), p.364
   $$v_{Bx}^- = v_{Bx}^+.$$

4. Aplicação da equação do CR ao longo da LI, que é dada por

   Eq. (5.25), p.360
   $$e = \frac{\text{velocidade de separação}}{\text{velocidade de aproximação}} = \frac{v_{By}^+ - v_{Ay}^+}{v_{Ay}^- - v_{By}^-}.$$

Tabela 5.4
Hipóteses usadas em nosso modelo de impacto

Característica física	Hipótese do impacto
duração do impacto	infinitesimal
deslocamento da partícula	zero
força na partícula	infinita
variação na quantidade de movimento	instantânea

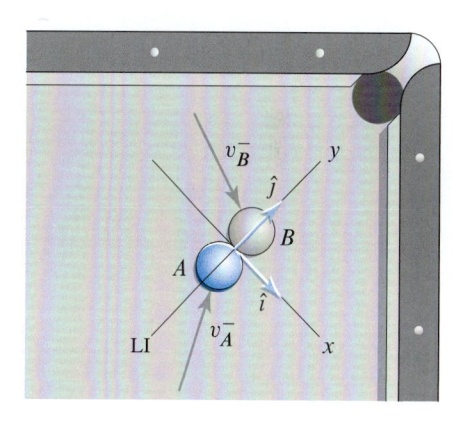

Figura 5.27
Geometria do impacto de duas partículas.

---

[3] Não é difícil imaginar os problemas em que essa estratégia poderia falhar. Por exemplo, se o terreno, além de ser rígido, possuísse atrito, então a quantidade de movimento não deveria ser conservada na direção x. Isso deve nos lembrar que nossa teoria, como qualquer teoria, possui limitações.

O coeficiente de restituição *e* determina a natureza do ricochete entre as duas partículas. Quando $e = 0$, o impacto é chamado de *plástico* (os objetos não necessariamente permanecem juntos em um impacto plástico); quando $0 < e < 1$, o impacto é chamado de *elástico*; e, quando $e = 1$, ele é chamado de *perfeitamente elástico*.

Em um *impacto perfeitamente plástico*, os objetos em colisão permanecem juntos após o impacto. Portanto, em um impacto perfeitamente plástico, o fato de os objetos se unirem é refletido nas equações

> **Eq. (5.42) e (5.43), p.365**
>
> $$v_{Ay}^{+} = v_{By}^{+} \quad \text{e} \quad v_{Ax}^{+} = v_{Bx}^{+}.$$

Além disso, a quantidade de movimento é conservada em todas as direções durante o impacto, o que fornece

> **Eq. (5.44) e (5.45), p.365**
>
> $$m_A v_{Ax}^{-} + m_B v_{Bx}^{-} = m_A v_{Ax}^{+} + m_B v_{Bx}^{+},$$
>
> $$m_A v_{Ay}^{-} + m_B v_{By}^{-} = m_A v_{Ay}^{+} + m_B v_{By}^{+}.$$

Impacto e energia. A menos que um impacto seja perfeitamente elástico, energia mecânica deve ser perdida durante o impacto. Geralmente, a perda de energia é calculada como uma porcentagem da energia cinética total pré-impacto, ou como

> **Eq. (5.46), p.365**
>
> $$\text{Porcentagem de perda de energia} = \frac{T^{-} - T^{+}}{T^{-}} \times 100\%,$$

em que T^{-} é a energia cinética total pré-impacto e T^{+} é a energia cinética total pós-impacto, e elas são dadas por

> **Eq. (5.47) e (5.48), p.365**
>
> $$T^{-} = \tfrac{1}{2} m_A (v_A^{-})^2 + \tfrac{1}{2} m_B (v_B^{-})^2,$$
>
> $$T^{+} = \tfrac{1}{2} m_A (v_A^{+})^2 + \tfrac{1}{2} m_B (v_B^{+})^2.$$

Impacto restrito. Em um impacto restrito, um dos objetos está fisicamente restrito a mover-se em alguma direção. Nossa estratégia para resolver esses problemas possui os seguintes elementos

1. Identificação das direções ao longo das quais a quantidade de movimento é conservada ao longo do impacto de um e/ou de ambos os corpos.
2. Descrição cinemática da restrição, o que significa que o corpo restrito pode apenas se mover normal à restrição após o impacto.
3. Aplicação da equação do CR ao longo da LI.

EXEMPLO 5.6 Impacto central direto de duas bolas de boliche

A bola de boliche A, movendo-se a 1,8 m/s, chega a uma estação de retorno e colide com a bola B, que está em repouso. As bolas A e B têm pesos $m_A = 6$ kg e $m_B = 7,5$ kg, respectivamente, e diâmetros idênticos, e o CR para a colisão é $e = 0,98$. Determine as velocidades pós-impacto das bolas A e B.

SOLUÇÃO

Roteiro e modelagem O movimento das duas bolas ocorre ao longo de uma linha horizontal, e assim a colisão é unidimensional. Uma vez que os diâmetros das bolas são idênticos, a LI também é horizontal; logo, a força de contato entre as bolas será horizontal. Isso significa que as reações verticais entre as bolas e o retorno da bola são não impulsivas. Desse modo, o DCL de impacto relevante para as duas bolas é mostrado na Fig. 2. Tratando A e B como partículas, podemos modelar esse impacto como um impacto central direto irrestrito.

Figura 1
Bola chegando em uma estação de retorno de bola de boliche.

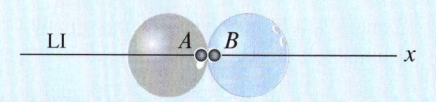

Figura 2
DCL de impacto relevante das partículas em colisão.

Equações fundamentais

Princípios de equilíbrio Referindo-se à Fig. 2, como não há forças externas impulsivas agindo sobre o sistema, podemos conservar a quantidade de movimento na direção x como

$$m_A v^-_{Ax} + m_B v^-_{Bx} = m_A v^+_{Ax} + m_B v^+_{Bx}, \quad (1)$$

em que m_A e m_B representam as massas de A e B, respectivamente.

Leis da força Como vimos, a lei da força que caracteriza os impactos é a equação do CR, que para este problema é

$$v^+_{Bx} - v^+_{Ax} = e(v^-_{Ax} - v^-_{Bx}). \quad (2)$$

Equações cinemáticas Como o problema é unidimensional, a única informação cinemática remanescente a ser formulada consiste na listagem das velocidades conhecidas. Essa informação é dada pelas seguintes relações:

$$v^-_{Ax} = 1,8 \text{ m/s} \quad \text{e} \quad v^-_{Bx} = 0 \text{ m/s}. \quad (3)$$

Cálculos Depois de substituir a Eq. (3) nas Eqs. (1) e (2), ficamos com um sistema de duas equações e duas incógnitas, v^+_{Ax} e v^+_{Bx}. Resolvendo esse sistema, obtemos

$$v^+_{Ax} = \frac{m_A v^-_{Ax} + m_B[v^-_{Bx} + e(v^-_{Bx} - v^-_{Ax})]}{m_A + m_B} = -0,18 \text{ m/s}, \quad (4)$$

$$v^+_{Bx} = \frac{m_B v^-_{Bx} + m_A[v^-_{Ax} + e(v^-_{Ax} - v^-_{Bx})]}{m_A + m_B} = 1,584 \text{ m/s}. \quad (5)$$

Discussão e verificação A solução está de acordo com a experiência comum em que a bola A, sendo mais leve do que bola B, ricocheteia para trás (à esquerda). Além disso, dado que o valor do CR é inferior a 1, esperamos que o impacto implique uma perda de energia cinética. Um cálculo rápido com base nos dados apresentados e nos resultados finais nos diz que as energias cinéticas totais pré e pós-impacto para o sistema são $T^- = 9{,}72$ N·m e $T^+ = 9{,}51$ N·m, respectivamente. Uma vez que $T^+ < T^-$, podemos dizer que nossa solução se comporta como o esperado.

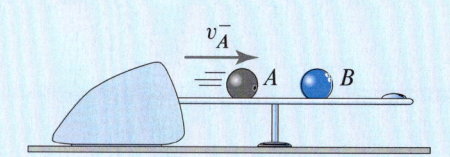

Informações úteis

E quanto à conservação da quantidade de movimento em y? Poderíamos, naturalmente, conservar a quantidade de movimento na direção y, mas seria simplesmente uma equação afirmando que $0 = 0$.

EXEMPLO 5.7 Impacto central direto de uma bola com o chão

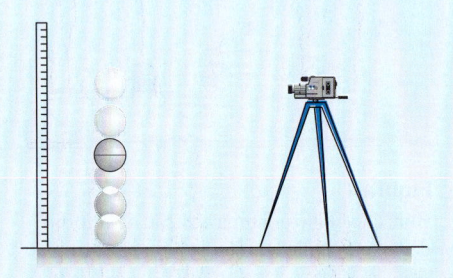

Figura 1
Câmera de vídeo gravando o movimento de uma bola caindo no chão e quicando.

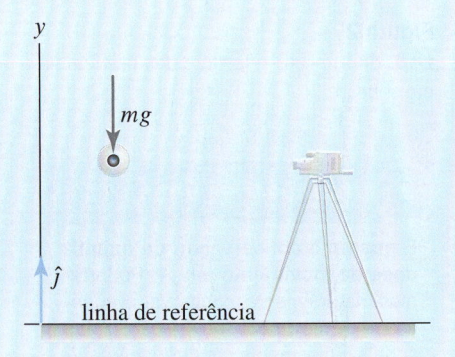

Figura 2
DCL de uma bola antes e após o impacto com o chão.

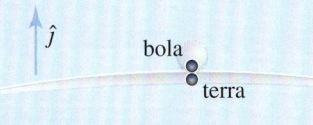

Figura 3
DCL da bola durante o impacto com o/a chão/Terra.

Informações úteis

O momento do impacto. Foram definidos quatro estados, a saber, ①–④, mas é importante lembrar que os estados ② e ③ são assumidos como acontecendo essencialmente ao mesmo tempo; isto é, $t_2 \approx t_3 \approx t_i$, em que t_i é o momento do impacto. Isso acontece porque vemos os impactos como eventos que acontecem em uma quantidade infinitesimal de tempo e porque o evento que separa ② e ③ é o impacto entre a bola e o chão.

Um experimento é realizado para medir o CR do impacto de uma bola com o chão (Fig. 1). O experimento consiste na gravação de um vídeo do movimento de uma bola que está inicialmente em repouso e cai no chão de uma altura conhecida. Ao usar a gravação do vídeo, é possível medir a altura máxima que a bola quica. Use as medições da altura de lançamento e da altura máxima em que ela quica para medir o CR para o impacto.

SOLUÇÃO

Roteiro e modelagem Desprezando a resistência do ar, o DCL antes e após o impacto com o chão é mostrado na Fig. 2. O DCL da bola e do chão durante o impacto é mostrado na Fig. 3. Referindo-se à Fig. 2, podemos usar o princípio do trabalho-energia para relacionar a altura do lançamento da bola com a velocidade com que ela atinge o chão. Da mesma forma, podemos relacionar a altura que ela quica com a velocidade com que a bola ricocheteia no chão. Referindo-se à Fig. 3, podemos aplicar as equações do impacto central direto (Eqs. (5.36) e (5.37)) ao impacto entre a bola e o chão.

Aplicação do princípio do trabalho-energia

Equações fundamentais

Princípios de equilíbrio Consideraremos que ① denota o estado da bola no instante do lançamento, ② o estado da bola no instante anterior ao impacto com o chão, ③ o estado da bola no instante posterior ao impacto e ④ o estado da bola na altura máxima de ricochete. Por conseguinte, uma vez que todas as forças são conservativas, a aplicação do princípio do trabalho-energia entre ① e ② e entre ③ e ④ assume a forma

$$T_1 + V_1 = T_2 + V_2, \tag{1}$$

$$T_3 + V_3 = T_4 + V_4. \tag{2}$$

As expressões para as energias cinéticas são dadas por

$$T_1 = \tfrac{1}{2}mv_1^2, \quad T_2 = \tfrac{1}{2}mv_2^2, \quad T_3 = \tfrac{1}{2}mv_3^2, \quad T_4 = \tfrac{1}{2}mv_4^2, \tag{3}$$

em que v_1 é a velocidade de lançamento, v_2 é a velocidade com que a bola colide com o chão, v_3 é a velocidade com que a bola quica no chão e v_4 é a velocidade na altura máxima do ricochete.

Lei da força Selecionando o chão como nossa referência, temos

$$V_1 = mgh_i, \quad V_2 = 0, \quad V_3 = 0, \quad V_4 = mgh_f, \tag{4}$$

em que h_i é a altura de lançamento e h_f é a altura de ricochete (os subscritos i e f representam inicial e final, respectivamente).

Equações cinemáticas As equações cinemáticas relacionam as velocidades da bola em ① e ④, que são

$$v_1 = 0 \quad \text{e} \quad v_4 = 0. \tag{5}$$

A combinação das Eqs. (1)–(5) permite-nos resolver v_2 e v_3.

Aplicação do princípio do impulso-quantidade de movimento

Equações fundamentais

Princípios de equilíbrio Referindo-se ao DCL de impacto relevante da bola colidindo com o chão na Fig. 3, vemos que não há forças externas impulsivas na direção y. Portanto, resolveremos este problema exatamente como resolvemos o Exemplo 5.6, exceto pelo fato de que agora a Terra é uma das partículas. Aplicando a conservação da quantidade de movimento na direção y, obtemos

$$mv_2 + m_e v_e^- = mv_3 + m_e v_e^+, \tag{6}$$

em que m_e é a massa da Terra e v_e^- e v_e^+ são as velocidades pré- e pós-impacto da Terra, respectivamente.

Leis da força A equação do CR para a bola e a Terra é

$$v_3 - v_e^+ = e\left(v_e^- - v_2\right). \tag{7}$$

Equações cinemáticas As equações cinemáticas nessa situação vêm da consideração do fato de que a massa da Terra é *muito* maior do que a massa da bola. Dividindo ambos os lados da Eq. (6) por m_e, obtemos

$$\frac{m}{m_e}v_2 + v_e^- = \frac{m}{m_e}v_3 + v_e^+ \quad \Rightarrow \quad v_e^- = v_e^+ = 0, \tag{8}$$

em que usamos $m/m_e \approx 0$ e o fato de que a Terra não está em movimento antes do impacto para obter $v_e^- = v_e^+ = 0$. Se a Terra não está em movimento antes do impacto, ela certamente não está se movendo depois!

Cálculos Combinando as Eqs. (1)-(5), temos

$$mgh_i = \tfrac{1}{2}mv_2^2 \quad \text{e} \quad \tfrac{1}{2}mv_3^2 = mgh_f, \tag{9}$$

a qual pode ser resolvida para v_2 e v_3 para obter

$$v_2 = -\sqrt{2gh_i} \quad \text{e} \quad v_3 = \sqrt{2gh_f}, \tag{10}$$

em que, baseados na escolha do sistema de coordenadas, escolhemos a raiz negativa para v_2 e a raiz positiva para v_3.

Substituindo a Eq. (8) na Eq. (7), obtemos

$$v_3 = -ev_2 \quad \Rightarrow \quad \boxed{e = \sqrt{\frac{h_f}{h_i}},} \tag{11}$$

em que as Eqs. (10) foram utilizadas.

Discussão e verificação Para verificar se a nossa fórmula final do CR está correta, podemos comparar a sua determinação com a nossa experiência cotidiana. Se soltarmos uma bola de uma altura h_i, a altura máxima h_f que quicará é menor que h_i, isto é, $h_f < h_i$. Além disso, em geral, $h_f \geq 0$. Assim, utilizando a Eq. (11), podemos concluir que $0 \leq e \leq 1$, o que equivale a dizer que e se comporta como o esperado. Além disso, pode-se observar que para $e = 1$ devemos ter $h_f = h_i$, o que significa dizer que a altura que a bola quica é igual à altura do lançamento somente se a colisão é perfeitamente elástica.

Um olhar mais atento Observe que não precisamos escrever ambas as Eqs. (6) e (7) toda vez que temos que resolver um problema no qual uma partícula colide com uma superfície sem movimento. Podemos simplesmente escrever

$$v_{\text{partícula}}^+ - v_{\text{superfície}}^+ = e\left(v_{\text{superfície}}^- - v_{\text{partícula}}^-\right), \tag{12}$$

ao longo da LI e, em seguida, assumir $v_{\text{superfície}}^- = v_{\text{superfície}}^+ = 0$, para obter o resultado que

$$v_{\text{partícula}}^+ = -ev_{\text{partícula}}^-. \tag{13}$$

Fato interessante

Movimento da Terra devido ao impacto (e outras coisas). A Terra se move uma quantidade muito pequena quando um objeto colide com ela – a conservação da quantidade de movimento nos diz que *deve* ser assim. Como a Eq. (8) nos diz, a relação entre as massas é tão pequena que o movimento da Terra em um impacto típico, como o resolvido aqui, não pode ser medido. Alguns objetos que se movem sobre a Terra podem provocar alterações no movimento da Terra. Por exemplo, os terremotos, que envolvem o movimento de grandes porções da crosta terrestre, produzem mudanças no movimento da Terra que podem ser detectadas.

EXEMPLO 5.8 Uma sequência de colisões de partículas

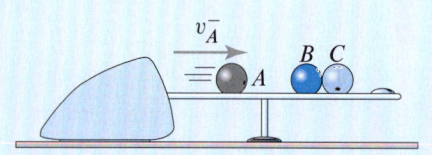

Figura 1
Bola chegando a uma estação de retorno de bolas de boliche.

Fato interessante

Propagação de informações. Como a bola C sabe sobre a colisão entre as bolas A e B? A resposta é que ela conhece em parte porque B (como um todo) se moverá e em parte porque o impacto A-B gera ondas sonoras que percorrem B e, em seguida, são transmitidas para C. Devido a esse mecanismo duplo de propagação de informações, se a informação sonora se move muito mais rapidamente que B, podemos afirmar que C é afetada pelo impacto A-B mesmo se B não se mover apreciavelmente. Portanto, para resolver este problema, assumimos que as velocidades da ordem de 1,8 m/s (p. ex., v_A^-) são muito menores que a velocidade do som nas bolas de boliche, que estima-se exceder a velocidade do som em produtos de nylon comum (ou seja, cerca de 1.500 m/s).

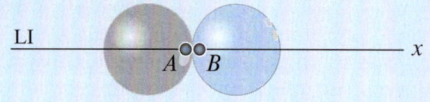

DCL da colisão A-B

DCL da colisão B-C

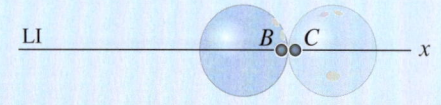

Figura 2
DCLs de impacto relevante para os impactos entre A e B e entre B e C.

Uma bola de boliche A, movendo-se a 1,8 m/s, chega a uma estação de retorno e colide com a bola B, que está em contato com a bola C. As bolas B e C estão inicialmente em repouso. Considere $m_A = 7{,}5$ kg, $m_B = 6$ kg e $m_C = 7$ kg as massas de A, B e C, respectivamente. Além disso, considere $e_{AB} = 0{,}98$ e $e_{BC} = 0{,}94$ as medições dos CRs para os impactos individuais entre as bolas A e B e as bolas B e C, respectivamente. Use as informações fornecidas para determinar as velocidades pós-impacto das três bolas.

SOLUÇÃO

Roteiro e modelagem A teoria desenvolvida nesta seção aplica-se apenas no impacto instantâneo de duas partículas. No entanto, uma vez que A, B e C estão dispostas em série, podemos tornar o problema possível de ser resolvido se assumirmos que as bolas B e C estão separadas por um espaço muito pequeno em vez de estarem em contato. Então, o problema pode ser visto como uma *sequência de colisões*. Essa sequência é composta de pelo menos um impacto entre A e B, seguido de um impacto entre B e C, embora impactos adicionais possam ocorrer. O movimento final das bolas deve satisfazer a desigualdade

$$v_A^+ \leq v_B^+ \leq v_C^+, \tag{1}$$

em que estamos assumindo que todo o movimento ocorre na direção x (veja a Fig. 2) e de modo que o subscrito seja omitido.

As bolas têm o mesmo diâmetro, de modo que a LI é paralela às guias de retorno da bola. Portanto, as forças de reação entre as bolas e as guias não são afetadas pelo impacto e podem ser consideradas *não impulsivas*. Os DCLs resultantes de impacto relevante para os impactos A-B e B-C são mostrados na Fig. 2. Como o movimento está na direção paralela à LI, todos os impactos são centrais diretos irrestritos.

--- **Primeira colisão (A-B) e segunda colisão (B-C)** ---

Equações fundamentais

Princípios de equilíbrio Os impactos A-B e B-C são eventos *separados, mas sequenciais*. Em vista da Fig. 2, podemos dizer que a quantidade de movimento é conservada na direção x para essas colisões, ou seja,

$$m_A v_{A1}^- + m_B v_{B1}^- = m_A v_{A1}^+ + m_B v_{B1}^+, \tag{2}$$

$$m_B v_{B2}^- + m_C v_{C2}^- = m_B v_{B2}^+ + m_C v_{C2}^+, \tag{3}$$

em que v_{A1}^+ e v_{B1}^+ são as velocidades de A e B imediatamente após a primeira colisão; v_{B2}^- e v_{C2}^- são as velocidades de B e C imediatamente antes da segunda colisão; e v_{B2}^+ e v_{C2}^+ são as velocidades de B e C imediatamente após a segunda colisão. Note que a velocidade de B e C após a primeira colisão deve ser igual à velocidade de B antes da segunda, ou seja,

$$v_{B1}^+ = v_{B2}^-. \tag{4}$$

Leis da força Para o primeiro impacto (A-B) e o segundo impacto (B-C), temos duas equações de CR correspondentes, ou seja,

$$v_{B1}^+ - v_{A1}^+ = e_{AB}\left(v_{A1}^- - v_{B1}^-\right), \tag{5}$$

$$v_{C2}^+ - v_{B2}^+ = e_{BC}\left(v_{B2}^- - v_{C2}^-\right). \tag{6}$$

Equações cinemáticas Listando os valores conhecidos de velocidade para as várias bolas, temos

$$v_{A1}^- = 1{,}8\,\text{m/s}, \quad v_{B1}^- = 0\,\text{m/s} \quad \text{e} \quad v_{C2}^- = 0\,\text{m/s}. \tag{7}$$

Cálculos Depois de inserirmos as Eqs. (4) e (7), as Eqs. (2), (3), (5) e (6) formam um sistema de quatro equações e quatro incógnitas v_{A1}^+, v_{B1}^+, v_{B2}^+ e v_{C2}^+. Para a primeira colisão, resolvemos as Eqs. (2) e (5) para v_{A1}^+ e v_{B1}^+, e, em seguida, substituímos essa solução nas Eqs. (3) e (6), que podem então ser resolvidas para v_{B2}^+ e v_{C2}^+. Resolvendo, obtemos

$$v_{A1}^+ = 0{,}216\,\text{m/s}, \quad v_{B1}^+ = 1{,}980\,\text{m/s},$$
$$v_{B2}^+ = -0{,}090\,\text{m/s}, \; v_{C2}^+ = 1{,}770\,\text{m/s}. \tag{8}$$

Discussão e verificação Neste ponto, as nossas candidatas a velocidades pós-impacto são v_{A1}^+, v_{B2}^+ e v_{C2}^+. Os valores apresentados na Eq. (8) não satisfazem as desigualdades na Eq. (1). Embora o resultado para C seja aceitável, os valores para v_{A1}^+ e v_{B2}^+ dizem que a bola A está se movendo para a direita e a bola B está se movendo para a esquerda – portanto A e B colidirão novamente. Por isso, precisamos estudar essa terceira colisão e determinar se ela é a última.

──────────── **Terceira colisão (A-B)** ────────────

Equações fundamentais

Princípios de equilíbrio Referindo-se novamente à metade superior da Fig. 2, podemos escrever uma equação da conservação da quantidade de movimento para A e B durante a terceira colisão como

$$m_A v_{A3}^- + m_B v_{B3}^- = m_A v_{A3}^+ + m_B v_{B3}^+. \tag{9}$$

Precisamos perceber que A não está envolvida na segunda colisão, assim, a velocidade de A após a primeira colisão é a mesma que a velocidade de A antes da terceira colisão. Além disso, a velocidade de B após a segunda colisão é igual à velocidade de B antes da terceira colisão. Matematicamente, essas duas afirmações fornecem

$$v_{A1}^+ = v_{A3}^- \quad \text{e} \quad v_{B2}^+ = v_{B3}^-. \tag{10}$$

Leis da força A equação do CR para esse terceiro impacto é dada por

$$v_{B3}^+ - v_{A3}^+ = e_{AB}\left(v_{A3}^- - v_{B3}^-\right). \tag{11}$$

Equações cinemáticas As velocidades das componentes conhecidas para essa colisão são

$$v_{A3}^- = v_{A1}^+ = 0{,}216\,\text{m/s} \quad \text{e} \quad v_{B3}^- = v_{B2}^+ = -0{,}090\,\text{m/s}. \tag{12}$$

Cálculos Substituindo as Eqs. (12) nas Eqs. (9) e (11), temos um sistema de duas equações e duas incógnitas, v_{A3}^+ e v_{B3}^+. A solução para essas duas equações produz os seguintes resultados:

$$v_{A3}^+ = -0{,}053\,\text{m/s} \quad \text{e} \quad v_{B3}^+ = 0{,}247\,\text{m/s}. \tag{13}$$

Com esses resultados, agora satisfazemos a Eq. (1), e então os resultados finais são

$$\boxed{v_A^+ = -0{,}053\,\text{m/s}, \quad v_B^+ = 0{,}247\,\text{m/s}, \quad v_C^+ = 1{,}77\,\text{m/s}.} \tag{14}$$

Discussão e verificação No final da terceira colisão na sequência global, sabemos que a bola A está se movendo para a esquerda enquanto a bola B e a bola C estão ambas se movendo para a direita. Além disso, uma quarta colisão, dessa vez entre B e C, não pode ocorrer porque a bola C está se movendo para a direita mais rapidamente que B. Além disso, devemos esperar que a energia cinética diminuirá em uma colisão não perfeitamente elástica. A energia cinética total final do sistema é $11{,}16\,\text{N}\cdot\text{m}$, enquanto a energia cinética inicial era $12{,}15\,\text{N}\cdot\text{m}$.

EXEMPLO 5.9 Impacto central oblíquo em hóquei aéreo

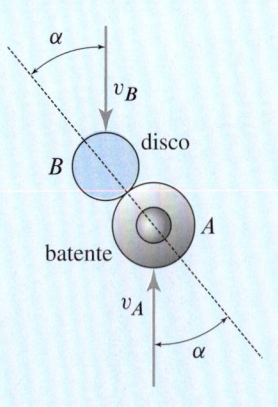

Em um jogo de hóquei aéreo[4], um batente A de 170 g é solto[5] e colide com um disco B de 28 g enquanto este está em movimento (Fig. 1). Admitindo que a colisão é perfeitamente elástica, $\alpha = 40°$ e as velocidades pré-impacto do batente e do disco são 2,8 m/s e 6 m/s, respectivamente, determine as velocidades pós-impacto do batente e do disco. Por último, verifique se as energias cinéticas totais pré e pós-impacto são iguais em uma colisão perfeitamente elástica.

Figura 1
Um disco de hóquei B (azul) colidindo com um batedor A (cinza) em um jogo de hóquei aéreo.

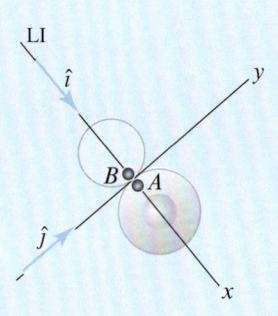

SOLUÇÃO

Roteiro e modelagem Modelando tanto o disco quanto o batente como partículas, podemos facilmente identificar a LI como a linha que liga os seus centros, que é a linha tracejada na Fig. 1. Uma vez que as velocidades pré-impacto não são paralelas à LI, podemos ver que é um impacto central oblíquo. O DCL de impacto relevante para a A e B em conjunto é mostrado na Fig. 2. Os DCLs individuais de A e B são mostrados na Fig. 3, nos quais assumimos que a superfície de impacto não possui atrito e, assim, as forças internas impulsivas são paralelas à LI.

Equações fundamentais

Princípios de equilíbrio Seguindo a discussão do impacto central oblíquo apresentada anteriormente nesta seção, sempre que o contato entre dois objetos em colisão não possui atrito, é mais conveniente (1) escrever uma única equação de conservação de quantidade de movimento ao longo da LI e (2) escrever duas equações adicionais de conservação de quantidade de movimento, uma para cada partícula, na direção ortogonal à linha de impacto. Procedendo dessa forma, obtemos

$$m_A v_{Ax}^- + m_B v_{Bx}^- = m_A v_{Ax}^+ + m_B v_{Bx}^+, \quad (1)$$

$$m_A v_{Ay}^- = m_A v_{Ay}^+ \quad \Rightarrow \quad v_{Ay}^- = v_{Ay}^+, \quad (2)$$

$$m_B v_{By}^- = m_B v_{By}^+ \quad \Rightarrow \quad v_{By}^- = v_{By}^+. \quad (3)$$

As Eqs. (2) e (3) refletem o fato de que, para cada partícula individual, não há forças impulsivas atuando na direção perpendicular à LI (veja a Fig. 3).

Leis da força Uma vez que a colisão é perfeitamente elástica (isto é, $e = 1$) a equação do CR para esse impacto é

$$v_{Bx}^+ - v_{Ax}^+ = v_{Ax}^- - v_{Bx}^-. \quad (4)$$

Equações cinemáticas As equações cinemáticas para este problema, como para muitos problemas de impacto, consistem em uma lista de componentes de velocidade conhecidas. As velocidades pré-impacto são conhecidas para ambas as partículas, e, referindo-se à Fig. 4, elas são

$$v_{Ax}^- = -v_A^- \cos\alpha \quad \Rightarrow \quad v_{Ax}^- = -2{,}145 \text{ m/s}, \quad (5)$$

$$v_{Ay}^- = v_A^- \operatorname{sen}\alpha \quad \Rightarrow \quad v_{Ay}^- = 1{,}80 \text{ m/s}, \quad (6)$$

Figura 2
DCL para A e B combinados. Escolhemos o eixo x para coincidir com a LI.

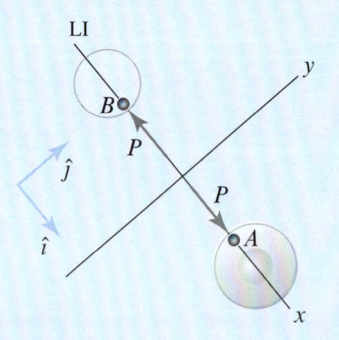

Figura 3
DCLs para A e B tomados individualmente. A força P é a força de contato impulsiva entre A e B durante o impacto.

---

[4] Hóquei aéreo é um jogo no qual os jogadores usam batedores rígidos de plástico para bater em um disco de plástico, que logo desliza sobre uma mesa horizontal. O objetivo do jogo é acertar o disco no gol adversário. Para facilitar o movimento de deslizamento do disco, a mesa usada para o jogo tem uma superfície com uma série de furos de pequeno diâmetro por onde o ar é empurrado por um pequeno compressor. Consequentemente, o disco essencialmente desliza sobre uma fina almofada de ar.

[5] "Perder o controle do batente enquanto o disco está em jogo" é considerado uma falta de acordo com as regras oficiais do hóquei aéreo.

$$v_{Bx}^- = v_B^- \cos\alpha \quad \Rightarrow \quad v_{Bx}^- = 4{,}596\,\text{m/s}, \tag{7}$$

$$v_{By}^- = -v_B^- \operatorname{sen}\alpha \quad \Rightarrow \quad v_{By}^- = -3{,}857\,\text{m/s}. \tag{8}$$

Cálculos Substituindo as Eqs. (5)-(8) nas Eqs. (1)-(4), obtemos um sistema de quatro equações para quatro incógnitas, $v_{Ax}^+, v_{Ay}^+, v_{Bx}^+$ e v_{By}^+. Em vez de lidar com quatro equações e quatro incógnitas, é útil observar que as equações na direção x estão dissociadas daquelas na direção y. Isso significa que podemos encarar as Eqs. (1) e (4) como formadoras de um sistema de duas equações para duas incógnitas, v_{Ax}^+ e v_{Bx}^+. A solução dessas duas equações resulta em

$$\boxed{v_{Ax}^+ = -0{,}239\,\text{m/s} \quad \text{e} \quad v_{Bx}^+ = -6{,}98\,\text{m/s}.} \tag{9}$$

Quanto às duas incógnitas remanescentes, elas podem ser obtidas diretamente substituindo as Eqs. (6) e (8) nas Eqs. (2) e (3), respectivamente, o que resulta em

$$\boxed{v_{Ay}^+ = 1{,}80\,\text{m/s} \quad \text{e} \quad v_{By}^+ = -3{,}857\,\text{m/s}.} \tag{10}$$

Agora podemos verificar a afirmação de que, para uma colisão elástica, as energias cinéticas pré e pós-impacto têm o mesmo valor. A energia cinética total pré-impacto é

$$\boxed{T^- = \tfrac{1}{2}m_A(v_A^-)^2 + \tfrac{1}{2}m_B(v_B^-)^2 = 1{,}170\,\text{Nm},} \tag{11}$$

e a energia cinética total pós impacto é

$$\boxed{T^+ = \tfrac{1}{2}m_A(v_A^+)^2 + \tfrac{1}{2}m_B(v_B^+)^2 = 1{,}170\,\text{Nm},} \tag{12}$$

verificando, assim, que a energia não se altera durante uma colisão perfeitamente elástica.

Discussão e verificação Esse problema é um exemplo de como lidar com os típicos impactos centrais oblíquos. A solução discutida aqui exige que o contato entre os objetos em colisão seja sem atrito. Além disso, nesse impacto de partículas, o ângulo entre a velocidade de entrada de A e a LI era igual ao ângulo entre a velocidade de entrada de B e a LI (ambos eram α). Esse não será sempre o caso, mas é simples modificar as Eqs. (5)-(8) para retratar diferentes ângulos de entrada – a estratégia básica que seguimos é geral.

Também é útil analisar geometricamente as velocidades pós-impacto. Referindo-se à Fig. 5, vemos que

$$\beta = 180° + \operatorname{tg}^{-1}\left[\frac{v_{Ay}^+}{v_{Ax}^+}\right] = 97{,}5° \quad \text{e} \quad \gamma = \operatorname{tg}^{-1}\left[\frac{v_{By}^+}{v_{Bx}^+}\right] = 28{,}9°. \tag{13}$$

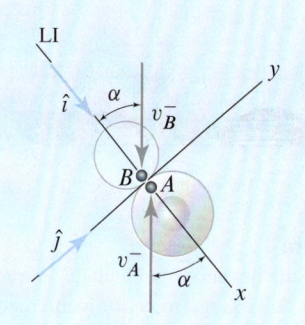

Figura 4
Geometria do impacto entre o disco e o batedor.

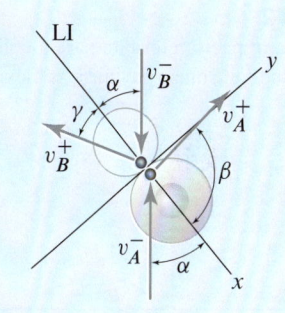

Figura 5
Geometria pós-impacto do disco e do batedor.

Esses ângulos parecem razoáveis. Se tivéssemos encontrado, por exemplo, $\beta = -80°$, saberíamos que algo estava errado.

EXEMPLO 5.10 Impacto restrito entre um carro e um caminhão

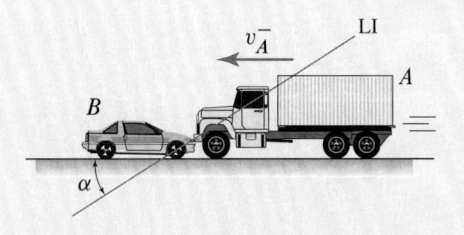

Figura 1
Impacto de baixa velocidade entre um carro de passageiros e um caminhão de médio porte. O ângulo $\alpha = 25°$, o CR para a colisão é $e = 0,1$, $m_A = 15.000$ kg, $m_B = 1.000$ kg e $v_A^- = 7,3$ km/h.

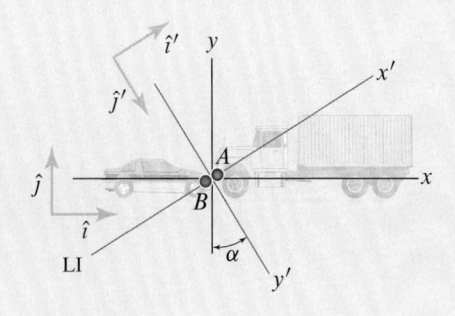

Figura 2
DCL de impacto relevante para a colisão A-B assumindo que o pavimento é flexível.

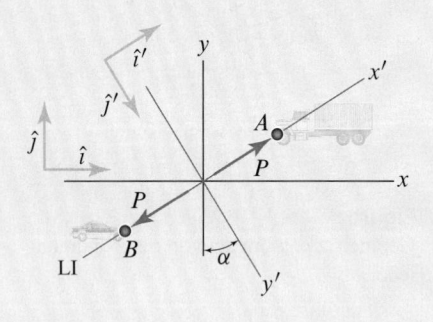

Figura 3
DCLs de impacto relevante para A e B considerados individualmente, assumindo que o pavimento é flexível.

Um caminhão A colide contra um carro estacionado B (Fig. 1). Supondo que o atrito entre A e B e entre B e o chão é desprezível, compare as velocidades pós-impacto se (a) o pavimento é flexível e (b) se o pavimento é rígido.

SOLUÇÃO

Roteiro Este exemplo ilustra algumas das diferenças entre os impactos irrestritos e restritos. Na Parte (a), o problema é essencialmente idêntico ao que foi visto no Exemplo 5.9. Em contrapartida, na Parte (b), o impacto é *restrito* e deve ser tratado usando as noções discutidas na p. 365.

──────── Parte (a): Pavimento flexível ────────

Modelagem Modelando A e B como partículas, desprezaremos o atrito e a gravidade, já que ela é não impulsiva. Devido à orientação da LI, A empurrará B contra o pavimento, que é *flexível* e, portanto, tem um comportamento elástico. Assim sendo, a reação entre B e o pavimento deve ser tratada como uma força não impulsiva (ver discussão na p. 358). Por essa razão, o DCL de impacto relevante para o sistema A-B sob essas premissas é mostrado na Fig. 2, e o impacto será tratado como um impacto central oblíquo irrestrito (uma vez que v_A^- não é paralelo à LI). Os DCLs individuais correspondentes para A e B são mostrados na Fig. 3.

Equações fundamentais

Princípios de equilíbrio Conforme discutido no Exemplo 5.9, os DCLs das Figs. 2 e 3 nos permitem escrever as seguintes afirmações sobre a conservação da quantidade de movimento linear:

$$m_A v_{Ax'}^- + m_B v_{Bx'}^- = m_A v_{Ax'}^+ + m_B v_{Bx'}^+, \qquad (1)$$

$$m_A v_{Ay'}^- = m_A v_{Ay'}^+ \quad \Rightarrow \quad v_{Ay'}^- = v_{Ay'}^+, \qquad (2)$$

$$m_B v_{By'}^- = m_B v_{By'}^+ \quad \Rightarrow \quad v_{By'}^- = v_{By'}^+. \qquad (3)$$

Leis da força A equação do CR aplicada ao longo da LI resulta em

$$v_{Bx'}^+ - v_{Ax'}^+ = e\left(v_{Ax'}^- - v_{Bx'}^-\right). \qquad (4)$$

Equações cinemáticas As velocidades pré-impacto são conhecidas por

$$v_{Ax}^- = -2,028 \,\text{m/s}, \quad v_{Ay}^- = 0,0 \,\text{m/s}, \quad v_{Bx}^- = 0,0 \,\text{m/s}, \quad v_{By}^- = 0,0 \,\text{m/s}. \qquad (5)$$

As equações de transformação do sistema de coordenadas xy para o sistema de coordenadas $x'y'$ são dadas por

$$\hat{i}' = \cos\alpha\,\hat{i} + \operatorname{sen}\alpha\,\hat{j} \quad \text{e} \quad \hat{j}' = \operatorname{sen}\alpha\,\hat{i} - \cos\alpha\,\hat{j}. \qquad (6)$$

Cálculos A solução deste problema é muito semelhante àquela discutida no Exemplo 5.9. Portanto, apresentaremos apenas as respostas finais, que expressamos no sistema de coordenadas xy:

$$\boxed{v_{Ax}^+ = -1,90 \,\text{m/s}, \qquad v_{Ay}^+ = 0,0584 \,\text{m/s},} \qquad (7)$$

$$\boxed{v_{Bx}^+ = -1,71 \,\text{m/s}, \qquad v_{By}^+ = -0,796 \,\text{m/s}.} \qquad (8)$$

──────── Parte (b): Pavimento rígido ────────

Modelagem Se o pavimento é considerado *rígido*, então ele é capaz de fornecer forças de reação impulsivas. Como B é empurrado contra pavimento, há uma força de reação impulsiva exercida sobre B pelo pavimento, e não há força de reação impulsiva sobre A. Assim, o DCL de impacto relevante para o sistema A-B é mostrado na Fig. 4, enquanto os correspondentes DCLs individuais para A e B são mostrados na Fig. 5. Este é um *impacto central oblíquo restrito*.

Equações fundamentais

Princípios de equilíbrio No DCL da Fig. 4, não há forças externas impulsivas na direção x. Assim, a quantidade de movimento linear para o sistema A-B é conservada nessa direção. Usando um argumento semelhante, sabemos que a quantidade de movimento linear de A é conservada ao longo da direção y' (veja a Fig. 5). No entanto, o mesmo não pode ser dito sobre B. Portanto, a aplicação do princípio do impulso-quantidade de movimento gera as duas equações seguintes:

$$m_A v_{Ax}^- + m_B v_{Bx}^- = m_A v_{Ax}^+ + m_B v_{Bx}^+, \qquad (9)$$

$$m_A v_{Ay'}^- = m_A v_{Ay'}^+ \quad \Rightarrow \quad v_{Ay'}^- = v_{Ay'}^+. \qquad (10)$$

Leis da força Como discutido na p. 366, a equação do CR para esse impacto é considerada a mesma que no caso irrestrito. Portanto, a Eq. (4) ainda se aplica:

$$v_{Bx'}^+ - v_{Ax'}^+ = e\left(v_{Ax'}^- - v_{Bx'}^-\right). \qquad (11)$$

Equações cinemáticas Cinematicamente, a diferença decisiva entre o caso atual e o anterior é que o movimento de B ocorre na direção x, ou seja,

$$v_{By}^+ = 0. \qquad (12)$$

Essa equação deve ser adicionada ao restante das informações cinemáticas que já possuímos, como expresso pelas Eqs. (5).

Cálculos Optando por expressar a nossa resposta final no sistema de coordenadas xy, e uma vez que v_{By}^+ já é conhecido, temos três incógnitas para este problema: v_{Ax}^+, v_{Ay}^+ e v_{Bx}^+. Por isso, precisamos de três equações correspondentes. Uma dessas equações é a Eq. (9). As outras duas equações serão obtidas reescrevendo as Eqs. (10) e (11) em componentes xy. Usando as Eqs. (6) e (12), essa mudança de componentes torna-se

$$\left(v_{Bx}^+ - v_{Ax}^+\right)\cos\alpha - v_{Ay}^+ \sen\alpha = e v_{Ax}^- \cos\alpha, \qquad (13)$$

$$v_{Ax}^- \sen\alpha = v_{Ax}^+ \sen\alpha - v_{Ay}^+ \cos\alpha. \qquad (14)$$

Resolvendo as Eqs. (9), (13) e (14) para v_{Ax}^+, v_{Ay}^+ e v_{Bx}^+, temos

$$\boxed{v_{Ax}^+ = -1{,}88\,\text{m/s}, \quad v_{Ay}^+ = 0{,}0700\,\text{m/s}, \quad v_{Bx}^+ = -2{,}05\,\text{m/s}.} \qquad (15)$$

Figura 4
DCL de impacto relevante para a colisão de A-B assumindo que o terreno é rígido. A força N_B indica a força de reação impulsiva exercida sobre B pelo pavimento.

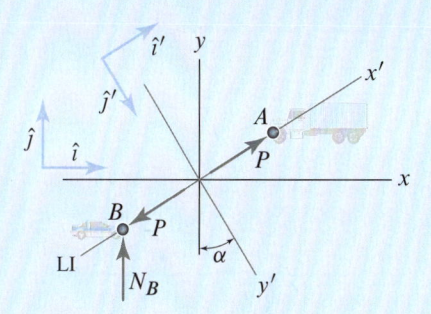

Figura 5
DCLs de impacto relevante tomados individualmente para A e B, sob o pressuposto de que o pavimento é rígido. Note que a força impulsiva P para este caso terá, geralmente, uma intensidade diferente do que na Fig. 3.

Discussão e verificação Existem várias diferenças entre as duas soluções. Primeiro, vemos que, se não é permitido ao carro B afundar no pavimento, então a velocidade pós-impacto do caminhão A na direção y para o impacto restrito é maior do que no caso do impacto sem restrições. Para o caso do impacto restrito, logo após o impacto, o carro B se move para a esquerda mais rápido que o caminhão A, ao contrário do que acontece no impacto sem restrições. Portanto, a solução para o caso restrito prevê que B realmente se afasta de A. Em contrapartida, a solução irrestrita prevê que A está indo realmente sobre B. Isso não quer dizer que uma solução esteja certa e a outra esteja errada. Ambas as soluções podem estar corretas dependendo das propriedades mecânicas dos veículos e do pavimento. Claramente, todas as considerações aqui mencionadas são limitadas pelo fato de que estamos modelando A e B como partículas, e que, portanto, estamos ignorando inúmeros efeitos adicionais em relação ao tamanho finito dos objetos (como rotações).

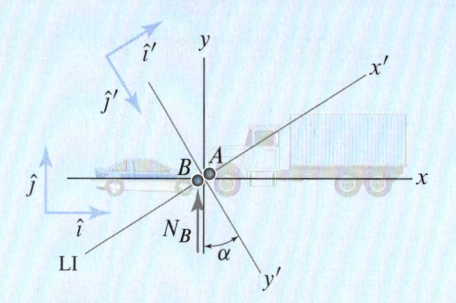

EXEMPLO 5.11 Impacto central oblíquo: reconstrução de um acidente

O motorista do carro A causou a colisão ao não parar em um sinal vermelho. Para melhor apurar a culpabilidade do motorista A, os seguintes dados são registrados (Fig. 1): $m_A = 2.400$ kg, $m_B = 2.000$ kg, $\alpha = 67°$, $\beta = 70°$, $d_A = 18{,}5$ m, $d_B = 21{,}3$ m e $\mu_k = 0{,}8$, em que m_A e m_B são os pesos de A e B, respectivamente, d_A e d_B são as distâncias percorridas por A e B depois de colidir em C, e μ_k é o coeficiente de atrito cinético. Os dados recolhidos indicam também que a colisão não provocou qualquer movimento vertical significativo em ambos os carros e que as velocidades dos carros antes do impacto eram perpendiculares entre si e estavam orientadas como mostrado na Fig. 1. Supondo que o cruzamento é horizontal, determine as velocidades pré-impacto dos carros A e B, o coeficiente de restituição do impacto e a orientação da LI.

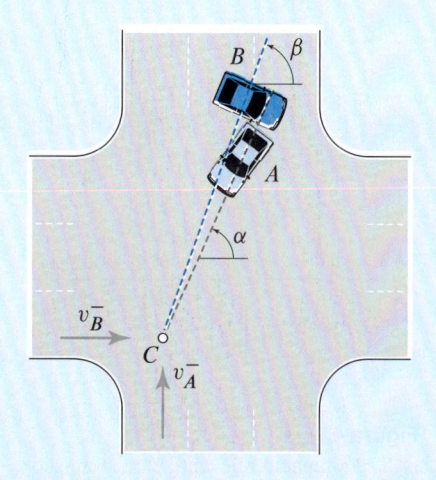

Figura 1
Cenário de um acidente.

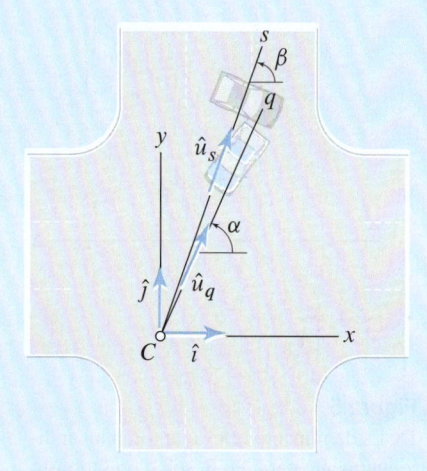

SOLUÇÃO

Roteiro Primeiro precisamos encontrar as velocidades pós-impacto dos carros dadas as suas posições finais. Isso pode ser feito aplicando o princípio do trabalho-energia. Uma vez que sabemos as velocidades pós-impacto, resolveremos o problema do impacto em C para encontrar as quatro incógnitas desejadas, ou seja, as componentes das velocidades pré-impacto.

Problema pós-impacto: Aplicação do princípio trabalho-energia

Modelagem Suponhamos que, após o impacto, A e B deslizam ao longo de duas linhas retas orientadas por α e β, respectivamente, e com origem comum em C (Fig. 2). Considere ① imediatamente após o impacto, e ② a posição final de A e B. Os DCLs descrevendo as forças que atuam em A e B indo de ① para ② são mostrados na Fig. 3.

Equações fundamentais

Princípios de equilíbrio O princípio do trabalho-energia entre ① e ② para cada carro resulta em

$$T_{A1} + V_{A1} + 12^A = T_{A2} + V_{A2}, \qquad (1)$$

$$T_{B1} + V_{B1} + 12^B = T_{B2} + V_{B2}. \qquad (2)$$

As energias cinéticas em ① correspondem às velocidades pós-impacto, e as energias cinéticas em ② correspondem às velocidades dos carros depois de terem parado, ou seja,

$$T_{A1} = \tfrac{1}{2}m_A(v_A^+)^2, \quad T_{A2} = \tfrac{1}{2}m_A v_{As}^2, \quad T_{B1} = \tfrac{1}{2}m_B(v_B^+)^2, \quad T_{B2} = \tfrac{1}{2}m_B v_{Bs}^2. \qquad (3)$$

Figura 2
Eixos de coordenadas para a reconstrução do acidente. O carro A desliza na direção q após o impacto, e o carro B desliza na direção s.

Leis da força Todos os termos de energia potencial são iguais a zero, visto que o movimento de ① para ② ocorre sobre uma superfície horizontal; isto é,

$$V_{A1} = V_{A2} = 0 \quad \text{e} \quad V_{B1} = V_{B2} = 0. \qquad (4)$$

A natureza horizontal do movimento implica também que $N_A = m_A g$ e $N_B = m_B g$. Assumindo o atrito de Coulomb, temos $F_A = \mu_k m_A g$ e $F_B = \mu_k m_B g$. Uma vez que F_A e F_B são constantes entre ① e ②, o trabalho realizado pelo atrito é

$$12^A = -\mu_k m_A g d_A \quad \text{e} \quad 12^B = -\mu_k m_B g d_B. \qquad (5)$$

Equações cinemáticas A velocidade final dos dois carros é zero, então

$$v_{As} = 0 \quad \text{e} \quad v_{Bs} = 0. \qquad (6)$$

Cálculos Substituindo as Eqs. (3)-(6) nas Eqs. (1) e (2), obtemos

$$\tfrac{1}{2}m_A(v_A^+)^2 - \mu_k m_A g d_A = 0 \quad \text{e} \quad \tfrac{1}{2}m_B(v_B^+)^2 - \mu_k m_B g d_B = 0, \qquad (7)$$

As Eqs. (7) podem ser resolvidas para obter

$$v_A^+ = \sqrt{2\mu_k g d_A} = 17{,}04 \text{ m/s} \quad \text{e} \quad v_B^+ = \sqrt{2\mu_k g d_B} = 18{,}28 \text{ m/s}. \qquad (8)$$

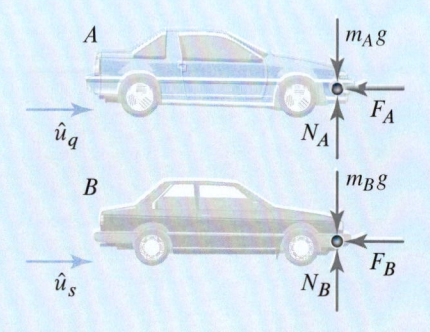

Figura 3
DCLs pós-impacto dos carros A e B.

As Eqs. (8) nos dão as *velocidades* pós-impacto dos carros. Uma vez que as trajetórias pós-impacto de A e B são conhecidas (Fig. 2), também sabemos as *velocidades* pós-impacto dos dois carros, isto é,

$$\vec{v}_A^+ = v_A^+ \hat{u}_q \quad \Rightarrow \quad \vec{v}_A^+ = v_A^+(\cos\alpha\,\hat{i} + \sin\alpha\,\hat{j}) = (6{,}66\,\hat{i} + 15{,}69\,\hat{j})\,\text{m/s} \quad (9)$$

$$\vec{v}_B^+ = v_B^+ \hat{u}_s \quad \Rightarrow \quad \vec{v}_B^+ = v_A^+(\cos\beta\,\hat{i} + \sin\beta\,\hat{j}) = (5{,}83\,\hat{i} + 16{,}01\,\hat{j})\,\text{m/s}. \quad (10)$$

Agora que as velocidades pós-impacto são conhecidas, podemos prosseguir com o cálculo das velocidades pré-impacto resolvendo o problema do impacto.

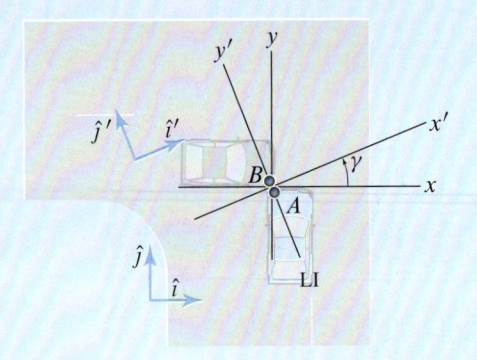

Problema de impacto: Aplicação do princípio do impulso-quantidade de movimento

Modelagem Referindo-se ao DCL de impacto relevante na Fig. 4, vemos que o impacto entre A e B é irrestrito. Referindo-se à Fig. 1 vemos que este é um *impacto central oblíquo*. Finalmente, assumimos que o contato entre A e B é sem atrito.

Figura 4
Geometria e DCL do sistema no momento do impacto. O eixo y' coincide com a LI. O ângulo γ é uma das incógnitas.

Equações fundamentais

Princípios de equilíbrio Como este é um impacto central oblíquo de um sistema isolado, primeiro escrevemos uma equação de conservação da quantidade de movimento na direção da LI, que é

$$m_A v_{Ay'}^- + m_B v_{By'}^- = m_A v_{Ay'}^+ + m_B v_{By'}^+. \quad (11)$$

Uma vez que estamos assumindo o impacto sem atrito, os DCLs de A e B são representados individualmente na Fig. 5. Isso implica que a quantidade de movimento de A e B, considerados individualmente, é conservada na direção perpendicular à LI, o que implica

$$v_{Ax'}^- = v_{Ax'}^+ \quad \text{e} \quad v_{Bx'}^- = v_{Bx'}^+. \quad (12)$$

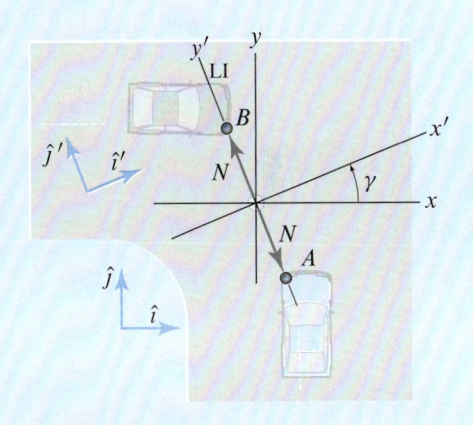

Leis da força A equação do CR, aplicada ao longo da LI, assume a seguinte forma:

$$e(v_{Ay'}^- - v_{By'}^-) = v_{By'}^+ - v_{Ay'}^+. \quad (13)$$

Equações cinemáticas Referindo-se à Fig. 1, as velocidades pré-impacto de A e B são

$$v_{Ax}^- = 0 \quad \text{e} \quad v_{By}^- = 0. \quad (14)$$

Figura 5
DCLs individuais para A e B. O contato sem atrito entre A e B implica que não há forças impulsivas na direção x'.

Cálculos Como as nossas equações foram escritas em dois sistemas de coordenadas diferentes (ou seja, os sistemas xy e x'y'), precisamos reescrever as nossas equações usando um único sistema de coordenadas. Uma vez que já calculamos as velocidades pós-impacto no sistema de coordenadas xy (Eqs. (9) e (10)), reescreveremos as Eqs. (11)-(13) em termos do sistema de coordenadas xy. Desse modo, e levando em conta as Eqs. (14), temos

$$m_A v_{Ay}^- \cos\gamma - m_B v_{Bx}^- \sin\gamma = m_A(v_{Ay}^+ \cos\gamma - v_{Ax}^+ \sin\gamma)$$
$$+ m_B(v_{By}^+ \cos\gamma - v_{Bx}^+ \sin\gamma), \quad (15)$$

$$v_{Ay}^- \sin\gamma = v_{Ax}^+ \cos\gamma + v_{Ay}^+ \sin\gamma, \quad (16)$$

$$v_{Bx}^- \cos\gamma = v_{Bx}^+ \cos\gamma + v_{By}^+ \sin\gamma, \quad (17)$$

$$e(v_{Ay}^- \cos\gamma + v_{Bx}^- \sin\gamma) = (v_{By}^+ - v_{Ay}^+)\cos\gamma - (v_{Bx}^+ - v_{Ax}^+)\sin\gamma. \quad (18)$$

Informações úteis

Transformando de um sistema de coordenadas para outro. Para que possamos transformar facilmente equações escritas no sistema de coordenadas x'y' em equações no sistema de coordenadas xy, podemos fazer uso das seguintes relações entre os vetores unitários dos dois sistemas:

$$\hat{i}' = \cos\gamma\,\hat{i} + \sin\gamma\,\hat{j},$$
$$\hat{j}' = -\sin\gamma\,\hat{i} + \cos\gamma\,\hat{j}.$$

Podemos ver agora que as Eqs. (15)-(18) formam um sistema de quatro equações e quatro incógnitas, v_{Ay}^-, v_{Bx}^-, e e γ (todas as componentes de velocidade pós-impacto foram determinadas e as massas são conhecidas). Esse sistema de equações pode ser resolvido a fim de fornecer os seguintes resultados:

$$v_{Ay}^- = 29{,}03\,\text{m/s}, \quad v_{Bx}^- = 13{,}82\,\text{m/s}, \quad e = 0{,}0204, \quad \gamma = 26{,}53°, \quad (19)$$

ou, convertendo de m/s para km/h, encontramos

$$\boxed{v_{Ay}^- = 104,5\,\text{km/h} \quad \text{e} \quad v_{Bx}^- = 49,8\,\text{km/h}.} \tag{20}$$

Discussão e verificação Em virtude das Eqs. (14), os valores que encontramos para as componentes de velocidade v_{Ay}^- e v_{Bx}^- coincidem com os valores das velocidades dos carros. Assim, podemos concluir que o motorista do carro A não só não conseguiu parar no sinal vermelho como também estava provavelmente em alta velocidade. O valor que obtivemos para o CR indica que o impacto foi quase plástico. A fim de obter uma melhor noção de quão plástico foi o impacto, podemos calcular a porcentagem de energia perdida durante a colisão. Esse cálculo gera o seguinte resultado:

$$\text{Percentual de energia perdida} = \frac{T^- - T^+}{T^-} \times 100\% = 43,2\%, \tag{21}$$

em que T denota a energia cinética do sistema. Quase metade da energia cinética pré--impacto foi perdida na deformação permanente dos carros.

Capítulo 5 Métodos da quantidade de movimento para partículas **381**

PROBLEMAS

Problema 5.40

Uma Ford Excursion A de 3.800 kg deslocando-se a uma velocidade $v_A = 88$ km/h colide frontalmente com um Smart Fortwo B de 900 kg que se desloca no sentido oposto a uma velocidade $v_B = 56$ km/h. Determine a velocidade pós-impacto dos dois carros se o impacto é perfeitamente plástico.

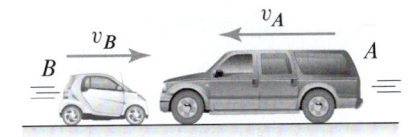

Figura P5.40

Problemas 5.41 a 5.43

O pêndulo balístico costuma ser uma ferramenta comum para a determinação da velocidade do bocal de projéteis como uma medida do desempenho de armas de fogo e munições (hoje, o pêndulo balístico foi substituído pelo cronógrafo balístico, um dispositivo eletrônico). O pêndulo balístico é um pêndulo simples que permite registrar o máximo ângulo de oscilação do braço do pêndulo causado pelo disparo de um projétil no prumo do pêndulo.

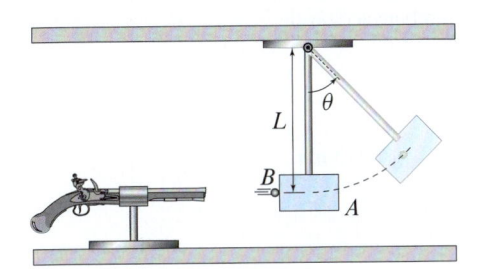

Figura P5.41-P5.43

Problema 5.41 Considerando L o comprimento do braço do pêndulo (cuja massa é considerada desprezível), m_A a massa do prumo, m_B a massa do projétil, e assumindo que o pêndulo está em repouso quando a arma é disparada, obtenha a fórmula que relaciona o máximo ângulo de oscilação do pêndulo com a velocidade de impacto do projétil.

Problema 5.42 Considere $L = 1,5$ m e $m_A = 6$ kg. Para a pistola George Washington de calibre 0.58, a qual disparou um projétil de massa $m_B = 87$ g, verifica-se que o máximo ângulo de oscilação do pêndulo é $\theta_{max} = 46°$. Determine a velocidade pré-impacto do projétil B.

Problema 5.43 Suponha que queremos construir um pêndulo balístico para testar rifles usando munição padrão NATO 7,62 mm, ou seja, munição para a qual um cartucho (simples) pesa cerca de 9,53 g e a velocidade do bocal é normalmente 840 m/s. Se assumirmos que o comprimento do pêndulo é 1,6 m e atirarmos a uma curta distância de modo que haja uma redução insignificante na velocidade antes de o projétil atingir o pêndulo, qual é o peso mínimo que precisamos dar ao prumo do pêndulo para evitar que o pêndulo ultrapasse um ângulo de oscilação superior a 90°?

Problema 5.44

Uma bala de 200 g atinge um bloco de 2 kg que está inicialmente em repouso. Após a colisão, a bala fica embutida no bloco e eles deslizam uma distância de 0,31 m. Se o coeficiente de atrito entre o bloco e o chão é $\mu_k = 0{,}7$, determine a velocidade pré-impacto da bala.

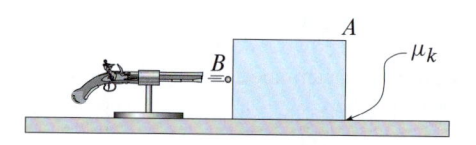

Figura P5.44

Problema 5.45

As regras oficiais do tênis especificam que

> "A bola deve ter um [re]bote maior que 1.346 m e inferior a 1.473 m, quando cair de uma altura de 2,54 m em cima de uma base de concreto."

Compreendendo a expressão "quando cair" como "quando cair do repouso", determine o intervalo de CRs aceitáveis para a colisão de uma bola de tênis com o concreto.

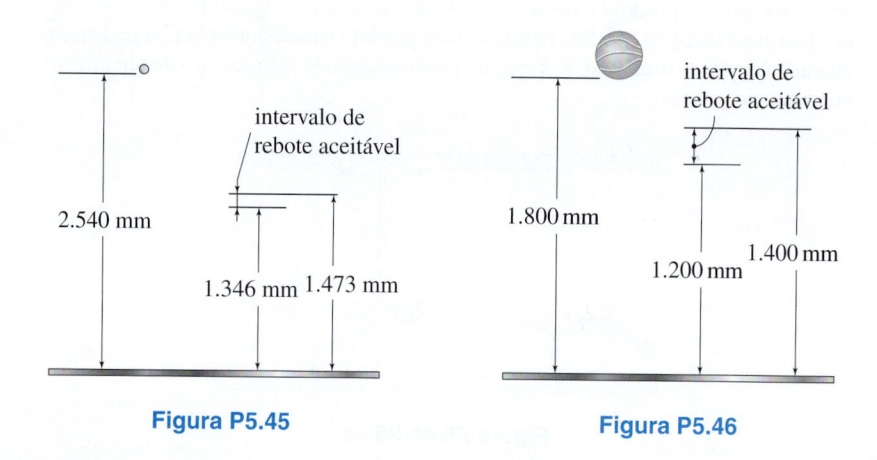

Figura P5.45

Figura P5.46

Problema 5.46

As regras oficiais do basquete especificam que uma bola de basquete é inflada corretamente

> "de tal forma que, quando é solta sobre a superfície de jogo de uma altura de aproximadamente 1.800 mm, medidos a partir da superfície inferior da bola, ela quicará a uma altura, medida na superfície superior da bola, de não menos do que cerca de 1.200 mm nem mais do que cerca de 1.400 mm."

Com base nessa regra e compreendendo a expressão "quando é solta" como "quando é solta do repouso," determine o intervalo de CRs aceitáveis para a colisão entre a bola e a superfície da quadra.

Problema 5.47

Considere um impacto central direto para duas esferas. Suponha que m_A, m_B e e representam a massa da esfera A, a massa da esfera B e o CR, respectivamente. Se a esfera B está em repouso antes da colisão, determine a relação que m_A, m_B e e necessitam satisfazer para que A fique completamente parada após o impacto.

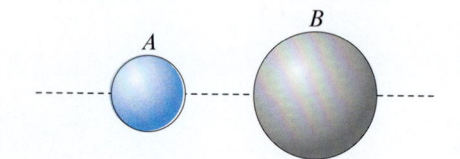

Figura P5.47

Problemas 5.48 e 5.49

Um carro A, com $m_A = 1.550$ kg, está parado em um sinal vermelho. Um carro B, com $m_B = 1.865$ kg e uma velocidade de 40 km/h, não consegue parar antes de colidir com o carro A. Após o impacto, os carros A e B deslizam sobre o pavimento com um coeficiente de atrito $\mu_k = 0,65$.

Problema 5.48 Até onde os carros deslizarão se os mesmos ficarem unidos?

Problema 5.49 Até onde os carros deslizarão se o CR para o impacto é $e = 0,2$?

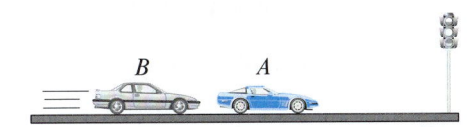

Figura P5.48 e P5.49

Problemas 5.50 e 5.51

Uma balança de bancada plataforma consiste em uma placa de 54 kg repousando em molas elásticas lineares cuja constante de mola combinada é $k = 72$ kN/m. Considere $W = k(\delta - \delta_0)$ a medida de peso efetivamente informada pela balança (ou seja, ela lê zero libra quando não há nada na placa), em que δ_0 é a compressão da mola devido ao peso da placa da balança.

Problema 5.50 Um saco de 20 kg de cimento portland é derrubado (partindo do repouso) na balança de uma altura $h = 1,2$m, medida a partir da placa da balança (não há ricochete do saco). Determine o peso máximo informado pela balança.

Problema 5.51 Repita o Problema 5.50 com $h = 0$ m.

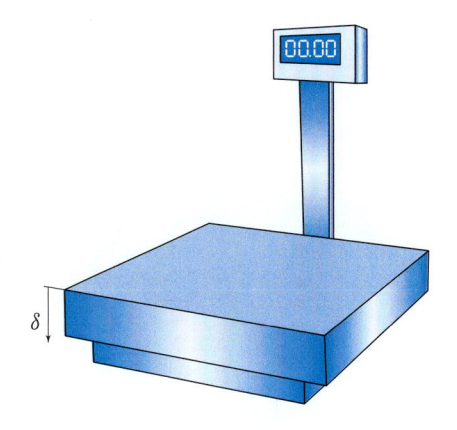

Figura P5.50 e P5.51

Problemas 5.52 a 5.54

Um caminhão A de 14.000 kg e um carro esportivo B de 1.800 kg colidem em um cruzamento. Logo antes da colisão, o caminhão e o carro esportivo estão viajando a $v_A^- = 96$ km/h e $v_B^- = 80$ km/h, respectivamente. Assuma que o cruzamento inteiro forma uma superfície horizontal.

Problema 5.52 Considerando que a linha de impacto é paralela ao solo e à velocidade pré-impacto do caminhão, determine as velocidades pós-impacto de A e B se A e B ficam unidos. Além disso, supondo que o caminhão e o carro deslizam após o impacto e o coeficiente de atrito cinético é $\mu_k = 0,7$, determine a posição de parada de A e B em relação à posição que ocupavam no momento do impacto.

Problema 5.53 Assumindo que a linha de impacto é paralela ao solo e à velocidade pré-impacto do caminhão, determine as velocidades pós-impacto de A e B se o contato entre A e B não possui atrito e o CR $e = 0$. Além disso, supondo que o caminhão e o carro deslizam após o impacto e o coeficiente de atrito cinético é $\mu_k = 0,7$, determine a posição de parada de A e B em relação à posição que ocupavam no momento do impacto.

Problema 5.54 Assumindo que a linha de impacto é paralela ao solo e à velocidade pré-impacto do caminhão, determine as velocidades pós-impacto de A e B se o contato entre A e B é sem atrito e o CR $e = 0,1$. Além disso, supondo que o caminhão e o carro deslizam após o impacto e o coeficiente de atrito cinético é $\mu_k = 0,7$, determine a posição de parada de A e B em relação à posição que ocupavam no momento do impacto.

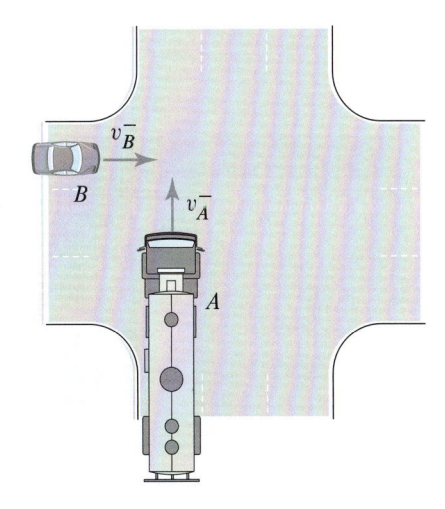

Figura P5.52-P5.54

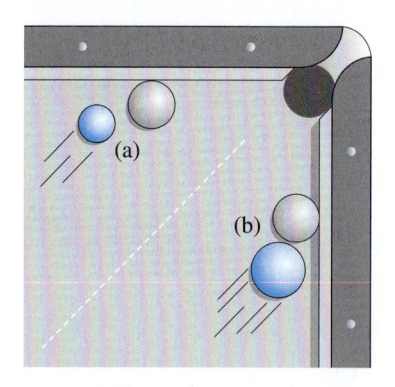

Figura P5.55

Problema 5.55

Apesar de as regras de competição proibirem uma diferença significativa no tamanho, mesas típicas de bilhar operadas com moedas podem apresentar aos jogadores uma diferença de diâmetro significativa entre a típica bola objetivo (isto é, uma bola colorida) e a jogadeira (a bola branca). Na verdade, quando uma bola objetivo vai para a caçapa, ela é capturada pela mesa, enquanto a bola branca deve sempre ser retornada ao jogador; e é comum para o mecanismo de retorno usar a diferença no diâmetro da bola para separar a bola branca das demais. Diante disso, suponha que queremos bater uma bola encostada na borda de tal forma que, após a colisão, ela se mova ao longo da borda. Modelando o contato entre as bolas como sem atrito, determine se é possível executar a tacada em questão com (a) uma bola branca com diâmetro inferior e (b) uma bola branca com diâmetro maior.

Nota: Problemas conceituais são sobre *explicações*, não sobre cálculos.

Problemas 5.56 e 5.57

As bolas e mesas de competição de bilhar precisam respeitar normas estritas (veja o Congresso Americano de Bilhar para normas nos Estados Unidos). Especificamente, bolas de bilhar devem pesar entre 156 g e 170 g e devem ter 57,15 ± 0,127 mm de diâmetro.

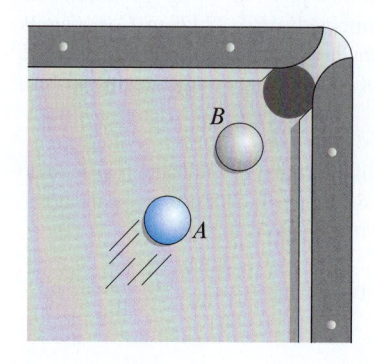

Figura P5.56

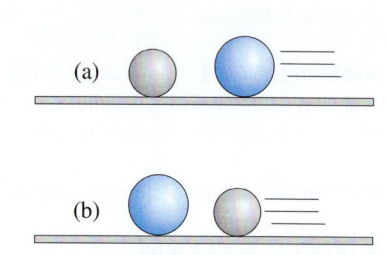

Figura P5.57

Problema 5.56 Utilizando a teoria apresentada nesta seção, verifique se é possível ter uma bola A em movimento batendo em uma bola B parada de forma que A pare após o impacto, se A e B têm o mesmo diâmetro, mas não o mesmo peso (já que parece possível ter uma diferença de peso de até 15 g segundo o regulamento). Suponha que o CR $e = 1$.

Problema 5.57 Jogadores profissionais de bilhar podem facilmente impor a uma bola uma velocidade de 32 km/h. Assumindo que a tolerância do diâmetro da bola seja 0,254 mm, em vez de 0,127 mm, determine o resultado da colisão entre (a) uma bola de 57,4 mm de diâmetro viajando a 32 km/h com uma bola de 56,9 mm de diâmetro em repouso (ou seja, cada bola está no limite de tolerância extremo em relação ao diâmetro nominal) e (b) uma bola de 56,9 mm de diâmetro viajando a 32 km/h com uma bola de 57,4 mm de diâmetro em repouso. Suponha que o CR $e = 1$ e os pesos das duas bolas são idênticos. Além disso, suponha que o contato entre as bolas e a mesa ocorre sem atrito.

Problema 5.58

Em uma mesa de bilhar, o CR para o impacto entre uma bola e qualquer uma das quatro bordas deve ser o mesmo. Assumindo que este é o caso, determine o ângulo β após duas batidas, em função do ângulo de incidência inicial α.

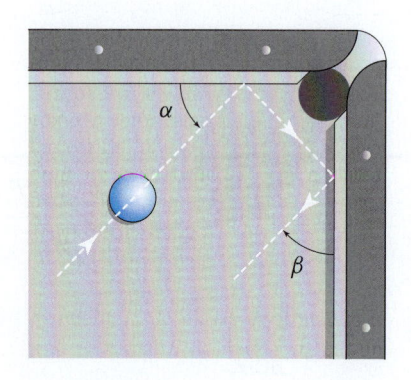

Figura P5.58

Problemas 5.59 a 5.61

O pêndulo de Newton é um brinquedo de mesa comum constituído de um número de pêndulos idênticos com esferas de aço como prumos. Esses pêndulos são dispostos em uma linha de tal forma que, quando em repouso, cada esfera é tangente à próxima e todas as cordas são verticais. Suponha que o CR para o impacto de uma esfera com a seguinte seja $e = 1$.

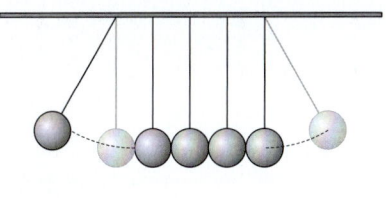

Figura P5.59

Problema 5.59 Explique por que, se você liberar a esfera da extremidade esquerda, de um determinado ângulo, a mesma parará após o impacto enquanto todas as outras esferas parecem não se mover, exceto a da extremidade direita, que se moverá para cima e alcançará um ângulo de oscilação máximo igual ao ângulo de lançamento inicial da esfera da extremidade esquerda.

Problema 5.60 Explique por que, se você liberar as duas esferas da extremidade esquerda, de um determinado ângulo, as mesmas pararão após o impacto enquanto todas as outras esferas parecem não se mover, exceto as duas esferas da extremidade direita, que se moverão para cima e alcançarão um ângulo de oscilação máximo igual ao ângulo de liberação inicial das duas esferas na extremidade esquerda.

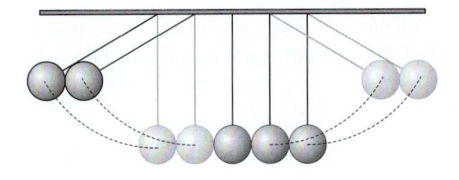

Figura P5.60

Problema 5.61 Preveja o padrão de oscilação do sistema da figura se você liberar do repouso, e de um determinado ângulo, três das cinco esferas.

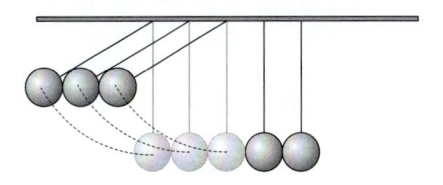

Figura P5.61

Problema 5.62

Se um impacto é um evento que abrange um intervalo de tempo infinitamente pequeno, a energia potencial total dos dois objetos que colidem é conservada com o impacto? O que dizer sobre a energia potencial de cada um dos objetos?
Nota: Problemas conceituais são sobre *explicações*, não sobre cálculos.

Problema 5.63

Se um impacto é um evento que abrange um intervalo de tempo infinitamente pequeno, a energia cinética total dos dois objetos que colidem é conservada com o impacto? O que dizer sobre a energia cinética de cada um dos objetos?
Nota: Problemas conceituais são sobre *explicações*, não sobre cálculos.

Problemas 5.64 e 5.65

Duas esferas, A e B, com massas $m_A = 1,35$ kg e $m_B = 2,72$ kg, respectivamente, colidem a $v_A^- = 26,2$ m/s e $v_B^- = 22,5$ m/s.

Problema 5.64 Calcule as velocidades pós-impacto de A e B se $\alpha = 45°$, $\beta = 16°$, o CR é $e = 0,57$, e o contato entre A e B não possui atrito.

Problema 5.65 Calcule as velocidades pós-impacto de A e B se $\alpha = 45°$, $\beta = 16°$, o CR é $e = 0$, e o contato entre A e B não possui atrito.

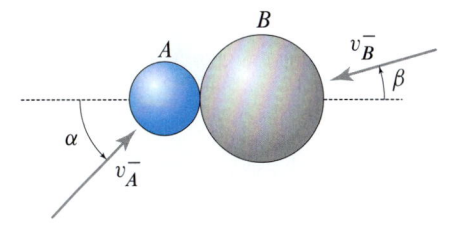

Figura P5.64 e P5.65

Problemas 5.66 e 5.67

Uma bola de 600g cai sobre uma rampa de 4,5 kg com $\alpha = 33°$. A altura inicial da bola é $h_1 = 1,5$ m, e a altura do ponto de impacto em relação ao solo é $h_2 = 90$ mm. Assuma que o contato entre a bola e a rampa não possui atrito, e o CR para o impacto é $e = 0,88$.

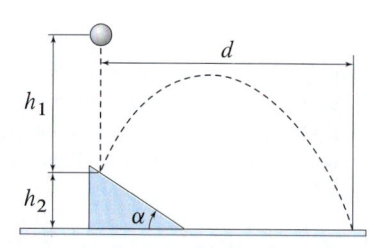

Figura P5.66 e P5.67

Problema 5.66 Calcule a distância d na qual a bola atingirá o chão pela primeira vez se a rampa não pode se mover em relação ao chão.

Problema 5.67 Calcule a distância d na qual a bola atingirá o chão pela primeira vez se a rampa pode deslizar, sem atrito, em relação ao chão.

Problema 5.68

Uma bola de 600 g cai sobre uma rampa de 4,5 kg com $\alpha = 33°$. A altura inicial da bola é $h_1 = 1,5$m, e a altura do ponto de impacto em relação ao chão é $h_2 = 90$ mm. Assuma que o contato entre a bola e a rampa não possui atrito, e o CR para o impacto é $e = 0,88$. Calcule a distância d na qual a bola atingirá o chão pela primeira vez se a rigidez combinada das molas de apoio é $k = 9$ kN/m. Suponha que a rampa pode mover-se apenas verticalmente.

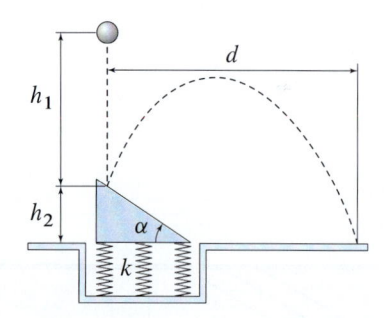

Figura P5.68

Problema 5.69

Considere duas bolas A e B que estão empilhadas uma em cima da outra e caindo do repouso de uma altura h. Considere que $e_{AG} = 1$ é o CR para a colisão da bola A com o solo e $e_{AB} = 1$, o CR para a colisão entre as duas bolas, A e B. Finalmente, assuma que as bolas podem se mover apenas na vertical e $m_A \gg m_B$, isto é, $m_B/m_A \approx 0$. Modele a colisão combinada como uma sequência de impactos e preveja a velocidade de ricochete da bola B em função de h e g, a aceleração da gravidade.

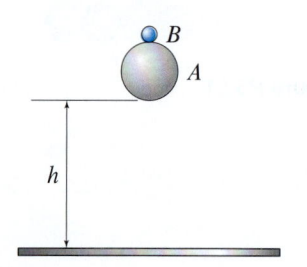

Figura P5.69

Problema 5.70

Considere uma pilha de N bolas caindo do repouso de uma altura h. Assuma todos os impactos como perfeitamente elásticos e $m_i \gg m_{i+1}$, isto é, $m_{i+1}/m_i \approx 0$, com $i = 1, \ldots, N-1$ e m_i sendo a massa da i-ésima bola. Modele a colisão combinada como uma sequência de impactos e preveja a velocidade de ricochete da bola superior. Suponha que as bolas podem se mover somente na vertical.

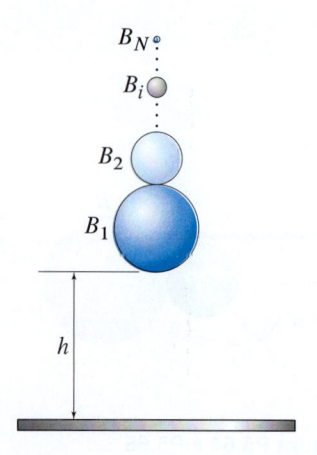

Figura P5.70

Problema 5.71

Uma bola é solta do repouso de uma altura $h_0 = 1,5$m. O impacto entre a bola e o piso tem um CR $e = 0,92$. Encontre a fórmula que permite calcular a altura de ricochete h_i do i-ésimo ricochete. Além disso, encontre a fórmula que fornece o tempo total necessário para concluir i ricochetes. Finalmente, calcule o tempo t_{parar} que a bola levará para parar de ricochetear. *Dica:* Uma fórmula que você pode considerar útil na solução deste problema é a do valor-limite de uma série geométrica: $\sum_{i=0}^{N-1} e^i = (e^N - 1)/(e - 1)$, com $|e| < 1$.

PROBLEMAS DE PROJETO

Problema de projeto 5.1

Na fabricação de esferas de aço do tipo usado para rolamentos esféricos, é importante que as propriedades dos materiais sejam suficientemente uniformes. Uma maneira de detectar diferenças grosseiras nas propriedades dos materiais é observar como uma esfera quica quando cai em uma placa de colisão. Supondo que cada esfera tenha um raio $R = 8$mm, projete um dispositivo de triagem para selecionar as bolas com $0,900 < CR < 0,925$. O dispositivo consiste em uma rampa definida pelo ângulo θ e pelo comprimento L. A placa de colisão é colocada no fundo de um poço com profundidade h e largura w. Finalmente, a uma distância ℓ a partir da extremidade da rampa, há uma armadilha com um diâmetro d. Liberando uma esfera do repouso no topo da rampa e assumindo que a esfera desliza com atrito desprezível, a esfera chega no final da rampa a uma velocidade v_0, quica na placa de colisão, e, em seguida, cai diretamente na armadilha (você pode querer adicionar um elemento de projeto que impeça que as esferas simplesmente rolem na armadilha). Em seu projeto, escolha valores adequados de L, $\theta < 45°$, h, w, d e ℓ para realizar a tarefa desejada assegurando que as dimensões gerais do dispositivo não excedam 1,2 m em ambas as direções horizontal e vertical.

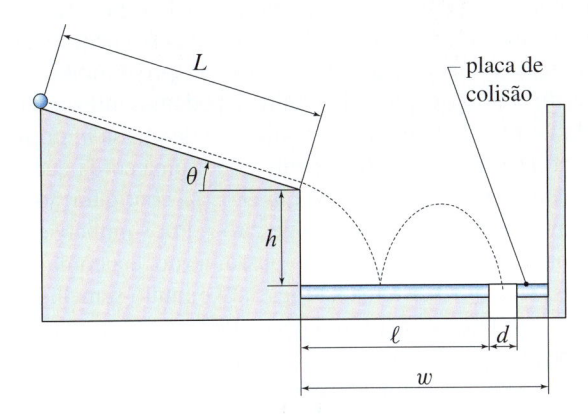

Figura PP5.1

5.3 QUANTIDADE DE MOVIMENTO ANGULAR

O conceito de *quantidade de movimento angular* surge no estudo do movimento orbital tal como aquele de um satélite ao redor de um planeta. A quantidade de movimento angular é também um conceito-chave na generalização da aplicabilidade das leis de Newton desde partículas até modelos mais complexos, como um corpo rígido. Nessa generalização, uma *lei fundamental* formulada é chamada de o *princípio do impulso-quantidade de movimento angular.*

Um giro de patinador

Os giros são comuns em performances na patinação no gelo. Em um giro, um patinador gira em torno de um eixo vertical que atravessa seu corpo. O patinador controla sua taxa de giro estendendo ou retraindo os braços e/ou pernas. Como é possível controlar a taxa de giro *sem ajuda externa*?

Nossa intuição nos diz que a taxa de giro é controlada ajustando a distribuição da massa do patinador em relação ao eixo de giro. Especificamente, quando braços e/ou pernas são aproximados do eixo de giro, mais da massa corporal encontra-se próxima ao eixo de giro e a taxa de giro aumenta. Inversamente, quando a massa está distribuída distante do eixo de giro, por exemplo, estendendo braços e/ou pernas para fora, a taxa de giro diminui.

Para verificar nossa explicação intuitiva, podemos utilizar o modelo simples retratado na Fig. 5.29, em que um disco D de massa m orbita um ponto fixo O. O disco D está conectado ao ponto O por uma corda que pode ser puxada ou afastada do furo sobre a mesa em O. Essa configuração permite uma distância variável entre o disco e o eixo de giro z. Por simplicidade, consideramos que o contato entre D e a mesa não possui atrito, e a corda é inextensível e de massa desprezível. O sistema na Fig. 5.29 é muito semelhante àquele do Exemplo 3.7, e esse fato nos permitirá imediatamente mergulhar na solução do problema. Especificamente, iremos nos concentrar na Eq. (2) do Exemplo 3.7, a qual repetimos aqui na seguinte forma:

$$ma_\theta = m(r\ddot{\theta} + 2\dot{r}\dot{\theta}) = 0. \tag{5.54}$$

Referindo-se ao DCL na Fig. 5.30, a Eq. (5.54) afirma que $F_\theta = 0$, ou seja, não há força na direção transversal causando a rotação do disco ao redor de O. No nosso modelo, isso corresponde ao fato de que não existe coisa alguma ajudando a rotação do patinador. Usando a regra do produto do cálculo, e para $r \neq 0$, a Eq. (5.54) pode ser reescrita como

$$\frac{1}{r}\frac{d}{dt}\left[m(r^2\dot{\theta})\right] = 0 \quad \Rightarrow \quad mr^2\dot{\theta} = \text{constante}. \tag{5.55}$$

O valor constante tomado por $mr^2\dot{\theta}$ é determinado como se D fosse colocado em movimento no tempo inicial t_i. Então, o movimento de giro de D ao redor de O está sujeito à seguinte condição de *conservação*:

$$mr^2\dot{\theta} = mr^2(t_i)\dot{\theta}(t_i). \tag{5.56}$$

Esse resultado nos ajuda a entender o giro do patinador. Na verdade, recordando que r mede a distância entre D e o eixo de giro e resolvendo a Eq. (5.56) para a taxa de giro $\dot{\theta}$, temos

$$\dot{\theta} = \left(\frac{r_i}{r}\right)^2 \dot{\theta}_i, \tag{5.57}$$

em que $r_i = r(t_i)$ e $\theta_i = \theta(t_i)$. Agora, observe que, se a distância r entre D e O diminui, a razão r_i/r aumenta e $\dot{\theta}$ aumenta também. Isso é análogo ao que acon-

Figura 5.28
Três fotos instantâneas de um *giro frontal*. Da esquerda para a direita, perceba como primeiro uma perna é retraída e então ambos os braços também o são. Ao fazê-lo, a patinadora está aumentando sua taxa de rotação consideravelmente.

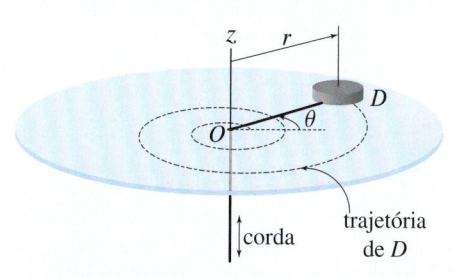

Figura 5.29
Disco se movendo em órbita ao redor do ponto O enquanto preso por uma corda. O contato entre o disco e a superfície horizontal não possui atrito.

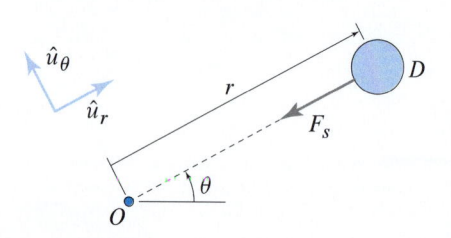

Figura 5.30
DCL do disco D.

tece com o patinador quando os braços e/ou pernas são aproximados do eixo de giro. Analogamente, se r aumenta, $\dot{\theta}$ diminui.

Nossa solução nos mostra que a habilidade do patinador em controlar a taxa de giro se baseia no fato de que a grandeza na Eq. (5.55) permanece *constante*. Agora queremos entender melhor o que essa grandeza constante representa. Lembre que em coordenadas polares $r\dot{\theta} = v_\theta$, e, portanto, a Eq. (5.55) pode ser reescrita da seguinte maneira:

$$r(mv_\theta) = \text{constante} \qquad (5.58)$$

A Eq. (5.58) nos diz que o que está sendo *conservado* é uma *quantidade de momento*, visto que a distância $\overline{OD} = r$ pode ser interpretada como um braço de momento e mv_θ é a componente da quantidade de movimento de D perpendicular a $\overline{OD}$. Não é difícil ver que $r(mv_\theta)$ é o momento em relação a O da quantidade de movimento de D (veja a Fig. 5.31). Agora, formalizaremos essa descoberta pelo conceito de quantidade de movimento angular, que será definido como o momento do vetor da quantidade de movimento.

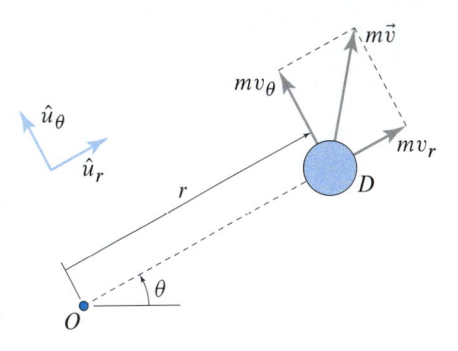

Figura 5.31
A grandeza $r(mv_\theta)$ é o momento em relação a O da quantidade de movimento de D.

Definição da quantidade de movimento angular de uma partícula

Referindo-se à Fig. 5.32, dada uma partícula Q de massa m e quantidade de movimento $\vec{p}_Q = m\vec{v}_Q$, a *quantidade de movimento angular em relação a um ponto P* da partícula é indicada por $\vec{h}_P$ e é definida como o momento de $\vec{p}_Q$ sobre P, ou seja,

$$\boxed{\vec{h}_P = \vec{r}_{Q/P} \times \vec{p}_Q = \vec{r}_{Q/P} \times m\vec{v}_Q,} \qquad (5.59)$$

em que $\vec{r}_{Q/P}$ indica a posição de Q relativa a P e o ponto de referência P é chamado o *centro de momento*. Um importante aspecto dessa definição é que não existem limitações de como o centro de momento P é escolhido; ou seja, P pode ser outra partícula ou um ponto de referência geométrico conveniente, e ele pode estar se movendo ou ser estacionário. A quantidade de movimento angular é tipicamente expressa pelas unidades de kg $\times$ m²/s e slug $\times$ ft²/s, nos sistemas SI e americano, respectivamente.

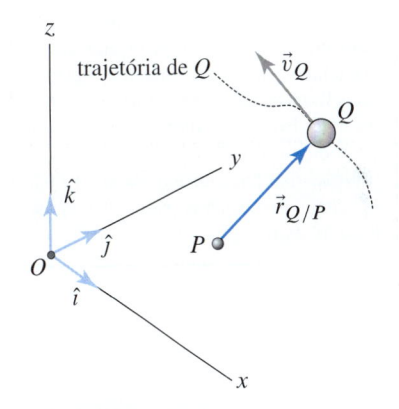

Figura 5.32
Uma partícula Q em movimento em relação a um ponto P. O ponto P *não* precisa ser um ponto estacionário.

Uma observação final sobre o problema do giro do patinador. No problema do giro do patinador, escolhemos o ponto O na Fig. 5.29 como o centro de momento. Devido a essa escolha, $\vec{r}_{D/O} = r\,\hat{u}_r$, e, uma vez que a quantidade de movimento linear em coordenadas cilíndricas é dada por $\vec{p} = mv_r\hat{u}_r + mv_\theta\hat{u}_\theta + mv_z\hat{k}$, temos

$$\vec{h}_O = -rmv_z\,\hat{u}_\theta + rmv_\theta\,\hat{k}. \qquad (5.60)$$

Portanto, recordando que o eixo z é o eixo de giro, vemos agora que a quantidade conservada $r(mv_\theta)$ é a componente da quantidade de movimento angular $\vec{h}_O$ ao longo do eixo de giro. Para essa afirmação ser completamente aceita, precisamos agora estabelecer uma ligação entre o conceito de quantidade de movimento angular de uma partícula e a segunda lei de Newton.

> **Alerta de conceito**
>
> **A quantidade de movimento angular é o *momento da quantidade de movimento*.** Embora o termo *quantidade de movimento angular* seja, em geral, mais usado, conceitual e computacionalmente, é útil lembrar-se dele como o *momento da quantidade de movimento*, uma vez que isso é o que $\vec{h}_P$ é na Eq. (5.59). Como tal, a quantidade de movimento angular não significa nada a não ser que claramente indiquemos o centro de momento em relação ao qual o momento da quantidade de movimento é calculado.

Princípio do impulso-quantidade de movimento angular para uma partícula

A relação entre a segunda lei de Newton e a quantidade de movimento angular pode ser descoberta tomando a derivada temporal da Eq. (5.59), que resulta em

$$\dot{\vec{h}}_P = \dot{\vec{r}}_{Q/P} \times m\vec{v}_Q + \vec{r}_{Q/P} \times m\dot{\vec{v}}_Q. \qquad (5.61)$$

Recordando que

1. $\dot{\vec{r}}_{Q/P} = \vec{v}_Q - \vec{v}_P$, em que $\vec{v}_Q$ e $\vec{v}_P$ são as velocidades de Q e P, respectivamente,
2. pela segunda lei de Newton, $m\dot{\vec{v}}_Q = \vec{F}$, em que $\vec{F}$ é a força total sobre Q, podemos reescrever a Eq. (5.61) como

$$\dot{\vec{h}}_P = (\vec{v}_Q - \vec{v}_P) \times m\vec{v}_Q + \vec{r}_{Q/P} \times \vec{F}. \quad (5.62)$$

O termo

$$\vec{r}_{Q/P} \times \vec{F} \quad (5.63)$$

é o *momento em relação a P de todas as forças atuantes sobre Q*, o qual indicaremos por $\vec{M}_P$. Fazendo uso da Eq. (5.63) na Eq. (5.62) e reconhecendo que $\vec{v}_Q \times m\vec{v}_Q = \vec{0}$, obtemos o seguinte importante resultado:

$$\boxed{\vec{M}_P = \dot{\vec{h}}_P + \vec{v}_P \times m\vec{v}_Q.} \quad (5.64)$$

A Eq. (5.64) é chamada de **princípio do impulso-quantidade de movimento angular** e descreve a relação entre o momento da força total atuante sobre Q e a quantidade de movimento angular de Q, os quais dizem respeito ao centro de momento P. A Eq. (5.64) pode ser simplificada nos seguintes casos:

1. Quando o ponto de referência P é fixo, ou seja, se $\vec{v}_P = \vec{0}$ ou
2. Quando $\vec{v}_p$ é paralelo a $\vec{v}_Q$, ou seja, $\vec{v}_P \times m\vec{v}_Q = \vec{0}$.

Em cada um dos dois casos acima, temos

$$\boxed{\vec{M}_P = \dot{\vec{h}}_P,} \quad (5.65)$$

ou seja, a taxa de variação temporal da quantidade de movimento angular (em relação a P) é *completamente* igual a $\vec{M}_P$, o momento da força atuante sobre Q (em relação a P). Sempre que a Eq. (5.65) é válida, integrando essa equação em relação ao tempo sobre um intervalo de tempo $t_1 \leq t \leq t_2$, temos

$$\boxed{\vec{h}_{P1} + \int_{t_1}^{t_2} \vec{M}_P \, dt = \vec{h}_{P2},} \quad (5.66)$$

em que $\vec{h}_{P1} = \vec{h}_P(t_1)$, $\vec{h}_{P2} = \vec{h}_P(t_2)$, e o termo integral na Eq. (5.66) é chamado de o *impulso angular em relação a P* de todas as forças atuantes em Q.

■ **Miniexemplo.** Aplique o princípio do impulso-quantidade de movimento angular ao problema do patinador discutido anteriormente para mostrar que a quantidade de movimento angular do patinador permanece constante.

Solução. Referindo-se à Fig. 5.33 e recordando que tínhamos escolhido O como nosso centro de momento, temos $\vec{M}_O = \vec{0}$, uma vez que a linha de ação de $\vec{F}_s$ atravessa O. Além disso, por O ser um ponto fixo, a aplicação da Eq. (5.66) nos diz que $\vec{h}_O(t_2) = \vec{h}_O(t_1)$; ou seja, a quantidade de movimento angular em relação a O do disco D permanece constante. As Eqs. (5.64) e (5.66) são muito úteis no estudo desses problemas em que uma partícula se move sob a ação de uma força central, ou seja, uma força sempre apontando para um ponto

> **Fato interessante**
>
> **A Eq. (5.64) é uma nova lei?** A Eq. (5.64) é uma relação muito útil no estudo do movimento, especialmente do movimento sob a ação de uma força central. A Eq. (5.64) foi obtida como *consequência* do princípio do impulso-quantidade de movimento. Por essa razão, a Eq. (5.64) não é uma nova lei do movimento. É simplesmente uma relação fisicamente significativa cuja aplicação se revela conveniente no estudo de alguns problemas.

> **Informações úteis**
>
> **Uso prático da Eq. (5.66).** A Eq. (5.66) será mais útil naqueles problemas em que o momento de todas as forças externas é zero em torno de algum ponto fixo. Nesses casos, podemos imediatamente dizer que a quantidade de movimento angular calculada em relação a esse ponto fixo é constante. Essa estratégia é especialmente útil na solução de problemas com uma partícula em movimento sob a ação de uma *força central*, ou seja, uma força que está sempre apontando para um ponto fixo.

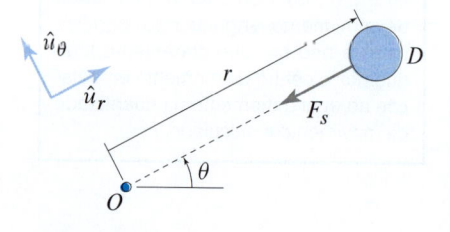

Figura 5.33
Figura 5.30 repetida. DCL do disco D.

fixo. O mais clássico desses problemas é o movimento dos planetas em torno do Sol.

Impulso-quantidade de movimento angular para um sistema de partículas

Estendemos agora o princípio do impulso-quantidade de movimento angular para sistemas de partículas. Como foi feito para o princípio do impulso-quantidade de movimento linear para sistemas, começamos considerando um sistema de N partículas sujeito a um sistema de forças externas e interagindo umas com as outras em forma de pares (veja a Fig. 5.34). Além disso, assumimos que o sistema sob consideração é *fechado*, ou seja, não troca massa com as redondezas (veja a discussão na p. 336 da Seção 5.1). Escolhemos um ponto P com velocidade $\vec{v}_P$ como centro de momento. Aplicando a Eq. (5.64) para a i-ésima partícula no sistema, temos

$$\vec{M}_{Pi} = \dot{\vec{h}}_{Pi} + \vec{v}_P \times m_i \vec{v}_i, \tag{5.67}$$

onde

$$\vec{M}_{Pi} = \vec{r}_{i/P} \times \left(\vec{F}_i + \sum_{\substack{j=1 \\ j \neq i}}^{N} \vec{f}_{ij} \right), \tag{5.68}$$

em que

- $\vec{r}_{i/P}$ indica a posição da partícula i relativa a P,
- $\vec{F}_i$ é a força *externa* agindo sobre a partícula i, e
- $\vec{f}_{ij}$ é a força *interna* agindo sobre a partícula i devido à sua interação com a partícula j.

Desse modo, o termo $\vec{F}_i + \sum_{\substack{j=1 \\ j \neq i}}^{N} \vec{f}_{ij}$, em parênteses na Eq. (5.68), representa a força *total* agindo na partícula i. Somando as contribuições na Eq. (5.67) sobre todas as partículas no sistema, obtemos

$$\sum_{i=1}^{N} \vec{M}_{Pi} = \sum_{i=1}^{N} \dot{\vec{h}}_{Pi} + \sum_{i=1}^{N} \vec{v}_P \times m_i \vec{v}_i. \tag{5.69}$$

Para simplificar a Eq. (5.69), começamos com o somatório do lado esquerdo, que pode ser reescrito como

$$\sum_{i=1}^{N} \vec{M}_{Pi} = \sum_{i=1}^{N} \left(\vec{r}_{i/P} \times \vec{F}_i \right) + \sum_{i=1}^{N} \left(\vec{r}_{i/P} \times \sum_{\substack{j=1 \\ j \neq i}}^{N} \vec{f}_{ij} \right). \tag{5.70}$$

Para reescrever o último termo na Eq. (5.70), lembre que a terceira lei de Newton é expressa pelas *duas* relações seguintes:[6]

$$\vec{f}_{ij} = -\vec{f}_{ji} \quad \text{e} \quad \vec{f}_{ij} \times (\vec{r}_i - \vec{r}_j) = \vec{0}. \tag{5.71}$$

Em seguida, consideramos como um dado par de partículas d e e contribui para o último termo na Eq. (5.70). Referindo-se à Fig. 5.35, considere os termos na soma

$$\vec{r}_{e/P} \times \vec{f}_{ed} + \vec{r}_{d/P} \times \vec{f}_{de}, \tag{5.72}$$

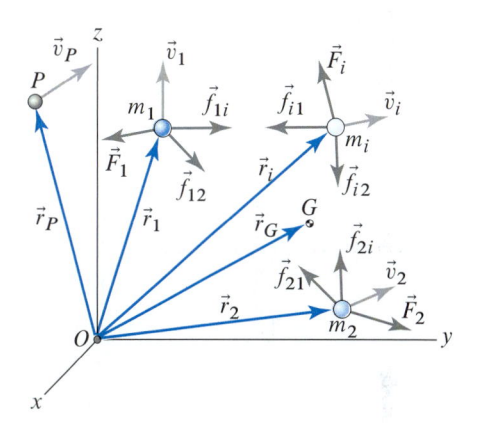

Figura 5.34
Um sistema de partículas sob a ação de forças internas e externas. O ponto P, em geral, é um ponto móvel.

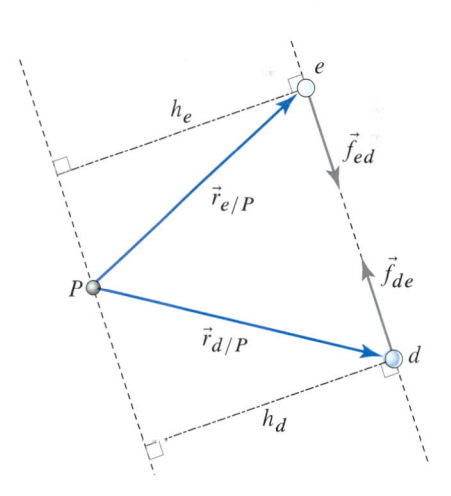

Figura 5.35
Momento de um par de forças internas que é necessário que sejam iguais e opostas, bem como colineares pela terceira lei de Newton. Observe que as forças internas $\vec{f}_{ed}$ e $\vec{f}_{de}$ têm igual braço de alavanca relativo à linha atravessando P e paralela a $\vec{f}_{ed}$ e $\vec{f}_{de}$, ou seja, $h_e = h_d$. Portanto, o momento total de $\vec{f}_{ed}$ e $\vec{f}_{de}$ em relação a P é igual a zero.

---

[6] Essas duas relações foram primeiramente dadas nas Eqs. (1.4) e (1.5), respectivamente, e têm sido repetidas aqui por conveniência.

que, usando a primeira das Eqs. (5.71), pode ser reescrita como

$$\vec{r}_{e/P} \times \vec{f}_{ed} + \vec{r}_{d/P} \times (-\vec{f}_{ed}) = (\vec{r}_{e/P} - \vec{r}_{d/P}) \times \vec{f}_{ed}. \qquad (5.73)$$

Usando $\vec{r}_{e/P} - \vec{r}_{d/P} = (\vec{r}_e - \vec{r}_P) - (\vec{r}_d - \vec{r}_P) = \vec{r}_e - \vec{r}_d$ e a segunda das Eqs. (5.71), a Eq. (5.73) se torna

$$(\vec{r}_e - \vec{r}_d) \times \vec{f}_{ed} = \vec{0}. \qquad (5.74)$$

A Eq. (5.74) é verdadeira para todo par de partículas, então, o último termo na Eq. (5.70) deve ser zero e a Eq. (5.70) pode ser simplificada interpretando-se

$$\vec{M}_P = \sum_{i=1}^{N} \vec{r}_{i/P} \times \vec{F}_i, \qquad (5.75)$$

onde $\vec{M}_P$ é o momento total em relação a P *somente* das forças *externas*.

Agora consideramos os termos da quantidade de movimento angular no último somatório na Eq. (5.69). Observe que o termo $\vec{v}_p$ não é caracterizado pelo índice i. Isso significa que podemos reescrever o somatório contendo o termo em questão como

$$\sum_{i=1}^{N} \vec{v}_P \times m_i \vec{v}_i = \vec{v}_P \times \sum_{i=1}^{N} m_i \vec{v}_i = \vec{v}_P \times m\vec{v}_G, \qquad (5.76)$$

onde usamos a Eq. (5.13) para substituir a soma de todas as contribuições de quantidade de movimento com o termo $m\vec{v}_G$ (veja a nota Informações úteis na margem), onde G é o centro de massa do sistema. Em seguida, definimos a *quantidade de movimento angular total calculada em relação ao centro de momento P* do sistema como sendo o somatório das quantidades de movimento angular em relação a P de todas as partículas no sistema, ou seja,

$$\boxed{\vec{h}_P = \sum_{i=1}^{N} \vec{h}_{Pi}.} \qquad (5.77)$$

Usando as Eqs. (5.75)–(5.77), obtemos o *princípio do impulso-quantidade de movimento angular para um sistema de partículas fechado* reescrevendo a Eq. (5.69) como

$$\boxed{\vec{M}_P = \dot{\vec{h}}_P + \vec{v}_P \times m\vec{v}_G.} \qquad (5.78)$$

Quantidade de movimento angular para sistemas de partículas: casos especiais importantes

Consideramos agora aqueles casos especiais, mas importantes, em que a Eq. (5.78) pode ser simplificada fazendo $\vec{v}_P \times m\vec{v}_G = \vec{0}$. Isso acontece quando

1. P é um ponto fixo, ou seja, quando $\vec{v}_P = \vec{0}$,
2. G é um ponto fixo, ou seja, quando $\vec{v}_G = \vec{0}$,
3. P coincide com o centro de massa de modo que $\vec{v}_P = \vec{v}_G$, ou
4. Os vetores $\vec{v}_P$ e $\vec{v}_G$ são paralelos entre si.

Informações úteis

Sistemas abertos contra sistemas fechados. Em um sistema de partículas, o centro de massa é o ponto cujo vetor posição é tal que $\vec{r}_G = \frac{1}{m}\sum_{i=1}^{N} m_i \vec{r}_i$. Se o sistema é fechado, então N e m são constantes, de modo que da derivada temporal da expressão $m\vec{r}_G$ resulta $m\vec{v}_G = \sum_{i=1}^{N} m_i \vec{v}_i$, que é a relação usada na Eq. (5.76). Se o sistema é aberto, então a velocidade do centro de massa dependerá de como N varia com o tempo e da correspondente alteração na massa do sistema. Analogamente, uma vez que definimos $\vec{h}_P = \sum_{i=1}^{N} \vec{h}_{Pi}$, podemos afirmar que $\dot{\vec{h}}_P = \frac{d\vec{h}_P}{dt} = \sum_{i=1}^{N} \dot{\vec{h}}_{Pi}$ apenas quando o sistema não está ganhando ou perdendo partículas, ou seja, quando o sistema é fechado.

Em todos esses casos, a Eq. (5.78) assume a seguinte forma simplificada:

$$\vec{M}_P = \dot{\vec{h}}_P. \quad (5.79)$$

Ademais, se alguma das condições listadas anteriormente se mantiver durante um intervalo de tempo $t_1 \leq t \leq t_2$, podemos integrar a Eq. (5.79) em relação ao tempo para obter

$$\vec{h}_{P1} + \int_{t_1}^{t_2} \vec{M}_P\, dt = \vec{h}_{P2}, \quad (5.80)$$

onde $\vec{h}_{P1} = \vec{h}_P(t_1)$ e $\vec{h}_{P2} = \vec{h}_P(t_2)$.

Conservação da quantidade de movimento angular

Referindo-se à Eq. (5.80), se $\vec{M}_P = \vec{0}$ para $t_1 \leq t \leq t_2$, então temos

$$\vec{h}_{P1} = \vec{h}_{P2}, \quad (5.81)$$

e dizemos que há *conservação da quantidade de movimento angular*.

Em alguns casos, é possível ter conservação de uma *componente* da quantidade de movimento angular em vez da quantidade de movimento angular total. Isso acontece quando $\vec{M}_P$ não é zero, mas uma componente de $\vec{M}_P$ ao longo de um eixo fixo é zero. Por exemplo, considere a Fig. 5.36, que mostra o DCL de um pêndulo cônico com o prumo Q oscilando no plano horizontal. O momento de todas as forças em torno do ponto O é

$$\vec{M}_O = \vec{r}_{Q/O} \times \vec{F}_Q$$
$$= L\left(\operatorname{sen}\phi\, \hat{u}_R - \cos\phi\, \hat{k}\right) \times \left[-mg\,\hat{k} + T(\cos\phi\,\hat{k} - \operatorname{sen}\phi\,\hat{u}_r)\right]$$
$$= mgL\operatorname{sen}\phi\, \hat{u}_\theta, \quad (5.82)$$

onde $\vec{F}_Q$ é a força total sobre Q. Agora relembre que $\vec{M}_O = \dot{\vec{h}}_O$ pela Eq. (5.79). Uma vez que podemos escrever $\vec{h}_O = h_{OR}\,\hat{u}_R + h_{O\theta}\,\hat{u}_\theta + h_{Oz}\,\hat{k}$, temos

$$\dot{\vec{h}}_O = \dot{h}_{Or}\,\hat{u}_R + h_{Or}\,\dot{\hat{u}}_R + \dot{h}_{O\theta}\,\hat{u}_\theta + h_{O\theta}\,\dot{\hat{u}}_\theta + \dot{h}_{Oz}\,\hat{k} + h_{Oz}\,\dot{\hat{k}}. \quad (5.83)$$

Em coordenadas cilíndricas, temos $\dot{\hat{k}} = 0$ porque o eixo z é fixo, e temos $\dot{\hat{u}}_R = \dot\theta\,\hat{u}_\theta$ e $\dot{\hat{u}}_\theta = -\dot\theta\,\hat{u}_R$ porque as direções R e θ giram à medida que o pêndulo oscila. Assim, a Eq. (5.83) simplifica-se em

$$\dot{\vec{h}}_O = (\dot{h}_{Or} - \dot\theta h_{O\theta})\,\hat{u}_R + (\dot{h}_{O\theta} + \dot\theta h_{OR})\,\hat{u}_\theta + \dot{h}_{Oz}\,\hat{k}. \quad (5.84)$$

Igualando as Eqs. (5.82) e (5.84) componente por componente, podemos então concluir que $M_{Oz} = 0$ implica $\dot{h}_{Oz} = 0$ e, portanto, h_{Oz} = constante. Em contraste, por exemplo, o fato de $M_{OR} = 0$ apenas implica que $\dot{h}_{Or} - \dot\theta h_{O\theta} = 0$. Novamente, é importante lembrar que $M_{Oz} = 0$ implica h_{Oz} = constante *porque a direção z é fixa*.

Erro comum

Mesmo aspecto, significado diferente. As Eqs. (5.79) e (5.80) são idênticas na aparência às Eqs. (5.65) e (5.66), respectivamente. Entretanto, a grandeza $\vec{h}_P$ nas Eqs. (5.79) e (5.80) é a quantidade de movimento angular total de um *sistema* e, portanto, é muito diferente da grandeza $\vec{h}_P$ nas Eqs. (5.65) e (5.66), a qual representa a quantidade de movimento angular de uma única partícula. A razão de essas equações parecerem a mesma é para reforçar o fato de que há um único princípio físico atuando em ambos os casos.

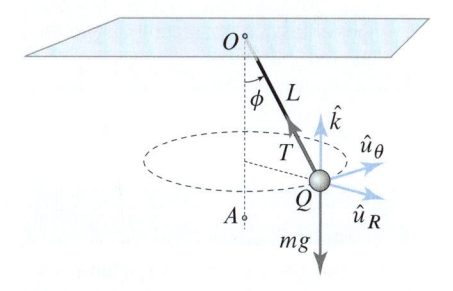

Figura 5.36
DCL de um pêndulo cônico oscilando em um plano horizontal.

Primeira e segunda leis do movimento de Euler

As leis do movimento de Newton regem o movimento de uma única massa pontual (ou partícula), sendo que uma massa pontual é uma entidade *abstrata* com massa *finita* e volume *zero* (ou indefinido). Usando as leis de Newton, deduzimos relações que devem ser satisfeitas pelo movimento de qualquer sistema *fechado* de massas pontuais com forças internas aos pares. Essas relações são

$$\vec{F} = m\vec{a}_G \quad \text{e} \quad \vec{M}_P = \dot{\vec{h}}_P + \vec{v}_P \times m\vec{v}_G, \tag{5.85}$$

dadas na Eq. (5.14) na p. 337 e Eq. (5.78) na p. 392, respectivamente.

Muitos modelos comuns do mundo físico *não* veem objetos como consistindo em massas pontuais. Por exemplo, a modelagem de vigas, barras, cabos, etc., é baseada na noção de *corpo contínuo*, o qual não é uma montagem de massas pontuais. Até mesmo os *corpos rígidos*, estudados mais tarde neste livro, não necessitam ser vistos como montagens de massas pontuais. Portanto, precisamos enfrentar a seguinte questão crucial:

> Quais leis do movimento usamos em modelos que não são baseados na noção de massa pontual?

A resposta para essa questão foi primeiramente dada por Euler[7], que reconheceu que as Eqs. (5.85) não eram simplesmente meros subprodutos das leis de Newton aplicáveis apenas a sistemas específicos de partículas. Portanto, Euler *postulou* que, em um sistema de referência inercial, o movimento de *qualquer* objeto físico que não troca massa com o meio deve satisfazer duas leis, as quais estabelecemos como:

$$\text{Primeira lei de Euler:} \quad \vec{F} = m\vec{a}_G, \tag{5.86}$$

$$\text{Segunda lei de Euler:} \quad \vec{M}_P = \dot{\vec{h}}_P + \vec{v}_P \times m\vec{v}_G, \tag{5.87}$$

onde, para um sistema físico de massa constante m e centro de massa G,

- $\vec{F}$ é a resultante de todas as forças *externas*.
- $\vec{v}_G$ e $\vec{a}_G$ são a velocidade e a aceleração de G, respectivamente.
- P é um centro de momento escolhido arbitrariamente.
- $\vec{M}_P$ é o resultante dos momentos de todas as forças e torques *externos* calculados em relação a P.
- $\vec{h}_P$ é a quantidade de movimento angular calculada em relação a P.

Ao postular as Eqs. (5.86) e (5.87), Euler não sentiu necessidade de adicionar qualquer referência específica à terceira lei de Newton, a qual pode ser mostrada para ser incorporada e generalizada pelas Eqs. (5.86) e (5.87) (veja C. Truesdell, *Essays in the History of Mechanics*, Springer-Verlag, Berlim, 1968).

No restante deste livro, consideraremos as Eqs. (5.86) e (5.87) as *leis fundamentais do movimento* de corpos. Para reconhecer a contribuição de Euler para a formulação das leis fundamentais da mecânica mantendo uma consciência da origem newtoniana dessas leis, nos referiremos a essas leis como as equações de *Newton-Euler*.

Informações úteis

Comparando a primeira lei de Euler com a segunda lei de Newton. Embora elas pareçam muito semelhantes, a primeira lei de Euler e a segunda lei de Newton não são a mesma. A primeira lei de Euler, como dada pela Eq. (5.86), aplica-se a uma partícula, um sistema de partículas, um corpo rígido e/ou um corpo deformável de microestrutura arbitrária. Por outro lado, a segunda lei de Newton, como dada pelas Eqs. (1.3), *apenas* se aplica a uma partícula. É essa distinção sutil, embora importante, que faz a contribuição de Euler tão importante.

Fato interessante

Teorias gerais do comportamento de materiais. Embora fuja do escopo de um curso introdutório de dinâmica, é importante saber que as leis de Euler fornecem uma base para teorias sobre o comportamento dos materiais. De fato, quando queremos caracterizar o comportamento de um material, tal como a viscosidade de um fluido, a elasticidade da borracha, ou a condutividade térmica de um polímero, o que estamos de fato fazendo é descrevendo a característica geral do sistema de forças internas em um meio. Ao fazê-lo, é extremamente útil ter leis gerais delineando as propriedades de sistemas fisicamente admissíveis de forças internas. As leis de Euler fornecem uma base para o estudo de materiais porque elas *postulam* que as quantidades de movimento de um sistema são apenas influenciadas por forças externas agindo no sistema. Por sua vez, isso implica algo importante sobre as forças internas, a saber, que qualquer sistema admissível de forças internas deve ter força e momento resultantes nulos.

---

[7] Veja a nota histórica sobre Euler na p. 6 no Capítulo 1.

Resumo final da seção

Nesta seção, desenvolvemos o conceito de quantidade de movimento angular para uma única partícula e para sistemas de partículas. Além disso, apresentamos o *princípio do impulso-quantidade de movimento angular*.

Referindo-se à Fig. 5.37, a *quantidade de movimento angular de uma partícula Q em relação ao centro de momento P* é dada por

Eq. (5.59), p. 389

$$\vec{h}_P = \vec{r}_{Q/P} \times \vec{p}_Q = \vec{r}_{Q/P} \times m\vec{v}_Q,$$

onde P pode ser fixo ou móvel; $\vec{r}_{Q/P}$ é a posição de Q relativa a P; m e $\vec{v}_Q$ são a massa e a velocidade de Q, respectivamente; e $\vec{p}_Q = m\vec{v}_Q$ é a quantidade de movimento linear de Q.

O *princípio do impulso-quantidade de movimento angular* para uma única partícula é dado por

Eq. (5.64), p. 390

$$\vec{M}_P = \dot{\vec{h}}_P + \vec{v}_P \times m\vec{v}_Q,$$

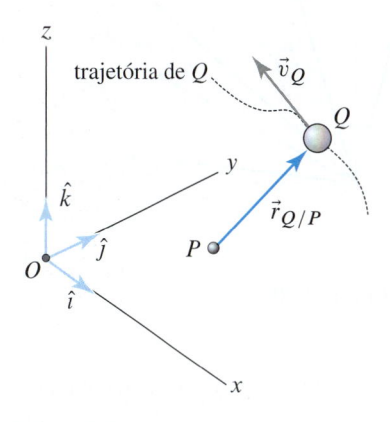

Figura 5.37
Figura 5.32 repetida. Uma partícula Q em movimento relativo a um ponto P. O ponto P *não* precisa ser um ponto estacionário.

onde $\vec{M}_P$ é o momento em relação a P de todas as forças agindo sobre Q. Se uma das seguintes condições é satisfeita:

1. O ponto de referência P é fixo, ou seja, se $\vec{v}_P = \vec{0}$.
2. $\vec{v}_P$ é paralelo a $\vec{v}_Q$, ou seja, $\vec{v}_P \times m\vec{v}_Q = \vec{0}$.

então o princípio do impulso-quantidade de movimento angular para uma única partícula pode ser simplificado em

Eq. (5.65), p. 390

$$\vec{M}_P = \dot{\vec{h}}_P.$$

Se as condições (1) e (2) forem satisfeitas para $t_1 \leq t \leq t_2$, então o princípio do impulso-quantidade de movimento angular para uma única partícula pode ser integrado em relação ao tempo fornecendo

Eq. (5.66), p. 390

$$\vec{h}_{P1} + \int_{t_1}^{t_2} \vec{M}_P \, dt = \vec{h}_{P2},$$

onde $\vec{h}_{P1} = \vec{h}_P(t_1)$ e $\vec{h}_{P2} = \vec{h}_P(t_2)$.

Para um *sistema de partículas fechado*, o princípio do impulso-quantidade de movimento angular pode ser dado na forma

Eq. (5.78), p. 392

$$\vec{M}_P = \dot{\vec{h}}_P + \vec{v}_P \times m\vec{v}_G,$$

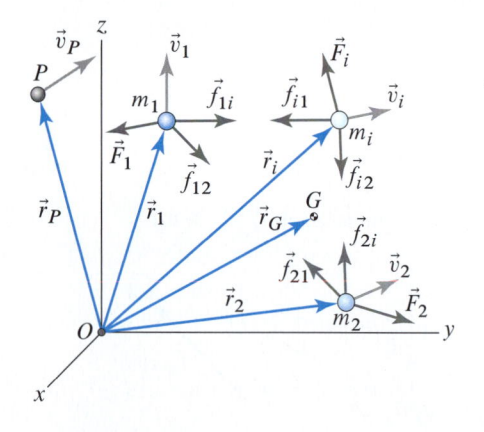

Figura 5.38
Figura 5.34 repetida. Um sistema de partículas sob a ação de forças internas e externas. O ponto P, em geral, é um ponto móvel.

onde, com referência à Fig. 5.38, $\vec{M}_P$ é o momento em relação a P *apenas das forças externas* atuando sobre o sistema, $m = \sum_{i=1}^{N} m_i$ é a massa total do sistema, G é o centro de massa do sistema, $\vec{v}_G$ é a velocidade de G e $\vec{h}_P$ é a quantidade de movimento angular total, a qual é definida como

Eq. (5.77), p. 392

$$\vec{h}_P = \sum_{i=1}^{N} \vec{h}_{Pi}.$$

Conforme vimos anteriormente, o princípio do impulso-quantidade de movimento angular assume uma forma mais simples se certas condições forem satisfeitas. Para um sistema de partículas fechado, essas condições são qualquer uma das seguintes:

1. Quando P é um ponto fixo, ou seja, quando $\vec{v}_P = \vec{0}$,
2. Quando G é um ponto fixo, ou seja, quando $\vec{v}_G = \vec{0}$,
3. Quando P coincide com o centro de massa e, portanto, $\vec{v}_P = \vec{v}_G$.
4. Os vetores $\vec{v}_P$ e $\vec{v}_G$ são paralelos entre si.

Sob quaisquer dessas condições, o princípio do impulso-quantidade de movimento angular para um sistema de partículas fechado simplifica-se para

Eq. (5.79), p. 393

$$\vec{M}_P = \dot{\vec{h}}_P.$$

Além disso, se alguma das condições acima for satisfeita durante um intervalo de tempo $t_1 \leq t \leq t_2$, então o princípio do impulso-quantidade de movimento angular para um sistema de partículas fechado pode ser integrado em relação ao tempo, resultando em

Eq. (5.80), p. 393

$$\vec{h}_{P1} + \int_{t_1}^{t_2} \vec{M}_P\, dt = \vec{h}_{P2}.$$

EXEMPLO 5.12 Quantidade de movimento angular para encontrar a velocidade de um satélite

Um satélite orbita a Terra como mostrado na Fig. 1. As distâncias mínima e máxima do centro da Terra são $R_P = 4{,}5 \times 10^7$ m e $R_A = 6{,}163 \times 10^7$ m, respectivamente, onde os subscritos P e A significam *perigeu* (o ponto da órbita mais próximo da Terra) e *apogeu* (o ponto da órbita mais distante da Terra), respectivamente. Se a velocidade do satélite no ponto P é $v_P = 3{,}2 \times 10^3$ m/s, determine a velocidade do satélite em A.

SOLUÇÃO

Roteiro e modelagem Referindo-se à Fig. 2, modelamos ambos a Terra e o satélite como *partículas*, assumimos que a Terra está *fixa*, e consideramos o centro da Terra E a origem do sistema de referência inercial. Também supomos que a única força agindo sobre o satélite é F_G, a atração gravitacional exercida pela Terra. Finalmente, admitimos que a órbita do satélite é planar de modo que podemos estudar o movimento do satélite usando o sistema de coordenadas polares com origem em E. Essas considerações implicam que a força sobre o satélite é central (ela sempre aponta em direção ao ponto fixo E) e seu momento sobre E é sempre igual a zero. Portanto, a quantidade de movimento angular do satélite em relação a E é *conservada* ao longo de todo o movimento. Essa condição será a chave para a solução do problema.

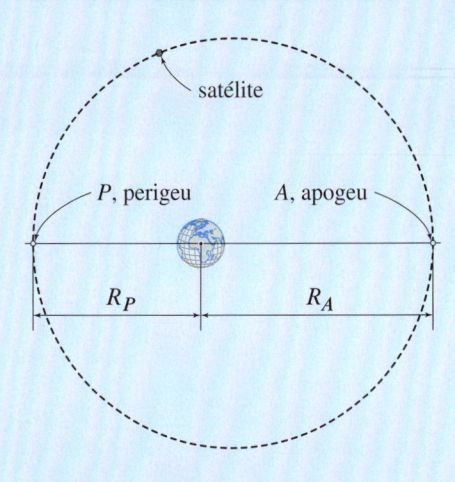

Figura 1
Satélite em órbita elíptica ao redor da Terra. A órbita está desenhada em escala em relação à Terra.

Equações fundamentais

Princípios de equilíbrio Escolhendo o ponto fixo E como nosso centro de momento, podemos usar o princípio do impulso-quantidade de movimento angular da Eq. (5.64) na p. 390:

$$\vec{M}_E = \dot{\vec{h}}_E, \tag{1}$$

onde

$$\vec{M}_E = \vec{r} \times \vec{F}_G \quad \text{e} \quad \vec{h}_E = \vec{r} \times m\vec{v}, \tag{2}$$

e $\vec{r}$, m e $\vec{v}$ são a posição, a massa e a velocidade do satélite, respectivamente.

Leis da força $\vec{F}_G$ é dado por (veja a Eq. (1.6) na p. 5)

$$\vec{F}_G = -G \frac{m_e m}{r^2} \hat{u}_r, \tag{3}$$

onde G é a constante gravitacional universal, m_e é a massa da Terra, r é a distância entre o centro da Terra e o satélite e $\hat{u}_r$ é o vetor unitário apontando da Terra para o satélite.

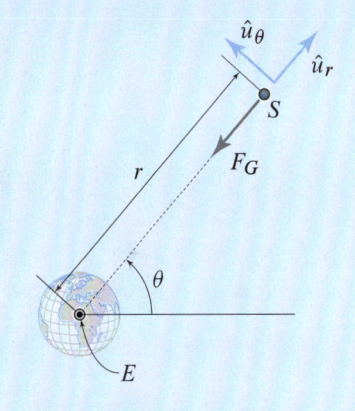

Figura 2
DCL do satélite e o sistema de coordenadas escolhido.

Equações cinemáticas Para usar a Eq. (2), precisamos de $\vec{r}$ e $\vec{v}$ em coordenadas polares:

$$\vec{r} = r\,\hat{u}_r \quad \text{e} \quad \vec{v} = v_r\,\hat{u}_r + v_\theta\,\hat{u}_\theta. \tag{4}$$

Uma vez que precisamos relacionar a velocidade em A com a velocidade em P, usando a segunda das Eqs. (4), relembre que as componentes de velocidade e a velocidade são relacionadas como segue:

$$v = \sqrt{v_r^2 + v_\theta^2}. \tag{5}$$

Percebemos que

$$v_{rP} = \dot{r}_P = 0 \quad \text{e} \quad v_{rA} = \dot{r}_A = 0, \tag{6}$$

porque, por definição, P e A são os pontos onde as distâncias entre o satélite e a Terra são mínima e máxima, respectivamente. Portanto, combinando as Eqs. (5) e (6), temos

$$v_P = \sqrt{v_{\theta P}^2} = |v_{\theta P}| \quad \text{e} \quad v_A = \sqrt{v_{\theta A}^2} = |v_{\theta A}|. \tag{7}$$

Fato interessante

A Terra pode ser considerada uma partícula? A resposta é sim, enquanto o satélite e a Terra estejam "suficientemente" distantes, de forma que a *distribuição* da massa da Terra (e, possivelmente, da massa do satélite) no espaço não afeta o cálculo da força da gravidade. Para contabilizar os efeitos da *distribuição* de massa da Terra, a Eq. (1.6), na p. 5, não pode ser aplicada da maneira "como está", mas precisará ser reformulada como uma integral sobre as regiões em que a massa está distribuída.

Cálculos Substituindo as Eqs. (3) e (4) na primeira das Eqs. (2), temos

$$\vec{M}_E = r\,\hat{u}_r \times \left(-\frac{Gm_e m}{r^2}\right)\hat{u}_r = \vec{0}, \tag{8}$$

uma vez que a linha de ação de $\vec{F}_G$ atravessa o centro de momento E (escolhemos E como o centro de momento para obter $\vec{M}_E = \vec{0}$). Desse modo, da Eq. (1) temos

$$\dot{\vec{h}}_E = \vec{0} \quad \Rightarrow \quad \vec{h}_E = \text{constante ao longo de todo o movimento} \tag{9}$$

de modo que temos

$$\vec{h}_{EP} = \vec{h}_{EA} \quad \Rightarrow \quad mR_P v_{\theta P}\,\hat{k} = mR_A v_{\theta A}\,\hat{k}, \tag{10}$$

onde $\vec{h}_{EP}$ e $\vec{h}_{EA}$ são os valores de $\vec{h}_E$ em P e A, respectivamente, e onde usamos as Eqs. (4) e a segunda das Eqs. (2). Calculando a intensidade de ambos os lados da Eq. (10) e usando as Eqs. (7), temos

$$mR_P v_P = mR_A v_A, \tag{11}$$

a qual pode ser resolvida para v_A para obter

$$\boxed{v_A = \frac{R_P}{R_A} v_P = 2.340\,\text{m/s}.} \tag{12}$$

Discussão e verificação Uma vez que a razão R_P/R_A é adimensional, o resultado da Eq. (12) está dimensionalmente correto. Além disso, nossa solução confirma o que aprendemos na análise do problema do giro do patinador apresentado no início da seção. Quando a quantidade de movimento angular é conservada, um aumento na distância da massa em relação ao eixo de giro causa uma redução na velocidade proporcional à razão entre os valores pequenos e grandes da distância do eixo de giro. Por essa razão, o resultado da Eq. (12) está de acordo com o esperado, dado que $v_A < v_P$.

EXEMPLO 5.13 — Órbita de um satélite: quantidade de movimento angular e trabalho-energia

No perigeu, um satélite em órbita ao redor da Terra tem uma velocidade $v_P = 3{,}2 \times 10^3$ m/s e uma distância do centro da Terra $R_P = 4{,}5 \times 10^7$ m. Considerando que a Terra seja estacionária, (a) estabeleça se a trajetória do satélite é circular e (b) determine R_A e a velocidade do satélite no *apogeu* A, ou seja, o ponto sobre a órbita mas distante da Terra.

SOLUÇÃO

Roteiro e modelagem Modelamos tanto a Terra quanto o satélite como partículas, com a Terra fixa e seu centro E como a origem do sistema de referência inercial (Fig. 2). Assume-se que o satélite está sujeito apenas à atração gravitacional da Terra $\vec{F}_G$. Finalmente, considerando que a órbita do satélite é planar, estudamos o movimento do satélite usando um sistema de coordenadas polares com origem em E. Se a órbita fosse circular, teríamos $R_A = R_P$ e $v_A = v_P$. Uma vez que este problema é um problema de força central, podemos obter uma relação com R_A e v_A por meio da conservação da quantidade de movimento angular. Podemos então tirar vantagem do fato de que a força da gravidade é conservativa para se obter uma segunda relação entre R_A e v_A usando o princípio do trabalho-energia. Veremos que, ao responder à questão (a), responderemos também à questão (b).

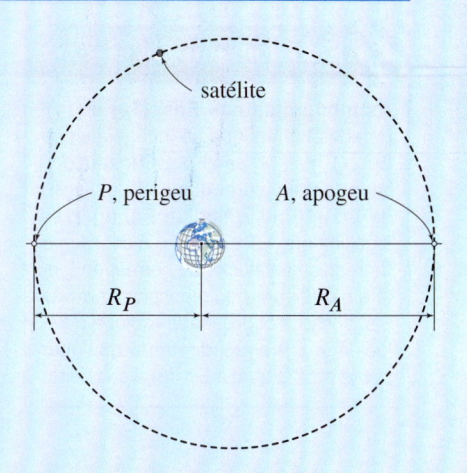

Figura 1
Satélite em órbita em torno da Terra.

Equações fundamentais

Princípios de equilíbrio Aplicando a Eq. (5.66), temos

$$\vec{h}_{EP} = \text{constante} = \vec{h}_E, \tag{1}$$

onde $\vec{h}_{EP}$ é a quantidade de movimento angular do satélite em torno de E calculada em P, onde, em uma posição genérica ao longo da órbita do satélite,

$$\vec{h}_E = \vec{r} \times m\vec{v}, \tag{2}$$

e onde m, $\vec{r}$ e $\vec{v}$ são a massa, a posição e a velocidade do satélite, respectivamente. O princípio do trabalho-energia, aplicado entre P e um ponto genérico ao longo da órbita, fornece

$$T_P + V_P = T + V, \tag{3}$$

onde

$$T_P = \tfrac{1}{2}mv_P^2 \quad \text{e} \quad T = \tfrac{1}{2}mv^2, \tag{4}$$

e v_P e v são as velocidades do satélite em P e em um ponto genérico sobre a órbita, respectivamente.

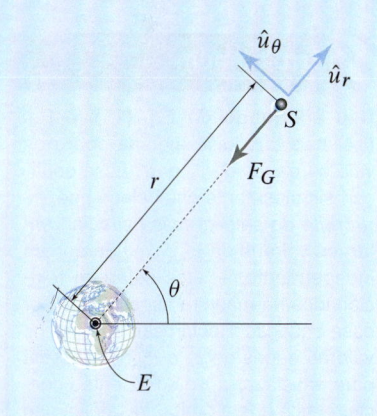

Figura 2
O DCL do satélite junto com a descrição do sistema de coordenadas e componentes escolhido.

Leis da força A energia potencial de força $\vec{F}_G$ é (veja a Eq. (4.35) na p. 280)

$$V = -G\frac{m_e m}{r}, \tag{5}$$

onde lembramos que $G = 6{,}674 \times 10^{-11}$ m^3/(kg · s^2) é a constante de gravitação universal e $m_e = 5{,}9736 \times 10^{24}$ kg é a massa da Terra.

Equações cinemáticas Em coordenadas polares temos

$$\vec{r} = r\,\hat{u}_r, \quad \vec{v} = v_r\,\hat{u}_r + v_\theta\,\hat{u}_\theta \quad \text{e} \quad v = \sqrt{v_r^2 + v_\theta^2}. \tag{6}$$

Então, a Eq. (2) simplifica-se para

$$\vec{h}_E = m r v_\theta \,\hat{k}. \tag{7}$$

Também lembramos (veja o Exemplo 5.12) que no perigeu e no apogeu devemos ter

$$v = |v_\theta|. \tag{8}$$

> **Erro comum**
>
> **As incógnitas nas Eqs. (10) e (11).** Estabelecemos que as incógnitas nas Eqs. (10) e (11) são r e v. Entretanto, é importante lembrar que na formulação da Eq. (10) utilizamos a Eq. (8). Isso significa que r e v não são a coordenada radial e a velocidade correspondente em qualquer ponto possível, em vez disso, são a coordenada radial e a velocidade correspondente de qualquer ponto para o qual a Eq. (8) é satisfeita!

Cálculos Substituindo a Eq. (7) na Eq. (1) e lembrando que $r_P = R_P$, então em qualquer lugar ao longo da órbita temos

$$mR_P\, v_\theta P = mrv_\theta. \tag{9}$$

Calculando o valor absoluto da Eq. (9) e avaliando-a naqueles pontos ao longo da órbita para os quais a Eq. (8) é verdadeira (ou seja, para o perigeu e o apogeu), obtemos

$$R_P\, v_P = rv. \tag{10}$$

Em seguida, substituindo as Eqs. (4) e (5) na Eq. (3), obtemos

$$\tfrac{1}{2}mv_P^2 - G\frac{m_e m}{R_P} = \tfrac{1}{2}mv^2 - G\frac{m_e m}{r}. \tag{11}$$

As Eqs. (10) e (11) formam um sistema de duas equações nas duas incógnitas r e v, que tem as duas soluções seguintes:

$$\boxed{\text{Solução 1: } v_1 = v_P,\ r_1 = R_P,} \tag{12}$$

$$\boxed{\text{Solução 2: } v_2 = \frac{2Gm_e - R_P v_P^2}{R_P v_P},\ r_2 = \frac{R_P^2 v_P^2}{2Gm_e - R_P v_P^2}.} \tag{13}$$

A solução 1 indica que P é um dos lugares sobre a órbita onde a Eq. (8) é satisfeita. A solução 2 nos diz que há outro lugar sobre a órbita onde a Eq. (8) é satisfeita.

──────────── **Parte (a): A trajetória do satélite é circular?** ────────────

Se a trajetória fosse circular, em todo lugar ao longo da órbita, teríamos $r = R_P$ e $v = v_P$ e, portanto, teríamos $v_1 = v_2$ e $r_1 = r_2$, de modo que teríamos

$$v_1 = v_2 \quad \Rightarrow \quad v_P = \sqrt{Gm_e/R_P}. \tag{14}$$

Uma vez que os valores de v_P, R_P, m_e e G são fornecidos, substituindo-os na Eq. (14), podemos verificar se a trajetória é circular. Esse procedimento fornece

$$\boxed{\begin{aligned}(v_P)_{\text{órbita circular}} &= \sqrt{\frac{[6{,}6732\times 10^{-11}\,\text{m}^3/(\text{kg}\cdot\text{s}^2)]\,5{,}9736\times 10^{24}\,\text{kg}}{4{,}5\times 10^7\,\text{m}}}\\ &= 2.976\,\text{m/s} \neq (v_P)_{\text{fornecido}} = 3.200\,\text{m/s}.\end{aligned}} \tag{15}$$

> **Erro comum**
>
> **Uso adequado da Eq. (14).** A Eq. (14) não diz coisa alguma sobre os valores *dados* de v_P e R_P. Essa equação simplesmente estabelece que, *se a órbita do satélite fosse circular*, então os valores de v_P e R_P não seriam independentes – eles estariam relacionados na maneira especificada por essa equação. Reciprocamente, se os valores dados de v_P e R_P não fossem para satisfazer a Eq. (14), então concluiríamos que a órbita do satélite não é um círculo.

Portanto, a resposta para a Parte (a) é que a órbita do satélite *não* é circular.

──────────── **Parte (b): Condições no apogeu** ────────────

Uma vez que a trajetória do satélite não é circular, há apenas um apogeu com valores correspondentes de v_A e R_A dados pela Solução 2. Substituindo os dados numéricos fornecidos nas Eqs. (13), temos

$$\boxed{v_2 = v_A = 2.340\,\text{m/s} \quad \text{e} \quad r_2 = R_A = 6{,}160 \times 10^7\,\text{m}.} \tag{16}$$

Discussão e verificação A solução nas Eqs. (16) foi obtida das Eqs. (13), as quais estão dimensionalmente corretas. Além disso, note que $v_A < v_P$ como esperávamos devido à conservação de quantidade de movimento angular. Consequentemente, nossa solução geral parece estar correta.

🔍 **Um olhar mais atento** Poderíamos ter terminado essa solução com as Eqs. (12) e (13); isto é, poderíamos ter substituído todas as grandezas conhecidas nessas equações, e teríamos obtido os resultados dados nas Eqs. (16). Se tivéssemos feito isso, também teríamos deixado mais claro que a órbita não é circular. Por outro lado, obtendo a condição sobre a relação entre v_P e R_P para uma órbita circular encontrada na Eq. (14), criamos um resultado útil que pode ser usado em outras situações e obtivemos alguma compreensão sobre o que significa ser circular para uma órbita.

EXEMPLO 5.14 Controlando a taxa de rotação de um satélite

A Fig. 1 mostra um satélite que vem sendo implantado com uma velocidade angular $\omega_S(t_d)$ em torno do eixo de rotação z, onde t_d é o tempo de abertura. Para controlar a posição do satélite (sua orientação) e a taxa de rotação total, o satélite é equipado com motores internos que podem aumentar e diminuir a rotação de massas internas. Neste problema, consideramos uma configuração simples com apenas duas esferas internas, cada uma de massa m_{int} a uma distância R_{int} do eixo de rotação (onde o subscrito "int" representa interno). Considerando que, na abertura, as esferas e o satélite estão girando a uma taxa ω_S, encontre a velocidade rotacional das duas massas internas que faça o corpo do satélite diminuir a rotação à metade de $\omega_S(t_d)$.

SOLUÇÃO

Roteiro e modelagem Modelaremos o satélite como um *sistema de massas pontuais* e descobriremos que, controlando o movimento de alguns desses pontos, podemos também controlar o movimento do restante do sistema. Referindo-se à Fig. 2, assumiremos que

1. O satélite não é influenciado por forças externas.
2. O único movimento do satélite é uma rotação em torno do eixo z, o qual assumimos que é fixo. Essa consideração nos permite escolher um sistema de referência inercial com origem no centro de massa G do satélite e com um dos eixos coincidindo com o eixo de rotação z.
3. O corpo do satélite tem uma massa $m_B = m_3 + m_4 + m_5$ (o subscrito B é para corpo). A massa m_B é *concentrada* em três massas pontuais idênticas m_3, m_4 e m_5 distribuídas como mostrado na Fig. 2, ou seja, colocadas a uma distância R_{ext} do eixo de rotação e separadas entre si por ângulos iguais de 120°. A simetria do sistema é tal que o centro de massa G do satélite está sobre o eixo de rotação.

A posição das massas internas e externas pode ser caracterizada pelas coordenadas angulares θ_{int} e θ_B, respectivamente, mostradas na Fig. 2. Uma vez que o sistema é isolado, sua quantidade de movimento angular em torno do eixo de rotação é *conservada*. Essa observação é a chave para a solução do problema.

Equações fundamentais

Princípios de equilíbrio Escolhendo o centro de massa G como o centro de momento e lembrando que o sistema é isolado, vemos que a quantidade de movimento angular do sistema é *constante* e, portanto, igual ao que era na implantação, ou seja,

$$\vec{h}_G = \text{constante} = \vec{h}_G(t_d), \tag{1}$$

onde

$$\vec{h}_G = \sum_{i=1}^{5} \vec{r}_i \times m_i \vec{v}_i, \tag{2}$$

onde o subscrito i indica a i-ésima partícula no sistema.

Leis da força Todas as forças (neste caso nenhuma) são consideradas no DCL.

Equações cinemáticas Referindo-se às Figs. 3 e 4, para os vetores posição temos

$$\vec{r}_i = R_i \hat{u}_{ri}, \tag{3}$$

onde $\hat{u}_{ri}$ é o vetor unitário apontando de G para a partícula i e

$$R_i = \begin{cases} R_{int} & \text{para } i = 1, 2 \\ R_{ext} & \text{para } i = 3, 4, 5. \end{cases} \tag{4}$$

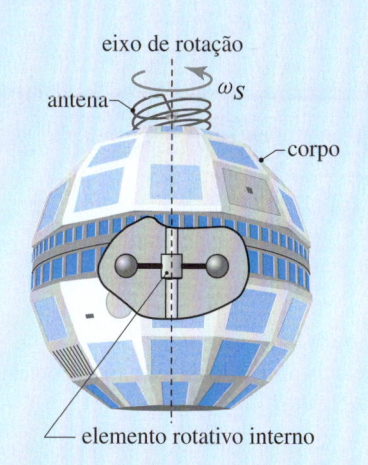

Figura 1
Satélite girando em torno de um eixo. Observe a presença do elemento móvel *interno*.

Fato interessante

Satélite Telstar. O satélite na Fig. 1 é o satélite *Telstar*, o primeiro satélite de comunicações operacional, construído pelo Bell Labs e colocado em órbita pela NASA em 10 de julho de 1962. Antes do Telstar, comunicações telefônicas transatlânticas contavam com *cabos* estendidos dos Estados Unidos até a França.

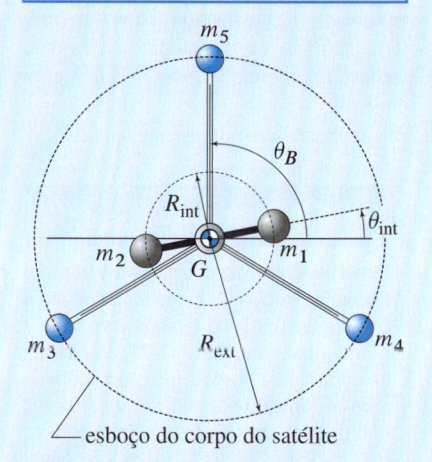

Figura 2
Vista inferior do eixo z do modelo de *massa concentrada*. As massas m_3, m_4 e m_5 giram juntas; as massas m_1 e m_2 giram juntas, mas podem girar a uma taxa diferente que as outras. Esse diagrama também é um DCL do sistema. Nenhuma força externa está presente uma vez que o sistema é isolado.

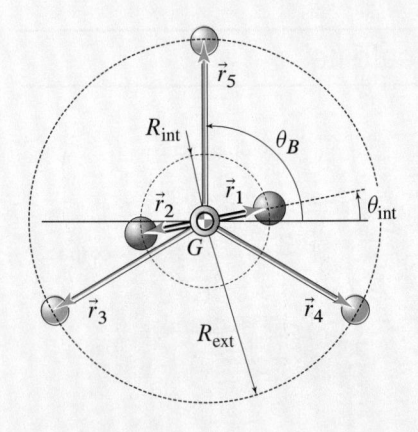

Figura 3
Vetores posição para as massas pontuais escolhidas.

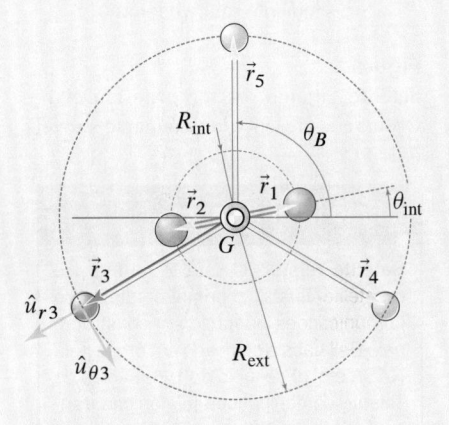

Figura 4
Quando se utiliza um sistema de coordenadas polares, há um conjunto de vetores unitários radial e transversal para cada ponto no sistema. Como exemplo, esta figura mostra os vetores unitários radial e transversal para m_3 em um instante particular.

> ### Fato interessante
>
> **Massas giratórias e o Telescópio Espacial Hubble.** Muitos veículos espaciais, incluindo o Ônibus Espacial, utilizam pequenos jatos SCR (sistema de controle de reação) ou propulsores para controle de posição. Os jatos SCR não podem ser usados no Telescópio Espacial Hubble (TEH) porque o gás de exaustão danificaria os espelhos sensíveis. Portanto, o TEH usa quatro volantes de giro chamados *volantes de reação* para controlar sua posição. Orientando os eixos de rotação desses volantes ao longo de diferentes direções, os engenheiros são capazes de apontar o TEH em *qualquer* direção com elevada perfeição.

Para os vetores de velocidade temos

$$\vec{v}_i = R_i \dot{\theta}_i \hat{u}_{\theta i}, \tag{5}$$

onde $\hat{u}_{\theta i}$ é o vetor unitário perpendicular a $\hat{u}_{ri}$ apontando na direção do aumento de θ. Além disso, temos

$$\dot{\theta}_i = \begin{cases} \dot{\theta}_{\text{int}} & \text{para } i = 1, 2 \\ \dot{\theta}_{\text{ext}} & \text{para } i = 3, 4, 5. \end{cases} \tag{6}$$

Cálculos Substituindo as relações cinemáticas nas Eqs. (1) e (2), obtemos a componente z da quantidade de movimento angular como

$$3m_{\text{ext}} R_{\text{ext}}^2 \dot{\theta}_{\text{ext}} + 2m_{\text{int}} R_{\text{int}}^2 \dot{\theta}_{\text{int}} = \left(3m_{\text{ext}} R_{\text{ext}}^2 + 2m_{\text{int}} R_{\text{int}}^2\right) \dot{\theta}(t_d), \tag{7}$$

onde

$$m_{\text{int}} = m_1 = m_2, \quad \dot{\theta}(t_d) = \omega_S(t_d), \quad m_{\text{ext}} = m_3 = m_4 = m_5 = \frac{m_B}{3}. \tag{8}$$

No final, queremos alcançar o seguinte resultado:

$$\dot{\theta}_{\text{ext}} = \tfrac{1}{2} \omega_S(t_d). \tag{9}$$

Consequentemente, substituindo o valor desejado da taxa de rotação na Eq. (7) e resolvendo para $\dot{\theta}_{\text{int}}$, temos

$$\boxed{\dot{\theta}_{\text{int}} = \frac{2m_{\text{int}} R_{\text{int}}^2 + m_B R_{\text{ext}}^2/2}{2m_{\text{int}} R_{\text{int}}^2} \omega_S(t_d).} \tag{10}$$

Discussão e verificação Uma vez que a fração do lado direito da Eq. (10) é adimensional, nosso resultado final está dimensionalmente correto. Observe que o resultado na Eq. (10) pode ser escrito como

$$\dot{\theta}_{\text{int}} = \left(1 + \frac{m_B R_{\text{ext}}^2}{4 m_{\text{int}} R_{\text{int}}^2}\right) \omega_S(t_d), \tag{11}$$

a qual mostra que $\dot{\theta}_{\text{int}}$ tem o mesmo sinal que $\omega_S(t_d)$ e deve ser sempre maior que $\omega_S(t_d)$. Isto é, as massas internas precisam girar na mesma direção que a velocidade angular inicial do corpo a uma taxa maior que $\omega_S(t_d)$. Isso faz sentido físico porque, se quisermos desacelerar o sistema externo enquanto mantemos constante a quantidade de movimento angular total, as massas internas devem acelerar. Consequentemente, em geral a nossa solução parece estar correta.

EXEMPLO 5.15 Conservação da quantidade de movimento angular: Um exemplo avançado

No instante t_0, o prumo B de um pêndulo é colocado em movimento ao longo de um círculo horizontal de modo que o pêndulo descreve um cone com vértice em O, um comprimento lateral inicial $L_0 = 1\text{m}$ e um ângulo de abertura inicial $\phi_0 = 20°$. Durante um intervalo de tempo $t_1 \leq t \leq t_2$, com $t_1 > t_0$, L diminui e, em seguida, é mantido constante para $t \geq t_2$. A diminuição de L ocorre tão lentamente que, para o instante $t \geq t_2$, a trajetória de B pode ser vista como um círculo posicionado em um plano horizontal, ou seja, um círculo paralelo à trajetória inicial do pêndulo. Utilize o princípio do impulso-quantidade de movimento angular e determine a velocidade inicial v_0 do pêndulo. Além disso, no instante $t = t_2$, determine a velocidade v_2 e o comprimento L_2 se $\phi_2 = 50°$.

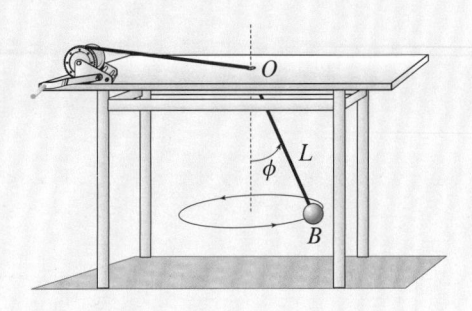

Figura 1
Um pêndulo com seu prumo B traçando um círculo horizontal e sendo lentamente enrolado.

SOLUÇÃO

Roteiro e modelagem Considerando o DCL na Fig. 2, modelamos B como uma partícula sujeita apenas ao seu próprio peso mg e à tensão na corda F_c. Modelamos a corda como inextensível e descrevemos o movimento de B utilizando um sistema de coordenadas cilíndricas com origem em O. Conforme exigido pelo enunciado do problema, obteremos a solução do problema por meio do princípio do impulso-quantidade de movimento angular. Para tal, precisamos atingir os seguintes objetivos: (1) estabelecer uma relação entre L, v e ϕ quando a trajetória de B é horizontal e (2) determinar como os movimentos para $t < t_1$ e $t \geq t_2$ estão relacionados, ou seja, determinar como as condições com as quais o pêndulo é inicialmente colocado em movimento afetam o movimento depois que o comprimento da corda do pêndulo é diminuído.

Equações fundamentais

Princípios de equilíbrio Escolhendo o ponto fixo O como o centro de momento, aplicamos o princípio do impulso-quantidade de movimento angular como descrito na Eq. (5.65):

$$\vec{M}_O = \dot{\vec{h}}_O, \tag{1}$$

onde

$$\vec{M}_O = \vec{r}_{B/O} \times (\vec{F}_c - mg\,\hat{k}) \quad \text{e} \quad \vec{h}_O = \vec{r}_{B/O} \times m\vec{v}, \tag{2}$$

e $\vec{r}_{B/O}$ é a posição de B em relação a O e $\vec{v}$ é a velocidade de B.

Leis da força Uma vez que $\vec{F}_c$ está direcionada de B para O, devemos ter

$$\vec{F}_c = -F_c \frac{\vec{r}_{B/O}}{|\vec{r}_{B/O}|}. \tag{3}$$

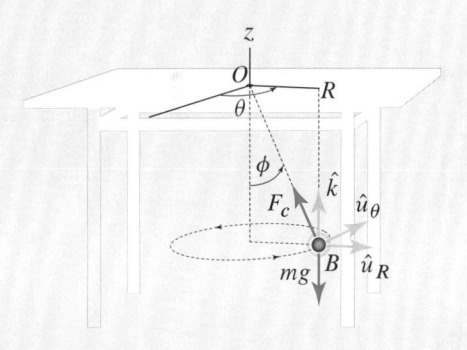

Figura 2
DCL de B com os sistemas de coordenadas e componentes escolhidos.

Equações cinemáticas Referindo-se à Fig. 3, para $\vec{r}_{B/O}$, temos

$$\vec{r}_{B/O} = L(\text{sen}\,\phi\,\hat{u}_R - \cos\phi\,\hat{k}). \tag{4}$$

Deixando a discussão do movimento durante $t_1 < t < t_2$ para mais tarde, para ambos $t \leq t_1$ e $t \geq t_2$, L é constante e a componente vertical da velocidade de B é igual a zero, de modo que, durante esses intervalos de tempo, temos

$$\vec{v} = v_\theta\,\hat{u}_\theta \quad \text{com} \quad v_\theta = L\dot{\theta}\,\text{sen}\,\phi. \tag{5}$$

Para calcular $\dot{\vec{h}}_O$ na Eq. (1), precisamos das derivadas temporais dos vetores unitários $\hat{u}_R$, $\hat{u}_\theta$ e $\hat{k}$, as quais são (veja as Seções 2.6 e 2.8)

$$\dot{\hat{u}}_R = \dot{\theta}\,\hat{u}_\theta, \quad \dot{\hat{u}}_\theta = -\dot{\theta}\,\hat{u}_R, \quad \dot{\hat{k}} = \vec{0}. \tag{6}$$

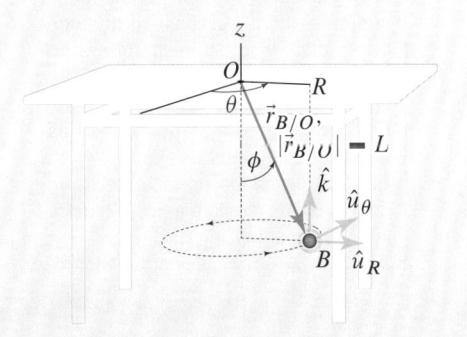

Figura 3
Representação do vetor posição $\vec{r}_{B/O}$. Observe que $\vec{r}_{B/O}$ não tem componente na direção transversal e $|\vec{r}_{B/O}| = L$.

Cálculos Uma vez que O está na linha de ação de $\vec{F}_c$, usando a primeira das Eqs. (4), a primeira das Eqs. (2) fornece

$$\vec{M}_O = mgL\,\text{sen}\,\phi\,\hat{u}_\theta. \tag{7}$$

Substituindo as Eqs. (4) e (5) na segunda das Eqs. (2), temos

$$\vec{h}_O = mv_\theta L \cos\phi\,\hat{u}_R + mv_\theta L\,\text{sen}\,\phi\,\hat{k}. \tag{8}$$

Derivando a Eq. (8) em relação ao tempo e usando as Eqs. (6), temos

$$\dot{\vec{h}}_O = \tfrac{d}{dt}(mv_\theta L \cos\phi)\,\hat{u}_R + (mv_\theta L \cos\phi)\dot{\theta}\,\hat{u}_\theta + \tfrac{d}{dt}(mv_\theta L\,\text{sen}\,\phi)\hat{k}. \tag{9}$$

Executando a Eq. (1), ou seja, igualando as Eqs. (7) e (9) componente por componente, temos

$$0 = \tfrac{d}{dt}(mv_\theta L \cos\phi) \quad \Rightarrow \quad v_\theta L \cos\phi = K_R, \tag{10}$$

$$mgL\,\text{sen}\,\phi = (mv_\theta L \cos\phi)\dot{\theta} \quad \Rightarrow \quad gL\,\text{sen}\,\phi = v_\theta^2 \frac{\cos\phi}{\text{sen}\,\phi}, \tag{11}$$

$$0 = \tfrac{d}{dt}(mv_\theta L\,\text{sen}\,\phi) \quad \Rightarrow \quad v_\theta L\,\text{sen}\,\phi = K_z, \tag{12}$$

onde K_R e K_z são constantes de integração e, na Eq. (11), usamos a segunda das Eqs. (5) para expressar $\dot{\theta} = v_\theta/(L\,\text{sen}\,\phi)$. As Eqs. (10)-(12) descrevem o estado de movimento do sistema para $t_0 \leq t \leq t_1$ e para $t \geq t_2$. Lembrando que $L_0 = 1$ m e $\phi_0 = 20°$, usando a Eq. (11) podemos resolver para o valor inicial de v_0

$$\boxed{v_0 = |v_{\theta 0}| = \sqrt{gL_0 \frac{\text{sen}^2\phi_0}{\cos\phi_0}} = 1{,}105\,\text{m/s},} \tag{13}$$

onde $|v_\theta| = v$, pois, para $t_0 \leq t \leq t_1$, o movimento de B é circular.

Para $t \geq t_2$, apenas conhecemos ϕ_2, e parece que não há equações suficientes para resolver todas as incógnitas do problema, as quais são L_2, v_2, K_{R2} e K_{z2}. Entretanto, referindo-se à Fig. 2, observe que, *para qualquer tempo $t \geq t_0$, nenhuma das forças sobre B fornece um momento em torno do eixo z.* Uma vez que esse eixo é fixo, como discutido na p. 393, devemos ter conservação de quantidade de movimento angular em torno do eixo z. Agora observamos que a Eq. (12) expressa tal exigência de conservação e é válida não apenas para os intervalos de tempo discutidos anteriormente, mas para qualquer tempo possível (isso não é verdadeiro para as Eqs. (10) e (11)). *Isso significa que o valor do lado direito da Eq. (12) deve ser o mesmo em t_0 como é em t_2!* Portanto, em $t = t_2$, podemos usar as Eqs. (11) e (12) para escrever

$$gL_2\,\text{sen}\,\phi_2 = v_2^2 \frac{\cos\phi_2}{\text{sen}\,\phi_2} \quad \text{e} \quad v_2 L_2\,\text{sen}\,\phi_2 = v_0 L_0\,\text{sen}\,\phi_0, \tag{14}$$

onde se considera que $v_{\theta 2} > 0$ de modo que $v_{\theta 2} = v_2$ (veja o comentário na margem). As Eqs. (14) formam um sistema de duas equações nas incógnitas L_2 e v_2 com solução

$$\boxed{v_2 = \sqrt[3]{g\,\text{tg}\,\phi_2 v_0 L_0\,\text{sen}\,\phi_0} = 1{,}64\,\text{m/s},} \tag{15}$$

$$\boxed{L_2 = \sqrt[3]{(v_0 L_0\,\text{sen}\,\phi_0)^2 \cos\phi_2/(g\,\text{sen}^4\phi_2)} = 0{,}301\,\text{m}.} \tag{16}$$

Discussão e verificação Deixamos para o leitor verificar se as Eqs. (15) e (16) estão dimensionalmente corretas. Observe que, na medida em que a corda do pêndulo é diminuída, a distância entre B e o eixo de rotação z também diminui. Consequentemente, de acordo com a conservação da quantidade de movimento angular exigida, esperamos que $v_2 > v_0$, como é de fato o caso. Portanto, em geral nossa solução parece estar correta.

Um olhar mais atento Este exemplo foi considerado avançado porque tivemos que reconhecer que parte da solução, a saber, a Eq. (12), era aplicável fora das hipóteses subjacentes ao restante da solução. Foi essa constatação que nos permitiu determinar como as condições iniciais influenciaram o movimento no instante t_2 *sem* ter que calcular explicitamente o movimento que leva o sistema de t_1 a t_2.

Informações úteis

Das Eqs. (11) e (12) para as Eqs. (14). As Eqs. (14) são perfeitamente coerentes com a discussão que conduz a elas. Isso ocorre porque a primeira das Eqs. (14) é dada pela Eq. (11) calculada *apenas no instante t_2*. Em contraste, vemos que o lado esquerdo da segunda das Eqs. (14) é a Eq. (12) calculada no instante t_2, enquanto o lado direito é a Eq. (12) calculada no instante t_0.

PROBLEMAS

Problemas 5.72 a 5.74

No instante mostrado, um caminhão A, de massa $m_A = 14.000$ kg, e um carro B, de massa $m_B = 1.800$ kg, estão se movendo a velocidades $v_A = 56$ km/h e $v_B = 55$ km/h, respectivamente.

Problema 5.72 Escolhendo o ponto O como o centro de momento, determine a quantidade de movimento angular (em relação a O) de A e B individualmente nesse instante.

Problema 5.73 Escolhendo o ponto O como o centro de momento, determine a quantidade de movimento angular (em relação a O) do *sistema de partículas* formado por A e B nesse instante.

Problema 5.74 Escolhendo o ponto Q como o centro de momento, determine a quantidade de movimento angular (em relação a Q) do *sistema de partículas* formado por A e B nesse instante.

Problema 5.75

Considere a situação representada na figura. No instante mostrado, como estão relacionadas as quantidades de movimento angular da partícula P em relação a O e Q?
Nota: Problemas conceituais são sobre *explicações*, não sobre cálculos.

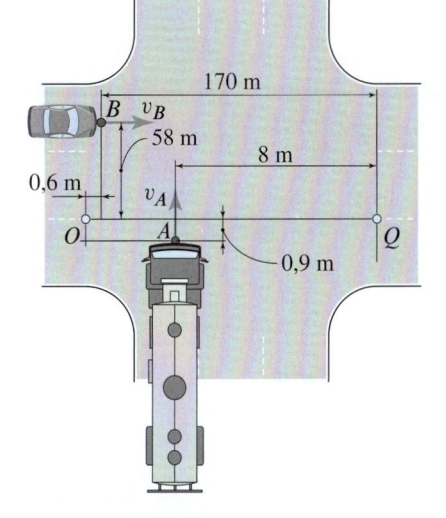

Figura P5.72-P5.74

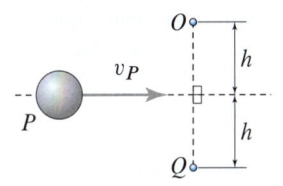

Figura P5.75

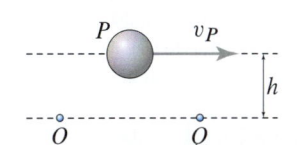

Figura P5.76

Problema 5.76

Considere a situação representada na figura. No instante mostrado, como estão relacionadas as quantidades de movimento angular da partícula P em relação a O e Q?
Observação: Problemas conceituais são sobre *explicações*, não sobre cálculos.

Problema 5.77

Um rotor consiste em quatro lâminas horizontais cada uma de comprimento $L = 4$m e massa $m = 90$ kg engastadas em relação a um eixo vertical. Considere que cada lâmina pode ser modelada como tendo sua massa concentrada em seu ponto médio. O rotor está inicialmente em repouso quando é submetido a um momento $M = \beta t$, com $\beta = 60$ N · m/s. Determine a velocidade angular do rotor após 10s.

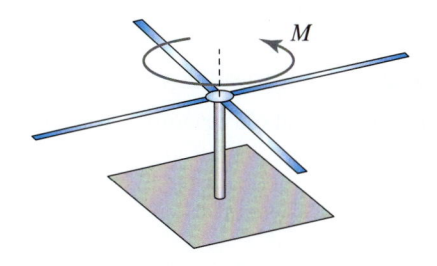

Figura P5.77

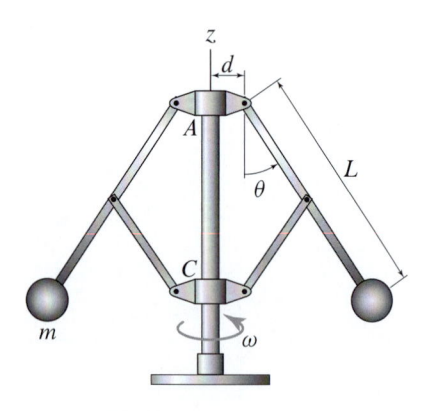

Figura P5.78

Problema 5.78

O objeto mostrado é chamado de um *regulador de velocidade*, dispositivo mecânico para a regulagem e controle da velocidade de mecanismos. O sistema consiste em dois braços de massa desprezível em cujas extremidades são fixadas duas esferas, cada uma de massa m. A extremidade superior de cada braço está ligada a um colar fixo A. O sistema é então posto a girar a uma dada velocidade angular ω_0 em um ângulo de abertura definido θ_0. Uma vez em movimento, o ângulo de abertura do regulador pode ser variado ajustando a posição do colar C (pela aplicação de alguma força). Considere θ o valor genérico do ângulo de abertura do regulador. Se os braços estão livres para girar, isto é, se nenhum momento é aplicado ao sistema sobre o eixo de rotação depois de o sistema ser colocado em movimento, determine a expressão da velocidade angular ω do sistema em função de ω_0, θ_0, m, d e L, onde L é o comprimento de cada braço e d é a distância do ponto superior da articulação de cada braço a partir do eixo de rotação. Despreze qualquer atrito em A e C.

Problemas 5.79 a 5.81

Considere o movimento de um projétil P de massa $m_P = 18,5$ kg, o qual é disparado a uma velocidade inicial $v_P = 1.675$m/s como mostrado na figura. Despreze as forças de arrasto aerodinâmico.

Problema 5.79 Calcule a quantidade de movimento angular do projétil em relação ao ponto O em função do tempo a partir do instante em que ele sai do cano até o instante em que atinge o solo.

Problema 5.80 Escolha o ponto O como o centro de momento. Então, verifique a validade do princípio do impulso-quantidade de movimento angular como dado na Eq. (5.65) mostrando que a derivada em relação ao tempo da quantidade de movimento angular é, de fato, igual ao momento.

Problema 5.81 Sabendo que o helicóptero E parece ter a mesma coordenada horizontal do projétil no instante em que o projétil deixa a arma e que se move a uma velocidade constante $v_E = 15$ m/s como mostrado e tratando E como um centro de momento móvel, verifique o princípio do impulso-quantidade de movimento angular como fornecido na Eq. (5.64).

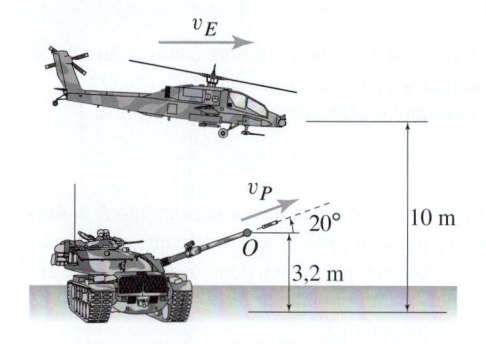

Figura P5.79-P5.81

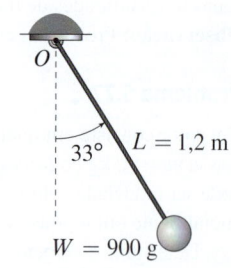

Figura P5.82 e P5.83

Problemas 5.82 e 5.83

O pêndulo simples na figura é liberado do repouso como mostrado.

Problema 5.82 Sabendo que a massa do prumo é $m = 900$ g, determine sua quantidade de movimento angular calculada em relação a O em função do ângulo θ.

Problema 5.83 Utilize o princípio do impulso-quantidade de movimento angular da Eq. (5.65) para determinar as equações de movimento do prumo do pêndulo.

Problema 5.84

Nos pontos inferior e superior em sua trajetória, a corda do pêndulo, com um comprimento $L = 0,6$ m, forma ângulos $\phi_1 = 15°$ e $\phi_2 = 50°$ com a direção vertical, respectivamente. Determine a velocidade do prumo do pêndulo correspondente a ϕ_1 e ϕ_2.

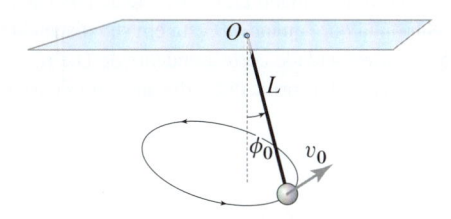

Figura P5.84

Problemas 5.85 e 5.86

Um colar com massa $m = 2$ kg é montado em um braço rotativo de massa desprezível que está inicialmente rotacionando a uma velocidade angular $\omega_0 = 1$ rad/s. A distância inicial do colar a partir do eixo z é $r_0 = 0,5$ m e $d = 1$ m. Em algum ponto, a restrição que mantém o colar no lugar é removida de modo que ele possa deslizar. Considere que o atrito entre o braço e o colar é desprezível.

Problema 5.85 Se não houver forças nem momentos externos aplicados ao sistema, com que velocidade o colar impacta a extremidade do braço?

Problema 5.86 Calcule o momento que deve ser aplicado ao braço, em função da posição ao longo do braço, para manter o braço rotacionando a uma velocidade angular constante enquanto o colar movimenta-se na direção da extremidade do braço.

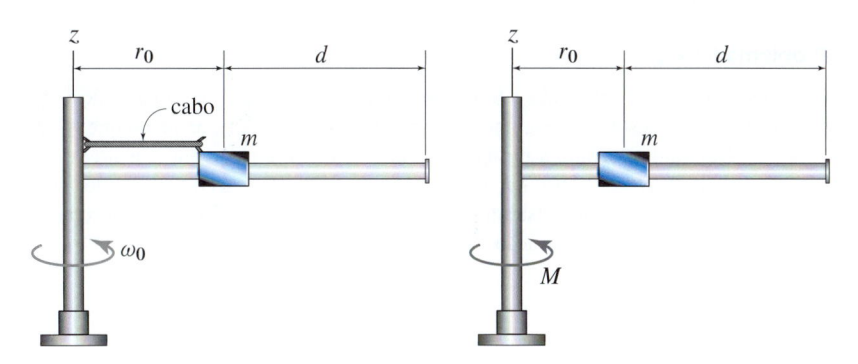

Figura P5.85 e P5.86

Figura P5.87 e P5.88

Problemas 5.87 e 5.88

Um colar com massa m está inicialmente em repouso em um braço horizontal quando um momento constante M é aplicado ao sistema para fazê-lo rotacionar. Considere que a massa do braço horizontal é desprezível e o colar está livre para deslizar sem atrito.

Problema 5.87 Determine as equações de movimento do sistema, utilizando-se do princípio do impulso-quantidade de movimento angular. *Dica:* A aplicação do princípio do impulso-quantidade de movimento angular produz apenas uma das equações de movimento necessárias.

Problema 5.88 Continue o Prob. 5.87 integrando as equações de movimento do colar e determine o tempo que o colar leva para alcançar a extremidade do braço. Considere que o colar possui massa de 0,5 kg e $M = 27$ Nm. Além disso, no instante inicial, considere $r_0 = 0,3$ m e $d = 0,9$ m.

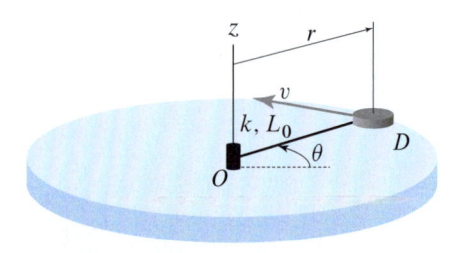

Figura P5.89

Problema 5.89

Um simples modelo do movimento orbital sob uma força central pode ser construído considerando o movimento de um disco D deslizando sem atrito sobre uma superfície horizontal enquanto conectado a um ponto fixo O por uma corda elástica linear de constante k e comprimento indeformado L_0. Considere a massa de D equivalente a $m = 0{,}45$ kg e $L_0 = 1$ m. Suponha que, quando D está em sua distância máxima de O, essa distância é $r_0 = 1{,}75$ m e a velocidade correspondente de D é $v_0 = 4$ m/s. Determine a constante k da corda elástica de tal forma que a distância mínima entre D e O é igual ao comprimento indeformado L_0.

Problema 5.90

O corpo do satélite mostrado tem uma massa que é desprezível em relação às duas esferas A e B que são rigidamente ligadas a ele, as quais têm uma massa de 68 kg cada. A distância entre A e B a partir do eixo de rotação do satélite é $R = 1$ m. Dentro do satélite existem duas esferas, C e D, de 1,8 kg, montadas sobre um motor que permite a elas girar em torno do eixo do cilindro a uma distância $r = 0{,}23$ m a partir do eixo de rotação. Suponha que o satélite é liberado do repouso e o motor interno deve girar as massas internas a uma taxa temporal constante de 5,0 rad/s² para um total de 10 s. Tratando o sistema como isolado, determine a velocidade angular do satélite no final do giro.

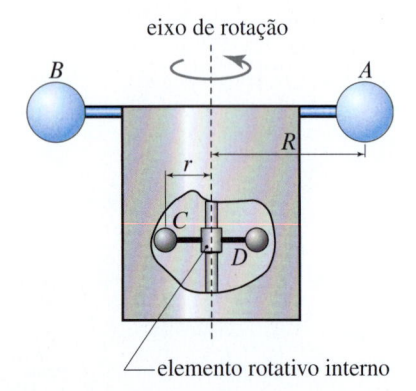

Figura P5.90

Problema 5.91

Uma esfera de massa m desliza sobre a superfície exterior de um cone com ângulo ϕ e altura h. A esfera foi liberada em uma altura h_0 a uma velocidade de magnitude v_0 e uma direção que era completamente horizontal. Considere que o ângulo de abertura do cone e o valor de v_0 são tais que a esfera não se separa da superfície do cone quando colocada em movimento. Além disso, considere que o atrito entre a esfera e o cone é desprezível. Determine a componente vertical da velocidade da esfera em função da posição vertical z (medida a partir da base do cone), v_0, h, h_0, e ϕ.

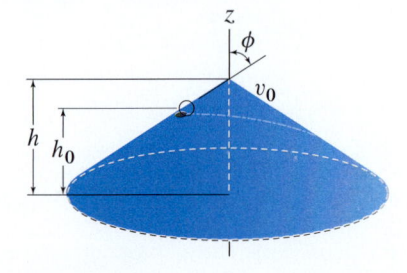

Figura P5.91

Problema 5.92

Considere um planeta orbitando o Sol e estabeleça P_1, P_2, P_3 e P_4 como a posição do planeta nos quatro instantes de tempo correspondentes t_1, t_2, t_3 e t_4, de modo que $t_2 - t_1 = t_4 - t_3$. Definindo O como a posição do Sol, determine a razão entre as áreas dos setores orbitais $P_1 O P_2$ e $P_3 O P_4$. *Dica:* (1) A área do triângulo OAB definida pelos dois vetores planares $\vec{c}$ e $\vec{d}$ como mostrado é dada por Área(ABC) $= |\vec{c} \times \vec{d}|$; (2) a solução deste problema é uma demonstração da segunda lei de Kepler (veja a Seção 1.1).

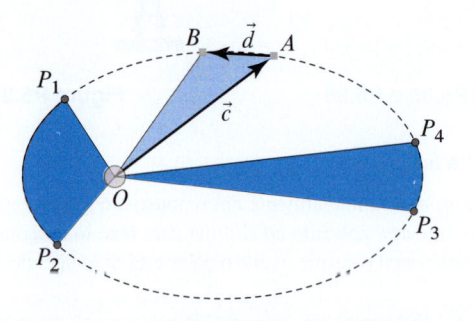

Figura P5.92

PROBLEMAS DE PROJETO

Problema de Projeto 5.2

O dispositivo mostrado é projetado para girar remotamente uma câmera de vídeo C pela contrarrotação de duas massas iguais m por meio de um motor interno que acopla as massas e a câmera. Considere que o sistema é montado sobre mancais que permitem que as massas de contrarrotação e a câmera girem livremente sobre um suporte vertical. Modele a câmera de vídeo como duas partículas, cada uma com uma massa de 1,4 kg, e a uma distância de 100 mm do eixo de rotação. Projete os raios das massas de contrarrotação, suas massas e a velocidade angular máxima de modo que a velocidade angular da câmera nunca exceda 10 rpm e a câmera rotacione 90° quando as massas girarem 360°. Trate as massas de contrarrotação como partículas e despreze a massa da haste sobre a qual elas estão montadas.

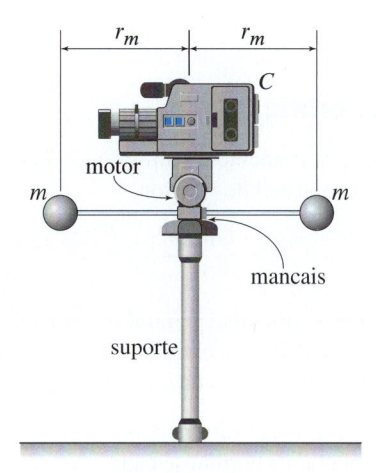

Figura PP5.2

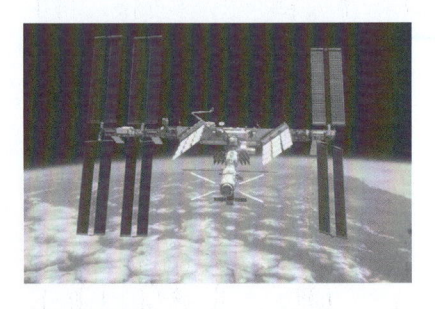

Figura 5.39
A Estação Espacial Internacional (ISS) em junho de 2008. As equações para o movimento orbital de dois corpos desenvolvidas nesta seção formam a base para prever com exatidão a órbita da ISS em volta da Terra.

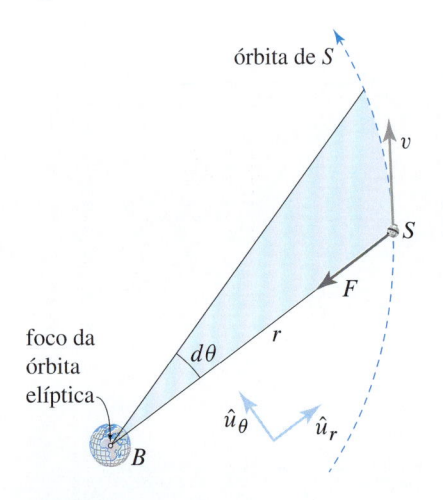

5.4 MECÂNICA ORBITAL

Forças centrais têm um papel especial em dinâmica. No Exemplo 3.7 da p. 218, vimos que o movimento de força central está relacionado a um aspecto do movimento que é constante, e na Seção 5.3 descobrimos que essa constante é chamada de *quantidade de movimento angular*. Na Seção 4.2 na p. 277, vimos que o trabalho realizado por uma força central como uma força de mola ou gravitacional depende apenas das posições inicial e final do ponto de aplicação da força, assim tais forças são conservativas. Estudaremos agora uma força central especial, isto é, a força central que surge a partir da lei da gravitação universal de Newton. As soluções para o problema de um corpo orbitando outro são fornecidas pela combinação da segunda lei de Newton e essa força central. Essas soluções formam a base que nos permite prever o movimento dos planetas, satélites terrestres (Fig. 5.39), foguetes de altitudes elevadas e sondas interplanetárias.

Determinação da órbita

Estamos interessados no movimento de um satélite S de massa m que está sujeito à lei da gravitação universal de Newton,

$$F = \frac{Gm_B m}{r^2}, \qquad (5.88)$$

onde m_B é a massa do corpo principal, central ou atraente, G é a constante gravitacional universal[8] e r é a distância entre os centros de massa dos dois corpos (veja a Fig. 5.40). Começamos fazendo três considerações importantes:

1. Os corpos em atração B e S são tratados como partículas. Essa consideração está completamente correta se cada corpo tem uma distribuição de massa esfericamente simétrica. É uma boa aproximação se a distância entre os dois corpos é grande comparada com suas dimensões, o que é o caso para muitos planetas e satélites artificiais em altas órbitas. Devido ao fato de a Terra ser achatada nos polos e ter uma distribuição de massa não uniforme, essa consideração começa a não ser válida para satélites artificiais em baixa órbita na Terra.
2. A única força agindo sobre o satélite S é a força gravitacional F.
3. O corpo principal B é fixo no espaço. Essa consideração funciona bem quando m_B é muito grande em comparação a m.

Aplicando a segunda lei de Newton a S no sistema de coordenadas polares mostrado na Fig. 5.40, obtemos

$$\sum F_r: \quad -\frac{Gm_B m}{r^2} = m(\ddot{r} - r\dot{\theta}^2), \qquad (5.89)$$

$$\sum F_\theta: \quad 0 = m(r\ddot{\theta} + 2\dot{r}\dot{\theta}), \qquad (5.90)$$

onde substituímos nas equações cinemáticas em coordenadas polares e também usamos a Eq. (5.88). Na Seção 5.3, vimos que a Eq. (5.90) é equivalente à conservação da quantidade de movimento angular de S sobre B, ou seja,

$$h_B = mr^2\dot{\theta} = \text{constante}. \qquad (5.91)$$

Figura 5.40
Satélite S de massa m orbitando um corpo principal B de massa m_B sob a ação da lei da gravitação universal de Newton.

Informações úteis

Avaliando Gm_B para a Terra. Se o corpo principal B é a Terra, então, a partir da Eq. (1.11), da p. 6, podemos escrever

$$Gm_B = Gm_e = gr_e^2,$$

onde m_e é a massa da Terra, g é a aceleração da gravidade e r_e é o raio da Terra, o qual é 6.371 km.

---

[8] Lembre-se de que o valor geralmente admitido dessa constante é $G = 6{,}674 \times 10^{-11}$ m³/(kg · s²).

A Eq. (5.91) também é uma reflexão da segunda lei de Kepler do movimento planetário. Para verificar, consulte a Fig. 5.40 e observe que a área dA varrida pela linha radial de comprimento r durante o intervalo dt (ou seja, a área amarela) é igual a $\frac{1}{2}(r\,d\theta)r$. Portanto, a *velocidade setorial*, que é a taxa temporal com que a área é varrida pela linha radial r, é constante de acordo com a Eq. (5.91) e é dada por

$$\frac{dA}{dt} = \tfrac{1}{2} r^2 \dot\theta = \text{constante}. \tag{5.92}$$

Essa é a segunda lei de Kepler (veja a p. 2 na Seção 1.1)!

Solução das equações fundamentais

Para encontrar a trajetória de S, precisamos resolver as Eqs. (5.89) e (5.90). Tradicionalmente, eliminamos t e então resolvemos para $r(\theta)$.

Para começar, primeiro reescrevemos as Eqs (5.89) e (5.90) como

$$\ddot r - r\dot\theta^2 = -\frac{Gm_B}{r^2}, \tag{5.93}$$

$$r^2 \dot\theta = \kappa, \tag{5.94}$$

onde κ (a letra grega kappa) é a *quantidade de movimento angular por unidade de massa* do satélite S, que é igual a h_B/m a partir da Eq. (5.91). A regra da cadeia nos permite escrever $\dot r$ e $\ddot r$ como

$$\dot r = \frac{dr}{d\theta}\frac{d\theta}{dt} = \frac{dr}{d\theta}\frac{\kappa}{r^2} = -\kappa \frac{d}{d\theta}\left(\frac{1}{r}\right), \tag{5.95}$$

$$\ddot r = \frac{d\dot r}{d\theta}\frac{d\theta}{dt} = \frac{d\dot r}{d\theta}\frac{\kappa}{r^2} = \frac{\kappa}{r^2}\frac{d}{d\theta}\left[-\kappa \frac{d}{d\theta}\left(\frac{1}{r}\right)\right] = -\frac{\kappa^2}{r^2}\frac{d^2}{d\theta^2}\left(\frac{1}{r}\right). \tag{5.96}$$

Usando as Eqs. (5.94) e (5.96), a Eq. (5.93) se torna

$$-\frac{\kappa^2}{r^2}\frac{d^2}{d\theta^2}\left(\frac{1}{r}\right) - r\left(\frac{\kappa}{r^2}\right)^2 = -\frac{Gm_B}{r^2}. \tag{5.97}$$

Considerando $u = 1/r$, a Eq. (5.97) se torna

$$-\kappa^2 u^2 \frac{d^2 u}{d\theta^2} - \kappa^2 u^3 = -Gm_B u^2, \tag{5.98}$$

a qual, cancelando u^2 e rearranjando, se torna

$$\frac{d^2 u}{d\theta^2} + u = \frac{Gm_B}{\kappa^2}. \tag{5.99}$$

Como veremos novamente na Seção 9.2, essa é uma equação diferencial de segunda ordem, com coeficientes constantes, não homogênea, cuja solução pode ser verificada por substituição direta em que

$$u = \frac{1}{r} = C\cos(\theta - \beta) + \frac{Gm_B}{\kappa^2}, \tag{5.100}$$

onde C e β são constantes de integração.

A Eq. (5.100) determina a trajetória sem energia ou de voo livre do satélite. Ela é a representação em coordenadas polares de uma *seção cônica*, a qual é definida como segue: Dado um ponto B, chamado de *foco*, e uma linha D,

---

Fato interessante

A massa principal realmente se move. Na realidade, o satélite S e o corpo principal B orbitam em torno de seu centro de massa comum. Se esse movimento de B é levado em conta, as Eqs. (5.89) e (5.90) não se aplicam mais e as equações fundamentais se tornam

$$-\frac{Gm_B m}{r^2} = \frac{m_B m}{m_B + m}(\ddot r - r\dot\theta^2),$$

$$0 = \frac{m_B m}{m_B + m}(r\ddot\theta + 2\dot r \dot\theta),$$

onde r é a distância entre os centros de massa de B e S. Observe que, se $m_B \gg m$, então essas duas equações são aproximadas pelas Eqs. (5.89) e (5.90). Veja os Probs. 2.63 e 2.64 para uma versão unidimensional das duas equações acima.

Informações úteis

Periapse e apoapse. Uma *apside* é o ponto de distância máxima ou mínima a partir do foco contendo o centro de atração em uma órbita elíptica. O ponto no qual o raio orbital é mínimo é chamado de *periapse*, e o ponto no qual o raio orbital é máximo é chamado de *apoapse*. Para corpos celestiais específicos, nomes que se aplicam especificamente a órbitas em torno desses corpos são geralmente usados em vez de periapse e apoapse. A seguinte tabela lista alguns deles.

Corpo	r mínimo	r máximo
Terra	perigeu	apogeu
Sol	periélio	afélio
Marte	periareion	apoareion
Júpiter	perijove	apojove

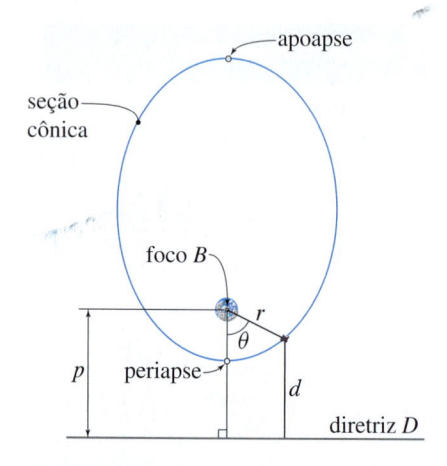

Figura 5.41
Geometria usada para definir uma seção cônica. Nesse caso, a seção cônica é uma elipse com excentricidade $e = 0,661$.

chamada de *diretriz*, uma seção cônica é definida como o lugar geométrico dos pontos para os quais a relação (veja a Fig. 5.41)

$$e = \frac{\text{distância até } B}{\text{distância até } D} = \frac{r}{d} \qquad (5.101)$$

é uma constante. Como veremos em breve, círculos, elipses, parábolas e hipérboles são todas seções cônicas. A relação na Eq. (5.101) é chamada de *excentricidade* da seção cônica. Precisamos agora obter as constantes de integração na Eq. (5.100).

A constante β na Eq. (5.100) pode ser eliminada considerando que o eixo $\theta = 0$ está no periapse, ou seja, no ponto onde o raio orbital r é mínimo. No periapse, $\dot{r} = 0$, indicando que $du/d\theta = 0$ a partir da Eq. (5.95). Aplicando essa condição, descobrimos que $\beta = 0$, que simplifica a Eq. (5.100) a

$$\boxed{\frac{1}{r} = C \cos \theta + \frac{Gm_B}{\kappa^2}.} \qquad (5.102)$$

Referindo-se à Eq. (5.101) e à Fig. 5.41, podemos usar a definição de excentricidade e para escrever

$$r = ed = e(p - r \cos \theta), \qquad (5.103)$$

onde p é o *parâmetro focal*. Rearranjando essa equação, obtemos

$$\frac{1}{r} = \frac{1}{p} \cos \theta + \frac{1}{ep}. \qquad (5.104)$$

Comparando as Eqs. (5.102) e (5.104), vemos que

$$p = \frac{1}{C} \qquad (5.105)$$

e

$$\boxed{e = \frac{C\kappa^2}{Gm_B}.} \qquad (5.106)$$

Usando a Eq. (5.106), podemos escrever a Eq. (5.102) como

$$\boxed{\frac{1}{r} = \frac{Gm_B}{\kappa^2}(1 + e \cos \theta).} \qquad (5.107)$$

As Eqs. (5.102) e (5.107) são equivalentes uma a outra. Na primeira, precisamos determinar as constantes C e κ, e na última precisamos determinar as constantes e e κ (a Eq. (5.106) fornece a ligação entre essas três constantes). Em ambos os casos, essas constantes são determinadas conhecendo a posição e a velocidade do satélite em algum ponto na sua trajetória.

Condições iniciais no periapse. Considere um satélite em órbita em torno de um corpo principal, como mostrado na Fig. 5.42. Se em vez de conhecermos as condições iniciais em uma posição arbitrária S, conhecermos as condições iniciais no periapse (ponto P), então $\phi_P = 90°$ e $\phi_P = 0°$. Sob essas condições, a Eq. (5.94) nos diz que a quantidade de movimento angular por unidade de massa κ se torna

$$\boxed{\kappa = r_P^2 \dot{\theta}_P = r_P v_P.} \qquad (5.108)$$

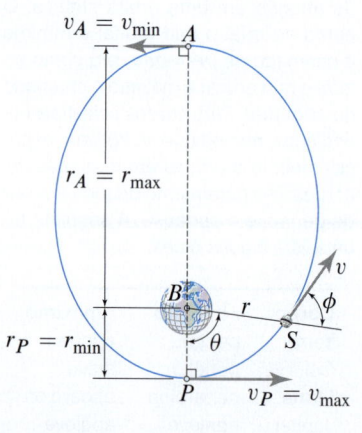

Figura 5.42
Um satélite S em órbita em torno de um corpo principal B. As condições iniciais estão no periapse P e são r_p e v_p.

Para determinar C, calculamos a Eq. (5.102) em P para descobrir que

$$C = \frac{1}{r_P}\left(1 - \frac{Gm_B}{r_P v_P^2}\right), \quad (5.109)$$

onde usamos κ a partir da Eq. (5.108). Substituindo as Eqs. (5.108) e (5.109) na Eq. (5.102), obtemos a seguinte equação para a trajetória do satélite:

$$\frac{1}{r} = \frac{1}{r_P}\left(1 - \frac{Gm_B}{r_P v_P^2}\right)\cos\theta + \frac{Gm_B}{r_P^2 v_P^2}. \quad (5.110)$$

Seções cônicas

Já mencionamos que a solução $r(\theta)$ para as equações orbitais fundamentais é uma seção cônica. O tipo de seção cônica depende da excentricidade e da trajetória (veja a Fig. 5.43), a qual, por sua vez, depende de C e κ via Eq. (5.106). Veremos agora cada um dos quatro casos possíveis: $e = 0$, $0 < e < 1$, $e = 1$ e $e > 1$.

Órbita circular ($e = 0$). Se r_p e v_p são escolhidos de modo que $e = 0$, então a Eq. (5.106) nos diz que $C\kappa^2 = 0$, a qual implica que $C = 0$, uma vez que κ não pode ser zero. Se $C = 0$, logo a Eq. (5.109) nos diz que a velocidade em uma órbita circular de raio r_p é dada por

$$\frac{1}{r_P}\left(1 - \frac{Gm_B}{r_P v_c^2}\right) = 0 \quad \Rightarrow \quad 1 = \frac{Gm_B}{r_P v_c^2} \quad \Rightarrow \quad \boxed{v_c = \sqrt{\frac{Gm_B}{r_P}}.} \quad (5.111)$$

Órbita elíptica ($0 < e < 1$). Para uma órbita elíptica, $0 < e < 1$, e quando calculada no periapse ($\theta = 0°$), a Eq. (5.110) fornece $r = r_p$ como esperado, uma vez que r_p foi escolhido em $\theta = 0°$. Se, em vez disso, avaliarmos a Eq. (5.110) em $\theta = 180°$, encontraremos r no apoapse, ou seja, r_A. Isso fornece

$$\frac{1}{r_A} = \frac{-1}{r_P}\left(1 - \frac{Gm_B}{r_P v_P^2}\right) + \frac{Gm_B}{r_P^2 v_P^2} = \frac{2Gm_B - r_P v_P^2}{r_P^2 v_P^2}, \quad (5.112)$$

ou, simplificando e rearranjando,

$$r_A = \frac{r_P}{2Gm_B/(r_P v_P^2) - 1}, \quad (5.113)$$

onde lembramos que as condições iniciais são no periapse. Deixamos como exercício (veja o Prob. 5.93) mostrar que r_A pode ser escrito em termos de e como

$$r_A = r_P\left(\frac{1 + e}{1 - e}\right). \quad (5.114)$$

Um conjunto adicional de relações para órbitas elípticas é obtido avaliando a Eq. (5.104) no periapse ($\theta = 0°$) e no apoapse ($\theta = 180°$) para obter

$$\frac{1}{r_P} = \frac{1}{p} + \frac{1}{ep} \quad \Rightarrow \quad r_P = \frac{pe}{1+e} \quad (5.115)$$

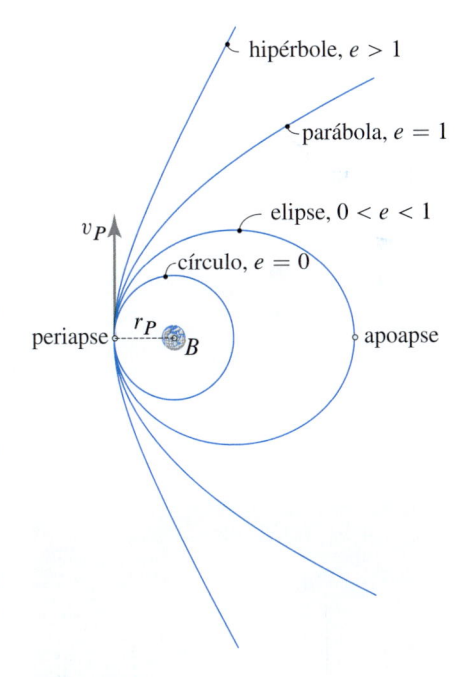

Figura 5.43
As quatro seções cônicas, mostrando r_p e v_p.

e

$$\frac{1}{r_A} = \frac{-1}{p} + \frac{1}{ep} \quad \Rightarrow \quad r_A = \frac{pe}{1-e}, \quad (5.116)$$

respectivamente, onde p é o parâmetro focal mostrado na Fig. 5.41. Consultando a Fig. 5.44 e usando as Eqs. (5.115) e (5.116), obtemos

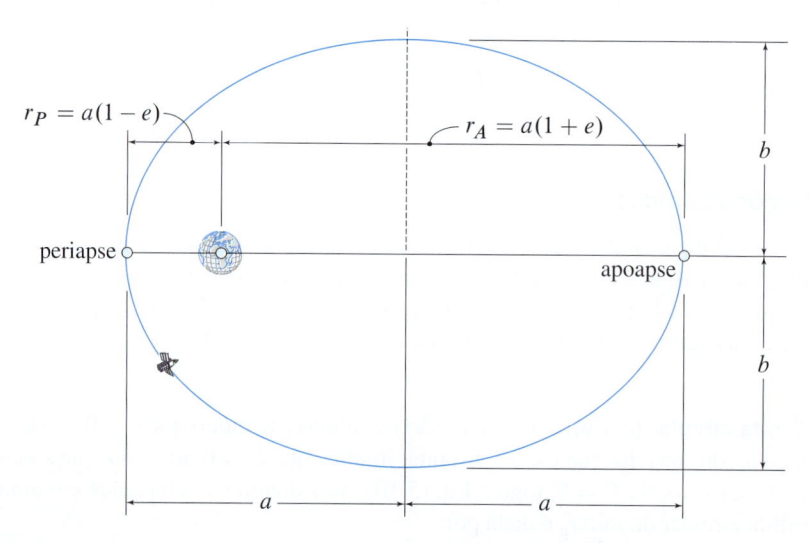

Figura 5.44 O semieixo maior a e o semieixo menor b de uma elipse.

$$2a = r_P + r_A = pe\left(\frac{1}{1+e} + \frac{1}{1-e}\right) \quad \Rightarrow \quad a = \frac{pe}{1-e^2}, \quad (5.117)$$

onde a é referido como o *semieixo maior* da elipse. Resolver a Eq. (5.117) para p e substituir o resultado na Eq. (5.104) fornece

$$\frac{1}{r} = \frac{1 + e\cos\theta}{a(1-e^2)}, \quad (5.118)$$

que, quando avaliado no periapse e no apoapse, fornece

$$\boxed{r_P = a(1-e) \quad \text{e} \quad r_A = a(1+e).} \quad (5.119)$$

A Eq. (5.118) é uma afirmação da primeira lei de Kepler, que estabelece que as órbitas dos planetas são elipses com o Sol em um foco (veja a p. 2)

Para encontrar o período de uma órbita elíptica, nos referimos à definição de velocidade setorial na Eq. (5.92) e integramos aquela equação sobre a elipse inteira para descobrir que

$$\frac{dA}{dt} = \tfrac{1}{2}r^2\dot{\theta} = \frac{\kappa}{2} \quad \Rightarrow \quad \int_0^A dA = \int_0^\tau \frac{\kappa}{2}dt \quad \Rightarrow \quad A = \frac{\kappa}{2}\tau, \quad (5.120)$$

Figura 5.45 Retrato de Johannes Kepler pintado em 1610.

onde τ é o *período orbital*, e usamos a Eq. (5.94) para escrever $\kappa = r^2\dot{\theta}$, que é constante. Para uma elipse, a geometria analítica nos diz que sua área é igual a πab, onde b é o semieixo menor da elipse (veja a Fig. 5.44), então podemos escrever a Eq. (5.120) como

$$\pi ab = \frac{\kappa}{2}\tau \quad \Rightarrow \quad \boxed{\tau = \frac{2\pi ab}{\kappa}.} \quad (5.121)$$

Agora, é possível mostrar que (veja o Prob. 5.94)

$$b = \sqrt{r_P r_A}, \quad (5.122)$$

e, como a Eq. (5.117) nos diz que $a = (r_p + r_A)/2$, podemos escrever a Eq. (5.121) da seguinte maneira

$$\tau = \frac{\pi}{\kappa}(r_P + r_A)\sqrt{r_P r_A}, \quad (5.123)$$

onde κ pode ser encontrado usando a Eq. (5.108).

A terceira lei de Kepler (veja a p. 2) estabelece que o quadrado do período orbital é proporcional ao cubo do semieixo maior daquela órbita. Para mostrar essa situação, começamos com a Eq. (5.123) e substituímos nas Eqs. (5.119) para obter

$$\tau = \frac{\pi}{\kappa}\big[a(1-e) + a(1+e)\big]\sqrt{a(1-e)a(1+e)} = \frac{2\pi}{\kappa}a^2\sqrt{1-e^2}. \quad (5.124)$$

Elevando ao quadrado ambos os lados e observando, da Eq. (5.117), que $a(1-e^2) = pe$, temos

$$\tau^2 = \frac{4\pi^2}{\kappa^2}a^3 pe. \quad (5.125)$$

Usando as Eqs. (5.105) e (5.106), podemos escrever o produto pe como $\kappa^2/(Gm_B)$, que faz com que a Eq. (5.125) se torne

$$\tau^2 = \frac{4\pi^2}{Gm_B}a^3, \quad (5.126)$$

que é a terceira lei de Kepler.

Trajetória parabólica ($e = 1$). Se r_p e v_p são escolhidos de modo que a trajetória seja parabólica, então $e = 1$. A Fig. 5.43 indica que a trajetória parabólica é a que divide as trajetórias que são periódicas daquelas que não são. Isto é, ela divide trajetórias que retornam ao seu ponto de partida inicial daquelas que não retornam. Para um dado r_p, a velocidade de lançamento v_{par} exigida para alcançar uma trajetória parabólica pode ser encontrada considerando $e = 1$ na Eq. (5.106), que nos fornece $Gm_B = C\kappa^2$, e então substituindo C da Eq. (5.109) nesse resultado para obter

$$Gm_B = \frac{1}{r_P}\left(1 - \frac{Gm_B}{r_P v_{\text{par}}^2}\right)(r_P v_{\text{par}})^2, \quad (5.127)$$

que, quando resolvido para v_{par}, se torna

$$v_{\text{par}} = v_{\text{esc}} = \sqrt{\frac{2Gm_B}{r_P}}. \quad (5.128)$$

A velocidade dada na Eq. (5.128) é frequentemente referida como *velocidade de escape*, uma vez que é a velocidade necessária para escapar completamente da influência do corpo principal B.

Trajetória hiperbólica ($e > 1$). Para uma trajetória hiperbólica, as equações fundamentais fornecidas pelas Eqs. (5.106)–(5.110) são usadas para valores de $e > 1$.

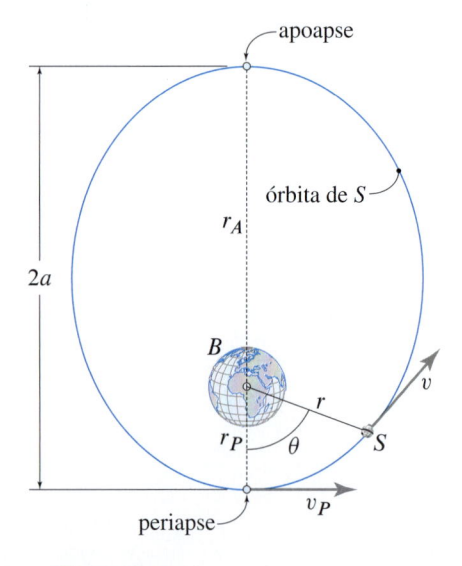

Figura 5.46
Um satélite S em uma órbita elíptica em torno de um corpo principal B. Os parâmetros orbitais a, r_P, r_A, r e θ são mostrados.

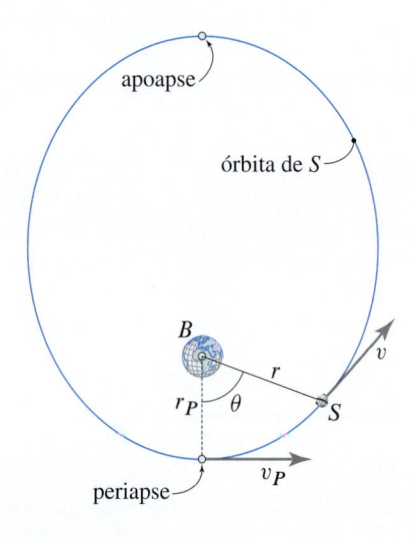

Considerações de energia

O movimento de um satélite S governado pelas Eqs. (5.93) e (5.94) não apenas conserva a quantidade de movimento angular sobre o corpo principal B, mas também conserva a energia mecânica total. Sabemos disso porque a única força que estamos modelando é a gravidade, e a Eq. (4.35), na p. 280, nos lembra que essa força é conservativa. Portanto, o princípio do trabalho-energia nos diz que (veja a Fig. 5.46)

$$T_P + V_P = \tfrac{1}{2}mv_P^2 - \frac{Gm_Bm}{r_P} = \text{constante}, \quad (5.129)$$

que, após dividir por m, nos dá

$$\tfrac{1}{2}v_P^2 - \frac{Gm_B}{r_P} = E \quad \text{ou} \quad \frac{\kappa^2}{2r_P^2} - \frac{Gm_B}{r_P} = E, \quad (5.130)$$

onde E é a *energia mecânica por unidade de massa* (algumas vezes chamada de *energia específica*) do satélite, e utilizamos a Eq. (5.108) para introduzir κ. Depois, calculamos a Eq. (5.107) no periapse (ou seja, $\theta = 0$) e resolvemos para κ para obter

$$\kappa^2 = Gm_B(1+e)r_P = Gm_B(1+e)a(1-e) = Gm_Ba(1-e^2), \quad (5.131)$$

onde usamos a primeira das Eqs. (5.119) para r_P. Substituindo a Eq. (5.131) e a primeira das Eqs. (5.119) na Eq. (5.130), obtemos

$$E = \frac{Gm_Ba(1-e^2)}{2a^2(1-e)^2} - \frac{Gm_B}{a(1-e)} \quad \Rightarrow \quad \boxed{E = -\frac{Gm_B}{2a}}, \quad (5.132)$$

onde vemos que a energia total do satélite depende *apenas* do semieixo maior a da órbita.

Agora que temos a Eq. (5.132), podemos aplicar o princípio do trabalho-energia em uma posição arbitrária na órbita para obter

$$E = -\frac{Gm_B}{2a} = \tfrac{1}{2}v^2 - \frac{Gm_B}{r}. \quad (5.133)$$

Resolvendo essa equação para v, temos

$$\boxed{v = \sqrt{Gm_B\left(\frac{2}{r} - \frac{1}{a}\right)}}, \quad (5.134)$$

a qual é muito útil para resolver problemas de transferência orbital.

Resumo final da seção

Nesta seção, estudamos o movimento de um satélite S de massa m que está sujeito à lei da gravitação universal de Newton devido a um corpo B de massa m_B, o qual é o corpo principal ou atraente (veja a Fig. 5.47). Começamos com estas hipóteses importantes:

1. O corpo principal B e o satélite S são ambos tratados como partículas.
2. A única força atuando sobre o satélite S é a força de atração mútua entre B e S.
3. O corpo principal B é fixo no espaço.

Figura 5.47
Um satélite S de massa m orbitando um corpo principal B de massa m_B em uma seção cônica, que nesse caso é uma elipse. O ângulo θ e as condições iniciais r_P e v_P são definidos a partir do periapse.

Determinação da órbita

Resolvendo as equações fundamentais em coordenadas polares, descobrimos que a trajetória do satélite S sob essas considerações é uma seção cônica, cuja equação pode ser escrita como

---
Eqs. (5.102) e (5.107), p. 412

$$\frac{1}{r} = C \cos\theta + \frac{Gm_B}{\kappa^2} \quad \text{ou}$$

$$\frac{1}{r} = \frac{Gm_B}{\kappa^2}(1 + e\cos\theta),$$

---

onde r é a distância entre os centros de massa de S e B; θ é o ângulo orbital medido em relação ao periapse; G é a constante gravitacional universal; κ é a quantidade de movimento angular por unidade de massa do satélite S medido sobre B; C é uma constante a ser determinada; e e é a *excentricidade* da trajetória, a qual pode ser escrita como

---
Eq. (5.106), p. 412

$$e = \frac{C\kappa^2}{Gm_B}.$$

Se, como geralmente é o caso aqui, as condições orbitais são conhecidas no periapse, então κ é

Eq. (5.108), p. 412

$$\kappa = r_P\, v_P,$$

---

a constante C é

Eq. (5.109), p. 413

$$C = \frac{1}{r_P}\left(1 - \frac{Gm_B}{r_P v_P^2}\right),$$

---

e a equação descrevendo a trajetória torna-se

Eq. (5.110), p. 413

$$\frac{1}{r} = \frac{1}{r_P}\left(1 - \frac{Gm_B}{r_P v_P^2}\right)\cos\theta + \frac{Gm_B}{r_P^2 v_P^2}.$$

Seções cônicas. As Eqs. (5.102), (5.107) e (5.110) representam seções cônicas equivalentes em coordenadas polares. O tipo de seção cônica depende da excentricidade da trajetória e (veja a Fig. 5.48), a qual, por sua vez, depende de C e κ via Eq. (5.106). Existem quatro tipos de seção cônica, os quais são determinados pelo valor da excentricidade e, isto é, $e = 0$, $0 < e < 1$, $e = 1$ e $e > 1$.

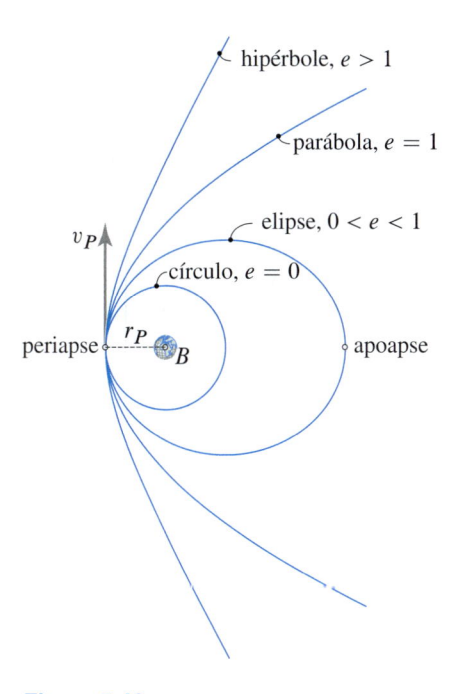

Figura 5.48
Figura 5.43 repetida. As quatro seções cônicas, mostrando r_p e v_p.

Para uma *órbita circular* ($e = 0$), o raio é r_P e a velocidade na órbita é igual a

> **Eq. (5.111), p. 413**
>
> $$v_c = \sqrt{\frac{Gm_B}{r_P}}.$$

Para uma *órbita elíptica* ($0 < e < 1$), como esperado, o raio no periapse é r_P. O raio no apoapse é dado por

> **Eq. (5.113), p. 413**
>
> $$r_A = \frac{r_P}{2Gm_B/(r_P v_P^2) - 1}.$$

Consultando a Fig. 5.49, relações adicionais entre o semieixo maior a de uma órbita elíptica, a excentricidade da órbita e os raios no periapse e no apoapse são, respectivamente,

> **Eqs. (5.119), p. 414**
>
> $$r_P = a(1 - e) \quad \text{e} \quad r_A = a(1 + e).$$

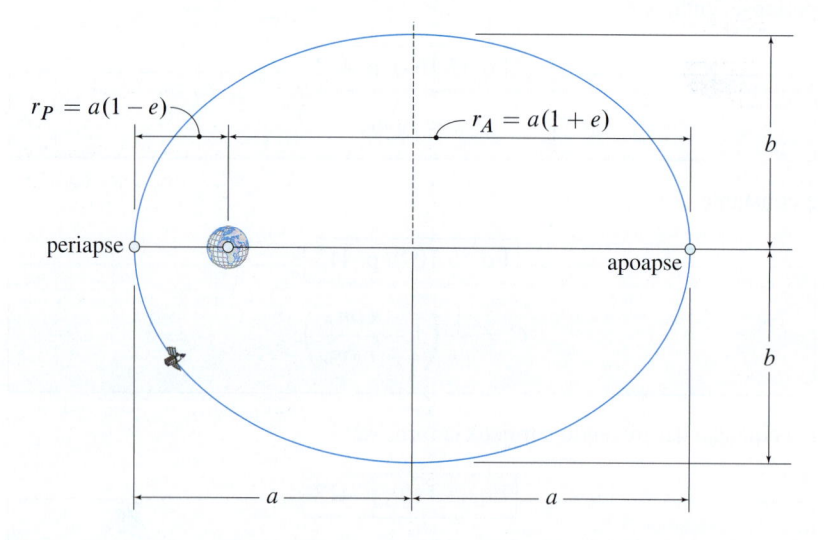

Figura 5.49 *Figura 5.44 repetida*. O semieixo maior a e o semieixo menor b de uma elipse.

O período de uma órbita elíptica τ pode ser escrito nas duas maneiras seguintes

> **Eq. (5.121), p. 414, e Eq. (5.123), p. 415**
>
> $$\tau = \frac{2\pi ab}{\kappa} = \frac{\pi}{\kappa}(r_P + r_A)\sqrt{r_P r_A};$$

ou, refletindo a terceira lei de Kepler, o período orbital pode ser escrito como

Eq. (5.126), p.415

$$\tau^2 = \frac{4\pi^2}{Gm_B}a^3.$$

Uma *trajetória parabólica* ($e = 1$) é aquela que divide órbitas periódicas (que retornam ao seu local de partida) de trajetórias que não são periódicas. Para um dado r_P, a velocidade v_{par} necessária para alcançar uma trajetória parabólica é dada por

Eqs. (5.128), p. 415

$$v_{\text{par}} = v_{\text{esc}} = \sqrt{\frac{2Gm_B}{r_P}},$$

a qual também é referida como a *velocidade de escape*, pois é a velocidade requerida para escapar completamente da influência do corpo principal B.

Para uma *trajetória hiperbólica* ($e > 1$), as equações fundamentais fornecidas pelas Eqs. (5.106)–(5.110) são usadas para valores de $e > 1$.

Considerações de energia

Usando o princípio do trabalho-energia, descobrimos que a energia mecânica total em uma órbita depende apenas do semieixo maior a da órbita e é dada por

Eqs. (5.132), p. 416

$$E = -\frac{Gm_B}{2a},$$

onde E é a *energia mecânica por unidade de massa* do satélite. Aplicando o princípio do trabalho-energia em uma posição arbitrária no interior da órbita, encontramos que a velocidade pode ser escrita como

Eqs. (5.134), p. 416

$$v = \sqrt{Gm_B\left(\frac{2}{r} - \frac{1}{a}\right)}.$$

EXEMPLO 5.16 As velocidades no apogeu e no perigeu para uma determinada órbita

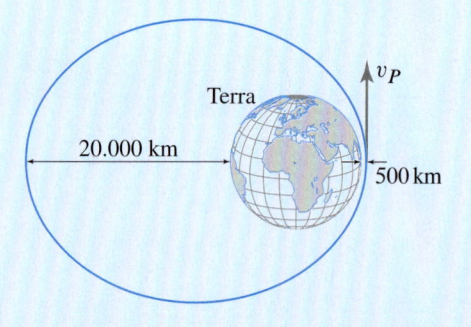

Um satélite artificial é lançado de uma altitude de 500 km a uma velocidade paralela à superfície da Terra (Fig. 1). Exigindo que a altitude no apogeu seja 20.000 km e usando 6.371 km como o raio da Terra, determine

(a) a velocidade necessária no perigeu v_P,

(b) a velocidade no apogeu v_A, e

(c) o período da órbita.

SOLUÇÃO

Roteiro e modelagem Essa é uma órbita da Terra, e temos r_P e o requerido r_A, então a Eq. (5.113) nos permitirá determinar a velocidade v_P no perigeu. Conhecendo r_P e tendo encontrado v_P, vemos que a Eq. (5.108) nos possibilita encontrar κ, que então nos permitirá encontrar v_A dado que κ é conservado e nos permite encontrar o período orbital τ utilizando a Eq. (5.123). Observe que a excentricidade orbital mencionada na legenda da Fig. 1 pode ser encontrada a partir de qualquer uma das Eqs. (5.119).

Cálculo Referindo-se à Fig. 1, vemos que uma altitude de 500 km no perigeu corresponde a

$$r_P = (500 + 6371) \text{ km} = 6871 \times 10^3 \text{ m}. \tag{1}$$

Analogamente, a altitude de 20.000 km no apogeu significa

$$r_A = (20.000 + 6371) \text{ km} = 26.370 \times 10^3 \text{ m}. \tag{2}$$

Usando a Eq. (1.11), da p. 6, na Eq. (5.113) e resolvendo para v_P, encontramos que

$$r_A = \frac{r_P^2 v_P^2}{2gr_e^2 - r_P v_P^2} \quad \Rightarrow \quad v_P = \sqrt{\frac{2gr_A r_e^2}{(r_A + r_P)r_P}} \tag{3}$$

$$\Rightarrow \boxed{v_P = 9589 \text{ m/s} = 34.500 \text{ km/h},} \tag{4}$$

onde r_e é o raio da Terra.

Para encontrar a velocidade no apogeu, observamos pela Eq. (5.108) que a quantidade de movimento angular por unidade de massa κ é constante e, então,

$$\kappa = r_P v_P = r_A v_A \quad \Rightarrow \quad v_A = \frac{r_P}{r_A} v_P \tag{5}$$

$$\Rightarrow \boxed{v_A = 2499 \text{ m/s} = 9.000 \text{ km/h}.} \tag{6}$$

Para determinar o período da órbita, podemos usar a Eq. (5.123) depois de substituir em κ a partir da Eq. (5) como segue:

$$\boxed{\tau = \frac{\pi}{r_P v_P}(r_P + r_A)\sqrt{r_P r_A} = 21.340 \text{ s} = 5{,}93 \text{ h}.} \tag{7}$$

Discussão e verificação Podemos ver que ambas Eqs. (3) e (5) têm dimensões de velocidade, como deveriam. A Eq. (7) tem dimensão de tempo, como deveria. Também observamos que a velocidade no apogeu é menor que a velocidade no perigeu, como deveria ser, uma vez que κ é constante.

Figura 1
Uma órbita elíptica ao redor da Terra com uma altitude de lançamento de 500 km e uma altitude no apogeu de 20.000 km. Pode-se mostrar que a órbita tem uma excentricidade e de 0,587. A figura está desenhada em escala.

PROBLEMAS

Para os problemas desta seção, utilize 6.371 km para o raio da Terra. *Nem todas as órbitas ou objetos estão desenhados em escala.*

Problema 5.93

Iniciando com a Eq. (5.113) e utilizando as Eqs. (5.106), (5.108) e (5.109), mostre que o raio no apoapse r_A pode ser escrito como mostrado na Eq. (5.114).

Problema 5.94

Utilizando os comprimentos mostrados assim como a propriedade de uma elipse que determina que o somatório das distâncias de cada um dos focos (ou seja, os pontos O e B) a qualquer ponto sobre a elipse é uma constante, demonstre a Eq. (5.122), isto é, que o comprimento do semieixo menor pode ser relacionado aos raios periapse e apoapse por meio de $b = \sqrt{r_P r_A}$.

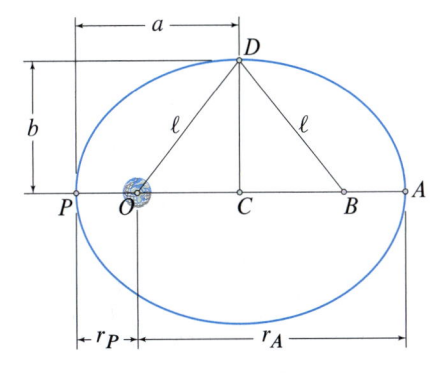

Figura P5.94

Problema 5.95

Um satélite artificial é lançado de uma altitude de 500 km a uma velocidade v_P paralela à superfície da Terra. Exigindo que a altitude no apogeu seja 20.000 km, determine a velocidade em B, ou seja, a posição na órbita quando a velocidade é ortogonal à velocidade de lançamento pela primeira vez.

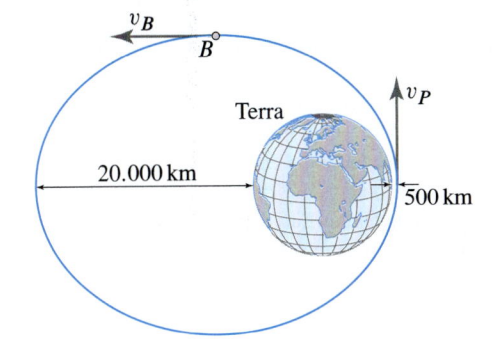

Figura P5.95

Problema 5.96

O terceiro estágio S-IVB do foguete Saturno V, o qual foi usado para as missões Apollo, entraria em combustão por cerca de 2,5 min para posicionar a nave espacial em uma "órbita de estacionamento"[9] e, então, depois de várias órbitas, entraria em combustão por cerca de 6 min para acelerar a nave espacial até a velocidade de escape para enviá-la à Lua. Considerando uma órbita de estacionamento circular com uma altitude de 170 km, determine a mudança de velocidade necessária em P para ir da órbita de estacionamento até a velocidade de escape. Assuma que a mudança na velocidade ocorra instantaneamente de modo que você não precise se preocupar sobre mudanças na posição orbital durante a propulsão do motor.

Figura P5.96

Problema 5.97

Usando a última das Eqs. (5.131), junto com a Eq. (5.132), resolva para a excentricidade e em função de E, κ e Gm_B.

---

[9] Uma *órbita de estacionamento* é uma órbita temporária de um satélite artificial ou de uma nave espacial em preparação para propulsionar-se para outra órbita ou trajetória.

(a) Usando aquele resultado, em conjunto com o fato de que $e \geq 0$, mostre que $E < 0$ corresponde a uma órbita elíptica, $E = 0$ corresponde a uma trajetória parabólica e $E > 0$ corresponde a uma trajetória hiperbólica.

(b) Mostre que, para $e = 0$, a expressão que você encontrou para e leva à Eq. (5.111).

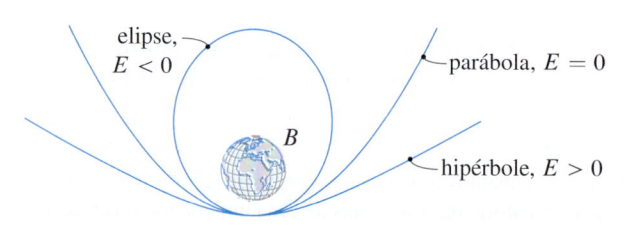

Figura P5.97

Problema 5.98

Assumindo que o Sol é o único corpo significante no sistema solar (a massa do Sol é responsável por 99,8% da massa do sistema solar), determine a velocidade de escape do Sol em função da distância r de seu centro. Qual é o valor da velocidade de escape (expressa em km/h) quando r é igual ao raio da órbita da Terra? Utilize $1{,}989 \times 10^{30}$ kg para a massa do Sol e 150×10^6 km para o raio da órbita da Terra.

Problema 5.99

Em 1705, Edmund Halley (1656–1742), astrônomo inglês, afirmou que as observações de cometa de 1531, 1607 e 1682 foram todas do mesmo cometa e, depois de alguns cálculos aproximados que representam a influência dos planetas maiores, esse cometa retornaria novamente em 1758. Halley não viveu para ver a volta do cometa, mas ele retornou no final de 1758 e alcançou o periélio em março de 1759. Em honra a sua previsão, esse cometa foi chamado de "Halley".

Cada órbita elíptica de Halley é ligeiramente diferente, mas o valor médio do semieixo maior a é aproximadamente 17,95 AU.[10] Utilizando esse valor, junto com o fato de que sua excentricidade orbital é 0,967 (a órbita é desenhada em escala, mas o Sol é mostrado 36 vezes maior do que deveria ser), determine

(a) o período orbital em anos do cometa Halley, e

(b) sua distância, em AU, do Sol no periélio P e no afélio A. Procure as órbitas dos planetas do nosso sistema solar na Web. Quais órbitas planetárias estão perto de Halley no periélio e no afélio?

Utilize $1{,}989 \times 10^{30}$ kg para a massa do Sol.

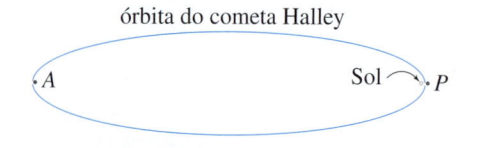

Figura P5.99

Problemas 5.100 e 5.101

O Explorer 7 foi lançado em 13 de outubro de 1959, com uma altitude de apogeu de 1.073 km acima da superfície da Terra e uma altitude de perigeu de 573 km acima da superfície da Terra. Seu período orbital foi 101,4 min.

Problema 5.100 Usando essas informações, calcule Gm_e para a Terra e compare com gr_e^2.

Problema 5.101 Determine a excentricidade da órbita do Explorer 7 bem como sua velocidade no perigeu e no apogeu.

Figura P5.100 e P5.101

---

[10] Uma *unidade astronômica* (AU) é a distância entre o centro de massa da Terra e do Sol e é aproximadamente $1{,}496 \times 10^8$ km = $9{,}296 \times 10^7$ mi.

Problema 5.102

Uma *órbita equatorial geossíncrona* é uma órbita circular acima do equador da Terra que tem um período de 1 dia (algumas vezes elas são chamadas de *órbitas geoestacionárias*). Essas órbitas geoestacionárias são de grande importância para satélites de telecomunicações porque um satélite orbitando com a mesma taxa angular que a taxa de rotação da Terra irá aparentemente pairar no mesmo ponto no céu quando visto por uma pessoa de pé na superfície da Terra. Utilizando essa informação, determine a altitude h_g e o raio r_g de uma órbita geoestacionária (em milhas). Além disso, determine a velocidade v_g de um satélite em tal órbita (em milhas por hora).

Problema 5.103

A massa do planeta Júpiter é 318 vezes maior que a da Terra, e seu raio equatorial é 71.500 km. Se uma sonda espacial está em uma órbita circular em torno de Júpiter na altitude da lua Calisto de Galileu (altitude orbital de $1,812 \times 10^6$ km), determine a variação na velocidade Δv necessária na órbita exterior de modo que a sonda alcance uma altitude mínima no raio orbital da lua Io de Galileu (altitude orbital de $3,502 \times 10^5$ km). Considere que a sonda está na altitude máxima na órbita de transferência quando a variação na velocidade ocorre e essa variação na velocidade é impulsiva, ou seja, ocorre instantaneamente.

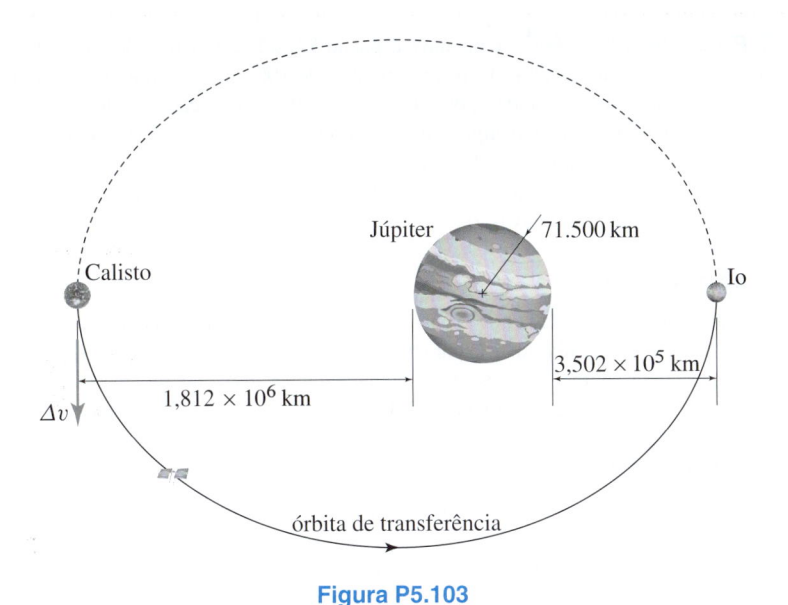

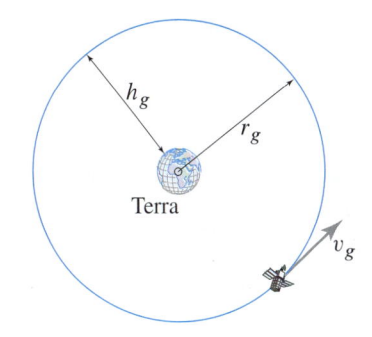

Figura P5.102

Figura P5.103

Problema 5.104

A montagem em órbita da Estação Espacial Internacional (ISS) começou em 1998 e continua até hoje. A ISS tem uma altitude no apogeu acima da superfície da Terra de 341,9 km e uma altitude no perigeu de 331,0 km acima da superfície da Terra. Determine suas velocidades máxima e mínima em órbita, sua excentricidade orbital e seu período orbital. Pesquise seu período orbital atual e compare-o com seu valor calculado.

Figura P5.104

Problemas 5.105 a 5.107

A melhor maneira (do ponto de vista energético) de se transferir de uma órbita circular em torno de um corpo principal B para outra órbita circular é por meio da então chamada *transferência de Hohmann*, a qual envolve a transferência a partir de uma órbita circular para outra usando uma órbita elíptica que é tangente à elipse tanto no periapse quanto no apoapse. A elipse é unicamente definida porque conhecemos r_P (o raio da órbita circular interna) e r_A (o raio da órbita circular externa), e, portanto,

—— órbita circular interna
—— órbita circular externa
—— órbita de transferência elíptica

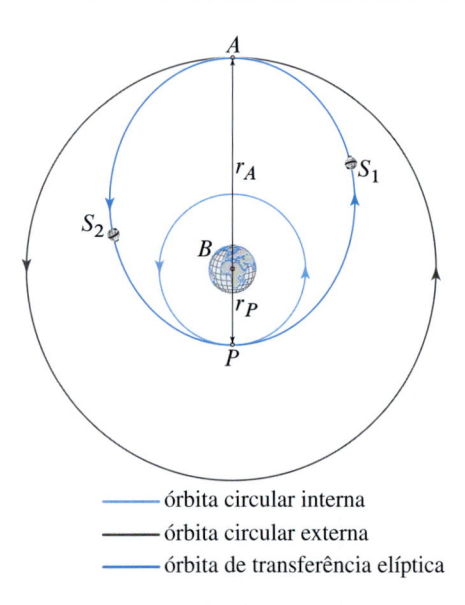

Figura P5.105-P5.109

conhecemos o semieixo maior a via Eq. (5.117) e a excentricidade e via Eq. (5.114) ou Eqs. (5.119). Realizar uma transferência de Hohmann requer duas manobras, a primeira para sair da órbita circular interna (externa) e entrar na elipse de transferência e a segunda para sair da elipse de transferência e entrar na órbita circular externa (interna).

Problema 5.105 Uma nave espacial S_1 precisa se transferir da órbita circular baixa de estacionamento da Terra com altitude de 200 km acima da superfície da Terra para uma órbita circular geossíncrona com altitude de 35.000 km. Determine a variação na velocidade Δv_P necessária no perigeu P da órbita elíptica de transferência e a variação na velocidade Δv_A necessária no apogeu A. Além disso, calcule o tempo necessário para a transferência orbital. Considere que as mudanças na velocidade são impulsivas; ou seja, elas ocorrem instantaneamente.

Problema 5.106 Uma nave espacial S_2 precisa se transferir da órbita circular da Terra cujo período é 12 h (ou seja, está em cima duas vezes ao dia) para uma órbita circular baixa da Terra com altitude de 177 km. Determine a variação na velocidade Δv_A necessária no apogeu A da órbita elíptica de transferência e a variação na velocidade Δv_P necessária no perigeu P. Além disso, calcule o tempo necessário para a transferência orbital. Considere que as mudanças na velocidade são impulsivas; ou seja, elas ocorrem instantaneamente.

Problema 5.107 Uma nave espacial S_1 está se transferindo da órbita circular baixa de estacionamento da Terra com altitude 100 mi para uma órbita circular com raio r_A. Plote, em função de r_A para $r_P \leq r_A \leq 100 r_P$, a variação na velocidade Δv_P necessária no perigeu da órbita elíptica de transferência bem como a variação na velocidade Δv_A necessária no apogeu. Além disso, plote o tempo em função de r_A, novamente para $r_P \leq r_A \leq 100 r_P$, necessário para a transferência orbital. Considere que as mudanças na velocidade são impulsivas; ou seja, elas ocorrem instantaneamente.

Problema 5.108

Referindo-se à descrição dada nos Probs. 5.105–5.107, para uma transferência de Hohmann de uma órbita circular interna para uma órbita circular externa, o que você esperaria serem os sinais sobre a variação de velocidade no periapse e no apoapse?
Observação: Problemas conceituais são sobre *explicação*, não sobre cálculos.

Problema 5.109

Referindo-se à descrição dada nos Probs. 5.105–5.107, para uma transferência de Hohmann de uma órbita circular externa para uma órbita circular interna, o que você esperaria serem os sinais sobre a variação de velocidade no periapse e no apoapse?
Observação: Problemas conceituais são sobre *explicação*, não sobre cálculos.

Problema 5.110

Durante as missões Apollo, enquanto os astronautas estavam na Lua com o módulo lunar (ML), o módulo de comando (MC) voaria em uma órbita circular ao redor da Lua a uma altitude de 96 km. Depois que os astronautas já haviam acabado de explorar a Lua, o ML se lançaria da superfície da Lua (em L) e experimentaria um voo motorizado até atingir a combustão completa em P, o que ocorreu quando o ML estava a aproximadamente 24 km acima da superfície da Lua com sua velocidade v_{bo} paralela à superfície da Lua (ou seja, no periapse). Então, voaria sob a influência da gravidade da Lua até alcançar o apoapse A, ponto no qual se encontraria com o MC. O raio de Lua é 1.750 km, e sua massa é 0,0123 vezes a da Terra.

(a) Determine a velocidade necessária v_{bo} na combustão completa em P.
(b) Qual é a variação na velocidade Δv_{ML} exigida do ML no ponto de encontro A?

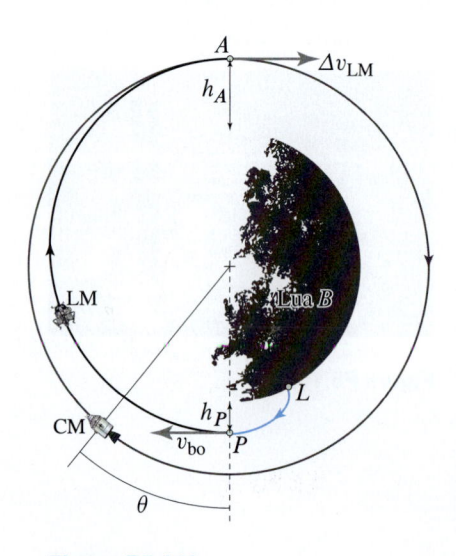

Figura P5.110

(c) Determine o tempo que o ML leva para viajar de P a A.

(d) Em termos do ângulo θ, onde deveria estar o MC quando o ML alcançasse P de modo que eles pudessem se encontrar em A?

Considere que as variações na velocidade são impulsivas; ou seja, elas ocorrem instantaneamente.

Problema 5.111

Uma opção ao viajar da Terra para Marte é usar uma órbita da transferência de Hohmann como aquela descrita nos Probs. 5.105–5.109. Considerando que o Sol é a principal influência gravitacional e ignorando a influência gravitacional da Terra e de Marte (uma vez que o Sol é responsável por 99,8% da massa do sistema solar), determine a variação na velocidade necessária na Terra Δv_e (periélio na órbita de transferência) e a variação na velocidade necessária em Marte Δv_m (afélio na órbita de transferência) para realizar a missão para Marte utilizando uma transferência de Hohmann. Além disso, determine a quantidade de tempo τ necessário para a transferência orbital. Utilize $1,989 \times 10^{30}$ kg para a massa do Sol, considere que as órbitas da Terra e de Marte são circulares e assuma que as mudanças nas velocidades são impulsivas, ou seja, elas ocorrem instantaneamente. Além disso, utilize 150×10^6 km para o raio da órbita da Terra e 228×10^6 km para o raio da órbita de Marte.

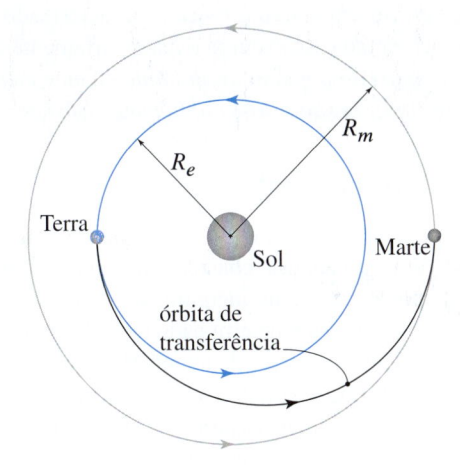

Figura P5.111

Problema 5.112

Utilize o princípio do trabalho-energia aplicado entre o periapse P e $r = \infty$, em conjunto com a energia potencial da força de gravidade dada na Eq. (4.35).

(a) Mostre que um satélite em uma trajetória hiperbólica chega em $r = \infty$ a uma velocidade
$$v_\infty = \sqrt{\frac{r_P v_P^2 - 2Gm_B}{r_P}}.$$

(b) Além disso, utilizando as Eqs. (5.106) e (5.109), mostre que, para uma trajetória hiperbólica, $r_P v_P^2 > 2Gm_B$, ou seja, a raiz quadrada na equação acima deve sempre resultar em um valor real.

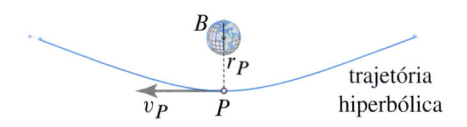

Figura P5.112

5.5 ESCOAMENTOS DE MASSA

Nesta seção, aplicaremos os princípios do impulso-quantidade de movimento a sistemas físicos que trocam massa com seu ambiente circundante. Focaremos em problemas que envolvam o movimento de fluidos como pode ser encontrado em plantas de refino de petróleo e propulsão de foguetes. O assunto que cobrimos é também aplicável a outros sistemas que, embora não fluidos, movem-se de forma semelhante a fluidos. Por exemplo, em alguns casos, o movimento constante de garrafas em uma linha de engarrafamento mostrada na Fig. 5.50 pode ser modelada como um fluxo de massa *contínuo*. Descobriremos que os princípios do impulso-quantidade de movimento oferecem uma maneira direta de calcular as forças relevantes presentes em movimentos simples de fluidos.

Sistemas abertos e fechados

Antes de começarmos, é importante lembrar a diferença entre sistemas *abertos* e *fechados* (os quais foram apresentados na p. 336), uma vez que ela é o núcleo das derivações apresentadas nesta seção. Um *sistema fechado* não troca massa com seu meio, enquanto um *sistema aberto* troca massa com seu meio. A massa de um sistema fechado é constante. Um sistema aberto pode ter massa constante ou variável. Se um sistema físico é caracterizado como um *sistema de massa variável*, então esse sistema é necessariamente aberto. *É crucial lembrar que os princípios do impulso-quantidade de movimento apresentados anteriormente neste capítulo são apenas aplicáveis a sistemas fechados.*

Escoamentos permanentes

A Fig. 5.51 mostra parte de uma tubulação preenchida com um fluido em movimento. Para simplificar nossa análise, consideramos que o escoamento do fluido é ***permanente***, onde por permanente queremos dizer que a velocidade de uma partícula de fluido atravessando um determinado local dentro da tubulação depende apenas desse local, e é independente do tempo. Por outro lado, a velocidade da partícula *pode* mudar conforme a partícula se move de um ponto a outro dentro da tubulação. Em nossa análise também assumimos que a velocidade das partículas em uma dada seção transversal é a mesma para todas as partículas em questão.

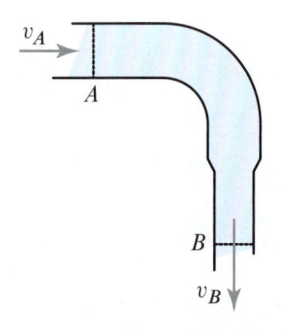

Se a velocidade das partículas do fluido muda, então essas partículas estão acelerando, e, pela segunda lei de Newton, concluímos que o fluido deve estar sujeito a uma força, que agora procederemos para calcular. Devido a uma tubulação poder ser uma estrutura grande, determinamos apenas a força exercida sobre o fluido contido em uma dada *região* da tubulação. Iremos nos referir à região da tubulação escolhida como ***volume de controle*** VC. Referindo-se à Fig. 5.52, consideramos um VC definido por duas seções transversais *A* e *B*. Assumimos que o fluido entra no VC em *A* a uma velocidade $\vec{v}_A$ e sai em *B* a uma velocidade $\vec{v}_B$. Assumimos que o escoamento é tal que $\vec{v}_A$ e $\vec{v}_B$ são perpendiculares às seções transversais *A* e *B*, respectivamente.

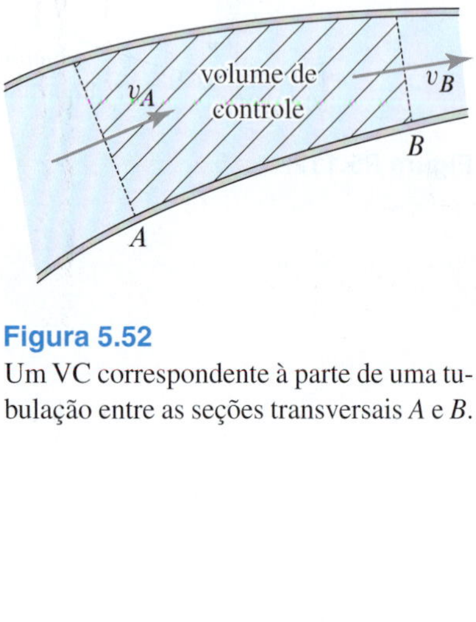

Uma vez que o fluxo de massa entra e sai do VC, *um VC é um sistema aberto*. Quando o escoamento é permanente, então a massa do fluido no VC permanece constante. Isso implica que, se Δm_f (onde o subscrito *f* representa fluxo) é a massa que escoa dentro do VC em *A* durante qualquer intervalo de tempo Δt, então Δm_f também é a massa de fluido que sai do VC em *B* durante o mesmo intervalo de tempo.

As ferramentas que temos para relacionar forças e movimento são os princípios do impulso-quantidade de movimento, os quais apenas aplicam-se a sistemas fechados. Primeiro aplicaremos o princípio do impulso-quantidade de movimento a um sistema fechado contendo o sistema aberto de interesse, e então "reduzire-

Figura 5.50
Garrafas se movendo ao longo de uma linha de engarrafamento. As garrafas podem ser modeladas como partículas/corpos individuais ou como elementos de massa em um escoamento de massa contínuo.

Figura 5.51
Um fluido escoando por uma tubulação curva com seção transversal variável.

Figura 5.52
Um VC correspondente à parte de uma tubulação entre as seções transversais *A* e *B*.

mos" esse sistema fechado para fazê-lo coincidir com o sistema aberto nele contido instante por instante. Primeiro, referindo-se à Fig. 5.53, selecionamos um corpo de fluido que no instante t preenche o VC escolhido e tem um pequeno elemento de massa Δm_f prestes a entrar no VC em A. Esse será nosso sistema fechado. O elemento fluido que está prestes a entrar no VC é escolhido de forma a ser pequeno o suficiente para nos permitir assumir que, no instante t, $\vec{v}_A$ é a velocidade de todas as suas partículas. Segundo, consideramos Δt como o tempo tomado pelo elemento fluido que está entrando em A para escoar dentro do VC. Como escoamento é permanente, no instante $t + \Delta t$, o corpo preencherá completamente o VC entre A e B e incluiremos também um elemento de massa Δm_f, que saiu do VC em B (veja a Fig. 5.53). Uma vez que Δm_f é pequeno, podemos assumir que todas as partículas à direita de B têm a mesma velocidade $\vec{v}_B$. Já que o corpo selecionado é um sistema fechado, podemos aplicar a ele a Eq. (5.15), da p. 337, que fornece

$$\int_t^{t+\Delta t} \vec{F}\, dt = \vec{p}(t + \Delta t) - \vec{p}(t), \quad (5.135)$$

onde $\vec{F}$ é a força externa total atuando no sistema e, usando os pressupostos indicados, as quantidades de movimento linear $\vec{p}(t)$ e $\vec{p}(t + \Delta t)$ podem ser escritas como

$$\vec{p}(t) = \Delta m_f\, \vec{v}_A + \vec{p}_{vc}(t), \quad (5.136)$$

$$\vec{p}(t + \Delta t) = \vec{p}_{vc}(t + \Delta t) + \Delta m_f\, \vec{v}_B. \quad (5.137)$$

A grandeza $\vec{p}_{vc}$ denota a quantidade de movimento do fluido dentro do VC. Como escoamento é permanente, devemos ter

$$\vec{p}_{vc}(t) = \vec{p}_{vc}(t + \Delta t). \quad (5.138)$$

Substituindo as Eqs. (5.136)–(5.138) na Eq. (5.135), simplificando e dividindo todos os termos por Δt, temos

$$\frac{1}{\Delta t}\int_t^{t+\Delta t} \vec{F}\, dt = \frac{\Delta m_f}{\Delta t}(\vec{v}_B - \vec{v}_A). \quad (5.139)$$

A Eq. (5.139) serve para um sistema fechado que ocupa um volume maior que o VC selecionado. Lembrando que Δt é o tempo que Δm_f leva para escoar para dentro e para fora do VC, vemos que deixando Δt ir para zero implica que Δm_f também deve ir a zero, e o fluido no sistema fechado no instante t preencherá o VC *completamente!* Portanto, considerando que Δt vá a zero, a Eq. (5.139) gera o resultado (veja a nota Informações úteis na margem)

$$\boxed{\vec{F} = \dot{m}_f(\vec{v}_B - \vec{v}_A),} \quad (5.140)$$

onde a grandeza

$$\boxed{\dot{m}_f = \lim_{\Delta t \to 0} \frac{\Delta m_f}{\Delta t}} \quad (5.141)$$

é chamada de **taxa de escoamento de massa** ou **fluxo de massa** e mede a quantidade de massa escoando para dentro e para fora do VC escolhido por unidade de tempo. O resultado da Eq. (5.140) aplica-se a sistemas abertos e foi possível porque, indo da Eq. (5.139) a Eq. (5.140), tomamos um limite que forçou o sistema fechado escolhido a coincidir com o sistema aberto que queríamos caracterizar no instante t.

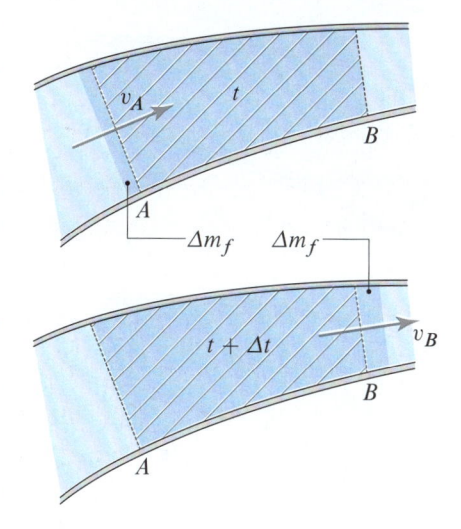

Figura 5.53
Um corpo fluido escoando através de um VC definido pelas seções transversais A e B e se comportando como um sistema fechado.

Informações úteis

O limite do lado esquerdo da Eq. (5.139). Para calcular o limite conforme $\Delta t \to 0$ do lado esquerdo da Eq. (5.139), usamos o teorema fundamental do cálculo que afirma que

$$\lim_{\Delta x \to 0} \frac{1}{\Delta x}\int_{x_0}^{x_0 + \Delta x} f(x)\, dx = f(x_0).$$

Erro comum

A massa em um VC é constante. Frequentemente, $\dot{m}_f$ é mal interpretado como a taxa de variação temporal da massa contida no VC. Entretanto, a massa do fluido dentro do VC é constante porque o escoamento é permanente. A grandeza $\dot{m}_f$ é simplesmente uma medida da taxa em que a massa escoa para dentro e para fora do VC.

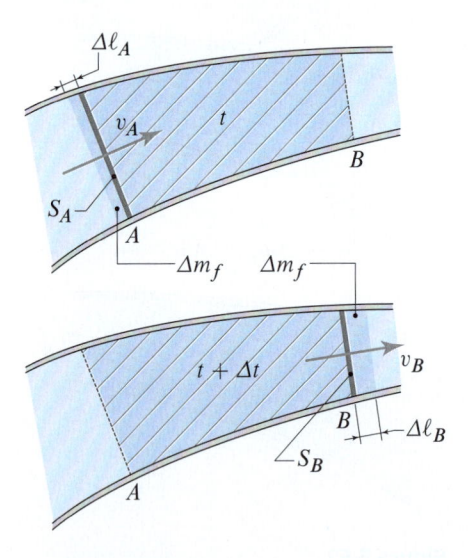

Figura 5.54
Volumes ocupados pelo elemento fluido com massa Δm_f ao entrar (superior) e sair (inferior) de um VC escolhido.

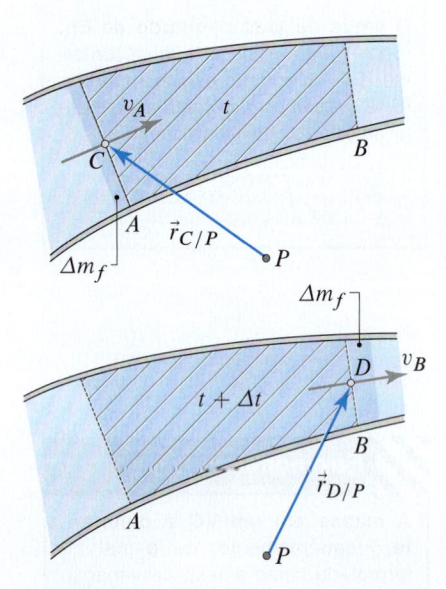

Taxa de vazão volumétrica

Além do fluxo de massa, há outra medida da quantidade de fluido movendo-se através do VC comumente usada chamada de *taxa de vazão volumétrica*. Referindo-se à Fig. 5.54, vemos que, no instante t, o volume ocupado pelo elemento fluido de massa Δm_f é aproximadamente dado por $\Delta \ell_A \, S_A$, onde $\Delta \ell_A$ é o comprimento da tubulação ocupado por Δm_f e S_A é a área da seção transversal em A. Analogamente, no instante $t + \Delta t$, o volume ocupado pelo elemento fluido de massa Δm_f é $\Delta \ell_B \, S_B$. Como movimento do fluido é permanente, a grandeza Δm_f é a mesmo em A e B. Portanto, considerando ρ_A e ρ_B a densidade do fluido em A e B, respectivamente, temos

$$\Delta m_f = \rho_A \, \Delta \ell_A \, S_A = \rho_B \, \Delta \ell_B \, S_B. \tag{5.142}$$

Uma vez que assumimos que $\vec{v}_A$ e $\vec{v}_B$ são perpendiculares às seções transversais A e B, respectivamente, temos

$$\lim_{\Delta t \to 0} \frac{\Delta \ell_A}{\Delta t} = v_A \quad \text{e} \quad \lim_{\Delta t \to 0} \frac{\Delta \ell_B}{\Delta t} = v_B, \tag{5.143}$$

onde v_A e v_B são os valores da velocidade do fluido em A e B, respectivamente. Se S é a área de uma seção transversal genérica ao longo da tubulação e se v é a velocidade do fluido na seção transversal, definimos a *taxa de vazão volumétrica* como a grandeza

$$\boxed{Q = v_S.} \tag{5.144}$$

Dividindo a Eq. (5.142) por Δt, considerando $\Delta t \to 0$ e usando a definição na Eq. (5.144), temos

$$\boxed{\dot{m}_f = \rho_A Q_A = \rho_B Q_B,} \tag{5.145}$$

onde Q_A e Q_B são as taxas de vazão volumétrica em A e B, respectivamente.

Momento atuando sobre o fluido

Algumas vezes, é útil relacionar a mudança na quantidade de movimento angular do fluido, calculada em relação a um centro de momento escolhido, ao momento correspondente atuando sobre o fluido. Referindo-se à Fig. 5.55, para calcular esse momento, escolhemos como centro de momento o ponto *fixo P*, selecionamos um corpo de fluido da mesma forma como foi feito para o cálculo da força, e então aplicamos o princípio do impulso-quantidade de movimento angular fornecido na Eq. (5.80), na p. 393, entre os instantes t e $t + \Delta t$. Disso resulta

$$\vec{h}_P(t) + \int_t^{t+\Delta t} \vec{M}_P \, dt = \vec{h}_P(t + \Delta t), \tag{5.146}$$

onde $\vec{h}_P$ é a quantidade de movimento angular do corpo fluido selecionado e $\vec{M}_P$ é o momento que pretendemos calcular. Por termos assumido que todas as partículas nos elementos de volume de massa Δm_f estão se movendo a uma velocidade $\vec{v}_A$ no instante t e $\vec{v}_B$ no instante $t + \Delta t$, temos

$$\vec{h}_P(t) = \vec{r}_{C/P} \times \Delta m_f \, \vec{v}_A + (\vec{h}_P)_{\text{vc}}, \tag{5.147}$$

$$\vec{h}_P(t + \Delta t) = (\vec{h}_P)_{\text{vc}} + \vec{r}_{D/P} \times \Delta m_f \, \vec{v}_B, \tag{5.148}$$

onde C e D são os centros das seções transversais A e B, respectivamente, $\vec{r}_{C/P}$ e $\vec{r}_{D/P}$ são as posições de C e D em relação a P, respectivamente, e $(\vec{h}_P)_{\text{vc}}$ é a

Figura 5.55
Escolha do centro de momento P para a determinação do momento que atua sobre o fluido contido no VC (área sombreada).

quantidade de movimento angular em relação a P do fluido contido no VC. Uma vez que o escoamento é permanente, $(\vec{h}_P)_{vc}$ é uma constante. Substituindo as Eqs. (5.147) e (5.148) na Eq. (5.146), simplificando e rearranjando os termos, temos

$$\frac{1}{\Delta t}\int_{t}^{t+\Delta t} \vec{M}_P \, dt = \frac{\Delta m_f}{\Delta t}(\vec{r}_{D/P} \times \vec{v}_B - \vec{r}_{C/P} \times \vec{v}_A), \qquad (5.149)$$

onde dividimos todos os termos por Δt. Procedendo como no caso do cálculo da força, ou seja, considerando $\Delta t \to 0$, a Eq. (5.149) fornece

$$\boxed{\vec{M}_P = \dot{m}_f(\vec{r}_{D/P} \times \vec{v}_B - \vec{r}_{C/P} \times \vec{v}_A).} \qquad (5.150)$$

Escoamentos de massa variável e propulsão

Referindo-se à Fig. 5.56, considere um corpo A (o foguete) propulsionado por ejeções contínuas de algum material B (gás de combustão). Uma vez que B era parte de A antes da ejeção, a massa de A muda com o tempo de modo que A é um *sistema de massa variável*.[11] Queremos determinar a força que age sobre A, e faremos como foi feito no caso de VCs. Isto é, primeiro aplicaremos o princípio do impulso-quantidade de movimento a um sistema fechado contendo o sistema aberto de interesse e, então, "reduziremos" esse sistema fechado para fazê-lo coincidir com o sistema aberto contido nele em uma base instante por instante.

Consultando a Fig. 5.57, consideramos um corpo com massa $m(t)$ no instante t de tal forma que quase todas as suas partículas viajam a uma velocidade $\vec{v}(t)$. Algumas partículas, que no instante t têm uma massa total desprezível em relação a $m(t)$, estão sendo ejetadas do corpo. Depois de uma quantidade de tempo Δt, o corpo terá perdido uma quantidade de massa Δm_o (o subscrito o representa *fluxo de saída*), e escrevemos

$$m(t + \Delta t) = m(t) - \Delta m_o. \qquad (5.151)$$

Assumimos que todas as partículas que contribuem para Δm_o têm a mesma velocidade *inercial* $\vec{v} + \vec{v}_o$, onde $\vec{v}_o$ é a velocidade *relativa* das partículas em questão em relação ao corpo principal.

Enquanto o sistema físico que analisamos consiste em ambas as partículas de massa Δm_o e o corpo principal de massa m, nosso sistema é um sistema fechado. Aplicando a esse sistema o princípio do impulso-quantidade de movimento fornecido pela Eq. (5.15), na p. 337, entre os instantes t e $t + \Delta t$, temos

$$\int_{t}^{t+\Delta t} \vec{F} \, dt = \vec{p}(t + \Delta t) - \vec{p}(t), \qquad (5.152)$$

onde $F(t)$ é a força externa total atuando sobre o sistema e $\vec{p}(t)$ é a quantidade de movimento total do sistema. Usando os pressupostos afirmados, temos

$$\vec{p}(t) = m(t)\vec{v}(t), \qquad (5.153)$$

$$\vec{p}(t + \Delta t) = m(t + \Delta t)\vec{v}(t + \Delta t)$$
$$+ \Delta m_o[\vec{v}(t + \Delta t) + \vec{v}_o(t + \Delta t)]. \qquad (5.154)$$

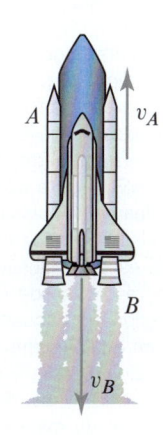

Figura 5.56
Um foguete A sendo propulsionado pela ejeção de gases de combustão, os quais chamamos de B.

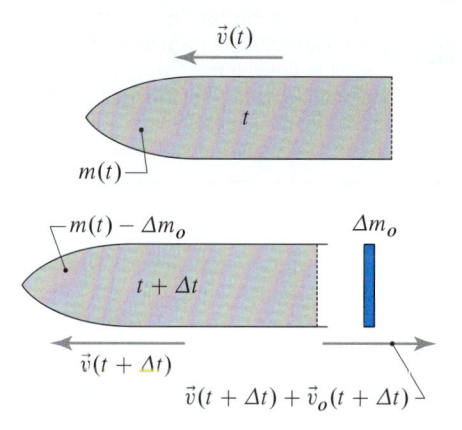

Figura 5.57
Um sistema de massa variável que ejeta um elemento material de massa Δm_o durante o intervalo de tempo Δt.

---

[11] Como mencionado no início desta seção, na p. 426, um sistema de massa variável é *necessariamente* aberto.

> ### Erro comum
>
> **Os princípios do impulso-quantidade de movimento se aplicam apenas a sistemas fechados.** O princípio do impulso-quantidade de movimento pode ser escrito como $\vec{F} = \dot{\vec{p}}$, com $\vec{p} = m\vec{v}_G$, onde G é o centro de massa do sistema. Como temos repetidamente mencionado nesta seção, esse princípio se aplica somente a sistemas fechados. Devido a esses sistemas deverem ter massa constante, $\vec{F} = \dot{\vec{p}}$ implica que $\vec{F} = m\vec{a}_G + \dot{m}\vec{v}_G = m\vec{a}_G$, dado que $\dot{m} = 0$.
>
> Infelizmente, algumas vezes o princípio do impulso-quantidade de movimento é aplicado erroneamente a sistemas de massa variável escrevendo $\vec{F} = m\vec{a}_G + \dot{m}\vec{v}_G$ e reivindicando que o termo $\dot{m}\vec{v}_G$ (que é diferente de zero para sistemas de massa variável) descreve o efeito da troca de massa. Para ver que essa conclusão é incorreta, considere o caso de um motor de foguete acionado enquanto mantido fixo em um equipamento de teste. Nesse caso, $\vec{a}_G = \vec{0}$ e $\vec{v}_G = \vec{0}$, e se a afirmação $\vec{F} = m\vec{a}_G + \dot{m}\vec{v}_G$ fosse aplicável a sistemas de massa variável, concluiríamos que nenhuma força é necessária para restringir o motor do foguete, contradizendo, portanto, a experiência comum.
>
> O equilíbrio de forças correto para um sistema de massa variável é aquele mostrado na Eq. (5.161), em que a variabilidade de massa é contabilizada pelos termos $\dot{m}_o\vec{v}_o$ e $-\dot{m}_i\vec{v}_i$, que dependem das velocidades *relativas* $\vec{v}_o$ e $\vec{v}_i$, não da velocidade absoluta do centro de massa do sistema.

Figura 5.58
Um avião com um motor a jato. O avião está sugando ar a uma taxa de escoamento de massa $\dot{m}_i$ enquanto gases de combustão são ejetados a uma taxa de escoamento de massa $\dot{m}_o$. O vetor $\vec{v}_i$ é a velocidade do ar de entrada *relativa* ao avião. O vetor $\vec{v}_o$ é a velocidade dos gases de combustão de saída *relativa* ao avião.

Substituindo a Eq. (5.151) na Eq. (5.154), temos

$$\vec{p}(t + \Delta t) = [m(t) - \Delta m_o]\vec{v}(t + \Delta t) + \Delta m_o[\vec{v}(t + \Delta t) + \vec{v}_o(t + \Delta t)]$$
$$= m(t)\vec{v}(t + \Delta t) + \Delta m_o\,\vec{v}_o(t + \Delta t). \quad (5.155)$$

Substituindo as Eqs. (5.153) e (5.155) na Eq. (5.152) e isolando o termo $m(t)$, temos

$$\int_t^{t+\Delta t} \vec{F}\,dt = m(t)[\vec{v}(t + \Delta t) - \vec{v}(t)] + \Delta m_o\,\vec{v}_o(t + \Delta t). \quad (5.156)$$

Dividindo a Eq. (5.156) por Δt, obtemos

$$\frac{1}{\Delta t}\int_t^{t+\Delta t} \vec{F}\,dt = m(t)\frac{\vec{v}(t + \Delta t) - \vec{v}(t)}{\Delta t} + \frac{\Delta m_o}{\Delta t}\vec{v}_o(t + \Delta t). \quad (5.157)$$

Pela definição de derivada temporal, temos

$$\lim_{\Delta t \to 0}\frac{\vec{v}(t + \Delta t) - \vec{v}(t)}{\Delta t} = \vec{a}(t) \quad \text{e} \quad \lim_{\Delta t \to 0}\frac{\Delta m_o}{\Delta t} = \dot{m}_o(t), \quad (5.158)$$

onde $\vec{a}(t)$ é a aceleração do corpo principal no instante t e $\dot{m}_o(t)$ (com $\dot{m}_o \geq 0$) é a taxa na qual a massa escoa para fora do corpo principal. Além disso, pelo teorema fundamental do cálculo, temos

$$\lim_{\Delta t \to 0}\frac{1}{\Delta t}\int_t^{t+\Delta t} \vec{F}\,dt = \vec{F}. \quad (5.159)$$

Portanto, tomando o limite com $\Delta t \to 0$ nos termos na Eq. (5.157) e usando as Eqs. (5.158) e (5.159), obtemos

$$\vec{F} = m\vec{a} + \dot{m}_o\vec{v}_o, \quad (5.160)$$

onde todos os termos da Eq. (5.160) são avaliados no instante t. A Eq. (5.160) aplica-se apenas a sistemas que perdem massa. Entretanto, seguindo os passos análogos àqueles que nos forneceram a Eq. (5.160) e consultando a Fig. 5.58, não é difícil mostrar que, se o sistema também ganha massa a uma taxa $\dot{m}_i$ (o subscrito i representa *fluxo de entrada*), com $\dot{m}_i \geq 0$ e de tal forma que a massa de entrada tenha uma velocidade $\vec{v}_i$ *relativa* ao corpo principal, então a Eq. (5.160) pode ser generalizada para

$$\boxed{\vec{F} = m\vec{a} + \dot{m}_o\vec{v}_o - \dot{m}_i\vec{v}_i,} \quad (5.161)$$

onde percebemos que a contribuição da massa de entrada tem um sinal oposto àquele de saída.

A Eq. (5.161) é um resultado importante que pode ser visto como a generalização da segunda lei de Newton a um sistema aberto com massa variável. Chegamos na Eq. (5.161), iniciando a partir de um princípio de equilíbrio aplicado a um sistema *fechado*, cuja massa pode apenas ser constante. Isso foi possível porque, indo da Eq. (5.157) para a Eq. (5.160), tomamos um limite que forçou o sistema fechado escolhido a coincidir com o sistema de massa variável que queríamos caracterizar no instante de tempo t.

No campo da propulsão de foguetes $\dot{m}_i = 0$, e muitas vezes é comum mover o termo $\dot{m}_o\vec{v}_o$ da Eq. (5.161) para o lado esquerdo da equação e então se referir ao termo $-\dot{m}\vec{v}_o$ como a *força de empuxo* fornecida pelo sistema de propulsão. Em propulsão a jato, temos ambas entrada e saída de massa, de modo que a força de empuxo é dada pelo termo $\dot{m}_i\vec{v}_i - \dot{m}_o\vec{v}_o$.

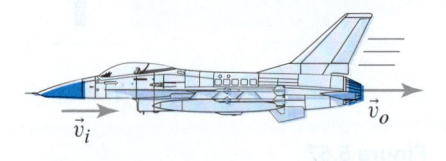

Resumo final da seção

Nesta seção, consideramos escoamentos de massa; especificamente, (1) escoamentos de massa *permanente*, nos quais um fluido se move através de um conduto a uma velocidade que depende apenas da posição dentro do conduto, e (2) escoamentos de massa *variável*, tal como o escoamento de gases de combustão para fora de um foguete.

Escoamentos permanentes. Dado o volume de controle (VC) mostrado na Fig. 5.59, onde por *volume de controle* queremos dizer uma parte de um conduto delimitado por duas seções transversais, mostramos que, no caso de um escoamento permanente, a força externa total $\vec{F}$ atuando sobre o fluido no VC é

Eq. (5.140), p. 427
$$\vec{F} = \dot{m}_f(\vec{v}_B - \vec{v}_A),$$

onde, enquanto as seções transversais são perpendiculares à velocidade de escoamento, $\dot{m}_f$ é a *taxa de escoamento de massa*, ou seja, a quantidade de massa escoando através de uma seção transversal por unidade de tempo, e $\vec{v}_A$ e $\vec{v}_B$ são as velocidades de escoamento nas seções transversais A e B, respectivamente. Além da taxa de escoamento de massa, definimos a *taxa de vazão volumétrica* como a grandeza

Eq. (5.144), p. 428
$$Q = vS,$$

onde v é a velocidade do fluido em uma dada seção transversal e S é a área da seção transversal em questão. Mostramos que

Eq. (5.145), p. 428
$$\dot{m}_f = \rho_A Q_A = \rho_B Q_B,$$

onde ρ_A e ρ_B são os valores da densidade de massa do fluido em A e B, respectivamente. Quanto à Fig. 5.60, também mostramos que, dado um ponto fixo P, o momento total $\vec{M}_P$ atuando sobre o fluido no VC é

Eq. (5.150), p. 429
$$\vec{M}_P = \dot{m}_f(\vec{r}_{D/P} \times \vec{v}_B - \vec{r}_{C/P} \times \vec{v}_A),$$

onde C e D são os centros das seções transversais A e B, respectivamente.

Escoamentos de massa variáveis. Com referência à Fig. 5.61, para um corpo com massa variável no tempo $m(t)$ devido a uma entrada de massa com taxa $\dot{m}_i$ e saída de massa com taxa $\dot{m}_o$, a força externa total agindo sobre o corpo é dada por

Eq. (5.161), p. 430
$$\vec{F} = m\vec{a} + \dot{m}_o\vec{v}_o - \dot{m}_i\vec{v}_i,$$

onde $\vec{a}$ é a aceleração do corpo principal, $\vec{v}_o$ é a velocidade *relativa* da massa de saída em relação ao corpo principal, e $\vec{v}_i$ é a velocidade *relativa* da massa de entrada, novamente relativa ao corpo principal.

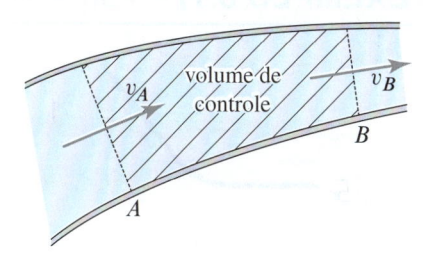

Figura 5.59
Figura 5.52 repetida. Um VC correspondente à parte de uma tubulação entre as seções transversais A e B.

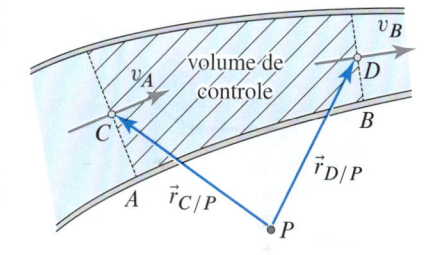

Figura 5.60
Um fluido escoando através de um VC e uma escolha do centro de momento P para o cálculo da quantidade de movimento angular e momentos.

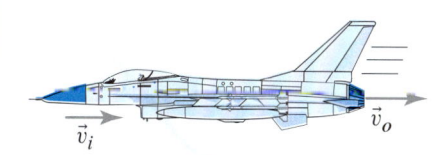

Figura 5.61
Figura 5.58 repetida. Um avião com um motor a jato. O avião está sugando ar a uma taxa de escoamento de massa $\dot{m}_i$ enquanto gases de combustão são ejetados a uma taxa de escoamento de massa $\dot{m}_o$. O vetor $\vec{v}_i$ é a velocidade do ar de entrada *relativa* ao avião. O vetor $\vec{v}_o$ é a velocidade dos gases de combustão de saída *relativa* ao avião.

EXEMPLO 5.17 Força de um jato de água aberto

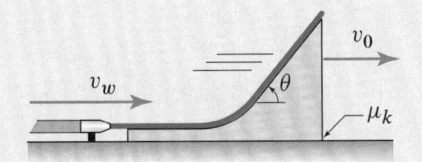

Figura 1

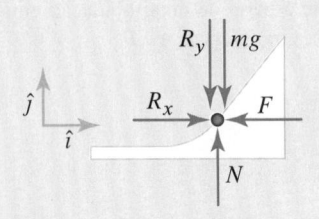

Figura 2
DCL da rampa. A força F é a força de atrito devido ao deslizamento relativo ao chão.

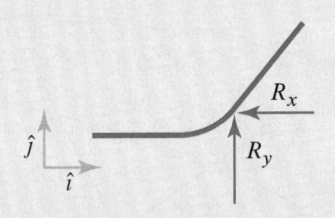

Figura 3
DCL do jato de água. As forças R_x e R_y são iguais e contrárias àquelas indicadas na Fig. 2 para estar em conformidade com a terceira lei de Newton.

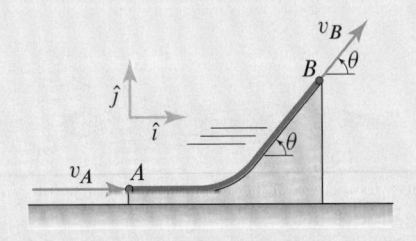

Figura 4
Velocidades do escoamento permanente em A e B como percebido por um observador movendo-se com a rampa.

Um jato de água é liberado por um bocal fixo ao chão. O jato tem uma taxa de escoamento de massa constante e uma velocidade $v_w = 20$m/s relativa ao bocal. O jato atinge uma rampa de 11 kg e a faz deslizar a uma velocidade constante $v_0 = 1,6$m/s. O coeficiente de atrito cinético entre a rampa e o chão é $\mu_k = 0,43$. Desprezando o efeito da gravidade e a resistência do ar sobre o escoamento da água, bem como o atrito entre o jato de água e a rampa, determine a taxa de escoamento de massa do jato de água no bocal se $\theta = 50°$.

SOLUÇÃO

Roteiro e modelagem Modelando a rampa como uma partícula e consultando o DCL na Fig. 2, representamos o efeito do jato de água sobre a rampa por meio das forças de reação R_x e R_y. Para resolver o problema, precisamos relacionar R_x e R_y à taxa de escoamento de massa na saída do bocal e então usar essas relações ao aplicar a segunda lei de Newton à rampa. Dessa maneira, seremos capazes de relacionar a taxa de escoamento de massa com a força de atrito contrária ao movimento da rampa. A chave para determinar R_x e R_y é perceber que, se o atrito entre o jato de água e a rampa é desprezível, então não há força que desacelerará o escoamento de água ao longo da rampa. Esse fato, em conjunto com o fato de que a rampa se move a uma velocidade constante, nos permite modelar o escoamento de água ao longo da rampa como *permanente* e a uma velocidade constante relativa à rampa.

—— Determinação de R_x e R_y em termos da taxa de escoamento de massa ——

Equações fundamentais

Princípios de equilíbrio Aqui aplicamos a relação de equilíbrio de forças para VCs na Eq. (5.140) da p. 427. Os termos nessa equação devem ser medidos usando um *sistema de referência inercial*. Devido ao fato de a rampa se mover a uma velocidade constante, um sistema de referência fixado à rampa é inercial.[12] Escolhendo tal sistema e consultando o DCL do jato de água na Fig. 3, escolhemos nosso VC como sendo o volume ocupado pelo escoamento de água ao longo da superfície superior da rampa. Embora esse VC esteja se movendo em relação ao chão, nossa escolha é aceitável porque tal VC é *estacionário* em relação ao sistema inercial escolhido e, como discutido acima, o escoamento de água é *permanente* ao longo da rampa. Então, a Eq. (5.140) em forma de componentes fica (veja a Fig. 4)

$$\sum F_x: \quad -R_x = \dot{m}_f(v_{Bx} - v_{Ax}), \tag{1}$$

$$\sum F_y: \quad R_y = \dot{m}_f(v_{By} - v_{Ay}), \tag{2}$$

onde $\dot{m}_f$ é a taxa de escoamento de massa que vai além da seção transversal em A, e $\vec{v}_A$ e $\vec{v}_B$ são as velocidades do escoamento de água em A e B, respectivamente. Observamos novamente que $\dot{m}_f$, $\vec{v}_A$ e $\vec{v}_B$ são medidos pelo observador inercial que se move com a rampa.

Leis da força Todas as forças são representadas no DCL.

Equações cinemáticas Usando cinemática relativa, um observador movendo-se com a rampa mede

$$v_{Ax} = v_w - v_0 \quad \text{e} \quad v_{Ay} = 0, \tag{3}$$

onde v_w e v_0 são as velocidades do jato de água e da rampa medidas em relação ao chão. Uma vez que estamos desprezando o atrito entre a água e a rampa, devemos ter $|\vec{v}_A| = |\vec{v}_B|$. Por isso, as componentes da velocidade da água em B são

$$v_{Bx} = (v_w - v_0)\cos\theta \quad \text{e} \quad v_{By} = (v_w - v_0)\sen\theta. \tag{4}$$

---
[12] Essa afirmação baseia-se na hipótese implícita de que o chão sob o qual a rampa desliza pode ser escolhido como um sistema de referência inercial (veja a discussão da p. 188).

Considere $(\dot{m}_f)_{nz}$ a taxa de escoamento de massa medida no bocal. Essa grandeza é a incógnita que queremos determinar. Assumimos que o jato de água tem uma seção transversal constante mesmo em contato com a rampa. Então, considerando que S denota a área da seção transversal do escoamento, vemos a partir da Eq. (5.144) que a taxa de vazão volumétrica no bocal é $Q_{nz} = v_w S$, e, portanto, a taxa de escoamento de massa no bocal é

$$(\dot{m}_f)_{nz} = \rho S v_w, \tag{5}$$

onde ρ indica a densidade de massa da água. Analogamente, a taxa de escoamento de massa $\dot{m}_f$ medida por um observador movendo-se com a rampa é

$$\dot{m}_f = \rho S v_A = \rho S (v_w - v_0) \quad \Rightarrow \quad \dot{m}_f = (\dot{m}_f)_{nz}(v_w - v_0)/v_w, \tag{6}$$

onde usamos a Eq. (5) na primeira das Eqs. (6)

Cálculos Substituir as Eqs. (3), (4) e a última das Eqs. (6) nas Eqs. (1) e (2) resulta em

$$R_x = \frac{(\dot{m}_f)_{nz}}{v_w}(1 - \cos\theta)(v_w - v_0)^2 \quad \text{e} \quad R_y = \frac{(\dot{m}_f)_{nz}}{v_w}\operatorname{sen}\theta\,(v_w - v_0)^2. \tag{7}$$

Discussão e verificação Lembrando que a taxa de escoamento de massa tem dimensões de massa sobre tempo, sabemos que as Eqs. (7) estão dimensionalmente corretas. Além disso, dado que o lado direito das Eqs. (7) tem um sinal positivo sob todas as circunstâncias, vemos que as direções de R_x e R_y estão conforme o esperado.

──── $\vec{F} = m\vec{a}$ para a rampa e determinação de $(\dot{m}_f)_{nz}$ ────

Equações fundamentais

Princípios de equilíbrio Usando o DCL da Fig. 2, a aplicação da segunda lei de Newton para a rampa fornece

$$\sum F_x: \qquad R_x - F = ma_x, \tag{8}$$

$$\sum F_y: \quad -R_y - mg + N = ma_y. \tag{9}$$

Leis da força Uma vez que a rampa está deslizando, temos

$$F = \mu_k N. \tag{10}$$

Equações cinemáticas Devido ao fato de a rampa se mover a uma velocidade constante, temos

$$a_x = 0 \quad \text{e} \quad a_y = 0. \tag{11}$$

Cálculos Substituindo as Eqs. (11) nas Eqs. (8) e (9), resolvendo para F e N, e então substituindo o resultado na Eq.(10), obtemos

$$R_x = \mu_k(R_y + mg). \tag{12}$$

Substituindo as Eqs. (7) na Eq. (12) e resolvendo para $(m_f)_{nz}$, temos

$$\boxed{(\dot{m}_f)_{nz} = \frac{\mu_k m g v_w}{(v_w - v_0)^2(1 - \cos\theta - \mu_k \operatorname{sen}\theta)} = 98{,}55\,\text{kg/s}.} \tag{13}$$

Discussão e verificação Uma vez que os termos μ_k e $1 - \cos\theta - \mu_k \operatorname{sen}\theta$ na Eq. (13) são adimensionais e o termo $gv_w/(v_w - v_0)^2$ tem dimensões de 1 sobre tempo, nosso resultado está dimensionalmente correto. Também observamos que nosso resultado é diretamente proporcional ao peso da rampa, bem como ao coeficiente de atrito. Isso é razoável porque, mantendo v_w e v_0 constantes, esperamos que mais massa de água por unidade de tempo seja necessária para mover uma rampa mais pesada sobre uma superfície mais áspera. Portanto, em geral a nossa solução parece estar correta.

EXEMPLO 5.18 Geometria do movimento de fluidos e cargas estruturais

Oleodutos podem ser bastante complicados (veja a Fig. 1). O fluido passando por uma curva e/ou uma mudança de seção transversal pode exercer cargas estruturais significantes sobre a linha. Consultando a Fig. 2, considere dois tubos retos conectados a um desviador/redutor flangeado de comprimento $\ell = 2{,}25$ m, altura $h = 1{,}6$ m e volume interno $V = 1$ m³. Suponha que o escoamento é permanente, o peso específico do fluido é $\gamma = 66{,}75$ N/m³ (típico de gasolina), e as seções transversais em A e B são circulares com raios $R_A = 0{,}33$ m e $R_B = 0{,}23$ m, respectivamente. Considere que o centro de massa G do fluido entre A e B está localizado como mostrado com $d = \ell/2$ e $q = 0{,}84$ m. Além disso, considere $p_A = 9.652$ kPa e $p_B = 9.583$ kPa como as medidas conhecidas da pressão estática em A e B, respectivamente. Se a velocidade do fluido em A é $v_A = 1{,}8$ m/s, determine as cargas que o fluido exerce no desviador/redutor. Por último, despreze o peso do desviador/redutor e esboce seu DCL, mostrando as forças internas em A e B.

Figura 1
Um exemplo de geometria de oleoduto complicada em uma planta de refinamento.

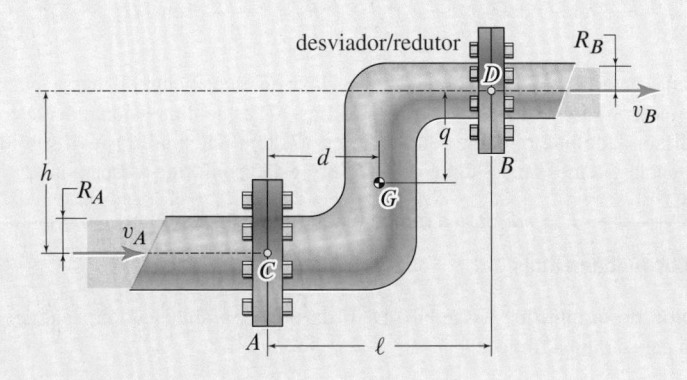

Figura 2 Um desviador/redutor conectando dois segmentos de tubos retos no plano vertical. Os pontos C e D indicam os centros das seções transversais A e B, respectivamente.

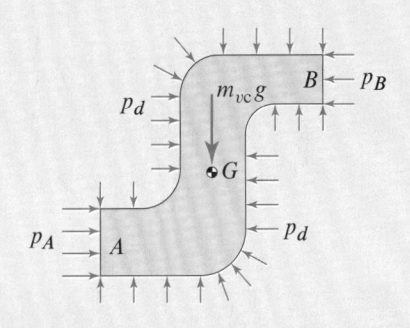

Figura 3
DCL de um fluido movendo-se através do VC escolhido, o qual foi considerado como sendo o volume interior do desviador.

SOLUÇÃO

Roteiro e modelagem O VC é a região ocupada pelo fluido entre as seções transversais A e B. Em relação à Fig. 3, o fluido em questão está sujeito a distribuições de pressão p_A e p_B devido ao fluido de fora do VC. Assumimos que p_A e p_B são uniformes sobre A e B, respectivamente. O fluido no VC também está sujeito à distribuição de pressão p_d devido ao contato com as paredes internas do desviador. Por último, o fluido no VC está sujeito à gravidade, a qual é representada pelo peso $m_{vc}g$, aplicado no centro de massa G do fluido. Embora não tenhamos um conhecimento detalhado de p_d, podemos descrever o efeito global de p_d por meio do conceito de sistema de força equivalente.[13] Usando esse conceito, o sistema de forças agindo sobre o fluido no VC pode ser representado como mostrado na Fig. 4. As forças F_A e F_B, aplicadas como ilustrado, são equivalentes às distribuições de pressão p_A e p_B, respectivamente. O sistema de forças equivalente à distribuição de pressão p_d consiste nas forças R_x e R_y, bem como no momento $(M_C)_{pd}$, onde C foi escolhido como o centro de momento porque sua localização é conhecida (poderíamos ter escolhido algum outro ponto de referência conveniente, como G ou D). É esse sistema de forças que precisamos calcular, o que faremos aplicando o equilíbrio de força e momento para escoamentos permanentes. Devido a R_x, R_y e $(M_C)_{pd}$ descreverem a ação do desviador sobre o fluido no VC, quando esboçarmos o DCL do desviador, precisamos incluir essas forças e momentos, porém, com sinais contrários para respeitar a terceira lei de Newton.

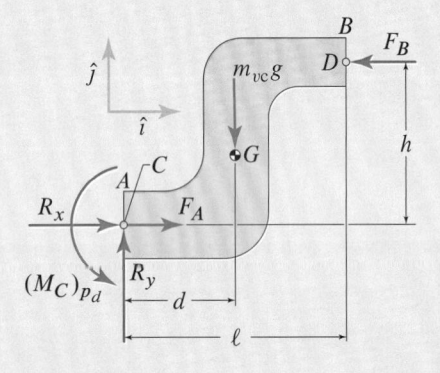

Figura 4
DCL do fluido dentro do VC obtido usando o conceito de sistema de força equivalente.

---
[13] Veja seu livro de estática para o conceito de sistema de forças equivalente.

Equações fundamentais

Princípios de equilíbrio Referindo-se ao DCL na Fig. 4, escolhendo C como o centro de momento e lembrando que $m_{vc}g = \gamma V$, as forças e os princípios do impulso-quantidade de movimento nas Eqs. (5.140) e (5.150), na forma de componentes, fornece

$$\sum F_x: \qquad R_x + F_A - F_B = \dot{m}_f(v_{Bx} - v_{Ax}), \qquad (1)$$

$$\sum F_y: \qquad R_y - \gamma V = \dot{m}_f(v_{By} - v_{Ay}), \qquad (2)$$

$$\sum M_C: \quad (M_C)_{p_d} - \gamma V d + F_B h = \dot{m}_f(v_{By}\ell - v_{Bx}h). \qquad (3)$$

Leis da força Uma vez que as seções transversais em A e B são circulares com raios R_A e R_B, respectivamente, e assumimos que as distribuições de pressão em A e B são uniformes, temos

$$F_A = \pi R_A^2 p_A \quad \text{e} \quad F_B = \pi R_B^2 p_B. \qquad (4)$$

Equações cinemáticas Baseados no escoamento representado na Fig. 2, temos

$$v_{Ax} = v_A, \quad v_{Ay} = 0, \quad v_{Bx} = v_B, \quad v_{By} = 0. \qquad (5)$$

Além disso, aplicando as Eqs. (5.144) e (5.145), devemos ter

$$\dot{m}_f = (\gamma/g)\pi R_A^2 v_A = (\gamma/g)\pi R_B^2 v_B \quad \Rightarrow \quad v_B = v_A R_A^2/R_B^2. \qquad (6)$$

Cálculos Substituindo as Eqs. (4)–(6) nas Eqs. (1)–(3), vemos que o sistema de forças que é equivalente à distribuição de pressão p_d é dado por

$$\boxed{\begin{aligned} R_x &= \pi\left(p_B R_B^2 - p_A R_A^2\right) + \frac{\gamma \pi v_A^2 R_A^2 (R_A^2 - R_B^2)}{g R_B^2} = -1708{,}7 \text{ kN}, &(7)\\[4pt] R_y &= \gamma V = 6675 \text{ N}, &(8)\\[4pt] (M_C)_{p_d} &= \gamma V d - \pi p_B R_B^2 h - \frac{\gamma \pi v_A^2 R_A^4 h}{g R_B^2} = -2543{,}1 \text{ kNm}. &(9) \end{aligned}}$$

Agora que temos R_x, R_y e $(M_C)_{pd}$, aplicando a terceira lei de Newton, o DCL para o desviador é aquele dado na Fig. 5, onde o sistema de forças internas através da seção transversal A consiste nas forças N_A (tensão), V_A (força de cisalhamento) e M_{Ci} (momento fletor). Analogamente, o sistema de forças internas em B é dado por N_B, V_B e M_{Di}.

Discussão e verificação As dimensões de pressão e densidade de massa são força por unidade de área e massa por comprimento ao cubo, respectivamente. Como consequência, nossos resultados estão dimensionalmente corretos. O resultado da Eq. (7) faz sentido porque o fato de que R_x é negativo é consistente com a ideia de que o movimento do fluido na direção x está sendo dificultado pela presença da curva na linha. O resultado da Eq. (8) também faz sentido uma vez que confirma que o desviador está suportando o peso do fluido no VC. Para explicar o resultado da Eq. (9), lembre-se de que, se não há escoamento (ou seja, $v_A = 0$), então o desviador deve fornecer um momento positivo para equilibrar o peso. Entretanto, se $v_A \neq 0$ e desprezamos o peso, logo a experiência comum nos diz que o escoamento causaria uma rotação em sentido anti-horário do sistema e o desviador exerceria um momento no sentido horário para evitar a rotação em questão. Isso significa que ambos os momentos positivo e negativo são esperados, e o sinal do resultado da Eq. (9) nos diz que, em nosso caso, o momento devido ao movimento do fluido tem um efeito maior.

Um olhar mais atento Referindo-se à Fig. 5, se a extremidade em B do desviador fosse livre, então as ações internas em B seriam iguais a zero e um cálculo de equilíbrio elementar mostraria que deveríamos ter $N_A = -R_x$, $V_A = R_y$ e $(M_{CA})_i = -(M_{CA})_{pd}$. Ou seja, se uma extremidade é livre, podemos calcular as ações internas na outra extremidade diretamente em termos das forças calculadas a partir do equilíbrio de forças para VCs.

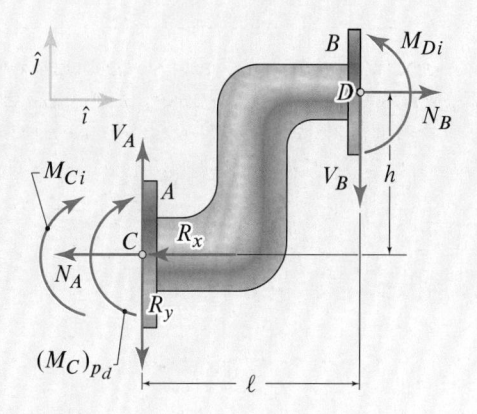

Figura 5
DCL do desviador/redutor.

EXEMPLO 5.19 Pairando com o uso de um propulsor a jato

Um propulsor a jato é um dispositivo de propulsão de foguete usado nas costas de uma pessoa que permite a ela permanecer no ar e voar (veja a Fig. 1). Suponha que o propulsor a jato possa conter 34 kg de combustível. Suponha ainda que, quando não há combustível no propulsor, a massa combinada do piloto e do propulsor a jato é 82 kg. Assume-se que, uma vez em operação, a velocidade do escoamento de saída v_o do material ejetado relativo ao propulsor seja constante. Desprezando a quantidade de tempo que leva para o piloto iniciar a pairar a poucos pés do chão, e assumindo que os jatos são orientados na direção da gravidade, determine v_o de modo que o combustível seja completamente gasto depois de o piloto pairar por 45 s.

Figura 1
Um piloto com um propulsor a jato.

SOLUÇÃO

Roteiro e modelagem O piloto e o propulsor formam um sistema simples de massa variável. Portanto, aplicaremos ao sistema o equilíbrio de forças fornecido pela Eq. (5.161) enquanto reforça-se a exigência de que a taxa de saída do escoamento seja igual à taxa temporal de redução da massa do sistema. Ao fazê-lo, seremos capazes de relacionar a velocidade v_o ao tempo que ele leva para esgotar todo o combustível. Quando usamos a Eq. (5.161), o empuxo devido à ejeção de matéria do propulsor *não* é considerado uma força externa. Como consequência, dado que o piloto está simplesmente pairando, o DCL do sistema é aquele mostrado na Fig. 2, em que incluímos apenas o peso do sistema. Após resolver o problema, discutiremos outra abordagem para a solução de problemas de propulsão segundo a qual o empuxo agindo sobre o sistema é mostrado no DCL e, ao mesmo tempo, a lei do equilíbrio de forças é feita para assumir a forma $\vec{F} = m\vec{a}$.

Equações fundamentais

Princípios de equilíbrio Observando que não há forças agindo na direção horizontal, vemos que a única componente importante da lei do equilíbrio de forças é aquela na direção y. Consequentemente, temos

$$-mg = ma_y + \dot{m}_o \vec{v}_o \cdot \hat{j}, \quad (1)$$

onde m é a massa combinada do piloto e do propulsor variável no tempo, $\dot{m}_o$ é a taxa temporal com que a massa está sendo ejetada do propulsor, $\vec{v}_o \cdot \hat{j}$ é a componente y da velocidade do material ejetado em relação ao sistema principal, e levamos em conta o fato de que o sistema não ganha massa (ou seja, $\dot{m}_i = 0$).

Leis da força Todas as forças estão representadas no DCL.

Equações cinemáticas Uma vez que o piloto (com o propulsor) está pairando, o sistema é estacionário em relação ao chão, que é escolhido como nosso sistema inercial. Portanto, devemos ter

$$a_y = 0 \quad \text{e} \quad \vec{v}_o = -v_o \hat{j}. \quad (2)$$

Além disso, como já observado, a massa do sistema decresce na mesma taxa com que a massa é ejetada do propulsor, então temos

$$\dot{m} = -\dot{m}_o. \quad (3)$$

Cálculos Substituindo as Eqs. (2) e (3) na Eq. (1), temos

$$-mg = v_o \dot{m}. \quad (4)$$

Lembrando que $\dot{m} = dm/dt$, a Eq. (4) pode ser escrita como

$$-\frac{g}{v_o} dt = \frac{dm}{m}. \quad (5)$$

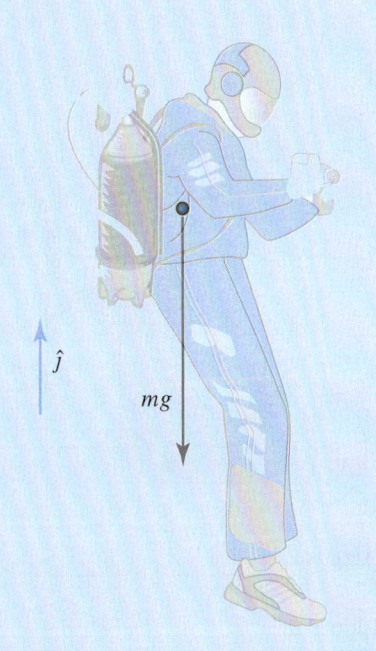

Figura 2
DCL do sistema que consiste no piloto e no propulsor a jato.

Integrando essa equação de $t = 0$ ao instante final $t_f = 45$ s, temos

$$-\int_0^{t_f} \frac{g}{v_o} dt = \int_{m(0)}^{m(t_f)} \frac{dm}{m} \quad \Rightarrow \quad -\frac{g}{v_o} t_f = \ln \frac{m(t_f)}{m(0)}. \tag{6}$$

Lembrando que $m(0) = (82 + 34)$ kg é a massa combinada do piloto, do propulsor e de 34 kg de combustível, e $m(t_f) = 82$ kg é a massa combinada do piloto e do propulsor vazio, podemos resolver a Eq. (6) para v_o a fim de obter

$$\boxed{v_o = -\frac{gt_f}{\ln[m(t_f)/m(0)]} = \frac{gt_f}{\ln[m(0)/m(t_f)]} = 1.272,7 \text{ m/s}.} \tag{7}$$

Discussão e verificação Como o argumento do logaritmo natural da Eq. (7) é adimensional, e o produto de aceleração e tempo tem as dimensões de comprimento sobre tempo, o resultado da Eq. (7) tem as dimensões corretas. À medida que o valor numérico obtido para v_o é investigado, esse resultado não está longe do que esperaríamos a partir de um simples motor de foguete monopropulsor cujas velocidades de escape são tipicamente da ordem de 1.700 m/s (embora eles possam chegar próximo aos 3.000 m/s).

Um olhar mais atento O problema discutido neste exemplo pode ser abordado escrevendo-se a lei do equilíbrio de forças como $\vec{F} = m\vec{a}$, que se pretende assemelhar a segunda lei de Newton.[14] Se aproximamos o equilíbrio de forças para um sistema de massa variável usando a expressão $\vec{F} = m\vec{a}$, então a força $\vec{F}$ inclui tanto aquelas forças que seriam consideradas externas de acordo com a interpretação estrita do princípio do impulso-quantidade de movimento quanto aqueles termos de força que resultam do escoamento de entrada e saída de massa. Portanto, nosso DCL seria aquele da Fig. 3, onde $-\dot{m}_o \vec{v}_o$ é a força de empuxo fornecida pelo motor do foguete.

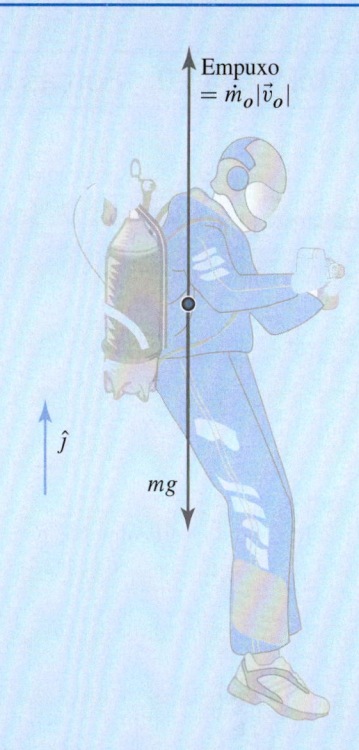

Figura 3
DCL alternativo do sistema. A lei do equilíbrio de forças que deve ser usado com este sistema é $\vec{F} = m\vec{a}$, onde $\vec{F} = -mg\,\hat{j} - \dot{m}_o \vec{v}_o$.

---

[14] Escrever $\vec{F} = m\vec{a}$ para sistemas de massa variável *não pode* ser considerado o mesmo que aplicar a segunda lei de Newton. Isso ocorre porque *a segunda lei de Newton não pode ser aplicada a sistemas de massa variável*. Se $\vec{F} = m\vec{a}$ é aplicada a um sistema de massa variável, a única interpretação correta que pode ser dada é que o que está sendo aplicado é na realidade a Eq. (5.161), com $\vec{F} = \vec{F}_{\text{ext}} - \dot{m}_o \vec{v}_o + \dot{m}_i \vec{v}_i$, onde $\vec{F}_{\text{ext}}$ é a força externa total aplicada ao sistema de acordo com a interpretação estrita do princípio do impulso-quantidade de movimento.

EXEMPLO 5.20 Forças em uma corda em queda

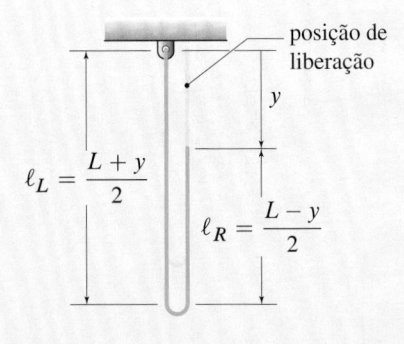

Figura 1
Uma corda caindo verticalmente para baixo.

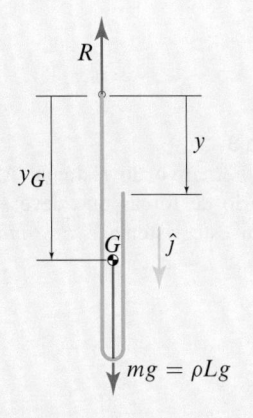

$\ell_L = \dfrac{L+y}{2}$, $\ell_R = \dfrac{L-y}{2}$

Figura 2
DCL da corda como um todo. O peso da corda foi colocado no centro de massa da corda, que foi indicado por G.

No Exemplo 4.11, na p. 309, descobrimos que a velocidade da extremidade livre de uma corda inextensível em queda de comprimento L, liberada do repouso, é dada por (veja a Fig. 1)

$$\dot{y} = \sqrt{gy\dfrac{2L-y}{L-y}}, \tag{1}$$

onde g é a aceleração devido à gravidade e y é a posição da extremidade livre da corda. Considerando ρ a densidade de massa da corda por unidade de comprimento, use a Eq. (1) para determinar a força de reação R no teto em função de y modelando a corda inteira como um sistema fechado e as duas partes à direita e à esquerda da curva como sistemas de massa variável.

SOLUÇÃO

────── Modelando a corda inteira como um sistema fechado ──────

Roteiro e modelagem Se modelarmos a corda inteira como um sistema fechado, então o DCL da corda é aquele mostrado na Fig. 2, no qual a única força diferente de R é o peso da corda (o que é consistente com a solução do Exemplo 4.11). Uma vez que o sistema é fechado, podemos aplicar o princípio do impulso-quantidade de movimento como fornecido pela Eq. (5.14), na p. 337.

Equações fundamentais

Princípios de equilíbrio Usando o DCL da Fig. 2 e a Eq. (5.14), obtemos

$$\sum F_y: \quad \rho L g - R = \rho L a_G, \tag{2}$$

onde a_G é a aceleração do centro de massa da corda e ρL é a massa da corda.

Leis da força Todas as forças são consideradas no DCL.

Equações cinemáticas Uma vez que $a_G = \ddot{y}_G$, primeiro encontramos y_G via Eq. (3.71), da p. 237. Lembrando que a massa da corda é ρL e consultando a Fig. 1, temos

$$\rho L y_G = \rho \ell_L (\ell_L/2) + \rho \ell_R (y + \ell_R/2) \quad \Rightarrow \quad y_G = \dfrac{1}{4L}(L^2 + 2Ly - y^2), \tag{3}$$

onde $\rho \ell_L$ e $\rho \ell_R$ são as massas das partes esquerda e direita da corda, respectivamente. Diferenciando o resultado final na Eq. (3) duas vezes em relação ao tempo, obtemos

$$a_G = \dfrac{1}{2L}\left[\ddot{y}(L-y) - \dot{y}^2\right]. \tag{4}$$

Usando a Eq. (1) com a regra da cadeia, temos

$$\ddot{y} = \dfrac{d\dot{y}}{dy}\dot{y} = \dfrac{\sqrt{g}(2L^2 - 2Ly + y^2)}{2(L-y)^{3/2}\sqrt{y(2L-y)}}\dot{y} \quad \Rightarrow \quad \ddot{y} = \dfrac{g}{2}\left[1 + \dfrac{L^2}{(L-y)^2}\right]. \tag{5}$$

Substituindo a Eq. (1) e o resultado final da Eq. (5) na Eq. (4), após simplificação obtemos

$$a_G = \dfrac{g}{4}\left(3 - 3\dfrac{y}{L} - \dfrac{L}{L-y}\right). \tag{6}$$

Cálculo Substituindo as Eqs. (6) na Eq. (2) e resolvendo para R, temos

$$\boxed{R = \dfrac{\rho L g}{4}\left(1 + 3\dfrac{y}{L} + \dfrac{L}{L-y}\right).} \tag{7}$$

Modelagem dos sistemas de massa variável

Roteiro e modelagem Podemos modelar as partes esquerda e direita da corda como sistemas de massa variável que trocam massa um com o outro. Especificamente, a parte da esquerda ganha massa à custa da parte da direita. Nesse caso, separando esses sistemas com um corte na curva, chegamos aos DCLs da Fig. 3 (veja a nota Informações úteis na margem para comentários adicionais sobre esses DCLs). Então, podemos aplicar para cada parte o equilíbrio de forças para sistemas de massa variável fornecido pela Eq. (5.161).

Equações fundamentais

Princípios de equilíbrio Usando os DCLs da Fig. 3 e o equilíbrio de forças para sistemas de massa variável, para as partes esquerda e direita da corda temos, respectivamente,

$$\sum F_{yL}: \quad \rho\ell_L g - R = \rho\ell_L a_{yL} - \dot{m}_i \vec{v}_i \cdot \hat{j}, \tag{8}$$

$$\sum F_{yR}: \quad \rho\ell_R g = \rho\ell_R a_{yR} + \dot{m}_o \vec{v}_o \cdot \hat{j}, \tag{9}$$

onde $\dot{m}_i$ é a taxa temporal de ganho de massa da parte esquerda, $\vec{v}_i$ é a velocidade da massa juntando-se à parte esquerda relativa à velocidade da própria parte esquerda, $\dot{m}_o$ é a taxa temporal de perda de massa da parte direita e $\vec{v}_o$ é a velocidade da massa deixando a parte direita relativa à própria parte direita.

Leis da força Todas as forças são consideradas nos DCLs.

Equações cinemáticas Devido à inextensibilidade, todos os elementos de massa da parte esquerda devem se mover com a mesma velocidade. O mesmo é verdadeiro para os elementos de massa na parte direita. Observando que um ponto sobre a parte esquerda está fixo no teto e a aceleração da extremidade superior da parte direita é $\ddot{y}$, devemos ter

$$a_{yL} = 0 \quad \text{e} \quad a_{yR} = \ddot{y}. \tag{10}$$

Referindo-se à Fig. 1, as derivadas temporais dos comprimentos das duas partes são $\dot{\ell}_L = \dot{y}/2$ e $\dot{\ell}_R = -\dot{y}/2$. Consequentemente, uma vez que $m_L = \rho\ell_L$ e $m_R = \rho\ell_R$, temos

$$\dot{m}_i = \dot{m}_L = \rho\dot{\ell}_L = \rho\dot{y}/2 \quad \text{e} \quad \dot{m}_o = -\dot{m}_R = -\rho\dot{\ell}_R = \rho\dot{y}/2. \tag{11}$$

A velocidade dos elementos de massa juntando-se à parte esquerda e deixando a parte direita deve coincidir com a taxa temporal de aumento e encurtamento dessas partes, ou seja,

$$\vec{v}_i = \dot{\ell}_L \hat{j} = \tfrac{1}{2}\dot{y}\,\hat{j} \quad \text{e} \quad \vec{v}_o = \dot{\ell}_R \hat{j} = -\tfrac{1}{2}\dot{y}\,\hat{j}. \tag{12}$$

Cálculos Substituindo as Eqs. (10)–(12) na Eq. (8) e resolvendo para R, temos

$$R = \rho\ell_L g + \tfrac{1}{4}\rho\dot{y}^2. \tag{13}$$

Lembrando que $\dot{y}$ é dado na Eq. (1) e $\ell_L = (L + y)/2$, após simplificação, temos

$$\boxed{R = \frac{\rho L g}{4}\left(1 + 3\frac{y}{L} + \frac{L}{L-y}\right).} \tag{14}$$

Figura 3
DCLs das partes esquerda e direita da corda em queda modeladas como sistemas de massa variável (veja a nota Informações úteis na margem para mais comentários sobre esses DCLs).

Informações úteis

Está faltando alguma coisa nos DCLs da Fig. 3? Quando cortamos alguma estrutura e esboçamos o DCL da estrutura cortada, colocamos no DCL aquelas forças que atuam internamente na estrutura no local do corte. Entretanto, estamos modelando aqui as duas partes como *sistemas de massa variável*, e, nesse caso, não incluímos as forças no corte por causa da forma como determinamos a Eq. (5.161). Especificamente, as forças externas que aparecem na Eq. (5.161) não incluem efeito algum devido à troca de massa.

Discussão e verificação Uma vez que obtivemos o mesmo resultado por meio de dois métodos muito diferentes, podemos ficar confiantes que nosso resultado final está correto.

🔍 **Um olhar mais atento** Apresentamos uma plotagem de R em função de y na Fig. 4. Observe que, conforme a corda se torna vertical, ou seja, conforme $y \to L$, R vai para o infinito. Isso ocorre porque a extremidade livre da corda se move a uma velocidade infinita quando a corda está *quase* totalmente vertical (ou seja, $\dot{y} \to \infty$ conforme $y \to L$), e, portanto, R deve se tornar *impulsiva* para trazer a corda a uma parada completa assim que a corda se tornar vertical.

Finalmente, observamos que não tiramos vantagem da Eq. (9). A razão para isso é que a substituição das Eqs. (10)–(12) na Eq. (9) fornece uma equação cuja solução coincide com a Eq. (1) (veja o Prob. 5.149). Se não tivesse sido dada a Eq. (1), teríamos que usar a Eq. (9) para obter a velocidade da extremidade livre em função de y.

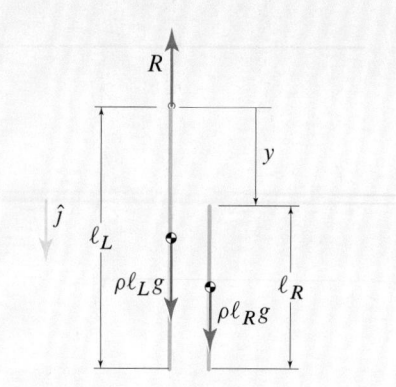

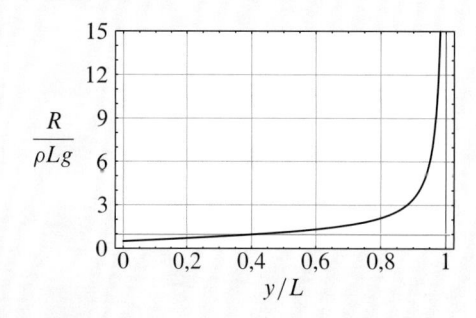

Figura 4
A reação R (adimensional em relação ao peso da corda $\rho L g$) no topo da corda em função da distância de queda adimensional (y/L). A linha vertical cinza corresponde à extremidade da queda, e a linha horizontal azul corresponde ao peso da corda.

PROBLEMAS

💡 Problema 5.113 💡

Um fluido está em movimento permanente no conduto mostrado. As linhas representadas são tangentes à velocidade das partículas de fluído no conduto (essas linhas são chamadas de linhas de corrente). Explique se o volume de controle definido pelas seções transversais A e B na figura é coerente com as considerações estabelecidas nesta seção.
Observação: Problemas conceituais são sobre *explicações*, não sobre cálculos.

Figura P5.113

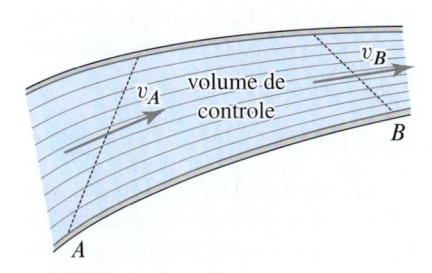

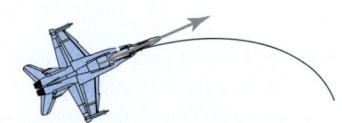

Figura P5.114

💡 Problema 5.114 💡

Um sistema hidráulico está sendo usado para acionar as superfícies de controle de um avião. Suponha que exista um intervalo de tempo durante o qual (a) a velocidade do fluido hidráulico em uma linha específica é constante relativa à própria linha e (b) o avião está realizando uma curva. Explique se o equilíbrio de forças para volumes de controle apresentado nesta seção é aplicável à análise do fluido hidráulico em questão.
Observação: Problemas conceituais são sobre *explicações*, não sobre cálculos.

💡 Problema 5.115 💡

As seções transversais A e B no caso (a) são idênticas às seções transversais correspondentes no caso (b). Considere que, em ambos (a) e (b), um fluido em movimento permanente escoa através de A a uma velocidade v_1 e sai do sistema em B a uma velocidade v_2. Se as seções do tubo devem permanecer estacionárias e a taxa de escoamento de massa é idêntica nos dois casos, determine se a magnitude da força horizontal atuando nos tubos devido ao escoamento de água no caso (a) é menor, igual ou maior do que aquela no caso (b). Além disso, para ambos (a) e (b), estabeleça a direção da força.
Observação: Problemas conceituais são sobre *explicações*, não sobre cálculos.

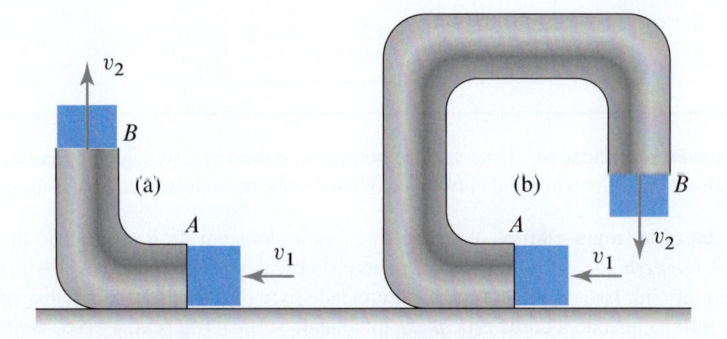

Figura P5.115

Capítulo 5 Métodos da quantidade de movimento para partículas   **441**

Problema 5.116

A experiência nos diz que, quando um jato de água permanente sai de um bocal, a linha anexada ao bocal está em tensão, isto é, o bocal exerce uma força sobre a linha que está na direção do escoamento. Se a extremidade do bocal em B fosse tampada a fim de parar o escoamento de água, a força exercida pelo bocal sobre a linha diminuiria, permaneceria a mesma, ou aumentaria?

Observação: Problemas conceituais são sobre *explicações*, não sobre cálculos.

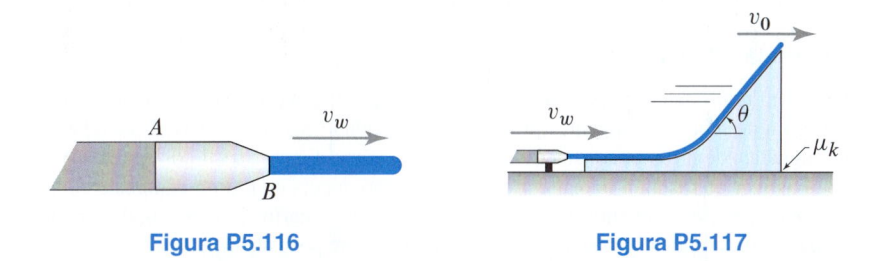

Figura P5.116

Figura P5.117

Problema 5.117

Reveja o Exemplo 5.17 e use o resultado numérico da Eq. (13) do exemplo, em conjunto com o fato de que o peso específico da água é 9.800 N/m³, para determinar a taxa de vazão volumétrica no bocal e o diâmetro do bocal.

Problema 5.118

A ponta B de um bocal tem um diâmetro de 38 mm, enquanto o diâmetro em A onde a linha é colocada possui 76 mm. Se a água está escoando através do bocal a 6×10^{-3} m³/s e a pressão estática da água na linha é 2,0 MPa, determine a força necessária para manter o bocal estacionário. Lembre que o peso específico da água é $\gamma = 9{,}8$ kN/m³ e despreze a pressão atmosférica em B.

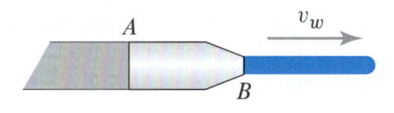

Figura P5.118

Problema 5.119

O foguete mostrado tem 3 kg de propelente com um tempo de queima (tempo exigido para queimar todo o combustível) de 7 s. Considere que a taxa de escoamento de massa é constante e a velocidade de exaustão relativa ao foguete também é constante e igual a 2.000 m/s. Se o foguete é disparado a partir do repouso, determine o peso inicial do corpo do foguete se ele experimenta uma aceleração inicial de $6g$.

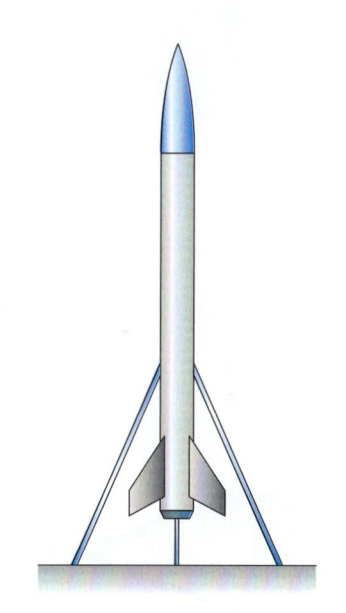

Figura P5.119

Problema 5.120

Um ventilador entubado é montado sobre um carro conectado a uma parede fixa por uma mola elástica linear com constante $k = 730$ N/m. Considere que em um teste o ventilador aspira ar em A a uma velocidade essencialmente zero e o escoamento de saída faz o carro se deslocar para a esquerda de modo que a mola é esticada por 0,15 m a partir da sua posição não deformada. Assumindo que o peso específico do ar $\gamma = 11{,}8$N/m³ é constante e considerando o diâmetro do tubo em B igual a $d = 1{,}2$ m (a seção transversal é considerada circular), determine a velocidade do ar em B.

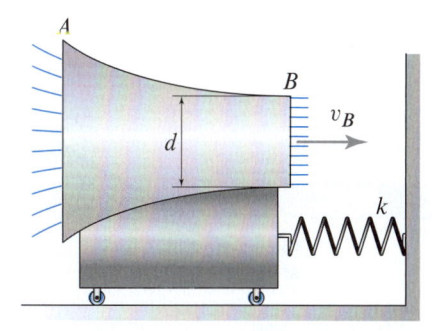

Figura P5.120

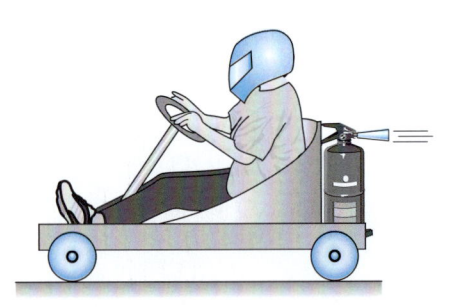

Figura P5.121

Problema 5.121

Um teste é realizado de forma que uma pessoa de 80 kg está sentada em um carro de 15 kg que é propulsionado por jatos emitidos por dois extintores de incêndio domésticos com uma massa inicial combinada de 18 kg. A seção transversal dos bocais de escape possui 3 cm de diâmetro e a densidade do escape é $\rho = 1{,}98$ kg/m^3. O veículo parte do repouso e é determinado que a aceleração inicial do "carro a jato" é 1,8 m/s^2. Lembrando que a taxa de escoamento de massa na saída do bocal é dada por $\dot{m} = \rho S v_o$, onde S é a área da seção transversal do bocal e v_o é a velocidade de exaustão, determine v_o no instante inicial. Despreze qualquer resistência ao movimento horizontal do carro.

Problema 5.122

Pense em um foguete no espaço de modo que se possa considerar que nenhuma força externa atue sobre ele. Suponha que v_o seja a velocidade dos gases de exaustão relativa ao foguete. Além disso, considere $m_b + m_f$ e m_b como a massa total do foguete e seu combustível no instante inicial e a massa do corpo depois de todo o combustível ser queimado, respectivamente. Se o foguete é disparado a partir do repouso, determine uma expressão para a velocidade máxima que o foguete pode alcançar.

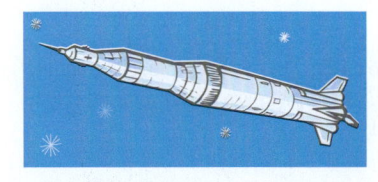

Figura P5.122 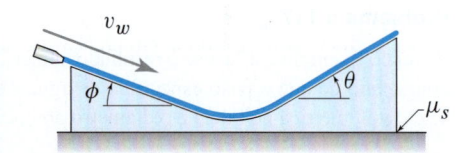   **Figura P5.123**

Problema 5.123

Um bocal estacionário com diâmetro de 4 cm emite um jato de água a uma velocidade de 30 m/s. O jato de água atinge uma ventoinha com uma massa de 15 kg. Lembrando que a água tem uma densidade de massa de 1.000 kg/m^3, determine o coeficiente de atrito estático mínimo com o solo de tal forma que a ventoinha não se mova se $\phi = 20°$ e $\theta = 30°$. Despreze o peso da camada de água em contato com a ventoinha bem como o atrito entre a água e a ventoinha.

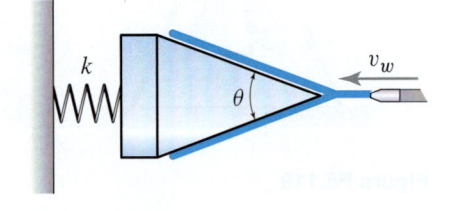

Problema 5.124

Um difusor é ligado a uma estrutura cuja rigidez na direção horizontal pode ser modelada por meio de uma mola linear com constante k. O difusor é atingido por um jato de água emitido a uma velocidade $v_w = 16$m/s de um bocal de 50 mm de diâmetro. Considere que o atrito entre o jato e o difusor é desprezível e o movimento do difusor na direção vertical pode ser desprezado. Lembrando que o peso específico da água é $\gamma = 9{,}8$ kN/m^3, se o ângulo de abertura do difusor é $\theta = 40°$, determine k de tal forma que o deslocamento horizontal do difusor não exceda 6,35 mm a partir da posição de repouso do difusor. Considere que o jato de água divide-se simetricamente no difusor.

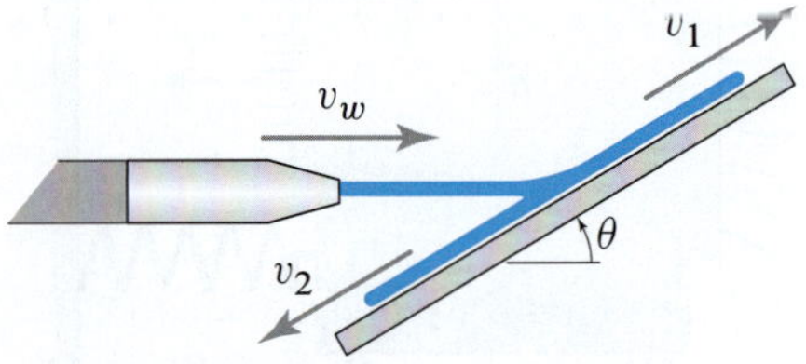

Figura P5.124

Problema 5.125

Um jato de água com um taxa de escoamento de massa $\dot{m}_f$ no bocal atinge, a uma velocidade v_w, uma ventoinha plana fixa inclinada a um ângulo θ em relação à horizontal. Considerando que não há atrito entre o jato de água e a ventoinha, o jato divide-se em dois escoamentos com taxas de escoamento de massa $\dot{m}_{f1}$ e $\dot{m}_{f2}$. Desprezando o peso da água, determine como $\dot{m}_{f1}$ e $\dot{m}_{f2}$ dependem de $\dot{m}_f$, v_w e θ. *Dica:* Devido à consideração da ausência de atrito, não há força retardando a água na direção tangente à ventoinha, e isso implica que a quantidade de movimento nessa direção se conserva.

Figura P5. 125

Problema 5.126

Uma pessoa usando um propulsor a jato decola do repouso e sobe ao longo de uma trajetória reta na vertical. M indica a massa inicial combinada do piloto e do equipamento, incluindo o combustível do propulsor. Considere que a taxa de escoamento de massa m_o e a velocidade do gás de escape v_o são constantes conhecidas e o piloto pode decolar logo que o motor do foguete iniciar. Se o escape do motor está completamente posicionado para a direção da gravidade, determine a expressão da velocidade do piloto em função do tempo, M, m_o, v_o e g (a aceleração da gravidade) enquanto o propulsor a jato está fornecendo empuxo. Despreze a resistência do ar e considere que a gravidade é constante.

Figura P5.126

Problema 5.127

Um avião A-10 Thunderbolt de 12.500 kg está voando a uma velocidade constante de 600 km/h quando dispara uma rajada de 4 s a partir de sua metralhadora Gatling frontal de sete canos. A arma dispara projéteis de 374 g a uma taxa constante de 4.200 tiros/min. A velocidade inicial de cada projétil é 990 m/s. Considere que cada um dos dois motores a jato do avião mantém uma força de empuxo constante de 40 kN, o avião está sujeito a uma resistência do ar constante enquanto a arma está disparando (igual àquela de antes da explosão), e o avião voa em linha reta e se mantém nivelado durante esse tempo. Determine a mudança de velocidade do avião no final da rajada de 4 s, modelando a troca de massa do avião em virtude dos disparos como uma perda de massa contínua.

Figura P5.127

Problema 5.128

Uma torneira está deixando a água vazar a uma taxa de 15 L/min. Considere que o diâmetro interno d da torneira é uniforme e igual a 1,5 cm, a distância $\ell = 200$ mm e a pressão estática da água na parede é 0,30 MPa. Desprezando o peso da água dentro da torneira bem como o peso da própria torneira, determine as forças e o momento que a parede exerce sobre a torneira. Lembre que a densidade da água é $\rho = 1.000$ kg/m³ e despreze a pressão atmosférica no cano. *Dica:* Defina seu volume de controle usando uma seção ao longo da parede.

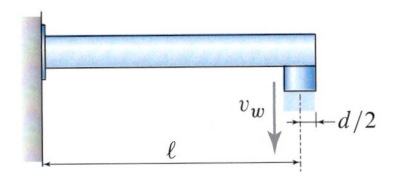

Figura P5.128

Problema 5.129

Considere uma turbina eólica com um diâmetro $d = 110$ m e as linhas de corrente do escoamento de ar mostradas, as quais são simétricas em relação ao eixo da turbina. Uma vez que o escoamento de ar é tangente às linhas de corrente (por definição), essas linhas podem ser tomadas para definir as superfícies superior e inferior do volume de controle. Suponha que as medições de pressão indicam que o escoamento experimenta a pressão atmosférica nas seções transversais A e B (bem como fora do volume de controle) onde a velocidade do vento é $v_A = 7$ m/s e $v_B = 2,5$ m/s, respectivamente. Além disso, considere que a pressão média ao longo das linhas de corrente definindo o volume de controle também seja atmosférica. Finalmente, considere que o diâmetro da seção transversal do escoamento em A seja 85% do diâmetro do rotor e que o eixo do rotor está a uma distância $h = 75$ m acima do solo. Se a densidade do ar é constante e igual a $\rho = 1,25$ kg/m³, determine a força exercida pelo ar sobre a turbina eólica e o momento de reação na base do suporte.

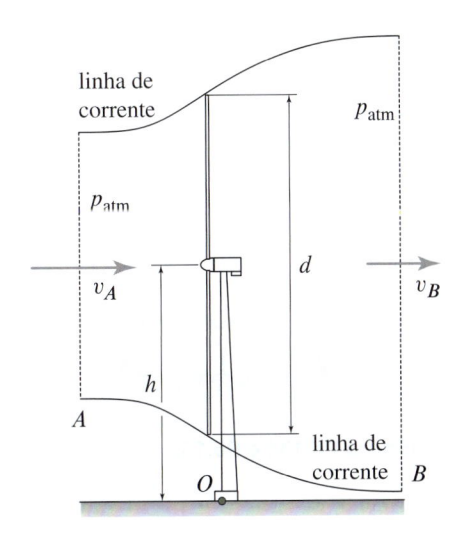

Figura P5.129

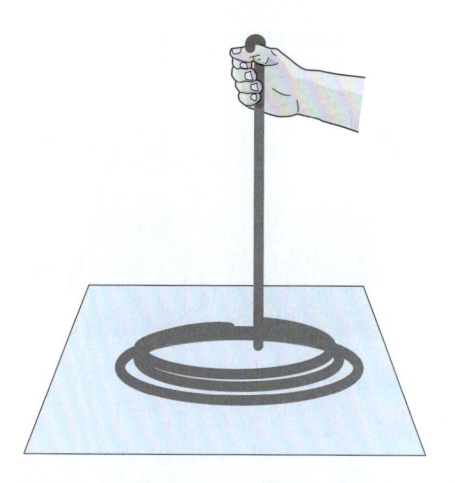

Figura P5.130-P5.132

Problema 5.130

Uma corda com massa por unidade de comprimento de 0,15 kg/m é erguida a uma velocidade constante $v_0 = 2,4$ m/s. Tratando a corda como inextensível, determine a força aplicada à extremidade superior da corda depois de levantada 2,8 m. Considere que a extremidade superior da corda está inicialmente em repouso e no chão. Além disso, despreze o movimento horizontal associado ao desenrolar da corda.

Problema 5.131

Uma corda com massa por unidade de comprimento de 0,05 kg/m é erguida a uma aceleração constante $a_0 = 6$ m/s². Tratando a corda como inextensível, determine a força que deve ser aplicada à extremidade superior da corda depois de levantada 3 m. Considere que a extremidade superior da corda está inicialmente em repouso e no chão. Além disso, despreze o movimento horizontal associado ao desenrolar da corda.

Problema 5.132

Uma corda com massa por unidade de comprimento de 0,05 kg/m é erguida aplicando-se uma força vertical constante $F = 10$ N. Tratando a corda como inextensível, plote a velocidade e a posição da extremidade superior da corda em função do tempo para $0 \leq t \leq 3$s. Considere que a extremidade superior da corda está inicialmente em repouso e a 1 mm do chão. Além disso, despreze o movimento horizontal associado ao desenrolar da corda.

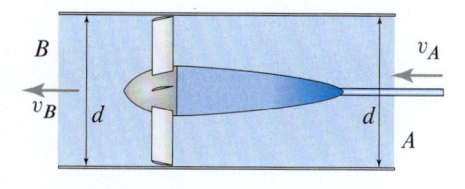

Figura P5.133

Problema 5.133

Considere p_A e p_B as medições de pressão estática fornecidas nas seções transversais A e B no duto de ar mostrado. Suponha que qualquer seção transversal entre A e B seja circular com diâmetro d. Assuma que o escoamento é estacionário e a densidade de massa ρ_A em A é conhecida junto com v_A, a velocidade do escoamento em A, e v_B, a velocidade do escoamento em B. Determine a expressão da densidade de massa em B e a expressão da força F atuando no ventilador.

Problema 5.134

Um foguete amador com uma massa corporal de 3 kg está equipado com um motor de foguete portando 1,2 kg de propelente sólido com um tempo de combustão (tempo necessário para queimar todo o combustível) de 5,25 s (este é um dado típico disponibilizado pelos fabricantes de motores de foguetes amadores). A força de empuxo inicial é 300 N. Assumindo que a taxa de escoamento de massa e a velocidade de escape relativas ao foguete permanecem constantes, determine a taxa de escoamento de massa de escape m_0 e a velocidade relativa ao foguete v_0. Além disso, determine a velocidade máxima alcançada pelo foguete $v_{\max}$ se ele é lançado a partir do repouso e se move na direção oposta à gravidade. Despreze a resistência do ar e assuma que a gravidade não muda com a elevação.

Problema 5.135

Continue o Prob. 5.134 e determine a altura máxima alcançada pelo foguete, novamente desprezando a resistência do ar e mudanças de gravidade com a elevação. *Dica:* Para $0 < t < t_0$,

$$\int \ln\left(1 - \frac{t}{t_0}\right) dt = (t_0 - t)\left[1 - \ln\left(1 - \frac{t}{t_0}\right)\right] + C.$$

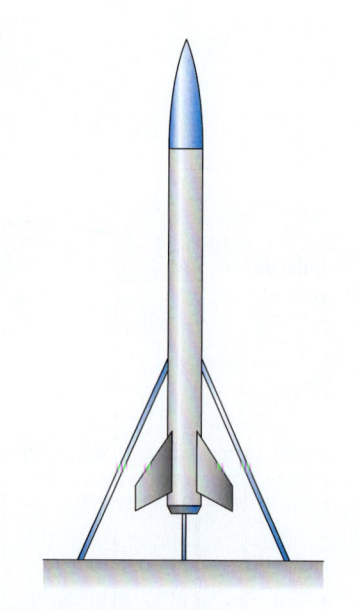

Figura P5.134 e P5.135

Problema 5.136

Uma roda de impulso Pelton, como mostrada na Fig. P5.136(a), tipicamente encontrada em usinas hidrelétricas, consiste em uma roda na periferia da qual é ligada uma série de pás. Como mostrado na Fig. P5.136(b), jatos de água colidem nas pás e fazem a roda girar sobre seu eixo (nomeado O). Considere v_w e $(\dot{m}_f)_{nz}$ a velocidade e a taxa de escoamento de massa dos jatos de água nos injetores (os injetores são estacionários), respectivamente. Conforme a roda gira, um dado jato de água colidirá sobre uma dada pá apenas em uma parte muito pequena da trajetória da pá. Esse fato permite modelar o movimento da pá relativo a um dado jato (durante o tempo em que a pá interage com aquele jato) como essencialmente retilíneo e com velocidade relativa constante, como foi feito no Exemplo 5.17. Embora cada pá se afaste do jato, a maneira como eles estão dispostos em uma roda é tal que a taxa de escoamento de massa efetivamente experimentada pelas ventoinhas é $(\dot{m}_f)_{nz}$ em vez da taxa de escoamento de massa reduzida calculada na Eq. (6). Com isso em mente, considere uma pá, como mostrado na Fig. P5.136(c), a qual está se movendo a uma velocidade v_0 horizontalmente afastando-se do injetor fixo, porém sujeita à taxa de escoamento de massa $(\dot{m}_f)_{nz}$. O interior da pá é formado de modo a redirecionar o jato de água lateralmente para fora (afastando-se do plano da roda). O ângulo θ descreve a orientação da velocidade do fluido relativa à pá (em movimento) em B, o ponto no qual a água deixa a pá. Determine θ e v_0 de tal forma que a potência transmitida pela água à roda seja máxima. Expresse v_0 em termos de v_w.

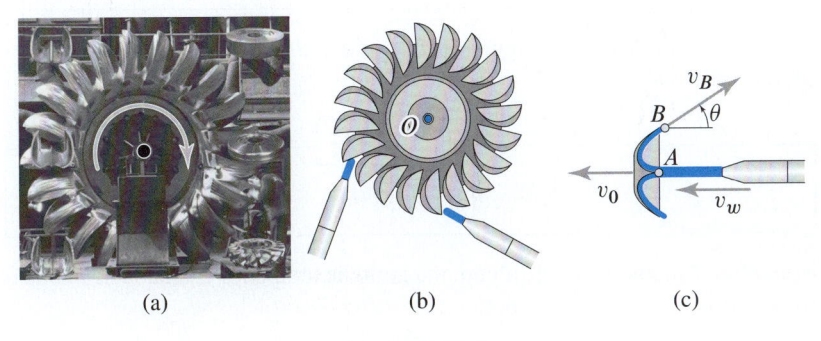

(a)   (b)   (c)

Figura P5.136

5.6 REVISÃO DO CAPÍTULO

Quantidade de movimento e impulso

Aprendemos no Capítulo 3 que as forças geram mudanças nas velocidades uma vez que forças causam acelerações. Começamos esta seção pelo aprendizado de que as forças atuando durante um tempo modificam a quantidade de movimento (não apenas a velocidade) por meio da integração da segunda lei de Newton para obter o *princípio do impulso-quantidade de movimento*, que é dado por

> Eq. (5.6), p.335
> $$\vec{p}(t_1) + \int_{t_1}^{t_2} \vec{F}(t)\,dt = \vec{p}(t_2),$$

onde a *quantidade de movimento linear* (ou *quantidade de movimento*) foi definida como

> Eq. (5.3), p.334
> $$\vec{p}(t) = m\vec{v}(t)$$

e uma força atuando durante algum intervalo de tempo foi chamada de *impulso* (ou *impulso linear*) e é dada por

> Eq. (5.5), p.335
> $$\int_{t_1}^{t_2} \vec{F}(t)\,dt.$$

Além disso, descobrimos que, sem o conhecimento detalhado da força que age sobre uma partícula em cada instante no tempo, não podemos determinar a mudança na quantidade de movimento. Por outro lado, sabendo apenas a variação na quantidade de movimento nos permite determinar a *força média* agindo sobre uma partícula durante o intervalo de tempo correspondente, que é,

> Eq. (5.9), p.335
> $$\vec{F}_{\text{med}} = \frac{\vec{p}(t_2) - \vec{p}(t_1)}{t_2 - t_1}.$$

Princípio do impulso-quantidade de movimento para sistemas de partículas. Quando se lida com sistemas de partículas, descobrimos que podemos escrever o princípio do impulso-quantidade de movimento como

> Eq. (5.12), p.336, e Eq. (5.15), p.337
> $$\vec{F} = \dot{\vec{p}} \quad \text{e} \quad \int_{t_1}^{t_2} \vec{F}(t)\,dt = \vec{p}(t_2) - \vec{p}(t_1),$$

onde $\vec{F}$ é a força externa total sobre o sistema de partículas e $\vec{p} = \sum_{i=1}^{N} m_i \vec{v}_i$ é a quantidade de movimento total do sistema de partículas. Usando a definição

---

Informações úteis

Quando você deve usar o princípio do impulso-quantidade de movimento? O princípio do impulso-quantidade de movimento fornece uma abordagem natural para problemas em que você necessita relacionar velocidade, força e tempo, uma vez que ele relaciona forças agindo sobre o tempo com variações na quantidade de movimento.

do centro de massa de um sistema de partículas, o princípio do impulso-quantidade de movimento também pode ser escrito como

Eq. (5.14), p.337
$$\vec{F} = \frac{d}{dt}(m\vec{v}_G) = m\vec{a}_G,$$

onde m é a massa total do sistema de partículas, $\vec{v}_G$ é a velocidade de seu centro de massa, e $\vec{a}_G$ é a aceleração de seu centro de massa.

Conservação da quantidade de movimento linear. Quando existe uma direção na qual a força externa sobre um sistema de partículas é zero, então a quantidade de movimento nessa direção é constante e é dita ser conservada. Se a força externa total sobre um sistema de partículas é zero, ou seja, $\vec{F} = 0$, então a quantidade de movimento em todas as direções é constante e o centro de massa do sistema de partículas se moverá a uma velocidade constante.

Tabela 5.5
Hipóteses usadas em nosso modelo de impacto

Característica física	Hipótese do impacto
duração do impacto	infinitesimal
deslocamento da partícula	zero
força na partícula	infinita
variação na quantidade de movimento	instantânea

Impacto

Esta seção discutiu impacto entre partículas. Introduzimos um modelo baseado nas hipóteses resumidas na Tabela 5.5. Descobrimos que existem dois elementos fundamentais para *todo* problema de impacto: (1) a aplicação do princípio do impulso-quantidade de movimento e (2) uma lei da força que nos diz como os objetos em colisão ricocheteiam.

Forças impulsivas são forças que geram uma mudança finita na quantidade de movimento em uma quantidade infinitesimal de tempo. Quando aplicamos o princípio do impulso-quantidade de movimento durante um impacto, apenas forças impulsivas desempenham papel; logo, elas são as únicas forças incluídas no DCL. Problemas envolvendo o impacto entre duas partículas geralmente implicam quatro incógnitas, então, quatro equações são necessárias. A geometria de um *impacto irrestrito* (para o qual não existem forças externas impulsivas) entre duas partículas é mostrada na Fig. 5.62. Quando o impacto é sem atrito, as quatro equações vêm de

1. Aplicação do princípio do impulso-quantidade de movimento para ambas as partículas ao longo da LI (a direção y), que fornece

Eq. (5.38), p.364
$$m_A v_{Ay}^- + m_B v_{By}^- = m_A v_{Ay}^+ + m_B v_{By}^+,$$

2. Aplicação do princípio do impulso-quantidade de movimento para a partícula A na direção x, que fornece

Eq. (5.39), p.364
$$v_{Ax}^- = v_{Ax}^+,$$

3. Aplicação do princípio do impulso-quantidade de movimento para a partícula B na direção x, que fornece

Eq. (5.40), p.364
$$v_{Bx}^- = v_{Bx}^+,$$

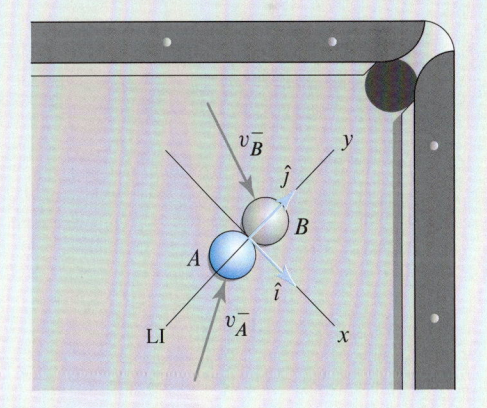

Figura 5.62
Geometria do impacto de duas partículas.

4. Aplicação da equação do CR ao longo da LI, que é dada por

> **Eq. (5.25), p. 360**
>
> $$e = \frac{\text{velocidade de separação}}{\text{velocidade de aproximação}} = \frac{v_{By}^+ - v_{Ay}^+}{v_{Ay}^- - v_{By}^-}.$$

O coeficiente de restituição e determina a natureza do ricochete entre as duas partículas. Quando $e = 0$, o impacto é chamado de *plástico* (os objetos não necessariamente permanecem juntos em um impacto plástico); quando $0 < e < 1$, o impacto é chamado de *elástico*; e, quando $e = 1$, ele é chamado de *perfeitamente elástico*.

Em um *impacto perfeitamente plástico*, os objetos em colisão permanecem juntos após o impacto. Portanto, em um impacto perfeitamente plástico, o fato de os objetos se unirem é refletido nas equações

> **Eq. (5.42) e Eq. (5.43), p. 365**
>
> $$v_{Ay}^+ = v_{By}^+ \quad \text{e} \quad v_{Ax}^+ = v_{Bx}^+.$$

Além disso, a quantidade de movimento é conservada em todas as direções durante o impacto, o que fornece

> **Eq. (5.44) e Eq. (5.45), p. 365**
>
> $$m_A v_{Ax}^- + m_B v_{Bx}^- = m_A v_{Ax}^+ + m_B v_{Bx}^+,$$
> $$m_A v_{Ay}^- + m_B v_{By}^- = m_A v_{Ay}^+ + m_B v_{By}^+.$$

Impacto e energia. A menos que um impacto seja perfeitamente elástico, energia mecânica deve ser perdida durante o impacto. Geralmente, a perda de energia é calculada como uma porcentagem da energia cinética total pré-impacto, ou como

> **Eq. (5.46), p. 365**
>
> $$\text{Porcentagem de perda de energia} = \frac{T^- - T^+}{T^-} \times 100\%,$$

onde T^- é a energia cinética total pré-impacto e T^+ é a energia cinética total pós-impacto, e elas são dadas por

> **Eq. (5.47) e Eq. (5.48), p. 365**
>
> $$T^- = \tfrac{1}{2} m_A (v_A^-)^2 + \tfrac{1}{2} m_B (v_B^-)^2,$$
> $$T^+ = \tfrac{1}{2} m_A (v_A^+)^2 + \tfrac{1}{2} m_B (v_B^+)^2.$$

Impacto restrito. Em um impacto restrito, um dos objetos está fisicamente impedido de se mover em alguma direção. Nossa estratégia para resolver esses problemas possui os seguintes elementos:

Capítulo 5 Métodos da quantidade de movimento para partículas 449

1. Identificação das direções ao longo das quais a quantidade de movimento é conservada durante impacto de um e/ou de ambos os corpos.
2. Descrição cinemática da restrição, ou seja, o corpo restrito pode apenas se mover normal à restrição após o impacto.
3. Aplicação da equação do CR ao longo da LI.

Quantidade de movimento angular

Na seção sobre quantidade de movimento angular, desenvolvemos o conceito de quantidade de movimento angular para uma única partícula e para sistemas de partículas. Além disso, apresentamos o *princípio do impulso-quantidade de movimento angular*.

Definição da quantidade de movimento angular de uma partícula. Consultando a Fig. 5.63, a *quantidade de movimento angular de uma partícula Q em relação ao centro de momento P* é dada por

Eq. (5.59), p. 389
$$\vec{h}_P = \vec{r}_{Q/P} \times \vec{p}_Q = \vec{r}_{Q/P} \times m\vec{v}_Q,$$

onde P pode ser fixo ou móvel; $\vec{r}_{Q/P}$ é a posição de Q relativa a P; m e $\vec{v}_Q$ são a massa e a velocidade de Q, respectivamente; e $\vec{p}_Q = m\vec{v}_Q$ é a quantidade de movimento linear de Q.

Figura 5.63
Figura 5.32 repetida. A partícula Q em movimento relativo a um ponto P. O ponto P não precisa ser um ponto estacionário.

Princípio do impulso-quantidade de movimento angular para uma partícula. A segunda lei de Newton nos diz que a taxa temporal de variação da quantidade de movimento angular de uma partícula, calculada sobre um centro de momento dado, está relacionada ao momento da força total atuando na partícula sobre o mesmo centro de momento. O *princípio do impulso-quantidade de movimento angular* para uma única partícula é fornecido por

Eq. (5.64), p. 390
$$\vec{M}_P = \dot{\vec{h}}_P + \vec{v}_P \times m\vec{v}_Q,$$

onde $\vec{M}_P$ é o momento em relação a P de todas as forças atuando sobre Q. Se uma das seguintes condições é satisfeita:

1. O ponto de referência P é fixo, ou seja, se $\vec{v}_P = \vec{0}$.
2. $\vec{v}_P$ é paralelo a $\vec{v}_Q$, ou seja, $\vec{v}_P \times m\vec{v}_Q = \vec{0}$.

então o princípio do impulso-quantidade de movimento angular para uma única partícula pode ser simplificado para

Eq. (5.65), p. 390
$$\vec{M}_P = \dot{\vec{h}}_P.$$

Se as condições (1) e (2) são satisfeitas para $t_1 \leq t \leq t_2$, logo, o princípio do impulso-quantidade de movimento angular para uma única partícula pode ser integrado em relação ao tempo fornecendo

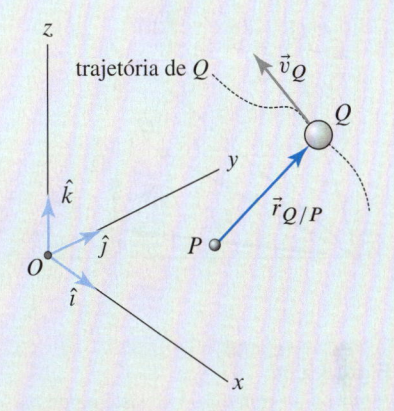

Eq. (5.66), p. 390

$$\vec{h}_{P1} + \int_{t_1}^{t_2} \vec{M}_P \, dt = \vec{h}_{P2},$$

onde $\vec{h}_{P1} = \vec{h}_P(t_1)$ e $\vec{h}_{P2} = \vec{h}_P(t_2)$.

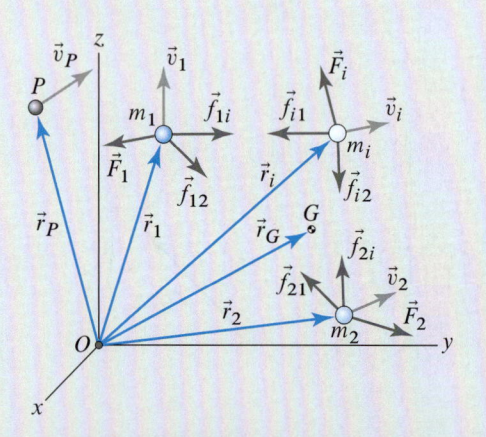

Impulso-quantidade de movimento angular para um sistema de partículas. Quando aplicado a um sistema de partículas fechado, o princípio do impulso-quantidade de movimento angular pode ser dado na forma

Eq. (5.78), p. 392

$$\vec{M}_P = \dot{\vec{h}}_P + \vec{v}_P \times m\vec{v}_G,$$

onde, quanto à Fig. 5.64, $\vec{M}_P$ é o momento em relação a P *apenas das forças externas* atuando sobre o sistema, $m = \sum_{i=1}^{N} m_i$ é a massa total do sistema, G é o centro de massa do sistema, $\vec{v}_G$ é a velocidade de G e $\vec{h}_P$ é a quantidade de movimento angular total, a qual é definida como

Eq. (5.77), p. 392

$$\vec{h}_P = \sum_{i=1}^{N} \vec{h}_{Pi}.$$

Figura 5.64
Figura 5.34 repetida. Um sistema de partículas sob a ação de forças internas e externas. O ponto P, em geral, é um ponto móvel.

Conforme vimos anteriormente, o princípio do impulso-quantidade de movimento angular assume uma forma mais simples se certas condições forem satisfeitas. Para um sistema de partículas fechado, essas condições são qualquer uma das seguintes:

1. Quando P é um ponto fixo, ou seja, quando $\vec{v}_P = \vec{0}$.
2. Quando G é um ponto fixo, ou seja, quando $\vec{v}_G = \vec{0}$.
3. Quando P coincide com o centro de massa e, portanto, $\vec{v}_P = \vec{v}_G$.
4. Quando o ponto P e o centro de massa movimentam-se paralelos um ao outro, ou seja, quando os vetores $\vec{v}_P$ e $\vec{v}_G$ são paralelos.

Sob quaisquer dessas condições, o princípio do impulso-quantidade de movimento angular para um sistema de partículas fechado simplifica-se para

Eq. (5.79), p. 393

$$\vec{M}_P = \dot{\vec{h}}_P.$$

Além disso, se alguma das condições acima é satisfeita durante um intervalo de tempo $t_1 \leq t \leq t_2$, então o princípio do impulso-quantidade de movimento angular para um sistema de partículas fechado pode ser integrado em relação ao tempo, resultando em

Eq. (5.80), p. 393

$$\vec{h}_{P1} + \int_{t_1}^{t_2} \vec{M}_P \, dt = \vec{h}_{P2}.$$

Mecânica orbital

Na mecânica orbital, estudamos o movimento de um satélite S de massa m que está sujeito à lei da gravitação universal de Newton devido a um corpo B de massa m_B, o qual é o corpo principal ou atraente (veja a Fig. 5.65). Começamos com estas hipóteses importantes:

1. O corpo principal B e o satélite S são ambos tratados como partículas.
2. A única força atuando sobre o satélite S é a força de atração mútua entre B e S.
3. O corpo principal B é fixo no espaço.

Determinação da órbita. Resolvendo as equações fundamentais em coordenadas polares, encontramos que a trajetória do satélite S sob essas considerações é uma seção cônica, cuja equação pode ser escrita como

Eqs. (5.102) e (5.107), p. 412
$$\frac{1}{r} = C\cos\theta + \frac{Gm_B}{\kappa^2} \quad \text{or}$$
$$\frac{1}{r} = \frac{Gm_B}{\kappa^2}(1 + e\cos\theta),$$

onde r é a distância entre os centros de massa de S e B; θ é o ângulo orbital medido em relação ao periapse; G é a constante gravitacional universal; κ é a quantidade de movimento angular por unidade de massa do satélite S medido sobre B; C é uma constante a ser determinada; e e é a *excentricidade* da trajetória, a qual pode ser escrita como

Eq. (5.106), p. 412
$$e = \frac{C\kappa^2}{Gm_B}.$$

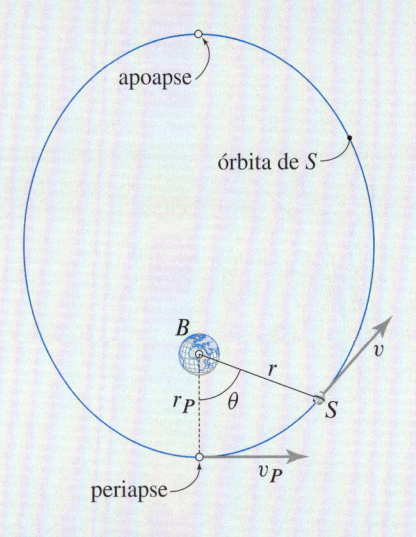

Figura 5.65
Figura 5.47 repetida. Um satélite S de massa m orbitando um corpo principal B de massa m_B em uma seção cônica, que neste caso é uma elipse. O ângulo θ e as condições iniciais r_P e v_P são definidos a partir do periapse.

Se, como geralmente é o caso aqui, as condições orbitais são conhecidas no periapse, então κ é

Eq. (5.108), p. 412
$$\kappa = r_P v_P,$$

a constante C é

Eq. (5.109), p. 413
$$C = \frac{1}{r_P}\left(1 - \frac{Gm_B}{r_P v_P^2}\right),$$

e a equação que descreve a trajetória torna-se

Eq. (5.110), p. 413
$$\frac{1}{r} = \frac{1}{r_P}\left(1 - \frac{Gm_B}{r_P v_P^2}\right)\cos\theta + \frac{Gm_B}{r_P^2 v_P^2}.$$

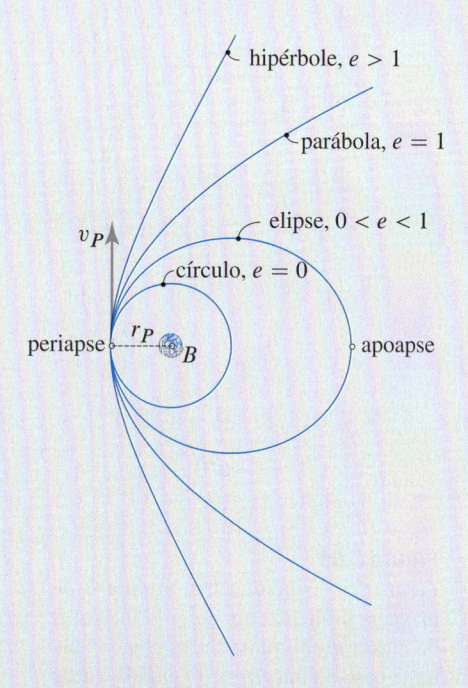

Figura 5.66
Figura 5.43 repetida. As quatro seções cônicas, mostrando r_P e v_P.

Seções cônicas. As Eqs. (5.102), (5.107) e (5.110) representam seções cônicas equivalentes em coordenadas polares. O tipo de seção cônica depende da excentricidade da trajetória e (veja a Fig. 5.66), que, por sua vez, depende de C e κ via Eq. (5.106). Existem quatro tipos de seção cônica, os quais são determinados pelo valor da excentricidade e, isto é, $e = 0$, $0 < e < 1$, $e = 1$ e $e > 1$.

Para uma *órbita circular* ($e = 0$), o raio é r_P e a velocidade na órbita é igual a

Eq. (5.111), p. 413
$$v_c = \sqrt{\frac{Gm_B}{r_P}}.$$

Para uma *órbita elíptica* ($0 < e < 1$), como esperado, o raio no periapse é r_P. O raio no apoapse é dado por

Eq. (5.113), p. 413
$$r_A = \frac{r_P}{2Gm_B/(r_P v_P^2) - 1}.$$

Referindo-se à Fig. 5.67, relações adicionais entre o semieixo maior a de uma órbita elíptica, a excentricidade da órbita e os raios no periapse e no apoapse são, respectivamente,

Eq. (5.119), p. 414
$$r_P = a(1-e) \quad \text{e} \quad r_A = a(1+e).$$

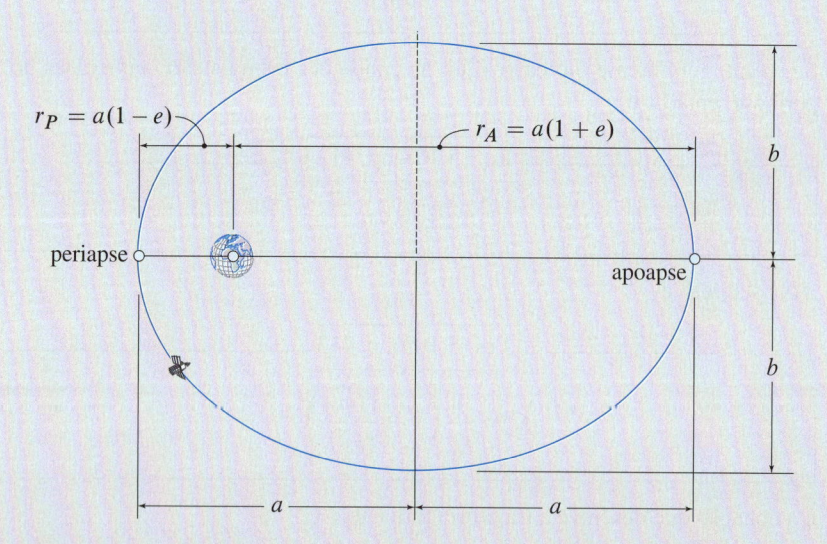

Figura 5.67 *Figura 5.44 repetida.* O semieixo maior a e o semieixo menor b de uma elipse.

O período de uma órbita elíptica τ pode ser escrito nas duas maneiras seguintes

Eq. (5.121), p. 414, e Eq. (5.123), p. 415
$$\tau = \frac{2\pi ab}{\kappa} = \frac{\pi}{\kappa}(r_P + r_A)\sqrt{r_P r_A},$$

ou, refletindo a terceira lei de Kepler, o período orbital pode ser escrito como

Eq. (5.126), p. 415
$$\tau^2 = \frac{4\pi^2}{Gm_B}a^3.$$

Uma *trajetória parabólica* ($e = 1$) é aquela que divide órbitas periódicas (que retornam ao seu local de partida) de trajetórias que não são periódicas. Para um dado r_P, a velocidade v_{par} necessária para alcançar uma trajetória parabólica é dada por

Eq. (5.128), p. 415
$$v_{\text{par}} = v_{\text{esc}} = \sqrt{\frac{2Gm_B}{r_P}},$$

a qual também é referida como *velocidade de escape,* uma vez que é a velocidade requerida para escapar completamente da influência do corpo principal B.

Para uma *trajetória hiperbólica* ($e > 1$), as equações fundamentais dadas pelas Eqs. (5.106)-(5.110) são usadas para valores de $e > 1$.

Considerações sobre energia. Usando o princípio do trabalho-energia, descobrimos que a energia mecânica total em uma órbita depende apenas do semieixo maior a de uma órbita e é dada por

Eq. (5.132), p. 416
$$E = -\frac{Gm_B}{2a},$$

onde E é a *energia mecânica por unidade de massa* do satélite. Aplicando o princípio do trabalho-energia a um local arbitrário no interior da órbita, descobrimos que a velocidade pode ser escrita como

Eq. (5.134), p. 416
$$v = \sqrt{Gm_B\left(\frac{2}{r} - \frac{1}{a}\right)}.$$

Escoamentos de massa

Na Seção 5.5, consideramos escoamentos de massa, ou seja, o movimento de fluidos ou sistemas cujos movimentos podem ser modelados "de maneira semelhante a fluidos". Especificamente, consideramos (1) escoamentos de massa *permanente*, nos quais um fluido se move através de um conduto com uma velocidade que depende apenas da posição dentro do conduto; e (2) escoamentos de massa *variável*, tal como o escoamento de gases de combustão para fora de um foguete.

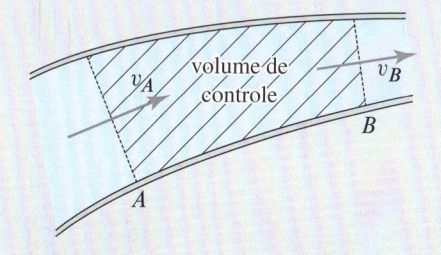

Figura 5.68

Figura 5.52 repetida. Um VC correspondente à parte de uma tubulação entre as seções transversais A e B.

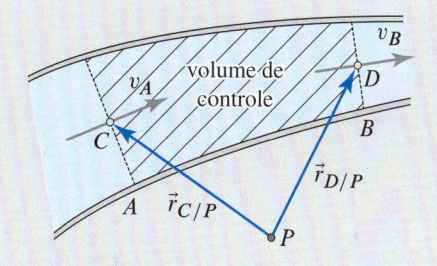

Figura 5.69

Figura 5.60 repetida. Um fluido escoando através de um VC junto com uma escolha do centro de momento P para o cálculo da quantidade de movimento angular e momentos.

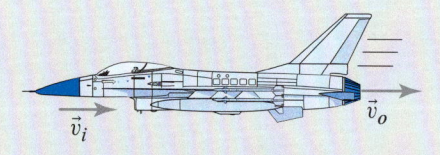

Figura 5.70

Figura 5.58 repetida. Um avião com um motor a jato. O avião está sugando ar a uma taxa de escoamento de massa $\dot{m}_i$ enquanto gases de combustão são ejetados a uma taxa de escoamento de massa $\dot{m}_o$. O vetor $\vec{v}_i$ é a velocidade do ar de entrada *relativa* ao avião. O vetor $\vec{v}_o$ é a velocidade dos gases de combustão de saída *relativa* ao avião.

Escoamentos permanentes. Dado o volume de controle (VC) mostrado na Fig. 5.68, onde por *volume de controle* queremos dizer uma parte de um conduto delimitado por duas seções transversais, mostramos que, no caso de um escoamento permanente, a força externa total $\vec{F}$ atuando sobre o fluido no VC é

Eq. (5.140), p. 427
$$\vec{F} = \dot{m}_f(\vec{v}_B - \vec{v}_A),$$

onde, enquanto as seções transversais são perpendiculares à velocidade do escoamento, $\dot{m}_f$ é a *taxa de escoamento de massa*, ou seja, a quantidade de massa escoando através de uma seção transversal por unidade de tempo, e onde $\vec{v}_A$ e $\vec{v}_B$ são as velocidades de escoamento nas seções transversais A e B, respectivamente. Além da taxa de escoamento de massa, definimos a *taxa de vazão volumétrica* como a grandeza

Eq. (5.144), p. 428
$$Q = vS,$$

onde v é a velocidade do fluido em uma seção transversal dada e S é a área da seção transversal em questão. Mostramos que

Eq. (5.145), p. 428
$$\dot{m}_f = \rho_A Q_A = \rho_B Q_B,$$

onde ρ_A e ρ_B são os valores da densidade de massa do fluido em A e B, respectivamente. Referindo-se à Fig. 5.69, também mostramos que, dado um ponto fixo P, o momento total $\vec{M}_P$ atuando sobre o fluido no VC é

Eq. (5.150), p. 429
$$\vec{M}_P = \dot{m}_f(\vec{r}_{D/P} \times \vec{v}_B - \vec{r}_{C/P} \times \vec{v}_A),$$

onde C e D são os centros das seções transversais A e B, respectivamente.

Escoamentos de massa variáveis. Com referência à Fig. 5.70, para um corpo com massa variável no tempo $m(t)$ devido a uma entrada de massa com taxa $\dot{m}_i$ e uma saída de massa com taxa $\dot{m}_o$, a força externa total atuando sobre o corpo é dada por

Eq. (5.161), p. 430
$$\vec{F} = m\vec{a} + \dot{m}_o \vec{v}_o - \dot{m}_i \vec{v}_i,$$

onde $\vec{a}$ é a aceleração do corpo principal, $\vec{v}_o$ é a velocidade *relativa* da massa de saída em relação ao corpo principal, e $\vec{v}_i$ é a velocidade *relativa* da massa de entrada, novamente relativa ao corpo principal.

PROBLEMAS DE REVISÃO

Problema 5.137

Na Liga Principal de Beisebol, uma bola arremessada pode atingir a cabeça do batedor (algumas vezes isso ocorre sem intenção, outras não). Considere que o arremessador seja, por exemplo, Nolan Ryan, que pode arremessar uma bola de beisebol de 0,150 kg que atravessa o campo a 160 km/h.[15] Estudos mostraram que o impacto de uma bola de beisebol com a cabeça de uma pessoa tem uma duração de aproximadamente 1 ms. Então, usando a Eq. (5.9), da p. 335, e assumindo que a velocidade de ricochete da bola após a colisão seja desprezível, determine a magnitude da força média exercida sobre a cabeça da pessoa durante o impacto.

Problema 5.138

Uma bola de 0,6 kg que está inicialmente em repouso é solta no chão de uma altura de 1,8 m e tem uma altura de ricochete de 1,25 m. Se a bola gasta um total de 0,01 s em contato com o solo, determine a força média aplicada à bola pelo solo durante o ricochete. Além disso, determine a razão entre a magnitude do impulso fornecido à bola pelo solo e a magnitude do impulso fornecido à bola pela gravidade durante o intervalo de tempo em que a bola está em contato com o solo. Despreze a resistência do ar.

Problema 5.139

Uma pessoa P está inicialmente de pé em um carro sobre trilhos, o qual está se movendo para a direita a uma velocidade $v_0 = 2$ m/s. O carro não está sendo impulsionado por qualquer motor. A massa combinada da pessoa P, do carro e de tudo que está sendo carregado no carro é 270 kg. Em algum ponto uma pessoa P_A de pé sobre uma plataforma estacionária atira para a pessoa P um pacote A para a direita com uma massa $m_A = 50$ kg. O pacote A é recebido por P a uma velocidade horizontal $v_{A/P} = 1,5$ m/s. Após receber o pacote de A, a pessoa P atira um pacote B com uma massa $m_B = 45$ kg em direção a uma segunda pessoa P_B. O pacote pretendido para P_B é atirado para a direita, ou seja, na direção do movimento de P, e a uma velocidade horizontal $v_{B/P} = 4$ m/s relativa a P. Determine a velocidade final da pessoa P. Despreze qualquer atrito ou resistência do ar atuando sobre P e sobre o carro.

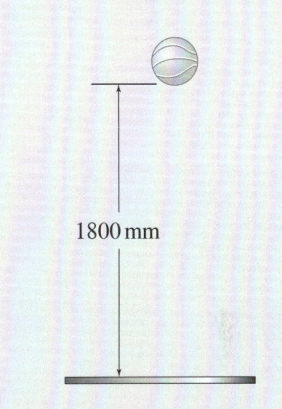

Figura P5.138

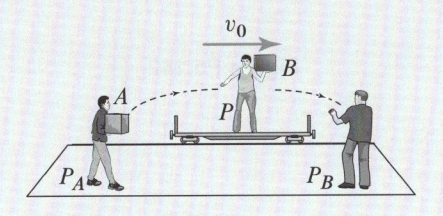

Figura P5.139

Problema 5.140

Um Ford Excursion A, com uma massa $m_A = 3.900$ kg, viajando a uma velocidade $v_A = 85$ km/h, colide de frente com um Mini Cooper B, com uma massa $m_B = 1.200$ kg, viajando na direção oposta com uma velocidade $v_B = 40$ km/h. Determine as velocidades pós-impacto dos dois carros se o coeficiente de restituição de impacto for $e = 0,22$. Além disso, determine a porcentagem da perda de energia cinética.

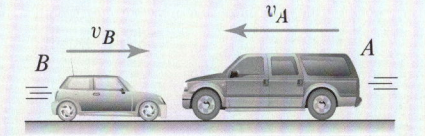

Figura P5.140

---

[15] Isso significa que ele deve ter atirado a bola a aproximadamente 173 km/h, uma vez que a bola perde velocidade à taxa de 1,6 km/h para cada 2 m que viaja.

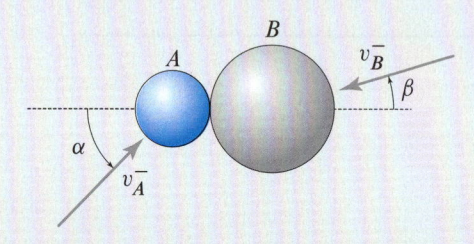

Figura P5.141

Problema 5.141

As duas esferas, A e B, com massas $m_A = 1{,}35$ kg e $m_B = 2{,}72$ kg, respectivamente, colidem a $v_A^- = 26{,}2$ m/s e $v_B^- = 22{,}5$ m/s. Considere $\alpha = 45°$ e calcule o valor de β se a componente da velocidade pós-impacto de B ao longo da LI é igual a zero e se o CR é $e = 0{,}63$.

Problema 5.142

Um caminhão A de 13.800 kg e um carro esportivo B de 1.750 kg colidem em um cruzamento. No momento da colisão, o caminhão e o carro esportivo estão viajando a velocidades $v_A^- = 96$ km/h e $v_B^- = 80$ km/h, respectivamente. Assuma que o cruzamento inteiro forma uma superfície horizontal. Considerando que a linha de impacto é paralela ao solo e girada no sentido anti-horário por $\alpha = 20°$ em relação à velocidade pré-impacto do caminhão, determine as velocidades pós-impacto de A e B se o contato entre A e B ocorre sem atrito e o CR $e = 0{,}1$. Além disso, assumindo que o caminhão e o carro deslizam após o impacto e o coeficiente de atrito cinético é $\mu_k = 0{,}7$, determine a posição em que A e B param relativa à posição que eles ocupavam no instante do impacto.

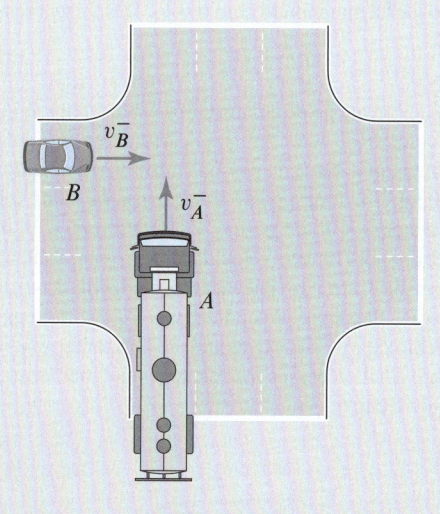

Figura P5.142

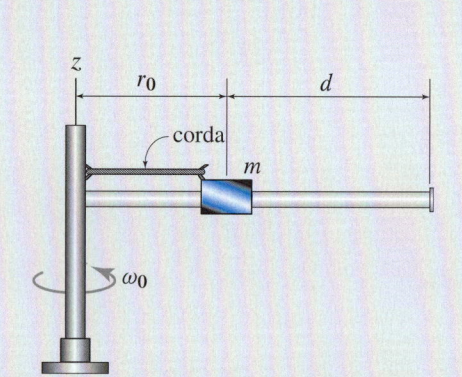

Figura P5.143

Problema 5.143

Considere um colar com massa m que está livre para deslizar sem atrito ao longo de um braço giratório de massa desprezível. O sistema está inicialmente girando a uma velocidade angular constante ω_0 enquanto o colar é mantido a uma distância r_0 a partir do eixo z. Em algum ponto, a restrição que mantém o colar no lugar é removida de modo que o colar possa deslizar. Determine a expressão para o momento que você necessita aplicar ao braço, em função do tempo, para manter o braço girando a uma velocidade angular constante enquanto o colar desloca-se em direção à extremidade do braço. *Dica:*

$$\int \frac{1}{\sqrt{x^2-1}}\, dx = \ln\left(x + \sqrt{x^2-1}\right) + C.$$

Problema 5.144

Um satélite é lançado paralelo à superfície da Terra a uma altitude de 725 km a uma velocidade de 28.000 km/h. Determine a altitude de apogeu h_A acima da superfície da Terra, bem como o período do satélite.

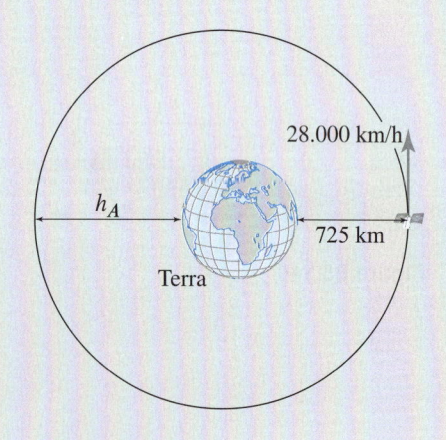

Figura P5.144

Problema 5.145

Uma nave espacial está viajando a 30.000 km/h paralela à superfície da Terra a uma altitude de 400 km, quando aciona um retrofoguete para se transferir para uma órbita diferente. Determine a variação na velocidade Δv necessária para a nave espacial alcançar uma altitude mínima de 175 km durante a órbita seguinte. Assuma que a mudança em velocidade seja impulsiva; isto é, que ocorre instantaneamente.

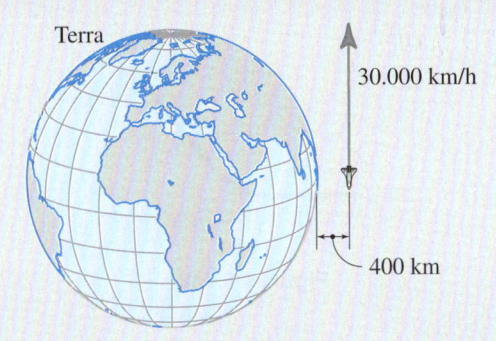

Figura P5.145

Problemas 5.146 e 5.147

A melhor maneira (do ponto de vista energético) de se transferir de uma órbita circular ao redor de um corpo principal (neste caso, o Sol) para outra órbita circular é por meio da *transferência de Hohmann*, a qual envolve a transferência a partir de uma órbita circular para outra usando uma órbita elíptica que é tangente à elipse tanto no periapse quanto no apoapse. Essa elipse é unicamente definida porque conhecemos o raio no periélio r_e (o raio da órbita circular interna) e o raio no afélio r_j (o raio da órbita circular externa), e, portanto, conhecemos o semieixo maior a pela Eq. (5.117) e a excentricidade e pela Eq. (5.114) ou Eqs. (5.119). Realizar uma transferência de Hohmann exige duas manobras, a primeira para deixar a órbita circular interna (externa) e entrar na elipse de transferência e a segunda para deixar a elipse de transferência e entrar na órbita circular externa (interna). Assuma que as órbitas da Terra e de Júpiter são circulares, utilize 150×10^6 km para o raio da órbita da Terra e 779×10^6 km para o raio da órbita de Júpiter e observe que a massa do Sol é 333.000 vezes a massa da Terra.

Problema 5.146 Uma sonda espacial S_1 é lançada a partir da Terra para Júpiter por uma órbita de transferência de Hohmann. Determine a variação na velocidade Δv_e necessária no raio da órbita da Terra (periélio) e a variação na velocidade Δv_j necessária no raio da órbita de Júpiter (afélio). Além disso, calcule o tempo exigido para a transferência orbital. Considere que as mudanças em velocidade são impulsivas; isto é, que ocorrem instantaneamente.

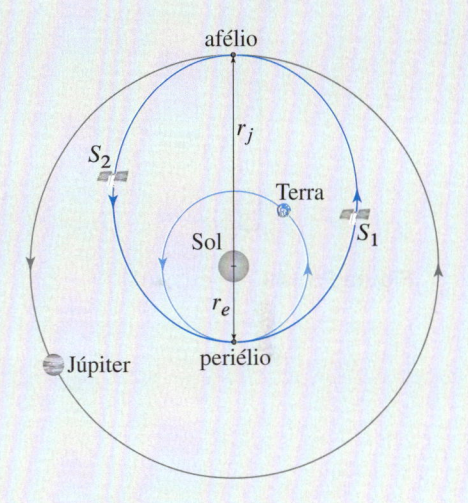

Figura P5.146 e P5.147

Problema 5.147 Uma sonda espacial S_2 está em Júpiter e deve retornar para o raio da órbita da Terra sobre o Sol de modo que ela possa trazer amostras colhidas de uma das luas de Júpiter. Assumindo que a massa da sonda seja 722 kg, determine a variação na energia cinética Δt_j requerida em Júpiter para a manobra no afélio. Além disso, determine a variação na energia cinética Δt_e requerida na Terra para a manobra no periélio. Finalmente, qual é a variação na energia potencial ΔV do veículo espacial ao ir de Júpiter para a Terra?

Problema 5.148

Um jato de água é emitido a partir de um bocal fixo ao chão. O jato tem uma taxa de escoamento de massa constante de $(\dot{m}_f)_{nz} = 15$ kg/s e uma velocidade v_w relativa ao bocal. O jato atinge uma rampa de 12 kg e a faz deslizar a uma velocidade constante $v_0 = 2$m/s. O coeficiente de atrito cinético entre a rampa e o chão é $\mu_k = 0{,}25$. Desprezando o efeito da gravidade e a resistência do ar no escoamento de água, assim como o atrito entre o jato de água e a rampa, determine a velocidade do jato de água no bocal se $\theta = 47°$.

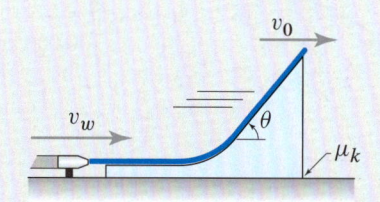

Figura P5.148

Problema 5.149

Reveja o Exemplo 5.20 e determine a equação do movimento da extremidade livre da corda a partir do equilíbrio de forças para a parte direita da corda modelada como um sistema de massa variável.

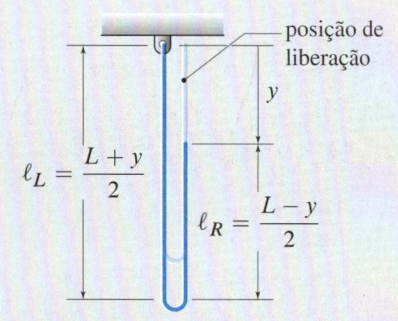

Figura P5.149

$$\ell_L = \frac{L+y}{2}$$

$$\ell_R = \frac{L-y}{2}$$

Problema 5.150

Um ventilador entubado (um ventilador girando dentro de um tubo ou outro conduto) é montado em um carro que está conectado a uma parede fixa por meio de uma mola elástica linear com constante $k = 70$ N/m. Considere que, em um teste específico, o ventilador aspira ar que entra no tubo em A a uma velocidade v_A. O escoamento de saída em B tem uma velocidade v_B. O escoamento de ar através do tubo faz o carro se deslocar para a esquerda de forma que a mola se deforme 0,25 m a partir de sua posição não deformada. Assuma que a densidade do ar é constante no tubo e igual a $\rho = 1{,}25$ kg/m³. Além disso, considere que a seção transversal do tubo é circular e os diâmetros das seções transversais em A e B são $d_A = 3$m e $d = 1{,}5$m, respectivamente. Determine as velocidades do escoamento de ar em A e B.

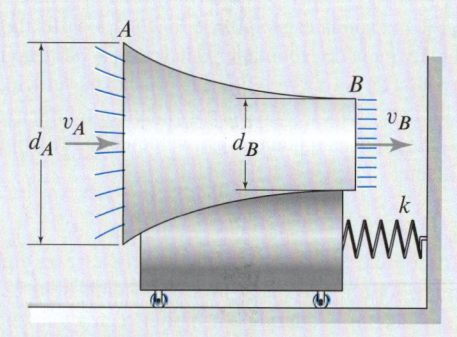

Figura P5.150

Cinemática planar de corpo rígido 6

Este capítulo inicia o estudo do *movimento de corpo rígido* desenvolvendo a *cinemática planar de um corpo rígido*. Como fizemos no Capítulo 2, descreveremos o movimento sem abordar o que o provoca. Assumiremos que (1) o corpo é rígido e sua massa é distribuída ao longo de uma *região* do espaço (veja a Seção 1.2, p. 9) e (2) a velocidade de cada um dos pontos do corpo é paralela a um plano comum. Isso pode parecer assustador, porque a descrição do movimento de um corpo requer que saibamos o movimento de cada ponto do corpo. No entanto, a hipótese da rigidez alivia essa dificuldade, e descobriremos que é possível caracterizar completamente o movimento planar de um corpo rígido usando apenas três funções de tempo. Para compreender como a *rigidez* nos ajuda a desenvolver uma cinemática tão eficiente, começaremos com uma descrição qualitativa dos movimentos do corpo rígido e procederemos com uma análise quantitativa.

6.1 EQUAÇÕES FUNDAMENTAIS, TRANSLAÇÃO E ROTAÇÃO SOBRE UM EIXO FIXO

Movimento da manivela, biela e pistão

Um motor típico de carro converte a energia química liberada pela combustão de ar e combustível em energia mecânica, isto é, em movimento. Como mostrado na Fig. 6.1, em um motor de combustão interna típico, pistões deslizam para cima e para baixo dentro de cilindros. Cada pistão está ligado a um eixo, chamado de virabrequim (ou manivela), por uma biela, que está ligada com pino a ambos, ao pistão e à manivela. A Fig. 6.2 mostra três vistas sequenciais do que veríamos em um dos cilindros se olhássemos abaixo do virabrequim (isto é, com o eixo do virabrequim perpendicular à página). O ponto nomeado A representa o eixo do virabrequim, enquanto os pontos nomeados B e C representam o pino de conexão entre a biela e a manivela e entre a biela e o pistão, respectivamente. Devido a essas ligações, o movimento do pistão provoca uma rotação do virabrequim. À medida que o virabrequim passa por uma rotação completa, o pistão inverte seu movimento e desliza para trás do cilindro de forma que todo o movimento é repetido. Esse é um exemplo de um *mecanismo manivela-corrediça*[1].

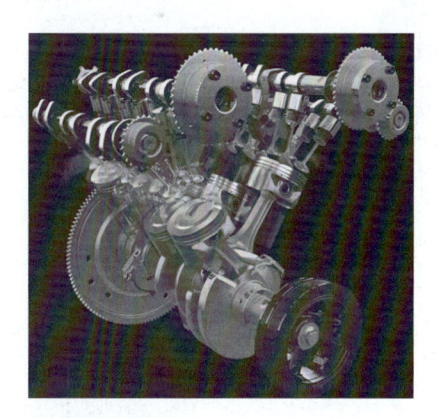

Figura 6.1
Vista interior do motor EcoBoost, da Ford, revelando os pistões e o virabrequim.

---
[1] Um mecanismo é "um sistema de elementos dispostos de forma a transmitir o movimento de uma forma predeterminada". De R. L. Norton *Design of Machinery*, 4ª ed., McGraw-Hill, Nova York, 2008.

> **Fato interessante**
>
> **E se um corpo for deformável?** No Capítulo 3, vimos que, para o movimento planar, as equações de movimento para uma partícula consistem em duas equações diferenciais ordinárias de segunda ordem (EDOs), isto é, tantas EDOs quanto o número de graus de liberdade. No Capítulo 7, veremos que, para o movimento planar, as equações do movimento de um corpo rígido consistem em três EDOs de segunda ordem, que é o número de graus de liberdade de um corpo rígido em movimento planar. Se o corpo for deformável, possui *infinitos* graus de liberdade. Nesse caso, as equações de movimento são *equações diferenciais parciais*, em vez de EDOs infinitas.

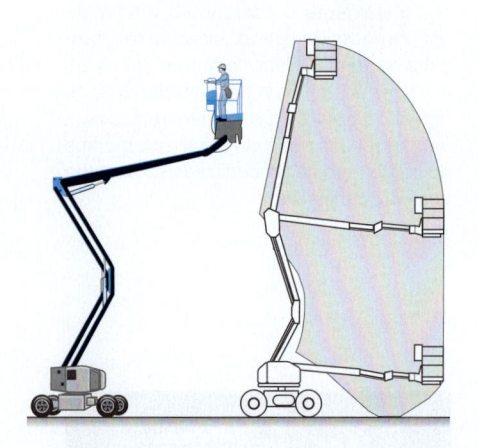

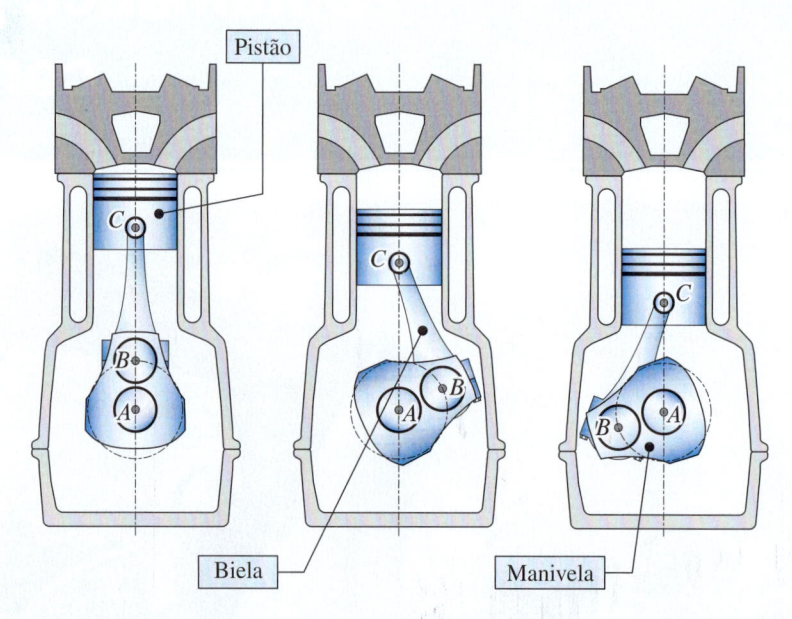

Figura 6.2 Três posições diferentes do sistema mecânico formado por pistão, biela e manivela em um motor de combustão interna típico. O eixo do virabrequim é perpendicular à página e é representado pelos pontos nomeados A.

A geometria do sistema na Fig. 6.2 influencia os movimentos do pistão, da biela e do virabrequim e é parte do que determina o desempenho geral do motor. Antes de investigarmos a matemática de como a geometria determina o movimento, uma visão global qualitativa de alguns movimentos específicos será útil. A construção de um catálogo de movimentos de corpo rígido nos ajudará a construir a nossa intuição física e a compreender as equações que derivaremos. Vamos usar este exemplo para ilustrar a maior parte da cinemática que apresentaremos neste capítulo.

Descrição qualitativa do movimento de corpo rígido

Translação

Referindo-se à Fig. 6.2, suponha que o cilindro dentro do qual o pistão se move é estacionário. Olhando para o pistão e modelando-o como rígido, vemos, por exemplo, que os anéis do pistão (aparecendo como faixas horizontais na parte superior do pistão) sempre permanecem horizontais conforme o pistão se move. Portanto, concluímos que a velocidade do ponto C é a mesma que a de *qualquer* outro ponto sobre o pistão. Esse tipo de movimento é chamado de *translação*, e é definido com a afirmação de que *qualquer segmento de linha conectando dois pontos no corpo mantém a sua orientação original durante todo o movimento*. É importante perceber que um corpo em translação não necessariamente se moverá em linha reta, como ilustrado na Fig. 6.3. Por isso, costumam-se classificar as translações em uma das duas categorias, *translações retilíneas* ou *translações curvilíneas*, com base no fato de cada ponto de trajetória ser ou não uma linha reta, respectivamente. O movimento do pistão na Fig. 6.2 é uma translação retilínea, enquanto o movimento da plataforma na Fig. 6.3 é uma translação curvilínea.

Figura 6.3
Esquerda: elevador com um braço articulado e uma plataforma segurando um trabalhador. Direita: esquema de intervalo do movimento do elevador (a área cinza) mostrando que a plataforma permanece paralela ao solo enquanto se desloca ao longo de uma trajetória curva.

> **Erro comum**
>
> **Translações não são necessariamente retilíneas.** Em geral, o fato de um corpo transladar não significa que a trajetória de seus pontos seja uma linha reta.

Rotação sobre um eixo fixo

A Fig. 6.4, que enfatiza o movimento da manivela na Fig. 6.2, mostra que o ponto A no eixo do virabrequim não se move. Nenhum ponto sobre a manivela

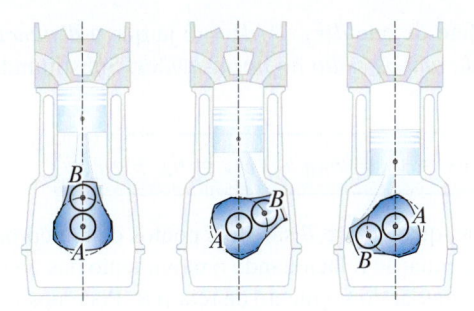

Figura 6.4 Uma modificação da Fig. 6.2 enfatizando o movimento da manivela.

situado sobre o eixo perpendicular ao plano da figura e que atravessa o ponto A se move. Devido ao fato de a manivela ser rígida, pontos fora do eixo da manivela (p. ex., o ponto B) só podem se mover em um círculo centrado no ponto A. Qualquer segmento conectando pontos ao eixo do virabrequim gira com a mesma velocidade angular que qualquer outro segmento. Esse tipo de movimento, onde há uma linha de pontos com velocidade zero que funciona como um eixo de rotação, é uma *rotação em torno de um eixo fixo*.

Movimento planar geral

Agora, olhando para a biela, que é mostrada na Fig. 6.5, percebemos que esse movimento não corresponde a nenhum dos dois casos anteriormente analisados, visto que (1) não podemos encontrar um eixo que é fixo em todo o movimento e (2) não há dois pontos que definem um segmento que não mude de orientação. A única característica distintiva do movimento da biela é que nenhum dos seus pontos tem uma componente de velocidade perpendicular ao plano da página, que é chamado de *plano de movimento*. Esse tipo de movimento é chamado *movimento plano geral* ou *movimento planar geral*. Ele pode ser visto como a composição de uma translação com uma rotação em torno de um eixo perpendicular ao plano do movimento. Observe que tanto a translação do pistão quanto a rotação do virabrequim são movimentos planares.

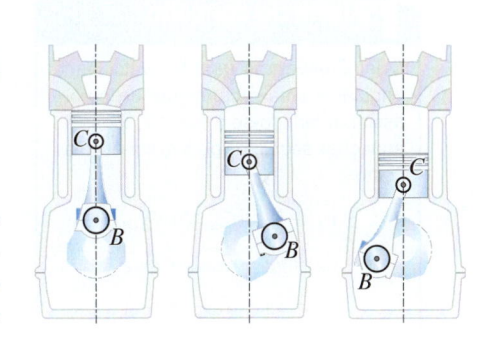

Figura 6.5
Uma modificação da Fig. 6.2 enfatizando o movimento da biela.

Movimento geral de um corpo rígido

Para descrever o movimento de um corpo, é preciso descrever o movimento de *cada* ponto do corpo. No entanto, para um corpo rígido, podemos descrever o movimento de todos os pontos traçando (1) o movimento de um *único* ponto com (2) a *taxa de variação na orientação do corpo*. Descobriremos o por quê.

Para expressar a velocidade de um ponto B em relação à velocidade de outro ponto A, podemos usar a Eq. (2.106) na p. 136, que é

$$\vec{v}_B = \vec{v}_A + \vec{v}_{B/A}. \qquad (6.1)$$

A seguir, notando que $\vec{v}_{B/A} = \dot{\vec{r}}_{B/A}$ e referindo-se à Fig. 6.6 para escrever $\vec{r}_{B/A}$ como $|\vec{r}_{B/A}|\hat{u}_{B/A}$, podemos usar a Eq. (2.62) na p. 92, que diz que a derivada temporal de um vetor é igual à sua taxa de variação temporal na magnitude mais sua mudança de direção, que é dada pela velocidade angular do vetor cruzado com o vetor em si, para obter

$$\vec{v}_{B/A} = \frac{d|\vec{r}_{B/A}|}{dt}\hat{u}_{B/A} + \vec{\omega}_{AB} \times \vec{r}_{B/A} = \vec{\omega}_{AB} \times \vec{r}_{B/A}, \qquad (6.2)$$

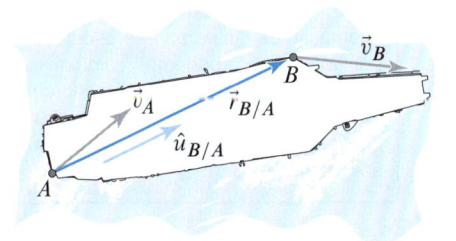

Figura 6.6
Vista aérea de um porta-aviões executando uma manobra. Modelamos o movimento do porta-aviões como um movimento planar de corpo rígido.

onde usamos o fato de que $d|\vec{r}_{B/A}|/dt = 0$ já que a *distância entre A e B é constante, quando ambos estão no porta-aviões*. Substituindo a Eq. (6.2) na Eq. (6.1) obtém-se

$$\vec{v}_B = \vec{v}_A + \vec{\omega}_{AB} \times \vec{r}_{B/A} = \vec{v}_A + \vec{v}_{B/A}, \qquad (6.3)$$

onde notamos que, quando A e B são dois pontos de um corpo rígido, $\vec{v}_{B/A} = \vec{\omega}_{AB} \times \vec{r}_{B/A}$. Essa equação relacionando o movimento dos pontos A e B depende da velocidade angular do segmento de reta $\overline{AB}$. Podemos ver que, conforme o porta-aviões se move da posição 1 para a posição 2 (Fig. 6.7), os três segmentos de reta $\overline{AB}$, $\overline{BC}$ e $\overline{CA}$ giram todos a mesma quantidade. Isso implica que *qualquer* segmento de reta no porta-aviões terá a mesma taxa de rotação que

> **Alerta de conceito**
>
> **Qual $\vec{\omega}$ devemos usar?** A velocidade angular é uma propriedade do corpo, assim, referindo-se à Fig. 6.7, todas as equações seguintes podem ser escritas como
>
> $\vec{v}_A = \vec{v}_B + \vec{\omega}_{corpo} \times \vec{r}_{A/B}$
>
> $\vec{v}_B = \vec{v}_C + \vec{\omega}_{corpo} \times \vec{r}_{B/C}$
>
> $\vec{v}_C = \vec{v}_A + \vec{\omega}_{corpo} \times \vec{r}_{C/A}$
>
> onde $\vec{\omega}_{corpo}$ nessas equações é a velocidade angular do corpo.

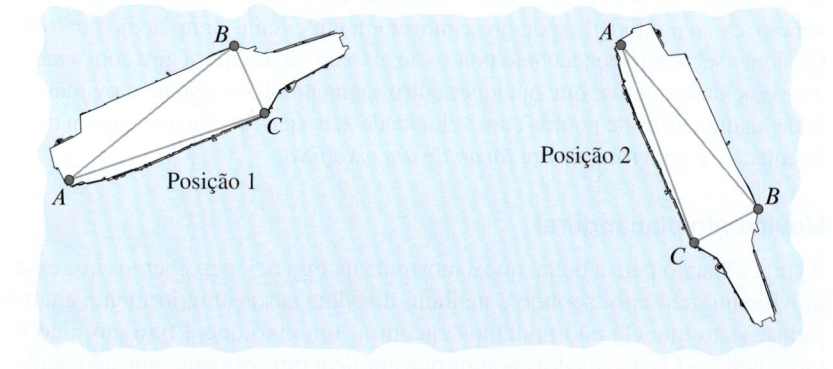

Figura 6.7 Vista aérea de um porta-aviões que se desloca da posição 1 para a posição 2 mostrando que *todos* os segmentos de reta giram a mesma quantidade ao se mover como um corpo rígido.

> **Alerta de conceito**
>
> **Descrevendo o movimento de *qualquer* ponto em um corpo rígido.** As Eqs. (6.3) e (6.5) dizem que podemos saber o movimento de todos os pontos de um corpo rígido sabendo o movimento de um *único* ponto e sabendo a rotação do corpo. Essas equações dizem que, enquanto soubermos o movimento de um ponto A (representado por $\vec{v}_A$ e $\vec{a}_A$) e a taxa de variação na orientação de um corpo (representada por $\vec{\omega}_{AB}$ e $\vec{\alpha}_{AB}$), podemos calcular a velocidade e a aceleração de qualquer outro ponto B no corpo pelo simples conhecimento da posição de B relativa a A, isto é, $\vec{r}_{B/A}$.

qualquer outro segmento, e assim *todos* eles devem girar à mesma taxa. Desse modo, a *velocidade angular do corpo* $\vec{\omega}_{AB}$ é uma propriedade do corpo como um todo e não parte particular qualquer dele. Isso significa que a Eq. (6.3) aplica-se a quaisquer dois pontos A e B no *mesmo* corpo rígido. Os subscritos em velocidades angulares (e logo, acelerações angulares) devem ser vistos como indicações referentes a um determinado corpo. Por exemplo, na Eq. (6.3), o subscrito AB em $\vec{\omega}$ nos diz que é a velocidade angular do corpo que contém os pontos A e B.

A equação que relaciona a aceleração de dois pontos sobre o mesmo corpo rígido é encontrada por meio da derivação da Eq. (6.3) em relação ao tempo para obter

$$\vec{a}_B = \vec{a}_A + \dot{\vec{\omega}}_{AB} \times \vec{r}_{B/A} + \vec{\omega}_{AB} \times \dot{\vec{r}}_{B/A}. \qquad (6.4)$$

A quantidade $\dot{\vec{\omega}}_{AB}$ é a *aceleração angular do corpo* e é indicada por $\vec{\alpha}_{AB}$. Recordando que $\dot{\vec{r}}_{B/A} = \vec{v}_{B/A} = \vec{\omega}_{AB} \times \vec{r}_{B/A}$, a Eq. (6.4) pode ser escrita como

$$\vec{a}_B = \vec{a}_A + \vec{\alpha}_{AB} \times \vec{r}_{B/A} + \vec{\omega}_{AB} \times (\vec{\omega}_{AB} \times \vec{r}_{B/A}) = \vec{a}_A + \vec{a}_{B/A}, \qquad (6.5)$$

onde notamos que, quando A e B são dois pontos de um corpo rígido, $\vec{a}_{B/A} = \vec{\alpha}_{AB} \times \vec{r}_{B/A} + \vec{\omega}_{AB} \times (\vec{\omega}_{AB} \times \vec{r}_{B/A})$.

Aplicando as Eqs. (6.3) e (6.5)

As Eqs. (6.3) e (6.5) serão aplicadas para analisar os mecanismos que consistem em vários corpos rígidos. Na utilização dessas equações, os pontos A e B devem pertencer ao mesmo corpo rígido, e $\vec{\omega}_{corpo}$ e $\vec{\alpha}_{corpo}$ devem ser a velocidade e a aceleração angular do corpo, respectivamente. Por exemplo, referindo-se à Fig. 6.8, podemos usar as Eqs. (6.3) e (6.5) para relacionar as velocidades e acelerações, respectivamente, dos pontos A e B, devido a esses pontos estarem ambos na manivela. Podemos fazer o mesmo para os pontos B e C, pois ambos estão na biela. Observe que B é um ponto pertencente a *ambas* manivela e biela, por isso nos permite relacionar o movimento da biela ao da manivela. Frequentemente faremos uso de pontos em comum nos corpos conectados na análise cinemática de corpos rígidos.

Noção de corpo rígido estendido

Referindo-se à Fig. 6.9, o cabo D de um martelo é ligado à cabeça H do martelo. Se os dois corpos são modelados como rígidos e estão *rigidamente conectados*, então D e H podem ser vistos como *partes* de um único corpo rígido composto

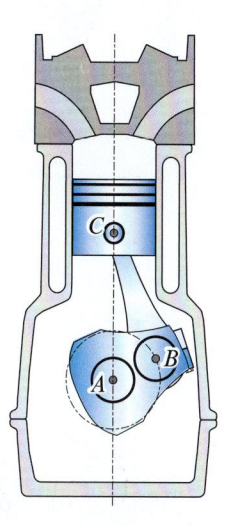

Figura 6.8
Mecanismo manivela-corrediça.

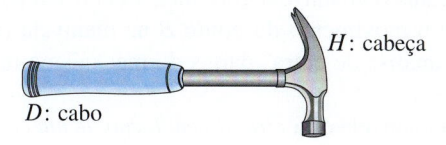

Figura 6.9 Um martelo consiste em dois corpos rígidos, a cabeça e o cabo.

Alerta de conceito

Relacionando os pontos A e C na Fig. 6.8. Não podemos usar as Eqs. (6.3) e (6.5) para relacionar o movimento dos pontos A e C, pois esses pontos pertencem a dois corpos distintos – a manivela e o pistão, respectivamente.

– um martelo. Nesse caso, existe um único $\vec{\omega}_{mart}$ e um único $\vec{\alpha}_{mart}$ para ambos D e H, e podemos usar as Eqs. (6.3) e (6.5) para relacionar a velocidade e a aceleração de qualquer par de pontos no *corpo composto*. Podemos generalizar essa ideia observando que sempre podemos conceber um corpo físico D como sendo parte de um corpo rígido maior *fictício H*, que pode ser considerado como ocupando todo o espaço ao redor de D (veja a Fig. 6.10). Esse corpo rígido

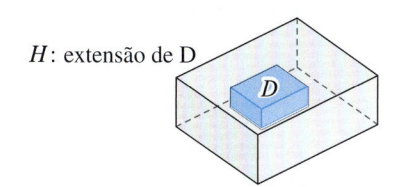

Figura 6.10 Noção de um *corpo rígido estendido*.

fictício é referido como o *corpo rígido estendido* do corpo original, e podemos usar as Eqs. (6.3) e (6.5) para relacionar as velocidades e acelerações de pares de pontos sobre o corpo rígido estendido e/ou o corpo físico.

Movimentos elementares de corpos rígidos: translações

A Fig. 6.11 mostra a implantação de uma cesta de basquete. A tabela AB e o aro estão ligados a um braço de sustentação, o qual, por sua vez, está articulado a duas barras paralelas CD e EF. O projeto se destina a garantir que o aro permaneça paralelo ao chão. Portanto, por definição, a tabela, o aro e o braço de

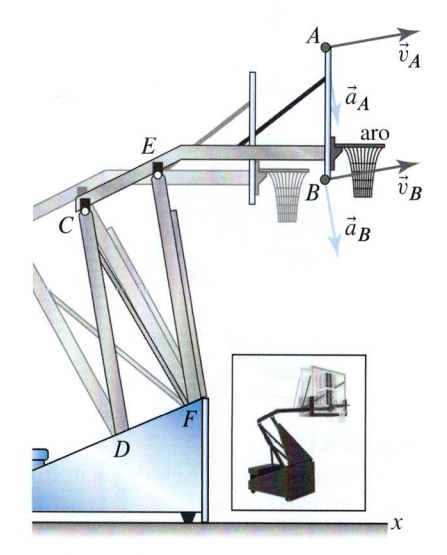

Figura 6.11
A implantação de uma cesta portátil de basquete (veja a foto anexa).

sustentação estão em *translação*, ou seja, um movimento no qual o corpo nunca muda sua orientação. Isso significa que a velocidade angular e a aceleração angular de um corpo rígido em translação são iguais a zero, isto é,

$$\vec{\omega}_{AB} = \vec{\omega}_{corpo} = \vec{0} \quad \text{e} \quad \vec{\alpha}_{AB} = \vec{\alpha}_{corpo} = \vec{0}. \tag{6.6}$$

Substituir as Eqs. (6.6) nas Eqs. (6.3) e (6.5) fornece

$$\vec{v}_B = \vec{v}_A \quad \text{e} \quad \vec{a}_B = \vec{a}_A, \tag{6.7}$$

onde A e B são quaisquer dois pontos arbitrariamente escolhidos no corpo, como mostrado na Fig. 6.11. A Eq. (6.7) diz que o movimento de um corpo rígido em translação é caracterizado por um valor único de velocidade e um valor único de aceleração.

Movimentos elementares de corpo rígido: rotação em torno de um eixo fixo

Agora voltaremos para uma pergunta que fizemos anteriormente: Como a geometria de um mecanismo manivela-corrediça afeta o seu movimento? Começamos analisando o movimento do ponto B na manivela (veja a Fig. 6.12). Continuaremos a análise de outras partes do mecanismo manivela-corrediça na Seção 6.2.

Vimos que a manivela está *girando em torno de um eixo fixo*. Referindo-se à Fig. 6.13, o eixo de rotação é perpendicular ao plano do movimento e passa pelo ponto A, que é fixo, ou seja, $\vec{v}_A = \vec{0}$ e $\vec{a}_A = \vec{0}$. As Eqs. (6.3) e (6.5) fornecem, então,

$$\vec{v}_B = \vec{\omega}_{AB} \times \vec{r}_{B/A}, \tag{6.8}$$
$$\vec{a}_B = \vec{\alpha}_{AB} \times \vec{r}_{B/A} + \vec{\omega}_{AB} \times (\vec{\omega}_{AB} \times \vec{r}_{B/A}). \tag{6.9}$$

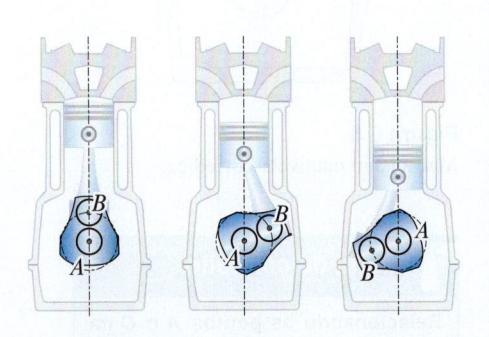

Figura 6.12
Movimento da manivela em um mecanismo manivela-corrediça.

Uma vez que o movimento é planar, $\vec{\omega}_{AB}$ e $\vec{\alpha}_{AB}$ podem ser escritos em termos da orientação do corpo, o que é feito observando que os pontos A e B estão no plano do movimento e a orientação do corpo θ pode ser definida utilizando a linha que conecta A e B (Fig. 6.13). Portanto, os vetores $\vec{\omega}_{AB}$ e $\vec{\alpha}_{AB}$ podem ser escritos como

$$\vec{\omega}_{AB} = \omega_{AB}\hat{k} = \dot{\theta}\hat{k} \quad \text{e} \quad \vec{\alpha}_{AB} = \alpha_{AB}\hat{k} = \ddot{\theta}\hat{k}, \tag{6.10}$$

onde $\hat{k} = \hat{u}_r \times \hat{u}_\theta = \hat{i} \times \hat{j}$ é perpendicular ao plano do movimento, e ω_{AB} e α_{AB} designam os componentes da velocidade e da aceleração angular, respectivamente, na direção $\hat{k}$. Utilizando o sistema de coordenadas polares mostrado na Fig. 6.13, considerando $\vec{r}_{B/A} = R\hat{u}_r$, e substituindo as Eqs. (6.10) nas Eqs. (6.8) e (6.9), $\vec{v}_B$ e $\vec{a}_B$ tornam-se

$$\vec{v}_B = R\dot{\theta}\hat{u}_\theta \quad \text{e} \quad \vec{a}_B = R\ddot{\theta}\hat{u}_\theta - R\dot{\theta}^2\hat{u}_r, \tag{6.11}$$

o que não é surpreendente, visto que B está em movimento circular ao redor de A.

A aceleração que vem do termo $\vec{\omega}_{AB} \times (\vec{\omega}_{AB} \times \vec{r}_{B/A})$ é igual a $-R\dot{\theta}^2\hat{u}_r$. Observando que $\dot{\theta}^2 = \omega_{AB}^2$ e $-R\hat{u}_R = -\vec{r}_{B/A}$, para o movimento planar, podemos escrever

$$\vec{\omega}_{AB} \times (\vec{\omega}_{AB} \times \vec{r}_{B/A}) = -R\dot{\theta}^2\hat{u}_r = -\omega_{AB}^2\vec{r}_{B/A}, \tag{6.12}$$

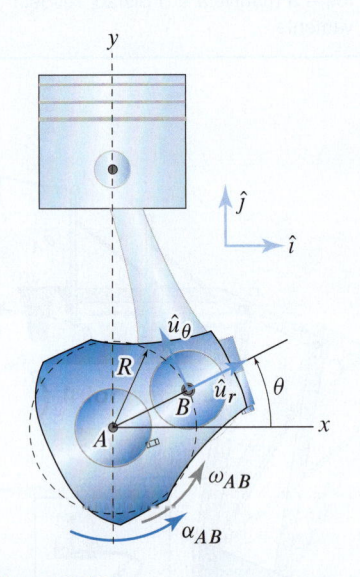

Figura 6.13
Vista detalhada da manivela de um mecanismo manivela-corrediça.

$$|\vec{\omega}_{AB} \times \vec{r}_{B/A}| = \omega_{AB} r_{B/A}$$
$$|\vec{\omega}_{AB} \times (\vec{\omega}_{AB} \times \vec{r}_{B/A})| = \omega_{AB}^2 r_{B/A}$$

$$\vec{\omega}_{AB} \times (\vec{\omega}_{AB} \times \vec{r}_{B/A}) = \omega_{AB}^2 (-\vec{r}_{B/A})$$

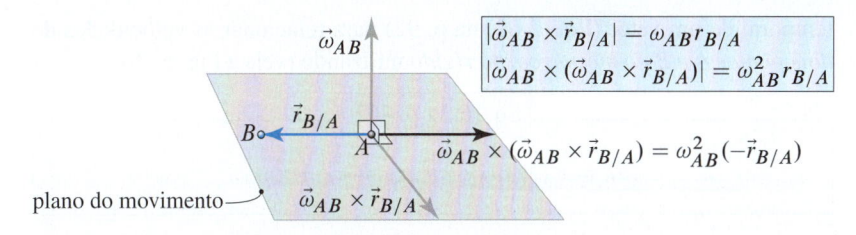

Figura 6.14 Demonstração geométrica da equivalência de $\vec{\omega}_{AB} \times (\vec{\omega}_{AB} \times \vec{r}_{B/A})$ e $-\omega_{AB}^2 \vec{r}_{B/A}$ para movimentos planares.

Podemos ver isso geometricamente se levarmos em conta que $\vec{r}_{B/A}$ está sempre no plano do movimento e $\vec{\omega}_{AB}$ é sempre perpendicular a ele (veja a Fig. 6.14). Tomar o produto cruzado deles $\vec{\omega}_{AB} \times \vec{r}_{B/A}$ resulta em um vetor que está no plano do movimento e perpendicular a ambos $\vec{\omega}_{AB}$ e $\vec{r}_{B/A}$. Por último, a obtenção de $\vec{\omega}_{AB} \times (\vec{\omega}_{AB} \times \vec{r}_{B/A})$ (o produto cruzado dos vetores perpendiculares cinza na Fig. 6.14) resulta no vetor $-\omega_{AB}^2 \vec{r}_{B/A}$ (o vetor preto na Fig. 6.14). Utilizando a Eq. (6.12), podemos escrever a Eq. (6.9) como

$$\vec{a}_B = \vec{\alpha}_{AB} \times \vec{r}_{B/A} - \omega_{AB}^2 \vec{r}_{B/A}, \quad (6.13)$$

uma forma que pode economizar cálculos importantes quando calcularmos acelerações para problemas planares.

Interpretação gráfica da Eq. (6.8). Referindo-se à manivela na Fig. 6.15, considere a velocidade dos pontos H, B e Q situados na linha radial ℓ com origem no centro de rotação A. A Eq. (6.8), ou a primeira das Eqs. (6.11), implica que $\vec{v}_H$, $\vec{v}_B$ e $\vec{v}_Q$ são todos perpendiculares a ℓ (e paralelos uns aos outros) e têm uma magnitude *proporcional* à sua distância de A. A constante de proporcionalidade é ω_{AB}, que a Fig. 6.15 mostra também como tg ψ. Portanto, a distribuição das velocidades dos pontos em linhas radiais pode ser representada graficamente por um triângulo, como mostrado.

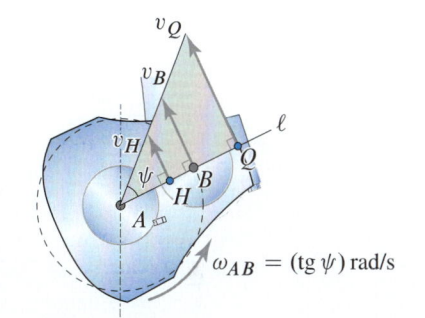

Figura 6.15
Representação gráfica das velocidades dos pontos nas linhas radiais originadas no centro de rotação.

$\omega_{AB} = (\text{tg } \psi) \text{ rad/s}$

Movimento planar na prática

Para movimentos planares, acabamos de ver que é *sempre* possível expressar o termo $\vec{\omega}_{AB} \times (\vec{\omega}_{AB} \times \vec{r}_{B/A})$ como $-\omega_{AB}^2 \vec{r}_{B/A}$. A Eq. (6.5) pode, então, ser escrita como

$$\vec{a}_B = \vec{a}_A + \vec{\alpha}_{AB} \times \vec{r}_{B/A} - \omega_{AB}^2 \vec{r}_{B/A}. \quad (6.14)$$

Ao relacionar o movimento de dois pontos A e B no *mesmo* corpo rígido, geralmente usaremos essa versão da equação de aceleração.

Resumo final da seção

Esta seção começou nosso estudo da dinâmica dos corpos rígidos. Tal como acontece com as partículas, começamos com o estudo da cinemática, que é o foco deste capítulo. A ideia cinemática chave é que um corpo rígido tem apenas uma velocidade angular e uma aceleração angular; ou seja, cada uma é uma propriedade do corpo como um todo. Essa noção nos permitiu utilizar a equação de velocidade relativa (Eq. (2.106) na p. 136), e a relação da derivada

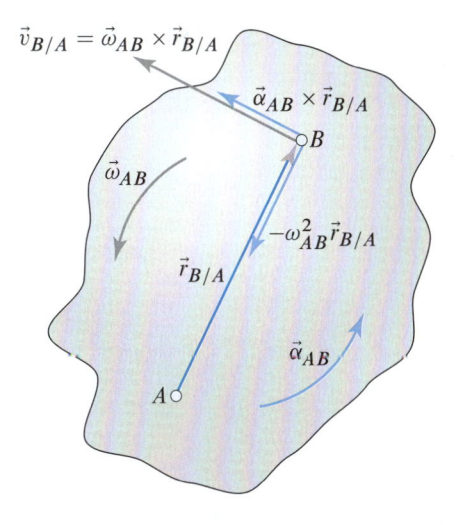

Figura 6.16
Um corpo rígido mostrando as grandezas utilizadas nas Eqs. (6.3), (6.5) e (6.14).

temporal de um vetor (Eq. (2.62) na p. 92) para relacionar as velocidades de *dois pontos A e B no mesmo corpo rígido* utilizando (veja a Fig. 6.16)

Eq. (6.3), p. 462
$$\vec{v}_B = \vec{v}_A + \vec{\omega}_{AB} \times \vec{r}_{B/A} = \vec{v}_A + \vec{v}_{B/A},$$

e as acelerações usando

Eq. (6.5), p. 462
$$\vec{a}_B = \vec{a}_A + \vec{\alpha}_{AB} \times \vec{r}_{B/A} + \vec{\omega}_{AB} \times (\vec{\omega}_{AB} \times \vec{r}_{B/A}) = \vec{a}_A + \vec{a}_{B/A},$$

a qual, para *movimento planar,* torna-se

Eq. (6.14), p. 465
$$\vec{a}_B = \vec{a}_A + \vec{\alpha}_{AB} \times \vec{r}_{B/A} - \omega_{AB}^2 \vec{r}_{B/A}.$$

Translação. Para esse movimento, a velocidade angular e a aceleração angular do corpo são iguais a zero, isto é,

Eq. (6.6), p. 464
$$\vec{\omega}_{corpo} = \vec{0} \quad \text{e} \quad \vec{\alpha}_{corpo} = \vec{0},$$

de forma que as relações de velocidade e aceleração para o corpo se reduzem a

Eq. (6.7), p. 464
$$\vec{v}_B = \vec{v}_A \quad \text{e} \quad \vec{a}_B = \vec{a}_A,$$

onde A e B são dois pontos quaisquer do corpo.

Rotação sobre um eixo fixo. Para esse movimento especial, há um eixo de rotação perpendicular ao plano de movimento que não se move. Todos os pontos fora do eixo de rotação somente podem se mover no círculo sobre o eixo. Se o eixo de rotação está no ponto A, então a velocidade em B é dada por

Eq. (6.8), p. 464
$$\vec{v}_B = \vec{\omega}_{AB} \times \vec{r}_{B/A},$$

e sua aceleração é

Eqs. (6.9), p. 464, e (6.13), p. 465
$$\vec{a}_B = \vec{\alpha}_{AB} \times \vec{r}_{B/A} + \vec{\omega}_{AB} \times (\vec{\omega}_{AB} \times \vec{r}_{B/A}),$$
$$\vec{a}_B = \vec{\alpha}_{AB} \times \vec{r}_{B/A} - \omega_{AB}^2 \vec{r}_{B/A},$$

onde os vetores $\vec{\omega}_{AB}$ e $\vec{\alpha}_{AB}$ são a velocidade angular e a aceleração angular do corpo, respectivamente, e $\vec{r}_{B/A}$ é o vetor que descreve a posição de B relativa a A.

EXEMPLO 6.1 Polias do motor: rotação de eixo fixo

Muitos motores de automóveis têm numerosas correias conectando as polias do motor (Fig. 1). As correias não devem deslizar em relação às polias em que se conectam e são usadas para transmitir bem como sincronizar o movimento entre as peças do motor. Para a correia conectando a polia A, que gira com o virabrequim, à polia B, que aciona o alternador, determine a velocidade angular da polia B, se o virabrequim está girando a 2.550 rpm e os raios das polias A e B são $R_A = 110$ mm e $R_B = 65$ mm, respectivamente.

SOLUÇÃO

Roteiro Referindo-se à Fig. 2, a condição de não deslizamento entre a correia e as polias significa que quaisquer dois pontos sobre a correia e a polia que estão em contato em um dado instante, por exemplo, C e D ou P e Q, devem ter a mesma velocidade (ou seja, $\vec{v}_{C/D} = \vec{v}_{P/Q} = \vec{0}$). A combinação dessa observação com o fato de que as polias A e B giram sobre eixos fixos e o pressuposto de que a correia é inextensível (todos os pontos da correia devem ter a mesma *velocidade*) nos permitirá resolver o problema.

Cálculos Da Fig. 2, a inextensibilidade da correia implica que

$$|\vec{v}_C| = |\vec{v}_P|. \tag{1}$$

Usando esse resultado e reafirmando a condição de não deslizamento, encontramos

$$\vec{v}_C = \vec{v}_D \quad \text{e} \quad \vec{v}_P = \vec{v}_Q \quad \Rightarrow \quad |\vec{v}_D| = |\vec{v}_Q|. \tag{2}$$

Referindo-se à Fig. 2, as polias A e B estão submetidas à rotação de eixo fixo sobre seus respectivos centros. Aplicando a Eq. (6.8) para cada uma das polias para obter $\vec{v}_D$ e $\vec{v}_Q$, encontramos

$$\vec{v}_D = \vec{\omega}_A \times \vec{r}_{D/A} \quad \text{e} \quad \vec{v}_Q = \vec{\omega}_B \times \vec{r}_{Q/B}, \tag{3}$$

e visto que $\vec{\omega}$ e $\vec{r}$ são perpendiculares um ao outro em cada caso, as velocidades correspondentes são

$$|\vec{v}_D| = |\vec{\omega}_A| R_A \quad \text{e} \quad |\vec{v}_Q| = |\vec{\omega}_B| R_B. \tag{4}$$

Substituindo a Eq. (4) na última das Eqs. (2), obtemos

$$\boxed{|\vec{\omega}_A| R_A = |\vec{\omega}_B| R_B \quad \Rightarrow \quad |\vec{\omega}_B| = \frac{R_A}{R_B} |\vec{\omega}_A| = 4.315 \text{ rpm},} \tag{5}$$

onde consideramos $|\vec{\omega}_A| = 2.550$ rpm, R_A, e R_B.

Discussão e verificação Para verificar o resultado na Eq. (5), a Fig. 3 mostra que a condição de não deslizamento entre a correia e a polia A implica que, se a polia A gira por um ângulo θ_A, então a correia deve mover-se uma quantidade $\Delta L = \theta_A R_A$ ao redor da polia A. Uma vez que a correia não desliza em relação à polia B, devemos ter também $\Delta L = \theta_B R_B$, onde θ_B é o ângulo pelo qual a polia B gira. Portanto, devemos ter $\theta_B = (R_A/R_B)\theta_A$. Essa relação implica que a taxa de variação do ângulo θ_B será proporcional a θ_A por meio da razão do raio da polia R_A/R_B – isso é o que obtivemos na Eq. (5).

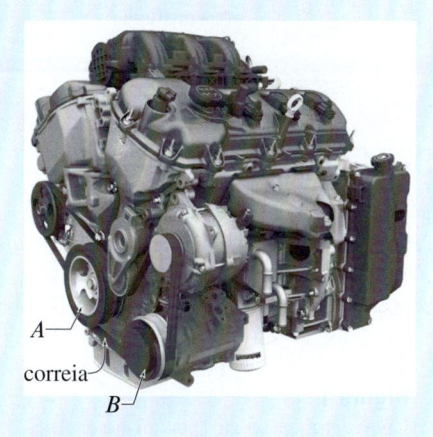

Figura 1
Típico motor de carro com várias correias.

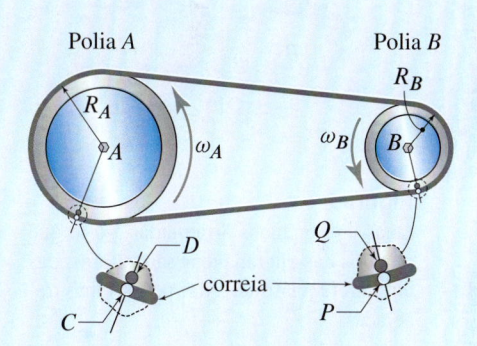

Figura 2
Esquema do sistema constituído pelas polias A e B e a correia conectada a elas. As polias estão ligadas ao motor, o qual assumimos ser estacionário.

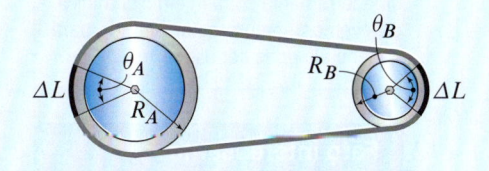

Figura 3
Medida do comprimento linear da correia ao redor das polias sobre condição de não deslizamento.

EXEMPLO 6.2 Engrenagens: rotação de eixo fixo

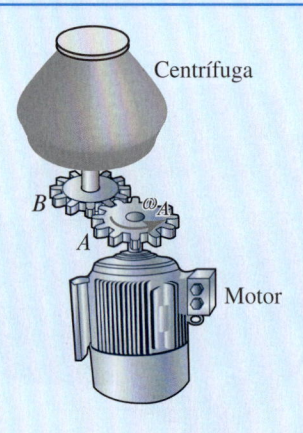

Um motor elétrico com uma velocidade angular máxima de 3.450 rpm é usado para girar uma centrífuga. O movimento do motor é transmitido para a centrífuga por duas engrenagens, A e B, com raios R_A e R_B, respectivamente (veja a Fig. 1). Determine a razão R_A/R_B se a centrífuga deve atingir 6.000 rpm como a sua velocidade angular máxima. Além disso, determine a razão entre a magnitude da aceleração angular de A e a de B durante o aumento da rotação.

SOLUÇÃO

Roteiro Dentes de engrenagens são projetados de modo que as engrenagens se comportem como duas rodas rolando sem deslizar uma sobre a outra. O raio de uma engrenagem é o raio da roda que a engrenagem é projetada para representar (veja a linha cinza escuro tracejada na Fig. 2), ao contrário dos raios interno ou externo dos dentes. Portanto, referindo-se à Fig. 2, a condição de não deslizamento entre as engrenagens nos diz que a velocidade dos pontos P e Q deve ser a mesma quando eles estão em contato. Além disso, as engrenagens A e B estão girando sobre os eixos fixos do motor e da centrífuga, respectivamente.

Figura 1
Uma centrífuga movida por um motor elétrico por meio de um sistema de engrenagens.

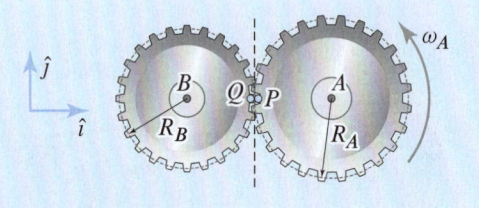

Figura 2
Duas engrenagens articuladas. Note que os raios das engrenagens são os raios das circunferências indicadas pelas linhas tracejadas.

Cálculos A velocidade dos pontos P e Q, que estão se movendo em movimento circular em torno de A e B, respectivamente, pode ser encontrada com a aplicação da Eq. (6.8), que fornece

$$\vec{v}_P = \vec{\omega}_A \times \vec{r}_{P/A} = \omega_A \hat{k} \times (-R_A)\hat{i} = -\omega_A R_A \hat{j}, \quad (1)$$

$$\vec{v}_Q = \vec{\omega}_B \times \vec{r}_{Q/B} = \omega_B \hat{k} \times R_B \hat{i} = \omega_B R_B \hat{j}, \quad (2)$$

onde assumimos que as velocidades angulares de A e B estão ambas no sentido positivo de k. Fazendo valer a condição de não deslizamento entre as engrenagens, temos

$$\vec{v}_P = \vec{v}_Q \;\Rightarrow\; -R_A \omega_A \hat{j} = R_B \omega_B \hat{j} \;\Rightarrow\; -R_A \omega_A = R_B \omega_B, \quad (3)$$

onde o sinal negativo nos diz que as duas engrenagens giram em sentidos opostos, uma vez que R_A e R_B são ambos positivos. Como $|\omega_A| = 3.450$ rpm e $|\omega_B| = 6.000$ rpm, podemos resolver a Eq. (3) para R_A/R_B a fim de obter

$$\boxed{\frac{R_A}{R_B} = \left|\frac{\omega_B}{\omega_A}\right| = \frac{6000\,\text{rpm}}{3450\,\text{rpm}} = 1{,}739.} \quad (4)$$

Para encontrar a razão entre a aceleração angular da engrenagem A e a da engrenagem B, podemos encontrar a informação desejada tomando a derivada temporal do resultado da Eq. (3) para obter

$$-R_A \alpha_A = R_B \alpha_B \;\Rightarrow\; \boxed{\left|-\frac{\alpha_A}{\alpha_B}\right| = \frac{R_B}{R_A} = \frac{1}{1{,}739} = 0{,}575.} \quad (5)$$

Informações úteis

Obtenção da Eq. (5) a partir das Eqs. (3). Ao derivar a última das Eqs. (3) para obter a Eq. (5), estamos novamente derivando uma restrição para obter uma equação cinemática adicional. Essa é uma ferramenta comum em cinemática, e devemos sempre estar atentos para quando ela pode ser usada.

Fato interessante

Por que usar engrenagens? Engrenagens, assim como correias, são usadas para transmitir movimento de rotação. Engrenagens são essenciais quando o movimento de rotação *deve* ser transmitido sem deslizamento (em um relógio, por exemplo). Engrenagens geralmente são usadas para proporcionar *redução de engrenagens*, ou seja, conectar um eixo com uma velocidade angular a um segundo eixo com uma velocidade angular diferente.

Discussão e verificação Esses resultados estão dimensionalmente corretos e são consistentes com o resultado do Exemplo 6.1; ou seja, a Eq. (5) indica que a velocidade angular e a magnitude das acelerações angulares das duas engrenagens são proporcionais uma a outra pela razão entre o raio das engrenagens.

🔑 **Um olhar mais atento** O resultado da Eq. (4) pode ser encontrado usando as ideias desenvolvidas no Capítulo 2 (veja, por exemplo, a Eq. (2.46) na p. 59 ou a Eq. (2.93) na p. 120), com o conhecimento de como as engrenagens giram. Do Capítulo 2 sabemos que, para um movimento circular, a velocidade é igual ao raio da trajetória vezes a velocidade angular, e a direção é determinada pela tangente à trajetória no ponto de interesse. Portanto, da Fig. 2 temos $\vec{v}_P = R_A|\omega_A|(-\hat{j}) = -R_A|\omega_A|\hat{j}$ e $\vec{v}_Q = R_B|\omega_B|\hat{j}$ (assumindo que Q se move no sentido positivo de $\hat{j}$). Determinar a razão das engrenagens R_A/R_B, então, é uma questão de mais uma vez estabelecer $\vec{v}_P = \vec{v}_Q$, como foi feito nas Eqs. (3) e (4).

EXEMPLO 6.3 Atração de parque de diversão: translação

Plataformas de movimento, que são utilizadas em muitos dos parques de diversão atuais, são um tipo de centrífuga em que uma plataforma com assentos é feita para mover-se sempre paralela ao chão. A Fig. 1 mostra um tipo elementar da plataforma de movimento, mais frequentemente encontrada em parques menores do que em grandes parques de diversão. Dado que a plataforma de movimento na figura (veja também a Fig. 2) é projetada de modo que os braços rotativos *AB* e *CD* sejam de comprimento igual $L = 10$ ft e permaneçam paralelos entre si, determine a velocidade e a aceleração de uma pessoa *P* a bordo da plataforma quando ω_{AB} é constante e igual a 1,25 rad/s.

SOLUÇÃO

Roteiro Para simplificar o problema, assumiremos que a plataforma e as pessoas nela formam um único corpo rígido. Isso significa que os dois braços rotativos e a plataforma formam um *mecanismo de quatro barras*.[2] Em razão de os braços *AB* e *CD* serem de tamanho idêntico e estarem sempre paralelos um ao outro, o mecanismo de quatro barras *ABCD* sempre forma um paralelogramo, e assim a plataforma *BC* não muda sua orientação e tem zero de velocidade angular. Saber disso e aplicar a cinemática de rotação de eixo fixo nos permitirá determinar $\vec{v}_P$ e $\vec{a}_P$.

Figura 1
Atração de parque de diversão que consiste em uma plataforma em movimento.

Cálculos Mais uma vez, a partir Fig. 2, vemos que os braços *AB* e *CD* são sempre paralelos um ao outro, e assim a plataforma *BC* não muda sua orientação. A partir da discussão da p. 463, isso significa que a velocidade angular da plataforma é zero, isto é,

$$\omega_{BC} = 0. \quad (1)$$

Além disso, observe que os pontos *B* e *C* movem-se sobre círculos centrados em *A* e *D*, respectivamente, onde *A* e *D* são pontos fixos. Dado o fato de que as trajetórias dos pontos em *BC* não são uma linha reta, o movimento de *BC* é uma *translação curvilínea*. Por conseguinte, todos os pontos em *BC*, ou qualquer outra extensão rígida do mesmo, ou seja, quaisquer dos passageiros, compartilham o mesmo valor de velocidade assim como de aceleração. Portanto, temos

$$\vec{v}_P = \vec{v}_B = \omega_{AB} L \,\hat{u}_\theta = 3{,}75 \text{ m/s}\,\hat{u}_\theta \quad (2)$$

e

$$\vec{a}_P = \vec{a}_B = -\omega_{AB}^2 L \,\hat{u}_r = -4{,}69 \text{ m/s}^2\,\hat{u}_r \quad (3)$$

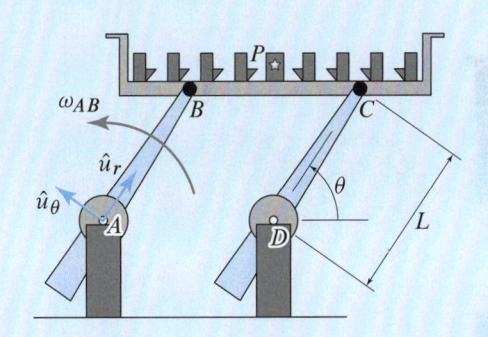

Figura 2
Definição de coordenadas e geometria para o brinquedo.

onde a velocidade e a aceleração de *B* foram calculadas utilizando fórmulas de movimento circular das Eq. (6.11).

Discussão e verificação As dimensões e unidades nas Eqs. (2) e (3) estão corretas, e as magnitudes da velocidade e aceleração de *P* são razoáveis. Em particular, a aceleração não está longe daquelas encontradas em atrações de diversão públicas em geral (em oposição às extremas), e isso equivale a pouco menos que 50% da acelesração da gravidade.

Um olhar mais atento É importante lembrar que a direção de $\vec{v}_P$ na Eq. (2) e a direção de $\vec{a}_P$ na Eq. (3) são aquelas mostradas no ponto *A* na Fig. 2. Isto é, uma vez que *P* não está em rotação de eixo fixo sobre *A*, $\hat{u}_r$ e $\hat{u}_\theta$ nas Eqs. (2) e (3) não são aqueles de *P* em relação a *A*.

---

[2] Um *mecanismo de quatro barras* é um mecanismo com quatro membros ou barras em que uma das barras é fixa (barra *AD* neste exemplo) e enquanto as outras três se movem de uma forma predeterminado (barras *AB*, *BC* e *CD* neste exemplo).

PROBLEMAS

Problema 6.1

Considerando $R_A = 180$ mm e $R_B = 120$ mm e assumindo que a correia não desliza em relação às polias A e B, determine a velocidade angular e a aceleração angular da polia B, quando a polia A gira a 340 rad/s enquanto acelera a 120 rad/s^2.

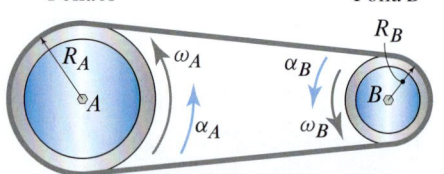

Figura P6.1

Problema 6.2

Considerando $R_A = 0{,}2$ mm, $R_B = 0{,}1$ mm e $R_C = 0{,}16$ mm, determine a velocidade angular das engrenagens B e C quando a engrenagem A tem uma velocidade angular $|\omega_A| = 945$ rpm no sentido indicado.

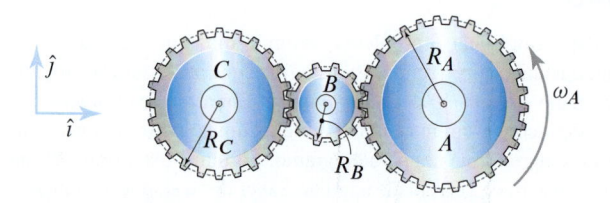

Figura P6.2

Problema 6.3

Considerando $R_A = 203$ mm, $R_B = 107$ mm, $R_C = 165$ mm e $R_D = 140$ mm, determine a aceleração angular das engrenagens B, C e D quando a engrenagem A tem uma aceleração angular com magnitude $|\alpha_A| = 47$ rad/s^2 no sentido indicado. Note que as engrenagens B e C estão montadas no mesmo eixo e giram em conjunto como uma unidade.

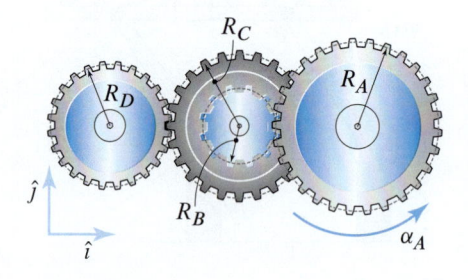

Figura P6.3

Problema 6.4

As engrenagens cônicas A e B têm raios nominais $R_A = 20$ mm e $R_B = 5$ mm, respectivamente, e seus eixos de rotação são mutuamente perpendiculares. Se a velocidade angular da engrenagem A é $\omega_A = 150$ rad/s, determine a velocidade angular da engrenagem B.

Figura P6.4

Problema 6.5

Um rotor com um eixo de rotação fixo identificado pelo ponto O é acelerado a partir do repouso com uma aceleração angular $\alpha_O = 0{,}5$ rad/s^2. Se o diâmetro do rotor é $d = 4{,}5$ mm, determine o tempo que leva para os pontos na borda externa do rotor alcançarem uma velocidade $v_0 = 91$ m/s. Por fim, determine a magnitude da aceleração desses pontos quando a velocidade v_0 é alcançada.

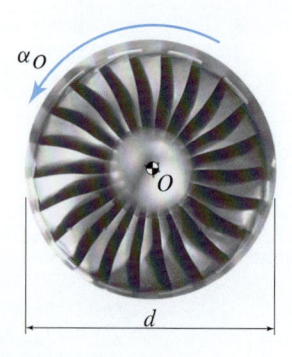

Figura P6.5

Problema 6.6

Os pontos A e B sobre a superfície da engrenagem cônica (ec), que gira a uma velocidade angular ω_{ec}, movem-se um em relação ao outro? A que taxa a distância entre A e B varia?

Nota: Problemas conceituais são sobre *explicações*, não sobre cálculos.

Problema 6.7

Uma turbina Pelton (tipo de turbina utilizada na geração de energia hidrelétrica) está girando a 1.100 rpm quando os jatos de água agindo sobre ela são desligados, desacelerando a turbina. Assumindo que a taxa de desaceleração angular é constante e igual a 1,31 rad/s², determine o tempo que leva para a turbina parar. Além disso, determine o número de rotações da turbina durante a redução no giro.

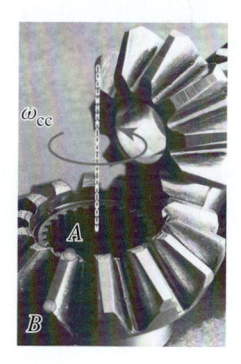

Figura P6.6

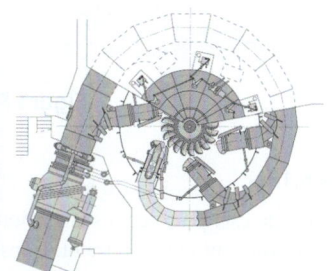

Figura P6.7

Problema 6.8

As velocidades dos pontos A e B em um disco, que está sujeito a um movimento planar, são tais que $|\vec{v}_A| = |\vec{v}_B|$. É possível que o disco esteja girando em torno de um eixo fixo que passa pelo centro do disco em O? Explique.

Nota: Problemas conceituais são sobre *explicações*, não sobre cálculos.

Problema 6.9

A velocidade de um ponto A e a aceleração de um ponto B em um disco experimentando um movimento planar são mostradas. É possível que o disco esteja girando em torno de um eixo fixo que passa pelo centro do disco em O? Explique.

Nota: Problemas conceituais são sobre *explicações*, não sobre cálculos.

Problema 6.10

Supondo que o disco mostrado está girando em torno de um eixo fixo que passa por seu centro em O, determine se a velocidade angular do disco é constante, crescente ou decrescente.

Nota: Problemas conceituais são sobre *explicações*, não sobre cálculos.

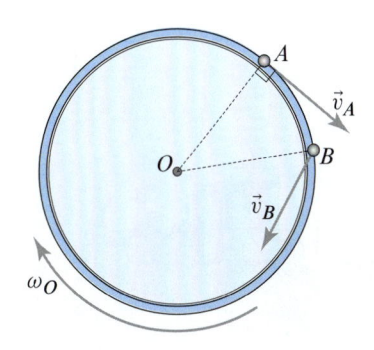

Figura P6.8

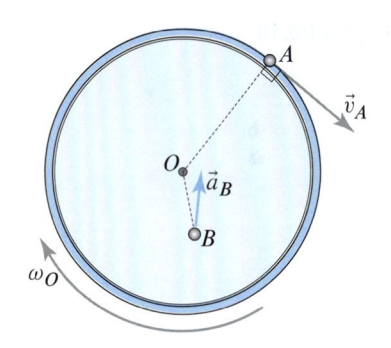

Figura P6.9 e P6.10

Problema 6.11

O aspersor mostrado consiste em um tubo AB montado sobre um eixo vertical oco. A água entra no tubo horizontal em O e sai pelos bocais A e B, fazendo o tubo girar. Considerando $d = 180$ mm, determine a velocidade angular do borrifador ω_s, e $|\vec{a}_B|$, a magnitude da aceleração de B, se B está se movendo a uma velocidade constante $v_B = 6$ m/s. Suponha que o aspersor não role no chão.

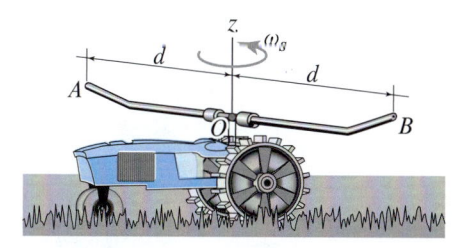

Figura P6.11

Problema 6.12

Em uma atração de parque de diversão, duas gôndolas giram em sentidos opostos sobre um eixo fixo. Se $\ell = 4$ m, determine a velocidade angular máxima constante das gôndolas se a magnitude da aceleração do ponto A não deve exceder $2,5g$.

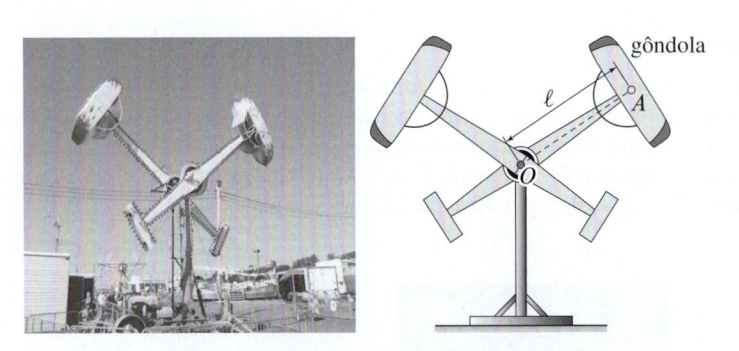

Figura P6.12

Problema 6.13

O trator mostrado está preso com sua esteira reta fora do chão, e, portanto, a esteira é capaz de se mover sem mover o trator. Considerando o raio da roda dentada A sendo $d = 0,8$ m e raio da roda dentada B sendo $\ell = 0,6$ m, determine a velocidade angular da roda B se a roda dentada A está girando a 1 rpm.

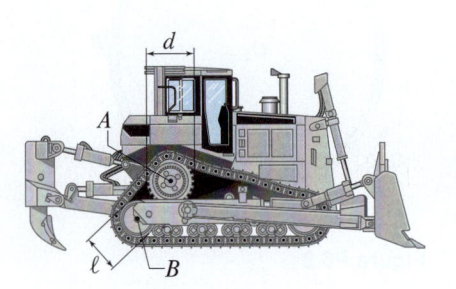

Figura P6.13

Problema 6.14

Um aríete está suspenso em sua estrutura por barras AD e BC, que são idênticas e fixadas com pinos nas suas extremidades. No instante mostrado, o ponto E sobre o aríete se move a uma velocidade $v_0 = 15$ m/s. Considerando $H = 1,75$ m e $\theta = 20°$, determine a magnitude da velocidade angular do aríete nesse instante.

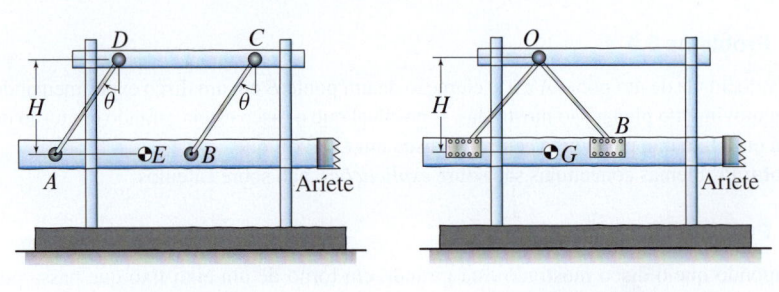

Figura P6.14

Figura P6.15

Problema 6.15

Um aríete está suspenso em sua estrutura pelas barras OA e OB, que estão fixadas com pinos em O. No instante mostrado, o ponto G do aríete está se movendo para a direita a uma velocidade $v_0 = 15$ m/s. Considerando $H = 1,75$ m, determine a velocidade angular do aríete nesse instante.

Problemas 6.16 e 6.17

O martelo de uma máquina de ensaio de tenacidade de impacto Charpy tem a geometria mostrada, onde G é o centro de massa da cabeça do martelo. Use as Eqs. (6.8) e (6.13) e escreva as suas respostas em termos do sistema de coordenadas mostrado.

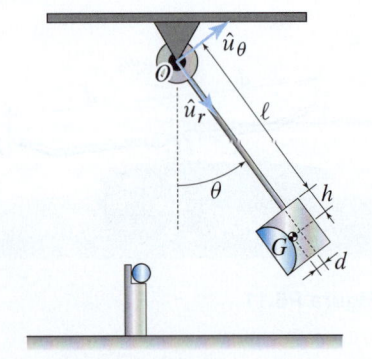

Figura P6.16 e P6.17

Capítulo 6 Cinemática planar de corpo rígido   **473**

Problema 6.16 Determine a velocidade e a aceleração de G assumindo $\ell = 500\,\text{mm}$, $h = 65\,\text{mm}$, $d = 25\,\text{mm}$, $\dot{\theta} = -5{,}98\,\text{rad/s}$ e $\ddot{\theta} = -8{,}06\,\text{rad/s}^2$.

Problema 6.17 Determine a velocidade e a aceleração de G em função dos parâmetros geométricos mostrados, $\dot{\theta}$ e $\ddot{\theta}$.

Problema 6.18

No instante mostrado, o papel está sendo desenrolado a uma velocidade $v_p = 7{,}5\,\text{m/s}$ e uma aceleração $a_p = 1\,\text{m/s}^2$. Se nesse instante o raio externo do rolo é $r = 0{,}75\,\text{m}$, determine a velocidade angular ω_s e a aceleração α_s do rolo.

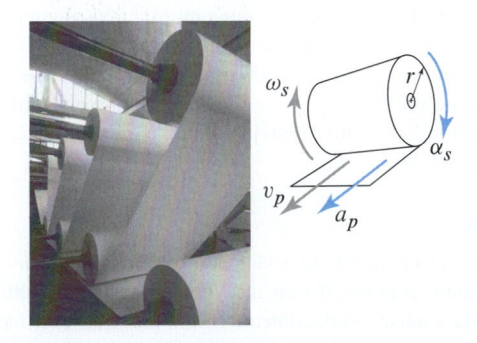

Figura P6.18

Problema 6.19

No instante mostrado, a hélice está girando a uma velocidade angular $\omega_p = 400\,\text{rpm}$ no sentido positivo de z e uma aceleração angular $\alpha_p = -2\,\text{rad/s}^2$ no sentido negativo de z, onde o eixo z é também o eixo de rotação da hélice. Considere o sistema de coordenadas cilíndricas mostrado, com origem O no eixo z e o vetor unitário $\hat{u}_R$ apontando para o ponto Q sobre a hélice, que está 14 ft distante do eixo de rotação. Calcule a velocidade e a aceleração de Q. Expresse sua resposta utilizando o sistema de coordenadas mostrado.

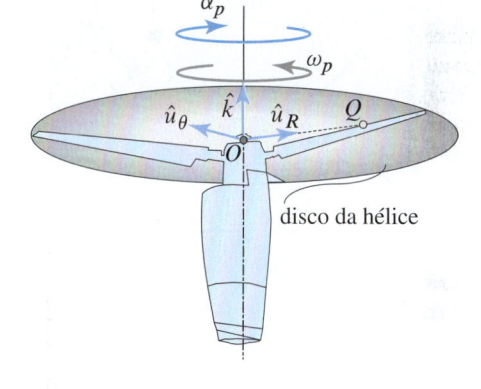

Figura P6.19

Problema 6.20

A roda A, com diâmetro $d = 50\,\text{mm}$, é montada no eixo do motor apresentado e está girando a uma velocidade angular constante $\omega_A = 250\,\text{rpm}$. A roda B, com centro no ponto fixo O, está ligada a A por uma correia, que não desliza em relação a A ou B. O raio de B é $R = 125\,\text{mm}$. No ponto C, a roda B é conectada a uma serra. Se o ponto C está a uma distância $\ell = 100\,\text{mm}$ de O, determine a velocidade e a aceleração de C quando $\theta = 20°$. Expresse suas respostas usando o sistema de coordenadas mostrado.

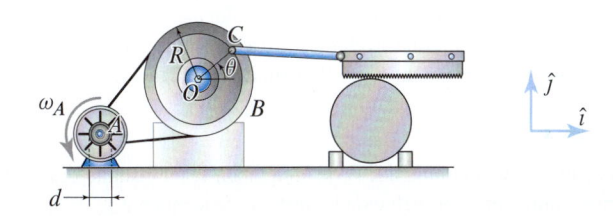

Figura P6.20

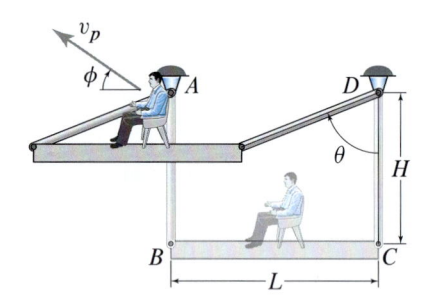

Figura P6.21

Problema 6.21

Em uma engenhoca construída por uma irmandade, uma pessoa está sentada no centro de uma plataforma oscilante com comprimento $L = 3{,}5$ m que está suspensa por dois braços de comprimento idêntico, $H = 3$ m cada. Determine o ângulo θ e a velocidade angular dos braços se a pessoa está se movendo para cima e para a esquerda a uma velocidade $v_p = 7{,}6$ m/s no ângulo $\phi = 33°$.

Problema 6.22

A *órbita equatorial geoestacionária* é uma órbita circular acima do equador da Terra que tem um período de 1 dia (às vezes são chamadas de *órbitas geoestacionárias*). Essas órbitas geoestacionárias são de grande importância para os satélites de telecomunicações, pois um satélite em órbita com a mesma taxa angular que a taxa de rotação da Terra parecerá pairar no mesmo ponto do céu quando visto por uma pessoa de pé sobre a superfície da Terra. Usando essa informação, modelando um satélite geoestacionário como um corpo rígido e observando que o satélite foi estabilizado de modo que o mesmo lado sempre esteja voltado para a Terra, determine a velocidade angular ω_s do satélite.

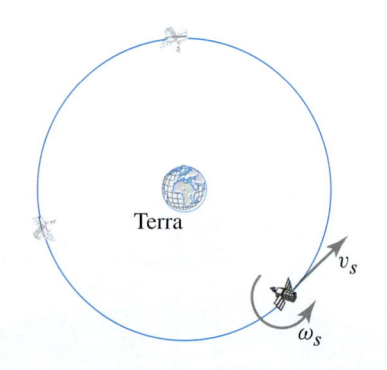

Figura P6.22

Problema 6.23

A caçamba de uma retroescavadeira está sendo operada mantendo o braço OA fixo. No instante mostrado, o ponto B tem uma componente horizontal da velocidade $v_0 = 0{,}08$ m/s e está alinhado verticalmente com o ponto A. Considerando $\ell = 0{,}3$ m, $w = 0{,}8$ m e $h = 0{,}6$ m, determine a velocidade do ponto C. Além disso, assumindo que, no instante mostrado, o ponto B não está acelerando na direção horizontal, calcule a aceleração do ponto C. Expresse suas respostas usando o sistema de coordenadas mostrado.

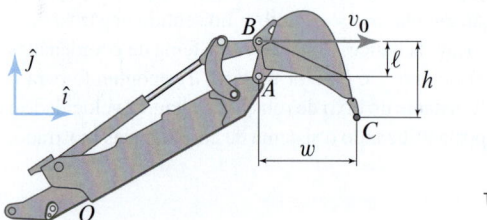

Figura P6.23

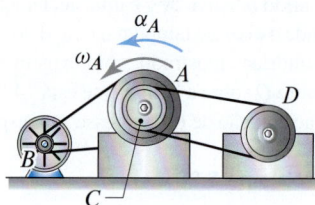

Figura P6.24

Problema 6.24

As rodas A e C são montadas no mesmo eixo e giram juntas. As rodas A e B estão ligadas por uma correia, assim como as rodas C e D. Os eixos de rotação de todas as rodas são fixos, e as correias não deslizam em relação às rodas que elas conectam. Se, no instante mostrado, a roda A tem uma velocidade angular $\omega_A = 2$ rad/s e uma aceleração angular $\alpha_A = 0{,}5$ rad/s^2, determine a velocidade e a aceleração angular das rodas B e D. Os raios das rodas são $R_A = 0{,}3$ m, $R_B = 0{,}08$ m, $R_C = 0{,}2$ m e $R_D = 0{,}2$ m.

Problema 6.25

Um acrobata aterrissa na extremidade A de uma tábua e, no instante mostrado, o ponto A tem uma componente de velocidade vertical descendente $v_0 = 5{,}5$ m/s. Sendo $\theta = 15°$, $\ell = 1$ m e $d = 2{,}5$ m, determine a componente vertical da velocidade do ponto B nesse instante se a tábua é modelada como um corpo rígido.

Figura P6.25

Problema 6.26

No instante mostrado, A está se movendo para cima a uma velocidade $v_0 = 1,5\,\text{m/s}$ e aceleração $a_0 = 0,2\,\text{m/s}^2$. Supondo que a corda que conecta as polias não desliza em relação às polias e sendo $\ell = 150\,\text{mm}$ e $d = 100\,\text{mm}$, determine a velocidade angular e a aceleração angular da polia C.

Problema 6.27

No instante mostrado, o ângulo $\phi = 30°$, $|\vec{v}_A| = 90\,\text{m/s}$ e a turbina está girando no sentido horário. Considerando $\overline{OA} = R$, $\overline{OB} = R/2$, $R = 55\,\text{m}$, e assumindo que as pás estão igualmente espaçadas, determine a velocidade do ponto B no instante dado e expresse-a utilizando o sistema de coordenadas mostrado.

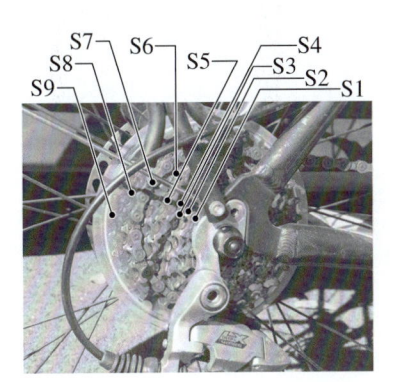

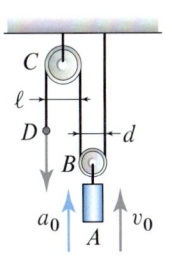

Figura P6.26

Problema 6.28

No instante mostrado, o ângulo $\phi = 30°$, a turbina está girando no sentido horário e $\vec{a}_B = (70,8\,\hat{\imath} - 12,8\,\hat{\jmath})\,\text{m/s}^2$. Considerando $\overline{OA} = R$, $\overline{OB} = R/2$, $R = 55,5\,\text{m}$ e assumindo que as pás são igualmente espaçadas, determine a velocidade angular e a aceleração angular das pás da turbina, bem como a aceleração do ponto A no instante dado.

Problemas 6.29 a 6.31

Uma bicicleta tem rodas de 700 mm de diâmetro e um conjunto de engrenagens com as dimensões indicadas na tabela abaixo.

Figura P6.27 e P6.28

Figura P6.29–P6.31

	Pedivela		
Coroa	C1	C2	C3
No. de dentes	26	36	48
Raio (mm)	52,6	72,8	97,0

	Cassete (9 velocidades)								
Catraca	S1	S2	S3	S4	S5	S6	S7	S8	S9
No. de dentes	11	12	14	16	18	21	24	28	34
Raio (mm)	22,2	24,3	28,3	32,3	36,4	42,4	48,5	56,6	68,7

Problema 6.29 Se um ciclista tem uma cadência de 1 Hz, determine a velocidade angular da roda traseira em rpm quando se utiliza a combinação de C3 e S2. Além disso, sabendo que a velocidade do ciclista é igual à velocidade de um ponto sobre o pneu em relação ao centro da roda, determine a velocidade do ciclista em m/s.

Problema 6.30

Se um ciclista tem uma cadência de 68 rpm, determine qual a combinação de coroa (uma roda dentada montada na pedivela) e catraca (traseira) que *mais se aproxima* de fazer a roda traseira girar a uma velocidade angular de 127 rpm. Depois de encontrar uma combinação de coroa/catraca, determine a velocidade angular exata da roda correspondente à combinação coroa/catraca escolhida e a cadência dada.

Problema 6.31

Se um ciclista está pedalando de forma que a roda traseira gire a uma velocidade angular de 16 rad/s, determine todas as combinações de catraca (traseira)/coroa (roda dentada montada na pedivela) possíveis que permitiriam a ele pedalar com uma frequência dentro do intervalo 1,00-1,25 Hz.

6.2 MOVIMENTO PLANAR: ANÁLISE DE VELOCIDADE

Nesta seção, continuamos a análise do mecanismo manivela-corrediça (veja a Fig. 6.17) iniciada na Seção 6.1 na p. 459. Referindo-se às Fig. 6.17 e 6.18, queremos determinar $\vec{\omega}_{BC}$, a velocidade angular da biela, e $\vec{v}_C$, a velocidade do pistão, dados o ângulo da manivela θ e a velocidade angular da manivela $\dot{\theta}$. Desenvolveremos três diferentes abordagens para o problema que são aplicáveis à análise de velocidade de qualquer movimento planar de corpo rígido: a abordagem vetorial, a derivação de restrições e o centro instantâneo de rotação. No corpo principal da seção, apresentamos as ideias básicas em que se baseiam os três métodos, e, em seguida, iremos demonstrá-los nos exemplos.

Abordagem vetorial

A biela no mecanismo manivela-corrediça (Fig. 6.17) está em movimento planar geral, ou seja, podemos descrever a velocidade de qualquer um dos seus pontos sabendo a velocidade de um ponto na barra e a velocidade angular da barra (veja a nota na margem da p. 462). Uma vez que estamos interessados em velocidades, lembre que na p. 464 encontramos a velocidade do ponto B, que está em rotação de eixo fixo sobre a linha de centro A da manivela (veja a Fig. 6.18). Os pontos B e C estão no mesmo corpo rígido, de modo que podemos relacionar a velocidade de C à de B usando a Eq. (6.3) na p. 462, na Seção 6.1, que nos fornece

$$\vec{v}_C = \vec{v}_B + \vec{\omega}_{BC} \times \vec{r}_{C/B}. \qquad (6.15)$$

Em movimento planar, a Eq. (6.15) é uma equação vetorial que representa *duas* equações escalares. Essas duas equações escalares são a chave para determinar $\vec{v}_C$ e $\vec{\omega}_{BC}$. Isso ocorre porque $\vec{v}_B$ é conhecido, a direção de $\vec{v}_C$ é conhecida (o movimento do pistão C é retilíneo ao longo do eixo y), $\vec{r}_{C/B}$ pode ser encontrado em termos do ângulo da manivela θ (veja a Fig. 6.18) e o eixo de rotação da $\vec{\omega}_{BC}$ é conhecido (é perpendicular ao plano do movimento). Portanto, as componentes v_C e ω_{BC}, as quais são as respostas que procuramos, são as únicas incógnitas nessas duas equações escalares, o que será mostrado no Exemplo 6.5.

Rolagem sem deslizamento: análise de velocidade

Muitas aplicações em dinâmica envolvem o movimento de discos ou rodas rolando sobre uma superfície; por exemplo, rodas de carro rolando em uma estrada, rodas de trem rolando nos trilhos ou engrenagens articuladas rolando umas nas outras. Um caso especial importante de movimento de rolagem é chamado de *rolagem sem deslizamento* (conhecido também por *rolagem sem deslize* ou *rolagem sem escorregamento*).

Considere uma roda W rolando sobre uma superfície S (S pode estar em movimento), como mostrado na Fig. 6.19. Se a roda e a superfície *permanecem em contato* durante o movimento e se os pontos de contato P e Q (em W e S, respectivamente) devem mover-se um em relação ao outro, então a única direção em que o movimento relativo pode ocorrer em qualquer instante é ao longo da linha ℓ que é tangente a ambos W e S (assumindo que a roda não se separa da superfície). Dizer que W está em **rolagem sem deslizamento** sobre S significa que os pontos P e Q não se movem um em relação ao outro. Em termos de velocidade, essa definição implica que

$$\vec{v}_{P/Q} \cdot \hat{u}_t = 0 \quad \text{e} \quad \vec{v}_{P/Q} \cdot \hat{u}_n = 0, \qquad (6.16)$$

> **Informações úteis**
>
> **Análise da velocidade dos corpos rígidos.** Como descobriremos em breve, na dinâmica do corpo rígido, o primeiro passo na análise cinemática é quase sempre uma análise de velocidade. No Capítulo 7, ao aplicar $\vec{F} = m\vec{a}$ a um corpo rígido, precisaremos calcular a aceleração do centro de massa do corpo. Isso normalmente requer um cálculo da *velocidade angular* do corpo, pois aparece explicitamente na expressão da aceleração dos pontos em um corpo rígido.

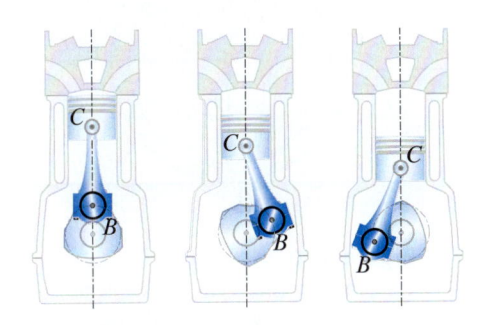

Figura P6.17
Esquema de um mecanismo manivela-corrediça enfatizando o movimento da biela.

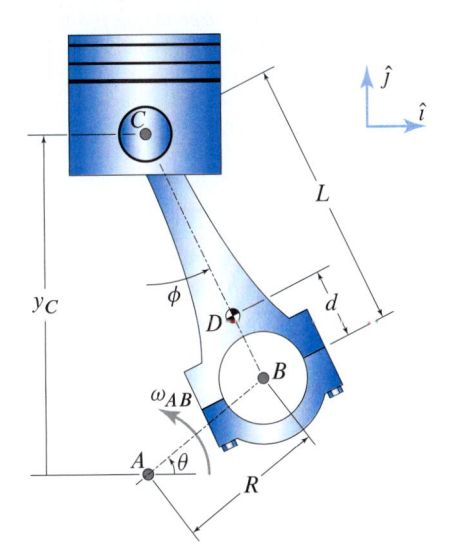

Figura P6.18
Definições dos parâmetros geométricos utilizados na análise da manivela-corrediça.

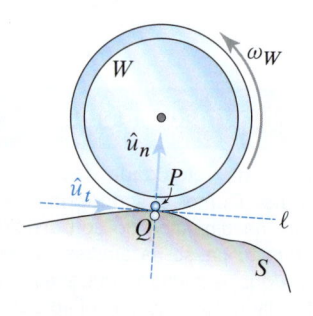

Figura 6.19
Uma roda W rolando sobre uma superfície S. No instante mostrado, a linha ℓ é tangente à trajetória dos pontos P e Q.

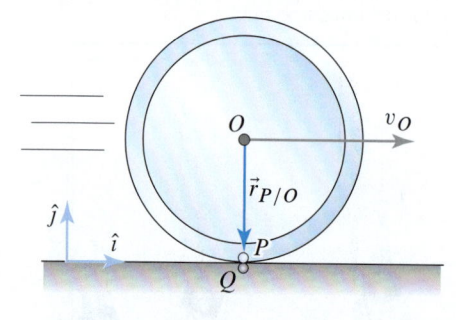

Figura 6.20
Uma roda rolando sem deslizamento sobre uma superfície horizontal fixa.

Erro comum

P não é um ponto fixo. Não interprete a Eq. (6.19) dizendo que P é um ponto fixo porque $\vec{v}_P$ é igual a zero. A Eq. (6.19) é válida *somente* no instante em que P toca o solo. Na Seção 6.3, descobriremos que, embora $\vec{v}_P = \vec{0}$ quando P está tocando o solo, $\vec{a}_P \neq \vec{0}$ nesse instante. Isto é, P para apenas por um instante enquanto é acelerado para longe de sua posição atual, de modo que algum outro ponto da roda possa tornar-se a parte da roda que toca o solo.

onde $\hat{u}_t$ é um vetor unitário paralelo a ℓ, e $\hat{u}_n$ é perpendicular a ℓ, ou que

$$\vec{v}_{P/Q} = \vec{0} \quad \Rightarrow \quad \vec{v}_P = \vec{v}_Q. \tag{6.17}$$

Como uma aplicação da Eq. (6.17), considere uma roda de raio R rolando sem deslizar sobre uma superfície plana estacionária e suponha que queremos encontrar a velocidade angular da roda quando o centro da roda está se movendo a uma determinada velocidade v_O (Fig. 6.20). Como P e O são dois pontos no mesmo corpo rígido, devemos ter

$$\vec{v}_P = \vec{v}_O + \vec{\omega}_O \times \vec{r}_{P/O}, \tag{6.18}$$

onde, no instante mostrado, P é o ponto da roda em contato com o solo, $\vec{v}_O = v_O\,\hat{\imath}$, $\vec{\omega}_O = \omega_O\,\hat{k}$ é a velocidade angular da roda e $\vec{r}_{P/O} = -R\,\hat{\jmath}$. Reforçando a condição de não deslizamento dada na Eq. (6.17), temos

$$\vec{v}_P = \vec{v}_Q = \vec{0}, \tag{6.19}$$

onde Q é o ponto no solo em contato com P nesse instante e $\vec{v}_Q = \vec{0}$ devido ao solo ser *estacionário*. Substituindo a Eq. (6.19) na Eq. (6.18) e simplificando, temos

$$\vec{0} = v_O\,\hat{\imath} + \omega_O\,\hat{k} \times (-R\,\hat{\jmath}) = v_O\,\hat{\imath} + \omega_O R\,\hat{\imath} \quad \Rightarrow \quad \boxed{\omega_O = -\frac{v_O}{R}}. \tag{6.20}$$

Observe que o centro da roda O não é o centro instantâneo de rotação da roda (porque $\vec{v}_O \neq \vec{0}$). Na verdade, o ponto da roda que está em contato com o solo a cada instante é o ponto que tem velocidade zero e é, portanto, o CI.

Derivação de restrições

Referindo-se à Fig. 6.18, também podemos determinar $\vec{\omega}_{BC}$ e $\vec{v}_C$ em função de θ escrevendo as equações de restrição apropriadas e, em seguida, derivando-as em relação ao tempo. Introduzimos essa ideia na Seção 2.7 na p. 137, mas ela se aplica tanto para corpos rígidos quanto para partículas.

Para determinar o movimento do pistão C, podemos escrever a equação de restrição para a coordenada y de C como

$$y_C = R\,\mathrm{sen}\,\theta + L\cos\phi, \tag{6.21}$$

que pode ser derivada em relação ao tempo para encontrar a velocidade de C como

$$\dot{y}_C = v_C = R\dot{\theta}\cos\theta - L\dot{\phi}\,\mathrm{sen}\,\phi. \tag{6.22}$$

Assume-se que as grandezas R, L e θ são conhecidas, apesar de termos visto que v_C é também uma função de ϕ, $\dot{\theta}$ e $\dot{\phi}$. Uma vez que o ângulo de manivela θ descreve a orientação da linha AB, podemos escrever

$$\dot{\theta} = \omega_{AB}, \tag{6.23}$$

onde ω_{AB} é a velocidade angular conhecida da manivela. Para determinar ϕ e $\dot{\phi}$ em termos de grandezas conhecidas, notamos que a orientação ϕ da biela e a orientação θ da manivela estão relacionadas por $\theta = L\,\mathrm{sen}\,\phi$, ou seja,

$$\mathrm{sen}\,\phi = \frac{R}{L}\cos\theta. \tag{6.24}$$

A Eq. (6.24) pode então ser derivada em função do tempo para encontrar $\dot{\phi}$, onde $\dot{\phi}\,\hat{k} = \vec{\omega}_{BC}$, em função de θ e $\dot{\theta}$ (veja o Prob. 6.73), concluindo assim a nossa análise. Demonstraremos esse método posteriormente no Exemplo 6.6.

Centro instantâneo de rotação

Quando um corpo rígido gira em torno de um ponto fixo Q (onde Q está no corpo ou em uma extensão rígida do corpo; veja a p. 463), a velocidade de qualquer ponto C sobre o corpo é dada por

$$\vec{v}_C = \vec{\omega}_{\text{corpo}} \times \vec{r}_{C/Q}, \qquad (6.25)$$

porque $\vec{v}_Q = \vec{0}$. Se $\vec{v}_Q = \vec{0}$ em todos os instantes, chamamos Q de centro de rotação. Se $\vec{v}_Q = \vec{0}$ *somente em um instante de tempo em particular*, então chamamos Q de *centro instantâneo de rotação* ou *centro instantâneo* (CI).[3] Se o movimento é planar, então $\vec{\omega}_{\text{corpo}}$ e $\vec{r}_{C/Q}$ são perpendiculares entre si, e podemos escrever a Eq. (6.25) como

$$|\vec{v}_C| = |\vec{\omega}_{\text{corpo}}||\vec{r}_{C/Q}| = |\vec{\omega}_{\text{corpo}}||\vec{r}_{C/\text{IC}}|, \qquad (6.26)$$

ou seja, a velocidade de C é proporcional à distância a partir do CI. Essa fórmula fornece uma ferramenta útil no estudo do movimento planar se pudermos encontrar o CI. Na verdade, o CI pode sempre ser encontrado se o movimento é planar. Descreveremos agora as três diferentes possibilidades.

> **Alerta de conceito**
>
> **O CI e o movimento planar geral.** Na análise da velocidade do movimento planar de um corpo rígido, podemos sempre ver o movimento do corpo como uma rotação em torno do CI, embora esse CI possa mudar instante a instante. Para uma translação o CI está no infinito.

Dadas duas velocidades não paralelas em um corpo

Quando aplicamos a ideia do CI para a biela na Fig. 6.21, a Eq. (6.25)

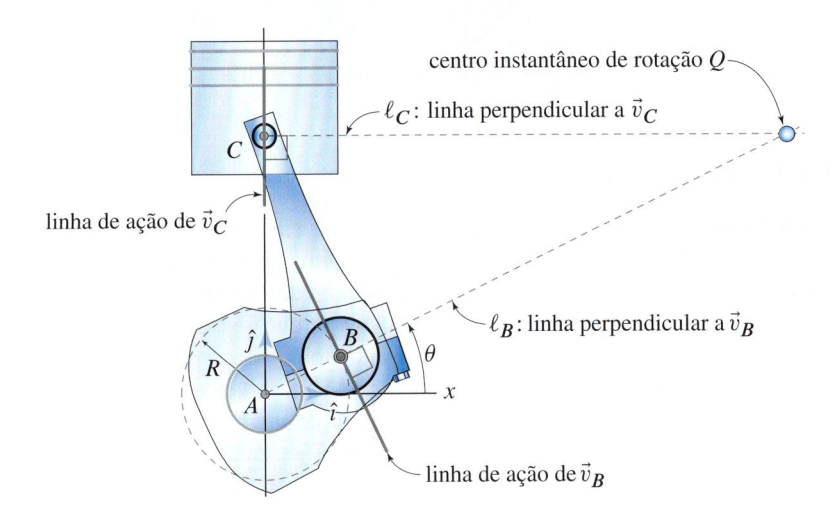

Figura 6.21 Construção gráfica da determinação do CI.

> **Erro comum**
>
> **Não utilize o CI para análise de aceleração.** O CI pode ter velocidade zero, mas, em geral, não possui aceleração igual a zero. Portanto, você não deve utilizar o conceito de CI para fazer análise de acelerações.

implica que $\vec{v}_C$ é *perpendicular* a ambos $\vec{\omega}_{BC}$ e $\vec{r}_{C/Q}$. Isso significa que, para a biela, o CI deve estar no plano do movimento e na interseção da linha que passa pelo ponto C e é perpendicular a $\vec{v}_C$ (linha ℓ_C) com a linha que passa por B e é perpendicular a $\vec{v}_B$ (linha ℓ_B). Assim, no instante mostrado, o CI da biela deve estar em Q, que é a interseção de ℓ_C e ℓ_B.

> **Informações úteis**
>
> **E se o CI não está no corpo?** Mesmo que o CI da biela encontrado na Fig. 6.21 não esteja na biela em si, ainda podemos fazer uso da Eq. (6.25) invocando o conceito de *corpo rígido estendido* (ver a discussão na p. 463).

Dadas duas velocidades paralelas sobre um corpo

O procedimento gráfico descrito acima não funciona se as linhas ℓ_B e ℓ_C são paralelas. Considere dois casos: (1) ℓ_B e ℓ_C são paralelos e distintos e (2) ℓ_B e ℓ_C são paralelos e coincidem.

---

[3] O *centro instantâneo* é também chamado de *centro instantâneo de velocidade zero*.

Caso 1: ℓ_B **e** ℓ_C **são paralelas e distintas.** Referindo-se à Fig. 6.22, no instante em que o ponto B está em uma linha perpendicular à linha AC, então $\vec{v}_B$ e $\vec{v}_C$ são paralelas e ℓ_B e ℓ_C são paralelas e distintas. Nesse caso, ℓ_B e ℓ_C cruzam-se no infinito e o CI está infinitamente distante. A partir da Eq. (6.26), a única maneira que B e C podem ter velocidades finitas, enquanto estando infinitamente longes do CI, é para a velocidade angular do corpo igual a zero! Ou seja, se a nossa construção geométrica diz-nos que as linhas ℓ_B e ℓ_C são *paralelas e distintas*, então podemos concluir que $\vec{\omega}_{BC} = \vec{0}$ naquele instante e, assim, $\vec{v}_B = \vec{v}_C$.

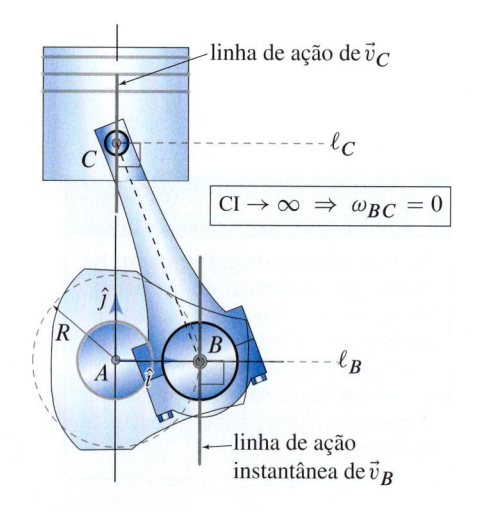

Caso 2: ℓ_B **e** ℓ_C **coincidem.** Considere o caso de uma roda que está rolando sem deslizar enquanto em contato com duas superfícies horizontais S_1 e S_2 que se deslocam a velocidades v_1 e v_2 em sentidos opostos (Fig. 6.23). A condição de não deslizamento

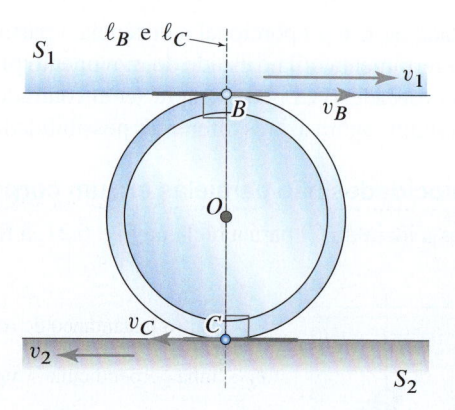

Figura 6.22
Neste instante, $\vec{v}_B$ e $\vec{v}_C$ são paralelos e ℓ_B e ℓ_C são paralelas e distintas. O CI de BC está no infinito e $\omega_{BC} = 0$.

Figura 6.23 Roda rolando sem deslizar sobre duas superfícies simultaneamente.

em B e C faz com que $\vec{v}_B$ e $\vec{v}_C$ sejam paralelas, pois elas devem corresponder às velocidades das superfícies S_1 e S_2. O procedimento geométrico para a determinação do CI diz que ℓ_B e ℓ_C coincidem. Se tudo o que sabemos são as direções de $\vec{v}_B$ e $\vec{v}_C$, então o CI não pode ser determinado porque todo ponto em ℓ_B e ℓ_C é um ponto de intersecção dessas linhas. No entanto, se os valores de v_1 e v_2 são conhecidos, então *podemos* encontrar o CI, bem como a velocidade angular do corpo. Referindo-se à Fig. 6.24, lembre, a partir da Fig. 6.15 da p. 465, que a velocidade de pontos sobre a linha ℓ_{BC} pode ser representada graficamente por triângulos retos com um vértice no centro de rotação. Portanto, o CI deve estar na intersecção de ℓ_{BC}, a linha (radial) contendo B e C, e ℓ_v, a linha que representa o perfil de velocidade dos pontos sobre ℓ_{BC}. Uma vez que a velocidade dos pontos sobre ℓ_{BC} é proporcional à distância do CI via velocidade angular, podemos calcular a velocidade angular com a Equação. (6.11) da p. 464 com semelhança de triângulos conforme (veja a Fig. 6.24)

$$\frac{v_B}{h_1} = \frac{v_C}{h_2} = \omega_O. \quad (6.27)$$

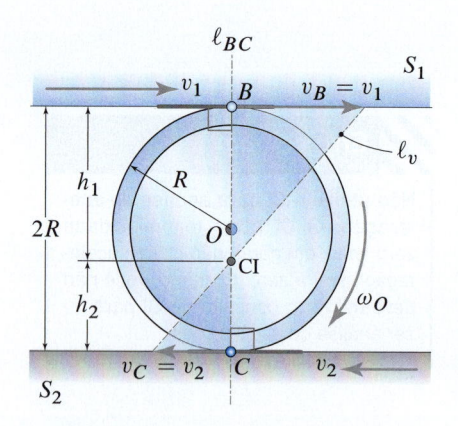

Figura 6.24
Determinação do CI para uma roda rolando sem deslizar entre duas superfícies paralelas. A superfície superior está se movendo para a direita, e a inferior está se movendo para a esquerda.

Uma vez que $h_1 + h_2 = 2R$, a Eq. (6.27) torna-se

$$\frac{v_B}{\omega_O} + \frac{v_C}{\omega_O} = 2R \quad \Rightarrow \quad \omega_O = \frac{v_B + v_C}{2R}. \quad (6.28)$$

Visto que o movimento é planar, podemos atribuir um sentido a ω_O (na Fig. 6.24, ω_O está no sentido horário, pois a parte superior da roda está se movendo para a direita e a parte inferior para a esquerda) de forma que nossos cálculos geométricos baseados em semelhança de triângulos permitam-nos calcular a velocidade angular do corpo.

Quando ambas as superfícies se movem no mesmo sentido a velocidades conhecidas, $\vec{v}_B$ e $\vec{v}_C$ são novamente paralelas e as linhas perpendiculares a elas que percorrem os pontos B e C coincidem na única linha ℓ_{BC} (a Fig. 6.25 tem ambas as superfícies deslocando-se para a direita com a superior se movendo mais rápido do que a inferior). O mesmo argumento de semelhança de triângulos usado para o caso da Fig. 6.24 nos diz que

$$\frac{v_B}{2R+h} = \frac{v_C}{h} = \omega_O. \qquad (6.29)$$

Resolvendo a primeira igualdade para h e então substituindo dentro da segunda, obtemos

$$h = \frac{2Rv_C}{v_B - v_C} \quad \Rightarrow \quad \omega_O = \frac{v_B - v_C}{2R}. \qquad (6.30)$$

Dada a velocidade em um corpo e a velocidade angular de um corpo

Esse caso é representado na Fig. 6.26 para a manivela de um motor de combustão interna, para o qual sabemos a velocidade do ponto B, bem como a velocidade angular ω_O da manivela. Nesse caso, o CI está localizado na linha ℓ_B tal que a distância de B até o CI é $R = v_B/\omega_O$. Podemos determinar de que lado de v_B o CI está considerando o sentido de rotação do corpo rígido. Nesse caso, ele está à esquerda de v_B, uma vez que a rotação é anti-horária.

Figura 6.25
Determinação do CI de uma roda rolando sem deslizar sobre duas superfícies paralelas. Ambas as superfícies estão se movendo para a direita, mas a parte superior está se movendo mais rapidamente que a inferior.

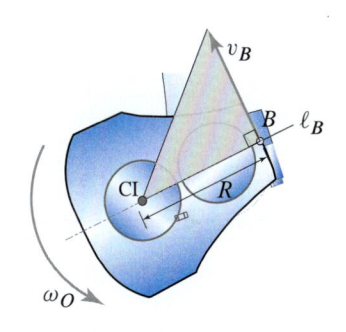

Resumo final da seção

Esta seção apresenta três formas diferentes para analisar as velocidades de um corpo rígido em movimento planar: a abordagem vetorial, a derivação de restrições e o centro instantâneo de rotação.

Abordagem vetorial. Vimos na Seção 6.1 que a equação

Eq. (6.15), p. 477

$$\vec{v}_C = \vec{v}_B + \vec{\omega}_{BC} \times \vec{r}_{C/B}$$

relaciona a velocidade de dois pontos em um corpo rígido, $\vec{v}_B$ e $\vec{v}_C$, pela sua posição relativa $\vec{r}_{C/B}$ e pela velocidade angular do corpo $\vec{\omega}_{BC}$ (veja a Fig. 6.27).

Rolagem sem deslizamento. Quando um corpo rola sem deslizar sobre outro corpo (veja, por exemplo, a roda W rolando sobre a superfície S na Fig. 6.28), então os dois pontos nos corpos que estão em contato em qualquer instante, pontos P e Q, devem ter a mesma velocidade. Matematicamente, isso significa que

Eq. (6.17), p. 478

$$\vec{v}_{P/Q} = \vec{0} \quad \Rightarrow \quad \vec{v}_P = \vec{v}_Q.$$

Se uma roda de raio R rola sem deslizar sobre uma superfície plana estacionária, então o ponto P sobre a roda em contato com a superfície deve ter velocidade zero (veja a Fig. 6.29). A consequência disso é que a velocidade angular da

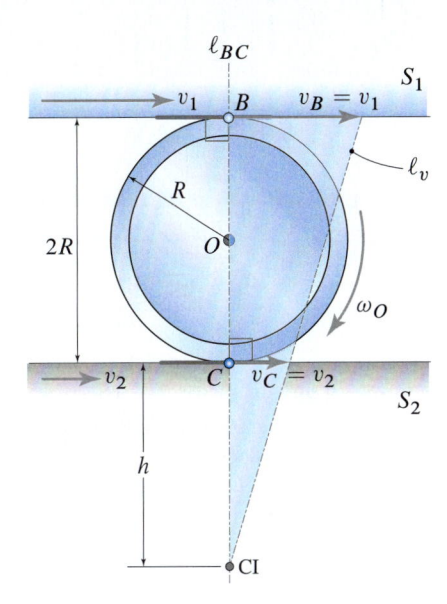

Figura 6.26
Determinação do CI para o caso em que a velocidade de um ponto no corpo e a velocidade angular do corpo são conhecidas.

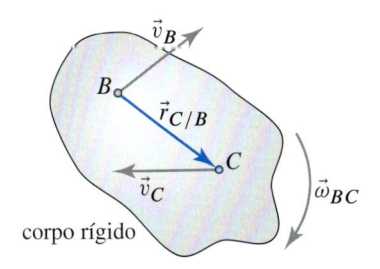

Figura 6.27
Um corpo rígido no qual estamos relacionando a velocidade de dois pontos B e C.

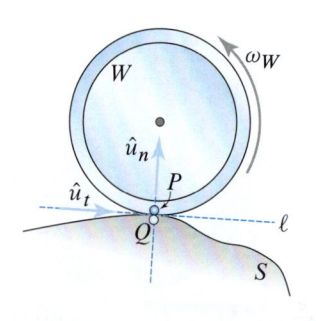

Figura 6.28

Figura 6.19 repetida. Uma roda W rolando sobre uma superfície S. No instante mostrado, a linha l é tangente à trajetória dos pontos P e Q.

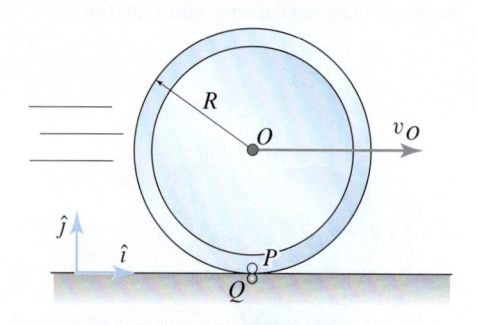

Figura 6.29
Uma roda rolando sem deslizamento sobre uma superfície horizontal fixa.

roda ω_O está relacionada com a velocidade do centro v_O e o raio R da roda de acordo com

Eq. (6.20), p. 478

$$\omega_O = -\frac{v_O}{R},$$

na qual o sentido positivo para ω_O é considerado o sentido positivo z usando a regra da mão direita.

Derivação de restrições. Como descobrimos na Seção 2.7, muitas vezes é conveniente escrever uma equação que descreve a posição de um ponto de interesse, que pode então ser derivada em relação ao tempo para encontrar a velocidade desse ponto. Para o movimento planar de corpos rígidos, essa ideia também pode ser aplicada para descrever a posição e a velocidade de um ponto sobre um corpo rígido, bem como para descrever a orientação de um corpo rígido, para a qual a derivada temporal fornece sua velocidade angular.

Centro instantâneo de rotação. O ponto sobre um corpo (ou extensão imaginária do corpo) cuja velocidade é zero em um instante em particular é chamado de *centro instantâneo de rotação* ou *centro instantâneo* (CI). O CI pode ser encontrado geometricamente se a velocidade é conhecida para dois pontos distintos em um corpo ou se uma velocidade no corpo e a velocidade angular do corpo são conhecidas. As três possíveis construções geométricas são mostradas na Fig. 6.30.

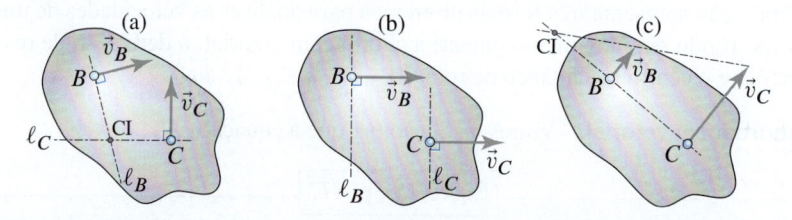

Figura 6.30 Os três diferentes possíveis movimentos para determinação do CI. (a) Duas velocidades não paralelas são conhecidas. (b) As linhas de ação de duas velocidades são paralelas e distintas; nesse caso, o CI está no infinito e o corpo está transladando. (c) As linhas de ação de duas velocidades paralelas coincidem.

EXEMPLO 6.4 Engrenagens planetárias rolando sem deslizar: abordagem vetorial

Sistemas de engrenagens planetárias (Fig. 1) são usados para transmitir energia entre dois eixos (uma aplicação comum está nas transmissões de carros). A engrenagem central é chamada de *solar*, a engrenagem exterior é chamada de *anelar*, e as engrenagens internas são chamadas de *planetas*. Os planetas são montados em um componente chamado de *suporte dos planetas* (que não é mostrado na Fig. 1). Referindo-se à Fig. 2, considere $R_S = 50$ mm, $R_P = 17$ mm, a engrenagem anelar sendo fixa e a velocidade angular da engrenagem solar sendo $\omega_S = 1500$ rpm. Determine $\vec{\omega}_P$ e $\vec{\omega}_{PC}$, as velocidades angulares do planeta P e do suporte dos planetas (*planet carrier – PC*), respectivamente.

SOLUÇÃO

Roteiro Para calcular $\vec{\omega}_P$, precisamos determinar a velocidade de dois pontos em P. Dois candidatos promissores são os pontos A' e Q' porque suas velocidades são completamente determinadas pela condição de rolagem sem deslizamento nos contatos A-A' e Q-Q' e porque $\vec{v}_A$ e $\vec{v}_Q$ são facilmente calculadas. Uma vez que $\vec{\omega}_P$ é conhecida, $\vec{\omega}_{PC}$ pode ser encontrada descobrindo-se a velocidade de dois pontos sobre o suporte dos planetas. Escolheremos O porque a sua velocidade é zero, e C porque ele está compartilhado com a engrenagem planetária P.

Cálculos Reforçar a condição de rolagem sem deslizamento nos contatos A-A' e Q-Q' resulta em

$$\vec{v}_{Q'} = \vec{v}_Q \quad \text{e} \quad \vec{v}_{A'} = \vec{v}_A = \vec{0}, \quad (1)$$

onde $\vec{v}_A = \vec{0}$ porque o anelar é fixo. Em seguida, pelo fato de a engrenagem solar girar sobre o ponto fixo O, podemos escrever

$$\vec{v}_Q = \vec{\omega}_S \times \vec{r}_{Q/O} = -\omega_S R_S \hat{i}, \quad (2)$$

onde usamos $\vec{\omega}_S = \omega_S \hat{k}$ e $\vec{r}_{Q/O} = R_S \hat{j}$. Além disso, escrever $\vec{v}_{Q'}$ usando A' como um ponto de referência resulta em

$$\vec{v}_{Q'} = \vec{v}_{A'} + \vec{\omega}_P \times \vec{r}_{Q'/A'} = 2\omega_P R_P \hat{i}, \quad (3)$$

onde usamos $\vec{\omega}_P = \omega_P \hat{k}$ e $\vec{r}_{Q'/A'} = -2R_P \hat{j}$ e consideramos $v_{A'} = 0$ a partir das Eqs. (1). Substituindo as Eqs. (2) e (3) na primeira das Eqs. (1) temos

$$\boxed{-\omega_S R_S = 2\omega_P R_P \quad \Rightarrow \quad \omega_P = -\frac{R_S}{2R_P}\omega_S = -2206 \text{ rpm.}} \quad (4)$$

Agora observe que C é compartilhado pela engrenagem planetária P e pelo suporte dos planetas. Isso significa que

$$\vec{v}_C = \vec{v}_{A'} + \omega_P \hat{k} \times \vec{r}_{C/A'} = \omega_P R_P \hat{i}, \quad (5)$$

e

$$\vec{v}_C = \vec{\omega}_{SP} \times \vec{r}_{C/O} = \omega_{SP} R_{SP} \hat{i}, \quad (6)$$

onde $R_{PC} = R_P + R_S$, $\vec{\omega}_{PC} = \omega_{PC} \hat{k}$, e reforçamos a segunda das Eqs. (1). As duas expressões para $\vec{v}_C$ devem ser iguais uma à outra, assim,

$$\boxed{\omega_{PC} = -\frac{R_P}{R_{PC}}\omega_P = \frac{R_S}{2R_{PC}}\omega_S = 560 \text{ rpm,}} \quad (7)$$

onde tiramos vantagem da solução para ω_P na Eq. (4).

Discussão e verificação Para verificar a exatidão de nossos resultados, observe que, como $\vec{v}_{A'} = \vec{0}$, o ponto A' é o CI para a engrenagem planetária P. Assim, as velocidades dos pontos C e Q' são $|\omega_P|R_P$ e $|\omega_P|2R_P$, respectivamente, o que é confirmado pelas Eqs. (4) e (7).

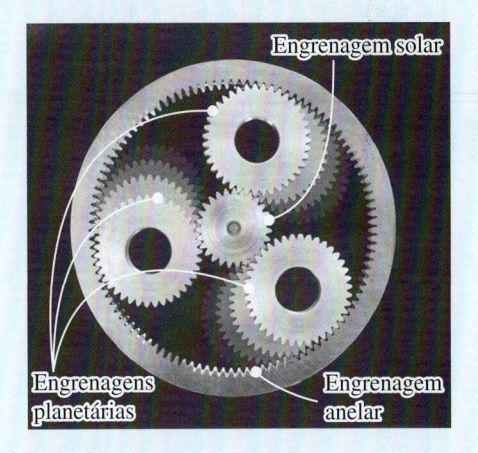

Figura 1
Foto de um sistema de engrenagens planetárias.

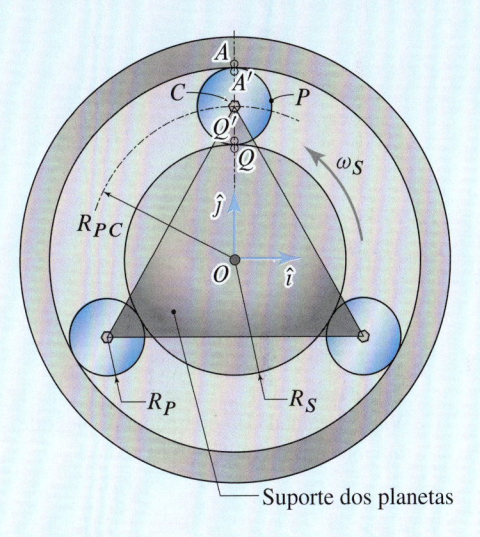

Figura 2
Esquema de um sistema de engrenagens planetárias com três planetas e um anel fixo.

EXEMPLO 6.5 Completando a análise das velocidades da biela

Na p. 477, esboçamos a abordagem vetorial para a análise de velocidade da biela (CR) e do pistão no mecanismo manivela-corrediça mostrado na Fig. 1. Concluiremos aquela análise aqui.

Referindo-se à Fig. 2, nos é dado o raio da manivela R, o comprimento L da CR, a posição H do centro de massa da CR, a velocidade angular da manivela ω_{AB} e o ângulo da manivela θ. Determine a velocidade angular da CR $\vec{\omega}_{BC}$, a velocidade do pistão $\vec{v}_C$ e a velocidade do centro de massa da CR $\vec{v}_D$.

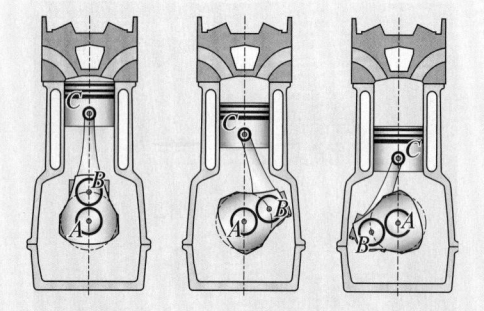

Figura 1

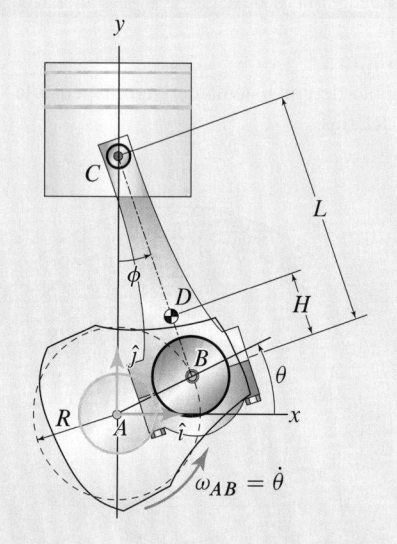

Figura 2
Vista detalhada do componente biela de um mecanismo manivela-corrediça.

SOLUÇÃO

Roteiro O roteiro para esse problema foi apresentado na p. 477.

Cálculos Começamos por recordar que, na Seção 6.1, encontramos $\vec{v}_B$ sendo (veja a Eq. (6.11) na p. 464 e a Fig. 2.)

$$\vec{v}_B = R\dot{\theta}\,\hat{u}_\theta = R\omega_{AB}(-\operatorname{sen}\theta\,\hat{\imath} + \cos\theta\,\hat{\jmath}), \qquad (1)$$

onde usamos $\dot{\theta} = \omega_{AB}$ e $\hat{u}_\theta = -\operatorname{sen}\theta\,\hat{\imath} + \cos\theta\,\hat{\jmath}$. Uma vez que B e C são dois pontos na CR, podemos relacionar as suas velocidades usando a Eq. (6.3) na p. 462, que dá

$$\vec{v}_C = \vec{v}_B + \vec{\omega}_{BC} \times \vec{r}_{C/B}. \qquad (2)$$

Como discutido na p. 477, a Eq. (2) representa duas equações escalares nas duas incógnitas v_C e ω_{BC}. Agora trabalharemos os detalhes para ver como.

Assim como para $\vec{\omega}_{BC}$, podemos escrevê-la como

$$\vec{\omega}_{BC} = \omega_{BC}\,\hat{k}. \qquad (3)$$

Para completar o lado direito da Eq. (2), podemos escrever $\vec{r}_{C/B}$ conforme

$$\vec{r}_{C/B} = L(-\operatorname{sen}\phi\,\hat{\imath} + \cos\phi\,\hat{\jmath}), \qquad (4)$$

onde notamos que a orientação ϕ da CR e a orientação da manivela θ são relacionadas por $R\cos\theta = L\operatorname{sen}\phi$, ou seja,

$$\operatorname{sen}\phi = \frac{R}{L}\cos\theta \quad \text{e} \quad \cos\phi = \frac{\sqrt{L^2 - R^2\cos^2\theta}}{L}. \qquad (5)$$

Finalmente, aplicando a condição $v_{Cx} = 0$, podemos escrever $\vec{v}_C$ como

$$\vec{v}_C = v_{Cy}\,\hat{\jmath}. \qquad (6)$$

Substituindo a Eq. (1) e as Eqs. (3)-(6) na Eq. (2) e resolvendo o produto cruzado temos

$$v_{Cy}\,\hat{\jmath} = -\left(R\omega_{AB}\operatorname{sen}\theta + \omega_{BC}\sqrt{L^2 - R^2\cos^2\theta}\right)\hat{\imath} + R\left(\omega_{AB} - \omega_{BC}\right)\cos\theta\,\hat{\jmath}. \qquad (7)$$

A Eq. (7) representa as duas equações escalares

$$R\omega_{AB}\operatorname{sen}\theta + \omega_{BC}\sqrt{L^2 - R^2\cos^2\theta} = 0, \qquad (8)$$

$$R\left(\omega_{AB} - \omega_{BC}\right)\cos\theta = v_{Cy}, \qquad (9)$$

nas incógnitas v_{Cy} e ω_{BC}. Resolvendo, obtemos

$$\boxed{\omega_{BC} = -\frac{\omega_{AB}\operatorname{sen}\theta}{\sqrt{(L/R)^2 - \cos^2\theta}},} \qquad (10)$$

$$\boxed{v_{Cy} = R\omega_{AB}\cos\theta\left[1 + \frac{\operatorname{sen}\theta}{\sqrt{(L/R)^2 - \cos^2\theta}}\right],} \qquad (11)$$

onde as soluções foram escritas para ressaltar que, pelo menos para ω_{BC}, a geometria do mecanismo importa apenas por meio da razão L/R, e os vetores $\vec{\omega}_{BC}$ e $\vec{v}_C$ são, então, dados pelas Eqs. (3) e (6), respectivamente.

Para encontrar $\vec{v}_D$, observamos que, como $\vec{v}_B$ e $\vec{\omega}_{BC}$ agora são ambos conhecidos, $\vec{v}_D$ é facilmente encontrado usando a Eq. (6.3) na p. 462 para relacionar o movimento de D com aquele de B como

$$\vec{v}_D = \vec{v}_B + \vec{\omega}_{BC} \times \vec{r}_{D/B}. \tag{12}$$

Escrevendo $\vec{r}_{D/B} = H(-\operatorname{sen}\phi\,\hat{\imath} + \cos\phi\,\hat{\jmath})$, substituindo as Eqs. (1), (2), (5) e (10) dentro da Eq. (11), realizando o produto cruzado e simplificando, obtemos

$$\vec{v}_D = R\omega_{AB}\left\{ \operatorname{sen}\theta\left(\frac{H}{L} - 1\right)\hat{\imath} \right. \tag{13}$$

$$\left. + \cos\theta\left[1 + \frac{H\operatorname{sen}\theta}{L\sqrt{(L/R)^2 - \cos^2\theta}}\right]\hat{\jmath}\right\}. \tag{14}$$

Discussão e verificação As respostas nas Eqs. (10), (11) e (13) são um pouco complicadas, mas podemos ver que elas têm um comportamento esperado. Por exemplo, esperamos que a velocidade do pistão seja igual a zero quando $\theta = 90°$ e $\theta = 270°$ (quando ele atinge as posições extremas ao longo do eixo y), e a Eq. (11) nos diz que ela é. Além disso, esperamos que a velocidade angular da CR seja zero em $\theta = 0°$ e $\theta = 180°$, uma vez que a sua rotação muda de sentido naqueles pontos – a Eq. (10) verifica que isso é verdade. Por fim, a inspeção dos nossos três resultados finais nos diz que todos eles são dimensionalmente corretos.

Um olhar mais atento Nossos resultados são *gerais* porque se aplicam a qualquer valor de θ e ω_{AB}, bem como a quaisquer possíveis valores de R, L e H, ou seja, a geometria do mecanismo. Relações gerais como essas são úteis, pois nos permitem conhecer ω_{BC}, v_{Cy} e $\vec{v}_D$ para *todos* os valores dos parâmetros θ, ω_{AB}, R, L e H ao projetar esses componentes de máquinas. Essa capacidade de ver como uma ou mais grandezas variam conforme os parâmetros são alterados é chamada de *análise paramétrica*. Agora apresentamos plotagens de ω_{BC} e v_{Cy} para as condições de funcionamento típicas de motores de automóveis.

➡ Observe que ω_{BC} e v_{Cy} são funções periódicas de θ de modo que só precisamos plotá-las para uma rotação completa da manivela, ou seja, para $0 \leq \theta \leq 360°$. Além disso, visto que ω_{BC} e v_{Cy} são diretamente proporcionais a ω_{AB}, as plotagens obtidas para um valor de ω_{AB} podem ser redimensionadas para obter plotagens para outros valores de ω_{AB}. Por fim, vemos que a geometria do mecanismo aparece nas equações principalmente pela razão L/R. É essa relação que normalmente é encontrada na análise do desempenho do motor do carro. As plotagens das funções das Eqs. (10) e (11) são apresentadas nas Figs. 3 e 4, respectivamente, para $\omega_{AB} = 3500$ rpm (p. ex., tráfego em rodovias), $L = 150$ mm (valores para os motores de bloco pequeno em geral variam entre 140 e 155 mm), e três valores comumente encontrados de L/R. Vemos, que quanto menor L/R, maiores são ω_{BC} e v_{Cy}. Além disso, como discutimos acima, a velocidade do pistão é zero quando $\theta = 90°$ e $\theta = 270°$. Por fim, observe que v_{Cy} parece diferente para $0° \leq \theta < 180°$, quando comparado com $180° \leq \theta \leq 360°$. Essa diferença é ainda mais marcante no comportamento da aceleração do pistão, discutido na Seção 6.3. Essa falta de simetria tende a desaparecer para valores maiores de L/R.

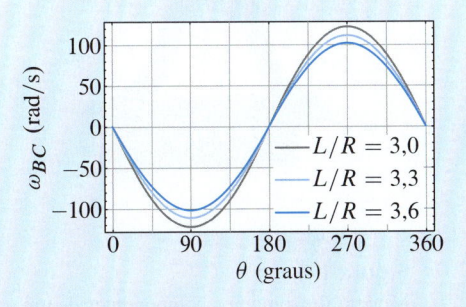

Figura 3
Gráfico da velocidade angular da biela para $\omega_{AB} = 3500$ rpm, $L = 150$ mm e três valores de L/R comumente encontrados na prática.

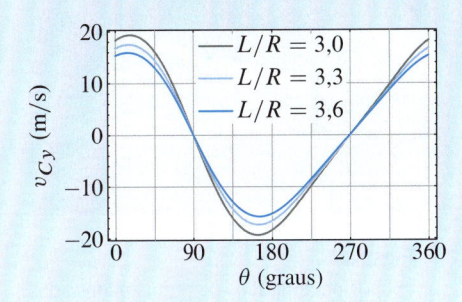

Figura 4
Gráfico das velocidades do pistão para $\omega_{AB} = 3500$ rpm, $L = 150$ mm e três valores de L/R comumente encontrados na prática.

EXEMPLO 6.6 Um mecanismo com uma corrediça: Derivação de restrições

A Fig. 1 mostra uma variação do mecanismo manivela-corrediça chamado de manivela corrediça com *bloco oscilante*. Usado pela primeira vez em diversos motores de locomotivas a vapor nos anos de 1800, esse mecanismo é frequentemente encontrado em sistemas de fechamento de porta (veja a Fig. 2.). Referindo-se à Fig. 3, note que a corrediça S está diretamente ligada à manivela, e ela desliza dentro de um bloco oscilante que é livre para oscilar em torno do pivô em O. Para esse mecanismo, queremos obter a relação entre a velocidade angular da corrediça e da manivela. Além disso, para $R = 200$ mm, $H = 635$ mm, $\theta = 20°$ e $\dot{\theta} = 265$ rad/s, queremos determinar a velocidade do ponto P na corrediça que está abaixo de O nesse instante.

Figura 1
Modelo ilustrando os componentes de um mecanismo manivela-corrediça com *bloco oscilante*.

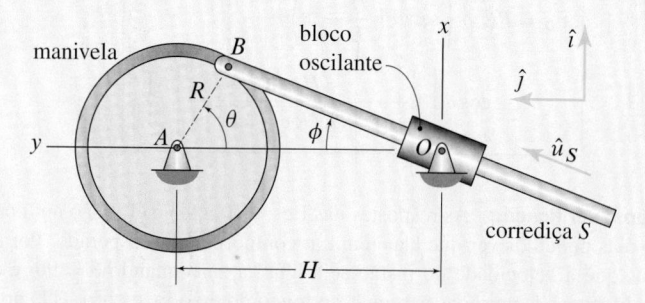

Figura 3 Representação de um mecanismo manivela-corrediça com *bloco oscilante* com um contato deslizante em O.

Figura 2
Fechos pneumáticos de porta encontrados em portas de barreira ou de tempestade são equivalentes ao mecanismo mostrado na Fig. 1.

SOLUÇÃO

Roteiro Devido a θ descrever a orientação da manivela, a velocidade angular da manivela é dada por $\vec{\omega}_{AB} = \dot{\theta}\hat{k}$. Da mesma forma, a velocidade angular da barra é $\vec{\omega}_S = -\dot{\phi}\hat{k}$, onde o sinal negativo representa o fato de que, se $\dot{\phi} > 0$, o deslizador gira no sentido horário. Podemos encontrar $\dot{\phi}$ primeiro relacionando ϕ com θ e logo derivando a equação resultante em relação ao tempo, que é o método de solução de derivação de restrição. Uma vez que $\vec{\omega}_S$ é conhecido, a velocidade de qualquer ponto P sobre a corrediça pode ser encontrada pela relação $\vec{v}_P = \vec{v}_B + \vec{\omega}_S \times \vec{r}_{P/B}$, onde o ponto B está tanto na manivela quanto na corrediça.

Cálculos Focando no triângulo AOB, ao longo de todo o movimento devemos ter

$$R \operatorname{sen} \theta = (H - R \cos \theta) \operatorname{tg} \phi. \tag{1}$$

Derivando a Eq. (1) em relação ao tempo, obtemos

$$R\dot{\theta} \cos \theta = R\dot{\theta} \operatorname{sen} \theta \operatorname{tg} \phi + (H - R \cos \theta)\dot{\phi} \sec^2 \phi. \tag{2}$$

Resolvendo Eq. (2) para $\dot{\phi}$ temos

$$\dot{\phi} = \frac{\cos \theta - \operatorname{sen} \theta \operatorname{tg} \phi}{(H - R \cos \theta) \sec^2 \phi} R\dot{\theta}, \tag{3}$$

que pode ser simplificada para

$$\boxed{\dot{\phi} = \frac{R(H \cos \theta - R)\dot{\theta}}{H^2 + R^2 - 2HR \cos \theta} \quad \Rightarrow \quad \vec{\omega}_S = \frac{R(R - H \cos \theta)\dot{\theta}}{H^2 + R^2 - 2HR \cos \theta} \hat{k},} \tag{4}$$

onde usamos a Eq. (1) para escrever $\phi = R \operatorname{sen} \theta/(H - R \cos \theta)$, bem como a identidade $\sec^2 \phi = 1 + \operatorname{tg}^2 \phi$.

Para o cálculo de $\vec{v}_P$, consideramos t_0 como sendo o instante quando $\theta = 20°$. Nesse instante, podemos escrever

$$\vec{v}_P(t_0) = \vec{v}_B(t_0) + \vec{\omega}_S(t_0) \times \vec{r}_{P/B}(t_0), \qquad (5)$$

onde P é o ponto na corrediça que, em $t = t_0$, coincide com o ponto O. Uma vez que B gira em torno do ponto fixo A, devemos ter

$$\vec{v}_B = \vec{\omega}_{AB} \times \vec{r}_{B/A} = \dot\theta\,\hat{k} \times R(\operatorname{sen}\theta\,\hat{\imath} - \cos\theta\,\hat{\jmath}) = R\dot\theta(\cos\theta\,\hat{\imath} + \operatorname{sen}\theta\,\hat{\jmath})$$

$$\Rightarrow\quad \vec{v}_B(t_0) = (49{,}8\,\hat{\imath} + 18{,}13\,\hat{\jmath})\,\text{m/s}, \qquad (6)$$

> **Informações úteis**
>
> **Porque P não é mostrado na Fig. 3?** O ponto P não pode ser visto na Fig. 3 porque está dentro do bloco oscilante articulado em O e coincide com o próprio O.

onde substituímos nos dados fornecidos para θ, $\dot\theta$ e R. Assim como para $\vec{r}_{P/B}(t_0)$, visto que P coincide com a origem, devemos ter $\vec{r}_P(t_0) = \vec{0}$, de forma que $\vec{r}_{P/B}(t_0) = \vec{r}_P(t_0) - \vec{r}_B(t_0) = -\vec{r}_B(t_0)$. Por isso, como $\vec{r}_B = R\operatorname{sen}\theta\,\hat{\imath} + (H - R\cos\theta)\,\hat{\jmath}$, temos

$$\vec{r}_{P/B}(t_0) = -\vec{r}_B(t_0) = (-0{,}0684\,\hat{\imath} - 0{,}447\,\hat{\jmath})\,\text{m}. \qquad (7)$$

Em seguida, usando a Eq. (4), temos

$$\vec{\omega}_S(t_0) = (-102{,}79\,\hat{k})\,\text{rad/s}. \qquad (8)$$

Finalmente, substituindo os resultados das Eqs. (6), (7) e (8) na Eq. (5), obtemos

$$\boxed{\vec{v}_P(t_0) = (3{,}85\,\hat{\imath} + 25{,}16\,\hat{\jmath})\,\text{m/s}.} \qquad (9)$$

Discussão e verificação Intuitivamente, esperaríamos que $|\omega_S|$ fosse menor que $|\dot\theta|$ para todo θ. 🖥️ ➡ Este é o caso do resultado da Eq. (8). Plotando as funções $\omega_S/\dot\theta$ (veja a Fig. 4), vemos que $|\omega_S/\dot\theta| < 1$ para qualquer θ, ou seja, $|\omega_S|$ comporta-se como o esperado. ⬅ 🖥️

🔎 **Um olhar mais atento** Referindo-se à Fig. 3, observe que os eixos da corrediça e do bloco oscilante devem sempre coincidir; caso contrário, o mecanismo poderia emperrar. Podemos expressar essa condição dizendo que, instante a instante, dado um ponto Q sobre a corrediça com as mesmas coordenadas x e y de um ponto correspondente Q' no bloco oscilante, devemos ter

$$\vec{v}_{Q/Q'} = v_{Q/Q'}\,\hat{u}_S \text{ com } \hat{u}_S = \operatorname{sen}\phi\,\hat{\imath} + \cos\phi\,\hat{\jmath}, \qquad (10)$$

onde $\hat{u}_S$ é um vetor unitário identificando a orientação do eixo do deslizador (veja a Fig. 3.). Lembre-se de que, no instante t_0, P tem as mesmas coordenadas x e y que o ponto O, que é um ponto fixo. Portanto, reescrevendo a Eq. (10) para os pontos P e O, temos

$$\vec{v}_{P/O}(t_0) = \vec{v}_P(t_0) - \vec{0} = v_P(t_0)\,\hat{u}_S(t_0). \qquad (11)$$

A Eq. (11) diz que os vetores $\hat{u}_S(t_0)$ e $\vec{v}_P(t_0)$ devem ser paralelos. Isso dá a oportunidade de verificar os nossos cálculos, comparando a direção desses dois vetores. A partir da segunda das Eqs. (10), a direção de u_S pode ser expressa como

$$\frac{(\hat{u}_S(t_0))_x}{(\hat{u}_S(t_0))_y} = \frac{\operatorname{sen}\phi(t_0)}{\cos\phi(t_0)} = \operatorname{tg}\phi_0 = 0{,}153, \qquad (12)$$

onde usamos a Eq. (1) para calcular $\operatorname{tg}\phi$ e avaliá-la em $t = t_0$. Repetindo o cálculo para $\vec{v}_P(t_0)$, usando a Eq. (9), temos

$$\frac{(v_P(t_0))_x}{(v_P(t_0))_y} = \frac{3{,}85}{25{,}16} = 0{,}153, \qquad (13)$$

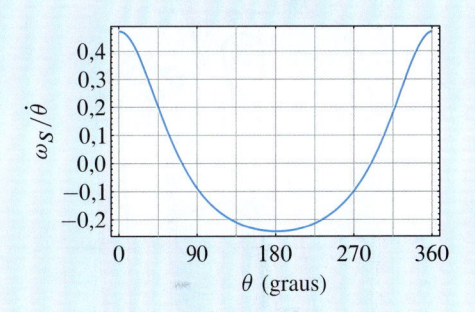

Figura 4
Gráfico da função $\omega_S/\dot\theta$ em função de θ ao longo de um ciclo inteiro. O comportamento esperado de ω_S é sempre ser menor que $\dot\theta$ em valor absoluto.

EXEMPLO 6.7 Análise de velocidade de um mecanismo de quatro barras: abordagem vetorial

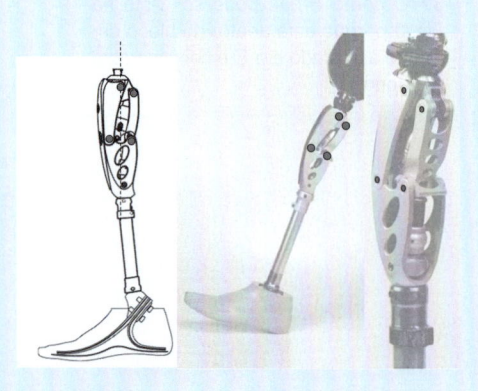

Figura 1

a qual implica que $\vec{v}_P$ possui a direção que esperávamos.

A Fig. 1 mostra três vistas de uma perna protética com uma articulação artificial no joelho. O principal componente cinemático dessa articulação artificial no joelho é um mecanismo de quatro barras (veja o painel da direita na Fig. 1 e o sistema $ABCD$ na Fig. 2). O mecanismo de quatro barras é composto pelos quatro segmentos AB, BC, CD e DA, que estão ligados por pinos e podem, portanto, girar um em relação ao outro. O mecanismo é construído de tal forma que, dado o movimento de dois dos seus segmentos, o movimento dos outros dois é determinado de maneira exclusiva. Variando as proporções relativas dos seus elementos, um sistema articulado de quatro barras pode fornecer uma variedade muito grande de movimentos controlados e, por essa razão, mecanismos de quatro barras têm inúmeras aplicações, incluindo motores, máquinas desportivas, componentes de próteses, ferramentas de desenho e atrações de diversão. Para o mecanismo na Fig. 2, suponha que o segmento AD é fixo e, utilizando a informação dada na Tabela 1 para o instante mostrado, determine a velocidade angular do segmento BC (a perna inferior) se o segmento AB gira no sentido anti-horário a uma taxa $|\vec{\omega}_{AB}| = 1{,}5$ rad/s, ou seja, como se andasse para frente (sentido negativo de x). A análise da aceleração é apresentada no Exemplo 6.12, na p. 508.

Tabela 1 Valores aproximados das coordenadas dos centros dos pinos A, B, C e D para o sistema mostrado na Fig. 2 no instante de tempo considerado

Pontos	A	B	C	D
Coordenadas (mm)	(0,0; 0,0)	(−27,0; 120)	(26,0; 124)	(30,0; 15,0)

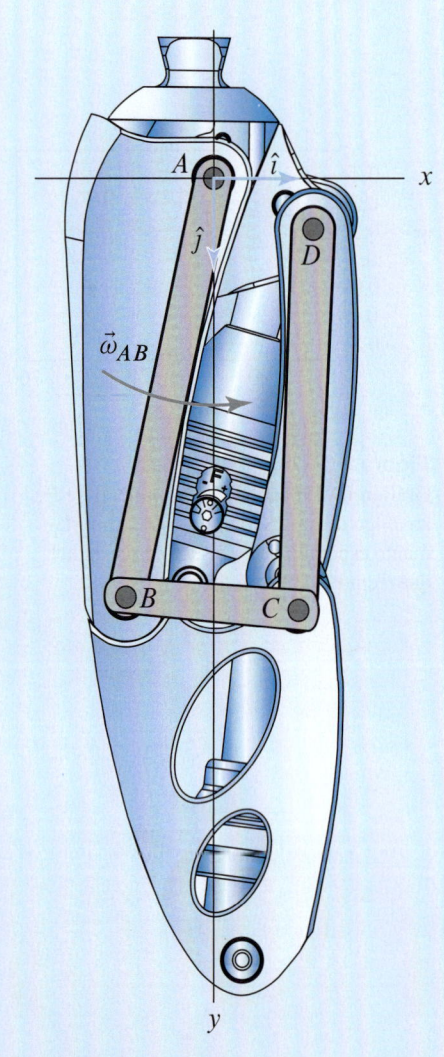

SOLUÇÃO

Roteiro Esse sistema articulado é uma *cadeia cinemática*, ou seja, um sistema em que a informação do movimento é transmitida de um componente para o outro ao longo da cadeia. Isso significa que começaremos a partir de um ponto cujo movimento é conhecido, digamos, A, uma vez que é fixo, e então calcularemos a velocidade do ponto B, que é o ponto seguinte ao longo da cadeia $ABCD$, utilizando a equação $\vec{v}_B = \vec{\omega}_{AB} \times \vec{r}_{B/A}$. Repetimos esse processo para os segmentos BC e CD. Ao fazê-lo, geraremos equações suficientes para determinar a velocidade angular de cada elemento ao longo da cadeia. É importante lembrar que os cálculos realizados neste exemplo funcionam apenas em um determinado instante de tempo.

Cálculos Para a velocidade de B, temos

$$\vec{v}_B = \vec{v}_A + \omega_{AB}\hat{k} \times \vec{r}_{B/A}. \qquad (1)$$

Assumindo $\omega_{AB} = -1{,}5$ rad/s, observando que $\vec{r}_{B/A} = \vec{r}_B = (-27\hat{\imath} + 120\hat{\jmath})$ mm e recordando que $\vec{v}_A = \vec{0}$, a Eq. (1) torna-se

$$\vec{v}_B = (180\hat{\imath} + 40{,}5\hat{\jmath})\,\text{mm/s}. \qquad (2)$$

Uma vez que o ponto C é compartilhado por ambos os segmentos BC e CD, podemos expressar a velocidade de C de duas formas independentes como segue:

$$\vec{v}_C = \vec{v}_B + \omega_{BC}\hat{k} \times \vec{r}_{C/B}, \qquad (3)$$

e

$$\vec{v}_C = \vec{v}_D + \omega_{CD}\hat{k} \times \vec{r}_{C/D}. \qquad (4)$$

Observando que

$$\vec{r}_{C/B} = \vec{r}_C - \vec{r}_B = (53\hat{\imath} + 4\hat{\jmath})\,\text{mm} \qquad (5)$$

$$\vec{r}_{C/D} = \vec{r}_C - \vec{r}_D = (-4\hat{\imath} + 109\hat{\jmath})\,\text{mm}, \qquad (6)$$

Figura 2
Geometria do mecanismo de quatro barras de uma perna protética.

lembrando que $\vec{v}_D = \vec{0}$, e notando que o $\vec{v}_C$ obtido da Eq. (3) deve ser o mesmo que o obtido da Eq. (4), encontramos

$$[(180\,\tfrac{\text{mm}}{\text{s}}) - (4\,\text{mm})\omega_{BC}]\,\hat{\imath} + [(40{,}5\,\tfrac{\text{mm}}{\text{s}}) + (53\,\text{mm})\omega_{BC}]\,\hat{\jmath}$$
$$= -(109\,\text{mm})\omega_{CD}\,\hat{\imath} - (4\,\text{mm})\omega_{CD}\,\hat{\jmath}. \qquad (7)$$

A Eq. (7) é uma equação vetorial equivalente a um sistema linear de duas equações escalares nas incógnitas ω_{BC} e ω_{CD}. Essas equações são

$$(180\,\tfrac{\text{mm}}{\text{s}}) - (4\,\text{mm})\omega_{BC} = -(109\,\text{mm})\omega_{CD}, \qquad (8)$$

$$(40{,}5\,\tfrac{\text{mm}}{\text{s}}) + (53\,\text{mm})\omega_{BC} = -(4\,\text{mm})\omega_{CD}, \qquad (9)$$

as quais podem ser resolvidas para obter

$$\boxed{\omega_{BC} = -0{,}638\,\text{rad/s} \ \text{e}\ \ \omega_{CD} = -1{,}67\,\text{rad/s}.} \qquad (10)$$

Discussão e verificação A solução a que chegamos parece razoável, de modo que ambos os segmentos *BC* e *CD* giram no sentido anti-horário, como seria o esperado ao se tentar andar para frente. O interessante é que as proporções dos segmentos do mecanismo são tais que, na configuração mostrada, o ponto *B* se move para baixo e para a direita, isto é, no sentido que poderia fazer o pé mover-se no chão, o que, novamente, é coerente com o que acontece quando começamos a andar para frente a partir de uma posição ereta.

Quanto à técnica que usamos para a solução, devemos observar que, na análise das cadeias cinemáticas, um sempre acaba expressando a velocidade de um ponto de duas maneiras independentes, que devem ser feitas de forma a serem coerentes entre elas. A aplicação desse requisito de consistência produz equações úteis em termos das incógnitas do problema.

EXEMPLO 6.8 Uma atração de diversão: análise de centro instantâneo

Plataformas de movimento, que são utilizadas em muitos dos parques de diversão atuais, são um tipo de brinquedo em que uma plataforma com assentos é feita para mover-se sempre paralela ao chão. A Fig. 1 mostra um tipo elementar da plataforma de movimento, mais frequentemente encontrada em parques menores do que em grandes parques de diversão. Dado que a plataforma de movimento na figura (veja também a Fig. 2) é projetada de modo que os braços rotativos *AB* e *CD* sejam de igual comprimento $L = 3$ m e permaneçam paralelos entre si, determine a velocidade e a aceleração de uma pessoa *P* a bordo da plataforma quando ω_{AB} é constante e igual a 1,25 rad/s.

Figura 1

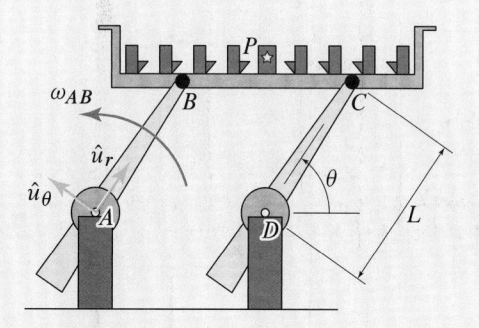

Figura 2
Definição de coordenadas e geometria para o brinquedo.

SOLUÇÃO

Roteiro Para simplificar o problema, assumiremos que a plataforma e as pessoas nela formam um único corpo rígido. Isso significa que os dois braços rotativos e a plataforma formam um *mecanismo de quatro barras*. Em virtude de os braços *AB* e *CD* serem de tamanho idêntico e estarem sempre paralelos um ao outro, o mecanismo de quatro barras *ABCD* sempre forma um paralelogramo. Usaremos esse fato em conjunto com o conceito de centro instantâneo de rotação para determinar a velocidade angular da plataforma. Saber disso e aplicar a cinemática da rotação de eixo fixo nos permitirá determinar $\vec{v}_P$ e $\vec{a}_P$.

Cálculos Referindo-se à Fig. 2, vemos que os braços *AB* e *CD* são sempre paralelos um ao outro. Também observamos que os pontos *B* e *C* se movem ao longo de círculos centrados em *A* e *D*, respectivamente, onde *A* e *D* são pontos fixos. Assim, passando pelo procedimento geométrico para identificar o CI do elemento *BC*, vemos que as linhas ℓ_{AB} e ℓ_{CD}, que são perpendiculares a $\vec{v}_B$ e $\vec{v}_C$, respectivamente, são paralelas e distintas. Isso significa que o CI de *BC* está no infinito e, logo,

$$\omega_{BC} = 0. \tag{1}$$

Como o resultado da Eq. (1) é independente do valor do ângulo θ dos braços *AB* e *CD*, o movimento do elemento *BC* é de translação. Dado o fato de que as trajetórias dos pontos em *BC* não são linhas retas, o movimento de *BC* é uma *translação curvilínea*. Consequentemente, todos os pontos do *BC*, ou qualquer extensão rígida do mesmo, por exemplo, qualquer um dos passageiros, compartilha o mesmo valor de velocidade bem como de aceleração. Em vista desse fato, temos

$$\vec{v}_P = \vec{v}_B = \vec{v}_C = \omega_{AB} L \, \hat{u}_\theta = (3,75 \text{ m/s}) \, \hat{u}_\theta,$$

e
$$\vec{a}_P = \vec{a}_B = \vec{a}_C = -\omega_{AB}^2 L \, \hat{u}_r = (-4,7 \text{ m/s}^2) \, \hat{u}_r, \tag{3}$$

onde a velocidade e a aceleração de *B* foram calculadas usando fórmulas de movimento circular (veja as Eqs. (6.11) na p. 464).

Discussão e verificação As dimensões e unidades nas Eqs. (2) e (3) estão corretas. A solução deste problema é muito elementar e realizada de forma conceitual para ilustrar o conceito de translação curvilínea e sua relação com o conceito de CI. Analisando os valores de aceleração calculados, eles não estão longe daqueles encontrados em atrações de diversão pública em geral (em oposição às extremas), e equivalem a pouco menos que 50% da aceleração da gravidade.

PROBLEMAS

Problemas 6.32

Um porta-aviões está manobrando de forma que, no instante mostrado, $|\vec{v}_A| = 25$ nós (1 nó é *exatamente* igual a 1,852 km/h) e $\phi = 33°$. Considerando a distância entre A e B sendo de 220 m e $\theta = 22°$, determine $\vec{v}_B$ no instante dado se a taxa de giro do navio neste instante é de $\dot{\theta} = 2°/s$ no sentido horário.

Problema 6.33

No instante mostrado, o pinhão está girando entre duas cremalheiras a uma velocidade angular $\omega_P = 55$ rad/s. Se o raio nominal do pinhão é $R = 40$ mm e a cremalheira inferior se move para a direita a uma velocidade $v_L = 1,2$ m/s, determine a velocidade da cremalheira superior.

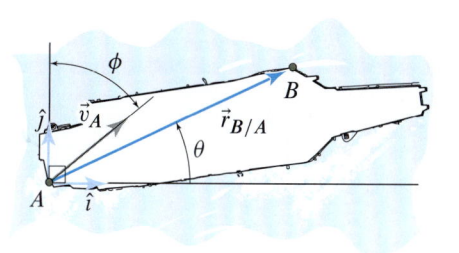

Figura P6.32

Problema 6.34

No instante mostrado, a cremalheira inferior se move para a direita a uma velocidade de $v_L = 1,2$ m/s, enquanto a cremalheira superior é fixa. Se o raio nominal do pinhão é de $R = 64$ mm, determine ω_P, a velocidade angular do pinhão, assim como a velocidade do ponto O, ou seja, o centro do pinhão.

Problema 6.35

Uma barra de comprimento $L = 2,5$ m está conectada por um pino a um rolo em A. O rolo está se movendo ao longo de um trilho horizontal, como mostrado, com $v_A = 5$ m/s. Se em um determinado instante $\theta = 33°$ e $\dot{\theta} = 0,4$ rad/s, calcule a velocidade do ponto médio da barra C.

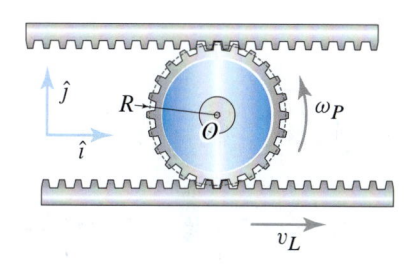

Figura P6.33 e P6.34

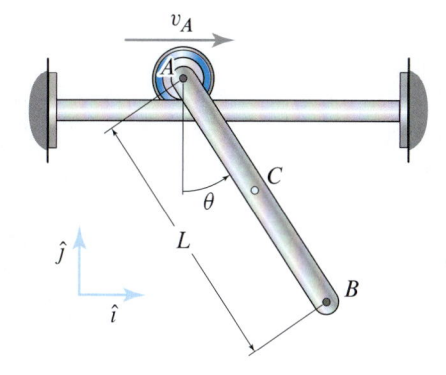

Figura P6.35 e P6.36

Problema 6.36

Se o movimento da barra é planar, qual seria a velocidade de A necessária para $\vec{v}_C$ ser perpendicular à barra AB? Por quê?

Nota: Problemas conceituais são sobre *explicações*, não sobre cálculos.

Problema 6.37

Os pontos A e B estão ambos na parte do reboque do caminhão. Se a velocidade relativa do ponto B em relação a A é como mostrado, o corpo sofrerá um movimento plano de corpo rígido?

Nota: Problemas conceituais são sobre *explicações*, não sobre cálculos.

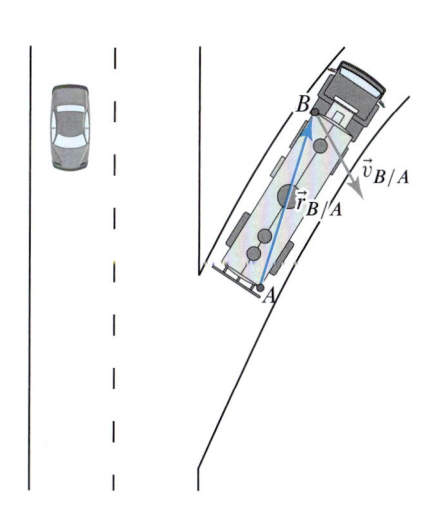

Figura P6.37

Problema 6.38

Um caminhão está se movendo para a direita a uma velocidade $v_0 = 12\,\text{km/h}$ enquanto a seção tubular com raio $R = 1{,}25\,\text{m}$ e centro em C rola sem deslizar sobre a plataforma do caminhão. O centro da seção tubular C está se movendo para a direita a 2 m/s em relação ao caminhão. Determine a velocidade angular da seção tubular e a velocidade absoluta de C.

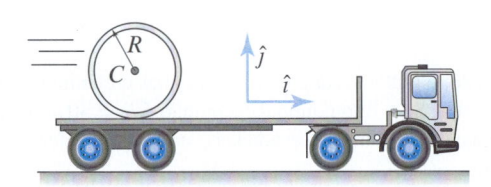

Figura P6.38

Problema 6.39

Uma roda W de raio $R_W = 7\,\text{mm}$ está ligada a um ponto O pelo braço rotativo OC e rola sem deslizar sobre um cilindro estacionário S de raio $R_S = 15\,\text{mm}$. Se, no instante mostrado, $\theta = 47°$ e $\omega_{OC} = 3{,}5\,\text{rad/s}$, determine a velocidade angular da roda e a velocidade do ponto Q, onde o ponto Q está na borda de W e ao longo da extensão da linha OC.

Figura P6.39

Figura P6.40

Problema 6.40

Para o mecanismo manivela-corrediça mostrado, considere $R = 20\,\text{mm}$, $L = 80\,\text{mm}$ e $H = 38\,\text{mm}$. Use o conceito de centro instantâneo de rotação para determinar os valores de θ, com $0° \leq \theta \leq 360°$, para os quais $v_B = 0$. Além disso, determine a velocidade angular da biela nesses valores de θ.

Problema 6.41

No instante mostrado, as barras AB e BC são perpendiculares entre si, e a barra BC está girando em sentido anti-horário a 20 rad/s. Considerando $L = 0{,}76\,\text{m}$ e $\theta = 45°$, determine a velocidade angular da barra AB, bem como a velocidade da corrediça C.

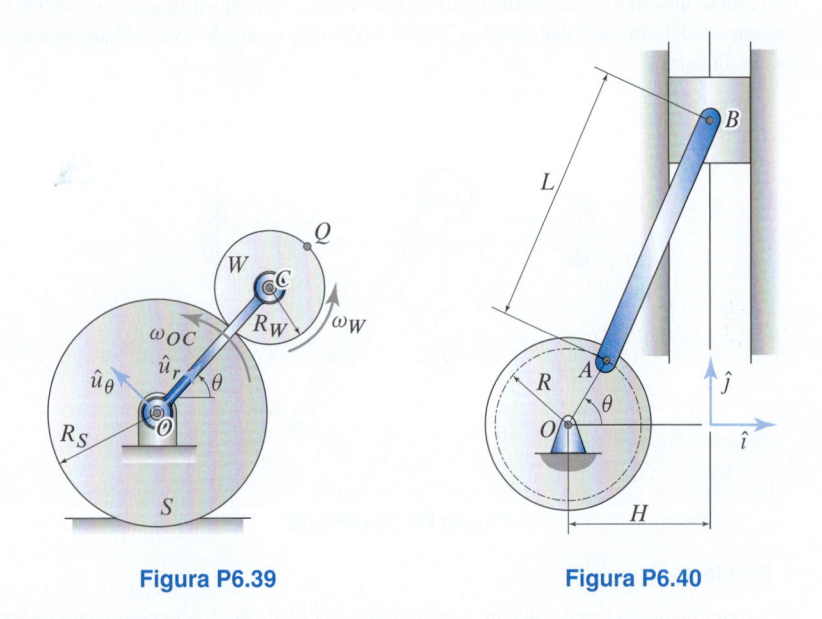

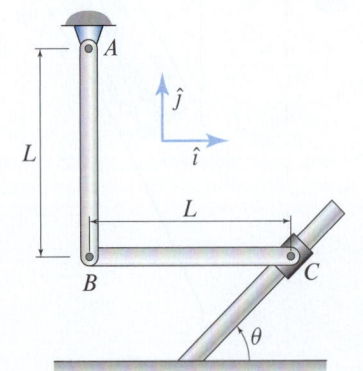

Figura P6.41

Problemas 6.42 e 6.43

Uma bola de raio $R_A = 75\,\text{mm}$ está rolando sem deslizar em uma cavidade esférica estacionária de raio $R_B = 200\,\text{mm}$. Suponha que o movimento da bola é planar.

Problema 6.42 Se a velocidade do centro da bola é $v_A = 0{,}5\,\text{m/s}$ e a bola está se movendo para baixo e para a direita, determine a velocidade angular da bola.

Problema 6.43 Se a velocidade angular da bola $|\omega_A| = 4\,\text{rad/s}$ é anti-horária, determine a velocidade do centro da bola.

Problema 6.44

Uma maneira de converter o movimento rotativo em movimento linear e vice-versa é por meio do uso de um mecanismo chamado de jugo escocês, que consiste em uma manivela C que está ligada a uma corrediça B por um pino A. O pino gira com a manivela enquanto desliza dentro do jugo, que, por sua vez, translada rigidamente com a corrediça. Esse mecanismo tem sido utilizado, por exemplo, para controlar a abertura e o fechamento de válvulas em tubulações. Considerando o raio da manivela como $R = 0{,}46\,\text{m}$, determine a velocidade angular ω_C da manivela de modo que a velocidade máxima da corrediça seja $v_B = 28\,\text{m/s}$.

Problema 6.45 a 6.47

O sistema apresentado é constituído de uma roda de raio $R = 350\,\text{mm}$ rolando sobre uma superfície horizontal. Uma barra AB de comprimento $L = 1{,}0\,\text{mm}$ está ligada por pinos ao centro da roda e a uma corrediça A que é obrigada a se mover ao longo de uma guia vertical. O ponto C é o ponto médio da barra.

Problema 6.45 Se, quando $\theta = 72°$, a roda está se movendo para a direita de forma que $v_B = 2\,\text{m/s}$, determine a velocidade angular da barra, bem como a velocidade da corrediça A.

Problema 6.46 Se, quando $\theta = 53°$, a corrediça se move para baixo a uma velocidade $v_A = 2{,}4\,\text{m/s}$, determine a velocidade dos pontos B e C.

Problema 6.47 Se a roda rola sem deslizar a uma velocidade angular constante em sentido anti-horário de $10\,\text{rad/s}$, determine a velocidade da corrediça A quando $\theta = 45°$.

Problema 6.48

No instante mostrado, a cremalheira inferior se move para a direita a uma velocidade de $2{,}7\,\text{m/s}$, enquanto a cremalheira superior se move para a esquerda a uma velocidade de $1{,}7\,\text{m/s}$. Se o raio nominal do pinhão O é $R = 0{,}25\,\text{m}$, determine a velocidade angular do pinhão, bem como a posição do centro instantâneo de rotação do pinhão em relação ao ponto O.

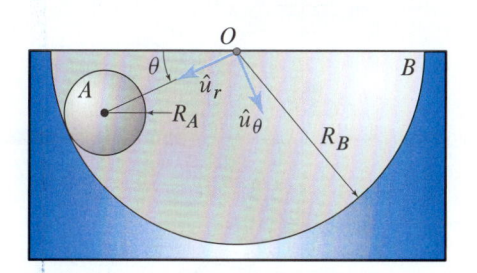

Figura P6.42 e P6.43

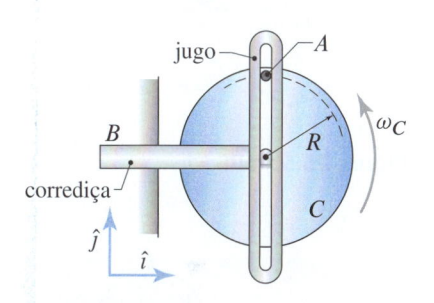

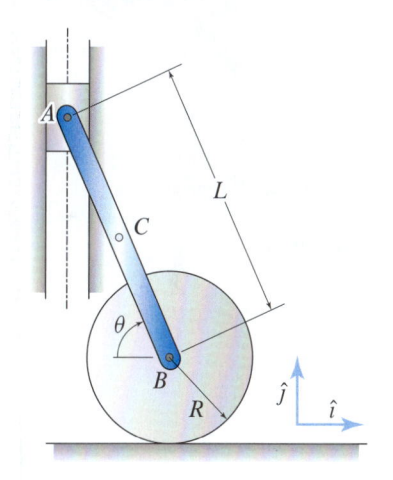

Figura P6.44

Figura P6.45-P6.47

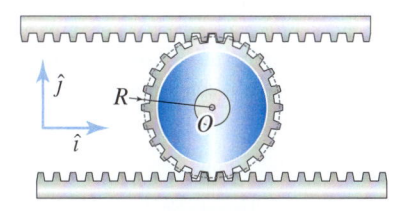

Figura P6.48

Problema 6.49

Um porta-aviões está manobrando de forma que, no instante mostrado, $|\vec{v}_A| = 22$ nós, $\phi = 35°$, $|\vec{v}_B| = 24$ nós (1 nó é igual a 1 milha náutica (mn) por hora ou $1{,}852\,\text{km/h}$).

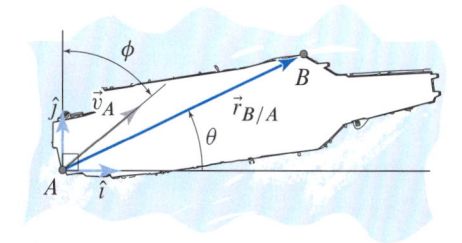

Figura P6.49

Considerando $\theta = 19°$ e a distância entre A e B ser de 220 m, determine a taxa de giro do navio no instante dado se o navio está girando no sentido horário.

Problemas 6.50 e 6.51

Para o mecanismo manivela-corrediça mostrado, considere $R = 4,8$ mm, $L = 155$ mm e $H = 30$ mm. Além disso, no instante mostrado, considere $\theta = 27°$ e $\omega_{AB} = 4850$ rpm.

Problema 6.50 Determine a velocidade do pistão no instante mostrado.

Problema 6.51 Determine $\dot{\phi}$ e a velocidade do ponto D no instante mostrado.

Problema 6.52

Uma roda W de raio $R_W = 7$ mm está ligada ao ponto O pelo braço rotativo OC e rola sem deslizar sobre o cilindro estacionário S de raio $R_S = 15$ mm. Se, no instante mostrado, $\theta = 63°$ e $\omega_W = 9$ rad/s, determine a velocidade angular do braço OC e a velocidade do ponto P, onde o ponto P está na borda de W e alinhado verticalmente com o ponto C.

Problema 6.53

No instante mostrado, o centro O de uma bobina com raios interno e externo $r = 1$ m e $R = 2,2$ m, respectivamente, está subindo a ladeira a uma velocidade $v_O = 3$ m/s. Se a bobina não desliza em relação ao solo ou em relação ao cabo C, determine a taxa na qual o cabo é enrolado ou desenrolado, ou seja, o comprimento da corda sendo enrolada ou desenrolada por unidade de tempo.

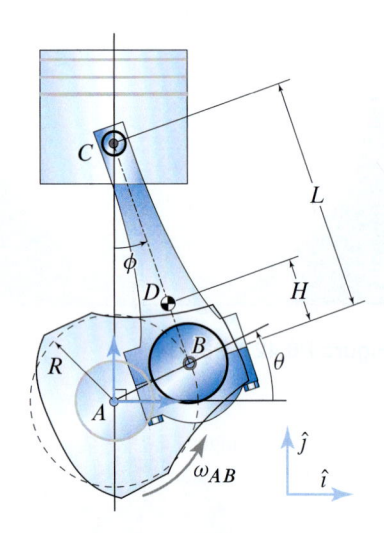

Figura P6.50 e P6.51

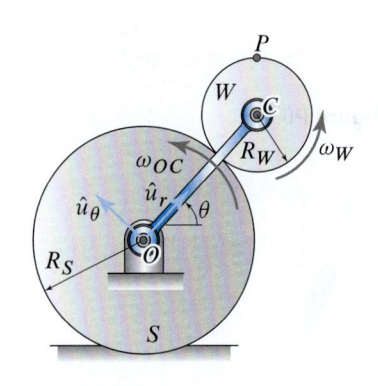

Figura P6.52

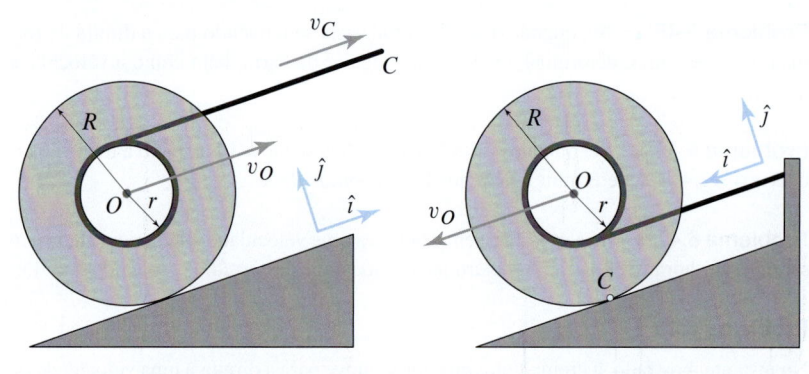

Figura P6.53

Figura P6.54

Problema 6.54

No instante mostrado, o centro O de uma bobina com raios interno e externo $r = 0,9$ m e $R = 2$ m, respectivamente, está descendo a ladeira a uma velocidade $v_O = 3,7$ m/s. Se a bobina não desliza em relação à corda e a corda é fixa em uma extremidade, determine a velocidade do ponto C (o ponto da bobina que está em contato com a ladeira), bem como taxa de desenrolamento da corda, isto é, o comprimento da corda sendo desenrolada por unidade de tempo.

Problema 6.55

A caçamba de uma retroescavadeira é o elemento AB do sistema articulado de quatro barras $ABCD$. Suponha que os pontos A e D são fixos e, no instante mostrado, o ponto B está alinhado verticalmente com o ponto A, o ponto C está horizontalmente alinhado com o ponto B, e o ponto B se move para a direita a uma velocidade $v_B = 0,36$ m/s. Determine a velocidade do ponto C no instante mostrado, em conjunto com as velocidades angulares dos elementos BC e CD. Considere $h = 0,2$ m, $e = 0,14$ m, $l = 0,27$ m e $w = 0,3$ m.

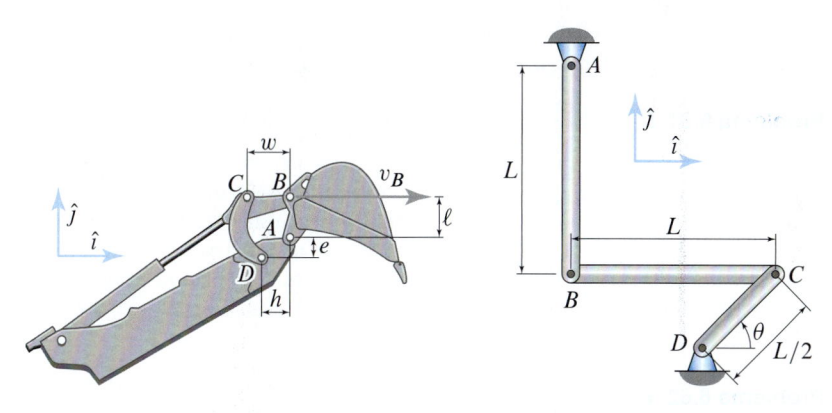

Figura P6.55

Figura P6.56

Problema 6.56

A barra AB gira no sentido anti-horário a uma velocidade angular de 15 rad/s. Considerando $L = 1,25$ m, determine a velocidade angular da barra CD quando $\theta = 45°$.

Problema 6.57

No instante mostrado, as barras AB e CD são verticais e o ponto C está se movendo para a esquerda a uma velocidade de 10 m/s. Considerando $L = 0,46$ m e $H = 0,18$ m, determine a velocidade do ponto B.

Problema 6.58

Os colares A e B estão restritos a deslizar ao longo das guias mostradas e estão conectados por uma barra de comprimento $L = 0,75$ m. Considerando $\theta = 45°$, determine a velocidade angular da barra AB no instante mostrado se, nesse instante, $v_B = 2,7$ m/s.

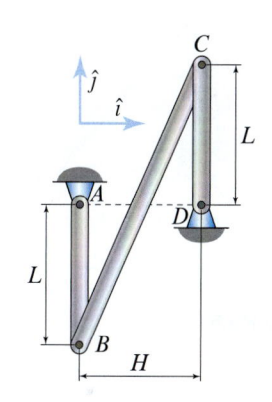

Figura P6.57

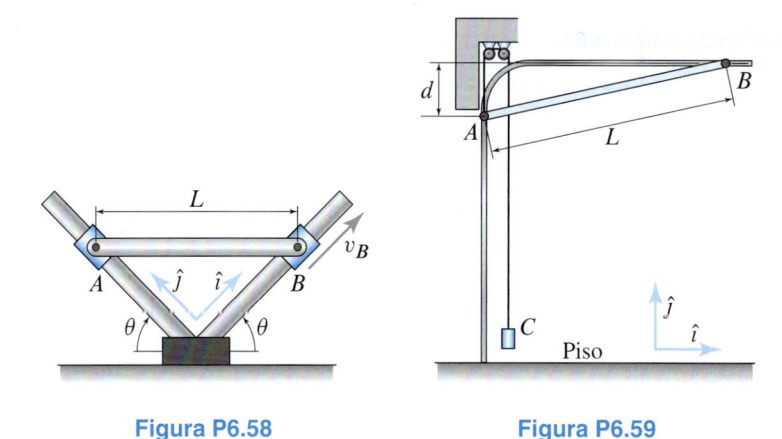

Figura P6.58

Figura P6.59

Problema 6.59

No instante mostrado, uma porta de garagem suspensa está sendo fechada com o ponto B se deslocando para a esquerda dentro da parte horizontal da guia da porta a uma velocidade de 1,5 m/s, enquanto o ponto A se move verticalmente para baixo. Determine a velocidade angular da porta e a velocidade do contrapeso C nesse instante se $L = 1,8$ m e $d = 0,46$ m.

Problema 6.60

Uma bobina com raio interno $R = 1,5$ m rola sem deslizar sobre um trilho horizontal conforme mostrado. Se o cabo na bobina é desenrolado a uma velocidade $v_A = 5$ m/s de tal forma que o cabo desenrolado permanece perpendicular ao trilho, determine a velocidade angular da bobina e a velocidade do centro da bobina O.

Problema 6.61

No sistema articulado de quatro barras mostrado, os comprimentos das barras AB e CD são $L_{AB} = 46$ mm e $L_{CD} = 25$ mm, respectivamente. Além disso, a distância entre os pontos A e D é $d_{AD} = 43$ mm. As dimensões do mecanismo são tais que, quando o ângulo $\theta = 132°$, o ângulo $\phi = 69°$. Para $\theta = 132°$ e $\dot\theta = 27$ rad/s, determine a velocidade angular das barras BC e CD, bem como a velocidade do ponto E, o ponto médio da barra BC. Note que a figura foi desenhada em escala e as barras BC e CD não são colineares.

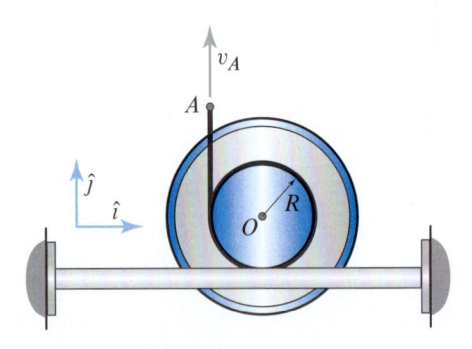

Figura P6.60

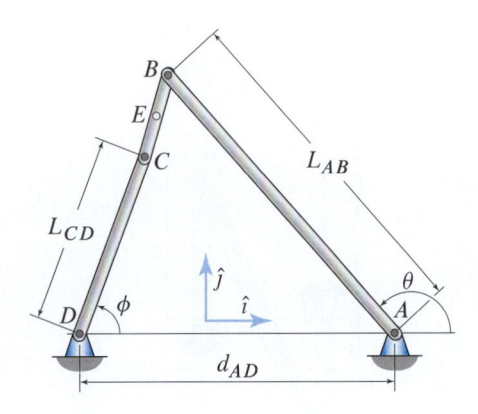

Figura P6.61

Problema 6.62

Uma pessoa está fechando um portão pesado com dobradiças enferrujadas empurrando o portão com o carro A. Se $w = 24$ m e $v_A = 1,2$ m/s, determine a velocidade angular do portão quando $\theta = 15°$.

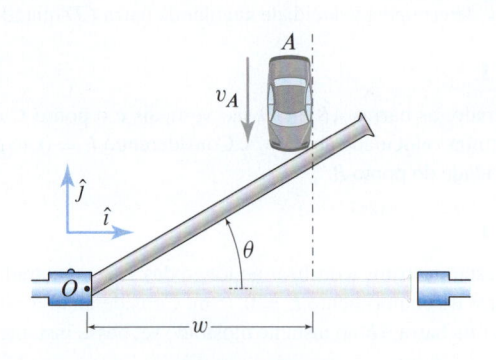

Figura P6.62

Problemas 6.63 a 6.65

No sistema articulado de quatro barras mostrado, considere a guia circular com centro em O como fixo e de tal forma que, quando $\theta = 0°$, as barras AB e BC estão na vertical e horizontal, respectivamente. Além disso, considere $R = 0,6$ m, $L = 0,9$ m e $H = 1,0$ m.

Problema 6.63 Quando $\theta = 0°$, o colar em C está deslizando para baixo a uma velocidade de 7 m/s. Determine as velocidades angulares das barras AB e BC nesse instante.

Problema 6.64 Quando $\theta = 37°, \beta = 25,07°, \gamma = 78,71°$ e o colar está deslizando no sentido horário a uma velocidade $v_C = 7$ m/s. Determine as velocidades angulares das barras AB e BC.

Problema 6.65 Determine a expressão geral para as velocidades angulares das barras AB e BC em função de $\theta, \beta, \gamma, R, L, H$ e $\dot\theta$.

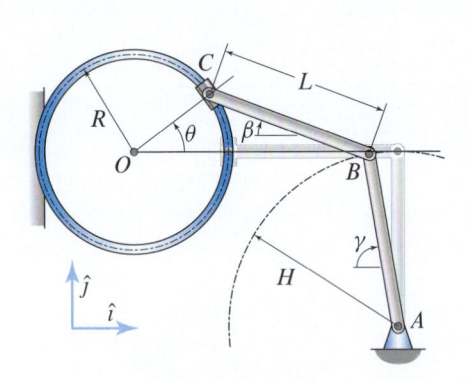

Figura P6.63-P6.65

Problema 6.66

No instante mostrado, o braço OC gira em sentido anti-horário a uma velocidade angular de 35 rpm em torno da engrenagem solar fixa S de raio $R_S = 90$ mm. A engrenagem planetária P com raio $R_P = 30$ mm rola sem deslizar sobre ambas, a engrenagem solar fixa e a engrenagem anelar externa. Por fim, observe que a engrenagem anelar não é fixa e rola sem deslizar sobre a engrenagem solar. Determine a velocidade angular da engrenagem anelar e a velocidade do centro da engrenagem anelar no instante mostrado.

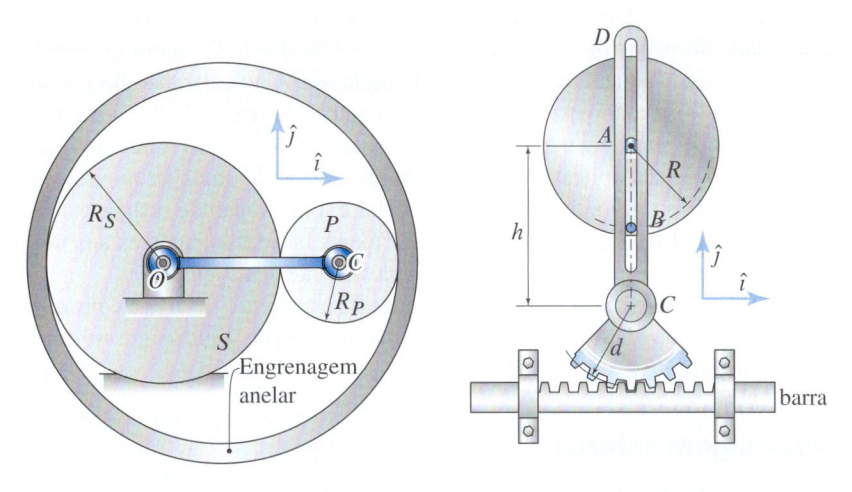

Figura P6.66

Figura P6.67

Problema 6.67

A manivela AB gira no sentido anti-horário a uma velocidade angular constante de 12 rad/s enquanto o pino B desliza dentro da ranhura na barra CD, que é fixada por um pino em C. Considerando $R = 0,5$ m, $h = 1$ m e, $d = 0,25$ m, determine a velocidade angular da barra CD no instante mostrado (com os pontos A, B e C alinhados verticalmente), bem como a velocidade da barra horizontal na qual a barra CD está conectada.

Problemas 6.68 a 6.72

Para o mecanismo manivela-corrediça mostrado, considere $R = 20$ mm, $L = 80$ mm e $H = 38$ mm.

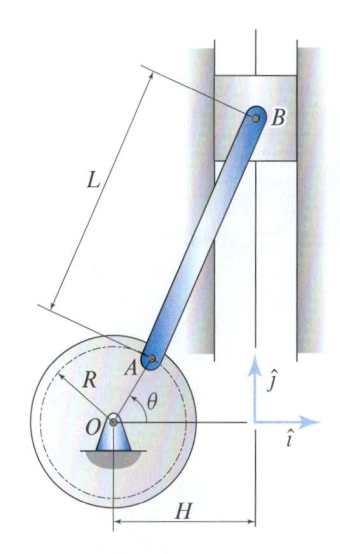

Figura P6.68-P6.72

Problema 6.68 Se $\dot{\theta} = 1700$ rpm, determine a velocidade angular da biela AB e a velocidade da corrediça B para $\theta = 90°$.

Problema 6.69 Determine a velocidade angular da manivela OA quando $\theta = 20°$ e a corrediça se move para baixo a 15 m/s.

Problema 6.70 Determine a expressão geral para a velocidade da corrediça B em função de θ, $\dot{\theta}$ e dos parâmetros geométricos R, H e L utilizando a *abordagem vetorial*.

Problema 6.71 Determine a expressão geral para a velocidade da corrediça B em função de θ, $\dot{\theta}$ e dos parâmetros geométricos R, H e L utilizando *derivação de restrições*.

Problema 6.72 Plote a velocidade da corrediça C em função de θ, para $0 \leq \theta \leq 360°$, e para $\dot{\theta} = 1000$ rpm, $\dot{\theta} = 3000$ rpm e $\dot{\theta} = 5000$ rpm.

Problema 6.73

Complete a análise de velocidade do mecanismo manivela-corrediça usando a derivação de restrições que foi delineada a partir da p. 478. Ou seja, determine a velocidade do pistão C e a velocidade angular da biela em função das grandezas θ, ω_{AB}, R e L fornecidas. Use o sistema de coordenadas mostrado para suas respostas.

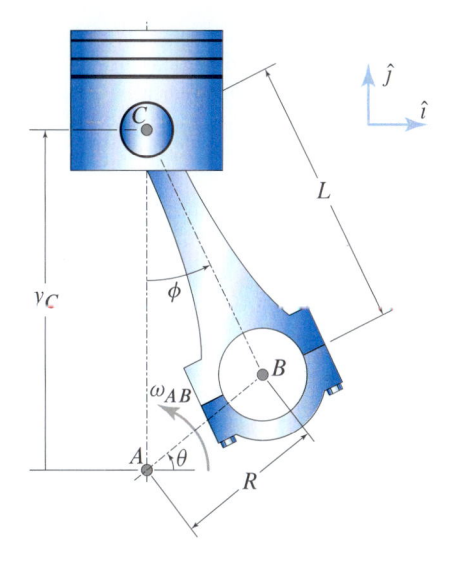

Figura P6.73

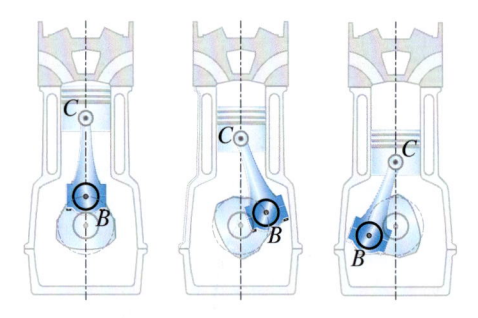

Figura 6.31
Um mecanismo manivela-corrediça enfatizando o movimento da biela.

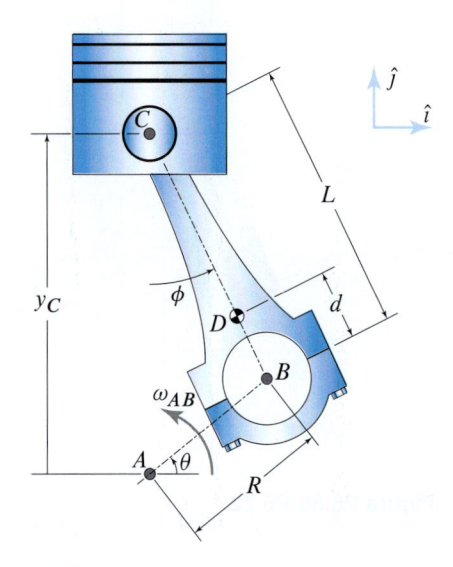

Figura 6.32
Os parâmetros geométricos usados na análise da manivela-corrediça.

6.3 MOVIMENTO PLANAR: ANÁLISE DE ACELERAÇÃO

Nesta seção, continuaremos a análise do mecanismo manivela-corrediça (veja a Fig.6.31) iniciada na Seção 6.1 na p. 459 e posteriormente desenvolvida na Seção 6.2 na p. 477, onde encontramos a velocidade angular da biela $\vec{\omega}_{BC}$ e a velocidade do pistão $\vec{v}_C$. Em relação às Figuras 6.31 e 6.32, agora queremos determinar $\vec{\alpha}_{BC}$, a aceleração angular da biela, e $\vec{a}_C$, a aceleração do pistão, dado o ângulo da manivela θ, a velocidade angular da manivela $\dot{\theta}$, e a aceleração angular da manivela $\ddot{\theta}$. Desenvolveremos duas abordagens diferentes para o problema que são aplicáveis à análise de aceleração de qualquer movimento planar de corpo rígido: a abordagem vetorial e a derivação de restrições. No corpo principal da seção, mostraremos as ideias básicas adjacentes aos dois métodos, e então as demonstraremos completamente nos exemplos.

Assumiremos que a velocidade angular da manivela $\dot{\theta} = \omega_{AB}$ é *constante* na discussão a seguir. Mais geralmente, a metodologia de solução que aplicaremos é válida se ω_{AB} é constante ou não.

Abordagem vetorial

A biela no mecanismo manivela-corrediça (Fig. 6.31) está em movimento planar geral, ou seja, podemos descrever a aceleração de quaisquer dos seus pontos conhecendo a aceleração de um ponto na biela assim como o movimento rotacional da biela (isto é, sua velocidade angular e aceleração angular).[4] A análise de velocidade foi feita no Exemplo 6.5 na p. 484, e então sabemos a velocidade angular $\vec{\omega}_{BC}$ da biela. A análise de aceleração procede da mesma forma.

Encontramos a aceleração do ponto B, o qual está sob rotação em eixo fixo sobre a linha de centro da manivela A (veja a Fig. 6.32), na p. 464. Os pontos B e C estão no mesmo corpo rígido, assim podemos relacionar a aceleração de C com a de B usando a Eq. (6.5) na p. 462 ou a Eq. (6.14) na p. 465, na Seção 6.1, a qual nos fornece,

ou

$$\vec{a}_C = \vec{a}_B + \vec{\alpha}_{BC} \times \vec{r}_{C/B} + \vec{\omega}_{BC} \times (\vec{\omega}_{BC} \times \vec{r}_{C/B}), \quad (6.31)$$

$$\vec{a}_C = \vec{a}_B + \vec{\alpha}_{BC} \times \vec{r}_{C/B} - \omega_{BC}^2 \vec{r}_{C/B}, \quad (6.32)$$

respectivamente, onde $\vec{\alpha}_{BC}$ é a aceleração angular da barra BC e $\vec{\omega}_{BC}$ é conhecido. No movimento planar, qualquer uma das equações acima é uma equação vetorial que representa *duas* equações escalares. Essa duas equações escalares são a chave para determinar $\vec{a}_C$ e $\vec{\alpha}_{BC}$. Isso ocorre porque $\vec{a}_B$ é conhecido, a direção de $\vec{a}_C$ é conhecida (o movimento do pistão C é retilíneo ao longo do eixo y), $\vec{r}_{C/B}$ pode ser encontrado em termos do ângulo da manivela θ (veja a Fig. 6.32), e o eixo de rotação para $\vec{\alpha}_{BC}$ é conhecido (é perpendicular ao plano do movimento). Portanto, as componentes a_C e α_{BC} são as únicas incógnitas nessas duas equações escalares, o que será mostrado no Exemplo 6.10.

---
[4] Veja a nota na margem na p. 462.

Derivação de restrições

Referindo-se à Fig. 6.32, também podemos determinar $\vec{a}_{BC}$ e $\vec{a}_C$ em função de θ escrevendo as equações de restrição apropriadas e derivando-as em relação ao tempo. Aplicamos essa ideia à análise de velocidades da manivela-corrediça na Seção 6.2 na p. 477 – agora aplicaremos às acelerações.

Assim como foi feito na Eq. (6.21) na p. 478, podemos escrever a equação de restrição para a coordenada y de C conforme

$$y_C = R \operatorname{sen} \theta + L \cos \phi, \qquad (6.33)$$

a qual pode ser derivada duas vezes em relação ao tempo para encontrar a aceleração de C como

$$\ddot{y}_C = a_C = R\ddot{\theta}\cos\theta - R\dot{\theta}^2 \operatorname{sen}\theta - L\ddot{\phi}\operatorname{sen}\phi - L\dot{\phi}^2 \cos\phi. \qquad (6.34)$$

Tal como acontece com a análise de velocidade, assume-se que as grandezas R, L e $\theta(t)$ são conhecidas, o que implica que também sabemos $\dot{\theta} = \omega_{AB}$ e $\ddot{\theta} = \alpha_{AB}$, apesar de vermos que a_C também é uma função de ϕ, $\dot{\phi}$ e $\ddot{\phi}$. Na análise de velocidade usando derivação de restrições, dizemos que podemos determinar ϕ e $\dot{\phi}$ em termos de grandezas conhecidas relacionando a orientação ϕ da biela com a orientação θ da manivela, usando a segunda equação de restrição $\phi = (R/L)\cos\theta$. Essa equação foi derivada uma vez em relação ao tempo para encontrar $\dot{\phi}$ em função de θ e $\dot{\theta}$. Pode ser derivada duas vezes para obter $\ddot{\phi}$, onde $\ddot{\phi}\,\hat{k} = \vec{\alpha}_{BC}$, em função de θ, $\dot{\theta}$ e $\ddot{\theta}$ (veja o Problema 6.109), que completa a análise. Demonstraremos esse método mais tarde no Exemplo 6.11.

Rolagem sem deslizamento: análise de aceleração

Agora consideraremos a aceleração de um ponto em um corpo em contato com uma superfície de rolagem. Referindo-se à Fig. 6.33, a definição de rolagem sem deslizamento dada na p. 477 afirma que, se um corpo W está em *rolagem sem deslizamento* sobre a superfície S (S pode estar se movendo), então os pontos de contato P e Q (em W e S, respectivamente) têm velocidade zero um em relação ao outro (veja a Eq. (6.17)). Em termos da aceleração relativa de P e Q, essa condição implica que a componente de $\vec{a}_{P/Q}$ tangente ao contato deve ser igual a zero, que é,

$$\vec{a}_{P/Q} \cdot \hat{u}_t = 0, \qquad (6.35)$$

onde $\hat{u}_t$ é um vetor unitário paralelo a ℓ, a linha tangente a ambos W e S no seu contato. Em forma de componentes, a Eq. (6.35) toma a forma

$$\boxed{(a_{P/Q})_t = 0 \quad \Rightarrow \quad a_{P_t} = a_{Q_t}.} \qquad (6.36)$$

Como uma aplicação da Eq. (6.36), suponha que queremos determinar a aceleração do ponto em contato com o chão para uma roda em rolagem sem deslizamento sobre uma superfície estacionária plana. Se o centro O da roda se move como mostrado na Fig. 6.34, então

$$\vec{v}_O = v_O \,\hat{\imath} \quad \text{e} \quad \vec{a}_O = a_O \,\hat{\imath}. \qquad (6.37)$$

Já descobrimos que $\vec{v}_P = \vec{0}$ e $\vec{\omega}_O = -(v_O/R)\hat{k}$, então a aceleração do ponto P é dada por

$$\vec{a}_P = \vec{a}_O + \alpha_O \,\hat{k} \times \vec{r}_{P/O} - \omega_O^2 \vec{r}_{P/O}, \qquad (6.38)$$

> **Erro comum**
>
> **Por que não estamos usando o centro instantâneo (CI) para a análise de aceleração?** Conforme determinamos na p. 479, o CI pode ter velocidade igual a zero, mas, em geral, não possui aceleração igual a zero. Por isso, *não* devemos usar o conceito de CI para fazer análise de acelerações.

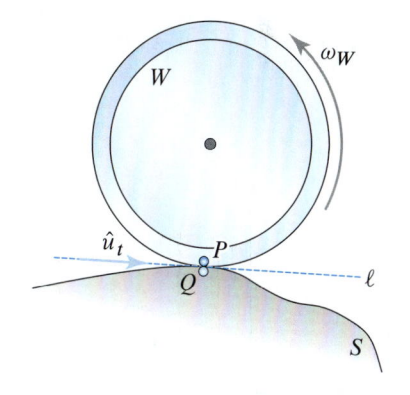

Figura 6.33
Uma roda W rolando sobre uma superfície S. No instante mostrado, a linha ℓ é tangente à trajetória de P e Q.

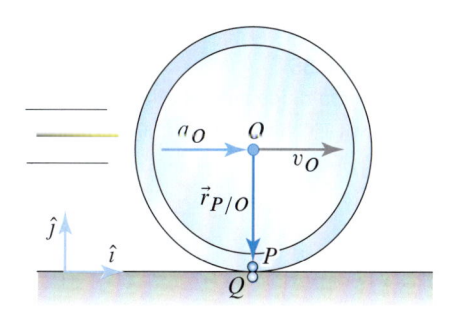

Figura 6.34
Uma roda rolando sem deslizamento sobre uma superfície horizontal fixa.

a qual, recordando que $\vec{r}_{P/O} = -R\,\hat{\jmath}$, pode ser escrita como

$$\vec{a}_P = a_O\,\hat{\imath} + \alpha_O\,\hat{k} \times (-R)\,\hat{\jmath} - \left(-\frac{v_O}{R}\right)^2 (-R\,\hat{\jmath})$$

$$= (a_O + \alpha_O R)\,\hat{\imath} + \left(\frac{v_O^2}{R}\right)\hat{\jmath}. \tag{6.39}$$

Observe que a tangente à roda no ponto de contato P está na direção x. Então, a aplicação da Eq. (6.36) oferece

$$a_{Px} = a_{Qx} = 0 \;\;\Rightarrow\;\; \boxed{\alpha_O = -\frac{a_O}{R},} \tag{6.40}$$

desde que o ponto Q no chão seja estacionário. Isso implica que o ponto P na roda está acelerando ao longo do eixo y de acordo com

$$\boxed{\vec{a}_P = \frac{v_O^2}{R}\,\hat{\jmath}.} \tag{6.41}$$

Esse resultado nos diz que, embora P tenha velocidade zero no instante considerado, ele está acelerando, isto é, está em processo de ganho de velocidade, que, por sua vez, permitirá a P mover-se fora de sua posição inicial e, assim, possibilitar que algum outro ponto torne-se o próximo ponto de contato.

Resumo final da seção

Esta seção apresenta duas formas diferentes de analisar as acelerações de um corpo rígido em movimento planar: abordagem vetorial e derivação de restrições.

Abordagem vetorial. Vimos na Seção 6.1 que, para movimento planar, qualquer das equações

Eq. (6.31) e (6.32), p. 498

$$\vec{a}_C = \vec{a}_B + \vec{\alpha}_{BC} \times \vec{r}_{C/B} + \vec{\omega}_{BC} \times (\vec{\omega}_{BC} \times \vec{r}_{C/B}),$$

$$\vec{a}_C = \vec{a}_B + \vec{\alpha}_{BC} \times \vec{r}_{C/B} - \omega_{BC}^2 \vec{r}_{C/B},$$

relaciona a aceleração de dois pontos em um corpo rígido, $\vec{a}_B$ e $\vec{a}_C$, por meio de sua posição relativa $\vec{r}_{C/B}$, a aceleração angular do corpo $\vec{\alpha}_{BC}$ e a velocidade angular do corpo $\vec{\omega}_{BC}$ (veja a Fig. 6.35).

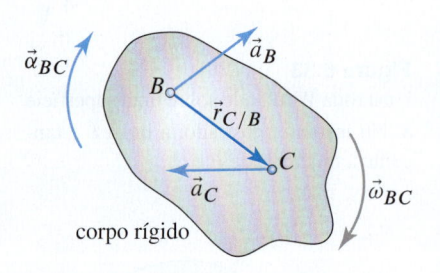

Figura 6.35
Um corpo rígido no qual estamos relacionando a aceleração de dois pontos B e C.

Derivação de restrições. Como descobrimos na Seção 2.7, é frequentemente conveniente escrever uma equação descrevendo a posição de um ponto de interesse, que pode então ser derivado uma vez em relação ao tempo para encontrar a velocidade daquele ponto e duas vezes em relação ao tempo para encontrar a aceleração. Para movimento planar de corpos rígidos, essa ideia também pode ser aplicada para descrever a posição, a velocidade e a aceleração de um ponto no corpo rígido, assim como para descrever a orientação do corpo rígido, para a qual a primeira e segunda derivadas temporais fornecem sua velocidade angular e aceleração angular, respectivamente (vimos isso novamente na Seção 6.2 para velocidades).

Rolagem sem deslizamento. Quando um corpo rola sem deslizamento sobre outro corpo (veja a Fig. 6.36), então os dois pontos dos corpos que estão em contato em qualquer instante, pontos P e Q, devem ter a mesma velocidade. Para acelerações, isso significa que a componente de $\vec{a}_{P/Q}$ tangente ao contato deve ser igual a zero, isto é,

Eqs. (6.36), p. 499

$$(a_{P/Q})_t = 0 \quad \Rightarrow \quad a_{Pt} = a_{Qt}.$$

Se uma roda de raio R está rolando sem deslizamento sobre uma superfície plana estacionária, então o ponto P na roda em contato com a superfície deve ter velocidade zero (veja a Fig. 6.37). A consequência é que a aceleração angular da roda α_O está relacionada com a aceleração do centro a_O e o raio R da roda de acordo com

Eq. (6.20), p. 478

$$\alpha_O = -\frac{a_O}{R},$$

na qual o sentido positivo de α_O é considerado o sentido positivo de z. O ponto P na roda que está em contato com o chão nesse instante está acelerando ao longo do eixo y de acordo com

Eq. (6.41), p.500

$$\vec{a}_P = \frac{v_O^2}{R}\,\hat{\jmath}.$$

Mesmo que P possua velocidade zero no instante considerado, ele está acelerando.

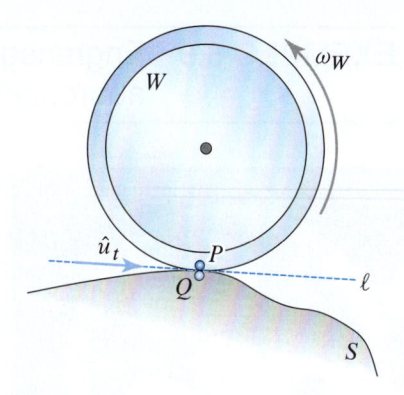

Figura 6.36
Figura 6.33 repetida. Uma roda W rolando sobre uma superfície S. No instante mostrado, a linha ℓ é tangente à trajetória de P e Q.

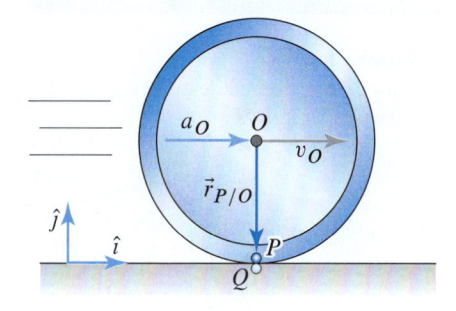

Figura 6.37
Figura 6.34 repetida. Uma roda rolando sem deslizamento sobre uma superfície horizontal fixa.

EXEMPLO 6.9 Engrenagens planetárias rolando sem deslizamento: abordagem vetorial

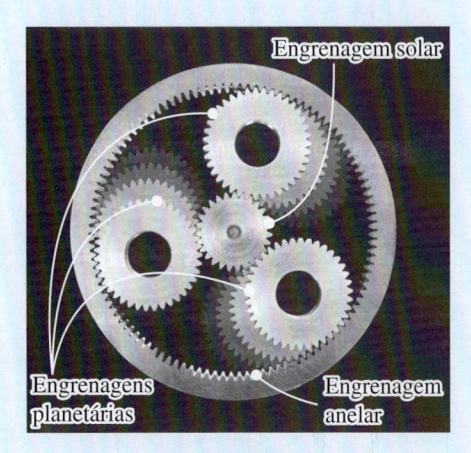

Figura 1
Foto de um sistema de engrenagens planetárias.

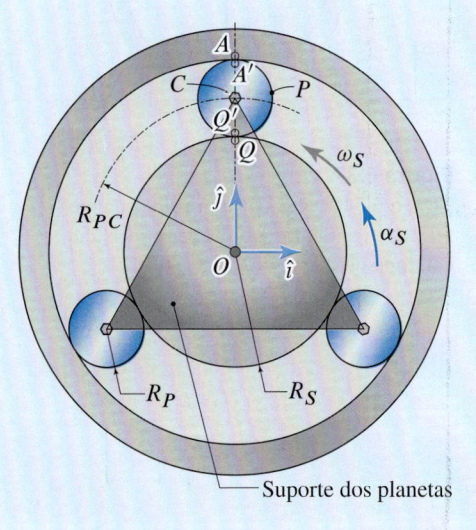

Figura 2
Esquema do sistema de engrenagens planetárias com três planetas e um anel fixo.

Lembre-se do Exemplo 6.4 na p. 483 que os sistemas de engrenagens planetárias (veja a Fig. 1) são usados para transmitir energia entre dois eixos. A engrenagem central é chamada de *solar*, a engrenagem exterior é chamada de *anelar*, e as três engrenagens internas são chamadas de *planetas*. Os planetas são montados em um componente chamado de *suporte dos planetas* (planet carrier) (que não é mostrado na Fig. 1). Referindo-se à Fig. 2, considere $R_S = 50$ mm, $R_P = 17$ mm, a engrenagem anelar sendo fixa, $\omega_S = 1500$ rpm (o mesmo que no Exemplo 6.4) e $\alpha_S = 2,7$ rad/s². Determine a aceleração angular da engrenagem planetária $\vec{\alpha}_P$, a aceleração angular do suporte dos planetas $\vec{\alpha}_{PC}$ e as acelerações dos pontos A' e Q'.

SOLUÇÃO

Roteiro A solução deste problema tem dois elementos essenciais: (1) a aplicação das condições de rolagem sem deslizamento para os contatos A-A' e Q-Q' e (2) a aplicação da restrição de que o ponto C na engrenagem planetária P deve mover-se ao longo de um círculo de raio $R_{PC} = R_S + R_P$. Executamos o elemento 1 primeiramente escrevendo as acelerações dos pontos A, A', Q e Q'. Para impor 2, escrevemos $\vec{a}_C$ duas vezes, a primeira vez vendo C como parte do suporte dos planetas e a segunda vez vendo C como parte de P. Forçamos então as duas expressões resultantes a serem iguais uma a outra. Em geral, antes de fazer a análise de aceleração, precisamos primeiro encontrar as velocidades angulares de todas as componentes do sistema. Isso foi feito no Exemplo 6.4 na p. 483, em que descobrimos que $\omega_P = -(R_S/2R_P)\omega_S = -2206$ rpm e $\omega_{PC} = (R_S/2R_{PC})\omega_S = 560$ rpm.

Cálculos As acelerações de A (um ponto fixo) e A' podem ser expressas como

$$\vec{a}_A = \vec{0} \quad \text{e} \quad \vec{a}_{A'} = a_{A'x}\hat{i} + a_{A'y}\hat{j}. \tag{1}$$

Observe que a linha tangente ao contato A-A' é paralela à direção x, de forma que a condição de rolagem sem deslizamento entre P e a engrenagem anelar implica

$$a_{Ax} = a_{A'x} \quad \Rightarrow \quad a_{A'x} = 0. \tag{2}$$

Para encontrar as acelerações de Q e Q', uma vez que a engrenagem solar está girando em torno do eixo z (fixo), podemos expressar $\vec{a}_Q$ como segue:

$$\vec{a}_Q = \vec{\alpha}_S \times \vec{r}_{Q/O} - \omega_S^2 \vec{r}_{Q/O} = -\alpha_S R_S \hat{i} - \omega_S^2 R_S \hat{j}, \tag{3}$$

onde definimos $\vec{\alpha}_S = \alpha_S \hat{k}$ e $\vec{r}_{Q/O} = R_S \hat{j}$. Para Q', usando A' como um ponto de referência, podemos escrever

$$\vec{a}_{Q'} = \vec{a}_{A'} + \vec{\alpha}_P \times \vec{r}_{Q'/A'} - \omega_P^2 \vec{r}_{Q'/A'}$$
$$= a_{A'y}\hat{j} + \alpha_P \hat{k} \times (-2R_P)\hat{j} - \omega_P^2(-2R_P)\hat{j}$$
$$= 2R_P \alpha_P \hat{i} + \left(a_{A'y} + 2R_P \omega_P^2\right)\hat{j}. \tag{4}$$

Temos agora de impor a condição de rolagem sem deslizamento no contato Q-Q', observando que a linha tangente ao contato é paralela ao eixo x. Portanto, a partir das Eqs. (3) e (4), temos

$$a_{Qx} = a_{Q'x} \quad \Rightarrow \quad -\alpha_S R_S = 2R_P \alpha_P, \tag{5}$$

ou

$$\alpha_P = -\frac{R_S}{2R_P}\alpha_S = -3,97 \text{ rad/s}^2 \quad \Rightarrow \quad \boxed{\vec{\alpha}_P = (-3,97 \text{ rad/s}^2)\hat{k}.} \tag{6}$$

Assim como para a aceleração do ponto C, quando vista como parte do suporte dos planetas, o ponto C está girando em torno do ponto O, de modo que $\vec{a}_C$ pode ser dada sob a forma

$$\vec{a}_C = \vec{\alpha}_{PC} \times \vec{r}_{C/O} - \omega_{PC}^2 \vec{r}_{C/O}$$
$$= -\alpha_{PC} R_{PC} \hat{\imath} - \omega_{PC}^2 R_{PC} \hat{\jmath}, \qquad (7)$$

onde estabelecemos $\vec{r}_{C/O} = R_{PC}\,\hat{\jmath}$ e $\vec{\alpha}_{PC} = \alpha_{PC}\,\hat{k}$, e notamos que $R_{PC} = R_S + R_P$. Assumindo o ponto C como parte da engrenagem planetária P e relacionando a sua aceleração com A', temos

$$\vec{a}_C = \vec{a}_{A'} + \vec{\alpha}_P \times \vec{r}_{C/A'} - \omega_P^2 \vec{r}_{C/A'}$$
$$= a_{A'y}\,\hat{\jmath} + \alpha_P\,\hat{k} \times \vec{r}_{C/A'} - \omega_P^2 \vec{r}_{C/A'}$$
$$= \alpha_P R_P\,\hat{\imath} + \left(a_{A'y} + \omega_P^2 R_P\right)\hat{\jmath}. \qquad (8)$$

As expressões para $\vec{a}_C$ nas Eqs. (7) e (8) devem ser iguais uma a outra. Portanto,

$$-\alpha_{PC} R_{PC} = \alpha_P R_P \quad \text{e} \quad -\omega_{PC}^2 R_{PC} = a_{A'y} + \omega_P^2 R_P. \qquad (9)$$

As Eqs. (9) podem ser resolvidas para as incógnitas α_{PC} e $a_{A'y}$ para obter

$$\alpha_{PC} = -\frac{R_P}{R_{PC}} \alpha_P \quad \text{e} \quad a_{A'y} = -\omega_P^2 R_P - \omega_{PC}^2 R_{PC}. \qquad (10)$$

Usando a Eq. (6) para α_P, as expressões para ω_P e ω_{PC} do Roteiro, e a Eq. (2) para $a_{A'x}$, as Eqs. (10) tornam-se

$$\boxed{\vec{\alpha}_{PC} = \frac{R_S}{2R_{PC}} \alpha_S\,\hat{k} = \left(1{,}007\,\text{rad/s}^2\right)\hat{k},} \qquad (11)$$

$$\boxed{\vec{a}_{A'} = -\frac{R_S^2}{4R_P}\left(1 + \frac{R_P}{R_{PC}}\right)\omega_S^2\,\hat{\jmath} = \left(-1136\,\text{m/s}^2\right)\hat{\jmath}.} \qquad (12)$$

Finalmente, substituindo os resultados das Eqs. (6) e (12) e ω_P do Roteiro na Eq. (4), obtemos

$$\boxed{\vec{a}_{Q'} = -\alpha_S R_S\,\hat{\imath} + \frac{R_S^2}{4R_P}\left(1 - \frac{R_P}{R_{PC}}\right)\omega_S^2\,\hat{\jmath} = (-0{,}135\,\hat{\imath} + 676{,}3\,\hat{\jmath})\,\text{m/s}^2.} \qquad (13)$$

Discussão e verificação As dimensões das respostas simbólicas são como deveriam ser, e assim as unidades das respostas numéricas também estão corretas.

Os resultados das Eqs. (6) e (11) não são difíceis de verificar derivando as equações correspondentes à velocidade angular (veremos isso no Exemplo 6.11 na p. 506). Embora o procedimento que usamos em nossa solução é aplicável em geral, pode-se obter a componente de uma aceleração angular simplesmente derivando a componente correspondente da velocidade angular apenas em circunstâncias especiais, como quando as componentes em questão estão em relação a um eixo fixo (em nosso caso, o eixo z). No que diz respeito à aceleração do ponto A', com base em nossa discussão sobre a condição de rolagem sem deslizamento anteriormente nesta seção, devido a A' ter estado em contato com uma superfície estacionária, deveríamos esperar que $\vec{a}_{A'}$ estivesse totalmente no sentido negativo de y e fosse proporcional a ω_P^2. Isso é exatamente o que obtivemos, dado que ω_P é proporcional a ω_S. No que diz respeito a $\vec{a}_{Q'}$, nossa expectativa era de que a componente x tinha que coincidir com o movimento da engrenagem solar (e, portanto, estar no sentido negativo de x), enquanto a componente y tinha que estar no sentido positivo de y e, novamente, ser proporcional a ω_P^2, ou seja, ω_S^2. Mais uma vez, essas expectativas correspondem aos resultados obtidos.

EXEMPLO 6.10 Completando a análise de aceleração da biela

Na p. 498, apresentamos a abordagem vetorial para a análise de aceleração da biela (CR) e do pistão no mecanismo manivela-corrediça mostrado na Fig. 1. Completaremos a análise aqui.

Referindo-se à Fig. 2, nos é dado o raio da manivela R, o comprimento L da CR, a posição do centro de massa H da CR, a velocidade angular *constante* da manivela $\omega_{AB} = \dot\theta$ e o ângulo da manivela θ. Determine a aceleração angular $\vec\alpha_{BC}$ da CR e a aceleração do pistão $\vec a_C$.

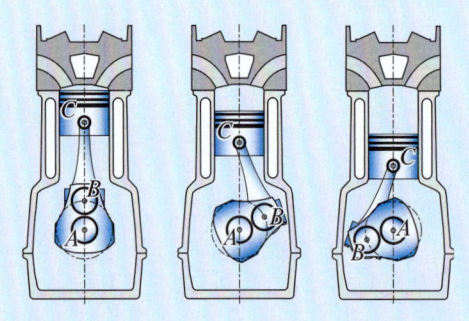

Figura 1

SOLUÇÃO

Roteiro O roteiro para este problema foi exposto na p. 498.

Cálculos Tal como acontece com a análise de velocidade, começaremos pela determinação do movimento do ponto C, que está restrito a mover-se ao longo do eixo y e, assim, $a_{Cx} = 0$. Aplicando a Eq. (6.14) da p. 465 à CR e usando o ponto B como um ponto de referência para o corpo, temos

$$\vec a_C = \vec a_B + \vec\alpha_{BC} \times \vec r_{C/B} - \omega_{BC}^2 \vec r_{C/B}, \quad (1)$$

onde $\vec\alpha_{BC} = \alpha_{BC}\,\hat k$ é a aceleração angular da CR. Recordando que no Exemplo 6.5 da p. 484 encontramos que a velocidade angular da CR é

$$\omega_{BC} = -\frac{\omega_{AB}\,\text{sen}\,\theta}{\sqrt{(L/R)^2 - \cos^2\theta}}, \quad (2)$$

e a posição de C relativa a B é dada por

$$\vec r_{C/B} = -L\,\text{sen}\,\phi\,\hat\imath + L\cos\phi\,\hat\jmath, \quad (3)$$

onde sen ϕ e cos ϕ são encontrados pelas equações

$$\text{sen}\,\phi = \frac{R}{L}\cos\theta \quad \text{e} \quad \cos\phi = \frac{\sqrt{L^2 - R^2\cos^2\theta}}{L}. \quad (4)$$

Uma vez que B está em rotação de eixo fixo em torno de A com $\omega_{AB} = \dot\theta =$ constante, sua aceleração é dada por (veja a p. 464 da Seção 6.1)

$$\vec a_B = \vec\alpha_{AB} \times \vec r_{B/A} - \omega_{AB}^2 \vec r_{B/A} = -R\omega_{AB}^2(\cos\theta\,\hat\imath + \text{sen}\,\theta\,\hat\jmath), \quad (5)$$

onde utilizamos $\alpha_{AB} = \ddot\theta = 0$. Substituindo as Eqs. (3)-(5) na Eq. (1) e simplificando, obtemos

$$\vec a_C = R\left[\cos\theta\left(\omega_{BC}^2 - \omega_{AB}^2\right) - \alpha_{BC}\sqrt{(L/R)^2 - \cos^2\theta}\right]\hat\imath$$
$$- R\left[\alpha_{BC}\cos\theta + \omega_{BC}^2\sqrt{(L/R)^2 - \cos^2\theta} + \omega_{AB}^2\,\text{sen}\,\theta\right]\hat\jmath. \quad (6)$$

Aplicando a condição $a_{Cx} = 0$ na Eq. (6) e resolvendo para α_{BC} temos

$$\alpha_{BC} = \frac{\cos\theta\left(\omega_{BC}^2 - \omega_{AB}^2\right)}{\sqrt{(L/R)^2 - \cos^2\theta}}. \quad (7)$$

Substituindo a Eq. (2) dentro da Eq. (7) e simplificando, obtemos

$$\alpha_{BC} = \frac{\left[1 - (L/R)^2\right]\cos\theta}{\left[(L/R)^2 - \cos^2\theta\right]^{3/2}}\omega_{AB}^2 \Rightarrow \boxed{\vec\alpha_{BC} = \frac{\left[1 - (L/R)^2\right]\cos\theta}{\left[(L/R)^2 - \cos^2\theta\right]^{3/2}}\omega_{AB}^2\,\hat k,} \quad (8)$$

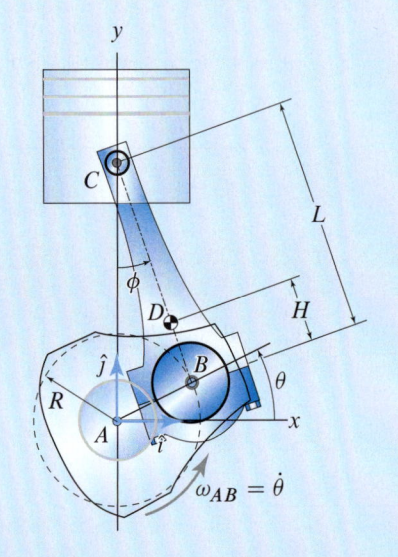

Figura 2
Um mecanismo manivela-corrediça mostrando as dimensões relevantes.

> **Informações úteis**
>
> **Outra forma para calcular α_{BC}.** O método usado para obter as Eqs. (8) foi trabalhoso, mas requer somente uma série de passos algébricos. Poderíamos ter obtido α_{BC} derivando ω_{BC} na Eq. (2) em relação ao tempo (isso se aplica aqui porque o movimento é planar), considerando que aplicamos corretamente as regras do produto e da cadeia de cálculo.

onde usamos $\vec{\alpha}_{BC} = \alpha_{BC}\,\hat{k}$. Substituindo as Eqs. (2) e (8) na Eq. (6), obtemos

$$\vec{a}_C = -R\omega_{AB}^2 \left\{ \frac{[1-(L/R)^2]\cos^2\theta}{[(L/R)^2-\cos^2\theta]^{3/2}} + \frac{\text{sen}^2\theta}{\sqrt{(L/R)^2-\cos^2\theta}} + \text{sen}\,\theta \right\}\hat{j}, \qquad (9)$$

onde usamos $a_{Cx} = 0$.

Discussão e verificação O método ilustrado aqui, ou seja, baseado na aplicação sistemática da equação (geral) $\vec{a}_B = \vec{a}_A + \vec{\alpha}_{AB} \times \vec{r}_{B/A} + \vec{\omega}_{AB} \times (\vec{\omega}_{AB} \times \vec{r}_{B/A})$, embora por vezes trabalhoso, é relativamente simples na medida em que envolve apenas uma série de passos algébricos, ao contrário do cálculo de acelerações diretamente por meio de derivação em relação ao tempo. Existem muitas situações em que é realmente mais simples derivar em relação ao tempo do que aplicar a fórmula de aceleração para um corpo rígido. Essa estratégia para o cálculo das acelerações será demonstrada no Exemplo 6.11 na p. 506.

🔍 **Um olhar mais atento** Agora completaremos a análise paramétrica iniciada no Exemplo 6.5 na p. 484.

💻 ➡ Plotamos a aceleração angular α_{BC} da CR assim como a aceleração do pistão a_{Cy} para as mesmas condições consideradas no Exemplo 6.11. O que é notável é a magnitude das acelerações suportadas pela CR. Referimo-nos às Figs. 3 e 4 para relembrar que, para um valor de $\dot{\theta} = 3500$ rpm (o motor de um carro atinge facilmente 7000 rpm,

Erro comum

Encontrando velocidades e acelerações por meio de derivadas temporais. Mencionamos que poderíamos calcular as Eqs. (8) derivando em relação ao tempo a Eq. (2). Ao fazer isso, um erro comum é pegar a derivada em um instante particular em vez da função geral do tempo. Por exemplo, suponha que calculamos ω_{BC} em um *instante particular* t_0 como sendo $\omega_{BC}(t_0) = 1234$ rad/s. Não devemos dizer que $\alpha_{BC}(t_0) = 0$ porque a derivada temporal do número 1234 rad/s é igual a zero. Embora seja verdade que a derivada de uma constante é igual a zero, devemos primeiro derivar em relação ao tempo a função $\omega_{BC}(t)$ e então avaliar o resultado no tempo de interesse t_0. Esse conceito é ilustrado no Exemplo 6.11.

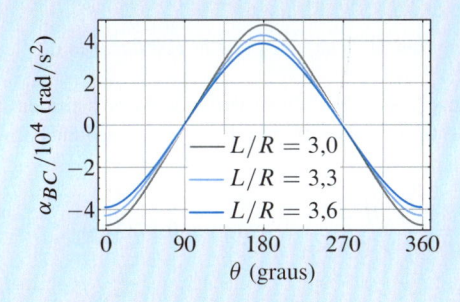

Figura 3 A aceleração angular da CR para $\dot{\theta} = 3500$ rpm, $L = 150$ mm e três valores de L/R.

mas é mais eficiente funcionando entre 2200-2500 rpm), vemos que a aceleração angular atinge valores superiores a 40.000 rad/s² e a aceleração do pistão alcança valores que são 900 vezes a aceleração da gravidade g! Uma vez que as acelerações em questão são proporcionais a $\dot{\theta}^2$, se a velocidade angular do motor é aumentada por um fator de, por exemplo, 2, as acelerações que plotamos aumentam por um fator de 4! Assim, para um motor funcionando a 7000 rpm, as acelerações do pistão podem chegar facilmente a 3600 g. No Capítulo 7, aprenderemos a traduzir essa informação no cálculo das forças e momentos que um mecanismo como o manivela-corrediça deve ser capaz de sustentar. Isso nos permitirá entender por que componentes tais como a CR em um motor são normalmente feitos de aço de alta liga. Como uma observação final na Fig. 4, observe que a aceleração do pistão tem dois comportamentos diferentes: um para $0° \leq \theta < 180°$ e outro para $180° \leq \theta \leq 360°$. Já observamos essa falta de simetria durante a análise de velocidade, e agora vemos que é ainda mais acentuada no comportamento da aceleração. É a geometria do mecanismo que gera essa falta de simetria, e o comportamento torna-se mais simétrico quando a razão L/R é aumentada. ⬅ 💻

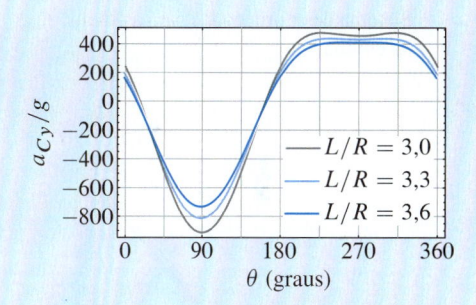

Figura 4
A aceleração do pistão para $\dot{\theta} = 3500$ rpm, $L = 150$ mm e três valores de L/R.

EXEMPLO 6.11 Movimento de uma escada apoiada: derivação de restrições

Uma pessoa está apoiando uma escada contra uma parede empurrando a extremidade A para a direita ao longo do terreno (veja a Fig. 1). Se, no instante mostrado, a velocidade de A é constante e igual a $v_A = 0{,}8$ m/s, o comprimento $L = 6$ m, a altura $H = 4$ m e a distância $d = 1{,}57$ m, determine a velocidade angular e a aceleração angular da escada. Além disso, determine a aceleração do ponto médio da escada C e a aceleração do ponto P sobre a escada que, em um dado instante, está em contato com a parede.

SOLUÇÃO

Roteiro Referindo-se à Fig. 2, podemos usar θ para descrever a orientação da escada de modo que possamos escrever $\vec{\omega}_L = -\dot{\theta}\,\hat{k}$ e $\vec{\alpha}_L = -\ddot{\theta}\,\hat{k}$ (os sinais negativos são necessários para conciliar os sentidos positivos de θ com o sistema de coordenadas usado). Assim, teremos necessidade de relacionar $\dot{\theta}$ e $\ddot{\theta}$ aos dados fornecidos (v_A, H e d). Isso pode ser conseguido por meio da derivação em relação ao tempo da restrição que relaciona θ com a posição de A. Calcularemos $\vec{a}_C$ usando derivação de restrições e $\vec{a}_P$ pela abordagem vetorial para relacionar $\vec{a}_P$ com a aceleração de um ponto conhecido na escada.

Cálculos Referindo-se à Fig. 2 e focando no triângulo AOP, em qualquer instante durante o movimento da escada devemos ter

$$x_A \,\mathrm{tg}\,\theta = H \quad \Rightarrow \quad \dot{x}_A \,\mathrm{tg}\,\theta + x_A \dot{\theta}\sec^2\theta = 0, \tag{1}$$

onde a segunda equação foi obtida pela derivada da primeira em relação ao tempo. Usando $\sec^2\theta = 1 + \mathrm{tg}^2\theta$, $\mathrm{tg}\,\theta = H/x_A$ e $\dot{x}_A = -v_A$, a segunda das equações pode ser resolvida para $\dot{\theta}$ para obter

$$\dot{\theta} = \frac{v_A H}{x_A^2 + H^2} \quad \Rightarrow \quad \dot{\theta}(t_0) = 0{,}1733\,\mathrm{rad/s}, \tag{2}$$

onde t_0 é o tempo em que $x_A = d = 1{,}57$ m. Tendo calculado $\dot{\theta}$, podemos agora obter $\ddot{\theta}$ derivando em relação ao tempo a primeira das Eqs. (2) para obter

$$\ddot{\theta} = \frac{2 x_A v_A^2 H}{(x_A^2 + H^2)^2} \quad \Rightarrow \quad \ddot{\theta}(t_0) = 0{,}02358\,\mathrm{rad/s^2}, \tag{3}$$

onde usamos o fato de que v_A é constante. Uma vez que $\vec{\omega}_L = -\dot{\theta}\,\hat{k}$ e $\vec{\alpha}_L = -\ddot{\theta}\,\hat{k}$, as Eqs. (2) e (3) implicam que

$$\boxed{\vec{\omega}_L(t_0) = -0{,}173\,\hat{k}\,\mathrm{rad/s},} \tag{4}$$

$$\boxed{\vec{\alpha}_L(t_0) = -0{,}0236\,\hat{k}\,\mathrm{rad/s^2}.} \tag{5}$$

Agora calculamos $\vec{a}_C(t_0)$ por derivação de restrições. Isso significa que precisamos obter duas derivadas em relação ao tempo das equações gerais de restrição para a posição de C. Referindo-se à Fig. 3, podemos escrever

$$\vec{r}_C = \left(x_A - \frac{L}{2}\cos\theta\right)\hat{\imath} + \frac{L}{2}\,\mathrm{sen}\,\theta\,\hat{\jmath}. \tag{6}$$

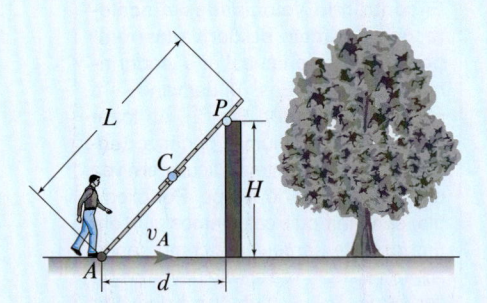

Figura 1

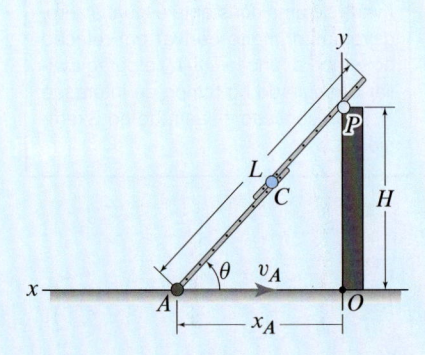

Figura 2
Sistema de coordenadas para a cinemática da escada.

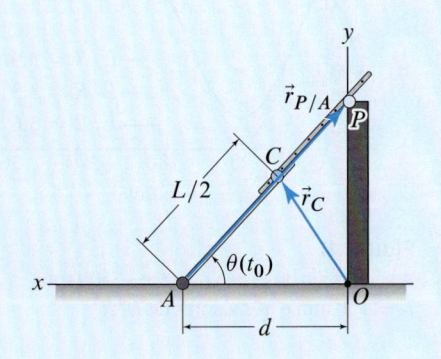

Figura 3
Definição de $\vec{r}_C$ e $\vec{r}_{P/A}$.

Ao realizar a primeira e, em seguida, a segunda derivada temporal da Eq. (6), obtemos

$$\vec{v}_C = \left(-v_A + \frac{L}{2}\dot{\theta}\,\text{sen}\,\theta\right)\hat{\imath} + \frac{L}{2}\dot{\theta}\cos\theta\,\hat{\jmath}, \tag{7}$$

e

$$\vec{a}_C = \frac{L}{2}\left[\left(\ddot{\theta}\,\text{sen}\,\theta + \dot{\theta}^2\cos\theta\right)\hat{\imath} + \left(\ddot{\theta}\cos\theta - \dot{\theta}^2\,\text{sen}\,\theta\right)\hat{\jmath}\right], \tag{8}$$

onde usamos o fato de que v_A é constante. Agora encontraremos $\theta(t_0)$ substituindo $x_A(t_0) = d = 1{,}57$ m e $H = 4$ m na primeira das Eqs. (1) para obter

$$\theta(t_0) = \text{tg}^{-1}(4/1{,}57) = 68{,}57°. \tag{9}$$

Substituindo os resultados nas Eqs. (2), (3) e (9) dentro da Eq. (8), obtemos

$$\boxed{\vec{a}_C(t_0) = \left(98{,}8 \times 10^{-3}\,\hat{\imath} - 58{,}0 \times 10^{-3}\,\hat{\jmath}\right)\text{m/s}^2.} \tag{10}$$

Agora calcularemos $\vec{a}_P$ usando o método vetorial para relacionar a aceleração de P com a de A. A escolha de A como um ponto de referência é conveniente devido a $\vec{a}_A = \vec{0}$ (A está se movendo a uma velocidade constante). Uma vez que precisamos calcular $\vec{a}_P$ *no instante mostrado*, podemos escrever

$$\vec{a}_P(t_0) = \vec{\alpha}_L(t_0) \times \vec{r}_{P/A}(t_0) - \omega_L^2(t_0)\vec{r}_{P/A}(t_0). \tag{11}$$

Referindo-se à Fig.3, no tempo t_0 temos

$$\vec{r}_{P/A}(t_0) = -d\,\hat{\imath} + d\,\text{tg}\,\theta(t_0)\,\hat{\jmath}. \tag{12}$$

Substituindo a Eq. (12), em conjunto com os resultados das Eqs. (4), (5) e (9), na Eq. (11), temos

$$\boxed{\vec{a}_P(t_0) = \left(141 \times 10^{-3}\,\hat{\imath} - 83{,}1 \times 10^{-3}\,\hat{\jmath}\right)\text{m/s}^2.} \tag{13}$$

Discussão e verificação As dimensões e, portanto, as unidades de todos os nossos resultados estão como deveriam estar. Os sinais para a velocidade e aceleração angular da escada correspondem às nossas expectativas, uma vez que a escada está girando no sentido anti-horário e o sentido k é para dentro da página. Já os valores de aceleração são difíceis de verificar sem a utilização de uma estratégia de solução alternativa.

🔍 Um olhar mais atento Sem realmente efetuar os cálculos, se usarmos a fórmula $\vec{a}_C = \vec{\alpha}_L \times \vec{r}_{C/A} - \omega_L^2 \vec{r}_{C/A}$, poderíamos facilmente ver que os vetores $\vec{\alpha}_L \times \vec{r}_{C/A}$ e $-\omega_L^2 \vec{r}_{C/A}$ possuem componentes x positivas, condizendo assim com o fato de que obtivemos um valor positivo para $a_{Cx}(t_0)$. Quanto às componentes y, descobriríamos que os termos $\vec{\alpha}_L \times \vec{r}_{C/A}$ e $-\omega_L^2 \vec{r}_{C/A}$ possuem componentes positiva e negativa em y, respectivamente. Entretanto, dado que ω_L é maior que α_L em valor absoluto, esperamos que o termo com ω_L^2 dominaria em relação ao termo α_L. Por outro lado, em geral, esperamos que $a_{Cy}(t_0)$ seja negativo, exatamente o que encontramos. Uma lógica similar pode ser aplicada na discussão do resultado de $\vec{a}_P$.

Novamente, esse exemplo serve para mostrar que as técnicas que aprendemos no Capítulo 2 ainda são relevantes para o estudo de corpos rígidos e podem ser usadas com o método vetorial discutido neste capítulo.

EXEMPLO 6.12 Análise de aceleração de um mecanismo de quatro barras: abordagem vetorial

Continuamos a análise cinemática de uma perna protética com uma junta de joelho artificial apresentada no Exemplo 6.7 na p. 488 (veja a Fig.1). O principal componente cinemático da junta de joelho artificial mostrado é o sistema articulado de quatro barras em destaque na Fig. 2. Uma vez que a determinação das acelerações é crucial na determinação das forças e momentos agindo sobre um mecanismo, determinaremos as acelerações angulares de cada barra no sistema na Fig. 2 no instante mostrado, assumindo que o segmento AD é fixo. Também determinaremos a aceleração do ponto P, que é o ponto médio da barra BC. Tal como foi feito no Exemplo 6.7, usaremos as coordenadas dos pontos A, B, C e D, dadas na Tabela 1. O segmento AB gira no sentido anti-horário a $1{,}5 \text{ rad/s}$ e essa taxa está diminuindo a $0{,}8 \text{ rad/s}^2$.

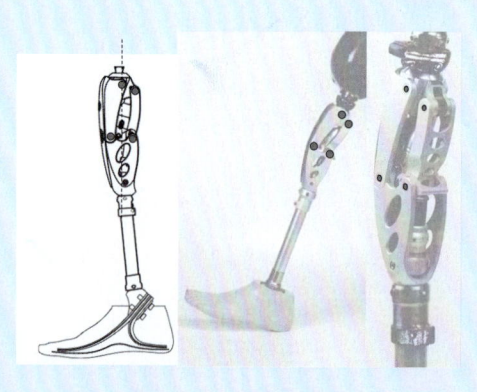

Figura 1

Tabela 1. Valores aproximados das coordenadas dos centros dos pinos A, B, C e D para o sistema mostrado na Fig. 2 no instante de tempo considerado

Pontos	A	B	C	D
Coordenadas (mm)	(0,0; 0,0)	(−27,0;120)	(26,0;124)	(30,0; 15,0)

SOLUÇÃO

Roteiro Como vimos, uma análise de aceleração é geralmente precedida pela análise de velocidade correspondente. Isso foi feito para este mecanismo no Exemplo 6.7 na p. 488, e usaremos as velocidades angulares encontradas lá, que foram $\omega_{BC} = -637{,}8 \times 10^{-3} \text{ rad/s}$ e $\omega_{CD} = -1{,}675 \text{ rad/s}$.[5] O cálculo das acelerações é feito de forma similar à análise de velocidade; ou seja, calcularemos a aceleração de B e, em seguida, a aceleração de C. Como o ponto C é compartilhado por ambas as barras BC e CD, obteremos duas equações independentes para $\vec{a}_C$, que então *exigiremos* que sejam iguais. Isso nos permitirá obter duas equações para a aceleração angular das barras BC e CD. Uma vez que as acelerações angulares são conhecidas, calcularemos a aceleração do ponto P.

Cálculos Lembrando que A é fixo, $\vec{a}_B$ é dado por

$$\vec{a}_B = \alpha_{AB}\,\hat{k} \times \vec{r}_{B/A} - \omega_{AB}^2 \vec{r}_{B/A} = -(35{,}25\,\hat{\imath} + 291{,}6\,\hat{\jmath}) \text{ mm/s}^2, \quad (1)$$

onde determinamos $\alpha_{AB} = +0{,}8 \text{ rad/s}^2$ e usamos $\vec{r}_{B/A} = (-27\,\hat{\imath} + 120\,\hat{\jmath}) \text{ mm}$ da Tabela 1. Em seguida, como C é compartilhado por ambos os segmentos BC e CD, podemos expressar $\vec{a}_C$ nas duas formas independentes a seguir:

$$\vec{a}_C = \vec{a}_B + \alpha_{BC}\,\hat{k} \times \vec{r}_{C/B} - \omega_{BC}^2 \vec{r}_{C/B}, \quad (2)$$

e

$$\vec{a}_C = \vec{a}_D + \alpha_{CD}\,\hat{k} \times \vec{r}_{C/D} - \omega_{CD}^2 \vec{r}_{C/D}, \quad (3)$$

onde

$$\vec{r}_{C/B} = \vec{r}_C - \vec{r}_B = (53\,\hat{\imath} + 4\,\hat{\jmath}) \text{ mm}, \quad (4)$$

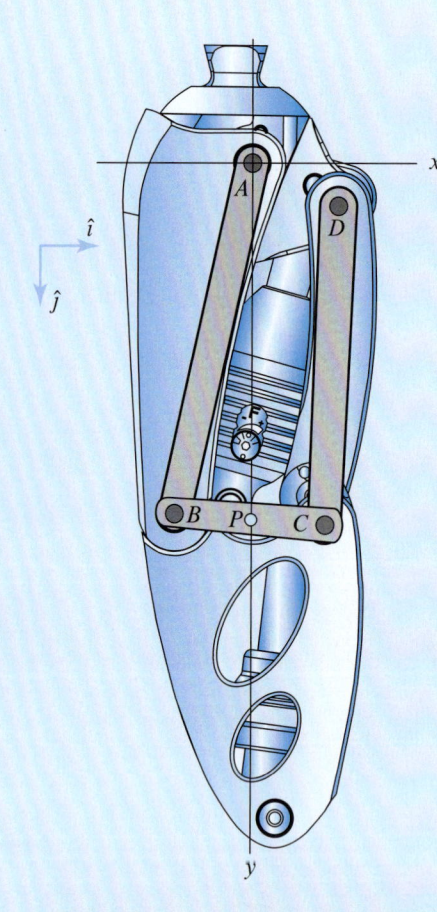

$$\vec{r}_{C/D} = \vec{r}_C - \vec{r}_D = (-4\,\hat{\imath} + 109\,\hat{\jmath}) \text{ mm}, \quad (5)$$

Figura 2
Geometria do mecanismo de quatro barras de uma perna protética.

---

[5] Informamos as velocidades angulares com 4 algarismos significativos uma vez que elas são resultados intermediários neste contexto.

e $\vec{a}_D = \vec{0}$. Substituindo as Eqs. (1), (4), (5) e as velocidades angulares conhecidas nas Eqs. (2) e (3) e configurando duas expressões iguais para $\vec{a}_C$, obtemos a seguinte equação vetorial:

$$-\left[56{,}81\,\tfrac{mm}{s^2} + (4\,mm)\alpha_{BC}\right]\hat{\imath} + \left[-293{,}2\,\tfrac{mm}{s^2} + (53\,mm)\alpha_{BC}\right]\hat{\jmath}$$
$$= \left[11{,}22\,\tfrac{mm}{s^2} - (109\,mm)\alpha_{CD}\right]\hat{\imath} - \left[305{,}7\,\tfrac{mm}{s^2} + (4\,mm)\alpha_{CD}\right]\hat{\jmath}. \quad (6)$$

Igualando as componentes i e igualando as componentes j obtém-se o sistema linear de duas equações

$$-56{,}81\,\tfrac{mm}{s^2} - (4\,mm)\alpha_{BC} = 11{,}22\,\tfrac{mm}{s^2} - (109\,mm)\alpha_{CD}, \quad (7)$$

$$-293{,}2\,\tfrac{mm}{s^2} + (53\,mm)\alpha_{BC} = 305{,}7\,\tfrac{mm}{s^2} + (4\,mm)\alpha_{CD}, \quad (8)$$

nas duas incógnitas α_{BC} e α_{CD}, cuja solução é

$$\boxed{\alpha_{BC} = -0{,}282\,\text{rad}/s^2 \quad \text{e} \quad \alpha_{CD} = 0{,}614\,\text{rad}/s^2.} \quad (9)$$

Agora que as acelerações angulares são conhecidas, podemos encontrar $\vec{a}_P$ usando

$$\vec{a}_P = \vec{a}_B + \alpha_{BC}\hat{k} \times \vec{r}_{P/B} - \omega_{BC}^2 \vec{r}_{P/B}. \quad (10)$$

Uma vez que P é o ponto médio entre B e C, temos

$$\vec{r}_P = \frac{\vec{r}_B + \vec{r}_C}{2} \;\Rightarrow\; \vec{r}_{P/B} = \vec{r}_P - \vec{r}_B = \frac{\vec{r}_C - \vec{r}_B}{2} = (26{,}5\,\hat{\imath} + 2\,\hat{\jmath})\,\text{mm}. \quad (11)$$

Usando as Eqs. (1), (9), (11) e o valor previamente calculado de ω_{BC}, obtemos da Eq. (10)

$$\boxed{\vec{a}_P = -(45{,}5\,\hat{\imath} + 300\,\hat{\jmath})\,\text{mm}/s^2.} \quad (12)$$

Discussão e verificação Como uma primeira verificação, vimos que as dimensões e, portanto, as unidades de todos os resultados são como deveriam ser.

Outra maneira de argumentar que os resultados obtidos são razoáveis é observar que, *na posição mostrada*, esse mecanismo de quatro barras é tal que as barras AB e BC são quase paralelas entre elas, enquanto a barra BC está orientada de modo que o ponto C tenha uma coordenada y maior que o ponto B. Assim, *na posição mostrada*, o comportamento desse mecanismo de quatro barras não deve ser diferente de um paralelogramo de tamanho similar. Portanto, na posição mostrada, podemos esperar que a velocidade angular de CD tenha o mesmo sinal que α_{AB}. Da mesma forma, esperamos que a aceleração angular de BC tenha um sinal oposto ao de AB, o que é exatamente o que obtivemos. Entretanto, também deve ser dito que a obtenção de um entendimento intuitivo dos sinais e/ou magnitudes das acelerações não é tão fácil quanto para as velocidades. Desse modo, quando se trata de acelerações, a verificação dupla dos nossos cálculos é mais importante do que ter uma compreensão intuitiva do movimento do mecanismo.

PROBLEMAS

Problema 6.74

Um caminhão em uma rampa de saída está se movendo de tal forma que, no instante mostrado, $|\vec{a}_A| = 5 \text{ m/s}^2$, $\dot{\theta} = -0,3 \text{ rad/s}$ e $\ddot{\theta} = -0,1 \text{ rad/s}^2$. Se a distância entre os pontos A e B é $d_{AB} = 3,6 \text{ m}$, $\theta = 57°$ e $\phi = 13°$, determine $\vec{a}_B$.

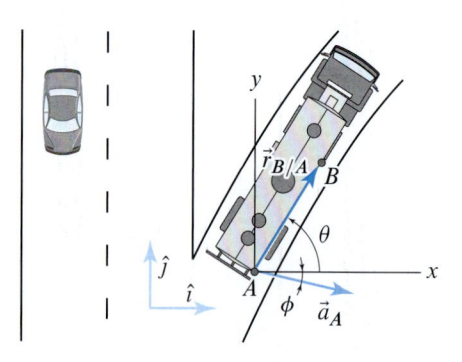

Figura P6.74

Problemas 6.75 a 6.77

Sendo $L = 1,2 \text{ m}$, considere que o ponto A se move paralelo ao guia mostrado e C é o ponto médio da barra.

Problema 6.75

Se o ponto A está acelerando para a direita a $a_A = 8 \text{ m/s}^2$ e $\dot{\theta} = 7 \text{ rad/s}$ = constante, determine a aceleração do ponto C quando $\theta = 24°$.

Problema 6.76

Se o ponto A está acelerando para a direita a $a_A = 8 \text{ m/s}^2$, $\dot{\theta} = 7 \text{ rad/s}$ e $\ddot{\theta} = -0,45 \text{ rad/s}^2$, determine a aceleração do ponto C quando $\theta = 26°$.

Problema 6.77

Se, quando $\theta = 0°$, A está acelerando para a direita a $a_A = 8 \text{ m/s}^2$ e $\vec{a}_C = \vec{0}$, determine $\dot{\theta}$ e $\ddot{\theta}$.

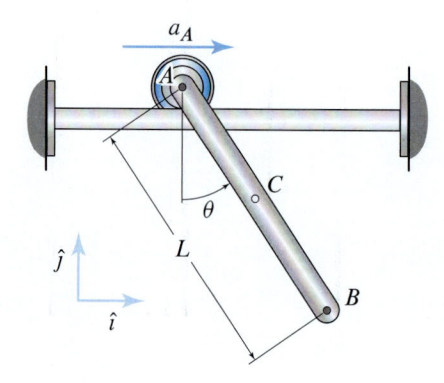

Figura P6.75-P6.77

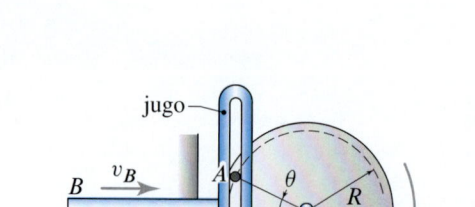

Problema 6.78

Uma roda W de raio $R_W = 5 \text{ cm}$ rola sem deslizamento sobre o cilindro estacionário S de raio $R_S = 12 \text{ cm}$, e a roda está conectada ao ponto O pelo braço OC. Se ω_{OC} = constante = 3,5 rad/s, determine a aceleração do ponto Q, o qual situa-se na borda de W e ao longo da extensão da linha OC.

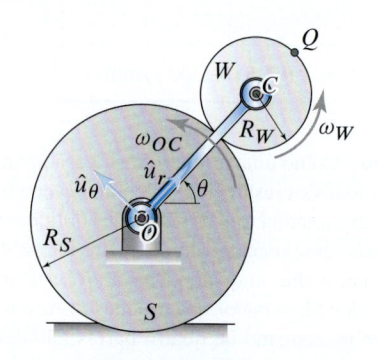

Figura P6.78

Problema 6.79

Uma maneira de converter o movimento rotativo em movimento linear e vice-versa é por meio da utilização de um mecanismo chamado de jugo escocês, que consiste em uma manivela C que está ligada a uma corrediça B por um pino A. O pino gira com a manivela enquanto desliza dentro do jugo, que, por sua vez, translada rigidamente com a corrediça. Esse mecanismo tem sido utilizado, por exemplo, para controlar a abertura e o fechamento de válvulas em tubulações. Considerando o raio da manivela como $R = 25 \text{ cm}$, determine a velocidade angular ω_C e a aceleração angular ω_C da manivela no instante mostrado se $\theta = 25°$ e a corrediça se move para a direita a uma velocidade constante $v_B = 40 \text{ m/s}$.

Figura P6.79

Problema 6.80

O colar C se move ao longo de uma guia circular com raio $R = 0,6$ m a uma velocidade constante $v_C = 5,5$ m/s. No instante mostrado, as barras AB e BC são vertical e horizontal, respectivamente. Considerando $L = 1,2$ m e $H = 1,5$ m, determine as acelerações angulares das barras AB e BC nesse instante.

Problemas 6.81 e 6.82

Uma bola de raio $R_A = 125$ mm está rolando sem deslizar dentro de uma cavidade esférica estacionária de raio $R_B = 430$ mm. Suponha que o movimento da bola é planar.

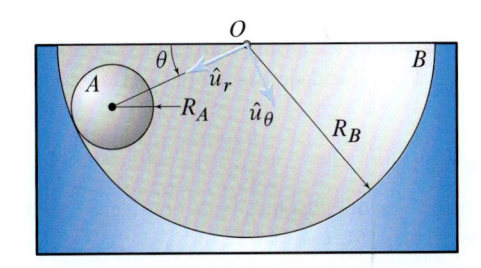

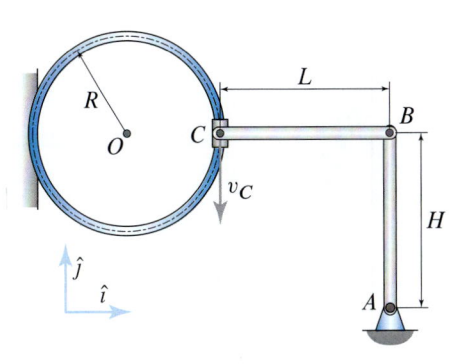

Figura P6.80

Figura P6.81 e P6.82

Problema 6.81 Se, no instante mostrado, o centro da bola está se movendo no sentido anti-horário a uma velocidade $v_A = 10$ m/s e tal que $\dot{v}_A = 0$, determine a aceleração do centro da bola assim como a aceleração do ponto da bola que está em contato com a cavidade.

Problema 6.82 Se, no instante mostrado, o centro da bola está se movendo no sentido anti-horário a uma velocidade $v_A = 10$ m/s e tal que $\dot{v}_A = 7,5$ m/s², determine a aceleração do centro da bola assim como a aceleração do ponto da bola que está em contato com a cavidade.

Problema 6.83

Uma barra de comprimento $L = 2,5$ m está caindo de forma que, quando $\theta = 34°$, $v_A = 3$ m/s e $a_A = 8,7$ m/s². Nesse instante, determine a aceleração angular da barra AB e a aceleração do ponto D, onde D é o ponto médio da barra.

Problema 6.84

Uma barra de comprimento $L = 2,4$ m e ponto médio D está caindo de forma que, quando $\theta = 27°, |\vec{v}_D| = 5,4$ m/s, e a aceleração vertical do ponto D é 7 m/s² para baixo. Nesse instante, calcule a aceleração angular da barra e a aceleração do ponto B.

Problema 6.85

Assumindo que, para $0° \leq \theta \leq 90°$, v_A é constante, calcule a expressão para a aceleração do ponto D, o ponto médio da barra, em função de θ e v_A.

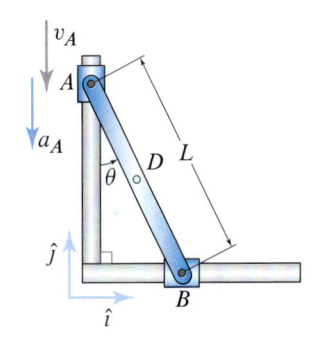

Figura P6.83-P6.85

Problema 6.86

Um caminhão em uma rampa de saída está se movendo de tal forma que, no instante mostrado, $|\vec{a}_A| = 6$ m/s² e $\phi = 13°$. Considere que a distância entre os pontos A e B é $d_{AB} = 4$ m. Se, nesse instante, o caminhão está girando no sentido horário, $\theta = 59°$, $a_{Bx} = 6.3$ m/s² e $a_{By} = -2,6$ m/s², determine a velocidade angular e a aceleração angular do caminhão.

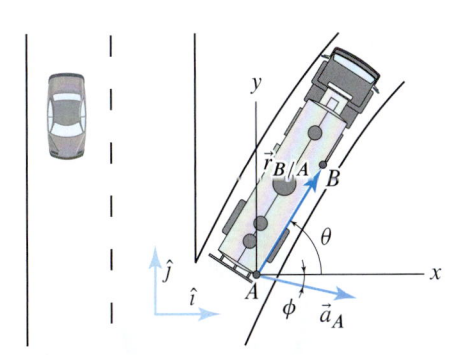

Figura P6.86

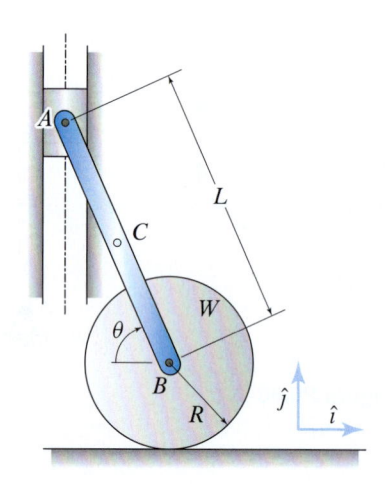

Figura P6.87-P6.89

Problemas 6.87 a 6.89

O sistema apresentado é constituído de uma roda de raio $R = 1{,}4$ m rolando sem deslizar sobre uma superfície horizontal. A barra AB de comprimento $L = 3{,}7$ m está conectada por um pino ao centro da roda e a uma corrediça A restrita a se mover ao longo de uma guia vertical. O ponto C é o ponto médio da barra.

Problema 6.87 Se a roda está rolando no sentido horário a uma velocidade angular constante de 2 rad/s, determine a aceleração angular da barra quando $\theta = 72°$.

Problema 6.88 Se a corrediça A está se movendo para baixo com uma velocidade constante de 3 m/s, determine a aceleração angular da roda quando $\theta = 53°$.

Problema 6.89 Determine a relação geral que expressa a aceleração da corrediça A em função de θ, L, R, a velocidade angular da roda ω_W e a aceleração angular da roda α_W.

Problemas 6.90 a 6.93

Para o mecanismo manivela-corrediça mostrado, considere $R = 0{,}75$ m e $H = 2$ m, e como o comprimento da barra BC $L_{BC} = 3{,}25$ m.

Problema 6.90 Assuma que $\dot{\theta} = 50$ rad/s = constante e calcule a aceleração angular da corrediça para $\theta = 27°$.

Problema 6.91 Assuma que, no instante mostrado, $\theta = 27°$, $\dot{\theta} = 50$ rad/s e $\ddot{\theta} = 15$ rad/s². Calcule a aceleração angular da corrediça nesse instante assim como a aceleração do ponto C.

Problema 6.92 Assumindo que $\dot{\theta}$ é constante, determine a expressão para a aceleração angular da corrediça em função de θ e $\dot{\theta}$ (e os parâmetros geométricos de acompanhamento).

Problema 6.93 Considerando $\dot{\theta} = 300$ rpm = constante, plote a aceleração angular da corrediça em função de θ para $0° \leq \theta \leq 360°$. Além disso, plote a velocidade do ponto C para o mesmo intervalo de θ.

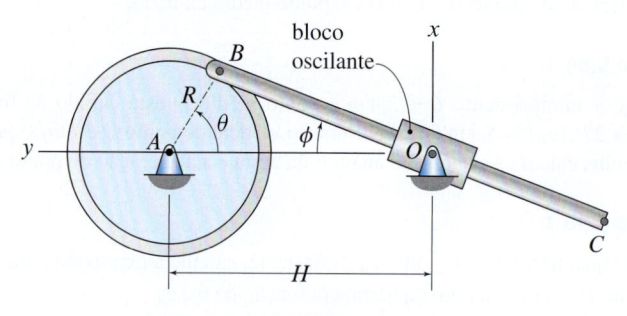

Figura P6.90 P6.93

Problema 6.94

Uma bobina com raio interno $R = 1{,}5$ m é feita para rolar sem deslizar sobre um trilho horizontal conforme mostrado. Se o cabo na bobina é desenrolado de modo que a parte livre ou vertical do cabo permanece perpendicular ao trilho, determine a aceleração angular da bobina e a aceleração do centro da bobina O. A componente vertical da velocidade do ponto A é $v_A = 3{,}6$ m/s, e a componente vertical de sua aceleração é $a_A = 0{,}6$ m/s².

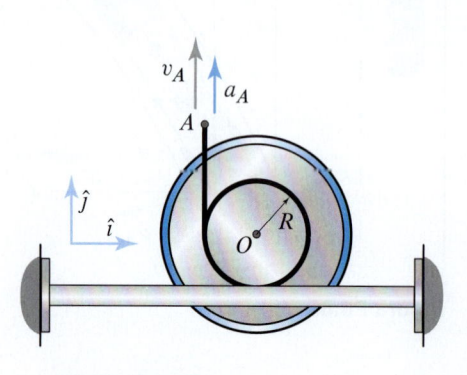

Figura P6.94

Problema 6.95

No instante mostrado, as barras AB e BC estão perpendiculares entre si, enquanto a corrediça C tem uma velocidade $v_C = 24$ m/s e uma aceleração $a_C = 2,5$ m/s² nas direções indicadas. Considerando $L = 1,75$ m e $\theta = 45°$, determine a aceleração angular das barras AB e BC.

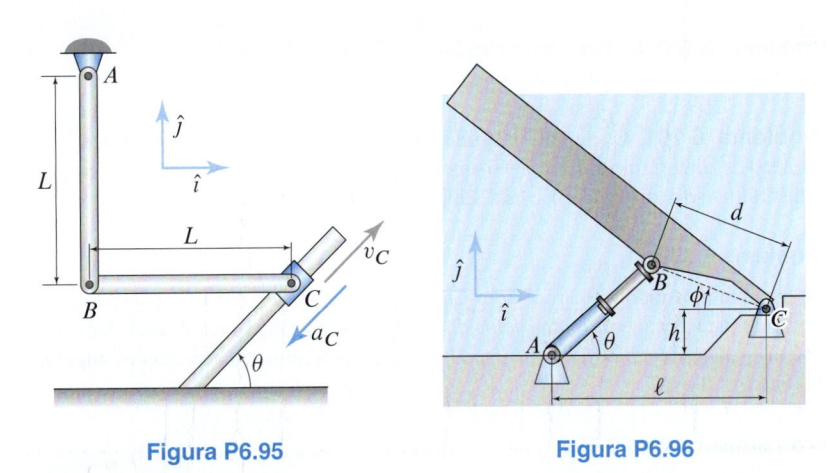

Figura P6.95

Figura P6.96

Problema 6.96

Uma comporta é controlada por meio de um cilindro hidráulico AB. Se o comprimento do cilindro aumenta a uma taxa temporal constante de $0,76$ m/s, determine a aceleração angular da comporta quando $\phi = 0°$. Considere $\ell = 3$ m, $h = 0,76$ m e $d = 1,5$ m.

Problema 6.97

A caçamba de uma retroescavadeira é o elemento AB do sistema articulado de quatro barras $ABCD$. Assuma que os pontos A e D são fixos e a caçamba gira a uma velocidade angular constante $\omega_{AB} = 0,25$ rad/s. Além disso, suponha que, no instante mostrado, o ponto B esteja alinhado verticalmente com o ponto A, e C esteja alinhado horizontalmente com B. Determine a aceleração do ponto C no instante mostrado e as acelerações angulares dos elementos BC e CD. Considere $h = 0,2$ m, $e = 0,14$ m, $l = 0,27$ m e $w = 0,3$ m.

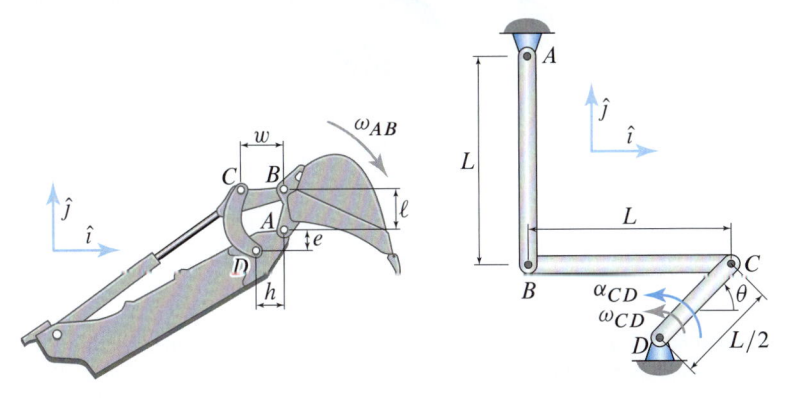

Figura P6.97

Figura P6.98

Problema 6.98

No instante mostrado, a barra CD está girando a uma velocidade angular de 20 rad/s e com aceleração angular de 2 rad/s² nos sentidos indicados. Além disso, nesse mesmo instante, $\theta = 45°$. Considerando $L = 0,7$ m, determine as acelerações angulares das barras AB e BC.

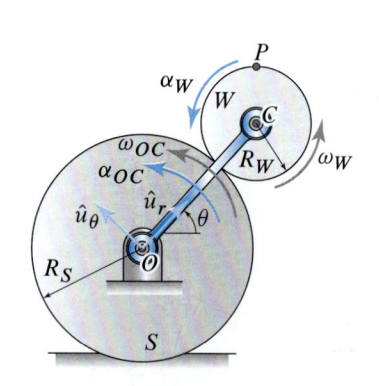

Figura P6.99-P6.101

Problemas 6.99 a 6.101

Uma roda W de raio $R_W = 50$ mm rola sem deslizamento sobre um cilindro estacionário S de raio $R_S = 125$ mm, e a roda está conectada ao ponto O pelo braço OC.

Problema 6.99 Determine a aceleração do ponto da roda W que está em contato com S para $\omega_{OC} = 7{,}5$ rad/s = constante.

Problema 6.100 Determine a aceleração do ponto da roda W que está em contato com S para $\omega_{OC} = 7{,}5$ rad/s e $\alpha_{OC} = 2$ rad/s².

Problema 6.101 Se, no instante mostrado, $\theta = 63°$, $\omega_W = 9$ rad/s e $\alpha_W = -1{,}3$ rad/s², determine a aceleração angular do braço OC e a aceleração do ponto P, onde P situa-se na borda de W e está alinhado verticalmente com o ponto C.

Problema 6.102

No instante mostrado, as barras AB e CD são verticais. Além disso, o ponto C está se movendo para a esquerda a uma velocidade de 4 m/s, e a magnitude da aceleração de C é 55 m/s². Considerando $L = 0{,}5$ m e $H = 0{,}2$ m, determine as acelerações angulares das barras AB e BC.

Problemas 6.103 a 6.106

Para o mecanismo manivela-corrediça mostrado, considere $R = 48$ mm, $L = 155$ mm e $H = 30$ mm.

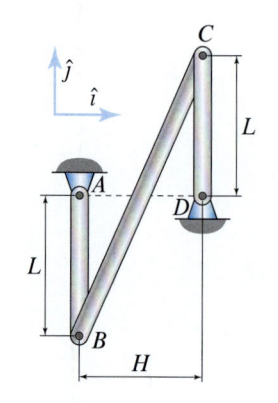

Figura P6.102

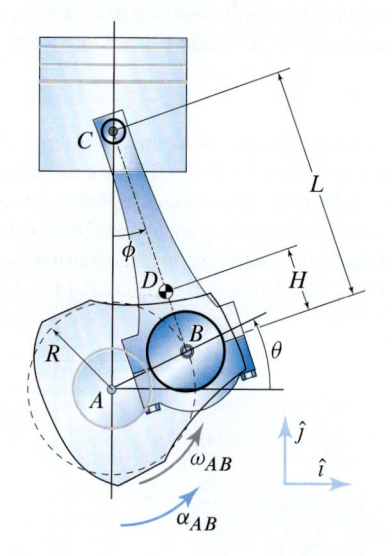

Figura P6.103-P6.106

Problema 6.103 Assumindo que $\omega_{AB} = 4850$ rpm e é constante, determine a aceleração angular da biela BC e a aceleração do ponto C no instante em que $\theta = 27°$.

Problema 6.104 Assumindo que $\omega_{AB} = 4850$ rpm e é constante, determine a aceleração do ponto D no instante em que $\phi = 10°$.

Problema 6.105 Assumindo que, no instante mostrado, $\theta = 31°$, $\omega_{AB} = 4850$ rpm e $\alpha_{AB} = \dot{\omega}_{AB} = -280$ rad/s², determine a aceleração angular da biela e a aceleração do ponto C.

Problema 6.106 Determine a expressão geral da aceleração do pistão C em função de $L, R, \theta, \omega_{AB} = \dot{\theta}$ e $\alpha_{AB} = \ddot{\theta}$.

Problemas 6.107 a 6.108

No sistema articulado de quatro barras mostrado, considere a guia circular com centro em O como sendo fixa de forma que, para $\theta = 0°$, as barras AB e BC estejam na vertical e horizontal, respectivamente. Além disso, considere $R = 0{,}6$ m, $L = 1$ m e $H = 1{,}25$ m.

Problema 6.107 Quando $\theta = 37°$, $\beta = 25{,}07°$ e $\gamma = 78{,}71°$, assuma que o colar C esteja deslizando em sentido horário a uma velocidade de 7 m/s. Assumindo que, no instante em questão, a velocidade esteja aumentando e $|\vec{a}_C| = 93$ m/s², determine as acelerações angulares das barras AB e BC.

Problema 6.108 Use o método da derivação de restrições para determinar expressões para as acelerações angulares das barras AB e BC em função de $\theta, \dot{\theta}$ e $\ddot{\theta}$. Por fim, considere $\theta = (0{,}3\text{ rad/s}^2)t^2$ e plote as acelerações angulares de AB e BC para $0 \leq t \leq 1$ s.

Figura P6.107 e P6.108

Problema 6.109

Complete a análise de aceleração do mecanismo manivela-corrediça usando a derivação de restrições que foi descrita a partir da p. 498. Ou seja, determine a aceleração do pistão C e a aceleração angular da biela em função dos dados fornecidos θ, ω_{AB}, R e L. Assuma que ω_{AB} seja constante e use o sistema de coordenadas mostrado para suas respostas.

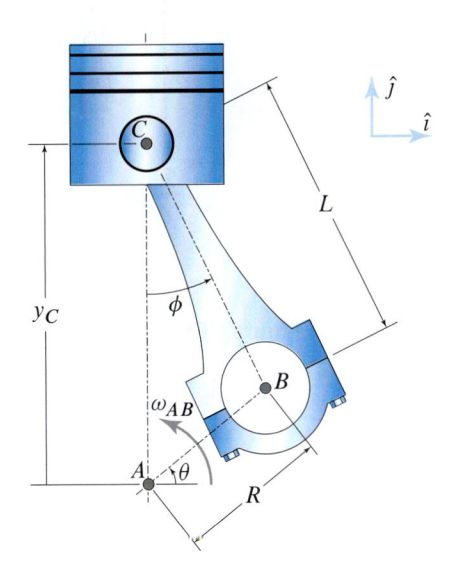

Figura P6.109

PROBLEMAS DE PROJETO

Problema de projeto 6.1

Em algumas mountain bikes de alta performance, um elemento do quadro é fixo ao resto por um sistema articulado de quatro barras. Referindo-se à Fig. PP6.1, o sistema articulado de quatro barras é definido pelos pontos A, B, C e D. Observe que esse sistema também é ligado ao amortecedor por pinos nos pontos E e F. Pesquise na literatura comercial disponível (essas informações estão facilmente disponíveis na Web) e selecione um quadro de bicicleta contendo um sistema articulado de quatro barras, como o mostrado abaixo. Para o quadro que você selecionar, obtenha as informações geométricas necessárias (mais uma vez, elas são frequentemente disponibilizada na Web pelos fabricantes) e assuma que os pontos ligados à parte da frente do quadro, que, na Fig. PP6.1, são os pontos A e D, estão *fixos*. Chamando o comprimento do amortecedor de ℓ, que, na Fig. PP6.1, é a distância entre E e F, analise a cinemática do sistema articulado e determine $\dot{\ell}$ e $\ddot{\ell}$ em função da velocidade angular e da aceleração angular da parte do quadro onde a roda está ligada, que, na Fig. PP6.1, é a parte mais à esquerda dos pontos B e C.

Figura PP6.1

6.4 SISTEMAS DE REFERÊNCIA EM ROTAÇÃO

Até agora, aplicamos cinemática de corpo rígido tanto para relacionar pares de pontos no mesmo corpo rígido utilizando as Eqs. (6.3) e (6.5) quanto para derivar equações de restrições (veja o Exemplo 6.6). Essas noções contam com o fato de que o sistema de referência usado para descrever os movimentos não está rotacionando (assumimos essa ideia cada vez que obtivemos uma derivada em relação ao tempo). Acontece que podemos resolver o Exemplo 6.6, e problemas como esse, com uma abordagem baseada em vetores que utiliza tanto um sistema de referência primário (que será muitas vezes inercial) *quanto* um sistema de referência secundário que gira (e translada). Essa abordagem terá aplicações de longo alcance, uma vez que nos permite descrever o movimento de qualquer ponto usando um sistema de referência que está transladando e girando em relação a algum sistema de referência inercial.

Movimento da pá da hélice de um avião

Digamos que o avião P mostrado na Fig. 6.38 está sob rolamento, arfagem e guinada conforme voa ao longo de alguma trajetória e estamos interessados no movimento do ponto Q, que é o centro de massa de uma das pás da hélice em relação ao sistema de referência XYZ (o sistema primário).[6] Com esse objetivo em mente, unimos o sistema de referência xyz mostrado na Fig. 6.38 ao avião em seu centro C. Esse sistema de referência *deve* mover-se conforme o avião se move. Agora, frequentemente descrevemos o movimento de pontos como C, por isso não é difícil imaginar que poderíamos fazer isso aqui também. Se pudéssemos descrever o movimento de Q em relação a C, poderíamos escrever

$$\vec{a}_Q = \vec{a}_C + \vec{a}_{Q/C}, \tag{6.42}$$

e teríamos $\vec{a}_Q$, o que não é fácil de fazer, pois o movimento de Q relativo a C, como visto pelo sistema primário XYZ, envolve as três rotações do avião, ω_x, ω_y e ω_z, bem como a rotação da hélice $\omega_{\text{hélice}}$, e, por isso, é *muito* complicado. Por outro lado, o movimento de Q visto por alguém sentado no avião, isto é, como visto pelo sistema xyz, é *muito* simples – é apenas um movimento circular sobre o eixo x! Parece que nosso objetivo é encontrar uma maneira capaz de escrever $\vec{a}_{Q/C}$ tirando proveito do fato de que o movimento em relação ao sistema ligado ao avião é muito simples. Embora as equações que determinaremos sejam aplicáveis ao movimento tridimensional, não analisaremos o avião até que tenhamos coberto o movimento do corpo rígido tridimensional no Capítulo 10, toda via iremos aplicá-las a um mecanismo planar que resolvemos anteriormente neste capítulo.

Contatos de deslizamento

Contatos de deslizamento ocorrem com frequência em sistemas articulados, e já analisamos a cinemática de um mecanismo com um contato de deslizamento no Exemplo 6.6 na p. 486. A Fig. 6.39 ilustra uma foto daquele mecanismo manivela-corrediça com bloco oscilante, e a Fig. 6.40 ilustra um esquema do mecanismo definindo todas as dimensões relevantes. No Exemplo 6.6, relacionamos a velocidade angular da corrediça com a da manivela – o que faremos de novo aqui.

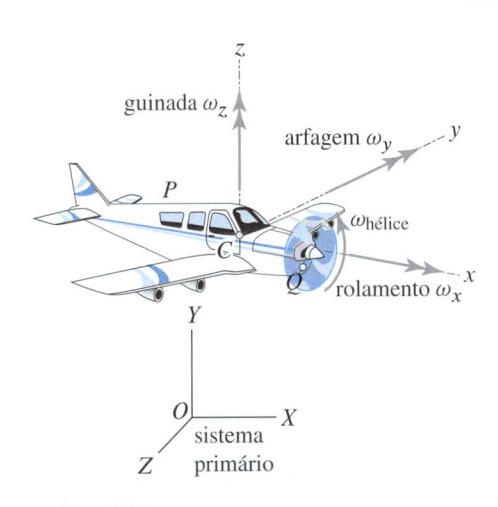

Figura 6.38
Um sistema de referência secundário ou em movimento xyz ligado a um avião, em conjunto com um sistema de referência primário ou inercial XYZ.

Figura 6.39
Foto da manivela-corrediça com bloco oscilante. Da Cornell University's Kinematic Models for Design Digital Library (KMODDL).
http://kmoddl.library.cornell.edu/index.php

---
[6] Veremos nos Capítulos 7 e 10 que, para encontrar as forças e os momentos necessários para manter a hélice presa ao eixo, é preciso saber a aceleração do centro de massa da pá da hélice.

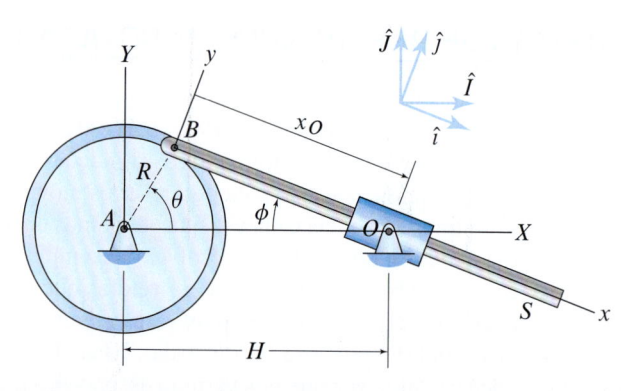

Figura 6.40 Esquema da manivela-corrediça com bloco oscilante mostrando os sistemas de referência primário e secundário/em movimento. Esse mecanismo foi usado em alguns motores a vapor (incluindo motores de locomotivas), no século XIX. Uma aplicação moderna está nas articulações de mecanismos de abertura de portas, em que o cilindro em O é um amortecedor passivo.

No Exemplo 6.6 derivamos uma equação de restrição para encontrar $\dot{\phi}(\theta, \dot{\theta})$. Aqui, faremos uso da relação

$$\vec{r}_O = \vec{r}_B + \vec{r}_{O/B} = \vec{r}_B + x_O\,\hat{\imath}, \quad (6.43)$$

onde o ponto O está na conexão de pino no bloco oscilante, e $\hat{\imath}$ e $\hat{\jmath}$ são os vetores unitários correspondentes ao sistema de referência xyz que está *unido à* corrediça S. Derivando essa relação, obtemos

$$\vec{v}_O = \vec{0} = \vec{v}_B + \dot{x}_O\,\hat{\imath} + x_O\dot{\hat{\imath}}, \quad (6.44)$$

onde usamos o fato de que o pino que está em O está fixo e $\dot{x}_O\,\hat{\imath}$ é a velocidade do ponto O como vista por alguém no sistema xyz. Na Seção 2.4, a Eq. (2.60) da p. 92 nos diz que $\dot{\hat{\imath}}$ é dado por

$$\dot{\hat{\imath}} = \vec{\omega}_{\hat{\imath}} \times \hat{\imath} = \omega_S\,\hat{k} \times \hat{\imath} = \omega_S\,\hat{\jmath}, \quad (6.45)$$

uma vez que a velocidade angular do sistema xyz é a mesma que a da corrediça. Podemos escrever $\vec{v}_B$ como

$$\vec{v}_B = \vec{\omega}_{AB} \times \vec{r}_{B/A} = \dot{\theta}\,\hat{K} \times R(\cos\theta\,\hat{I} + \sin\theta\,\hat{J})$$
$$= R\dot{\theta}(-\sin\theta\,\hat{I} + \cos\theta\,\hat{J}), \quad (6.46)$$

onde $\hat{I}$, $\hat{J}$ e $\hat{K}$ são os vetores unitários correspondentes ao sistema primário XYZ. Substituindo as Eqs. (6.45) e (6.46) na Eq. (6.44), obtemos

$$\vec{0} = R\dot{\theta}(-\sin\theta\,\hat{I} + \cos\theta\,\hat{J}) + \dot{x}_O\,\hat{\imath} + x_O\omega_S\,\hat{\jmath}. \quad (6.47)$$

Aqui temos vetores unitários associados a ambos os sistemas de referência. Transformando o sistema primário no secundário, obtemos

$$\hat{I} = \cos\phi\,\hat{\imath} + \sin\phi\,\hat{\jmath} \quad \text{e} \quad \hat{J} = -\sin\phi\,\hat{\imath} + \cos\phi\,\hat{\jmath}. \quad (6.48)$$

Substituindo a Eq. (6.48) na Eq. (6.47), agora obtemos

$$\vec{0} = -R\dot{\theta}\sin\theta(\cos\phi\,\hat{\imath} + \sin\phi\,\hat{\jmath}) + R\dot{\theta}\cos\theta(-\sin\phi\,\hat{\imath} + \cos\phi\,\hat{\jmath})$$
$$+ \dot{x}_O\,\hat{\imath} + x_O\omega_S\,\hat{\jmath}. \quad (6.49)$$

Alerta de conceito

A Eq. (6.44) está relacionando pontos em *dois* corpos rígidos. Até agora, fomos capazes apenas de relacionar o movimento de pares de pontos no mesmo corpo rígido – esse não é mais o caso. A Eq. (6.44) reflete a primeira vez em que fomos capazes de relacionar o movimento de pontos em dois corpos rígidos que não tenham um ponto em comum, nesse caso, os pontos O (no colar) e B (na corrediça). Trata-se de algo com que precisamos nos acostumar – usando a cinemática de sistemas de referência em rotação, podemos obter grande vantagem ao relacionar o movimento de pontos em dois corpos rígidos diferentes.

Uma vez que podemos encontrar $\phi(\theta)$, a Eq. (6.49) produz duas equações escalares para duas incógnitas: $\dot{x}_O$ e ω_S. Primeiro, encontraremos sen ϕ e cos ϕ em função de θ.

Referindo-se à Fig. 6.40, a lei dos senos nos diz que

$$\frac{x_O}{\operatorname{sen}\theta} = \frac{R}{\operatorname{sen}\phi} \quad \text{de forma que} \quad \operatorname{sen}\phi = \frac{R}{x_O}\operatorname{sen}\theta, \qquad (6.50)$$

e

$$\cos\phi = \sqrt{1 - \left(\frac{R}{x_O}\operatorname{sen}\theta\right)^2} = \frac{H - R\cos\theta}{x_O}, \qquad (6.51)$$

onde encontra-se x_O usando a lei dos cossenos:

$$x_O^2 = R^2 + H^2 - 2HR\cos\theta \;\Rightarrow\; x_O = \sqrt{R^2 + H^2 - 2HR\cos\theta}. \quad (6.52)$$

Substituindo as Eqs. (6.52) na Eq. (6.51), substituindo esse resultado na Eq. (6.49) e resolvendo as duas equações escalares correspondentes para $\dot{x}_O$ e ω_S, obtemos

$$\omega_S = \frac{R\dot{\theta}(R - H\cos\theta)}{H^2 + R^2 - 2HR\cos\theta}, \qquad (6.53)$$

$$\dot{x}_O = \frac{HR\dot{\theta}\operatorname{sen}\theta}{\sqrt{H^2 + R^2 - 2HR\cos\theta}}. \qquad (6.54)$$

O resultado para ω_S na Eq. (6.53) é idêntico ao obtido na Eq. (4) do Exemplo 6.6 na p. 486. Além disso, no Exemplo 6.6, encontrou-se a velocidade do ponto da corrediça S que está diretamente abaixo de O como sendo $\vec{v}_P = (13,2\,\hat{\imath} + 84,3\,\hat{\jmath})$ m/s (para a configuração do Exemplo 6.6). Calculando a magnitude de $\vec{v}_P$ fornece $|\vec{v}_P| = 85,4$ m/s, e, calculando $\dot{x}_O$ na Eq. (6.54) para os parâmetros do Exemplo 6.6, temos $\dot{x}_O = 85,4$ m/s – eles estão de acordo com o que deveriam ser (veja também a nota na margem).

> **Informações úteis**
>
> **Podemos obter o vetor velocidade $\vec{v}_P$ do Exemplo 6.6 a partir de $\dot{x}_O$?** Sabemos que $|\vec{v}_P| = \dot{x}_O$, mas e quanto aos *vetores* velocidade? A direção de $\dot{x}_O$ é ao longo da corrediça S, então podemos escrever a velocidade do ponto na corrediça diretamente abaixo do ponto O, chamada de $\vec{v}_Q$, conforme
>
> $$\vec{v}_Q = \dot{x}_O(\cos\phi\,\hat{\imath} - \operatorname{sen}\phi\,\hat{\jmath}),$$
>
> a qual, quando calculada com os parâmetros dados no Exemplo 6.6, é equivalente a $\vec{v}_P$.

As equações cinemáticas gerais para o movimento de um ponto em relação a um sistema de referência em rotação

Referindo-se à Fig. 6.41, para determinar o movimento do ponto P, faremos uso de dois sistemas de referência diferentes: (1) um sistema de referência xyz que translada *e* rotaciona, que chamaremos de *sistema de referência em rotação*,[7] e (2) um sistema de referência XYZ em relação ao qual estamos medindo o movimento de P que chamaremos de *sistema de referência primário*. Para nós, o sistema primário geralmente será inercial. Além disso, uma vez que o sistema de referência em rotação está quase sempre ligado a um corpo rígido em movimento (como está na Fig. 6.41), iremos chamá-lo muitas vezes de *sistema fixo ao corpo*. Com essa fundamentação, descreveremos o movimento do ponto P em termos de

1. O movimento da origem (ponto A) do sistema de referência em rotação.
2. A velocidade angular $\vec{\Omega}$ e a aceleração angular $\dot{\vec{\Omega}}$ do sistema de referência em rotação.[8]
3. Como P é visto em movimento por um observador *ligado ao* sistema de referência em rotação.

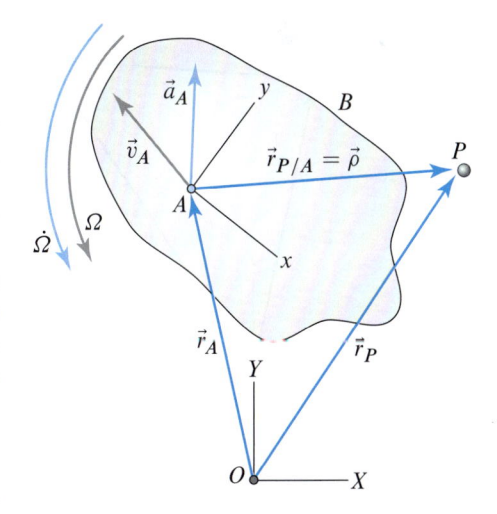

Figura 6.41
Definições do sistema de referência, vetor posição, velocidade e aceleração usados na descrição do movimento de um ponto P relativo a um corpo rígido B.

---

[7] Este também é chamado de *sistema de referência secundário* ou *sistema de referência em movimento*.

[8] O símbolo Ω é a letra grega maiúscula omega.

Para começar, notamos na Fig. 6.41 que a posição de P pode ser escrita como

$$\vec{r}_P = \vec{r}_A + \vec{r}_{P/A} = \vec{r}_A + \vec{\rho}, \tag{6.55}$$

onde $\vec{r}_A$ é a posição da origem do sistema em rotação e $\vec{r}_{P/A} = \vec{\rho}$ é a posição de P em relação ao sistema em rotação. Escrevendo $\vec{\rho}$ em termos do sistema xyz como $\vec{\rho} = \rho_x \,\hat{\imath} + \rho_y\,\hat{\jmath}$, a Eq. (6.55) torna-se[9]

$$\vec{r}_P = \vec{r}_A + \rho_x\,\hat{\imath} + \rho_y\,\hat{\jmath}. \tag{6.56}$$

A fim de encontrar as velocidades e acelerações, precisamos derivar a Eq. (6.56) em relação ao tempo. Para fazermos isso, precisamos perceber que o sistema xyz está ligado ao corpo B; assim, $\hat{\imath}$ e $\hat{\jmath}$ rotacionam com B e, portanto, não são constantes.

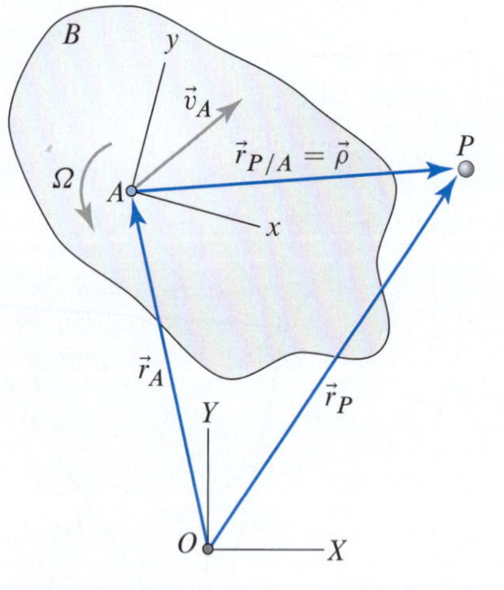

Velocidade usando um sistema em rotação

Derivando a Eq. (5.56) em relação ao tempo, obtemos

$$\vec{v}_P = \vec{v}_A + \dot{\rho}_x\,\hat{\imath} + \rho_x\dot{\hat{\imath}} + \dot{\rho}_y\,\hat{\jmath} + \rho_y\dot{\hat{\jmath}}, \tag{6.57}$$

onde $\vec{v}_P$ é a velocidade de P e $\vec{v}_A$ é a velocidade da origem A do sistema em rotação. Agora podemos reescrever essa expressão usando o nosso conhecimento da derivada temporal de um vetor unitário da Eq. (2.60) da p. 92, isto é,

$$\dot{\hat{\imath}} = \vec{\omega}_{\hat{\imath}} \times \hat{\imath} \quad \text{e} \quad \dot{\hat{\jmath}} = \vec{\omega}_{\hat{\jmath}} \times \hat{\jmath}, \tag{6.58}$$

onde $\vec{\omega}_{\hat{\imath}}$ e $\vec{\omega}_{\hat{\jmath}}$ são as velocidades angulares de $\hat{\imath}$ e $\hat{\jmath}$, respectivamente. Uma vez que o sistema xyz está fixado no corpo, sabemos que todos os vetores unitários giram com o corpo na velocidade angular $\vec{\Omega}$ e, assim,

$$\begin{aligned}\vec{v}_P &= \vec{v}_A + \dot{\rho}_x\,\hat{\imath} + \dot{\rho}_y\,\hat{\jmath} + \rho_x\vec{\Omega}\times\hat{\imath} + \rho_y\vec{\Omega}\times\hat{\jmath} \\ &= \vec{v}_A + \dot{\rho}_x\,\hat{\imath} + \dot{\rho}_y\,\hat{\jmath} + \vec{\Omega}\times(\rho_x\,\hat{\imath} + \rho_y\,\hat{\jmath}) \\ &= \vec{v}_A + \underbrace{\dot{\rho}_x\,\hat{\imath} + \dot{\rho}_y\,\hat{\jmath}}_{\vec{v}_{P\text{rel}}} + \vec{\Omega}\times\vec{\rho},\end{aligned} \tag{6.59}$$

$$\underbrace{\phantom{\dot{\rho}_x\,\hat{\imath} + \dot{\rho}_y\,\hat{\jmath}}}_{\dot{\vec{\rho}}}$$

ou

$$\boxed{\vec{v}_P = \vec{v}_A + \vec{v}_{P\text{rel}} + \vec{\Omega}\times\vec{r}_{P/A},} \tag{6.60}$$

onde

$$\vec{v}_{P\text{rel}} = \dot{\rho}_x\,\hat{\imath} + \dot{\rho}_y\,\hat{\jmath} \tag{6.61}$$

é a velocidade *de P em relação ao sistema em rotação ou fixado no corpo* (isto é, *como visto por um observador em movimento com o corpo B*) e substituímos $\vec{\rho}$ por $\vec{r}_{P/A}$. A Eq. (6.60) é um desenvolvimento importante, uma vez que nos permite relacionar as velocidades de dois pontos que *não* estão no mesmo

Figura 6.42
Versão simplificada da Fig. 6.41 mostrando os elementos essenciais para encontrar velocidades em sistemas de referência em rotação.

---
[9] Para movimento planar podemos, sem perder a generalidade, considerar o plano de movimento como sendo o plano $z = 0$.

corpo rígido – nesse caso, P e A. Em palavras, e referindo-se à Fig. 6.42, a Eq. (6,60) nos diz que a velocidade de P pode ser encontrada utilizando

$\vec{v}_A$ = velocidade da origem do sistema de referência em rotação ou fixado no corpo (ponto A na Fig.6.42)

$\vec{v}_{P\text{rel}}$ = velocidade de P vista por um observador movendo-se com o sistema de referência em rotação xyz.

$\vec{\Omega}$ = velocidade angular do sistema de referência em rotação xyz.

$\vec{r}_{P/A}$ = vetor a partir da origem do sistema de referência em rotação para o ponto P.

Antes de dar uma olhada nas acelerações, veremos como aplicar a Eq. (6.60) observando um pequeno exemplo.

Figura 6.43
Uma partícula movendo-se na ranhura radial de um disco rígido em rotação.

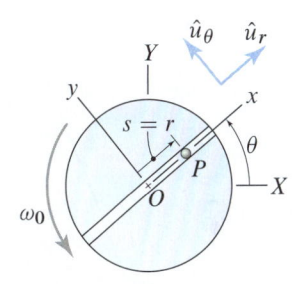

■ **Miniexemplo.** Para ilustrar o uso da Eq. (6.60), encontraremos a velocidade do ponto P que está se movendo na ranhura do disco mostrado na Fig. 6.43. Suponha que o disco está girando a uma velocidade angular constante ω_0 e $s(t)$ é conhecido.

Solução. Não podemos aplicar as equações cinemáticas desenvolvidas na Seção 6.1 (P *não* é um ponto fixo no disco), então aplicaremos a Eq. (6.60) conforme

$$\vec{v}_P = \vec{v}_O + \vec{v}_{P\text{rel}} + \vec{\Omega} \times \vec{r}_{P/O}, \qquad (6.62)$$

onde unimos o sistema em rotação xy ao disco com a sua origem no centro O, como mostrado na Fig. 6.43. Agora interpretaremos cada um desses termos. Primeiro, $\vec{v}_O = \vec{0}$, uma vez que é a velocidade da origem do sistema em rotação xy, que não está se movendo. Segundo, $\vec{v}_{P\text{rel}}$ é a velocidade de P como vista por um observador girando com o disco. Se estivermos sentados sobre o disco, vemos P movendo-se apenas na direção x, e assim $\vec{v}_{P\text{rel}} = \dot{s}\,\hat{\imath}$. Finalmente, $\vec{\Omega}$ é a velocidade angular do sistema em rotação, que é $\omega_0\,\hat{k}$, e $\vec{r}_{P/O}$ é o vetor a partir da origem do sistema em rotação até P, que é $\vec{\rho} = s\,\hat{\imath}$. Colocando tudo isso na Eq. (6.62), obtemos

$$\vec{v}_P = \dot{s}\,\hat{\imath} + \omega_0\,\hat{k} \times s\,\hat{\imath} = \dot{s}\,\hat{\imath} + s\omega_0\,\hat{\jmath}. \qquad (6.63)$$

Recordando o Capítulo 2, vemos que este problema poderia ser tratado usando coordenadas polares. Veremos como.
Referindo-se à Fig. 6.44, podemos usar coordenadas polares para escrever $\vec{v}_P$ conforme

$$\vec{v}_P = \dot{r}\,\hat{u}_r + r\dot{\theta}\,\hat{u}_\theta. \qquad (6.64)$$

Observe que $r = s$, $\dot{r} = \dot{s}$, $\dot{\theta} = \omega_0$ e $\hat{\imath}$ e $\hat{\jmath}$ estão na mesma direção que $\hat{u}_r$ e $\hat{u}_\theta$, respectivamente. Isso significa que as Eqs. (6.63) e (6.64) estão dando resultados idênticos (como deveriam!) ■

Figura 6.44
O disco em rotação da Fig. 6.43 com coordenadas polares definidas.

Aceleração usando um sistema em rotação

Agora que temos a velocidade de P, gostaríamos de encontrar a sua aceleração. Começamos derivando a Eq. (6.59) em relação ao tempo (usamos a Eq. (6.59)

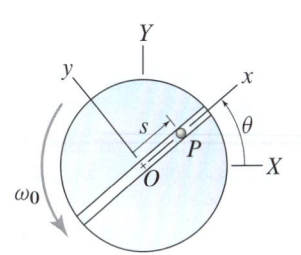

Erro comum

A velocidade e a aceleração podem ser expressas tanto no sistema de referência primário quanto em rotação. Temos expressado nossas respostas finais em termos de componentes no sistema de referência em rotação ou fixado no corpo. Qualquer vetor pode ser expresso em termos de componentes tanto no sistema em rotação quanto no sistema primário. Por exemplo, em termos do sistema XY, podemos escrever a velocidade de P no miniexemplo como

$\vec{v}_P = \dot{s}(\cos\theta\,\hat{I} + \operatorname{sen}\theta\,\hat{J})$
$\qquad + s\omega_0(-\operatorname{sen}\theta\,\hat{I} + \cos\theta\,\hat{J})$
$\quad = (\dot{s}\cos\theta - s\omega_0\operatorname{sen}\theta)\,\hat{I}$
$\qquad + (\dot{s}\operatorname{sen}\theta + s\omega_0\cos\theta)\,\hat{J}$

onde $\hat{I}$ e $\hat{J}$ são os vetores unitários associados ao sistema XY.

em vez da Eq. (6.60), de modo que temos a forma em componentes de $\vec{v}_{P\text{rel}}$) para obter

$$\vec{a}_P = \vec{a}_A + \ddot{\rho}_x\,\hat{\imath} + \dot{\rho}_x\,\dot{\hat{\imath}} + \ddot{\rho}_y\,\hat{\jmath} + \dot{\rho}_y\,\dot{\hat{\jmath}} + \dot{\vec{\Omega}} \times \vec{\rho} + \vec{\Omega} \times \dot{\vec{\rho}} \qquad (6.65)$$

$$= \vec{a}_A + \ddot{\rho}_x\,\hat{\imath} + \ddot{\rho}_y\,\hat{\jmath} + \dot{\rho}_x\vec{\Omega} \times \hat{\imath} + \dot{\rho}_y\vec{\Omega} \times \hat{\jmath}$$

$$+ \dot{\vec{\Omega}} \times \vec{\rho} + \vec{\Omega} \times \left(\vec{v}_{P\text{rel}} + \vec{\Omega} \times \vec{\rho}\right) \qquad (6.66)$$

$$= \vec{a}_A + \underbrace{\ddot{\rho}_x\,\hat{\imath} + \ddot{\rho}_y\,\hat{\jmath}}_{\vec{a}_{P\text{rel}}} + \vec{\Omega} \times \underbrace{(\dot{\rho}_x\,\hat{\imath} + \dot{\rho}_y\,\hat{\jmath})}_{\vec{v}_{P\text{rel}}}$$

$$+ \dot{\vec{\Omega}} \times \vec{\rho} + \vec{\Omega} \times \left(\vec{v}_{P\text{rel}} + \vec{\Omega} \times \vec{\rho}\right)$$

$$= \vec{a}_A + \vec{a}_{P\text{rel}} + 2\vec{\Omega} \times \vec{v}_{P\text{rel}} + \dot{\vec{\Omega}} \times \vec{\rho} + \vec{\Omega} \times \left(\vec{\Omega} \times \vec{\rho}\right), \qquad (6.67)$$

onde usamos a derivada temporal dos vetores unitários da Eq. (6.58) e $\dot{\vec{\rho}} = \vec{v}_{P\text{rel}} + \vec{\Omega} \times \vec{\rho}$ da Eq. (6.59) para ir da Eq. (6.65) à Eq. (6.66). Percebendo que há dois termos $\vec{\Omega} \times \vec{v}_{P\text{rel}}$, obtemos

$$\boxed{\vec{a}_P = \vec{a}_A + \vec{a}_{P\text{rel}} + 2\vec{\Omega} \times \vec{v}_{P\text{rel}} + \dot{\vec{\Omega}} \times \vec{r}_{P/A} + \vec{\Omega} \times \left(\vec{\Omega} \times \vec{r}_{P/A}\right),} \qquad (6.68)$$

onde substituímos $\vec{\rho}$ por $\vec{r}_{P/A}$, e

$$\vec{a}_{P\text{rel}} = \ddot{\rho}_x\,\hat{\imath} + \ddot{\rho}_y\,\hat{\jmath} \qquad (6.69)$$

é a *aceleração de P* em *relação ao sistema em rotação* (isto é, *como visto por um observador em movimento com o corpo B*). Tomada como um todo, a Eq. (6.68) parece complicada, mas é facilmente aplicada na medida em que cada termo é considerado individualmente. Passaremos por cada termo na Eq. (6.68) e a definiremos em palavras; depois, olharemos mais uma vez para o disco giratório do miniexemplo.

Referindo-se à Fig. 6.45, a aceleração de um ponto P dada pela Eq. (6.68) consiste nos seguintes termos:

$\vec{a}_A$ = aceleração da origem do sistema de referência em rotação ou fixado no corpo.

$\vec{a}_{P\text{rel}}$ = aceleração de P vista por um observador movendo-se com o sistema de referência em rotação.

$2\vec{\Omega} \times \vec{v}_{P\text{rel}}$ = aceleração de Coriolis de P; este termo resulta de duas coincidências, mas de efeitos diferentes: (1) a mudança no sentido de $\vec{v}_{P\text{rel}}$ devido a $\vec{\Omega}$ e (2) o efeito de $\vec{\Omega}$ sobre a variação na magnitude de $\vec{r}_{P/A}$ em relação ao sistema de referência em rotação.

$\dot{\vec{\Omega}} \times \vec{r}_{P/A}$ = aceleração tangencial de um ponto ligado ao sistema de referência em movimento e coincidente com P em qualquer dado instante t conforme o ponto se move em uma esfera de raio $|\vec{r}_{P/A}|$ sobre o ponto A, onde $\dot{\vec{\Omega}}$ é a aceleração angular do sistema de referência em rotação.

$\vec{\Omega} \times \left(\vec{\Omega} \times \vec{r}_{P/A}\right)$ = aceleração normal de um ponto ligado ao sistema de referência em movimento e coincidente com P em qualquer dado instante t conforme o ponto se move em uma esfera de raio $|\vec{r}_{P/A}|$ sobre o ponto A.

Dadas as descrições dos dois últimos termos, podemos ver que a soma de $\vec{a}_A + \dot{\vec{\Omega}} \times \vec{r}_{P/A} + \vec{\Omega} \times \left(\vec{\Omega} \times \vec{r}_{P/A}\right)$ representa a aceleração de um ponto ligado ao sis-

---

Informações úteis

E se P for um ponto no corpo rígido B? Se P está ligado ao corpo B como mostrado abaixo, logo, $\vec{v}_{P\text{rel}} = \vec{0}$ na Equação (6.60).

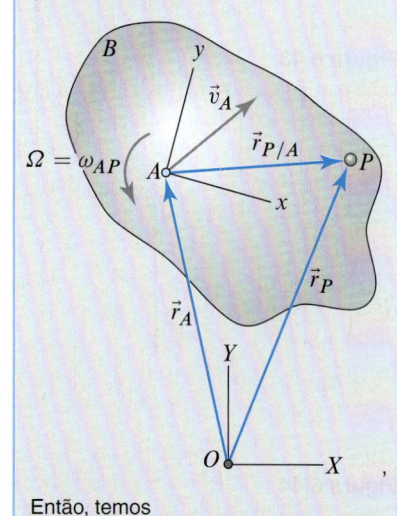

Então, temos

$$\vec{v}_P = \vec{v}_A + \vec{\Omega} \times \vec{r}_{P/A} = \vec{v}_A + \vec{\omega}_{AP} \times \vec{r}_{P/A},$$

que é simplesmente a Eq. (6.3) da p. 462. Uma simplificação correspondente aplica-se à aceleração na Eq. (6.68) levando à Eq. (6.5).

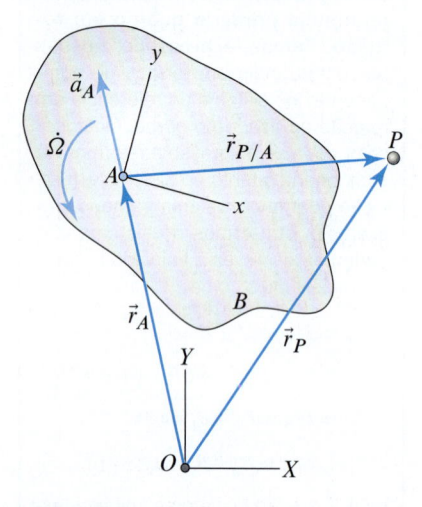

Figura 6.45
Versão simplificada da Fig. 6.41 mostrando as grandezas essenciais necessárias para determinar acelerações em sistemas de referência em rotação.

tema de referência em movimento e coincidente com P em um dado instante t. Agora, revisaremos o miniexemplo da p. 521 e encontraremos a aceleração de P.

■ **Miniexemplo.** Para ilustrar o uso da Eq. (6.68), determinaremos a aceleração do ponto P que está se movendo na ranhura do disco mostrado na Fig. 6.46. Suponha que o disco está girando a uma velocidade angular ω_0 e aceleração angular α_0 e $s(t)$ é conhecido.

Solução. Não podemos aplicar as equações cinemáticas desenvolvidas na Seção 6.1 porque P está em movimento *em relação ao* disco, então aplicaremos a Eq. (6.68) conforme

$$\vec{a}_P = \vec{a}_O + \vec{a}_{P\text{rel}} + 2\vec{\Omega} \times \vec{v}_{P\text{rel}} + \dot{\vec{\Omega}} \times \vec{r}_{P/O} + \vec{\Omega} \times (\vec{\Omega} \times \vec{r}_{P/O}), \quad (6.70)$$

onde unimos o sistema em rotação xy ao disco com a sua origem no centro O como mostrado na Fig. 6.46. Primeiramente, $\vec{a}_O = \vec{0}$, uma vez que a origem do sistema em rotação xy não está se movendo. Em segundo lugar, $\vec{a}_{P\text{rel}}$ é a aceleração de P como vista por um observador girando com o disco, ou seja, $\vec{a}_{P\text{rel}} = \ddot{s}\,\hat{\imath}$. Usando um raciocínio similar, $\vec{v}_{P\text{rel}} = \dot{s}\,\hat{\imath}$. Por fim, $\vec{\Omega}$ é a velocidade angular do sistema em rotação, que é $\omega_0\,\hat{k}$; $\dot{\vec{\Omega}}$ é a aceleração angular do sistema em rotação, que é $\alpha_0\,\hat{k}$; e $\vec{r}_{P/O}$ é o vetor a partir da origem do sistema em rotação até P, que é $s\,\hat{\imath}$. Colocando tudo isso na Eq. (6.70), obtemos

$$\vec{a}_P = \ddot{s}\,\hat{\imath} + 2\omega_0\,\hat{k} \times \dot{s}\,\hat{\imath} + \alpha_0\,\hat{k} \times s\,\hat{\imath} + \omega_0\,\hat{k} \times (\omega_0\,\hat{k} \times s\,\hat{\imath})$$
$$= (\ddot{s} - s\omega_0^2)\,\hat{\imath} + (s\alpha_0 + 2\dot{s}\omega_0)\,\hat{\jmath}. \quad (6.71)$$

O uso de coordenadas polares nos fornece o mesmo resultado (veja o Prob. 6.110). ■

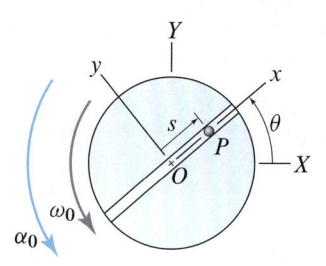

Figura 6.46
Uma partícula se movendo na ranhura de um disco rígido em rotação.

Antes de terminarmos esta seção, há algumas coisas para se observar.

- Para movimento planar, que é o tipo de movimento em que estamos nos concentrando nesta seção, a aceleração dada na Eq. (6.68) pode ser escrita como

$$\vec{a}_P = \vec{a}_A + \vec{a}_{P\text{rel}} + 2\vec{\Omega} \times \vec{v}_{P\text{rel}} + \dot{\vec{\Omega}} \times \vec{r}_{P/A} - \Omega^2 \vec{r}_{P/A}, \quad (6.72)$$

onde $\Omega = |\vec{\Omega}|$.

- Os termos $\vec{v}_{P\text{rel}}$ e $\vec{a}_{P\text{rel}}$ nas Eqs. (6.60) e (6.68) nos dão uma nova perspectiva sobre o movimento de pontos que não vimos até agora, isto é, dizem-nos o movimento *aparente* de algo visto por um observador em movimento. Por exemplo, referindo-se à Fig. 6.47, se a pessoa em A está apenas parada no carrossel (ou seja, não se movendo em relação a ele), que está girando a uma taxa constante ω_m, e a pessoa em B está andando a uma velocidade constante ao longo da calçada na direção indicada, então a velocidade e a aceleração de B vistas por A não são $\vec{v}_{B/A}$ e $\vec{a}_{B/A}$, respectivamente; são, em vez disso,

$$\vec{v}_{B\text{rel}} = \vec{v}_B - \vec{v}_A - \vec{\omega}_m \times \vec{r}_{B/A}, \quad (6.73)$$

$$\vec{a}_{B\text{rel}} = \vec{a}_B - \vec{a}_A - 2\vec{\omega}_m \times \vec{v}_{P\text{rel}} - \dot{\vec{\alpha}}_m \times \vec{r}_{B/A} + \omega_m^2 \vec{r}_{B/A}, \quad (6.74)$$

respectivamente. Na situação dada, $\vec{\alpha}_m$ e $\vec{a}_B$ seriam ambos zero. No Exemplo 6.15, uniremos o sistema de referência em rotação ao carrossel com sua origem na pessoa em A.

- Ao decidir onde unir o sistema em rotação, é importante escolhermos um sistema que facilita determinar cada um dos termos nas Eqs. (6.60) e (6.68). Por exemplo, ao relacionar a velocidade angular da corrediça com a da manivela para o mecanismo da Fig. 6.40, unimos o sistema

Alerta de conceito

Sistema de referência em rotação, sistema de referência fixado no corpo, corpo rígido B, sistema de referência em movimento e *sistema de referência secundário.* Veremos todos esses termos usados quando nos referirmos ao que estamos chamando de *sistema de referência em rotação* ou *fixado no corpo*, e precisamos saber que todos esses termos estão falando sobre a mesma coisa – ou seja, estão todos se referindo a um sistema de referência que está transladando e sob rotação em relação a algum sistema de referência primário ou inercial.

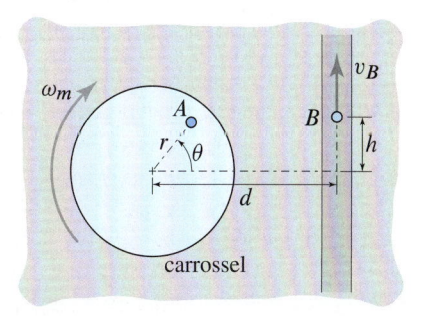

Figura 6.47
Uma pessoa A de pé em um carrossel girando enquanto a pessoa B caminha na calçada na direção mostrada.

em rotação à corrediça S porque, assim, foi muito fácil descrever o movimento do ponto O em relação ao sistema em rotação (o termo $\vec{v}_{Brel}$ na Eq. (6.60)). Em vez disso, poderíamos ter unido o sistema em rotação ao disco centrado em A, mas nesse caso o movimento do ponto O teria sido muito difícil de ser descrito em relação ao sistema em rotação.

Resumo final da seção

Nesta seção, desenvolvemos equações cinemáticas que nos permitiram relacionar o movimento de dois pontos que *não estão* no mesmo corpo rígido. Referindo-se à Fig. 6.48, isso significa que podemos relacionar a velocidade do ponto P com a do ponto A usando a relação

Eq. (6.60), p.520

$$\vec{v}_P = \vec{v}_A + \vec{v}_{Prel} + \vec{\Omega} \times \vec{r}_{P/A},$$

onde

$\vec{v}_A$ = velocidade da origem do sistema de referência em rotação ou fixado no corpo (ponto A na Fig. 6.48).

$\vec{v}_{Prel}$ = velocidade de P vista por um observador movendo-se com o sistema de referencia em rotação.

$\vec{\Omega}$ = velocidade angular do sistema de referência em rotação.

$\vec{r}_{P/A}$ = posição do ponto P em relação a A.

Também descobrimos que podemos relacionar a aceleração do ponto P à do ponto A usando

Eq. (6.68), p.522

$$\vec{a}_P = \vec{a}_A + \vec{a}_{Prel} + 2\vec{\Omega} \times \vec{v}_{Prel} + \dot{\vec{\Omega}} \times \vec{r}_{P/A} + \vec{\Omega} \times (\vec{\Omega} \times \vec{r}_{P/A}),$$

onde, além dos termos definidos para $\vec{v}_P$, temos

$\vec{a}_A$ = aceleração da origem do sistema de referência em rotação ou fixado no corpo (ponto A na Fig. 6.48).

$\vec{a}_{Prel}$ = aceleração de P vista por um observador movendo-se com o sistema de referencia em rotação.

$2\vec{\Omega} \times \vec{v}_{Prel}$ = aceleração de Coriolis de P.

$\dot{\vec{\Omega}}$ = aceleração angular do sistema de referência em rotação.

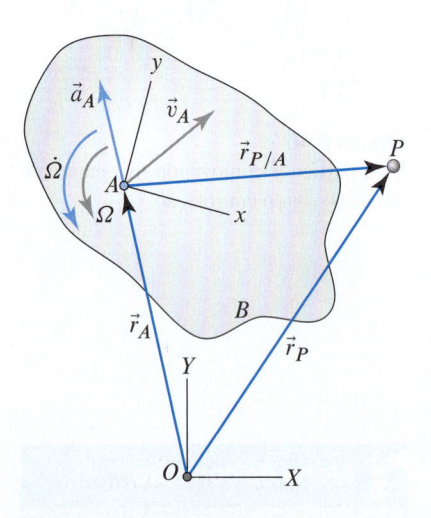

Figura 6.48
Os ingredientes essenciais para determinar velocidades e acelerações usando um sistema de referência em rotação.

EXEMPLO 6.13 Uma partícula em uma ranhura sob rotação: equação de movimento e forças

Na Fig. 1, temos um objeto *deslizando* em relação a outro objeto, o qual está girando. Considere que o disco está girando no plano horizontal a uma velocidade angular ω_0 e aceleração angular α_0. A partícula P está restrita a mover-se na ranhura, que está a uma distância d do centro do disco. Além disso, uma mola elástica linear de constante k está ligada à partícula de forma que a mola não está deformada quando a partícula está em $s = 0$. Para esse sistema, determine a(s) equação(ões) de movimento da partícula e a força normal entre a partícula e a ranhura.

SOLUÇÃO

Roteiro e modelagem Aplicaremos a segunda lei de Newton para determinar a equação de movimento da partícula e a força normal entre a partícula e a ranhura. Ao fazer isso, precisaremos encontrar a aceleração da partícula. Como a partícula está deslizando *em relação ao* disco, uniremos um sistema de referência em rotação com o disco, pois o movimento da partícula relativo a um observador que gira com o disco é fácil de descrever.

O DCL da partícula em uma posição arbitrária s é mostrado na Fig. 2, onde F_s é a força da mola agindo sobre a partícula e N é a força normal agindo sobre a partícula devido à ranhura. Desprezamos o atrito entre a partícula e a ranhura. Além disso, unimos um sistema em rotação xy ao disco com sua origem no ponto O, o qual é o centro do disco. Já que esse sistema tem um grau de liberdade, esperamos obter uma equação de movimento.

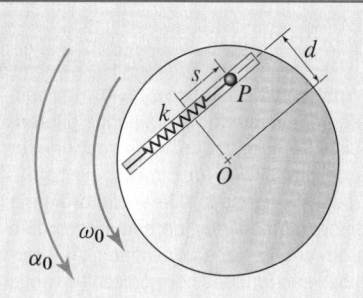

Figura 1

Informações úteis

Porque há somente um grau de liberdade? Uma vez que o movimento do disco está completamente especificado, sempre saberemos a orientação da ranhura no disco. Portanto, o único grau de liberdade é o movimento da partícula na ranhura, assim o sistema mostrado na Fig. 1 tem apenas um grau de liberdade.

Equações fundamentais

Princípios de equilíbrio Referindo-se à Fig. 2, a segunda lei de Newton aplicada à partícula nos fornece

$$\sum F_x: \quad -F_s = ma_{Px}, \quad (1)$$

$$\sum F_y: \quad N = ma_{Py}, \quad (2)$$

onde a_{Px} e a_{Py} são as componentes x e y, respectivamente, da aceleração $\vec{a}_P$ da partícula.

Leis da força Como a mola não está deformada em $s = 0$, a lei de força da mola é dada por

$$F_s = ks. \quad (3)$$

Equações cinemáticas Para determinar a_{Px} e a_{Py}, usamos a Eq. (6.72), que é

$$\vec{a}_P = a_{Px}\hat{i} + a_{Py}\hat{j} = \vec{a}_O + \vec{a}_{Prel} + 2\vec{\Omega} \times \vec{v}_{Prel} + \dot{\vec{\Omega}} \times \vec{r}_{P/O} - \Omega^2 \vec{r}_{P/O}, \quad (4)$$

na qual, referindo-se à Fig. 2, $\vec{a}_O = \vec{0}$, uma vez que o ponto O não está se movendo, $\vec{a}_{Prel} = \ddot{s}\hat{i}$, $\vec{v}_{Prel} = \dot{s}\hat{i}$, $\vec{\Omega} = \omega_0 \hat{k}$, $\dot{\vec{\Omega}} = \alpha_0 \hat{k}$ e $\vec{r}_{P/O} = s\hat{i} + d\hat{j}$. Substituindo cada um desses termos na Eq. (4), obtemos

$$\vec{a}_P = \ddot{s}\hat{i} + 2\omega_0 \hat{k} \times \dot{s}\hat{i} + \alpha_0 \hat{k} \times (s\hat{i} + d\hat{j}) - \omega_0^2(s\hat{i} + d\hat{j})$$

$$= (\ddot{s} - d\alpha_0 - s\omega_0^2)\hat{i} + (2\dot{s}\omega_0 + s\alpha_0 - d\omega_0^2)\hat{j}, \quad (5)$$

de modo que

$$a_{Px} = \ddot{s} - d\alpha_0 - s\omega_0^2 \quad \text{e} \quad a_{Py} = 2\dot{s}\omega_0 + s\alpha_0 - d\omega_0^2. \quad (6)$$

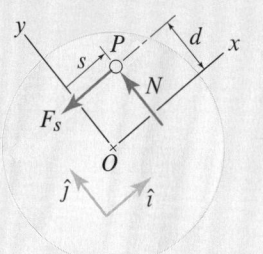

Figura 2
O DCL da partícula e a definição do sistema de referência em rotação. Os vetores unitários $\hat{i}$ e $\hat{j}$ giram com o disco.

Cálculos Substituindo as Eqs. (3) e (6) nas Eqs. (1) e (2), obtemos

$$-ks = m\left(\ddot{s} - d\alpha_0 - s\omega_0^2\right) \text{ e } N = m\left(2\dot{s}\omega_0 + s\alpha_0 - d\omega_0^2\right). \tag{7}$$

Reorganizando a primeira das Eqs. (7), obtemos a equação de movimento da partícula conforme

$$\boxed{\ddot{s} + \left(\frac{k}{m} - \omega_0^2\right)s = d\alpha_0.} \tag{8}$$

A segunda das Eqs. (7) nos informa que uma vez conhecido $s(t)$ da solução da Eq. (8), então podemos encontrar a força normal entre a partícula e a ranhura a partir de

$$\boxed{N = m\left(2\dot{s}\omega_0 + s\alpha_0 - d\omega_0^2\right).} \tag{9}$$

Discussão e verificação Note que a dimensão de cada termo na Eq. (8) é a de aceleração, e a dimensão de cada termo na Eq. (9) é a de força, então ambos os resultados estão dimensionalmente coerentes.

Um olhar mais atento Embora o único corpo rígido deste problema (isto é, o disco) possua um movimento conhecido, este é um exemplo do poder da cinemática que desenvolvemos nesta seção. O movimento da partícula P é de fato muito complexo, e já estamos aptos para facilmente obter sua aceleração. O poder da cinemática que desenvolvemos situa-se na ideia de que o movimento relativo ao sistema que *gira com o disco* é muito simples, ou seja, é retilíneo. Usando aquele movimento, com um conhecimento do movimento do sistema em rotação, podemos facilmente obter a aceleração. Veremos isso nos exemplos seguintes assim como nos problemas.

Fato interessante

Análise da Eq. (8) se $\alpha_0 = 0$. Se tivéssemos um curso de equações diferenciais, então poderíamos reconhecer que, se $\alpha_0 = 0$ na Eq. (8), ela torna-se uma equação diferencial ordinária linear homogênea de segunda ordem com coeficientes constantes. As soluções são funções harmônicas (ou seja, senos e cossenos) se $k/m > \omega_0^2$, e elas estão crescendo exponencialmente se $k/m < \omega_0^2$. Essa propriedade nos permite usar um sistema como esse para monitorar quando o disco começa a girar mais rápido que algum valor crítico, uma vez que a partícula atingiria a extremidade da ranhura.

EXEMPLO 6.14 Análise de um mecanismo de movimento retilíneo alternativo

O mecanismo de *movimento retilíneo alternativo* mostrado na Fig. 1 consiste em um disco fixado com pino no seu centro em A que gira a uma velocidade angular constante ω_{AB}, um braço com ranhura CD que está fixado com pino em C e uma barra que pode oscilar dentro das guias em E e F. Conforme o disco gira, a cavilha em B se move dentro do braço com a ranhura, fazendo-o balançar para trás e para frente. Conforme o braço balança, ele proporciona um avanço lento e um retorno rápido à barra alternativa devido à variação na distância entre C e B. Para a posição mostrada ($\theta = 30°$), determine a

(a) Velocidade angular e a aceleração angular do braço com a ranhura CD
(b) Velocidade e a aceleração da barra

Calcularemos nossos resultados para $\omega_{AB} = 60$ rpm, $R = 0,1$ m, $h = 0,2$ m e $d = 0,12$ m.

SOLUÇÃO

Roteiro Este é um mecanismo com um contato deslizante, então não podemos usar as Eqs. (6.3) e (6.5) para relacionar o movimento do disco ao do braço com a ranhura CD. Portanto, usaremos um sistema de referência em rotação para relacionar o movimento da cavilha em B ao ponto de articulação em C, e uniremos o sistema ao braço CD como mostrado no esquema do mecanismo na Fig. 2.

Cálculos Uma vez que estamos relacionando o movimento de B e C, para as velocidades podemos escrever

$$\vec{v}_B = \vec{v}_C + \vec{v}_{Brel} + \vec{\Omega}_{CD} \times \vec{r}_{B/C}, \quad (1)$$

onde $\vec{v}_{Brel}$ é a velocidade de B vista por um observador no sistema em rotação e $\vec{\Omega}_{CD} = \vec{\omega}_{CD}$ é tanto a velocidade angular do sistema em rotação quanto a velocidade angular do braço CD. Agora, uma vez que B está girando em um círculo em torno de A, $\vec{v}_B$ é encontrado usando a Eq. (6.8) como sendo

$$\vec{v}_B = \vec{\omega}_{AB} \times \vec{r}_{B/A} = \omega_{AB}\hat{k} \times R\hat{\imath} = R\omega_{AB}\hat{\jmath}. \quad (2)$$

Além disso, podemos ver que

$$\vec{v}_C = \vec{0}, \quad \vec{v}_{Brel} = \dot{r}_{B/C}\hat{\jmath}, \quad \vec{\Omega}_{CD} = \Omega_{CD}\hat{k}, \quad \vec{r}_{B/C} = r_{B/C}\hat{\jmath}, \quad (3)$$

onde $r_{B/C} = \sqrt{h^2 - R^2} = 0,1732$ m nesse instante. Substituindo as Eqs. (2) e (3) na Eq. (1), obtemos

$$R\omega_{AB}\hat{\jmath} = \dot{r}_{B/C}\hat{\jmath} + \Omega_{CD}\hat{k} \times r_{B/C}\hat{\jmath}, \quad (4)$$

que é equivalente a duas equações escalares para Ω_{CD} e $\dot{r}_{B/C}$. Resolvendo, encontramos que $\dot{r}_{B/C} = R\omega_{AB} = 0,628$ m/s e

$$\Omega_{CD} = 0 \text{ rad/s} \quad \rightarrow \quad \boxed{\vec{\Omega}_{CD} = \vec{\omega}_{CD} = \vec{0} \text{ rad/s.}} \quad (5)$$

Para a análise de aceleração, aplicamos a Eq. (6.68),

$$\vec{a}_B = \vec{a}_C + \vec{a}_{Brel} + 2\vec{\Omega}_{CD} \times \vec{v}_{Brel} + \dot{\vec{\Omega}}_{CD} \times \vec{r}_{B/C} - \Omega_{CD}^2 \vec{r}_{B/C} \quad (6)$$

$$= \vec{a}_C + \vec{a}_{Brel} + \dot{\vec{\Omega}}_{CD} \times \vec{r}_{B/C}, \quad (7)$$

onde, para ir da Eq. (6) à Eq. (7), usamos a Eq. (5). Como B está se movendo em um círculo centrado em A, podemos usar a Eq. (6.13) para encontrar $\vec{a}_B$ conforme

$$\vec{a}_B = -\omega_{AB}^2 \vec{r}_{B/A} = -\omega_{AB}^2 R\hat{\imath}. \quad (8)$$

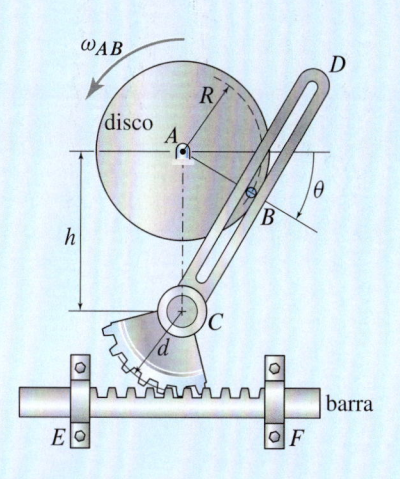

Figura 1

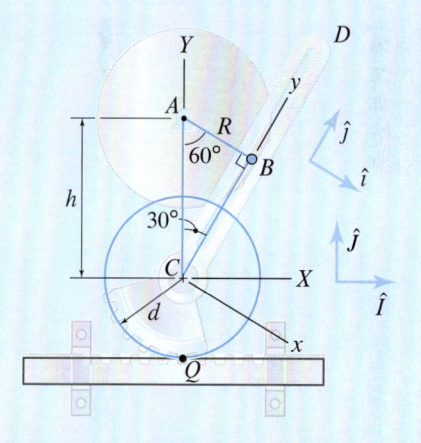

Figura 2
Sistema de referência primário e em rotação para o mecanismo de movimento retilíneo alternativo.

Alem disso, $\vec{a}_{Brel}$ e $\dot{\vec{\Omega}}_{CD}$ na Eq. (7) são dados por

$$\vec{a}_{Brel} = \ddot{r}_{B/C}\,\hat{j} \quad \text{e} \quad \dot{\vec{\Omega}}_{CD} = \dot{\Omega}_{CD}\,\hat{k}. \tag{9}$$

Finalmente, notando que $\vec{a}_C = \vec{0}$ e substituindo a última das Eqs. (3) e Eqs. (8) e (9) na Eq. (7), obtemos

$$-\omega_{AB}^2 R\,\hat{\imath} = \ddot{r}_{B/C}\,\hat{j} + \dot{\Omega}_{CD}\,\hat{k} \times r_{B/C}\,\hat{j}, \tag{10}$$

a qual é equivalente a duas equações escalares para $\ddot{r}_{B/C}$ e $\dot{\Omega}_{CD}$. Resolvendo, encontramos que $\ddot{r}_{B/C} = 0$ e

$$\dot{\Omega}_{CD} = \frac{R}{r_{B/C}}\omega_{AB}^2 = 22{,}8\,\text{rad/s}^2 \;\Rightarrow\; \boxed{\dot{\vec{\Omega}}_{CD} = \vec{\alpha}_{CD} = \left(22{,}8\,\text{rad/s}^2\right)\hat{k}.} \tag{11}$$

Referindo-se à Fig. 2, agora que temos a velocidade angular e a aceleração angular do braço com a ranhura CD, podemos descobrir a velocidade da barra usando

$$\boxed{\vec{v}_{\text{barra}} = \vec{v}_Q = \vec{\omega}_{CD} \times \vec{r}_{Q/C} = \vec{0},} \tag{12}$$

uma vez que $\vec{\omega}_{CD} = \vec{0}$ nesse instante. Além disso, a aceleração da barra é dada por

$$\vec{a}_{\text{barra}} = \vec{a}_Q \cdot \hat{I} = \vec{\alpha}_{CD} \times \vec{r}_{Q/C} = \alpha_{CD}\,\hat{K} \times \left(-d\hat{J}\right) = d\alpha_{CD}\,\hat{I}, \tag{13}$$

ou seja, $\vec{a}_{\text{barra}}$ é simplesmente a componente tangencial da aceleração de Q. Portanto, a aceleração da barra nesse instante é

$$\boxed{\vec{a}_{\text{barra}} = d\alpha_{CD}\,\hat{I} = \left(2{,}74\,\text{m/s}^2\right)\hat{I}.} \tag{14}$$

Discussão e verificação As dimensões e, portanto, as unidades dos resultados finais são as esperadas.

Observando mais profundamente, notamos que a velocidade angular do braço com a ranhura CD é zero nesse instante. Isso faz sentido porque a linha AB no disco em rotação é perpendicular à ranhura do braço nesse instante. Portanto, *nesse instante*, a velocidade de B é paralela à ranhura e, por isso, não induz rotação alguma ao braço contendo a ranhura. Como consequência, a velocidade da barra deve ser zero nesse instante, pois é a velocidade angular do braço com a ranhura que transmite uma velocidade à barra.

Por outro lado, podemos constatar que o braço com a ranhura tem uma aceleração angular. Isso também faz sentido porque, um instante antes de o braço estar nessa posição, e um instante depois, o braço com a ranhura deve ter uma velocidade angular e, portanto, deve haver uma aceleração angular que cause essa mudança na velocidade angular.

Nos Problemas 6.115 e 6.116 veremos por que esse é o mecanismo que por vezes é referido como *mecanismo de retorno rápido*.

EXEMPLO 6.15 Movimento real *versus* movimento percebido: encontrando $\vec{v}_{Brel}$ e $\vec{a}_{Brel}$

A pessoa A está parada no carrossel (ou seja, não está se movendo em relação a ele), que está girando a uma taxa constante ω_m, e a pessoa B está andando em uma linha reta a uma velocidade constante v_B ao longo da calçada em um sistema estacionário (veja a Fig. 1). Determine a velocidade e a aceleração de B como vistas por A.[10] Calcule os resultados para $v_B = 6{,}4\,\text{km/h}$, $\omega_m = 3\,\text{rad/s}$, $\theta = 45°$, $d = 9\,\text{m}$ e $h = 3\,\text{m}$.

SOLUÇÃO

Roteiro Uma vez que A não está se movendo em relação ao carrossel, o movimento de B visto por A é equivalente ao movimento de B visto por um observador girando com o carrossel. Conforme mencionamos na p. 523, a velocidade de B vista por A não é igual a $\vec{v}_{B/A}$, uma vez que essa grandeza fornece a velocidade de B vista por A somente se A não estiver girando. Por isso, lembre que o termo $\vec{v}_{Brel}$ na Eq. (6.60) é *a velocidade de P vista por um observador movendo-se com o sistema em rotação* – é exatamente isso o que queremos (com $\vec{a}_{Brel}$ para a aceleração de B vista por A).

Cálculos Referindo-se à Fig. 2, o sistema primário XY é conforme mostrado, e o sistema em rotação xy está ligado ao carrossel com sua origem em A. Queremos calcular $\vec{v}_{Brel}$, o qual é dado pela Eq. (6.60) como sendo

$$\vec{v}_{Brel} = \vec{v}_B - \vec{v}_A - \vec{\omega}_m \times \vec{r}_{B/A}, \tag{1}$$

onde $\vec{\omega}_m$ é também a velocidade angular do sistema em rotação xy visto que o sistema está ligado ao carrossel. Calculando os três termos acima, encontramos

$$\vec{v}_B = v_B\,\hat{J} = v_B(\text{sen}\,\theta\,\hat{\imath} + \cos\theta\,\hat{\jmath}), \tag{2}$$

$$\vec{v}_A = -r\omega_m\,\hat{\jmath}, \tag{3}$$

$$\vec{\omega}_m \times \vec{r}_{B/A} = -\omega_m\,\hat{k} \times \left(-r\,\hat{\imath} + d\,\hat{I} + h\,\hat{J}\right)$$
$$= -\omega_m\,\hat{k} \times [-r\,\hat{\imath} + d(\cos\theta\,\hat{\imath} - \text{sen}\,\theta\,\hat{\jmath}) + h(\text{sen}\,\theta\,\hat{\imath} + \cos\theta\,\hat{\jmath})]$$
$$= \omega_m(h\cos\theta - d\,\text{sen}\,\theta)\hat{\imath} - \omega_m(d\cos\theta + h\,\text{sen}\,\theta - r)\hat{\jmath}. \tag{4}$$

Substituindo as Eqs. (2)-(4) na Eq. (1), obtemos

$$\boxed{\begin{aligned}\vec{v}_{Brel} &= (v_B\,\text{sen}\,\theta - h\omega_m\cos\theta + d\omega_m\,\text{sen}\,\theta)\hat{\imath} \\ &\quad + (v_B\cos\theta + h\omega_m\,\text{sen}\,\theta + d\omega_m\cos\theta)\hat{\jmath} \\ &= (14\,\hat{\imath} + 26{,}7\,\hat{\jmath})\,\text{m/s},\end{aligned}} \tag{5}$$
$$\tag{6}$$

onde o resultado numérico foi obtido calculando a resposta usando os valores fornecidos. A Fig. 3 mostra a velocidade real de B, isto é, $\vec{v}_B$, bem como a velocidade de B vista por A, isto é, $\vec{v}_{Brel}$.

Agora, calculando $\vec{a}_{Brel}$ usando a Eq. (6.72), temos

$$\vec{a}_{Brel} = \vec{a}_B - \vec{a}_A - 2\vec{\omega}_m \times \vec{v}_{Brel} - \vec{\alpha}_m \times \vec{r}_{B/A} + \omega_m^2\,\vec{r}_{B/A}, \tag{7}$$

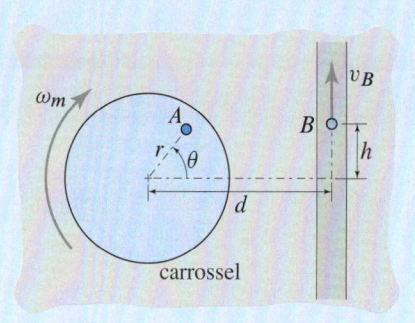

Figura 1

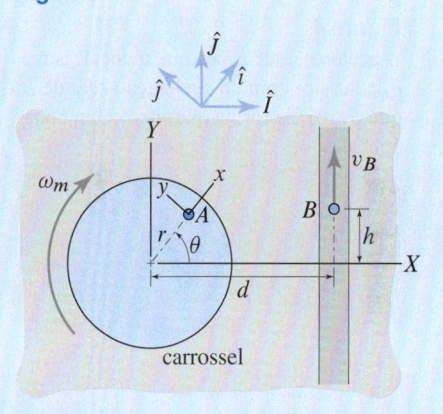

Figura 2
Definição dos sistemas de referência primário e em rotação.

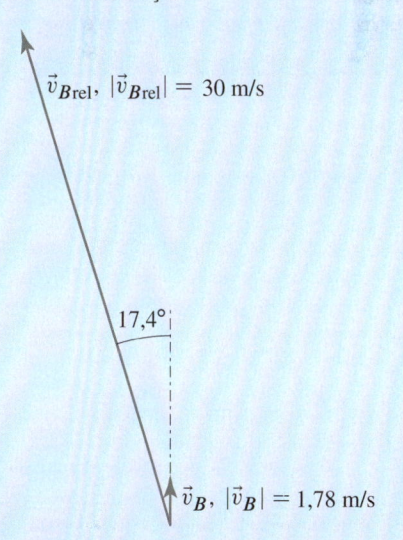

$\vec{v}_{Brel}$, $|\vec{v}_{Brel}| = 30$ m/s

$17{,}4°$

$\vec{v}_B$, $|\vec{v}_B| = 1{,}78$ m/s

Figura 3
Comparação da velocidade de B no sistema estacionário, isto é, $\vec{v}_B$, com a velocidade B vista por A, isto é, $\vec{v}_{Brel}$.

---

[10] A pessoa A não pode girar sua cabeça para seguir B conforme o carrossel gira, ou então teríamos introduzido outra rotação.

onde, na situação dada, $\vec{\alpha}_m$ e $\vec{a}_B$ são zero. Calculando os outros termos da Eq. (7), temos

$$\vec{a}_A = -r\omega_m^2\,\hat{\imath}, \tag{8}$$

$$2\vec{\omega}_m \times \vec{v}_{Brel} = 2\omega_m\,[h\omega_m\,\text{sen}\,\theta + (v_B + d\omega_m)\cos\theta]\,\hat{\imath}$$
$$+ 2\omega_m\,[h\omega_m\cos\theta - (v_B + d\omega_m)\,\text{sen}\,\theta]\,\hat{\jmath}, \tag{9}$$

$$\omega_m^2\,\vec{r}_{B/A} = \omega_m^2\,[(h\,\text{sen}\,\theta + d\cos\theta - r)\,\hat{\imath} + (h\cos\theta - d\,\text{sen}\,\theta)\,\hat{\jmath}]. \tag{10}$$

Substituindo as Eqs. (8)-(10) bem como $\vec{\alpha}_m = \vec{0}$ e $\vec{a}_B = \vec{0}$ na Eq. (7), obtemos

$$\boxed{\begin{aligned}\vec{a}_{Brel} &= -\omega_m\,[(2v_B + d\omega_m)\cos\theta + h\omega_m\,\text{sen}\,\theta]\,\hat{\imath}\\ &\quad + \omega_m\,[(2v_B + d\omega_m)\,\text{sen}\,\theta - h\omega_m\cos\theta]\,\hat{\jmath} \tag{11}\\ &= (-83{,}9\,\hat{\imath} + 45{,}73\,\hat{\jmath})\,\text{m/s}^2, \tag{12}\end{aligned}}$$

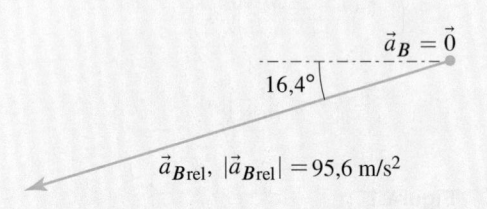

onde o resultado numérico foi obtido calculando a resposta usando os dados fornecidos. A Fig. 4 mostra a aceleração de B percebida por A, isto é, $\vec{a}_{Brel}$, bem como a aceleração real de B, a qual é zero, assim somente um ponto é mostrado.

Discussão e verificação As dimensões de ambos $\vec{v}_{Brel}$ e $\vec{a}_{Brel}$ estão como deveriam estar, ou seja, velocidade e aceleração, respectivamente. Mais importante, este exemplo ilustra uma ideia importante – o movimento de um objeto (ou seja, sua velocidade e aceleração) que um outro percebe quando em um sistema em rotação é *muito* diferente do movimento real do objeto. A Fig. 3 mostra a ampla diferença entre o vetor velocidade real de B e a velocidade de B vista por A que está girando com o carrossel. A pessoa B está andando a 6,4 km/h, mas A vê B se deslocando a 108 km/h. No que diz respeito à aceleração, B não está acelerando de maneira alguma, mesmo assim A vê B movendo-se a $95{,}6\,\text{m/s}^2 = 9{,}75g$!

🔍 **Um olhar mais atento** Observe que a velocidade relativa $\vec{v}_{Brel}$ e a aceleração $\vec{a}_{Brel}$ de B vistas por A não dependem de r, que é o raio da trajetória circular de A. Isso acontece neste exemplo em particular porque a pessoa A, que está observando as grandezas relativas $\vec{v}_{Brel}$ e $\vec{a}_{Brel}$, não está se movendo em relação ao sistema de referência em movimento. Ou seja, A e o sistema de referência em movimento são um único corpo rígido. Devido a esse fato, o movimento de A sempre se cancela com parte do movimento de B como visto por A. Por exemplo, referindo-se às velocidades, vemos que $\vec{v}_A = -r\omega_m\,\hat{\jmath}$ e essa parte de $\vec{\omega}_m \times \vec{r}_{B/A}$ é dada por $r\omega_m\,\hat{\jmath}$. Portanto, quando esses termos são combinados na Eq. (1), eles se cancelam. Um cancelamento semelhante ocorre com a aceleração relativa.

Figura 4
A aceleração de B percebida por A, isto é, $\vec{a}_{Brel}$, assim como a aceleração real de B, que é zero, de forma que apenas um ponto é mostrado.

PROBLEMAS

Problema 6.110

Obtenha a aceleração do ponto P usando as informações do miniexemplo da p. 523; ou seja, obtenha a Eq. (6,71), usando coordenadas polares.

Problemas 6.111 a 6.115

O mecanismo de *movimento retilíneo alternativo* consiste em um disco fixado com pino no seu centro em A que gira a uma velocidade angular constante ω_{AB}, um braço com ranhura CD que está fixado com pino em C e uma barra que pode oscilar dentro das guias em E e F. Conforme o disco gira, a cavilha em B se move dentro do braço com a ranhura, fazendo-o balançar para trás e para frente. Conforme o braço balança, ele causa um avanço lento e um retorno rápido à barra alternativa devido à variação na distância entre C e B.

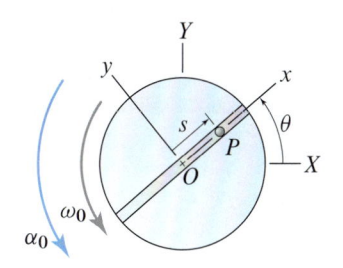

Figura P6.110

Problema 6.111
Para a posição mostrada, determine

(a) A velocidade angular do braço com a ranhura CD e a velocidade da barra.

(b) A aceleração angular do braço com a ranhura CD e a aceleração da barra.

Avalie os resultados para $\omega_{AB} = 120$ rpm, $R/h = 0{,}5$ e $d = 0{,}12$ m.

Problema 6.112
Para a posição mostrada, determine

(a) A velocidade angular do braço com a ranhura CD e a velocidade da barra.

(b) A aceleração angular do braço com a ranhura CD e a aceleração da barra.

Avalie os resultados para $\omega_{AB} = 90$ rpm, $R/h = 0{,}5$ e $d = 0{,}12$ m.

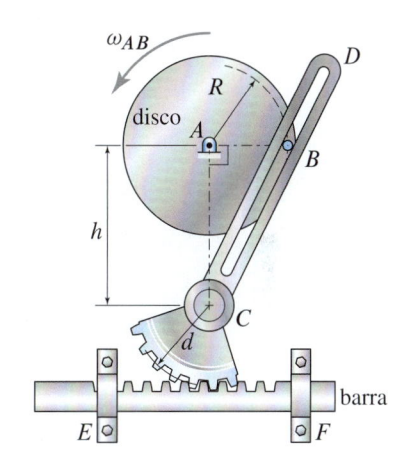

Figura P6.111

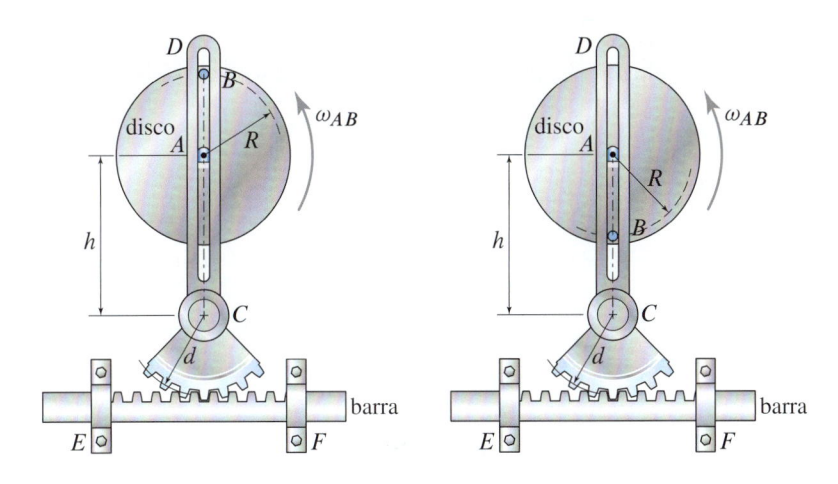

Figura P6.112

Figura P6.113

Problema 6.113
Para a posição mostrada, determine

(a) A velocidade angular do braço com a ranhura CD e a velocidade da barra.

(b) A aceleração angular do braço com a ranhura CD e a aceleração da barra.

Avalie os resultados para $\omega_{AB} = 60$ rpm, $R/h = 0{,}5$ e $d = 0{,}12$ m.

Problema 6.114
Para a posição arbitrária mostrada, determine

(a) A velocidade angular do braço com a ranhura CD e a velocidade da barra.

(b) A aceleração angular do braço com a ranhura CD e a aceleração da barra em função de θ, $\delta = R/h$, d e ω_{AB}.

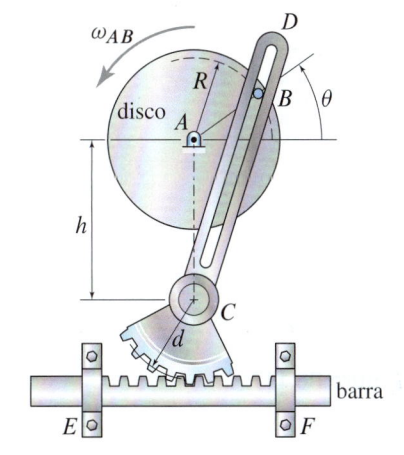

Figura P6.114 e P6.115

Problema 6.115 Determine a velocidade angular e a aceleração angular do braço com a ranhura CD em função de θ, $\delta = R/h$, d e ω_{AB}. Após fazer isso, plote a velocidade e a aceleração da barra em função do ângulo θ do disco para um ciclo completo do movimento do disco e para $\omega_{AB} = 90$ rpm, $d = 0{,}12$ m e

(a) $\delta = R/h = 0{,}1$
(b) $\delta = R/h = 0{,}3$
(c) $\delta = R/h = 0{,}6$
(d) $\delta = R/h = 0{,}9$

Explique por que esse mecanismo é frequentemente referido como *mecanismo de retorno rápido*.

Problema 6.116

O mecanismo *de movimento retilíneo alternativo* dos Problemas 6.111-6.115 é muitas vezes referido como *mecanismo de retorno rápido* porque pode se mover muito mais rapidamente em uma direção do que em outra. Para ver isso, determinaremos a velocidade da barra em cada uma das duas posições indicadas (posição 1 quando B está mais distante da posição C e posição 2 quando B está mais próximo de C), sob a premissa de que o disco, cujo centro está em A, gira a uma velocidade angular constante $\omega_{AB} = 120$ rpm. Determine a velocidade da barra nas posições 1 e 2 para $d = 0{,}12$ m e para

(a) $R/h = 0{,}3$
(b) $R/h = 0{,}8$

Comente sobre qual dos dois valores de R/h proporcionaria um melhor retorno rápido e por quê.

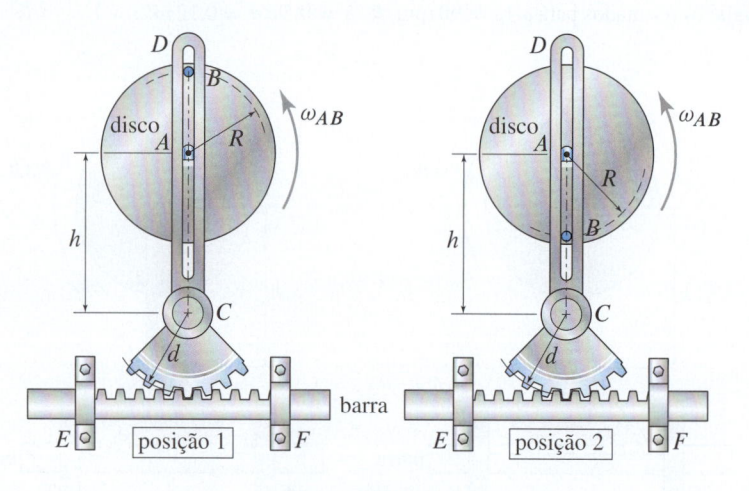

Figura P6.116

Problema 6.117

A Pioneer 3 foi uma nave espacial estabilizada na rotação lançada em 6 de dezembro de 1958 pela agência U.S. Army Ballistic Missile em conjunto com a NASA. Ela foi projetada com um mecanismo antirrotação que consiste em duas massas iguais A e B que podem ser desenroladas para fora nas extremidades de dois fios de comprimento variável $l(t)$ quando acionadas por um temporizador hidráulico.[11] Como uma introdução

Figura P6.117

---

[11] A nave espacial foi planejada como uma sonda lunar, mas não conseguiu ir além da Lua e em uma órbita heliocêntrica (centrada no Sol) como previsto; no entanto, chegou a uma altitude de 107.400 quilômetros antes de cair de volta à Terra. Ela era uma sonda em forma de cone de 58 cm de altura e 25 cm de diâmetro na sua base e foi projetada com um mecanismo que consiste em dois pesos de 7g que podiam ser desenrolados na extremidade de dois fios de 150 cm quando acionados por um temporizador hidráulico 10 horas após o lançamento. Os pesos reduziriam o giro da nave espacial de 400 para 6 rpm, e depois as massas e os fios seriam liberados.

para os Problemas 7.64, 7.65 e 8.77, determinaremos a velocidade e a aceleração de cada uma das duas massas. Para isso, assuma que as massas de A e B estão inicialmente nas posições A_0 e B_0, respectivamente. Após as massas serem liberadas, elas começam a se desenrolar de forma simétrica, e o comprimento do cabo prendendo cada massa à nave espacial de raio R é $\ell(t)$. Dado que a velocidade angular da nave espacial a cada instante é $\omega_s(t)$, determine

(a) A velocidade da massa A
(b) A aceleração da massa A

em componentes expressos no sistema de referência em rotação, cuja origem está em Q, bem como R, $\ell(t)$ e $\omega_s(t)$. Note que o sistema em rotação está sempre alinhado ao cabo que se desenrola, e Q é o ponto no cabo que está prestes a se desenrolar no instante t.

Problema 6.118

Considere os sistemas A e B sendo sistemas com origens nos pontos A e B, respectivamente. O ponto B não se move em relação ao ponto A. A velocidade e a aceleração do ponto P relativas ao sistema B são

$$\vec{v}_{P\text{rel}} = (-1{,}87\,\hat{i}_B + 7{,}22\,\hat{j}_B)\,\text{m/s} \quad \text{e} \quad \vec{a}_{P\text{rel}} = (1{,}21\,\hat{i}_B + 1{,}46\,\hat{j}_B)\,\text{m/s}^2.$$

Sabendo que, no instante mostrado, o sistema B gira em relação ao sistema A a uma velocidade angular constante $\omega_B = 1{,}2\,\text{rad/s}$, que a posição do ponto P em relação ao sistema B é $\vec{r}_{P/B} = (2{,}4\,\hat{i}_B + 1{,}4\,\hat{j}_B)\,\text{m}$ e o sistema A é fixo, determine a velocidade e a aceleração de P no instante mostrado e expresse os resultados usando o sistema de coordenadas do sistema A.

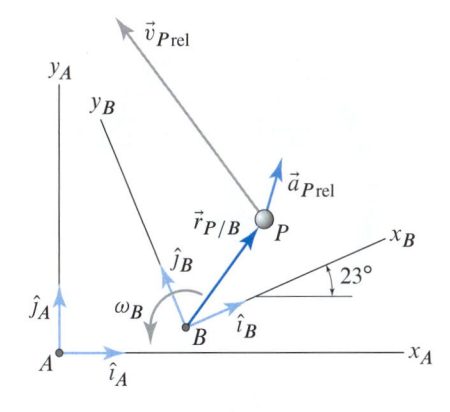

Figura P6.118 e P6.119

Problema 6.119

Repita o Prob. 6.118, mas expresse os resultados usando o sistema de coordenadas do sistema B.

Problema 6.120

Um eixo vertical tem uma base B que está estacionária em relação a um sistema de referência inercial com o eixo vertical Z. O braço OA é ligado ao eixo vertical e gira em torno do eixo Z a uma velocidade angular $\omega_{OA} = 1{,}5\,\text{rad/s}$ e uma aceleração angular $\alpha_{OA} = 1{,}5\,\text{rad/s}^2$. O eixo z é coincidente com o eixo Z, mas é parte de um sistema de referência que gira com o braço OA. O eixo x do sistema de referência em rotação coincide com o eixo do braço OA. No instante mostrado, o eixo y é perpendicular à página e direcionado para dentro dela. Nesse instante, o colar C está deslizando ao longo de OA

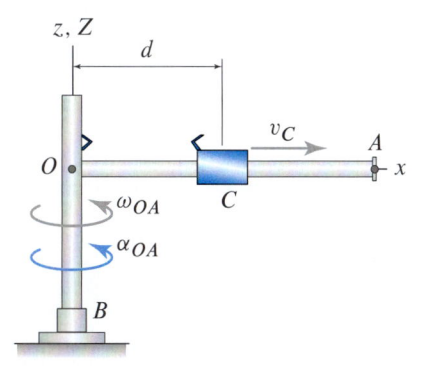

Figura P6.120

a uma velocidade constante $v_C = 1,5$ m/s e está a uma distância $d = 0,36$ m do eixo z. Calcule a aceleração inercial do colar e expresse-a em relação ao sistema de coordenadas em rotação.

Problema 6.121

Um eixo vertical tem uma base B que está estacionária em relação a um sistema de referência inercial com o eixo vertical Z. O braço OA é ligado ao eixo vertical e gira em torno do eixo Z a uma velocidade angular $\omega_{OA} = 5$ rad/s e uma aceleração angular $\alpha_{OA} = 1,5$ rad/s². O eixo z é coincidente com o eixo Z, mas é parte de um sistema de referência que gira com o braço OA. O eixo x do sistema de referência em rotação coincide com o eixo do braço OA. No instante mostrado, o eixo y é perpendicular à página e direcionado para dentro dela. Nesse instante, o colar C está deslizando ao longo de OA a uma velocidade constante $v_C = 3,32$ m/s e girando a uma velocidade angular constante $\omega_C = 2,3$ rad/s em relação ao braço OA. No instante mostrado, o ponto D passa a estar no plano xz e está a uma distância $\ell = 0,05$ m do eixo x e a uma distância $d = 0,75$ m do eixo z. Calcule a aceleração inercial do ponto D e expresse-a em relação ao sistema de referência em rotação.

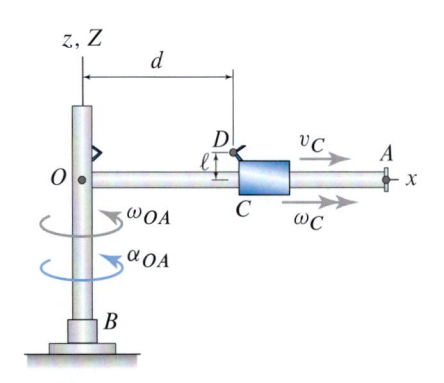

Figura P6.121

Problema 6.122

A roda D gira a uma velocidade angular constante $\omega_D = 14$ rad/s em torno do ponto fixo O, que é estacionário em relação a um sistema de referência inercial. O sistema xy gira com a roda. O colar C desliza ao longo da barra AB a uma velocidade constante $v_C = 1,2$ m/s em relação ao sistema xy. Considerando $\ell = 76$ mm, determine a velocidade e a aceleração inercial de C quando $\theta = 25°$. Expresse o resultado em relação ao sistema xy.

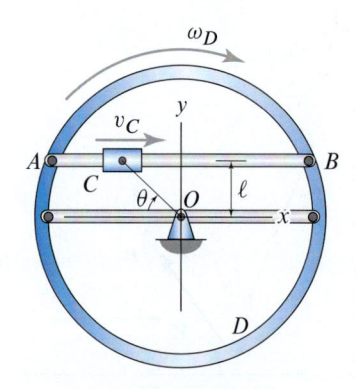

Figura P6.122

Problema 6.123

A roda D gira sem deslizar sobre uma superfície plana. O sistema XY mostrado é inercial, enquanto o sistema xy está ligado a D em O e gira com ela a uma velocidade angular constante $\omega_D = 14$ rad/s. O colar C desliza ao longo da barra AB a uma velocidade constante $v_C = 1,2$ m/s em relação ao sistema xy. Considerando $\ell = 0,25$ m e $R = 0,3$ m, determine a velocidade e a aceleração inercial de C quando $\theta = 25°$ e o sistema xy é paralelo ao sistema XY, como mostrado. Expresse seu resultado em ambos os sistemas xy e XY.

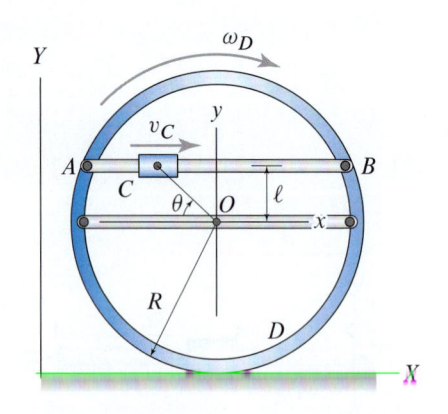

Figura P6.123

Problema 6.124

A roda D gira sem deslizar sobre uma superfície plana. O sistema XY mostrado é inercial enquanto o sistema xy está ligado a D e gira com ela a uma velocidade angular constante ω_D. O colar C desliza ao longo da barra AB a uma velocidade v_C em relação ao sistema xy. Suponha que ℓ, θ e R são dados e queremos determinar a aceleração inercial de C, quando o sistema xy é paralelo ao sistema XY, como mostrado. Será que a expressão da aceleração inercial do colar nos dois sistemas é diferente ou é a mesma?
Nota: Problemas conceituais são sobre *explicações*, não sobre cálculos.

Problema 6.125

No instante mostrado, a roda D gira sem deslizar sobre uma superfície plana a uma velocidade angular $\omega_D = 14\,\text{rad/s}$ e uma aceleração angular $\alpha_D = 1,1\,\text{rad/s}^2$. O sistema XY mostrado é inercial enquanto o sistema xy está ligado a D. No instante mostrado, o colar C está deslizando ao longo da barra AB a uma velocidade $v_C = 1,2\,\text{m/s}$ e aceleração $a_C = 2\,\text{m/s}^2$, ambas em relação ao sistema xy. Considerando $\ell = 76\,\text{mm}$ e $R = 0,3\,\text{m}$, determine a velocidade e a aceleração inercial de C quando $\theta = 25°$ e o sistema xy é paralelo ao sistema XY, como mostrado. Mostre o resultado em ambos os sistemas xy e XY.

Problema 6.126

Uma comporta é controlada pelo movimento do cilindro hidráulico AB. Se a comporta BC deve ser erguida a uma velocidade angular constante $\omega_{BC} = 0,5\,\text{rad/s}$, determine $\dot{d}_{AB}$ e $\ddot{d}_{AB}$, onde d_{AB} é a distância entre os pontos A e B quando $\phi = 0$. Considere $\ell = 3\,\text{m}$, $h = 0,76\,\text{m}$ e $d = 1,5\,\text{m}$.

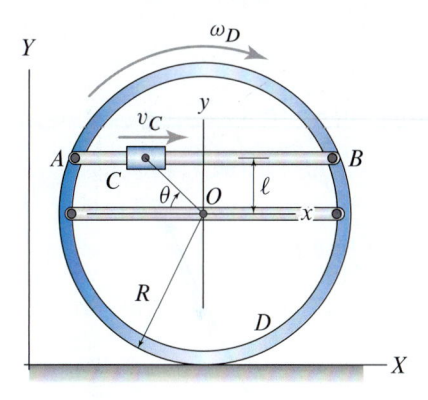

Figura P6.124

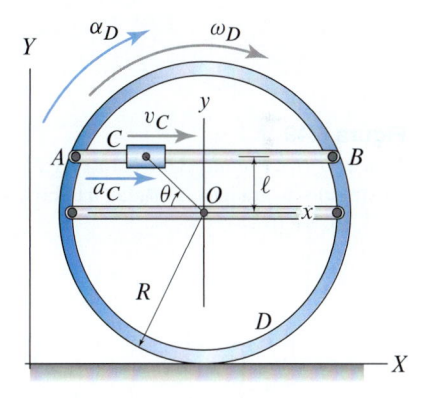

Figura P6.125

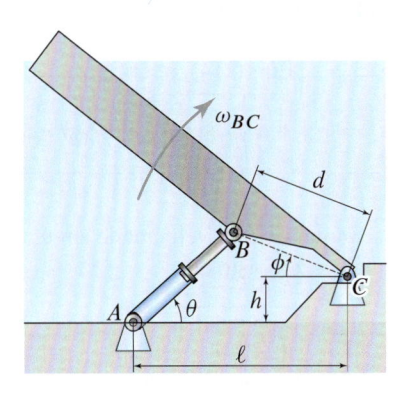

Figura P6.126

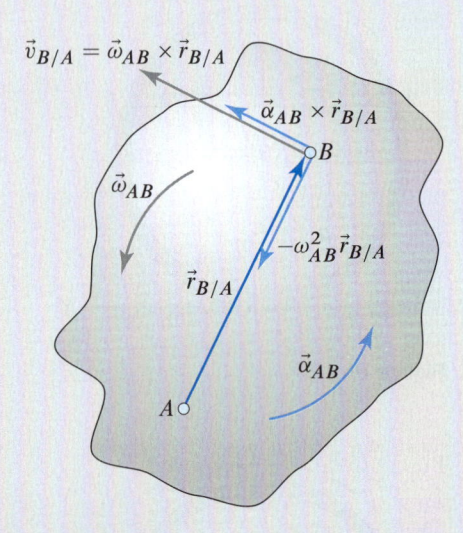

Figura 6.49

Figura 6.16 repetida. Um corpo rígido mostrando as grandezas usadas nas Eqs. (6.3), (6.5) e (6.14).

6.5 REVISÃO DO CAPÍTULO

Equações fundamentais, translação e rotação em torno de um eixo fixo

Esta seção inicia nosso estudo sobre a dinâmica dos corpos rígidos. Assim como com partículas, começamos com o estudo da cinemática, que é o foco deste capítulo. A ideia cinemática chave é que um corpo rígido possui apenas uma velocidade angular e uma aceleração angular, isto é, cada uma é propriedade do corpo como um todo. Essa noção nos permite usar a equação da velocidade relativa (Eq. (2.106) da p. 136) e a relação para a derivada temporal de um vetor (Eq. (2.62) da p. 92) para relacionar as velocidades de *dois pontos A e B no mesmo corpo rígido* usando (veja a Fig. 6.49)

Eq. (6.3), p. 462
$$\vec{v}_B = \vec{v}_A + \vec{\omega}_{AB} \times \vec{r}_{B/A} = \vec{v}_A + \vec{v}_{B/A},$$

e as acelerações usando

Eq. (6.5), p. 462
$$\vec{a}_B = \vec{a}_A + \vec{\alpha}_{AB} \times \vec{r}_{B/A} + \vec{\omega}_{AB} \times (\vec{\omega}_{AB} \times \vec{r}_{B/A}) = \vec{a}_A + \vec{a}_{B/A},$$

a qual, para *movimento planar*, se torna

Eq. (6.14), p. 465
$$\vec{a}_B = \vec{a}_A + \vec{\alpha}_{AB} \times \vec{r}_{B/A} - \omega_{AB}^2 \vec{r}_{B/A}.$$

Translação. Para esse movimento, a velocidade angular e a aceleração angular de um corpo são iguais a zero, isto é,

Eq. (6.6), p. 464
$$\vec{\omega}_{\text{corpo}} = \vec{0} \quad \text{e} \quad \vec{\alpha}_{\text{corpo}} = \vec{0},$$

de forma que as relações de velocidade e aceleração para o corpo se reduzem a

Eq. (6.7), p. 464
$$\vec{v}_B = \vec{v}_A \quad \text{e} \quad \vec{a}_B = \vec{a}_A,$$

onde A e B são quaisquer dois pontos em um corpo.

Rotação em torno de um eixo fixo. Para esse movimento em especial, há um eixo de rotação perpendicular ao plano de movimento que não se move. Todos os pontos que não estão no eixo de rotação podem se mover somente em um círculo em torno daquele eixo. Se o eixo de rotação está no ponto A, então a velocidade de B é dada por

Eq. (6.8), p. 464
$$\vec{v}_B = \vec{\omega}_{AB} \times \vec{r}_{B/A},$$

e sua aceleração é

Eq. (6.9), p.464, e (6.13), p.465
$$\vec{a}_B = \vec{\alpha}_{AB} \times \vec{r}_{B/A} + \vec{\omega}_{AB} \times (\vec{\omega}_{AB} \times \vec{r}_{B/A}),$$
$$\vec{a}_B = \vec{\alpha}_{AB} \times \vec{r}_{B/A} - \omega_{AB}^2 \vec{r}_{B/A},$$

onde os vetores $\vec{\omega}_{AB}$ e $\vec{\alpha}_{AB}$ são a velocidade angular e a aceleração angular do corpo, respectivamente, e $\vec{r}_{B/A}$ é o vetor que descreve a posição de B relativa a A.

Movimento planar: análise de velocidade

Esta seção apresentou três diferentes maneiras de analisar as velocidades de um corpo rígido em movimento planar: abordagem vetorial, derivação de restrições e centro instantâneo de rotação.

Abordagem vetorial. Vimos na Seção 6.1 que a equação

Eq. (6.15), p.477
$$\vec{v}_C = \vec{v}_B + \vec{\omega}_{BC} \times \vec{r}_{C/B}$$

relaciona a velocidade de dois pontos em um corpo rígido $\vec{v}_B$ e $\vec{v}_C$ via sua posição relativa $\vec{r}_{C/B}$ e velocidade angular do corpo $\vec{\omega}_{BC}$ (veja a Fig. 6.50).

Rolagem sem deslizamento. Quando um corpo rola sem deslizar sobre outro corpo (veja, por exemplo, a roda W rolando sobre a superfície S na Fig. 6.51), então os dois pontos nos corpos que estão em contato em qualquer instante, pontos P e Q, devem ter a mesma velocidade. Matematicamente, isso significa que

Eq. (6.17) p.478
$$\vec{v}_{P/Q} = \vec{0} \quad \Rightarrow \quad \vec{v}_P = \vec{v}_Q.$$

Se uma roda de raio R está rolando sem deslizamento sobre uma superfície estacionária plana, então o ponto P na roda em contato com a superfície deve ter velocidade zero (veja a Fig. 6.52). A consequência é que a velocidade angular da roda ω_O está relacionada à velocidade do centro v_O e ao raio R da roda de acordo com

Eq. (6.20) p.478
$$\omega_O = -\frac{v_O}{R},$$

na qual o sentido positivo para ω_O é tomado como sendo o sentido positivo de z usando a regra da mão direita.

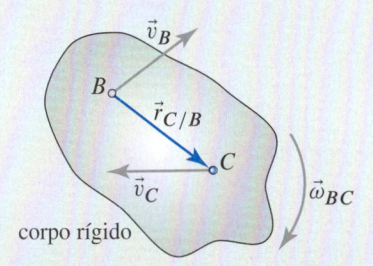

Figura 6.50
Figura 6.27 repetida. Um corpo rígido no qual estamos relacionando a velocidade de dois pontos B e C.

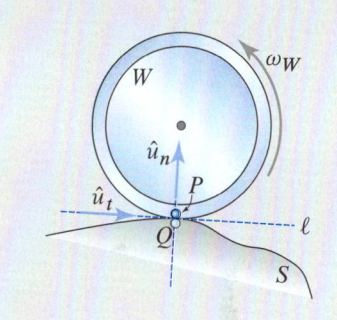

Figura 6.51
Figura 6.19 repetida. Uma roda W rodando sobre uma superfície S. No instante mostrado, a linha ℓ é tangente à trajetória dos pontos P e Q.

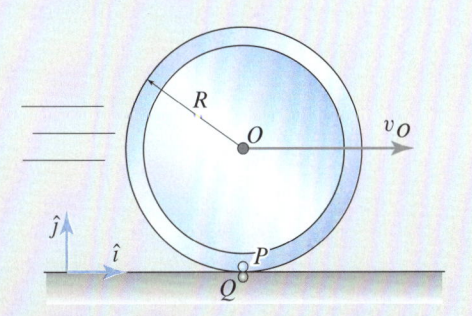

Figura 6.52
Figura 6.29 repetida. Uma roda rolando sem deslizamento sobre uma superfície horizontal fixa.

Derivação de restrições. Como descobrimos na Seção 2.7, é frequentemente conveniente escrever uma equação descrevendo a posição de um ponto de interesse, a qual pode então ser derivada em relação ao tempo para encontrar a velocidade daquele ponto. Para movimento planar de corpos rígidos, essa ideia também pode ser aplicada para descrever a posição e a velocidade de um ponto em um corpo rígido assim como para descrever a orientação de um corpo rígido para o qual a derivada no tempo fornece sua velocidade angular.

Centro instantâneo de rotação. O ponto sobre um corpo (ou extensão imaginária do corpo), cuja velocidade é zero em um instante particular, é chamado de *centro instantâneo de rotação* ou *centro instantâneo* (CI). O CI pode ser encontrado geometricamente se a velocidade é conhecida para dois pontos distintos em um corpo ou se uma velocidade sobre o corpo e a velocidade angular do corpo são conhecidas. As três construções geométricas possíveis são mostradas na Fig. 6.53.

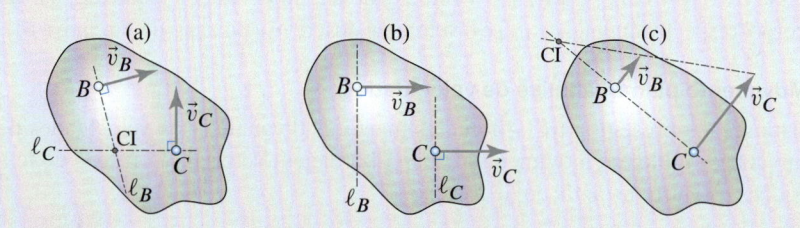

Figura 6.53 *Figura 6.30 repetida*. Os três diferentes movimentos possíveis para determinação do CI. (a) Duas velocidades não paralelas são conhecidas. (b) As linhas de ação de duas velocidades são paralelas e distintas; neste caso, o CI está no infinito e o corpo está transladando. (c) As linhas de ação de duas velocidades paralelas coincidem.

Movimento planar: análise de aceleração

Esta seção apresentou duas maneiras diferentes de analisar as acelerações de um corpo rígido em movimento planar: a abordagem vetorial e a derivação de restrições.

Abordagem vetorial. Vimos na Seção 6.1 que, para movimento planar, qualquer uma das equações

> Eqs. (6.31) e (6.32), p. 498
>
> $$\vec{a}_C = \vec{a}_B + \vec{\alpha}_{BC} \times \vec{r}_{C/B} + \vec{\omega}_{BC} \times (\vec{\omega}_{BC} \times \vec{r}_{C/B}),$$
>
> $$\vec{a}_C = \vec{a}_B + \vec{\alpha}_{BC} \times \vec{r}_{C/B} - \omega_{BC}^2 \vec{r}_{C/B},$$

relaciona a aceleração de dois pontos em um corpo rígido $\vec{a}_B$ e $\vec{a}_C$ por meio de sua posição relativa $\vec{r}_{C/B}$, da aceleração angular do corpo $\vec{\alpha}_{BC}$ e da velocidade angular do corpo $\vec{\omega}_{BC}$ (veja a Fig. 6.54).

Derivação de restrições. Conforme vimos na Seção 2.7, é frequentemente conveniente escrever uma equação descrevendo a posição de um ponto de interesse, a qual pode ser derivada uma vez em relação ao tempo para encontrar a velocidade desse ponto e duas vezes em relação ao tempo para encontrar a aceleração. Para movimento planar de corpos rígidos, essa ideia pode também

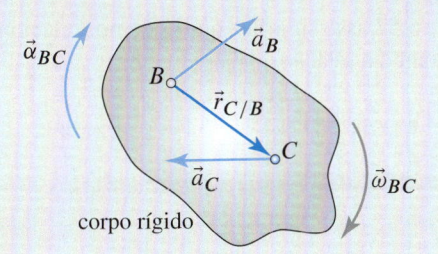

Figura 6.54 *Figura 6.35 repetida.* Um corpo rígido no qual estamos relacionando a aceleração de dois pontos B e C.

ser aplicada para descrever a posição, a velocidade e a aceleração de um ponto no corpo rígido, assim como para descrever a orientação de um corpo rígido, para o qual a primeira e segunda derivadas temporais fornecem sua velocidade angular e aceleração angular, respectivamente (vimos isso novamente na Seção 6.2 para velocidades).

Rolagem sem deslizamento. Quando um corpo rola sem deslizamento sobre outro corpo (veja a Fig. 6.55), então os dois pontos nos corpos que estão em contato em qualquer instante, pontos P e Q, devem possuir a mesma velocidade. Para acelerações, isso significa que a componente de $\vec{a}_{P/Q}$ tangente ao contato deve ser igual a zero, ou seja,

Eq. (6.36), p.499
$$(a_{P/Q})_t = 0 \quad \Rightarrow \quad a_{Pt} = a_{Qt}.$$

Se uma roda de raio R está rolando sem deslizamento sobre uma superfície estacionária plana, então o ponto P da roda que está em contato com a superfície deve possuir velocidade zero (veja a Fig. 6.56). A consequência é que a aceleração angular da roda α_O está relacionada à aceleração do centro a_O e ao raio da roda R de acordo com

Eq. (6.20), p. 478
$$\alpha_O = -\frac{a_O}{R},$$

na qual o sentido positivo para α_O é considerado como sendo o sentido positivo de z. O ponto P da roda que está em contato com o chão nesse instante está acelerando ao longo do eixo y de acordo com

Eq. (6.41), p. 500
$$\vec{a}_P = \frac{v_O^2}{R}\hat{j}.$$

Mesmo que P possua velocidade zero no instante considerado, ele está acelerando.

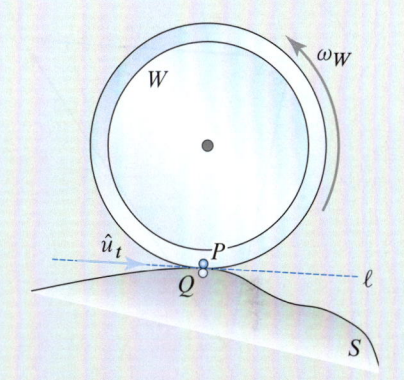

Figura 6.55
Figura 6.33 repetida. Uma roda W rolando sobre uma superfície S. No instante mostrado, a linha ℓ é tangente à trajetória de P e Q.

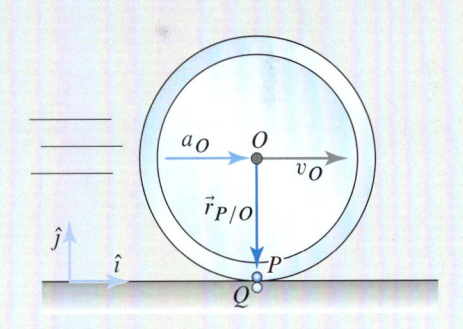

Figura 6.56
Figura 6.34 repetida. Uma roda rolando sem deslizamento sobre uma superfície horizontal fixa.

Sistemas de referência em rotação

Nesta seção, desenvolvemos as equações cinemáticas que nos permitiram relacionar o movimento de dois pontos que *não estão* no mesmo corpo rígido.

Referindo-se à Fig. 6.57, isso significa que podemos relacionar a velocidade do ponto P ao de A usando a relação

$$\vec{v}_P = \vec{v}_A + \vec{v}_{P\text{rel}} + \vec{\Omega} \times \vec{r}_{P/A},$$

Eq. (6.60), p. 520

onde

$\vec{v}_A$ = velocidade da origem do sistema de referência em rotação ou fixado no corpo (ponto A na Fig. 6.57).

$\vec{v}_{P\text{rel}}$ = velocidade de P vista por um observador movendo-se com o sistema de referência em rotação.

$\vec{\Omega}$ = velocidade angular do sistema de referência em rotação.

$\vec{r}_{P/A}$ = posição do ponto P em relação a A.

Descobrimos também que podemos relacionar a aceleração do ponto P com a de A usando

$$\vec{a}_P = \vec{a}_A + \vec{a}_{P\text{rel}} + 2\vec{\Omega} \times \vec{v}_{P\text{rel}} + \dot{\vec{\Omega}} \times \vec{r}_{P/A} + \vec{\Omega} \times (\vec{\Omega} \times \vec{r}_{P/A}),$$

Eq. (6.68), p. 522

onde, além dos termos definidos para $\vec{v}_P$, temos

$\vec{a}_A$ = aceleração da origem do sistema de referência em rotação ou fixado no corpo (ponto A na Fig. 6.48).

$\vec{a}_{P\text{rel}}$ = aceleração de P vista por um observador se movendo com o sistema de referência em rotação.

$2\vec{\Omega} \times \vec{v}_{P\text{rel}}$ = aceleração de Coriolis de P.

$\dot{\vec{\Omega}}$ = aceleração angular do sistema de referência em rotação.

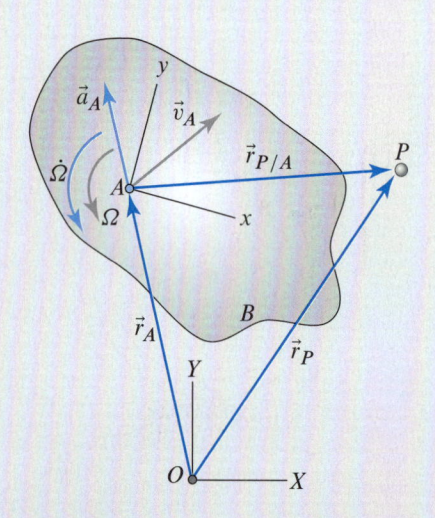

Figura 6.57

Figura 6.48 repetida. Os elementos essenciais para determinar velocidades e acelerações usando um sistema de referência em rotação.

PROBLEMAS DE REVISÃO

Problema 6.127

A cancela operada manualmente mostrada tem um comprimento total $l = 4,8$ m e um contrapeso C cuja posição é definida pelas distâncias $d = 0,8$ m e $\delta = 0,4$ m. A cancela é fixada com um pino em O e pode mover-se no plano vertical. Suponha que a cancela é erguida e em seguida liberada de forma que sua extremidade B atinja o suporte a uma velocidade $v_B = 0,46$ m/s. Determine a velocidade do contrapeso C quando B atinge A.

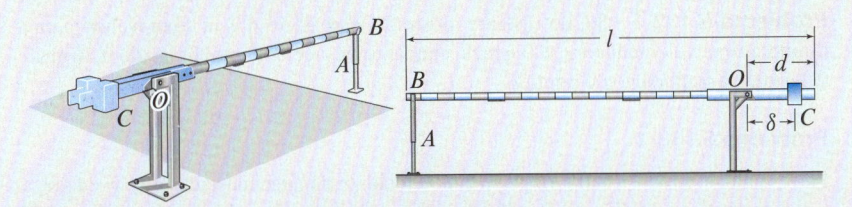

Figura P6.127

Problema 6.128

Uma barra fina AB de comprimento $L = 0,4$ m é montada sobre dois discos idênticos D e E fixados com pinos em A e B, respectivamente, e de raio $r = 38$ mm. A barra pode se mover dentro de uma cavidade cilíndrica com centro em O e diâmetro $d = 0,6$ m. No instante mostrado, o centro G da barra está se movendo a uma velocidade $v = 2$ m/s. Determine a velocidade angular da barra no instante mostrado.

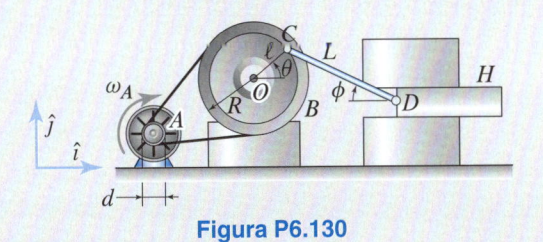

Figura P6.128

Problema 6.129

Supondo que a corda não desliza em relação a qualquer uma das polias no sistema, determine a velocidade e a aceleração de A e D sabendo que a velocidade angular e a aceleração da polia B são $\omega_B = 7$ rad/s e $\alpha_B = 3$ rad/s², respectivamente. Os diâmetros das polias B e C são $d = 250$ mm e $\ell = 340$ mm, respectivamente.

Problema 6.130

No instante mostrado, a cabeça do martelo H está se movendo para a direita a uma velocidade $v_H = 14$ m/s e o ângulo $\theta = 20°$. Supondo que a correia não desliza em relação às rodas A e B e a roda A está montada sobre o eixo do motor ilustrado, determine a velocidade angular do motor no instante mostrado. O diâmetro da roda A é $d = 76$ mm, o raio da roda B é $R = 230$ mm, e o ponto C está a uma distância $\ell = 220$ mm de O, que é o centro da roda A. Por fim, considere que CD tem um comprimento $L = 0,6$ m e assuma que, no instante mostrado, $\phi = 25°$.

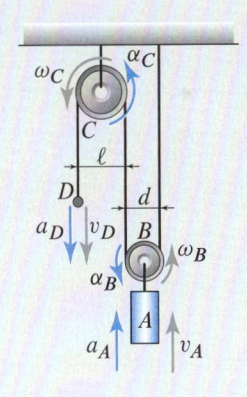

Figura P6.129

Figura P6.130

Problemas 6.131 e 6.132

Um portão basculante dobrável com altura $H = 9$ m consiste em duas seções idênticas articuladas em C. O rolete em A se move ao longo de uma guia horizontal, enquanto os roletes em B e D, que são os pontos médios das seções AC e CE, movem-se ao longo de uma guia vertical. A operação do portão é auxiliada por um contrapeso P. Expresse suas respostas usando o sistema de coordenadas mostrado.

Problema 6.131 Se, no instante mostrado, o ângulo $\theta = 55°$ e P está se movendo para cima a uma velocidade $v_P = 4,6$ m/s, determine a velocidade do ponto E, assim como as velocidades angulares das seções AC e CE.

Problema 6.132 Se, no instante mostrado, $\theta = 45°$ e A está se movendo para a direita a uma velocidade $v_A = 0,6$ m/s, enquanto desacelera a uma taxa de $0,46$ m/s^2, determine a aceleração do ponto E.

Problema 6.133

No instante mostrado, a barra AB gira a uma velocidade angular constante $\omega_{AB} = 24$ rad/s. Considerando $L = 0,75$ m e $H = 0,85$ m, determine a aceleração angular da barra BC quando as barras AB e CD estão como mostrado, ou seja, paralelas e horizontais.

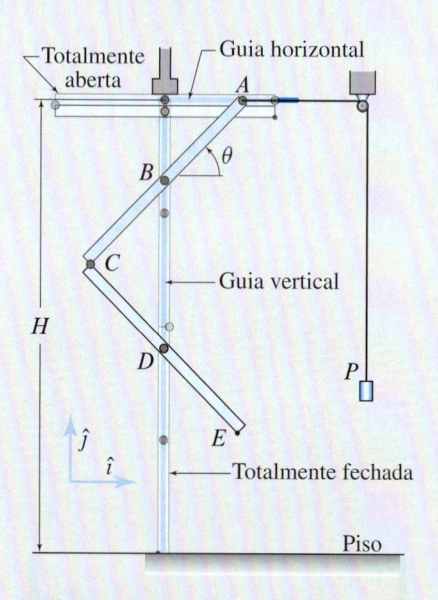

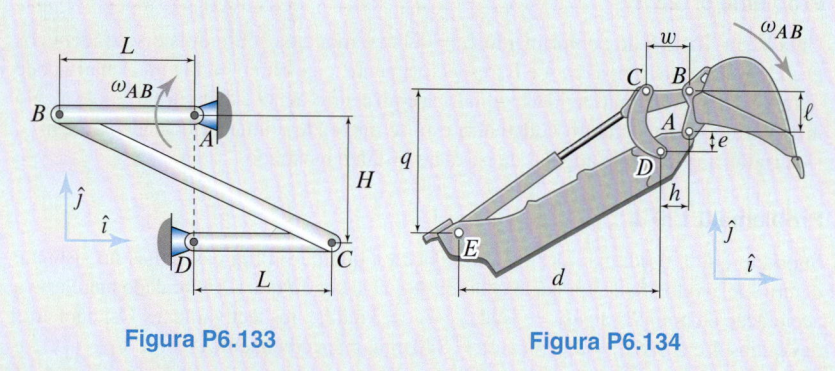

Figura P6.131 e P6.132

Figura P6.133

Figura P6.134

Problema 6.134

A caçamba de uma retroescavadeira é o elemento AB do sistema articulado de quatro barras $ABCD$. O movimento da caçamba é controlado pela extensão ou retração do braço hidráulico EC. Suponha que os pontos A, D e E são fixos e a caçamba é feita para girar a uma velocidade angular constante $\omega_{AB} = 0,25$ rad/s. Além disso, suponha que, no instante mostrado, o ponto B esteja alinhado verticalmente com o ponto A e o ponto C esteja alinhado horizontalmente com B. Considerando que d_{EC} denota a distância entre os pontos E e C, determine $\dot{d}_{EC}$ e $\ddot{d}_{EC}$ no instante mostrado. Considere $h = 0,2$ m, $e = 0,14$ m, $l = 0,27$ m, $w = 0,3$ m, $d = 1,4$ m e $q = 0,97$ m.

Problema 6.135

Considere que os sistemas A e B têm suas origens nos pontos A e B, respectivamente. O ponto B não se move em relação ao ponto A. A velocidade e a aceleração do ponto P em relação ao sistema A, que é fixo, são

$$\vec{v}_P = (-4{,}54\,\hat{\imath}_A + 5{,}91\,\hat{\jmath}_A)\,\text{m/s} \quad \text{e} \quad \vec{a}_P = (0{,}54\,\hat{\imath}_A + 1{,}82\,\hat{\jmath}_A)\,\text{m/s}^2.$$

Sabendo que o sistema B gira em relação ao sistema A a uma velocidade angular constante $\omega_B = 1{,}2$ rad/s e a posição do ponto P em relação ao sistema B é $\vec{r}_{P/B} = (2{,}44\,\hat{\imath}_B + 1{,}37\,\hat{\jmath}_B)$ m, determine a velocidade e a aceleração de P em relação ao sistema B no instante mostrado e expresse os resultados usando o sistema de coordenadas do sistema A.

Problema 6.136

Um eixo vertical tem uma base B que está estacionária em relação a um sistema de referência inercial com o eixo vertical Z. O braço OA está ligado ao eixo vertical e gira em torno do eixo Z a uma velocidade angular ω_{OA} e uma aceleração angular α_{OA}. O eixo z é coincidente com o eixo Z, mas é parte de um sistema de referência que gira com o braço OA. O eixo x do sistema de referência em rotação coincide com o eixo do braço OA. No instante mostrado, o eixo y é perpendicular à página e direcionado para dentro dela. Nesse instante, o colar C que está a uma distância d do eixo Z está deslizando ao longo de OA a uma velocidade constante v_C (em relação ao braço OA) e girando a uma velocidade angular constante ω_C (em relação ao sistema xyz). O ponto D está ligado ao colar e a uma distância ℓ do eixo x. No instante mostrado, o ponto D passa a estar no plano que é girado por um ângulo ϕ em relação ao plano xz. Calcule a expressão da velocidade e da aceleração inercial do ponto D no instante mostrado em termos dos parâmetros dados e expresse-a em relação ao sistema de coordenadas em rotação.

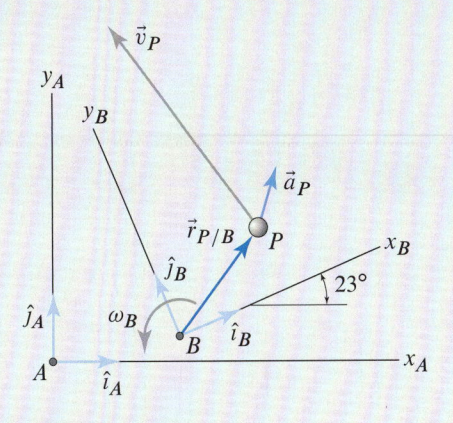

Figura P6.135

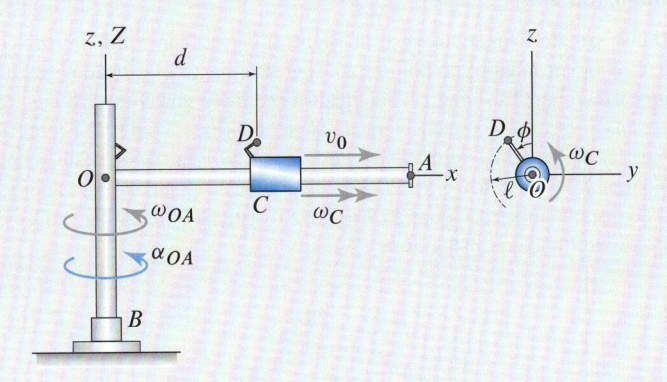

Figura P6.136

Problema 6.137

A roda D gira sem deslizar sobre uma superfície cilíndrica curva com raio de curvatura constante $L = 0,5$ m e centro no ponto fixo E. O sistema XY está ligado à superfície de rolamento e é inercial. O sistema xy está ligado a D em O e gira com ela a uma velocidade angular constante $\omega_D = 14$ rad/s. O colar C desliza ao longo da barra AB a uma velocidade constante $v_C = 1,2$ m/s em relação ao sistema xy. No instante mostrado, os pontos O e E estão alinhados verticalmente. Considerando $\ell = 76$ mm e $R = 0,3$ m, determine a velocidade e a aceleração inercial de C no instante mostrado quando $\theta = 25°$ e o sistema xy é paralelo ao sistema XY. Expresse seu resultado nos sistemas xy e XY.

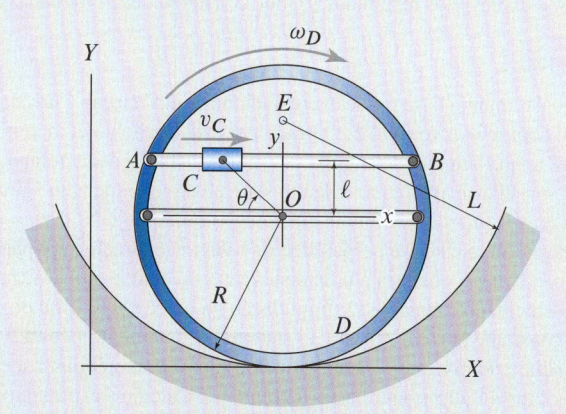

Figura P6.137

Problema 6.138

A roda D gira sem deslizar sobre uma superfície cilíndrica curva com raio de curvatura constante $L = 0,5$ m e centro no ponto fixo E. O sistema XY está ligado à superfície de rolamento e é inercial. O sistema xy está ligado a D em O e gira com ela a uma velocidade angular $\omega_D = 14$ rad/s e uma aceleração angular $\alpha_D = 1,3$ rad/s². O colar C desliza ao longo da barra AB a uma velocidade constante $v_C = 1,2$ m/s em relação ao sistema xy. Considerando $\ell = 0,076$ m e $R = 0,3$ m, determine a velocidade e a aceleração inercial de C no instante mostrado quando $\theta = 25°$ e o sistema xy é paralelo ao sistema XY. Expresse seu resultado nos sistemas xy e XY.

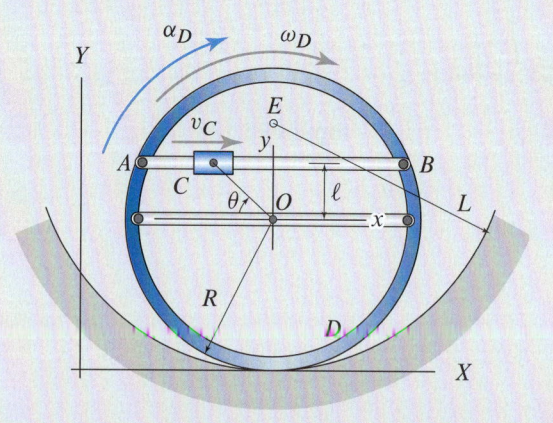

Figura P6.138

Equações de Newton-Euler para movimento plano de corpo rígido 7

Agora, iniciamos o estudo da cinética de corpo rígido. Neste capítulo, desenvolveremos os princípios do equilíbrio para forças e momentos, dessa vez para um corpo rígido. No Capítulo 8, estudaremos os métodos da energia e quantidade de movimento para corpos rígidos, e, no Capítulo 9, estudaremos a vibração de partículas e corpos rígidos. À medida que formos completando este capítulo, saberemos como combinar as equações de Newton-Euler para um corpo rígido com as leis da força e as equações cinemáticas para obter as equações que regem o movimento do corpo.

Na cinética do corpo rígido, escreveremos equações de força *e* momento. Portanto, a exemplo das discussões na Seção 5.3, quando nos referimos às equações de força e momento para um corpo rígido, chamamos essas equações de *equações de Newton-Euler* em vez de segunda lei de Newton.

Nota para o leitor. Este capítulo é constituído por uma única seção projetada para unificar o assunto da cinética do corpo rígido e para ajudá-lo a resolver problemas dinâmicos por conta própria. Esse tratamento unificado das equações fundamentais para corpos rígidos ainda reflete as categorias tradicionais do movimento de corpo rígido (isto é, translação, rotação em torno de um eixo fixo e movimento plano geral), mas o faz por meio dos títulos de exemplos e da organização dos problemas, e não por divisões artificiais na exposição. Isso faz dela uma seção que ocupa mais tempo para ser estudada do que outras seções deste livro. Como este capítulo consiste em uma única seção, nenhuma revisão em separado do capítulo foi incluída.

7.1 CORPOS SIMÉTRICOS EM RELAÇÃO AO PLANO DO MOVIMENTO

Empinando uma motocicleta

A Fig. 7.1 mostra uma moto esportiva Kawasaki Ninja ZX–14, que, na época em que este texto foi escrito, era a moto mais potente e mais rápida em produção na história. Essa moto vai de 0 a 100 km/h em menos de 2,5 s, e sua velocidade máxima é 300 km/h.[1] Com esse desempenho, não é difícil imaginar que

Figura 7.1
Uma moto Kawasaki Ninja® ZX™-14.

---
[1] Ela pode ir provavelmente muito mais rápido a velocidade máxima citada se deve à restrição eletrônica imposta pelo fabricante.

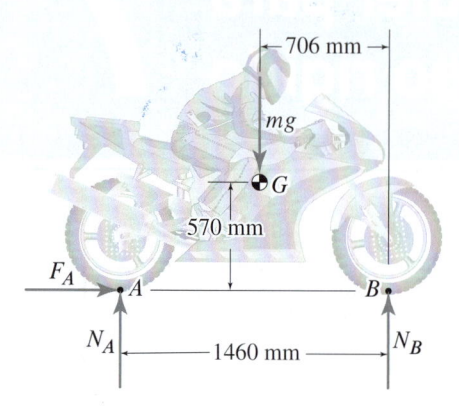

Figura 7.2
DCL da moto e do motociclista da Fig. 7.1.

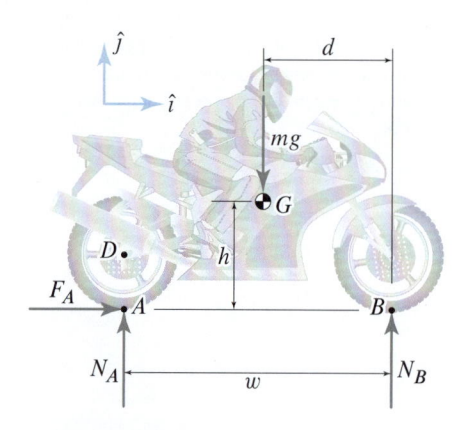

Figura 7.3
DCL da Kawasaki Ninja com a adição de um sistema de coordenadas. Além disso, consideramos as dimensões $w = 1,46$ m, $d = 0,706$ m e $h = 0,570$ m.

se pode facilmente perder o controle da moto por ter o pneu dianteiro retirado do chão no momento da aceleração. A pergunta é: Quanta aceleração é demais, ou seja, qual é a aceleração máxima que a moto e o motociclista podem atingir e ainda manter a roda dianteira no chão? Para responder a essa pergunta, não podemos mais modelar o sistema como uma partícula, uma vez que a rotação (ou tendência para rotação) da motocicleta desempenha um papel importante.

Consideraremos uma motocicleta e um motociclista com uma massa combinada de 300 kg, e para os quais μ_s e μ_k entre os pneus e a estrada são 0,9 e 0,75, respectivamente. A Figura 7.2 mostra o DCL da motocicleta e do motociclista da Fig. 7.1 tendo por base as premissas de modelagem a seguir:

1. O motociclista e a moto são ambos modelados como corpos rígidos.
2. O motociclista não se move em relação à motocicleta, e um centro de massa comum aos dois é usado.
3. A inércia rotacional da roda dianteira é ignorada (a validade dessa premissa é explicada no Prob. 7.38).
4. A moto é impulsionada por sua roda traseira (repare que a força de atrito exercida *sobre* a roda traseira pelo chão atua na direção do movimento – isso é assim porque a motocicleta quer "empurrar" o chão para trás, logo, a terceira lei de Newton diz que o chão deve "empurrar" a motocicleta para frente).

A premissa 1 abrange tudo o que faremos na dinâmica de corpo rígido. A premissa 2 permite tratar o motociclista e a moto como um único corpo, e não teremos que nos preocupar com suas acelerações ou pesos em separado. A premissa 3 é a razão da não existência de força de atrito no pneu dianteiro, e sua validade depende das propriedades de inércia das rodas. A premissa 4 é a que fornece a força de atrito na roda traseira. Chegar a essas premissas de modelagem e seus DCLs associados exige alguma experiência. Por exemplo, o motivo da ausência de uma força de atrito no pneu dianteiro pode não ser óbvio nesse momento; ele logo se tornará claro.

Agora que temos um modelo e um DCL, podemos escrever as equações fundamentais começando, como de costume, com os princípios de equilíbrio, que nesse caso serão as equações de Newton-Euler.[2] No Capítulo 6, vimos que, em geral, um corpo rígido em movimento plano tem três graus de liberdade (deslocamento do centro de massa em duas direções ortogonais e rotação). Portanto, precisamos escrever três equações de Newton-Euler. Já vimos essas equações na Seção 5.3, isto é, a Eq. (5.86), que rege o movimento do centro de massa do corpo, e a Eq. (5.87), que rege o movimento rotacional do corpo. Referindo-se à Fig. 7.3, podemos somar as forças nas direções x e y para obter

$$\sum F_x: \qquad F_A = ma_{Gx}, \qquad (7.1)$$

$$\sum F_y: \qquad N_A + N_B - mg = ma_{Gy}, \qquad (7.2)$$

onde $m = 300$ kg é a massa combinada do motociclista e da moto, e $\vec{a}_G$ é a aceleração do centro de massa. Escolhendo o centro de massa G como centro de momento, para a equação do momentos obtemos

---

[2] A razão para usar a expressão *equações de Newton-Euler* em vez de *leis do movimento de Newton* foi apresentada na p. 394.

$$\sum \vec{M}_G: \quad [N_B d - N_A(w-d) + F_A h]\hat{k} = \dot{\vec{h}}_G. \tag{7.3}$$

Note que uma grandeza na Eq. (7.3) com a qual não sabemos como lidar é $\dot{\vec{h}}_G$, então a questão se torna: O que é $\dot{\vec{h}}_G$ para um corpo rígido? Logo aprenderemos que $\dot{\vec{h}}_G = I_G \alpha_{\text{mot}} \hat{k}$ onde I_G é o *momento de inércia de massa do motociclista e da moto sobre um eixo perpendicular à página através de G* (veja o Apêndice A) e α_{mot} é a aceleração angular do motociclista e da moto. Assim, a Eq. (7.3), na forma escalar, torna-se

$$\sum M_G: \quad N_B d - N_A(w-d) + F_A h = I_G \alpha_{\text{mot}}. \tag{7.4}$$

> **Informações úteis**
>
> **Momento de inércia de massa.** O momento de inércia de massa de um corpo pode ser pensado de uma maneira análoga à massa de um corpo. Ou seja, a massa de um corpo é uma medida da sua resistência a acelerações sob ação de forças. Da mesma forma, o momento de inércia de massa de um corpo é uma medida de sua resistência à aceleração angular sob a ação de momentos.

Temos as equações de Newton-Euler, então as leis da força são as próximas. Lembre-se de que queremos encontrar a aceleração máxima para que a roda dianteira não levante do chão. Uma vez que determinamos F_A e N_A, usaremos

$$|F_A| \leq \mu_s |N_A| \tag{7.5}$$

para verificar se a roda traseira desliza ou não sob as condições impostas. O fato de querermos que a roda dianteira esteja na iminência de decolar do chão implica que

$$N_B = 0. \tag{7.6}$$

Já que temos as leis da força, a última etapa na montagem das equações fundamentais do problema consiste em escrever as equações cinemáticas. Novamente, queremos a *maior aceleração* de tal forma que a roda dianteira *não se levante do chão*. Portanto, a motocicleta *não* gira, e assim $\omega_{\text{mot}} = 0$ e $\alpha_{\text{mot}} = 0$. Além disso, sabemos que

$$\vec{a}_G = \vec{a}_D + \vec{\alpha}_{\text{mot}} \times \vec{r}_{G/D} - \omega_{\text{mot}}^2 \vec{r}_{G/D}, \tag{7.7}$$

onde G e D são dois pontos no mesmo corpo rígido, ou seja, o corpo rígido que é a motocicleta mais o motociclista. Uma vez que ω_{mot} e α_{mot} são ambos nulos, isso torna $\vec{a}_G = \vec{a}_D$. Note que D deve se mover horizontalmente, G também deve fazê-lo e, portanto, $a_{Gy} = 0$. Resumindo essas condições cinemáticas, temos

$$\omega_{\text{mot}} = 0, \quad \alpha_{\text{mot}} = 0, \quad a_{Gy} = 0. \tag{7.8}$$

Agora que escrevemos nossos três habituais conjuntos de equações, isto é, as equações de Newton-Euler, as leis da força e as equações cinemáticas, é hora de resolvê-las. Substituindo as Eqs. (7.6) e (7.8) nas Eqs. (7.1), (7.2) e (7.4), obtemos

$$F_A = m a_{Gx}, \tag{7.9}$$

$$N_A - mg = 0, \tag{7.10}$$

$$-N_A(w-d) + F_A h = 0. \tag{7.11}$$

As Eqs. (7.9)-(7.11) são três equações contendo três incógnitas, N_A, F_A e a_{Gx}, que podem ser resolvidas para obter

$$N_A = mg = 2{,}94 \text{ kN}, \tag{7.12}$$

$$F_A = \left(\frac{w-d}{h}\right)mg = 3893\,\text{N}, \tag{7.13}$$

$$a_{Gx} = \left(\frac{w-d}{h}\right)g = 12{,}98\,\text{m/s}^2 = 1{,}32g, \tag{7.14}$$

onde a aceleração na Eq. (7.14) é a resposta desejada, ou seja, a maior aceleração tal que a motocicleta não empine. Finalmente, verificaremos a desigualdade de atrito na Eq. (7.5). Sabemos que $\mu_s = 0{,}9$, assim o atrito máximo disponível é $\mu_s N_A = 2646$N, que é *menos do que* o atrito necessário, que é $F_A = 3893$ N. Portanto, podemos concluir que o pneu traseiro deslizará e a aceleração necessária para empinar, isto é, 12,98 m / s², não é alcançada sem o aumento do atrito. A aceleração necessária para empinar a moto é 1,32 vezes a aceleração da gravidade – sob essas condições, segurar o guidão exigiria um certo esforço!

Agora, formalmente desenvolveremos as equações fundamentais de um corpo rígido e então veremos como aplicá-las nos problemas de exemplo.

Quantidade de movimento linear: equações de translação

Para obter as equações de movimento de translação, só precisamos da primeira lei de Euler, que é dada pela Eq. (5.86), na p. 394, e se aplica a qualquer corpo ou sistema de corpos com massa constante:

$$\boxed{\vec{F} = m\vec{a}_G,} \tag{7.15}$$

onde $\vec{F}$ é a resultante de todas as forças *externas*, m é a massa total do sistema, e $\vec{a}_G$ é a aceleração inercial de seu centro de massa. A aceleração do centro de massa é dada por

$$\vec{a}_G = \frac{d^2\vec{r}_G}{dt^2}, \tag{7.16}$$

onde, referindo-se à Fig. 7.4, o *centro de massa* é o ponto com a posição

$$\vec{r}_G = \frac{1}{m}\int_B \vec{r}_{dm}\,dm, \tag{7.17}$$

onde a integral é realizada sobre o corpo B, e $\vec{r}_{dm}$ é a posição do elemento infinitesimal de massa dm.

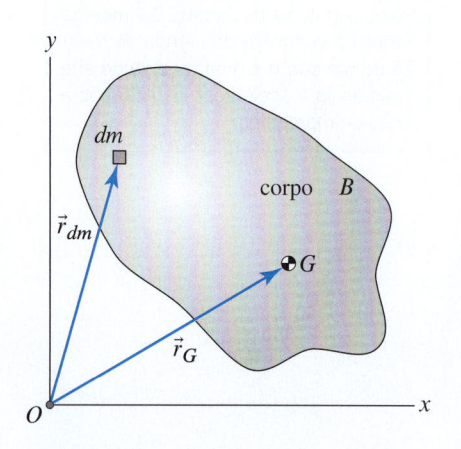

Figura 7.4
Vetores necessários para a determinação da posição do centro de massa $\vec{r}_G$ de um corpo rígido.

Quantidade de movimento angular: equações de rotação

Já que a segunda lei de Euler relaciona momentos com quantidade de movimento angular, ela nos dará as equações de movimento de rotação. Começamos com a relação momento-quantidade de movimento angular dada pela Eq. (5.87), na p. 394, que é

$$\vec{M}_P = \dot{\vec{h}}_P + \vec{v}_P \times m\vec{v}_G, \tag{7.18}$$

onde

- $\vec{M}_P$ é o momento de todas as forças externas sobre o ponto P, que é um ponto arbitrário no espaço

---

Informações úteis

Existem restrições em P? Não, o ponto P pode ser *qualquer* ponto no espaço. Na p. 553, mostraremos o que as equações aparentam quando restringirmos P para estar no corpo (ou uma extensão arbitrária do corpo).

- $\vec{h}_P$ é a quantidade de movimento angular (ou momento da quantidade de movimento linear) de todo o sistema em relação ao ponto P
- $\vec{v}_P$ é a velocidade do ponto arbitrário P
- $\vec{v}_G$ é a velocidade do centro de massa do sistema
- m é a massa total do sistema

Quando aplicamos a Eq. (7.18) para o corpo rígido mostrado na Fig. 7.4, exceto para $\vec{h}_P$, todos os termos são facilmente interpretados em termos de suas definições originais do sistema de partículas. Para um sistema de partículas, $\vec{h}_P$ é calculado por meio das definições nas Eqs. (5.59) e (5.77) (na p. 389 e p. 392, respectivamente), que resultam em

$$\vec{h}_P = \sum_{i=1}^{N} \vec{r}_{i/P} \times m_i \vec{v}_i, \qquad (7.19)$$

onde N é o número de partículas no sistema, $\vec{r}_{i/P}$ é a posição da partícula i em relação ao centro de momento P, e $m_i \vec{v}_i$ é a quantidade de movimento linear da partícula i. Para um corpo rígido cuja massa está distribuída no espaço, podemos generalizar a Eq. (7.19) substituindo um somatório sobre o número de partículas por uma integral ao longo do corpo. Ao fazê-lo, a partícula de massa m_i se torna o elemento infinitesimal de massa dm e a Eq. (7.19) se torna

$$\vec{h}_P = \int_B \vec{r}_{dm/P} \times \vec{v}_{dm} \, dm, \qquad (7.20)$$

onde $\vec{v}_{dm}$ é a velocidade do elemento infinitesimal de massa dm (veja a Fig. 7.5). O que realmente precisamos é $\vec{h}_P$, então diferenciamos a Eq. (7.20) em relação ao tempo para obtermos

$$\dot{\vec{h}}_P = \int_B \vec{v}_{dm/P} \times \vec{v}_{dm} \, dm + \int_B \vec{r}_{dm/P} \times \vec{a}_{dm} \, dm. \qquad (7.21)$$

Usando $\vec{v}_{dm/P} = \vec{v}_{dm} - \vec{v}_P$, a Eq. (7.21) torna-se

$$\dot{\vec{h}}_P = \int_B (\vec{v}_{dm} - \vec{v}_P) \times \vec{v}_{dm} \, dm + \int_B \vec{r}_{d/P} \times \vec{a}_{dm} \, dm$$

$$= \underbrace{-\int_B \vec{v}_P \times \vec{v}_{dm} \, dm}_{\text{integral } A} + \underbrace{\int_B \vec{r}_{d/P} \times \vec{a}_{dm} \, dm}_{\text{integral } B}. \qquad (7.22)$$

Como $\vec{v}_P$ não depende de dm, a integral A pode ser escrita conforme

$$-\int_B \vec{v}_P \times \vec{v}_{dm} \, dm = -\vec{v}_P \times \int_B \vec{v}_{dm} \, dm = -\vec{v}_P \times \frac{d}{dt} \int_B \vec{r}_{dm} \, dm$$

$$= -\vec{v}_P \times \frac{d}{dt}(m\vec{r}_G) = -\vec{v}_P \times m\vec{v}_G, \qquad (7.23)$$

onde usamos a definição do centro de massa de um corpo rígido dada pela Eq. (7.17). Substituindo a Eq. (7.23) na Eq. (7.22) chegamos a

$$\dot{\vec{h}}_P = -\vec{v}_P \times m\vec{v}_G + \underbrace{\int_B \vec{r}_{dm/P} \times \vec{a}_{dm} \, dm}_{\text{integral } B}. \qquad (7.24)$$

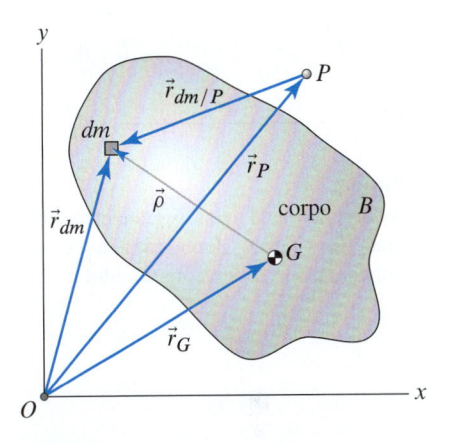

Figura 7.5
Pontos e vetores posição correspondentes necessários para desenvolver a relação momento-quantidade de movimento angular para um corpo rígido.

Informações úteis

Quais termos podem ser retirados da integral? Indo da Eq. (7.22) à Eq. (7.23), $\vec{v}_P$ é retirado da integral. Podemos tirar $\vec{v}_P$, já que é uma propriedade de um único ponto e não varia com dm. Veremos isso de novo na Eq. (7.35), onde, por exemplo, o mesmo se aplica a a_{Gy}, que também é uma propriedade de um determinado ponto, e a α_B, que é uma propriedade do corpo como um todo.

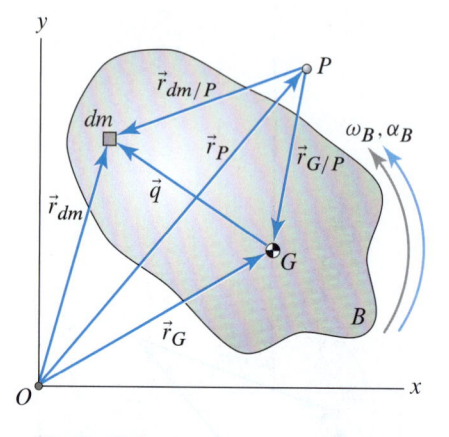

Substituindo a Eq. (7.24) na Eq. (7.18), ficamos apenas com a integral B, que é,

$$\vec{M}_P = \int_B \vec{r}_{dm/P} \times \vec{a}_{dm}\, dm, \tag{7.25}$$

uma vez que $-\vec{v}_P \times m\vec{v}_G$ na Eq. (7.24) se cancela com $\vec{v}_P \times m\vec{v}_G$ na Eq. (7.18). Isso nos deixa com a tarefa final de interpretar a integral na Eq. (7.25). Faremos isso para o caso em que o corpo rígido é simétrico em relação ao plano de movimento.

Corpos simétricos em relação ao plano de movimento

Referindo-se à Fig. 7.6, considerando que o corpo B é rígido, podemos relacionar $\vec{a}_{dm}$ com $\vec{a}_G$ por meio da Eq. (6.13), na p. 464, conforme

$$\vec{a}_{dm} = \vec{a}_G + \vec{\alpha}_B \times \vec{q} - \omega_B^2 \vec{q}, \tag{7.26}$$

onde $\vec{q}$ é a posição de *dm* em relação a G. Para continuar, é conveniente escrever todos os vetores em coordenadas cartesianas da seguinte forma:

$$\vec{M}_P = M_{Px}\hat{\imath} + M_{Py}\hat{\jmath} + M_{Pz}\hat{k}, \tag{7.27}$$

$$\vec{a}_G = a_{Gx}\hat{\imath} + a_{Gy}\hat{\jmath}, \tag{7.28}$$

$$\vec{q} = q_x\hat{\imath} + q_y\hat{\jmath}, \tag{7.29}$$

$$\vec{r}_{dm/P} = \vec{r}_{G/P} + \vec{q} = (x_{G/P} + q_x)\hat{\imath} + (y_{G/P} + q_y)\hat{\jmath}, \tag{7.30}$$

$$\vec{\omega}_B = \omega_B \hat{k} \quad \text{e} \quad \vec{\alpha}_B = \alpha_B \hat{k}, \tag{7.31}$$

onde as Eqs. (7.28) e (7.31) refletem a restrição de que o movimento do corpo é plano, e as Eqs. (7.29) e (7.30) refletem nossa premissa de que o corpo é simétrico em relação ao plano de movimento. Substituindo as Eqs. (7.28), (7.29) e (7.31) na Eq. (7.26), obtemos $\vec{a}_{dm}$ em forma de componentes

$$\vec{a}_{dm} = (a_{Gx} - \alpha_B q_y - \omega_B^2 q_x)\hat{\imath} + (a_{Gy} + \alpha_B q_x - \omega_B^2 q_y)\hat{\jmath}. \tag{7.32}$$

Agora podemos substituir as Eqs. (7.27), (7.30) e (7.32) na Eq. (7.25), expandir o produto cruzado, e igualar os componentes, para obter as três expressões seguintes para as equações do movimento da rotação:

$$M_{Px} = 0, \tag{7.33}$$

$$M_{Py} = 0, \tag{7.34}$$

$$M_{Pz} = \alpha_B \int_B (q_x^2 + q_y^2)\, dm + (x_{G/P} a_{Gy} - y_{G/P} a_{Gx}) \int_B dm$$
$$+ (a_{Gy} + \alpha_B x_{G/P} + \omega_B^2 y_{G/P}) \int_B q_x\, dm$$
$$+ (-a_{Gx} + \alpha_B y_{G/P} - \omega_B^2 x_{G/P}) \int_B q_y\, dm, \tag{7.35}$$

onde retiramos todos os termos que não dependem do elemento de massa *dm* para fora das integrais. Observe que *não há momentos sobre os eixos x ou y*

Figura 7.6
As definições de todas as grandezas cinemáticas e cinéticas necessárias para o movimento plano de um corpo rígido.

quando o corpo é simétrico em relação ao plano de movimento. Podemos agora interpretar todas as integrais da Eq. (7.35).

A integral mais fácil de interpretar na Eq. (7.35) é a segunda, que é

$$\int_B dm = m, \qquad (7.36)$$

ou seja, é apenas a massa total do corpo. Recordando que a Eq. (7.17) define a posição do centro de massa em relação ao ponto O (veja a Fig. 7.4), em forma de componentes, a Eq. (7.17) se torna

$$\vec{r}_G = x_{G/O}\,\hat{\imath} + y_{G/O}\,\hat{\jmath} = \frac{1}{m}\int_B (x_{dm/O}\,\hat{\imath} + y_{dm/O}\,\hat{\jmath})\,dm, \qquad (7.37)$$

ou

$$mx_{G/O} = \int_B x_{dm/O}\,dm \quad \text{e} \quad my_{G/O} = \int_B y_{dm/O}\,dm. \qquad (7.38)$$

Uma vez que $\vec{q} = q_x\,\hat{\imath} + q_y\,\hat{\jmath}$ define a posição de cada elemento de massa dm em relação ao centro de massa G, a forma de componentes da definição do centro de massa de um corpo rígido na Eq. (7.38) nos diz que (veja a Fig. 7.6)

$$\int_B q_x\,dm = \int_B x_{dm/G}\,dm = mx_{G/G} = 0, \qquad (7.39)$$

$$\int_B q_y\,dm = \int_B y_{dm/G}\,dm = my_{G/G} = 0, \qquad (7.40)$$

onde vemos que essas integrais apenas definem a posição do centro de massa em relação ao centro de massa. Existe apenas uma integral a ser interpretada, que é

$$\int_B (q_x^2 + q_y^2)\,dm = I_G. \qquad (7.41)$$

Essa integral define o *momento de inércia de massa de um corpo rígido sobre um eixo perpendicular ao plano de movimento passando pelo centro de massa G*, e, como pode ser visto na Eq. (7.41), iremos nomear essa grandeza I_G. Como o movimento é plano, em geral iremos nos referir ao termo em questão simplesmente como o *momento de inércia de massa*, e o subscrito em I será utilizado para identificar o eixo em relação ao qual I é calculado (veja o Apêndice A).

Usando as Eqs.(7.36)-(7.41), podemos ver que a Eq. (7.35) se torna

$$\boxed{M_P = I_G\alpha_B + m(x_{G/P}\,a_{Gy} - y_{G/P}\,a_{Gx})}, \qquad (7.42)$$

onde $M_{Pz} = M_P$ para simplificar a notação do caso plano e simétrico. A Eq. (7.42) é a equação de rotação mais geral para o movimento plano de um corpo rígido. A Eq. (7.42) e as duas equações representadas pela Eq. (7.15) fornecem as três equações necessárias para descrever o movimento plano de um corpo rígido que é simétrico em relação ao plano do movimento.

Agora que temos a equação de rotação de que precisamos, note que

- Se o corpo *não* é simétrico em relação ao plano de movimento xy, então os momentos nas direções x e/ou y serão necessários para manter o movimento planar.
- A Eq. (7.42) pode ser escrita usando notação vetorial como

Alerta de conceito

Desenvolvimento da intuição para os momentos de inércia de massa. Assim como a massa é uma medida da resistência de um objeto à aceleração *linear*, o momento de inércia de massa na Eq. (7.41) dá uma medida da resistência de um objeto à aceleração *angular*, levando em conta a distribuição de massa de um corpo com relação ao eixo de rotação. Por exemplo, é muito mais difícil girar uma barra longa perpendicular ao seu eixo longitudinal (giro em x) do que girar paralelamente ao seu eixo longitudinal (giro em y).

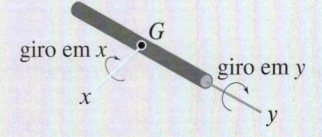

Isso se reflete nos momentos de inércia de massa de uma barra fina, para a qual $I_{Gx} = \frac{1}{12}ml^2$ e $I_{Gy} \approx 0$, onde m é a massa da barra e l é o seu comprimento.

Alerta de conceito

Por que alguns corpos aparentemente muito diferentes têm os mesmos momentos de inércia de massa? Referindo-se à mesa na contracapa do livro e às figuras abaixo, observe que, para uma placa fina $(I_x)_{\text{placa}} = \frac{1}{12}mb^2$, que é o mesmo que o de uma haste fina, $(I_x)_{\text{haste}} = \frac{1}{12}ml^2$ (se elas tiverem o mesmo comprimento, ou seja, $l = b$).

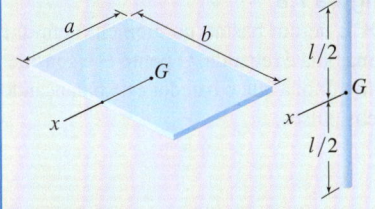

Por que isso ocorre? Olhando para baixo do eixo x, a chapa fina se assemelha a uma haste fina. À medida que a placa fina estende-se uniformemente por trás de sua projeção (p. ex., ela não se afunila para dentro ou para fora) e tem a mesma massa que uma haste fina, ela deve ter o mesmo momento de inércia de massa I_G. Observe que, para uma placa de comprimento b e uma haste de comprimento l (com $l = b$) ter a mesma massa, a densidade de massa da chapa teria que ser menor que a da haste.

$$\vec{M}_P = I_G \vec{\alpha}_B + \vec{r}_{G/P} \times m\vec{a}_G, \qquad (7.43)$$

onde, sendo o movimento planar, $\vec{M}_P = M_P\,\hat{k}$, $\vec{\alpha}_B = \alpha_B\,\hat{k}$, $\vec{r}_{G/P} = x_{G/P}\,\hat{\imath} + y_{G/P}\,\hat{\jmath}$ e $\vec{a}_G = a_{Gx}\,\hat{\imath} + a_{Gy}\,\hat{\jmath}$. Queremos enfatizar novamente que *as Eqs. (7.42) e (7.43) se aplicam quando P é um ponto arbitrário no espaço,* isto é, ele *não* tem que ser um ponto do corpo rígido B.

- Se *qualquer* uma das seguintes condições for verdadeira:
  1. O ponto P é o centro de massa G, de modo que $\vec{r}_{G/P} = \vec{0}$.
  2. $\vec{a}_G = \vec{0}$ (ou seja, G é fixo ou se move com velocidade constante).
  3. $\vec{r}_{G/P}$ é paralelo a $\vec{a}_G$

  então a Eq. (7.42) se reduz a

$$M_P = I_G \alpha_B. \qquad (7.44)$$

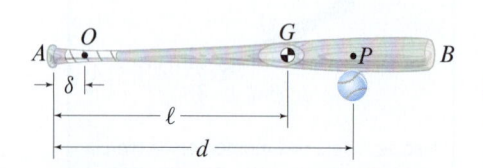

Figura 7.7
Um bastão de beisebol mostrando a localização do seu centro de massa G, o ponto de pivô O e o ponto de impacto com uma bola de beisebol.

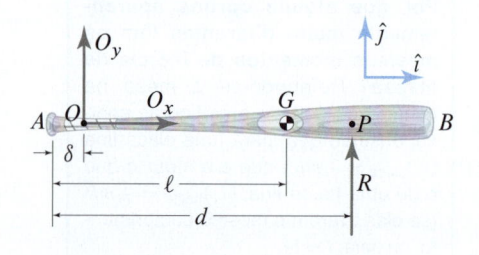

Figura 7.8
DCL de um bastão no momento em que uma bola é rebatida. O ponto O é considerado fixo já que o batedor está balançando seus pulsos.

■ **Miniexemplo.** Qualquer um que já jogou beisebol ou softbol já teve a experiência de quando a bola é rebatida corretamente, isto é, você mal pode sentir o bastão em suas mãos, mas a bola percorre uma *longa trajetória*. Isso pode acontecer quando você acertar a bola no "ponto ideal" do bastão. Existem debates de como, fisicamente, achar o ponto em um bastão definido como ponto ideal, mas isso é feito por meio dos modos de vibração do bastão, bem como sobre um ponto chamado *centro de percussão*.[3] A Fig 7.7 mostra uma bola batendo em um bastão, a uma distância d a partir da saliência em A, quando o batedor "segura" o bastão a uma distância δ. Assumiremos que o batedor gira seus pulsos (isto é, o ponto de pivô é O) e então determinaremos a distância d em que a bola deve ser batida de forma que, não importando a quantidade de força aplicada em P no bastão pela bola, a força lateral (ou seja, perpendicular ao bastão) em O seja zero. Esse ponto P define o ***centro de percussão***, e sua localização depende do ponto de pivô O. Assumiremos que o bastão tenha massa m, seu centro de massa está em G, e I_G é o seu momento de inércia de massa.

Solução O DCL do bastão no momento em que a bola é rebatida é mostrado na Fig. 7.8. Desprezamos o momento que o batedor aplica ao bastão porque o efeito desse momento é insignificante comparado às forças durante a colisão da bola com o bastão. Desprezamos o peso do bastão pela mesma razão. Aplicando as Eqs. (7.15) e (7.44) a esse DCL, obtemos as equações de Newton-Euler.

$$\sum F_x: \qquad O_x = m a_{Gx}, \qquad (7.45)$$

$$\sum F_y: \qquad O_y + R = m a_{Gy}, \qquad (7.46)$$

$$\sum M_G: \qquad R(d - \ell) - O_y(\ell - \delta) = I_G \alpha_{\text{bastão}}. \qquad (7.47)$$

Uma vez que todas as forças são consideradas no DCL, não há leis de força a serem escritas. Supondo que o bastão é girado a uma velocidade angular $\omega_{\text{bastão}}$ e aceleração angular $\alpha_{\text{bastão}}$, e recordando que o bastão gira no plano xy em torno do ponto fixo O, obtemos as seguintes equações cinemáticas:

$$a_{Gx} = -(\ell - \delta)\omega_{\text{bastão}}^2 \quad \text{e} \quad a_{Gy} = (\ell - \delta)\alpha_{\text{bastão}}. \qquad (7.48)$$

---

[3] Consulte R. Cross, "The Sweet Spot of a Baseball Bat", *American Journal of Physics*, **66**(9), 1998, pp.772-779.

Utilizando as Eqs. (7.48) nas Eqs. (7.45)-(7.47), obtemos

$$O_x = -m(\ell - \delta)\omega_{\text{bastão}}^2, \tag{7.49}$$

$$O_y + R = m(\ell - \delta)\alpha_{\text{bastão}}, \tag{7.50}$$

$$R(d - \ell) - O_y(\ell - \delta) = I_G \alpha_{\text{bastão}}. \tag{7.51}$$

Eliminando $\alpha_{\text{bastão}}$ das Eqs. (7.50) e (7.51) e resolvendo para O_y, obtemos

$$O_y = \frac{mR(d-\ell)(\ell-\delta) - RI_G}{I_G + m(\ell-\delta)^2} = 0. \tag{7.52}$$

Definindo esse resultado igual a zero e então resolvendo para a distância d, encontramos

$$d = \frac{I_G + m\ell(\ell - \delta)}{m(\ell - \delta)} = 680 \text{ mm} \tag{7.53}$$

onde usamos $\delta = 50$ mm, e, para um bastão típico usado na *Major League Baseball* cuja massa indicada é 1 kg e cujo comprimento é 850 mm, $\ell = 575$ mm e $I_G = 0{,}056$ kg·m². Como se pode ver no Prob. 7.13, a localização do centro de percussão depende do ponto de pivô para o bastão, não sendo uma propriedade inerente ao bastão.

Fato interessante

Como o centro de percussão é útil? Conhecer a localização do centro de percussão é importante nas máquinas para testes de impacto do tipo pêndulo, que são projetados para medir a resistência à falha de um material a uma força impulsiva. Isso é feito pela medição da energia de impacto, que é a energia absorvida pelo corpo de prova de ensaio antes da falha. Se o braço do pêndulo que atinge o corpo de prova o faz no centro de percussão do braço, a força transmitida à estrutura da máquina durante o ensaio será minimizada.

E se o centro de momento está no corpo rígido? A Eq. (7.43) é válida para qualquer escolha possível do centro de momento P. Temos agora que terminar o desenvolvimento das equações de rotação determinando uma versão da Eq. (7.43) aplicável quando o ponto P é um ponto *no* corpo rígido ou em uma extensão arbitrária do corpo rígido (veja a discussão sobre o corpo rígido estendido na p. 463).

Referindo-se à Fig. 7.9, se ambos os pontos P e G estiverem no corpo rígido, podemos escrever a aceleração de G como

$$\vec{a}_G = \vec{a}_P + \vec{\alpha}_B \times \vec{r}_{G/P} - \omega_B^2 \vec{r}_{G/P} \tag{7.54}$$

e utilizar o teorema dos eixos paralelos (veja o Apêndice A) para escrever I_G como

$$I_G = I_P - m r_{G/P}^2, \tag{7.55}$$

onde I_P é o momento de inércia de massa do corpo sobre um eixo perpendicular ao plano de movimento passando pelo ponto P. Substituindo as Eqs. (7.54) e (7.55) na Eq. (7.43), obtemos

$$\vec{M}_P = \left(I_P - mr_{G/P}^2\right)\vec{\alpha}_B + \vec{r}_{G/P} \times m\left(\vec{a}_P + \vec{\alpha}_B \times \vec{r}_{G/P} - \omega_B^2 \vec{r}_{G/P}\right) \tag{7.56}$$

$$\begin{aligned} &= \left(I_P - mr_{G/P}^2\right)\vec{\alpha}_B + \vec{r}_{G/P} \times m\vec{a}_P + m\left(\vec{r}_{G/P} \cdot \vec{r}_{G/P}\right)\vec{\alpha}_B \\ &\quad - m\left(\vec{r}_{G/P} \cdot \vec{\alpha}_B\right)\vec{r}_{G/P} \end{aligned} \tag{7.57}$$

$$= \left(I_P - mr_{G/P}^2\right)\vec{\alpha}_B + \vec{r}_{G/P} \times m\vec{a}_P + mr_{G/P}^2 \vec{\alpha}_B, \tag{7.58}$$

onde usamos a identidade vetorial $\vec{a} \times (\vec{b} \times \vec{c}) = (\vec{a}\cdot\vec{c})\vec{b} - (\vec{a}\cdot\vec{b})\vec{c}$, $\vec{r}_{G/P} \times \vec{r}_{G/P} = \vec{0}$, $\vec{r}_{G/P} \cdot \vec{r}_{G/P} = r_{G/P}^2$, e o fato de $\vec{r}_{G/P}$ ser ortogonal a $\vec{\alpha}_B$ (de modo que $\vec{r}_{G/P} \cdot \vec{\alpha}_B = 0$). Ao fazer a simplificação final cancelando os dois termos envolvendo $mr_{G/P}^2 \vec{\alpha}_B$, a Eq. (7.58) torna-se

$$\boxed{\vec{M}_P = I_P \vec{\alpha}_B + \vec{r}_{G/P} \times m\vec{a}_P.} \tag{7.59}$$

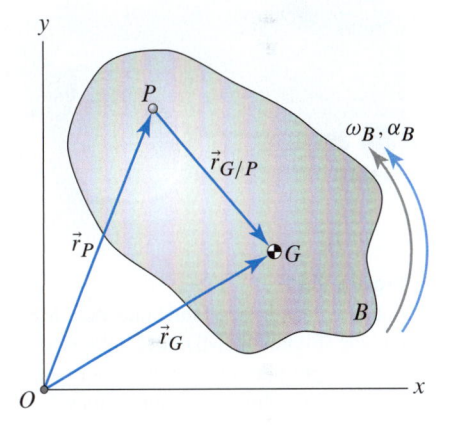

Figura 7.9
Um corpo arbitrário rígido com o ponto P sendo um ponto *no* corpo rígido.

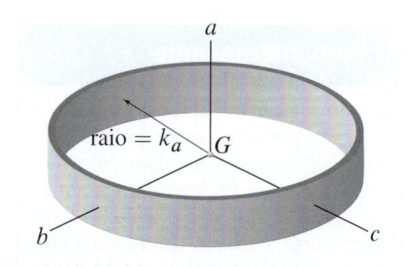

Figura 7.10
Um anel fino cuja massa está toda a uma distância k_a do eixo a. O raio de rotação deste objeto em relação ao eixo a deve ser k_a, uma vez que o seu momento de inércia de massa deve ser $I_a = mk_a^2$.

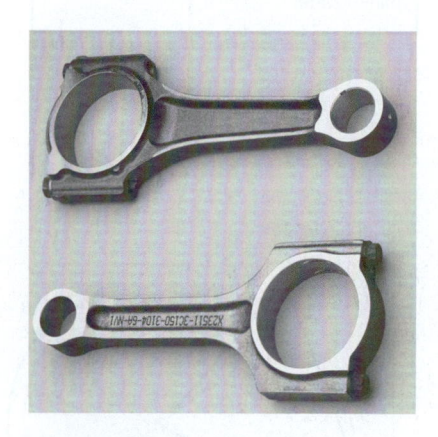

Figura 7.11
Foto de duas bielas fabricadas pela Metaldyne (Plymouth, MI). A Metaldyne usa sinterização para fazer bielas com metal em pó para motores a gasolina e diesel.

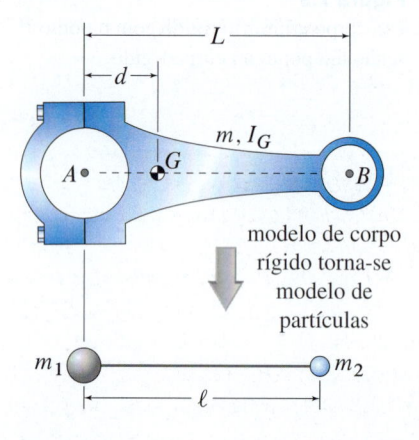

Figura 7.12
Um modelo de corpo rígido de uma biela sendo substituído por um modelo dinamicamente equivalente de duas partículas. Para os cálculos, usamos $d = 36{,}4$ mm, $m = 0{,}439$ kg, e $I_G = 0{,}00144$ kg·m². Para comparação, $L = 141$ mm.

Devido às premissas das Eqs (7.43) até (7.59), a Eq. (7.59) está sujeita à restrição de que o ponto P deve ser um ponto no corpo rígido B ou a extensão do corpo rígido. Finalmente, observamos que, se *qualquer uma* das seguintes sentenças for verdadeira:

1. O ponto P é o centro de massa G de forma que $\vec{r}_{G/P} = \vec{0}$.
2. $\vec{a}_P = \vec{0}$ (ou seja, P é fixo ou se move a uma velocidade constante).
3. $\vec{r}_{G/P}$ é paralelo a $\vec{a}_P$.

então a Eq. (7.59) se torna

$$M_P = I_P \alpha_B, \qquad (7.60)$$

onde usamos a forma escalar para refletir o fato de que o movimento é plano.

Raio de rotação

Em alguns manuais e outras referências, a propriedade do momento de inércia de massa é descrita em termos do *raio de rotação*. O raio de rotação k_a em relação a um eixo a é definido em termos do momento de inércia de massa sobre esse eixo como

$$k_a = \sqrt{\frac{I_a}{m}}, \qquad (7.61)$$

onde m é a massa do corpo em questão. Portanto, se um corpo de massa m tem toda a massa concentrada a uma distância k_a do eixo a, o seu momento de inércia de massa seria I_a (veja a Fig. 7.10).[4]

Sistema de massa dinamicamente equivalente

Na dinâmica de máquinas e mecanismos, os engenheiros frequentemente querem substituir um modelo de corpo rígido de um componente por algum sistema *equivalente* de partículas. Esse conceito de *equivalência dinâmica* ou *sistema de massa dinamicamente equivalente* é importante para muitas disciplinas de engenharia. Para que dois sistemas sejam dinamicamente equivalentes, eles devem ter

1. A mesma massa total.
2. O mesmo local de centro de massa.
3. O mesmo momento de inércia de massa I_G.

Isso geralmente é feito pela substituição do modelo de corpo rígido por um modelo composto de duas partículas ligadas por uma haste sem massa. Vamos aplicar essa ideia na biela mostrada na Fig. 7.11.

Referindo-se à Fig. 7.12, o objetivo é substituir a biela de massa m, momento de inércia de massa I_G, e cujo centro de massa está a uma distância d da extremidade da manivela (mostrado na parte superior da figura) com as duas partículas de massa m_1 e m_2, que estão separadas por uma distância ℓ (mostradas na parte inferior da figura). Como os três critérios listados acima irão gerar três equações, só seremos capazes de resolver três incógnitas, que serão

---
[4] O raio de rotação pode também ser interpretado em termos da grandeza estatística conhecida como *desvio padrão*. Na verdade, o raio de rotação pode ser pensado como o "desvio padrão da distribuição de massa".

a massa m_1, a massa m_2 e a distância ℓ entre elas. Escolhendo o ponto A como local da massa m_1 e escrevendo essas três equações, obtemos

$$m_1 + m_2 = m \quad \text{(mesma massa)} \quad (7.62)$$

$$m_2 \ell = md \quad \text{(mesmo local de } G\text{)} \quad (7.63)$$

$$m_1 d^2 + m_2 (\ell - d)^2 = I_G \quad \text{(mesmo } I_G\text{)} \quad (7.64)$$

Resolvendo essas equações para m_1, m_2 e ℓ, obtemos

$$m_1 = \frac{m}{1 + md^2/I_G} = 0{,}313 \text{ kg}, \quad (7.65)$$

$$m_2 = \frac{m}{1 + I_G/(md^2)} = 0{,}126 \text{ kg}, \quad (7.66)$$

$$\ell = d + \frac{I_G}{md} = 127 \text{ mm}. \quad (7.67)$$

Referindo-se à Eq (7.53), note que a localização da massa m_2 é o centro de percussão para a biela se a biela ficar em um eixo fixo de rotação sobre a manivela (ponto A).

Devemos observar que a forma como calculamos um sistema dinamicamente equivalente utilizando as Eqs. (7.62)-(7.64) não é a única maneira de fazê-lo. Por exemplo, algumas pessoas colocam as duas massas nos dois pontos de ligação (pontos A e B para a biela na Fig. 7.12).[5] Infelizmente, para atingir o mesmo momento de inércia I_G, às vezes é necessário que unamos um objeto sem massa e com *momento de inércia de massa negativo* ao sistema equivalente de duas partículas (que seria o caso da biela mostrada aqui).

Interpretação gráfica das equações de movimento

A Eq. (7.43) tem uma interpretação gráfica que pode nos ajudar a lembrar a equação e compreender fisicamente o que ela está dizendo. Infelizmente, essa interpretação também é *muito* fácil de ser mal aplicada, portanto, precisamos ser cuidadosos. Apresenta-se ela aqui, uma vez que fornece uma maneira conveniente de aplicar e lembrar a Eq. (7.43).

Iniciamos nos referindo à Fig. 7.13. O lado esquerdo da figura mostra um corpo rígido sob a ação de um número de forças e momentos externos – é apenas o DCL do corpo rígido. O lado direito da figura introduz um novo diagrama chamado de ***diagrama cinético*** (DC). O diagrama cinético *sempre* contém o vetor $I_G \vec{\alpha}_B$ e o vetor $m\vec{a}_G$, o qual, embora tenha unidades de força, identificaremos com a cor verde (como fazemos com todas as acelerações), uma vez que esses vetores são provenientes das acelerações. Agora, se sempre desenharmos o DC dessa forma, então definindo o DCL *igual ao* DC, sempre restabelecemos as Eqs. (7.15) e (7.43), que são as equações de Newton-Euler para um corpo rígido. Podemos confirmar esse processo observando que o lado esquerdo da Eq. (7.15) (ou seja, $\vec{F}_R$) e o lado esquerdo da Eq. (7.43) (ou seja, $\vec{M}_P$) são facilmente obtidos a partir do DCL da Fig. 7.13. O lado direito da Eq. (7.15) é simplesmente $m\vec{a}_G$, que obtemos a partir do DC. O lado direito da Eq. (7.43) surge pela soma de momentos sobre o ponto P no DC da Fig. 7.13. Assim, se sempre desenharmos o DC incluindo o vetor $m\vec{a}_G$ (escrito em

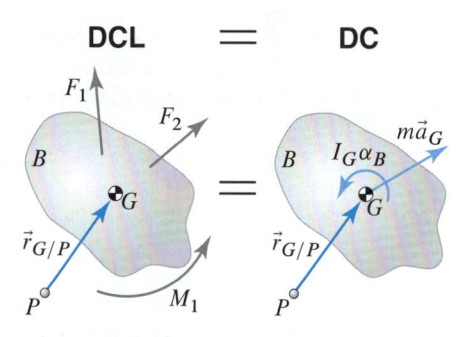

Figura 7.13
Diagrama de corpo livre e diagrama cinético de um corpo rígido qualquer. Igualá-los e escrever as equações associadas sempre fornece as equações de movimento corretas, ou seja, as Eqs. (7.15) e (7.43).

Erro comum

O DC deve ser coerente com a cinemática. As direções positivas de $I_G \alpha_B$ e $m\vec{a}_G$ no DC devem ser coerentes com as direções positivas para α_B e $\vec{a}_G$ nas equações cinemáticas. Se não forem, os erros de sinais acabarão poluindo a solução do problema.

---
[5] Veja B. Paul, *Kinematics and Dynamics of Planar Machinery,* Prentice-Hall, Englewood Cliffs, NJ., 1979, pp. 439-442.

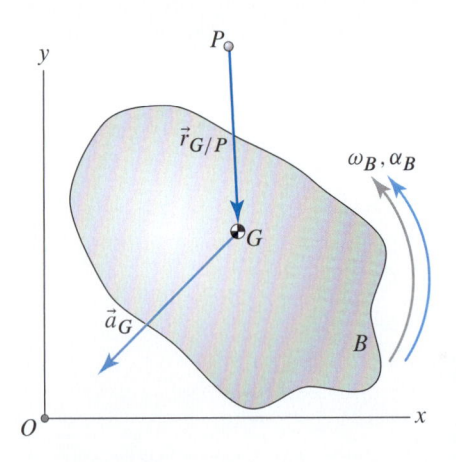

Figura 7.14
As grandezas cinemáticas relevantes para as equações de Newton-Euler para um corpo rígido.

um sistema de coordenadas adequado) e o vetor $I_G\alpha_B$, e igualarmos as forças e momentos no DCL com as forças e momentos no DC, sempre finalizaremos com as equações de Newton-Euler corretas para o corpo rígido.

Resumo final da seção

Nesta seção, desenvolvemos as equações de Newton-Euler (equações de movimento) para um corpo rígido. Começamos mostrando que as equações de translação são dadas pela *primeira lei de Euler*, a qual é

Eq.(7.15), p. 548
$$\vec{F} = m\vec{a}_G,$$

onde $\vec{F}$ é a resultante de todas as forças *externas*, m é a massa do corpo rígido e $\vec{a}_G$ é a aceleração inercial do seu centro de massa (veja a Fig. 7.14).

Corpos simétricos em relação ao plano do movimento. Para corpos rígidos, precisamos também de equações rotacionais de movimento. Aplicando *a segunda lei de Euler*, ou seja, a relação momento-quantidade de movimento angular para um sistema de partículas, fomos capazes de mostrar que, *para um corpo rígido que é simétrico em relação ao plano do movimento,* a forma mais geral das equações do movimento rotacional é dada por (veja a Fig. 7.14)

Eqs. (7.42) e (7.43), p. 551
$$M_P = I_G\alpha_B + m(x_{G/P}a_{Gy} - y_{G/P}a_{Gx}),$$
$$\vec{M}_P = I_G\vec{\alpha}_B + \vec{r}_{G/P} \times m\vec{a}_G,$$

onde

- M_P é o momento total sobre P na direção z
- I_G é o momento de inércia de massa do corpo sobre o seu centro de massa G
- α_B é a aceleração angular do corpo
- m é a massa total do corpo
- $\vec{a}_G = a_{Gx}\hat{i} + a_{Gy}\hat{j}$ é a aceleração do centro de massa
- $\vec{r}_{G/P} = x_{G/P}\hat{i} + y_{G/P}\hat{j}$ é a posição do centro de massa G relativa ao centro de momento P
- A segunda equação é simplesmente a forma vetorial da primeira

Agora, além disso, se *qualquer* uma das seguintes condições for verdadeira:

1. O ponto P é o centro de massa G, de modo que $\vec{r}_{G/P} = \vec{0}$.
2. $\vec{a}_G = \vec{0}$ (ou seja, G se move a uma velocidade constante).
3. $\vec{r}_{G/P}$ é paralelo a $\vec{a}_G$.

então as Eqs. (7.42) e (7.43) se reduzem a

Capítulo 7 Equações de Newton-Euler para movimento plano de corpo rígido

(7.44), p. 552
$$M_P = I_G \alpha_B.$$

Finalmente, se o ponto P está sobre o corpo rígido ou em uma extensão arbitrária do corpo rígido, então uma forma alternativa da Eq. (7.43) é (veja a Fig. 7.15)

(7.59), p. 553
$$\vec{M}_P = I_P \vec{\alpha}_B + \vec{r}_{G/P} \times m\vec{a}_P,$$

onde I_P é o momento de inércia de massa do corpo sobre um eixo perpendicular ao plano do movimento passando através do ponto P, e $\vec{a}_P$ é a aceleração do ponto P.

Se *qualquer* uma das seguintes condições for verdadeira:

1. O ponto P é o centro de massa G de forma que $\vec{r}_{G/P} = \vec{0}$.
2. $\vec{a}_P = \vec{0}$ (ou seja, P se move a uma velocidade constante).
3. $\vec{r}_{G/P}$ é paralelo a $\vec{a}_P$.

então a Eq. (7.59) se torna

(7.60), p. 554
$$M_P = I_P \alpha_B.$$

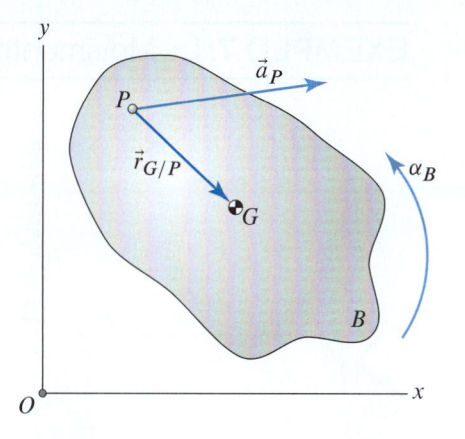

Figura 7.15
As grandezas cinemáticas relevantes para as equações do movimento rotacional de um corpo rígido quando o centro de momento P é um ponto no corpo rígido.

Interpretação gráfica das equações de movimento. Há uma forma visual/gráfica de obter as Eqs. (7.15) e (7.43). Referindo-se à Fig. 7.16, começamos desenhando o DCL do corpo rígido, incluindo todas as forças e momentos, e então desenhamos o DC (diagrama cinético) do corpo rígido, o qual inclui os vetores $I_G \alpha_B$ e $m\vec{a}_G$. Como mostrado na Fig. 7.16, graficamente igualamos esses dois diagramas e escrevemos as equações geradas por essa igualdade. Ao fazer isso, automaticamente obtemos as Eqs. (7.15) e (7.43).

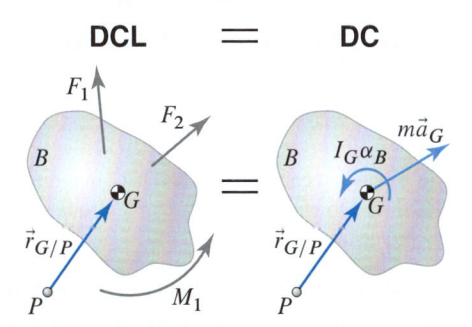

Figura 7.16 *Figura 7.13 repetida.* Diagrama de corpo livre e diagrama cinético de um corpo rígido qualquer. Igualá-los e escrever as equações associadas sempre fornece as equações de movimento corretas, ou seja, as Eqs. (7.15) e (7.43).

EXEMPLO 7.1   Movimento plano geral: análise de um corpo rígido em queda

Como parte de um truque cinematográfico, uma plataforma longa e fina de 175 kg cujo comprimento é $L = 12$ m foi improvisada ao longo de um desfiladeiro com duas cordas OA e BD. A corda OA de comprimento $d = 4$ m é amarrada com segurança na árvore, mas a corda BD foi amarrada a um mosquetão em D que não foi adequadamente firmado na superfície da rocha. Depois que tudo estiver montado como mostrado na Fig. 1, o mosquetão em D se solta e a plataforma começa a cair. Determine a aceleração angular da plataforma e a tensão na corda OA imediatamente após a corda BD se soltar. O valor inicial de θ é $39°$.

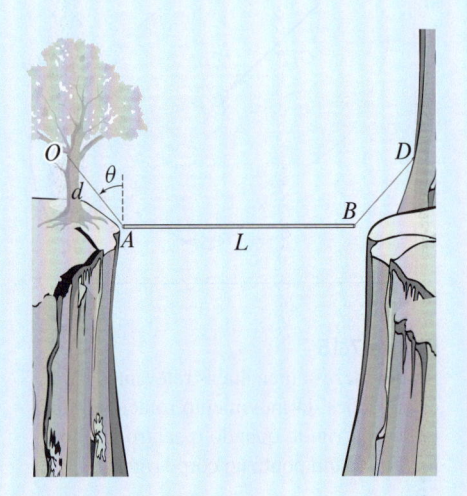

Figura 1

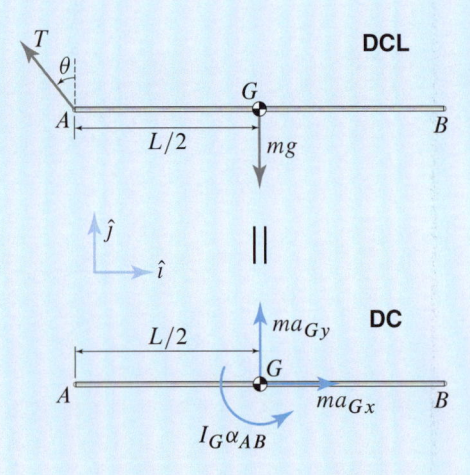

Figura 2
DCL (superior) e DC (inferior) da plataforma da Fig. 1.

SOLUÇÃO

Roteiro e modelagem   O DCL de uma plataforma imediatamente após a separação do mosquetão é mostrado na Fig. 2. Modelamos a plataforma como uma haste fina, e nossa consideração-chave é que, imediatamente após a separação da corda BD, todas as velocidades são zero. Além disso, desprezaremos a massa de cada corda e assumiremos que são inextensíveis. Se as cordas não têm massa, então nem a aceleração nem a gravidade afetarão o comportamento delas. Portanto, assumindo que a corda OA está sob tensão, ela se comportará como um segmento de reta com comprimento constante. Isto é, no instante de tempo considerado, OA pode ser tratada como se fosse um corpo rígido sem massa. Naturalmente, teremos de verificar se ela não afrouxará.

Usando esse modelo, a aplicação das equações de Newton-Euler à plataforma nos permitirá determinar as forças e acelerações uma vez determinada a cinemática da plataforma imediatamente após a separação da corda BD.

Equações fundamentais

Princípios de equilíbrio   Igualando o DCL e o DC da plataforma mostrados na Fig. 2 (o que equivale a aplicar as Eqs. (7.15) e (7.43) ao DCL da Fig. 2), as equações de Newton-Euler para a plataforma são

$$\sum F_x: \qquad -T \operatorname{sen}\theta = ma_{Gx}, \qquad (1)$$

$$\sum F_y: \quad T\cos\theta - mg = ma_{Gy}, \qquad (2)$$

$$\sum M_G: \qquad -\frac{L}{2}T\cos\theta = I_G \alpha_{AB}, \qquad (3)$$

onde T é a tensão na corda e I_G é o momento de inércia da massa da plataforma, que é dado por

$$I_G = \tfrac{1}{12}mL^2. \qquad (4)$$

Leis da força   Todas as forças são consideradas no DCL, mas temos que verificar se $T > 0$ para garantir que a corda não afrouxará. Se a corda afrouxar, resolveremos o problema com o conhecimento de que $T = 0$.

Equações cinemáticas   Podemos ver, das Eqs. (1)-(3), que precisamos relacionar $\vec{a}_G$ com a aceleração angular da plataforma, sujeita à restrição de que o ponto A se move em um círculo sobre O e todas as velocidades são zero imediatamente após a liberação da corda. Relacionado A com O, obtemos

$$\vec{a}_A = \vec{a}_O + \vec{\alpha}_{OA} \times \vec{r}_{A/O} - \omega_{OA}^2 \vec{r}_{A/O}$$
$$= \alpha_{OA}\hat{k} \times d(\operatorname{sen}\theta\,\hat{i} - \cos\theta\,\hat{j}) = d\alpha_{OA}\cos\theta\,\hat{i} + d\alpha_{OA}\operatorname{sen}\theta\,\hat{j}, \qquad (5)$$

> **Informações úteis**
>
> **A Eq. (5) e o nosso modelo de cordas.** Coerente com o nosso modelo de cordas, a Eq. (5) indica que visualizamos a corda OA como um corpo rígido.

uma vez que $\vec{a}_O = \vec{0}$ e todas as velocidades são zero. Relacionado G com A, obtemos

$$\vec{a}_G = \vec{a}_A + \vec{\alpha}_{AB} \times \vec{r}_{G/A} - \omega_{AB}^2 \vec{r}_{G/A}$$
$$= d\alpha_{OA}(\cos\theta\,\hat{i} + \operatorname{sen}\theta\,\hat{j}) + \alpha_{AB}\,\hat{k} \times (L/2)\hat{i}$$
$$= d\alpha_{OA}\cos\theta\,\hat{i} + (d\alpha_{OA}\operatorname{sen}\theta + L\alpha_{AB}/2)\,\hat{j}, \tag{6}$$

onde usamos a expressão para $\vec{a}_A$ a partir da Eq. (5) e definimos todas as velocidades como zero.

Cálculos Podemos substituir as Eqs. (4) e (6) nas Eqs. (1)-(3) para obter as três equações seguintes para as três incógnitas T, α_{AB} e α_{OA}:

$$-T\operatorname{sen}\theta = md\alpha_{OA}\cos\theta, \tag{7}$$

$$T\cos\theta - mg = m\left(d\alpha_{OA}\operatorname{sen}\theta + \frac{L}{2}\alpha_{AB}\right), \tag{8}$$

$$-\frac{L}{2}T\cos\theta = \tfrac{1}{12}mL^2\alpha_{AB}. \tag{9}$$

Quando resolvidas, nos fornecem

$$\boxed{T = \frac{2mg\cos\theta}{5 + 3\cos(2\theta)} = 474{,}5\,\text{N}, \tag{10}}$$

$$\boxed{\alpha_{AB} = -\frac{12g\cos^2\theta}{L[5 + 3\cos(2\theta)]} = -1{,}05\,\text{rad/s}^2, \tag{11}}$$

$$\boxed{\alpha_{OA} = -\frac{2g\operatorname{sen}\theta}{d[5 + 3\cos(2\theta)]} = -0{,}549\,\text{rad/s}^2, \tag{12}}$$

onde usamos todos os valores conhecidos para obter as respostas numéricas.

Discussão e verificação

- As dimensões e as unidades dos resultados finais nas Eqs. (10)-(12) estão todas corretas.
- As acelerações angulares iniciais tanto da corda OA quanto da barra AB são negativas, como esperado, uma vez que ambas devem inicialmente girar no sentido horário.
- É difícil ter um sentido de magnitude da tensão na corda OA, mas certamente ela deve ser positiva, como de fato é. O fato de que $T > 0$ confirma que o uso da Eq. (5) foi correto. Na Eq. (5) tratamos a corda como um corpo rígido sem massa, o que só é válido desde que a corda não afrouxe.
- Quanto à Fig. 2, logo após o mosquetão falhar, esperamos que o ponto G acelere para baixo, ou seja, $a_{Gy} < 0$. A partir da Eq. (2), temos $T = m(g + a_{Gy})/\cos\theta$, a expectativa de que $a_{Gy} < 0$ implica a expectativa de que $T < mg/\cos\theta = 2209$ N. O resultado da Eq. (10) é coerente com essa expectativa.

EXEMPLO 7.2 Rotação em torno de um eixo fixo: momentos sobre um ponto fixo

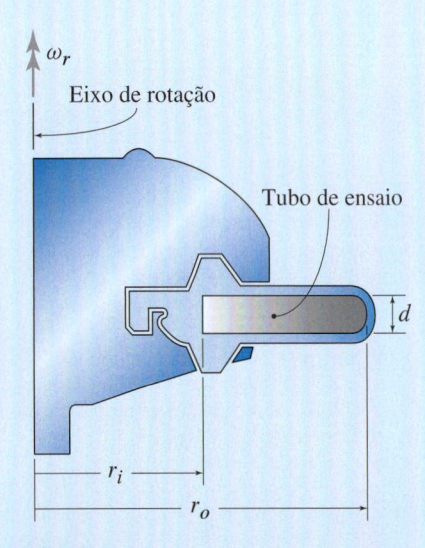

As centrífugas como a mostrada na Fig. 1(a) podem gerar acelerações superiores a 1 milhão de g. Com o rotor *de balde oscilante* mostrado na Fig. 1(b), a centrífuga pode girar a 60.000 rpm e atingir uma aceleração de 485.000g nas extremidades dos baldes. À medida que o rotor gira, os baldes que pendem a partir do fundo do rotor oscilam para cima e, por fim, assumem a posição horizontal mostrada na Fig. 2.

Figura 2
Seção transversal da metade do rotor da centrífuga mostrada na Fig. 1(b). $r_i = 63,1$ mm, $r_o = 120,5$ mm, $d = 11,0$ mm e $\omega_r = 60.000$ rpm. Lembre-se de que a seta dupla para a velocidade angular indica o seu sentido por meio da regra da mão direita.

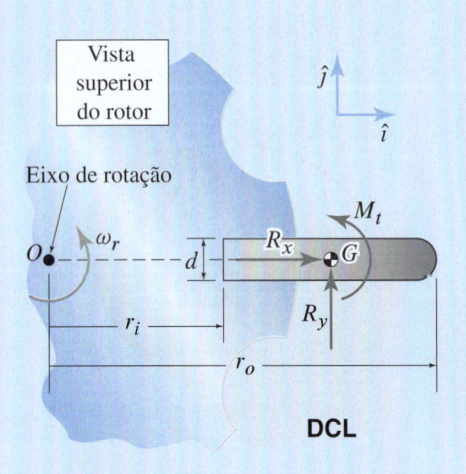

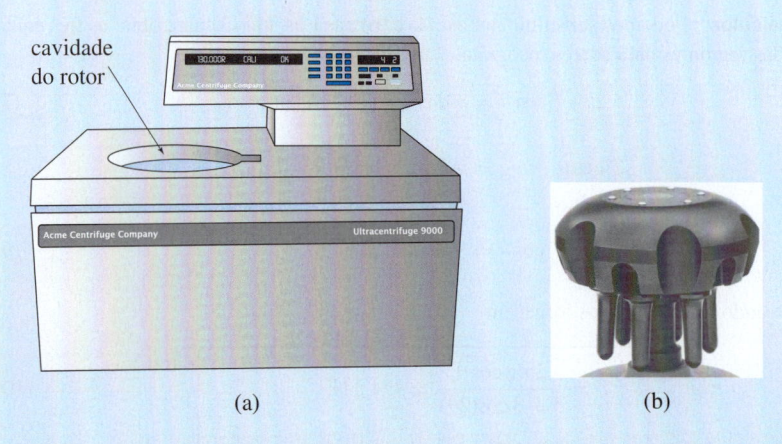

Figura 1 (a) Topo da tampa de uma ultracentrífuga. (b) Rotor de centrífuga de balde oscilante que suporta seis tubos de amostra.

(a) Determine a força radial e o momento paralelo ao eixo de rotação necessários para segurar o tubo de ensaio no local quando o rotor está girando em sua velocidade nominal máxima de 60.000 rpm.

(b) Quais são as implicações dessas cargas sobre os mancais do rotor?

Suponha que o tubo de ensaio e o seu conteúdo (p. ex., sangue) podem ser modelados como um cilindro circular uniforme com a massa de 10 g e ignore a gravidade.

SOLUÇÃO

Roteiro e modelagem As forças mostradas no DCL do tubo de ensaio na Fig. 3 formam o *sistema equivalente de força-momento* para o sistema de forças que realmente estão agindo sobre o tubo. O DCL também deveria mostrar uma força na direção z, R_z, bem como momentos em ambas as direções x e y, M_{Ox} e M_{Oy}, respectivamente. O somatório de forças na direção z deveria simplesmente nos dizer que $R_z = mg$. Visto que o corpo é simétrico em relação ao plano do movimento, segue-se que $M_{Ox} = M_{Oy} = 0$, e assim aquelas equações de momento se tornam parte de um problema de estática. Nesse caso, estamos apenas interessados em R_x e M_t (o subscrito t representa o tubo), por isso escolhemos o DCL mostrado na Fig. 3. Abordaremos o tubo de ensaio como um cilindro circular uniforme, ignorando assim qualquer movimento do fluido dentro do tubo e a forma e distribuição de massa não uniforme do tubo. Visto que já *sabemos* o movimento do tubo de ensaio, podemos encontrar todas as velocidades e acelerações necessárias para a utilização da Eq. (7.15), bem como todas as equações de momento que desenvolvemos. Portanto, as forças e os momentos cairão direto nas equações de Newton-Euler uma vez que a cinemática esteja feita.

Equações fundamentais

Princípios de equilíbrio Igualando o DCL e o DC do tubo de ensaio mostrados nas Figs. 3 e 4, respectivamente (o que é equivalente à aplicação das Eqs. (7.15) e (7.43) para o DCL na Fig. 3), as equações de Newton-Euler para o tubo de ensaio são

Figura 3
Vista superior do DCL do tubo de ensaio da Fig. 2. O centro de massa do tubo de ensaio está em G.

Capítulo 7 Equações de Newton-Euler para movimento plano de corpo rígido

$\sum F_x:$ $\qquad R_x = ma_{Gx},$ (1)

$\sum F_y:$ $\qquad R_y = ma_{Gy},$ (2)

$\sum M_O:$ $\quad M_t + R_y\left(\dfrac{r_o + r_i}{2}\right) = I_G\alpha_r + m[x_{G/O}a_{Gy} - y_{G/O}a_{Gx}],$ (3)

onde I_G é o momento de inércia de massa do tubo de ensaio, e a_{Gx} e a_{Gy} são as componentes x e y da aceleração do centro de massa G, respectivamente. Modelando o tubo de ensaio como um cilindro circular uniforme, podemos calcular o seu momento de inércia de massa conforme

$$I_G = \tfrac{1}{12}m(3r^2 + h^2) = \tfrac{1}{12}(0{,}01\,\text{kg})\left[3(0{,}0055\,\text{m})^2 + (0{,}0574\,\text{m})^2\right]$$
$$= 2{,}821 \times 10^{-6}\,\text{kg}\cdot\text{m}^2 \qquad (4)$$

onde foi usado $m = 0{,}01$ kg, $r = d/2 = 0{,}0055$m e $h = r_o - r_i = 0{,}0574$m.

Leis da força Todas as forças são consideradas no DCL.

Equações cinemáticas Quanto às acelerações do lado direito das Eqs. (1)-(3), visto que sabemos o movimento do rotor, elas são facilmente encontradas relacionando $\vec{a}_G$ com $\vec{a}_O$, onde o ponto O é uma extensão arbitrária do corpo rígido do tubo de ensaio. Assim, obtemos

$$\vec{a}_G = \vec{a}_O + \vec{\alpha}_r \times \vec{r}_{G/O} - \omega_r^2 \vec{r}_{G/O}, \qquad (5)$$

na qual notamos que $\vec{a}_O = \vec{0}$, uma vez que ela está no eixo de rotação, e $\vec{\alpha}_r = \vec{0}$, já que o rotor atingiu a sua velocidade final constante. Substituindo em $\omega_r = 60.000$ rpm $= 6283$ rad/s e $\vec{r}_{G/O} = (r_o + r_i)/2\,\hat{\imath} = 0{,}0918$ m $\hat{\imath}$, temos

$$\vec{a}_G = -(6283\,\text{rad/s})^2(0{,}0918\,\text{m}\,\hat{\imath}) = (-3{,}624 \times 10^6\,\text{m/s}^2)\,\hat{\imath}. \qquad (6)$$

Finalmente, note que calculamos $x_{G/O}$ e $y_{G/O}$ quando encontramos $\vec{r}_{G/O}$, ou seja,

$$x_{G/O} = 0{,}0918\text{m} \quad \text{e} \quad y_{G/O} = 0{,}0\text{m}. \qquad (7)$$

Cálculo Substituindo as Eqs. (4), (6), (7) e $\alpha_r = 0$ nas Eqs. (1)-(3), obtemos

$$R_x = -(0{,}01\,\text{kg})(3{,}624 \times 10^6\,\text{m/s}^2) = -36.200\,\text{N}, \qquad (8)$$

$$R_y = 0\,\text{N}, \qquad (9)$$

$$M_t + R_y\left(\dfrac{0{,}1205\,\text{m} + 0{,}0631\,\text{m}}{2}\right) = 0 \implies M_t = 0\,\text{N}\cdot\text{m}. \qquad (10)$$

onde substituímos $R_y = 0$ da Eq. (9) para obter o resultado final na Eq. (10).

Discussão e verificação A força necessária para manter o tubo de ensaio no lugar é 36.200 N, mesmo que o tubo de ensaio só tenha uma massa de 10 g (a massa média de um clipe de papel é cerca de 1 g). Note que uma força igual e oposta está atuando no mancal do rotor e essa força está girando em torno do mancal 60.000 vezes por minuto, ou 1.000 vezes por segundo! Portanto, o rotor não está apenas sujeito à falha devido a um desbalanceamento enorme da carga, mas também está sujeito à falha devido ao carregamento de fadiga (veja a nota na margem). Isso significa que o balanceamento entre o rotor é essencial para operar a centrífuga com segurança.

🔍 **Um olhar mais atento** Em vez de usar a Eq. (3), poderíamos ter aplicado qualquer uma das Eqs. (7.44), (7.59) ou (7.60) para obter a equação de momento para o tubo de ensaio. Esse será quase sempre o caso; isto é, geralmente teremos mais de uma opção sobre qual equação de momento aplicaremos. Exploraremos mais esse fato nos exemplos e exercícios a seguir.

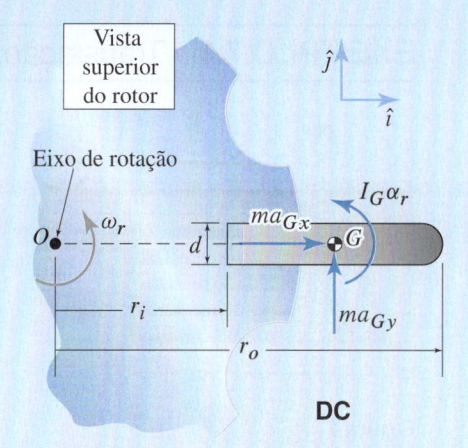

Figura 4
Vista superior do DC do tubo de ensaio da Fig. 2. Igualando este DC com o DCL da Fig. 3, obtemos as equações de Newton-Euler do tubo de ensaio.

Fato interessante

Ciclos de carga e de fadiga. O fato de que, nas condições dadas, o mancal do rotor sofre uma carga cíclica de 1000 vezes por segundo, implica que ele rapidamente experimentará um grande número de ciclos de carga. Mesmo uma tensão baixa pode causar a quebra de um objeto após milhões de ciclos de carga. Quanto maior a tensão, menor o número de ciclos necessários. Esse mecanismo de falha é chamado de *fadiga*. Dado que o número de ciclos de carga no mancal do rotor de uma centrífuga cresce rapidamente, mesmo um pequeno desbalanceamento pode causar a falha por fadiga. Para aprender mais sobre a fadiga, consulte W. D. Callister, Jr., *Materials Science and Engineering: An Introduction*, 7ª ed., John Wiley & Sons, 2006.

EXEMPLO 7.3 Translação: deslizamento *versus* tombamento com atrito

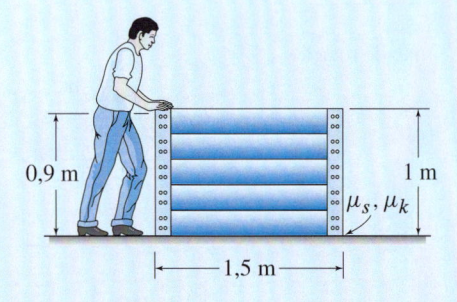

Um caixote liso e uniforme é empurrado por uma força horizontal constante de 420 N ao longo de uma superfície áspera (Fig. 1). A força é aplicada 0,9 m acima do piso, e o caixote tem 1,5 m de comprimento, 1 m de altura e massa de 55 kg. Os coeficientes de atrito estático e cinético entre o caixote e a superfície são $\mu_s = 0,4$ e $\mu_k = 0,35$, respectivamente. Verifique se o caixote desliza e não tomba e determine a sua aceleração.

SOLUÇÃO

Roteiro e modelagem O DCL do caixote é mostrado na Fig. 2, onde P é a força para empurrar aplicada a uma altura d acima do piso, F é a força de atrito, e N é a força normal equivalente sobre o caixote devido ao piso. Além disso, w, h e mg são largura, altura e peso do caixote, respectivamente. Sabemos a intensidade e onde a pessoa está empurrando o caixote, e as outras forças agindo sobre o caixote serão determinadas pelas equações fundamentais. Fomos incumbidos de verificar se o caixote não tomba, então primeiro resolveremos o problema, assumindo apenas isso. Durante a verificação, discutiremos o que acontece se o caixote tombar. Na Fig. 2 a força normal N foi colocada em uma posição arbitrária na base do caixote. Determinaremos a sua localização exata quando determinarmos ℓ.[6]

Figura 1
Uma pessoa empurrando um caixote em uma superfície plana.

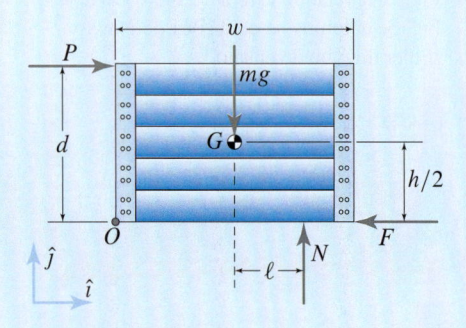

Figura 2
DCL do caixote mostrado na Fig. 1. O centro de massa está em G.

Equações fundamentais

Princípios de equilíbrio Aplicando as Eqs. (7.15) e (7.44), as equações de Newton-Euler para o DCL da Fig. 2 são

$$\sum F_x: \quad P - F = ma_{Gx}, \quad (1)$$

$$\sum F_y: \quad N - mg = ma_{Gy}, \quad (2)$$

$$\sum M_G: \quad N\ell - P(d - h/2) - Fh/2 = I_G \alpha_c, \quad (3)$$

onde a_{Gx} e a_{Gy} são as componentes x e y da aceleração do centro de massa G, respectivamente, α_c é a aceleração angular do caixote, e I_G é o momento de inércia de massa do caixote, que é dado por

$$I_G = \tfrac{1}{12}m(w^2 + h^2). \quad (4)$$

Leis da força A força de atrito pode ser relacionada com N usando a lei de Coulomb para o deslizamento com atrito, a qual é

$$F = \mu_k N. \quad (5)$$

Equações cinemáticas Com o termo ω_c denotando a velocidade angular do caixote, podemos relacionar a aceleração de G com O usando $\vec{a}_G = \vec{a}_O + \vec{\alpha}_c \times \vec{r}_{G/O} - \omega_c^2 \vec{r}_{G/O}$, e, uma vez que assumimos que o caixote desliza e não tomba, temos $\vec{a}_O$ apenas na direção x. Portanto, podemos escrever

$$\omega_c = 0, \quad \alpha_c = 0 \quad \text{e} \quad a_{Gy} = 0. \quad (6)$$

Cálculos Substituindo as Eqs. (4)-(6) nas Eqs. (1)-(3), obtemos as três equações seguintes para as incógnitas N, a_{Gx} e ℓ:

$$P - \mu_k N = ma_{Gx}, \quad (7)$$

$$N - mg = 0, \quad (8)$$

$$N\ell - P(d - h/2) - h\mu_k N/2 = 0. \quad (9)$$

Informações úteis

Como sabemos que a caixa desliza?
Podemos responder a essa questão resolvendo o problema estático associado com o DCL da Fig. 2. Escrevendo as equações de equilíbrio, vemos que as Eqs. (1)-(3) ainda são válidas, exceto por todas as acelerações agora serem zero. Resolvendo essas versões modificadas das Eqs. (1)-(3), obtemos

$$N = mg = 539,6\,\text{N},$$

$$F = P = 420\,\text{N},$$

$$\ell = \frac{dP}{mg} = 0,7\,\text{m}.$$

Para o caixote deslizar, $F \geq \mu_s N$, ou

$$F = 420\,\text{N} \stackrel{?}{\geq} (0,4)(539,6\,\text{N})$$
$$= 215,8\,\text{N} = \mu_s N.$$

Podemos ver que F é, de fato, maior do que $\mu_s N$, e assim o caixote desliza.

---

[6] Para rever essa ideia, veja as seções 5.2 e 9.1 de M.E. Plesha, G.L. Gray, e F. Costanzo, *Enginnering Mechanics: Estatics,* McGraw-Hill Publishing, Chicago, 2010.

Resolvendo as Eqs. (7)–(9), obtemos

$$N = mg = 539{,}6\,\text{N}, \tag{10}$$

$$a_{Gx} = P/m - \mu_k g = 4{,}2\,\text{m/s}^2, \tag{11}$$

$$\ell = \tfrac{1}{2}h\mu_k + \frac{P}{mg}(d - h/2) = 0{,}49\,\text{m}, \tag{12}$$

onde usamos os dados fornecidos para obter os resultados numéricos.

Temos a aceleração do caixote, mas precisamos verificar se ele não tomba. O fundamental é que a força normal deve estar localizada *dentro* do caixote; ou seja, não pode estar localizada fora das bordas à direita ou à esquerda do caixote. A ideia por trás desse critério é que supomos que o caixote *não* tomba, e assim a solução deve ser compatível com essa suposição. Uma força normal fora dos limites do caixote significa que uma base mais larga (todos os outros parâmetros sendo os mesmos) seria necessária para impedir o tombamento. Dito isso, uma vez que $\ell \leq w/2$ (ou seja, 0,49 m $\leq$ 0,75 m), o caixote não tomba.

Discussão e verificação

- As dimensões das soluções nas Eqs. (10)-(12) são como deveriam ser.
- É razoável que um caixote com as dimensões indicadas não tombe sob as circunstâncias dadas.
- Embora seja difícil saber se 0,43g é razoável para a_{Gx}, é certamente verdadeiro que a sua direção está conforme o esperado.

Um olhar mais atento

- A curva na Fig. 3 mostra como ℓ (ou seja, a distância de N à direita da linha central do caixote) varia quando P (carga aplicada) é aumentada de 0 a 1000 N. Como a solução estática nos diz, antes de P atingir $\mu_s N$, o caixote não se move e mesmo assim obtemos a curva *vermelha-escura do pré-deslizamento*. Quando o caixote começa a deslizar, há uma pequena queda repentina em ℓ, uma vez que existe uma pequena queda súbita na força de atrito conforme ela se altera de $\mu_s N$ para $\mu_k N$, e temos a curva *verde-escura* de pós-deslizamento. As linhas *vermelhas* indicam os valores de ℓ e P em que a força normal alcança a borda do caixote; nesse ponto, o caixote poderia também começar a tombar.
- Assumimos que o caixote deslizou, mas não tombou, então, podemos verificar essa suposição. É importante perceber que podemos assumir qualquer movimento desejado e que a exatidão da hipótese sempre pode ser verificada por meio de nossa solução. Por exemplo, nas condições dadas, se assumimos que o caixote tomba e desliza, descobriríamos que um movimento impossível seria obtido e, assim, estaríamos em condições de descartar essa possibilidade. Exploraremos essa possibilidade e outras nos exercícios.

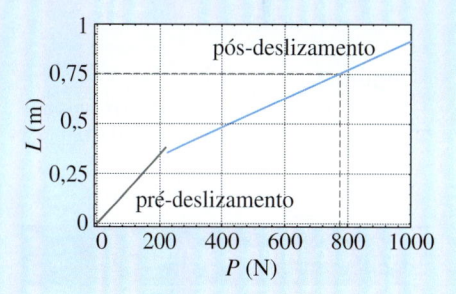

Figura 3
A posição excêntrica de l da força normal em função da carga aplicada P.

EXEMPLO 7.4 Movimento plano geral: rolamento sem deslizamento

Figura 1
Mazda Miata © 2006 Mazda Motor of America, Inc. Usado com permissão.

Ao acelerar de 0 a 96 km/h, o automóvel de tração traseira mostrado na Fig. 1 tem as cargas mostradas na Fig. 2 aplicadas a *cada* uma das duas rodas traseiras a partir do eixo traseiro do carro de 1.250 kg. Dado que cada roda tem massa de 20 kg, um momento de inércia de massa I_G de 1,3 kg·m² e um diâmetro de 0,6 m, determine

(a) As forças normal e de atrito entre a roda e o solo.
(b) O coeficiente mínimo de atrito estático necessário para a roda rolar sem deslizar.
(c) O tempo que leva para o carro atingir 96 km/h.

Suponha que o carro acelera uniformemente enquanto se move sobre uma superfície plana e nivelada.

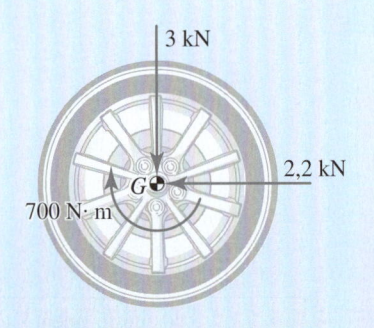

Figura 2
As cargas aplicadas pelo eixo em uma das rodas traseiras do automóvel mostrado na Fig. 1.

SOLUÇÃO

Roteiro e modelagem O DCL da roda é mostrado na Fig. 3, onde, a partir da Fig. 2, a força vertical é V, a força horizontal é H e o momento é M_a. Visto que sabemos todas as cargas que fazem a roda se mover e as propriedades de inércia da roda, devemos ser capazes de determinar como a roda se move com a solução das equações de Newton-Euler que escreveremos. Usaremos as forças normal e de atrito que encontramos para determinar o coeficiente de atrito mínimo necessário para rolar sem deslizar.

Equações fundamentais

Princípios de equilíbrio Baseado no DCL da Fig. 3, as equações de Newton-Euler são

$$\sum F_x: \qquad F - H = ma_{Gx}, \qquad (1)$$

$$\sum F_y: \qquad N - V - mg = ma_{Gy}, \qquad (2)$$

$$\sum M_G: \qquad Fr - M_a = I_G \alpha_w, \qquad (3)$$

onde a_{Gx} e a_{Gy} são as componentes x e y da aceleração do centro de massa G, a força de atrito atuando na parte inferior da roda é F, a força normal entre o solo e a roda é N, o raio da roda é $r = (0,6/2)$ mm $= 0,3$m e α_w é a aceleração angular da roda. Além disso, as propriedades de inércia da roda são a sua massa m e o seu momento de inércia de massa I_G, que nesse caso são

$$m = 20 \text{ kg} \quad \text{e} \quad I_G = 1,3 \text{ kg} \cdot \text{m}^2. \qquad (4)$$

Leis da força A desigualdade que deve ser satisfeita para a roda rolar sem deslizar é

$$|F| \leq \mu_s |N|, \qquad (5)$$

onde μ_s é o coeficiente de atrito estático entre a roda e o solo.

Equações cinemáticas Visto que o carro está em uma superfície plana, o centro da roda não pode experimentar qualquer movimento vertical, e, uma vez que estamos supondo que a roda está rolando sem deslizar, temos as duas seguintes restrições cinemáticas

$$a_{Gy} = 0 \quad \text{e} \quad a_{Gx} = -r\alpha_w, \qquad (6)$$

onde o sinal de menos vem do fato de que α_w foi considerado positivo no sentido positivo de z.

Cálculos Substituindo as Eqs. (6) nas Eqs. (1) - (3), obtemos as três equações seguintes:

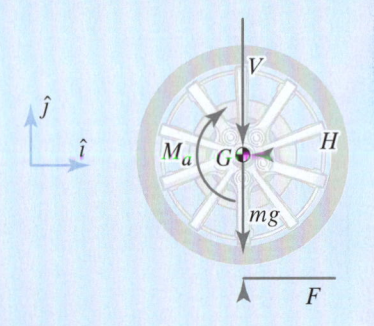

Figura 3
DCL de uma das rodas traseiras do carro mostrado na Fig. 1.

Fato interessante

De onde vêm as forças mostradas na Fig. 2? No Prob. 7.50, podem-se encontrar as forças nas rodas traseiras devido ao eixo primeiramente realizando uma análise de todo o carro para obter as forças normais e de atrito sobre as rodas traseiras, e então isolando uma das rodas traseiras e analisando-a.

$$F - H = -mr\alpha_w, \qquad (7)$$
$$N - V - mg = 0, \qquad (8)$$
$$Fr - M_a = I_G\alpha_w, \qquad (9)$$

para as três incógnitas N, F e α_w. Resolvendo, obtemos

$$\boxed{N = V + mg = 3196\,\text{N},} \qquad (10)$$

$$\boxed{F = \frac{I_G H + mr M_a}{I_G + mr^2} = 2277\,\text{N},} \qquad (11)$$

$$\boxed{\alpha_w = \frac{rH - M_a}{I_G + mr^2} = -12{,}9\,\text{rad/s}^2,} \qquad (12)$$

onde usamos os parâmetros dados para obter as respostas numéricas definitivas. Agora que sabemos F e N, podemos encontrar o valor mínimo de μ_s compatível com a hipótese de não deslizamento simplesmente usando a igualdade na Eq. (5), isto é,

$$\mu_s \geq \left|\frac{F}{N}\right| \quad \Rightarrow \quad \boxed{(\mu_s)_{\min} = 0{,}712.} \qquad (13)$$

Finalmente, para determinar o tempo que leva para o carro atingir 96 km/h, primeiramente encontramos a_{Gx} a partir da segunda das Eqs. (6) como

$$a_{Gx} = -(0{,}3\,\text{m})(-12{,}9\,\text{rad/s}^2) = 3{,}87\,\text{m/s}^2, \qquad (14)$$

e então aplicamos a Eq. (2.41) da p. 59 uma vez que estamos supondo que a aceleração é uniforme, isto é,

$$v = v_0 + a_{Gx}t \quad \Rightarrow \quad 26{,}67\,\text{m/s} = (3{,}87\,\text{m/s}^2)t \quad \Rightarrow \quad \boxed{t = 6{,}89\,\text{s.}} \qquad (15)$$

Discussão e verificação

- As dimensões de cada um dos resultados das Eqs. (10)-(12) estão corretas.
- O valor de atrito estático encontrado na Eq. (13) é razoável para um pneu no asfalto.
- O tempo de "0-60" que encontramos na Eq. (15) é consistente com os tempos encontrados na literatura para um automóvel como o analisado aqui.

🔎 **Um olhar mais atento** Nos foram dadas todas as forças não restritas atuantes na roda, o que nos permite determinar o movimento da roda e se ela desliza. Nesse caso, já que uma das coisas que procurávamos era o valor mínimo de μ_s para rolamento sem deslizamento, poderíamos assumir que não há deslizamento e em seguida encontrar o μ_s compatível com essa suposição. Se não tivéssemos sido informados de que a roda desliza, então poderíamos assumir o não deslizamento e verificar essa suposição da forma habitual, comparando o atrito necessário com o atrito disponível (o coeficiente de atrito estático teria de ser fornecido). Se descobríssemos que a roda desliza, então a Eq. (5) se tornaria $F = \mu_k N$ e a segunda das Eqs. (6) não seria mais válida.

EXEMPLO 7.5 Movimento plano geral: Exemplo 3.6 revisto

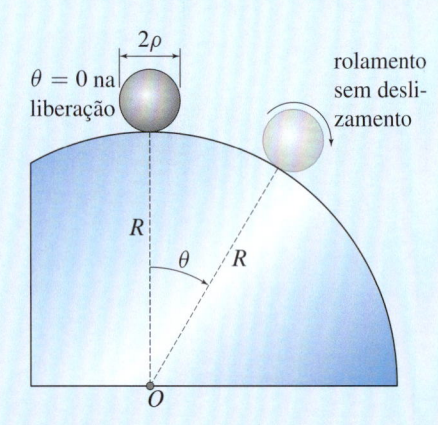

Figura 1

No Exemplo 3.6, liberamos uma pequena esfera do topo de um semicilindro e, modelando-a como uma partícula, determinamos que a esfera se separa do semicilindro em $\theta = 48{,}2°$ (veja a Fig. 1). Aqui desejamos determinar o valor de θ em que a pequena esfera se separa tratando-a como uma esfera uniforme de raio ρ e massa m. Liberamos a esfera no topo do semicilindro, dando um *ligeiro* empurrão para a direita, e supomos que não há atrito suficiente entre o semicilindro e a esfera para que a esfera role sem deslizar.

SOLUÇÃO

Roteiro e modelagem Como no Exemplo 3.6, o foco é encontrar a força normal entre a esfera e o semicilindro em função de θ e então constatar que a esfera se separa no local onde essa força se torna zero.

O DCL da esfera que desliza para baixo do semicilindro é mostrado na Fig. 2. O DCL foi elaborado em um ângulo arbitrário θ, já que precisamos encontrar esse ângulo onde N se torna zero e, para isso, precisamos encontrar N para *qualquer* θ. Visto que o movimento do centro de massa da esfera é ao longo de uma trajetória circular até que ela se separe da superfície, usaremos coordenadas polares para a solução. Note que a força de atrito F foi desenhada na direção indicada, pois a esfera está rolando passivamente para baixo do semicilindro, isto é, ela não é conduzida.

Equações fundamentais

Princípios de equilíbrio Igualando o DCL e o DC da esfera mostrados na Fig. 2 (o que é equivalente à aplicação das Eqs. (7.15) e (7.43) no DCL da Fig. 2), as equações de Newton-Euler para a esfera são

$$\sum F_r: \qquad N - mg\cos\theta = ma_{Gr}, \tag{1}$$

$$\sum F_\theta: \qquad -F + mg\,\text{sen}\,\theta = ma_{G\theta}, \tag{2}$$

$$\sum M_P: \qquad mg\rho\,\text{sen}\,\theta = I_G\alpha_s + \rho m a_{G\theta}, \tag{3}$$

onde m é a massa da esfera, F é a força de atrito entre a esfera e o semicilindro, e o momento de inércia de massa I_G da esfera é

$$I_G = \tfrac{2}{5}m\rho^2. \tag{4}$$

Leis da força Para assegurar que a esfera role sem deslizar, devemos ter

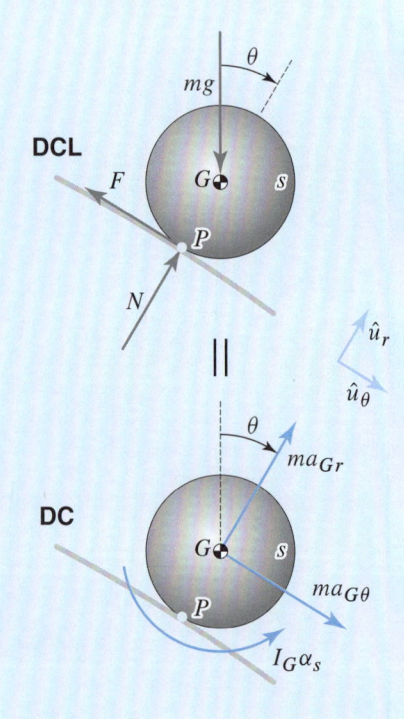

$$|F| \leq \mu_s|N|. \tag{5}$$

Figura 2
DCL da esfera s e o sistema de coordenadas polares desenhado em um ângulo arbitrário θ.

Equações cinemáticas Se quisermos N em função de θ, então as acelerações devem ser expressas em função de θ. Começamos escrevendo $\vec{a}_G$ usando coordenadas polares conforme

$$\vec{a}_G = -\dot\theta^2(R+\rho)\hat{u}_r + \ddot\theta(R+\rho)\hat{u}_\theta, \tag{6}$$

uma vez que G está se movendo em um círculo centrado em O. A Eq. (6) implica que

$$a_{Gr} = -\dot\theta^2(R+\rho), \tag{7}$$

$$a_{G\theta} = \ddot\theta(R+\rho). \tag{8}$$

Agora que temos a_{Gr} e $a_{G\theta}$ em função de θ, precisamos $\alpha_s(\theta)$. Podemos encontrá-la a partir de $\omega_s(\theta)$, a velocidade angular da esfera, e depois derivando em relação ao tempo. Relacionando $\vec{v}_G$ com $\vec{v}_P$, obtemos

$$\vec{v}_G = \vec{v}_P + \vec{\omega}_s \times \vec{r}_{G/P} \quad \Rightarrow \quad \dot\theta(R+\rho)\hat{u}_\theta = \vec{v}_P + \vec{\omega}_s \times \vec{r}_{G/P}, \tag{9}$$

onde v_G foi escrito usando coordenadas polares. Observando que $\vec{v}_P = \vec{0}$ e utilizando componentes, a Eq. (9) torna-se

$$\dot{\theta}(R+\rho)\hat{u}_\theta = \omega_s\,\hat{u}_z \times \rho\,\hat{u}_r \quad \Rightarrow \quad \omega_s = \left(\frac{R+\rho}{\rho}\right)\dot{\theta}, \tag{10}$$

onde usamos $\hat{u}_z \times \hat{u}_r = \hat{u}_\theta$. Derivando a Eq. (10), obtemos

$$\alpha_s = \left(\frac{R+\rho}{\rho}\right)\ddot{\theta}. \tag{11}$$

Cálculos Obtemos as equações do movimento para a esfera por meio da substituição das Eqs. (4), (7), (8) e (11) nas Eqs. (1)-(3), o que fornece

$$N - mg\cos\theta = -m\dot{\theta}^2(R+\rho), \tag{12}$$

$$-F + mg\,\text{sen}\,\theta = m\ddot{\theta}(R+\rho), \tag{13}$$

$$g\,\text{sen}\,\theta = \tfrac{7}{5}(R+\rho)\ddot{\theta}, \tag{14}$$

que são três equações para resolver para N, F e θ (uma equação diferencial deve ser resolvida para obter θ). No entanto, tudo o que realmente queremos é $N(\theta)$. Para obter $N(\theta)$, podemos ver a partir da Eq. (12) que precisaremos obter $\dot{\theta}$ em função de θ – o que podemos fazer usando a regra da cadeia, ou seja, $\ddot{\theta} = \dot{\theta}\,d\dot{\theta}/d\theta$, e depois integrando a Eq. (14) da seguinte maneira:

$$\int_0^{\dot{\theta}} \dot{\theta}\,d\dot{\theta} = \frac{5g}{7(R+\rho)}\int_0^{\theta} \text{sen}\,\theta\,d\theta \quad \Rightarrow \quad \dot{\theta}^2 = \frac{10g}{7(R+\rho)}(1-\cos\theta). \tag{15}$$

Substituindo as Eqs. (15) na Eq. (12), N em função de θ é

$$N = \tfrac{1}{7}mg(17\cos\theta - 10). \tag{16}$$

Portanto, chamando de θ_{sep} o ângulo da separação, a esfera se separa da superfície, isto é, N se torna zero, quando

$$17\cos\theta_{\text{sep}} - 10 = 0 \quad \Rightarrow \quad \theta_{\text{sep}} = \pm 54{,}0° + n360°, \text{n} = 0, \pm 1, \ldots, \pm\infty. \tag{17}$$

Uma vez que estamos apenas interessados em $0° \leq \theta \leq 90°$, a única resposta aceitável é

$$\boxed{\theta_{\text{sep}} = 54{,}0°.} \tag{18}$$

Discussão e verificação Ao compararmos este exemplo com o Exemplo 3.6, vemos que, quando a inércia rotatória desempenha um papel na dinâmica, como acontece neste exemplo, o objeto se separa da superfície quase 6 graus mais abaixo do semicilindro, independentemente de R, ρ, g e m. Dado que esse resultado está "no mesmo patamar" que o ângulo de separação de 48,2° para uma partícula, ele ajuda a construir alguma confiança de que o resultado para a esfera esteja correto.

🔍 **Um olhar mais atento** No Exemplo 3.6, tratamos o objeto deslizando para baixo do semicilindro como uma partícula. Uma esfera de tamanho finito se comportaria como uma partícula se a interface de contato não possuísse atrito. Portanto, devemos ser capazes de recuperar o resultado do Exemplo 3.6 se, neste exemplo, (1) considerássemos o atrito como zero e (2) levássemos em conta o fato de que o centro de massa é $R + \rho$ a partir do centro do semicilindro em O. Veremos isso no Prob. 7.36.

Erro comum

Podemos *realmente* satisfazer a Eq. (5)? Afirmamos no início que há atrito suficiente entre a superfície e a esfera, de tal forma que a esfera não vá deslizar na superfície. Isso é possível? Não é, veremos rapidamente o porquê. Para obter $F(\theta)$, podemos resolver a Eq. (14) para $\ddot{\theta}$, substituir o resultado na Eq. (13), e, em seguida, resolver para F. Agora $N(\theta)$ é encontrado na Eq. (16). Tomando a razão dos dois como dado pela Eq. (5), obtemos

$$\mu_s = \left|\frac{F}{N}\right| = \left|\frac{2\,\text{sen}\,\theta}{17\cos\theta - 10}\right|.$$

Observe que, assim que a esfera rola para baixo no semicilindro e θ se aproxima da posição de separação, o denominador $17\cos\theta - 10$ vai a zero (veja a Eq. (17)) e então μ_s vai para ∞. Isso na verdade nos diz que *não é possível para a esfera rolar sem deslizar até que ela se separe do semicilindro*, uma vez que um atrito infinito seria necessário.

Informações úteis

Por que a esfera vai 6 graus mais longe do que a partícula? A resposta está na velocidade em que os objetos caem do semicilindro. Não usamos o princípio do trabalho-energia para corpos rígidos, mas sabemos que, em sistemas conservativos, uma diminuição da energia potencial leva a um aumento correspondente da energia cinética. Assim que a partícula e a esfera se movem para baixo do semicilindro, para uma dada mudança de altura, cada uma delas sofre o mesmo aumento de energia cinética. Para a partícula, toda a energia cinética vai para a sua velocidade. Para a esfera, uma parte vai para sua velocidade de translação, mas outra parte vai também para a energia associada com a sua rotação. Tanto a esfera quanto a partícula se separam do semicilindro quando elas estão se movendo rápidas o suficiente para que a sua aceleração v^2/ρ supere a componente normal de mg. A esfera demora um pouco mais para chegar até a velocidade, já que parte de sua energia vai para a rotação, de modo que ela se separa do semicilindro em um ângulo maior.

EXEMPLO 7.6 Movimento plano geral: um sistema com múltiplos corpos rígidos

Um homem começa a empurrar o rolo compressor mostrado na Fig. 1, de tal forma que o ângulo θ continua constante a 40° e o centro do rolo compressor em B acelera para a direita de forma constante a 0,45 m/s². Dado que a massa do rolo é 100 kg, a massa da manivela é 4 kg, $\rho = 250$ mm e $L = 1,1$ m, determine a força em A que o homem deve aplicar à manivela para atingir esse movimento e o coeficiente de atrito estático mínimo necessário entre o rolo e o solo se o rolo deve rolar sem deslizar. Trate o rolo como um cilindro circular uniforme e a manivela como uma haste fina.

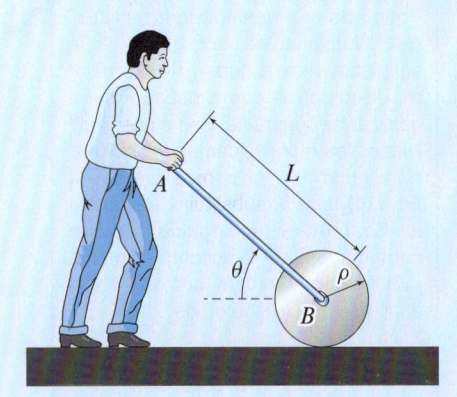

Figura 1

SOLUÇÃO

Roteiro e modelagem O DCL da manivela é mostrado na Fig. 2, e o DCL do rolo é mostrado na Fig. 3. Consideramos m_r a massa do rolo, m_h a massa da manivela, e F e N as forças de atrito e normal, respectivamente, entre o rolo e o solo. Uma vez que estamos tratando a haste e o rolo como uniformes, colocamos os seus centros de massa em seus centros geométricos. Esses DCLs nos mostram que este é um problema no qual devemos analisar *dois* corpos rígidos. Para isso, escreveremos um conjunto de equações de Newton-Euler para cada um, o que resultará em um conjunto de *seis* equações. Como as cinemáticas são totalmente conhecidas, as incógnitas, então, passam a ser as seis forças no sistema.

Equações fundamentais

Princípios de equilíbrio As equações de Newton-Euler correspondentes ao DCL da manivela na Fig. 2 são

$$\sum F_x: \qquad A_x + B_x = m_h a_{Gx}, \qquad (1)$$

$$\sum F_y: \qquad A_y + B_y - m_h g = m_h a_{Gy}, \qquad (2)$$

$$\sum M_G: \quad B_x \frac{L}{2} \operatorname{sen}\theta + B_y \frac{L}{2}\cos\theta - A_x \frac{L}{2}\operatorname{sen}\theta - A_y \frac{L}{2}\cos\theta = I_G \alpha_{AB}, \qquad (3)$$

onde $I_G = \frac{1}{12} m_h L^2$. As equações de Newton-Euler correspondentes ao DCL do rolo na Fig. 3 são

$$\sum F_x: \qquad -B_x - F = m_r a_{Bx}, \qquad (4)$$

$$\sum F_y: \quad N - B_y - m_r g = m_r a_{By}, \qquad (5)$$

$$\sum M_B: \qquad -F\rho = I_B \alpha_r, \qquad (6)$$

onde $I_B = \frac{1}{2} m_r \rho^2$ e α_r é a aceleração angular do rolo.

Leis da força A lei da força para esse sistema é a desigualdade de atrito que deve ser satisfeita para o rolo rolar sem deslizamento, isto é,

$$|F| \leq \mu_s |N|. \qquad (7)$$

Todas as outras forças são consideradas no DCL.

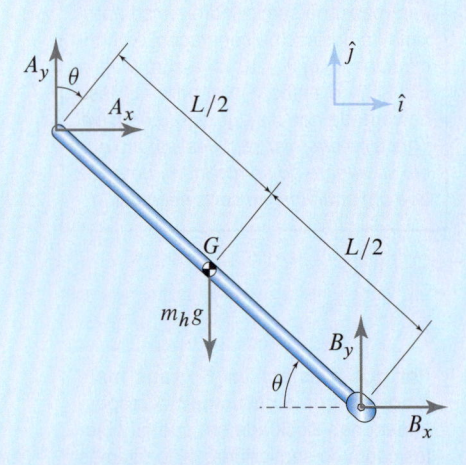

Figura 2
DCL da manivela do rolo compressor mostrado na Fig. 1.

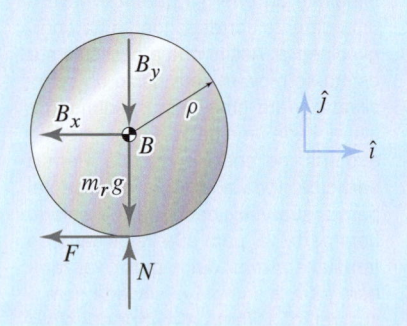

Figura 3
DCL do rolo correspondente ao rolo compressor mostrado na Fig. 1.

Equações cinemáticas Cinematicamente, sabemos que θ é uma constante, assim a haste AB está em translação pura. Isso implica que

$$\omega_{AB} = \alpha_{AB} = 0 \quad \Rightarrow \quad \vec{a}_G = \vec{a}_B. \qquad (8)$$

Além disso, como o rolo está rolando sem deslizar sobre uma superfície plana, podemos dizer que a_{Bx} é conhecida e é igual à aceleração dada de 0,45 m/s² e

$$a_{By} = 0 \quad \text{e} \quad \alpha_r = -\frac{a_{Bx}}{\rho}. \qquad (9)$$

Cálculos Substituindo as Eqs. (7)-(9) nas Eqs. (1)-(6), obtemos as seis equações

$$A_x + B_x = m_h a_{Bx}, \tag{10}$$

$$A_y + B_y - m_h g = 0, \tag{11}$$

$$\frac{L}{2}[(B_x - A_x)\operatorname{sen}\theta + (B_y - A_y)\cos\theta] = 0, \tag{12}$$

$$-B_x - F = m_r a_{Bx}, \tag{13}$$

$$N - B_y - m_r g = 0, \tag{14}$$

$$F\rho = \tfrac{1}{2} m_r \rho a_{Bx}, \tag{15}$$

> **Informações úteis**
>
> **Resolvendo seis equações simultâneas.** Embora essas equações não sejam difíceis de resolver à mão, o processo é certamente entediante. Um sistema de equações como esse é a "desculpa" perfeita para aprender um pacote de software matemático, tal como Mathematica, Maple, MATHCAD ou MATLAB.

as quais podemos resolver para as seis incógnitas A_x, A_y, B_x, B_y, F e N. Ao resolver esse sistema de equações, obtemos

$$A_x = (m_h + \tfrac{3}{2} m_r) a_{Bx} = 69{,}3 \text{ N}, \tag{16}$$

$$A_y = \tfrac{1}{2}[m_h g - (m_h + 3 m_r) a_{Bx} \operatorname{tg}\theta] = -37{,}8 \text{ N}, \tag{17}$$

$$B_x = -\tfrac{3}{2} m_r a_{Bx} = -67{,}5 \text{ N}, \tag{18}$$

$$B_y = \tfrac{1}{2}[m_h g + (m_h + 3 m_r) a_{Bx} \operatorname{tg}\theta] = 77{,}0 \text{ N}, \tag{19}$$

$$F = \tfrac{1}{2} m_r a_{Bx} = 22{,}5 \text{ N}, \tag{20}$$

$$N = \tfrac{1}{2}[(m_h + 2 m_r) g + (m_h + 3 m_r) a_{Bx} \operatorname{tg}\theta] = 1060 \text{ N}, \tag{21}$$

de modo que a força que deve ser aplicada em A é dada por

$$\boxed{\vec{A} = (69{,}3\,\hat{\imath} - 37{,}8\,\hat{\jmath})\,\text{N},} \tag{22}$$

ou $|\vec{A}| = \sqrt{A_x^2 + A_y^2} = 78{,}9$ N no ângulo mostrado na Fig. 4.

Agora que temos as forças normal e de atrito, podemos usar a desigualdade do atrito da Eq. (7) para determinar quanto de atrito é necessário para garantir que o rolo role sem deslizar, isto é,

$$\boxed{\mu_s \geq \left| \frac{F}{N} \right| = 0{,}0213.} \tag{23}$$

Discussão e verificação A dimensão de cada resultado final nas Eqs. (16)-(21) está correta, e a magnitude da força necessária em A é razoável. Observe que a Eq. (23) nos mostra que não é preciso muito atrito para o rolo rolar sem deslizar. Isso por causa do (considerável) peso do cilindro em relação ao pequeno valor da aceleração que está sendo transmitida ao rolo pela pessoa que o empurra.

🔍 **Um olhar mais atento** A força que o homem deve aplicar na manivela do rolo compressor é dada tanto pelas Eqs. (16) e (17) quanto pela Eq. (22). Observe que a força que deve ser aplicada em A não é paralela à manivela. O motivo é que a manivela tem massa – se considerássemos m_h como zero no nosso modelo, encontraríamos que o ângulo na Eq. (22) seria $-40°$ e a força em A seria direcionada ao longo da manivela.

Se agora calcularmos a magnitude da força em B, obtemos

$$|\vec{B}| = \sqrt{B_x^2 + B_y^2} = 102 \text{ N}, \tag{24}$$

onde temos, também, essa força mostrada na manivela em B na Fig. 4. Observe que, mesmo que a haste esteja conectada por pinos em cada extremidade, não se trata de um elemento de duas forças. Isso se deve a duas razões distintas. A primeira é que o peso da haste não foi desprezado, e a segunda é que o centro de massa da haste está acelerando.

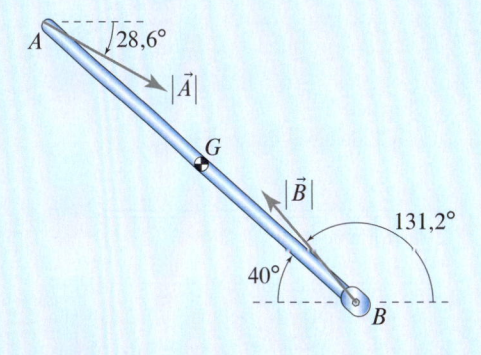

Figura 4
As forças nas extremidades da manivela do rolo compressor.

EXEMPLO 7.7 Movimento plano geral: determinação das equações do movimento

Se alguém coloca uma haste fina na extremidade de uma mola ou de um elástico, suspende o elástico a partir do teto e permite que a haste oscile, o movimento parece muito complicado. Escreva as equações de movimento para um sistema como esse, e em seguida estude o movimento da haste para dois conjuntos diferentes de condições iniciais utilizando simulações em computador. Referindo-se à Fig. 1, use uma haste de 0,4 m de comprimento e uma massa de 0,1 kg. Suponha que a mola é linear elástica com constante 10 N/m e com um comprimento indeformado de 0,2 m. Na primeira simulação, use $\theta = 30°$, $\phi = 60°$, $r = 0{,}2$ m e $\dot\theta(0) = \dot\phi(0) = \dot r(0) = 0$; e na segunda utilize as mesmas condições, exceto por $r(0) = 0{,}4$ m.

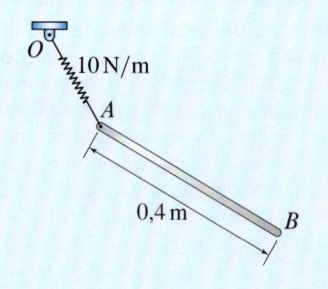

Figura 1

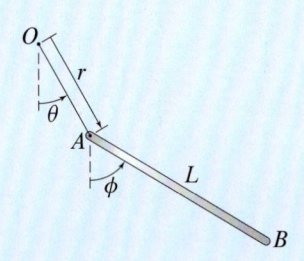

Figura 2
Definição das coordenadas r, θ e ϕ que serão utilizadas para definir a posição da haste.

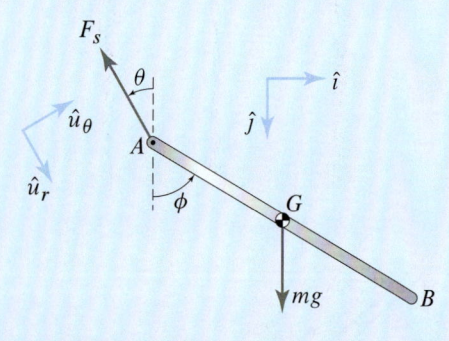

Figura 3
DCL da haste fina na Fig. 1.

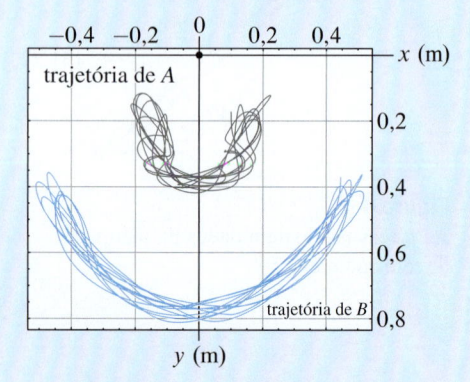

Figura 4
Trajetórias das extremidades A e B para o primeiro conjunto de condições iniciais.

SOLUÇÃO

Roteiro e modelagem As coordenadas r, θ e ϕ que usaremos para definir a posição da haste são mostradas na Fig. 2, onde r é o comprimento da mola, L é o comprimento da haste, e θ e ϕ definem o ângulo da mola e da haste em relação à vertical, respectivamente. Se ignorarmos a massa da mola, a haste suspensa tem três graus de liberdade (poderíamos ter usado também duas coordenadas para localizar o ponto A e depois uma para dar a orientação da haste). Portanto, teremos que determinar três equações de movimento. Vamos obtê-las escrevendo as equações de Newton-Euler para a haste usando o DCL mostrado na Fig. 3, onde F_s é a força na haste devido à mola. Observe que estamos utilizando dois sistemas de coordenadas no DCL – um sistema cartesiano global e um sistema de coordenadas polares alinhado com a mola (portanto, com a força da mola) que usaremos para descrever o movimento do ponto A.

Equações fundamentais

Princípios de equilíbrio As equações de Newton-Euler correspondentes ao DCL na Fig. 3 são dadas por

$$\sum F_x: \qquad -F_s \,\text{sen}\,\theta = m a_{Gx}, \tag{1}$$

$$\sum F_y: \qquad mg - F_s \cos\theta = m a_{Gy}, \tag{2}$$

$$\sum M_G: \qquad \vec{r}_{A/G} \times \vec{F}_s = I_G \alpha_{AB} \hat{k}, \tag{3}$$

onde $I_G = \tfrac{1}{12} m L^2$,

$$\vec{r}_{A/G} = \tfrac{L}{2}(-\text{sen}\,\phi\,\hat{i} - \cos\phi\,\hat{j}) \quad \text{e} \quad \vec{F}_s = F_s(-\text{sen}\,\theta\,\hat{i} - \cos\theta\,\hat{j}), \tag{4}$$

e α_{AB} é a aceleração angular da haste. Substituindo as Eqs. (4) na Eq.(3), a Eq. (3) torna-se

$$\tfrac{1}{2} L F_s \,\text{sen}(\phi - \theta) = I_G \alpha_{AB}, \tag{5}$$

onde usamos a identidade trigonométrica $\text{sen}\,\phi\cos\theta - \text{sen}\,\theta\cos\phi = \text{sen}(\phi - \theta)$.

Leis da força A única força que não foi contabilizada na Fig. 3 é a da mola elástica linear, que é

$$F_s = k(r - r_0), \tag{6}$$

onde r_0 é o comprimento da mola não deformada.

Equações cinemáticas Uma vez que estamos usando r, θ e ϕ como as três coordenadas para definir a posição da haste, precisamos escrever $\vec{a}_G$ e α_{AB} em termos dessas coordenadas e suas derivadas. Podemos fazer isso relacionando $\vec{a}_G$ com $\vec{a}_A$, tal como segue:

$$\vec{a}_G = \vec{a}_A + \vec{\alpha}_{AB} \times \vec{r}_{G/A} - \omega_{AB}^2 \vec{r}_{G/A}, \tag{7}$$

onde ω_{AB} é a velocidade angular da haste, e podemos escrever

$$\vec{\alpha}_{AB} = -\ddot{\phi}\hat{k}, \quad \omega_{AB} = -\dot{\phi}, \quad \text{e} \quad \vec{r}_{G/A} = -\vec{r}_{A/G} = \tfrac{L}{2}(\operatorname{sen}\phi\,\hat{i} + \cos\phi\,\hat{j}). \qquad (8)$$

Usando o sistema de coordenadas polares definido na Fig. 3, podemos escrever $\vec{a}_A$ como

$$\vec{a}_A = (\ddot{r} - r\dot{\theta}^2)\hat{u}_r + (r\ddot{\theta} + 2\dot{r}\dot{\theta})\hat{u}_\theta, \qquad (9)$$

em que

$$\hat{u}_r = \operatorname{sen}\theta\,\hat{i} + \cos\theta\,\hat{j} \quad \text{e} \quad \hat{u}_\theta = \cos\theta\,\hat{i} - \operatorname{sen}\theta\,\hat{j}. \qquad (10)$$

Substituindo as Eqs (8)-(10) na Eq. (7), as componentes de $\vec{a}_G$ se tornam

$$a_{Gx} = (\ddot{r} - r\dot{\theta}^2)\operatorname{sen}\theta + (r\ddot{\theta} + 2\dot{r}\dot{\theta})\cos\theta + \tfrac{L}{2}\ddot{\phi}\cos\phi - \tfrac{L}{2}\dot{\phi}^2\operatorname{sen}\phi, \qquad (11)$$

$$a_{Gy} = (\ddot{r} - r\dot{\theta}^2)\cos\theta - (r\ddot{\theta} + 2\dot{r}\dot{\theta})\operatorname{sen}\theta - \tfrac{L}{2}\ddot{\phi}\operatorname{sen}\phi - \tfrac{L}{2}\dot{\phi}^2\cos\phi. \qquad (12)$$

Cálculos Agora que reunimos todas as peças, as equações de movimento são obtidas pela substituição das Eqs. (6), (8), (11) e (12) nas Eqs. (1), (2) e (5) para obtermos as três equações de movimento:

$$(\ddot{r} - r\dot{\theta}^2)\operatorname{sen}\theta + (r\ddot{\theta} + 2\dot{r}\dot{\theta})\cos\theta + \tfrac{L}{2}\ddot{\phi}\cos\phi - \tfrac{L}{2}\dot{\phi}^2\operatorname{sen}\phi$$
$$+ \frac{k}{m}(r - r_0)\operatorname{sen}\theta = 0, \qquad (13)$$

$$(\ddot{r} - r\dot{\theta}^2)\cos\theta - (r\ddot{\theta} + 2\dot{r}\dot{\theta})\operatorname{sen}\theta - \tfrac{L}{2}\ddot{\phi}\operatorname{sen}\phi - \tfrac{L}{2}\dot{\phi}^2\cos\phi$$
$$+ \frac{k}{m}(r - r_0)\cos\theta = g, \qquad (14)$$

$$\frac{L}{6}\ddot{\phi} + \frac{k}{m}(r - r_0)\operatorname{sen}(\phi - \theta) = 0. \qquad (15)$$

💻 ➡ As simulações do movimento da haste em computador são mostradas nas Figs. 4-7. ⬅ 💻

Discussão e verificação
- Cada termo nas Eqs. (13) e (14) foi dividido por m, de modo que cada um deveria ter as unidades de aceleração, o que realmente acontece.
- Cada termo na Eq. (15) foi dividido por mL, de modo que cada um deveria ter as unidades de aceleração, o que realmente acontece.

🔍 **Um olhar mais atento** As Figs. 4 e 5 mostram as trajetórias das extremidades da haste para os primeiros 10 s após a liberação para o primeiro e o segundo conjunto de condições iniciais, respectivamente. O primeiro conjunto de condições iniciais libera a haste quando a mola não está esticada, e o segundo conjunto tem a haste esticada até duas vezes o seu comprimento não esticado na liberação (todo o resto é igual). No segundo caso, a soma dessa energia inicial adicional ao sistema altera significativamente o movimento subsequente; isto é, ele vai de um padrão razoavelmente regular para um no qual a haste está se movendo de modo muito irregular.

As Figs. 6 e 7 são imagens estroboscópicas do movimento da haste fina para os primeiros 10 s. Em cada caso, a primeira imagem é cinza-claro (identificada como "inicial") e cada imagem sucessiva torna-se um cinza mais escuro (com o último identificado como "final"). O tempo entre as imagens sucessivas é de 0,5 s. Essas figuras mostram o movimento regular associado com o primeiro conjunto de condições iniciais e o movimento irregular associado com o segundo conjunto. Sistemas como esse, cujo movimento é descrito por um conjunto de equações diferenciais não lineares, pode ser *muito* sensível à forma como o sistema é posto em movimento. Esse é um dos temas da *teoria do caos*.[7]

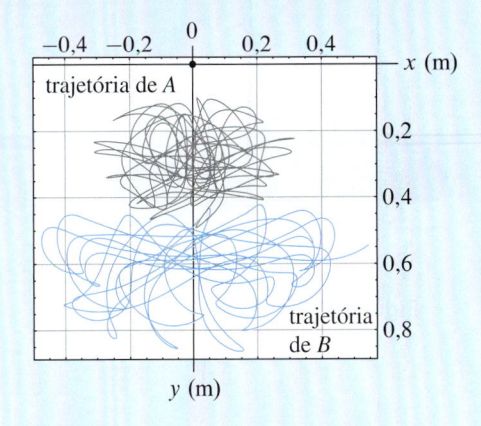

Figura 5
Trajetórias das extremidades A e B para o segundo conjunto de condições iniciais.

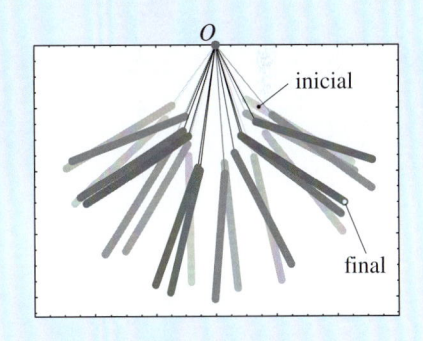

Figura 6
Sequência de imagens estroboscópicas da haste para o primeiro conjunto de condições iniciais.

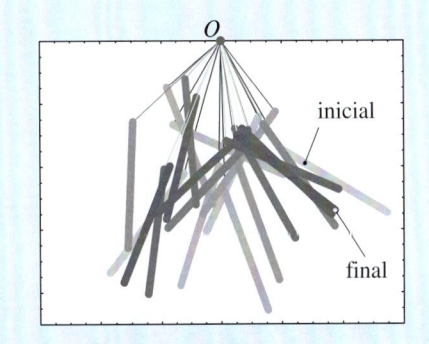

Figura 7
Sequência de imagens estroboscópicas da haste para o segundo conjunto de condições iniciais.

---

[7] Veja, por exemplo, S.H. Strogatz, *Nonlinear Dynamics and Chaos: With Applications to Physics, Biology, Chemistry and Engineering*, Perseus Books, Reading, Mass., 1994.

PROBLEMAS

Problemas de translação

Problema 7.1

A massa do automóvel de 1.250 kg está distribuída uniformemente entre suas rodas dianteiras e traseiras, e acelera de 0 a 100 km/h em 7,0 s. Se a aceleração é uniforme e as rodas traseiras não deslizam, determine as forças em cada uma das rodas dianteiras e traseiras devido ao pavimento. Determine também o coeficiente de atrito estático mínimo compatível com esse movimento. Suponha que a massa esteja distribuída uniformemente entre os lados direito e esquerdo do carro, despreze a inércia de rotação das rodas dianteiras e assuma que as rodas dianteiras rolem livremente.

Figura P7.1

Problema 7.2

A esteira está movimentando as latas a uma velocidade constante $v_0 = 5,5$ m/s quando, para avançar para a próxima etapa de empacotamento, as latas são transferidas para uma superfície estacionária em A. Se cada lata tem 0,432 kg, $w = 69$ mm, $h = 127$ mm e $\mu k = 0,3$ entre as latas e a superfície estacionária, determine o tempo e a distância que leva para que cada lata pare. Além disso, mostre que as latas não tombam. Trate cada lata como um cilindro circular uniforme.

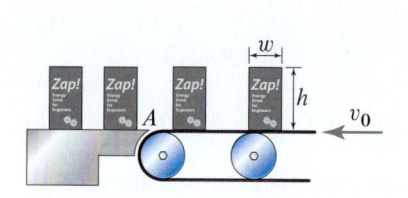

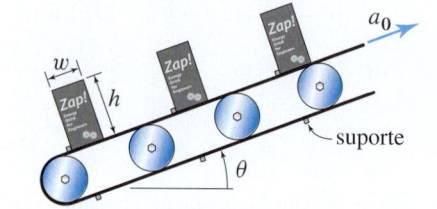

Figura P7.2

Figura P7.3

Problema 7.3

Determine a aceleração máxima a_0 da esteira de modo que as latas não tombem sobre os suportes. Os suportes evitam completamente o escorregamento, mas não são altos o suficiente para influenciar dinamicamente no tombamento. Trate cada lata como um cilindro circular uniforme de massa m.

Problema 7.4

Uma pessoa está empurrando um cortador de grama de massa $m = 38$ kg e com $h = 0,75$ m, $d = 0,25$ m, $\ell_A = 0,28$ m e $\ell_B = 0,36$ m. Supondo que a força exercida sobre o cortador de grama pela pessoa seja completamente horizontal e o centro de massa do cortador de grama está em G e desprezando a inércia rotacional das rodas, determine o valor mínimo dessa força que faz as rodas traseiras (nomeadas A) sair do solo. Além disso, determine a aceleração correspondente do cortador.

Problema 7.5

Suponha que o cortador mostrado é de autopropulsão; ou seja, as rodas traseiras movem o cortador para frente devido ao atrito entre elas e o solo. Se uma pessoa aplicasse uma força puramente horizontal, essa força ajudaria ou atrapalharia a contribuição das rodas traseiras para o movimento do cortador para frente? Ou seja, as rodas traseiras deslizariam com menor ou maior facilidade?

Nota: Problemas conceituais são sobre *explicações*, não sobre cálculos.

Figura P7.4 e P7.5

Problemas 7.6 e 7.7

A barra fina e uniforme AB tem massa $m_{AB} = 68$ kg, enquanto a massa do caixote é $m_C = 227$ kg. A barra AB está rigidamente fixada à gaiola contendo o caixote. Despreze a massa da gaiola e assuma que a massa do caixote está uniformemente distribuída. Além disso, considere $L = 2,6$ m, $d = 0,76$ m, $h = 1,2$ m e $w = 1,8$ m.

Problema 7.6 Se o carrinho está acelerando com $a_0 = 3,35$ m/s², determine θ de modo que o sistema barra-caixote translade com o carrinho.

Problema 7.7 Se o sistema barra-caixote está transladando com o carrinho de modo que $\theta = 26°$, determine a aceleração a_0 do carrinho.

Problema 7.8

Uma correia transportadora deve acelerar as latas do repouso até $v = 5,5$ m/s o mais rápido possível. Tratando cada lata como um cilindro circular uniforme com massa 0,5 kg, encontre o menor tempo possível para atingir v de modo que as latas não tombem ou deslizem sobre o transportador. Suponha que a aceleração é uniforme e use $w = 69$ mm, $h = 127$ mm e $\mu_s = 0,5$.

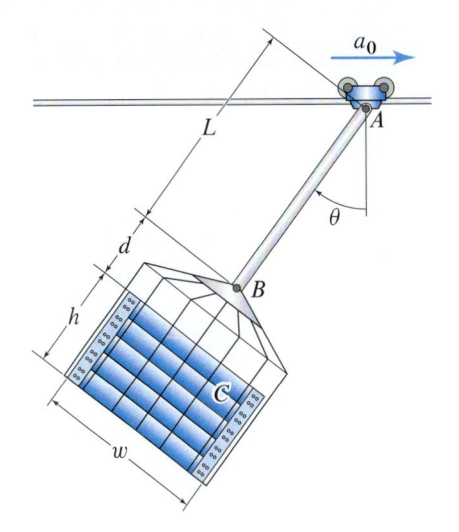

Figura P7.6 e P7.7

Problema 7.9

A barra fina e uniforme AB, com massa $m_{AB} = 75$ kg e comprimento $L = 4,5$ m, está conectada por pinos em A em um carrinho acelerando com $a_0 = 3$ m/s² ao longo de um trilho horizontal. Um caixote com massa uniformemente distribuída $m_C = 250$ kg, altura $h = 1,5$ m e largura $w = 2$ m está contido em uma gaiola com massa desprezível que está ligada por pinos na barra AB em B. A distância entre B e o topo do caixote é $d = 0,75$ m. Determine os ângulos ϕ e θ para que a barra e o caixote transladem com o carrinho.

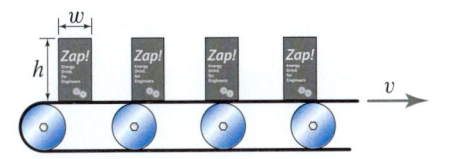

Figura P7.8

Problema 7.10

O carro com tração dianteira de 1.500 kg, cujo centro de massa está em A, está puxando um trailer de 1.950 kg, cujo centro de massa está em B. O carro e o trailer partem do repouso e aceleram uniformemente até 100 km/h em 18 s. Determine as forças em todos os pneus, bem como a força total atuando sobre o carro devido ao trailer. Além disso, determine o atrito necessário para que as rodas do carro não deslizem. Suponha que o carro e o trailer são lateralmente simétricos e que a inércia rotacional das rodas é desprezível. Note que o centro de massa do trailer está exatamente acima do eixo da roda traseira.

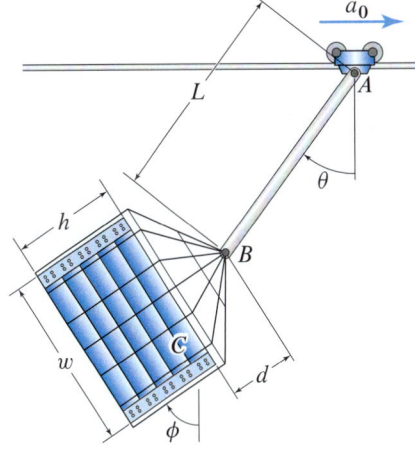

Figura P7.9

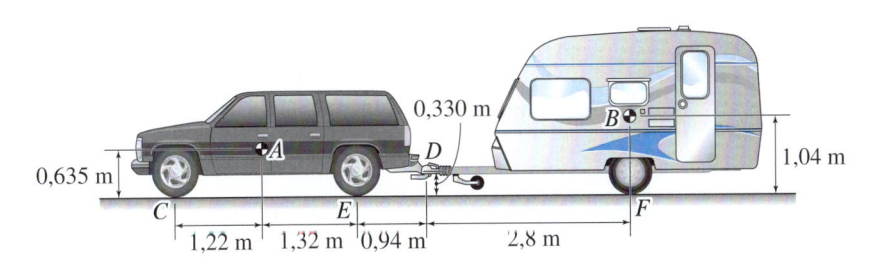

Figura P7.10 e P7.11

Problema 7.11

O carro com tração dianteira de 1.500 kg, que está puxando um trailer de 1.950 kg, está viajando a 100 km/h quando aplica os freios até parar. Assumindo que todas as quatro rodas do carro dão assistência na frenagem e $\mu_s = 0,85$, determine a menor distância possível até que ele pare e encontre as forças em todos os pneus, bem como a força total atuante sobre o carro devido ao trailer. Suponha que o carro e o trailer são lateralmente simétricos. Note que o centro de massa do trailer está exatamente acima do eixo da roda traseira.

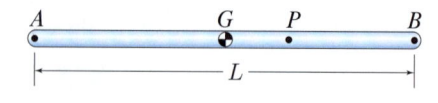

Figura P7.12

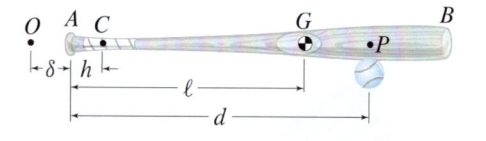

Figura P7.13

Rotação em torno de um eixo fixo

Problema 7.12

Para a barra fina e uniforme de massa m e comprimento L que está presa por pinos em ambas as extremidades, determine o sistema de massa dinamicamente equivalente utilizando os três requisitos para um sistema de massa dinamicamente equivalente dados na p. 554.

(a) Coloque a massa pontual m_1 em A e determine o tamanho de m_1, bem como o tamanho e localização P da massa pontual m_2.

(b) Coloque a massa pontual m_1 em A e a massa pontual m_2 em B. Determine a dimensão de m_1, a dimensão de m_2, e o momento de inércia de massa adicional $(I_G)_{\text{extra}}$ necessário. *Dica:* você precisará anexar um objeto sem massa e um momento de inércia de massa negativo $(I_G)_{\text{extra}}$ ao sistema dinamicamente equivalente.

Problema 7.13

Seguindo o miniexemplo do centro de percussão da p. 552, assuma agora que o ponto de pivô O está mais próximo do centro de massa do batedor de modo que esteja a uma distância $\delta = 0{,}075$ mm a partir da saliência do bastão em A. Determine a localização do centro de percussão P em relação à saliência em A e mostre que a posição de P é independente da localização do ponto C, onde o batedor segura o bastão. Lembre-se de que P é o ponto em que a bola deve ser batida de forma que, não importando o tamanho da força aplicada em P no bastão pela bola, a força lateral (ou seja, perpendicular ao bastão) sentida pelo batedor no ponto C seja zero. Suponha que o bastão tenha massa m, seu centro de massa está em G, e I_G é o seu momento de inércia de massa. Calcule sua resposta para um bastão típico usado na Major League Baseball, cuja massa é 1 kg e cujo comprimento é 0,85 m, $\ell = 0{,}575$ m e $I_G = 0{,}056$ kg·m². Ignore a força-peso sobre o bastão.

Problema 7.14

Para o rotor da centrífuga e o tubo de ensaio apresentados no Exemplo 7.2 na p. 560, assuma que todos os tubos de ensaio estão travados em sua posição horizontal e que o rotor acelera uniformemente a partir do repouso até 60.000 rpm em 9,5 min. Determine, em função do tempo, as forças e os momentos em um dos tubos de ensaio durante a fase de aumento de rotação do movimento. Suponha que cada tubo de ensaio e seu conteúdo possam ser modelados como um cilindro uniforme circular com uma massa de 10 g, e ignore a gravidade.

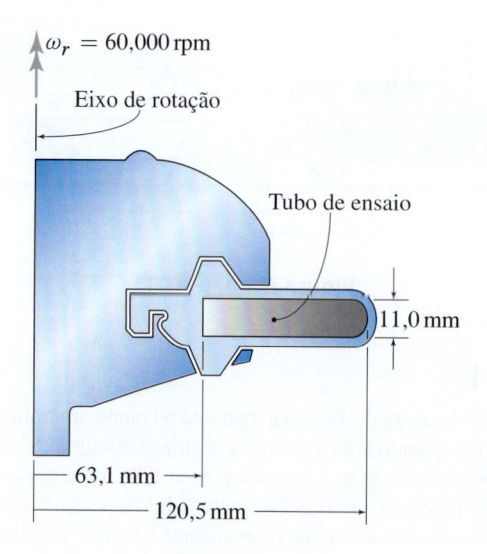

Figura P7.14

Problema 7.15

O portão de entrada de automóveis é articulado em sua extremidade direita e deve ser empurrado para ser aberto com uma força P. Ao abrir o portão, onde deveria ser aplicada a força P (isto é, onde deve ser localizado A) para que a força que age sobre a dobradiça devido ao portão sempre atue ao longo de uma linha paralela ao portão durante todo o tempo de abertura do portão? Despreze a força-peso atuando sobre o portão e modele o portão como uma barra fina e uniforme, conforme mostrado abaixo da foto.

Nota: Problema conceituais são sobre *explicações*, não sobre cálculos.

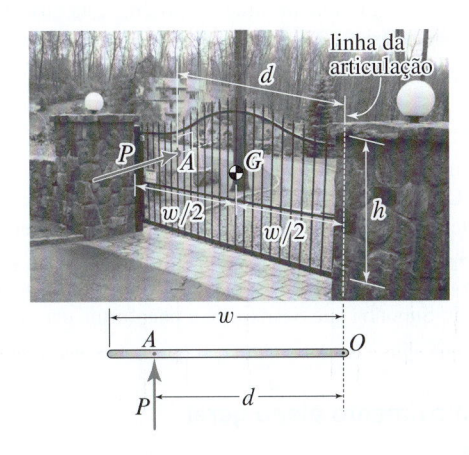

Figura P7.15-P7.17

Problemas 7.16 e 7.17

O portão de entrada de automóveis é articulado em sua extremidade direita e pode balançar livremente no plano horizontal. O portão é empurrado para ser aberto pela força P que age sempre perpendicularmente ao plano do portão no ponto A, que está a uma distância horizontal d da dobradiça do portão. A massa do portão é $m = 100$ kg, e seu centro de massa está em G, que está a uma distância $w/2$ de cada extremidade do portão, onde $w = 4{,}8$ m. Suponha que o portão está inicialmente em repouso e modele o portão como uma barra fina e uniforme, conforme mostrado abaixo da foto.

Problema 7.16 Dado que uma força $P = 88$ N é aplicada no centro de massa do portão (isto é, $d = w/2$), determine as reações na dobradiça O depois que a força P tenha sido continuamente aplicada por 2 s.

Problema 7.17 Dado que uma força $P = 88$ N é aplicada no centro de percussão do portão, determine as reações na dobradiça O depois que a força P tenha sido continuamente aplicada por 2 s.

Problema 7.18

A barra fina e uniforme de comprimento L e massa m é liberada a partir do repouso na posição horizontal mostrada. Determine a distância d em que o pino deve estar localizado a partir da extremidade da barra para que ele tenha a máxima aceleração angular possível α_{max}. Além disso, determine o valor de α_{max}.

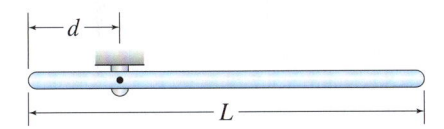

Figura P7.18

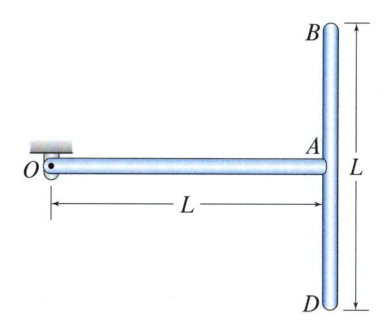

Figura P7.19 e P7.20

Problemas 7.19 e 7.20

A barra T é constituída por duas hastes finas, OA e BD, cada uma de comprimento $L = 1{,}5$ m e massa $m = 12$ kg, que estão ligadas ao pino sem atrito em O. As hastes são soldadas em A e estão no plano vertical.

Problema 7.19 Se as hastes são liberadas a partir do repouso na posição mostrada, determine a força sobre o pino em O, assim como a aceleração angular das hastes imediatamente após a liberação.

Problema 7.20 Se, no instante mostrado, o sistema está girando no sentido horário a uma velocidade angular $\omega_0 = 7$ rad/s, determine a força sobre o pino em O, assim como a aceleração angular das hastes.

Problema 7.21

A plataforma uniforme e fina AB de comprimento L e massa m_p é fixada por pinos tanto em A quanto em D. Um caixote uniforme de altura h, largura w e massa m é colocado na extremidade da plataforma a uma distância l do pino em A. O sistema está em repouso quando o pino em A se quebra. Determine a aceleração angular da plataforma e do caixote, bem como a força sobre a plataforma devido ao pino em D, imediatamente após o pino em A se quebrar. Suponha que o caixote e a plataforma não se separam imediatamente após a falha do pino.

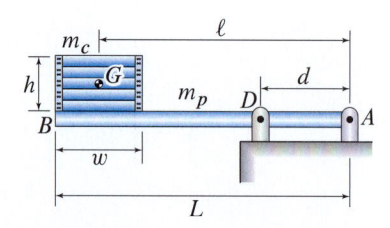

Figura P7.21

Problemas de movimento plano geral

Problema 7.22

A esfera, o cilindro e o aro fino, cada um possui massa m e raio r. Cada um é liberado a partir do repouso em rampas idênticas. Assumindo que todos rolem sem deslizamento, qual terá a maior aceleração angular inicial? Além disso, qual atingirá o a parte inferior da rampa em primeiro lugar?

Nota: Problemas conceituais são sobre *explicações*, não sobre cálculos.

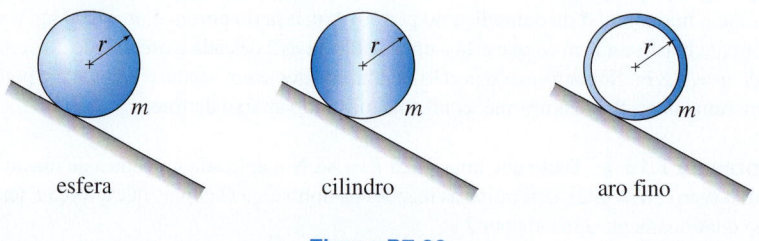

Figura P7.22

Problemas 7.23 e 7.24

Uma bola de boliche de raio r, massa m e raio de rotação k_G é liberada a partir do repouso sobre uma superfície áspera que está inclinada em um ângulo θ em relação à horizontal. Os coeficientes de atrito estático e cinético entre a bola e a inclinação são μ_s e μ_k, respectivamente. Suponha que o centro de massa G está no centro geométrico.

Problema 7.23 Supondo que a bola role sem deslizar, determine a aceleração angular da bola e as forças de atrito e normal entre a bola e a superfície inclinada. Além disso, encontre o valor mínimo de μ_s compatível com esse movimento.

Problema 7.24 Assuma que a massa da bola seja 6,4 kg, o raio 108 mm e o raio de rotação $k_G = 66$ mm. Se a inclinação tem 3 m de comprimento, determine o tempo que a bola leva para atingir a parte inferior da inclinação e a velocidade de G quando ela atinge esse ponto. Use $\theta = 40°$, $\mu_s = 0{,}2$ e $\mu_k = 0{,}15$.

Figura P7.23 e P7.24

Problemas 7.25 e 7.26

Uma bola de boliche é lançada em uma pista com um movimento giratório para trás ω_0 e velocidade para frente v_0. A massa da bola é m, seu raio é r, seu raio de rotação é k_G, e o coeficiente de atrito cinético entre a bola e a pista é μ_k. Suponha que o centro de massa G está no centro geométrico.

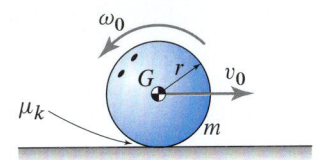

Figura P7.25 e P7.26

Problema 7.25 Encontre a aceleração de G e a aceleração angular da bola quando ela está deslizando.

Problema 7.26 Para uma bola de 6,4 kg com $r = 108$ mm, $k_G = 66$ mm, $\omega_0 = 10$ rad/s e $v_0 = 27$ km/h, determine o tempo que ela leva para começar a rolar sem deslizar e sua velocidade quando isso ocorre. Além disso, determine a distância que ela percorre antes que comece a rolar sem deslizar. Use $\mu_k = 0{,}10$.

Problemas 7.27 e 7.28

Uma bola de boliche é lançada em uma pista com um movimento giratório para frente ω_0 e velocidade para frente v_0. A massa da bola é m, seu raio é r, seu raio de rotação é dado por k_G, e o coeficiente de atrito cinético entre a bola e a pista é μ_k. Suponha que o centro de massa G está no centro geométrico.

Problema 7.27 Supondo que $v_0 > r\omega_0$, determine a aceleração do centro da bola e a aceleração angular da bola até que ela comece a rolar sem deslizar.

Problema 7.28 Supondo que $v_0 < r\omega_0$, determine a aceleração do centro da bola e a aceleração angular da bola até que ela comece a rolar sem deslizar.

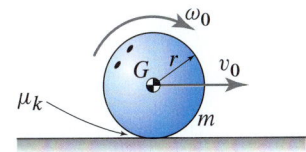

Figura P7.27 e P7.28

Problema 7.29

Resolva o Exemplo 7.3 da p. 562 assumindo que o caixote desliza *e* tomba. Ao fazer isso, mostre que esse movimento não é possível para as condições dadas, uma vez que parte da sua solução não será fisicamente admissível.

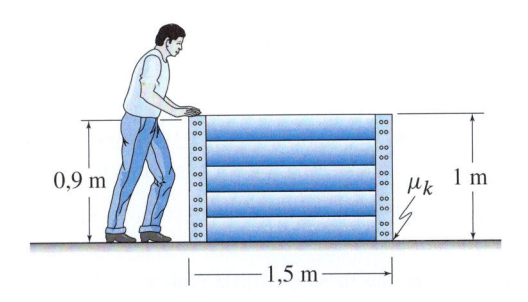

Figura P7.29-P7.32

Figura P7.30 e P7.31

Problemas 7.30 e 7.31

Um letreiro de loja, com uma massa distribuída uniformemente $m = 30$ kg, $h = 1,5$ m, $w = 2$ m e $d = 0,6$ m, está em repouso quando o cabo AB rompe-se repentinamente.

Problema 7.30 Modelando AB e CD como inextensível e com massa desprezível, determine a tensão no cabo CD e a aceleração do centro de massa do letreiro imediatamente após a ruptura de AB.

Problema 7.31 Modelando AB e CD como cabos elásticos com massa desprezível e rigidez $k = 8000$ N/m, determine a tensão no cabo CD e a aceleração do centro de massa do letreiro imediatamente após a ruptura de AB.

Problema 7.32

Resolva o Exemplo 7.3 da p. 562 assumindo que o caixote *apenas* tombe. Ao fazer isso, mostre que esse movimento não é possível para as condições dadas, uma vez que parte da sua solução não será fisicamente admissível.

Problema 7.33

Referindo-se ao sistema do Exemplo 7.5 da p. 566 (e convenientemente ignorando o Erro comum da p. 567, de forma que possamos assumir que o objeto rola sem deslizamento), como mudariam os resultados se fosse feita a liberação de um cilindro uniforme, de massa m e raio ρ, em vez de uma esfera?

Figura P7.33

Figura P7.34

Problema 7.34

Referindo-se ao sistema do Exemplo 7.5 da p. 566 (e convenientemente ignorando o Erro comum da p. 567, de forma que possamos assumir que o objeto rola sem deslizamento), como mudariam os resultados se fosse feita a liberação de um aro fino uniforme, de massa m e raio ρ, em vez de uma esfera?

Problema 7.35

Referindo-se aos sistemas do Exemplo 3.6 da p. 216 (partícula se separando de um semicilindro) e do Exemplo 7.5 da p. 566 (esfera se separando de um semicilindro):

(a) Determine a velocidade da partícula e a da esfera no momento em que elas se separam do semicilindro.

(b) Compare suas velocidades de separação e explique as origens de qualquer diferença.

(c) Determine o valor de ρ tal que a esfera e a partícula se separam com a mesma velocidade.

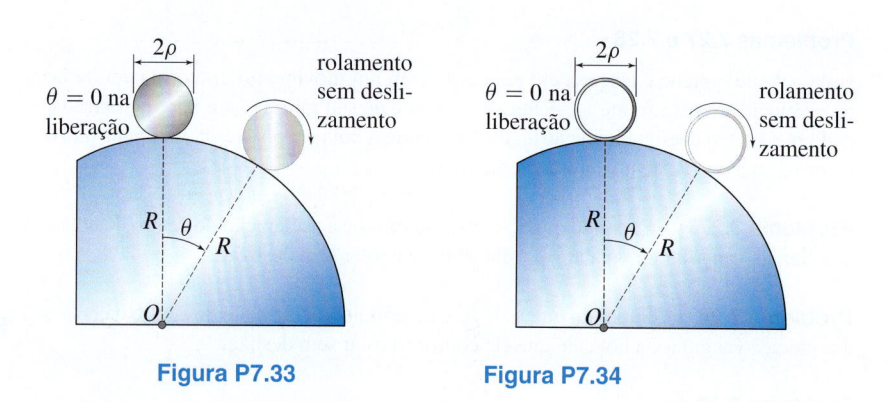

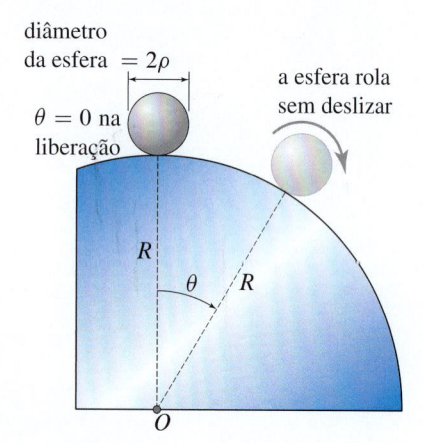

Figura P7.35

Capítulo 7 Equações de Newton-Euler para movimento plano de corpo rígido **579**

Problema 7.36

Referindo-se aos sistemas do Exemplo 3.6 da p. 216 e do Exemplo 7.5 da p. 566, mostre que a esfera se comporta dinamicamente como uma partícula se a interface entre a esfera e o semicilindro não possui atrito. Nesse caso, isso significará que a esfera se separa do semicilindro no mesmo local que a partícula.

Problema 7.37

O cabo, que está enrolado em torno do raio interno do carretel de massa m, é puxado verticalmente em A por uma força constante P, fazendo o carretel rolar sobre a barra horizontal BD. Supondo que o cabo é inextensível e de massa desprezível, que o carretel rola sem deslizar, e que o seu raio de rotação é k_G, determine a aceleração angular do carretel e a força total entre o carretel e a barra.

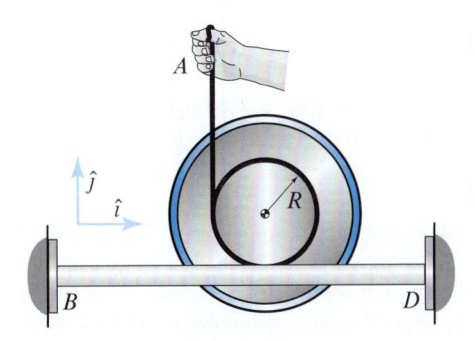

Figura P7.37

Problema 7.38

No Prob. 7.1 lhe foi dito para desprezar a inércia rotacional das rodas dianteiras – a inclusão dela poderia realmente fazer diferença? Vejamos.

Um certo automóvel pode ir de 0 a 100 km/h em 7,0 s, a massa do carro (incluindo as duas rodas dianteiras) é 1.250 kg, a massa de cada uma de suas rodas dianteiras é 21,4 kg, e cada uma delas tem um momento de inércia de massa I_G de 1,34 kg·m². Para determinar o efeito da inércia rotacional das rodas dianteiras, execute a seguinte análise:

(a) Isole uma das rodas dianteiras e determine a força de atrito que deve estar agindo na roda para que ela acelere como deveria. *Dica:* O peso do carro sobre a roda dianteira não é conhecido, mas não é necessário para encontrar a força de atrito, já que estamos supondo que o atrito é suficiente para evitar o deslizamento das rodas dianteiras.

(b) Em seguida, note que é a força de atrito que torna o movimento rotacional de cada roda dianteira possível. Além disso, observe que, se o momento de inércia de massa I_G das rodas dianteiras fosse zero, então a força de atrito seria zero. Portanto, desprezando a inércia rotacional das rodas dianteiras, o carro não seria retardado pelas forças de atrito encontradas em (a). Em outras palavras, quando *levamos* em conta a inércia rotacional das rodas dianteiras, podemos então concluir que há uma força igual a duas vezes a força de atrito que está "retardando" o movimento do carro. Use esse fato e seu resultado de (a) para determinar o tempo de 0 a 100 km/h desse mesmo automóvel com rodas dianteiras que não tenham inércia rotacional.

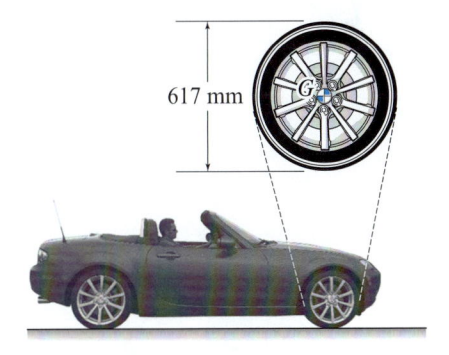

Figura P7.38

Problemas 7.39 a 7.42

A haste fina e uniforme AB acopla a corrediça A, que se move ao longo de uma guia sem atrito, à roda B, que rola sem deslizar sobre uma superfície horizontal.

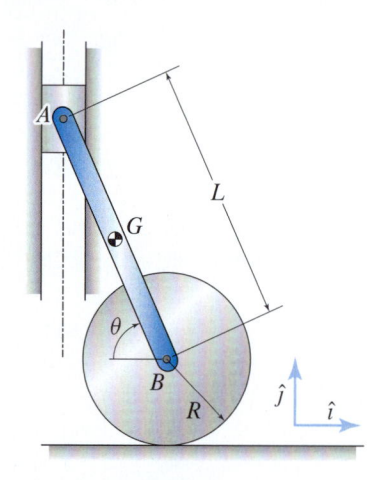

Figura P7.39-P7.42

Problema 7.39 Supondo que A e B têm massa desprezível, a massa de AB é m_{AB}, e o sistema é liberado a partir do repouso no ângulo θ, determine, imediatamente após a liberação, a aceleração angular da haste AB, a aceleração do centro da roda em B e a aceleração angular da roda.

Problema 7.40 Supondo que A tem massa desprezível, B é um disco uniforme de massa m_B, a massa de AB é m_{AB}, e o sistema é liberado a partir do repouso no ângulo θ, determine, imediatamente após a liberação, a aceleração angular da haste AB, a aceleração do centro da roda em B e a aceleração angular da roda.

Problema 7.41 Supondo que AB tem massa desprezível, a massa de A é m_A, B é um disco uniforme de massa m_B, e o sistema é liberado a partir do repouso no ângulo θ, determine, imediatamente após a liberação, a aceleração angular da haste AB, a aceleração do centro da roda em B e a aceleração angular da roda.

Problema 7.42 Supondo que a massa de A é m_A, B é um disco uniforme de massa m_B, a massa de AB é m_{AB}, e o sistema é liberado a partir do repouso no ângulo θ, determine, imediatamente após a liberação, a aceleração angular da haste AB, a aceleração do centro da roda em B e a aceleração angular da roda.

Problema 7.43

Um carretel de massa $m = 220$ kg, raio interno e externo $\rho = 1{,}75$ m e $R = 2{,}25$ m, respectivamente, e raio de rotação $k_G = 1{,}9$ m, está sendo baixado em uma rampa com $\theta = 29°$. Se os coeficientes de atrito estático e cinético entre a rampa e o carretel são $\mu_s = 0{,}4$ e $\mu_k = 0{,}35$, respectivamente, determine a aceleração de G, a aceleração angular do carretel e a tensão no cabo.

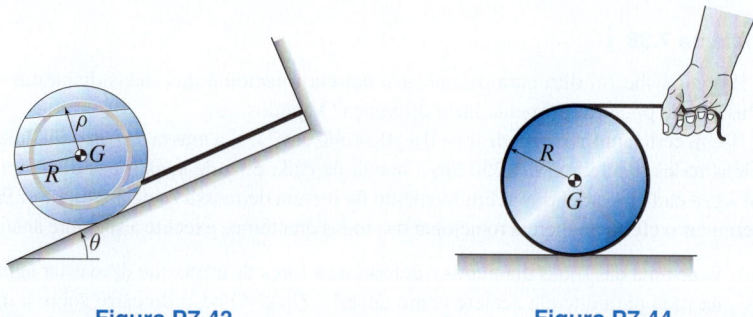

Figura P7.43

Figura P7.44

Problema 7.44

Um cabo inextensível de massa desprezível é enrolado em torno de um objeto circular homogêneo. Suponha que o cabo é puxado para a direita permanecendo na horizontal e determine o valor do momento de inércia de massa I_G do objeto tal que o objeto role sem deslizar, não importando o tamanho da tensão na corda. Qual é a forma desse objeto?

Problema 7.45

Um carretel de massa $m = 300$ kg, raio interno e externo $\rho = 1{,}5$ m e $R = 2$ m, respectivamente, e raio de rotação $k_G = 1{,}8$ m, é colocado em uma rampa com $\theta = 43°$. O cabo que está enrolado em torno do carretel e preso à parede está inicialmente esticado. Se

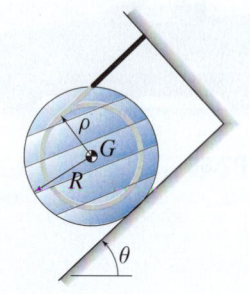

Figura P7.45

os coeficientes de atrito estático e cinético entre a rampa e o carretel são $\mu_s = 0{,}35$ e $\mu_k = 0{,}3$, respectivamente, determine a aceleração de G, a aceleração angular do carretel e a tensão no cabo quando o carretel é liberado do repouso.

Problema 7.46

O carretel de massa m, raio de rotação k_G, raio interno r_i e raio externo r_o é colocado em uma correia transportadora horizontal. O cabo que está enrolado em torno do carretel e preso à parede está inicialmente esticado. Tanto o carretel quanto a correia transportadora estão inicialmente em repouso quando a correia transportadora começa a se mover com uma aceleração a_c. Se o coeficiente de atrito estático entre a correia transportadora e o carretel é μ_s, determine

(a) A aceleração máxima da correia transportadora para que o carretel role sem deslizar sobre a correia

(b) A tensão inicial no cabo que prende o carretel à parede

(c) A aceleração angular do carretel

Calcule suas respostas para $m = 500$ kg, $k_G = 1{,}3$ m, $\mu_s = 0{,}5$, $r_i = 0{,}8$ m e $r_o = 1{,}6$ m.

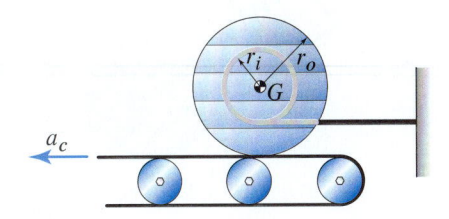

Figura P7.46

Problemas 7.47 a 7.49

A barra fina e uniforme AB de massa L e comprimento A está suspensa em uma roda em A, que rola livremente sobre a barra horizontal DE. Nos problemas a seguir, despreze a massa da roda e assuma que ela nunca se separa da barra horizontal.

Problema 7.47 Se a barra é liberada a partir do repouso no ângulo θ, determine, imediatamente após a liberação, a aceleração angular da barra, a força na barra em A e a aceleração da extremidade A.

Problema 7.48 Encontre a(s) equação(ões) de movimento da barra usando as coordenadas x e θ mostradas na figura como variáveis dependentes.

Problema 7.49 Encontre a(s) equação(ões) de movimento da barra usando as coordenadas x e θ mostradas na figura como variáveis dependentes e, em seguida, simule o comportamento do sistema resolvendo numericamente as equações de movimento por 5 s, usando $m = 2$ kg, $L = 0{,}6$ m, $x(0) = 0$ m, $\dot{x}(0) = 0$ m/s, $\theta(0) = 60°$ e $\dot{\theta}(0) = 0$ rad/s. Plote x e θ para $0 \leq t \leq 5$ s.

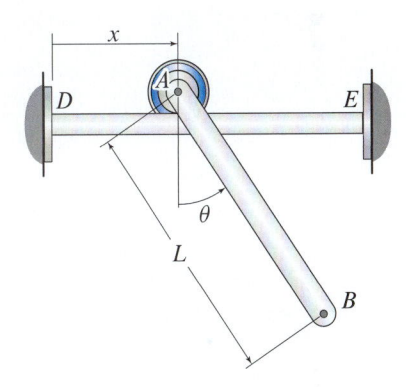

Figura P7.47-P7.49

Problema 7.50

A massa de um automóvel de 1.250 kg está distribuída uniformemente entre as rodas dianteiras e traseiras. Ele pode acelerar de 0 a 100 km/h em 7 s. A roda traseira, mostrada ampliada acima do automóvel, tem 20 kg, seu centro de massa está no seu centro geométrico, e o seu momento de inércia de massa I_B é 1,30 kg·m². Com isso em mente, queremos determinar as forças na roda traseira mostrada na Fig. 2 do Exemplo 7.4.

(a) Supondo que sua aceleração é uniforme, determine as forças nas rodas dianteiras e traseiras devido ao pavimento.

(b) Agora que você tem as forças normal e de atrito entre as rodas traseiras e o pavimento, isole uma das rodas traseiras e determine as forças e momentos exercidos pelo eixo sobre a roda traseira.

Suponha que a massa está distribuída uniformemente entre os lados direito e esquerdo do carro e o atrito é suficiente para evitar o deslizamento das rodas.

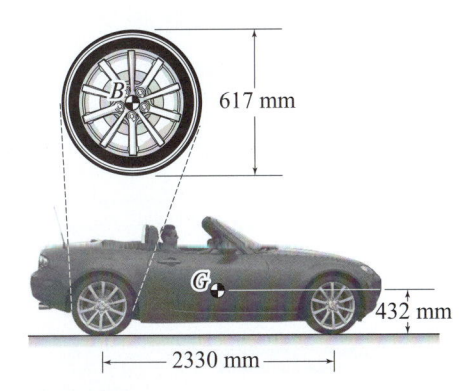

Figura P7.50

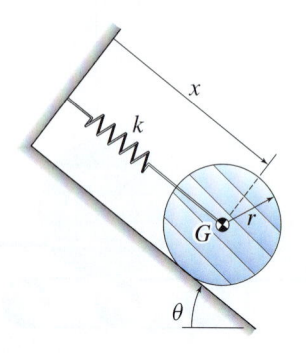

Figura P7.51 e P7.52

Problema 7.51

Um carretel de massa m, raio r e raio de rotação k_G rola sem deslizar no declive, cujo ângulo em relação à horizontal é θ. Uma mola elástica linear com constante θ e comprimento não deformado L_0 liga o centro do carretel a uma parede fixa. Determine a(s) equação(ões) de movimento do carretel usando a coordenada x mostrada.

Problema 7.52

Um carretel de massa $m = 200$ kg, raio $r = 0,8$ m e raio de rotação $k_G = 0,65$ m rola sem deslizar no declive, cujo ângulo em relação à horizontal é $\theta = 38°$. Uma mola elástica linear com constante $k = 500$ N/m e comprimento não deformado $L_0 = 1,5$ m liga o centro do carretel a uma parede fixa. Determine a(s) equação(ões) de movimento do carretel usando a coordenada x mostrada; resolva-a durante 15 s usando as condições iniciais $x(0) = 2,5$ m e $\dot{x} = 0$ m/s; e desenhe a curva de x versus t. Qual é o período aproximado de oscilação do carretel?

Problema 7.53

A barra uniforme AB de massa m e comprimento L está encostada no canto com $\theta \approx 0$ quando a extremidade B é empurrada levemente de forma que a extremidade A começa a deslizar para baixo na parede enquanto a extremidade B desliza ao longo do piso. Supondo que o atrito é desprezível entre a barra e as duas superfícies contra as quais ocorre deslizamento, determine o ângulo θ no qual a extremidade A perderá o contato com a parede vertical.

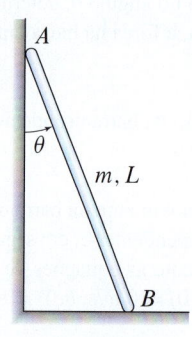

Figura P7.53

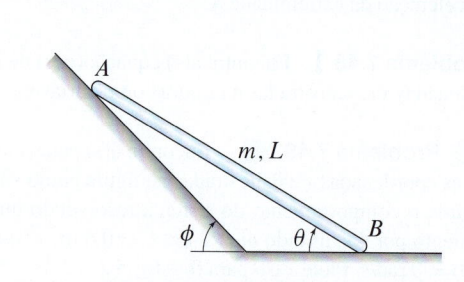

Figura P7.54

Problema 7.54

A barra fina e uniforme, que está apoiada sobre a inclinação, é liberada a partir do repouso na posição mostrada e desliza no plano vertical. O contato entre a barra e a superfície nas extremidades A e B tem atrito desprezível. Determine a aceleração angular da barra imediatamente após ela ser liberada. Calcule a sua resposta para $m = 3$ kg, $L = 0,75$ m, $\phi = 45°$ e $\theta = 30°$.

Problema 7.55

Um problema importante no bilhar ou sinuca é a determinação da altura em que o taco deve bater na bola para dar a ela um movimento giratório para trás, movimento giratório para frente ou nenhum giro. Com isso em mente, a que altura h o taco de bilhar deve bater na bola para que ela sempre role sem deslizar, independentemente da força com que a bola é batida e de quanto atrito estiver disponível? Considere uma bola uniforme de massa m e raio r. Você pode determinar essa posição sem ter que se preocupar com o impacto entre o taco e a bola estudando uma força horizontal arbitrária aplicada à bola na altura h.

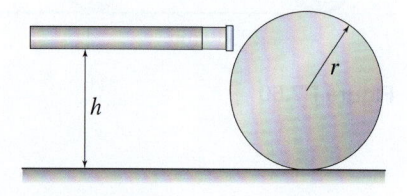

Figura P7.55

Problemas 7.56 e 7.57

O disco A rola sem deslizar sobre uma superfície horizontal. A extremidade B da barra BC está fixada por um pino à borda do disco A, e a extremidade C da barra BC pode deslizar livremente ao longo da superfície horizontal. Além disso, a barra BC é empurrada pela força $P = mg$ na sua extremidade esquerda. A massa da barra BC é m_{BC}, e a massa do disco A é m_A. O sistema está inicialmente em repouso.

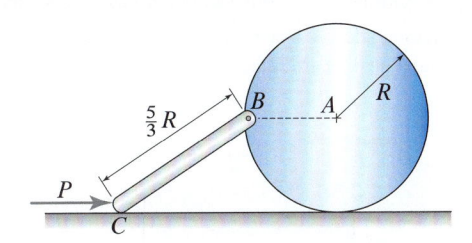

Figura P7.56 e P7.57

Problema 7.56 Determine a aceleração do centro do disco A e a aceleração angular da barra BC imediatamente após a força P ser aplicada se $m_A = m_{BC} = m$.

Problema 7.57 Determine a aceleração do centro do disco A e a aceleração angular da barra BC imediatamente após a força P ser aplicada se $m_{BC} = m$, sendo que a massa do disco m_A é desprezível.

Problemas 7.58 a 7.61

A bola uniforme de raio ρ e massa m é colocada suavemente na cavidade B com raio interno R e então é solta. O ângulo ϕ mede a posição do centro da bola em G em relação a uma linha vertical, e o ângulo θ mede a rotação da bola em relação a uma linha vertical. Suponha que o sistema encontra-se no plano vertical. *Dica:* Ao trabalhar os problemas seguintes, recomendamos o uso do sistema de coordenadas $r\phi$ mostrado.

Problema 7.58 Supondo que a bola rola sem deslizar, determine a aceleração do centro da bola em G, a aceleração angular da bola, e a força na bola devido à cavidade imediatamente após a bola ser solta.

Problema 7.59 Supondo que a bola rola sem deslizar, sua massa é 1,36 kg, está na posição $\phi = 40°$ e se move no sentido horário a 3 m/s, determine a aceleração do centro da bola em G e as forças normal e de atrito entre a bola e a cavidade. Use $R = 1,2$ m e $\rho = 0,365$ m.

Problema 7.60 Supondo que o atrito é suficiente para evitar o deslizamento, determine a(s) equação(ões) de movimento da bola em termos do ângulo ϕ.

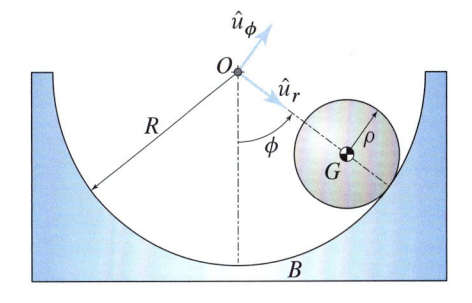

Figura P7.58-P7.61

Problema 7.61 Suponha que o atrito é suficiente para evitar o deslizamento.

(a) Derive a(s) equação(ões) de movimento da bola em termos do ângulo ϕ.
(b) Determine a força de atrito em função de ϕ.
(c) Considerando $\phi(0) = \phi_0$ e $\dot{\phi}(0) = 0$, com $0° < \phi_0 < 90°$ integre a(s) equação(ões) de movimento para determinar a força normal em função de ϕ.
(d) Usando os resultados das Partes (b) e (c), dado um valor para μ_s, determine o valor máximo de $\phi(0) = \phi_0$ de modo que a bola não deslize.

Problema 7.62

Um veículo utilitário esportivo está empurrando um barril grande para a direita com força P, usando seu para-choque dianteiro. O barril tem massa m e raio de rotação k_G. Os coeficientes de atrito estático e cinético entre o barril e o solo e entre o barril e o veículo são μ_s e μ_k, respectivamente.

(a) Supondo que não há deslizamento entre o barril e o solo, determine a aceleração do barril e o valor mínimo de μ_s consistente com esse movimento.

(b) Determine a aceleração de G e a aceleração angular do cilindro se P é aumentada de modo que o barril desliza em relação ao solo.

Figura P7.62

Problema 7.63

A manivela AB no mecanismo manivela-pistão está girando no sentido anti-horário a uma velocidade angular constante ω_{AB}. O raio do eixo da manivela é R, o comprimento da biela BC é L, e a distância do centro de massa da biela D até a extremidade da manivela em B é d. A massa da biela é m_D, o momento de inércia de massa da biela é I_D, e a massa do pistão é m_C.

(a) Usando o sistema de coordenadas mostrado, determine as componentes x e y das forças na biela em B e C em função do ângulo da manivela θ.

(b) Utilizando $\omega_{AB} = 5700$ rpm, $R = 48,5$ mm, $L = 141$ mm, $d = 36,4$ mm, $m_D = 0,439$ kg, $I_D = 0,00144$ kg · m² e $m_C = 0,434$ kg, desenhe cada uma das quatro componentes da força, a magnitude das forças em B e C, e o momento atuante na biela em torno do ponto D, todos em função de θ, para uma rotação completa da manivela.

Dica: A cinemática deste problema foi considerada no Exemplo 6.10 na p. 504.

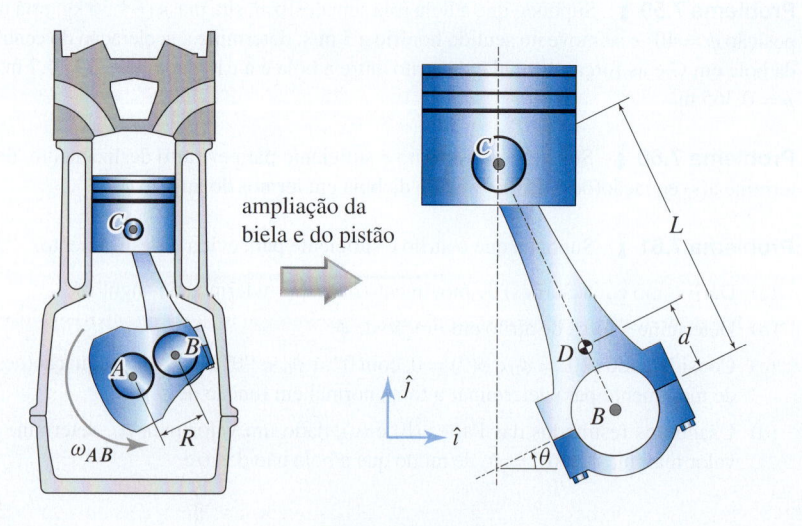

Figura P7.63

Problemas 7.64 e 7.65

A Pioneer 3 foi uma nave espacial com giro estabilizado lançada em 6 de dezembro de 1958 pela agência U.S. Army Ballistic Missile em conjunto com a NASA. Ela foi projetada com um mecanismo antirrotação constituído por duas massas iguais, *A* e *B*, cada uma com massa *m*, que podem desenrolar-se nas extremidades de dois fios de comprimento variável $\ell(t)$ quando acionadas por um temporizador hidráulico. À medida que as massas se desenrolam, elas retardam o giro da nave a partir de uma velocidade angular inicial $\omega_s(0)$ a uma velocidade angular final $(\omega_s)_{\text{final}}$ e, em seguida, os pesos e os fios são liberados. Suponha que as massas *A* e *B* estão inicialmente nas posições A_0 e B_0, respectivamente, antes de o fio começar a se desenrolar, o momento de inércia de massa da nave espacial é I_O (o que não inclui as duas massas *A* e *B*), e a gravidade e a massa de cada fio são desprezíveis. *Dica:* Consulte o Prob. 6.117 se você precisar de ajuda com a cinemática.

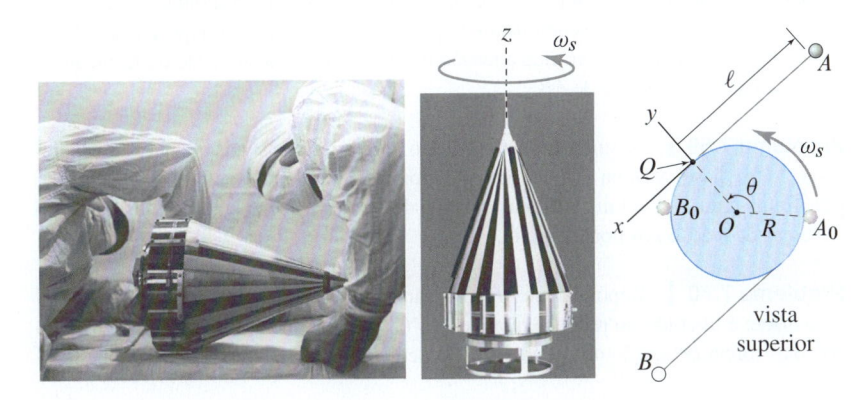

Figura P7.64 e P7.65

Problema 7.64 Deduza a(s) equação(ões) de movimento do sistema em termos das variáveis dependentes $\ell(t)$ e $\omega_s(t)$.

Problema 7.65 Deduza a(s) equação(ões) de movimento do sistema em termos das variáveis dependentes $\ell(t)$ e $\omega_s(t)$. Em seguida:

(a) Use um computador para resolver as equações de movimento para $0 \leq t \leq 4$ s, com $R = 12{,}5$ cm, $m = 7$ g, $I_O = 0{,}0277$ kg · m², e as condições iniciais $\omega_s(0) = 400$ rpm, $\ell(0) = 0{,}01$ m e $\dot\ell = 0$ m / s.

(b) Determine o momento em que a velocidade angular da nave espacial torna-se zero (o que pode ser feito plotando a solução para ω_s e, em seguida, estimando o tempo, ou então encontrando numericamente a raiz para determinar quando $\omega_s = 0$).

(c) Determine o comprimento ℓ de cada fio no instante em que a velocidade angular da nave espacial se torna zero.

Problemas de revisão

Problema 7.66

Duas barras uniformes e idênticas são fixadas por pinos em uma de suas extremidades, e cada barra tem um rolete na sua outra extremidade. Os roletes podem rolar livremente ao longo da superfície horizontal mostrada. Cada barra tem massa *m* e comprimento *L*, e uma força horizontal *P* é aplicada à barra *BC* em *B*. Embora as barras possam girar uma em relação à outra, para um dado valor de *P* existe um valor correspondente de θ tal que o sistema se move com θ constante.

(a) Encontre as forças nas barras em *A* e *B* e mostre que elas são independentes de *P*.
(b) Determine θ em função de *P* e encontre θ_0 quando $P \to 0$ e θ_∞ quando $P \to \infty$.

Despreze a massa dos roletes e qualquer atrito em seus rolamentos.

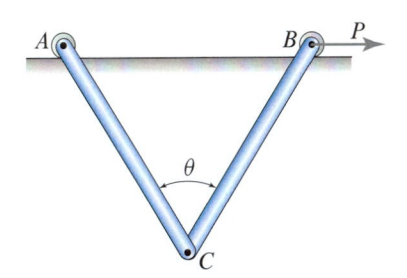

Figura P7.66

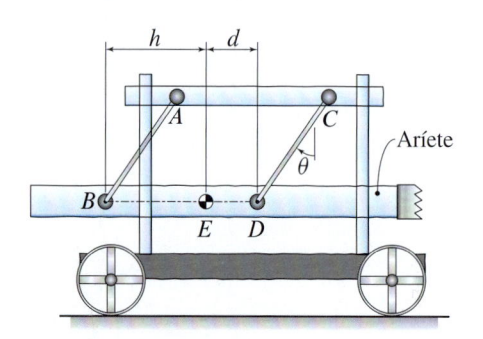

Figura P7.67-P7.72

Problemas 7.67 a 7.72

A figura mostra uma arma chamada de aríete (grandes aríetes modernos são normalmente montados em veículos blindados). O aríete tem uma massa $m_r = 1.150$ kg, centro de massa em E e raio de rotação $K_E = 2$ m. Considere também a distância entre os pontos A e B e entre os pontos C e D como sendo 1,8 m. Além disso, considere $h = 1,4$ m e $d = 0,9$ m. Finalmente, considere as conexões nos pontos A, B, C e D como sendo conectadas por pinos e assuma que o carro não se move enquanto o aríete oscila.

Problema 7.67 Supondo que o aríete é suspenso por cordas inextensíveis de massa desprezível, determine a tensão nas cordas e a aceleração de E imediatamente após o aríete ser liberado a partir do repouso em $\theta = 75°$.

Problema 7.68 Considere o aríete em repouso com $\theta = 0°$. Suponha que as cordas AB e CD são inextensíveis e com massa desprezível. Assuma também que a corda AB se rompe repentinamente. Determine a tensão na corda CD e a aceleração de E imediatamente após o rompimento de AB.

Problema 7.69 Assuma que AB e BC são cordas inextensíveis com massa desprezível. Além disso, assuma que, no instante mostrado, $\theta = 10°$ e o aríete está oscilando para frente com $|\vec{v}_E| = 2$ m / s. Nesse instante, determine a aceleração de E, assim como as forças de reação nos pontos A e C.

Problema 7.70 Suponha que AB e BC são hastes finas e uniformes de 45 kg cada. Se o aríete é liberado do repouso quando $\theta = 63°$, determine a aceleração de E, assim como as forças de reação nos pontos A e C imediatamente após ele ser liberado.

Problema 7.71 Suponha que AB e BC são hastes finas e uniformes de 45 kg cada e o aríete está em repouso com $\theta = 0$ °. Suponha que a haste CD se quebra repentinamente e determine a aceleração de E e as forças em A imediatamente após a quebra de CD.

Problema 7.72 Suponha que AB e BC são hastes finas e uniformes de 45 kg cada. Suponha que, no instante mostrado, $\theta = 10$ ° e o tronco está oscilando para frente com $|\vec{v}_E| = 2$ m / s. Nesse instante, determine a aceleração do aríete bem como as forças de reação nos pontos A e C.

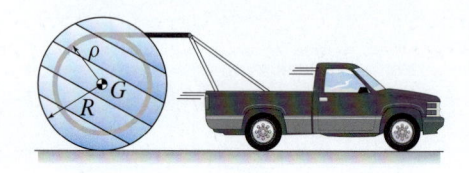

Figura P7.73-P7.75

Problemas 7.73 a 7.75

Um carretel tem massa $m = 200$ kg, raios externo e interno $R = 1,8$ m e $\rho = 1,4$ m, respectivamente, raio de rotação $k_G = 1,2$ m e centro de massa em G. O carretel está sendo puxado para a direita conforme mostrado, e o cabo enrolado no carretel é inextensível e de massa desprezível.

Problema 7.73 Suponha que o carretel role sem deslizar tanto em relação ao cabo quanto em relação ao chão. Se a camioneta puxa o cabo com uma força $P = 556$ N, determine a aceleração do centro do carretel e o valor mínimo do coeficiente de atrito estático entre o carretel e o chão.

Problema 7.74 Suponha que o coeficiente de atrito estático entre o carretel e o chão seja $\mu_s = 0,75$ e determine o valor máximo da força que a caminhonete poderia exercer sobre o cabo sem que o carretel deslize em relação ao chão.

Problema 7.75 Suponha que os coeficientes de atrito estático e cinético entre o carretel e o chão sejam $\mu_s = 0{,}25$ e $\mu_k = 0{,}2$. Além disso, suponha que o carretel está inicialmente em repouso e a caminhonete puxa o carretel com uma força 2,5 kN, e determine a aceleração do centro do carretel no instante inicial.

Problemas 7.76 e 7.77

O carro, como pode ser visto de frente, está viajando a uma velocidade constante v_c em uma curva de raio R constante, que está inclinada em um ângulo θ em relação à horizontal. O coeficiente de atrito estático entre os pneus e a estrada é μ_s. O centro de massa do carro está em G.

Problema 7.76 Determine o ângulo de inclinação θ de modo que não há tendência a deslizamento ou tombamento, ou seja, de modo que nenhum atrito é necessário para manter o carro na estrada.

Problema 7.77 Para um determinado ângulo de inclinação θ, e supondo que o carro não tomba, encontre a velocidade máxima v_m que o carro pode alcançar sem deslizar.

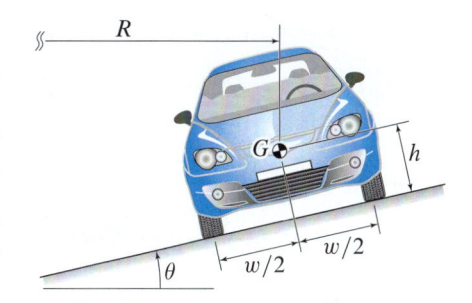

Figura P7.76 e P7.77

Problemas 7.78 a 7.80

Uma porta dobrável suspensa, com altura h e massa m, é composta por duas partes idênticas articuladas em C. O rolete em A se move ao longo da guia horizontal, enquanto os roletes em B e D, que estão nos pontos médios das partes AC e CE, se movem ao longo da guia vertical. A operação da porta é auxiliada por duas molas idênticas fixadas aos roletes com movimento horizontal (somente uma das duas molas é mostrada). As molas estão esticadas por uma quantidade δ_0 quando a porta está completamente aberta.

Problema 7.78 Considere $h = 10$ m e $m = 380$ kg. Além disso, considere $k = 2400$ N/m e $\delta_0 = 0{,}15$ m. Assumindo que a porta é liberada a partir do repouso quando $\theta = 10°$ e todas as fontes de atrito são desprezíveis, determine a aceleração angular de cada parte da porta logo após ela ser liberada.

Problema 7.79 Supondo que o atrito entre os roletes e a guia possa ser desprezado, determine a(s) equação(ões) de movimento do sistema.

Problema 7.80 Considere $h = 10$ m e $m = 320$ kg. Além disso, considere $k = 2400$ N/m e $\delta_0 = 0{,}15$ m. Assumindo que a porta é liberada a partir do repouso, quando $\theta = 5°$, determine o tempo que a porta levará para fechar e a velocidade de E no fechamento.

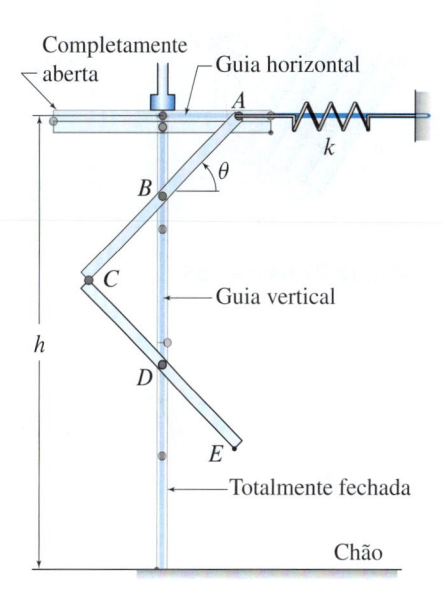

Figura P7.78-P7.80

Problemas 7.81 a 7.83

Uma roda com centro O, raio R, peso W, raio de rotação k_G e centro de massa G a uma distância ρ de O é liberada a partir do repouso em um declive áspero. O ângulo ϕ é o ângulo entre o segmento OG (que gira com a roda) e a direção horizontal.

Problema 7.81 Considere $R = 0{,}46$ m, $\rho = 0{,}25$ m, $k_G = 0{,}2$ m, $m = 1{,}8$ kg e $\theta = 25°$. Além disso, considere $\phi = 35°$ no instante da liberação. Determine o coeficiente de atrito estático mínimo para que a roda comece a se mover enquanto rola sem deslizar. Além disso, determine a aceleração angular correspondente logo após a liberação.

Problema 7.82 Assumindo que há atrito suficiente para que a roda role sem deslizar, determine a(s) equação(ões) de movimento da roda bem como as equações de forças de restrição, isto é, aquelas equações que permitem calcular as forças de reação no ponto de contato com o declive se o movimento é conhecido.

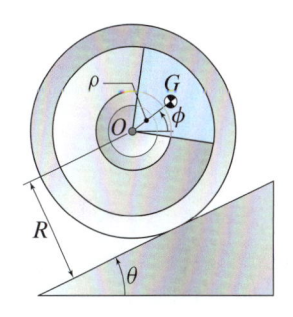

Figura P7.81-P7.83

Problema 7.83 Considere $R = 0{,}46$ m, $\rho = 0{,}25$ m, $k_G = 0{,}2$ m, $m = 1{,}8$ kg e $\theta = 25°$, e $\phi = 60°$ no instante da liberação. Assumindo que há atrito suficiente para que a roda role sem deslizar e o declive é suficientemente longo de forma que não precisamos nos preocupar com que a roda atinja o final do declive, determine a(s) equação(ões) de movimento da roda e expressões para as forças normal e de atrito no ponto de contato entre a roda e o declive. Então, integre a(s) equação(ões) de movimento em função do tempo para $0 \leq t \leq 2$ s. Plote a força normal em função do tempo durante o intervalo de tempo dado e determine se, e quando, a roda perde contato com o declive.

Problemas 7.84 e 7.85

A barra fina e uniforme AB tem massa m_{AB} e comprimento L. O caixote tem uma massa uniformemente distribuída m_C e dimensões h e w. A barra AB é conectada por pinos ao carrinho em A e ao caixote em B. O carrinho está restrito a se mover ao longo da guia horizontal mostrada. O ponto O sobre a guia do carrinho é um ponto de referência fixo.

Problema 7.84 Desprezando a massa do carrinho e o atrito, deduza as equações de movimento do sistema e as expresse em termos das variáveis x_A, θ e ϕ, com suas derivadas temporais.

Problema 7.85 Considere $m_{AB} = 75$ kg, $L = 4{,}5$ m, $m_C = 250$ kg, $d = 0{,}5$ m, $h = 1{,}5$ m e $w = 2$ m. Despreze a massa do carrinho e o atrito. Finalmente, suponha que o sistema é solto do repouso quando $x_A = 0$, $\theta = 30°$ e $\phi = 45°$. Plote x_A, θ e ϕ em função do tempo para $0 \leq t \leq 15$ s.

Problemas 7.86 e 7.87

Uma haste fina e uniforme é ligeiramente empurrada em B a partir da posição $\theta = 0$ para que caia para a direita. O coeficiente de atrito estático entre a haste e o chão é μ_s.

Problema 7.86
(a) Determine, em função de θ, a força normal (N) e a força de atrito (F) exercida pelo chão sobre a haste quando a haste cai.
(b) Sabendo que a haste deslizará quando $|F/N|$ exceder μ_s, determine se a haste desliza enquanto cai.

Problema 7.87
(a) Determine, em função de θ, a força normal (N) e a força de atrito (F) exercida pelo chão sobre a haste enquanto a haste cai.
(b) Sabendo que a haste deslizará quando $|F/N|$ exceder μ_s, determine se a haste deslizará enquanto cai.
(c) Plote $F/(mg)$, $N/(mg)$ e $|F/N|$ em função de θ para $0 \leq \theta \leq \pi/2$ rad. Use essas plotagens para mostrar que, para valores menores de μ_s, a extremidade A da haste desliza para a esquerda e, para valores maiores de μ_s, desliza para a direita.

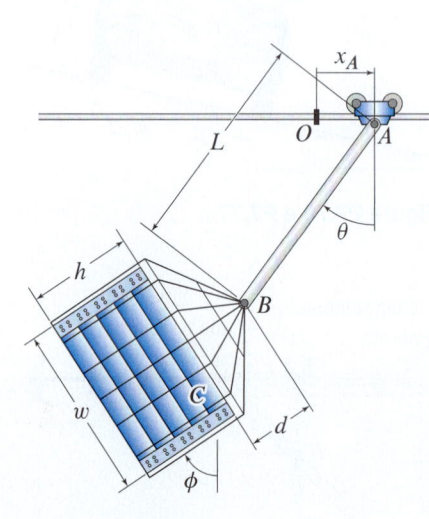

Figura P7.84 e P7.85

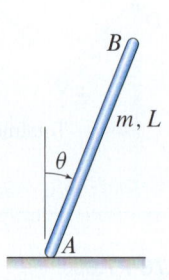

Figura P7.86 e P7.87

Problema 7.88

Um tambor de massa m_d, raio R, raio de rotação k_G, e com o centro de massa em G é colocado em um carrinho de massa m_c para o transporte. O sistema está inicialmente em repouso, e o carrinho é empurrado para a direita com a força P. O coeficiente de atrito estático entre o carrinho e o tambor é μ_s. Desprezando a massa das rodas, determine a força máxima P que pode ser aplicada no carrinho de modo que o tambor não deslize sobre ele e encontre a aceleração correspondente do carrinho e de G.

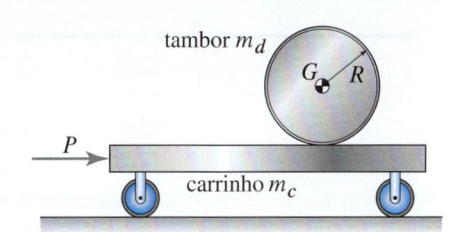

Figura P7.88

Problema 7.89

A barra uniforme AB de massa m e comprimento L está apoiada contra o canto com $\theta \approx 0$. Uma caixa pequena é colocada no topo da barra em A. Um leve empurrão é dado na extremidade B da barra de forma que a extremidade A começa a deslizar para baixo na parede à medida que B desliza ao longo do chão. Suponha que o atrito é desprezível entre a barra e as duas superfícies contra as quais ela desliza e, desprezando o peso da caixa, determine o ângulo θ em que a caixa perderá o contato com a barra.

Problema 7.90

As barras AB e BC são uniformes com massas $m_{AB} = 2$ kg e $m_{BC} = 1$ kg, respectivamente. Seus comprimentos são $L = 1{,}25$ m e $H = 0{,}75$ m. A barra BC é conectada por um pino a um suporte fixado em C que está a uma distância $\delta = 0{,}2$ m do solo. A barra AB é conectada por um pino em A a uma roda uniforme com raio $R = 0{,}60$ m e massa $m_{OA} = 5$ kg. Note que A está a uma distância ρ do centro da roda. No instante mostrado, A está alinhado verticalmente com O; além disso, AB e BC estão paralelo e perpendicular ao solo, respectivamente. Nesse instante, a barra BC está girando no sentido horário a uma velocidade angular de 2 rad/s e uma aceleração angular de 1,2 rad/s². Supondo que a roda rola sem deslizar, determine a força P aplicada à roda no instante mostrado. Além disso, determine o coeficiente de atrito estático mínimo necessário para a roda não deslizar.

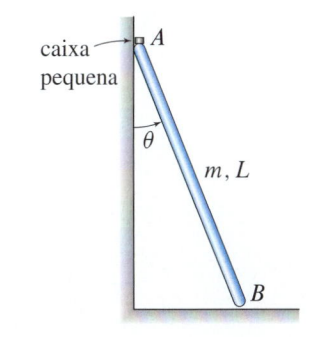

Figura P7.89

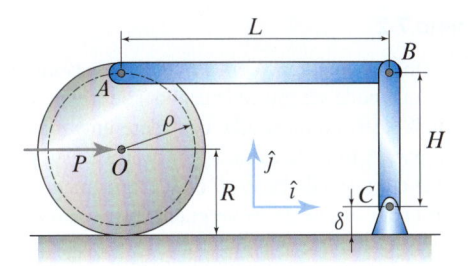

Figura P7.90

PROBLEMAS DE PROJETO

Problema de projeto 7.1

Reveja os cálculos realizados no início do capítulo em relação à determinação da aceleração máxima que pode ser atingida por uma moto sem que a roda da frente levante do chão. Especificamente, construa um novo modelo de moto selecionando uma moto da vida real e pesquisando a sua geometria e propriedades de inércia, incluindo as propriedades de inércia das rodas. Em seguida, analise o seu modelo para determinar como a aceleração máxima em questão depende das posições horizontal e vertical do centro de massa em relação aos pontos de contato entre o chão e as rodas. Inclua em sua análise a comparação dos resultados que levam em conta a inércia da roda dianteira com os resultados que desprezam a inércia da roda dianteira.

Figura PP7.1

Problema de projeto 7.2

Uma extremidade do cinto de segurança em veículos de passeio é enrolada em torno de uma roda de catraca que pode ser travada quando a desaceleração do veículo excede um determinado valor. No esboço mostrado, considere uma roda de catraca que pode girar sobre o ponto fixo A. A roda de catraca tem dentes e está posicionada sobre um peso. O peso pode girar em torno do ponto B e está rigidamente conectado a uma lingueta que, para uma rotação suficientemente grande, travará o movimento da roda de catraca. Pesquise dimensões realísticas para a roda de catraca e projete um mecanismo de travamento para que o movimento do cinto seja interrompido para desacelerações horizontais superiores a $0{,}5g$, onde g é a aceleração da gravidade. Em seu projeto, você pode usar uma mola para limitar o movimento do peso.

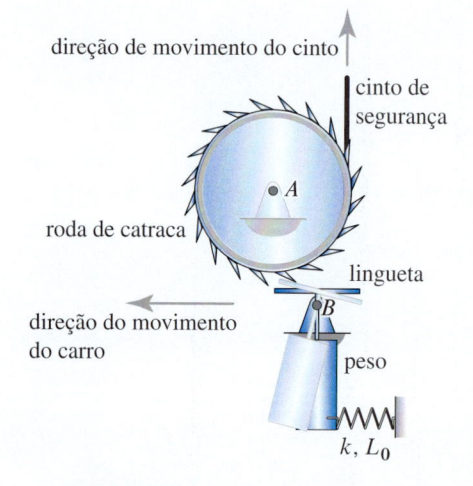

Figura PP7.2

Métodos de energia e quantidade de movimento para corpos rígidos 8

Neste capítulo, aplicaremos três leis de equilíbrio fundamentais para corpos rígidos: o princípio do trabalho-energia, o princípio do impulso-quantidade de movimento linear e o princípio do impulso-quantidade de movimento angular. Cada um desses princípios de equilíbrio decorre das equações de Newton-Euler que estudamos no Capítulo 7, e elas facilitam a resolução de muitos problemas que seriam muito mais desafiadores se resolvidos usando diretamente a abordagem de Newton-Euler, como apresentado no Capítulo 7.

8.1 PRINCÍPIO DO TRABALHO-ENERGIA PARA CORPOS RÍGIDOS

Volantes como dispositivos de armazenamento de energia

Quando ligamos um aparelho elétrico, o ligamos na rede elétrica local para obter a eletricidade necessária. Essa eletricidade foi produzida somente alguns milissegundos antes da sua utilização. Embora possamos nos maravilhar com a tecnologia que fornece a energia elétrica sob demanda, é fácil ver uma deficiência fundamental na nossa gestão energética atual: assim que a demanda excede a capacidade de produção, alguns de nós experimentamos uma queda de energia ou mesmo um blecaute! Para evitar tal situação, novas tecnologias estão sendo desenvolvidas para armazenar grandes quantidades de energia e, assim, gerenciar a produção e o consumo de energia elétrica.

Um dos dispositivos que estão sendo considerados para o armazenamento de energia elétrica é o *volante*, cujo esquema é mostrado na Fig. 8.1 e, um modelo avançado é mostrado na Fig. 8.2. Conceitualmente, um volante é um objeto muito simples que consiste em um rotor que gira em torno de um eixo fixo. A energia armazenada no volante é a energia cinética do rotor, que é muitas vezes suportado utilizando mancais de levitação magnética e é abrigado em uma câmara a vácuo para limitar a quantidade de energia dissipada pelo atrito e pela resistência do ar. Para ver quanta energia é armazenada em um volante, considere o rotor B na Fig. 8.1, que é modelado como um corpo rígido girando a uma velocidade angular ω_B em torno do eixo z (fixo). Se dm é um elemento de massa a uma distância r do eixo z, a velocidade de dm é $v_{dm} = \omega_B r$ e a *energia cinética* de dm é

$$dT = \tfrac{1}{2}(dm)v_{dm}^2 = \tfrac{1}{2}(dm)\omega_B^2 r^2. \qquad (8.1)$$

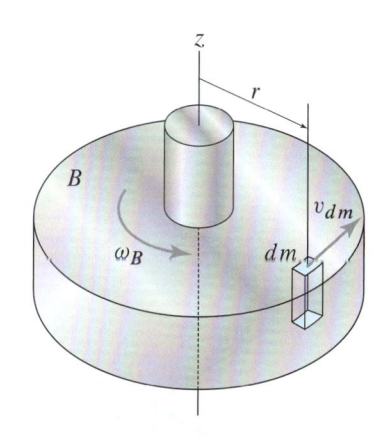

Figura 8.1
Esboço de um rotor B girando em torno de um eixo fixo z.

Fato interessante

A crise da Califórnia. No final dos anos 1990 e início de 2000, como resultado de vários fatores, incluindo a desregulagem da produção de energia elétrica e uma seca prolongada, a Califórnia experimentou uma crise de abastecimento de energia elétrica. Em 22 de maio de 2000, um dia extremamente quente, o alto uso de energia baixou as reservas de energia para menos de 5%, forçando o Independent System Operator (ISO) da Califórnia, que gerencia a rede elétrica do estado, declarar o primeiro alerta de energia de estágio 2 (em que alguns clientes voluntariamente interromperam seu consumo de eletricidade). Em 14 de junho de 2000, dia em que as temperaturas em San Francisco atingiram 39,5°C, ocorreram blecautes que afetaram 97.000 pessoas na Bay Area. O ISO da Califórnia ordenou blecautes para evitar um blecaute *descontrolado* em âmbito estadual. Para a Califórnia, esse foi o maior blecaute planejado desde a Segunda Guerra Mundial. (Fonte: `<http://www.pbs.org/wgbh/pages/frontline/shows/blackout/california/>`)

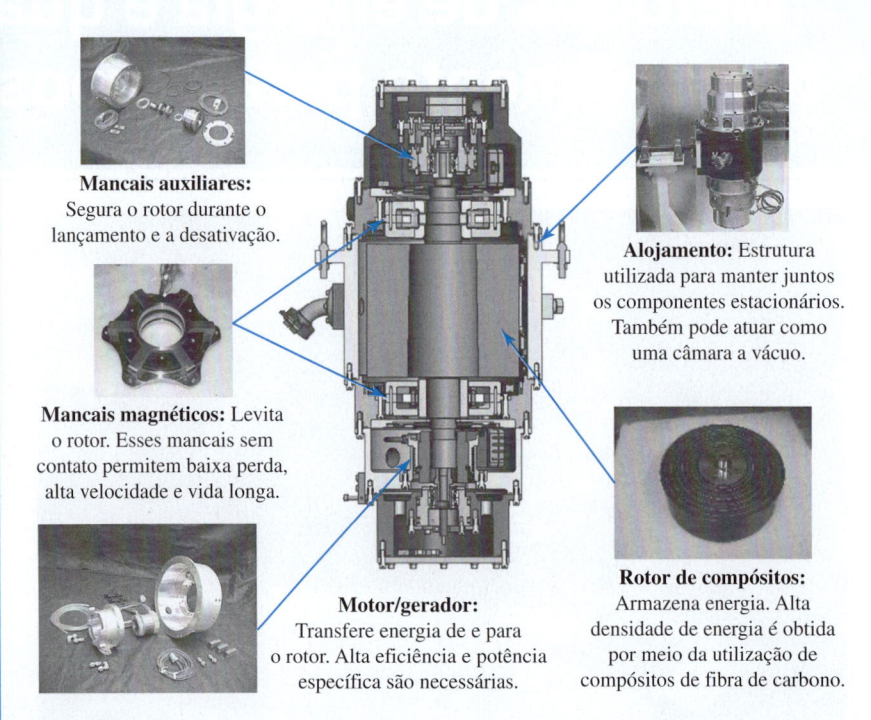

Mancais auxiliares: Segura o rotor durante o lançamento e a desativação.

Mancais magnéticos: Levita o rotor. Esses mancais sem contato permitem baixa perda, alta velocidade e vida longa.

Motor/gerador: Transfere energia de e para o rotor. Alta eficiência e potência específica são necessárias.

Alojamento: Estrutura utilizada para manter juntos os componentes estacionários. Também pode atuar como uma câmara a vácuo.

Rotor de compósitos: Armazena energia. Alta densidade de energia é obtida por meio da utilização de compósitos de fibra de carbono.

Figura 8.2 Um volante para o armazenamento de energia projetado pela NASA.

A energia cinética do rotor para rotação em torno do eixo fixo é, então,

$$T = \int_B dT = \int_B \tfrac{1}{2}\omega_B^2 r^2\, dm = \tfrac{1}{2}\omega_B^2 \int_B r^2\, dm = \tfrac{1}{2}\omega_B^2 I_z, \qquad (8.2)$$

onde I_z é o momento de inércia de massa do rotor em relação ao eixo z (veja o Apêndice A para uma revisão dos momentos de inércia de massa).[1] A Eq. (8.2) nos mostra que (T) é diretamente proporcional ao momento de inércia de massa em relação ao eixo de rotação e ao quadrado da velocidade de rotação. A dependência de I_z indica que a energia do volante depende de como a massa do rotor está distribuída em relação ao eixo de rotação e não apenas da massa do rotor. A Eq. (8.2) também é interessante porque mostra que $T = \tfrac{1}{2}$(propriedade de massa)(velocidade)^2 e, portanto, é semelhante à energia cinética de uma partícula, ou seja, $\tfrac{1}{2}mv^2$. No entanto, a expressão para a energia cinética na Eq. (8.2) só se aplica para rotação em torno de eixo fixo. Precisamos agora encontrar a expressão geral da energia cinética de um corpo rígido, o que requer desenvolvimento adicional.

A energia cinética dos corpos rígidos em movimento planar

Referindo-se à Fig. 8.3, considere um elemento de massa infinitesimal dm com velocidade $\vec{v}_{dm}$ e energia cinética $dT_{dm} = \tfrac{1}{2}(dm)v_{dm}^2$. A energia cinética do corpo B que contém dm é, portanto,

$$T = \int_B \tfrac{1}{2} v_{dm}^2\, dm. \qquad (8.3)$$

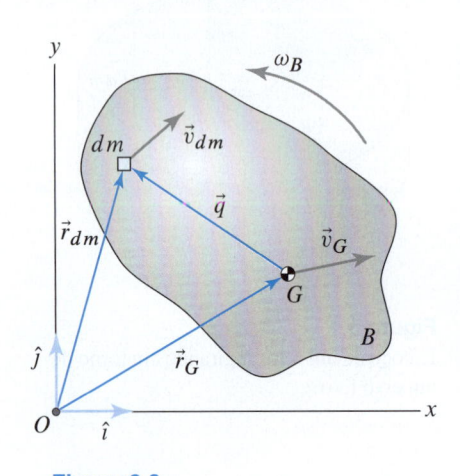

Figura 8.3 Um corpo rígido em movimento planar.

---
[1] Como estabelecido no Capítulo 7, o subscrito em I será usado exclusivamente para identificar o eixo em relação ao qual I é calculado. Assim, I_A denota o momento de inércia de massa de um corpo rígido sobre um eixo perpendicular ao plano do movimento passando pelo ponto A.

Uma vez que G e dm são dois pontos no mesmo corpo rígido, temos

$$\vec{v}_{dm} = \vec{v}_G + \vec{\omega}_B \times \vec{q}, \qquad (8.4)$$

onde G e $\vec{\omega}_B$ são o centro de massa e a velocidade angular de B, respectivamente, e $\vec{q}$ é a posição de dm em relação a G. Em movimento planar, $\vec{\omega}_B = \omega_B \hat{k}$ e $\vec{q} = q_x \hat{\imath} + q_y \hat{\jmath}$, assim $\vec{\omega}_B \times \vec{q} = \omega_B(-q_y \hat{\imath} + q_x \hat{\jmath})$. Usando a Eq. (8.4), podemos escrever

$$\begin{aligned} v_{dm}^2 &= \vec{v}_{dm} \cdot \vec{v}_{dm} \\ &= \vec{v}_G \cdot \vec{v}_G + 2\vec{v}_G \cdot \omega_B(-q_y \hat{\imath} + q_x \hat{\jmath}) + \omega_B^2(q_x^2 + q_y^2) \\ &= v_G^2 + 2\omega_B(-v_{Gx}q_y + v_{Gy}q_x) + \omega_B^2(q_x^2 + q_y^2), \end{aligned} \qquad (8.5)$$

onde usamos $\vec{v}_G = v_{Gx} \hat{\imath} + v_{Gy} \hat{\jmath}$. Substituindo a Eq. (8.5) na Eq. (8.3),

$$T = \int_B \left[\tfrac{1}{2}v_G^2 + \omega_B(-v_{Gx}q_y + v_{Gy}q_x) + \tfrac{1}{2}\omega_B^2(q_x^2 + q_y^2)\right] dm. \qquad (8.6)$$

Podemos simplificar a Eq. (8.6) começando com a integral do termo $\tfrac{1}{2}v_G^2$, conforme

$$\int_B \tfrac{1}{2}v_G^2 \, dm = \tfrac{1}{2}v_G^2 \int_B dm = \tfrac{1}{2}mv_G^2, \qquad (8.7)$$

onde $m = \int_B dm$ é a massa total de B. O último termo na integral da Eq. (8.6) pode ser escrito como

$$\int_B \tfrac{1}{2}\omega_B^2(q_x^2 + q_y^2) \, dm = \tfrac{1}{2}\omega_B^2 \int_B (q_x^2 + q_y^2) \, dm = \tfrac{1}{2}I_{Gz}\omega_B^2, \qquad (8.8)$$

onde, relembrando a Eq. (7.41) na p. 551, $\int_B (q_x^2 + q_y^2) \, dm = I_{Gz}$. O segundo termo na integral da Eq. (8.6) pode ser simplificado como

$$\int_B \omega_B(-v_{Gx}q_y + v_{Gy}q_x) \, dm = -\omega_B v_{Gx} \int_B q_y \, dm + \omega_B v_{Gy} \int_B q_x \, dm = 0, \qquad (8.9)$$

onde usamos o fato de que tanto $\int_B q_x \, dm$ quanto $\int_B q_y \, dm$ são zero, porque eles medem a posição de G em relação a G (veja as Eqs. (7.39) e (7.40) na p. 551). A substituição das Eqs. (8.7)-(8.9) na Eq. (8.6) resulta em

$$\boxed{T = \tfrac{1}{2}mv_G^2 + \tfrac{1}{2}I_G\omega_B^2,} \qquad (8.10)$$

onde escrevemos a abreviação I_G para I_{Gz} (como feito no Capítulo 7). A partir da Eq. (8.10), a energia cinética de um corpo rígido em movimento planar consiste em

1. O termo $\tfrac{1}{2}mv_G^2$, muitas vezes chamado de energia cinética *translacional*, que é a energia cinética do corpo em translação.

2. O termo $\tfrac{1}{2}I_G\omega_B^2$, muitas vezes chamado de energia cinética *rotacional*, que é a energia cinética do corpo em rotação no eixo fixo em torno do centro de massa G e com o eixo de rotação perpendicular ao plano do movimento.

A Eq. (8.10) mostra que a forma da energia cinética de um corpo rígido não é tão diferente da de uma partícula devido a essa energia ser composta de termos da forma $\tfrac{1}{2}$ (propriedade de massa)(velocidade)^2.

Informações úteis

Movimento planar de corpos 3D. Em movimento planar, quando escrevemos

$$\vec{\omega}_B \times \vec{q} = \omega_B(-q_y \hat{\imath} + q_x \hat{\jmath})$$

não estamos supondo que o corpo é 2D. Para um corpo 3D, temos $\vec{q} = q_x \hat{\imath} + q_y \hat{\jmath} + q_z \hat{k}$ e, assim,

$$\omega_B \hat{k} \times (q_x \hat{\imath} + q_y \hat{\jmath} + q_z \hat{k})$$

é *ainda* igual a $\omega_B(-q_y \hat{\imath} + q_x \hat{\jmath})$. A componente z de $\vec{q}$ não contribui para o resultado final porque o movimento é planar.

Alerta de conceito

Energia cinética de um corpo rígido. A energia cinética de um corpo rígido é composta de duas partes. A primeira parte, $\tfrac{1}{2}mv_G^2$, deve-se ao movimento do centro de massa (energia cinética translacional), e, a segunda, $\tfrac{1}{2}I_G\omega_B^2$, ao movimento rotacional dos pontos *em relação* ao centro de massa (energia cinética rotacional). Um corpo rígido pode ter energia cinética mesmo quando o centro de massa não se move.

Informações úteis

Energia cinética de um corpo rígido v. energia cinética de um sistema de partículas. Na Seção 4.3, descobrimos que a energia cinética de um sistema de partículas é (Eq. (4.74) da p. 306)

$$T = \tfrac{1}{2}mv_G^2 + \tfrac{1}{2}\sum_{i=1}^n m_i v_{i/G}^2.$$

O primeiro termo é idêntico ao primeiro termo da Eq. (8.10). O termo $\tfrac{1}{2}\sum_{i=1}^n m_i v_{i/G}^2$ tem a mesma finalidade que o termo $\tfrac{1}{2}I_G\omega_B^2$ da Eq. (8.10) – ele contabiliza o movimento de pontos do corpo *em relação* ao centro de massa.

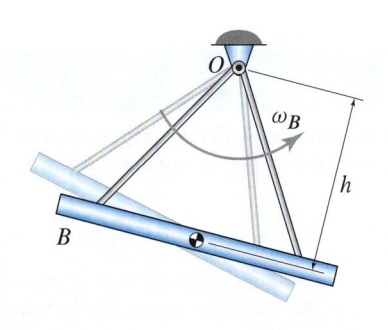

Figura 8.4
Uma plataforma B oscilando em torno do pino em O.

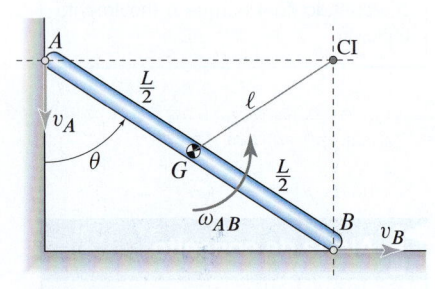

Figura 8.5
Uma barra deslizando para baixo de um canto, identificação dos parâmetros cinemáticos necessários para encontrar a sua energia cinética usando seu CI.

Informações úteis

Notação para o princípio do trabalho-energia. Aqui usamos a mesma notação introduzida no Capítulo 4. Quando escrevemos ① (ou ②) nos referimos a "posição 1" (ou "posição 2").

Energia cinética: rotação em torno de um eixo fixo

Referindo-se à Fig. 8.4, considere a plataforma B suportada por duas barras que estão ambas fixadas em O e rigidamente conectadas com B. A plataforma B gira em torno do eixo fixo perpendicular ao plano da figura e passando por O. Se ω_B é a velocidade angular de B, a cinemática do corpo rígido nos mostra que o centro de massa G de B tem velocidade $v_G = \omega_B h$, onde h é a distância entre G e O. A Eq. (8.10), em seguida, nos mostra que a energia cinética de B é

$$T = \tfrac{1}{2}mv_G^2 + \tfrac{1}{2}I_G\omega_B^2 = \tfrac{1}{2}m\omega_B^2 h^2 + \tfrac{1}{2}I_G\omega_B^2, \qquad (8.11)$$

que simplifica-se para

$$T = \tfrac{1}{2}(mh^2 + I_G)\omega_B^2 = \tfrac{1}{2}I_O\omega_B^2, \qquad (8.12)$$

onde, usando o teorema dos eixos paralelos, $I_O = mh^2 + I_G$ é o momento de inércia de massa de B em relação ao eixo de rotação (veja o Apêndice A). Esse cálculo mostra que a energia cinética de um corpo rígido B em uma rotação de eixo fixo pode sempre ser escrita como

$$\boxed{T = \tfrac{1}{2}I_O\omega_B^2,} \qquad (8.13)$$

onde I_O é o momento de inércia de massa em relação ao eixo de rotação. Esse resultado é útil porque as rotações de eixo fixo são comuns em aplicações.

Usando o CI para encontrar a energia cinética. Uma vez que a energia cinética depende apenas das velocidades, podemos também usar a Eq. (8.13) para determinar a energia cinética de um corpo rígido usando o CI como o ponto O. Referindo-se à Fig. 8.5, que mostra uma barra fina e uniforme AB de massa m e comprimento L deslizando para baixo de um canto, vemos que o CI é fácil de localizar e está a uma distância $\ell = L/2$ do centro de massa G da barra. Se soubermos a orientação θ da barra e v_A ou v_B, podemos encontrar ω_{AB} usando qualquer uma das seguintes expressões

$$\omega_{AB} = \frac{v_A}{L\,\text{sen}\,\theta} \quad \text{ou} \quad \omega_{AB} = \frac{v_B}{L\cos\theta}. \qquad (8.14)$$

Sabendo ω_{AB}, podemos calcular a energia cinética da barra AB conforme

$$T = \tfrac{1}{2}I_{\text{CI}}\omega_{AB}^2 = \tfrac{1}{2}(I_G + m\ell^2)\omega_{AB}^2, \qquad (8.15)$$

onde I_G é o momento de inércia de massa da barra. O Exemplo 8.1 usa o CI para calcular a energia cinética de uma bicicleta.

O princípio do trabalho-energia para um corpo rígido

Um corpo rígido pode ser visto como um *sistema* rígido de elementos de massa. Assim, a forma do princípio do trabalho-energia para um corpo rígido é a mesma que a obtida para um *sistema* de partículas, dada na Eq. (4.69) na p. 305 como

$$T_1 + (U_{1\text{-}2})_{\text{ext}} + (U_{1\text{-}2})_{\text{int}} = T_2, \qquad (8.16)$$

onde T é a energia cinética do sistema e $(U_{1\text{-}2})_{\text{ext}}$ e $(U_{1\text{-}2})_{\text{int}}$ são os trabalhos realizados ao ir de ① a ② pelas forças que são externas e internas ao sistema, respectivamente. Visto que já discutimos a energia cinética T, aqui focamos o termo $(U_{1\text{-}2})_{\text{int}}$, deixando a discussão sobre $(U_{1\text{-}2})_{\text{ext}}$ para mais tarde. Como discutido na Seção 4.3, as forças internas só realizam trabalho quando o sistema *deformar*. No caso de um corpo *rígido*, independentemente das forças internas, a *rigidez* do corpo impede a deformação, portanto, as forças internas não realizam trabalho, ou seja,

$$(U_{1\text{-}2})_{\text{int}} = 0. \tag{8.17}$$

Substituindo a Eq. (8.17) na Eq. (8.16), obtemos o princípio do trabalho-energia para um corpo rígido

$$\boxed{T_1 + U_{1\text{-}2} = T_2,} \tag{8.18}$$

onde $U_{1\text{-}2}$ é *apenas o trabalho de forças e binários externos*. A Eq. (8.18) mostra que o princípio do trabalho-energia para um corpo rígido tem a mesma forma que para uma única partícula (a energia cinética de um corpo rígido *não* é calculada da mesma forma que se calcula a de uma partícula). Em seguida, discutiremos como calcular o termo $U_{1\text{-}2}$ na Eq. (8.18).

Trabalho realizado sobre corpos rígidos

Em estática, aprendemos que um sistema geral de forças é constituído por forças e binários. Aqui, reexaminaremos brevemente como calcular o trabalho de forças, e, logo, aprenderemos como calcular o trabalho de um binário.

Referindo-se à Fig. 8.6, considere um corpo rígido sofrendo a ação de n forças, chamadas $\vec{F}_i$ ($i = 1,..., n$). O trabalho desse sistema de forças é dado por

$$U_{1\text{-}2} = \sum_{i=1}^{n} \int_{(\mathcal{L}_{1\text{-}2})_i} \vec{F}_i \cdot d\vec{r}_i, \tag{8.19}$$

onde $(\mathcal{L}_{1\text{-}2})_i$ é a *trajetória do ponto de aplicação da força* $\vec{F}_i$, e $\vec{r}_i$ é a posição do *ponto de aplicação* da força $\vec{F}_i$. A Eq. (8.19) afirma que o trabalho realizado por um sistema de forças é a soma das contribuições de trabalho de força, em que cada contribuição é calculada aplicando-se o que aprendemos no Capítulo 4.

Quanto à Fig. 8.7, considere um corpo rígido submetido a um binário que consiste em duas forças iguais e opostas $\vec{F}_A$ e $\vec{F}_B$ com linhas de ação paralelas separadas pela distância h. O momento desse binário é

$$\vec{M} = \vec{r}_{A/B} \times \vec{F}_A = \vec{r}_{B/A} \times \vec{F}_B, \tag{8.20}$$

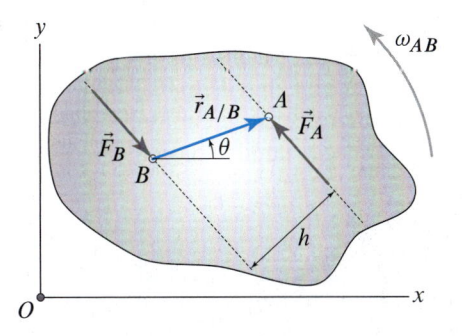

Figura 8.7 Corpo rígido submetido a um binário.

Informações úteis

Trabalho das forças internas em corpos rígidos.

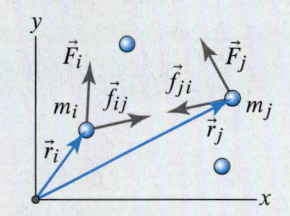

O trabalho infinitesimal das forças internas entre as partículas i e j em um sistema físico é $dU = \vec{f}_{ij} \cdot d\vec{r}_{i/j}$, onde $\vec{f}_{ij}$ é paralelo a $\vec{r}_{i/j}$. Em geral, $dU \neq 0$ sempre que $d\vec{r}_{i/j} \neq \vec{0}$, ou seja, na presença de movimento relativo. Se o movimento é o de um corpo rígido, então, apesar de $d\vec{r}_{i/j} \neq \vec{0}$, temos que $d\vec{r}_{i/j}$ é *sempre* perpendicular a $\vec{r}_{i/j}$ e, portanto, a $\vec{f}_{ij}$, implicando então que $dU = 0$. O movimento relativo de dois pontos em um movimento de corpo rígido não permite que as forças internas realizem trabalho.

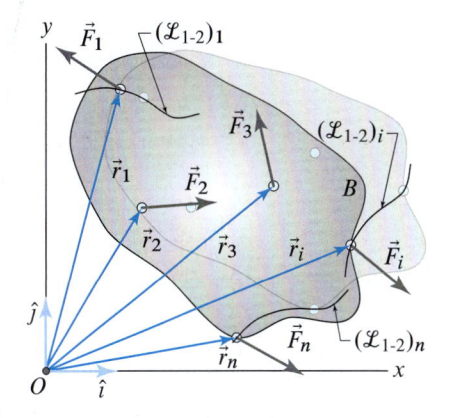

Figura 8.6
Um corpo rígido sob a ação de um sistema de forças.

onde A e B são quaisquer dois pontos arbitrariamente escolhidos nas linhas de ação de $\vec{F}_A$ e $\vec{F}_B$, respectivamente. Aplicando a Eq. (8.19) para o caso de $\vec{F}_A$ e $\vec{F}_B$, temos

$$U_{1\text{-}2} = \int_{(\mathcal{L}_{1\text{-}2})_A} \vec{F}_A \cdot d\vec{r}_A + \int_{(\mathcal{L}_{1\text{-}2})_B} \vec{F}_B \cdot d\vec{r}_B. \tag{8.21}$$

Uma vez que $d\vec{r}_A = \vec{v}_A\, dt$ e $d\vec{r}_B = \vec{v}_B\, dt$, a Eq. (8.21) pode ser reescrita como

$$U_{1\text{-}2} = \int_{t_1}^{t_2} \left(\vec{F}_A \cdot \vec{v}_A + \vec{F}_B \cdot \vec{v}_B\right) dt = \int_{t_1}^{t_2} \vec{F}_A \cdot (\vec{v}_A - \vec{v}_B)\, dt, \tag{8.22}$$

onde usamos o fato de que $\vec{F}_B = -\vec{F}_A$. Como o corpo é rígido, $\vec{v}_A - \vec{v}_B = \vec{\omega}_{AB} \times \vec{r}_{A/B}$, de modo que a Eq. (8.22) torna-se

$$U_{1\text{-}2} = \int_{t_1}^{t_2} \vec{F}_A \cdot \left(\vec{\omega}_{AB} \times \vec{r}_{A/B}\right) dt = \int_{t_1}^{t_2} \vec{\omega}_{AB} \cdot \left(\vec{r}_{A/B} \times \vec{F}_A\right) dt, \tag{8.23}$$

onde a identidade $\vec{a} \cdot (\vec{b} \times \vec{c}) = \vec{b} \cdot (\vec{c} \times \vec{a})$ foi utilizada. O termo $\vec{r}_{A/B} \times \vec{F}_A$ é igual a $\vec{M}$ da Eq. (8.20), e, como o movimento é planar, podemos representar os vetores $\vec{\omega}_{AB}$ e $\vec{M}$ como $\vec{\omega}_{AB} = \omega_{AB}\,\hat{k}$ e $\vec{M} = M\,\hat{k}$, respectivamente. A Eq. (8.23) pode, desse modo, ser reescrita como

$$\boxed{U_{1\text{-}2} = \int_{t_1}^{t_2} M\omega_{AB}\, dt = \int_{\theta_1}^{\theta_2} M\, d\theta,} \tag{8.24}$$

uma vez que, em movimentos planares de corpo rígido, $d\theta = \omega_{AB}\, dt$, onde $d\theta$ é o deslocamento angular infinitesimal do corpo. Se M é constante, a Eq. (8.24) simplifica-se para $U_{1\text{-}2} = M(\theta_2 - \theta_1)$, onde $\theta_2 - \theta_1$ é o deslocamento angular do corpo entre ① e ②.

Energia potencial e conservação de energia

Se algumas das forças que atuam sobre um corpo rígido são conservativas, podemos considerar o seu trabalho utilizando sua energia potencial associada.[2] Portanto, o princípio do trabalho-energia para um corpo rígido movendo-se entre ① e ② sob um sistema geral de forças pode ser dado pela forma

$$\boxed{T_1 + V_1 + (U_{1\text{-}2})_{nc} = T_2 + V_2,} \tag{8.25}$$

onde V é a energia potencial total do corpo e $(U_{1\text{-}2})_{nc}$ é o trabalho das forças não conservativas, ou seja, as forças para as quais não temos uma função de energia potencial. Observe que a Eq. (8.25) tem a mesma forma que a Eq. (4.50) da p. 282, que é a forma geral do princípio de trabalho-energia para uma partícula. Se o sistema de forças inteiro consiste em forças conservativas, então a Eq. (8.25) reduz-se para a afirmação familiar da conservação de energia mecânica, que é

$$\boxed{T_1 + V_1 = T_2 + V_2.} \tag{8.26}$$

---

[2] Veja a Seção 4.2 na p. 276 para revisar os conceitos de forças conservativas e energia potencial.

Energia potencial de uma mola de torção

A Fig. 8.8 apresenta uma variedade de molas de *torção*. Essas molas são projetadas para fornecer um momento em resposta a um deslocamento angular. Uma aplicação típica de uma mola de torção é mostrada na Fig. 8.9(a), na qual vemos uma barra fixada em uma extremidade com uma mola. Se a barra é submetida a um deslocamento angular θ, a deformação da mola de torção provoca um momento a ser aplicado na barra no sentido oposto ao deslocamento angular, como mostrado na Fig. 8.9(b). A magnitude do momento gerado é uma função do deslocamento angular. Por exemplo, para uma mola de torção *linear*, a relação deslocamento angular-momento é

$$M = -k_t\theta, \tag{8.27}$$

onde *kt* é a ***constante da mola de torção***, que tem dimensões de força × comprimento/ângulo. Portanto, as unidades de k_t no SI são N·m/rad e nas unidades do sistema Americano são ft·lb/rad.

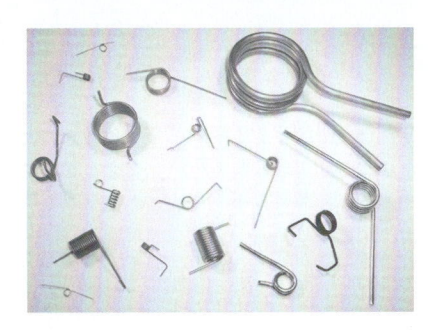

Figura 8.8
Um conjunto de molas de torção.

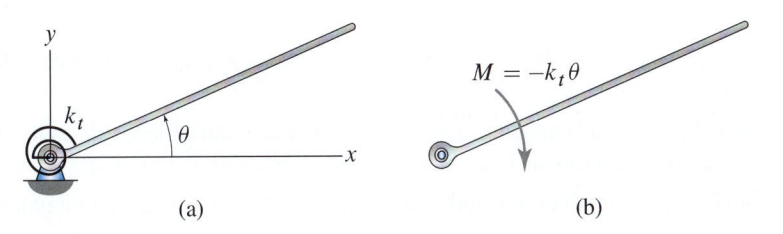

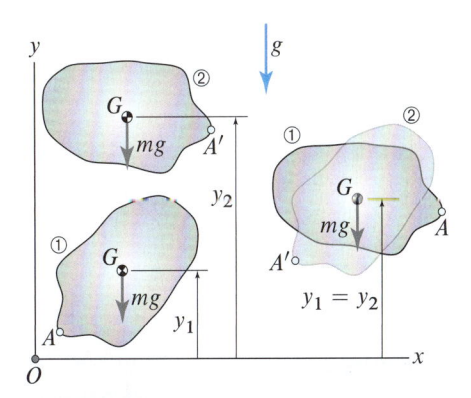

Figura 8.9 Barra com mola linear de torção (a) e momento de reação da mola (b).

Se aplicarmos a Eq. (8.24) para calcular o trabalho realizado por uma mola de torção, obtemos

$$(U_{1\text{-}2})_{\text{mola de torção}} = -\int_{\theta_1}^{\theta_2} k_t\theta\, d\theta = -\left(\tfrac{1}{2}k_t\theta_2^2 - \tfrac{1}{2}k_t\theta_1^2\right). \tag{8.28}$$

A Eq. (8.28) nos mostra que o trabalho de uma mola de torção depende apenas das posições inicial e final da mola. Isso significa que podemos contabilizar o trabalho de uma mola de torção usando uma função da energia potencial. Uma vez que a relação entre trabalho e energia potencial é $U_{1\text{-}2} = -(V_2 - V_1)$, para uma mola de torção linear a energia potencial é

$$\boxed{V_{\text{mola de torção}} = \tfrac{1}{2}k_t\theta^2.} \tag{8.29}$$

Energia potencial de uma força gravitacional constante

Uma partícula ocupa um único ponto, assim, determinar a variação na sua altura para calcular o trabalho realizado nela pela gravidade é simples. Para corpos rígidos, pode não ser imediatamente óbvio qual ponto deve ser usado para calcular a variação de altura. Referindo-se ao lado esquerdo da Fig. 8.10, vemos que, por exemplo, o ponto A se move para A' quando o corpo rígido se move de ① para ②, mas a força resultante da gravidade não atua em A, e sim em G. Portanto, quando calculamos a variação de altura de um corpo rígido a fim de calcular a sua energia potencial gravitacional, ainda usamos a Eq. (4.33) da p. 280, isto é,

$$\boxed{V_g = mgy,} \tag{8.30}$$

Figura 8.10
Esquerda: Um corpo rígido que gira e cujo centro de massa G mudou a sua altura. Direita: Um corpo rígido que gira e cujo centro de massa G *não* alterou a sua altura.

onde *y* agora *mede a altura do centro de massa* em relação à linha de referência arbitrariamente escolhida. No lado direito da Fig. 8.10, vemos que um corpo rígido que simplesmente gira sobre seu centro de massa *G* não tem qualquer mudança no potencial gravitacional, embora *infinitamente muitos* pontos do corpo mudem a sua altura (p. ex., de *A* para *A'*).

Princípio do trabalho-energia para sistemas

Se considerarmos um sistema físico como composto de partículas, corpos rígidos ou uma mistura dos dois, o enunciado do princípio do trabalho-energia assume uma forma que é sempre a mesma. Portanto, para evitar novas derivações desnecessárias, simplesmente estabelecemos o princípio do trabalho-energia para qualquer sistema físico como

$$T_1 + V_1 + (U_{1\text{-}2})_{nc}^{ext} + (U_{1\text{-}2})_{nc}^{int} = T_2 + V_2, \qquad (8.31)$$

onde

- *T* é a energia cinética total, dada pela soma da energia cinética de cada parte individual;
- *V* é a energia potencial total, constituída por contribuições de todas as forças conservativas tanto internas quanto externas ao sistema;
- $(U_{1\text{-}2})_{nc}^{ext}$ é o trabalho de todas as forças *externas* sem uma energia potencial; e
- $(U_{1\text{-}2})_{nc}^{int}$ é o trabalho de todas as forças *internas* sem uma energia potencial.

A Eq. (8.31) tem a mesma forma que a Eq. (4.70) da p. 305.

Erro comum

Trabalho das forças internas para corpos rígidos. O termo de trabalho interno $(U_{1\text{-}2})_{nc}^{int}$ na Eq. (8.31) *não* se refere ao trabalho interno de um único corpo rígido – ele se refere ao trabalho realizado entre dois ou mais corpos rígidos em um sistema de corpos rígidos.

Potência

Primeiro discutimos a potência desenvolvida por uma força na Seção 4.4 da p. 320. Se modelarmos um objeto como uma partícula ou um corpo rígido, a potência desenvolvida pela força $\vec{F}$ à medida que seu ponto de aplicação se move a uma velocidade $\vec{v}$ é o trabalho realizado pela força por unidade de tempo e é

$$\text{Potência desenvolvida por uma força } \vec{F} = \frac{dU}{dt} = \vec{F} \cdot \vec{v}. \qquad (8.32)$$

Quanto à potência de um binário, referindo-se à Fig. 8.11, podemos obter sua forma com uma aplicação direta do teorema fundamental do cálculo para a expressão do trabalho de um binário fornecido pela Eq. (8.23), ou seja,

$$\text{Potência desenvolvida por um binário} = \frac{dU}{dt} = \vec{\omega}_{AB} \cdot (\vec{r}_{A/B} \times \vec{F}_A) = \vec{M} \cdot \vec{\omega}_{AB}, \qquad (8.33)$$

onde $\vec{M}$ é o momento do binário.

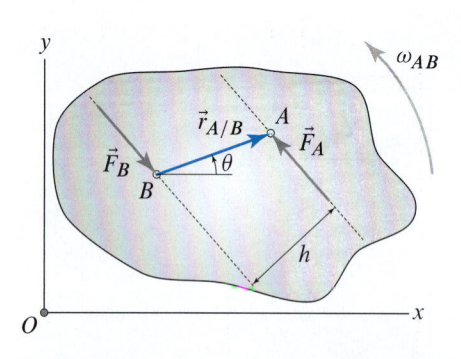

Figura 8.11

Figura 8.7 repetida. Corpo rígido submetido a um binário.

Resumo final da seção

A energia cinética *T* de um corpo rígido *B* em movimento planar é dada por

Eq. (8.10), p. 593

$$T = \tfrac{1}{2}mv_G^2 + \tfrac{1}{2}I_G\omega_B^2,$$

ou por

Eq. (8.13), p. 594

$$T = \tfrac{1}{2} I_O \omega_B^2,$$

onde m, G e I_G são a massa, o centro de massa e o momento de inércia de massa do corpo, respectivamente, e a segunda equação aplica-se à rotação de eixo fixo, onde I_O é o momento de inércia de massa em relação ao eixo de rotação. O princípio do trabalho-energia para um corpo rígido é

Eq. (8.18), p. 595

$$T_1 + U_{1\text{-}2} = T_2,$$

onde $U_{1\text{-}2}$ é o trabalho realizado sobre o corpo que vai de ① a ② apenas por forças externas. Se fizermos uso da energia potencial V das forças conservativas, o princípio do trabalho-energia também pode ser escrito como

Eqs. (8.25) e (8.26), p. 596

$$T_1 + V_1 + (U_{1\text{-}2})_{\text{nc}} = T_2 + V_2 \quad \text{(sistemas em geral)},$$
$$T_1 + V_1 = T_2 + V_2 \quad \text{(sistemas conservativos)},$$

onde a segunda expressão se aplica somente a um sistema conservativo e afirma que a energia mecânica total do sistema é conservada. Para sistemas de corpos rígidos ou sistemas mistos de corpos rígidos e partículas, o princípio do trabalho-energia estabelece

Eq. (8.31), p. 598

$$T_1 + V_1 + (U_{1\text{-}2})_{\text{nc}}^{\text{ext}} + (U_{1\text{-}2})_{\text{nc}}^{\text{int}} = T_2 + V_2,$$

onde V é a energia potencial total (de ambas as forças conservativas externas e internas) e $(U_{1\text{-}2})_{\text{nc}}^{\text{ext}}$ e $(U_{1\text{-}2})_{\text{nc}}^{\text{int}}$ são as contribuições de trabalho das forças externas e internas para as quais não temos uma energia potencial, respectivamente. Referindo-se à Fig. 8.12, em movimento planar de corpo rígido, o trabalho de um binário é

Eq. (8.24), p. 596

$$U_{1\text{-}2} = \int_{t_1}^{t_2} M \omega_{AB}\, dt = \int_{\theta_1}^{\theta_2} M\, d\theta,$$

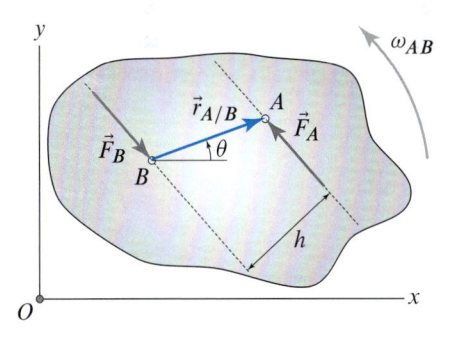

Figura 8.12
Figura 8.7 repetida. Corpo rígido submetido a um binário.

onde $d\theta$ é o deslocamento angular infinitesimal do corpo e M é a componente do momento do binário na direção perpendicular ao plano do movimento, considerado positivo no sentido positivo de θ. Além disso, a potência desenvolvida por um binário com momento $\vec{M}$ é calculada conforme

Eq. (8.33), p. 598

$$\text{Potência desenvolvida por um binário} = \frac{dU}{dt} = \vec{M} \cdot \vec{\omega}_{AB},$$

onde $\vec{\omega}_{AB}$ é a velocidade angular do corpo.

EXEMPLO 8.1 Cálculo da energia cinética com rolamento sem deslizamento

Figura 1
Ciclista andando em uma estrada horizontal.

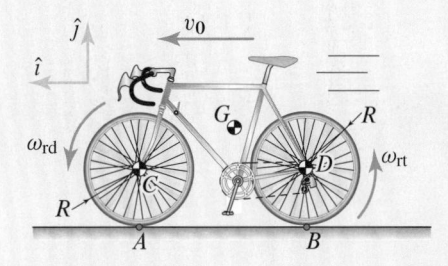

Figura 2
Bicicleta se movendo a uma velocidade constante v_0. Os pontos G, C e D são os centros de massa do quadro, roda dianteira e roda traseira, respectivamente.

Um ciclista anda em uma estrada horizontal a uma velocidade constante $v_0 = 35$ km/h. A massa do quadro (a bicicleta sem as rodas) é $m_f = 2{,}25$ kg. As rodas dianteira e traseira têm o mesmo diâmetro $d = 0{,}7$ m. As massas das rodas dianteira e traseira são $m_{\text{rd}} = 0{,}737$ kg e $m_{\text{rt}} = 0{,}933$ kg, respectivamente, e os momentos de inércia de massa das rodas dianteira e traseira são $I_C = 0{,}0510$ kg $\cdot$ m^2 e $I_D = 0{,}0501$ kg $\cdot$ m^2, respectivamente (veja a Fig. 2). Assumindo que as rodas rolem sem deslizar, calcule a energia cinética apenas da bicicleta. Despreze a energia cinética dos pedais, corrente e outros componentes que não foram especificamente mencionados.

SOLUÇÃO

Roteiro Sabemos o movimento de um sistema e precisamos calcular a energia cinética do sistema, sendo que o sistema é composto pelo quadro da bicicleta e pelas duas rodas. A energia cinética da bicicleta é encontrada calculando-se a energia cinética de cada parte e somando-se as contribuições individuais. A solução não requer qualquer conhecimento das forças que atuam sobre o sistema. Portanto, como nos problemas de cinemática, a nossa solução consistirá apenas na etapa de cálculos.

Cálculos Considerando T a energia cinética do sistema, temos

$$T = T_f + T_{\text{rd}} + T_{\text{rt}}, \tag{1}$$

onde T_f, T_{rd} e T_{rt} são as energias cinéticas do quadro, da roda dianteira e da roda traseira, respectivamente. Como o sistema está se deslocando ao longo de uma estrada horizontal, o quadro está transladando na direção x a uma velocidade v_0 (veja a Fig. 2). Portanto, uma vez que a velocidade angular do quadro é igual a zero, aplicando a Eq. (8.10) da p. 593, temos

$$T_f = \tfrac{1}{2} m_f v_0^2 = 106{,}3 \text{ J}. \tag{2}$$

Aplicando a Eq. (8.10) para a roda dianteira, temos

$$T_{\text{rd}} = \tfrac{1}{2} m_{\text{rd}} v_C^2 + \tfrac{1}{2} I_C \omega_{\text{rd}}^2 \tag{3}$$

onde v_C e ω_{rd} são a velocidade do centro de massa e a velocidade angular da roda dianteira, respectivamente. Como a roda rola sem deslizar, temos

$$v_C = v_0 = R\omega_{\text{rd}} \quad \Rightarrow \quad \omega_{\text{rd}} = \omega_0 = \frac{v_0}{R} = 27{,}78 \text{ rad/s}, \tag{4}$$

onde ω_0 é a velocidade angular de ambas as rodas desde que tenham o mesmo raio $R = d/2 = 0{,}35$ m. Substituindo a Eq. (4) na Eq. (3), obtemos

$$T_{\text{rd}} = \tfrac{1}{2} m_{\text{rd}} R^2 \omega_0^2 + \tfrac{1}{2} I_C \omega_0^2 = \tfrac{1}{2}\left(I_C + m_{\text{rd}} R^2\right)\omega_0^2 = 54{,}52 \text{ J}. \tag{5}$$

Como a roda traseira está sofrendo o mesmo movimento que a roda dianteira, a expressão para T_{rt} tem a mesma forma que a da Eq. (5). Portanto, temos

$$T_{\text{rt}} = \tfrac{1}{2}\left(I_D + m_{\text{rt}} R^2\right)\omega_0^2 = 63{,}43 \text{ J}. \tag{6}$$

Substituindo os resultados das Eqs. (2), (5) e (6) na Eq. (1), a energia cinética total da bicicleta é

$$\boxed{T = 224 \text{ J}.} \tag{7}$$

Discussão e verificação Nossa resposta foi obtida combinando as contribuições das Eqs. (2), (5) e (6), sendo que cada uma das quais está dimensionalmente correta. As unidades utilizadas na resposta final são adequadas, pois os dados do problema foram dados nas unidades do SI.

Uma maneira de conferir se o nosso resultado é razoável é verificar se a energia cinética calculada é maior do que poderíamos calcular se o sistema estivesse apenas transladando. Se as rodas não girassem, suas energias cinéticas de rotação não contribuiriam para a energia cinética total do sistema, portanto, a energia cinética do sistema correspondente teria que ser menor do que aquela da Eq. (7). O cálculo da energia cinética como se o sistema estivesse apenas transladando fornece $T_{\text{translação}} = \frac{1}{2}(m_f + m_{\text{rd}} + m_{\text{rt}})v_0^2 = 185$ J, que é menos do que o nosso valor calculado, conforme o esperado.

Um olhar mais atento Uma observação importante sobre o nosso cálculo é que resolvemos o problema aplicando a Eq. (8.10) da p. 593, ou seja, a fórmula geral para a energia cinética de um corpo rígido em movimento planar. Ao fazê-lo, para as rodas, acabamos com as duas seguintes expressões

$$T_{\text{rd}} = \tfrac{1}{2}\Big(I_C + m_{\text{rd}}R^2\Big)\omega_0^2 \quad \text{e} \quad T_{\text{rt}} = \tfrac{1}{2}\Big(I_D + m_{\text{rt}}R^2\Big)\omega_0^2. \qquad (8)$$

O primeiro termo entre parênteses é equivalente à aplicação do teorema dos eixos paralelos para encontrar o momento de inércia de massa da roda dianteira sobre A, ou seja,

$$I_A = I_C + m_{\text{rd}}R^2, \qquad (9)$$

onde, referindo-se à Fig. 2, o ponto A é o ponto de contato entre a roda e o chão. O que tem de especial no ponto A é que *ele é o centro instantâneo de rotação da roda dianteira*. Da mesma forma, para a roda traseira temos $I_D + m_{\text{rt}}R^2 = I_B$, que é o momento de inércia de massa da roda traseira sobre B, onde o ponto B é o CI da roda traseira. Essas observações apontam para o fato de que poderíamos ter calculado a energia cinética das rodas usando a Eq. (8.13) da p. 594 conforme

$$T_{\text{rd}} = \tfrac{1}{2}I_A\omega_0^2 \quad \text{e} \quad T_{\text{rt}} = \tfrac{1}{2}I_B\omega_0^2. \qquad (10)$$

EXEMPLO 8.2 O princípio do trabalho-energia para rotação sobre um eixo fixo

A cancela operada manualmente mostrada na Fig. 1 é facilmente aberta e fechada a mão devido ao contrapeso. Referindo-se à Fig. 2, modele o braço da cancela como uma barra *uniforme* fina de massa m_a que está fixada por um pino em O e com o centro de massa em A e modele o contrapeso como uma partícula de massa m_c. Determine a velocidade angular do braço e a velocidade da extremidade B à medida que o braço atinge a posição horizontal se ele for deslocado a partir do repouso quando está na vertical e cai livremente. Avalie suas respostas para $l = 4{,}8$ m, $d = 0{,}8$ m, $\delta = 0{,}4$ m, um braço de 20 kg e um contrapeso de 42 kg.

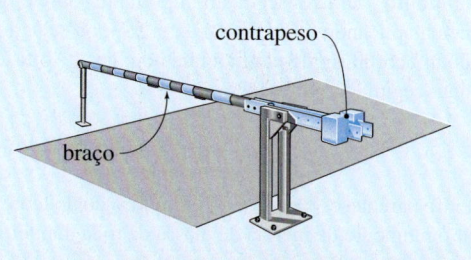

Figura 1 Uma cancela operada manualmente. Observe o contrapeso na extremidade direita.

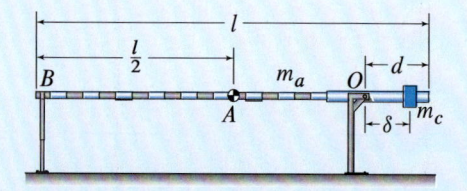

Figura 2
As dimensões relevantes da cancela. O braço tem massa m_a e o contrapeso tem massa m_c.

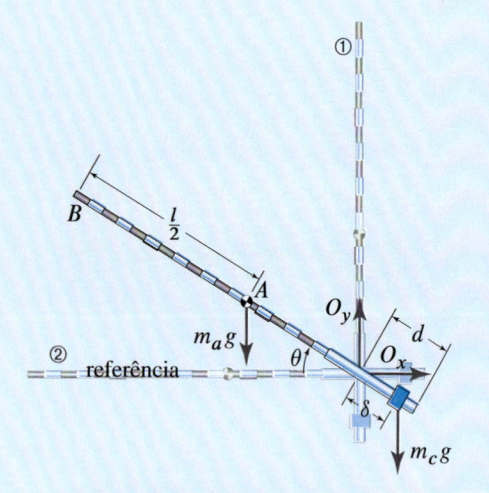

SOLUÇÃO

Roteiro e modelagem Uma vez que queremos relacionar a variação da velocidade do braço com o seu deslocamento, aplicaremos o princípio do trabalho-energia. Como pode ser visto no DCL do braço na Fig. 3, somente as forças-peso realizam trabalho, então esse é um sistema conservativo. Assumiremos que não há perdas devido ao atrito ou arrasto.

Equações fundamentais

Princípios de equilíbrio Visto que o sistema é conservativo, o princípio do trabalho-energia fornece

$$T_1 + V_1 = T_2 + V_2, \qquad (1)$$

onde ① é quando o braço está na vertical ($\theta = \pi/2$ rad) e ② é quando ele está na horizontal ($\theta = 0$). Em ①, a energia cinética é zero, e, em ②, a energia cinética deve levar em conta o braço e o contrapeso, assim

$$T_1 = 0 \quad \text{e} \quad T_2 = \underbrace{\tfrac{1}{2} m_c v_{c2}^2}_{\text{contrapeso}} + \underbrace{\tfrac{1}{2} I_O \omega_{a2}^2}_{\text{braço}}, \qquad (2)$$

onde v_{c2} é a velocidade do contrapeso em ②, I_O é o momento de inércia de massa do braço em relação ao ponto O, ω_{a2} é a velocidade angular do braço em ②, e utilizamos a Eq. (8.13) para calcular a energia cinética do braço. Usando o teorema dos eixos paralelos, o momento de inércia de massa do braço em relação ao ponto O é dado por

$$I_O = \tfrac{1}{12} m_a l^2 + m_a \left(\tfrac{1}{2} l - d\right)^2. \qquad (3)$$

Figura 3
O DCL da cancela conforme desce da posição vertical.

Leis da força As energias potenciais do sistema em ① e ② são

$$V_1 = m_a g \left(\tfrac{1}{2} l - d\right) - m_c g \delta \quad \text{e} \quad V_2 = 0. \qquad (4)$$

Equações cinemáticas Como queremos resolver para ω_{a2}, teremos que escrever v_{c2} em termos de ω_{a2}, que é facilmente feito conforme

$$v_{c2} = \delta \omega_{a2}. \qquad (5)$$

Cálculos Substituindo as Eqs. (2)-(5) na Eq. (1), obtemos

$$m_a g\left(\tfrac{1}{2}l - d\right) - m_c g \delta = \tfrac{1}{2} m_c (\delta \omega_{a2})^2 + \tfrac{1}{2}\left[\tfrac{1}{12} m_a l^2 + m_a \left(\tfrac{1}{2}l - d\right)^2\right]\omega_{a2}^2, \qquad (6)$$

que, resolvendo para ω_{a2}, fornece

$$\boxed{\omega_{a2} = \sqrt{\frac{2g[m_a(l/2 - d) - m_c \delta]}{m_c \delta^2 + m_a[l^2/12 + (l/2 - d)^2]}} = 0{,}788 \text{ rad/s},} \qquad (7)$$

e, então, a velocidade da extremidade do braço em B é

$$\boxed{v_{B2} = (l - d)\omega_{a2} = 3{,}152 \text{ m/s}.} \qquad (8)$$

Discussão e verificação As dimensões nas Eqs. (7) e (8) estão corretas. Se $m_c \delta$ é aumentado, o argumento da raiz quadrada na Eq. (7) torna-se negativo e a solução não é mais significativa. Isso faz sentido porque esperamos que, se $m_c \delta$ exceder um valor crítico, a cancela nunca atingirá a posição horizontal. Diferentes configurações do projeto para o braço podem ser exploradas nos exercícios e problemas de projeto.

🔍 Um olhar mais atento Os Problemas 8.33 e 8.34 conduzem a um olhar mais atento ao problema examinado neste exemplo levando em conta a inércia de rotação (e, portanto, a energia cinética de rotação) do contrapeso. Mesmo sem resolver esses problemas, podemos prever o que a inclusão da inércia de rotação fará a nossos resultados nas Eqs. (7) e (8).

Ela não mudará a energia potencial do contrapeso, mas adicionará um termo de energia cinética no lado direito da Eq. (6). Uma vez que esse termo de energia cinética é escrito em termos de ω_{a2}, vemos que o denominador da Eq. (7) ficará maior e, por isso, todos os outros termos sendo iguais, ω_{a2} diminuirá.

EXEMPLO 8.3 Princípio do trabalho-energia e rolamento sem deslizamento

Figura 1
Um conversível em um trecho horizontal da estrada. Mazda Miata © 2006 Mazda Motor of America, Inc. Imagem usada sob permissão.

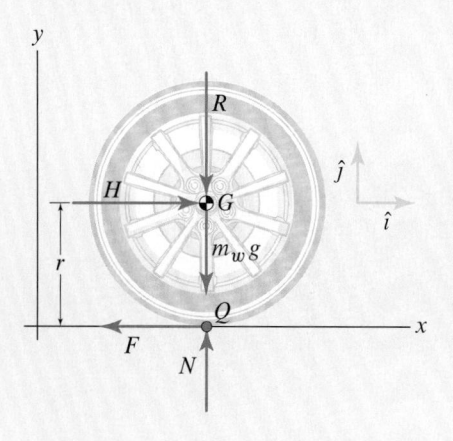

Um carro de tração traseira acelera do repouso até uma velocidade final v_f ao longo de uma distância L em um trecho horizontal. Se as rodas dianteiras não deslizam, desprezamos a resistência ao rolamento, o atrito nos mancais e o arrasto do ar; e, se o centro geométrico de cada roda é também o centro de massa da roda, determinamos aquelas forças em cada roda dianteira que realizam trabalho e expressamos o trabalho realizado por aquelas forças em termos da velocidade dada v_f, do raio da roda r, da massa m_w e do momento de inércia de massa I_G, onde G denota o centro de massa da roda. Podemos usar essa expressão para o trabalho para encontrar a força de atrito média agindo na roda?

SOLUÇÃO

Roteiro e modelagem O princípio do trabalho-energia nos diz que o trabalho realizado em uma roda é a diferença entre a energia cinética final e a inicial da roda. Uma vez que temos informações suficientes para determinar essas energias cinéticas, o problema é resolvido pelo cálculo de sua diferença. Para o cálculo da força de atrito média no chão, precisaremos ver se e como a força de atrito aparece na expressão para o trabalho realizado na roda. Uma vez que o princípio do trabalho-energia leva em conta o trabalho de todas as forças que atuam sobre a roda, é importante esboçar o DCL da roda, como mostrado na Fig. 2. O único atrito que consideramos é no chão, e nenhum binário é considerado atuante na roda porque as rodas dianteiras *não* são as rodas motrizes. A força H vem do fato de que o eixo dianteiro do carro está empurrando a roda dianteira e a força R se deve ao peso do carro empurrando para baixo sobre o pneu.

Figura 2
DCL de uma das rodas dianteiras. O ponto G identifica tanto o centro geométrico da roda como o centro de massa dela.

Equações fundamentais

Princípios de equilíbrio O princípio do trabalho-energia para cada roda dianteira é

$$T_1 + U_{1\text{-}2} = T_2, \tag{1}$$

onde a rapidez do conversível é zero em ① e v_0 em ②. A energia cinética T pode, logo, ser escrita como

$$T_1 = 0 \quad \text{e} \quad T_2 = \frac{1}{2}m_w v_{G2}^2 + \frac{1}{2}I_G \omega_{w2}^2, \tag{2}$$

onde v_{G2} é a velocidade de G e ω_{w2} é a velocidade angular da roda, ambos em ②.

Leis da força Para expressar o trabalho de cada força que aparece no DCL, relembre que, se o ponto de aplicação de uma força $\vec{P}$ é deslocado de $d\vec{r}$, o trabalho correspondente dU é

$$dU = \vec{P} \cdot d\vec{r} \quad \text{com} \quad d\vec{r} = \vec{v}\,dt, \tag{3}$$

onde $\vec{v}$ é a velocidade do ponto de aplicação de $\vec{P}$. Referindo-se à Fig. 2,

1. As forças R e $m_w g$ estão orientadas verticalmente e não realizam qualquer trabalho porque os seus pontos de aplicação movem-se horizontalmente.
2. F e N não realizam trabalho porque a condição de rolamento sem deslizamento exige que $\vec{v}_Q = \vec{0}$, onde Q é o ponto de aplicação de F e N.

Portanto, a única força a fazer trabalho é a força H, e podemos escrever

$$U_{1\text{-}2} = \int_{(\mathcal{L}_{1\text{-}2})_G} H\,\hat{\imath} \cdot d\vec{r}_G = \int_{x_{G1}}^{x_{G2}} H\,dx_G, \tag{4}$$

onde G é o ponto de aplicação de H e x_G é a posição horizontal de G.

Equações cinemáticas Em ② temos

$$v_{G2} = v_f. \qquad (5)$$

Para encontrar ω_{w2}, aplicamos a cinemática do rolamento sem deslizamento usando

$$\vec{v}_G = \vec{v}_Q + \omega_w \hat{k} \times r\,\hat{\jmath} \quad \text{com} \quad \vec{v}_Q = \vec{0}, \qquad (6)$$

de modo que, em ②, temos

$$\vec{v}_{G2} = v_f\,\hat{\imath} = \omega_{w2}\hat{k} \times r\,\hat{\jmath} \quad \Rightarrow \quad \omega_{w2} = -\frac{v_f}{r}. \qquad (7)$$

Cálculos Combinando as Eqs. (5) e (7) com a Eq. (2), temos

$$T_1 = 0 \quad \text{e} \quad T_2 = \frac{1}{2}m_w v_f^2 + \frac{1}{2}I_G\left(-\frac{v_f}{r}\right)^2. \qquad (8)$$

Substituindo as Eqs. (8) na Eq. (1) e resolvendo para $U_{1\text{-}2}$, temos

$$U_{1\text{-}2} = \int_{x_{G1}}^{x_{G2}} H\,dx_G = \frac{1}{2}m_w v_f^2 + \frac{1}{2}I_G\left(-\frac{v_f}{r}\right)^2, \qquad (9)$$

onde também usamos a Eq. (4). A Eq. (9) pode ser simplificada para

$$\boxed{U_{1\text{-}2} = \int_{x_{G1}}^{x_{G2}} H\,dx_G = \frac{1}{2}(I_G + m_w r^2)\left(\frac{v_f}{r}\right)^2.} \qquad (10)$$

Agora que encontramos a expressão para $U_{1\text{-}2}$, vemos que a força de atrito não aparece nela. Portanto, *não podemos* calcular o valor médio da força de atrito atuando sobre a roda diretamente a partir da Eq. (10).

Discussão e verificação O termo v_f/r na Eq. (10) tem dimensões de 1/tempo. Como I_G é um momento de inércia, ele tem dimensões de massa × comprimento². Portanto, o resultado global da Eq. (10) tem dimensões de (massa × comprimento/tempo²)(comprimento), ou seja, dimensões de trabalho, como deveria.

🔍 **Um olhar mais atento** Em geral, rolamento sem deslizamento requer que uma força de atrito atue sobre o corpo que rola no ponto de contato entre o corpo em questão e a superfície de rolamento. No entanto, essa força de atrito não dissipa qualquer energia em virtude de a ausência de deslizamento impedir a força de atrito de realizar o trabalho (ou seja, o atrito está sendo aplicado em um ponto que não está se movendo naquele instante). Portanto, se um corpo *rígido* está rolando sem deslizamento sobre uma superfície *rígida*, a energia mecânica do corpo será conservada durante o movimento. Esse é um resultado importante porque, em muitos problemas envolvendo rolamento sem deslizamento, podemos aplicar a conservação de energia mesmo que uma força de atrito apareça no DCL do corpo.

Fato interessante

Se o atrito não realiza trabalho, então o que é "resistência ao rolamento"? A resistência ao rolamento ocorre quando um objeto rola sem deslizamento sobre outro objeto *e* um ou ambos os objetos deformam. Não apenas a deformação por si só dissipa a energia, mas também a força normal equivalente entre o objeto e o chão impede o movimento.

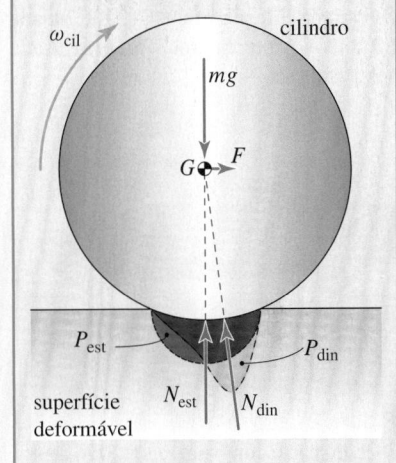

A figura acima mostra um cilindro rígido sobre uma superfície deformável. Quando $F = 0$ e o objeto está em repouso, a distribuição de pressão no objeto devido à deformação da superfície é dada por P_{est} e a força normal equivalente é dada pela força vertical N_{est}. Por outro lado, quando uma força F é aplicada ao cilindro de modo que ele rola a uma velocidade angular constante ω_{cil}, a distribuição de pressão é aquela dada por P_{din} e a força normal equivalente é N_{din}. Observe que há uma componente horizontal de N_{din} que está impedindo o movimento de avanço do cilindro. Uma vez que o cilindro está se movendo a uma velocidade constante, a componente horizontal de N_{din} deve ser igual e oposta a F.

EXEMPLO 8.4 Calculando a potência de saída do motor e o torque das rodas

O conversível de tração traseira de 1.200 kg[3] mostrado na Fig. 1 acelera a partir do repouso até 100 km/h em 7 s. Cada uma das quatro rodas tem um diâmetro $d = 0,6$ m, massa de 20 kg e um momento de inércia de massa $I_G = 1,3$ kg · m² em relação ao seu centro de massa. Supondo que o carro acelera uniformemente, que desprezamos a resistência ao rolamento, o atrito nos mancais e o arrasto do ar, e que as rodas não deslizam em relação ao chão, estime a potência média de saída do motor, bem como o torque fornecido para as rodas traseiras.

Figura 1
Um conversível em um trecho horizontal de estrada. Mazda Miata © 2006 Mazda Motor of America, Inc. Imagem usada sob permissão.

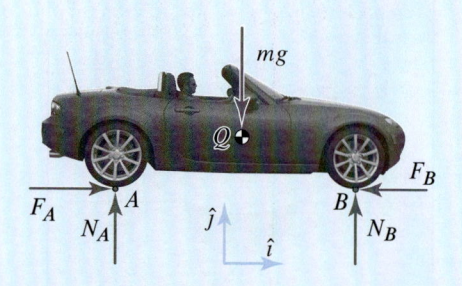

Figura 2
DCL do carro como um todo. Q é o centro de massa do carro inteiro e A e B são os pontos de contato entre o chão e as rodas traseiras e dianteiras, respectivamente.

SOLUÇÃO

Roteiro e modelagem Podemos usar o princípio do trabalho-energia para calcular o trabalho total realizado sobre o carro como a diferença entre as energias cinéticas final e inicial. Referindo-se ao DCL na Fig. 2, vemos que nenhuma das forças externas realiza trabalho, pois as rodas rolam sem deslizamento e a trajetória do carro é horizontal. Todo o trabalho realizado sobre carro se deve às forças internas, ou seja, o torque fornecido pelo motor. A potência média de saída correspondente é então calculada dividindo esse trabalho pelo intervalo de tempo dado. Para medir o torque médio fornecido pelo motor, precisamos considerar as forças internas ao carro, representadas na Fig. 3. O trabalho realizado pelas forças R_x e R_y aplicadas em G em uma roda traseira é igual e oposta ao trabalho realizado por R_x e R_y aplicadas em D porque G e D não se movem um em relação ao outro. Em contrapartida, o torque M realiza trabalho porque as rodas traseiras giram em relação ao resto do carro. Portanto, podemos estimar M dividindo o trabalho do torque pelo ângulo percorrido pelas rodas durante o movimento do carro.

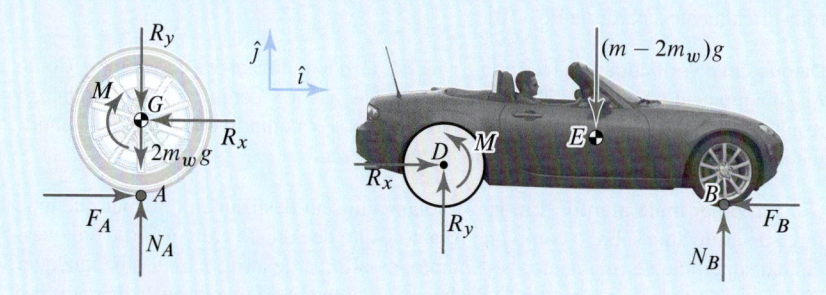

Figura 3 DCLs das rodas traseiras e do resto do carro. O ponto E é o centro de massa do carro sem as rodas traseiras. Os pontos G e D são coincidentes: G é parte da roda enquanto D é parte do eixo em que a roda está montada.

Equações fundamentais

Princípios de equilíbrio A forma geral do princípio do trabalho-energia para um sistema é

$$T_1 + V_1 + (U_{1\text{-}2})_{nc}^{ext} + (U_{1\text{-}2})_{nc}^{int} = T_2 + V_2, \tag{1}$$

onde a velocidade do carro é igual a zero em ① e é igual a 100 km/h = 27,75 m/s em ②. A energia cinética do sistema em ① e ② pode ser escrita como

$$T_1 = 0 \quad \text{e} \quad T_2 = \underbrace{\tfrac{1}{2}mv_2^2}_{\text{EC tr}} + \underbrace{4\left(\tfrac{1}{2}I_G\omega_{w2}^2\right)}_{\text{EC rot}} = \tfrac{1}{2}mv_2^2 + 2I_G\omega_{w2}^2, \tag{2}$$

---
[3] Esse peso inclui as rodas, o combustível e o passageiro.

onde (EC tr) é a energia cinética de translação do carro, (EC rot) é a energia cinética de rotação de todas as quatro rodas, v_2 é a velocidade de translação do carro e das rodas, e ω_{w2} é a velocidade angular das rodas.

Leis da força As forças externas não realizam trabalho, por isso podemos escrever

$$(U_{1\text{-}2})_{nc}^{ext} = 0, \quad V_1 = 0 \quad \text{e} \quad V_2 = 0. \tag{3}$$

Quanto a $(U_{1\text{-}2})_{nc}^{int}$, referindo-se à Fig. 3, como os pontos G e D não se movem relativamente entre si, R_x e R_y não realizam trabalho. Como consequência, todo o trabalho interno é realizado pelo torque M, que pode ser escrito conforme

$$(U_{1\text{-}2})_{nc}^{int} = \int_{\theta_1}^{\theta_2} M \, d\theta = M(\theta_2 - \theta_1), \tag{4}$$

onde θ mede a rotação das rodas traseiras (veja a Fig. 4), e assumimos que M é constante entre ① e ②.

Equações cinemáticas Em ②, a velocidade de translação v_2 é dada, e a correspondente ω_{w2} pode ser encontrada por meio da aplicação da condição de rolamento sem deslizamento, o que fornece

$$v_2 = 27{,}78 \, \text{m/s} \quad \text{e} \quad \omega_{w2} = \frac{v_2}{d/2} = 92{,}6 \, \text{rad/s}. \tag{5}$$

Observe que, para calcular M, precisaremos do valor de $\theta_2 - \theta_1$, que pode ser calculado se a distância L percorrida pelo carro entre ① e ② for conhecida. A distância L pode ser calculada uma vez que assumimos que o carro é acelerado uniformemente. Considerando $\Delta t = 7$ s, então a aceleração constante do carro é $a = v_2/\Delta t = 3{,}97\text{m/s}^2$. Portanto, usando equações de aceleração constante, temos

$$L = \frac{1}{2} a \Delta t^2 = 97{,}3 \, \text{m} \quad \Rightarrow \quad \theta_2 - \theta_1 = \frac{L}{d/2} = 324{,}3 \, \text{rad}. \tag{6}$$

Cálculos Combinando as Eqs. (5) com as Eqs. (2) e substituindo os valores conhecidos, temos

$$T_1 = 0 \quad \text{and} \quad T_2 = 485{,}331 \, \text{kN} \cdot \text{m}. \tag{7}$$

Substituindo as Eqs. (7) na Eq. (1) e usando as Eqs. (3), para a potência média P_{med} temos

$$\boxed{(U_{1\text{-}2})_{nc}^{int} = 485{,}331 \, \text{kN} \cdot \text{m} \quad \Rightarrow \quad P_{med} = \frac{(U_{1\text{-}2})_{nc}^{int}}{\Delta t} = 69{,}333 \, \frac{\text{kN} \cdot \text{m}}{\text{s}} = 69{,}3 \, \text{kW}.} \tag{8}$$

Usando a Eq. (4), com a primeira das Eqs. (8) e o resultado da Eq. (6), temos

$$\boxed{M(\theta_2 - \theta_1) = (U_{1\text{-}2})_{nc}^{int} \quad \Rightarrow \quad M = \frac{(U_{1\text{-}2})_{nc}^{int}}{\theta_2 - \theta_1} = 1496{,}6 \, \text{N} \cdot \text{m}.} \tag{9}$$

Discussão e verificação As respostas estão todas dimensionalmente corretas. Quanto à aceitação da validade de cada valor, a potência calculada pode parecer baixa em relação à potência dos motores típicos de carros esportivos (p. ex., 125 kW em uma velocidade do motor de 6000 rpm). No entanto, a potência indicada nos anúncios e nas informações do produto é um valor de pico correspondente a uma velocidade angular específica do virabrequim. No nosso caso, obtemos um valor de potência *média*, e, como tal, não é surpreendente que ela seja menor que os valores de pico observados em anúncios publicitários. Quanto à validade do torque, o valor que obtivemos é comum se tivermos em mente que ele mede o torque fornecido para as rodas. Ou seja, o valor de torque calculado não deve ser confundido com o valor geralmente muito menor do torque relatado nas informações do produto, que é o torque de saída do virabrequim, ou seja, antes de a transmissão fornecê-lo para as rodas.

Informações úteis

Trabalho das forças internas. O trabalho realizado por R_x e R_y nas rodas traseiras é igual e oposto ao trabalho realizado por essas forças no resto do carro em virtude de o deslocamento relativo dos pontos G e D (veja a Fig. 3) ser igual a zero. Portanto, o trabalho total das forças internas R_x e R_y é igual a zero. Se o deslocamento de G em relação a D não for igual a zero, o carro seria dividido em duas partes. Em contrapartida, as rodas traseiras giram em relação ao carro de modo que o *deslocamento angular relativo* entre as rodas e o resto do carro não é igual a zero. Isso permite que o torque M realize trabalho (interno).

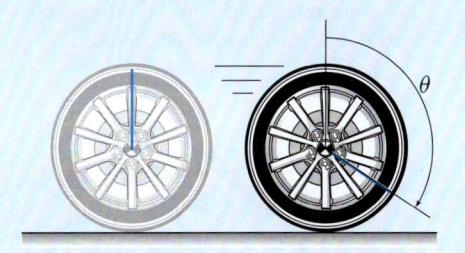

Figura 4
Definição do ângulo θ medindo a rotação das rodas traseiras. A linha azul é uma linha de referência escolhida arbitrariamente que gira com as rodas.

EXEMPLO 8.5 Uma porta vertical dobrável: conservação de energia

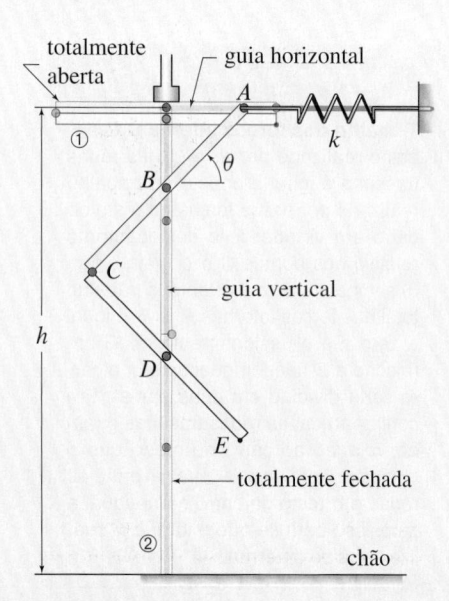

Figura 1
Vista lateral de uma porta vertical em posições diversas durante sua operação.

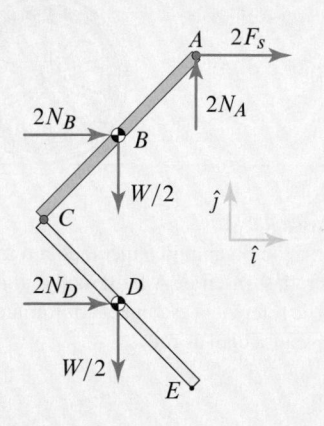

Uma porta vertical, com altura $h = 9$ m e massa $m = 364$ kg, consiste em duas seções idênticas articuladas em C. O rolete em A se move ao longo de uma guia horizontal, enquanto os roletes em B e D, que são os pontos médios das seções AC e CE, se movem ao longo de uma guia vertical. A operação da porta é auxiliada por duas molas idênticas ligadas a roletes de movimento horizontal (só uma das duas molas é mostrada). As molas são esticadas 0,075 m quando a porta está completamente aberta. Determine o valor mínimo da constante de mola k se o rolete em A atingir a extremidade esquerda da guia horizontal a uma velocidade máxima de 0,45 m/s depois que a porta é liberada do repouso na posição totalmente aberta.

SOLUÇÃO

Roteiro e modelagem Como o valor desejado de k é encontrado relacionando variações na velocidade com variações na posição, usaremos o princípio do trabalho-energia como um método de solução. Trataremos as duas seções idênticas AC e CE como corpos rígidos uniformes finos, desprezaremos a inércia dos roletes, a massa das molas e todos os atritos. Considerando ① e ② como as posições totalmente aberta e totalmente fechada, respectivamente, o DCL do sistema para uma posição genérica entre ① e ② é mostrado na Fig. 2. A força de cada uma das duas molas é F_s, e N_A, N_B e N_D são as reações de cada um dos roletes A, B e D, respectivamente. Observe que as reações nos roletes não realizam trabalho, pois cada rolete se move em uma direção perpendicular à força de reação agindo sobre ele. As forças restantes W e F_s são conservativas de forma que temos conservação de energia mecânica. Nossa estratégia de solução será encontrar o valor de k para o qual a velocidade de A é $v_{max} = 0,45$ m/s e então mostrar que valores maiores de k resultam em valores da velocidade de A em ② menores que v_{max}.

Equações fundamentais

Princípios de equilíbrio Como a energia mecânica é conservada, podemos escrever

$$T_1 + V_1 = T_2 + V_2, \quad (1)$$

onde, como o sistema está em repouso em ②, T_1 e T_2 podem ser expressos como

$$T_1 = 0 \quad \text{e} \quad T_2 = \tfrac{1}{2} m_{AC} v_{B2}^2 + \tfrac{1}{2} I_B \omega_{AC2}^2 + \tfrac{1}{2} m_{CE} v_{D2}^2 + \tfrac{1}{2} I_D \omega_{CE2}^2, \quad (2)$$

onde m_{AC} e I_B são a massa e o momento de inércia de massa de AC, respectivamente, e m_{CE} e I_D são a massa e o momento de inércia de massa de CE, respectivamente. Como AC e CE são idênticos, temos

$$m_{AC} = m_{CE} = \frac{W/2}{g} \quad \text{e} \quad I_B = I_D = \frac{1}{12}\left(\frac{W}{2g}\right)\left(\frac{h}{2}\right)^2 = \frac{Wh^2}{96g}. \quad (3)$$

Leis da força Escolhendo a referência para a energia potencial gravitacional conforme mostrado na Fig. 3 e lembrando que existem duas molas, temos

$$V_1 = 2\left(\tfrac{1}{2}k\delta_1^2\right) \quad \text{e} \quad V_2 = \frac{W}{2} y_{B2} + \frac{W}{2} y_{D2} + 2\left(\tfrac{1}{2}k\delta_2^2\right), \quad (4)$$

onde $\delta_1 = 0,075$ m e

$$y_{B2} = -h/4, \quad y_{D2} = -3h/4 \quad \text{e} \quad \delta_2 = \delta_1 + h/4. \quad (5)$$

Equações cinemáticas Quando em ②, B e D estão no limite inferior dos seus respectivos intervalos de movimento. Além disso, dado que B e D não podem se mover na direção x, deve ser verdade que $\vec{v}_{B2} = \vec{0} = \vec{v}_{D2}$, e, assim,

$$v_{B2} = 0 \quad \text{e} \quad v_{D2} = 0. \quad (6)$$

Figura 2
Vista lateral do DCL do sistema para uma posição genérica entre ① e ②. O fator 2 na frente de F_s, N_A, N_B e N_D é necessário porque existem duas molas e dois conjuntos de roletes na porta (na visão mostrada apenas um conjunto é visível). Observe que os centros de massa das seções AC e CE coincidem com os pontos B e D, respectivamente.

Referindo-se à Fig. 3, observe que *AC* e *CE* giram em sentidos opostos embora permaneçam com imagens espelhadas um do outro em relação à linha da bissetriz do ângulo *ACE*. Portanto, devemos ter

$$\omega_{AC} = -\omega_{CE} \;\Rightarrow\; A_{C2} = -\omega_{CE2}. \tag{7}$$

Além disso, como $\vec{v}_B = \vec{v}_A + \omega_{AC}\,\hat{k} \times \vec{r}_{B/A}$ e $\vec{v}_{B2} = \vec{0}$, em ② podemos escrever

$$\vec{v}_{B2} = \vec{0} = (v_{Ax})_2\,\hat{i} + \omega_{AC2}\,\hat{k} \times (-h/4)\,\hat{j} = \left[(v_{Ax})_2 + h\omega_{AC2}/4\right]\hat{i}, \tag{8}$$

onde usamos o fato de que *A* só pode se mover na direção horizontal. Resolvendo a Eq. (8) para ω_{AC2} e usando a Eq. (7), obtemos

$$\omega_{AC2} = -4(v_{Ax})_2/h \quad \text{e} \quad \omega_{CE2} = 4(v_{Ax})_2/h. \tag{9}$$

Cálculos Usando a Eq. (2), com as Eqs. (3), (6) e (9), temos

$$T_1 = 0 \quad \text{e} \quad T_2 = \frac{Wh^2}{96g}\frac{16(v_{Ax})_2^2}{h^2} = \frac{W(v_{Ax})_2^2}{6g}. \tag{10}$$

Substituindo as Eqs. (5) nas Eqs. (4) e simplificando, temos

$$V_1 = k\delta_1^2 \quad \text{e} \quad V_2 = k\left(\delta_1^2 + \frac{\delta_1 h}{2} + \frac{h^2}{16}\right) - \frac{Wh}{2}. \tag{11}$$

Substituindo as Eqs. (10) e (11) na Eq. (1) e simplificando, obtemos

$$0 = \frac{W(v_{Ax})_2^2}{6g} + k\left(\frac{\delta_1 h}{2} + \frac{h^2}{16}\right) - \frac{Wh}{2}, \tag{12}$$

que pode ser resolvida para *k* para obtermos

$$\boxed{k = 8\frac{W}{g}\frac{3hg - (v_{Ax})_2^2}{24\delta_1 h + 3h^2} = 2973{,}4\,\text{N/m},} \tag{13}$$

onde consideramos $(v_{Ax})_2 = v_{\max} = 0{,}45$ m/s.

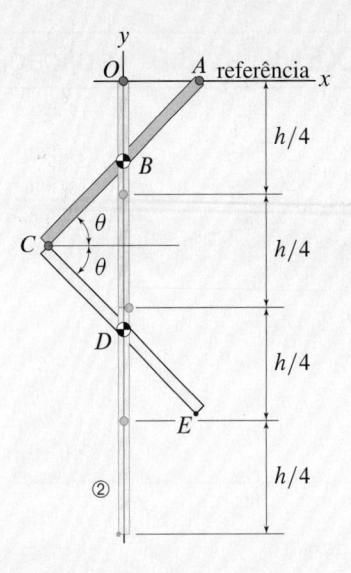

Figura 3
Sistema de coordenadas utilizado com a indicação da escolha da referência. Observe que, por conveniência, somente ② é mostrado. Quando o sistema está em ①, as seções *AC* e *CE* situam-se sobre o eixo *x* uma vez que suas espessuras foram desprezadas.

Discussão e verificação O resultado da Eq. (13) é consistente com o fato de que *k* tem dimensões de força sobre comprimento, e as unidades utilizadas para expressar o resultado numérico são, portanto, adequadas. Além disso, o resultado corresponde com nossa expectativa de que, quanto mais lento $(v_{Ax})_2$ é, mais rígida a mola deve ser. Logo, o valor de $k = 2973{,}4$ N/m é o valor de *k* que estávamos procurando.

Um olhar mais atento Se fôssemos utilizar o valor de *k* na Eq. (13), cada uma das molas ficaria sujeita a $F_{s2} = k\delta_2 = 6913{,}2$ N quando em ②. Se esse valor de força é considerado muito alto, podemos projetar uma porta com um valor menor da constante de mola (e consequentemente de força) utilizando um sistema de contrapesos que são baixados quando a porta abre e são levantados quando a porta fecha. Um sistema de contrapesos corretamente projetado pode tornar o uso de molas desnecessário.

EXEMPLO 8.6 Aplicação do princípio do trabalho-energia e $\vec{F} = m\vec{a}$

Reexaminaremos o Exemplo 7.5 (na p. 566), no qual uma esfera uniforme maciça foi liberada do topo de um semicilindro e determinamos onde ela se separava do semicilindro à medida que rolava *sem deslizar*. Tal como foi feito no Exemplo 7.5, podemos supor que a esfera é uniforme, tem massa m e raio ρ e é liberada a partir do repouso dando-lhe um *ligeiro* empurrão para a direita de forma que ela comece a rolar ao longo da superfície (Fig. 1). Assumindo que há atrito suficiente entre a superfície e a esfera de tal forma que a esfera não deslizará na superfície, queremos determinar o ângulo θ no qual a esfera se separa da superfície. A proposta deste exemplo é mostrar como o princípio do trabalho-energia pode ser combinado com os métodos estudados no Capítulo 7 para obter uma solução sem integração direta do sistema de equações de movimento.

SOLUÇÃO

Roteiro e modelagem O DCL da esfera é mostrado na Fig. 2. A esfera começará a se separar do cilindro quando a reação N tornar-se zero. Portanto, precisamos escrever $\vec{F} = m\vec{a}_G$ na direção de N (que é a direção radial) e resolver para o valor de θ em que $N = 0$. Essa equação envolverá N, o peso da esfera e a_{Gr}. Enquanto a esfera não se separa, G se move em um círculo de modo que a_{Gr} depende de $\dot{\theta}$, mas não de $\ddot{\theta}$. Essa observação é importante porque nos diz que, para encontrar θ tal que $N = 0$, devemos relacionar $\dot{\theta}$ a θ, ou seja, a posição à velocidade, e este problema é ideal para o princípio do trabalho-energia. Assim, a estratégia de solução será combinar $F_r = ma_{Gr}$ com o princípio do trabalho-energia.

Equações fundamentais

Princípios de equilíbrio Considerando ① quando $\theta = 0$ e ② em um ângulo arbitrário $\theta = \theta_2$, as equações de Newton-Euler na direção radial em ② e o princípio do trabalho-energia aplicado à esfera entre ① e ② são, respectivamente,

$$\sum F_r: \quad N_2 - mg\cos\theta_2 = m(a_{Gr})_2, \tag{1}$$

$$T_1 + V_1 + (U_{1\text{-}2})_{nc} = T_2 + V_2, \tag{2}$$

onde T_1 e T_2, podem ser escritos como

$$T_1 = 0 \quad \text{e} \quad T_2 = \tfrac{1}{2}mv_{G2}^2 + \tfrac{1}{2}I_G\omega_{s2}^2, \tag{3}$$

onde v_{G2} e ω_{s2} são a velocidade do centro de massa da esfera e a velocidade angular da esfera, respectivamente, em ②. O momento de inércia de massa da esfera é dado por

$$I_G = \tfrac{2}{5}m\rho^2. \tag{4}$$

Leis da força Referindo-se à Fig. 2, uma vez que a esfera rola sem deslizar, ambos F e N não realizam trabalho, de modo que a única força que realiza trabalho é o peso da esfera. Quanto à linha de referência na Fig. 3, temos

$$(U_{1\text{-}2})_{nc} = 0, \quad V_1 = 0 \quad \text{e} \quad V_2 = -mg(R+\rho)(1-\cos\theta_2). \tag{5}$$

Equações cinemáticas Lembrando que estamos usando coordenadas polares e G se move ao longo de um círculo de raio $R + \rho$, temos

$$(a_{Gr})_2 = -(R+\rho)\dot{\theta}_2^2. \tag{6}$$

Em seguida, focamos as informações necessárias para calcular a energia cinética. Sabemos a energia cinética em ① e, em ②, já que G se move no sentido de θ ao longo de um círculo de raio $R + \rho$, temos

$$v_{G2} = (R+\rho)\dot{\theta}_2. \tag{7}$$

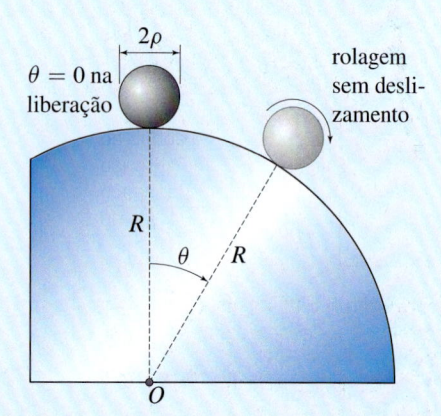

Figura 1

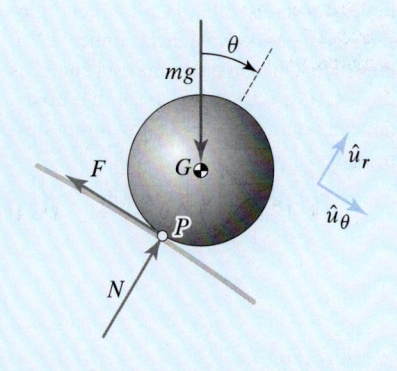

Figura 2
DCL da esfera esboçado em um ângulo arbitrário $\theta = \theta_2$, que corresponde a ②.

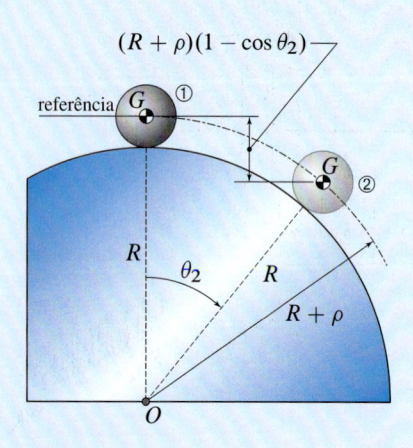

Figura 3
A posição da linha de referência coincide com a localização do centro da esfera em ①.

Para calcular ω_{s2} precisamos aplicar a cinemática da rolagem sem deslizamento. A rolagem sem deslizamento implica que $\vec{v}_{P2} = \vec{0}$ (veja a Fig. 4), assim podemos escrever

$$\vec{v}_{P2} = \vec{0} = \vec{v}_{G2} + \omega_{s2}\hat{k} \times (-\rho\,\hat{u}_r). \qquad (8)$$

Da Eq. (7), sabemos que $\vec{v}_{G2} = (R+\rho)\dot{\theta}_2\,\hat{u}_\theta$, de modo que a Eq. (8) fornece

$$(R+\rho)\dot{\theta}_2\,\hat{u}_\theta - \rho\omega_{s2}\,\hat{u}_\theta = \vec{0} \quad \Rightarrow \quad \omega_{s2} = \frac{R+\rho}{\rho}\dot{\theta}_2, \qquad (9)$$

onde lembramos que $\hat{k}$ é definido de tal forma que $\hat{u}_r \times \hat{u}_\theta = \hat{k}$.

Cálculos Combinando as Eqs. (7) e (9) com a Eq. (3), obtemos

$$T_1 = 0 \quad \text{e} \quad T_2 = \frac{1}{2}m(R+\rho)^2\dot{\theta}_2^2 + \frac{1}{2}I_G\left(\frac{R+\rho}{\rho}\right)^2\dot{\theta}_2^2, \qquad (10)$$

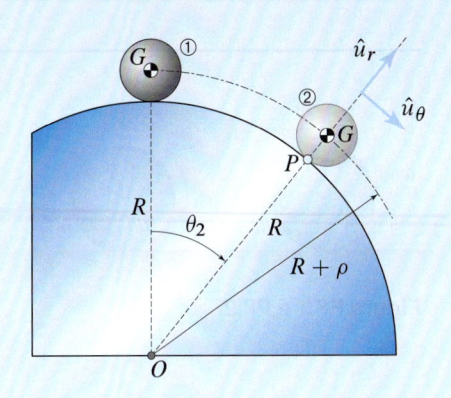

Figura 4
Sistema de coordenadas em ②.

que, usando a Eq. (4), pode ser simplificada para

$$T_1 = 0 \quad \text{e} \quad T_2 = \tfrac{7}{10}m(R+\rho)^2\dot{\theta}_2^2. \qquad (11)$$

Substituindo as Eqs. (5) e (11) na Eq. (2), obtemos

$$0 = -mg(R+\rho)(1-\cos\theta_2) + \tfrac{7}{10}m(R+\rho)^2\dot{\theta}_2^2, \qquad (12)$$

que pode ser resolvida para $\dot{\theta}_2^2$ para obter

$$\dot{\theta}_2^2 = \frac{10g(1-\cos\theta_2)}{7(R+\rho)}. \qquad (13)$$

Substituindo a Eq. (6) na Eq. (1) e resolvendo para N_2, obtemos

$$N_2 = mg\cos\theta_2 - m(R+\rho)\dot{\theta}_2^2, \qquad (14)$$

que, usando a Eq. (13), fornece

$$N_2 = \tfrac{1}{7}mg(17\cos\theta_2 - 10). \qquad (15)$$

Como discutido acima, queremos resolver para o valor de θ correspondente a $N = 0$. Portanto, considerar $N_2 = 0$ resulta em

$$\boxed{\theta_2 = \cos^{-1}\left(\tfrac{10}{17}\right) = 54{,}0°,} \qquad (16)$$

onde, lembrando que $\cos^{-1}(10/17) = \pm 54{,}0° + n360°$, $n = 0, \pm 1, \ldots, \pm\infty$, escolhemos a única solução fisicamente significativa para θ_2.

Discussão e verificação Como esperado, a nossa solução confere com a encontrada no Exemplo 7.5 na p. 566. O que é importante aqui é notar que fomos capazes de resolver o mesmo problema dado no Exemplo 7.5 usando uma estratégia de solução mista que combinou tanto o uso de $\vec{F} = m\vec{a}_G$ quanto do princípio do trabalho-energia. O uso desse princípio nos permitiu ignorar completamente a derivação e a posterior integração da equação do movimento no sentido de θ.

PROBLEMAS

💡 Problema 8.1 💡

No instante mostrado, os centros dos dois discos uniformes idênticos A e B estão se movendo para a direita à mesma velocidade v_0. Além disso, o disco A está rolando em sentido horário a uma velocidade angular ω_0 enquanto o disco B possui uma rotação contrária com velocidade angular igual a ω_0. Considerando T_A e T_B como as energias cinéticas de A e B, respectivamente, indique qual das seguintes afirmações é verdadeira e por quê: (a) $T_A < T_B$; (b) $T_A = T_B$; (c) $T_A > T_B$.
Nota: Problemas conceituais são sobre *explicações*, não sobre cálculos.

Figura P8.1 e P8.2

Problema 8.2

No instante mostrado, os centros dos dois discos uniformes idênticos A e B, cada um com massa m e raio R, estão se movendo para a direita à mesma velocidade $v_0 = 4$ m/s. Além disso, o disco A está rolando no sentido horário a uma velocidade angular $\omega_0 = 5$ rad/s, enquanto o disco B tem uma rotação contrária com velocidade angular $\omega_0 = 5$ rad/s. Considerando $m = 45$ kg e $R = 0{,}75$ m, determine a energia cinética de cada disco.

💡 Problema 8.3 💡

Dois aríetes idênticos estão montados em suas respectivas estruturas como mostrado. As barras BC e AD são idênticas e fixadas por pinos em B e C e em A e D, respectivamente. As barras FO e HO estão rigidamente presas ao aríete e fixadas por um pino em O. No instante mostrado, os centros de massa dos aríetes 1 e 2, em E e G, respectivamente, estão movendo-se horizontalmente a uma velocidade v_0. Considerando T_1 e T_2 como as energias cinéticas dos aríetes 1 e 2, respectivamente, indique qual das seguintes afirmações é verdadeira e por quê: (a) $T_1 < T_2$; (b) $T_1 = T_2$; (c) $T_1 > T_2$.
Nota: Problemas conceituais são sobre *explicações*, não sobre cálculos.

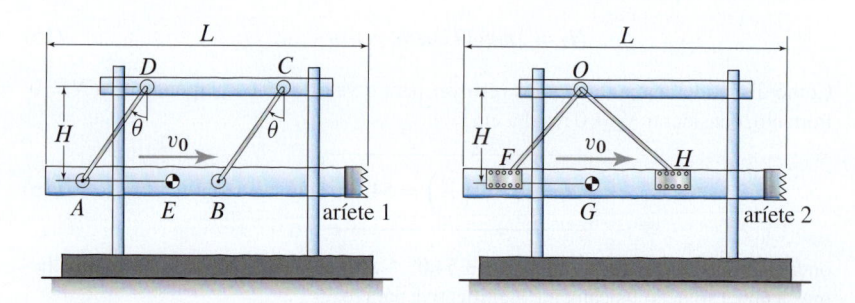

Figura P8.3 e P8.4

Problema 8.4

Dois aríetes idênticos estão montados em suas respectivas estruturas como mostrado. As barras BC e AD são idênticas e fixadas por pinos em B e C e em A e D, respectivamente. As barras FO e HO estão rigidamente presas ao aríete e fixadas por um pino em O. No instante mostrado, os centros de massa dos aríetes 1 e 2, em E e G, respectivamente, estão movendo-se horizontalmente a uma velocidade $v_0 = 6$ m/s. Tratando os aríetes como barras finas com comprimento $L = 3$ m e massa $m = 570$ kg, e considerando $H = 1$ m, calcule a energia cinética dos dois aríetes.

Problema 8.5

Um pêndulo é constituído por um disco uniforme A de diâmetro $d = 0,15$ m e massa $m_A = 0,35$ kg fixado na extremidade de uma barra uniforme B de comprimento $L = 0,75$ m e massa $m_B = 0,8$ kg. No instante mostrado, o pêndulo está oscilando a uma velocidade angular $\omega = 0,24$ rad/s no sentido horário. Determine a energia cinética do pêndulo nesse instante, usando a Eq. (8.10) da p. 593.

Problema 8.6

Um carro de 1.165 kg (incluindo a massa das rodas) está viajando em uma estrada plana horizontal a 96 km/h. Se cada roda tem um diâmetro $d = 0,6$ m e um momento de inércia de massa em relação ao seu centro de massa igual a 1,3 kg·m², determine a energia cinética do carro. Desconsidere a energia rotacional de todas as partes do carro, exceto das rodas.

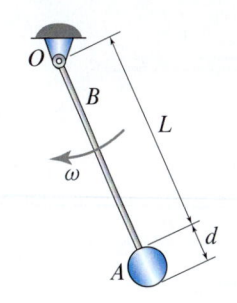

Figura P8.5

Figura P8.6

Problema 8.7

No Exemplo 7.2 da p. 560, analisamos as forças que atuam sobre um tubo de ensaio em uma ultracentrífuga. Lembrando que consideramos que o centro de massa G do tubo de ensaio estava a uma distância $r = 0,0918$ m do eixo de rotação da centrífuga, que o tubo de ensaio tem uma massa $m = 0,01$ kg e um momento de inércia da massa $I_G = 2,821 \times 10^{-6}$ kg·m², determine a energia cinética do tubo de ensaio quando ele é girado a $\omega = 60.000$ rpm. Além disso, se você fosse converter a energia cinética calculada em energia potencial gravitacional, em que altura (expressa em metros) em relação ao chão você poderia levantar uma massa de 10 kg?

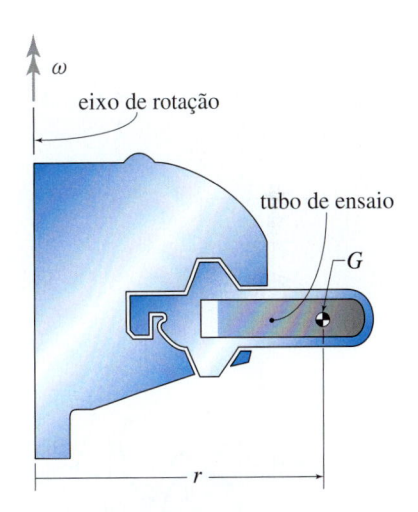

Figura P8.7

Problema 8.8

As barras finas uniformes AB, BC e CD têm massas $m_{AB} = 2,3$ kg, $m_{BC} = 3,2$ kg e $m_{CD} = 5,0$ kg, respectivamente. As conexões em A, B, C e D são articulações presas por pinos. Considerando $R = 0,75$ m, $L = 1,2$ m e $H = 1,55$ m e sabendo que a barra AB gira a uma velocidade angular $\omega_{AB} = 4$ rad/s, calcule a energia cinética T do sistema no instante mostrado.

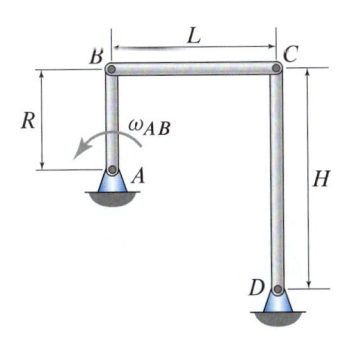

Figura P8.8

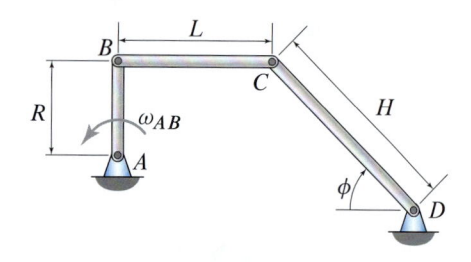

Figura P8.9

Problema 8.9

As massas das barras finas e uniformes conectadas por pinos AB, BC e CD são $m_{AB} = 1,8$ kg, $m_{BC} = 2,95$ kg e $m_{CD} = 4,5$ kg, respectivamente. Considerando $\phi = 47°$, $R = 0,6$ m, $L = 1$ m e $H = 1,4$ m e sabendo que a barra AB gira a uma velocidade angular $\omega_{AB} = 4$ rad/s, calcule a energia cinética T do sistema no instante mostrado.

Problema 8.10

A barra uniforme e finas AB tem comprimento $L = 0,44$ m e massa $m_{AB} = 9$ kg. Os roletes D e E, que são fixados em A e B, respectivamente, podem ser modelados como dois discos uniformes idênticos, cada um com raio $r = 38$ mm e massa $m_r = 0,16$ kg. Os roletes D e E rolam sem deslizar sobre a superfície de um recipiente cilíndrico com centro em O e raio $R = 0,3$ m. Determine a energia cinética do sistema quando G (o centro de massa da barra AB) se move a uma velocidade $v = 2,13$ m/s.

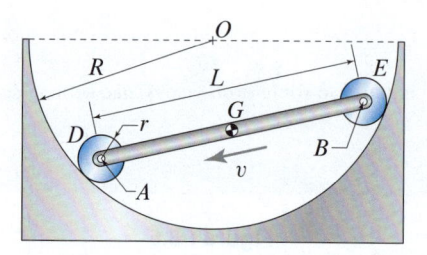

Figura P8.10

Problemas 8.11 e 8.12

Para o mecanismo manivela-corrediça mostrado, considere $L = 141$ mm, $R = 48,5$ mm e $H = 36,4$ mm. Além disso, observando que D é o centro de massa da biela, considere o momento de inércia de massa da biela como $I_D = 0,00144$ kg·m² e a massa da biela como $m = 0,439$ kg.

Problema 8.11 Considerando $\omega_{AB} = 2500$ rpm, calcule a energia cinética da biela para $\theta = 90°$ e para $\theta = 180°$.

Problema 8.12 Plote a energia cinética da biela em função do ângulo da manivela θ sobre um ciclo completo da manivela para $\omega_{AB} = 2500$ rpm, 5000 rpm e 7500 rpm.

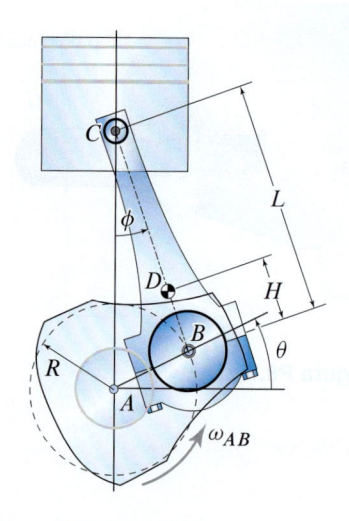

Figura P8.11 e P8.12

Problemas 8.13 e 8.14

Uma bola de boliche de 6,36 kg é jogada em uma pista a uma velocidade angular em sentido anti-horário $\omega_0 = 10$ rad/s e velocidade para frente $v_0 = 27$ km/h. Após alguns segundos, a bola começa a rolar sem deslizar e a mover-se para frente a uma velocidade $v_f = 5,2$ m/s. Considere $r = 108$ mm como o raio da bola e $k_G = 66$ mm como o seu raio de rotação.

Problema 8.13 Determine o trabalho realizado pelo atrito sobre a bola desde o momento inicial até o momento em que a bola começa a rolar sem deslizar.

Problema 8.14 Sabendo que o coeficiente de atrito cinético entre a pista e a bola é $\mu_k = 0,1$, determine o comprimento L_f sobre o qual a força de atrito atua a fim de diminuir a velocidade da bola de v_0 até v_f. L_f também representa a distância percorrida pelo centro da bola? Explique.

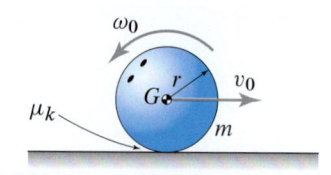

Figura P8.13-P8.15

Problema 8.15

Uma bola de boliche é jogada em uma pista a uma velocidade v_0 para frente e sem velocidade angular ($\omega_0 = 0$). Devido ao atrito entre a pista e a bola, após um curto período de tempo, a bola começa a rolar sem deslizar e se move a uma velocidade para frente v_f. Considere L_G como a distância percorrida pelo centro da bola enquanto diminui de v_0 até v_f. Além disso, considere L_f como o comprimento sobre o qual a força de atrito teve que agir a fim de diminuir a velocidade da bola de v_0 até v_f. Indique qual das relações seguintes é verdadeira e por quê. (a) $L_G < L_f$, (b) $L_G = L_f$, (c) $L_G > L_f$.

Nota: Problemas conceituais são sobre *explicações*, não sobre cálculos.

Problema 8.16

Uma esteira transportadora está movendo latas a uma velocidade constante v_0 quando, para proceder para a próxima etapa na embalagem, as latas são transferidas para uma superfície estacionária em A. Cada lata tem massa m, largura w e altura h. Assumindo que há atrito entre cada lata e a superfície estacionária, em que condições poderíamos ser capazes de calcular a distância de parada das latas usando o princípio do trabalho-energia para uma partícula?

Nota: Problemas conceituais são sobre *explicações*, não sobre cálculos.

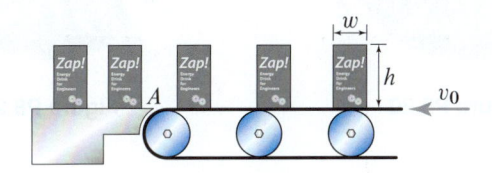

Figura P8.16

Problema 8.17

Uma das portas do porão é deixada aberta na posição vertical quando é dado um empurrão permitindo sua queda livre para a posição de fechamento. Partindo do pressuposto de que a porta tem massa m e é modelada como uma placa fina e uniforme de largura w e comprimento d, determine sua velocidade angular quando ela atinge a posição de fechamento. *Dica:* Trate o problema como simétrico em relação ao plano de movimento no qual a aceleração da gravidade é $g \cos\theta$ em vez de g.

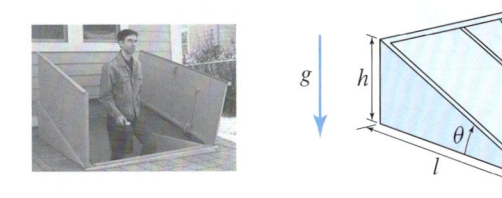

Figura P8.17

Problema 8.18

O disco D, que tem massa m, centro de massa G e raio de rotação k_G, está em repouso sobre uma superfície plana e horizontal quando o momento constante M é aplicado nele. O disco está ligado em seu centro a uma parede vertical por uma mola elástica linear de constante k. A mola não está deformada quando o sistema está em repouso. Supondo que o disco rola sem deslizar e ainda não chegou a parar, determine a velocidade angular do disco depois que seu centro G tenha se movido uma distância d. Em seguida, determine a distância d_s que o disco se move antes de parar.

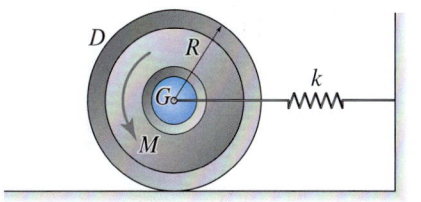

Figura P8.18

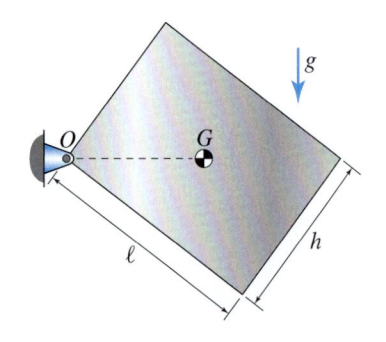

Figura P8.19

Problema 8.19

A placa retangular uniforme de comprimento l, altura h e massa m encontra-se no plano vertical e está presa por um pino em um canto. Se a placa é liberada a partir do repouso na posição mostrada, determine sua velocidade angular quando o centro de massa G está diretamente abaixo do pivô O. Despreze qualquer atrito no pino em O.

Problema 8.20

Um rotor de turbina com massa $m = 1.360$ kg, centro de massa no ponto fixo G e raio de giração $k_G = 4,57$ m é conduzido do repouso até uma velocidade angular $\omega = 1500$ rpm em 20 revoluções por meio da aplicação de um torque constante M. Desprezando o atrito, determine o valor de M necessário para girar o rotor como descrito.

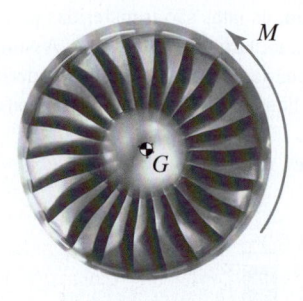

Figura P8.20

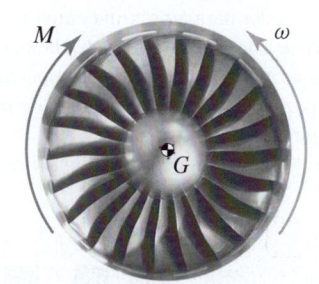

Figura P8.21

Problema 8.21

Um rotor de turbina com massa $m = 1.360$ kg, centro de massa no ponto fixo G e raio de giração $k_G = 15$ ft está girando com uma velocidade angular $\omega = 1200$ rpm quando um sistema de frenagem é engatado que aplica um torque constante $M = 4067$ N $\cdot$ m.. Determine o número de revoluções necessárias para que o rotor pare.

Problemas 8.22 e 8.23

Em uma engenhoca construída por uma irmandade, uma pessoa senta-se no centro de uma plataforma oscilante com massa $m = 400$ kg e comprimento $L = 4$ m suspensa por dois braços idênticos de comprimento $H = 3$ m.

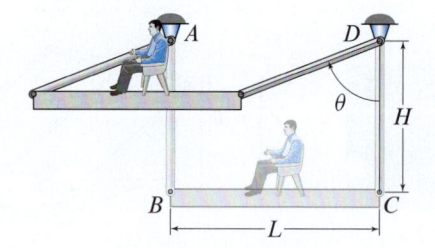

Figura P8.22 e P8.23

Problema 8.22 Desprezando a massa dos braços e da pessoa e o atrito e assumindo que a plataforma é liberada do repouso quando $\theta = 180°$, calcule a velocidade da pessoa em função de θ para $0° \leq \theta \leq 180°$. Além disso, encontre a velocidade da pessoa para $\theta = 0°$.

Problema 8.23 Desprezando a massa da pessoa e o atrito e assumindo a massa de cada braço como $m_A = 150$ kg e o fato de a plataforma ser liberada do repouso quando $\theta = 180°$, calcule a velocidade da pessoa em função de θ para $0° \leq \theta \leq 180°$. Além disso, encontre a velocidade da pessoa para $\theta = 0°$.

Problema 8.24

Uma roda excêntrica com massa $m = 150$ kg, centro de massa G e raio de giração $k_G = 0,4$ m está inicialmente em repouso na posição mostrada. Considerando $R = 0,55$ m e $h = 0,25$ m e supondo que a roda é levemente deslocada para a direita e rola sem deslizar, determine a velocidade de O quando G está o mais próximo do chão.

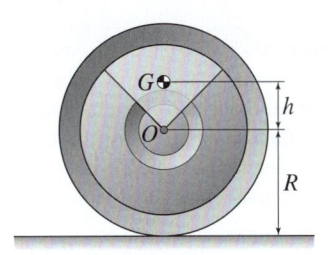

Figura P8.24

Problema 8.25

Uma roda excêntrica com massa $m = 150$ kg, centro de massa G e raio de giração $k_G = 0,4$ m é colocada sobre o declive mostrado de tal forma que o centro de massa G da roda está alinhado verticalmente com P, que é o ponto de contato com o declive. Se a roda rola sem deslizar uma vez que é levemente empurrada de sua posição inicial, considerando $R = 0,55$ m, $h = 0,25$ m, $\theta = 25°$ e $d = 0,5$ m, determine se a roda chega em B e, caso positivo, determine a velocidade correspondente do centro O. Observe que o ângulo POG não é igual a 90° na liberação.

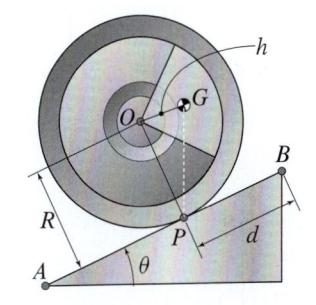

Figura P8.25

Problemas 8.26 e 8.27

Em uma engenhoca construída por uma irmandade, uma pessoa senta-se no centro de uma plataforma oscilante com massa $m_p = 365$ kg e comprimento $L = 3,66$ m suspensa por dois braços idênticos cada um de comprimento $H = 3$ m e massa $m_a = 90$ kg. A plataforma, que está em repouso quando $\theta = 0$, é posta em movimento por um motor que conduz o mecanismo exercendo um momento constante M na direção mostrada sempre que $0 \leq \theta \leq \theta_p$ enquanto exerce momento zero para qualquer outro valor de θ.

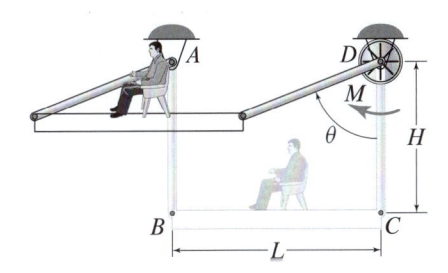

Figura P8.26 e P8.27

Problema 8.26 Desprezando a massa da pessoa e o atrito e considerando $M = 1220$ N · m e $\theta_p = 25°$, determine o número mínimo de oscilações necessárias para atingir $\theta > 90°$ e a subsequente velocidade atingida pela pessoa no ponto mais baixo da oscilação. Modele os braços AB e CD como barras uniformes e finas.

Problema 8.27 Desprezando a massa da pessoa e o atrito e considerando $\theta_p = 20°$, determine o valor de M necessário para atingir um valor máximo de θ igual a 90° em 6 oscilações completas. Modele os braços AB e CD como barras uniformes e finas.

Problemas 8.28 e 8.29

O *teste de impacto Charpy* mede a resistência de um material à fratura. Nesse teste, a tenacidade à fratura é avaliada pela medida da energia necessária para quebrar um corpo de prova de uma dada geometria. O procedimento é realizado com a liberação de um pêndulo pesado do repouso em um ângulo θ_i. Então, mede-se o ângulo de oscilação máximo θ_f alcançado pelo pêndulo após o corpo de prova ser quebrado.

Problema 8.28 Considere um equipamento de ensaio em que o martelo S (o prumo do pêndulo) pode ser modelado como um disco uniforme de massa $m_S = 19,5$ kg e raio $r_S = 150$ mm, e o braço pode ser modelado como uma haste fina de massa $m_A = 2,5$ kg e comprimento $L_A = 0,8$ m. Desprezando o atrito e observando que o martelo e o braço estão rigidamente conectados, determine a energia de fratura (ou seja, a energia cinética perdida ao quebrar o corpo de prova) em um experimento onde $\theta_i = 158°$ e $\theta_f = 43°$.

Problema 8.29 Considere um equipamento de ensaio em que o martelo S (o prumo do pêndulo) pode ser modelado como um disco uniforme de massa $m_S = 18,2$ kg e raio $r_S = 150$ mm, e o braço pode ser modelado como uma haste fina de massa $m_A = 2,5$ kg e comprimento $L_A = 0,84$ m. Se o ângulo de liberação do martelo é $\theta_i = 158°$ e o martelo atinge o corpo de prova quando o braço do pêndulo está na vertical, determine a velocidade do ponto Q no martelo imediatamente antes do impacto do martelo com o corpo de prova. Despreze o atrito e observe que o martelo e o braço estão rigidamente conectados.

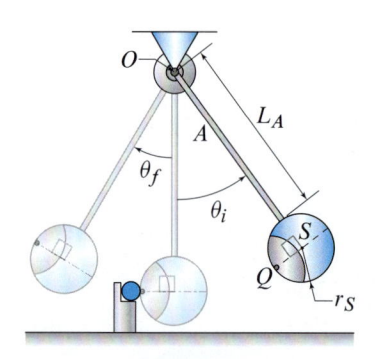

Figura P8.28 e P8.29

Problema 8.30

Uma caixa, com massa $m = 70$ kg e centro de massa G, é colocada em uma rampa e é liberada a partir do repouso conforme mostrado. A parte inferior da rampa é circular com raio $R = 1,8$ m. Modele a caixa como um corpo uniforme com $b = 1$ m e $h = 0,6$ m, leve em conta a separação entre a caixa e a rampa quando ela está em sua posição mais baixa e assuma que, quando a caixa está em sua posição mais baixa na rampa, o centro de massa dela está se movendo para a esquerda a uma velocidade $v_G = 3,66$ m/s. Determine o trabalho realizado pelo atrito sobre a caixa à medida que ela se move do ponto de liberação até o ponto mais baixo na rampa.

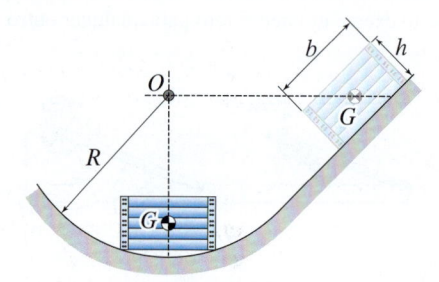

Figura P8.30

Problema 8.31

O disco D, de massa m, centro de massa G coincidindo com o centro geométrico do disco e raio de giração k_G, está em repouso em um declive quando o momento constante M é aplicado a ele. O centro do disco está ligado a uma parede por uma mola elástica linear de constante k. A mola não está deformada quando o sistema está em repouso. Supondo que o disco rola sem deslizar e ainda não parou, determine a velocidade angular do disco depois que seu centro G tenha se movido uma distância d abaixo do declive. Em seguida, usando $k = 73$ N/m, $R = 0,45$ m, $m = 4,5$ kg e $\theta = 30°$, determine o valor do momento M para o disco parar após rolar $d_s = 1,5$ m pelo declive.

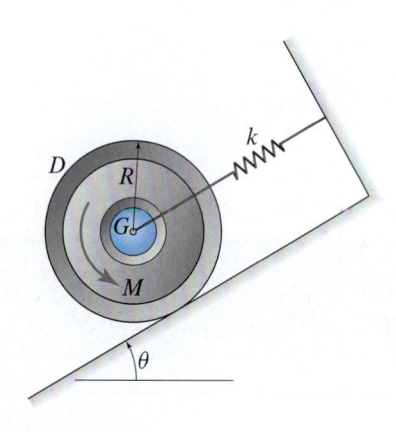

Figura P8.31

Problema 8.32

A figura mostra a seção transversal de uma porta de garagem com comprimento $L = 2{,}7$ m e massa $m = 80$ kg. Em A e B existem rolamentos de massa desprezível limitados a moverem-se na guia cuja parte horizontal está a uma distância $H = 3{,}4$ m do chão. O movimento da porta é auxiliado por duas molas, cada uma com constante k (apenas uma mola é mostrada). A porta é liberada a partir do repouso quando $d = 660$ mm e a mola está 100 mm esticada. Desprezando o atrito, sabendo que, quando A toca o chão, B está na parte vertical da guia, e modelando a porta como uma placa fina e uniforme, determine o valor mínimo de k para que A atinja o chão com uma velocidade não superior a 1 ft/s.

Problema 8.33

No Exemplo 8.2, da p. 602, ignoramos a inércia de rotação do contrapeso. Revisaremos esse exemplo e removeremos essa hipótese simplificadora. Suponha que o braço AD ainda é uma barra fina e uniforme de comprimento $L = 4{,}8$ m e massa de 20 kg. A dobradiça O está ainda a $d = 0{,}8$ m da extremidade direita do braço e o contrapeso C de 72 kg está ainda a $\delta = 0{,}4$ m da dobradiça. Agora modele o contrapeso como um bloco uniforme de altura $h = 0{,}35$ m e largura $w = 0{,}23$ m. Com essa nova consideração, resolva para a velocidade angular do braço conforme ele atinja a posição horizontal após ter sido deslocado da posição vertical. Determine a variação percentual na velocidade angular quando comparada à encontrada no Exemplo 8.2.

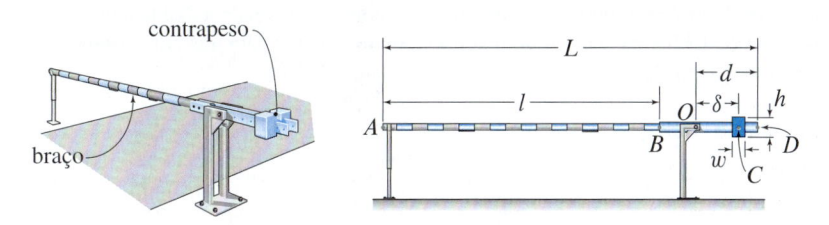

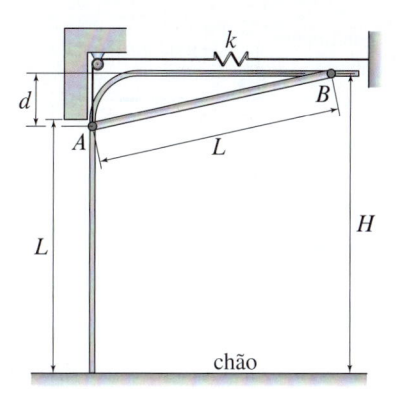

Figura P8.32

Figura P8.33 e P8.34

Problema 8.34

Para a cancela mostrada, suponha que o braço consiste em uma seção de tubo de alumínio de A até B de comprimento $l = 3{,}5$ m e massa de 9 kg e de uma seção de suporte de aço de B até D de 18 kg. O comprimento total do braço é $L = 4{,}8$ m. Além disso, o contrapeso C de 55 kg é colocado a uma distância δ da dobradiça em O, e a dobradiça está a $d = 0{,}8$ m da extremidade direita da seção BD. Modele as duas seções AB e BD como barras finas e uniformes e o contrapeso como um bloco uniforme de altura $h = 0{,}35$ m e largura $w = 0{,}23$ m. Usando essas novas considerações, determine a distância δ de modo que a velocidade angular do braço seja 0,25 rad/s, conforme ele atinge a posição horizontal após de ter sido deslocado da posição vertical.

Problema 8.35

A figura mostra a seção transversal de uma porta de garagem com comprimento $L = 2{,}5$ m e massa $m = 90$ kg. Nas extremidades A e B há roletes de massa desprezível limitados a moverem-se na guia cuja parte horizontal está a uma distância $H = 3$ m do chão. O movimento da porta é auxiliado por dois contrapesos C, cada um com massa m_C (apenas um contrapeso é mostrado). Se a porta é liberada a partir do repouso quando $d = 530$ mm, desprezando o atrito e modelando a porta como uma placa fina e uniforme, determine o valor mínimo de m_C para que A atinja o chão a uma velocidade não superior a 0,25 m/s.

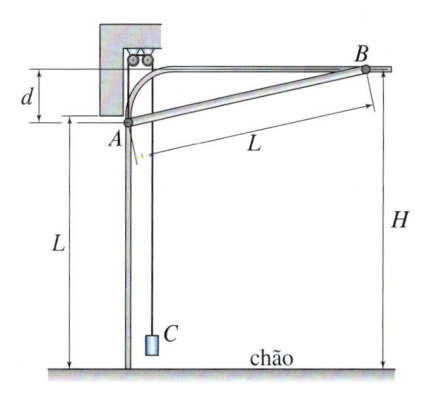

Figura P8.35

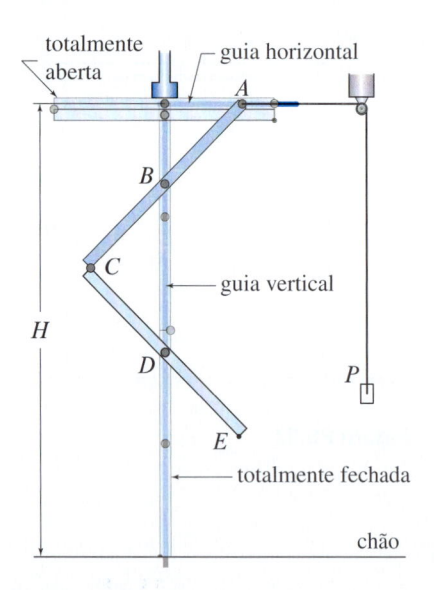

Figura P8.36

Problema 8.36

Reveja o Exemplo 8.5 da p. 608 e substitua as duas molas por um sistema de dois contrapesos P (apenas um contrapeso é mostrado) cada um com massa m_P. Lembrando que a massa da porta é $m = 364$ kg e a altura total dela é $H = 9$ m, se a porta é liberada a partir do repouso na posição totalmente aberta e o atrito é desprezível, determine o valor mínimo de m_P de modo que A atinja a extremidade esquerda da guia horizontal a uma velocidade não superior a 0,15 m/s.

Problemas 8.37 a 8.39

Molas de torção fornecem um mecanismo de propulsão simples para carros de brinquedo. Quando as rodas traseiras são giradas como se o carro estivesse se movendo para trás, elas causam uma torção na mola (com uma extremidade fixada ao eixo e outra no corpo do carro) para enrolar e armazenar energia. Portanto, uma maneira simples de carregar a mola é colocar o carro em uma superfície e puxá-lo para trás, certificando-se de que as rodas rolam sem deslizar. Observe que a mola de torção só pode ser torcida puxando o carro para trás; isto é, *o movimento do carro para frente desenrola a mola*.

Problema 8.37 Considere que a massa do carro (o corpo e as rodas) seja $m = 140$ g, a massa de cada roda seja $m_w = 4{,}25$ g e o raio das rodas seja $r = 6$ mm, sendo que as rodas rolam sem deslizar e podem ser tratadas como discos uniformes. Desprezando o atrito interno do carro e considerando a mola de torção do carro como linear com constante $k_t = 0{,}000\,27$ N · m/rad, determine a velocidade máxima atingida pelo carro se ele é liberado a partir do repouso após ser puxado para trás uma distância $L = 230$ mm a partir da posição em que a mola está desenrolada.

Problema 8.38 Considere que a massa do carro (o corpo e as rodas) seja $m = 140$ g, a massa de cada roda seja $m_w = 4{,}25$ g e o raio das rodas seja $r = 6$ mm, sendo que as rodas rolam sem deslizar e podem ser tratadas como discos uniformes. Além disso, considere que o torque M fornecido pela mola de torção não linear é dado por $M = -\beta\theta^3$, onde $\beta = 0{,}678 \times 10^{-6}$ N · m/rad³, θ é o deslocamento angular do eixo traseiro e o sinal de menos na frente de β indica que M atua no sentido oposto ao de θ. Desprezando qualquer atrito interno do carro, determine a velocidade máxima atingida pelo carro se ele é liberado a partir do repouso após ser puxado para trás uma distância $L = 230$ mm a partir da posição em que a mola está desenrolada.

Figura P8.37 e P8.38

Problema 8.39 Considere que a massa do carro (o corpo e as rodas) seja $m = 120$ g, a massa de cada roda seja $m_w = 5$ g e o raio das rodas seja $r = 6$ mm, sendo que as rodas rolam sem deslizar e podem ser tratadas como discos uniformes. Além disso, considere que a mola de torção do carro é linear com constante $k_t = 0{,}000\,25$ N · rad. Desprezando qualquer atrito interno do carro, se o ângulo de inclinação é $\phi = 25°$ e o carro é liberado do repouso após ser puxado para trás uma distância $L = 250$ mm a partir da posição em que a mola está desenrolada, determine a distância máxima d_{max} que o carro subirá na rampa (a partir de seu ponto de liberação), a velocidade máxima v_{max} atingida pelo carro e a distância dv_{max} (a partir do ponto de liberação) em que v_{max} é alcançado.

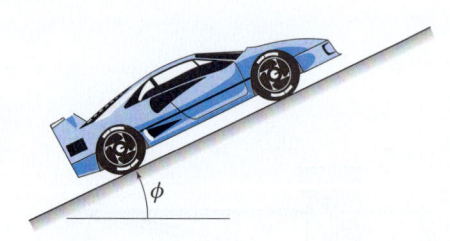

Figura P8.39

Problemas 8.40 e 8.41

A polia dupla D tem massa de 15 kg, centro de massa G coincidindo com o seu centro geométrico, raio de giração $k_G = 100$ mm, raio externo $r_0 = 150$ mm e raio interno $r_i = 75$ mm. Ela é conectada à polia P de raio R por um cabo de massa desprezível que se desenrola a partir dos carretéis interior e exterior da polia dupla D. O caixote C, que tem uma massa de 20 kg, é liberado a partir do repouso.

Capítulo 8 Métodos de energia e quantidade de movimento para corpos rígidos **621**

Problema 8.40 Desprezando a massa da polia P, determine a velocidade do caixote C e a velocidade angular da polia D depois que o caixote tenha caído uma distância $h = 2$ m.

Problema 8.41 Supondo que a polia P tenha uma massa de 1,5 kg e um raio de giração $k_A = 35$ mm, determine a velocidade do caixote C e a velocidade angular da polia D depois que o caixote tenha caído uma distância $h = 2$ m.

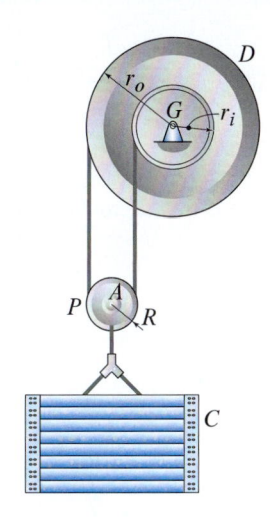

Problemas 8.42 a 8.44

A haste fina e uniforme AB está fixada por um pino no bloco deslizante S, o qual se move ao longo da guia sem atrito, e ao disco D, que rola sem deslizar sobre a superfície horizontal. Os pinos em A e B não possuem atrito e o sistema é liberado a partir do repouso. Desconsidere a dimensão vertical de S.

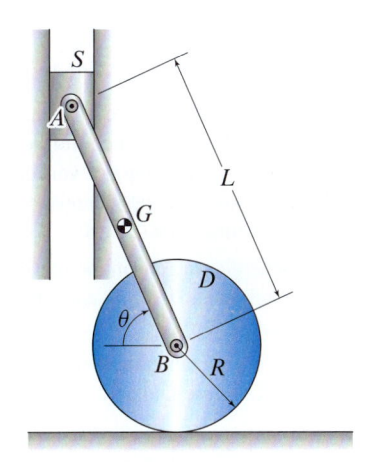

Figura P8.40 e P8.41

Figura P8.42-P8.44

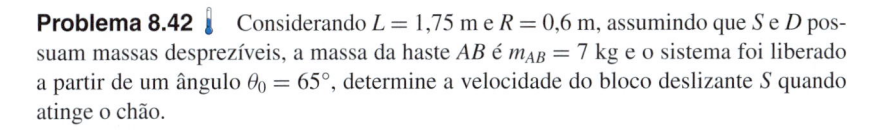

Problema 8.42 Considerando $L = 1,75$ m e $R = 0,6$ m, assumindo que S e D possuam massas desprezíveis, a massa da haste AB é $m_{AB} = 7$ kg e o sistema foi liberado a partir de um ângulo $\theta_0 = 65°$, determine a velocidade do bloco deslizante S quando atinge o chão.

Problema 8.43 Considerando $L = 1,4$ m e $R = 0,36$ m, assumindo que AB possui massa desprezível, a massa de S é $m_S = 1,4$ kg, D é um disco uniforme de massa $m_D = 4$ kg e o sistema foi liberado a partir do ângulo $\theta_0 = 67°$, determine a velocidade do bloco deslizante S quando atinge o chão.

Problema 8.44 Considerando $L = 1,75$ m e $R = 0,6$ m, assumindo que a massa de S é $m_S = 4,2$ kg, D é um disco uniforme de massa $m_D = 12$ kg, a massa de AB é $m_{AB} = 7$ kg e o sistema foi liberado a partir do ângulo $\theta = 69°$, determine a velocidade e a direção de movimento do ponto B quando o bloco deslizante S atinge o chão.

Problema 8.45

A figura mostra a seção transversal de uma porta de garagem com comprimento $L = 2,5$ m e massa $m = 90$ kg. Nas extremidades A e B há rolamentos de massa desprezível restringidos a se deslocarem em uma guia vertical e uma horizontal, respectivamente. O movimento da porta é auxiliado por dois contrapesos (apenas um é mostrado), cada um de massa $m_C = 42,5$ kg. Se a porta é liberada a partir do repouso na posição horizontal, desconsiderando o atrito e modelando a porta como uma placa fina e uniforme, determine a velocidade com que B atinge a extremidade esquerda da guia horizontal.

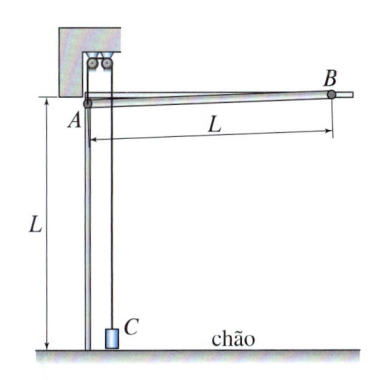

Figura P8.45

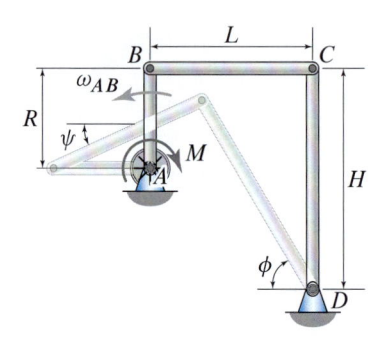

Figura P8.46

Problema 8.46

As barras uniformes e finas AB, BC e CD estão conectadas por pinos e têm massas $m_{AB} = 2{,}3$ kg, $m_{BC} = 3{,}2$ kg e $m_{CD} = 5{,}0$ kg, respectivamente. Além disso, $R = 0{,}75$ m, $L = 1{,}2$ m e $H = 1{,}55$ m. Quando as barras AB e CD estão verticais, AB está girando a uma velocidade angular $\omega_{AB} = 4$ rad/s na direção mostrada. Nesse instante, o motor ligado a AB começa a exercer um torque constante M no sentido oposto a ω_{AB}. Se o motor para AB após AB ter girado $90°$ no sentido anti-horário, determine M e a potência de saída máxima do motor durante a fase de parada. Na posição final, $\phi = 64{,}36°$ e $\psi = 29{,}85°$.

Problema 8.47

Um bastão de comprimento L e massa m está em equilíbrio de pé em sua extremidade A quando a extremidade B é levemente deslocada para a direita, derrubando o bastão. Modele-o como uma barra fina e uniforme e assuma que há atrito entre o bastão e o chão. Partindo dessas considerações, há um valor de θ, que chamaremos de θ_{max}, de modo que o bastão *deva* começar a deslizar antes de chegar a θ_{max} para *qualquer* valor do coeficiente de atrito estático μ_s. Para encontrar o valor de θ_{max}, siga os passos abaixo.

(a) Considerando F e N como as forças de atrito e normal, respectivamente, entre o bastão e o chão, elabore o DCL do bastão conforme ele cai. Em seguida, defina a soma de forças nas direções horizontal e vertical iguais às componentes correspondentes de $m\vec{a}_G$. Expresse as componentes de $\vec{a}_G$ em termos de θ, $\dot\theta$ e $\ddot\theta$. Finalmente, expresse F e N em função de θ, $\dot\theta$ e $\ddot\theta$.

(b) Use o princípio do trabalho-energia para encontrar uma expressão para $\dot\theta^2(\theta)$. Derive a expressão para $\dot\theta^2(\theta)$ em relação ao tempo e encontre uma expressão para $\ddot\theta(\theta)$.

(c) Substitua as expressões para $\dot\theta^2(\theta)$ e $\ddot\theta(\theta)$ nas expressões para F e N a fim de obter F e N em função de θ. Para o deslizamento iminente, $|F/N|$ deve ser igual ao coeficiente de atrito estático. Use esse fato para determinar θ_{max}.

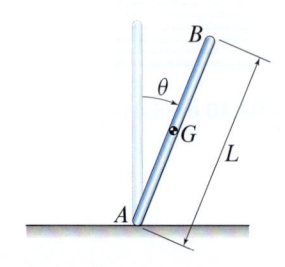

Figura P8.47

Problema 8.48

Um bastão de comprimento L e massa m está em equilíbrio de pé em sua extremidade A quando a extremidade B é levemente deslocada para a direita, derrubando o bastão. Considerando μ_s como o coeficiente de atrito estático entre o bastão e o chão e modelando o bastão como uma barra fina e uniforme, encontre o maior valor de μ_s para que o bastão deslize para a esquerda, bem como o valor correspondente de θ para o qual o deslizamento começa. Para resolver este problema, siga os passos abaixo.

(a) Considere F e N como as forças de atrito e normal, respectivamente, entre o bastão e o chão, e F como positiva para a direita e N como positiva para cima. Elabore o DCL do bastão conforme ele cai. Em seguida, defina a soma das forças nas direções horizontal e vertical iguais às componentes correspondentes de $m\vec{a}_G$. Expresse as componentes de $\vec{a}_G$ em termos de θ, $\dot\theta$ e $\ddot\theta$. Finalmente, expresse F e N em função de θ, $\dot\theta$ e $\ddot\theta$.

(b) Use o princípio do trabalho-energia para encontrar uma expressão para $\dot\theta^2(\theta)$. Derive a expressão para $\dot\theta^2(\theta)$ em relação ao tempo e encontre uma expressão para $\ddot\theta(\theta)$.

(c) Substitua as expressões para $\dot\theta^2(\theta)$ e $\ddot\theta(\theta)$ nas expressões para F e N a fim de obter F e N em função de θ. Quando o deslizamento for iminente (ou seja, quando $|F| = \mu_s |N|$), $|F/N|$ deve ser igual ao coeficiente de atrito estático. Portanto, calcule o valor máximo de $|F/N|$ diferenciando-o em relação à θ e definindo o resultado obtido como igual a zero.

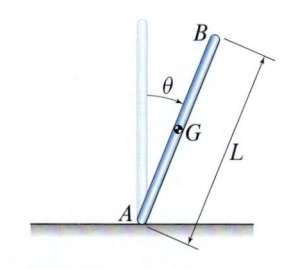

Figura P8.48

Problema 8.49

Um bastão de comprimento L e massa m está em equilíbrio de pé em sua extremidade A quando a extremidade B é levemente deslocada para a direita, derrubando o bastão. Considerando o coeficiente de atrito estático entre o bastão e o chão como $\mu_s = 0{,}7$ e modelando o bastão como uma barra fina e uniforme, encontre o valor de θ em que a extremidade A do bastão começa a deslizar e determine a direção correspondente do deslizamento. Como parte da solução, plote o valor absoluto da razão entre a força de atrito e normal em função de θ. Para resolver este problema, siga os passos abaixo.

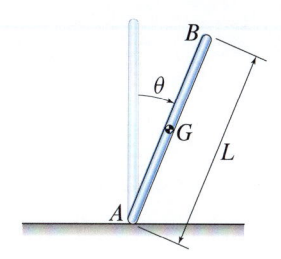

Figura P8.49

(a) Considerando F e N como as forças de atrito e normal, respectivamente, entre o bastão e o chão, elabore o DCL do bastão conforme ele cai. Em seguida, defina a soma de forças nas direções horizontal e vertical iguais às componentes correspondentes de $m\vec{a}_G$. Expresse as componentes de $\vec{a}_G$ em termos de $\theta, \dot{\theta}$ e $\ddot{\theta}$. Finalmente, expresse F e N em função de $\theta, \dot{\theta}$ e $\ddot{\theta}$.

(b) Use o princípio do trabalho-energia para encontrar uma expressão para $\dot{\theta}^2(\theta)$. Derive a expressão para $\dot{\theta}^2(\theta)$ em relação ao tempo e encontre uma expressão para $\ddot{\theta}(\theta)$.

(c) Após substituir as expressões para $\dot{\theta}^2(\theta)$ e $\ddot{\theta}(\theta)$ nas expressões para F e N, plote $|F/N|$ em função de θ. Para o deslizamento iminente, $|F/N|$ deve ser igual a μ_s. Portanto, o valor desejado de θ corresponde à interseção do gráfico de $|F/N|$ com a linha horizontal que intercepta o eixo vertical no valor de 0,7. Depois de determinar o valor desejado de θ, a direção do deslizamento pode ser encontrada determinando o sinal de F avaliado no θ calculado.

PROBLEMAS DE PROJETO

Problema de projeto 8.1

A abertura e o fechamento da cancela operada manualmente é auxiliada pelo contrapeso C e pela mola de torção elástica linear com constante k_t que está montada em O. Suponha que o comprimento do braço é $L = 4,8$ m e que ele consiste em uma seção de tubo de alumínio de A até B de comprimento $l = 3,5$ m e massa de 9 kg e de uma seção de suporte de aço de B até D com massa de 18 kg. Modele ambas as seções do braço como hastes uniformes e finas. Modele o contrapeso como um corpo rígido retangular uniforme de massa m_c, altura h e largura w e considere a dobradiça O como estando a uma distância $d = 0,78$ m da extremidade direita da seção BD.

A partir dessas considerações, projete os parâmetros não especificados δ, h, w, ω_C e a mola de torção (sua rigidez k_t e a posição em que não está deformada) de modo que um pequeno toque fechará a cancela a partir da posição vertical e de forma que o braço atinja a posição fechada a uma velocidade angular menor que 0,25 rad/s. Além disso, certifique-se de que a cancela ainda seja fácil de abrir.

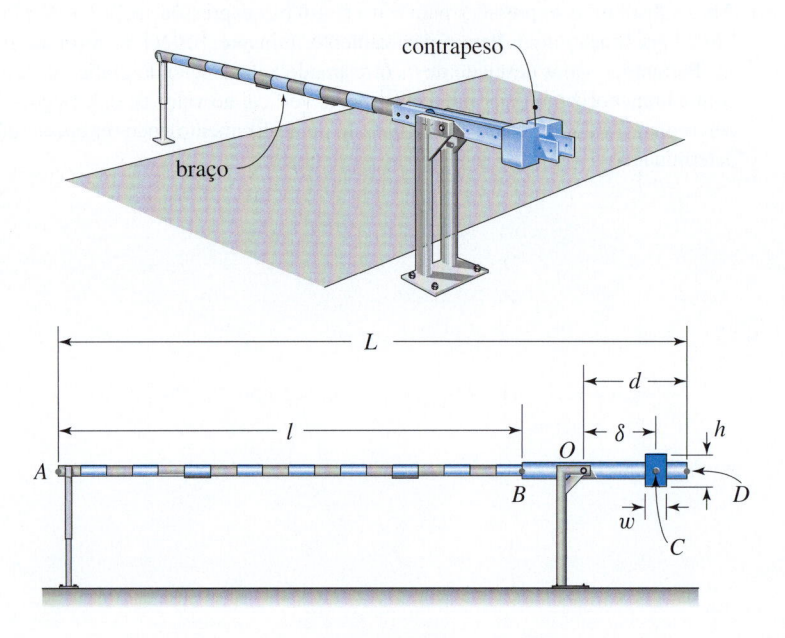

Figura PP8.1

8.2 MÉTODOS DE QUANTIDADE DE MOVIMENTO PARA CORPOS RÍGIDOS

Nesta seção, desenvolveremos os princípios do impulso-quantidade de movimento tanto linear quanto angular para corpos rígidos. Este é um ponto de partida a partir do que foi feito no Capítulo 5, no qual dedicamos seções individuais para cada um desses princípios. A razão para essa abordagem diferente é que, para corpos rígidos, os princípios do impulso-quantidade de movimento linear e angular muitas vezes têm de ser aplicados em conjunto para se obter um quadro completo do movimento de um corpo, como mostrado no exemplo a seguir.

Modelagem de corpo rígido em reconstruções de acidentes

Considere a colisão iminente mostrada na Fig. 8.13. Antes da colisão, cada veículo está se movendo ao longo de uma linha reta. Na Fig. 8.14, vemos que, após a colisão, ambos os veículos são deslocados *e* giram em relação a suas posições no momento do impacto. É possível prever as velocidades pós-impacto, incluindo as velocidades angulares, se soubermos o movimento pré-impacto? Na Seção 5.2 (na p. 356) aprendemos a prever velocidades pós-impacto a partir das velocidades pré-impacto, mas não sabíamos lidar com velocidades angulares (o conceito de velocidade angular não diz respeito às partículas). Para determinar o movimento pós-impacto, observe que, se modelarmos o impacto como bidimensional e os veículos como corpos rígidos, *precisamos de seis equações para resolver o problema*! Vemos isso ao nos referirmos à Fig. 8.15, na qual chamamos de *C* e *D* os centros de massa dos veículos *A* e *B*, respectivamente. Precisamos de quatro equações para encontrar v_{Cx}^+, v_{Cy}^+, v_{Dx}^+ e v_{Dy}^+ (lembre-se de que + refere-se a pós-impacto) e precisamos de duas equações para encontrar ω_A^+ e ω_B^+, que são as velocidades angulares pós-impacto de *A* e *B*, respectivamente. A teoria do impacto que aprendemos na Seção 5.2 (na p. de 356) nos fornece apenas quatro das equações de que precisamos:

1. Conservação da quantidade de movimento do sistema ao longo da LI (linha de impacto).
2. Conservação da quantidade de movimento de *A* na direção normal à LI.
3. Conservação da quantidade de movimento de *B* na direção normal à LI.
4. Equação do CDR (coeficiente de restituição) ao longo da LI.

Qual princípio físico poderíamos usar para escrever as duas equações restantes? A resposta é encontrada observando que as equações listadas nos pontos 1-4 são baseadas no princípio da quantidade de movimento-impulso *linear* e não dizem coisa alguma sobre o movimento de rotação. O movimento de corpo rígido é regido por ambas as equações de força e de *momento*. Portanto, precisamos aproveitar as equações de momento dos corpos *A* e *B* para obter as duas equações que estamos procurando. Especificamente, precisamos complementar o princípio do impulso-quantidade de movimento linear com o princípio do impulso-quantidade de movimento *angular*, que é obtido a partir da equação de momento. É isso que a seção atual aborda. Depois que obtivermos esses dois princípios de equilíbrio, voltaremos ao problema do impacto de corpo rígido na Seção 8.3 (na p. 646).

Princípio do impulso-quantidade de movimento para um corpo rígido

O centro de massa de um corpo rígido se move de acordo com a Eq. (7.15) da p. 548 (primeiramente dada para sistemas gerais na Eq. (5.86), na p. 394), ou seja,

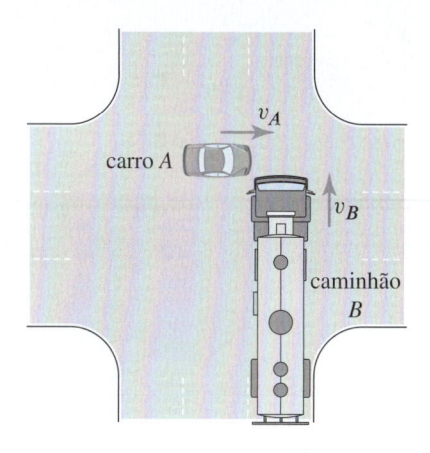

$$\vec{F} = m\vec{a}_G, \qquad (8.34)$$

Figura 8.13
Um carro e um caminhão que estão prestes a colidir.

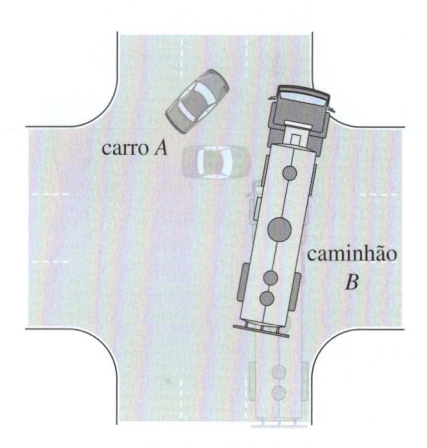

Figura 8.14
Veículos antes (transparentes) e após a colisão.

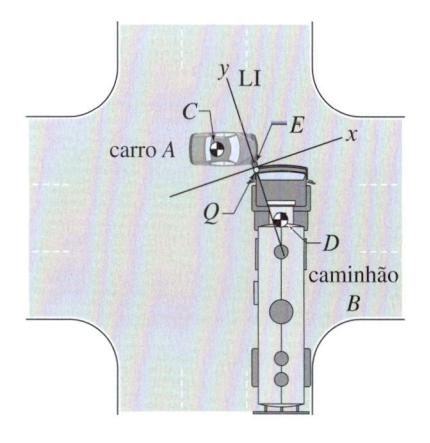

Figura 8.15
Veículos no instante da colisão e em relação à linha de impacto.

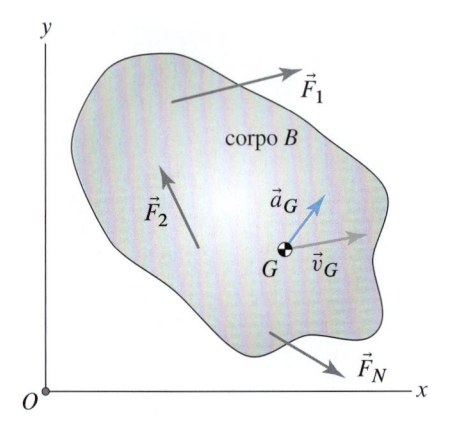

Figura 8.16
Um corpo rígido sob a ação de um sistema de forças.

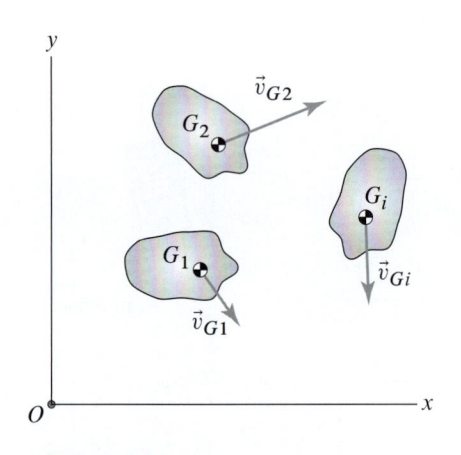

Figura 8.17
Um sistema de corpos rígidos.

onde, referindo-se à Fig. 8.16, $\vec{F} = \vec{F}_1 + \vec{F}_2 + \cdots + \vec{F}_N$ é a força total que atua sobre o corpo e m e $\vec{a}_G$ são a massa e a aceleração do centro de massa do corpo, respectivamente. Integrando a Eq. (8.34) ao longo do tempo para $t_1 \leq t \leq t_2$, obtemos

$$\int_{t_1}^{t_2} \vec{F}\, dt = \int_{t_1}^{t_2} m\vec{a}_G\, dt = m\vec{v}_G(t_2) - m\vec{v}_G(t_1), \qquad (8.35)$$

onde, utilizando conceitos introduzidos na Seção 5.1, o primeiro termo da Eq. (8.35) é o *impulso linear* total que age sobre o corpo e $m\vec{v}_G(t)$ é a *quantidade de movimento linear* do corpo, que denotamos por $\vec{p}$. Como fizemos para uma partícula (veja a Eq. (5.6) na p. 335), podemos reescrever a Eq. (8.35) como

$$\boxed{m\vec{v}_{G1} + \int_{t_1}^{t_2} \vec{F}\, dt = m\vec{v}_{G2} \quad \text{ou} \quad \vec{p}_1 + \int_{t_1}^{t_2} \vec{F}\, dt = \vec{p}_2,} \qquad (8.36)$$

onde os subscritos 1 e 2 indicam os valores de uma grandeza em t_1 e t_2, respectivamente. As Eqs. (8.36) expressam o princípio do impulso-quantidade de movimento linear para um corpo rígido.

Extensão da Eq. (8.36) para um sistema

Lembrando que $\vec{F}$ é a soma apenas das *forças externas*, as Eqs. (8.36) podem ser aplicadas até mesmo para um sistema de corpos rígidos se calcularmos corretamente $\vec{p}$. Para um sistema de N corpos rígidos (veja a Fig. 8.17), a quantidade de movimento total do sistema é

$$\vec{p} = \sum_{i=1}^{N} m_i \vec{v}_{Gi}(t), \qquad (8.37)$$

onde m_i e $\vec{v}_{Gi}$ ($i = 1, \ldots, N$) são a massa e a velocidade, respectivamente, do centro de massa do corpo rígido i.

Conservação da quantidade de movimento linear

Se $\vec{F} = \vec{0}$ para $t_1 \leq t \leq t_2$, as Eqs. (8.36) se reduzem a

$$\boxed{m\vec{v}_{G1} = m\vec{v}_{G2} \quad \text{ou} \quad \vec{p}_1 = \vec{p}_2,} \qquad (8.38)$$

que afirma que a quantidade de movimento do sistema é conservada para $t_1 \leq t \leq t_2$. Em muitas aplicações a força externa total $\vec{F}$ não é igual a zero durante o intervalo de tempo considerado, mas há uma direção, digamos q, ao longo da qual a *componente* $F_q = 0$ para $t_1 \leq t \leq t_2$. Nesse caso, podemos escrever

$$m(v_{Gq})_1 = m(v_{Gq})_2 \quad \text{ou} \quad p_q 1 = p_q 2, \qquad (8.39)$$

isto é, a quantidade de movimento é conservada na direção q. As Eqs. (8.39) são úteis em muitas situações, especialmente no estudo de impactos.

Princípio do impulso-quantidade de movimento angular para um corpo rígido

A equação de momento que rege o movimento de um corpo rígido é a Eq. (7.18) da p. 548 (primeiramente dada para sistemas gerais na Eq. (5.87) na p. 394), ou seja,

$$\vec{M}_P = \dot{\vec{h}}_P + \vec{v}_P \times m\vec{v}_G, \qquad (8.40)$$

onde P é um centro de momento escolhido arbitrariamente (veja a Fig. 8.18), $\vec{v}_P$ é a velocidade de P, e $\vec{M}_P$ é o momento total em relação a P devido ao sistema de forças externas que age sobre o corpo. A grandeza $\vec{h}_P$ é a quantidade de movimento angular do corpo em relação a P e foi definida na Eq. (7.20) na p. 549 como

$$\vec{h}_P = \int_B \vec{r}_{dm/P} \times \vec{v}_{dm}\, dm. \tag{8.41}$$

Embora as Eqs. (8.40) e (8.41) sejam válidas para qualquer tipo de corpo e para qualquer movimento, as aplicações que focamos neste capítulo dizem respeito ao movimento planar de corpos rígidos que são simétricos em relação ao plano do movimento. Para esse tipo de aplicação, como mostrado na Eq. (B.25) do Apêndice B, $\vec{h}_P$ pode ser dado da seguinte forma compacta

$$\boxed{\vec{h}_P = I_G \vec{\omega}_B + \vec{r}_{G/P} \times m\vec{v}_G,} \tag{8.42}$$

onde I_G e $\vec{\omega}_B$ são o momento de inércia da massa do corpo e a velocidade angular do corpo, respectivamente.[4] Além disso, escolhendo o ponto P no mesmo plano que G, e tal que

1. P é um ponto fixo (ou seja, $\vec{v}_P = \vec{0}$); ou
2. P coincide com G (isto é, $\vec{v}_P = \vec{v}_G \Rightarrow \vec{v}_P \times \vec{v}_G = \vec{0}$); ou
3. P e G movem-se paralelamente um ao outro (ou seja, $\vec{v}_P \times \vec{v}_G = \vec{0}$);

A Eq. (8.40) simplifica-se para

$$\boxed{\vec{M}_P = \dot{\vec{h}}_P.} \tag{8.43}$$

A determinação da Eq. (8.42) a partir da Eq. (8.41) usando as considerações estabelecidas é mostrada no Apêndice B na p. 741.

Se as considerações subjacentes à Eq. (8.43) se mantiverem ao longo de um intervalo de tempo $t_1 \leq t \leq t_2$, então, integrando Eq. (8.43) durante esse intervalo de tempo, obtemos a forma tradicional do princípio do impulso-quantidade de movimento angular, ou seja,

$$\boxed{\vec{h}_{P1} + \int_{t_1}^{t_2} \vec{M}_P\, dt = \vec{h}_{P2},} \tag{8.44}$$

onde $\vec{h}_{P1}$ e $\vec{h}_{P2}$ são os valores de $\vec{h}_P$ nos tempos t_1 e t_2, respectivamente. A Eq. (8.44) foi obtida primeiramente na Eq. (5.80) na p. 393 quando estudamos sistemas de partículas. Se o centro de momento é considerado o centro de massa G, então $\vec{r}_{G/P} = \vec{0}$, uma vez que P e G coincidem. Nesse caso, combinando as Eqs. (8.44) e (8.42), o princípio do impulso-quantidade de movimento angular assume a forma

$$\boxed{I_{G1}\omega_{B1} + \int_{t_1}^{t_2} M_{Gz}\, dt = I_{G2}\omega_{B2},} \tag{8.45}$$

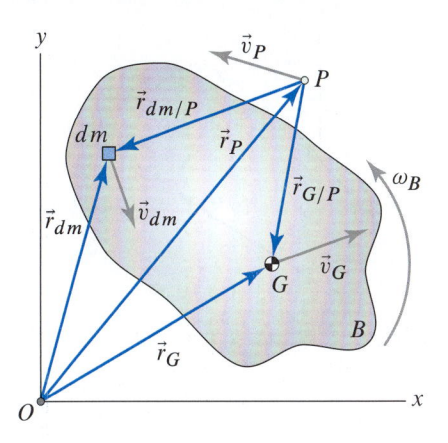

Figura 8.18
As grandezas necessárias para obter as relações da quantidade de movimento angular para um corpo rígido.

---

[4] Como indicado no Capítulo 7, o subscrito em I será utilizado exclusivamente para identificar o eixo em relação ao qual I é calculado. Assim, I_A denota o momento de inércia de massa do corpo rígido sobre um eixo perpendicular ao plano do movimento passando por A.

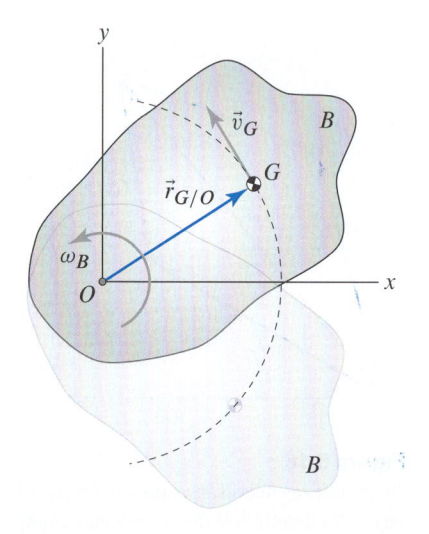

Figura 8.19
Um corpo rígido em uma rotação de eixo fixo.

onde M_{Gz} é a componente z do momento sobre G, os subscritos 1 e 2 indicam o valor de uma grandeza em t_1 e t_2, respectivamente, e a Eq. (8.45) foi escrita na forma escalar porque, sob as considerações atuais, a única componente diferente de zero da Eq. (8.44) é perpendicular ao plano do movimento. A Eq. (8.45) é válida mesmo se I_G variar com o tempo (veja o Exemplo 8.9).

Uma variante da Eq. (8.44) é obtida no caso representado na Fig. 8.19, em que um corpo está em rotação em torno de um eixo fixo no ponto O. Nesse caso, $\vec{v}_G = \vec{\omega}_B \times \vec{r}_{G/O}$, e escolhendo o centro de rotação O como nosso centro de momento, a Eq. (8.42) torna-se

$$\vec{h}_O = I_G \vec{\omega}_B + \vec{r}_{G/O} \times m(\vec{\omega}_B \times \vec{r}_{G/O})$$
$$= \left(I_G + m|\vec{r}_{G/O}|^2\right)\vec{\omega}_B = I_O \vec{\omega}_B, \tag{8.46}$$

onde, pelo teorema dos eixos paralelos, $I_O = I_G + m|\vec{r}_{G/O}|^2$ é o momento de inércia de massa do corpo em relação ao eixo de rotação. Usando a Eq. (8.46), o princípio do impulso-quantidade de movimento angular para um corpo que é simétrico em relação ao plano de movimento e está sob rotação em torno do eixo fixo assume a forma

$$\boxed{I_{O1}\omega_{B1} + \int_{t_1}^{t_2} M_{Oz}\, dt = I_{O2}\omega_{B2},} \tag{8.47}$$

onde O é o centro de rotação e M_{Oz} é a componente z de $\vec{M}_O$. Escrevemos a Eq. (8.47) na forma escalar porque, sob as considerações atuais, a única componente diferente de zero da Eq. (8.44) é normal ao plano do movimento.

Princípio do impulso-quantidade de movimento angular para um sistema

As Eqs. (8.44) e (8.45) se aplicam a sistemas de corpos rígidos se as considerações subjacentes a essas equações são satisfeitas para cada elemento do sistema. Referindo-se à Fig. 8.20, para um sistema de N corpos rígidos, no qual o corpo i tem velocidade angular $\vec{\omega}_i$, centro de massa G_i, massa m_i e momento de inércia de massa I_{Gi}, $\vec{h}_P$ é

$$\vec{h}_P = \sum_{i=1}^{N} \left(I_{Gi}\vec{\omega}_i + \vec{r}_{Gi/P} \times m_i \vec{v}_{Gi}\right), \tag{8.48}$$

onde $\vec{v}_{Gi}$ é a velocidade de G_i e $\vec{r}_{Gi/P}$ é a posição de G_i em relação a P.

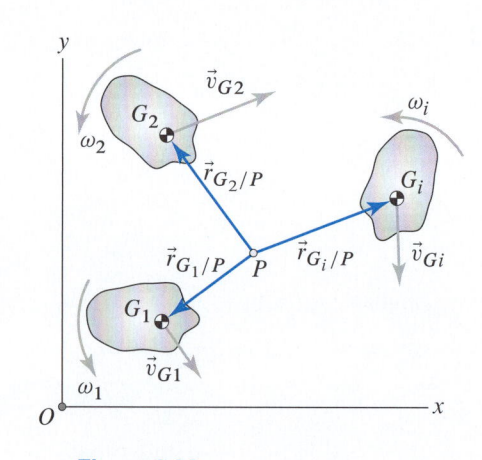

Figura 8.20
Um sistema de corpos rígidos.

Conservação da quantidade de movimento angular

Se $\vec{M}_P = \vec{0}$ para $t_1 \leq t \leq t_2$, a Eq. (8.44) implica que

$$\vec{h}_{P1} = \vec{h}_{P2} = \text{constante}, \tag{8.49}$$

que afirma que a quantidade de movimento angular do corpo em relação a P é conservada. Outro resultado útil é obtido quando $\vec{M}_P \neq \vec{0}$, mas há uma direção fixa, digamos q, ao longo da qual $M_{Pq} = 0$. Nesse caso, podemos escrever

$$(h_{Pq})_1 = (h_{Pq})_2 = \text{constante} \tag{8.50}$$

e aplicar a conservação da quantidade de movimento na direção q.

Erro comum

Considerações para a conservação da quantidade de movimento angular. O fato de que $\vec{M}_P = \vec{0}$ por si só não nos permite dizer que $\vec{h}_P$ é conservado! A fim de usar a Eq. (8.49), devemos primeiro verificar se uma das três considerações listadas acima da Eq. (8.43) é satisfeita.

Resumo final da seção

O princípio do impulso-quantidade de movimento linear para um corpo rígido fornece (veja a Fig. 8.21)

Eq. (8.36), p. 626

$$m\vec{v}_{G1} + \int_{t_1}^{t_2} \vec{F}\, dt = m\vec{v}_{G2} \quad \text{ou} \quad \vec{p}_1 + \int_{t_1}^{t_2} \vec{F}\, dt = \vec{p}_2,$$

onde $\vec{F}$ é a força externa total sobre B, $\vec{p} = m\vec{v}_G$ é a quantidade de movimento linear de B, e $\vec{v}_G$ é a velocidade do centro de massa de B. Se $\vec{F} = \vec{0}$, temos

Eq. (8.38), p. 626

$$m\vec{v}_{G1} = m\vec{v}_{G2} \quad \text{ou} \quad \vec{p}_1 = \vec{p}_2,$$

e dizemos que a quantidade de movimento do corpo é conservada. Se P na Fig. 8.22 é um centro de momento coplanar com G e B é simétrico em relação ao plano do movimento, a quantidade de movimento angular de B em relação a P é

Eq. (8.42), p. 627

$$\vec{h}_P = I_G \vec{\omega}_B + \vec{r}_{G/P} \times m\vec{v}_G,$$

onde I_G é o momento de inércia de massa de B, $\vec{\omega}_B$ é a velocidade angular de B e $\vec{r}_{G/P}$ é a posição de G em relação a P. Se P é escolhido de forma que (1) P é fixo, (2) P coincide com G, ou (3) P e G movem-se paralelos um ao outro, então $\vec{M}_P = \dot{\vec{h}}_P$, onde $\vec{M}_P$ é o momento em relação a P do sistema de forças externas atuando em B. Quando essa equação é resolvida, por meio da integração em relação ao tempo durante um intervalo de tempo $t_1 \leq t \leq t_2$, temos

Eq. (8.44), p. 627

$$\vec{h}_{P1} + \int_{t_1}^{t_2} \vec{M}_P\, dt = \vec{h}_{P2}$$

Quando P coincide com G ou se o corpo sofre uma rotação em torno do eixo fixo sobre um ponto O, como mostrado na Fig. 8.23, então a equação acima torna-se

Eq. (8.45), p. 627, e Eq. (8.47), p. 628

$$I_{G1}\omega_{B1} + \int_{t_1}^{t_2} M_{Gz}\, dt = I_{G2}\omega_{B2},$$

$$I_{O1}\omega_{B1} + \int_{t_1}^{t_2} M_{Oz}\, dt = I_{O2}\omega_{B2},$$

respectivamente, onde I_O é o momento de inércia de massa em torno do eixo fixo de rotação.

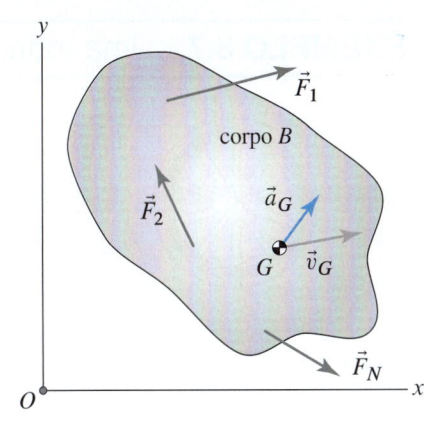

Figura 8.21
Figura 8.16 repetida. Um corpo rígido sob a ação de um sistema de forças.

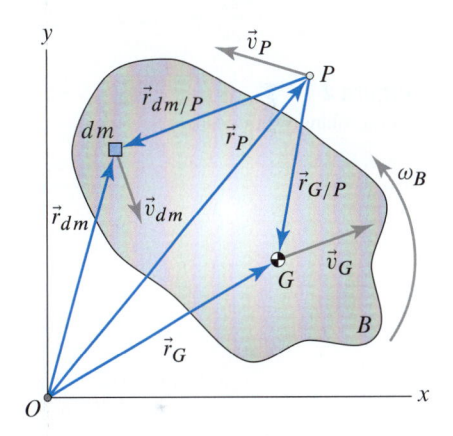

Figura 8.22
Figura 8.18 repetida. As grandezas necessárias para obter as relações da quantidade de movimento angular para um corpo rígido.

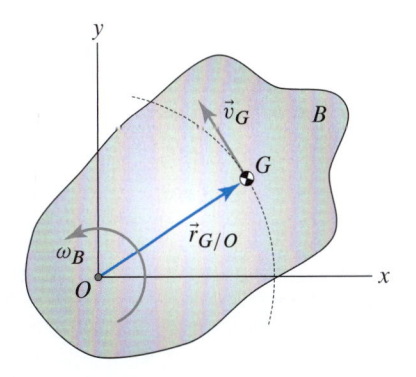

Figura 8.23
Um corpo rígido em rotação em torno de um eixo fixo.

EXEMPLO 8.7 Uma roda rolando: calculando quantidade de movimento angular

A roda ω mostrada na Fig. 1 tem raio r e massa m. O ponto G é tanto o centro de massa da roda quanto o centro geométrico dela. O raio de giração é k_G. A roda está rolando sem deslizar com G movendo-se para a direita a uma velocidade v_0. Calcule a quantidade de movimento angular da roda em relação a ambos G e Q, que é o ponto sobre a roda em contato com o chão.

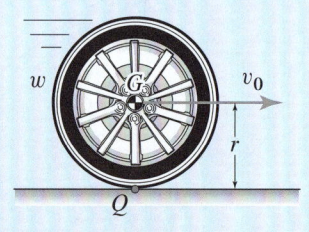

Figura 1

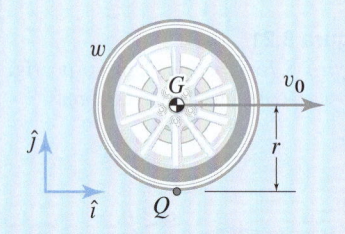

Figura 2
Roda rolando sem deslizar.

SOLUÇÃO

Roteiro Este problema é resolvido por meio de uma aplicação direta da expressão para a quantidade de movimento angular de um corpo rígido dada na Eq. (8.42) na p. 627.

Cálculos Referindo-se à Fig. 2 e aplicando a Eq. (8.42), a quantidade de movimento angular da roda em relação ao seu centro de massa é

$$\vec{h}_G = I_G \vec{\omega}_w + \vec{r}_{G/G} \times m\vec{v}_G, \qquad (1)$$

onde $\vec{r}_{G/G} = \vec{0}$ e $I_G = mk_G^2$. Lembrando que, devido ao rolamento sem deslize, devemos ter $\vec{\omega}_w = -(v_0/r)\hat{k}$, a Eq. (1) pode ser reescrita como

$$\boxed{\vec{h}_G = -mk_G^2\left(\frac{v_0}{r}\right)\hat{k}.} \qquad (2)$$

Novamente referindo-se à Fig. 2 e aplicando a Eq. (8.42), a quantidade de movimento angular da roda em relação a Q é

$$\vec{h}_Q = I_G \vec{\omega}_w + \vec{r}_{G/Q} \times m\vec{v}_G. \qquad (3)$$

Nesse caso, temos

$$\vec{r}_{G/Q} = r\,\hat{j} \quad \text{e} \quad \vec{v}_G = v_0\,\hat{i} \quad \Rightarrow \quad \vec{r}_{G/Q} \times m\vec{v}_G = -mrv_0\,\hat{k}. \qquad (4)$$

Substituindo a última das Eqs. (4) na Eq. (3) e relembrando que $I_G\vec{\omega}_w = -mk_G^2(v_0/r)\hat{k}$, temos

$$\boxed{\vec{h}_Q = -mrv_0\,\hat{k} - mk_G^2\frac{v_0}{r}\hat{k} = -mv_0\left(r + \frac{k_G^2}{r}\right)\hat{k}.} \qquad (5)$$

Discussão e verificação Para verificar se os resultados nas Eqs. (2) e (5) estão dimensionalmente corretos, recorde que a quantidade de movimento angular tem as dimensões de *momento da quantidade de movimento*, ou seja, de massa × velocidade × comprimento, que é o que vemos nas Eqs. (2) e (5).

🔍 **Um olhar mais atento** Usando o teorema dos eixos paralelos podemos fornecer a expressão da Eq. (5) de uma forma muito mais compacta. Consideraremos I_Q o momento de inércia de massa da roda em relação a Q. Usando o teorema dos eixos paralelos, temos

$$I_Q = I_G + mr^2 = m(k_G^2 + r^2). \qquad (6)$$

Voltando à Eq. (5) e fatorando $1/r$ para fora do termo entre parênteses, podemos reescrever essa equação como

$$\vec{h}_Q = -m\frac{v_0}{r}(r^2 + k_G^2)\hat{k} = I_Q\vec{\omega}_w, \qquad (7)$$

onde nos aproveitamos da Eq. (6) e do fato de que $\vec{\omega}_w = -(v_0/r)\hat{k}$. Comparando a Eq. (7) com a Eq. (8.46) da p. 628, podemos interpretar o resultado afirmando que a roda aparece como se estivesse em uma rotação de eixo fixo em torno de Q. Essa interpretação é adequada, pois Q é o centro de rotação instantâneo da roda.

EXEMPLO 8.8 Um tubo rolando: aplicação do impulso e quantidade de movimento

Uma seção de tubo A de raio r, centro G e massa m é delicadamente colocada (ou seja, a uma velocidade zero) em uma correia transportadora que se move a uma velocidade constante v_0 para a direita, como mostrado na Fig. 1. O atrito entre a correia e o tubo moverá o tubo para a direita, assim como o fará rotacionar e, por fim, rolar sem deslizar. Determine a velocidade de G e a velocidade angular do tubo quando ele rola sem deslizar.

SOLUÇÃO

Roteiro e modelagem Como o tubo A é estacionário quando é colocado na correia transportadora, A deve deslizar em relação à correia até começar a rolar sem deslizar. Modelando A como um corpo rígido uniforme, até que comece a rolar sem deslizar, o DCL de A é aquele mostrado na Fig. 2. Supondo que G não se mova na direção vertical, o movimento do corpo é determinado pelo impulso fornecido pela força de atrito, que é a única força atuando na direção horizontal. Podemos então resolver o problema com a aplicação dos princípios do impulso-quantidade de movimento linear e angular junto com as relações cinemáticas que descrevem o rolamento sem deslizamento sobre uma superfície em movimento.

Equações fundamentais

Princípios de equilíbrio Considere t_1 o tempo em que A é colocado na correia e t_2 o tempo em que o tubo começa a rolar sem deslizar. O princípio do impulso-quantidade de movimento na direção x é interpretado como

$$m(v_{Gx})_1 + \int_{t_1}^{t_2} F\, dt = m(v_{Gx})_2. \qquad (1)$$

Escolhendo o centro de massa G como o centro de momento, o princípio do impulso-quantidade de movimento angular aplicado entre t_1 e t_2 se lê

$$\vec{h}_{G1} + \int_{t_1}^{t_2} (\vec{r}_{Q/G} \times F\,\hat{\imath})\, dt = \vec{h}_{G2}, \qquad (2)$$

onde, usando a Eq. (8.42) na p. 627 e modelando a seção do tubo como um anel fino,

$$\vec{h}_{G1} = I_G \vec{\omega}_{A1} = mr^2 \omega_{A1}\, \hat{k} \quad \text{e} \quad \vec{h}_{G2} = I_G \vec{\omega}_{A2} = mr^2 \omega_{A2}\, \hat{k}. \qquad (3)$$

Leis da força Todas as forças são consideradas no DCL.

Equações cinemáticas No tempo t_1, A está estacionário, então temos

$$(v_{Gx})_1 = 0 \quad \text{e} \quad \omega_{A1} = 0. \qquad (4)$$

No tempo t_2, A rola sem deslizar sobre a correia em movimento, ou seja, $\vec{v}_{Q2} = v_0\, \hat{\imath}$. Para G, temos

$$\vec{v}_{G2} = \vec{v}_{Q2} + \omega_{A2}\, \hat{k} \times \vec{r}_{G/Q} \quad \Rightarrow \quad \vec{v}_{G2} = (v_0 - r\omega_{A2})\, \hat{\imath}. \qquad (5)$$

Cálculos Após expandir o produto cruzado, o integrando no segundo termo da Eq. (2) pode ser escrito como segue:

$$\vec{r}_{Q/G} \times F\,\hat{\imath} = -r\,\hat{\jmath} \times F\,\hat{\imath} = Fr\,\hat{k}. \qquad (6)$$

Substituindo as Eqs. (3), a segunda das Eqs. (4) e a Eq. (6) na Eq. (2), temos

$$r \int_{t_1}^{t_2} F\, dt = mr^2 \omega_{A2}, \qquad (7)$$

onde puxamos r para fora da integral por ele ser constante.

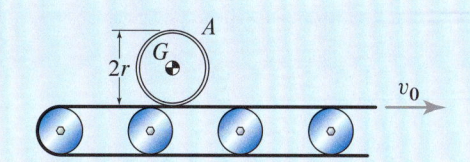

Figura 1
Uma seção de tubo de raio r colocada muito delicadamente sobre uma correia transportadora.

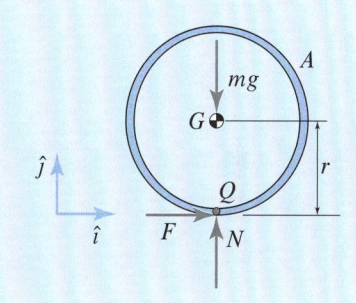

Figura 2
DCL da seção de tubo em um instante entre o tempo em que o tubo é colocado sobre a correia e o tempo em que o tubo começa a rolar sem deslizar.

Informações úteis

A força de atrito F é constante? Na integral na Eq. (7) consideramos a força de atrito F dentro da integral porque não conhecíamos F em função do tempo. O ponto importante para compreender aqui é que a solução definitiva para o problema não exige que saibamos F em função do tempo. Dito isso, partindo do DCL do sistema e do que aprendemos no Capítulo 7, podemos mostrar que neste problema F é constante para $t_1 < t < t_2$ e, logo, se torna igual a zero assim que a seção do tubo começa a rolar sem deslizar.

Substituindo a primeira das Eqs. (4) e a última das Eqs. (5) na Eq. (1), temos

$$\int_{t_1}^{t_2} F\, dt = m(v_0 - r\omega_{A2}). \tag{8}$$

Substituindo a Eq. (8) na Eq. (7), obtemos

$$mr(v_0 - r\omega_{A2}) = mr^2 \omega_{A2} \quad \Rightarrow \quad \boxed{\omega_{A2} = \frac{v_0}{2r}}. \tag{9}$$

Substituindo ω_{A2} da Eq. (9) na última das Eqs. (5), temos

$$\boxed{\vec{v}_{G2} = \tfrac{1}{2} v_0\, \hat{\imath}}. \tag{10}$$

Discussão e verificação O resultado que obtivemos está dimensionalmente correto e consistente com o DCL em que o atrito fará a seção de tubo se mover para a direita e girar no sentido anti-horário.

🔎 Um olhar mais atento A solução do problema não depende da massa do objeto, apenas de sua forma. Isto é, obteríamos um resultado diferente se tivéssemos modelado a seção do tubo como, digamos, um cilindro.

Observe que poderíamos ter obtido a solução aplicando a conservação da quantidade de movimento angular sobre o ponto Q sem envolver o princípio do impulso-quantidade de movimento linear. Para ver isso, referindo-se ao DCL do sistema na Fig. 2, observe que o momento das forças externas sobre Q é igual a zero. Normalmente, essa observação não ajuda muito, já que Q não é um ponto fixo nem o centro de massa do sistema. No entanto, quanto à lista precedente da Eq. (8.43) na p. 627, o ponto Q se move paralelamente ao centro de massa G. Portanto, uma vez que $\vec{M}_Q = \vec{0}$, a Eq. (8.43) implica que $\vec{h}_{Q1} = \vec{h}_{Q2}$. Além disso, como a seção de tubo estava estacionária quando foi colocada na correia transportadora, devemos ter $\vec{h}_{Q1} = \vec{0}$. Esse fato, em conjunto com a Eq. (8.42) da p. 627, fornece

$$I_G \omega_{A2} \hat{k} + \vec{r}_{G/Q} \times m\vec{v}_{G2} = \vec{0} \quad \Rightarrow \quad mr^2 \omega_{A2} - r(v_{Gx})_2 = 0. \tag{11}$$

O resultado da Eq. (11) e a condição de rolamento sem deslizamento da Eq. (5) produz a mesma solução que deduzimos nas Eqs. (9) e (10).

EXEMPLO 8.9 Uma patinadora girando: conservação da quantidade de movimento angular

A patinadora na Fig. 1 começa a girar com os braços completamente estendidos para fora e então traz os braços junto ao corpo para aumentar sua taxa de rotação. Na seção 5.3 na p. 388, modelamos a patinadora utilizando uma única partícula. Aqui, revisaremos o problema modelando a patinadora como um sistema de corpos rígidos, como mostrado na Fig. 2. Exceto para os braços,[5] seu corpo é modelado como um cilindro de raio $r_b = 0{,}16$ m, massa $m_b = 46$ kg e raio de giração $k_G = 0{,}09$ m, onde G é o centro de massa do seu corpo. Cada braço tem massa $m_a = 3{,}36$ kg e comprimento $\ell = 0{,}67$ m e divide-se em uma parte superior do braço e um antebraço. A parte superior do braço e o antebraço são cada um modelados como uma haste fina e uniforme de massa $m_a/2$ e comprimento $\ell/2$. Supondo que a patinadora começa a girar a uma taxa de $\omega_0 = 1$ rev/s conforme mostrado e seus braços estão estendidos para fora, determine sua taxa de rotação se (a) a parte superior dos seus braços são mantidos estendidos para fora e seus antebraços são dobrados de modo a sobrepor-se com a parte superior dos braços, e (b) se os braços inteiros são colocados verticalmente para baixo ao lado de seu corpo.

Figura 1
Três fotos de um *giro frontal*. Estendendo e retraindo seus braços e perna, a patinadora controla sua taxa de rotação.

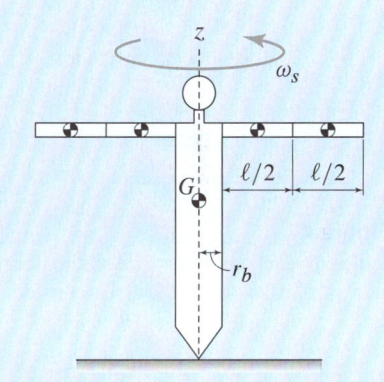

SOLUÇÃO

Roteiro e modelagem Desprezando o atrito entre a patinadora e o gelo, o DCL da patinadora para $t_1 \leq t \leq t_2$ é mostrado na Fig. 3, onde t_1 é o momento em que o giro começa e t_2 é o momento em que uma das posições correspondentes a (a) ou (b) é alcançada. Nenhuma das forças externas no DCL contribui para um momento sobre o eixo z. Supondo que o eixo de rotação coincide com o eixo z para $t_1 \leq t \leq t_2$, a condição $M_z = 0$ conserva a quantidade de movimento angular sobre este eixo. Como precisamos encontrar apenas uma escalar desconhecida, ou seja, a velocidade angular em t_2, satisfazer essa consideração de conservação nos levará à solução.

Equações fundamentais

Princípios de equilíbrio Referindo-se à Fig. 3, como o corpo da patinadora está em uma rotação de eixo fixo em torno do eixo z com $M_{Oz} = 0$, então a Eq. (8.47) da p. 628 implica

$$I_{O1}\omega_{s1} = I_{O2}\omega_{s2}, \tag{1}$$

onde ω_s é a velocidade angular da patinadora e I_O é o momento de inércia de massa da patinadora sobre O (ou qualquer outro ponto ao longo do eixo z).

Neste problema, *o momento de inércia de massa muda conforme a patinadora move seus braços!* Referindo-se à Fig. 2, quando completamente estendidos, a parte superior do braço e o antebraço podem ser vistos como formando uma haste única fina e uniforme de massa m_a e comprimento ℓ com centro de massa $r_b + \ell/2$ distante do eixo z. Portanto, aplicando o teorema dos eixos paralelos, temos

$$I_{O1} = \underbrace{m_b k_G^2}_{\text{corpo}} + 2\underbrace{\left[\tfrac{1}{12}m_a\ell^2 + m_a\left(r_b + \tfrac{1}{2}\ell\right)^2\right]}_{\text{cada braço}}, \tag{2}$$

onde m_b é a massa de seu corpo. A Eq. (2) pode ser simplificada como

$$I_{O1} = m_b k_G^2 + 2m_a\left(r_b^2 + r_b\ell + \tfrac{1}{3}\ell^2\right). \tag{3}$$

Referindo-se à Fig. 4(a), para o caso (a), quando a patinadora dobra seus antebraços horizontalmente, usando o teorema dos eixos paralelos novamente, no instante t_2 temos

$$(I_{O2})_{\text{fora}} = \underbrace{m_b k_G^2}_{\text{corpo}} + 4\underbrace{\left[\tfrac{1}{12}\tfrac{m_a}{2}\left(\tfrac{\ell}{2}\right)^2 + \tfrac{m_a}{2}\left(r_b + \tfrac{\ell}{4}\right)^2\right]}_{\text{cada parte superior do braço e cada antebraço}}, \tag{4}$$

Figura 2
Modelo da patinadora como um sistema de corpos rígidos.

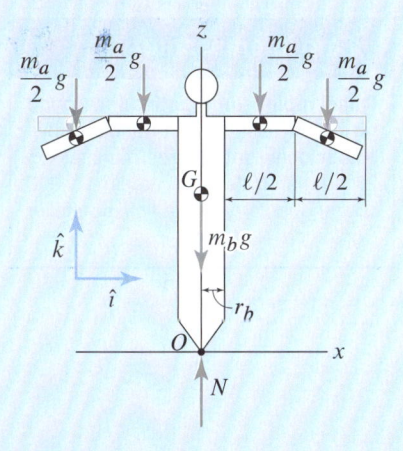

Figura 3
DCL de uma patinadora girando.

---

[5] Consideramos *braço* de acordo com seu significado comum, ou seja, tudo a partir do ombro até a ponta dos dedos. No entanto, em anatomia médica, um braço é só o que fica entre o ombro e o cotovelo.

onde o subscrito *fora* indica que os braços estão parcialmente estendidos para fora. A Eq. (4) pode ser simplificada para

$$(I_{O2})_{\text{fora}} = m_b k_G^2 + m_a\left(2r_b^2 + r_b\ell + \frac{\ell^2}{6}\right). \quad (5)$$

Quando os braços estão completamente dobrados para baixo, como na Fig. 4(b), temos

$$(I_{O2})_{\text{dentro}} = \underbrace{m_b k_G^2}_{\text{corpo}} + \underbrace{2m_a r_b^2}_{\text{cada braço}}, \quad (6)$$

onde o subscrito *dentro* indica que os braços estão completamente para baixo.

Leis da força   Todas as forças são consideradas no DCL.

Equações cinemáticas   Sabemos que a patinadora está girando inicialmente a ω_0 e, assim,

$$\omega_{s1} = \omega_0. \quad (7)$$

Cálculos   Substituindo a Eq. (7) na Eq. (1) e resolvendo para ω_{s2}, temos $\omega_{s2} = (I_{O1}/I_{O2})\omega_0$ e, portanto, para os dois casos considerados temos

$$(\omega_{s2})_{\text{fora}} = \frac{m_b k_G^2 + 2m_a\left(r_b^2 + r_b\ell + \frac{\ell^2}{3}\right)}{m_b k_G^2 + m_a\left(2r_b^2 + r_b\ell + \frac{\ell^2}{6}\right)}\omega_0 = 117,8\,\text{rpm} \quad (8)$$

e

$$(\omega_{s2})_{\text{dentro}} = \frac{m_b k_G^2 + 2m_a\left(r_b^2 + r_b\ell + \frac{\ell^2}{3}\right)}{m_b k_G^2 + 2m_a r_b^2}\omega_0 = 250,1\,\text{rpm}, \quad (9)$$

onde usamos as Eqs. (3), (5) e (6) e substituímos pelos dados indicados para obter os resultados numéricos.

Discussão e verificação   Em cada uma das Eqs. (8) e (9), a taxa de rotação final é maior do que a taxa de rotação inicial ω_0, como esperado. Além disso, o resultado da Eq. (9) é maior do que o da Eq. (8), ou seja, o aumento da taxa de rotação para o caso em que os braços da patinadora estão completamente juntos ao seu corpo é maior do que quando apenas os antebraços estão dobrados, novamente conforme o esperado. Finalmente, as taxas de rotação que obtivemos estão certamente ao alcance de patinadoras profissionais (veja o Fato interessante na margem).

Um olhar mais atento   A solução de partícula para este problema foi dada na Eq. (5.57) na p. 388, que, em termos das variáveis atuais, é

$$\omega_{s2} = \left(r_1^2/r_2^2\right)\omega_0, \quad (10)$$

onde r_1 e r_2 são as distâncias entre os braços e o eixo de rotação nos instantes t_1 e t_2, respectivamente. A simplicidade da Eq. (10) se deve ao fato de termos ignorado as dimensões do corpo e suas partes e considerado apenas a massa dos braços. No entanto, é importante compreender que as soluções de partícula e de corpo rígido não são tão diferentes em sua essência. Podemos reescrever a Eq. (10) como

$$\omega_{s2} = \frac{2m_a}{2m_a}\frac{r_1^2}{r_2^2}\omega_0 = \frac{2m_a r_1^2}{2m_a r_2^2}\omega_0 = \frac{(I_{O1})_p}{(I_{O2})_p}\omega_0 \Rightarrow (I_{O1})_p\omega_0 = (I_{O2})_p\omega_{s2}, \quad (11)$$

onde $(I_{O1})_p$ e $(I_{O2})_p$ representam os momentos de inércia de massa em relação ao eixo de rotação para o modelo de partícula. Lembrando que $\omega_0 = \omega_{s1}$ e comparando a última das Eqs. (11) com a Eq. (1), vemos que a única diferença entre os dois modelos é a forma como os momentos de inércia de massa são calculados.

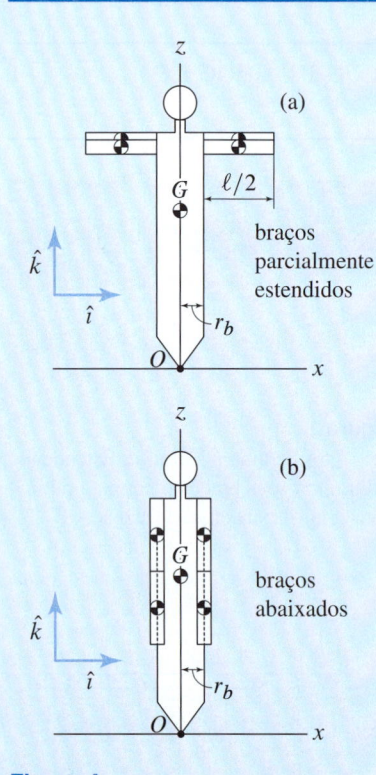

Figura 4
Configuração dos braços da patinadora para os dois casos que estamos considerando.

Fato interessante

Quão rápido uma patinadora pode girar? A russa Natalia Kanounnikova estabeleceu um recorde mundial em 27 de março de 2006 ao girar a 308 rpm enquanto patinava no Rockefeller Center, em Nova York.

EXEMPLO 8.10 Ônibus espacial acoplando à EEI: conservação da quantidade de movimento

A Fig. 1 mostra o Ônibus Espacial acoplado à Estação Espacial Internacional (EEI). Para explorar o que implica o acoplamento, consideramos o cenário simplificado em 2D na Fig. 2, em que o Ônibus A acopla à EEI B a uma velocidade $v_0 = 0{,}03$ m/s. Queremos determinar as velocidades de A e B *imediatamente após* acoplarem, assumindo que nenhum veículo espacial exerce controle sobre A ou B e supondo que, após o acoplamento, A e B *formam um único corpo rígido*. Referindo-se à Fig. 2, utilizaremos os seguintes dados: a massa e o momento de inércia de massa de A são $m_A = 120 \times 10^3$ kg e $I_C = 14 \times 10^6$ kg$\cdot$m^2, respectivamente; a massa e o momento de inércia de massa de B são $m_B = 180 \times 10^3$ kg e $I_D = 34 \times 10^6$ kg$\cdot$m^2, respectivamente; as dimensões são $\ell = 24$ m e $h = 8$ m. Observe que *não* estamos supondo que A e B são retângulos na Fig. 2. Uma vez que a massa e o momento de inércia de massa do corpo completamente o descreve, esses retângulos são utilizados apenas para descrever a posição relativa dos pontos C e D.

Figura 1
Representação artística do Ônibus Espacial Discovery acoplado à Estação Espacial Internacional.

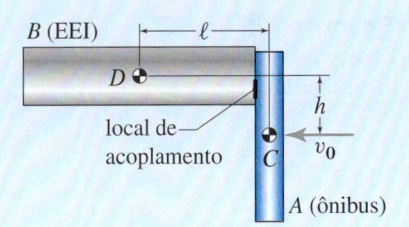

SOLUÇÃO

Roteiro e modelagem Como estamos supondo que A e B se unem para formar um único corpo rígido, podemos utilizar a cinemática do corpo rígido para descrever o movimento do corpo A-B por meio do movimento de apenas dois pontos, a saber, C e D, desde que saibamos a sua posição relativa, que é dada na Fig. 2. Desprezaremos todos os efeitos gravitacionais e assumiremos que B está inicialmente em repouso em relação a um sistema inercial. Como queremos o movimento imediatamente após o acoplamento, podemos assumir que as posições de A e B ainda são as mesmas em relação ao momento do acoplamento. Isso nos permite não fazer qualquer distinção entre as posições do sistema imediatamente antes e imediatamente após o acoplamento. Por fim, lembrando que nenhum controle é usado, o DCL do sistema imediatamente antes *e* imediatamente após o acoplamento é o da Fig. 3, de modo que as quantidades de movimento linear e angular do sistema são conservadas. Essas considerações de conservação nos dão três equações escalares que, quando combinadas com a suposição de que A e B formam um único corpo rígido, são suficientes para resolver o problema.

Figura 2
Posições relativas dos centros de massa C e D de A e B, respectivamente, na acoplagem. Os retângulos mostrados não são modelos físicos, são apenas utilizados para descrever a posição relativa de C e D.

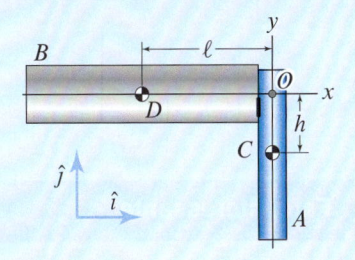

Equações fundamentais

Princípios de equilíbrio Em componentes, a conservação da quantidade de movimento linear total fornece

$$m_A(v_{Cx})_1 + m_B(v_{Dx})_1 = m_A(v_{Cx})_2 + m_B(v_{Dx})_2, \quad (1)$$

$$m_A(v_{Cy})_1 + m_B(v_{Dy})_1 = m_A(v_{Cy})_2 + m_B(v_{Dy})_2, \quad (2)$$

onde os subscritos 1 e 2 indicam imediatamente antes e imediatamente após o acoplamento, respectivamente.

Escolhendo o ponto fixo O como o centro de momento, a conservação da quantidade de movimento angular total fornece

$$\left(\vec{h}_O\right)_{A1} + \left(\vec{h}_O\right)_{B1} = \left(\vec{h}_O\right)_{A2} + \left(\vec{h}_O\right)_{B2}, \quad (3)$$

onde, como A e B não se movem de forma significativa entre os instantes t_1 e t_2, temos

$$\left(\vec{h}_O\right)_{A1} = I_C\vec{\omega}_{A1} + \vec{r}_{C/O} \times m_A\vec{v}_{C1}, \quad \left(\vec{h}_O\right)_{B1} = I_D\vec{\omega}_{B1} + \vec{r}_{D/O} \times m_B\vec{v}_{D1}, \quad (4)$$

$$\left(\vec{h}_O\right)_{A2} = I_C\vec{\omega}_{A2} + \vec{r}_{C/O} \times m_A\vec{v}_{C2}, \quad \left(\vec{h}_O\right)_{B2} = I_D\vec{\omega}_{B2} + \vec{r}_{D/O} \times m_B\vec{v}_{D2}. \quad (5)$$

Leis da força Todas as forças são consideradas no DCL.

Figura 3
DCL de A e B imediatamente antes *e* imediatamente após o acoplamento. O sistema de coordenadas mostrado é *fixo no espaço*, e A e B podem se mover em relação a ele.

Equações cinemáticas Antes de acoplar,

$$(v_{Cx})_1 = -v_0, \quad (v_{Cy})_1 = 0, \quad \omega_{A1} = 0, \quad (6)$$

$$(v_{Dx})_1 = 0, \quad (v_{Dy})_1 = 0, \quad \omega_{B1} = 0. \quad (7)$$

Depois do acoplamento, A e B formam um único corpo rígido, de modo que temos

$$\omega_{A2} = \omega_{B2} = \omega_{AB} \quad \text{e} \quad \vec{v}_{C2} = \vec{v}_{D2} + \omega_{AB}\hat{k} \times \vec{r}_{C/D}, \tag{8}$$

onde ω_{AB} é a velocidade angular comum de A e B imediatamente após o acoplamento. Os vetores de posição relativa nas Eqs. (4), (5) e (8) são dados por

$$\vec{r}_{C/O} = -h\,\hat{j}, \quad \vec{r}_{D/O} = -\ell\,\hat{i} \quad \text{e} \quad \vec{r}_{C/D} = \ell\,\hat{i} - h\,\hat{j}. \tag{9}$$

Cálculos Substituindo as duas primeiras das Eqs. (6) e (7) nas Eqs. (1) e (2), temos

$$-m_A v_0 = m_A (v_{Cx})_2 + m_B (v_{Dx})_2, \tag{10}$$

$$0 = m_A (v_{Cy})_2 + m_B (v_{Dy})_2, \tag{11}$$

Referindo-se à Fig. 4 e substituindo as Eqs. (6), (7), a primeira das Eqs. (8) e as duas primeiras das Eqs. (9) nas Eqs. (4) e (5), temos

$$(\vec{h}_O)_{A1} = -m_A h v_0 \hat{k}, \quad (\vec{h}_O)_{A2} = [I_C \omega_{AB} + m_A h (v_{Cx})_2]\hat{k}, \tag{12}$$

$$(\vec{h}_O)_{B1} = \vec{0}, \quad (\vec{h}_O)_{B2} = [I_D \omega_{AB} - m_A \ell (v_{Dy})_2]\hat{k}. \tag{13}$$

Substituindo as Eqs. (12) e (13) na Eq. (3), obtemos

$$-m_A h v_0 = (I_C + I_D)\omega_{AB} + m_A h (v_{Cx})_2 - m_B \ell (v_{Dy})_2. \tag{14}$$

A Eq. (14) está na forma escalar porque a única componente diferente de zero da Eq. (3) está na direção z. Finalmente, substituindo a última das Eqs. (9) na segunda das Eqs. (8), expandindo o produto cruzado e expressando o resultado em componentes, temos

$$(v_{Cx})_2 = (v_{Dx})_2 + \omega_{AB} h \quad \text{e} \quad (v_{Cy})_2 = (v_{Dy})_2 + \omega_{AB} \ell. \tag{15}$$

As Eqs. (10), (11), (14) e (15) formam um sistema de cinco equações e cinco incógnitas $(v_{Cx})_2$, $(v_{Cy})_2$, $(v_{Dx})_2$, $(v_{Dy})_2$ e ω_{AB}. A solução para essas cinco equações é encontrada como sendo

$$(v_{Cx})_2 = \frac{-m_A\left(I + m_B h^2 + \frac{m_A m_B}{m}\ell^2\right)v_0}{m_A m_B d^2 + mI} = -0{,}0129 \text{ m/s}, \tag{16}$$

$$(v_{Cy})_2 = \frac{-m_B \frac{m_A m_B}{m} h\ell v_0}{m_A m_B d^2 + mI} = -0{,}00264 \text{ m/s}, \tag{17}$$

$$(v_{Dx})_2 = \frac{-m_A\left(I + \frac{m_A m_B}{m}\ell^2\right)v_0}{m_A m_B d^2 + mI} = -0{,}0114 \text{ m/s}, \tag{18}$$

$$(v_{Dy})_2 = \frac{m_A \frac{m_A m_B}{m} h\ell v_0}{m_A m_B d^2 + mI} = 0{,}00176 \text{ m/s}, \tag{19}$$

$$\omega_{AB} = \frac{-m_A m_B h v_0}{m_A m_B d^2 + mI} = -0{,}000184 \text{ rad/s}, \tag{20}$$

onde $m = m_A + m_B$, $d = \sqrt{h^2 + \ell^2}$ e $I = I_C + I_D$.

Discussão e verificação Os resultados parecem razoáveis, uma vez que as velocidades calculadas são comparáveis a v_0. Além disso, os sinais parecem corretos pois, após o acoplamento, esperamos que ambos A e B se movam para a esquerda e o corpo-AB gire no sentido horário. Essa rotação, em seguida, move C e D ligeiramente para baixo e para cima, respectivamente.

🔍 **Um olhar mais atento** Assumimos que A e B formam um corpo rígido após o acoplamento porque não sabemos a posição exata do local do acoplamento. Uma melhor suposição é que A e B são fixados por pinos entre si após o acoplamento. Dessa forma, poderíamos capturar melhor o efeito da flexibilidade local do lugar de acoplamento. Essa possibilidade é considerada no Prob. 8.94 na p. 665.

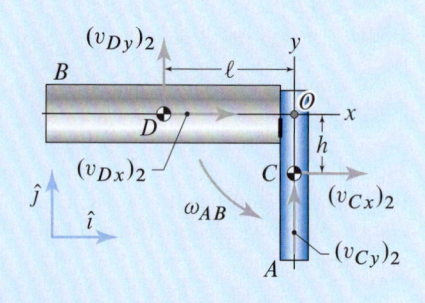

Figura 4
Esboço das componentes da velocidade do sistema logo após o acoplamento.

> **Fato interessante**
>
> **Massa da EEI.** A montagem da EEI começou em 1998. Por fim, a massa da EEI seria de cerca de 472.000 kg. A massa e o momento de inércia dados no problema são baseados em estimativas aproximadas na fase 9A.1 do processo de montagem da EEI (veja J. A. Wojtowicz, "Dynamic Properties of the International Space Station throughout the Assembly Process", Report N. A282843, Air Force Institute of Technology, Wright-Patterson AFB, Ohio, 1998).

PROBLEMAS

Problema 8.50

Os discos A e B têm massas iguais e momentos de inércia de massa idênticos sobre seus respectivos centros de massa. O ponto C é tanto o centro geométrico quanto o centro de massa do disco A. Os pontos O e D são o centro geométrico e o centro de massa do disco B, respectivamente. Se, no instante mostrado, os dois discos estão girando em torno dos seus centros a uma mesma velocidade angular ω_0, determine qual das seguintes afirmações é verdadeira e por quê. (a) $|(\vec{h}_C)_A| < |(\vec{h}_O)_B|$, (b) $|(\vec{h}_C)_A| = |(\vec{h}_O)_B|$, (c) $|(\vec{h}_C)_A| > |(\vec{h}_O)_B|$.

Nota: Problemas conceituais são sobre *explicações*, não sobre cálculos.

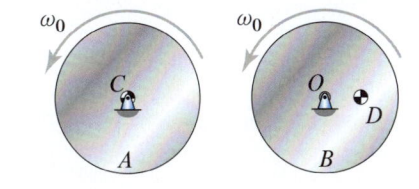

Figura P8.50

Problema 8.51

O corpo B tem massa m e momento de inércia de massa I_G, onde G é o centro de massa de B. Se B está se movendo como mostrado, determine qual das seguintes afirmações é verdadeira e por quê. (a) $|(\vec{h}_E)_B| < |(\vec{h}_P)_B|$, (b) $|(\vec{h}_E)_B| = |(\vec{h}_P)_B|$, (c) $|(\vec{h}_E)_B| > |(\vec{h}_P)_B|$.

Nota: Problemas conceituais são sobre *explicações*, não sobre cálculos.

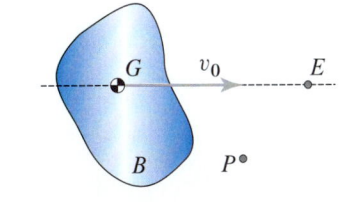

Figura P8.51

Problema 8.52

As massas finas e uniformes AB, BC e CD fixadas por pinos têm massas $m_{AB} = 2{,}3$ kg, $m_{BC} = 3{,}2$ kg e $m_{CD} = 5{,}0$ kg, respectivamente. Considerando $R = 0{,}75$ m, $L = 1{,}2$ m e $H = 1{,}55$ m e sabendo que a barra AB gira a uma velocidade angular constante $\omega_{AB} = 4$ rad/s, calcule a quantidade de movimento angular da barra AB sobre A, da barra BC sobre A e da barra CD sobre D no instante mostrado.

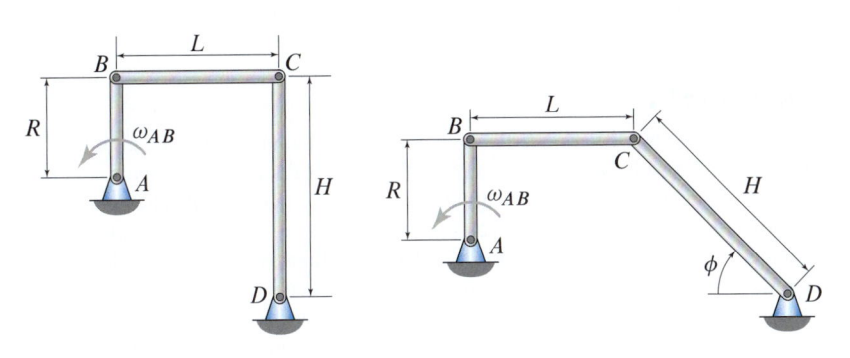

Figura P8.52

Figura P8.53

Problema 8.53

As massas das barras finas e uniformes AB, BC e CD fixadas por pinos são $m_{AB} = 1{,}8$ kg, $m_{BC} = 3$ kg e $m_{CD} = 4{,}5$ kg, respectivamente. Considerando $\phi = 47°$, $R = 0{,}6$ m, $L = 1$ m e $H = 1{,}4$ m e sabendo que a barra AB gira a uma velocidade angular constante $\omega_{AB} = 4$ rad/s, calcule a magnitude da quantidade de movimento linear do sistema no instante mostrado.

Problema 8.54

Um disco uniforme W de raio $R_W = 7$ mm e massa $m_W = 0{,}15$ kg está ligado ao ponto O pelo braço giratório OC. O disco W também rola sem deslizar sobre o cilindro estacionário S de raio $R_S = 15$ mm. Supondo que $\omega_W = 25$ rad/s, determine a quantidade de movimento angular de W sobre o seu próprio centro de massa C bem como em torno do ponto O.

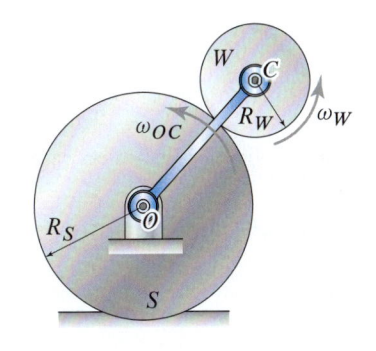

Figura P8.54

Problema 8.55

Uma roda excêntrica B de 68 kg tem seu centro de massa G a uma distância $d = 100$ mm do centro da roda O. A roda está no plano horizontal e é girada a partir do repouso ao aplicar-se um torque constante $M = 44$ N · m. Determine o raio de giração k_G da roda se ela leva 2 s para girar a 140 rpm. Despreze todas as possíveis fontes de atrito.

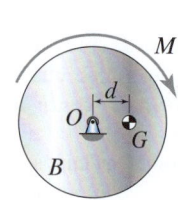

Figura P8.55

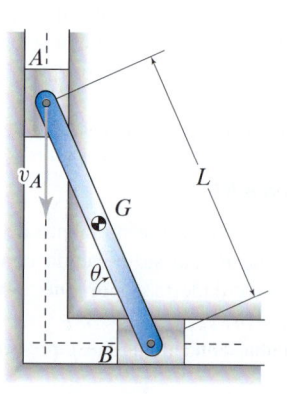

Figura P8.56

Problema 8.56

A barra uniforme AB tem comprimento $L = 1,4$ m e massa $m_{AB} = 6,4$ kg. No instante mostrado, $\theta = 67°$ e $v_A = 1,8$ m/s. Determine a magnitude da quantidade de movimento linear de AB bem como a quantidade de movimento angular de AB sobre seu centro de massa G no instante mostrado.

Problema 8.57

O topo da Space Needle em Seattle, Washington, abriga um restaurante giratório que passa por uma revolução completa a cada 47 min sob a ação de um motor com uma potência de saída de 1 kN. A parte do restaurante que gira é uma plataforma giratória em forma de anel com raios interno e externo iguais a $r_i = 10$ m e $r_o = 14$ m, respectivamente, e massa aproximada de $m = 125.000$ kg. Utilize os valores dados de potência de saída e velocidade angular para estimar o torque M que o motor proporciona. Então, assumindo que o motor possa fornecer um torque constante e igual a M, desprezando todos os atritos e modelando a plataforma giratória como um corpo uniforme, determine o tempo t_s que leva para rotacionar o restaurante giratório a partir do repouso até sua velocidade angular de trabalho.

Figura P8.57

Problema 8.58

Movendo-se sobre um trecho reto e horizontal de estrada, o carro de tração traseira mostrado pode ir do repouso até 96 km/h em $\Delta t = 8$ s. O carro tem 1.170 kg (a massa inclui as rodas). Cada roda tem diâmetro $d = 615$ mm, momento de inércia da massa relativo ao seu próprio centro de massa $I_G = 1,3$ kg · m², e o centro de massa de cada uma coincide com seu centro geométrico. Determine a força de atrito média F_{med} que atua sobre o carro durante Δt. Além disso, se as rodas giram sem deslizar, para cada roda, determine o momento médio M_{med}, calculado em relação ao centro da roda, que é aplicado à roda durante Δt.

Figura P8.58

Problema 8.59

O carro de tração traseira pode ir do repouso a 96 km/h em $\Delta t = 8$ s. Suponha que as rodas são todas idênticas e os seus centros geométricos coincidem com seus centros de massa. Considere M_{tras} o momento médio aplicado a uma das rodas traseiras durante Δt e calculado em relação ao centro da roda. Finalmente, considere M_{diant} o momento médio aplicado a uma das rodas dianteiras durante Δt e calculado em relação ao centro da roda. Modelando as rodas como corpos rígidos, determine qual das seguintes afirmações é verdadeira e por quê. (a) $|M_{tras}| < |M_{diant}|$, (b) $|M_{tras}| = |M_{diant}|$, (c) $|M_{tras}| > |M_{diant}|$.
Nota: Problemas conceituais são sobre *explicações*, não sobre cálculos.

Problema 8.60

O carro de tração traseira pode ir do repouso a 90 km/h em $\Delta t = 8$ s. Suponha que as rodas são idênticas, com seus centros geométricos coincidindo com os seus centros de massa. Considere F_{med} a força de atrito média que atua sobre o sistema durante Δt devido ao contato com o chão. Modelando o carro e as rodas como corpos rígidos, o valor de F_{med} mudará se levarmos em conta a inércia rotacional das rodas? Por quê?
Nota: Problemas conceituais são sobre *explicações*, não sobre cálculos.

Figura P8.59 e P8.60

Problema 8.61

Um rotor B com centro de massa G, massa $m = 1.365$ kg e raio de giração $k_G = 4,5$ m está girando a uma velocidade angular $\omega_B = 1.200$ rpm quando um sistema de frenagem é aplicado a ele, proporcionando um torque dependente do tempo $M = M_0(1 + ct)$, com $M_0 = 4$ kN·m e $c = 0,01$ s^{-1}. Se G também é o centro geométrico do rotor e é um ponto fixo, determine o tempo t_s que leva para o rotor parar.

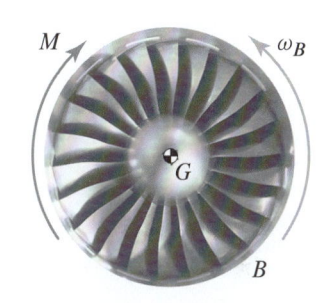

Figura P8.61

Problema 8.62

Uma seção tubular uniforme A de raio r, centro de massa G e massa m é delicadamente colocada (ou seja, a uma velocidade zero) em uma correia transportadora se movendo a uma velocidade constante v_0 para a direita. O atrito entre a correia e o tubo faz o tubo se mover para a direita e, por fim, rolar sem deslizar. Se μk é o coeficiente de atrito cinético entre o tubo e a correia transportadora, encontre uma expressão para t_r, o tempo que leva para A começar a rolar sem deslizar. *Dica:* Utilizando os métodos do Capítulo 7, podemos mostrar que a força entre a seção tubular e a correia é constante.

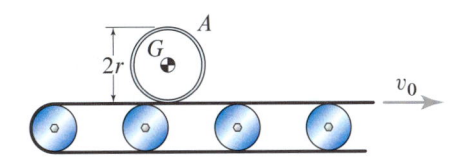

Figura P8.62

Problema 8.63

Uma bola de boliche de 6,4 kg é jogada em uma pista a uma rotação contrária $\omega_0 = 9$ rad/s e velocidade para frente $v_0 = 30$ km/h. G é tanto o centro geométrico quanto o centro de massa da bola. Após alguns segundos, a bola começa a rolar sem deslizar. Considere $r = 108$ mm e o raio de giração da bola como $k_G = 66$ mm. Se o coeficiente de atrito cinético entre a bola e o chão é $\mu_k = 0,1$, determine a velocidade v_f que a bola atinge quando começa a rolar sem deslizar. Além disso, determine o tempo t_r que a bola

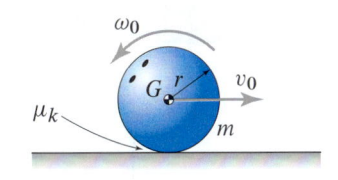

Figura P8.63

leva para atingir v_f. *Dica*: Utilizando os métodos do Capítulo 7, podemos mostrar que a força entre a bola e o chão é constante.

Problema 8.64

O disco uniforme *A*, de massa $m_A = 1,2$ kg e raio $r_A = 0,25$ m, é montado sobre um eixo vertical que pode transladar ao longo da guia horizontal *C*. O disco uniforme *B*, de massa $m_B = 0,85$ kg e raio $r_B = 0,38$ m, é montado sobre um eixo vertical fixo. Ambos os discos *A* e *B* podem girar em torno de seus próprios eixos, a saber, ℓ_A e ℓ_B, respectivamente. O disco *A* está girando inicialmente a $\omega_A = 1.000$ rpm e, em seguida, é colocado em contato com *B*, que está inicialmente estacionário. O contato é mantido por uma mola e, devido ao atrito entre *A* e *B*, o disco *B* começa a girar e, por fim, *A* e *B* pararão de deslizar *um em relação ao outro*. Desprezando qualquer atrito, exceto no contato entre os dois discos, determine as velocidades angulares de *A* e *B* quando o deslizamento para.

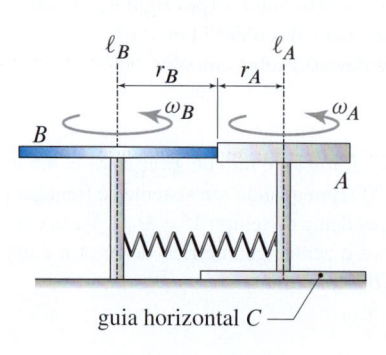

Figura P8.64

Figura P8.65

Problema 8.65

O disco uniforme *A*, de massa $m_A = 1,2$ kg e raio $r_A = 0,25$ m, é montado sobre um eixo vertical que pode transladar ao longo do braço horizontal *E*. O disco uniforme *B*, de massa $m_B = 0,85$ kg e raio $r_B = 0,38$ m, é montado sobre um eixo vertical que está rigidamente ligado ao braço *E*. O disco *A* pode girar em torno do eixo ℓ_A, o disco *B* pode girar em torno do eixo ℓ_B, e o braço *E*, com o disco *C*, podem girar em torno do eixo fixo ℓ_C. O disco *C* tem massa desprezível e está rigidamente ligado a *E*, de tal forma que eles giram juntos. Enquanto *B* e *C* mantêm-se parados, o disco *A* está girando a $\omega_A = 1.200$ rpm. O disco *A* é, então, posto em contato com o disco *C* (o contato é mantido por uma mola), e *B* e *C* (e o braço *E*) são liberados para girar livremente. Devido ao atrito entre *A* e *C*, os discos *C* (e o braço *E*) e *B* começam a girar. Por fim, *A* e *C* pararão de deslizar entre si. O disco *B* sempre gira sem deslizar sobre *C*. Considere $d = 0,27$ m e $w = 0,95$ m. Se os únicos elementos do sistema que têm massa são *A* e *B* e todos os atritos no sistema podem ser desprezados, exceto entre *A* e *C* e entre *C* e *B*, determine as velocidades angulares de *A* e *C* quando eles param de deslizar entre si.

Problema 8.66

Um colar de 0,36 kg com centro de massa em *G* e um braço horizontal cilíndrico uniforme *A* de comprimento $L = 300$ mm, raio $r_i = 6,7$ mm e massa $m_A = 0,68$ kg estão girando como mostrado a $\omega_0 = 1,5$ rad/s enquanto o centro de massa do colar está a uma distância $d = 130$ mm do eixo *z*. O eixo vertical tem raio $e = 9$ mm e massa desprezível. Após o cabo que restringe o colar ser cortado, o colar desliza sem atrito em relação ao braço. Assumindo que nenhuma força e momento externo sejam aplicados ao sistema, determine a velocidade de impacto do colar com a extremidade de *A* se (a) o colar é

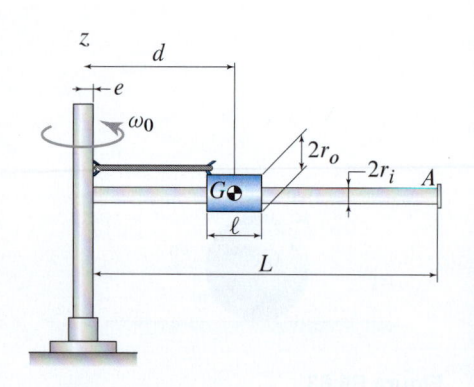

Figura P8.66

modelado como uma partícula coincidente com o seu próprio centro de massa (nesse caso, desconsidere as dimensões do colar), e (b) o colar é modelado como um cilindro oco uniforme de comprimento $\ell = 45$ mm, raio interno r_i e raio externo $r_o = 15$ mm.

Problema 8.67

Uma caixa A com massa $m_A = 114$ kg está pendurada por uma corda enrolada em um tambor uniforme D de raio $r = 0,36$ m, peso $W_D = 56,8$ kg e centro C. O sistema está inicialmente em repouso quando o sistema de retenção mantendo o tambor estacionário falha, girando o tambor, afrouxando a corda e, consequentemente, derrubando a caixa. Supondo que a corda não estica ou desliza em relação ao tambor e desprezando a inércia da corda, determine a velocidade da caixa 1,5 s após o sistema começar a se mover.

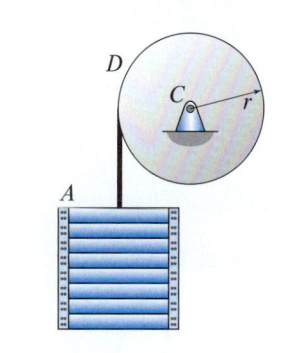

Figura P8.67

Problema 8.68

Algumas seções tubulares de raio r e massa m estão sendo descarregadas e colocadas em uma fila contra uma parede. A primeira dessas seções tubulares, A, rola sem deslizar em um canto a uma velocidade angular ω_0 conforme mostrado. Ao tocar na parede, A não ricocheteia, mas desliza contra o chão e contra a parede. Modelando A como um anel fino e uniforme com centro em G e considerando μ_g e μ_w os coeficientes de atrito cinético dos contatos entre A e o chão e entre A e a parede, respectivamente, determine uma expressão para a velocidade angular de A em função do tempo a partir do momento em que A toca a parede até parar. *Dica:* Usando os métodos aprendidos no Capítulo 7, podemos mostrar que as forças de atrito no chão e na parede são constantes.

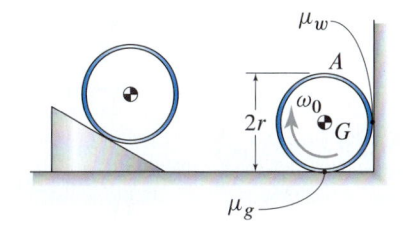

Figura P8.68

Problema 8.69

Uma corda, que está envolvida em torno do raio interno do carretel de massa $m = 35$ kg, é puxada verticalmente em A por uma força constante $P = 120$ N (a corda é puxada de tal forma que permaneça vertical), fazendo o carretel rolar sobre a barra horizontal BD. O raio interno do carretel é $R = 0,3$ m, e seu centro de massa está em G, que também coincide com seu centro geométrico. O raio de giração do carretel é $k_G = 0,18$ m. Supondo que o carretel parte do repouso, a inércia e a extensibilidade da corda podem ser desconsideradas, e o carretel rola sem deslizar, determine a velocidade do centro do carretel 3 s após a aplicação da força. Além disso, determine o coeficiente de atrito estático mínimo para que o rolamento sem deslizamento seja mantido durante o intervalo de tempo em questão.

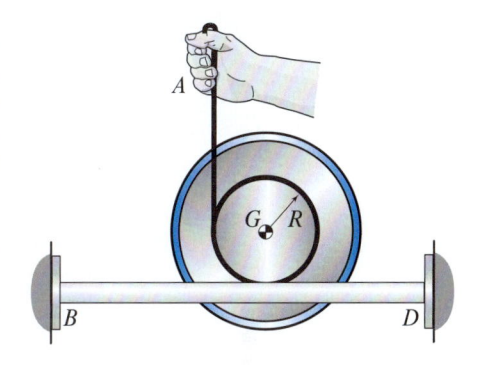

Figura P8.69

Problema 8.70

Um carretel tem massa $m = 205$ kg, raios externo e interno $R = 1,8$ m e $\rho = 1,4$ m, respectivamente, centro de massa G coincidente com o seu centro geométrico e raio de giração $k_G = 1,2$ m. O carretel está sendo puxado para a direita conforme mostrado, e o cabo enrolado no carretel pode ser modelado como sendo inextensível e de massa desprezível. Suponha que o carretel rola sem deslizar tanto em relação ao cabo quanto em relação ao chão. Se o cabo é puxado com uma força $P = 556$ N, determine a velocidade do centro do carretel após 2 s e o valor mínimo do coeficiente de atrito estático entre o carretel e o chão necessário para garantir o rolamento sem deslizamento.

Figura P8.70

Problema 8.71

A turbina eólica na figura é constituída por três pás equidistantes que estão girando como mostrado em torno do ponto fixo O a uma velocidade angular $\omega_0 = 30$ rpm. Suponha que cada pá de 17.200 kg possa ser modelada como um retângulo estreito uniforme de comprimento $b = 55$ m, largura $a = 3,6$ m e espessura desprezível, com um dos seus cantos coincidindo com o centro de rotação O. A orientação de cada pá pode ser controlada pela rotação da pá em torno de um eixo passando pelo centro O e coincidindo com a borda principal da pá. Desprezando as forças aerodinâmicas e qualquer fonte de atrito e assumindo que a turbina esteja girando livremente, determine a velocidade angular da turbina ω_f após cada pá ter girado 90° sobre sua própria borda principal.

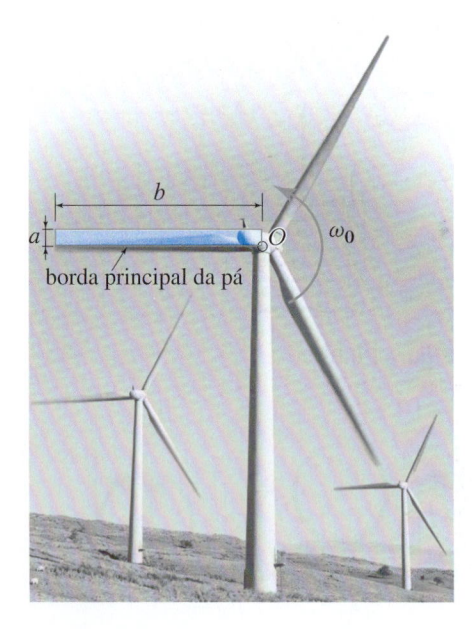

Figura P8.71

Problema 8.72

Um helicóptero de brinquedo consiste em um rotor A, um corpo B e um pequeno lastro C. O eixo de rotação do rotor atravessa G, que é o centro de massa do corpo B e do lastro C. Enquanto mantém o corpo (e o lastro) fixo, o rotor é girado como mostrado a uma dada velocidade angular ω_0. Se *não há atrito* entre o corpo do helicóptero e o eixo do rotor, o corpo do helicóptero começará a girar uma vez que o brinquedo for solto? **Nota:** Problemas conceituais são sobre *explicações*, não sobre cálculos.

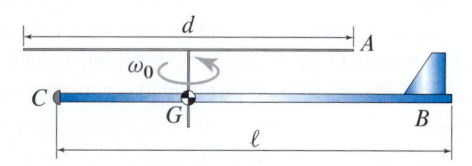

Figura P8.72 e P8.73

Problema 8.73

Um helicóptero de brinquedo consiste em um rotor A com diâmetro $d = 250$ mm e massa $m_r = 0,0026$ g, um corpo fino B de comprimento $\ell = 300$ mm e massa $m_B = 0,004$ g, e um pequeno lastro C colocado na extremidade dianteira do corpo com massa $m_C = 0,002$ g. A massa do lastro é tal que o eixo de rotação do rotor passa por G, que é o centro de massa do corpo B e do lastro C. Enquanto mantém o corpo (e o lastro) fixo, o rotor é girado, como mostrado, a $\omega_0 = 150$ rpm. Desprezando os efeitos aerodinâmicos e as massas do eixo do rotor e da cauda do corpo e assumindo que há atrito entre o corpo do helicóptero e o eixo do rotor, determine a velocidade angular do corpo assim que o brinquedo é solto e a velocidade angular do rotor diminui para 120 rpm. Modele o corpo como uma haste fina e uniforme e o lastro como uma partícula. Suponha que o rotor e o corpo permaneçam horizontais após a liberação.

Problema 8.74

Um guindaste possui um braço A de massa m_A e comprimento ℓ que pode girar no plano horizontal em torno de um ponto fixo O. Um carrinho B de massa m_B é montado em um lado de A de tal forma que o centro de massa de B está sempre a uma distância e em relação ao eixo longitudinal de A. A posição de B é controlada por um cabo e um sistema de polias. Tanto A quanto B estão inicialmente em repouso na posição mostrada, onde d é a distância inicial de B a partir de O medida ao longo do eixo longitudinal de A. O braço A é livre para girar em torno de O e, por um curto intervalo de tempo $0 \leq t \leq t_f$, B se move a uma aceleração constante a_0 sem chegar à extremidade de A. Considerando I_0 o momento de inércia de massa de A, modelando B como uma partícula e considerar apenas a inércia de A e B, determine o sentido de rotação de A e o ângulo θ percorrido por A a partir de $t = 0$ até $t = t_f$. Desconsidere a massa do cabo e das polias.

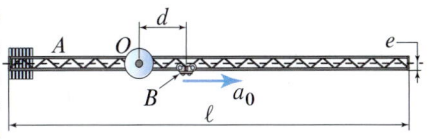

Figura P8.74

Problema 8.75

Os carros A e B colidem, como mostrado. Desprezando o efeito do atrito, qual seria a velocidade angular de A e de B imediatamente após o impacto se A e B formam um único corpo rígido como resultado da colisão? Ao resolver o problema, considere C e D os centros de massa de A e B, respectivamente, e utilize os seguintes dados: a massa de A é $m_A = 1.420$ kg, o raio de giração de A é $k_C = 0,88$ m, a velocidade de A imediatamente antes do impacto é $v_A = 20$ km/h, a massa de B é $m_B = 1.600$ kg, o raio de giração de B é $k_D = 1$ m, a velocidade de B imediatamente antes do impacto é $v_B = 24$ km/h, $d = 0,48$ m e $\ell = 3,65$ m. Finalmente, suponha que, quando A e B formarem um único corpo rígido logo após o impacto, o centro de massa do corpo rígido formado por A e B coincide com o centro de massa do sistema A-B imediatamente antes do impacto.

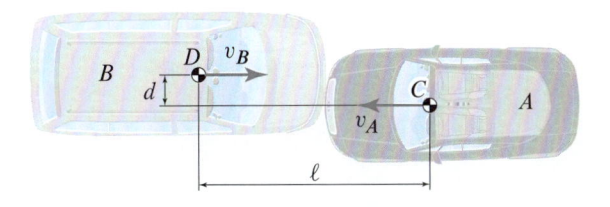

Figura P8.75

Problema 8.76

Algumas seções tubulares são suavemente empurradas a partir do repouso para descer um declive e rolar sem deslizar por todo o caminho até um degrau de altura b. Suponha que cada seção tubular não deslize ou ricocheteie contra o degrau, de modo que os tubos se movam como se estivessem articulados no canto do degrau. Modelando o tubo como um anel fino e uniforme de massa m e raio r e considerando d a altura da qual os tubos são liberados, determine o valor mínimo de d para que os tubos possam rolar sobre o degrau. *Dica:* Quando um tubo bate no canto do degrau, o seu movimento muda quase instantaneamente de rolamento sem deslizar no chão para uma rotação de eixo fixo sobre o canto do degrau. Modele essa transição utilizando as ideias apresentadas na Seção 5.2 da p. 356. Isto é, suponha que existe um intervalo de tempo infinitesimal logo após o impacto entre um tubo e o canto do degrau, em que o tubo não altera a sua posição de forma significativa, o tubo perde o contato com o chão, e seu peso é insignificante em relação às forças de contato entre ele e o degrau.

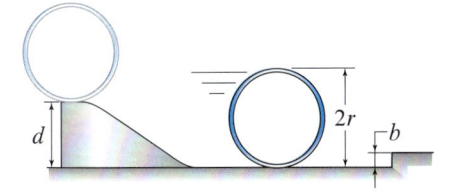

Figura P8.76

Problema 8.77

Dando seguimento às partes (b) e (c) da antirrotação da Pioneer 3 do Prob. 7.65, verifica-se que é possível determinar analiticamente o comprimento do fio desenrolado necessário para alcançar *qualquer* valor de ω_s usando a conservação de energia e a conservação da quantidade de movimento angular. Ao fazê-lo, considere as massas de

A e de B como m cada uma, e o momento de inércia de massa do corpo da espaçonave como I_O. Considere as condições iniciais do sistema como $\omega_s(0) = \omega_0$, $\ell(0) = 0$ e $\dot{\ell}(0) = 0$ e despreze a gravidade e a massa de cada fio.

(a) Encontre a velocidade de cada uma das massas A e B em função do comprimento do fio $\ell(t)$ e da velocidade angular do corpo da espaçonave $\omega_s(t)$ (e do raio R da espaçonave). *Dica:* Essa parte do problema envolve apenas a cinemática - reveja o Prob. 6.117 se precisar de ajuda com a cinemática.

(b) Aplique o princípio do trabalho-energia para o sistema da espaçonave entre o tempo imediatamente antes de as massas começarem a se desenrolar e qualquer tempo arbitrário posterior. Você deve obter uma expressão relacionando ℓ, $\dot{\ell}$, ω_s e constantes. *Dica:* Nenhum trabalho externo é realizado no sistema.

(c) Uma vez que nenhuma força externa age sobre o sistema, a sua quantidade de movimento angular total deve ser conservada em torno do ponto O. Relacione a quantidade de movimento angular para esse sistema entre o tempo imediatamente antes de as massas começarem a se desenrolar e qualquer tempo arbitrário posterior. Como na parte (b), você deve obter uma expressão relacionando ℓ, $\dot{\ell}$, ω_s e constantes.

(d) Resolva as equações da energia e da quantidade de movimento angular obtidas nas partes (b) e (c), respectivamente, para $\dot{\ell}$ e ω_s. Agora, considerando $\omega_s = 0$, mostre que o comprimento do fio desenrolado quando a velocidade angular do corpo da espaçonave é zero é dado por $\ell_{\omega_s=0} = \sqrt{(I_O + 2mR^2)/(2m)}$.

(e) A partir de suas soluções para $\dot{\ell}$ e ω_s na parte (d), encontre as equações para $\ell(t)$ e $\omega_s(t)$. Estas são as soluções gerais das equações não lineares do movimento encontradas no Prob. 7.64.

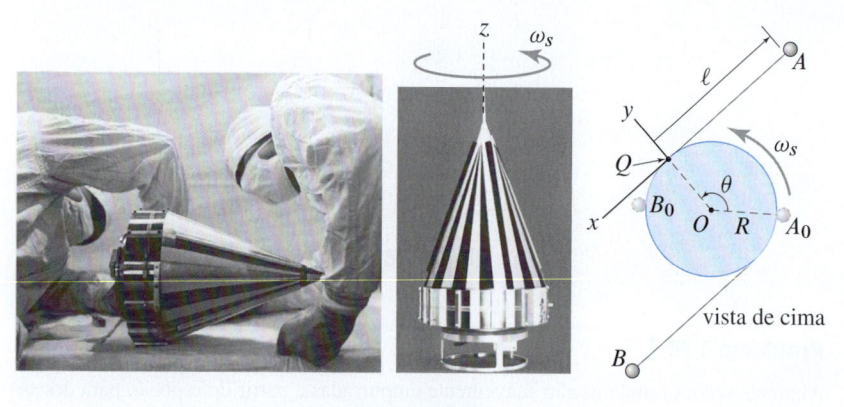

Figura P8.77

PROBLEMAS DE PROJETO

Problema de projeto 8.2

A Pioneer 3 foi uma espaçonave estabilizada na rotação lançada em 6 de dezembro de 1958 pela agência U.S. Army Ballistic Missile em conjunto com a NASA. Ela foi projetada com um mecanismo antirrotação constituído por duas massas iguais A e B, cada uma de massa m, que podem desenrolar-se nas extremidades de dois fios de comprimento variável $\ell(t)$, quando acionados por um temporizador hidráulico. Conforme as massas se desenrolariam, elas diminuiriam a rotação da espaçonave de uma velocidade angular inicial $\omega_s(0)$ para uma velocidade angular final $(\omega_s)_{\text{final}}$, e então os pesos e os fios seriam liberados. Suponha que as massas A e B estão inicialmente nas posições A_0 e B_0, respectivamente, antes de o fio começar a se desenrolar, o momento de inércia de massa da espaçonave é I_O (o que não inclui as duas massas A e B), e a gravidade e a massa de cada fio são desconsideradas. Com isso em mente, sua tarefa é estabilizar o corpo da espaçonave de uma velocidade angular de 400 rpm para *qualquer* velocidade angular no intervalo -400 rpm $< \omega_s < 400$ rpm. Para isso, é utilizado um transdutor que detecta a tensão em um dos fios a cada instante. Projete o comprimento total dos fios para alcançar o intervalo desejado de velocidades angulares e determine a tensão nos fios em função da velocidade angular da espaçonave de forma que o sensor possa saber quando a espaçonave atingiu a velocidade desejada e liberar os fios e as massas.

Use $R = 125$ mm, $m = 7$ g, $I_O = 0{,}0277$ kg $\cdot$ m^2 e as condições iniciais $\ell(0) = 0{,}01$ m e $\dot{\ell}(0) = 0$ m/s, com o mecanismo antirrotação mostrado. *Dica:* Consulte o Prob. 6.117 na p. 532 se precisar de ajuda com a cinemática.

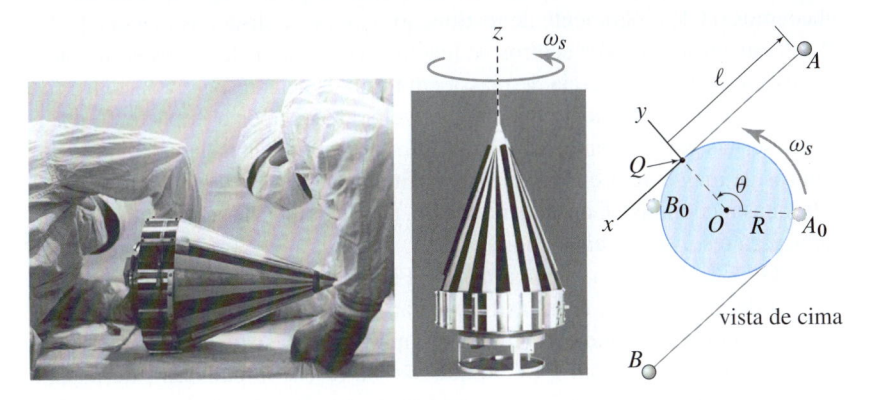

Figura PP8.2

8.3 IMPACTO DE CORPOS RÍGIDOS

Nesta seção, continuaremos o estudo dos impactos iniciado na Seção 5.2 na p. 356, considerando os impactos entre corpos rígidos. Usaremos a notação e os conceitos introduzidos na Secção 5.2. Como um lembrete,

- consideramos o valor de uma grandeza imediatamente antes e imediatamente após uma colisão por meio dos sobrescritos − e +, respectivamente (p. ex., v_A^+ denota a velocidade de um ponto A logo após o impacto);
- nossa modelagem de impactos é baseada no conceito de *força impulsiva* (veja a p. 357). Como na Seção 5.2, essa consideração de modelagem é refletida em nossos DCLs de *impacto relevante*, os quais incluem *apenas* as forças impulsivas.

Colisão de dois carrinhos de choque

O carrinho de choque A na Fig. 8.24, enquanto parado por um momento, é atingido pelo carro B, que está se movendo a uma velocidade $v_0 = 2{,}7$ m/s, como mostrado. Quais serão as velocidades após o impacto de A e B se modelarmos A e B como corpos rígidos? Responderemos a essa pergunta combinando o que aprendemos na Seção 5.2 com os princípios da quantidade de movimento da Seção 8.2.

Para começar, consideramos as incógnitas do problema. Suponha que conhecemos o CR (coeficiente de restituição) e para a colisão, as massas de A e B, a localização dos seus centros de massa, suas velocidades antes do impacto e seus momentos de inércia de massa em torno de seus respectivos centros de massa. Como o movimento é planar, as velocidades após o impacto de A e B são descritas por seis partes de informação: as componentes da velocidade dos centros de massa de A e B (quatro incógnitas) e as velocidades angulares de A e B (duas incógnitas). Consequentemente, precisaremos de seis equações escalares para resolver as seis incógnitas.

O DCL do sistema é mostrado na Fig. 8.25. Coerente com nossa abordagem de modelagem, todas as forças não impulsivas foram desprezadas. A Fig. 8.25 também define a LI (linha de impacto) e um sistema de coordenadas cujo eixo y coincide com a LI. Já que não há forças impulsivas externas, as quantidades de movimento linear e angular totais do sistema são conservadas. Guiados por aquilo que aprendemos na Seção 5.2, em vez de escrevermos todas essas afirmações de conservação para o sistema, só precisamos considerar a conservação da quantidade de movimento linear ao longo da LI

$$m_A v_{Cy}^- + m_B v_{Dy}^- = m_A v_{Cy}^+ + m_B v_{Dy}^+, \qquad (8.51)$$

em que $v_{Cy}^- = 0$, uma vez que A está estacionário antes do impacto.

Novamente seguindo a Seção 5.2, assumiremos que o contato entre A e B não possui atrito. Como resultado, não há forças impulsivas perpendiculares à LI, como mostrado na Fig. 8.26. Portanto, as quantidades de movimento linear individuais de A e B na direção x são conservadas

$$m_A v_{Cx}^- = m_A v_{Cx}^+ \quad \text{e} \quad m_B v_{Dx}^- = m_B v_{Dx}^+. \qquad (8.52)$$

Agora escrevemos a equação do CR, que relaciona a componente da velocidade de separação ao longo da LI com a componente correspondente da velocidade de aproximação. O CR depende dos materiais dos objetos que colidem *nos pontos de contato*. Portanto, referindo-se à Fig. 8.25, podemos escrever a equação do CR utilizando as componentes y da velocidade dos pontos E e Q

$$v_{Ey}^+ - v_{Qy}^+ = e\bigl(v_{Qy}^- - v_{Ey}^-\bigr). \qquad (8.53)$$

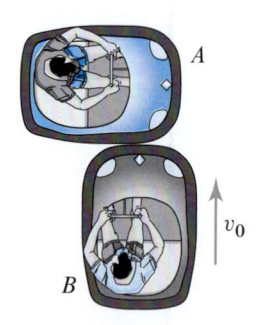

Figura 8.24
Uma colisão entre dois carrinhos de choque.

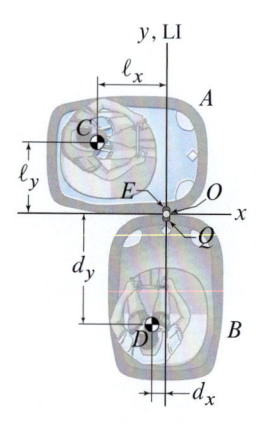

Figura 8.25
DCL de impacto relevante de A e B como um sistema. Os pontos de contacto E e Q pertencem a A e B, respectivamente, e coincidem com O.

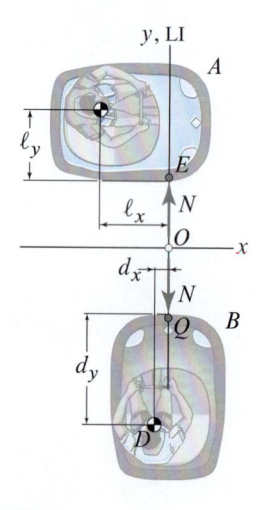

Figura 8.26
DCLs individuais de A e B.

Embora a Eq. (8.53) não esteja escrita em termos das incógnitas do problema, podemos usar a cinemática de corpo rígido para escrever

$$\vec{v}_E = \vec{v}_C + \omega_A \hat{k} \times \vec{r}_{E/C} \quad \text{e} \quad \vec{v}_Q = \vec{v}_D + \omega_B \hat{k} \times \vec{r}_{Q/D}, \quad (8.54)$$

onde, visto que as posições de A e B não mudam durante o impacto,

$$\vec{r}_{E/C} = \vec{r}^{\,-}_{E/C} = \vec{r}^{\,+}_{E/C} \quad \text{e} \quad \vec{r}_{Q/D} = \vec{r}^{\,-}_{Q/D} = \vec{r}^{\,+}_{Q/D}. \quad (8.55)$$

Escrevendo $\vec{v}_E = v_{Ex}\hat{\imath} + v_{Ey}\hat{\jmath}$, $\vec{v}_C = v_{Cx}\hat{\imath} + v_{Cy}\hat{\jmath}$ e $\vec{r}_{E/C} = \ell_x\hat{\imath} - \ell_y\hat{\jmath}$, e examinando apenas a componente y, obtemos

$$v_{Ey}^{\pm} = v_{Cy}^{\pm} + \omega_A^{\pm}\ell_x, \quad (8.56)$$

onde o sobrescrito ± indica que a Eq. (8.56) é válida quando considerado tanto imediatamente antes como imediatamente após o impacto. Da mesma forma, escrevendo $\vec{v}_Q = v_{Qx}\hat{\imath} + v_{Qy}\hat{\jmath}$, $\vec{v}_D = v_{Dx}\hat{\imath} + v_{Dy}\hat{\jmath}$ e $\vec{r}_{Q/D} = d_x\hat{\imath} + d_y\hat{\jmath}$, e examinando apenas a componente y, obtemos

$$v_{Qy}^{\pm} = v_{Dy}^{\pm} + \omega_B^{\pm}d_x. \quad (8.57)$$

Observando que $v_{Cy}^{-} = 0$, $\omega_A^{-} = 0$ e $\omega_B^{-} = 0$, as Eqs. (8.56) e (8.57) se tornam

$$v_{Ey}^{-} = 0, \qquad v_{Ey}^{+} = v_{Cy}^{+} + \omega_A^{+}\ell_x, \quad (8.58)$$

$$v_{Qy}^{-} = v_{Dy}^{-}, \qquad v_{Qy}^{+} = v_{Dy}^{+} + \omega_B^{+}d_x. \quad (8.59)$$

Substituindo as Eqs. (8.58) e (8.59) na Eq. (8.53), obtemos

$$v_{Cy}^{+} + \omega_A^{+}\ell_x - v_{Dy}^{+} - \omega_B^{+}d_x = ev_{Dy}^{-}. \quad (8.60)$$

Obtemos a Eq. (8.51), as Eqs. (8.52) e a Eq. (8.60), que são quatro equações em seis incógnitas, utilizando a teoria do impacto de *partículas*. As duas equações restantes devem tratar o fato de que estamos modelando os carrinhos de choque como *corpos rígidos*. Observe que as quatro equações em questão não estão relacionadas com a equação de momento que governa o movimento de rotação de um corpo rígido. Assim, ainda devemos aproveitar o princípio do impulso-quantidade de movimento angular.

Referindo-se à Fig. 8.26, escolhemos o ponto O como um centro de momento *conveniente* para a aplicação do princípio do impulso-quantidade de movimento angular porque, no momento do impacto, O coincide com E e Q, e assim a força impulsiva N não causa qualquer momento sobre O. Além disso, ao contrário dos pontos E e Q, O é um ponto *fixo*. Assim, as quantidades de movimento angulares individuais de A e B em relação a O são conservadas

$$\left(\vec{h}_O^{\,-}\right)_A = \left(\vec{h}_O^{\,+}\right)_A \quad \text{e} \quad \left(\vec{h}_O^{\,-}\right)_B = \left(\vec{h}_O^{\,+}\right)_B, \quad (8.61)$$

onde, usando a Eq. (8.42) na p. 627,

$$\left(\vec{h}_O^{\,\pm}\right)_A = I_C\vec{\omega}_A^{\pm} + \vec{r}_{C/O} \times m_A\vec{v}_C^{\pm} \quad (8.62)$$

$$\left(\vec{h}_O^{\,\pm}\right)_B = I_D\vec{\omega}_B^{\pm} + \vec{r}_{D/O} \times m_B\vec{v}_D^{\pm}, \quad (8.63)$$

e onde I_C e I_D são os momentos de inércia de massa de A e B, respectivamente.[6] Observe que, de acordo com nossas considerações da modelagem, os vetores posição relativa $\vec{r}_{C/O}$ e $\vec{r}_{D/O}$ nas Eqs. (8.62) e (8.63) permanecem constantes durante o impacto e não precisam do sobrescrito ±. Substituindo as Eqs. (8.62)

---

[6] Como indicado no Capítulo 7, o subscrito em *I* será utilizado para identificar unicamente o eixo em relação ao qual *I* é calculado. Então, I_A denota o momento de inércia de massa do corpo rígido sobre um eixo perpendicular ao plano do movimento passando por *A*.

e (8.63) na Eq. (8.61), realizando os produtos cruzados e recordando que as únicas componentes diferentes de zero das Eqs. (8.61) são aquelas na direção z, obtemos as seguintes duas equações escalares (veja a Fig. 8.27)

$$0 = I_C \omega_A^+ - m_A v_{Cx}^+ \ell_y - m_A v_{Cy}^+ \ell_x, \tag{8.64}$$

$$-m_B v_0 d_x = I_D \omega_B^+ + m_B v_{Dx}^+ d_y - m_B v_{Dy}^+ d_x, \tag{8.65}$$

nas quais contabilizamos o movimento antes do impacto de A e B. As Eqs. (8.51), (8.52), (8.60), (8.64) e (8.65) são as seis equações que estávamos procurando. Resolvendo-as obtêm-se

$$v_{Cx}^+ = 0 \text{ m/s}, \tag{8.66}$$

$$v_{Cy}^+ = \frac{I_C I_D m_B v_0 (1+e)}{I_C I_D (m_A + m_B) + m_A m_B (d_x^2 I_C + \ell_x^2 I_D)} = 0{,}47 \text{ m/s}, \tag{8.67}$$

$$\omega_A^+ = \frac{\ell_x I_D m_A m_B v_0 (1+e)}{I_C I_D (m_A + m_B) + m_A m_B (d_x^2 I_C + \ell_x^2 I_D)} = 5{,}0 \text{ rad/s}, \tag{8.68}$$

$$v_{Dx}^+ = 0 \text{ m/s}, \tag{8.69}$$

$$v_{Dy}^+ = \frac{[m_A m_B (I_C d_x^2 + I_D \ell_x^2) + I_C I_D (m_B - e m_A)] v_0}{I_C I_D (m_A + m_B) + m_A m_B (d_x^2 I_C + \ell_x^2 I_D)} = 2{,}24 \text{ m/s}, \tag{8.70}$$

$$\omega_B^+ = \frac{-d_x I_C m_A m_B v_0 (1+e)}{I_C I_D (m_A + m_B) + m_A m_B (d_x^2 I_C + \ell_x^2 I_D)} = -0{,}915 \text{ rad/s}, \tag{8.71}$$

onde, para obter os resultados numéricos, foram utilizados os seguintes dados: $m_A = 285$ kg (massa de A incluindo o motorista), $m_B = 294$ kg (massa de B incluindo o motorista), $I_C = 20{,}46$ kg · m², $I_D = 20{,}6$ kg · m², $e = 0{,}8$, $\ell_x = 0{,}76$ m, $\ell_y = 0{,}76$ m, $d_x = 0{,}14$ m, $d_y = 1{,}2$ m. Os resultados das Eqs. (8.66)-(8.71) correspondem à nossa intuição, pois indicam que o carro A girará no sentido anti-horário, enquanto o carro B girará no sentido horário. Além disso, considerando T a energia cinética do sistema, temos $T^+ = 1033$ N · m $< T^- = 1071{,}63$ N · m, como deveria, uma vez que o impacto não foi perfeitamente elástico.

Resolvemos o problema do impacto de corpo rígido sem necessidade de qualquer teoria nova. Assim, esta seção não oferece quaisquer novos desenvolvimentos teóricos; mas discutiremos cuidadosamente as considerações necessárias para resolver os problemas do impacto de corpo rígido que estão dentro dos limites da teoria que já possuímos. Essa discussão também enfatiza o que um impacto de corpo rígido diferencia de um impacto de partícula.

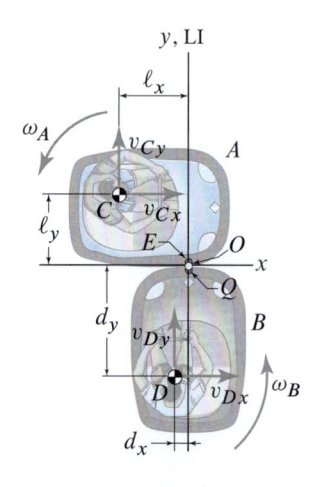

Figura 8.27
Componentes da velocidade de C e D, junto com as velocidades angulares de A e B.

Impacto de corpo rígido: nomenclatura básica e hipóteses

Como no caso de impactos de partículas (veja a Seção 5.2 na p. 356), um impacto de corpo rígido é chamado de *plástico* se o CR $e = 0$. Chamamos um impacto de corpo rígido de *perfeitamente plástico* se os corpos que colidem formam um único corpo rígido após o impacto. Um impacto é *elástico* se $0 < e < 1$, e o caso ideal com $e = 1$ chama-se *perfeitamente elástico*. Além disso, um impacto é *irrestrito* se os objetos não impactam sob ação de nenhuma força externa impulsiva; caso contrário, o impacto é chamado de *restrito*.

Impactos de corpo rígido podem ser muito complexos, e consideraremos apenas os casos, como o problema da colisão do carro de choque, no qual as seguintes hipóteses são consideradas:

1. O impacto envolve apenas dois corpos em movimento planar onde nenhuma força impulsiva tem uma componente perpendicular ao plano do movimento.
2. Qualquer contato entre dois corpos rígidos ocorre apenas em um ponto, e, nesse ponto, podemos definir claramente a LI.
3. O contato entre os corpos não possui atrito.

Classificação dos impactos

Na Seção 5.2 (p. 356), classificamos os impactos com base (1) na posição dos centros de massa dos objetos em colisão em relação à LI e (2) na orientação das velocidades antes do impacto em relação à LI. Por conveniência, repetimos a Tabela 5.3 (p. 363) na Tabela 8.1, em que a expressão *velocidades antes do impacto* se refere às velocidades dos centros de massa dos objetos em colisão e não a suas velocidades angulares (que são perpendiculares ao plano do movimento). Com base na Tabela 8.1, o problema da colisão do carrinho de choque era um impacto *excêntrico direto* porque os centros de massa dos carros não estavam na LI e porque a velocidade antes do impacto do centro de massa de B era paralela à LI enquanto a velocidade de A era igual a zero. Se, imediatamente antes do impacto, o carro A estivesse em movimento, como mostrado na Fig. 8.28, então um dos centros de massa teria uma velocidade pré-impacto não paralela à LI e o impacto teria sido excêntrico e oblíquo.

Tabela 8.1 *Tabela 5.3 repetida.* **Classificação de impactos**

Critério geométrico de impacto		
Velocidades pré-impacto	*Centro de massa*	**Tipo de impacto**
paralela à LI	na LI	central direto
paralela à LI	não na LI	excêntrico direto
não paralela à LI	na LI	central oblíquo
não paralela à LI	não na LI	excêntrico oblíquo

Classificar os impactos nos ajuda a avaliar o quanto o processo de solução pode ser complicado. De modo geral, os impactos centrais diretos são mais simples de analisar, enquanto os impactos excêntricos oblíquos são os mais complexos.

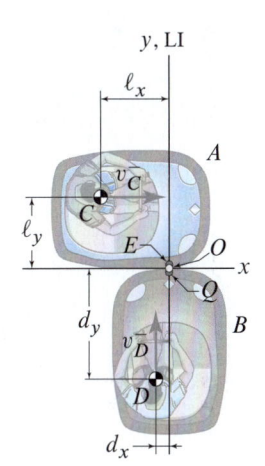

Figura 8.28
Configuração do sistema pré-impacto de um impacto excêntrico oblíquo.

Impacto central

Em um *impacto central*, os centros de massa de dois objetos que colidem mantêm-se sobre a LI no momento do impacto. Existem dois tipos de impactos centrais: direto e oblíquo (veja a Tabela 8.1). Não importa o tipo, segundo as considerações 1-3 introduzidas acima, os impactos centrais de corpo rígido têm duas características importantes:

1. As velocidades angulares são *conservadas* durante o impacto.
2. A equação do CR pode ser escrita diretamente em termos das componentes da velocidade (ao longo da LI) dos centros de massa.

Agora demonstraremos as propriedades 1 e 2 considerando a colisão de duas bolas de bilhar idênticas A e B, como mostrado na Fig. 8.29. Suponha que A está inicialmente imóvel, enquanto B está rolando sem deslizar para a

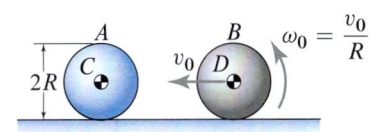

Figura 8.29
Exemplo de um impacto central direto.

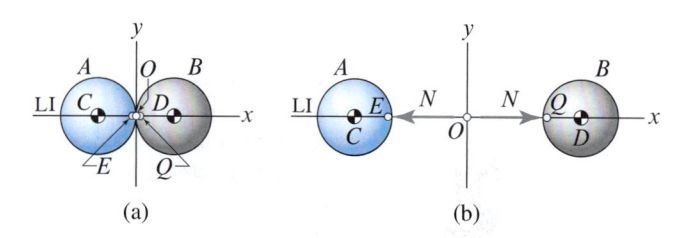

Figura 8.30 DCLs de impacto relevante (a) do sistema como um todo e (b) das duas bolas individualmente.

esquerda a uma velocidade v_0. Modelando a colisão como perfeitamente elástica, queremos determinar as velocidades das duas bolas após o impacto. Como sempre, começamos elaborando o DCL (de impacto relevante) do sistema, mostrados na Fig. 8.30(a), e os DCLs (de impacto relevante) dos corpos em colisão separadamente, mostrados na Fig. 8.30(b). Tal como acontece com todos os problemas de impacto, os DCLs deverão mostrar a LI e um sistema de coordenadas conveniente (normalmente alinhado à LI). Os pontos E e Q pertencem a A e B, respectivamente. A origem O do sistema de coordenadas escolhido coincide com E e Q no momento do impacto, mas de outra maneira é entendida como um ponto *fixo*. Observe que os DCLs na Fig. 8.30 não mostram qualquer força de reação entre as bolas e a mesa. Isso ocorre porque consideramos as forças de reação em questão como *não impulsivas*. A razão para essa escolha está na hipótese 3, na p. 649. A hipótese de que o contato entre as duas esferas não possui atrito significa que nenhuma força de atrito impulsiva pode ser gerada ao longo da direção y em resposta ao deslizamento do ponto Q em relação ao ponto E (antes do impacto, a bola B rola sem deslizar de modo que o ponto Q tem uma componente vertical de velocidade no momento do impacto). Por sua vez, a ausência de uma força impulsiva vertical no ponto de contato implica que nenhuma força de *reação* impulsiva correspondente é gerada na direção vertical na superfície de apoio. Se tal força estivesse presente, então seria uma força *externa* impulsiva e o impacto seria um impacto *restrito*.

Como o impacto é central, a força impulsiva N não tem qualquer momento em relação a C e D. Somando os momentos no centro de massa de cada bola usando a Eq. (8.45) da p. 627, podemos então dizer que $I_C\omega_A^- = I_C\omega_A^+$ e $I_D\omega_B^- = I_D\omega_B^+$, onde I_C e I_D são os momentos de inércia de massa de A e B, respectivamente. Portanto, podemos concluir que

$$\boxed{\omega_A^- = \omega_A^+ \quad \text{e} \quad \omega_B^- = \omega_B^+,} \tag{8.72}$$

> **Alerta de conceito**
>
> **Impactos centrais e velocidades angulares.** Se assumirmos que o contato entre os corpos em colisão não possui atrito (veja a hipótese 3 na p. 649) e o impacto é central, as velocidades angulares dos dois corpos que colidem não são afetadas pelo impacto.

isto é, as velocidades angulares de A e B são conservadas durante o impacto.

Como não existem forças impulsivas na direção perpendicular à LI, as componentes da velocidade nessa direção não mudarão com o impacto. Assim, temos $v_{Cy}^- = v_{Cy}^+ = 0$ e $v_{Dy}^- = v_{Dy}^+ = 0$, logo, as únicas incógnitas remanescentes são v_{Cx}^+ e v_{Dx}^+. Para encontrá-las, podemos aplicar a conservação da quantidade de movimento linear do sistema ao longo da LI, ou seja,

$$m_A v_{Cx}^- + m_B v_{Dx}^- = m_A v_{Cx}^+ + m_B v_{Dx}^+, \tag{8.73}$$

e a equação do CR para os pontos E e Q, ou seja,

$$v_{Ex}^+ - v_{Qx}^+ = e(v_{Qx}^- - v_{Ex}^-). \tag{8.74}$$

Usando a cinemática do corpo rígido, temos

$$\vec{v}_E^{\pm} = \vec{v}_C^{\pm} + \omega_A^{\pm}\hat{k} \times \vec{r}_{E/C} \quad \text{e} \quad \vec{v}_Q^{\pm} = \vec{v}_D^{\pm} + \omega_B^{\pm}\hat{k} \times \vec{r}_{Q/D}, \tag{8.75}$$

onde usamos o fato de que $\vec{r}_{E/C}$ e $\vec{r}_{Q/D}$ não mudam durante o impacto. Referindo-se à Fig. 8.31, $\vec{r}_{E/C} = R\,\hat{\imath}$ e $\vec{r}_{Q/D} = -R\,\hat{\imath}$ e, assim,

$$\omega_A^\pm \hat{k} \times \vec{r}_{E/C} = \omega_A^\pm R\,\hat{\jmath} \quad \text{e} \quad \omega_B^\pm \hat{k} \times \vec{r}_{Q/D} = -\omega_B^\pm R\,\hat{\jmath}. \qquad (8.76)$$

As Eqs. (8.75) e (8.76) nos dizem que as componentes x (isto é, ao longo da LI) de $\vec{v}_E^\pm$ e $\vec{v}_Q^\pm$ devem ser idênticas às componentes x de $\vec{v}_C^\pm$ e $\vec{v}_D^\pm$, respectivamente, isto é,

$$v_{Ex}^\pm = v_{Cx}^\pm \quad \text{e} \quad v_{Qx}^\pm = v_{Dx}^\pm. \qquad (8.77)$$

As Eqs. (8.77) nos permitem escrever a equação do CR diretamente em termos da velocidade dos centros de massa, ou seja,

$$\boxed{v_{Cx}^+ - v_{Dx}^+ = e\bigl(v_{Dx}^- - v_{Cx}^-\bigr).} \qquad (8.78)$$

Voltando ao problema do impacto da bola de bilhar, relembrando das condições pré-impacto dadas e de que $e = 1$, obtemos a seguinte solução:

$$v_{Cx}^+ = -v_0, \quad \omega_A^+ = 0, \quad v_{Dx}^+ = 0 \quad \text{e} \quad \omega_B^+ = v_0/R. \qquad (8.79)$$

Curiosamente, apesar de $v_{Dx}^+ = 0$, devido a $\omega_B^+ = v_0/R$, a bola B *não* para após o impacto. As equações $v_{Dx}^+ = 0$ e $\omega_B^+ = v_0/R$ tomadas em conjunto implicam que, imediatamente após o impacto, o centro de massa da bola B tem velocidade zero por um instante, enquanto a bola B desliza contra a mesa de bilhar. Assumindo que há atrito entre a mesa e as bolas, a força de atrito devido ao deslizamento fará o centro de massa de B começar a mover-se novamente para a esquerda, como se perseguisse a bola A. Esse resultado é importante porque nunca teríamos alcançado-o se modelássemos as bolas como partículas (teríamos concluído que B simplesmente parou após o impacto). Por sua vez, isso mostra que, embora um impacto central de corpos rígidos possa ser tão simples de resolver como um problema de impacto de partículas, os dois modelos fornecem previsões diferentes.

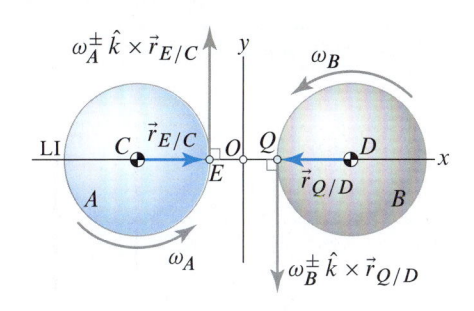

Figura 8.31
Cinemática de um impacto central.

Alerta de conceito

Impactos centrais e as equações do CR. Sob as hipóteses estabelecidas, em um impacto central a equação do CR pode ser escrita diretamente em termos das componentes da velocidade dos centros de massa.

Impacto excêntrico

Referindo-se à Fig. 8.32, para que um impacto seja *excêntrico*, pelo menos um dos centros de massa dos corpos em colisão não pode estar situado sobre a LI. A principal característica de um impacto excêntrico é que a colisão afeta não apenas as velocidades dos centros de massa, mas também as velocidades angulares dos corpos.

A colisão do carrinho de choque analisada no início da seção é um exemplo de impacto excêntrico. Portanto, para evitar uma repetição desnecessária, aqui simplesmente listaremos as equações necessárias para resolver problemas de impacto excêntrico de corpo rígido irrestrito e revisaremos a justificativa física para essas equações.

Referindo-se à Fig. 8.32, considere dois corpos rígidos colidindo movendo-se no plano, conforme mostrado. Como de costume, começamos a solução do problema com o DCL do sistema e os DCLs dos corpos individuais no momento do impacto, mostrados na Fig. 8.33(a) e (b), respectivamente. Nesses diagramas, indicamos claramente a LI e o sistema de coordenadas escolhido. Além disso, podemos escolher a origem O de modo a coincidir com os pontos de contato E e Q entre os dois corpos rígidos no momento do impacto, e lembre-se de que O é um ponto *fixo*. A razão para a escolha de O como afirmado se deve a esse ponto ser conveniente para uso como centro de momento quando o princípio do impulso-quantidade de movimento angular for aplicado.

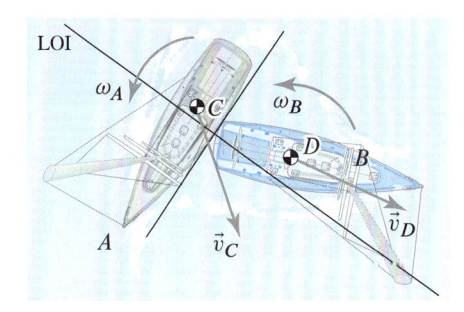

Figura 8.32
Colisão entre dois barcos.

(a)   (b)

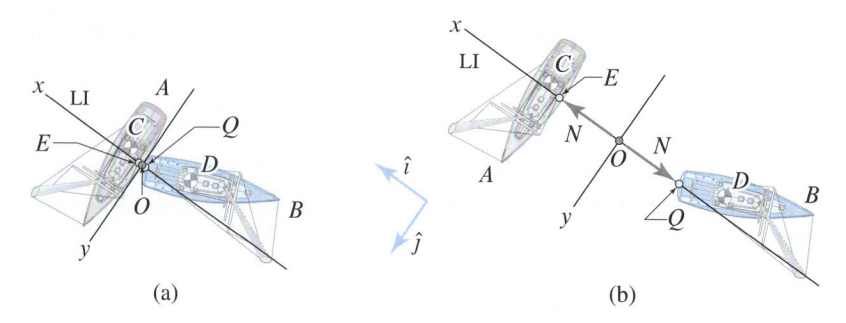

Figura 8.33 DCLs dos corpos em colisão (a) como um sistema e (b) individualmente.

A solução de um problema de impacto excêntrico de corpo rígido irrestrito é regida por seis equações escalares. A primeira delas impõe a conservação da quantidade de movimento linear para o sistema ao longo da LI, ou seja,

$$m_A v^-_{Cx} + m_B v^-_{Dx} = m_A v^+_{Cx} + m_B v^+_{Dx}, \qquad (8.80)$$

A segunda e a terceira equação são

$$v^-_{Cy} = v^+_{Cy} \quad \text{e} \quad v^-_{Dy} = v^+_{Dy}, \qquad (8.81)$$

que vêm da hipótese do contato sem atrito (hipótese 3 na p. 649). Essa hipótese implica que a quantidade de movimento linear individual dos corpos em colisão é conservada na direção perpendicular à LI.

A quarta é a equação do CR, que é primeiramente escrita em termos das componentes das velocidades dos pontos de contacto ao longo da LI, ou seja,

$$v^+_{Ex} - v^+_{Qx} = e\left(v^-_{Qx} - v^-_{Ex}\right), \qquad (8.82)$$

e depois reescrita em termos das componentes da velocidade dos centros de massa, certificando-se de satisfazer a cinemática de corpo rígido, que requer que

$$\vec{v}^\pm_E = \vec{v}^\pm_C + \omega^\pm_A \hat{k} \times \vec{r}_{E/C} \quad \text{e} \quad \vec{v}^\pm_Q = \vec{v}^\pm_D + \omega^\pm_B \hat{k} \times \vec{r}_{Q/D}. \qquad (8.83)$$

Referindo-se à Fig. 8.34, devido a E, Q e O coincidirem no momento do impacto,

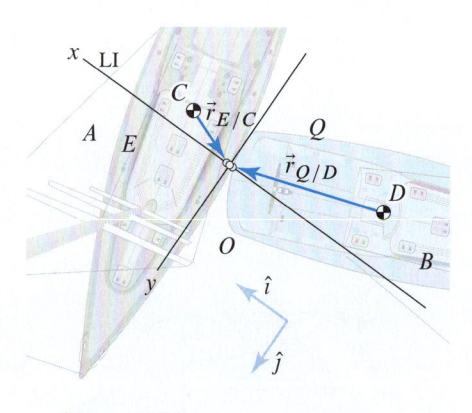

$$\vec{r}_{E/C} = -\vec{r}_C = -x_C \hat{i} - y_C \hat{j} \quad \text{e} \quad \vec{r}_{Q/D} = -\vec{r}_D = -x_D \hat{i} - y_D \hat{j}. \qquad (8.84)$$

Figura 8.34
Vetores de posição relativa de E e Q em relação a C e D, respectivamente.

Então, substituindo as Eqs. (8.84) nas Eqs. (8.83), realizando os produtos cruzados e reorganizando os termos, obtemos

$$\vec{v}^\pm_E = \left(v^\pm_{Cx} + \omega^\pm_A y_C\right)\hat{i} + \left(v^\pm_{Cy} - \omega^\pm_A x_C\right)\hat{j}, \qquad (8.85)$$

$$\vec{v}^\pm_Q = \left(v^\pm_{Dx} + \omega^\pm_B y_D\right)\hat{i} + \left(v^\pm_{Dy} - \omega^\pm_B x_D\right)\hat{j}. \qquad (8.86)$$

Usando as Eqs. (8.85) e (8.86), podemos dar à Eq. (8.82) a seguinte forma final:

$$v^+_{Cx} + \omega^+_A y_C - v^+_{Dx} - \omega^+_B y_D$$
$$= e\left(v^-_{Dx} + \omega^-_B y_D - v^-_{Cx} - \omega^-_A y_C\right). \qquad (8.87)$$

As duas equações restantes estabelecem que cada uma das quantidades de movimento angular de A e B em relação a O seja conservada, isto é,

$$\boxed{(\vec{h}_O^-)_A = (\vec{h}_O^+)_A \quad \text{e} \quad (\vec{h}_O^-)_B = (\vec{h}_O^+)_B,} \qquad (8.88)$$

onde $(\vec{h}_O)_A$ e $(\vec{h}_O)_B$ são as quantidades de movimento angular de A e B em relação a O, respectivamente, e, aplicando a Eq. (8.42) da p. 627, podem ser escritas como

$$(\vec{h}_O^\pm)_A = I_C \vec{\omega}_A^\pm + \vec{r}_{C/O} \times m_A \vec{v}_C^\pm, \qquad (8.89)$$

$$(\vec{h}_O^\pm)_B = I_D \vec{\omega}_B^\pm + \vec{r}_{D/O} \times m_B \vec{v}_D^\pm, \qquad (8.90)$$

onde I_C e I_D são os momentos de inércia de massa de A e B, respectivamente. Mais uma vez, observamos que, nas Eqs. (8.89) e (8.90), os vetores posição relativa $\vec{r}_{C/O}$ e $\vec{r}_{D/O}$ são considerados constantes durante o impacto, portanto, não precisam do sobrescrito ±. Quanto à Fig. 8.33(b), a justificativa física para a Eq. (8.88) é que as forças impulsivas atuando em A e B não fornecem qualquer momento sobre o ponto fixo O. Observe que as Eqs. (8.88) fornecem apenas duas equações escalares porque a única componente não nula dessas equações é perpendicular ao plano do movimento.

As Eqs. (8.80), (8.81), (8.87) e (8.88) compreendem o que é necessário para resolver o caso mais geral de impacto excêntrico oblíquo irrestrito de dois corpos rígidos (sob as hipóteses indicadas na p. 648).

> **Alerta de conceito**
>
> **Conservação da quantidade de movimento angular não significa conservação da velocidade angular.** As Eqs. (8.89) e (8.90) deixam claro que a conservação da quantidade de movimento angular *não* implica que a velocidade angular é conservada. As Eqs. (8.88) demandam que o lado esquerdo das Eqs. (8.89) e (8.90) permaneça constante (durante o impacto), o que é possível se as velocidades angulares correspondentes e as velocidades do centro de massa do lado direito das Eqs. (8.89) e (8.90) mudam de acordo.

Impacto excêntrico restrito

Em um *impacto restrito*, um ou ambos os corpos que colidem estão sujeitos a forças impulsivas externas (veja a p. 365). Modelar esses impactos pode ser desafiador, por isso, consideraremos apenas um caso simples em que um dos corpos em colisão está restrito a se mover em rotação de eixo fixo.

Referindo-se à Fig. 8.35, considere um pêndulo balístico composto por uma haste fina uniforme de massa m_r e comprimento L fixado por um pino em O e um bloco-alvo de massa m_t, largura w e altura h. Suponha que uma bala de massa m_b é disparada a uma velocidade v_0, como mostrado. Assumindo que a bala fica embutida no bloco, qual será a velocidade pós-impacto do sistema pêndulo-bala?

A chave para resolver o problema é que o único movimento admissível do pêndulo é uma rotação de eixo fixo sobre O. Portanto, a única informação de que precisamos para descrever o comportamento após o impacto do sistema é ω_p^+, a velocidade angular pós-impacto do pêndulo. Como de costume, esboçamos o DCL do sistema no momento do impacto, ilustrado na Fig. 8.36, certificando-se de incluir apenas forças impulsivas. As reações R_x e R_y no pino aparecem no DCL porque assumirão qualquer valor que for exigido a elas para evitar que O se mova e, como tal, são impulsivas. A presença de R_x e R_y faz do impacto um impacto *restrito*. Observe que R_x e R_y, enquanto impulsivas, não fornecem qualquer momento sobre o ponto fixo O de modo que a quantidade de movimento angular total do sistema em relação a O deve ser conservada durante o impacto. Considerando $(\vec{h}_O)_b$ e $(\vec{h}_O)_p$ a quantidade de movimento angular relativa a O da bala e do pêndulo, respectivamente, temos

$$(\vec{h}_O^-)_b + (\vec{h}_O^-)_p = (\vec{h}_O^+)_b + (\vec{h}_O^+)_p, \qquad (8.91)$$

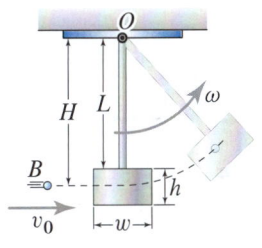

Figura 8.35
Um pêndulo balístico.

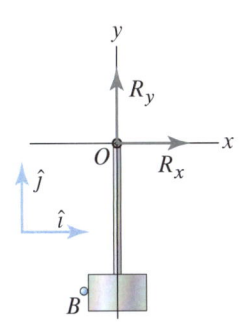

Figura 8.36
DCL do sistema pêndulo balístico e bala no momento do impacto.

onde, modelando a bala como uma partícula e recordando que o pêndulo pode se mover apenas em uma rotação de eixo fixo em torno de O (veja a Eq. (8.46) na p. 628),

$$\left(\vec{h}_O^{\pm}\right)_b = \vec{r}_{B/O} \times m_b \vec{v}_B^{\pm} \quad \text{e} \quad \left(\vec{h}_O^{\pm}\right)_p = (I_O)_p \vec{\omega}_p^{\pm}, \qquad (8.92)$$

onde $(I_O)_p$ é o momento de inércia de massa do pêndulo em relação a O e o vetor posição relativa $\vec{r}_{B/O}$ não tem o sobrescrito $\pm$ porque é tratado como uma constante durante todo o impacto. Uma vez que o pêndulo está inicialmente parado e a bala fica embutida no bloco, substituindo as Eqs. (8.92) na Eq. (8.91), executando os produtos cruzados e simplificando, obtemos

$$m_b v_0 H = \left[(I_O)_p + m_b H^2\right]\omega_p^+. \qquad (8.93)$$

Resolvendo a Eq. (8.93) para a velocidade angular após o impacto do sistema pêndulo-bala, temos

$$\omega_p^+ = \frac{m_b v_0 H}{(I_O)_p + m_b H^2}. \qquad (8.94)$$

O problema que acabamos de discutir ilustra um elemento-chave da solução da maioria dos problemas de impacto restrito, ou seja, a identificação de um ponto fixo sobre o qual a quantidade de movimento angular do sistema é conservada. Os Exemplos 8.12 e 8.13 demonstram o uso dessa estratégia no caso de situações físicas mais intricadas.

Resumo final da seção

Nesta seção estudamos impactos planares de corpo rígido. Aprendemos que, ao contrário do impacto de partículas, os corpos rígidos podem experimentar impactos *excêntricos*, que são colisões em que pelo menos um dos centros de massa dos corpos em colisão não está situado na LI. Também aprendemos que os conceitos básicos utilizados em impactos de partículas são aplicáveis aos impactos de corpo rígido, e analisamos estratégias de solução para uma variedade de situações.

Tal como acontece com os impactos das partículas, dizemos que um impacto de corpo rígido é *plástico* se o CR $e = 0$. Um impacto de corpo rígido será chamado de *perfeitamente plástico* se os corpos que colidem formam um único corpo rígido após o impacto. Um impacto é *elástico* se o CR e é tal que $0 < e < 1$. Finalmente, o caso ideal com $e = 1$ é considerado um impacto *perfeitamente elástico*. Além disso, um impacto é *irrestrito* se o sistema composto por dois objetos em colisão não está sujeito a forças externas impulsivas; caso contrário, o impacto é chamado de *restrito*.

Consideramos apenas os impactos que satisfazem as seguintes hipóteses:

1. O impacto envolve apenas dois corpos em movimento planar quando nenhuma força impulsiva tem uma componente perpendicular ao plano do movimento.

2. O contato entre quaisquer dois corpos rígidos ocorre em apenas um ponto, e, nesse ponto, podemos definir claramente a LI.

3. O contato entre os corpos não possui atrito.

Recomendamos organizar a solução de qualquer problema de impacto como segue:

- Comece com um DCL dos corpos em colisão como um sistema e DCLs para cada um dos corpos que colidem. Desconsidere forças não impulsivas.

- Escolha um sistema de coordenadas com a origem coincidindo com os pontos que entram em contato no momento do impacto. Lembre-se de que a origem de tal sistema de coordenadas é um ponto fixo.
- Aplique os princípios do impulso-quantidade de movimento linear e/ou angular ao sistema e/ou aos corpos individuais. Na aplicação do princípio do impulso-quantidade de movimento angular a todo o sistema, o centro de momento deve ser um ponto fixo, enquanto, a um corpo individual, o centro de momento deve ser um ponto fixo ou o centro de massa do corpo.
- Para os impactos plásticos, elásticos e perfeitamente elásticos, a equação do CR é primeiramente escrita utilizando as componentes da velocidade ao longo da LI nos pontos que realmente entram em contato. Por exemplo, para o impacto mostrado na Fig. 8.37, a equação do CR é primeiramente escrita como

Eq. (8.82), p. 652

$$v_{Ex}^+ - v_{Qx}^+ = e(v_{Qx}^- - v_{Ex}^-),$$

onde o CR e é tal que $0 \leq e \leq 1$. A equação do CR deve então ser reescrita em termos das velocidades angulares dos corpos em colisão e das velocidades dos centros de massa utilizando a cinemática de corpo rígido. Para a situação na Fig. 8.37, isso significa reescrever a equação do CR utilizando as relações $\vec{v}_E^\pm = \vec{v}_C^\pm + \omega_A^\pm \hat{k} \times \vec{r}_{E/C}$ e $\vec{v}_Q^\pm = \vec{v}_D^\pm + \omega_B^\pm \hat{k} \times \vec{r}_{Q/D}$. Observe que os vetores posição relativa $\vec{r}_{E/C}$ e $\vec{r}_{Q/D}$ não têm o sobrescrito $\pm$ porque eles são tratados como constantes durante o impacto.
- Em impactos perfeitamente plásticos, deve-se reforçar que equações de restrição cinemática expressam o fato de que dois corpos formam um único corpo rígido após o impacto.

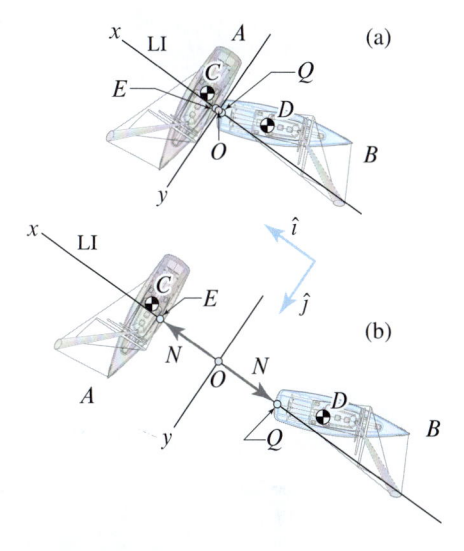

Figura 8.37
DCLs dos corpos em colisão (a) como um sistema e (b) individualmente.

EXEMPLO 8.11 Impacto central de corpo rígido

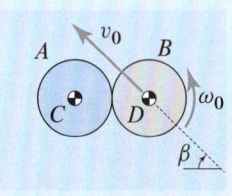

Figura 1
Dois discos de hóquei em colisão.

Dois discos de hóquei idênticos deslizando sobre o gelo colidem, como mostrado na Fig. 1. Se $\beta = 43°$, o CR é $e = 0{,}95$, A está inicialmente em repouso, e o disco B está se movendo a uma velocidade $v_0 = 30$m/s e velocidade angular $\omega_0 = 4$ rad/s como mostrado, determine as velocidades pós-impacto de A e de B.

SOLUÇÃO

Roteiro e modelagem Começamos com o DCL do sistema e os DCLs dos corpos em colisão separadamente, mostrados nas Figs. 2 e 3, respectivamente, onde também é indicada a LI e um sistema de coordenadas conveniente. Devido a C e D estarem situados na LI, o impacto é *central*. Conforme já discutido, assumimos que o contato entre os discos não possui atrito. Essa condição e o fato de que o impacto é central nos permite afirmar imediatamente que as velocidades angulares dos corpos não são afetadas pelo impacto e a equação do CR pode ser expressa diretamente em termos das componentes da velocidade dos centros de massa. Essas simplificações tornam a solução do problema muito semelhante à de um problema de impacto de partículas.

Equações fundamentais

Princípios de equilíbrio Não há forças impulsivas externas agindo no sistema (Fig. 2). Portanto, a quantidade de movimento linear do sistema é conservada ao longo da LI, o que fornece

$$m_A v^-_{Cy} + m_B v^-_{Dy} = m_A v^+_{Cy} + m_B v^+_{Dy}. \tag{1}$$

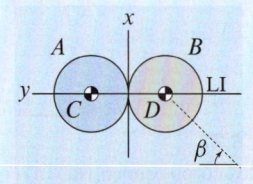

Figura 2
DCL de impacto relevante dos dois discos como um sistema.

Nenhuma força impulsiva atua em A ou B na direção perpendicular à LI (Fig. 3). Portanto, podemos escrever

$$v^-_{Cx} = v^+_{Cx} \quad \text{e} \quad v^-_{Dx} = v^+_{Dx}. \tag{2}$$

Como o impacto é central (e o contato entre os discos não possui atrito), o princípio do impulso-quantidade de movimento angular para A e B individualmente fornece as duas equações seguintes

$$\omega^+_A = \omega^-_A \quad \text{e} \quad \omega^+_B = \omega^-_B. \tag{3}$$

Leis da força A equação do CR pode ser expressa diretamente em termos das componentes da velocidade ao longo da LI dos centros de massa, de modo que temos

$$v^+_{Cy} - v^+_{Dy} = e\left(v^-_{Dy} - v^-_{Cy}\right). \tag{4}$$

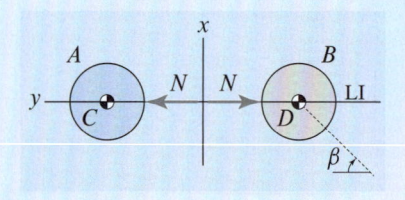

Figura 3
DCLs de impacto relevante de cada um dos dois discos.

Equações cinemáticas As velocidades pré-impacto de A e B são

$$\omega^-_A = 0, \qquad v^-_{Cx} = 0, \qquad v^-_{Cy} = 0, \tag{5}$$

$$\omega^-_B = \omega_0, \qquad v^-_{Dx} = v_0 \operatorname{sen}\beta, \qquad v^-_{Dy} = v_0 \cos\beta. \tag{6}$$

Cálculos As Eqs. (1)-(4) formam um sistema de seis equações nas seis incógnitas $\omega^+_A, v^+_{Cx}, v^+_{Cy}, \omega^+_B, v^+_{Dx}$ e v^+_{Dy}. Lembrando que $m_A = m_B$, o sistema de equações pode ser resolvido para obter

$$\boxed{\omega^+_A = 0, \qquad v^+_{Cx} = 0, \qquad v^+_{Cy} = \frac{1+e}{2} v_0 \cos\beta,} \tag{7}$$

$$\boxed{\omega^+_B = \omega_0, \qquad v^+_{Dx} = v_0 \operatorname{sen}\beta, \qquad v^+_{Dy} = \frac{1-e}{2} v_0 \cos\beta,} \tag{8}$$

que, após a substituição dos dados apresentados, fornece a seguinte resposta numérica:

$$\omega_A^+ = 0\,\text{rad/s}, \qquad v_{Cx}^+ = 0\,\text{m/s}, \qquad v_{Cy}^+ = 21{,}4\,\text{m/s}, \tag{9}$$

$$\omega_B^+ = 4\,\text{rad/s}, \qquad v_{Dx}^+ = 20{,}5\,\text{m/s}, \qquad v_{Dy}^+ = 0{,}549\,\text{m/s}. \tag{10}$$

Discussão e verificação A solução parece ser razoável, pois, como esperado, o centro de massa do disco A se move somente ao longo da LI: esse é o comportamento esperado de qualquer impacto em que não há atrito entre os corpos em colisão. Como o impacto é central (e o contato entre os discos é sem atrito), as velocidades angulares dos corpos em colisão são conservadas. Além dessas considerações, devemos verificar se a energia cinética pós-impacto do sistema é menor que a energia cinética pré-impacto, uma vez que o CR utilizado foi inferior a 1. Passar por essa verificação é um pouco complicado neste problema porque nem as massas de A e B nem os seus respectivos momentos de inércia de massa, I_C e I_D, foram disponibilizados. Usando as Eqs. (5) e (6), a energia cinética pré-impacto T^- é

$$T^- = \tfrac{1}{2} m_A (v_C^-)^2 + \tfrac{1}{2} I_C \omega_A^- + \tfrac{1}{2} m_B (v_D^-)^2 + \tfrac{1}{2} I_D \omega_B^-$$
$$= \tfrac{1}{2} m_B v_0^2 + \tfrac{1}{2} I_D \omega_0^2. \tag{11}$$

Usando as Eqs. (7) e (8), a energia cinética pós-impacto T^+ é

$$T^+ = \tfrac{1}{2} m_A (v_C^+)^2 + \tfrac{1}{2} I_C \omega_A^+ + \tfrac{1}{2} m_B (v_D^+)^2 + \tfrac{1}{2} I_D \omega_B^+$$
$$= \tfrac{1}{8} m_A (1+e)^2 v_0^2 \cos^2 \beta$$
$$+ \tfrac{1}{8} m_B \left[4 \operatorname{sen}^2 \beta + (1-e)^2 \cos^2 \beta \right] v_0^2 + \tfrac{1}{2} I_D \omega_0^2. \tag{12}$$

Uma vez que os dois discos são idênticos, $I_C = I_D$. Considerando $m = m_A = m_B$, subtraindo a Eq. (12) da Eq. (11) e simplificando, temos

$$T^- - T^+ = \tfrac{1}{4}(1 - e^2) m v_0^2 \cos^2 \beta, \tag{13}$$

onde usamos o fato de que $\tfrac{1}{2} m_B v_0^2 - \tfrac{1}{2} m_B v_0^2 \operatorname{sen}^2 \beta = \tfrac{1}{2} m v_0^2 \cos^2 \beta$. Por fim, como $e < 1$, temos $1 - e^2 > 0$ e, consequentemente, o lado direito da Eq. (13) é positivo, ou seja,

$$T^- - T^+ > 0 \quad \Rightarrow \quad T^+ < T^-, \tag{14}$$

conforme esperado.

EXEMPLO 8.12 Impacto restrito de dois corpos rígidos

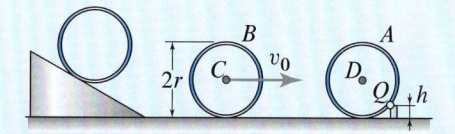

Figura 1
Seções tubulares sendo colocadas horizontalmente. Os pontos C e D são os centros de B e A, respectivamente. O ponto Q é o ponto em A em contato com o bloco de altura h.

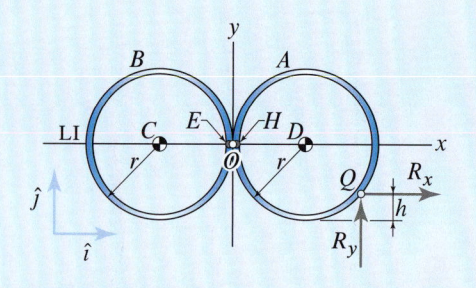

Seções tubulares idênticas de raio $r = 0{,}46$ m e massa $m = 90$ kg estão sendo descarregadas e alinhadas horizontalmente. Um bloco de altura $h = 0{,}15$ m está fixo ao chão e é usado para segurar A no lugar, o primeiro tubo da linha (veja a Fig. 1). Se a próxima seção tubular B rola sem deslizar para a direita a uma velocidade v_0 e atinge A, o CR para a colisão A-B é $e = 0{,}85$, e A não ricocheteia no bloco ou desliza em relação a ele, determine então o menor valor de v_0 que poderia fazer A rolar sobre o bloco.

SOLUÇÃO

Roteiro A solução pode ser organizada em duas partes. Na primeira, estudaremos a colisão entre A e B e determinaremos o movimento após o impacto de A e B. Uma vez que o movimento de A é descrito em função de v_0, na segunda parte encontraremos o *menor* valor de v_0 que faz A rolar sobre o bloco por meio da relação entre a energia cinética pós-impacto de A com a quantidade de trabalho necessária para mover A uma distância vertical h contra a direção da gravidade.

O impacto de A e B

Modelagem O DCL do sistema é mostrado na Fig. 2, e os DCLs de cada corpo em colisão são apresentados na Fig. 3. No momento do impacto, a origem O do sistema de coordenadas, que é um ponto fixo, coincide com os pontos de contato E e H, que pertencem a B e A, respectivamente. Observe que estamos lidando com um impacto restrito devido à presença de forças impulsivas externas em Q. Essas forças existem porque A está inicialmente em contato com um bloco fixo e não desliza em relação a ele. Isso também significa que A se move como se estivesse em uma rotação com eixo fixo em torno de Q.

Equações fundamentais

Princípios de equilíbrio As forças impulsivas externas na Fig. 2 não causam momento sobre o ponto fixo Q, portanto, a quantidade de movimento angular do sistema sobre Q é conservada,

$$\left(\vec{h}_Q^-\right)_A + \left(\vec{h}_Q^-\right)_B = \left(\vec{h}_Q^+\right)_A + \left(\vec{h}_Q^+\right)_B, \tag{1}$$

onde, vendo ambas as seções tubulares como anéis finos uniformes de raio r,

$$\left(\vec{h}_Q^\pm\right)_A = I_Q \vec{\omega}_A^\pm, \quad \text{com} \quad I_Q = mr^2 + mr^2 = 2mr^2, \tag{2}$$

$$\left(\vec{h}_Q^\pm\right)_B = I_C \vec{\omega}_B^\pm + \vec{r}_{C/Q} \times m\vec{v}_C^\pm, \quad \text{com} \quad I_C = mr^2, \tag{3}$$

onde I_Q e I_C são os momentos de inércia de massa de A em relação a Q e de B em relação a C, respectivamente. Observa-se que, no cálculo de I_Q, usamos o teorema dos eixos paralelos. A primeira das Eqs. (2) é válida porque A move-se como se estivesse fixo por um pino em Q.

A força impulsiva N, que atua em B, aponta para C. Portanto, uma vez que m (a massa de B) e I_C são constantes, a componente y da quantidade de movimento linear de B bem como a quantidade de movimento angular de B em relação a C são conservadas, isto é,

$$v_{Cy}^- = v_{Cy}^+ \quad \text{e} \quad \omega_B^- = \omega_B^+. \tag{4}$$

Observe que o sistema de força impulsiva atuando em A *não* nos permite escrever relações para A análogas àquelas nas Eqs. (4) para B.

Leis da força Como os pontos de contato entre A e B são E e H, a equação do CR é

$$v_{Hx}^+ - v_{Ex}^+ = e\left(v_{Ex}^- - v_{Hx}^-\right). \tag{5}$$

Equações cinemáticas Antes do impacto, A está parado e B rola sem deslizar, de modo que

$$v_{Hx}^- = 0, \quad \omega_A^- = 0, \quad v_{Cy}^- = 0 \quad \text{e} \quad \omega_B^- = -v_0/r. \tag{6}$$

Figura 2
DCL de impacto relevante de A e B combinados no momento do impacto.

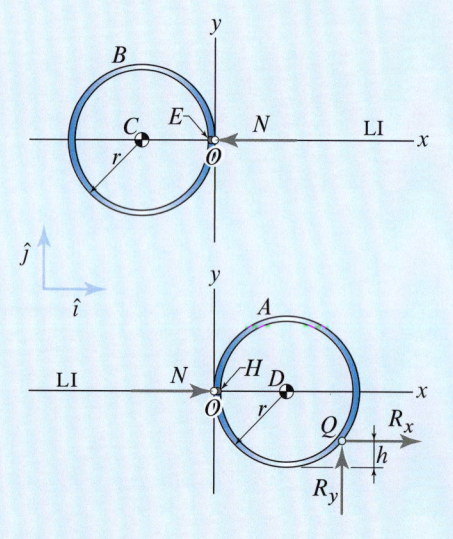

Figura 3
DCL de impacto relevante de A e B individualmente no momento do impacto.

Para expressar $v_{Ex}^\pm$ e v_{Hx}^+ na Eq. (5) em termos de $\vec{v}_C^+$, ω_B^+ e ω_A^+, lembre-se de que $\vec{v}_E = \vec{v}_C + \vec{\omega}_B \times \vec{r}_{E/C}$ e $\vec{v}_H = \vec{\omega}_A \times \vec{r}_{H/Q}$ (A gira sobre Q). Consequentemente, temos

$$v_{Ex}^- = v_0, \quad v_{Ex}^+ = v_{Cx}^+ \quad \text{e} \quad v_{Hx}^+ = -\omega_A^+(r-h). \tag{7}$$

Cálculos Substituindo as Eqs. (2) e (3) na Eq. (1), aproveitando as Eqs. (4) e as duas últimas das Eqs. (6), expandindo os produtos cruzados e simplificando, temos

$$-v_0(r-h) = -v_{Cx}^+(r-h) + 2r^2\omega_A^+, \tag{8}$$

onde escrevemos essa equação na forma escalar porque a única componente diferente de zero da Eq. (1) está na direção z. Substituindo a primeira das Eqs. (6) e todas das Eqs. (7) na Eq. (5), temos

$$-\omega_A^+(r-h) - v_{Cx}^+ = ev_0. \tag{9}$$

As Eqs. (8) e (9) formam um sistema de duas equações para v_{Cx}^+ e ω_A^+. Resolvendo essas equações, obtemos o movimento após o impacto de A e de B em termos de v_0:

$$\omega_A^+ = -\frac{(1+e)(r-h)v_0}{h^2 - 2hr + 3r^2} \quad \text{e} \quad v_{Cx}^+ = \frac{h^2 - 2hr + (1-2e)r^2}{h^2 - 2hr + 3r^2}v_0. \tag{10}$$

O princípio do trabalho-energia aplicado a A

Modelagem Após o impacto, A rola sobre o bloco como se estivesse fixado por um pino em Q, e o DCL de A antes de chegar ao topo do bloco é o da Fig. 4. Uma vez que Q está fixo, as reações em Q não realizam trabalho, de modo que a energia é conservada durante o movimento pós-impacto de A.

Equações fundamentais

Princípios do equilíbrio Escolhendo ① como sendo imediatamente após o impacto e ② quando A chega ao topo do bloco a uma velocidade zero (pois queremos calcular o *mínimo* v_0), temos

$$T_{A1} + V_{A1} = T_{A2} + V_{A2}, \quad \text{onde} \quad T_{A1} = \tfrac{1}{2}I_Q\omega_{A1}^2 \quad \text{e} \quad T_{A2} = \tfrac{1}{2}I_Q\omega_{A2}^2, \tag{11}$$

e $I_Q = 2(W/g)r^2$.

Leis da força Escolhendo a linha de referência como mostrado na Fig. 4, temos

$$V_{A1} = 0 \quad \text{e} \quad V_{A2} = Wh. \tag{12}$$

Equações cinemáticas Baseados em nossas hipóteses de modelagem, temos

$$\omega_{A1} = \omega_A^+ \quad \text{e} \quad \omega_{A2} = 0. \tag{13}$$

Cálculos Combinando as Eqs. (11)-(13), lembrando que ω_A^+ é dado pela primeira das Eqs. (10) e resolvendo para v_0, temos

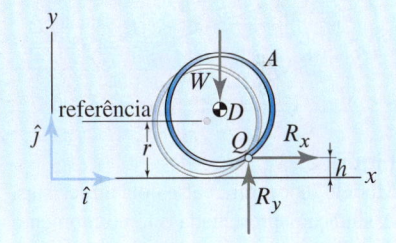

$$\boxed{v_0 = \frac{\sqrt{gh}\left(h^2 - 2hr + 3r^2\right)}{r(1+e)(r-h)} = 2{,}39 \text{ m/s}.} \tag{14}$$

Figura 4
DCL de A seguindo o impacto com B.

Discussão e verificação A solução parece razoável, uma vez que o v_0 calculado, com as Eqs. (10), fornece $\omega_A^+ = -2{,}64$ rad/s e $v_{Cx}^+ = -1{,}21$ m/s, ou seja, após o impacto, A gira no sentido horário e B se move para a esquerda, como esperado. Além disso, o valor de v_0 era esperado como sendo maior que $\sqrt{gh} = 1{,}21$ m/s, que é o v_0 necessário para B para chegar a uma altura igual a h acima do chão simplesmente rolando sem deslizar ao longo do trajeto e sem colisões. Finalmente, usando o valor calculado de v_0 para calcular os valores pré e pós-impacto da energia cinética do sistema, temos $T^- = 514$ N · m $> T^+ = 455$ N · m, como deveria.

EXEMPLO 8.13 Modelando uma captura como um impacto de corpo rígido

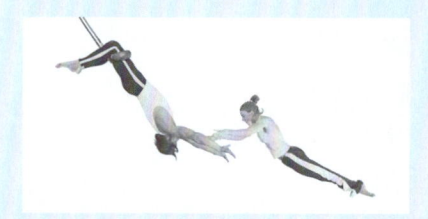

Figura 1
Uma captura no ar. O acrobata pendurado de joelhos no trapézio é chamado de receptor enquanto o outro acrobata é chamado de saltador.

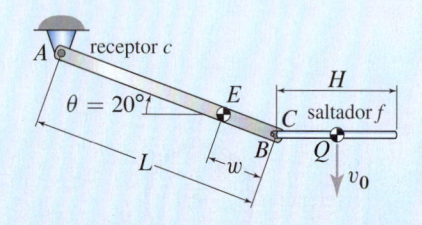

Em uma captura perfeita (veja os acrobatas na Fig. 1), o receptor e a saltadora agarram-se quando ambos têm velocidade zero. E se essa situação ideal não é cumprida? Por exemplo, qual é a força média com a qual o receptor precisa apanhar a saltadora se o receptor está em uma posição ideal (ou seja, tem velocidade zero) e a saltadora tem uma velocidade de queda livre $v_0 = 2$ m/s (depois de cair cerca de 20 cm)? Usaremos o modelo[7] mostrado na Fig. 2, em que o sistema receptor/trapézio é visto como uma barra fina não uniforme de massa $m_c = 90$ kg, comprimento $L = 4$ m, centro de massa em E, momento de inércia de massa $I_E = 30$ kg · m² e $w = 1$ m. A saltadora é modelada como uma barra fina e, uniforme de comprimento $H = 2$ m e massa $m_f = 70$ kg. Modelamos a pegada entre o receptor e a saltadora como uma conexão de pinos e assumimos que, no instante mostrado, ambos receptor e saltadora têm velocidade angular zero. Finalmente, assumimos que o receptor e a saltadora podem estabelecer um aperto firme em 0,15 s (os melhores tempos de reação de atletas são 120-160 ms), e, já que a captura acontece rapidamente, a modelamos como um impacto.

Figura 2
Modelo da captura entre dois trapezistas. A situação apresentada está no momento da captura.

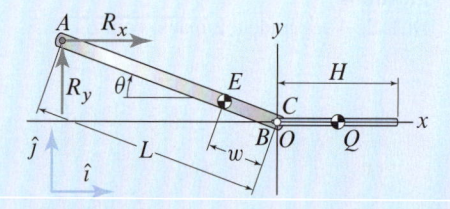

SOLUÇÃO

Roteiro e modelagem Modelar a captura como um impacto é útil porque (1) relacionando, as velocidades pré e pós-impacto por meio do princípio do impulso-quantidade de movimento linear, podemos calcular o impulso exercido por c em f, e, (2) dividindo esse impulso pelo tempo de reação, podemos calcular a força média desejada. Note que o impacto que estamos modelando não é plástico ou elástico, uma vez que c e f se unem. Ao mesmo tempo, o impacto não é perfeitamente plástico porque c e f podem girar um em relação ao outro. Assim, teremos de adaptar o nosso conhecimento de impacto de corpo rígido e criar uma estratégia de solução *ad hoc*. Como é típico de problemas de impacto, consideramos o DCL do sistema e os DCLs de c de f individualmente, mostrados nas Figs. 3 e 4, respectivamente. No momento da captura, a origem O do sistema de coordenadas escolhido, que é um ponto fixo, coincide com os pontos B e C onde c e f se agarram. Note que c pode se mover somente em uma rotação de eixo fixo em torno de A. Portanto, as velocidades após a captura consistem em quatro grandezas: as velocidades angulares de c e f e as duas componentes de $\vec{v}_Q$.

Figura 3
DCL de impacto relevante do sistema receptor-saltador. Os pontos B, C e O são coincidentes.

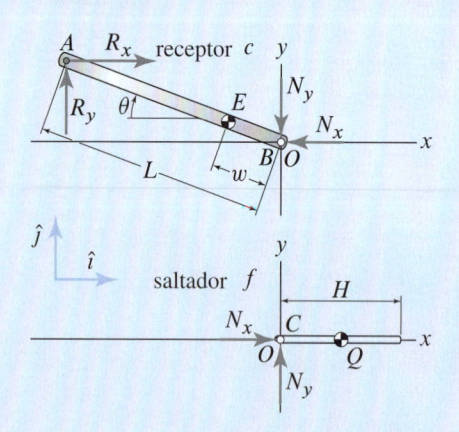

Equações fundamentais

Princípios de equilíbrio Referindo-se à Fig. 4 e à Eq. (8.36) da p. 626, aplicando o princípio do impulso-quantidade de movimento linear para f, temos

$$m_f \vec{v}_Q^- + \int_{t^-}^{t^+} (N_x\,\hat{\imath} + N_y\,\hat{\jmath})\,dt = m_f \vec{v}_Q^+. \tag{1}$$

As forças R_x e R_y não têm momento sobre o ponto fixo A (veja a Fig. 3), assim a quantidade de movimento angular do sistema sobre A é conservada, isto é,

$$(\vec{h}_A^-)_c + (\vec{h}_A^-)_f = (\vec{h}_A^+)_c + (\vec{h}_A^+)_f, \tag{2}$$

onde

$$(\vec{h}_A^\pm)_c = \left[I_E + m_c(L-w)^2\right]\vec{\omega}_c^\pm \quad \text{e} \quad (\vec{h}_A^\pm)_f = I_Q\vec{\omega}_f^\pm + \vec{r}_{Q/A} \times m_f \vec{v}_Q^\pm. \tag{3}$$

Note que a primeira das Eqs. (3) contabiliza a rotação de eixo fixo de c em torno de A. Em seguida, uma vez que C e O coincidem no momento da captura (veja a Fig. 4), N_x e N_y não fornecem momento em f em torno de O. Assim, a quantidade de movimento angular de f em relação a O, $(\vec{h}_O)_f$, deve ser conservada, isto é,

$$(\vec{h}_O^-)_f = (\vec{h}_O^+)_f \quad \text{onde} \quad (\vec{h}_O^\pm)_f = I_Q\vec{\omega}_f^\pm + \vec{r}_{Q/O} \times m_f \vec{v}_Q^\pm. \tag{4}$$

Figura 4
DCL do impacto relevante de c e f individualmente.

---
[7] Um modelo melhor levaria em conta o trapézio e a flexibilidade do corpo humano.

Leis da força Todas as forças são consideradas no DCL. Além disso, nesse impacto não temos uma equação do CR.

Equações cinemáticas Após a captura, $\vec{v}_B^+ = \vec{v}_C^+$, de modo que devemos ter

$$\vec{\omega}_c^+ \times \vec{r}_{B/A} = \vec{v}_Q^+ + \vec{\omega}_f^+ \times \vec{r}_{C/Q}, \tag{5}$$

onde a Eq. (5) se aplica tanto à cinemática do corpo rígido quanto ao fato de que A é um ponto fixo.

Cálculos Substituindo as Eqs. (3) na Eq. (2), temos

$$-m_f v_0 [L\cos\theta + (H/2)] = \left[I_E + m_c(L-w)^2\right]\omega_c^+ + I_Q \omega_f^+ \\ + m_f v_{Qx}^+ L \operatorname{sen}\theta + m_f v_{Qy}^+ [L\cos\theta + (H/2)], \tag{6}$$

onde a Eq. (6) está na forma escalar, uma vez que a única componente diferente de zero da Eq. (2) está na direção z. Procedendo de forma similar com as Eqs. (4), temos

$$-m_f v_0 (H/2) = I_Q \omega_f^+ + m_f v_{Qy}^+ (H/2). \tag{7}$$

Expandindo os produtos da Eq. (5) e expressando o resultado em componentes, temos

$$\omega_c^+ L \operatorname{sen}\theta = v_{Qx}^+ \quad \text{e} \quad \omega_c^+ L \cos\theta = v_{Qy}^+ - \omega_f^+ (H/2). \tag{8}$$

As Eqs. (6)-(8) formam um sistema de quatro equações nas quatro incógnitas ω_c^+, ω_f^+, v_{Qx}^+ e v_{Qy}^+. Lembrando que $I_Q = m_f H^2/12$, a solução desse sistema de equações é

$$\omega_c^+ = -\frac{L m_f v_0 \cos\theta}{4[I_E + m_c(L-w)^2] + L^2 m_f (1 + 3\operatorname{sen}^2\theta)} = -0{,}1080 \text{ rad/s}, \tag{9}$$

$$\omega_f^+ = -\frac{3v_0}{H}\frac{2I_E + 2m_f L^2 \operatorname{sen}^2\theta + 2m_c(L-w)^2}{4[I_E + m_c(L-w)^2] + L^2 m_f (1 + 3\operatorname{sen}^2\theta)} = -1{,}196 \text{ rad/s}, \tag{10}$$

$$v_{Qx}^+ = -\frac{L^2 m_f v_0 \cos\theta \operatorname{sen}\theta}{4[I_E + m_c(L-w)^2] + L^2 m_f (1 + 3\operatorname{sen}^2\theta)} = -0{,}1477 \text{ m/s}, \tag{11}$$

$$v_{Qy}^+ = -v_0 \frac{3I_E + m_f L^2(1 + 2\operatorname{sen}^2\theta) + 3m_c(L-w)^2}{4[I_E + m_c(L-w)^2] + L^2 m_f (1 + 3\operatorname{sen}^2\theta)} = -1{,}601 \text{ m/s}. \tag{12}$$

Lembrando que $t^+ - t^- = 0{,}15$ s, usando a definição de força média durante o intervalo de tempo $t^+ - t^-$ e empregando a Eq. (1), temos $\vec{N}_{\text{med}} = \frac{1}{t^+ - t^-}\int_{t^-}^{t^+}\left(N_x \hat{i} + N_y \hat{j}\right)dt = \frac{m_f}{t^+ - t^-}\left(\vec{v}_Q^+ - \vec{v}_Q^-\right)$, que fornece

$$\boxed{(N_x)_{\text{med}} = -68{,}9 \text{ N} \quad \text{e} \quad (N_y)_{\text{med}} = 186 \text{ N} \quad \Rightarrow \quad |\vec{N}_{\text{med}}| = 198 \text{ N}.} \tag{13}$$

Discussão e verificação Os sinais das velocidades calculadas estão todos como esperado. Além disso, $v_{Qy}^+ < v_0$, ou seja, o receptor desacelera a queda da saltadora. Em relação às forças, os sinais também estão como esperado, e o seu valor é coerente com o resultado da velocidade e do tempo de reação dado.

🔍 **Um olhar mais atento** Nosso modelo prevê que o receptor é obrigado a exercer uma força de aproximadamente 200 N para pegar uma saltadora pesando 687 N (esse é o peso da pessoa com uma massa de 70 kg) que estava em queda livre ao longo de uma distância de cerca de 20 cm. Tal valor de força está certamente dentro das capacidades de uma pessoa em forma, portanto, utilizando esse valor de força como critério, podemos concluir que a falta das condições ideais de captura por poucos centímetros não é tão ruim assim. No entanto, para uma avaliação mais completa das consequências da falta da posição ideal de captura, precisamos considerar outros fatores importantes na manobra, como a força máxima global que precisa ser exercida sobre toda a oscilação após a captura.

PROBLEMAS

Figura P8.78

💡 Problema 8.78 💡

Uma *tacada de parada* é uma tacada de bilhar em que a bola tacadeira (branca) para após bater na bola da vez (vermelha). Modelando a colisão entre as duas bolas como uma colisão perfeitamente elástica de dois corpos rígidos em contato sem atrito, determine qual condição deve ser verdadeira para a velocidade angular pré-impacto da bola tacadeira a fim de executar corretamente uma tacada de parada: (a) $\omega_0 < 0$; (b) $\omega_0 = 0$; (c) $\omega_0 > 0$.

Nota: Problemas conceituais são sobre *explicações*, não sobre cálculos.

Problema 8.79

A bola tacadeira (branca) está rolando sem deslizar para a esquerda e seu centro está se movendo a uma velocidade $v_0 = 1,8$ m enquanto a bola da vez (vermelha) está parada. O diâmetro d das duas bolas é o mesmo e é igual a 57 mm. O coeficiente de restituição do impacto é $e = 0,98$. Considere $m_c = 170$ g e $m_o = 156$ g as massas da bola tacadeira e da bola da vez, respectivamente. Considere P e Q os pontos na bola tacadeira e na bola da vez, respectivamente, que estão em contato com a mesa no momento do impacto. Supondo que o contato entre as duas esferas não possui atrito e modelando as bolas como esferas uniformes, determine as velocidades pós-impacto de P e Q.

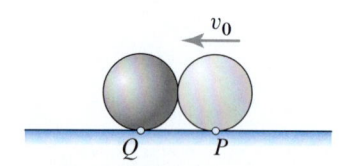

Figura P8.79

💡 Problema 8.80 💡

Considere o DCL de impacto relevante de um carro envolvido em uma colisão. Suponha que, no momento do impacto, o carro estava estacionado; além disso, que a força impulsiva F, com linha de ação ℓ, é a única força impulsiva que atua no carro no momento do impacto. O ponto P na intersecção de ℓ com a linha perpendicular a ℓ que passa por G, o centro de massa do carro, é por vezes referido como o *centro de percussão* (para uma definição alternativa de centro de percussão, veja o Miniexemplo na p. 552). É verdade que, no momento do impacto, o centro de rotação instantâneo do carro está situado na mesma linha de P e G?

Nota: Problemas conceituais são sobre *explicações*, não sobre cálculos.

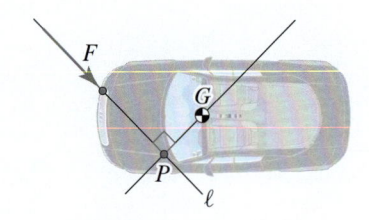

Figura P8.80

Problema 8.81

Uma bola de basquete com massa $m = 0,6$ kg está rolando sem deslizar, como mostrado, quando atinge um pequeno degrau com $\ell = 70$ mm. Considerando o diâmetro da bola como $r = 120$ mm, modelando a bola como uma casca esférica fina (o momento de inércia de massa de uma casca esférica sobre seu centro de massa é $\frac{2}{3}mr^2$) e supondo que a bola não ricocheteie no degrau ou deslize em relação a ele, determine v_0 tal que a bola apenas suba o degrau.

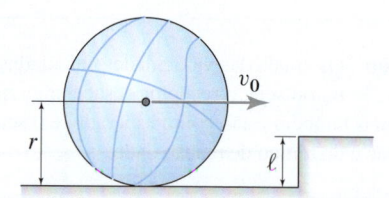

Figura P8.81

Problema 8.82

Uma bala B de massa m_b foi disparada a uma velocidade v_0, conforme mostrado, contra uma haste fina e uniforme A de comprimento ℓ, massa m_r e que é fixada por um pino em O. Determine a distância d tal que nenhuma reação horizontal seja sentida no pino quando a bala atingir a haste.

Problema 8.83

Resolva o problema no Miniexemplo da p. 552 utilizando métodos da quantidade de movimento e o conceito de força impulsiva. Especificamente, considere uma bola batendo em um bastão a uma distância d a partir do cabo quando o batedor "o segura" a uma distância δ. Encontre o "ponto de impacto" P (mais propriamente chamado de centro de percussão[8]) do bastão B determinando a distância d em que a bola deve ser batida para que a força lateral (ou seja, perpendicular ao bastão) em O seja zero. Suponha que o bastão esteja fixado em O, que tem massa m, o centro de massa esteja em G e seu momento de inércia de massa seja I_G.

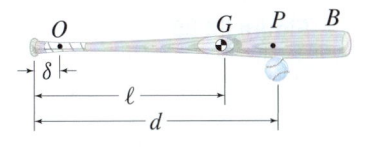

Figura P8.82

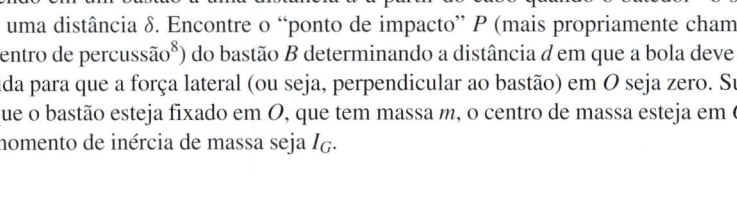

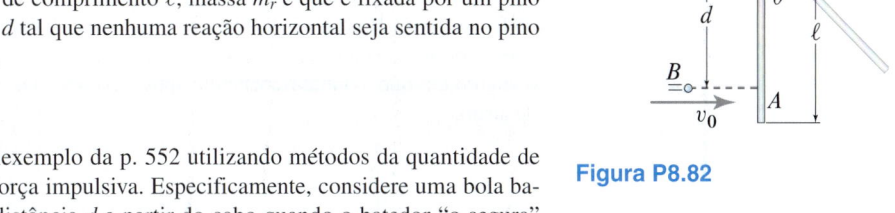

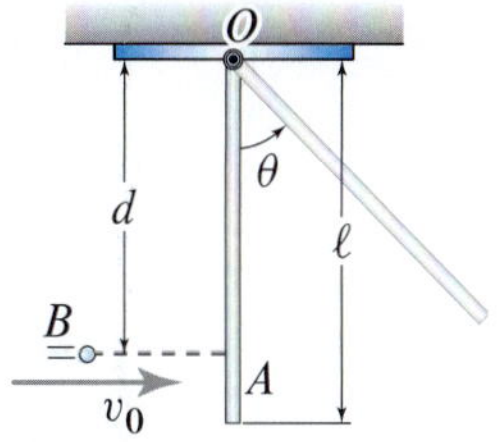

Figura P8.83

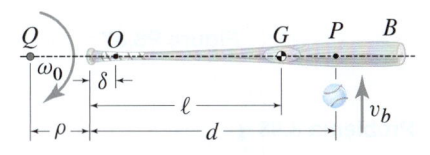

Figura P8.84

Problema 8.84

Um batedor está balançando um bastão de 860 mm de comprimento com massa $m_B = 0,9$ kg, centro de massa G e momento de inércia de massa $I_G = 0,056$ kg · m². O centro de rotação do bastão é Q. Calcule a distância d identificando a posição do ponto P, o "ponto de impacto" do bastão ou centro de percussão, de forma que o batedor não sinta qualquer força impulsiva em O onde ele está segurando o bastão. Além disso, sabendo que a bola, pesando 140 g, se desloca a uma velocidade $v_b = 140$ km/h e o batedor está balançando o bastão a uma velocidade angular $\omega_0 = 45$ rad/s, determine a velocidade da bola e a velocidade angular do bastão imediatamente após o impacto. Para resolver o problema, use os seguintes dados: $\delta = 150$ mm, $\rho = 350$ mm, $\ell = 570$ mm e CR $e = 0,5$.

Problema 8.85

Uma bala B de 9,6 g é disparada a uma velocidade v_0, conforme mostrado, e fica embutida no centro de um bloco de borracha de dimensões $h = 114$ mm e $w = 152$ mm, pesando $m_{rb} = 0,9$ kg. O bloco de borracha está preso na extremidade de uma haste fina e uniforme A de comprimento $L = 0,46$ m, peso $W_r = 2,27$ kg, que está fixada por um pino em O. Após o impacto, a haste (com o bloco e a bala embutida nele) oscila para cima até um ângulo de 60°. Determine a velocidade da bala antes do impacto.

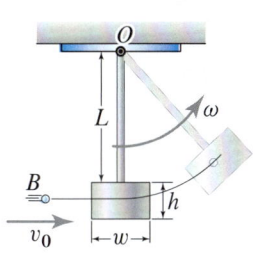

Figura P8.85

Problema 8.86

A barra fina e homogênea A de comprimento $\ell = 1,75$ m e massa $m = 23$ kg está transladando, conforme mostrado, a uma velocidade $v_0 = 12$ m/s quando colide com o obstáculo fixo B. Modelando o contato entre a barra e o obstáculo como sem atrito, considerando $\beta = 32°$ e a distância $d = 0,46$ m, determine a velocidade angular da barra imediatamente após a colisão, sabendo que o CR para o impacto é $e = 0,74$.

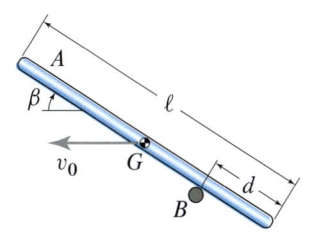

Figura P8.86

---

[8] Consulte R. Cross, "The Sweet Spot of a Baseball Bat", *American Journal of Physics*, **66**(9), 1998, pp. 772-779.

Problema 8.87

Uma ponte levadiça de comprimento $\ell = 9$ m e massa $m = 273$ kg é liberada na posição mostrada e gira livremente no sentido horário até que atinja a extremidade direita do fosso. Se o CR para a colisão entre a ponte e o chão é $e = 0,45$ e o ponto de contato entre a ponte e o chão é efetivamente ℓ a partir do ponto de pivô da ponte, determine o ângulo em que a ponte ricocheteia após a colisão. Despreze qualquer fonte possível de atrito.

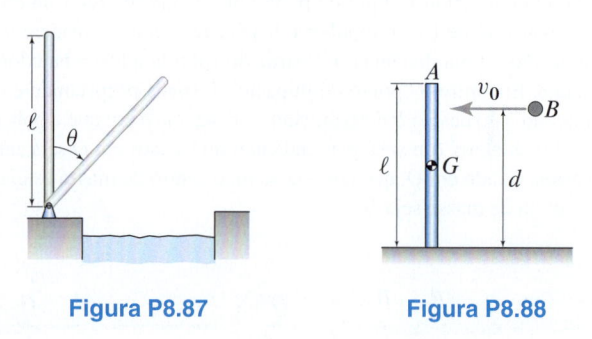

Figura P8.87

Figura P8.88

Problema 8.88

Uma haste A com comprimento $\ell = 1,55$ m e massa $m_A = 6$ kg está em equilíbrio estático, como mostrado, quando uma bola B com massa $m_B = 0,15$ kg viajando a uma velocidade $v_0 = 30$ m/s atinge a haste a uma distância $d = 1,3$ m da extremidade inferior da haste. Se o CR para o impacto é $e = 0,85$, determine a velocidade do centro de massa G da haste, bem como a velocidade angular da haste imediatamente após o impacto.

Problema 8.89

Uma barra uniforme A com um gancho H na extremidade é solta, como mostrado, de uma altura $d = 0,9$ m sobre um pino fixo B. Considerando que a massa e o comprimento de A são $m = 45$ kg e $\ell = 2,1$ m, respectivamente, determine o ângulo θ que a barra percorrerá se ela se enganchar em B e não ricochetear. Embora a barra A se enganche em B, assuma que não há atrito entre o gancho e o pino.

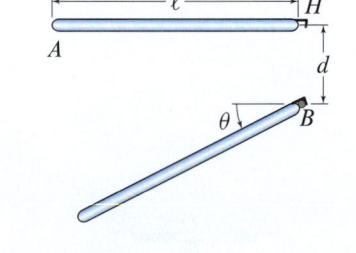

Figura P8.89

Problema 8.90

Uma ginasta nas barras paralelas assimétricas tem uma velocidade vertical v_0 e nenhuma velocidade angular quando agarra a barra superior. Modele a ginasta como uma única barra A rígida e uniforme de massa $m = 42$ kg e comprimento $\ell = 1,8$ m. Desconsiderando todos os atritos, considerando $\beta = 12°$ e assumindo que a barra superior B não se mova após a ginasta agarrá-la, determine v_0 se a ginasta deve girar (no sentido anti-horário) de modo a ficar na horizontal. Suponha que, durante o movimento, o atrito entre as mãos da ginasta e a barra superior seja insignificante.

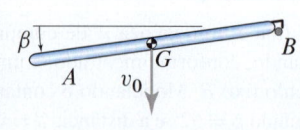

Figura P8.90

Problema 8.91

Um aro fino e uniforme A de massa $m = 7$ kg e raio $r = 0,5$ m é liberado do repouso conforme mostrado e rola sem deslizar até encontrar um degrau de altura $\ell = 0,45$ m. Considerando $\beta = 12°$ e assumindo que o aro não ricocheteie no degrau ou deslize em relação a ele, determine a distância d tal que o anel apenas suba no degrau.

Problema 8.92

Duas barras uniformes idênticas AB e BD são fixadas por pinos em B, e a barra BD possui um gancho na extremidade livre. As duas barras são soltas, como mostrado, de uma altura $d = 0,9$ m sobre um pino fixo E (mostrado em seção transversal). Considerando que a massa e o comprimento de cada barra são $m = 45,4$ kg e $\ell = 2,1$ m, respectivamente, determine as velocidades angulares de AB e de BD imediatamente após a barra BD se enganchar em E sem rebater. *Dica:* A quantidade de movimento angular da barra AB é conservada sobre B durante o impacto.

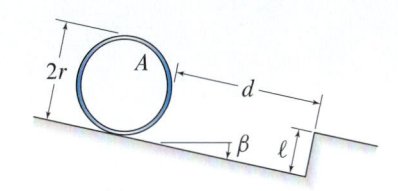

Figura P8.91

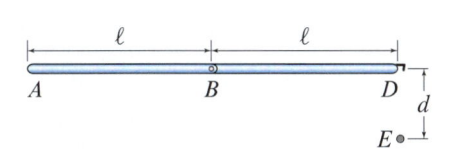

Figura P8.92

Problema 8.93

Os carros A e B colidem, como mostrado. Determine as velocidades angulares de A e B imediatamente após a colisão se o CR é $e = 0,35$. Ao resolver o problema, considere C e D os centros de massa de A e B, respectivamente. Além disso, aplique a hipótese 3 da p. 649 e utilize os seguintes dados: $m_A = 1.420$ kg (massa de A), $k_C = 875$ mm (raio de giração de A), $v_C = 20$ km/h (velocidade do centro de massa de A), $m_B = 1.600$ kg (massa de B), $k_D = 1$ m (raio de giração de B), $v_D = 24$ km/h (velocidade do centro de massa de B), $d = 0,480$ m, $\ell = 2$ m, $\delta = 0,180$ m, $\rho = 1,65$ m e $\beta = 12°$.

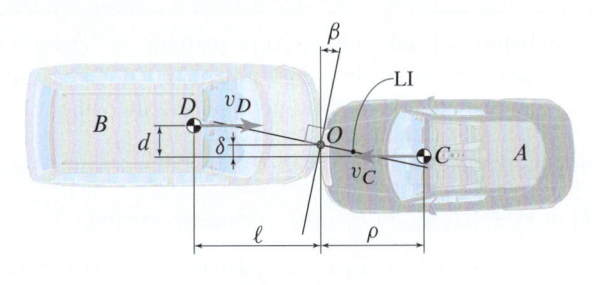

Figura P8.93

Problema 8.94

Considere a colisão de dois corpos rígidos A e B, que, referindo-se ao Exemplo 8.10 da p. 635, modela o acoplamento do Ônibus Espacial (corpo A) na Estação Espacial Internacional (corpo B). Como no Exemplo 8.10, supomos que B está parado em relação a um sistema inercial de referência e A translada como mostrado. Em contraste com o Exemplo 8.10, aqui assumiremos que A e B se juntam no ponto Q, mas, devido à flexibilidade do sistema de acoplamento, podem girar um em relação ao outro. Determine as velocidades angulares de A e B imediatamente após o acoplamento se $v_0 = 0,03$ m/s. Ao resolver o problema, considere C e D os centros de massa de A e de B, respectivamente. Além disso, considere que a massa e o momento de inércia de massa de A são $m_A = 120 \times 10^3$ kg e $I_C = 14 \times 10^6$ kg·m², respectivamente, e a massa e o momento de inércia de massa de B são $m_B = 180 \times 10^3$ kg e $I_D = 34 \times 10^6$ kg·m², respectivamente. Por fim, use as seguintes dimensões: $\ell = 24$ m, $d = 8$ m, $\rho = 2,6$ m e $\delta = 2,4$ m.

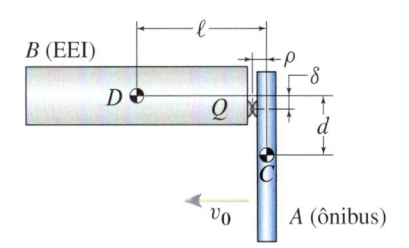

Figura P8.94

8.4 REVISÃO DO CAPÍTULO

Princípio do trabalho-energia para corpos rígidos

Nesta seção, descobrimos que a energia cinética T de um corpo rígido B em movimento planar é dada por

Eq. (8.10), p. 593
$$T = \tfrac{1}{2}mv_G^2 + \tfrac{1}{2}I_G\omega_B^2,$$

ou por

Eq. (8.13), p. 594
$$T = \tfrac{1}{2}I_O\omega_B^2,$$

onde m, G e I_G são a massa, o centro de massa e o momento de inércia de massa do corpo, respectivamente, e a segunda equação aplica-se à rotação de eixo fixo, onde I_O é o momento de inércia de massa em relação ao eixo de rotação. O princípio do trabalho-energia para um corpo rígido é

Eq. (8.18), p. 595
$$T_1 + U_{1\text{-}2} = T_2,$$

onde $U_{1\text{-}2}$ é o trabalho realizado sobre o corpo partindo de ① para ② apenas por forças externas. Se fizermos uso da energia potencial V de forças conservativas, o princípio do trabalho-energia também pode ser escrito como

Eqs. (8.25) e (8.26), p. 596
$$T_1 + V_1 + (U_{1\text{-}2})_{\text{nc}} = T_2 + V_2 \quad \text{(sistemas gerais),}$$
$$T_1 + V_1 = T_2 + V_2 \quad \text{(sistemas conservativos),}$$

onde a segunda expressão se aplica somente a um sistema conservativo e afirma que a energia mecânica total do sistema é conservada. Para sistemas de corpos rígidos ou sistemas mistos de corpos rígidos e partículas, o princípio do trabalho-energia fornece

Eq. (8.31), p. 598
$$T_1 + V_1 + (U_{1\text{-}2})_{\text{nc}}^{\text{ext}} + (U_{1\text{-}2})_{\text{nc}}^{\text{int}} = T_2 + V_2,$$

onde V é a energia potencial total (das forças conservativas tanto externas quanto internas) e $(U_{1\text{-}2})_{\text{nc}}^{\text{ext}}$ e $(U_{1\text{-}2})_{\text{nc}}^{\text{int}}$ são as contribuições de trabalho devido às forças externas e internas para as quais não temos uma energia potencial, respectivamente.

Referindo-se à Fig. 8.38, no movimento planar de corpo rígido, o trabalho de um binário é

Eq. (8.24), p. 596
$$U_{1\text{-}2} = \int_{t_1}^{t_2} M\omega_{AB}\, dt = \int_{\theta_1}^{\theta_2} M\, d\theta,$$

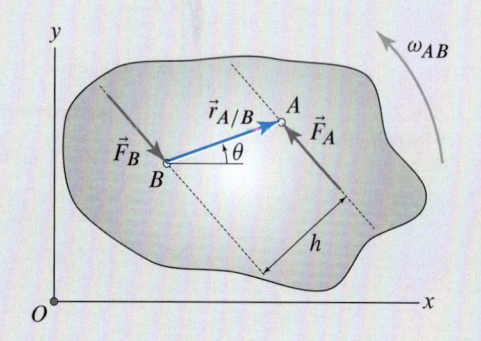

Figura 8.38

Figura 8.7 repetida. Corpo rígido sujeito a um binário.

onde $d\theta$ é o deslocamento angular infinitesimal do corpo e M é a componente do momento do binário na direção perpendicular ao plano do movimento, adotado como positivo no sentido positivo de θ. Além disso, a potência desenvolvida por um binário com o momento $\vec{M}$ é calculada como

Eq. (8.33), p. 598

$$\text{Potência desenvolvida por um binário} = \frac{dU}{dt} = \vec{M} \cdot \vec{\omega}_{AB},$$

onde $\vec{\omega}_{AB}$ é a velocidade angular do corpo.

Métodos de quantidade de movimento para corpos rígidos

Nesta seção, obtivemos os princípios do impulso-quantidade de movimento linear e angular para corpos rígidos. Referindo-se à Fig. 8.39, o princípio do impulso-quantidade de movimento linear para um corpo rígido fornece

Eq. (8.36), p. 626

$$m\vec{v}_{G1} + \int_{t_1}^{t_2} \vec{F}\,dt = m\vec{v}_{G2} \quad \text{ou} \quad \vec{p}_1 + \int_{t_1}^{t_2} \vec{F}\,dt = \vec{p}_2,$$

onde $\vec{F}$ é a força externa total sobre B, $\vec{p} = m\vec{v}_G$ é a quantidade de movimento linear de B e $\vec{v}_G$ é a velocidade do centro de massa de B. Se $\vec{F} = \vec{0}$, temos

Eq. (8.38), p. 626

$$m\vec{v}_{G1} = m\vec{v}_{G2} \quad \text{ou} \quad \vec{p}_1 = \vec{p}_2,$$

e dizemos que a quantidade de movimento linear do corpo é conservada. Se P na Fig. 8.40 é um centro de momento coplanar com G e B é simétrico em relação ao plano do movimento, a quantidade de movimento angular de B em relação a P é

Eq. (8.42), p. 627

$$\vec{h}_P = I_G \vec{\omega}_B + \vec{r}_{G/P} \times m\vec{v}_G,$$

onde I_G é o momento de inércia de massa de B, $\vec{\omega}_B$ é a velocidade angular de B e $\vec{r}_{G/P}$ é a posição de G em relação a P. Se P é escolhido de forma que (1) P é fixo, (2) P coincide com G ou (3) P e G se movem paralelamente um em relação ao outro, então $\vec{M}_P = \dot{\vec{h}}_P$, onde $\vec{M}_P$ é o momento em relação a P do sistema de *força externas* que age em B. Quando essa equação se mantém, integrando em relação ao tempo durante um intervalo de tempo $t_1 \leq t \leq t_2$, temos

Eq. (8.44), p. 627

$$\vec{h}_{P1} + \int_{t_1}^{t_2} \vec{M}_P\,dt = \vec{h}_{P2}.$$

Quando P coincide com G ou se o corpo sofre uma rotação de eixo fixo em torno de um ponto O como mostrado na Fig. 8.41, então a equação acima se torna

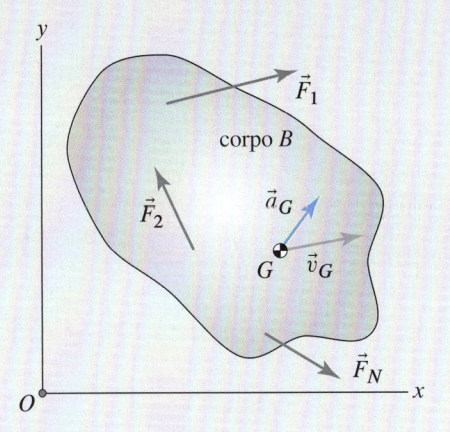

Figura 8.39
Figura 8.16 repetida. Um corpo rígido sob a ação de um sistema de forças.

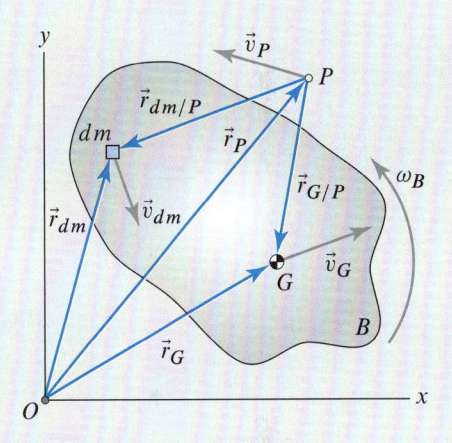

Figura 8.40
Figura 8.18 repetida. As grandezas necessárias para se obter as relações de quantidade de movimento angular para um corpo rígido.

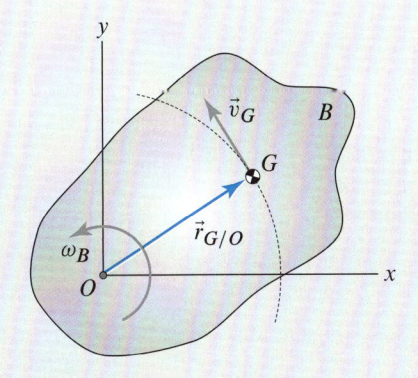

Figura 8.41
Figura 8.23 repetida. Um corpo rígido em uma rotação de eixo fixo.

> Eq. (8.45), p. 627, e Eq. (8.47), p. 628
>
> $$I_{G1}\omega_{B1} + \int_{t_1}^{t_2} M_{Gz}\,dt = I_{G2}\omega_{B2},$$
>
> $$I_{O1}\omega_{B1} + \int_{t_1}^{t_2} M_{Oz}\,dt = I_{O2}\omega_{B2},$$

respectivamente, onde I_O é o momento de inércia de massa em torno do eixo fixo de rotação.

Impacto de corpos rígidos

Nesta seção, estudamos impactos planares de corpo rígido. Aprendemos que, ao contrário de impactos de partícula, corpos rígidos podem experimentar impactos *excêntricos*, que são colisões em que pelo menos um dos centros de massa dos corpos em colisão não está situado na LI. Também aprendemos que os conceitos básicos utilizados em impactos de partícula são aplicáveis aos impactos de corpo rígido e revisamos estratégias de solução para uma variedade de situações.

Tal como para impactos de partícula, dizemos que um impacto de corpo rígido é *plástico* se o CR $e = 0$. Um impacto de corpo rígido será chamado de *perfeitamente plástico* se os corpos em colisão formam um único corpo rígido após o impacto. Um impacto é *elástico* se o CR e é tal que $0 < e < 1$. Finalmente, o caso ideal com $e = 1$ é considerado um impacto *perfeitamente elástico*. Além disso, um impacto é *irrestrito* se o sistema composto por dois objetos em colisão não está sujeito a forças impulsivas externas; caso contrário, o impacto é chamado de *restrito*.

Consideramos apenas os impactos que satisfazem as seguintes hipóteses:

1. O impacto envolve apenas dois corpos em movimento planar quando nenhuma força impulsiva tem uma componente perpendicular ao plano do movimento.

2. O contato entre quaisquer dois corpos rígidos ocorre em apenas um ponto, e, nesse ponto, podemos definir claramente a LI.

3. O contato entre os corpos não possui atrito.

Recomendamos organizar a solução de qualquer problema de impacto como segue:

- Comece com um DCL dos corpos em colisão como um sistema e DCLs para cada um dos corpos que colidem. Desconsidere forças não impulsivas.

- Escolha um sistema de coordenadas com origem coincidente com os pontos que entram em contato no momento do impacto. Lembre-se de que a origem de tal sistema de coordenadas é um ponto fixo.

- Aplique os princípios do impulso-quantidade de movimento linear e/ou angular para o sistema e/ou para os corpos individuais. Ao aplicar o princípio do impulso-quantidade de movimento angular para todo o sistema, o centro de momento deve ser um ponto fixo, enquanto, para um corpo individual, o centro de momento deve ser um ponto fixo ou o centro de massa do corpo.

- Para impactos plásticos, elásticos e perfeitamente elásticos, a equação do CR é primeiramente escrita utilizando-se as componentes da velocidade ao longo da LI nos pontos que de fato entram em contato. Por exemplo, para o impacto mostrado na Fig. 8.42, a equação do CR é primeiramente escrita como

> **Eq. (8.82), p. 652**
>
> $$v_{Ex}^+ - v_{Qx}^+ = e\left(v_{Qx}^- - v_{Ex}^-\right),$$

onde o CR e é tal que $0 \leq e \leq 1$. A equação do CR deve então ser reescrita em termos das velocidades angulares dos corpos em colisão e das velocidades dos centros de massa utilizando a cinemática de corpo rígido. Para a situação na Fig. 8.37, isso significa reescrever a equação do CR utilizando as relações $\vec{v}_E^{\pm} = \vec{v}_C^{\pm} + \omega_A^{\pm} \hat{k} \times \vec{r}_{E/C}$ e $\vec{v}_Q^{\pm} = \vec{v}_D^{\pm} + \omega_B^{\pm} \hat{k} \times \vec{r}_{Q/D}$. Observe que os vetores posição relativa $\vec{r}_{E/C}$ e $\vec{r}_{Q/D}$ não têm o sobrescrito $\pm$ porque são tratados como constantes durante o impacto.

- Em impactos perfeitamente plásticos, as equações de restrição cinemática devem ser aplicadas de forma a expressar o fato de que dois corpos formam um único corpo rígido após o impacto.

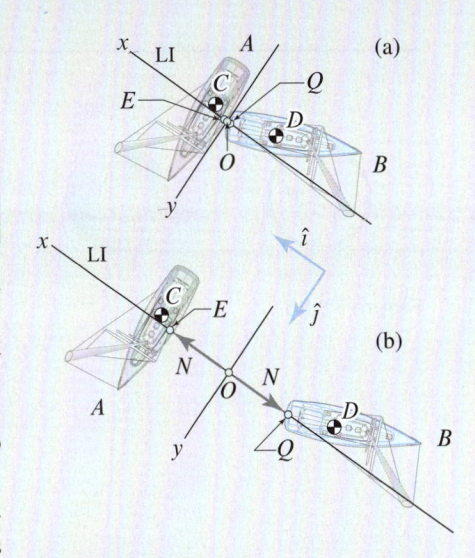

Figura 8.42

Figura 8.37 repetida. DCLs dos corpos em colisão (a) como um sistema e (b) individualmente.

PROBLEMAS DE REVISÃO

Problema 8.95

Um anel fino e uniforme A e um disco uniforme B rolam sem deslizar, como mostrado. Considerando T_A e T_B as energias cinéticas de A e B, respectivamente, se os dois objetos têm a mesma massa e raio e seus centros estão se movendo a uma mesma velocidade v_0, indique qual das seguintes afirmações é verdadeira e por quê. (a) $T_A < T_B$; (b) $T_A = T_B$; (c) $T_A > T_B$.

Nota: Problemas conceituais são sobre *explicações*, não sobre cálculos.

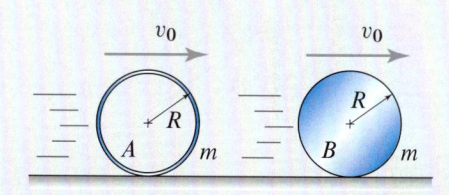

Figura P8.95

Problema 8.96

Um pêndulo consiste em um disco uniforme A de diâmetro $d = 127$ mm e massa $m_A = 114$ g fixado na extremidade de uma barra uniforme B de comprimento $L = 838$ mm e massa $m_B = 590$ g. No instante mostrado, o pêndulo está oscilando a uma velocidade angular $\omega = 0,55$ rad/s no sentido horário. Determine a energia cinética do pêndulo nesse instante usando a Eq. (8.13) da p. 594.

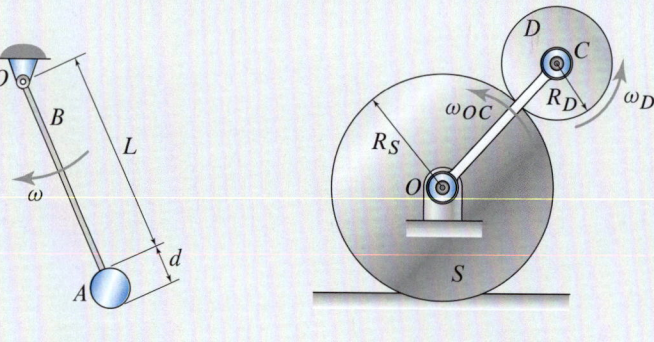

Figura P8.96

Figura P8.97

Problema 8.97

Um disco uniforme D de raio $R_D = 7$ mm e massa $m_D = 0,15$ kg está ligado ao ponto O pelo braço giratório OC e rola sem deslizar ao longo do cilindro estacionário S de raio $R_S = 15$ mm. Supondo que $\omega_D = 25$ rad/s e tratando o braço OC como uma barra fina e uniforme de comprimento $L = R_D + R_S$ e massa $m_{OC} = 0,08$ kg, determine a energia cinética do sistema.

Problema 8.98

No instante mostrado, o disco D, que tem massa m e raio de giração k_G, está rolando sem deslizar no declive plano a uma velocidade angular ω_0. O disco está ligado em seu centro a uma parede por uma mola elástica linear de constante k. Se, no instante mostrado, a mola não está deformada, determine a distância d para baixo no declive que o disco rola até que pare. Use $k = 65$ N/m, $R = 0,3$ m, $m = 10$ kg, $k_G = 0,25$ m, $\omega_0 = 60$ rpm e $\theta = 30°$.

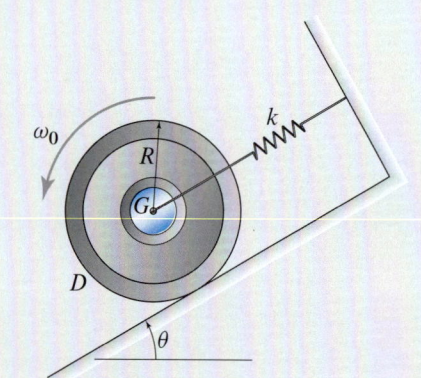

Figura P9.98

Problema 8.99

A figura mostra a seção transversal de uma porta de garagem com comprimento $L = 2,7$ m e massa $m = 79,5$ kg. Nas extremidades A e B há roletes de massa desprezível restringidos a se deslocar em uma guia vertical e em uma guia horizontal, respectivamente. O movimento da porta é assistido por duas molas (só uma é mostrada), cada uma com constante $k = 132$ N/m. Se a porta é liberada a partir do repouso quando na horizontal e a mola está deformada 4 in, desprezando o atrito e modelando a porta como uma placa fina e uniforme, determine a velocidade com que B atinge a extremidade esquerda da guia horizontal.

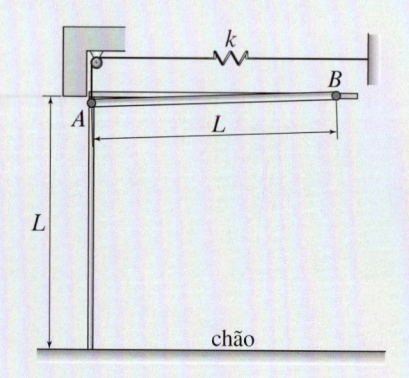

Figura P8.99

Capítulo 8 Métodos de energia e quantidade de movimento para corpos rígidos 671

Problema 8.100

O corpo B tem massa m e momento de inércia de massa I_G, onde G é o centro de massa de B. Se B está em rotação de eixo em torno de seu centro de massa G, determine qual das seguintes afirmações é verdadeira e por quê. (a) $|(\vec{h}_E)_B| < |(\vec{h}_P)_B|$, (b) $|(\vec{h}_E)_B| = |(\vec{h}_P)_B|$, (c) $|(\vec{h}_E)_B| > |(\vec{h}_P)_B|$.

Nota: Problemas conceituais são sobre *explicações*, não sobre cálculos.

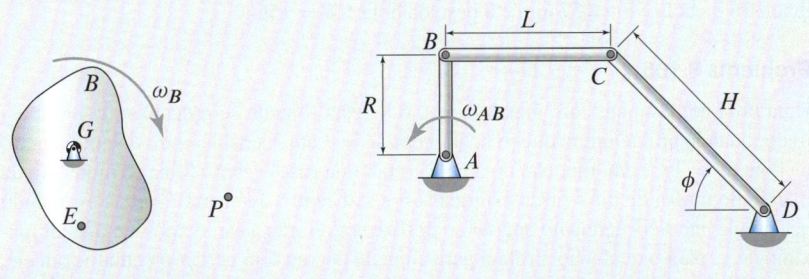

Figura P8.100

Figura P8.101

Problema 8.101

As massas das barras AB, BC e CD finas e uniformes fixadas por pinos são $m_{AB} = 1{,}8$ kg, $m_{BC} = 2{,}95$ kg e $m_{CD} = 4{,}5$ kg, respectivamente. Considerando $\phi = 47°$, $R = 0{,}6$ m, $L = 1$ m e $H = 1{,}4$ m e sabendo que a barra AB gira a uma velocidade angular constante $\omega_{AB} = 4$ rad/s, calcule a quantidade de movimento angular do sistema sobre D no instante mostrado.

Problema 8.102

Considere o Prob. 8.55 da p. 637, em que uma roda excêntrica B é girada a partir do repouso sob a ação de um torque conhecido M. Nesse problema, foi dito que a roda estava no plano *horizontal*. É possível resolver o Prob. 8.55 apenas aplicando a Eq. (8.44) na p. 627 se a roda estiver no plano *vertical*? Por quê?

Nota: Problemas conceituais são sobre *explicações*, não sobre cálculos.

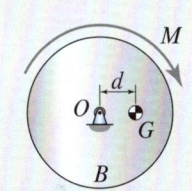

Figura P8.102

Problema 8.103

O disco uniforme A, de massa $m_A = 1{,}2$ kg e raio $r_A = 0{,}25$ m, é montado sobre um eixo vertical que pode transladar ao longo da haste horizontal E. O disco uniforme B, de massa $m_B = 0{,}85$ kg e raio $r_B = 0{,}38$ m, é montado sobre um eixo vertical que está rigidamente ligado a E. O disco C tem uma massa desprezível e está rigidamente ligado a E; ou seja, C e E formam um único corpo rígido. O disco A pode girar em torno do eixo ℓ_A, o disco B pode girar em torno do eixo ℓ_B, e o braço E e C podem girar em torno do eixo fixo ℓ_C. Enquanto B e C mantêm-se parados, o disco A está inicialmente girando a $\omega_A = 1.200$ rpm. O disco A é então posto em contato com C (o contato é mantido por uma mola) e, ao mesmo tempo, ambos B e C (e o braço E) estão livres para girar. Devido ao atrito entre A e C, C com E e o disco B começam a girar. Por fim, A e C pararão de deslizar entre si. O disco B sempre gira sem deslizar sobre C. Considere $d = 0{,}27$ m e $w = 0{,}95$ m. Assumindo que os únicos elementos do sistema que têm massa são A, B e E, e $m_E = 0{,}3$ kg, e supondo que todos os atritos no sistema podem ser desprezados, exceto entre A e C e entre C e B, determine as velocidades angulares de A, B e C (a velocidade angular de C é a mesma que a de E, já que eles formam um único corpo rígido), quando A e C param de deslizar entre si.

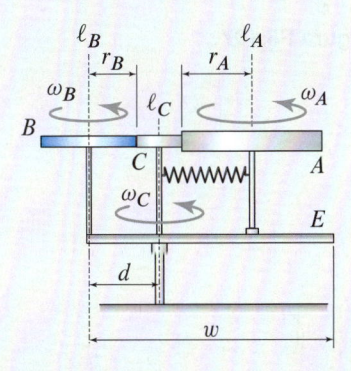

Figura P8.103

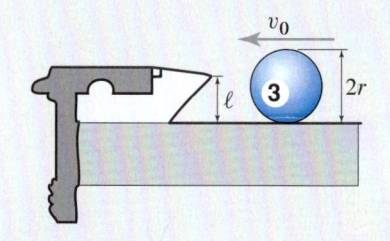

Figura P8.104

Problema 8.104

Uma bola de bilhar está rolando sem deslizar a uma velocidade $v_0 = 1,8$ m/s, como mostrado, quando bate na borda. De acordo com os regulamentos, o nariz da borda está a uma altura da superfície da mesa de 63,5% do diâmetro da bola (ou seja, $\ell/(2r) = 0,635$). Modele o impacto com a borda como perfeitamente elástico, desconsidere o atrito entre a bola e a borda, bem como entre a bola e a mesa, e despreze qualquer movimento vertical da bola. Com base nos pressupostos estabelecidos, determine a velocidade do ponto de contato entre a bola e a mesa imediatamente após o impacto. O diâmetro da bola é $2r = 57$ mm e o peso da bola é $W = 156$ g.

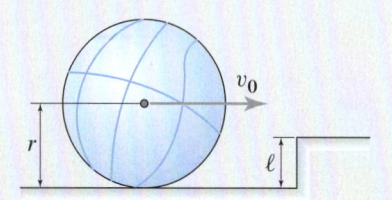

Figura P8.105

Problema 8.105

Uma bola de basquete com massa $m = 0,6$ kg está rolando sem deslizar, como mostrado, quando atinge um pequeno degrau com $\ell = 7$ cm. Considerando que o diâmetro da bola é $r = 12,0$ cm, modelando a bola como uma casca esférica fina (o momento de inércia de massa de uma casca esférica sobre seu centro de massa é $\frac{2}{3}mr^2$) e supondo que a bola não ricocheteie no degrau ou deslize em relação a ele, determine o valor máximo de v_0 para o qual a bola rolará para cima do degrau sem perder o contato com ele.

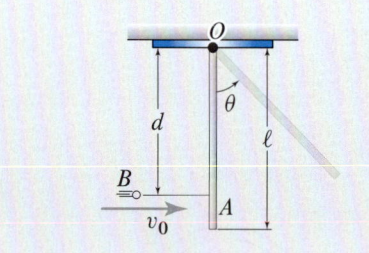

Figura P8.106

Problema 8.106

Uma bala B de 10 g é disparada a uma uma velocidade $v_0 = 838$ m/s, como mostrado, contra uma haste fina e uniforme A de comprimento $\ell = 0,9$ m, massa $m_r = 16$ kg, fixada por um pino em O. Se $d = 0,46$ m e o CR para o impacto for $e = 0,25$, determine a velocidade angular da barra imediatamente após o impacto. Além disso, determine o valor máximo do ângulo θ com que a barra oscila após o impacto.

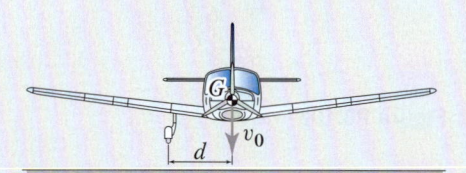

Figura P8.107

Problema 8.107

Um avião está prestes a bater no chão com uma componente vertical da velocidade $v_0 = 0,6$ m/s e sem rolamento, arfagem e guinada. Determine a componente vertical da velocidade do centro de massa do avião G, bem como a velocidade angular do avião imediatamente após tocar o chão, supondo que (1) o trem de pouso disponível é rígido e está rigidamente ligado ao avião, (2) o coeficiente de restituição entre o trem de pouso e o chão é $e = 0,1$, (3) o avião pode ser modelado como um corpo rígido, (4) o centro de massa G e o ponto do primeiro contato entre o trem de pouso e o chão estão no mesmo plano perpendicular ao eixo longitudinal do avião e (5) o atrito entre o trem de pouso e o chão é desprezível. Ao resolver o problema, utilize os seguintes dados: $m = 1.136$ kg (massa do avião), G é o centro de massa do avião, $k_G = 0,9$ m é o raio de giração do avião e $d = 1,5$ m.

Vibrações mecânicas 9

Uma **vibração** é um tipo de comportamento dinâmico em que um sistema ou parte de um sistema oscila em torno de uma posição de equilíbrio. Vibrações ocorrem em sistemas mecânicos, elétricos, térmicos e de fluidos, mas consideraremos apenas aquelas que ocorrem em sistemas mecânicos. Vibrações em sistemas mecânicos podem ser indesejáveis (p. ex., as vibrações nas estruturas podem levar a falhas e criar ruídos indesejados), ou ser desejáveis (p. ex., a vibração em sistemas fluidos pode dissipar a energia não desejada, e a música seria impossível sem as vibrações).

9.1 VIBRAÇÃO LIVRE NÃO AMORTECIDA

Oscilação de um vagão depois do acoplamento

Lembre-se do Exemplo 3.3 da p. 200, em que um vagão ferroviário colidia em uma grande mola que foi projetada para pará-lo (veja a Fig. 9.1). Nesse exemplo, estávamos interessados na compressão máxima da mola e no tempo que ela levou para parar o vagão. Após a compressão máxima ser alcançada, a mola empurraria o vagão para trás, e, se o vagão fosse se unir à mola, o vagão superaria a posição de equilíbrio da mola e começaria a oscilar para frente e para trás nos trilhos. Analisaremos esse movimento.

Nesse exemplo, encontramos a equação de movimento do vagão como

$$\ddot{x} + \frac{k}{m}x = 0, \qquad (9.1)$$

onde k é a constante da mola, m é a massa do vagão e de sua carga, e x é medido a partir da posição de equilíbrio da mola (veja a Fig. 9.1). Usando $x(0) = x_i$ e $\dot{x}(0) = v_i$ para as condições iniciais, fomos capazes de integrar essa equação de movimento para obter o tempo em função da posição (veja a Eq. (11) na p. 201), que pode ser invertida para se obter

$$x(t) = \frac{\sqrt{v_i^2 + \frac{k}{m}x_i^2}}{\sqrt{k/m}}\,\text{sen}\left[\sqrt{\frac{k}{m}}\,t + \text{tg}^{-1}\left(\frac{x_i\sqrt{k/m}}{v_i}\right)\right], \qquad (9.2)$$

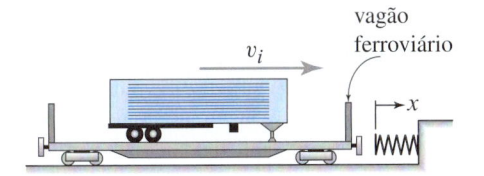

Figura 9.1
Um vagão atingindo uma mola. A coordenada x mede o deslocamento da mola da sua posição de equilíbrio. Lembre-se do Exemplo 3.3, em que o vagão e sua massa 87.000 kg estavam se movendo a 6 km/h no momento do impacto. Também lembre que encontramos $k = 296.237$ N/m. Assumimos que o reboque não se movia em relação ao vagão.

onde tratamos tanto x_i quanto v_i como grandezas positivas e usamos a identidade trigonométrica $\text{sen}^{-1}\left(1/\sqrt{z^2+1}\right) = \text{tg}^{-1}(1/z)$. A Eq. (9.2) parece complicada, mas é realmente da forma

$$x(t) = C\,\text{sen}(\omega_n t + \phi), \tag{9.3}$$

onde

$$\omega_n = \sqrt{\frac{k}{m}}, \tag{9.4}$$

$$C = \sqrt{\frac{v_i^2}{\omega_n^2} + x_i^2}, \tag{9.5}$$

$$\text{tg}\,\phi = \frac{x_i \omega_n}{v_i}. \tag{9.6}$$

A grandeza ω_n é uma constante chamada de *frequência natural*[1] de vibração, e é expressa em rad/s tanto no sistema de unidades SI quanto no americano. As grandezas C e ϕ, chamadas de *amplitude* e *ângulo de fase* de vibração, respectivamente, são constantes que dependem das condições iniciais e de ω_n. Coerente com a Eq. (9.5), a *amplitude* de vibração C é entendida como uma grandeza positiva. O ângulo ϕ pode ser determinado com a Eq. (9.6) para $v_i \neq 0$. Quando $v_i = 0$, avalia-se ϕ como sendo igual a $-\pi/2$ ou $-\pi/2$ rad dependendo se $x_i < 0$ ou $x_i > 0$, respectivamente.

A Eq. (9.3), que é uma solução da Eq. (9.1), descreve um *movimento harmônico* com frequência natural ω_n. Por este motivo, o sistema físico modelado pela Eq. (9.1) é chamado de um *oscilador harmônico*. A Eq. (9.1) representa uma vibração *não amortecida* porque não existem termos que dependem de $\dot{x}$, que ocorreria com amortecimento viscoso ou em alguns modelos de arrasto aerodinâmico. A Eq. (9.1) também representa uma vibração *livre*, uma vez que é homogênea; ou seja, só existem termos contendo a variável dependente x e não há termos que sejam funções do tempo ou constantes.[2] A função na Eq. (9.3) está plotada na Fig. 9.2.

O oscilador representado pela Eq. (9.3) completa um ciclo no tempo

$$\tau = \frac{2\pi}{\omega_n}. \tag{9.7}$$

A grandeza τ (a letra grega tau) é chamada de *período* de vibração (veja a Fig. 9.2). Finalmente, o número de ciclos de vibração por unidade de tempo é chamado de *frequência*, e é definido como

$$f = \frac{1}{\tau} = \frac{\omega_n}{2\pi}. \tag{9.8}$$

Geralmente, a frequência f é expressa em ciclos por segundo ou *hertz* (Hz).

Aplicando essas ideias ao vagão, vemos que, se ele se une à mola, sua frequência natural é $\omega_n = 1{,}845$ rad/s, seu período é $\tau = (2\pi\,\text{rad})/(1{,}845\,\text{rad/s})$

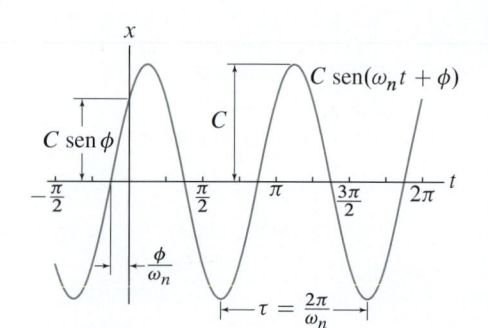

Figura 9.2
Gráfico de $x(t)$ na Eq. (9.3) mostrando a amplitude C, o ângulo de fase ϕ e o período τ de um oscilador harmônico.

---
[1] A frequência natural também é, às vezes, chamada de *frequência circular*.
[2] Veremos na Seção 9.2 que isso é equivalente a dizer que não há qualquer função de força na Eq. (9.1).

= 3,405 s e sua frequência é $f = 0,2963$ Hz, onde usamos $k = 296.237$ N/m e $m = 87.000$ kg. A amplitude de vibração é $C = 0,903$ m e o ângulo de fase é $\phi = 0$, onde usamos $x_i = 0$ m e $v_i = 1,667$ m/s.

■ **Miniexemplo.** Um saltador cuja massa é $m = 65$ kg está pendurado em equilíbrio por uma corda elástica linear de *bungee jump* com constante $k = 200$ N/m. O saltador é então puxado para baixo por 5 m e solto a partir do repouso (veja a Fig. 9.3). Determine a equação que rege a vibração criada, o período, a amplitude e o ângulo de fase da vibração. Trate o saltador como uma partícula.

Solução. O DCL do saltador após ter sido puxado a uma distância (y) inferior à posição de equilíbrio estático $y = 0$ é mostrado na Fig. 9.4. A soma das forças na direção y fornece

$$\sum F_y: \quad mg - F_s = ma_y, \quad (9.9)$$

onde F_s é a força na corda elástica e $a_y = \ddot{y}$. Uma vez que y é medido a partir da posição de equilíbrio estático, a força na corda elástica deve ser (veja a Fig. 9.5)

$$F_s = mg + ky. \quad (9.10)$$

Substituindo a Eq. (9.10) na Eq. (9.9), obtemos

$$mg - (mg + ky) = m\ddot{y} \quad \Rightarrow \quad \ddot{y} + \frac{k}{m}y = 0. \quad (9.11)$$

A Eq. (9.11) tem exatamente a mesma forma que a Eq. (9.1), e assim podemos imediatamente dizer que a frequência natural de vibração do saltador é $\omega_n = \sqrt{k/m} = 1,75$ rad/s e o período de vibração correspondente é $\tau = 2\pi/\omega_n = 3,58$ s. Como $v_i = 0$ e $x_i = 5$ m, a Eq. (9.5) nos mostra que a amplitude de vibração do saltador é 5 m, ou seja, como esperado, o saltador oscila sobre a posição de equilíbrio estático. Por fim, como $v_i = 0$ e $x_i > 0$, podemos escolher o ângulo de fase como $\phi = \pi/2$ rad. ■

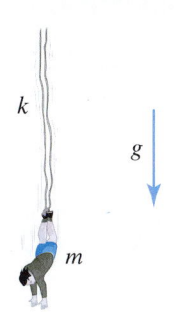

Figura 9.3
Um saltador de massa (m) pendurado em uma corda elástica de rigidez (k).

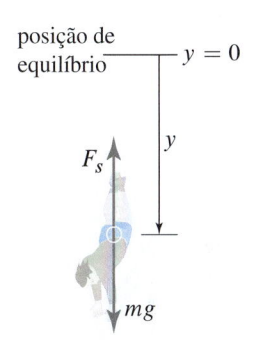

Figura 9.4
DCL do saltador e o sistema de coordenadas utilizado no miniexemplo.

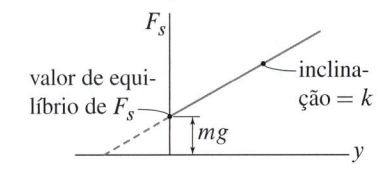

Figura 9.5
A força na corda elástica em função de (y). A posição $y = 0$ corresponde ao equilíbrio estático.

Uma das lições deste miniexemplo é que *é conveniente escolher a origem da variável deslocamento como a posição de equilíbrio do sistema* em vez da posição sem deflexão da mola. Isso nos permite ignorar as forças iguais e opostas associadas ao equilíbrio.

Forma padrão do oscilador harmônico

Com base no desenvolvimento anterior, podemos definir um *oscilador harmônico* como um sistema qualquer com um grau de liberdade (GDL, veja a definição na p. 190), cuja equação de movimento pode ser dada sob a forma

$$\boxed{\ddot{x} + \omega_n^2 x = 0,} \quad (9.12)$$

onde ω_n é a frequência natural[3] do oscilador e x é a coordenada para o sistema com um único GDL. A Eq. (9.12) é chamada de *forma padrão* da equação do oscilador harmônico.

---
[3] No caso de um sistema massa-mola, ω_n toma a forma da Eq. (9.4).

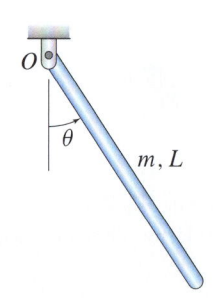

Figura 9.6
Uma barra uniforme oscilante.

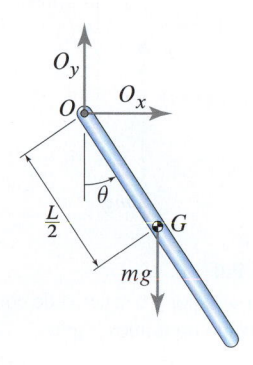

Figura 9.7
DCL da barra na Fig. 9.6.

> **Informações úteis**
>
> **Justificação matemática para as aproximações de ângulos pequenos.** A Fig. 9.8 demonstra graficamente que sen x se comporta como x para um x pequeno, mas também podemos ver esse fato com a série de Taylor. A expansão da série de Taylor de sen x sobre $x = 0$ é
>
> $$\operatorname{sen} x = x - \frac{x^3}{3!} + \frac{x^5}{5!} - \cdots,$$
>
> onde vemos que, se x é pequeno, então x^3, x^5 e os termos de ordem superior serão tão pequenos que $x \approx x$. Da mesma forma, a expansão da série de Taylor de cos x sobre $x = 0$ é
>
> $$\cos x = 1 - \frac{x^2}{2!} + \frac{x^4}{4!} - \cdots,$$
>
> onde vemos que, se x é pequeno, então x^2, x^4 e os termos de ordem superior serão tão pequenos que $x \approx 1$.

Como vimos na Eq. (9.3), *sabemos a solução vibracional completa para qualquer sistema cuja equação de movimento possa ser colocada na forma da Eq.* (9.12). Notamos também que uma forma alternativa de solução para a Eq. (9.12) é

$$x(t) = A \cos \omega_n t + B \operatorname{sen} \omega_n t, \tag{9.13}$$

onde a solução na Eq. (9.3) é recuperada da Eq. (9.13) se considerarmos

$$C = \sqrt{A^2 + B^2} \quad \text{e} \quad \operatorname{tg} \phi = \frac{A}{B}. \tag{9.14}$$

Notando novamente que $x(0) = x_i$ e $\dot{x}(0) = v_i$, encontramos $A = x_i$ e $B = v_i/\omega_n$, e, assim, a Eq. (9.13) torna-se

$$\boxed{x(t) = x_i \cos \omega_n t + \frac{v_i}{\omega_n} \operatorname{sen} \omega_n t.} \tag{9.15}$$

Linearizando sistemas não lineares

Nem todos os sistemas de vibração de um GDL são osciladores harmônicos como a Eq. (9.12). No entanto, muitos sistemas podem ser aproximados como osciladores harmônicos. Como exemplo, considere a barra fina e uniforme que está presa por um pino e suspensa em uma extremidade (Fig. 9.6). Usando o DCL da Fig. 9.7 e os métodos do Capítulo 7, a equação de movimento para essa barra é

$$\ddot{\theta} + \frac{3g}{2L} \operatorname{sen} \theta = 0. \tag{9.16}$$

Essa equação é *não linear* em θ por causa da presença de sen θ, que é uma função *não linear* de θ (em geral, as equações não lineares são mais difíceis de resolver do que equações lineares). A Eq. (9.16) pode ser escrita na forma padrão $\ddot{\theta} + \omega_n^2 \theta = 0$ se considerarmos apenas as vibrações para pequenos valores de θ, mesmo que isso crie uma versão aproximada da θ original. Conforme mostrado na Fig. 9.8, quando θ é pequeno, sen θ se comporta como θ e a Eq. (9.16) torna-se

$$\ddot{\theta} + \frac{3g}{2L} \theta = 0, \tag{9.17}$$

que está na forma padrão com $\omega_n = \sqrt{3g/(2L)}$. Esse processo, em que uma equação diferencial ordinária não linear é aproximada como sendo linear, é chamado de *linearização*. Exploraremos mais a linearização nos problemas de exemplo.

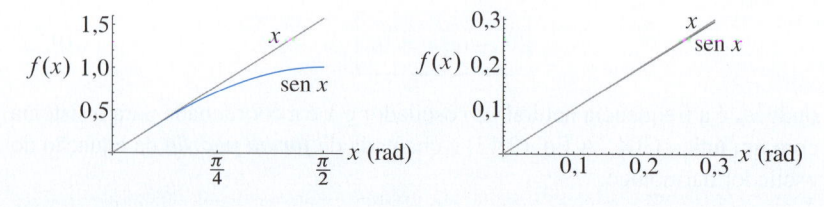

Figura 9.8 Gráficos de $f(x) = \operatorname{sen} x$ e $f(x) = x$ para dois intervalos diferentes de x. O gráfico da esquerda mostra que, para x grandes, as duas curvas divergem. O gráfico da direita mostra que, para $x \lesssim 0{,}3$ rad, as duas curvas são quase indistinguíveis.

Método da energia

As equações do movimento para todos os três sistemas considerados nesta seção foram obtidas pela aplicação das equações de Newton-Euler ao DCL da partícula ou do corpo de interesse. Além disso, todos esses três sistemas são conservativos; isto é, todas as forças realizando trabalho são conservativas (a mola no vagão, a corda elástica e a gravidade sobre o saltador e a gravidade na barra oscilante). Para sistemas como esses, o fato de que a energia é conservada pode fornecer uma maneira de obter a equação de movimento.

Encontrando a equação de movimento

Para ver como encontrar a equação de movimento por meio da conservação de energia mecânica, considere o saltador no miniexemplo da p. 675. Como o saltador é um sistema conservativo, sabemos que o princípio do trabalho-energia fornece

$$T_1 + V_1 = T_2 + V_2, \qquad (9.18)$$

onde ① é na liberação e ② é em qualquer posição subsequente. Isso implica que

$$\boxed{T + V = \text{constante} \quad \Rightarrow \quad \frac{d}{dt}(T + V) = 0,} \qquad (9.19)$$

onde usamos o subscrito 2 para reforçar a ideia de que ② é *qualquer* posição seguinte a ①. Se agora calcularmos T e V em uma posição arbitrária para o saltador, descobrimos que a energia potencial é dada por (veja a Fig. 9.9)

$$V = V_e + V_g = \tfrac{1}{2}k(y + \delta_{est})^2 - mgy, \qquad (9.20)$$

onde y é medido a partir da posição de equilíbrio estático do saltador e δ_{est} é a quantidade de deformação na corda elástica na posição de equilíbrio estático. A energia cinética é dada por

$$T = \tfrac{1}{2}m\dot{y}^2. \qquad (9.21)$$

Substituindo as Eqs. (9.20) e (9.21) na Eq. (9.19) e tomando a derivada em relação ao tempo, descobrimos que

$$\frac{d}{dt}(T + V) = k(y + \delta_{est})\dot{y} - mg\dot{y} + m\dot{y}\ddot{y} = 0. \qquad (9.22)$$

Reescrevendo a Eq. (9.22) como $[k(y + \delta_{est}) - mg + m\ddot{y}]\dot{y} = 0$, vemos que essa equação é satisfeita para qualquer valor de $\dot{y}$ se, e somente se,

$$k(y + \delta_{est}) - mg + m\ddot{y} = 0. \qquad (9.23)$$

Como $k\delta_{est} = mg$, recuperamos a equação do oscilador harmônico

$$m\ddot{y} + ky = 0, \qquad (9.24)$$

que é equivalente à Eq. (9.11) para o mesmo saltador.

Figura 9.9
O comprimento sem deformação da corda elástica L_0, a posição de equilíbrio estático do saltador ($y = 0$) e o saltador em uma posição arbitrária y.

Informações úteis

Notação para o princípio do trabalho-energia. Aqui usamos a mesma notação introduzida no Capítulo 4. Quando escrevemos ① (ou ②), queremos dizer "posição 1" (ou "posição 2").

O método da energia e linearização

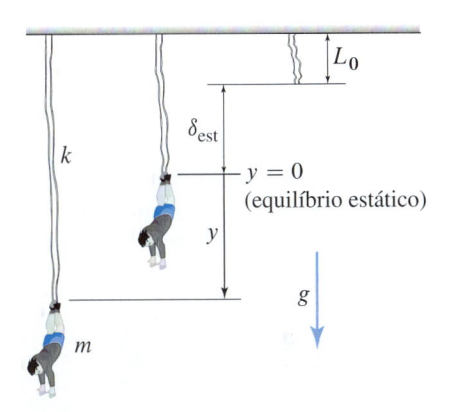

Ao utilizar o método da energia para encontrar as equações de movimento linearizadas de um sistema mecânico, podemos começar aproximando as energias cinética e potencial como funções quadráticas da velocidade e da posição antes de tomar suas derivadas em relação ao tempo. Então, a derivada em relação ao tempo da aproximação quadrática da energia fornece equações de movimento que são *automaticamente* lineares. A justificativa para começar com a aproximação quadrática da energia é que, em alguns casos, a linearização das equações de movimento obtidas a partir da forma não aproximada da energia é mais complicada do que desenvolver a aproximação quadrática da energia.

Para ver o que queremos dizer com "aproximar as energias cinética e potencial como funções quadráticas da velocidade e da posição", considere novamente a barra fina e uniforme na Fig. 9.6. Escrevendo as energias cinética e potencial em um ângulo arbitrário θ, encontramos que

$$T = \tfrac{1}{2}I_O\dot{\theta}^2 = \tfrac{1}{6}mL^2\dot{\theta}^2, \qquad (9.25)$$

$$V = -\tfrac{1}{2}mgL\cos\theta \approx -\tfrac{1}{2}mgL\left(1 - \tfrac{1}{2}\theta^2\right). \qquad (9.26)$$

Observe que a energia cinética T na Eq. (9.25) é uma função quadrática da velocidade angular $\dot{\theta}$ e, portanto, não necessita ser aproximada de forma alguma. Pelo contrário, observe que a energia potencial $V = -\tfrac{1}{2}mgL\cos\theta$ não é uma função quadrática de θ, mas fomos capazes de aproximá-la como tal utilizando os *dois* primeiros termos da expansão em série de Taylor de $\cos\theta$ (veja a nota Informações úteis na margem da p. 676). Usando as Eqs. (9.25) e (9.26) em $\tfrac{d}{dt}(T + V) = 0$, obtemos

$$\tfrac{1}{3}mL^2\dot{\theta}\ddot{\theta} + \tfrac{1}{2}mgL\theta\dot{\theta} = 0 \quad \Rightarrow \quad \ddot{\theta} + \frac{3g}{2L}\theta = 0, \qquad (9.27)$$

que é exatamente o que nós obtivemos na Eq. (9.17). A simples mensagem aqui é que, quando usamos o método de energia para determinar a equação do movimento, é importante aproximar as energias cinética e potencial como funções quadráticas da velocidade e da posição *antes* de obter suas derivadas em relação ao tempo.

Para futura referência, notamos que, na linearização da função seno, e na aproximação da função cosseno como uma função quadrática de seu argumento, utilizamos as seguintes relações:

$$\boxed{\operatorname{sen}\theta \approx \theta \quad \text{e} \quad \cos\theta \approx 1 - \theta^2/2,} \qquad (9.28)$$

respectivamente. Além disso, observamos que, como o termo quadrático na expansão da série de potências da função seno é de maneira idêntica igual a zero (veja a nota Informações úteis na margem da p. 676), a forma linearizada da função seno também pode ser vista como a aproximação quadrática da função seno.

Informações úteis

Frequência natural, rigidez e massa. Para um simples sistema massa-mola

cuja equação de movimento é $m\ddot{x} + kx = 0$, a frequência natural de vibração é $\sqrt{k/m}$ (x é medido a partir da posição m quando a mola não está deformada). Observe na Eq. (9.27) que o 'm' é $\tfrac{1}{3}mL^2$ e o 'k' é $\tfrac{1}{2}mgL$. Isso é comum em osciladores harmônicos, e sugere que ele é útil para introduzir as noções de *massa efetiva* e *rigidez efetiva* – a massa efetiva é uma grandeza inercial que é o coeficiente da segunda derivada temporal da posição, mas não é sempre apenas m; e a rigidez efetiva é uma grandeza de restauração que é o coeficiente da posição, mas nem sempre é apenas k.

Resumo final da seção

Qualquer sistema com um GDL cuja equação do movimento seja da forma

Eq. (9.12), p. 675

$$\ddot{x} + \omega_n^2 x = 0$$

é chamado de *oscilador harmônico*, e a expressão acima é considerada a *forma padrão* da equação do oscilador harmônico. A solução dessa equação pode ser escrita como (veja a Fig. 9.10)

Eq. (9.3), p. 674

$$x(t) = C\,\text{sen}(\omega_n t + \phi),$$

onde ω_n é a *frequência natural*, C é a *amplitude* e ϕ é o *ângulo de fase* de vibração.

Um exemplo simples de um oscilador harmônico é um sistema composto por uma massa m ligada à extremidade livre de uma mola com constante k e com a outra extremidade fixa (veja a Fig. 9.11). A frequência natural desse sistema é dada por

Eq. (9.4), p. 674

$$\omega_n = \sqrt{\frac{k}{m}}.$$

Além disso, a amplitude C e o ângulo de fase ϕ são dados por, respectivamente,

Eqs. (9.5) e (9.6), p. 674

$$C = \sqrt{\frac{v_i^2}{\omega_n^2} + x_i^2} \quad \text{e} \quad \text{tg}\,\phi = \frac{x_i \omega_n}{v_i},$$

onde, considerando $t = 0$ como o tempo inicial, $x_i = x(0)$ (isto é, x_i é a posição inicial) e $v_i = \dot{x}(0)$ (isto é, v_i é a velocidade inicial). Se $v_i = 0$, então ϕ pode ser considerado igual a $-\pi/2$ ou $\pi/2$ rad para $x_i < 0$ e $x_i > 0$, respectivamente. Uma forma alternativa de solução para a Eq. (9.12) é dada por

Eq. (9.15), p. 676

$$x(t) = x_i \cos \omega_n t + \frac{v_i}{\omega_n} \,\text{sen}\, \omega_n t.$$

O *período* de oscilação é dado por

Eq. (9.7), p. 674

$$\text{Período} = \tau = \frac{2\pi}{\omega_n},$$

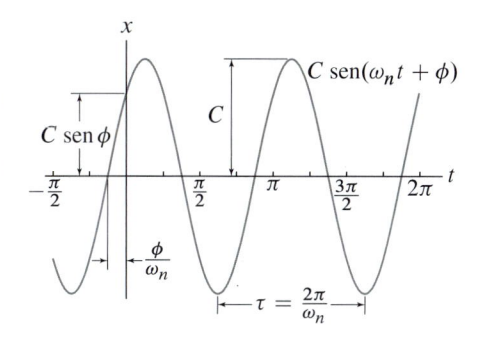

Figura 9.10
Figura 9.2 repetida. Gráfico da Eq. (9.3) mostrando a amplitude C, o ângulo de fase ϕ e o período τ de um oscilador harmônico.

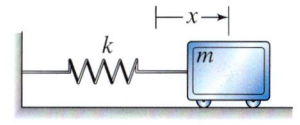

Figura 9.11
Um oscilador harmônico de massa-mola simples cuja equação de movimento é dada por $m\ddot{x} + kx = 0$ e para o qual $\omega_n = \sqrt{k/m}$. A posição x é medida a partir da posição de m quando a mola não está deformada.

Alerta de conceito

A frequência natural é proporcional à raiz quadrada da rigidez sobre a massa. A frequência natural de um oscilador harmônico é proporcional à raiz quadrada da rigidez do sistema dividida pela sua massa. Tenha em mente que, como afirmamos nas Informações úteis da p. 678, a massa nem sempre é apenas m e a rigidez nem sempre é apenas k. Evidentemente, também devemos lembrar que as dimensões da frequência natural devem ser sempre 1 sobre o tempo.

e a *frequência* de vibração é

> **Eq. (9.8), p. 674**
>
> $$\text{Frequência} = f = \frac{1}{\tau} = \frac{\omega_n}{2\pi}.$$

Método da energia. Para sistemas conservativos, o princípio do trabalho-energia nos mostra que a quantidade $T + V$ é constante, assim sua derivada temporal deve ser zero. Isso fornece uma maneira conveniente de obter as equações do movimento por meio de

> **Eq. (9.19), p. 677**
>
> $$\frac{d}{dt}(T + V) = 0 \quad \Rightarrow \quad \text{equações de movimento.}$$

Quando aplicamos o método de energia para determinar as equações linearizadas do movimento, muitas vezes, primeiro é conveniente aproximar as energias cinética e potencial como funções quadráticas da velocidade e da posição e, em seguida, obter as derivadas em relação ao tempo. Esse processo fornece equações de movimento que são lineares.

Na aproximação das funções seno e cosseno como funções quadráticas dos seus argumentos, usamos as relações

> **Eq. (9.28), p. 678**
>
> $$\operatorname{sen}\theta \approx \theta \quad \text{e} \quad \cos\theta \approx 1 - \theta^2/2.$$

Uma vez que o termo quadrático na expansão em série de potências da função seno é de maneira idêntica igual a zero, a forma linearizada da função seno também pode ser vista como a aproximação quadrática da função seno.

EXEMPLO 9.1 Encontrando o momento de inércia de um corpo rígido

Quando a biela mostrada na Fig. 1 é suspensa a partir do gume de faca no ponto O e é ligeiramente deslocada para que oscile como um pêndulo, o seu período de oscilação é de 0,77 s. Além disso, sabe-se que o centro de massa G está localizado a uma distância $L = 110$ mm do ponto O e a massa da biela é 661 g. Usando essas informações, determine o momento de inércia de massa da biela em torno de G.

SOLUÇÃO

Roteiro e modelagem Se escrevermos a equação de movimento da biela para ângulos pequenos, então, como com um pêndulo, devemos ser capazes de escrevê-la de uma forma padrão e extrair a frequência natural de vibração. A frequência natural dependerá do momento de inércia de massa da biela, que deverá, então, nos permitir resolver para o momento de inércia. O DCL da biela é mostrado na Fig. 2.

Equações fundamentais

Princípios de equilíbrio Somando os momentos em torno do ponto fixo O (veja a Fig. 2), obtemos

$$\sum M_O: \quad -mgL\,\text{sen}\,\theta = I_O \alpha_{cr}, \tag{1}$$

onde I_O é o momento de inércia da biela em relação ao ponto O e α_{cr} é a aceleração angular da biela.

Leis da força Todas as forças são consideradas no DCL.

Equações cinemáticas A única equação cinemática é $\alpha_{cr} = \ddot{\theta}$.

Cálculos Substituindo a equação cinemática na Eq. (1) e rearranjando, obtemos

$$\ddot{\theta} + \frac{mgL}{I_O}\,\text{sen}\,\theta = 0. \tag{2}$$

Para θ pequeno, sen $\theta \approx \theta$, assim, a Eq. (2) torna-se

$$\ddot{\theta} + \frac{mgL}{I_O}\theta = 0. \tag{3}$$

A Eq. (3) está na forma padrão, então sabemos que

$$\omega_n^2 = \frac{mgL}{I_O} \quad \Rightarrow \quad I_O = \frac{mgL}{\omega_n^2} \quad \Rightarrow \quad I_O = \frac{mgL\tau^2}{4\pi^2}, \tag{4}$$

onde usamos $\omega_n^2 = 4\pi^2/\tau^2$ da Eq. (9.7). Observando que o teorema dos eixos paralelos determina que $I_G = I_O - mL^2$, encontramos

$$I_G = I_O - mL^2 = \frac{mgL\tau^2}{4\pi^2} - mL^2 \quad \Rightarrow \quad I_G = mL^2\left(\frac{g\tau^2}{4\pi^2 L} - 1\right), \tag{5}$$

que, quando calculado para as quantidades indicadas, fornece

$$\boxed{I_G = 0{,}00271 \text{ kg} \cdot \text{m}^2.} \tag{6}$$

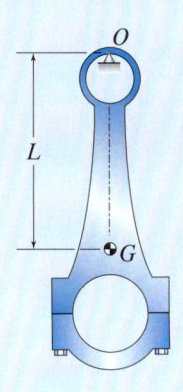

Figura 1
Uma biela articulada sobre um gume de faca em O permitindo-a oscilar livremente no plano da página. G é o centro de massa da biela.

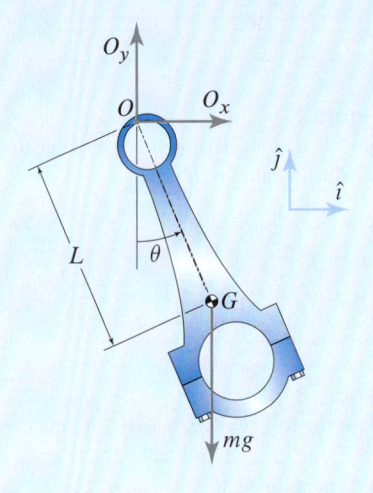

Figura 2
DCL da biela durante a oscilação.

Discussão e verificação As dimensões da Eq. (5) são massa vezes comprimento ao quadrado, como deveria ser. Além disso, a primeira das Eqs. (4) nos diz que a frequência natural de vibração é inversamente proporcional à raiz quadrada do momento de inércia de massa, o que está de acordo com a nossa intuição.

EXEMPLO 9.2 Vibração de um nanofio de silício modelado como uma barra rígida

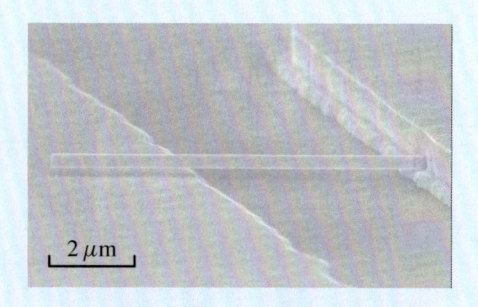

Figura 1
Imagem do campo de emissão de um microscópio eletrônico de varredura de um nanofio de silício (Si). De Mingwei Li *et al.*, "Bottom-up Assembly of Large-Area Nanowire Resonator Arrays", *Nature Nanotechnology*, **3**(2), 2008, pp. 88-92.

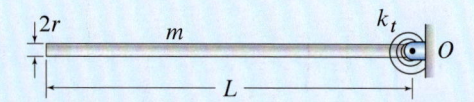

Figura 2
Modelo de uma barra rígida e mola de torção de um nanofio flexível.

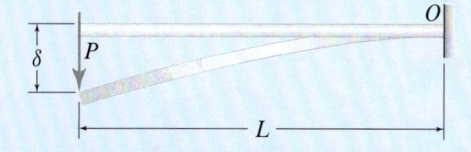

Figura 3
Viga flexível engastada sujeita a uma carga P em sua extremidade. A deflexão é dada pela Eq. (1).

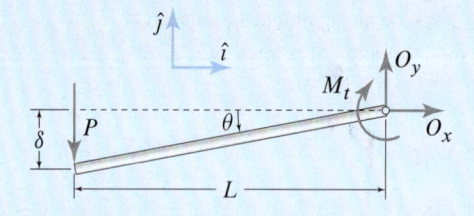

Figura 4
DCL da barra rígida para encontrar a constante da mola de torção equivalente k_t.

A frequência natural de um sistema vibratório massa-mola é uma função da massa e da rigidez equivalente de acordo com a relação $\omega_n = \sqrt{k_{eq}/m_{eq}}$. Portanto, se o nanofio de silício (SiNW) engastado mostrado na Fig. 1 vibrasse, teria uma frequência natural diferente da mostrada se fosse acrescentada massa adicional na extremidade do fio. Sistemas nanoeletromecânicos vibratórios (NEMS), como esse SiNW, têm sido propostos para uso em conjuntos de sensores baseados em chips como detectores ultrassensíveis de massa para encontrar massas no intervalo de zeptogramas (zg). Tal fio seria capaz de detectar pequenas quantidades de vírus!

Dado um nanofio uniforme de Si com uma seção transversal circular, que tem 9,8 μm de comprimento e 330 nm de diâmetro, calcule a sua frequência natural utilizando um modelo de barra rígida com toda a flexibilidade concentrada em uma mola de torção linear na base do fio (veja a Fig. 2). Use $\rho = 2.330$ kg/m³ para a densidade do silício e $E = 152$ GPa para o seu módulo de elasticidade.

SOLUÇÃO

Roteiro e modelagem Para obtermos a constante k_t da mola de torção linear, usaremos um resultado da mecânica dos materiais, que afirma que a deflexão de uma barra engastada sujeita a uma carga P em sua extremidade é (veja a Fig. 3.)

$$P = \frac{3EI_{cs}}{L^3}\delta, \quad (1)$$

onde E é o seu módulo de elasticidade e $I_{cs} = \frac{1}{4}\pi r^4$ é o momento de inércia de *área* centroidal da seção transversal da viga. Usando a Eq. (1), encontraremos o valor da constante da mola de torção na Fig. 2 que fornece essa mesma deflexão para uma determinada carga P. Uma vez que temos k_t, podemos aplicar as equações de Newton-Euler para então obtermos a equação de movimento na forma da Eq. (9.12).

Encontrando a constante da mola de torção

Equações fundamentais

Princípios de equilíbrio Referindo-se ao DCL na Fig. 4, descobrindo os momentos sobre o ponto O e notando que este é um problema de *estática* com a finalidade de encontrar k_t, obtemos

$$\sum M_O: \quad PL - M_t = 0, \quad (2)$$

onde M_t é o momento devido à mola de torção, e notamos que o braço de alavanca para a carga P é a distância L para o θ pequeno.

Leis da força Para uma mola de torção, temos $M_t = k_t \theta$.

Equações cinemáticas Para o θ pequeno, relacionamos δ e θ usando $\delta = L\theta$.

Cálculos Substituindo a lei da força e a relação cinemática da Eq. (2) e resolvendo a equação resultante para k_t, obtemos

$$k_t = \frac{PL^2}{\delta} \quad \Rightarrow \quad k_t = \frac{3EI_{cs}}{L}, \quad (3)$$

onde usamos a Eq. (1) indo da primeira para a segunda expressão de k_t.

A equação de movimento para a barra rígida

Equações fundamentais

Princípios de equilíbrio Agora que temos k_t, para a barra na Fig. 2, elaboramos o DCL mostrado na Fig. 5 e somamos os momentos sobre o ponto O para obter

$$\sum M_O: \quad -M_t = I_O \alpha_{\text{barra}}, \tag{4}$$

onde o momento de inércia de massa da barra em relação a O é $I_O = \frac{1}{3}mL^2$.

Leis da força A expressão para M_t mantém-se inalterada e é dada por $M_t = k_t\theta$.

Equações cinemáticas A equação cinemática relacionando α_{barra} com θ é

$$\alpha_{\text{barra}} = \ddot{\theta} \tag{5}$$

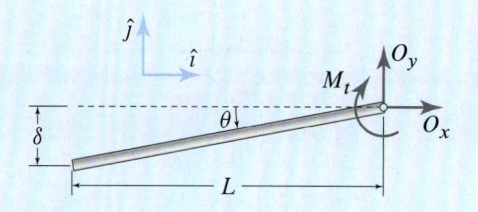

Figura 5
DCL da barra vibrando.

Cálculos Substituindo a Eq. (3), a lei da força e a Eq. (5) na Eq. (4), obtemos a equação de movimento conforme

$$-\frac{3EI_{\text{cs}}}{L}\theta = \frac{1}{3}mL^2\ddot{\theta} \quad \Rightarrow \quad \ddot{\theta} + \frac{9EI_{\text{cs}}}{mL^3}\theta = 0, \tag{6}$$

onde lembramos que $I_{\text{cs}} = \frac{1}{4}\pi r^4$. Comparando a Eq. (6) com a Eq. (9.12), vemos que a frequência natural é

$$\boxed{\omega_n = 3\sqrt{\frac{EI_{\text{cs}}}{mL^3}}.} \tag{7}$$

A fim de obter um valor numérico para ω_n, encontramos que o volume do nanofio é $\pi r^2 L$ e a massa é, então, $m = \rho\pi r^2 L = 1{,}953 \times 10^{-15}$ kg. O momento de inércia de área é $I_{\text{cs}} = \frac{1}{4}\pi r^4 = 5{,}821 \times 10^{-28}$ m^4. Usando esses resultados com $L = 9{,}8 \times 10^{-6}$ m e $E = 152 \times 10^9$ N/m^2,[4] encontramos que

$$\boxed{\omega_n = 2{,}08 \times 10^7 \text{ rad/s} \quad \text{e} \quad f = 3{,}31 \text{ MHz}} \tag{8}$$

Discussão e verificação Examinando cuidadosamente a Eq. (7), descobrimos que o argumento da raiz quadrada tem dimensões de 1 sobre o tempo ao quadrado. Assim, as dimensões de ω_n são 1 sobre o tempo como deveriam ser. Embora seja difícil saber qual deveria ser a frequência de vibração de uma barra engastada desse tamanho, em um olhar mais atento, abaixo, veremos que o nosso modelo é realmente muito bom.

Um olhar mais atento A partir da teoria de vibração de sistemas contínuos, pode-se demonstrar que um sistema contínuo como este nanofio vibra a um número infinito de frequências naturais. A primeira (isto é, a menor) delas é dada por

$$(\omega_n)_{\text{exact}} = 3{,}516\sqrt{\frac{EI_{\text{cs}}}{mL^3}}, \tag{9}$$

que, quando comparada com a Eq. (7), nos diz que o nosso modelo difere apenas em torno de 15%. Calculando a Eq. (9) numericamente, determinamos que

$$(\omega_n)_{\text{exact}} = 2{,}44 \times 10^7 \text{ rad/s} \quad \text{e} \quad f_{\text{exact}} = 3{,}88 \text{ MHz}. \tag{10}$$

No Prob. 9.17, teremos a oportunidade de examinar um outro modelo para um fio engastado como este e ver como a frequência natural muda com a adição de alguns zeptogramas de vírus na extremidade do fio.

> **Fato interessante**
>
> **Frequência natural de uma régua de madeira.** A título de comparação, é interessante calcular a frequência natural de uma régua de madeira usando a Eq. (9). Utilizando as propriedades típicas de uma régua de madeira, ou seja, $E = 12$ GPa, $m = 0{,}0614$ kg, uma seção transversal de 28 mm $\times$ 4 mm (o que fornece $I_{\text{cs}} = 1{,}49 \times 10^{-10}$ m^4) e $L = 0{,}914$ m, encontramos que $\omega_n = 21{,}7$ rad/s, o que responde a $f = 3{,}45$ Hz. A frequência natural do nanofio é 1,1 milhão de vezes maior!

---
[4] Lembre-se de que 1 Pa $= 1$ N/m^2.

EXEMPLO 9.3 Método da energia: equação de movimento de um trampolim

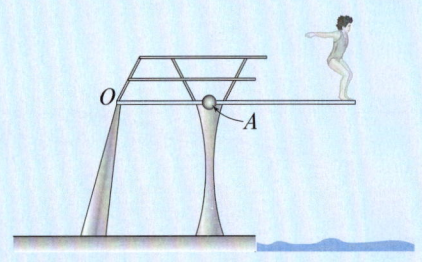

Figura 1

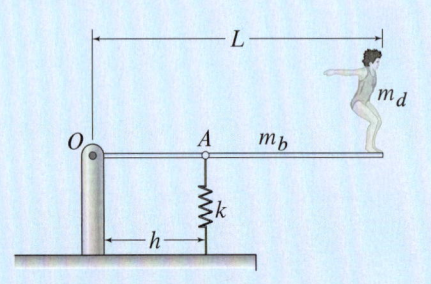

Figura 2
Modelo utilizado para analisar a oscilação do trampolim e do mergulhador.

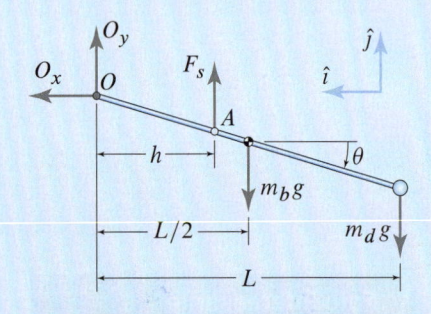

Figura 3
DCL do trampolim e do mergulhador enquanto oscilam. Observe que as dimensões indicadas só se aplicam quando θ é pequeno de forma que $\cos\theta \approx 1$.

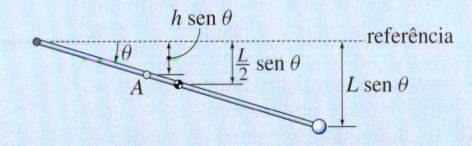

Figura 4
Os deslocamentos verticais dos pontos relevantes sobre o trampolim enquanto gira.

Um mergulhador está causando uma oscilação na extremidade do trampolim mostrado na Fig. 1. Referindo-se à Fig. 2, modelaremos o trampolim como uma placa fina, uniforme e *rígida* de massa m_b e comprimento L e assumiremos que ele está ligado por um pino em O. Para modelar a resposta elástica do trampolim, assumiremos que o trampolim oscila devido a uma mola de rigidez k ligada a ele que era o apoio em A. Além disso, modelaremos o mergulhador como uma massa pontual de massa m_d permanecendo em pé na extremidade do trampolim. Use o método da energia para encontrar a equação de movimento para pequenas rotações do trampolim.

SOLUÇÃO

Roteiro e modelagem O sistema é conservativo uma vez que só a mola e as duas forças-peso realizam trabalho à medida que o sistema oscila. Isso nos permite escrever a soma das energias cinética e potencial do sistema em uma posição arbitrária e então derivar esse somatório em relação ao tempo para obter a equação do movimento.

Equações fundamentais

Princípios de equilíbrio Como a energia é conservada, podemos escrever que a soma das energias cinética e potencial é constante de forma que

$$T + V = \text{constante} \quad \Rightarrow \quad \frac{d}{dt}(T + V) = 0. \tag{1}$$

A energia cinética é dada por

$$T = \tfrac{1}{2} I_O \dot{\theta}^2 + \tfrac{1}{2} m_d v_d^2, \tag{2}$$

onde $I_O = \tfrac{1}{3} m_b L^2$ é o momento de inércia de massa do trampolim em relação ao ponto O, e v_d é a velocidade do mergulhador.

Leis da força A energia potencial do sistema em um ângulo arbitrário θ é (veja a Fig. 4.)

$$V = \tfrac{1}{2} k (\delta_{\text{est}} + h \operatorname{sen}\theta)^2 - m_b g \tfrac{L}{2} \operatorname{sen}\theta - m_d g L \operatorname{sen}\theta \tag{3}$$

$$\approx \tfrac{1}{2} k (\delta_{\text{est}} + h\theta)^2 - m_b g \tfrac{L}{2}\theta - m_d g L \theta, \tag{4}$$

onde δ_{est} é a compressão da mola quando o trampolim está em equilíbrio estático com o mergulhador sobre ele, ou seja, quando $\theta = 0$, e onde aproximamos V como uma função quadrática de θ (ou seja, a posição) na aproximação da Eq. (3) conforme a Eq. (4).

Equações Cinemáticas Como o mergulhador está girando em torno do ponto fixo em O, a velocidade do mergulhador é $v_d = L\dot{\theta}$.

Cálculos Substituindo a energia potencial na Eq. (4), a energia cinética na Eq. (2) e a equação cinemática na Eq. (1) e, em seguida, tomando a derivada no tempo, obtemos

$$(I_O + m_d L^2)\dot{\theta}\ddot{\theta} + k(\delta_{\text{est}} + h\theta)h\dot{\theta} - \tfrac{1}{2} m_b g L \dot{\theta} - m_d g L \dot{\theta} = 0. \tag{5}$$

Cancelando $\dot{\theta}$, notamos que o termo $kh\delta_{\text{est}}$ é o momento sobre O devido à força da mola necessária para manter o sistema em equilíbrio (isto é, em $\theta = 0$). Esse momento é igual e oposto ao momento sobre O criado pelas duas forças-peso, ou seja, $-\tfrac{1}{2} m_b g L - m_d g L$. Portanto, a Eq. (5) se reduz à equação final de movimento (usamos $I_O = \tfrac{1}{3} m_b L^2$)

$$\boxed{\ddot{\theta} + \frac{kh^2}{\left(\tfrac{1}{3} m_b + m_d\right) L^2} \theta = 0.} \tag{6}$$

Discussão e verificação O coeficiente de θ na Eq. (6) tem dimensões de 1 sobre tempo ao quadrado, como deveria ter.

PROBLEMAS

Problema 9.1
Mostre que a Eq. (9.15) é equivalente à Eq. (9.3) se $C = \sqrt{A^2 + B^2}$ e tg $\phi = A/B$.

Problema 9.2
Obtenha a fórmula para o momento de inércia de massa de um corpo rígido de forma arbitrária sobre seu centro de massa com base no período de oscilação τ do corpo quando suspenso como um pêndulo. Suponha que a massa m do corpo seja conhecida e a posição do centro de massa G é conhecida em relação ao ponto de pivô O.

Problema 9.3
O aro fino de raio R e massa m está suspenso pelo pino em O. Determine seu período de vibração se ele é um pouco deslocado e liberado.

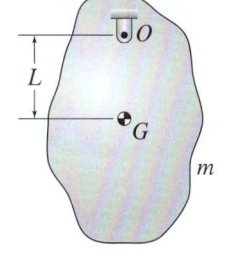

Figura P9.2

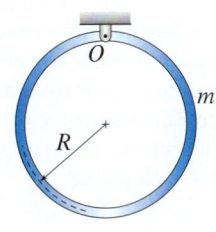

Figura P9.3

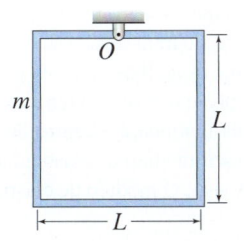

Figura P9.4

Problema 9.4
O aro fino quadrado tem massa m e está suspenso pelo pino em O. Determine seu período de vibração se ele é um pouco deslocado e liberado.

Problema 9.5
A barra oscilatória e a massa vibratória são feitas para vibrar na Terra, e suas respectivas frequências naturais são medidas. Os dois sistemas são então levados para a Lua e são novamente liberados para vibrar em suas respectivas frequências naturais. Como a frequência natural de cada sistema muda quando comparada com a da Terra, e qual dos dois sistemas experimentará a maior mudança na frequência natural?
Nota: Problemas conceituais são sobre *explicações*, não sobre cálculos.

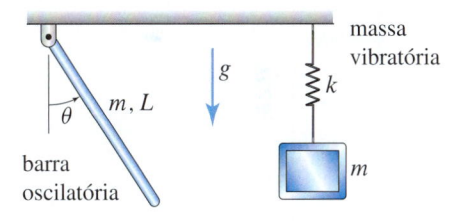

Figura P9.5

Problemas 9.6 e 9.7

Um corpo rígido de massa m, centro de massa em G e momento de inércia de massa I_G está conectado por um pino em um ponto arbitrário O e pode oscilar como um pêndulo.

Problema 9.6 Ao escrever as equações de Newton-Euler, determine a distância ℓ a partir de G até o ponto de pivô O de modo que o pêndulo tenha a maior frequência natural de oscilação possível.

Problema 9.7 Usando o método de energia, determine a distância ℓ a partir de G até o ponto de pivô O de modo que o pêndulo tenha a maior frequência natural de oscilação possível.

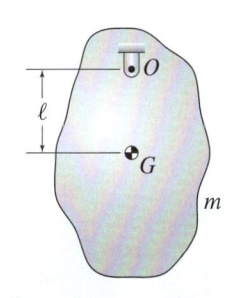

Figura P9.6 e P9.7

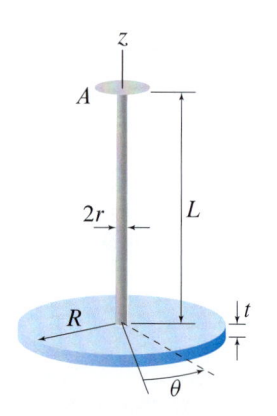

Figura P9.8

Problema 9.8

O disco uniforme de raio R e espessura t está ligado ao eixo fino de raio r, comprimento L e massa desprezível. A extremidade A do eixo está fixa. A partir da mecânica dos materiais, pode ser demonstrado que, se um torque M_z for aplicado à extremidade livre do eixo, ele pode ser relacionado ao ângulo de torção θ por

$$\theta = \frac{M_z L}{GJ},$$

onde G é o módulo de elasticidade de cisalhamento do eixo e $J = \frac{\pi}{2}r^4$ é o momento de inércia polar da área da seção transversal do eixo. Considerando ρ a densidade de massa do disco e usando a relação dada entre M_z e θ, determine a frequência natural de vibração do disco em termos das dimensões fornecidas e das propriedades do material quando um pequeno deslocamento angular θ for dado no plano do disco.

Problema 9.9

Um trabalhador de construção C está parado no ponto médio de uma tábua longa de pinho de 4,3 m que está apenas apoiada. A tábua é do padrão 40 × 300 mm, assim suas dimensões da seção transversal são conforme ilustrado. Supondo que o trabalhador pesa 82 kg e flexiona os joelhos uma vez para oscilar a tábua, determine a sua frequência de vibração. Despreze o peso da viga e use o fato de que uma carga P aplicada a uma viga apenas apoiada flexionará o centro da viga em $PL^3/(48EI_{cs})$, onde L é o comprimento da viga, E é o seu módulo de elasticidade e I_{cs} é o momento de inércia de área da seção transversal da viga. O módulo de elasticidade do pinho é 12,4 GPa.

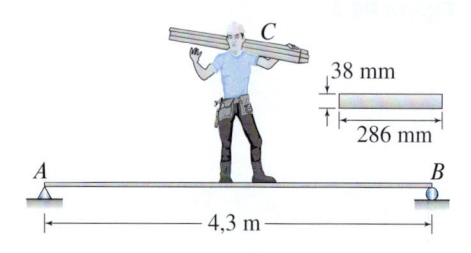

Figura P9.9

Problemas 9.10 a 9.13

A barra em forma de L situa-se no plano vertical e é conectada por um pino em O. Uma extremidade da barra tem uma mola elástica linear com constante k ligada a ela, e ligada à outra extremidade está uma massa m de tamanho desprezível. O ângulo θ é medido a partir da posição de equilíbrio do sistema e assume-se que é pequeno.

Problema 9.10 Assumindo que a barra em forma de L possui massa desprezível, determine o período natural de vibração do sistema escrevendo as equações de Newton--Euler.

Problema 9.11 Assumindo que a barra em forma de L possui massa desprezível, determine o período natural de vibração do sistema aplicando o método da energia.

Problema 9.12 Assumindo que a barra em forma de L tem massa por unidade de comprimento ρ, determine o período natural de vibração do sistema escrevendo as equações de Newton-Euler.

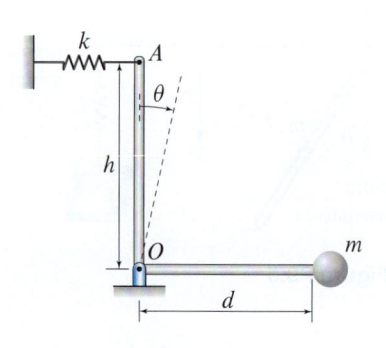

Figura P9.10-P9.13

Problema 9.13 Assumindo que a barra em forma de L tem massa por unidade de comprimento ρ, determine o período natural de vibração do sistema aplicando o método da energia.

Problema 9.14

Um caminhão *off-road* se dirige a uma balança de plataforma de concreto para ser pesado, causando então a vibração vertical do caminhão e da balança na frequência natural do sistema. O caminhão vazio pesa 33.500 kg, a plataforma da balança pesa 23.100 kg e a plataforma é apoiada por oito molas idênticas (quatro das quais são mostradas), cada uma com constante $k = 5{,}25 \times 10^6$ N/m. Modelando o caminhão, seu conteúdo e a plataforma de concreto como uma única partícula, se uma frequência de vibração de 3,3 Hz é medida, qual é o peso da carga transportada pelo caminhão?

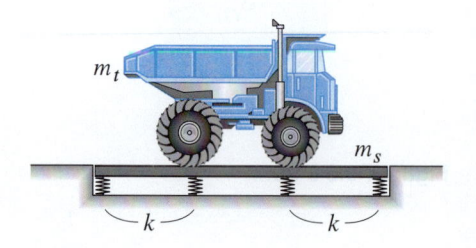

Figura P9.14

Problema 9.15

Uma massa m de 3 kg está em equilíbrio quando um martelo a atinge, transmitindo uma velocidade v_0 de 2 m/s a ela. Se k é 120 N/m, determine a amplitude da vibração resultante e encontre a aceleração máxima experimentada pela massa.

Problema 9.16

A boia na fotografia pode ser modelada como um cilindro circular de diâmetro d e massa m. Se for empurrada para baixo da água, que tem densidade ρ, ela oscilará verticalmente. Determine a frequência de oscilação. Avalie o seu resultado para $d = 1,2$ m, $m = 900$ kg e a superfície da água do mar, que tem uma densidade de $\rho = 1.027$ kg/m^3. *Dica:* Use o princípio de Arquimedes, que afirma que um corpo total ou parcialmente submerso em um fluido é impulsionado para cima por uma força igual ao peso do fluido deslocado.

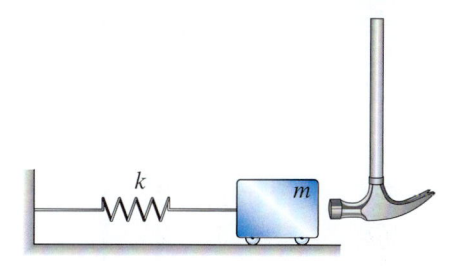

Figura P9.15

Figura P9.16

Problema 9.17

Para o nanofio de silício do Exemplo 9.2, utilize o modelo de massa concentrada mostrado, em que uma massa pontual m está ligada a uma haste de massa desprezível e comprimento L que está conectada por um pino em O, para determinar a frequência natural ω_n e a frequência f do nanofio. Use os valores apresentados no Exemplo 9.2 para a massa da massa concentrada, o comprimento da haste sem massa e os parâmetros usados para determinar a constante de mola $k = 3EI_{cs}/L^3$. Você pode usar δ ou θ como a variável posição na sua solução. Suponha que o deslocamento de m é pequeno de forma que ela se mova verticalmente.

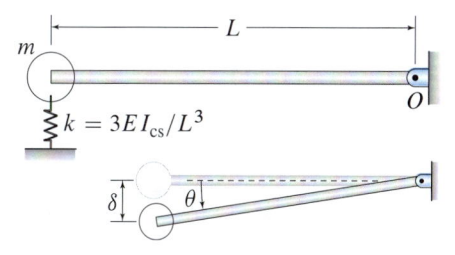

Figura P9.17

Problema 9.18

A pequena esfera A tem massa m e está fixada na extremidade do braço OA de massa desprezível, que está conectado por um pino em O. Se a mola elástica linear tem rigidez k, determine a equação de movimento para pequenas oscilações, usando

(a) a posição vertical da massa A como a coordenada da posição,

(b) o ângulo formado pelo braço OA com a horizontal como a coordenada da posição.

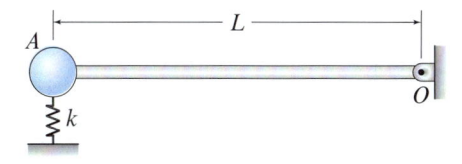

Figura P9.18

Problemas 9.19 e 9.20

Relógios antigos mantêm o tempo avançando os ponteiros uma quantidade definida por oscilação do pêndulo. Portanto, o pêndulo tem de ter um período muito preciso para o relógio manter o tempo com precisão. Como um ajuste fino do período do pêndulo, muitos relógios antigos têm uma porca de ajuste em um parafuso na parte inferior do disco do pêndulo. Ao apertar ou desapertar essa porca, a distribuição da massa do pêndulo pode ser alterada e seu período ajustado. Nos problemas a seguir, modele o pêndulo como um disco uniforme de raio r e massa m_p, que está na extremidade de uma haste de massa desprezível e comprimento $L - r$. Modele a porca de ajuste como uma partícula de massa m_n e considere que a distância entre a parte inferior do disco do pêndulo e a porca d.

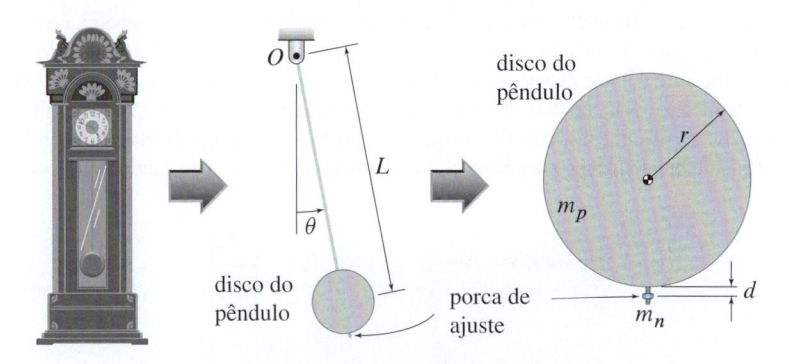

Figura P9.19 e P9.20

Problema 9.19 Se o ajuste está inicialmente a uma distância $d = 9$ mm da parte inferior do disco do pêndulo, de quanto seria a mudança no período do pêndulo se a porca fosse apertada até 4 mm mais próxima do disco? Além disso, quanto tempo seria ganho ou perdido pelo relógio em um período de 24 h se isso fosse feito? Considere $m_p = 0{,}7$ kg, $r = 0{,}1$ m, $m_n = 8$ g e $L = 0{,}85$ m.

Problema 9.20 O relógio está correndo tão lento que perde 1 minuto a cada 24 horas (ou seja, o relógio leva um tempo de 1.441 minutos para completar um dia de 1.440 minutos). Se a porca de ajuste está em $d = 20$ mm, qual seria a sua massa necessária para corrigir o período do pêndulo se a porca é movida para $d = 0$ mm? Considere $m_p = 0{,}7$ kg, $r = 0{,}1$ m e $L = 0{,}85$ m.

Problemas 9.21 e 9.22

O cilindro uniforme rola sem deslizar sobre uma superfície plana. Considere $k_1 = k_2 = k$ e $r = R/2$. Suponha que o movimento horizontal de G é pequeno.

Problema 9.21 Determine a equação de movimento para o cilindro escrevendo suas equações de Newton-Euler. Use a posição horizontal do centro de massa G como o grau de liberdade.

Problema 9.22 Determine a equação de movimento para o cilindro utilizando o método da energia. Use a posição horizontal do centro de massa G como o grau de liberdade.

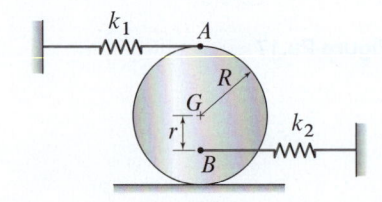

Figura P9.21 e P9.22

Problemas 9.23 e 9.24

O cilindro uniforme de massa m e raio R rola sem escorregar sobre a superfície inclinada. A mola com constante k se enrola no cilindro à medida que ele rola.

Problema 9.23 Determine a equação de movimento para o cilindro escrevendo suas equações de Newton-Euler. Determine o valor numérico do período de oscilação do cilindro usando $k = 30$ N/m, $m = 10$ kg, $R = 300$ mm e $\theta = 20°$.

Problema 9.24 Determine a equação de movimento para o cilindro utilizando o método da energia. Determine o valor numérico do período de oscilação do cilindro usando $k = 30$ N/m, $m = 10$ kg, $R = 300$ mm e $\theta = 20°$.

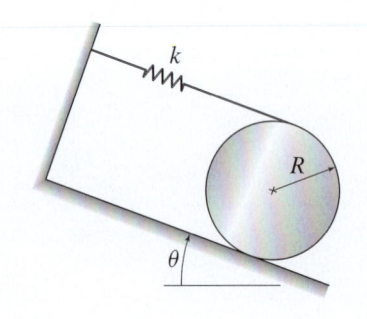

Figura P9.23 e P9.24

Problema 9.25

Uma barra uniforme de massa m é colocada fora de centro em dois roletes A e B em rotação oposta. Cada rolete é acionado a uma velocidade angular constante ω_0, e o coeficiente de atrito cinético entre os roletes e a barra é μ_k. Determine a frequência natural de oscilação da barra sobre os roletes. *Dica*: Determine a posição horizontal de G em relação ao ponto médio entre os dois roletes e assuma que os roletes giram suficientemente rápido de forma que estejam sempre deslizando em relação à barra.

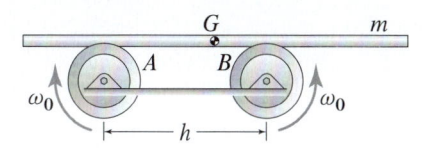

Figura P9.25

Problema 9.26

O cilindro uniforme A de raio r e massa m é solto a partir de um ângulo θ pequeno no interior do cilindro grande de raio R. Supondo que ele rola sem deslizar, determine a frequência natural e o período de oscilação de A.

Problema 9.27

A esfera uniforme A de raio r e massa m é solta a partir de um ângulo θ pequeno no interior do cilindro grande de raio R. Supondo que rola sem deslizar, determine a frequência natural e o período de oscilação da esfera.

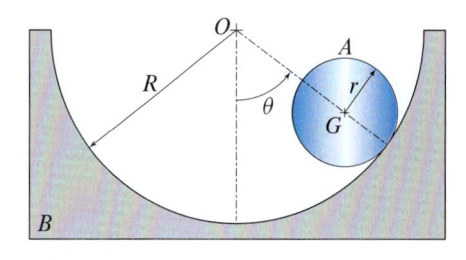

Figura P9.26

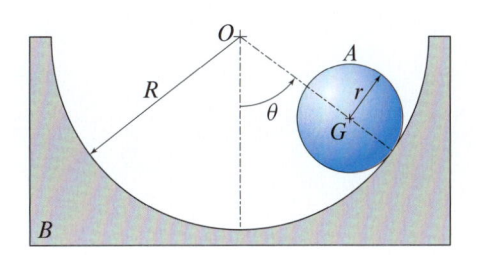

Figura P9.27

Problema 9.28

O manômetro de tubo em U se situa no plano vertical e contém um fluido de densidade ρ que foi deslocado uma distância y e oscila no tubo. Se a área da seção transversal do tubo é A e o comprimento total do fluido no tubo é L, determine o período natural de oscilação do fluido utilizando o método da energia. *Dica*: Enquanto a parte curvada do tubo está sempre preenchida com fluido (ou seja, as oscilações não são grandes o suficiente para esvaziar parte do mesmo), a contribuição do líquido na parte curvada para a energia potencial é *constante*.

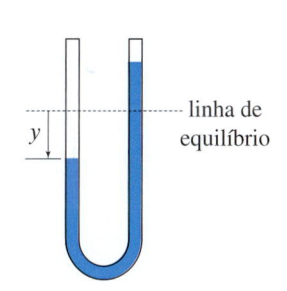

Figura P9.28

Problema 9.29

O semicilindro uniforme de raio R e massa m rola sem deslizar sobre a superfície horizontal. Usando o método da energia, determine o período de oscilação para θ pequeno.

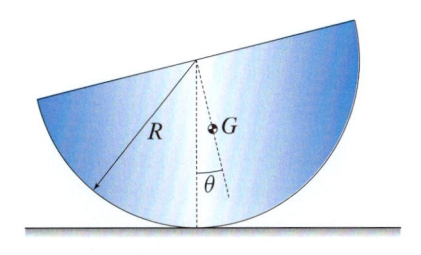

Figura P9.29

Problema 9.30

O semicilindro de casca fina de raio R e massa m rola sem deslizar sobre a superfície horizontal. Usando o método da energia, determine o período de oscilação para θ pequeno.

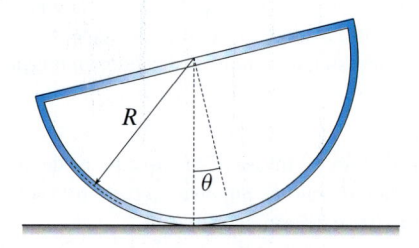

Figura P9.30

PROBLEMAS DE PROJETO

Problema de projeto 9.1

Como parte de um processo de fabricação, uma barra uniforme é colocada em um dispositivo de centralização que consiste em dois roletes A e B em rotações opostas e um deslizador C com atrito que fornece um leve amortecimento. Quando a barra é colocada fora de centro nos dois roletes rotativos, ela oscila para frente e para trás devido ao atrito de deslizamento entre cada rolete e a barra e, por fim, se estabelece na posição centrada em virtude do amortecedor C. Uma vez que a barra tiver sido centrada, o próximo passo no processo de fabricação pode começar.

Suponha que a barra de aço tem comprimento $L = 1{,}2$ m, raio $r = 22{,}5$ mm e densidade $\rho = 7850$ kg/m^3. Supondo-se que o desalinhamento inicial (isto é, a distância inicial entre G e C) de cada barra pode ser de até $0{,}25$ m e o deslizamento entre o rolete e a barra nunca cessa, projete os roletes (ou seja, os seus raios e o material de que eles são feitos) e determine o seu posicionamento de modo que o deslizamento seja mantido em todo o alcance do movimento. Como o amortecimento é leve, ele pode ser desprezado. Além disso, suponha que você deseja movimentar cada rolete com uma velocidade angular constante ω_0.

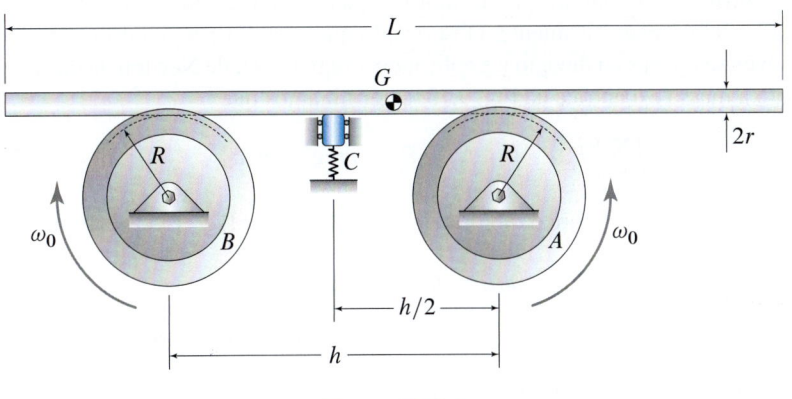

Figura PP9.1

9.2 VIBRAÇÃO FORÇADA NÃO AMORTECIDA

Nem toda vibração é do tipo que foi estudado na seção anterior – muitos sistemas vibram devido a uma excitação externa que *força* o sistema a vibrar. Esta seção é dedicada à vibração forçada de sistemas mecânicos.

Vibração de um motor desbalanceado

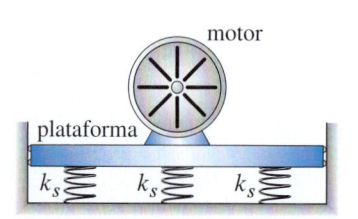

Um motor não está perfeitamente balanceado quando o centro de massa do rotor não está no seu eixo de rotação. Quando isso acontece, à medida que o rotor gira, ele transmite forças variantes no tempo para a carcaça. Por sua vez, essas forças fazem o motor e a mesa ou plataforma em que está montado vibrar. A Fig. 9.12 mostra um motor de massa m_m montado sobre uma plataforma cuja massa é m_p. A plataforma está apoiada em seis molas elásticas lineares, cada uma com constante k_s, cuja constante de mola equivalente é $k_{eq} = 6k_s$. O rotor gira dentro do motor a uma velocidade angular constante ω_r, e o efeito do desbalanceamento é equivalente a uma *massa excêntrica* m_u localizada uma distância ε do eixo de rotação. Usando essas informações, os DCLs da massa excêntrica e da combinação do motor e plataforma são mostrados nas Figs. 9.13 e 9.14, respectivamente. Observando que o motor e a plataforma podem mover-se apenas na direção y e aplicando a segunda lei de Newton na direção y para a massa excêntrica na Fig. 9.13, determinamos que

$$\left(\sum F_y\right)_{\text{mas. exc}}: \quad -R_y - m_u g = m_u a_{uy}, \quad (9.29)$$

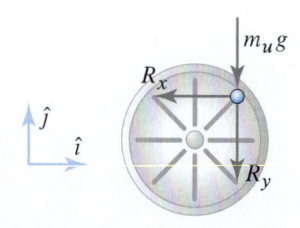

e fazendo o mesmo para o motor com a plataforma na Fig. 9.14, obtemos

$$\left(\sum F_y\right)_{\text{motor}}: \quad R_y - (m_m - m_u)g - m_p g - F_s$$
$$= (m_m - m_u + m_p)a_{my}, \quad (9.30)$$

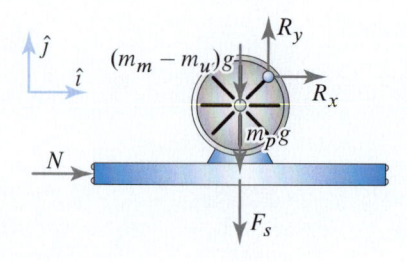

onde a_{uy} e a_{my} são as componentes y da aceleração da massa excêntrica e do motor/plataforma, respectivamente, e F_s é a força no motor/plataforma devido às molas. Referindo-se à Fig. 9.15, uma vez que y_m é medido a partir da posição de equilíbrio estático do sistema, temos

$$F_s = k_{eq}(y_m - \delta_s), \quad (9.31)$$

onde δ_s é a deformação da mola quando o sistema está em equilíbrio estático. Referindo-se à Fig. 9.15, a equação cinemática para a massa excêntrica é

$$y_u = y_m + \varepsilon \operatorname{sen} \theta \quad \Rightarrow \quad \dot{y}_u = \dot{y}_m + \varepsilon \dot{\theta} \cos \theta$$
$$\Rightarrow \quad \ddot{y}_u = \ddot{y}_m - \varepsilon \dot{\theta}^2 \operatorname{sen} \theta \quad \Rightarrow \quad a_{uy} = \ddot{y}_m - \varepsilon \omega_r^2 \operatorname{sen} \theta, \quad (9.32)$$

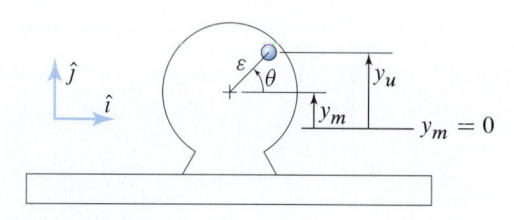

Figura 9.12
Motor desbalanceado montado em uma plataforma que está elasticamente suspensa em seis molas, três das quais são mostradas.

Figura 9.13
DCL da massa excêntrica m_u. As forças R_x e R_y são as forças exercidas pelo motor na partícula.

Figura 9.14
DCL do motor com a plataforma. As forças R_x e R_y são as forças exercidas pelas partículas no motor e, pela terceira lei de Newton, são iguais e opostas às forças correspondentes na Fig. 9.13.

Figura 9.15 Cinemática do motor/plataforma e da massa excêntrica.

onde $\dot{\theta} = \omega_r$, $\ddot{y}_u = a_{uy}$ e $\ddot{\theta} = 0$, uma vez que ω_r é constante. Para o motor/plataforma, temos

$$a_{my} = \ddot{y}_m. \qquad (9.33)$$

Substituindo as Eqs. (9.31)-(9.33) nas Eqs. (9.29) e (9.30) e, então, eliminando R_y, obtemos

$$-m_u g - m_u(\ddot{y}_m - \varepsilon\omega_r^2 \operatorname{sen}\theta) - (m_m - m_u)g - m_p g$$
$$- k_{eq}(y_m - \delta_s) = (m_m - m_u + m_p)\ddot{y}_m. \qquad (9.34)$$

Cancelando os termos e reorganizando, obtemos

$$(m_m + m_p)\ddot{y}_m + k_{eq}y_m + (m_m + m_p)g - k_{eq}\delta_s = m_u\varepsilon\omega_r^2 \operatorname{sen}\theta, \qquad (9.35)$$

a qual, observando que $(m_m + m_p)g = k_{eq}\delta_s$ e $\theta = \omega_r t$,[5] torna-se

$$\ddot{y}_m + \frac{k_{eq}}{m_m + m_p}y_m = \frac{m_u\varepsilon\omega_r^2}{m_m + m_p}\operatorname{sen}\omega_r t. \qquad (9.36)$$

O lado esquerdo dessa equação tem a mesma forma que a equação do oscilador harmônico que estudamos na Seção 9.1. No entanto, agora temos um termo *dependente do tempo* no lado direito, devido à massa excêntrica que *força* ou *movimenta* o oscilador. Nesta seção, aprenderemos a resolver equações como a Eq. (9.36). Concluiremos a análise desse sistema no Exemplo 9.4.

> **Informações úteis**
>
> **Obtendo a equação de movimento por meio do centro de massa do sistema.** Note que a Eq. (9.36) pode ser obtida de forma mais direta aplicando a segunda lei de Newton para o centro de massa do sistema mostrado na Fig. 9.12 (veja o Prob. 9.33).

Forma padrão do oscilador harmônico forçado

A Eq. (9.36) é da forma

$$\boxed{\ddot{x} + \omega_n^2 x = \frac{F_0}{m}\operatorname{sen}\omega_0 t.} \qquad (9.37)$$

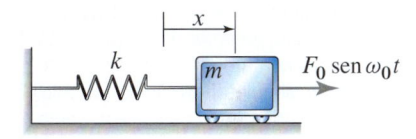

A Eq. (9.37) é a forma padrão da equação do oscilador harmônico forçado e é uma versão *não homogênea* da Eq. (9.12) da p. 675 por causa do termo $\frac{F_0}{m}\operatorname{sen}\omega_0 t$. Um sistema simples cuja equação de movimento é dada pela Eq. (9.37) é mostrado na Fig. 9.16. O termo no lado direito da Eq. (9.37) é uma função *somente* da variável independente t e é muitas vezes chamado de *função de força* porque força o sistema a vibrar. Esse tipo particular de força é harmônico, pois é uma função harmônica no tempo.

A teoria das equações diferenciais nos diz que a *solução geral* da Eq. (9.37) é a soma da *solução complementar* e de uma *solução particular*. A *solução complementar*[6] é a solução da equação homogênea associada (isto é, a Eq. (9.12)) dada na Eq. (9.3) (ou na Eq. (9.13)). A *solução particular* é *qualquer* solução da Eq. (9.37). Uma maneira de se obter uma solução particular é supor a sua forma e, em seguida, verificar se o palpite está correto ou não. Como parece razoável que a resposta de um oscilador harmônico forçado harmonicamente deve assemelhar-se à força, supomos que a solução particular x_p é da forma

$$x_p = D \operatorname{sen}\omega_0 t, \qquad (9.38)$$

Figura 9.16
Um oscilador harmônico forçado cuja equação de movimento é dada pela Eq. (9.37) com $\omega_n = \sqrt{k/m}$. A posição x é medida a partir da posição de equilíbrio do sistema quando $F_0 = 0$.

---
[5] Assumimos que $\theta(0) = 0$.

[6] A solução complementar é às vezes chamada de *solução homogênea*.

onde D é uma constante a ser determinada. Podemos verificar se a nossa suposição é correta substituindo a Eq. (9.38) na Eq. (9.37). Desse procedimento obtemos

$$-D\omega_0^2 \operatorname{sen} \omega_0 t + \omega_n^2 D \operatorname{sen} \omega_0 t = \frac{F_0}{m} \operatorname{sen} \omega_0 t. \qquad (9.39)$$

Cancelando sen $\omega_0 t$ e resolvendo para D, obtemos

$$D = \frac{F_0/m}{\omega_n^2 - \omega_0^2} = \frac{F_0/k}{1 - (\omega_0/\omega_n)^2}, \qquad (9.40)$$

onde assumimos que $\omega_0 \neq \omega_n$ e usamos o fato de que o $\omega_n^2 = k/m$. Escolhendo D como na Eq. (9.40), vemos que a suposição na Eq. (9.38) está correta e a solução particular correspondente é

$$\boxed{x_p = \frac{F_0/k}{1 - (\omega_0/\omega_n)^2} \operatorname{sen} \omega_0 t.} \qquad (9.41)$$

Combinando a solução complementar na Eq. (9.13), que chamamos de x_c, com a solução particular na Eq. (9.41), a solução geral para a Eq. (9.37) é

$$\boxed{x = x_c + x_p = A \operatorname{sen} \omega_n t + B \cos \omega_n t + \frac{F_0/k}{1 - (\omega_0/\omega_n)^2} \operatorname{sen} \omega_0 t,} \qquad (9.42)$$

onde, como de costume, A e B são constantes determinadas pela aplicação das condições iniciais.

A Eq. (9.42) nos mostra que a vibração de um oscilador harmônico forçado é composta de duas partes: a solução complementar x_c que descreve a *vibração livre* do sistema e a solução particular x_p que descreve a *vibração forçada* devido a $F_0 \operatorname{sen} \omega_0 t$. Como veremos na Seção 9.3, a vibração livre correspondente a x_c acaba com qualquer quantidade de amortecimento ou dissipação de energia, que está sempre presente em sistemas físicos reais. Por esse motivo, a vibração livre é muitas vezes referida como **vibração transiente**. Por outro lado, a vibração forçada correspondente a x_p existirá enquanto a força existir, por isso, é muitas vezes chamada de **vibração de estado estacionário**.[7]

Quando uma vibração é forçada, é importante conhecer a amplitude do movimento, já que este determinará a deformação e as forças relacionadas à deformação que o sistema tem de suportar. A Eq. (9.41) nos mostra que a amplitude da vibração em estado estacionário, que é dada por

$$\boxed{x_{\text{amp}} = \frac{F_0/k}{1 - (\omega_0/\omega_n)^2},} \qquad (9.43)$$

depende da **relação entre frequências** ω_0/ω_n. Se agora definirmos o **fator de amplificação** MF para este caso como sendo a relação entre a amplitude x_{amp} da vibração em estado estacionário e a deflexão estática F_0/k causada pela força F_0, encontramos ele como sendo

$$\boxed{\text{MF} = \frac{x_{\text{amp}}}{F_0/k} = \frac{1}{1 - (\omega_0/\omega_n)^2},} \qquad (9.44)$$

> **Fato interessante**
>
> **Como, na prática, é a força harmônica?** A resposta a essa questão encontra-se em um resultado surpreendente que se deve a Jean Baptiste Joseph Fourier (1768-1830) e contribuintes posteriores. Ele diz que *qualquer* função periódica suave pode ser representada por uma série infinita de senos e cossenos (chamadas de *séries de Fourier* em homenagem a ele). Isso significa que qualquer força periódica pode ser considerada a soma de funções harmônicas! Além disso, dada a natureza do lado esquerdo da Eq. (9.37) (ou seja, linear), verifica-se que a solução particular total para o somatório dos termos da força harmônica é simplesmente a soma das soluções particulares para cada termo individual da força harmônica. Esses resultados em conjunto permitem aos engenheiros facilmente obter a solução de problemas com *qualquer* força periódica como um somatório das soluções do oscilador simples harmônico forçado. Como a força periódica é onipresente em sistemas de engenharia, este é um dos resultados mais importantes da matemática aplicada.

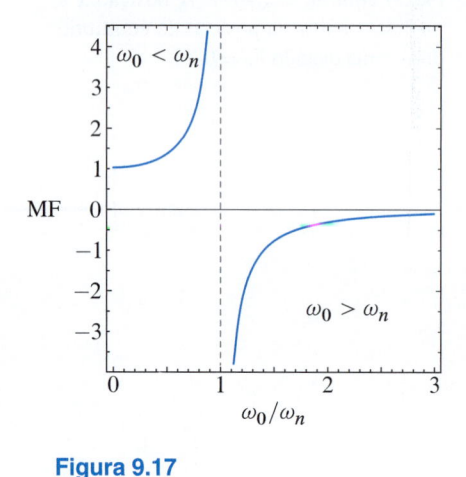

Figura 9.17
MF em função da relação entre frequências ω_0/ω_n.

---
[7] Não discutimos a solução da Eq. (9.37) para $\omega_0 = \omega_n$ porque essa solução não descreve uma vibração de estado estacionário.

cujo gráfico é mostrado na Fig. 9.17. Repare que, quando ω_0 é pequeno, MF $\to 1$. Ou seja, para forças de baixa frequência, o movimento do bloco está na direção da força (eles são considerados *em fase* um com o outro). Como a frequência da força ω_0 se aproxima da frequência natural do sistema ω_n, o MF aumenta drasticamente e vai ao infinito à medida que $\omega_0/\omega_n \to 1$. A situação em que $\omega_0 \approx \omega_n$ é chamada de **ressonância** e resulta em vibrações com amplitudes muito grandes. Ressonâncias em sistemas de engenharia são geralmente indesejáveis, pois resultam em grandes deslocamentos e deformações, muitas vezes levando a falha prematura. Contudo, existem ressonâncias benéficas em sistemas de engenharia, como em amplificadores ou dispositivos projetados para auxiliar na limpeza de secreção das vias aéreas respiratórias dos pacientes.[8] Como veremos na Seção 9.3, em um sistema com uma pequena quantidade de dissipação de energia ou amortecimento, a ressonância não resulta em amplitudes infinitas, mas as amplitudes ainda podem vir a ser *muito* grandes.

Olhando novamente o sistema da Fig. 9.16, quando $\omega_0 > \omega_n$, o MF é negativo e a força está fora de fase com o movimento do bloco. Por fim, quando $\omega_0 \gg \omega_n$, a força muda de direção tão rapidamente em comparação com a frequência natural do sistema que o sistema permanece quase estacionário e o MF $\to 0$.

Excitação harmônica do apoio

Os dispositivos que medem vibração geralmente dependem do movimento da estrutura do apoio do dispositivo sujeito a uma força. Por exemplo, a série de computadores portáteis MacBook® vendidos pela Apple® Inc. contém um acelerômetro de três eixos projetado para detectar grandes acelerações do computador (p. ex., quando é solto ou quando a superfície em que ele está apoiado sofre vibração severa).[9] Se tais acelerações ocorrerem, os computadores são projetados para retirar instantaneamente os cabeçotes do disco rígido ajudando a reduzir o risco de danos. Tal cenário pode ocorrer se um MacBook estiver em uma mesa de trabalho na mesma sala de um motor grande e bastante desbalanceado (veja a Fig. 9.18). Nesse caso, o piso e a mesa de trabalho transmitiriam a vibração do motor para o computador.

Assumiremos que o motor está causando grandes vibrações laterais no piso e na mesa de trabalho.[10] Já sabemos que um motor desbalanceado vibra harmonicamente, por isso consideraremos o deslocamento lateral do piso como sendo dado por $x_f = X \,\text{sen}\, \omega_f t$, onde X é a amplitude do seu movimento lateral. Além disso, modelaremos o acoplamento entre o piso e o computador portátil como uma mola linear de constante k, que é mostrada na Fig. 9.19. Tratando o computador como uma partícula, seu DCL é ilustrado na Figura 9.20, onde F_s é a força na mola. O somatório de forças na direção x fornece

$$\sum F_x: \quad -F_s = m\ddot{x}_c, \tag{9.45}$$

onde, uma vez que ambas as extremidades da mola estão em movimento, a força nela é dada por $F_s = k(x_c - x_f) = k(x_c - X \,\text{sen}\, \omega_f t)$, de modo que a Eq. (9.45) torna-se

$$-k(x_c - X \,\text{sen}\, \omega_f t) = m\ddot{x}c, \tag{9.46}$$

Figura 9.18
Computador portátil com sensores de movimento sendo acionados no seu apoio por um motor desbalanceado.

---

[8] Veja L.C. de Lima *et al*, "Mechanical Evaluation of a Respiratory Device", *Medical Engineering & Physics*, 27, 2005, pp. 181-187.

[9] Isso era verdade no momento em que foi escrito.

[10] Se fôssemos estudar as vibrações verticais, obteríamos as equações da mesma forma que aquelas obtidas para as vibrações laterais – apenas a massa efetiva e os coeficientes de rigidez efetivos seriam diferentes.

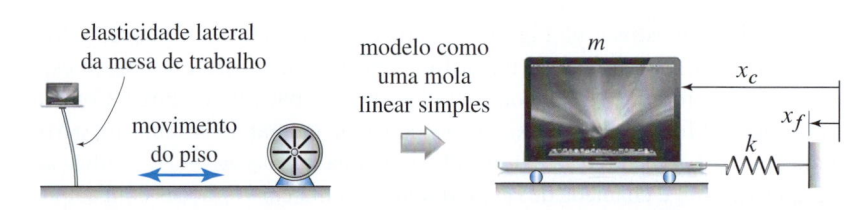

Figura 9.19 Um modelo simples para a vibração lateral do computador portátil em uma mesa de trabalho.

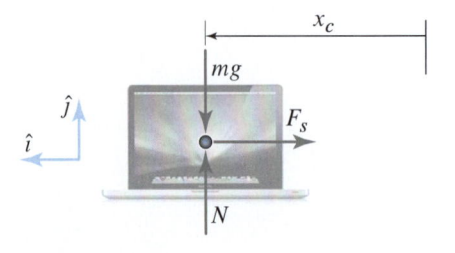

Figura 9.20
DCL do computador portátil sobre a mesa de trabalho.

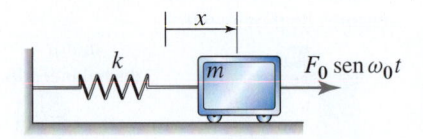

Figura 9.21
Figura 9.16 repetida. Um oscilador harmônico forçado cuja equação do movimento é dada pela Eq. (9.37) com $\omega_n = \sqrt{k/m}$. A posição x é medida a partir da posição de equilíbrio da massa.

ou, reorganizando,

$$\ddot{x}_c + \omega_n^2 x_c = \frac{kX}{m}\operatorname{sen}\omega_f t, \qquad (9.47)$$

onde $\omega_n^2 = k/m$. Observe que a Eq. (9.47) é da mesma forma que a Eq. (9.37) com o termo F_0 substituído pelo termo kX. Os resultados apresentados nas Eqs. (9.41)-(9.44) são válidos com essa mesma substituição.

Resumo final da seção

Quando um oscilador harmônico é submetido a uma força harmônica, a forma padrão da equação de movimento é

> Eq. (9.37), p. 693
> $$\ddot{x} + \omega_n^2 x = \frac{F_0}{m}\operatorname{sen}\omega_0 t,$$

onde F_0 é a amplitude da força e ω_0 é a sua frequência (veja a Figura 9.21). A solução geral dessa equação consiste na soma da solução complementar e de uma solução particular. A *solução complementar* x_c é a solução da equação homogênea associada, que é dada, por exemplo, pela Eq. (9.13). Para $\omega_0 \neq \omega_n$, uma solução particular foi encontrada como sendo

> Eq. (9.41), p. 694
> $$x_p = \frac{F_0/k}{1 - (\omega_0/\omega_n)^2}\operatorname{sen}\omega_0 t,$$

e assim a *solução geral* é dada por

> Eq. (9.42), p. 694
> $$x = x_c + x_p = A\operatorname{sen}\omega_n t + B\cos\omega_n t + \frac{F_0/k}{1 - (\omega_0/\omega_n)^2}\operatorname{sen}\omega_0 t,$$

onde A e B são constantes determinadas pelas condições iniciais. A amplitude da vibração de estado estacionário é

> Eq. (9.43), p. 694
> $$x_{\text{amp}} = \frac{F_0/k}{1 - (\omega_0/\omega_n)^2},$$

que significa que o *fator de amplificação* MF correspondente é

> Eq. (9.44), p. 694
>
> $$\text{MF} = \frac{x_{\text{amp}}}{F_0/k} = \frac{1}{1 - (\omega_0/\omega_n)^2}.$$

O gráfico do MF na Fig. 9.22 ilustra o fenômeno da *ressonância*, que ocorre quando $\omega_0 \approx \omega_n$ e resulta em amplitudes de vibração muito grandes.

Excitação harmônica do apoio. Se o apoio de uma estrutura é excitado harmonicamente em vez da estrutura em si (veja a Fig. 9.23), então a Eq. (9.37) ainda é a equação fundamental, exceto pelo fato de que F_0 é substituído pela constante da mola k multiplicada pela amplitude de vibração X do apoio. Todas as soluções descritas acima são, portanto, válidas com essa mesma substituição.

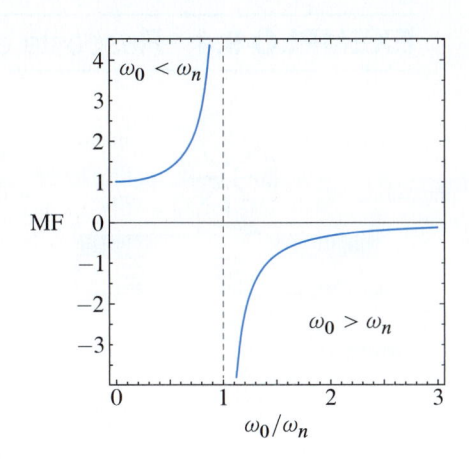

Figura 9.22
Figura 9.17 repetida. MF em função da relação entre frequências ω_0/ω_n.

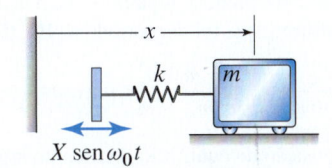

Figura 9.23 Um oscilador harmônico cujo apoio está sendo excitado harmonicamente.

EXEMPLO 9.4 Resposta e MF para o motor desbalanceado

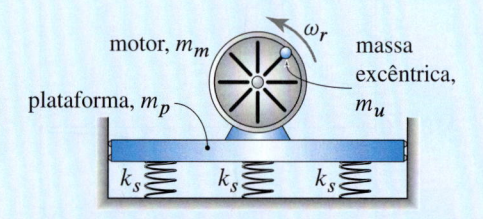

Figura 1

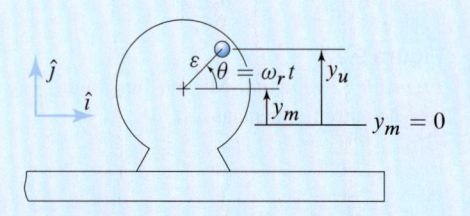

Figura 2
Definições cinemáticas para o motor desbalanceado e a plataforma.

Encontre a solução geral para o deslocamento, ou seja, $y_m(t)$, do motor desbalanceado (Fig. 1) sujeito às condições iniciais $y_m(0) = 0$ e $\dot{y}_m(0) = v_{m0}$. Em seguida, plote a solução para $0 < t < 1$ s, usando $m_m = 40$ kg, $m_p = 15$ kg, $k_{eq} = 6k_s = 420.000$ N/m, $\varepsilon = 150$ mm, $\omega_r = 1200$ rpm $y_m(0) = 0$ m $\dot{y}_m(0) = 0,4$ m/s, e três valores diferentes de m_u: 10 g, 100 g e 1000 g. A partir do gráfico, encontre a amplitude máxima aproximada da vibração. Por fim, determine e plote o MF para o rotor desbalanceado.

SOLUÇÃO

Roteiro e modelagem A equação de movimento para o nosso modelo do motor desbalanceado e plataforma foi obtido na Eq. (9.36), então precisamos apenas aplicar a solução geral da Eq. (9.42) para determinar e plotar a resposta. Para o MF, como com o MF encontrado na Eq. (9.44), precisaremos encontrar uma função para ω_r/ω_n, onde ω_r é a velocidade angular do rotor desbalanceado dentro do motor.

Equações fundamentais Por conveniência, repetimos a equação do movimento para o motor desbalanceado e plataforma, que foi encontrada na Eq. (9.36) como sendo

$$\ddot{y}_m + \frac{k_{eq}}{m_m + m_p} y_m = \frac{m_u \varepsilon \omega_r^2}{m_m + m_p} \operatorname{sen} \omega_r t, \tag{1}$$

onde y_m é medido a partir da posição de equilíbrio estático do sistema, como mostrado na Fig. 2.

Cálculos A Eq. (1) é da mesma forma que a Eq. (9.37), que é repetida a seguir por conveniência

$$\ddot{x} + \omega_n^2 x = \frac{F_0}{m} \operatorname{sen} \omega_0 t, \tag{2}$$

onde, comparando as Eqs. (1) e (2), temos

$$\omega_n^2 = \frac{k_{eq}}{m_m + m_p}, \quad \frac{F_0}{m} = \frac{m_u \varepsilon \omega_r^2}{m_m + m_p} \quad \text{e} \quad \omega_0 = \omega_r. \tag{3}$$

Portanto, a solução geral para Eq. (1) pode ser encontrada usando a Eq. (9.42), o que fornece

$$y_m = A \operatorname{sen} \omega_n t + B \cos \omega_n t + \frac{m_u \varepsilon \omega_r^2 / k_{eq}}{1 - (\omega_r/\omega_n)^2} \operatorname{sen} \omega_r t. \tag{4}$$

Para $t = 0$, a Eq. (4) fornece $y_m(0) = B$. Portanto, lembrando que devemos ter $y_m(0) = 0$, temos

$$B = 0. \tag{5}$$

Derivando y_m na Eq. (4) em relação ao tempo, obtemos

$$\dot{y}_m = A\omega_n \cos \omega_n t - B\omega_n \operatorname{sen} \omega_n t + \frac{m_u \varepsilon \omega_r^3 / k_{eq}}{1 - (\omega_r/\omega_n)^2} \cos \omega_r t, \tag{6}$$

e, logo, aplicando a condição inicial $\dot{y}_m(0) = v_{m0}$, obtemos

$$A\omega_n + \frac{m_u \varepsilon \omega_r^3 / k_{eq}}{1 - (\omega_r/\omega_n)^2} = v_{m0} \quad \Rightarrow \quad A = \frac{v_{m0}}{\omega_n} - \frac{\omega_r}{\omega_n} \frac{m_u \varepsilon \omega_r^2 / k_{eq}}{1 - (\omega_r/\omega_n)^2}. \tag{7}$$

Combinando as Eqs. (4), (5) e (7), a solução geral torna-se

$$\boxed{y_m = \left[\frac{v_{m0}}{\omega_n} - \frac{\omega_r}{\omega_n} \frac{m_u \varepsilon \omega_r^2 / k_{eq}}{1 - (\omega_r/\omega_n)^2}\right] \operatorname{sen} \omega_n t + \frac{m_u \varepsilon \omega_r^2 / k_{eq}}{1 - (\omega_r/\omega_n)^2} \operatorname{sen} \omega_r t,} \tag{8}$$

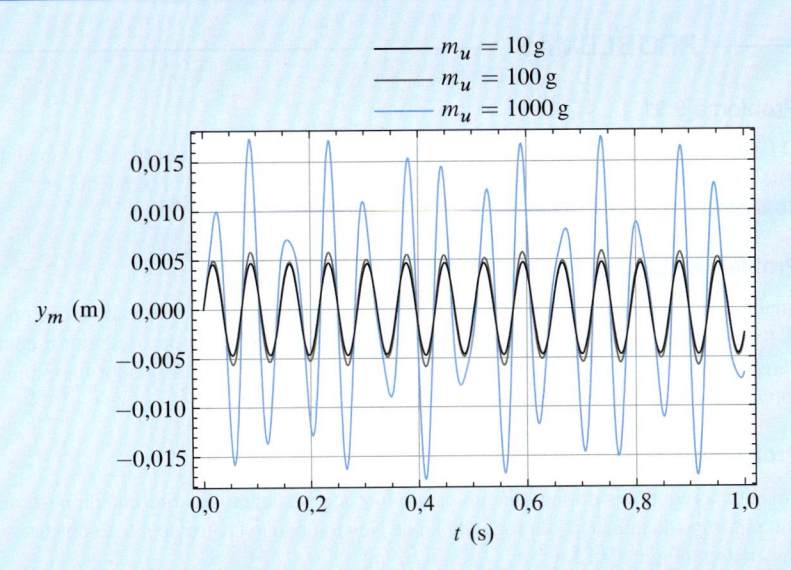

Figura 3 A resposta y_m do motor e plataforma para valores crescentes da massa excêntrica m_u.

cujo gráfico é mostrado na Fig. 3. A partir dessa figura, podemos ver que a amplitude de vibração máxima para $m_u = 10$ g é cerca de 5 mm, para $m_u = 100$ g é cerca de 6 mm, e para $m_u = 1$ kg é cerca de 17 mm.

Para calcular o MF, tomamos a amplitude da solução particular e a reorganizamos de modo que ω_r e ω_n sempre apareçam como sua relação. Assim, obtemos

$$|y_{mp}| = \frac{m_u \varepsilon \omega_r^2 / k_{eq}}{1 - (\omega_r/\omega_n)^2} \quad \Rightarrow \quad |y_{mp}| = \frac{\frac{m_u \varepsilon}{m_m + m_p}(\omega_r/\omega_n)^2}{1 - (\omega_r/\omega_n)^2}. \tag{9}$$

Portanto, MF é dado por

$$\boxed{\text{MF} = \frac{|y_{mp}|(m_m + m_p)}{m_u \varepsilon} = \frac{(\omega_r/\omega_n)^2}{1 - (\omega_r/\omega_n)^2},} \tag{10}$$

cujo gráfico é mostrado na Fig. 4. No nosso caso, uma vez que $\omega_r = 1200$ rpm $= 125{,}7$ rad/s e $\omega_n = 87{,}39$ rad/s, temos

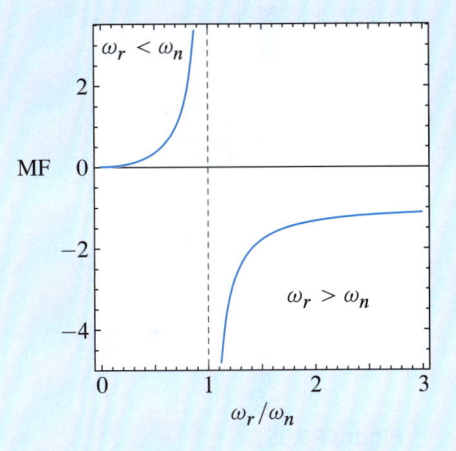

$$\boxed{\text{MF} = -1{,}94.} \tag{11}$$

Figura 4
O MF para a resposta do motor desbalanceado como dado pela Eq. (10).

Discussão e verificação As dimensões de todos os termos da solução geral da Eq. (8) são de comprimento, como deveriam ser. A amplitude da vibração encontrada examinando a Fig. 3 é de alguns milímetros em todos os casos, o que parece razoável, dadas as massas e rigidezes envolvidas. Finalmente, MF é adimensional, mais uma vez como deveria ser.

🔍 **Um olhar mais atento** É interessante comparar o MF do motor desbalanceado plotado na Fig. 4 com o MF na Fig. 9.17, que se aplica a uma massa que é forçada diretamente (veja a Fig. 9.16). Observe que, para ω_r pequeno, o MF na Fig. 4 se aproxima de 0 em vez de 1, como acontece na Fig. 9.17. Isso significa que, quando o rotor desbalanceado dentro do motor está girando *muito* lentamente, ele não trepida o motor e a plataforma em qualquer quantidade apreciável, o que está de acordo com a nossa intuição. Por outro lado, quando uma massa é forçada harmonicamente de forma direta como na Fig. 9.16 e a frequência da forçada de excitação é *muito* pequena, a massa se move com a força e então MF é 1.

PROBLEMAS

Problema 9.31

O fator de amplificação de um oscilador harmônico forçado (não amortecido) é medido para ser igual a 5. Determine a frequência de excitação da força se a frequência natural do sistema é 100 rad/s.

Problema 9.32

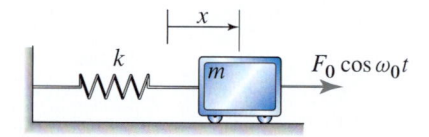

Figura P9.32

Suponha que a equação do movimento de um oscilador harmônico forçado é dada por $\ddot{x} + \omega_n^2 x = (F_0/m)\cos\omega_0 t$. Obtenha a expressão para a resposta do oscilador e compare-a com a resposta apresentada na Eq. (9.42) (que é para um oscilador harmônico forçado com a equação do movimento dada na Eq. (9.37)).

Problema 9.33

Obtenha as equações do movimento para o motor desbalanceado apresentado nesta seção por meio da aplicação da segunda lei de Newton para o centro de massa do sistema mostrado na Figura 9.12.

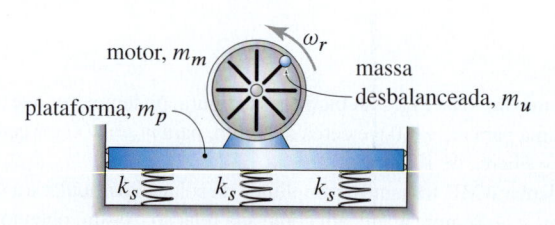

Figura P9.33 e P9.34

Problema 9.34

Determine a amplitude de vibração do motor desbalanceado que estudamos no Exemplo 9.4 se a frequência de excitação da força do motor é $0{,}95\omega_n$.

Problema 9.35

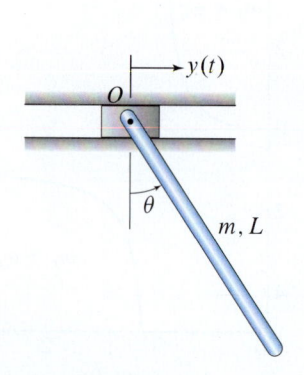

Figura P9.35

Uma barra uniforme de massa m e comprimento L está conectada por um pino à corrediça em O. A corrediça é forçada a oscilar horizontalmente de acordo com $y(t) = Y \operatorname{sen}\omega_s t$. O sistema encontra-se no plano vertical.

(a) Obtenha a equação de movimento da barra para ângulos θ pequenos.
(b) Determine a amplitude de vibração de estado estacionário da barra.

Problema 9.36

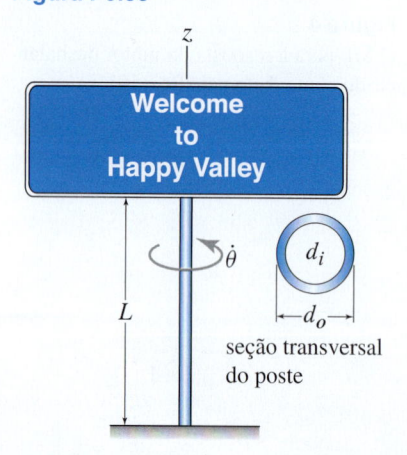

Figura P9.36

Considere uma placa montada em um poste de aço de seção circular oca de comprimento $L = 5$ m, diâmetro externo $d_o = 50$ mm e diâmetro interno $d_i = 40$ mm. As forças aerodinâmicas originadas pelo vento geram uma excitação harmônica de torção com frequência $f_0 = 3$ Hz e amplitude $M_0 = 10$ N·m em torno do eixo z. O centro de massa da placa encontra-se no eixo central z do poste. O momento de inércia de massa da placa é $I_z = 0{,}1$ kg·m². A rigidez de torção do poste pode ser estimada como $k_t = \pi G_{\text{est}}(d_o^4 - d_i^4)/(32L)$, onde G_{est} é o módulo de cisalhamento do aço, que é 79 GPa. Desconsiderando a inércia do poste, calcule a amplitude de vibração da placa.

Problemas 9.37 e 9.38

Uma das hélices do Beech King Air 200 está desbalanceada de tal forma que a massa excêntrica m_u está a uma distância R do eixo de rotação da hélice. As hélices giram a uma taxa constante ω_r, e a massa de cada motor é m_e (o que inclui a massa da hélice). Suponha que a asa é uma viga uniforme que está engastada em A, possui massa m_w e rigidez à flexão EI, e cujo centro de massa está em G. Para cada problema, avalie suas respostas para $m_u = 85$ g, $m_e = 200$ kg, $R = 1,5$ m, $\omega_r = 2000$ rpm, $EI = 324,3 \times 10^6$ N · m², $d = 2,65$ m e $h = 3,3$ m.

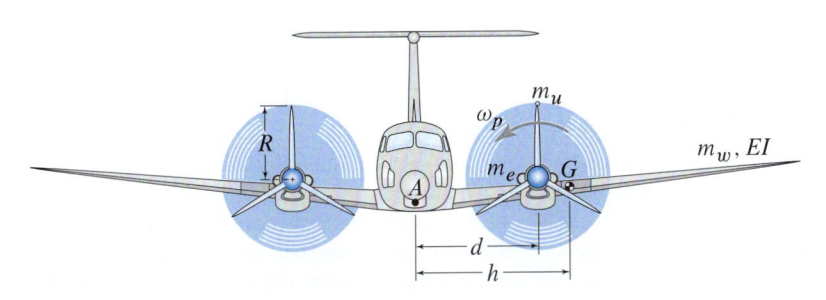

Figura P9.37 e P9.38

Problema 9.37 Despreze a massa da asa e modele-a como foi feito no Exemplo 9.2. Determine a frequência de ressonância do sistema e encontre o MF para os parâmetros indicados.

Problema 9.38 Considere que a massa da asa é $m_\omega = 160$ kg e modele-a como foi feito no Exemplo 9.2. Determine a frequência de ressonância do sistema e encontre o MF para os parâmetros indicados.

Problema 9.39

Um motor desbalanceado é montado na ponta de uma viga rígida de massa m_b e comprimento L. A viga é restrita por uma mola de torção de rigidez k_t e um apoio adicional de rigidez k situado na metade do comprimento da viga. Na posição de equilíbrio estático, a viga está na horizontal e a mola de torção não exerce qualquer momento na viga. A massa do motor é m_m, e o desbalanceamento resulta em uma excitação harmônica $F(t) = F$ sen $\omega_0 t$ na direção vertical. Obtenha a equação de movimento para o sistema supondo que θ é pequeno.

Problema 9.40

Revise o Exemplo 9.4 e discuta se é possível obter a equação do movimento do sistema com o método da energia.
Nota: Problemas conceituais são sobre *explicações*, não sobre cálculos.

Problema 9.41

A máquina de teste de fadiga de componentes eletrônicos é constituída de uma plataforma com um motor desbalanceado. Suponha que o rotor do motor gira a $\omega_0 = 3000$ rpm, a massa da plataforma é $m_p = 20$ kg, a massa do motor é $m_m = 15$ kg, a massa excêntrica é $m_u = 0,5$ kg, e a rigidez equivalente da suspensão da plataforma é $k = 5 \times 10^6$ N/m. Para a máquina de teste, a distância ε entre o eixo de rotação do rotor e o local onde m_u é colocado pode ser variada para obter o nível de vibração desejado. Calcule o intervalo de valores de ε que forneceriam as amplitudes da solução particular, variando de 0,1 mm a 2 mm.

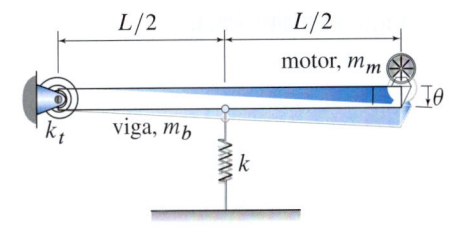

Figura P9.39

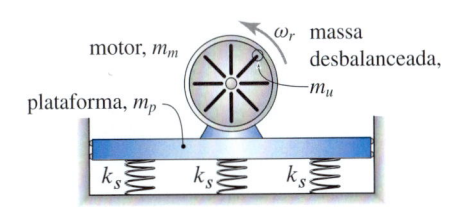

Figura P9.40

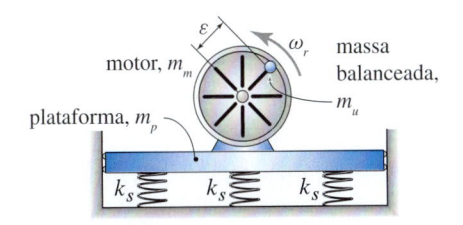

Figura P9.41

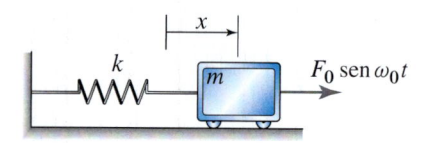

Figura P9.42

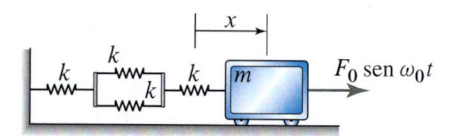

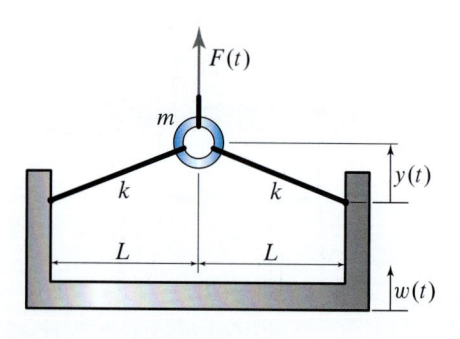

Figura P9.43

Figura P9.44 e P9.45

Problema 9.42

No tempo $t = 0$, um oscilador harmônico forçado ocupa a posição $x(0) = 0,1$ m e tem uma velocidade $\dot{x}(0) = 0$. A massa do oscilador é $m = 10$ kg e a rigidez da mola é $k = 1000$ N/m. Calcule o movimento do sistema se a função da força é $F(t) = F_0$ sen $\omega_0 t$, com $F_0 = 10$ N e $\omega_0 = 200$ rad/s.

Problema 9.43

O oscilador harmônico forçado mostrado tem uma massa $m = 10$ kg. Além disso, a excitação harmônica é tal que $F_0 = 150$ N e $\omega_0 = 200$ rad/s. Se todas as fontes de atrito podem ser desprezadas, determine a constante de mola k tal que o fator de amplificação MF = 5.

Problema 9.44

Um anel de massa m está preso por dois cabos elásticos lineares de constante elástica k e comprimento indeformado $L_0 < L$ a um suporte, como mostrado. Supondo-se que a pré-tensão nos cabos é grande, de modo que a deflexão dos cabos devido ao peso do anel possa ser desprezada, encontre a equação linearizada do movimento para o caso em que $F(t) = F_0$ sen $\omega_0 t$ e $w(t) = 0$ (ou seja, o suporte está estacionário). Além disso, encontre a resposta do sistema para $y(0) = 0$ e $\dot{y} = 0$.

Problema 9.45

Um anel de massa m está preso por dois cabos elásticos lineares de constante elástica k e comprimento indeformado $L_0 < L$ a um suporte, como mostrado. Supondo-se que a pré-tensão nos cabos é grande, de modo que a deflexão dos cabos devido ao peso do anel possa ser desprezada, encontre a equação linearizada do movimento para o caso em que $F(t) = 0$ e $w(t) = w_0$ sen ωt. Além disso, encontre a resposta do sistema para $y(0) = 0$ e $\dot{y}(0) = 0$.

Problema 9.46

Modelando a viga como uma barra fina rígida e uniforme, ignorando a inércia das polias e supondo que o sistema está em equilíbrio estático quando a barra está na horizontal e a corda é inextensível e não afrouxa, determine a equação linearizada do movimento do sistema em termos de x, que é a posição de A. Por fim, determine a amplitude da vibração de estado estacionário do bloco A.

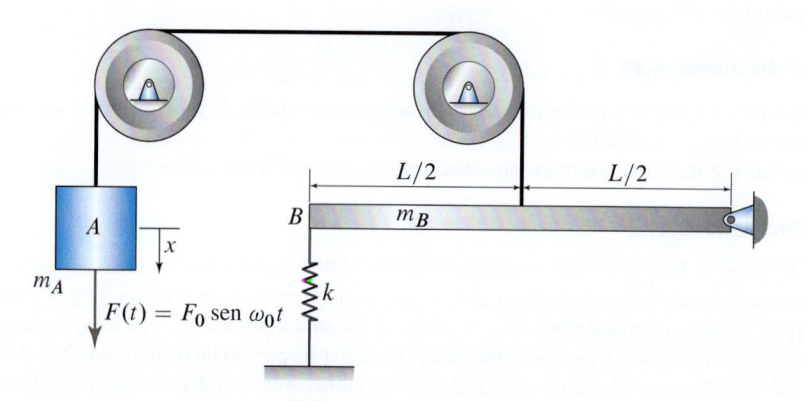

Figura P9.46 e P9.47

Problema 9.47

Para o sistema do Prob. 9.46, determine a frequência ω_0 máxima da força para o movimento em estado estacionário de tal forma que o cabo não afrouxe.

PROBLEMAS DE PROJETO

Problema de projeto 9.2

O dispositivo mostrado pode detectar quando a velocidade angular e a aceleração angular de um corpo rígido B alcançam uma combinação de valores especificados. O dispositivo funciona usando o princípio de que a amplitude de vibração da massa P depende tanto da velocidade angular quanto da aceleração angular do corpo rígido. Quando a velocidade angular ω_B e a aceleração angular α_B alcançarem a combinação adequada, a massa P entrará em contato com o sensor de toque, sinalizando assim que os valores especificados foram alcançados. Com essas considerações, suponha que o corpo rígido gira no plano horizontal a uma velocidade angular ω_B e aceleração angular α_B, e a massa P está restrita a mover-se na ranhura, que fica a uma distância d do centro do disco. Além disso, uma mola elástica linear de constante k está ligada à massa de tal forma que a mola não está deformada quando a massa está em $s = 0$.

(a) Obtenha a equação do movimento da massa P, com s como a variável dependente.

(b) Supondo que a massa P foi solta a partir do repouso em $s = 0$, encontre a solução para a equação do movimento estabelecida em (a), sabendo que a solução para equações diferenciais ordinárias do tipo

$$\ddot{s} + \omega_n^2 s = D$$

é dada por

$$s(t) = \frac{D}{\omega_n^2} + C_1 \cos \omega_n t + C_2 \operatorname{sen} \omega_n t,$$

onde C_1 e C_2 são constantes determinadas a partir das condições iniciais e D é uma constante conhecida.

(c) Usando a solução para $s(t)$ encontrada acima, para valores dados de d, k, m, ω_B e α_B, determine a distância máxima a partir de $s = 0$ que a massa P alcança em um ciclo.

(d) Para um corpo rígido B em forma de disco, cujo diâmetro é 1,5 m, especifique a massa de P (trate-a como uma partícula), a constante da mola k, o comprimento h e a distância d para que o sensor de toque possa detectar quando o corpo rígido atingir uma velocidade angular $\omega_{\text{crit}} = 100$ rpm para uma aceleração angular constante $\alpha_B = 1$ rad/s^2.

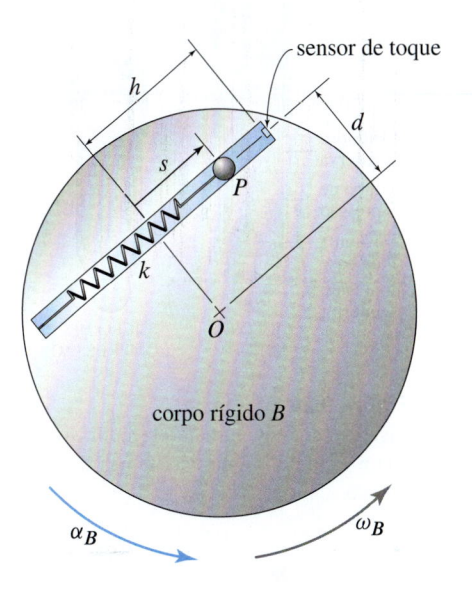

Figura PP9.2

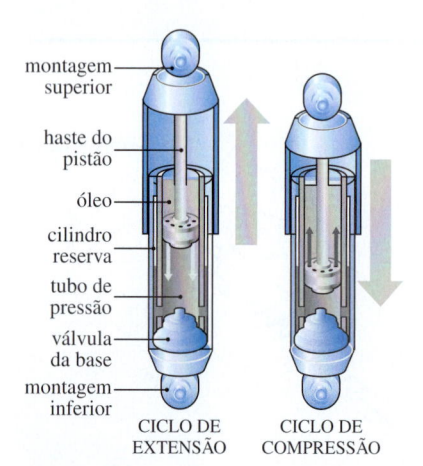

Figura 9.24
Vista em corte de um amortecedor típico, que é usado em muitos sistemas de suspensão.

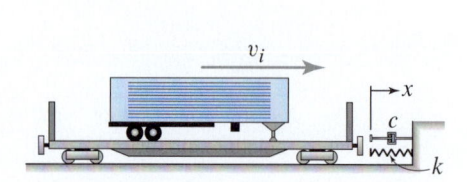

9.3 VIBRAÇÃO COM AMORTECIMENTO VISCOSO

Todos os sistemas mecânicos exibem alguma dissipação de energia ou de amortecimento devido ao arrasto do ar, a fluidos viscosos, ao atrito e a outros efeitos. Se o amortecimento é pequeno o suficiente, as soluções não amortecidas obtidas nas Seções 9.1 e 9.2 estarão de acordo com a solução amortecida por um curto período de tempo. Por outro lado, se precisamos de uma solução para um período de tempo mais longo ou se houver um amortecimento maior, é necessário recorrer à solução das equações que modelam sistemas mecânicos amortecidos.

Nesta seção, consideraremos o *amortecimento viscoso linear*. Trata-se de um amortecimento em que a força de amortecimento é diretamente proporcional e de sinal contrário à velocidade de um corpo. Esse tipo de amortecimento tende a ocorrer quando a dissipação de energia ocorre devido a um fluido (p. ex., óleo, água ou ar), como visto no amortecedor da Fig. 9.24. Além disso, mesmo quando o amortecimento ocorre devido a outros mecanismos físicos, o amortecimento viscoso linear ainda pode ser um modelo efetivo.

Vibração livre com amortecimento viscoso

O efeito do amortecimento viscoso é normalmente modelado por um elemento chamado de *amortecedor*, que é mostrado na Fig. 9.25. O amortecimento em um amortecedor ocorre quando o pistão se move dentro de um cilindro cheio de fluido e força o fluido a fluir em torno do pistão ou através de um ou mais orifícios nele. Esse movimento do fluido resulta na dissipação de energia. Referindo-se à Fig. 9.25, se o pistão está se movendo a uma velocidade $\dot{x}$, então a força de amortecimento F_d no pistão é igual a

$$F_d = c\dot{x}, \qquad (9.48)$$

Figura 9.26
Um vagão de trem colidindo em uma mola e em um amortecedor. Lembre-se do Exemplo 3.3, em que o vagão possuía uma massa de 87.000 kg e estava se movendo a 6 km/h no impacto, e $k = 296.237$ N/m.

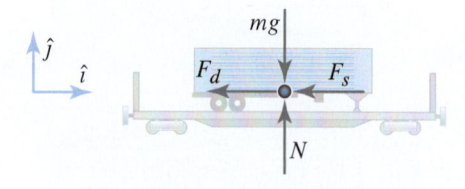

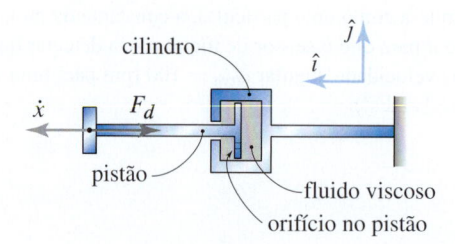

Figura 9.25 Diagrama esquemático de um amortecedor que ilustra o seu funcionamento básico.

onde c é uma constante chamada de *coeficiente de amortecimento viscoso*. Esse coeficiente depende das propriedades físicas do fluido e da geometria do amortecedor. O coeficiente de amortecimento viscoso é expresso em lb · s/ft em unidades americanas e N · s/m em unidades do SI.

Revisando o Exemplo 3.3 da p. 200, em que um vagão de trem colide em uma mola grande que foi projetada para pará-lo, um amortecedor foi agora adicionado em paralelo com a mola (veja a Fig. 9.26). Assumiremos que o vagão de trem se une à mola e ao amortecedor após colidir com eles, o que implica o DCL do vagão mostrado na Fig. 9.27. Somando as forças na direção x, encontramos

$$\sum F_x: \quad -F_d - F_s = m\ddot{x}, \qquad (9.49)$$

Figura 9.27
DCL do vagão de trem depois de ter colidido e se unido à mola e ao amortecedor.

onde F_d é a força devido ao amortecedor, F_s é a força devido à mola, e x mede o deslocamento da mola em relação à sua posição de equilíbrio. As forças F_d e F_s podem ser escritas como

$$F_d = c\dot{x} \quad \text{e} \quad F_s = kx, \tag{9.50}$$

o que nos permite escrever a Eq. (9.49) como

$$\boxed{m\ddot{x} + c\dot{x} + kx = 0,} \tag{9.51}$$

que é a *forma padrão do oscilador harmônico com amortecimento viscoso*. A teoria das equações diferenciais nos mostra que a Eq. (9.51) é uma equação diferencial linear, de segunda ordem, homogênea e de coeficientes constantes, e, como tal, tem soluções da forma

$$x = e^{\lambda t}, \tag{9.52}$$

onde λ (a letra grega lambda) é uma constante a ser determinada. Substituindo a Eq. (9.52) na Eq. (9.51), encontramos

$$m\lambda^2 e^{\lambda t} + c\lambda e^{\lambda t} + k e^{\lambda t} = 0. \tag{9.53}$$

Fatorando $e^{\lambda t}$ na Eq. (9.53), temos

$$e^{\lambda t}(m\lambda^2 + c\lambda + k) = 0. \tag{9.54}$$

Como $e^{\lambda t}$ nunca desaparece, para ter uma solução para a Eq. (9.51), devemos ter

$$m\lambda^2 + c\lambda + k = 0. \tag{9.55}$$

Se λ é uma raiz dessa equação quadrática, chamada de *equação característica*, então $e^{\lambda t}$ é uma solução para a Eq. (9.51). As duas raízes da Eq. (9.55) são dadas por

$$\lambda_1 = -\frac{c}{2m} + \sqrt{\left(\frac{c}{2m}\right)^2 - \frac{k}{m}}, \quad \lambda_2 = -\frac{c}{2m} - \sqrt{\left(\frac{c}{2m}\right)^2 - \frac{k}{m}}. \tag{9.56}$$

Referindo-se às Eqs. (9.56), a teoria das equações diferenciais nos mostra que a solução geral da Eq. (9.51) assume uma das três formas possíveis determinadas pelos valores de λ_1 e λ_2. Observe que o caráter de λ_1 e λ_2 depende de se o termo $(c/2m)^2 - k/m$ é positivo, nulo ou negativo. Portanto, introduzimos um valor especial do coeficiente de amortecimento chamado de *coeficiente de amortecimento crítico*, que denotamos por c_c e definimos como o valor de c que iguala o termo $(c/2m)^2 - k/m$ a zero, isto é,

$$\left(\frac{c_c}{2m}\right)^2 - \frac{k}{m} = 0 \quad \Rightarrow \quad c_c = 2m\sqrt{\frac{k}{m}} = 2m\omega_n, \tag{9.57}$$

onde $\omega_n = \sqrt{k/m}$. Distinguiremos agora três casos com base em se $c > c_c$, $c = c_c$ ou $c < c_c$.

Sistema superamortecido ($c > c_c$)

Quando $c > c_c$, o termo $(c/2m)^2 - k/m$ é positivo. Assim, λ_1 e λ_2 são reais, distintos e negativos. Nesse caso, a solução geral da Eq. (9.51) é

$$\boxed{x = e^{-(c/2m)t}\left(Ae^{t\sqrt{(c/2m)^2 - k/m}} + Be^{-t\sqrt{(c/2m)^2 - k/m}}\right),} \tag{9.58}$$

onde A e B são constantes que são determinadas a partir das condições iniciais do sistema. O movimento representado pela Eq. (9.58) é caracterizado pelo decaimento de exponenciais, o sistema não vibra, e não há um período associado ao movimento (veja a Fig 9.28). Esse tipo de sistema é chamado de *superamortecido*.

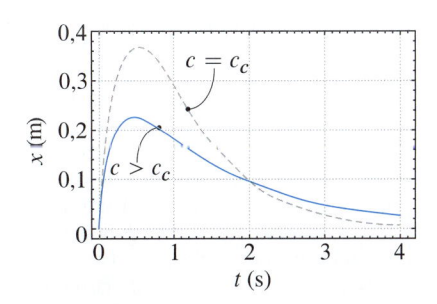

Figura 9.28
A posição do vagão em função do tempo após o seu impacto sobre a mola e o amortecedor. A curva azul é superamortecida com $c = 510.000$ N · s/m, e a curva cinza é criticamente amortecida com $c = c_c \approx 321.077$ N · s/m.

Sistema criticamente amortecido ($c = c_c$)

Quando $c = c_c$, o termo $(c/2m)^2 - k/m$ é zero. Assim $\lambda_1 = \lambda_2 = -c_c/2m$. Nesse caso, a solução geral da Eq. (9.51) é

$$x = (A + Bt)e^{-\omega_n t}, \qquad (9.59)$$

onde, novamente, A e B são constantes que são determinadas a partir das condições iniciais. Quando $c = c_c$, então c tem o menor valor para o qual não ocorre vibração e o sistema é chamado de *criticamente amortecido*. Referindo-se à Fig. 9.28, observe que um sistema criticamente amortecido se aproxima do equilíbrio mais rápido que um sistema superamortecido. Sistemas criticamente amortecidos são de grande interesse em aplicações de engenharia, uma vez que se aproximam do equilíbrio no menor tempo possível.

Sistema subamortecido ($c < c_c$)

Quando $c < c_c$, o termo $(c/2m)^2 - k/m$ é negativo. Assim, λ_1 e λ_2 são complexos, pois envolvem a raiz quadrada de uma quantidade negativa. Nesse caso, a solução geral da Eq. (9.51) é

$$x = e^{-(c/2m)t}(A \operatorname{sen} \omega_d t + B \cos \omega_d t), \qquad (9.60)$$

onde A e B são determinados a partir das condições iniciais e ω_d é a *frequência natural amortecida*, que é dada por

$$\omega_d = \sqrt{\frac{k}{m} - \left(\frac{c}{2m}\right)^2} = \omega_n\sqrt{1 - (c/c_c)^2}, \qquad (9.61)$$

e lembramos que $\omega_n = \sqrt{k/m}$, $c_c = 2m\omega_n$. Um sistema onde $c < c_c$ é chamado de *subamortecido*, e, para tal sistema, a Eq. (9.61) implica que ω_d é *sempre* menor que ω_n. Usando a definição de ω_d fornecido na Eq. (9.61), o *período de vibração amortecida* é dado por

$$\tau_d = 2\pi/\omega_d. \qquad (9.62)$$

Note que a solução para x trazida na Eq. (9.60) também pode ser escrita como

$$x = De^{-(c/2m)t}\operatorname{sen}(\omega_d t + \phi), \qquad (9.63)$$

onde D e ϕ são constantes determinadas pelas condições iniciais. A solução da Eq. (9.63) foi plotada na Fig. 9.29 utilizando os dados especificados na Fig. 9.26 e um valor de c que torna o sistema subamortecido.

Razão de amortecimento

Na prática, os três casos já discutidos são, muitas vezes, classificados em termos de um parâmetro adimensional chamado de *razão de amortecimento* ou *fator de amortecimento*, que normalmente é denotado pelo símbolo ζ (a letra grega zeta) e é definido como

$$\zeta = c/c_c. \qquad (9.64)$$

Usando ζ, a forma padrão do oscilador harmônico viscosamente amortecido na Eq. (9.51) é reescrita como

$$\ddot{x} + 2\zeta\omega_n x + \omega_n^2 x = 0. \qquad (9.65)$$

Fato interessante

Aterrissagem em um porta-aviões. Uma aeronave de um porta-aviões tem um gancho de cauda, que está ligado a uma barra de 2,4 m que se estende desde a parte traseira da aeronave. Quando a aeronave pousa no convés do porta-aviões, o gancho deve capturar e se prender em um dos quatro cabos de aço que estão esticados no convés.

Cada cabo de arrasto de 35 mm de espessura se conecta a um cilindro hidráulico embaixo do convés que funciona como um enorme amortecedor. Quando o gancho se prende em um dos cabos, o cabo puxa um pistão dentro de um cilindro hidráulico preenchido com fluido. À medida que o pistão se move ao longo do cilindro, o fluido hidráulico é forçado através de pequenos orifícios na extremidade do cilindro, que dissipa a energia cinética da aeronave. Esse sistema pode parar uma aeronave de 24.545 kg se deslocando a 240 km/h em menos de 106 m. Ele pode lidar com um pouso a cada 45 s.

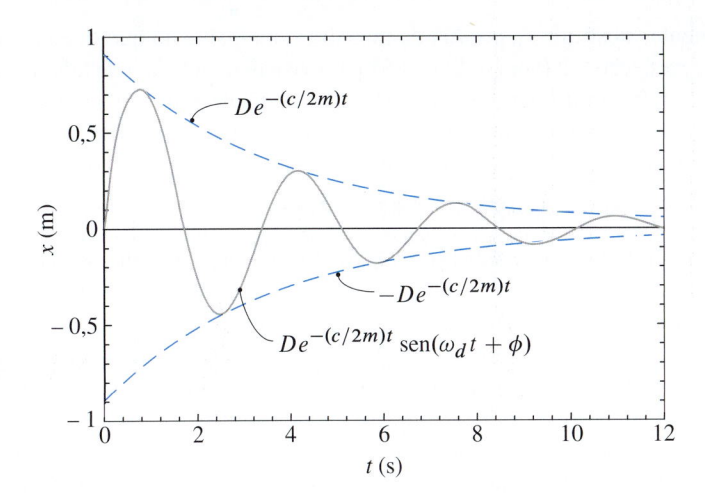

Figura 9.29 A posição do vagão em função do tempo após o seu impacto sobre a mola e o amortecedor. A curva cinza é a solução subamortecida para $c = 44.000$ N · s/m.

Sistema superamortecido ($\zeta > 1$). Em termos de ζ, um sistema superamortecido é caracterizado por $\zeta > 1$, e a solução geral da Eq. (9.58) é reescrita como

$$x = e^{-\zeta\omega_n t}\left(Ae^{\sqrt{\zeta^2-1}\,\omega_n t} + Be^{-\sqrt{\zeta^2-1}\,\omega_n t}\right). \tag{9.66}$$

Sistema criticamente amortecido ($\zeta = 1$). Em termos de ζ, um sistema criticamente amortecido é caracterizado por $\zeta = 1$, e a solução geral da Eq. (9.59) não muda.

Sistema subamortecido ($\zeta < 1$). Em termos de ζ, um sistema subamortecido é caracterizado por $\zeta < 1$, e as soluções das Eqs. (9.60) e (9.63) são reescritas como

$$x = e^{-\zeta\omega_n t}(A \operatorname{sen} \omega_d t + B \cos \omega_d t) = De^{-\zeta\omega_n t} \operatorname{sen}(\omega_d t + \phi), \tag{9.67}$$

respectivamente, onde, referindo-se à Eq. (9.61), ω_d é expressa em termos de ζ como

$$\boxed{\omega_d = \omega_n\sqrt{1-\zeta^2}.} \tag{9.68}$$

Vibração forçada com amortecimento viscoso

Aqui consideraremos o caso da vibração de um sistema com um grau de liberdade que é amortecido *e* forçado. Considere, por exemplo, o sistema simples mostrado na Fig. 9.30, em que apenas acrescentamos um amortecedor ao sistema da Fig. 9.16 da p. 693. A equação do movimento para esse sistema é dada por

$$\boxed{m\ddot{x} + c\dot{x} + kx = F_0 \operatorname{sen} \omega_0 t,} \tag{9.69}$$

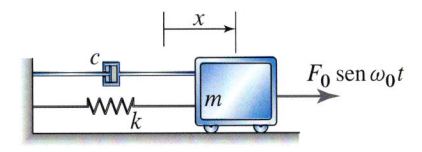

Figura 9.30
Um oscilador harmônico simples amortecido que é harmonicamente forçado.

onde x é medida a partir da posição de equilíbrio da massa. Usando a razão de amortecimento ζ, a Eq. (9.69) pode ser escrita como

$$\boxed{\ddot{x} + 2\zeta\omega_n\dot{x} + \omega_n^2 x = \frac{F_0}{m} \operatorname{sen} \omega_0 t.} \tag{9.70}$$

Se, em vez de a força harmônica ser aplicada a m, o apoio na Fig. 9.30 é deslocado harmonicamente de acordo com $Y \operatorname{sen} \omega_0 t$, não poderíamos sim-

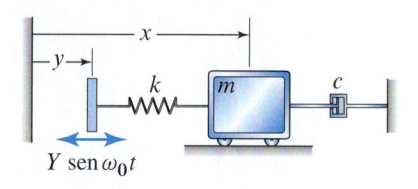

Figura 9.31
Deslocamento harmônico do apoio de um oscilador harmônico com amortecimento viscoso.

plesmente substituir F_0 por kY, de maneira semelhante ao que fizemos na Eq. (9.47) na Seção 9.2 (veja o Prob. 9.55 para visualizar a forma de lidar com essa situação). Por outro lado, se o amortecedor permanece ligado a um apoio fixo e deslocamos harmonicamente o apoio no qual a mola está ligada (veja a Fig. 9.31), então a equação do movimento é da forma

$$m\ddot{x} + c\dot{x} + kx = kY \operatorname{sen} \omega_0 t, \quad (9.71)$$

de forma que *podemos* substituir F_0 por kY em todas as soluções correspondentes.

Como foi com o caso da vibração forçada não amortecida na Seção 9.2, a solução da Eq. (9.69) ou da Eq. (9.70) é a soma da solução complementar com uma solução particular. Como um lembrete, a solução complementar x_c é a solução para a equação homogênea associada, que é a Eq. (9.51) e para a qual encontramos que a solução depende do nível de amortecimento (ou seja, se c é maior, igual ou menor que o amortecimento crítico c_c). Independentemente do nível de amortecimento, essa solução complementar desaparecerá com o tempo, e, assim, sua contribuição é *transiente* (veja a p. 694). Como discutido na Seção 9.2 da p. 694, a vibração forçada associada a uma solução particular x_p existirá enquanto a força existir e é, portanto, uma *vibração de estado estacionário*. Uma vez que já encontramos a solução complementar, será na solução particular que nos focaremos aqui.

Tal como acontece com a vibração forçada não amortecida, a resposta de um sistema forçado amortecido também deve assemelhar-se à força. Portanto, assumiremos uma solução particular de quaisquer das formas seguintes

$$x_p = A \operatorname{sen} \omega_0 t + B \cos \omega_0 t = D \operatorname{sen}(\omega_0 t - \phi), \quad (9.72)$$

onde, na primeira expressão, A e B são constantes a determinar e, na segunda expressão, D e ϕ são constantes a determinar e D é considerado uma grandeza positiva.[11] Embora qualquer uma dessas expressões possa ser utilizada, a última fornece um resultado mais facilmente interpretável, uma vez que a amplitude D e a fase ϕ são imediatamente aparentes, e, por isso, iremos usá-la e proceder à determinação de D e ϕ. Substituindo a segunda expressão para x_p da Eq. (9.72) na Eq. (9.69), obtemos

$$-Dm\omega_0^2 \operatorname{sen}(\omega_0 t - \phi) + Dc\omega_0 \cos(\omega_0 t - \phi) + Dk \operatorname{sen}(\omega_0 t - \phi)$$
$$= F_0 \operatorname{sen} \omega_0 t. \quad (9.73)$$

Usando as identidades trigonométricas $\operatorname{sen}(\alpha - \beta) = \operatorname{sen} \alpha \cos \beta - \cos \alpha \operatorname{sen} \beta$ e $\cos(\alpha - \beta) = \cos \alpha \cos \beta + \operatorname{sen} \alpha \cos \beta$ e coletando termos, obtemos

$$D(-m\omega_0^2 \cos \phi + c\omega_0 \operatorname{sen} \phi + k \cos \phi) \operatorname{sen} \omega_0 t$$
$$+ D(m\omega_0^2 \operatorname{sen} \phi + c\omega_0 \cos \phi - k \operatorname{sen} \phi) \cos \omega_0 t = F_0 \operatorname{sen} \omega_0 t. \quad (9.74)$$

Como essa equação deve ser verdadeira para todo tempo, podemos igualar os coeficientes de $\omega_0 t$ e $\cos \omega_0 t$ para obter duas equações para as incógnitas D e ϕ. Fazer isso para $\cos \omega_0 t$ nos permite resolver para $\operatorname{tg} \phi$ como

$$\operatorname{tg} \phi = \frac{c\omega_0}{k - m\omega_0^2} = \frac{2(c/c_c)(\omega_0/\omega_n)}{1 - (\omega_0/\omega_n)^2} = \frac{2\zeta \omega_0/\omega_n}{1 - (\omega_0/\omega_n)^2}, \quad (9.75)$$

---
[11] Na Eq. (9.72), utilizamos uma função seno da forma $\operatorname{sen}(\omega_0 t - \phi)$ em vez de $\operatorname{sen}(\omega_0 t + \phi)$, pois resulta em uma expressão mais conveniente para $\operatorname{tg} \phi$.

onde as definições de ω_n, c_c e ζ na Eq. (9.4), Eq. (9.57) e Eq. (9.64), respectivamente, foram utilizadas. O ângulo de fase ϕ, que é plotado na Fig. 9.32 em função da relação entre frequências ω_0/ω_n para diferentes valores de ζ, representa o quanto de um ciclo pelo qual a resposta do sistema atrasa a força aplicada a ele. Igualando os coeficientes de $\omega_0 t$, obtemos

$$D = \frac{F_0/\cos\phi}{k - m\omega_0^2 + c\omega_0 \text{ tg }\phi} = \frac{F_0/\cos\phi}{c\omega_0/\text{tg }\phi + c\omega_0 \text{ tg }\phi}, \quad (9.76)$$

onde, para obter a segunda expressão para D, usamos a Eq. (9.75). Agora, multiplicando o numerador e o denominador por tg ϕ e lembrando que $1 + \text{tg}^2\phi = 1/\cos^2\phi$, obtemos

$$D = \frac{F_0 \text{ sen }\phi}{c\omega_0} = \frac{F_0}{c\omega_0}\left\{\frac{2\zeta\omega_0/\omega_n}{\sqrt{[1-(\omega_0/\omega_n)^2]^2 + (2\zeta\omega_0/\omega_n)^2}}\right\}, \quad (9.77)$$

onde usamos a identidade trigonométrica se $\alpha = \text{tg}^{-1} x$, então sen $\alpha = x/\sqrt{1+x^2}$. Novamente usando as definições de ω_n, c_c e ζ como acima, D simplifica-se para

$$\boxed{D = \frac{F_0/k}{\sqrt{[1-(\omega_0/\omega_n)^2]^2 + (2\zeta\omega_0/\omega_n)^2}}.} \quad (9.78)$$

Agora que temos a solução particular, como foi feito na Seção 9.2, definiremos um *fator de amplificação* para um oscilador amortecido forçado harmonicamente como a relação da amplitude de vibração de estado estacionário D para a deflexão estática F_0/k, obtendo assim

$$\boxed{\text{MF} = \frac{D}{F_0/k} = \frac{1}{\sqrt{[1-(\omega_0/\omega_n)^2]^2 + (2\zeta\omega_0/\omega_n)^2}}.} \quad (9.79)$$

Um gráfico do MF é mostrado na Fig. 9.33 para vários valores da razão de amortecimento ζ. A Fig. 9.33 ilustra algumas características importantes do comportamento de um oscilador amortecido forçado harmonicamente:

- A magnitude da oscilação pode ser pequena de dois modos: mantendo a frequência da força ω_0 longe da frequência natural e/ou aumentando a quantidade de amortecimento, ou seja, incrementando ζ.
- Conforme a quantidade de amortecimento é incrementada, o pico no MF move-se mais para a esquerda longe de $\omega_0/\omega_n = 1$. O pico para qualquer valor dado de ζ pode ser encontrado por meio da técnica usual do cálculo para encontrar o valor máximo de uma função (veja o Prob. 9.52).
- Comparando a Fig. 9.33 com a Fig. 9.17, observamos que o efeito do amortecimento, embora bastante perceptível perto da frequência de ressonância, torna-se muito pequeno para valores de ω_0/ω_n distantes de 1.

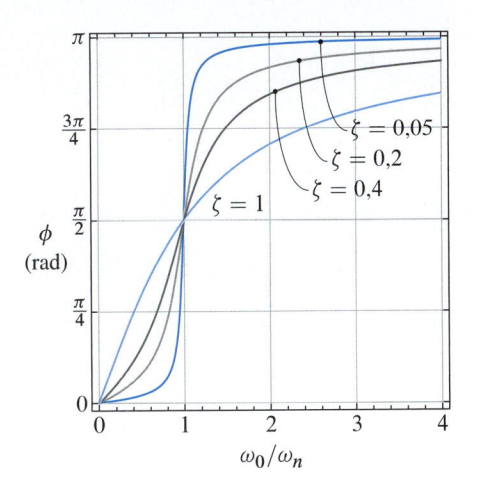

Figura 9.32
O ângulo de fase ϕ em função da relação entre frequências ω_0/ω_n.

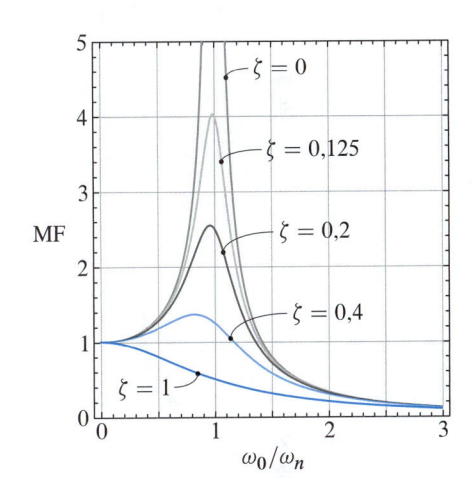

Figura 9.33
O MF em função da relação entre frequências ω_0/ω_n para vários valores da razão de amortecimento ζ.

Resumo final da seção

Vibração livre com amortecimento viscoso. A forma padrão da equação do movimento para um oscilador harmônico com amortecimento viscoso de um grau de liberdade é

Eq. (9.51), p. 705
$$m\ddot{x} + c\dot{x} + kx = 0,$$

onde m é a massa, c é o *coeficiente de amortecimento viscoso* e k é a constante da mola linear. A característica da solução para essa equação depende da quantidade de amortecimento em relação a uma quantidade específica de amortecimento chamada de *coeficiente de amortecimento crítico*, que é definido como

Eq. (9.57), p. 705
$$c_c = 2m\sqrt{\frac{k}{m}} = 2m\omega_n,$$

onde $\omega_n = \sqrt{k/m}$. Em particular, se $c \geq c_c$, então o movimento é não oscilatório, mas, se $c < c_c$, então o movimento é oscilatório. Quando $c > c_c$, o sistema é chamado de *superamortecido*, e a solução é dada por

Eq. (9.58), p. 705
$$x = e^{-(c/2m)t}\left(Ae^{t\sqrt{(c/2m)^2 - k/m}} + Be^{-t\sqrt{(c/2m)^2 - k/m}}\right),$$

onde A e B são constantes a serem determinadas a partir das condições iniciais. Quando $c = c_c$, o sistema é chamado de *criticamente amortecido*, e a solução é dada por

Eq. (9.59), p. 706
$$x = (A + Bt)e^{-\omega_n t},$$

onde, novamente, A e B são constantes a serem determinadas a partir das condições iniciais. Finalmente, quando $c < c_c$, o sistema é chamado de *subamortecido*, e a solução é dada por

Eq. (9.60), p. 706
$$x = e^{-(c/2m)t}(A \operatorname{sen} \omega_d t + B \cos \omega_d t),$$

ou, equivalentemente, por

Eq. (9.63), p. 706
$$x = De^{-(c/2m)t}\operatorname{sen}(\omega_d t + \phi),$$

onde A e B são constantes a serem determinadas a partir das condições iniciais na primeira solução, D e ϕ são constantes análogas na segunda solução e ω_d é a *frequência natural amortecida*, que é dada por

> Eq. (9.61), p. 706, e Eq. (9.68), p. 707
>
> $$\omega_d = \sqrt{\frac{k}{m} - \left(\frac{c}{2m}\right)^2} = \omega_n\sqrt{1 - (c/c_c)^2} = \omega_n\sqrt{1 - \zeta^2},$$

onde $\zeta = c/c_c$ é a *razão de amortecimento*.

Vibração forçada com amortecimento viscoso. A forma padrão de um oscilador com amortecimento viscoso forçado harmonicamente é

> Eq. (9.69), p. 707
>
> $$m\ddot{x} + c\dot{x} + kx = F_0 \operatorname{sen} \omega_0 t,$$

onde F_0 é a amplitude da função de força e ω_0 é a frequência da função de força. Quando expresso utilizando a razão de amortecimento ζ, a equação acima toma a forma

> Eq. (9.70), p. 707
>
> $$\ddot{x} + 2\zeta\omega_n\dot{x} + \omega_n^2 x = \frac{F_0}{m} \operatorname{sen} \omega_0 t.$$

A solução geral para qualquer uma dessas equações é a soma da solução complementar com uma solução particular. A solução complementar é transiente; ou seja, desaparece à medida que se aumenta o tempo. A solução particular ou solução de estado estacionário é da forma

> Eq. (9.72), p. 708
>
> $$x_p = D \operatorname{sen}(\omega_0 t - \phi),$$

onde ϕ e D são dadas por

> Eq. (9.75), p. 708, e Eq. (9.78), p. 709
>
> $$\operatorname{tg}\phi = \frac{c\omega_0}{k - m\omega_0^2} = \frac{2(c/c_c)(\omega_0/\omega_n)}{1 - (\omega_0/\omega_n)^2} = \frac{2\zeta\omega_0/\omega_n}{1 - (\omega_0/\omega_n)^2},$$
>
> $$D = \frac{F_0/k}{\sqrt{[1 - (\omega_0/\omega_n)^2]^2 + (2\zeta\omega_0/\omega_n)^2}}.$$

O *fator de amplificação* para um oscilador amortecido forçado harmonicamente é

> Eq. (9.79), p. 709
>
> $$\text{MF} = \frac{D}{F_0/k} = \frac{1}{\sqrt{[1 - (\omega_0/\omega_n)^2]^2 + (2\zeta\omega_0/\omega_n)^2}},$$

cujo gráfico é mostrado na Fig. 9.34 para vários valores da razão de amortecimento ζ.

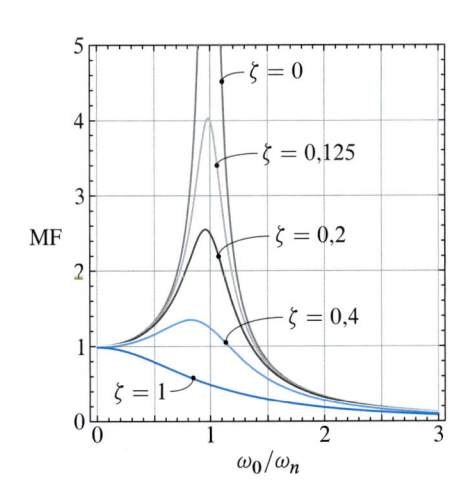

Figura 9.34
Figura 9.33 repetida. O MF em função da relação entre frequências ω_0/ω_n para vários valores da razão de amortecimento ζ.

EXEMPLO 9.5 Vibração livre criticamente amortecida de uma cancela

O carrossel na Fig. 1 tem uma cancela, como mostrado na Fig. 2, que é usada para contagem de pessoas que entram nele. A cancela tem uma mola de torção elástica linear de rigidez k e um amortecedor de torção de constante c no pino O que controla como ela retorna para a posição fechada depois de ser aberta. Determine k e c para que a cancela seja criticamente amortecida e retorne dentro dos limites de $\theta = 4°$ da posição fechada em menos de 2,5 s após sair do repouso em $\theta = 80°$. Modele a cancela como uma barra fina de massa m_b e comprimento L com uma massa pontual m em sua extremidade. Despreze o atrito no pino O, bem como a resistência do ar.

Figura 1
Um carrossel com uma cancela para contagem de pessoas.

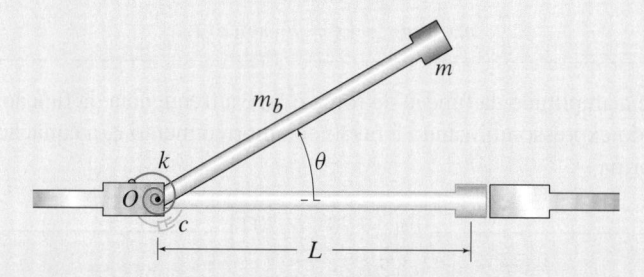

Figura 2 Uma cancela de um carrossel para a qual $L = 1$ m, a massa da barra fina é 1,8 kg e a massa da massa pontual é 1,36 kg. A cancela encontra-se no plano horizontal.

SOLUÇÃO

Roteiro e modelagem Primeiramente, precisamos obter a equação do movimento para a cancela na forma padrão da Eq. (9.51), utilizando o DCL do braço mostrado na Fig. 3. Uma vez que temos a equação do movimento, pois queremos que o sistema seja criticamente amortecido e sabemos suas condições iniciais, podemos encontrar a sua resposta usando a Eq. (9.59). A partir da resposta, podemos determinar o valor de k necessário para obter o braço fechado no tempo necessário e então usá-lo para encontrar o c necessário para amortecer criticamente o braço.

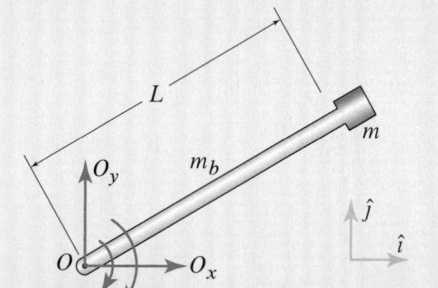

Figura 3
DCL da cancela do carrossel da Fig. 2.

Equações fundamentais

Princípios de equilíbrio Somando os momentos sobre o ponto O, obtemos

$$\sum M_O: \quad -M_s - M_d = I_O \alpha_{\text{cancela}} \quad (1)$$

onde M_s é o momento de restauração devido à mola, M_d é o momento de amortecimento devido ao amortecedor e α_{cancela} é a aceleração angular da cancela. O momento de inércia de massa da cancela em relação a O é calculado como

$$I_O = mL^2 + \tfrac{1}{12}m_b L^2 + m_b(L/2)^2 = \left(\tfrac{1}{3}m_b + m\right)L^2. \quad (2)$$

Leis da força As leis do momento para a mola e o amortecedor são

$$M_s = k\theta \quad \text{e} \quad M_d = c\dot{\theta}. \quad (3)$$

Equações cinemáticas A aceleração angular da cancela pode ser escrita em termos de θ como $\alpha_{\text{cancela}} = \ddot{\theta}$.

Cálculos Substituindo a relação cinemática bem como a Eq. (2) e (3) na Eq. (1) e reorganizando, obtemos a equação do movimento da cancela como

$$\left(\tfrac{1}{3}m_b + m\right)L^2 \ddot{\theta} + c\dot{\theta} + k\theta = 0. \quad (4)$$

Isso implica que a frequência natural ω_n é dada por

$$\omega_n = \sqrt{\frac{k}{\left(\frac{1}{3}m_b + m\right)L^2}} = 0{,}7143\sqrt{k} \text{ rad/s}. \tag{5}$$

Para determinar k, iremos impor a condição de que a cancela esteja dentro de 4° da posição fechada em 2,5 s ou menos para a solução de Eq. (4), que é dada por $\theta = (A + Bt)e^{-\omega_n t}$. Contudo, primeiramente temos de encontrar A e B. Impondo a condição de que $\theta(0) = 80° = 1{,}396$ rad, obtemos

$$\theta(0) = A = 1{,}396 \text{ rad}. \tag{6}$$

Temos agora que impor a condição de que $\dot{\theta}(0) = 0$ rad/s, o que fornece

$$\dot{\theta} = Be^{-\omega_n t} + (A + Bt)(-\omega_n e^{-\omega_n t}) \quad \Rightarrow \quad \dot{\theta}(0) = B - A\omega_n = 0$$

$$\Rightarrow \quad B = 1{,}396\omega_n. \tag{7}$$

Substituindo as Eqs. (5)-(7) na solução criticamente amortecida por θ, obtemos

$$\theta = (1{,}396 + 0{,}9972t\sqrt{k})e^{-0{,}7143t\sqrt{k}}. \tag{8}$$

Para obter k, declaramos que queremos $\theta(2{,}5) = 4° = 0{,}06981$ rad, o que fornece

$$0{,}06981 = (1{,}396 + 2{,}493\sqrt{k})e^{-1{,}7858\sqrt{k}}, \tag{9}$$

que é uma equação transcendental para k. Essa equação pode ser resolvida usando-se quase qualquer pacote de software matemático. Resolvendo a Eq. (9), obtemos

$$\boxed{k = 7{,}06 \text{ N} \cdot \text{m/rad}.} \tag{10}$$

Agora que temos k, a condição para o amortecimento crítico na Eq. (9.57) nos mostra que o coeficiente de amortecimento deve ser dado por

$$c_c = 2\left(\tfrac{1}{3}m_b + m\right)L^2\omega_n \quad \Rightarrow \quad \boxed{c_c = 7{,}44 \text{ N}\cdot\text{m}\cdot\text{s}.} \tag{11}$$

Um gráfico da solução da Eq. (8) (utilizando k da Eq. (10)) pode ser encontrado na Fig. 4.

Discussão e verificação As dimensões de cada uma das duas constantes de torção encontradas nas Eqs. (10) e (11) são como deveriam ser.

🔍 **Um olhar mais atento** Note que a cancela poderia retornar para a posição fechada ainda mais rapidamente aumentando o valor de k (compare as curvas para dois valores diferentes de k na Fig. 4). Infelizmente, isso tem consequências potencialmente indesejáveis. Referindo-se à Fig. 5, vemos que valores maiores de k resultam em uma velocidade angular da cancela maior para *todo* valor de θ. Isso significa que, se alguém passar pela cancela antes que ela se feche, receberá um impacto mais forte da cancela (compare $\dot{\theta}$ nos pontos A e B na Fig. 5). Além disso, referindo-se à Eq. (11), vemos que valores maiores de k significam que o coeficiente de amortecimento deve ser maior para atingir o amortecimento crítico. Isso provavelmente implica que o mecanismo de amortecimento deve ser mais robusto e mais caro.

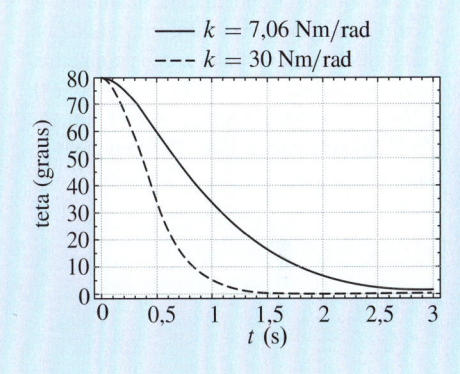

Figura 4
Gráfico da resposta da cancela para dois valores diferentes da constante de torção da mola.

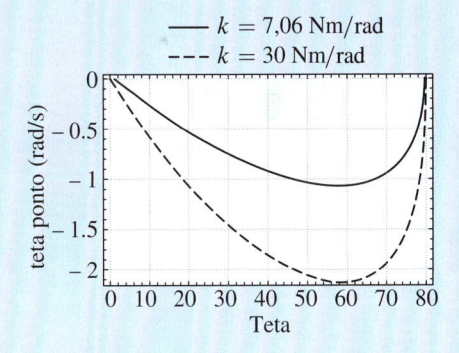

Figura 5
Gráfico da velocidade angular da cancela $\dot{\theta}$ em função da sua posição θ para dois valores diferentes da constante de torção da mola.

EXEMPLO 9.6 Resposta e MF para uma massa desbalanceada em rotação

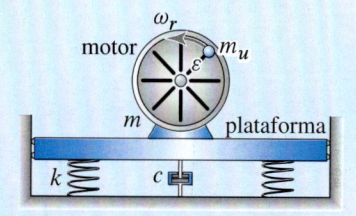

Figura 1
Um motor desbalanceado em uma plataforma que está apoiada elasticamente, e cujo movimento vertical é suavizado por amortecedores. Os valores dos parâmetros do sistema são $m = 55$ kg, $k = 420.000$ N/m, $c = 4000$ N · s/m, $\varepsilon = 150$ mm, $\omega_r = 1200$ rpm e m_u é 10 g, 100 g ou 1000 g.

Se adicionarmos amortecedores em paralelo com as molas que estão apoiando a plataforma do motor desbalanceado que estudamos na Seção 9.2, obtemos o sistema mostrado na Fig. 1. Assumiremos que todas as molas fornecem uma constante de mola total k, os amortecedores proporcionam um coeficiente de amortecimento total c e a massa combinada do motor e da plataforma é m. Com base nessas definições e referindo-se à Seção 9.2, podemos mostrar que a equação de movimento para o motor desbalanceado é (veja o Prob. 9.54)

$$\ddot{y} + 2\zeta\omega_n \dot{y} + \omega_n^2 y = \frac{m_u \varepsilon \omega_r^2}{m} \operatorname{sen} \omega_r t, \tag{1}$$

onde y é a posição vertical do motor medido a partir da sua posição de equilíbrio estático, m_u é a massa excêntrica (m inclui m_u), ε é a distância da massa desbalanceada em relação ao eixo do rotor e ω_r é a velocidade angular do rotor. Usando $c = 4000$ N · s/m, determine e plote a solução de estado estacionário, usando os parâmetros indicados no Exemplo 9.4. Além disso, determine e plote o MF para o motor desbalanceado e compare-o com o MF mostrado na Fig. 9.33, que se aplica a Eq. (9.70).

SOLUÇÃO

Roteiro e modelagem Sabemos que a solução de estado estacionário para uma equação da forma da Eq. (1) é dada pelas Eqs. (9.72), (9.75) e (9.78). Portanto, temos de interpretar a amplitude da força sobre o lado direito da Eq. (1) nesse contexto para obter a solução de estado estacionário. O MF é encontrado a partir da amplitude da solução de estado estacionário, assim, olharemos para a expressão para D que obtemos com a Eq. (9.78) após interpretar o lado direito da Eq. (1). Uma vez que escrevemos a amplitude em função de ω_r/ω_n e ζ, teremos o MF desejado.

Equações fundamentais Como discutido acima, a solução de estado estacionário é dada pela Eq. (9.72), ou seja,

$$y_{ss} = D \operatorname{sen}(\omega_r t - \phi), \tag{2}$$

onde D é dado pela Eq. (9.78), ou seja,

$$D = \frac{F_0/k}{\sqrt{[1-(\omega_0/\omega_n)^2]^2 + (2\zeta\omega_0/\omega_n)^2}}, \tag{3}$$

e ϕ é dado pela Eq. (9.75), ou seja,

$$\operatorname{tg} \phi = \frac{c\omega_0}{k - m\omega_0^2} = \frac{2\zeta\omega_0/\omega_n}{1 - (\omega_0/\omega_n)^2}, \tag{4}$$

em que $\omega_n = \sqrt{k/m} = 87{,}39$ rad/s e $\zeta = c/(2m\omega_n) = 0{,}4161$. Comparando a Eq. (1) com a Eq. (9.70) da p. 707, vemos que

$$\omega_0 = \omega_r \quad \text{e} \quad F_0 = m_u \varepsilon \omega_r^2. \tag{5}$$

Cálculo A solução de estado estacionário é encontrada agora substituindo as Eqs. (3)-(5) na Eq. (2). Fazendo isso e substituindo em todos os parâmetros indicados, encontramos

$$\boxed{y_{ss} = 0{,}00352 m_u \operatorname{sen}(125{,}7t + 0{,}842) \text{ m,}} \tag{6}$$

que é plotada na Fig. 2 para os três valores dados de m_u.

Para encontrar o MF, substituímos as Eqs. (5) na Eq. (3) para obter

$$D = \frac{m_u \varepsilon \omega_r^2/k}{\sqrt{[1-(\omega_r/\omega_n)^2]^2 + (2\zeta\omega_r/\omega_n)^2}}. \tag{7}$$

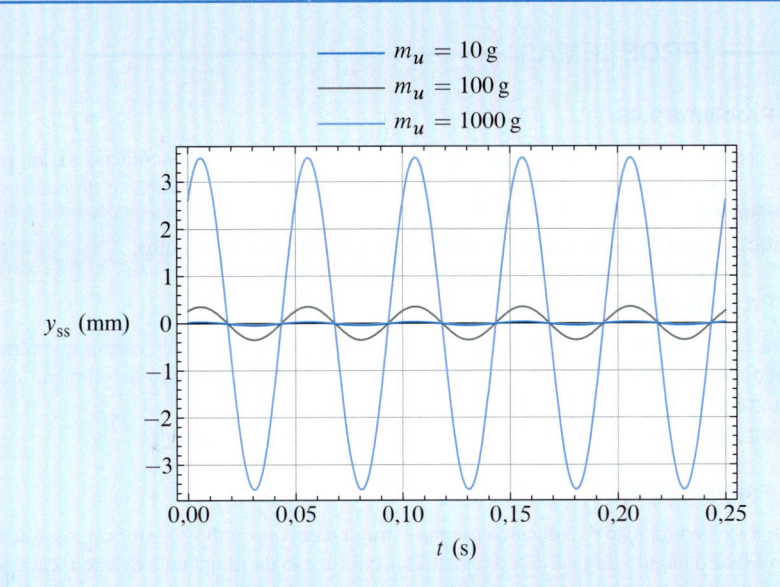

Figura 2 A solução de estado estacionário do motor desbalanceado para três valores diferentes da massa desbalanceada m_u.

Focando-se no numerador, vemos que podemos escrevê-lo como

$$\frac{m_u \varepsilon \omega_r^2}{k} = \frac{m_u \varepsilon \omega_r^2}{k} \frac{m}{m} = \frac{m_u \varepsilon}{m} \frac{m}{k} \omega_r^2 = \frac{m_u \varepsilon}{m} \frac{\omega_r^2}{\omega_n^2}, \tag{8}$$

onde, para obter a última igualdade, usamos o fato de que $m/k = 1/\omega_n^2$. Substituindo a Eq. (8) na Eq. (7) e passando $m_u \varepsilon / m$ para o lado esquerdo, obtemos o MF como

$$\boxed{\text{MF} = \frac{mD}{m_u \varepsilon} = \frac{(\omega_r/\omega_n)^2}{\sqrt{[1-(\omega_r/\omega_n)^2]^2 + (2\zeta \omega_r/\omega_n)^2}},} \tag{9}$$

cujo gráfico é mostrado na Fig. 3 para vários valores de ζ.

Discussão e verificação Uma análise cuidadosa da resposta de estado estacionário dada na Eq. (2), com as Eqs. (3)-(5) substituídas nela, revela que ela possui dimensão de comprimento como deveria ser. Além disso, podemos ver na Fig. 2 que, ao aumentar a quantidade de massa desbalanceada m_u, aumenta a amplitude de oscilação como esperado. O MF na Eq. (9) é adimensional, como deveria ser.

🔍 **Um olhar mais atento** Comparando a Fig. 3 com a Fig. 9.33 da p. 709, vemos que, para forças de baixas frequências:

- Quando um oscilador harmônico é forçado pela aplicação da força diretamente na massa, a massa segue a força (MF → 1 na Fig. 9.33).
- Quando um oscilador harmônico é forçado por uma massa desbalanceada interna em rotação, a massa praticamente não se move (MF → 0 na Fig. 3).

Para forças de altas frequências:

- Quando um oscilador harmônico é forçado pela aplicação da força diretamente na massa, a massa praticamente não se move (MF → 0 na Fig. 9.33).
- Quando um oscilador harmônico é forçado por uma massa desbalanceada interna em rotação, a massa se move com a força (MF → 1 na Fig. 3).

Essas observações estão de acordo com a nossa intuição sobre o comportamento desses sistemas.

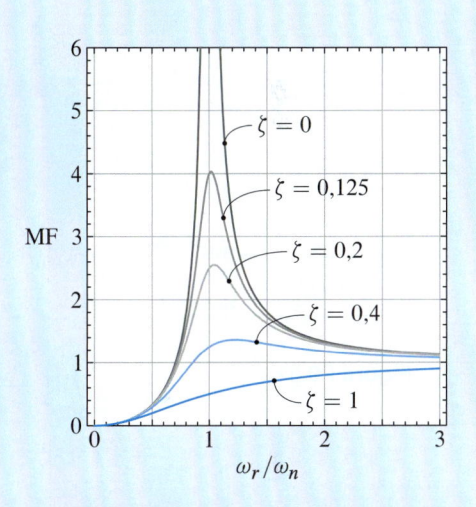

Figura 3
O MF do motor desbalanceado em função da relação entre frequências ω_r/ω_n para vários valores da razão de amortecimento ζ.

PROBLEMAS

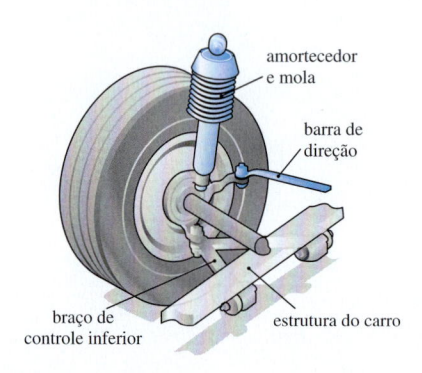

Figura P9.48

💡 Problema 9.48 💡

No projeto de um suporte de suspensão MacPherson, o que você escolheria para a razão de amortecimento ζ? Explique sua resposta em termos da vibração e do conforto automotivo.

Nota: Problemas conceituais são sobre *explicações*, não sobre cálculos.

💡 Problema 9.49 💡

Para sistemas idênticos, um com amortecimento e o outro sem, você espera que o período de vibração amortecida seja maior, menor ou igual ao período de vibração não amortecida? Explique sua resposta.

Nota: Problemas conceituais são sobre *explicações*, não sobre cálculos.

💡 Problema 9.50 💡

Um teste de vibração é realizado em uma estrutura, em que ambos o fator de amplificação MF e o ângulo de fase ϕ são registrados em função da frequência de excitação ω_0. Após o teste, descobriu-se que, por algum motivo infeliz, o registro dos dados do fator de amplificação está danificado de forma que somente os dados do ângulo de fase estão disponíveis para análise. É possível determinar a frequência de ressonância a partir dos dados disponíveis? O que se pode inferir sobre a quantidade de amortecimento no sistema a partir dos dados de fase?

Nota: Problemas conceituais são sobre *explicações*, não sobre cálculos.

Problema 9.51

Suponha que a equação do movimento de um oscilador harmônico amortecido forçado é dada por $\ddot{x} + 2\zeta\omega_n\dot{x} + \omega_n^2 x = (F_0/m)\cos\omega_0 t$, onde x é medido a partir da posição de equilíbrio do sistema. Obtenha a expressão para a amplitude da resposta de estado estacionário do oscilador e compare com a expressão apresentada na Eq. (9.78) (que é para um sistema com equação do movimento $\ddot{x} + 2\zeta\omega_n\dot{x} + \omega_n^2 x = (F_0/m)\operatorname{sen}\omega_0 t$).

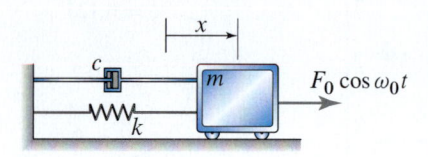

Figura P9.51

Problema 9.52

Derive a Eq. (9.79) em relação a ω_0/ω_n e defina o resultado igual a zero para determinar a frequência ω_0 em que os picos na curva do MF ocorrem em função de ζ e ω_n. Use esse resultado para mostrar que o pico sempre ocorre em $\omega_0/\omega_n \leq 1$. Por fim, determine o valor de ζ para o qual o MF não tenha pico.

Problema 9.53

Calcule a resposta descrita pelas equações listadas abaixo, em que x é medido em pés e o tempo é medido em segundos.

(a) $75\ddot{x} + 150\dot{x} + 1500x = 0$, com $x(0) = 30$ e $\dot{x}(0) = -30$
(b) $40\ddot{x} + 200\dot{x} + 160x = 0$, com $x(0) = 0$ e $\dot{x}(0) = 150$
(c) $15\ddot{x} + 150\dot{x} + 375x = 0$, com $x(0) = 45$ e $\dot{x}(0) = 0$
(d) $350\ddot{x} + 2800\dot{x} + 21000x = 0$, com $x(0) = 3$ e $\dot{x}(0) = 0$

Problema 9.54

Obtenha a equação de movimento dada na Eq. (1) do Exemplo 9.6 para o sistema naquele exemplo. A variável independente y é medida a partir da posição de equilíbrio do sistema, m é a massa do motor e da plataforma, c é o coeficiente de amortecimento total dos amortecedores, k é a constante total das molas elásticas lineares, ω_r é a velocidade angular do rotor desbalanceado, ε é a distância da massa excêntrica a partir do eixo do rotor e m_u é a massa excêntrica. Note que m *inclui* a massa excêntrica de forma que a massa não rotacional seja igual a $m - m_u$.

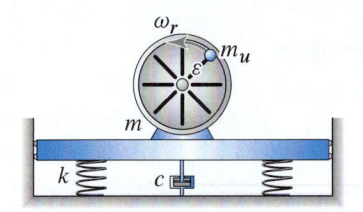

Figura P9.54

Problema 9.55

A massa m é unida ao suporte A, que está se deslocando harmonicamente conforme $y = Y \operatorname{sen} \omega_0 t$, pela mola elástica linear de constante k e pelo amortecedor de constante c.

(a) Derive a equação de movimento usando x como variável independente e explique de que maneira a equação do movimento resultante não está na forma da Eq. (9.71).

(b) Em seguida, considere $z = x - y$ e substitua-o na equação do movimento encontrada na parte (a). Depois, mostre que você obteve uma equação de movimento em z que é da mesma forma que a Eq. (9.71).

(c) Encontre a solução de estado estacionário para a equação do movimento encontrada na parte (b) e, depois, usando-a, determine a solução de estado estacionário para x.

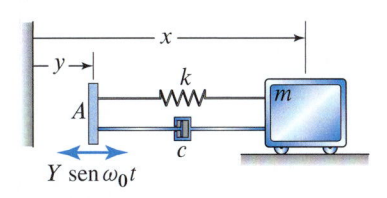

Figura P9.55

Problema 9.56

Um módulo com componentes eletrônicos sensíveis é montado em um painel que vibra devido à excitação de um gerador a diesel nas proximidades. Para evitar a falha por fadiga, o módulo é colocado em fixações que absorvem a vibração. O deslocamento do painel é medido como sendo $y_p(t) = y_0 \operatorname{sen} \omega_0 t$, onde $y_0 = 0{,}001$ m, $\omega_0 = 300$ rad/s e o tempo t é medido em segundos. Considerando que a massa do módulo eletrônico é $m = 0{,}5$ kg, calcule a amplitude de vibração do módulo se os coeficientes de rigidez e de amortecimento equivalentes para todas as fixações combinadas são $k = 10.000$ N/m e $c = 40$ N · s/m, respectivamente.

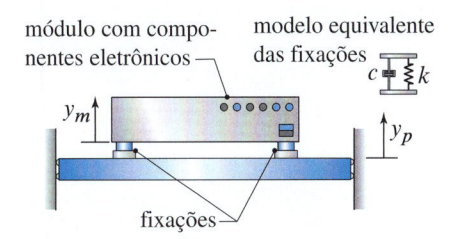

Figura P9.56

Problema 9.57

Um braço de disco rígido sofre vibração induzida pelo fluxo causada pelos vórtices de ar produzidos por um prato que gira a $\omega_0 = 10.000$ rpm. O braço tem comprimento $L = 0{,}037$ m e massa $m = 0{,}00075$ kg, e é feito de alumínio com um módulo de elasticidade $E = 70$ GPa. Além disso, suponha que a seção transversal do braço tenha um momento de inércia da área de $I_{cs} = 8{,}5 \times 10^{-14}$ m^4. Seguindo os passos do Exemplo 9.2 na p. 682, o braço pode ser modelado como uma haste rígida que é conectada por um pino a uma extremidade e é restrita por uma mola de torção com uma constante de mola equivalente $k_t = 3\, EI_{cs}/L$. Além da mola de torção, suponha que o movimento do braço é afetado por um amortecedor de torção com um coeficiente de amortecimento de torção c_t. Supondo que a razão de amortecimento é $\zeta = 0{,}02$ e que os vórtices produzem uma força aerodinâmica com a mesma frequência que a rotação do prato, determine a amplitude da força aerodinâmica necessária para causar uma amplitude de vibração de estado estacionário de 0,0001 m na ponta do braço. Suponha que a força aerodinâmica é aplicada no ponto médio B do disco rígido. Qual é a amplitude de vibração que resultará se a mesma excitação é aplicada a uma montagem do braço de disco rígido com a razão de amortecimento de 0,05?

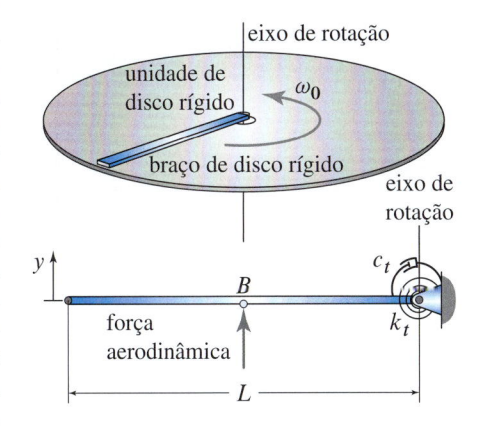

Figura P9.57

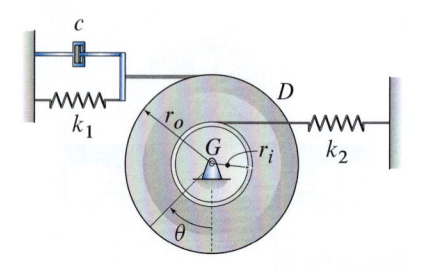

Figura P9.58

Problema 9.58

O mecanismo consiste em um disco D preso por um pino em G, que é tanto o centro geométrico do disco quanto seu centro de massa. A circunferência externa do disco tem raio $r_o = 0{,}1$ m e está ligada a um elemento constituído de uma mola linear com rigidez $k_1 = 100$ N/m em paralelo com um amortecedor com coeficiente de amortecimento $c = 50$ N · s/m. O disco tem um cubo de raio $r_i = 0{,}05$ m que está conectado a uma mola linear com constante $k_2 = 350$ N/m. Sabendo-se que, para $\theta = 0$, o disco está em equilíbrio estático e o momento de inércia de massa do disco é $I_G = 0{,}001$ kg · m^2, obtenha a equação do movimento linearizada do disco em termos de θ. Além disso, calcule o movimento vibracional resultante se o sistema é liberado a partir do repouso com um deslocamento angular inicial $\theta_i = 0{,}05$ rad.

Problema 9.59

Uma caixa de massa 0,75 kg é colocada em uma balança, fazendo tanto a balança quanto a caixa se mover verticalmente para baixo a uma velocidade inicial de 0,5 m/s. Antes de a caixa pousar sobre a balança, ela está em equilíbrio. A massa total da plataforma móvel da balança e da caixa é $m = 1{,}25$ kg. Modelando o apoio da plataforma como uma mola e um amortecedor com rigidez $k = 1000$ N/m e coeficiente de amortecimento $c = 70{,}7$ N · s/m, encontre a resposta da balança. *Dica:* Coloque a origem do eixo y na posição da plataforma correspondente à configuração de equilíbrio da plataforma e da caixa juntas.

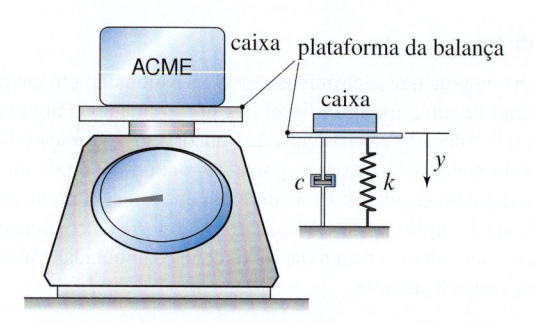

Figura P9.59

Problema 9.60

Considere um oscilador harmônico simples com amortecimento viscoso governado pela Eq. (9.51) e analise o caso em que o coeficiente de amortecimento c é negativo. Calcule a expressão geral para a resposta (sem levar em conta as condições iniciais específicas) usando $m = 1$ kg, $c = -1$ N · s/m e $k = 10$ N/m. Discuta a resposta do sistema.

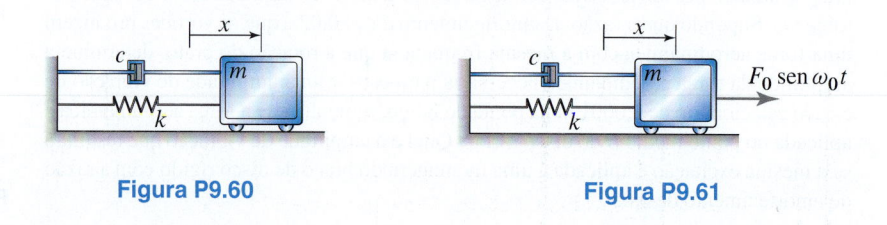

Figura P9.60   **Figura P9.61**

Problema 9.61

O MF para um sistema massa-mola-amortecedor harmonicamente excitado em $\omega_0/\omega_n \approx 1$ é igual a 5. Calcule a razão de amortecimento do sistema. Qual seria a razão de amortecimento se o MF fosse igual a 10? Esboce o fator de amplificação em $\omega_0/\omega_n \approx 1$ em função da razão de amortecimento.

Problema 9.62

Uma corrediça se move no plano horizontal sob a ação da força harmônica $F(t) = F_0 \operatorname{sen} \omega_0 t$. A corrediça está ligada a duas molas lineares idênticas, cada qual com constante k. Quando $t = 0$, $x(0) = 0$, as molas não estão deformadas, $\theta = 45°$ e $L = L_0$. A corrediça está também ligada a um amortecedor com coeficiente de amortecimento c. Tratando F_0, k, c e L_0 como grandezas conhecidas, desprezando o atrito e supondo que $\dot{x}(0) = v_i$, (a) determine as equações do movimento do sistema, (b) as equações de movimento linearizadas sobre a posição inicial e (c) a amplitude das vibrações de estado estacionário para as equações do movimento linearizadas.

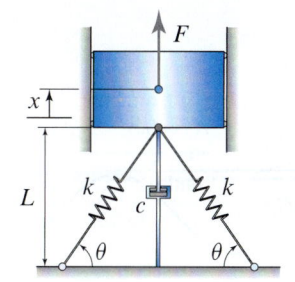

Figura P9.62

Problema 9.63

O mecanismo mostrado é um pêndulo que consiste em um prumo B com massa m e uma barra em T, que é presa por um pino em O e tem massa desprezível. A parte horizontal da barra em T está ligada a dois suportes, cada qual com um sistema mola e amortecedor idêntico, cada um com constante de mola k e coeficiente de amortecimento c. As molas não estão deformadas quando B está verticalmente alinhado com o pino em O. Modelando B como uma partícula, obtenha as equações de movimento linearizadas do sistema. Além disso, supondo que o sistema é subamortecido, obtenha a expressão para a frequência natural amortecida de vibração do sistema.

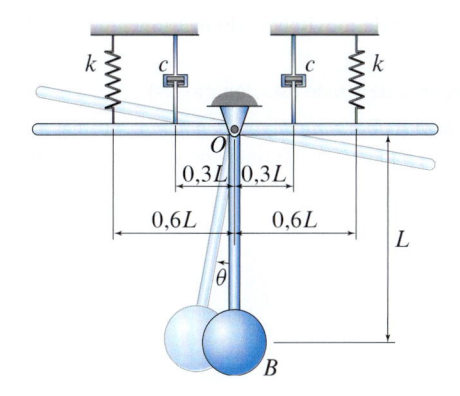

Figura P9.63

Problema 9.64

O motor do foguete mostrado deve fornecer um impulso constante de 5000 kN. A unidade de turbobomba no motor nominalmente opera a 7000 rpm, e como resultado de um problema de projeto, o impulso real fornecido pelo motor oscila harmonicamente com uma amplitude de 10 kN na mesma frequência de rotação da unidade de turbobomba. A massa do motor é $m = 5.000$ kg. O resto do foguete é muito mais pesado que o motor e pode ser tratado como sendo fixo. O motor é montado no foguete por meio de dois elementos estruturais, cada qual podendo ser modelado como consistindo em uma mola linear de rigidez k em paralelo com um amortecedor com coeficiente de amortecimento viscoso linear c. Determine os menores valores de k e c tais que a deflexão estática devido à componente constante do impulso seja inferior a 0,01 m e de modo que a amplitude de vibração em regime de funcionamento nominal seja inferior a 0,001 m. Ignore a rigidez e o amortecimento devido à tubulação. *Dica:* Se x é medido a partir da posição de equilíbrio do motor que resulta do efeito combinado do impulso e da gravidade, então o motor está sujeito a uma força aplicada externamente igual a $(10 \text{ kN}) \operatorname{sen} \omega_0 t$, onde ω_0 é a frequência rotacional da turbobomba.

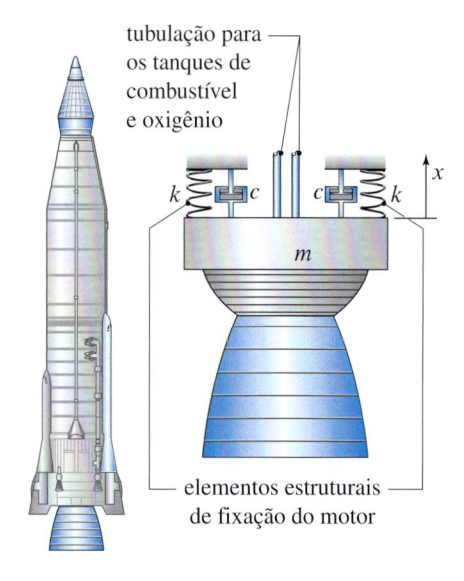

Figura P9.64

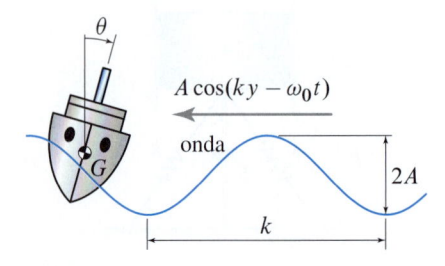

Figura P9.65

Problema 9.65

Um modelo simples para um navio rolando nas ondas[12] trata-as como *senoidais*. Usando esse modelo, pode ser mostrado que um modelo linear para o ângulo de rolagem θ é dado por

$$I_G\ddot{\theta} + c\dot{\theta} + mg\theta = -I_G k\omega_0^2 \operatorname{sen} \omega_0 t,$$

onde G denota o centro de massa do navio, I_G é o momento de inércia de massa do navio, c é um coeficiente constante de amortecimento viscoso rotacional, m é a massa do navio, A é a amplitude da onda e k é o comprimento de onda das ondas.

(a) Qual é a frequência natural do sistema?
(b) Encontre o fator de amplificação do sistema.
(c) Supondo que o amortecimento é desprezível (isto é, $c \approx 0$), se a amplitude de oscilação máxima que o navio pode experimentar sem virar é $\theta_{max} = 1$ rad, encontre a A máxima de modo que a tripulação continue segura.

Problema 9.66

Um instrumento delicado de massa m deve ser isolado da vibração excessiva do solo, que é descrita pela função $u(t) = A \operatorname{sen} \omega_0 t$. Para isso, precisamos projetar uma *fixação de isolamento da vibração*, modelado pelo sistema de mola e amortecedor mostrado.

(a) Encontre a equação do movimento do instrumento e a reduza para a forma padrão.
(b) Encontre a resposta de estado estacionário $y(t)$.
(c) Encontre a *transmissibilidade de deslocamento*, ou seja, a amplitude da resposta D dividida por A, onde A é a amplitude de vibração do solo.

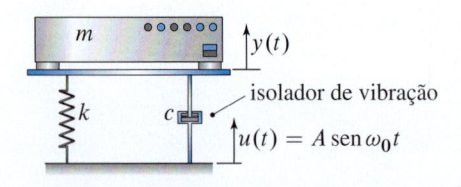

Figura P9.66

---

[12] Veja J. M. T. Thompson, R. C. T. Rainey e M. S. Soliman, "Mechanics of Ship Capsize under Direct and Parametric Wave Excitation", *Philosophical Transactions of the Royal Society of London A*, **338**(1651), 1992, pp. 471-490.

PROBLEMAS DE PROJETO

Problema de projeto 9.3

Como resultado do disparo de um projétil, a montagem de um canhão naval de 300 kg adquire momento linear na direção x. Podemos considerar que o movimento da montagem inicia a partir da posição de equilíbrio $x(0) = 0$ com uma velocidade inicial $\dot{x}(0) = 50$ m/s. Escolha valores para a rigidez da mola k e para o coeficiente de amortecimento k para fornecer o mais rápido retorno da montagem a sua posição de equilíbrio sem oscilação. Além disso, certifique-se de que o deslocamento máximo da montagem não exceda 0,1 m. Finalmente, estime o tempo necessário para que a montagem do canhão retorne para dentro de 1% do seu deslocamento máximo.

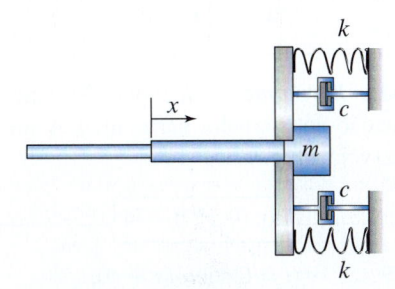

Figura PP9.3

9.4 REVISÃO DO CAPÍTULO

Neste capítulo, estudamos a vibração ou oscilação de sistemas mecânicos sobre a sua posição de equilíbrio. Consideramos apenas osciladores harmônicos, embora tenhamos estudado os efeitos do amortecimento viscoso e de forças harmônicas na resposta de um oscilador harmônico.

Vibração livre não amortecida

Qualquer sistema de um GDL, cuja equação de movimento é da forma

Eq. (9.12), p. 675
$$\ddot{x} + \omega_n^2 x = 0,$$

é chamado de *oscilador harmônico*, e a expressão acima é referida como a *forma padrão* da equação do oscilador harmônico. A solução dessa equação pode ser escrita como (veja a Fig. 9.35)

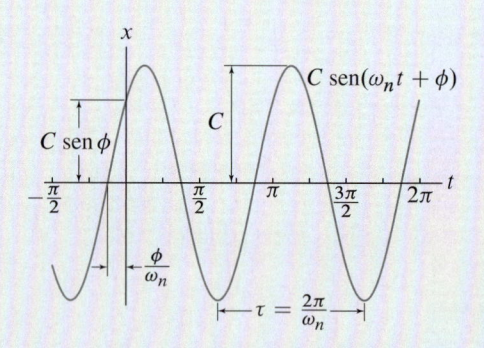

Eq. (9.3), p. 674
$$x(t) = C \operatorname{sen}(\omega_n t + \phi),$$

onde ω_n é a *frequência natural*, C é a *amplitude* e ϕ é o *ângulo de fase* da vibração.

Um exemplo simples de um oscilador harmônico é um sistema composto por uma massa m ligado na extremidade livre de uma mola com constante k e com a outra extremidade fixa (veja a Fig. 9.36). A frequência natural desse sistema é dada por

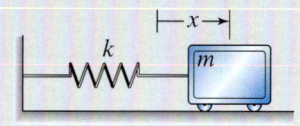

Eq. (9.4), p. 674
$$\omega_n = \sqrt{\frac{k}{m}}.$$

Além disso, a amplitude C e o ângulo de fase ϕ são dados por, respectivamente,

Eqs. (9.5) e (9.6), p. 674
$$C = \sqrt{\frac{v_i^2}{\omega_n^2} + x_i^2} \qquad \text{e} \qquad \operatorname{tg} \phi = \frac{x_i \omega_n}{v_i},$$

onde consideramos $t = 0$ o tempo inicial, $x_i = x(0)$ (isto é, x_i é a posição inicial) e $v_i = \dot{x}(0)$ (isto é, v_i é a velocidade inicial). Se $v_i = 0$, então ϕ pode ser considerado igual a $-\pi/2$ ou $\pi/2$ rad para $x_i < 0$ e $x_i > 0$, respectivamente. Uma forma alternativa de solução para a Eq. (9.12) é dada por

Eq. (9.15), p. 676
$$x(t) = x_i \cos \omega_n t + \frac{v_i}{\omega_n} \operatorname{sen} \omega_n t.$$

Figura 9.35
Figura 9.2 repetida. Gráfico da Eq. (9.3) mostrando a amplitude C, o ângulo de fase ϕ e o período τ de um oscilador harmônico.

Figura 9.36
Figura 9.11 repetida. Um oscilador harmônico simples massa-mola cuja equação de movimento é dada por $m\ddot{x} + kx = 0$ e para o qual $\omega_n = \sqrt{k/m}$.

O *período* de oscilação é dado por

> Eq. (9.7), p. 674
> $$\text{Período} = \tau = \frac{2\pi}{\omega_n},$$

e a *frequência* de vibração é

> Eq. (9.8), p. 674
> $$\text{Frequência} = f = \frac{1}{\tau} = \frac{\omega_n}{2\pi}.$$

Método da energia. Para sistemas conservativos, o princípio trabalho-energia nos mostra que a grandeza $T + V$ é constante, assim sua derivada temporal deve ser zero. Isso fornece uma maneira conveniente de obter as equações do movimento por meio de

> Eq. (9.19), p. 677
> $$\frac{d}{dt}(T + V) = 0 \quad \Rightarrow \quad \text{equações de movimento}$$

Quando aplicamos o método da energia para determinar as equações de movimento linearizadas, muitas vezes é conveniente primeiramente aproximar as energias cinética e potencial como funções quadráticas de velocidade e posição e, em seguida, obter suas derivadas em relação ao tempo. Esse processo produz equações de movimento que são lineares.

Na aproximação das funções seno e cosseno como funções quadráticas de seus argumentos, usamos as relações:

> Eqs. (9.28), p. 678
> $$\text{sen}\,\theta \approx \theta \quad \text{e} \quad \cos\theta \approx 1 - \theta^2/2.$$

Uma vez que o termo quadrático na expansão em série de potências da função seno é identicamente igual a zero, a forma linearizada da função seno também pode ser vista como a aproximação quadrática da função seno.

Vibração forçada não amortecida

Quando um oscilador harmônico está sujeito a uma força harmônica, a forma padrão da equação do movimento é

> Eq. (9.37), p. 693
> $$\ddot{x} + \omega_n^2 x = \frac{F_0}{m}\text{sen}\,\omega_0 t,$$

Figura 9.37
Figura 9.16 repetida. Um oscilador harmônico forçado cuja equação de movimento é dada pela Eq. (9.37) com $\omega_n = \sqrt{k/m}$. A posição x é medida a partir da posição de equilíbrio da massa.

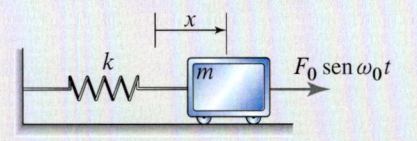

onde F_0 é a amplitude da força e ω_0 é a sua frequência (veja a Fig. 9.37). A solução geral para essa equação consiste na soma da solução complementar e uma solução particular. A *solução complementar* x_c é a solução da equação homogênea associada, que é dada, por exemplo, pela Eq. (9.13). Para $\omega_0 \neq \omega_n$, uma solução particular é

Eq. (9.41), p. 694
$$x_p = \frac{F_0/k}{1 - (\omega_0/\omega_n)^2} \operatorname{sen} \omega_0 t,$$

e assim a *solução geral* é dada por

Eq. (9.42), p. 694
$$x = x_c + x_p = A \operatorname{sen} \omega_n t + B \cos \omega_n t + \frac{F_0/k}{1 - (\omega_0/\omega_n)^2} \operatorname{sen} \omega_0 t,$$

onde A e B são constantes determinadas pelas condições iniciais. A amplitude de vibração no estado estacionário é

Eq. (9.43), p. 694
$$x_{\text{amp}} = \frac{F_0/k}{1 - (\omega_0/\omega_n)^2},$$

que significa que o *fator de amplificação* MF correspondente é

Eq. (9.44), p. 694
$$\text{MF} = \frac{x_{\text{amp}}}{F_0/k} = \frac{1}{1 - (\omega_0/\omega_n)^2}.$$

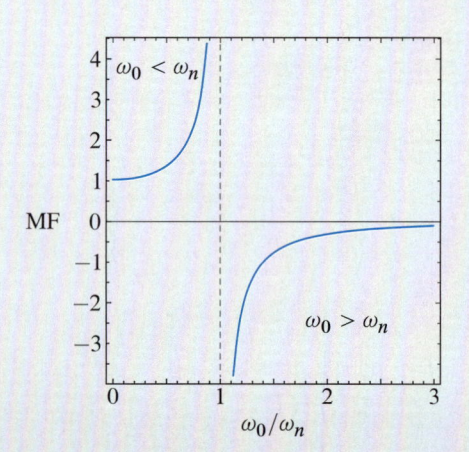

O gráfico do MF na Fig. 9.38 ilustra o fenômeno da *ressonância*, que ocorre quando $\omega_0 \approx \omega_n$ e resulta em amplitudes de vibração muito grandes.

Excitação harmônica do apoio. Se o apoio de uma estrutura é excitado harmonicamente em vez da estrutura em si (veja a Fig. 9.39), então a Eq. (9.37) ainda é a equação fundamental, exceto pelo fato de F_0 ser substituída pela constante da mola k vezes a amplitude de vibração do apoio X. Todas as soluções descritas acima são, então, válidas com essa mesma substituição.

Vibração com amortecimento viscoso

Vibração livre com amortecimento viscoso. A forma padrão da equação de movimento para um oscilador harmônico com amortecimento viscoso de um grau de liberdade é

Eq. (9.51), p. 705
$$m\ddot{x} + c\dot{x} + kx = 0,$$

onde m é a massa, c é o *coeficiente de amortecimento viscoso* e k é a constante da mola linear. O caráter da solução dessa equação depende da quantidade de amortecimento em relação a uma quantidade específica de amortecimento chamada de *coeficiente de amortecimento crítico*, que é definido como

Eq. (9.57), p. 705
$$c_c = 2m\sqrt{\frac{k}{m}} = 2m\omega_n,$$

Figura 9.38
Figura 9.17 repetida. MF em função da relação entre frequências ω_0/ω_n.

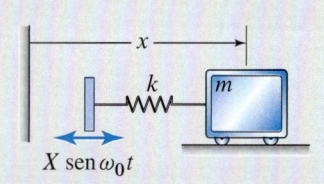

Figura 9.39
Figura 9.23 repetida. Um oscilador harmônico cujo apoio está sendo excitado harmonicamente.

onde $\omega_n = \sqrt{k/m}$. Em particular, se $c \geq c_c$, então o movimento é não oscilatório, mas, se $c < c_c$, então o movimento é oscilatório. Quando $c > c_c$, o sistema é dito como sendo *superamortecido* e a solução é dada por

Eq. (9.58), p. 705
$$x = e^{-(c/2m)t}\left(Ae^{t\sqrt{(c/2m)^2-k/m}} + Be^{-t\sqrt{(c/2m)^2-k/m}}\right),$$

onde A e B são constantes a serem determinadas a partir das condições iniciais. Quando $c = c_c$, o sistema é chamado de *criticamente amortecido*, e a solução é dada por

Eq. (9.59), p. 706
$$x = (A + Bt)e^{-\omega_n t},$$

onde, novamente, A e B são constantes a serem determinadas a partir das condições iniciais. Por fim, quando $c < c_c$, o sistema é chamado de *subamortecido* e a solução é dada por

Eq. (9.60), p. 706
$$x = e^{-(c/2m)t}(A \operatorname{sen} \omega_d t + B \cos \omega_d t),$$

ou, de forma equivalente, por

Eq. (9.63), p. 706
$$x = D e^{-(c/2m)t} \operatorname{sen}(\omega_d t + \phi),$$

onde A e B são constantes a serem determinadas a partir das condições iniciais na primeira solução, D e ϕ são constantes análogas na segunda solução e ω_d é a *frequência natural amortecida*, a qual é dada por

Eq. (9.61), p. 706, e Eq. (9.68), p. 707
$$\omega_d = \sqrt{\frac{k}{m} - \left(\frac{c}{2m}\right)^2} = \omega_n\sqrt{1 - (c/c_c)^2} = \omega_n\sqrt{1 - \zeta^2},$$

onde $\zeta = c/c_c$ é a *razão de amortecimento*.

Vibração forçada com amortecimento viscoso. A forma padrão de um oscilador harmônico com amortecimento viscoso e forçado é

Eq. (9.69), p. 707
$$m\ddot{x} + c\dot{x} + kx = F_0 \operatorname{sen} \omega_0 t,$$

onde F_0 é a amplitude da função de força ω_0 é a frequência da função de força. Quando expressa utilizando a razão de amortecimento ζ, a equação acima toma a forma

Eq. (9.70), p. 707
$$\ddot{x} + 2\zeta\omega_n\dot{x} + \omega_n^2 x = \frac{F_0}{m} \operatorname{sen} \omega_0 t.$$

A solução geral para qualquer uma dessas equações é a soma da solução complementar com uma solução particular. A solução complementar é transiente; ou seja, ela desaparece à medida que o tempo aumenta. A solução particular ou de estado estacionário possui a forma

Eq. (9,72), p. 708

$$x_p = D\,\text{sen}(\omega_0 t - \phi),$$

onde ϕ e D são dados por

Eq. (9.75), p. 708, e Eq. (9.78), p. 709

$$\text{tg}\,\phi = \frac{c\omega_0}{k - m\omega_0^2} = \frac{2(c/c_c)(\omega_0/\omega_n)}{1 - (\omega_0/\omega_n)^2} = \frac{2\zeta\omega_0/\omega_n}{1 - (\omega_0/\omega_n)^2},$$

$$D = \frac{F_0/k}{\sqrt{[1 - (\omega_0/\omega_n)^2]^2 + (2\zeta\omega_0/\omega_n)^2}}.$$

O *fator de amplificação* para um oscilador harmônico amortecido e forçado é

Eq. (9.79), p. 709

$$\text{MF} = \frac{D}{F_0/k} = \frac{1}{\sqrt{[1 - (\omega_0/\omega_n)^2]^2 + (2\zeta\omega_0/\omega_n)^2}},$$

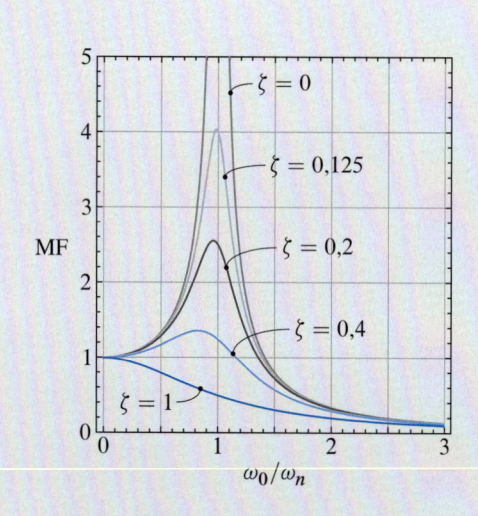

Figura 9.40
Figura 9.33 repetida. O MF em função da relação entre frequências ω_0/ω_n para vários valores da razão de amortecimento ζ.

cujo gráfico é mostrado na Fig. 9.40 para vários valores da razão de amortecimento ζ.

PROBLEMAS DE REVISÃO

Problema 9.67

Quando a biela mostrada é suspensa a partir da borda pontiaguda no ponto O e ligeiramente deslocada para que oscile como um pêndulo, seu período de oscilação é 0,77 s. Além disso, sabe-se que o centro de massa G está localizado a uma distância $L = 110$ mm de O e a massa da biela é 661 g. Usando o método da energia, determine o momento de inércia de massa I_G da biela.

Problema 9.68

Obtenha a equação de movimento para o sistema, no qual as molas com constantes k_1 e k_2 que conectam m à parede são unidas em série. Despreze a massa das rodas pequenas e assuma que o ponto de fixação A entre as duas molas tenha massa desprezível. *Dica:* A força nas duas molas deve ser a mesma; use essas informações com o fato de que o deslocamento total da massa deve ser igual à soma das deformações das molas para encontrar uma constante de mola equivalente k_{eq}.

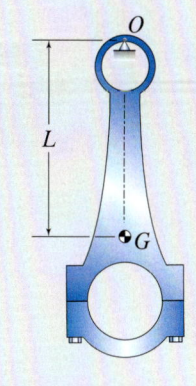

Figura P9.67

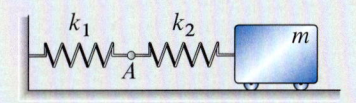

Figura P9.68

Problema 9.69

Reveja o Exemplo 9.2 e calcule a frequência natural do nanofio de silício utilizando o método da energia. Use um nanofio uniforme de Si com uma seção transversal circular que mede 9,8 μm de comprimento e 330 nm de diâmetro e com toda a sua flexibilidade concentrada em uma mola de torção na base do fio. Além disso, use $\rho = 2.330$ kg/m³ para a densidade do silício e $E = 152$ GPa para seu módulo de elasticidade.

Problema 9.70

A tecnologia de monitoramento da integridade estrutural detecta danos em estruturas civis, aeroespaciais e outras. O dano estrutural é geralmente composto de trincas, delaminações ou parafusos soltos, que resultam na redução da rigidez. Muitos métodos de monitoramento da integridade estrutural são baseados no rastreamento de alterações nas frequências naturais. Modelando uma estrutura como um oscilador harmônico de um GDL, calcule a variação da rigidez necessária para causar uma redução de 3% na frequência natural da estrutura que está sendo monitorada.

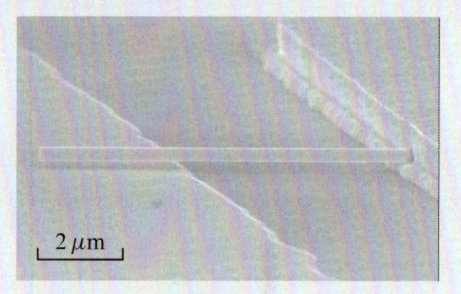

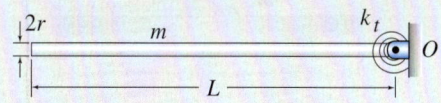

Figura P9.69

Problema 9.71

O oscilador harmônico mostrado tem uma massa $m = 5$ kg, uma mola com constante $k = 4.000$ N/m e um amortecedor com um coeficiente de amortecimento $c = 20$ N · s/m. Calcule a amplitude F_0 da força de excitação senoidal que é necessária para produzir uma vibração em estado estacionário com uma amplitude de velocidade de 10 m/s na ressonância. Qual é a amplitude correspondente da aceleração?

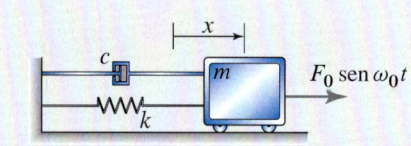

Figura P9.71

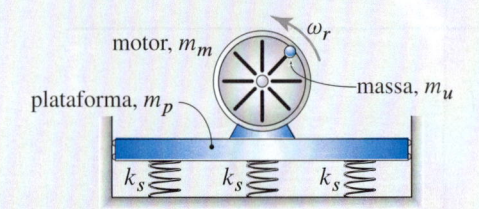

Figura P9.72

Problema 9.72

Reveja o Exemplo 9.4 e obtenha as equações do movimento do motor usando a seguinte equação, chamada de *equação de Lagrange*,

$$\frac{d}{dt}\left(\frac{\partial T}{\partial \dot{y}_m}\right) - \frac{\partial T}{\partial y_m} + \frac{\partial V}{\partial y_m} = 0,$$

onde T e V são as energias cinética e potencial do sistema, respectivamente.

Problema 9.73

Modelando a viga como uma barra fina e uniforme, ignorando a inércia das polias, assumindo que o sistema está em equilíbrio estático quando a barra está na horizontal e supondo que a corda é inextensível e não afrouxará, determine a equação de movimento linearizada do sistema. Além disso, determine a frequência natural de vibração do sistema. Trate os parâmetros mostrados na figura como conhecidos.

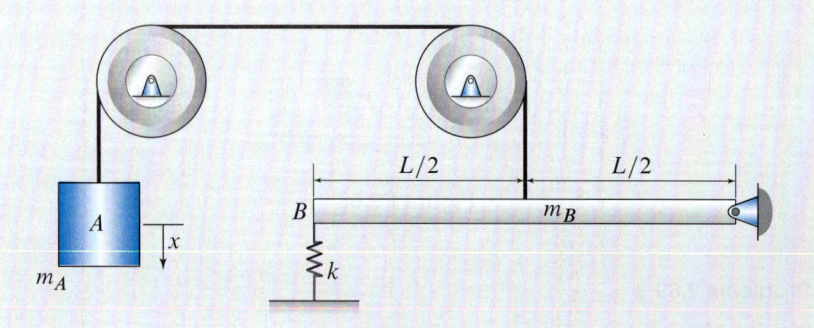

Figura P9.73

Problema 9.74

Reveja o Exemplo 9.6 e obtenha a expressão para a força transmitida para o chão usando a expressão para a resposta de estado estacionário do motor desbalanceado.

Problema 9.75

O sistema apresentado é liberado a partir do repouso quando ambas as molas não estão deformadas e $x = 0$. Desprezando a inércia da polia P e assumindo que o disco rola sem deslizar, determine a equação do movimento do sistema em termos de x. Suponha que G é tanto o centro de massa do disco quanto seu centro geométrico. Trate as grandezas k_1, k_2, c, m_1, m_2 e I_G como conhecidas, onde I_G é o momento de inércia de massa do disco. Finalmente, assumindo que o sistema é subamortecido, determine uma expressão para a frequência natural amortecida do sistema.

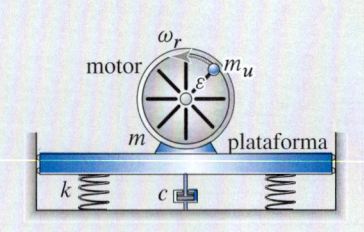

Figura P9.74

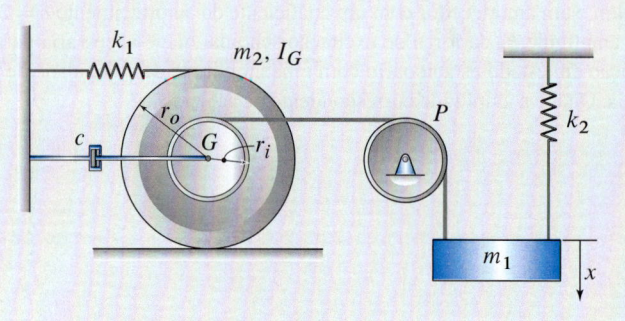

Figura P9.75

Problema 9.76

Um anel de massa m está preso por dois cabos elásticos lineares aos suportes verticais como mostrado. Os cabos têm constante elástica k e comprimento não deformado $L_0 < L$. Supondo que a pré-tensão nos cabos é grande o suficiente para que a deformação dos cabos devido ao peso do anel possa ser desprezada, encontre a equação de movimento não linear para a massa m.

Problema 9.77

Um anel de massa m está preso por dois cabos elásticos lineares aos suportes verticais como mostrado. Os cabos têm constante elástica k e comprimento não deformado $L_0 < L$. Supondo que a pré-tensão nos cabos é grande o suficiente para que a deformação dos cabos devido ao peso do anel possa ser desprezada, use a segunda lei de Newton para encontrar a equação de movimento linearizada sobre $y = 0$ para a massa m. Além disso, determine a frequência natural de vibração do anel.

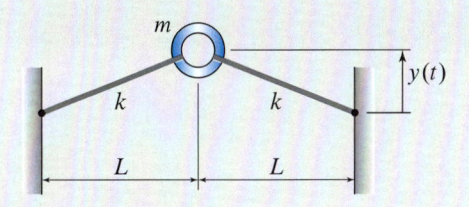

Figura P9.76-P9.78

Problema 9.78

Resolva o Prob. 9.77 encontrando as equações de movimento linearizadas usando o método da energia.

Momentos de inércia de massa   A

Momentos e produtos de inércia de massa são medidas de como a massa está distribuída dentro de um corpo. Momentos e produtos de inércia de massa de um corpo dependem da sua geometria (tamanho e forma), da densidade do material em cada ponto do corpo e dos eixos selecionados para a sua medição.

Momentos de inércia de massa e *produtos de inércia de massa* são medidas de como a massa está distribuída dentro de um corpo. Momentos e produtos de inércia de massa surgem nas equações de movimento rotacional para um corpo rígido (Capítulo 7), na energia cinética de um corpo rígido (Capítulo 8), na quantidade de movimento angular de um corpo rígido (Capítulo 8 e Apêndice B) e na dinâmica tridimensional de corpos rígidos.

Definição de momentos e produtos de inércia de massa

Os *momentos de inércia de massa* para o corpo B mostrado na Fig. A.1 são definidos como

$$I_x = \int_B r_x^2 \, dm = \int_B (y^2 + z^2) \, dm, \quad (A.1)$$

$$I_y = \int_B r_y^2 \, dm = \int_B (x^2 + z^2) \, dm, \quad (A.2)$$

$$I_z = \int_B r_z^2 \, dm = \int_B (x^2 + y^2) \, dm, \quad (A.3)$$

onde:

- r_x, r_y e r_z são mostrados na Fig. A.1 e são as distâncias radiais (isto é, braços de alavanca) a partir dos eixos x, y e z, respectivamente, até o centro de massa do elemento de massa dm.
- x, y e z são mostrados na Fig. A.1 e são as coordenadas do centro de massa do elemento de massa dm.

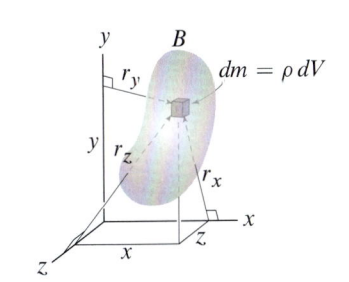

Figura A.1
Um objeto com massa m, densidade ρ e volume V. As grandezas escalares r_x, r_y e r_z são as distâncias radiais a partir dos eixos x, y e z, respectivamente, até o centro de massa do elemento de massa dm.

I_x, I_y e I_z são os **momentos de inércia de massa do corpo B sobre os eixos x, y e z**, respectivamente.

Os **produtos de inércia de massa** para o corpo B mostrado na Fig. A.1 são definidos como

$$I_{xy} = I_{yx} = \int_B xy\, dm, \qquad (A.4)$$

$$I_{yz} = I_{zy} = \int_B yz\, dm, \qquad (A.5)$$

$$I_{xz} = I_{zx} = \int_B xz\, dm, \qquad (A.6)$$

onde:

I_{xy}, I_{yz} e I_{xz} são os **produtos de inércia de massa sobre os eixos xy, yz e xz**, respectivamente.

Observações

- Ao se referir aos momentos de inércia de massa, frequentemente omitimos a palavra "massa" quando fica evidente a partir do contexto que estamos lidando com momentos de inércia de massa e não com momentos de inércia de área.
- Em cada uma das Eqs. (A.1)-(A.3), duas expressões integrais equivalentes são fornecidas, e cada uma é útil dependendo da geometria do objeto em questão.
- Os momentos de inércia nas Eqs. (A.1)-(A.6) medem o *segundo momento* da distribuição de massa. Isto é, para determinar I_x, I_y e I_z nas Eqs. (A.1)-(A.3), os braços de alavanca r_x, r_y e r_z estão *ao quadrado*. A segunda integral em cada uma dessas expressões é obtida observando que $r_x^2 = y^2 + z^2$, e, similarmente, para r_y^2 e r_z^2. Para os produtos de inércia I_{xy}, I_{yz} e I_{xz} nas Eqs. (A.4)-(A.6), o produto de dois braços de alavanca diferentes é usado.
- Nas Eqs. (A.1)-(A.6), x, y e z têm dimensões de comprimento, e dm tem a dimensão de massa. Assim, todos os momentos de inércia de massa têm dimensões de $(massa)(comprimento)^2$ e são expressos em slug · ft² e kg · m² nas unidades dos sistemas americano e SI, respectivamente.
- Quando os eixos x, y e z passam pelo centro de massa de um objeto, denotamos esses eixos como x', y' e z' e nos referimos aos momentos de inércia associados a esses eixos como **momentos de inércia de massa centrais** com as designações $I_{x'}$, $I_{y'}$, etc.
- As grandezas I_x, I_y e I_x nunca são negativas.[1] Os produtos de inércia I_{xy}, I_{yz} e I_{xz} podem ser positivos, nulos ou negativos, conforme discutido abaixo.
- O cálculo de momentos de inércia usando formas compostas é possível por meio do teorema dos eixos paralelos, como discutido mais tarde neste apêndice.

---

[1] Para a haste fina mostrada na Tabela de Propriedades dos Sólidos no verso da contracapa, I_x é positivo e diferente de zero, mas, como é muito menor do que I_y e I_z, é geralmente considerado como zero.

Como são usados os momentos de inércia de massa?

É útil discutir o porquê da existência de seis momentos de inércia de massa, como eles diferem uns dos outros e como são utilizados.

Momentos de inércia I_x, I_y e I_z. Na Fig. A.2, a Estação Espacial Internacional com um ônibus espacial acoplado é mostrada. Imagine que um momento M_x sobre o eixo x é aplicado à Estação Espacial. Assumindo que a Estação Espacial é rígida,[2] ela começará a experimentar uma aceleração angular em torno do eixo x. O valor da aceleração angular é diretamente proporcional ao momento de inércia de massa sobre o eixo x, I_x. Além disso, quanto maior for I_x, menor será a aceleração angular para um valor dado de M_x. Observações semelhantes aplicam-se aos momentos aplicados sobre os eixos y e z e a influência que os momentos de inércia I_y e I_z têm nas acelerações angulares em torno desses eixos.

Figura A.2
A Estação Espacial Internacional com um ônibus espacial acoplado a ela.

Produtos de inércia I_{xy}, I_{yz} e I_{xz}. Produtos de inércia medem a assimetria da distribuição de massa de um corpo em relação aos planos xy, yz e xz. Os produtos de inércia podem ter um valor positivo, nulo ou negativo, dependendo da forma e distribuição de massa de um objeto, da seleção das direções x, y e z, e da localização da origem do sistema de coordenadas xyz. A Fig. A.3 mostra a seção transversal de um corpo uniforme em alguma coordenada z arbitrária. A região sombreada laranja mostra a parte da seção transversal que é simétrica em torno do eixo y. Os dois elementos de massa A e B (mostrados em azul) estão a uma mesma distância d do plano yz e ambos têm a mesma coordenada y, ou seja, $y = -h$. Referindo-se às integrais para I_{xy} e I_{xz} nas Eqs. (A.4) e (A.6), isso significa que $xy\,dm$ e $xz\,dm$ para o elemento A da esquerda tem o sinal contrário das grandezas análogas para o elemento B da direita. Portanto, a massa na região laranja não contribui para os produtos de inércia I_{xy} e I_{xz}. Por outro lado, a massa na região sombreada amarela não tem região correspondente que seja simétrica em relação ao plano yz e, uma vez que o produto xy para todos os pontos nessa região é positivo, ele contribui positivamente para I_{xy}. Usando

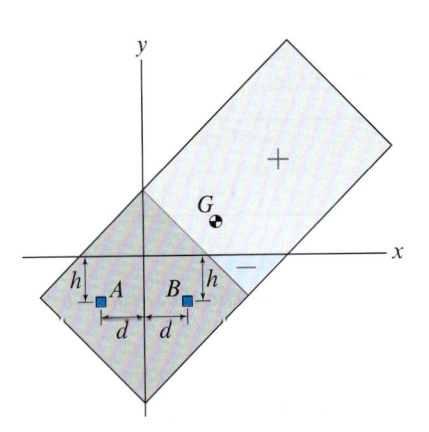

Figura A.3 Um corpo uniforme e um sistema de coordenadas para o cálculo dos produtos de inércia. Assume-se que a seção transversal do corpo é a mesma em cada coordenada z.

---

[2] A Estação Espacial Internacional é muito flexível, como são a maioria das estruturas espaciais. Se um momento for aplicado sobre o eixo x mostrado na Fig. A.2, então, além das rotações discutidas acima, a estrutura poderá vibrar. O controle das vibrações em estruturas espaciais é muito importante e recebe uma atenção considerável.

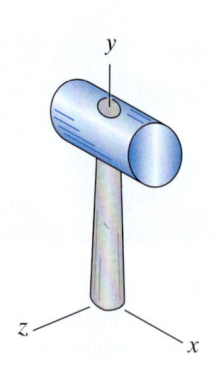

um argumento semelhante, a região sombreada verde contribui negativamente para I_{xy}. Se o corpo da Fig. A.3 teve uma distribuição de massa uniforme, teria $I_{xy} > 0$ desde que a região amarela seja maior do que a verde. Observe que nada pode ser dito sobre o sinal de I_{xz}, já que não sabemos se a seção transversal na Fig. A.3 está na coordenada positiva ou na negativa de z.

Os argumentos anteriores nos levam à conclusão de que, se o corpo da Fig. A.3 consistisse apenas na área sombreada laranja, então ambos I_{xy} e I_{xz} deveriam ser zero. Isso nos permite afirmar o seguinte:

> *Todos os produtos de inércia contendo uma coordenada que é perpendicular a um plano de simetria de um corpo devem ser zero enquanto a origem do sistema de coordenadas estiver contida nesse plano de simetria.*

Por exemplo, se um objeto é simétrico em relação ao plano xy, como a marreta mostrada na Fig. A.4, então $I_{xz} = I_{yz} = 0$ e I_{xy} pode ser positivo, nulo ou negativo. Se um objeto é simétrico em relação a pelo menos dois dos planos xy, yz e xz, então todos os produtos de inércia são nulos. Assim, por exemplo, os produtos de inércia são nulos para um sólido uniforme de revolução enquanto uma das direções das coordenadas coincidirem com o eixo de revolução.

Objetos que possuem um ou mais produtos de inércia não nulos podem exibir uma dinâmica complicada em movimentos tridimensionais. Além disso, forçar esse corpo a experimentar um movimento planar geralmente requer a aplicação de momentos ao longo das direções nesse plano do movimento. Por exemplo, a Estação Espacial na Fig. A.2 é não simétrica em relação aos eixos xyz mostrados, portanto, tem produtos de inércia não nulos. Como consequência, se, por exemplo, um momento Mx sobre o eixo x for aplicado, a Estação Espacial, além de girar em torno do eixo x, também irá girar em torno dos eixos y e/ou z (ou momentos sobre esses eixos serão necessários para impedi-la de fazê-lo).

Figura A.4
Se a geometria e a distribuição de massa da marreta são ambas simétricas em relação ao plano xy, então a marreta é considerada um *objeto simétrico*. Se a marreta também é simétrica em relação ao plano yz, pode ser chamada de *objeto duplamente simétrico*.

Raio de giração

Em vez de usarmos os momentos de inércia de massa para quantificar a distribuição de massa dentro de um corpo, com frequência, os *raios de giração* são utilizados. Os *raios de giração* estão diretamente relacionados aos momentos de inércia de massa, e são definidos como

$$k_x = \sqrt{\frac{I_x}{m}}, \qquad k_y = \sqrt{\frac{I_y}{m}}, \qquad k_z = \sqrt{\frac{I_z}{m}}, \tag{A.7}$$

onde

k_x, k_y e k_z são os *raios de giração do corpo sobre os eixos x, y e z, respectivamente*.

m é a massa do objeto.

Os raios de giração têm unidades de *comprimento*.

Teorema dos eixos paralelos

O teorema dos eixos paralelos relaciona momentos e produtos de inércia de massa I_x, I_y, I_z, I_{xy}, I_{yz} e I_{xz} aos momentos e produtos de inércia do centro de massa $I_{x'}$, $I_{y'}$, $I_{z'}$, $I_{x'y'}$, $I_{y'z'}$ e $I_{x'z'}$. Assumiremos que os eixos x e x' são paralelos, os eixos y e y' são paralelos, os eixos z e z' são paralelos, a origem dos eixos xyz está em um ponto arbitrário P e a origem do sistema $x'y'z'$ está no centro de massa G. Como pode ser visto nos Capítulos 7-9 e na dinâmica tridimensional de corpos rígidos, o teorema dos eixos paralelos é importante para a dinâmica de corpos rígidos.

Teorema dos eixos paralelos para momentos de inércia

Considere o objeto com massa m e centro de massa G mostrado na Fig. A.5. Um sistema de coordenadas $x'y'z'$ é definido, com origem no centro de massa G do objeto, e os eixos x, y e z são paralelos aos eixos x', y' e z', respectivamente. Começamos observando que o momento de inércia de massa do corpo B sobre o eixo x é dado pela Eq. (A.1), que é repetida aqui por conveniência como

$$I_x = \int_B \left(y^2 + z^2\right) dm. \tag{A.8}$$

Além disso, podemos escrever a posição de um elemento de massa dm em relação a G como

$$\vec{q} = \vec{r}_{P/G} + \vec{r}_{dm/P}. \tag{A.9}$$

Escrevendo a Eq. (A.9) em forma de componentes, obtemos

$$x'\,\hat{\imath} + y'\,\hat{\jmath} + z'\,\hat{k} = \left[(r_{P/G})_x\,\hat{\imath} + (r_{P/G})_y\,\hat{\jmath} + (r_{P/G})_z\,\hat{k}\right] \\ + \left(x\,\hat{\imath} + y\,\hat{\jmath} + z\,\hat{k}\right). \tag{A.10}$$

A substituição da Eq. (A.10) na Eq. (A.8) resulta em

$$I_x = \int_B \left[(y' - (r_{P/G})_y)^2 + (z' - (r_{P/G})_z)^2\right] dm, \tag{A.11}$$

$$= \int_B \left(y'^2 + z'^2\right) dm + \left[(r_{P/G})_y^2 + (r_{P/G})_z^2\right] \int_B dm$$

$$- 2(r_{P/G})_y \int_B y'\,dm - 2(r_{P/G})_z \int_B z'\,dm. \tag{A.12}$$

O primeiro termo da Eq. (A.12) é o momento de inércia do centro de massa em relação ao eixo x', $I_{x'}$ (veja a Eq. (A.1)). A segunda integral da Eq. (A.12) é a massa m de B.

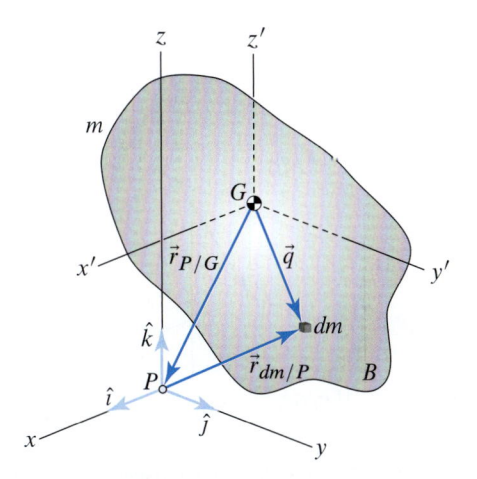

Figura A.5 Um objeto com massa m e centro de massa em G. Os eixos x e x', os eixos y e y', e os eixos z e z' são paralelos uns aos outros, respectivamente.

Finalmente, uma vez que x', y' e z' medem a posição de dm em relação a G, os dois últimos termos da Eq.(A.12) medem a posição do centro de massa de B em relação a G, e assim ambos devem ser zero. Portanto, a Eq. (A.12) se torna

$$I_x = I_{x'} + m\left[(r_{P/G})_y^2 + (r_{P/G})_z^2\right]. \quad (A.13)$$

Referindo-se à Fig. (A.6), vemos que $(r_{P/G})_y^2 + (r_{P/G})_z^2$ é o quadrado da distância perpendicular d_x entre os eixos x e x', isto é,

$$d_x^2 = (r_{P/G})_y^2 + (r_{P/G})_z^2, \quad (A.14)$$

de modo que a Eq. (A.13) torna-se

$$I_x = I_{x'} + md_x^2. \quad (A.15)$$

Da mesma forma, substituindo a Eq. (A.10) nas Eqs. (A.2) e (A.3), obtemos as duas seguintes equações:

$$I_y = I_{y'} + m\left[(r_{P/G})_x^2 + (r_{P/G})_z^2\right] = I_{y'} + md_y^2, \quad (A.16)$$

$$I_z = I_{z'} + m\left[(r_{P/G})_x^2 + (r_{P/G})_y^2\right] = I_{z'} + md_z^2, \quad (A.17)$$

onde, referindo-se à Fig. A.6, usamos o fato de que

$$d_y^2 = (r_{P/G})_x^2 + (r_{P/G})_z^2, \quad (A.18)$$

e

$$d_z^2 = (r_{P/G})_x^2 + (r_{P/G})_y^2. \quad (A.19)$$

Resumindo esses resultados, temos o **teorema dos eixos paralelos para os momentos de inércia**, o qual relaciona os momentos de inércia de massa em relação aos eixos x, y e z aos momentos de inércia do centro de massa como segue:

$$I_x = I_{x'} + md_x^2 = I_{x'} + m\left[(r_{P/G})_y^2 + (r_{P/G})_z^2\right], \quad (A.20)$$

$$I_y = I_{y'} + md_y^2 = I_{y'} + m\left[(r_{P/G})_x^2 + (r_{P/G})_z^2\right], \quad (A.21)$$

$$I_z = I_{z'} + md_z^2 = I_{z'} + m\left[(r_{P/G})_x^2 + (r_{P/G})_y^2\right]. \quad (A.22)$$

Erro comum

Teorema dos eixos paralelos. Considere o corpo cujo centro de massa está em G, bem como os eixos paralelos x_1, x_2 e o eixo do centro de massa x'.

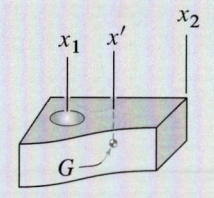

Se I_{x_1} é conhecido, um erro comum é usar o teorema dos eixos paralelos para determinar *diretamente* I_{x_2}. No teorema dos eixos paralelos, um dos eixos é sempre um eixo do centro de massa. Assim, com I_{x_1} conhecido, o teorema dos eixos paralelos deve ser usado *duas vezes*, a primeira para determinar $I_{x'}$ e, a segunda, para usar $I_{x'}$ a fim de determinar I_{x_2}.

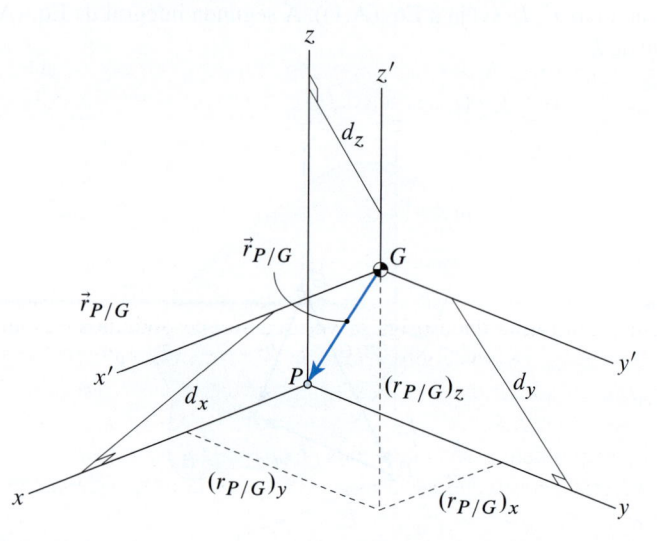

Figura A.6 Os eixos x e x' são paralelos com a distância de separação d_x, os eixos y e y' são paralelos com a distância de separação d_y, e os eixos z e z' são paralelos com a distância de separação d_z.

Teorema dos eixos paralelos para os produtos de inércia

Considere novamente o objeto com massa m e centro de massa G mostrado na Fig. A.7. Um sistema de coordenadas $x'y'z'$ é definido, com origem no centro de massa G do objeto e os eixos x, y e z são paralelos aos eixos x', y' e z', respectivamente. Começamos notando que o produto de inércia do corpo B em torno dos eixos x e y é dado pela Eq. (A.4), a qual é repetida aqui por conveniência como

$$I_{xy} = \int_B xy\, dm. \qquad (A.23)$$

Substituindo na Eq. (A.10) para x e y, a Eq. (A.23) se torna

$$I_{xy} = \int_B [x' - (r_{P/G})_x][y' - (r_{P/G})_y]\, dm, \qquad (A.24)$$

$$= \int_B x'y'\, dm + (r_{P/G})_x (r_{P/G})_y \int_B dm$$

$$- (r_{P/G})_y \int_B x'\, dm - (r_{P/G})_x \int_B y'\, dm. \qquad (A.25)$$

Novamente, as duas últimas integrais são nulas pela definição de centro de massa. A primeira integral é o produto de inércia do centro de massa sobre os eixos $x'y'$ e a segunda integral define a massa do corpo B. Portanto, a Eq. (A.25) se torna

$$I_{xy} = I_{x'y'} + m(r_{P/G})_x (r_{P/G})_y. \qquad (A.26)$$

Utilizando uma abordagem semelhante, podemos facilmente encontrar I_{yz} e I_{xz} em termos dos produtos de inércia do centro de massa. Resumindo, o *teorema dos eixos paralelos para os produtos de inércia* é

$$\boxed{\begin{aligned} I_{xy} &= I_{x'y'} + m(r_{P/G})_x (r_{P/G})_y, \\ I_{xz} &= I_{x'z'} + m(r_{P/G})_x (r_{P/G})_z, \\ I_{yz} &= I_{y'z'} + m(r_{P/G})_y (r_{P/G})_z, \end{aligned}} \qquad \begin{aligned}(A.27)\\(A.28)\\(A.29)\end{aligned}$$

onde lembramos que $I_{x'y'}$, $I_{x'z'}$ e $I_{y'z'}$ são os produtos de inércia do centro de massa, e $(r_{P/G})_x$, $(r_{P/G})_y$ e $(r_{P/G})_z$ são definidos na Eq. (A.10) e podem ser vistos na Fig. A.6.

Figura A.7
Figura A.5 repetida. Um objeto com massa m e centro de massa em G. Os eixos x e x', os eixos y e y', e os eixos z e z' são paralelos uns aos outros, respectivamente.

Momentos principais de inércia

Vimos que os momentos e produtos de inércia de um corpo rígido B dependem tanto da origem quanto da orientação dos eixos de coordenadas utilizadas para calculá-los. Para uma dada origem, verifica-se que podemos encontrar uma orientação única de eixos coordenados de tal forma que todos os produtos de inércia sejam nulos quando calculados em relação a esses eixos. Esses eixos especiais são chamados de *eixos principais de inércia*, e seus momentos de inércia correspondentes são chamados de *momentos principais de inércia* $\bar{I}_x$, $\bar{I}_y$ e $\bar{I}_z$. Veremos como encontrar esses eixos e os correspondentes momentos de inércia.

A Eq. (B.16) no Apêndice B estabelece que a quantidade de movimento angular de um corpo rígido em relação ao seu centro de massa G, ou seja, $\vec{h}_G$, pode ser escrito como

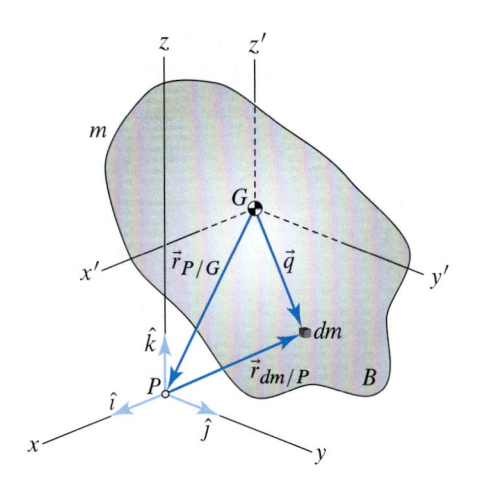

$$\vec{h}_G = \left(I_x\omega_{Bx} - I_{xy}\omega_{By} - I_{xz}\omega_{Bz}\right)\hat{\imath}$$
$$+ \left(-I_{xy}\omega_{Bx} + I_y\omega_{By} - I_{yz}\omega_{Bz}\right)\hat{\jmath}$$
$$+ \left(-I_{xz}\omega_{Bx} - I_{yz}\omega_{By} + I_z\omega_{Bz}\right)\hat{k}, \quad (A.30)$$

$$= \{h_G\} = [I_G]\{\omega_B\}, \quad (A.31)$$

onde $\vec{\omega}_B = \{\omega_B\}$ é a velocidade angular do corpo rígido B e $[I_G]$ é o *tensor de inércia*, que é escrito como

$$[I_G] = \begin{bmatrix} I_x & -I_{xy} & -I_{xz} \\ -I_{xy} & I_y & -I_{yz} \\ -I_{xz} & -I_{yz} & I_z \end{bmatrix}. \quad (A.32)$$

Assumimos agora que o corpo rígido está girando sobre um de seus eixos principais de inércia, cujo momento de inércia é $\bar{I}$. Se for esse o caso, então a quantidade de movimento angular pode ser escrita como

$$\vec{h}_G = \bar{I}\vec{\omega}_B = \bar{I}\omega_{Bx}\hat{\imath} + \bar{I}\omega_{By}\hat{\jmath} + \bar{I}\omega_{Bz}\hat{k}. \quad (A.33)$$

As expressões para $\vec{h}_G$ dadas na Eq. (A.30) e na Eq. (A.33) devem ser iguais uma à outra. Como os vetores de base cartesiana são linearmente independentes, podemos igualar os coeficientes de $\hat{\imath}$, $\hat{\jmath}$ e $\hat{k}$ nessas duas equações para obter um sistema de equações lineares nas incógnitas ω_{Bx}, ω_{By} e ω_{Bz}, que pode ser expresso como

$$\begin{bmatrix} I_x - \bar{I} & -I_{xy} & -I_{xz} \\ -I_{xy} & I_y - \bar{I} & -I_{yz} \\ -I_{xz} & -I_{yz} & I_z - \bar{I} \end{bmatrix} \begin{Bmatrix} \omega_{Bx} \\ \omega_{By} \\ \omega_{Bz} \end{Bmatrix} = \begin{Bmatrix} 0 \\ 0 \\ 0 \end{Bmatrix}. \quad (A.34)$$

Esse sistema de equações tem uma solução se, e somente se, o determinante da matriz dos coeficientes for zero, o que implica que

$$\bar{I}^3 - (I_x + I_y + I_z)\bar{I}^2 - (I_{xy}^2 + I_{xz}^2 + I_{yz}^2 - I_xI_y - I_xI_z - I_yI_z)\bar{I}$$
$$+ (I_xI_{yz}^2 + I_yI_{xz}^2 + I_zI_{xy}^2 - I_xI_yI_z + 2I_{xy}I_{yz}I_{xz}) = 0. \quad (A.35)$$

As três raízes dessa equação representam os três momentos principais de inércia $\bar{I}_x$, $\bar{I}_y$ e $\bar{I}_z$, e suas direções correspondentes são dadas pelo vetor $\vec{\omega}_B$ quando cada raiz é substituída na Eq. (A.34).

Momento de inércia em torno de um eixo arbitrário

Referindo-se à Fig. A.8, suponha que sabemos todas as componentes do tensor de inércia em relação aos eixos xyz mostrados e que desejamos encontrar o momento de inércia do corpo em torno do eixo l orientado arbitrariamente. A direção de l é definida pelo vetor unitário ℓ. Sabemos que a definição do momento de inércia de massa determina que o momento de inércia em torno do eixo l é dado por

$$I_\ell = \int_B |\vec{r}_{dm/P}\,\text{sen}\,\theta|^2\,dm, \quad (A.36)$$

onde θ é o ângulo entre as direções positivas dos vetores $\vec{r}_{dm/P}$ e $\hat{u}_\ell$, e $|\vec{r}_{dm/P}\,\text{sen}\,\theta|$ é a distância perpendicular de l até dm. Se agora notarmos que

$$|\vec{r}_{dm/P} \times \hat{u}_\ell| = |\vec{r}_{dm/P}||\hat{u}_\ell|\,\text{sen}\,\theta = |\vec{r}_{dm/P}|\,\text{sen}\,\theta, \quad (A.37)$$

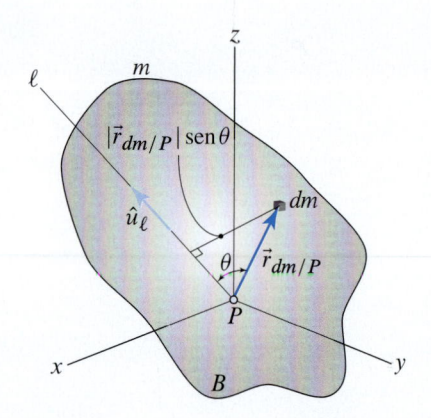

Figura A.8
As grandezas necessárias para se encontrar o momento de inércia de um corpo B sobre um eixo l orientado arbitrariamente.

e, portanto,
$$|\vec{r}_{dm/P}\,\text{sen}\,\theta|^2 = (\vec{r}_{dm/P} \times \hat{u}_\ell)\cdot(\vec{r}_{dm/P} \times \hat{u}_\ell), \tag{A.38}$$

então, podemos escrever a integral da Eq. (A.36) como
$$I_\ell = \int_B (\vec{r}_{dm/P} \times \hat{u}_\ell)\cdot(\vec{r}_{dm/P} \times \hat{u}_\ell)\,dm, \tag{A.39}$$

Se agora escrevermos $\vec{r}_{dm/P}$ e $\hat{u}_\ell$ na forma de componentes como
$$\vec{r}_{dm/P} = x\,\hat{\imath} + y\,\hat{\jmath} + z\,\hat{k}, \tag{A.40}$$
$$\hat{u}_\ell = u_{\ell x}\,\hat{\imath} + u_{\ell y}\,\hat{\jmath} + u_{\ell z}\,\hat{k}, \tag{A.41}$$

de modo que
$$\vec{r}_{dm/P} \times \hat{u}_\ell = (u_{\ell z}y - u_{\ell y}z)\,\hat{\imath} + (u_{\ell x}z - u_{\ell z}x)\,\hat{\jmath} + (u_{\ell y}x - u_{\ell x}y)\,\hat{k}, \tag{A.42}$$

então a Eq. (A.39) se torna
$$I_\ell = \int_B \Big[(u_{\ell z}y - u_{\ell y}z)^2 + (u_{\ell x}z - u_{\ell z}x)^2$$
$$+ (u_{\ell y}x - u_{\ell x}y)^2\Big]\,dm \tag{A.43}$$

$$= u_{\ell x}^2 \int_B (y^2 + z^2)\,dm + u_{\ell y}^2 \int_B (x^2 + z^2)\,dm$$
$$+ u_{\ell z}^2 \int_B (x^2 + y^2)\,dm - 2u_{\ell x}u_{\ell y}\int_B xy\,dm$$
$$- 2u_{\ell x}u_{\ell z}\int_B xz\,dm - 2u_{\ell y}u_{\ell z}\int_B yz\,dm. \tag{A.44}$$

As integrais na Eq. (A.44) são os componentes *conhecidos* do tensor de inércia em relação aos eixos xyz de modo que podemos escrever a Eq. (A.44) como

$$\boxed{\begin{aligned}I_\ell &= u_{\ell x}^2 I_x + u_{\ell y}^2 I_y + u_{\ell z}^2 I_z \\ &\quad - 2u_{\ell x}u_{\ell y}I_{xy} - 2u_{\ell x}u_{\ell z}I_{xz} - 2u_{\ell y}u_{\ell z}I_{yz}.\end{aligned}} \tag{A.45}$$

Assim, se conhecemos os momentos e produtos de inércia de um corpo B sobre um determinado conjunto de eixos xyz (isto é, o tensor de inércia em relação a esses eixos), podemos determinar o momento de inércia desse corpo sobre um eixo l orientado arbitrariamente usando a Eq. (A.45), onde notamos que $u_{\ell x}$, $u_{\ell y}$ e $u_{\ell z}$ são cossenos diretores entre a direção positiva de $\hat{u}_\ell$ e os eixos positivos x, y e z, respectivamente.

Cálculo dos momentos de inércia usando formas compostas

O teorema dos eixos paralelos escritos para formas compostas é

$$\boxed{I_x = \sum_{i=1}^n (I_{x'} + d_x^2\,m)_i,} \tag{A.46}$$

onde n é o número de formas, $I_{x'}$ é o momento de inércia de massa para a forma i sobre o eixo x' do seu centro de massa, d_x é a *distância deslocada* para a forma *i* (isto é, a distância entre o eixo *x* e o eixo *x'* para a forma *i*), e *m* é a massa para a forma *i*. Expressões semelhantes podem ser escritas para I_y e I_z. Para usar a Eq. (A.46), é necessário conhecer o momento de inércia de massa de cada uma das formas compostas sobre o eixo do seu centro de massa, e isso geralmente deve ser obtido por integração ou, quando possível, consultando uma tabela de momentos de inércia para formas comuns, como a Tabela de Propriedades de Sólidos no verso da contracapa. Um erro comum é usar o teorema dos eixos paralelos para relacionar os momentos de inércia entre dois eixos paralelos onde nenhum deles é um eixo de centro de massa.

Quantidade de movimento angular de um corpo rígido   B

Na Seção 8.2, usamos a quantidade de movimento angular de um corpo rígido para determinar o princípio do impulso--quantidade de movimento angular de um corpo rígido. Agora, mostraremos como obtivemos a Eq. (8.42) da p. 627 para a quantidade de movimento angular de um corpo rígido. Ao longo da demonstração, determinaremos a quantidade de movimento angular de um corpo rígido em movimento tridimensional.

Mostraremos, neste momento, como obtivemos a quantidade de movimento angular de um corpo rígido $\vec{h}_P$ como dada pela Eq. (8.42) na p. 627, que repetimos aqui como

$$\vec{h}_P = I_G \vec{\omega}_B + \vec{r}_{G/P} \times m\vec{v}_G, \tag{B.1}$$

onde I_G e $\vec{\omega}_B$, são os momentos de inércia de massa e a velocidade angular do corpo, respectivamente (veja a Fig. B.1). Até o momento, dissemos que essa equação é aplicável a corpos rígidos em movimento planar que são simétricos em relação ao plano do movimento. Poderíamos determinar diretamente a Eq. (B.1), mas será mais útil determinar a forma tridimensional geral da quantidade de movimento angular de um corpo rígido e então simplificar o nosso resultado para corpos rígidos em movimento planar que são simétricos em relação ao plano do movimento.

Quantidade de movimento angular de um corpo rígido submetido a movimento tridimensional

Referindo-se à Fig. (B.1), lembre que a quantidade de movimento angular de um corpo rígido B sobre o ponto arbitrário P foi definido na Eq. (7.20) na p. 549 como sendo

$$\vec{h}_P = \int_B \vec{r}_{dm/P} \times \vec{v}_{dm}\, dm. \tag{B.2}$$

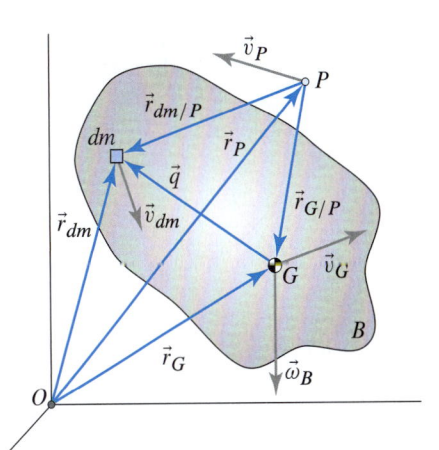

Figura B.1
Um corpo rígido em movimento com as definições dos vetores necessários para caracterizar a quantidade de movimento angular do corpo.

Os vetores $\vec{r}_{dm/P}$ e $\vec{v}_{dm}$ indicam a posição do elemento infinitesimal de massa dm em relação a P e a velocidade de dm, respectivamente. Considerando que $\vec{q}$

indica a posição de dm em relação ao centro de massa G, e observando que G e dm são dois pontos de um corpo rígido, podemos escrever

$$\vec{r}_{dm/P} = \vec{q} + \vec{r}_{G/P} \quad \text{e} \quad \vec{v}_{dm} = \vec{v}_G + \vec{\omega}_B \times \vec{q}. \quad (B.3)$$

Substituindo as Eqs. (B.3) na Eq. (B.2) e expandindo os produtos cruzados, temos

$$\vec{h}_P = \int_B \vec{q} \times (\vec{\omega}_B \times \vec{q})\, dm + \int_B \vec{q} \times \vec{v}_G \, dm$$
$$+ \int_B \vec{r}_{G/P} \times (\vec{\omega}_B \times \vec{q})\, dm + \int_B \vec{r}_{G/P} \times \vec{v}_G \, dm. \quad (B.4)$$

Para simplificar o lado direito da Eq. (B.4), lembre que $\vec{q}$ mede a posição de cada elemento de massa dm em relação ao centro de massa G do corpo. Portanto, a definição do centro de massa exige que

$$\int_B \vec{q}\, dm = m\vec{r}_{G/G} = \vec{0}. \quad (B.5)$$

Como as grandezas $\vec{v}_G$, $\vec{r}_{G/P}$ e $\vec{\omega}_B$ não são uma função da posição no interior de B, os três últimos termos do lado direito da Eq. (B.4) tornam-se

$$\int_B \vec{q} \times \vec{v}_G \, dm = \left(\int_B \vec{q}\, dm \right) \times \vec{v}_G = \vec{0}, \quad (B.6)$$

$$\int_B \vec{r}_{G/P} \times (\vec{\omega}_B \times \vec{q})\, dm = \vec{r}_{G/P} \times \left[\vec{\omega}_B \times \left(\int_B \vec{q}\, dm \right) \right] = \vec{0}, \quad (B.7)$$

e

$$\int_B \vec{r}_{G/P} \times \vec{v}_G\, dm = (\vec{r}_{G/P} \times \vec{v}_G) \int_B dm = \vec{r}_{G/P} \times m\vec{v}_G. \quad (B.8)$$

Substituindo as Eqs. (B.6)-(B.8) na Eq. (B.4), ela se torna

$$\vec{h}_P = \int_B \vec{q} \times (\vec{\omega}_B \times \vec{q})\, dm + \vec{r}_{G/P} \times m\vec{v}_G. \quad (B.9)$$

O segundo termo do lado direito da Eq. (B.9) não necessita de interpretação adicional, uma vez que $\vec{r}_{G/P}$ é a posição do centro de massa do corpo rígido em relação ao ponto de referência P, e $\vec{v}_G$ é a velocidade do centro de massa do corpo rígido. Quanto à integral no lado direito da Eq. (B.9), escrevendo $\vec{q}$ e $\vec{\omega}_B$ em coordenadas cartesianas como (veja a Fig. B.2)

$$\vec{q} = q_x \hat{\imath} + q_y \hat{\jmath} + q_z \hat{k} \quad \text{e} \quad \vec{\omega}_B = \omega_{Bx} \hat{\imath} + \omega_{By} \hat{\jmath} + \omega_{Bz} \hat{k}, \quad (B.10)$$

e, então, as substituindo na integral do lado direito da Eq. (B.9), obtemos

$$\int_B \vec{q} \times (\vec{\omega}_B \times \vec{q})\, dm$$
$$= \left\{ \int_B \left[(q_y^2 + q_z^2) \omega_{Bx} - q_x q_y \omega_{By} - q_x q_z \omega_{Bz} \right] dm \right\} \hat{\imath}$$
$$+ \left\{ \int_B \left[-q_x q_y \omega_{Bx} + (q_x^2 + q_z^2) \omega_{By} - q_y q_z \omega_{Bz} \right] dm \right\} \hat{\jmath}$$
$$+ \left\{ \int_B \left[-q_x q_z \omega_{Bx} - q_y q_z \omega_{By} + (q_x^2 + q_y^2) \omega_{Bz} \right] dm \right\} \hat{k}. \quad (B.11)$$

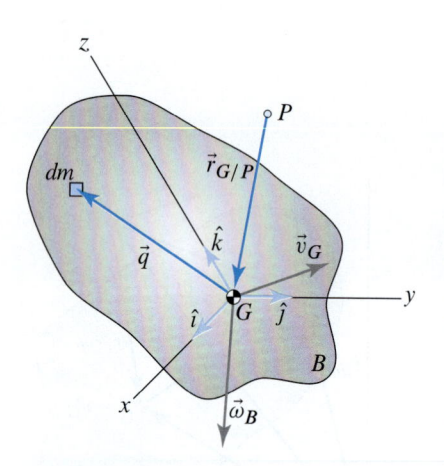

Figura B.2

Uma vez que os componentes de $\vec{\omega}_B$ não são uma função da posição no interior de B, podem ser trazidas para fora das integrais. Trazendo esses componentes da velocidade angular para fora das integrais e então usando as definições de momento de inércia de massa e de produto de inércia de massa dadas nas Eqs. (A.l)-(6.6) nas p. 731-732, obtemos

$$\int_B \vec{q} \times (\vec{\omega}_B \times \vec{q})\, dm = (I_x \omega_{Bx} - I_{xy}\omega_{By} - I_{xz}\omega_{Bz})\hat{\imath}$$
$$+ (-I_{xy}\omega_{Bx} + I_y\omega_{By} - I_{yz}\omega_{Bz})\hat{\jmath}$$
$$+ (-I_{xz}\omega_{Bx} - I_{yz}\omega_{By} + I_z\omega_{Bz})\hat{k}, \quad \text{(B.12)}$$

onde se subentende que os momentos e produtos de inércia *são em relação ao centro de massa G*, já que $\vec{q}$ mede a posição de dm em relação a G. Escrevendo $\vec{r}_{G/P}$ e $\vec{v}_G$ em coordenadas cartesianas conforme

$$\vec{r}_{G/P} = x_{G/P}\,\hat{\imath} + y_{G/P}\,\hat{\jmath} + z_{G/P}\,\hat{k}, \quad \text{(B.13)}$$

$$\vec{v}_G = v_{Gx}\,\hat{\imath} + v_{Gy}\,\hat{\jmath} + v_{Gz}\,\hat{k}, \quad \text{(B.14)}$$

respectivamente, então, substituindo as Eqs. (B.12)-(B.14) na Eq. (B.9), encontramos que a *quantidade de movimento angular de um corpo rígido* é dada por

$$\vec{h}_P = [I_x\omega_{Bx} - I_{xy}\omega_{By} - I_{xz}\omega_{Bz}$$
$$+ m(y_{G/P}v_{Gz} - z_{G/P}v_{Gy})]\hat{\imath}$$
$$+ [-I_{xy}\omega_{Bx} + I_y\omega_{By} - I_{yz}\omega_{Bz}$$
$$+ m(z_{G/P}v_{Gx} - x_{G/P}v_{Gz})]\hat{\jmath}$$
$$+ [-I_{xz}\omega_{Bx} - I_{yz}\omega_{By} + I_z\omega_{Bz}$$
$$+ m(x_{G/P}v_{Gy} - y_{G/P}v_{Gx})]\hat{k}. \quad \text{(B.15)}$$

Se qualquer uma das seguintes condições é satisfeita:

1. O ponto de referência P é o centro de massa G do corpo rígido de modo que $\vec{r}_{G/P} = \vec{0}$.
2. O centro de massa G do corpo rígido é um ponto fixo de forma que $\vec{v}_G = \vec{0}$.
3. A velocidade do centro de massa G, $\vec{v}_G$, é paralela à posição de G em relação a P, $\vec{r}_{G/P}$.

então a Eq. (B.15) é simplificada para

$$\vec{h}_P = (I_x\omega_{Bx} - I_{xy}\omega_{By} - I_{xz}\omega_{Bz})\hat{\imath}$$
$$+ (-I_{xy}\omega_{Bx} + I_y\omega_{By} - I_{yz}\omega_{Bz})\hat{\jmath}$$
$$+ (-I_{xz}\omega_{Bx} - I_{yz}\omega_{By} + I_z\omega_{Bz})\hat{k}, \quad \text{(B.16)}$$
$$= h_{Px}\hat{\imath} + h_{Py}\hat{\jmath} + h_{Pz}\hat{k}. \quad \text{(B.17)}$$

As condições 1 e 2 são muito comuns na prática, de modo que a Eq. (B.16) é frequentemente usada.

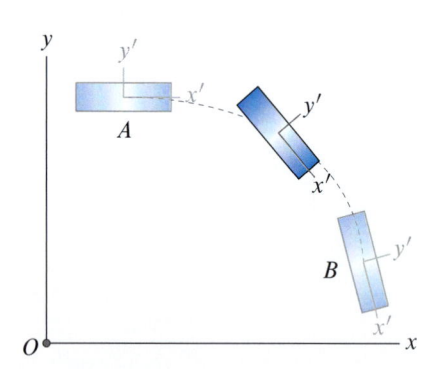

Figura B.3
Um corpo rígido retangular girando em movimento planar em relação ao sistema fixo xy. O x'y' está ligado ao corpo.

> **Informações úteis**
>
> **A representação de um vetor pela matriz coluna.** Na representação do vetor $\vec{h}_P$ como
>
> $$\{h_P\} = \begin{Bmatrix} h_{Px} \\ h_{Py} \\ h_{Pz} \end{Bmatrix}$$
>
> a primeira linha contém a componente x; a segunda linha, a componente y; e a terceira linha, a componente z do vetor. A mesma interpretação se aplica a $\{\omega_B\}$. De forma análoga, quando multiplicamos $[I_G]$ por $\{\omega_B\}$, obtemos um vetor cuja primeira, segunda e terceira linhas são as componentes x, y e z do vetor, respectivamente.

O uso prático das Eqs. (B.15) e (B.16)

O sistema de referência xyz citado nas Eqs. (B.15) e (B.16) pode ser qualquer sistema (inercial ou não) visto que as componentes da velocidade e da velocidade angular são calculadas em relação a um sistema inercial. Com isso em mente, se o corpo B gira em relação ao sistema xyz, os momentos e produtos de inércia nas Eqs. (B.15) e (B.16) serão *dependentes do tempo*. Por exemplo, referindo-se à Fig. B.3, observe que, à medida que o corpo retangular se move no plano xy, a sua distribuição de massa muda relativamente ao sistema de referência que não está em movimento xyz e, portanto, os seus momentos e produtos de inércia mudarão (ou seja, são dependentes do tempo) em relação ao sistema. Por outro lado, os momentos e produtos de inércia em relação ao sistema $x'y'z'$ que está fixado ao corpo serão *constantes*. Veremos nas aplicações, especialmente quando se lida com a dinâmica de corpos rígidos em três dimensões, que fixar sistemas de referência ao corpo será a estratégia preferida para resolver problemas. Nos referiremos a esses sistemas como *fixados ao corpo*.

Uma forma compacta de escrever as Eqs. (B.15) e (B.16)

Usando uma combinação das notações matricial e vetorial, a Eq. (B.15) pode ser escrita como

$$\{h_P\} = [I_G]\{\omega_B\} + \vec{r}_{G/P} \times m\vec{v}_G, \quad (B.18)$$

onde $\{h_P\}$ é o vetor quantidade de movimento angular do corpo B em relação a P, $\{\omega_B\}$ é o vetor velocidade angular de B e $[I_G]$ é a **matriz de inércia** ou **tensor de inércia** de B em relação aos eixos xyz. Em forma matricial e em forma vetorial, essas grandezas são dadas por

$$\{h_P\} = \begin{Bmatrix} h_{Px} \\ h_{Py} \\ h_{Pz} \end{Bmatrix} = \vec{h}_P = h_{Px}\hat{\imath} + h_{Py}\hat{\jmath} + h_{Pz}\hat{k}, \quad (B.19)$$

$$\{\omega_B\} = \begin{Bmatrix} \omega_{Bx} \\ \omega_{By} \\ \omega_{Bz} \end{Bmatrix} = \vec{\omega}_B = \omega_{Bx}\hat{\imath} + \omega_{By}\hat{\jmath} + \omega_{Bz}\hat{k}, \quad (B.20)$$

e

$$[I_G] = \begin{bmatrix} I_x & -I_{xy} & -I_{xz} \\ -I_{xy} & I_y & -I_{yz} \\ -I_{xz} & -I_{yz} & I_z \end{bmatrix}.$$

A multiplicação matricial padrão de $[I_G]$ e $\{\omega_B\}$, com a adição do vetor do produto cruzado $\vec{r}_{G/P} \times m\vec{v}_G$, nos fornece então $\{h_P\}$, tal como fornecido por ambas das Eqs. (B.15) ou (B.18). Nesse contexto, vemos que a Eq. (B.16) pode ser escrita de maneira muito mais compactada como

$$\{h_P\} = [I_G]\{\omega_B\}. \quad (B.21)$$

Quantidade de movimento angular de um corpo rígido em movimento planar

Temos agora condições de desenvolver a Eq. (B.1), a qual recordamos que é a quantidade de movimento angular de um corpo rígido em movimento planar que é simétrico em relação ao plano do movimento.

Se o corpo rígido B está em movimento planar e o movimento está ocorrendo no plano xy, então

$$\omega_{Bx} = \omega_{By} = 0, \quad v_{Gz} = 0 \quad \text{e} \quad z_{G/P} = 0, \tag{B.22}$$

implicando que a Eq.(B.15) torna-se

$$\vec{h}_P = -I_{xz}\omega_{Bz}\,\hat{\imath} - I_{yz}\omega_{Bz}\,\hat{\jmath} \tag{B.23}$$
$$+ \left[I_z\omega_{Bz} + m\left(x_{G/P}v_{Gy} - y_{G/P}v_{Gx}\right)\right]\hat{k}, \tag{B.24}$$

onde, novamente, os momentos e produtos de inércia são calculados em relação ao centro de massa G do corpo rígido.

Finalmente, se o plano xy é também um plano de simetria do corpo, então $I_{xz} = 0$ e $I_{yz} = 0$ e, assim, a Eq. (B.23) pode ser escrita como

$$\vec{h}_P = \left[I_z\omega_{Bz} + m\left(x_{G/P}v_{Gy} - y_{G/P}v_{Gx}\right)\right]\hat{k}. \tag{B.25}$$

Observando que, para o movimento planar, $I_z = I_G$, $\omega_{Bz}\hat{k} = \vec{\omega}_B$ e $\vec{r}_{G/P} \times m\vec{v}_G = m\left(x_{G/P}v_{Gy} - y_{G/P}v_{Gx}\right)$, podemos escrever a Eq. (B.25) como

$$\vec{h}_P = I_G\vec{\omega}_B + \vec{r}_{G/P} \times m\vec{v}_G, \tag{B.26}$$

a qual é a forma de $\vec{h}_P$ utilizada na Eq. (8.42).

CRÉDITOS

CRÉDITOS DAS FOTOS

Capítulo 1

Página 1, Abertura: © SuperStock/SuperStock, Inc.; **p. 3, Figura 1.1:** Retrato de Newton por Sr. Godfrey Kneller, 1689, © Foto por Jeremy Whitaker; **p. 5, Figura 1.3(ambas):** NASA; **p. 6, Figura 1.4:** © Index Stock Imagery/Jupiter Images; **p. 25, Figura 1.19:** © M.S.C.U.A., University of Washington, Farquharson, 12.

Capítulo 2

Página 29, Abertura: © Paul Slaughter/ www.slaughterphoto.com; **p. 29, Figura 2.1:** © Adam Pretty/Getty Images; **p. 43, Ex. 2.6, Figura 1:** © Colin Anderson/Blend Images/ CORBIS; **p. 45, Ex. 2.7, Figura 1:** © Tim de Waele/CORBIS; **p. 53, Figura P2.34 e P2.35:** NASA; **p. 63, Ex. 2.9, Figura 1:** © Terrance Klassen/Alamy; **p. 65, Ex.2.10, Figura 1:** foto da U.S. Navy por Seaman Daniel A. Barker; **p. 72, Figura P2.71:** © Universal Studios; **p. 72, Figura P2.73-75:** © David Lees/CORBIS; **p. 73, Figura 2.18:** © Geoff Dann/Getty Images; **p. 83, Figura P2.85:** foto da US Army; **p. 101, Figura P2.119:** "Design and Analysis of a Surface Micromachined Spiral-Channel Viscous Pump", por M.I. Kilani, P.C. Galambos, Y.S. Haik, C.H. Chen, *Journal of Fluids Engineering,* Vol. 125, pp. 339-344, 2003; **p. 104, Figura 2.32 e Figura 2.33:** Cortesia de Watkins Glenn International Raceway; **p. 104, Figura 2.34:** Cortesia da FIA; **p. 109, Ex. 2.17, Figs. 1-3:** Cortesia da FIA; **p.111, Ex. 2.19, Figura 1:** NASA; **p. 114, Figura P2.131:** Cortesia da FIA; **p. 115, Figura P2.137:** Department of Energy; **p. 123, Ex. 2.21, Figura 1:** © Charles O'Rear/CORBIS; **p. 132, Figura P2.173-174:** "Design and Analysis of a Surface Micromachined Spiral-Channel Viscous Pump", por M.I. Kilani, P.C. Galambos, Y.S. Haik, C.H. Chen, *Journal of Fluids Engineering* Vol. 125, pp. 339-344, 2003; **p. 154, Figura 2.54:** © Joe Jennings/Jennings Productions; **p. 160, Ex. 2.29, Figuras 1a-b, p. 166 Figura P2.229, p. 181, Figura P2.260:** fotos do autor.

Capítulo 3

Página 183, Abertura: © Robert King: **p. 183, Figura 3.1:** © David A. Northcott/ CORBIS; **p. 187, Figura 3.6:** foto do autor; **p. 212, Ex. 3.4, Figura 1:** © Scott Halleran/Getty Images; **p. 232, Figura 3.23:** U.S. Navy.

Capítulo 4

Página 259, Abertura: © Eric Gaillard/ Reuters/CORBIS; **p. 265, Ex. 4.1, Figura 1:** foto da U.S. Navy por Mass Communication Specialist 3rd Class Torrey W. Lee; **p. 270, Figura P4.1:** NASA; **p. 273, Figura P4.16:** foto da U.S. Navy por Mass Communication Specialist 3rd Class Torrey W. Lee; **p. 276, Figura 4.8:** © Michael Dahms/Lift-World.info; **p. 276, Figura 4.9:** © Michael Busselle/Robert Harding World Imagery/CORBIS; **p. 286, Ex. 4.5, Figura 1:** © GFC Collection/Alamy; **p. 301, Figura PP4.1:** © tbkmedia.de/Alamy; **p. 309, Ex. 4.11, Figura 1:** foto do autor; **p. 320, Figura 4.23:** © AP Photo/Ferrari Press Office, HO; **p. 322, Ex. 4.13, Figura 1:** foto da U.S. Navy por Mass Communication Specialist 3rd Class Torrey W. Lee; **p. 326, Figura P4.77:** Mazda Miata © 2006 Mazda Motor of America, Inc. Usada com permissão.

Capítulo 5

Página 333, Abertura: NASA; **p. 333, Figura 5.1:** © Steve Cole/Getty Images; **p. 334, Figura 5.2:** © Loren M. Winters, Durham, NC; **p. 340, Ex. 5.1, Figura 1:** PH3 Christopher Mobley/U.S. Navy; **p. 347, Figura P5.3** © Rooney, Irving & Associates, Ltd.; **p. 348, Figura P5.7a:** foto da U.S. Navy por Photographer's Mate 2nd Class H. Dwain Willis; **p. 348, Figura P5.7b:** PHAN James Farrally II, US Navy; **p. 348, Figura P5.7c:** foto da U. S. Navy por Photographer's Mate 3rd Class (AW) J. Scott Campbell; **p. 350, Figura P5.15:** © Chip Simons/Jupiter Images; **p. 362, Figura 5.20:** foto do autor; **p. 388, Figura 5.28:** © Lucinda Dowell; **p. 410, Figura 5.39:** NASA; **p. 414, Figura 5.45:** NASA; **p. 422, Figura P5.100-101:** NASA; **p. 423, Figura P5.104:** NASA; **p. 426, Figura 5.50:** © Sean Gallup/Getty Images; **p. 434, Ex. 5.18, Figura 1:** © Royalty-Free/CORBIS; **p. 436, Ex. 5.19, Figura 1, p. 443 Figura P5.126a:** Cortesia de JetPack International, LLC; **p. 445, Figura P5.136a:** Cortesia de Andritz Hydro, Áustria.

Capítulo 6

Página 459, CO6: © John Peter Photography/ Alamy; **p. 459, Figura 6.1:** © Ford Motor Company; **p. 463, Figura 6.11:** Cortesia de First Team Sports, www.firstteaminc.com; **p. 467, Ex. 6.1, Figura 1:** © Ford Motor Company; **p. 469, Ex. 6.3, Figura 1:** © AP Photo/Majdi Mohammed; **p. 470, Figura P6.4:** © Arrow Gear Company; **p. 470, Figura P6.5:** NASA; **p. 471, Figura P6.6:** Value RF| © Lawrence Manning/CORBIS; **p. 471, Figura P6.7a:** © Andritz Hydro, Áustria; **p. 471, Figura P6.6:** Value RF| © Lawrence Manning/ CORBIS; **p. 471, Figura P6.7b:** Cortesia de Voith Hydro, Alemanha; **p. 472, Figura P6.12:** foto do autor; **p. 473, Figura P6.18:** © David Lees/CORBIS; **p. 475, Figura P6.27-28:** © Martin Child/Getty Images RF; **p. 475, Figura P6.29-31:** fotos do autor; **p. 481 Ex. 7.4 Figura 1:** Mazda Miata © 2006 Mazda Motor of America, Inc. Usada com permissão; **p. 483, Ex. 6.4, Figura 1:** © Lester Lefkowitz/CORBIS; **p. 486, Ex. 6.6, Figura 1:** © Jon Reis; **p. 486 Ex 6.6, Figura 2:** © The McGraw-Hill Companies, Inc./Foto por Lucinda Dowell; **p. 488, Ex. 6.7, Figura 1:** Cortesia de Otto Bock HealthCare, Alemanha; **p. 490, Ex. 6.8, Figura 1:** © AP Photo/ Majdi Mohammed; **p. 502, Ex. 6.9, Figura 1:** © Lester Lefkowitz/CORBIS; **p. 508, Ex. 6.12, Figura 1:** Cortesia de Otto Bock HealthCare, Alemanha; **p. 516, Figura DP6.1:** Cortesia de Specialized Bicycles; **p. 517, Figura 6.39:** © Jon Reis; **p. 532, Figura P6.117:** NASA.

Capítulo 7

Página 545, Abertura: © Quinn Rooney/ Getty Images; **p. 545, Figura 7.1:** Cortesia de Kawasaki Motors Corp., Estados Unidos; **p. 554, Figura 7.11:** Cortesia de Metaldyne Corporation; **pp. 560-561, Ex. 7.2, Figs. 1-4:** Cortesia de Beckman Coulter, Inc.; **p. 564, Ex. 7.4, Figura 1 e p. 572, Figura P7.1:** Mazda Miata © 2006 Mazda Motor of America, Inc. Usada com permissão; **p. 575, Figura P7.15-17:** Cortesia de Amazing Gates of America; **p. 579, Figura P7.38 e p. 581, Figura P. 7.50:** Mazda Miata © 2006 Mazda Motor of America, Inc. Usada com permissão, **p. 585, P7.64-65a,b (ambos):** NASA; **p. 590, Figura PP7.1:** Cortesia de Ducati Motor Holding.

Capítulo 8

P. 591, Abertura: NASA; **p. 592, Figura 8.2:** NASA; **p. 597, Figura 8.8:** © Joe Kilmer/Penninsula Spring Corp.; **p. 600, Ex. 8.1, Figura 1:** © Polka Dot Images/Jupiterimages RF; **p. 604, Ex. 8.3, Figura 1, p. 606, Ex. 8.4 Figs. 1-3, e p. 613, Figura 8.6:** Mazda Miata © 2006 Mazda Motor of America, Inc. Usada com permissão; **p. 615, Figura P8.17:** © The McGraw-Hill Companies, Inc./Foto por Lucinda Dowell; **p. 616, Figura 8.20 e 8.21:** NASA; **p. 633, Ex. 8.9, Figura 1:** © The McGraw-Hill Companies, Inc./Foto por Lucinda Dowell; **p. 635, Ex. 8.10, Figura 1:** European Space Agency; **p. 638, Figura P8.57:** © Golden Gate Images/Alamy; **p. 638, Figura P8.58; p. 639, Figura P8.59 e P8.60:** Mazda Miata © 2006 Mazda Motor of America, Inc. Usada com permissão; **p. 639, Figura P8.61:** NASA; **p. 642, Figura P8.71:** © Martin Child/Getty Images RF; **p.644, Figura P8.77b, p. 645, Figura PP8.2a, p.645, Figura PP8.2b:** NASA; **p. 660, Ex. 8.13, Figura 1:** © John Lund/Getty Images; **p. 664, Figura P8.90:** © Jupiter Images.

Capítulo 9

Página 673, Abertura: © Don Schlitten; **p. 682, Ex. 9.2, Figura 1:** "Bottom-up Assembly of Large-Area Nanowire Resonator Arrays", *Nature Nanotechnology*, 3(2), 2008, pp. 88-92.; **p. 687, Figura P9.16:** © Jeppe Wikstrom/Getty Images; **p. 706, Interesting Fact:** PH3 Christopher Mobley/U.S. Navy; **p. 712, Ex. 9.5, Figura 1:** foto do autor; **p. 727, Figura P9.69:** "Bottom-up Assembly of Large-Area Nanowire Resonator Arrays", *Nature Nanotechnology*, 3(2), 2008, pp. 88-92.

Apêndice

Página 731, Abertura A, p. 733, Figura A.2 e p. 741, Abertura B: NASA.

ÍNDICE

A

Abordagens vetoriais
   análise de aceleração, 498, 502-5, 508-9, 538
   análise de velocidade, 477.537
Aceleração
   calculando velocidade a partir da, 57-59
   determinando a partir da posição, 43-44, 55-56
Aceleração angular, 59, 65-66, 462
Aceleração constante
   em movimento de projétil, 73-74
   em problemas unidimensionais, 58-59
   exemplo da hélice, 65-66
Aceleração da gravidade
   definição, 5-6
   efeitos nos movimentos de projéteis, 74
   exemplo da trajetória da bola de basquete, 43-44
   para calcular a profundidade do poço, 61
Acelerômetros, 45, 156, 695
Adição vetorial, 11
Aeronave F/A-18 Hornet, 265, 266, 322
Aeronave V-22 Osprey, 65
Almagesto, 2
Alvos móveis, 135, 141-42
Amortecedores, 704, 707-8, 714
Amortecimento viscoso linear 682, 704
Amplitude, 674, 722
Análise da aceleração
   na cinemática de corpo rígido, 498-500, 538-39
   problemas de exemplo, 502-9
   sistemas de referência em rotação, 521-23, 540
Análise da velocidade
   em movimento planar de corpo rígido, 477-81, 537-38
   problemas de exemplo, 483-90
   sistemas de referência em rotação, 520-21, 539-40
Análise dimensional, 20-22
Análise paramétrica, 485, 505
Ângulo de fase, 674, 722
Apoapse, 411
Apogeu, 229, 297, 397
Apside, 411
Aquisição de chicote sobre chicote, 151
Aristóteles, 1-2
Arrasto
   como força não impulsiva, 358
   função na velocidade terminal, 64
   movimento de projétil com, 212-13
   quando desconsiderar, 62

Arrasto aerodinâmico, 62, 64, 212-13
Asperezas, 305
Aterrissagem em porta-aviões, 340, 706
Átomos, forças entre, 232-35

B

Bailey, Donovan, 288
Balanças de mola, 204-5
Balanças de plataforma, 383
Balanceando centrífugas, 561
Bastões de beisebol, 552-53
Beech King Air 200, 701
Bielas. *Veja também* Mecanismos biela-manivela
   análise da aceleração, 498-99, 504-5
   exemplo de oscilação, 681
   exemplos de análise de velocidade, 484-85
   movimento planar geral, 461
   para ilustrar a equivalência dinâmica, 554-55
Bloco oscilante com manivela-corrediça, 102, 132, 486-87, 517-19
Bolas de basquete, 382
Bolas de demolição, 285
Bolas de golfe, 212-13
Bolas de raquete 333-34, 341
Bolas de tênis, 382
Bolsas de ar, 334
Bolt, Usain, 288
Bombas espirais, 101-2, 132
Bombeamento enquanto oscila, 292-93
Brahe, Tycho, 2
Bubka, Sergey, 289

C

Cadeias cinemáticas, 488, 489
Caixas-pretas, 334
Cálculos, 3
Camaleões, 183-85
Câmeras de pista de corrida, 29-30
Campeonato Mundial "Punkin Chunkin"
   competição, 73
Campos de força, 294
Cancela do carrossel, 712-13
Carregamento cíclico, 561
Carrinhos de choque, 646-48
Carrossel em forma de polvo, 166
Cauchy, Augustin, 3

Center for Gravitational Biology Research, 53, 111
Centrífugas, 53, 111, 115, 560-61
Centro de momento, 389
Centro de rotação instantânea, 479-81, 490, 499, 538
Centros de massa (corpos rígidos), 548, 649, 651
Centros de massa (sistemas de partículas)
 calculando movimentos, 237-38, 255
 definindo posição, 237, 306
 em sistemas fechados *versus* sistemas abertos, 392
 uso na determinação da energia cinética, 305 -6
Centros de percussão, 552-53
Chicotada, 310
Cinemática de corpo rígido
 análise de aceleração em movimento planar, 498-500
 análise de velocidade em movimento planar, 477-81
 conceitos básicos de movimento planar, 459-65, 536-37
 sistemas de referência em rotação, 517-24
Cinemática de partículas
 componentes normal-tangencial do movimento planar, 104-7, 171
 conceitos de movimento relativo, 135-36, 172
 coordenadas polares em movimento planar, 118-20
 definição, 29
 derivação das constantes geométricas, 137-38
 derivada temporal de um vetor, 88-93, 170
 movimento de projéteis, 73-74, 170
 movimentos elementares, 55-59, 168-69
 principais conceitos, 29-34, 168
 sistemas de coordenadas em três dimensões, 154-58
Cinética, 183. *Veja também* Cinética de corpo rígido
Cinética de corpo rígido
 equações da quantidade de movimento angular, 548-55
 equações da quantidade de movimento linear, 548
 impactos entre corpos, 646-54, 668-69
 princípio do impulso-quantidade de movimento angular, 626-28, 667-68
 princípio do impulso-quantidade de movimento linear, 625-26, 667
 princípio do trabalho-energia, 591-98, 666-67
 sinopse, 545-48
Circuito Talladega Superspeedway, 214
Círculos osculantes, 106
Circunflexo, 10
Coeficiente de amortecimento crítico, 705-6, 724-25
Coeficiente de amortecimento viscoso, 704, 724
Coeficiente de atrito cinético, estático, 186
Coeficiente de restituição
 em colisões de corpos rígidos, 646-47, 650-51, 652
 em colisões de partículas, 87, 360-62
Colisões. *Veja* Impactos
Cometa Halley, 422
Competição do Homem Mais Forte do Mundo, 342
Componente da aceleração de Coriolis, 220-21, 222

Componentes radiais da aceleração, da velocidade, 119
Componentes vetoriais, 11
Comprimento de arco, 105
Comprimento indeformado da mola, 187
Computadores portáteis, 695-96
Conceitos da força, 8
Conceitos de inércia, 9
Conceitos de tempo, 8
Conceitos primitivos, 9
Condições de não deslizamento, 186, 467. *Veja também* Rolamento sem deslizamento
Conservação da energia mecânica
 definição, 279, 328
 problemas de exemplo, 286-87, 307-8
Conservação da quantidade de movimento angular
 em colisões de corpos rígidos, 653-54
 equação para, 393
 para corpos rígidos, 628, 633-36
 para partículas, 125
Conservação da quantidade de movimento linear
 ao longo das linhas de impacto, 646, 652
 para corpos rígidos, 626
 para sistemas de partículas, 238, 337-38, 447
 problemas de exemplo, 239-40, 343-46, 635-36
Constante da mola, 187
Constante da mola de torção, 597, 682
Constante de movimento, 218
Constante gravitacional universal, 5
Contornando soluções, 308
Conversões de unidades, 15, 22
Coordenadas, 12-13, 34
Coordenadas cartesianas, 11, 12-13. *Veja também* Coordenadas
Coordenadas cilíndricas
 aplicação da segunda lei de Newton, 210
 conceitos básicos, 154-55, 173
 problemas de exemplo, 162
Coordenadas escalares. *Veja* Coordenadas
Coordenadas esféricas
 aplicação da segunda lei de Newton, 211
 conceitos básicos, 156-57, 173-74
 problemas de exemplo, 163
Coordenadas polares
 aplicação básica em movimento planar, 118-20, 171-72
 aplicação da segunda lei de Newton, 210
 problemas de exemplo em movimento planar, 122-27
Coordenadas radiais, 118
Copernicus, Nicolaus, 2
Cordas como modelos, 22
Coriolis, Gaspard-Gustave, 222
Corpos rígidos, 9, 27
Corpos rígidos compostos, estendidos, 463
Correias em polias, 467
Curvatura de uma trajetória, 105

D

De Revolutionibus, 2
Deflexão de barra em balanço, 682
Deformação, 187, 361
Del, 281
Derivação
  numérica *versus* analítica, 44
Derivação de restrições
  análise de aceleração por, 498-99, 506-7, 538-39
  análise de velocidade por, 478, 486-87, 537
  análise do movimento relativo por, 137-38
Derivadas temporais de vetores
  com componentes normal-tangencial, 107
  conceitos principais, 88-93, 170
  notação, 30-31
  problemas exemplo, 94-98
Deslizamento iminente, 186, 196-99, 214-15
Deslocamento angular relativo, 607
Desviadores, 434-35
Detectores de massa, 682
Determinantes
  determinando produtos cruzados com, 13
Diagramas cinéticos, 555
Diagramas de corpo livre na dinâmica, 192-93
Dimensões da base, derivadas, 14
Dinâmica
  breve histórico, 1-7
  conceitos básicos, 1, 8-17
  papel fundamental no projeto, 25-27
Dinâmica molecular, 232-35
Dirac, P. A. M., 3
Diretrizes, 412
Discos de hóquei, 656-57

E

Efeitos supersônicos em hélices, 65-66
Eficiência, 320-21, 329
Einstein, Albert, 3
Eixos de rotação, 89, 90-91
Eixos principais de inércia, 737
Elevadores de esqui, 276-77
Embalagens
  absorção de energia, 206
Energia cinética
  aproximação como função quadrática da posição e velocidade, 678
  de impactos, 365, 448
  para sistemas de partículas, 303, 305-6
  relativa à força média, 265-66
  trabalho e, 261-62, 327
Energia específica, 416
Energia mecânica por unidade de massa, 416, 453

Energia potencial
  aproximação como função quadrática da posição e velocidade, 678
  de várias forças, 280-81, 328
  definição, 279
  elástica, 280
Engenheiros forenses, 333
Engrenagem anelar, 483, 502
Engrenagens, 468, 483
Engrenagens solares, 483, 502
Enriquecimento de urânio, 115
Ensaio de impacto Charpy, 298
Ensaios de arrancamento, 272
Epiciclos, 2
Equação característica, 705
Equação de Duffing, 208
Equação de Lagrange, 728
Equações cinemáticas, 189, 192
Equações da força de restrição, 190, 478
Equações de movimento
  definição, 190-91, 253
Equações fundamentais
  definição, 190-91
  tipos, 191-92, 253
Equações Newton-Euler
  a partir dos diagramas cinéticos, 555
  aplicação em corpos rígidos com movimento planar, 546-47
  importância fundamental, 394
  problemas de exemplo usando, 552-53, 558-71
Escadas, 145-46, 506-7
Escalares, 10, 11
Escoamentos de fluidos, 426-30, 432-35
Escorregamento
  forças de atrito em, 186, 243-44, 290-91
  problemas de exemplo, 562-63
Esferas
  partículas *versus*, 567
Espaço, 8
Espaçonave Pioneer 3, 53, 532, 585, 645
Estação Espacial Internacional, 410, 423, 635, 636
Estalar da toalha, 309-10
Estruturas de apoio, excitação harmônica, 695-96
Estudos de planetas, 2
Euler, Leonhard, 3, 6-7, 337
Excentricidade de seções cônicas, 412
Exemplo da descida de paraquedista, 63-64
Exemplo da velocidade de elevação, 323-24
Exemplo de acoplamento, 635-36
Exemplo de captura acrobática, do trapézio, 660-61
Exemplo de capturas em meio aéreo, 660-61
Exemplo de cidades em Minnesota, 18-19
Exemplo de corda em queda, 438-39
Exemplo de corpo rígido em queda, 558-59

Exemplo de haste e mola, 570-71
Exemplo de oleoduto, 434-35
Exemplo de salto com vara, 288-89
Exemplo de trajetória do beisebol, 78-79
Exemplo do jato de água, 432-33
Exemplo do nanofio de silício, 682-83
Exemplo do rolo compressor, 568-69
Exemplos da articulação artificial do joelho, 488-89, 508-9
Exemplos de bungee jumping, 286-87, 675, 677
Exemplos de movimento oscilatório, 292-93
Exemplos de plataforma flutuante, 343-46
Exemplos de prótese de perna, 488-89, 508-9
Exemplos de sistema de engrenagens planetárias, 483, 502-3
Expansões em série de Taylor, 676
Explorer 7, 422

F

Fadiga, 561
Fator de amortecimento, 706-7
Fatores de amplificação
   amortecidos, osciladores harmônicos forçados, 709, 726
   determinação para motor desbalanceado, 698-99
   forçadas, vibrações não amortecidas, 694-95, 724
Fatores de conversão, 15
Fechadura pneumática para portas, 486
Filósofos, 1
Fluxos de massa
   princípio do impulso-quantidade de movimento, 426-30, 453-54
   problemas exemplo, 432-39
   variáveis, 429-30, 436-37, 439, 454
Fluxos estacionários, 426-29, 453-54
Focos de elipses, 412
Foguete Saturno V, 421
Força gravitacional
   energia potencial, 280
   mecânica orbital, 410-16, 450-53
   trabalho em partículas, 279, 327
Força média
   definição, 335, 446
   relação com a energia cinética, 265-66
Forças
   potência e eficiência, 320-21
Forças centrais
   gravitacionais, 410
   problemas de exemplo, 218-19
   trabalho sobre as partículas, 277-79
Forças conservativas
   definição, 279, 328
   identificação, 281-82
   problemas de exemplo, 294
Forças constantes
   trabalho de, 263

Forças de atrito
   em função do tempo, 632
   exemplos com deslizamento, 243-44, 290-91
   exemplos com deslizamento iminente, 196-99, 214-15
   exemplos de rolagem sem deslizamento, 564-65
   exemplos de trabalho interno, 311-13
   Modelo de Coulomb, 185-87, 254
Forças de contato, 8
Forças externas em sistemas de partículas, 235-36, 336
Forças impulsivas, 357-59, 447
Forças interatômicas, 232-35
Forças internas em sistemas de partículas
   definição, 235, 236
   em sistemas fechados, 336
   papel no princípio do trabalho-energia, 303-5
Forças não conservativas, 282, 329
Forças não impulsivas, 358
Forma forte da terceira lei de Newton, 4
Forma padrão da equação do oscilador harmônico, 675-76, 722
Forma padrão da equação do oscilador harmônico forçado, 693-95
Fourier, Jean Baptiste Joseph, 694
Fratura do silício, 232
Frequência, 674, 723
Frequência natural, 674, 678, 679, 722
Frequência natural amortecida, 706, 725
Função seno
   linearização, 678
Funções de força, 693

G

Galilei, Galileu, 2
Gancho de cauda, 340, 706
Geometria das curvas, 105-6
Giração
   raios de, 554
Giro do patinador, 388-89, 633-34
Grande Prêmio de Mônaco, 104, 108
Graus de liberdade
   corpos rígidos em movimento planar, 545
   definição, 190, 254
   em osciladores harmônicos, 675
   exemplos de sistemas de referência em rotação, 525
Gravitação universal de Newton, 4-6, 125, 410
Greene, Maurice, 288
Guindastes com giro no topo, 162

H

Halley, Edmund, 422
Hélices, 65-66, 517
Hertz, 675
História da dinâmica, 1-7

Homogeneidade dimensional, 20
Hóquei aéreo, 374-75
Horsepower (hp), 320

I

Impacto pêndulo-projétil, 653-54
Impactos
   classificação, 362-65, 649
   coeficiente de restituição em, 360-62
   de corpos rígidos, 646-54, 668-69
   energia dos, 365, 448
   forças impulsivas em, 357-59
   modelagem entre partículas, 356-57, 447-48
   problemas de exemplo, 369-80, 656-61
Impactos centrais
   diretos, 363-64, 369-73, 649
   entre corpos rígidos, 649-51, 656-57
   entre partículas, 363
   oblíquos, 364, 374-80, 649
Impactos elásticos, 360, 648
Impactos excêntricos, 363, 651-54
Impactos excêntricos diretos, 649
Impactos excêntricos restritos, 653-54
Impactos não restritos, 359, 447, 648
Impactos perfeitamente elásticos
   entre corpos rígidos, 648
   entre partículas, 360, 365
Impactos perfeitamente plásticos
   entre corpos rígidos, 648
   entre partículas, 351, 356, 448
Impactos plásticos, 365, 648
Impactos restritos
   entre corpos rígidos, 648, 653-54, 658-59
   entre partículas, 359, 365-67, 376-77, 448
Impulso, 335
Impulso angular em relação a P, 390
Impulso linear, 335, 446, 626
Indentadores, 272
Integrações
   definida e indefinida, 55
   numérica *versus* analítica, 44, 45-46
Integrais de linha, 261
Integral das equações de movimento, 218

J

Jatos RCS, 402
Jet packs, 436-37
Johnson, Michael, 288
Joules, 262
Jugo escocês, 493, 510
Júpiter, 5

K

Kanounnikova, Natalia, 634
Kepler, Johannes, 2, 414
King Kong, 72

L

Lei da força de impacto, 360
Leibniz, Gottfried Wilhelm, 3
Leis da força, 189, 192
Leis do movimento de Kepler, 2, 4, 411-13
Leituras discretas, 122
Libras-pé, 262
Limites superiores, 308
Linearização, 676, 678
Linhas coordenadas, 34, 119
Linhas de impacto, 362
Linhas de referência, 280

M

MacBooks, 695
Massa, conceitos básicos, 9, 14
Massa e rigidez efetivas, 678
Massas excêntricas, 692
Massas pontuais, 394
Matriz de inércia. *Veja* também Tensor de inércia
Mecânica do contínuo, 3
Mecânica orbital
   conceitos principais, 410-16, 450-53
   problemas de exemplo, 420
Mecânica quântica, 3
Mecanicistas, 25
Mecanismos antirrotação, 532, 585
Mecanismos biela-manivela
   análise de velocidade, 477-81, 484-87
   análises de aceleração, 498-500
   definição, 459
   sistemas de referência em rotação, 517-19
   tipos de movimentos de corpo rígido, 459-61, 464-65
Mecanismos de quatro barras, 469, 488-90, 508-9
Mecanismos de retorno rápido, 528
Média da força de frenagem, 340
Medição da profundidade de poço, 61-62
Método da energia, 677-78, 684, 723
Método Newtoniano, 6-7
Microbombas espirais, 101-2, 132
Missões Apolo, 424
Modelagem de sistemas, 26-27
Modelo de atrito de Coulomb, 185-87
Modelo do impacto de partículas, 358-59
Modelo partícula-mola, 358-59
Modelos de massa concentrada, 401

Modelos do sistema solar, 2
Modelos geocêntricos, 2
Modelos heliocêntricos, 2
Módulo de detecção de batida e diagnóstico, 334
Molas
 energia potencial, 280
 forças não impulsivas, 358
 modelagem de sistemas sensores de movimento como, 695-96
 no exemplo do nanofio, 682-83
 oscilação do vagão, 673-75, 704-5
 trabalho sobre partículas, 278, 328
Molas elásticas lineares, 187, 254
Molas elásticas não lineares, 187-88
Momentos agindo sobre os fluidos, 428-29
Momentos de inércia de massa
 como raios de giração, 554
 definição, 547, 551, 731-740
 determinação a partir das oscilações, 681
 negativo, 555
 no exemplo da centrífuga, 561
 no princípio do impulso–quantidade de movimento angular para corpos rígidos, 628
 observações a respeito, 732
 para um patinador em rotação, 633
 principais, 24, 737-738
 sobre um eixo arbitrário, 738-739
 teorema dos eixos paralelos para, 735-736
Motocicleta Kawasaki Ninja ZX-14, 545
Motores. *Veja também* Mecanismos biela-manivela
 desbalanceados, 692-93, 695-96, 698-99, 714-15
 automotivos, 459-60, 467
 de carros, 459-60, 467
 de combustão interna, 459-60
 não balanceados, 692-93, 695-96, 698-99, 714-15
Motos, 545-48
Movimento circular
 derivadas no tempo de vetores e, 95-96
 problemas de exemplo, 216-17
 relações das coordenadas da trajetória e polares, 120
 relações unidimensionais, 59, 169
Movimento curvilíneo, 209-11
Movimento de projéteis
 modelagem, 73-74, 170
 problemas de exemplo, 76-81, 110, 126-27, 212-13
Movimento harmônico, 674
Movimento Planar. *Veja também* Cinemática do corpo rígido
 componentes normal-tangencial, 104-7, 171
 coordenadas polares, 118-20
Movimento planar geral, 461, 558-59, 564-71
Movimento relativo
 conceitos básicos, 135-36, 172
 em sistemas restritos, 137-38, 172
 problemas de exemplo, 139-46

Movimento retilíneo
 alternativo, 131, 527-28
 derivada temporal de vetores e, 94
 exemplo com coordenadas polares, 123-24
 relações na cinemática da partícula, 56-59
Movimentos aparentes, 523, 529-30
Movimentos de tombamento, 562-63
Movimentos deslizantes, 243-44, 290-91
Movimentos do centro de massa. *Veja* Centros de massa (sistemas de partículas)
Movimentos elementares na cinemática de partícula, 55-59, 168-69
Movimentos em uma dimensão, 55-59
Movimentos giratórios, 306
Movimentos percebidos, 529-30
Movimentos rotacionais
 da Terra, 188-89, 222
 equações da quantidade de movimento angular para corpos rígidos, 548-55
 relação com a derivada no tempo de um vetor, 88-93
Movimentos tridimensionais, 154-58

N

Nabla, 281
Nanotecnologia, 232
Nanotribologia, 232
National Health and Nutrition Examination Survey, 277
Netuno, 5
Newton, Isaac, 3, 4-6, 125
Newtons (unidades no SI), 14
Normal unitário principal, 105
Número de graus de liberdade, 190

O

Obuseiro leve M777 de 155 mm, 83
Ônibus espacial, 635
Operador diferencial vetorial, 281
Operador gradiente, 281
Órbitas circulares, 413, 452
Órbitas dos planetas, 2, 125
Órbitas elípticas, 2, 413-15, 452-53
Órbitas equatoriais geossíncronas, 423, 474
Órbitas estacionárias, 421
Órbitas excêntricas, 2
Órbitas geoestacionárias, 423, 474
Oscilações em vagões, 673-75, 704
Osciladores harmônicos
 com amortecimento viscoso, 705, 706, 726
 definição, 674, 722
 forçados, 693-95, 715, 723, 726
 forma padrão, 675-76, 722
 frequência natural, 678, 679

P

Parâmetros do material, 189
Partículas
    como objetos de modelagem básica, 27
    conceitos básicos, 9, 27
    determinação da posição, 40
    princípio do trabalho-energia, 259-63, 327
    quantidade de movimento angular, 389
    sistemas de, 232-38, 302-6
    tratando a Terra como, 397
Partículas elementares, 27
Pêndulo de Newton, 385
Pêndulos balísticos, 381
Pêndulos esféricos, 166
Perfis de velocidade, 184
Periapse, 411
Perigeu, 229, 297, 397
Períodos de órbitas elípticas, 414-15
Períodos de vibração, 674, 706, 723
Períodos orbitais, 414-15
Peso, 14, 358
Pesos de pessoas, 277
Pista de corrida de Hockenheim, 114
Pista de corrida Watkins Glen International, 104
Placas coletoras, 160-61
Planos de movimento, 461
Planos osculantes, 106
Plataformas em movimento, 469, 490
Polias
    com eixo de rotação fixo, 467
    em sistemas de guincho e bloco, 267-69
    exemplos de sistema, 241-42
    restrições geométricas ilustradas por, 137-38, 143-44
Ponte Tacoma Narrows, 25
Pontos de referência para vetores posição, 31
Pontos favoráveis, 552
Posição
    determinação da aceleração a partir da, 43-44, 55-56
    determinação para partículas, 40
    relativa à velocidade, 259-61, 267-69
Potência, 320, 322-24, 329
Potência mecânica, 320
Potencial de Lennard-Jones, 233
Precipitadores eletrostáticos, 160-61
Prefixos, 15-17
Prendendo cabos, 340, 706
Primeira lei de Euler, 337, 394, 548
Primeira lei do movimento (Newton), 4
Principia, 3
Princípio da indiferença da referência do material, 4
Princípio do trabalho-energia
    aplicações em partículas, 259-63, 327
    em impactos, 370, 659
    forças conservativas e energia potencial, 276-82
    na cinética de corpo rígido, 591-98, 666-67
    para sistemas de partículas, 302-6, 329
    problemas de exemplo, 265-69, 285-94, 307-13
Princípio do impulso-quantidade de movimento
    angular no lugar da terceira lei de Newton, 4
    angular, para corpos rígidos, 626-28, 631-32, 667-68
    angular, para impactos entre corpos rígidos, 647-48
    angular, para partículas, 389-93, 449-50
    colisões entre partículas, 356-67, 447-48
    como lei de conservação, 337-38
    linear, para corpos rígidos, 625-26, 631-32, 667
    linear, para partículas, 334-37, 446-47
    mecânica orbital, 410-16
    para fluxos de massa, 426-30, 453-54
    problemas de exemplo, 340-46, 370-71
Princípios de equilíbrio, 189, 192
Produtos cruzados
    derivadas no tempo de vetores como, 92
    determinando para dois vetores, 11-12, 13
    determinando para múltiplos vetores, 95, 96
Produtos de inércia. *Veja* Produtos de inércia de massa
Produtos de inércia de massa
    definição, 732
    propriedades dos, 733-734
    teorema dos eixos paralelos para, 737
Produtos ponto, 11
Projetos
    o papel da dinâmica em, 25-27
Propulsão
    fluxos de massa em, 429-30
Propulsão a jato, 66, 430, 436-37
Ptolomeu, Claudius, 2

Q

Quantidade de movimento, 4, 334, 337-38. *Veja também* Princípio do impulso-quantidade de movimento
Quantidade de movimento angular. *Veja também* Conservação da quantidade de movimento angular
    cálculo para corpos rígidos em movimento planar, 549, 626-627, 744-745
    cálculo para corpos rígidos submetidos a movimento tridimensional, 741-743
    conservação para corpos rígidos, 628, 633-36, 653-54
    definição para partículas, 389, 449
    equações de movimento rotacional, 548-55

forma compacta de escrever para movimento tridimensional, 744
problema do giro do patinador, 388-89
problemas de exemplo, 397-404
Quantidade de movimento linear. *Veja também* Conservação da quantidade de movimento linear
de corpos rígidos, 626
definição, 334, 446
equações de movimento de translação, 548
lei de conservação, 337-38

R

Radianos, 14
Raios de curvatura, 106
Raios de giração, 554, 734
Rastreamento, 97-98, 118-20
Razão de amortecimento, 706-7, 725
Reconstrução de acidente, 378-80, 378-80, 625
Reconstrução de colisão, 333-34, 378-80, 625
Recordes mundiais, 288, 289
Redução de engrenagens, 468
Registros de voo, 334
Regra da cadeia, 58
Regra da mão direita, 8, 89
Regra trapezoidal composta (RTC), 45-46
Reguladores de velocidade, 406
Relação entre frequências, 694
Relação entre momento-quantidade de movimento angular, 394, 548-49
Represa Verzasca, 286
Resistência ao rolamento, 605
Ressonâncias, 695, 724
Restituição, 361
Restrições geométricas, 137-38
Rigidez de molas, 678, 679
Rodas de reação, 402
Rodas impulsivas Pelton, 445
Rolamento sem deslizamento
análise de aceleração para, 499-500, 539
análise de velocidade para, 477-78, 480-81, 537
problemas de exemplo, 483, 502-3, 564-65
Rotação da Terra, 188-89, 222
Rotação de 360°, 633
Rotação do eixo fixo. *Veja* Rotação sobre um eixo fixo
Rotação em torno de um eixo fixo
descrição qualitativa, 461
princípio do impulso-quantidade de movimento angular, 628
problemas de exemplo, 467-68, 560-61
velocidade e aceleração com, 464-65, 536-37
Rotação sobre um eixo fixo, 460
Rotores com balde oscilante, 560

S

Satélite Telstar, 401
Satélites
aceleração durante o movimento orbital, 125
conceitos de mecânica orbital, 410-16, 450-53
exemplos de quantidade de movimento angular, 397-402
exemplos de velocidade e período orbital, 420
Seções cônicas, 411-15, 451-53
Segunda lei de Euler, 394, 548-49
Segunda lei do movimento (Newton)
aplicada ao movimento curvilíneo, 209-11
como princípio de equilíbrio, 189
comparação com a primeira lei de Euler, 394
declaração da, 4, 9
em sistemas de partículas, 235-38
estrutura para aplicações cinéticas, 191-93, 253
forças de atrito e de mola, 185-88
no exemplo do camaleão, 184, 185
orientações para a aplicação, 191-93
requisito para sistema de referência inercial, 188-89
termos comuns para aplicações dinâmicas, 189-91
Semieixo maior, 414
Sentido de rotação, 89
Sequências de colisões, 372-73
Setas de duas pontas, 10
Simulação do átomo de níquel, 232-35
Sinusoides, 720
Sistema americano, 14
Sistema de coordenadas cartesianas
aplicação da segunda lei de Newton, 209, 210
conceitos básicos, 8, 168
da mão direita, 8
em relação aos componentes de vetores, 34
representando vetores em, 10-11
três dimensões no, 158, 174
Sistema de coordenadas da trajetória, 107, 120, 209, 210
Sistema de coordenadas normal-tangencial, 106-7, 171
Sistema fixados no corpo, 519
Sistema SI, 14
Sistemas abertos, 336, 426
Sistemas conservativos, 279, 328
Sistemas criticamente amortecidos, 706, 707, 712-13, 725
Sistemas de catapulta, 307-8
Sistemas de coordenadas
cilíndricas, 154-55, 173
conceitos básicos, 8
esféricas, 156-57, 173-74
polares, 118-20, 171-72
Sistemas de coordenadas bidimensional, 209-10
Sistemas de coordenadas tridimensionais, 210-11
Sistemas de corpos rígidos, 628
Sistemas de elevação, 276-77

Sistemas de gôndola, 276
Sistemas de guincho e bloco, 267-69
Sistemas de massa dinamicamente equivalentes, 554-55
Sistemas de partículas
  aplicação da segunda lei de Newton, 235-38, 254-55
  fechado *versus* aberto, 336, 426
  princípio do impulso-quantidade de movimento angular, 391-93, 450
  princípio do impulso-quantidade de movimento linear, 336-37, 446-47
  princípio do trabalho-energia, 302-6, 329
  simulação da dinâmica molecular, 232-35
Sistemas de rastreamento de movimento, 29-30
Sistemas de recuperação de dados em colisões, 334
Sistemas de referência
  em rotação, 517-24, 525-30, 539-40
  escolhendo, 38
  inercial, 188-89, 196, 253, 432
Sistemas de referência primários, 519
Sistemas de referencial inercial
  no exemplo do jato de água, 432
  problemas de exemplo, 196
  propriedades básicas, 188-89, 253
Sistemas elásticos, 188
Sistemas estacionários, 135
Sistemas fechados
  aplicação do princípio impulso-quantidade de movimento angular, 426, 430
  definição, 336, 426
  modelando volumes de controle como, 426-27, 429
Sistemas isolados, 337
Sistemas móveis, 135
Sistemas nanoeletromecânicos, 682
Sistemas não lineares, 676
Sistemas restritos
  movimento relativo em, 137-38, 172
  problemas de exemplo, 143-46
Sistemas subamortecidos, 706, 707, 725
Sistemas superamortecidos, 705, 707, 725
Slugs, 14
Sol, 5
Soluções complementares, 693, 694, 726
Soluções particulares, 693-94, 726
Sotomayor, Javier, 289
Space Needle, 638
Surfe em queda livre, 154, 155-56

T

Tacadas de parada, 662
Talha exponencial com uma polia fixa e uma polia móvel, 150-51
Teleférico de Hochgurgl, 277
Teleféricos, 276-77

Telescópio Espacial Hubble, 402
Tensor de inércia, 738, 744
Teorema dos eixos paralelos
  para formas compostas, 739-740
  para momentos de inércia de massa, 734-736
  para produtos de inércia de massa, 737
Teoria da relatividade, 3
Teoria do caos, 571
Teorias do comportamento dos materiais, 394
Terceira lei do movimento (Newton)
  declaração da, 4
  efeitos sobre os sistemas de partículas, 237
  na modelagem de forças interatômicas, 233, 235
Terra como uma partícula, 397
Testes de impacto, 298, 553
Testes de nanoindentação, 272
Trabalho
  calculando uma força de, 262-63
  de forças centrais em partículas, 277-79
  exemplo de sistema de elevação, 276-77
  relacionado à energia cinética, 261-62, 327
Trabalho interno
  em sistemas de partículas, 303-5, 306, 329
  problemas de exemplo, 311-13
Trabucos, 73-74
Trajetória. *Veja também* Movimento de projéteis
  definição, 31, 168
  relação com vetores de aceleração, 33, 38
  relação com vetores velocidade, 32
Trajetórias, relação com o trabalho, 277, 279
Trajetórias hiperbólicas, 415, 453
Trajetórias parabólicas, 74, 415, 453
Trampolins, 684
Transferências de Hohmann, 423-24, 457
Transições do atrito estático-cinético, 198-99
Translação
  definição, 460
  problemas de exemplo, 469, 562-63
  velocidade e aceleração com, 463-64, 536
Translações curvilíneas, 460, 469, 490
Translações retilíneas, 460
Transportadores planetários, 502
Tubos pneumáticos, 297-98
Turbinas Pelton, 471

U

Unidades, 14-17, 262, 320

V

Varas de fibra de vidro, 289
Variáveis mudas, 55, 57
Vazão volumétrica, 428, 454

Velocidade
　　determinação a partir da aceleração, 57-59, 63
Velocidade angular
　　de corpos rígidos, 462
　　de rotações, 91, 111-12
　　definição, 59
　　em colisões de corpo rígido, 650
Velocidade aproximada, 360
Velocidade constante, 122, 163
Velocidade da área, 411
Velocidade de escape, 415, 453
Velocidade de separação, 360
Velocidade do som, 61-62, 65-66
Velocidade escalar
　　angular, 65-66
　　definição, 32, 168
　　relacionada à posição, 259-61, 267-69
　　relacionada à velocidade e aceleração, 41-42
Velocidade terminal, 64
Velocidades de pré-impacto, 649
Velódromos, 45-46
Vetores
　　conceitos básicos em cinemática, 29-34
　　encontrando componentes, 12-13
　　notação, 10
　　operações definidas, 11-12
　　representação cartesiana, 10-11
　　representação matricial de, 744
Vetores aceleração
　　coordenadas normal-tangencial, 106-7, 110
　　coordenadas polares, 119
　　forma em sistemas de coordenadas cartesianas, 34
　　notação, 10
　　propriedades, 33, 168

Vetores deslocamento, 31-32, 168
Vetores posição
　　coordenadas polares, 118
　　forma em sistemas de coordenadas cartesianas, 34
　　notação, 10
　　problemas de exemplo, 18-19, 43
　　propriedades, 31
Vetores unitários, 10, 91-92, 105-106
Vetores velocidade
　　componentes normal-tangencial, 106-7
　　coordenadas polares, 118-19
　　formulação em sistemas de coordenadas cartesianas, 34
　　notação, 10
　　problemas de exemplo, 40-42
　　propriedades, 32-33, 168
Vetores velocidade média, 32, 43-44
Vibração de estado estacionário, 694
Vibração transiente, 694
Vibrações mecânicas
　　amortecidas, 704-9, 712-15, 724-26
　　definição, 673
　　não amortecida e forçada, 692-96, 723-24
　　não amortecida e livre, 673-78, 722-23
　　problemas de exemplo, 681-84, 698-99, 712-15
Volantes, 306
Volumes de controle, 426-27

W

Watts, 320
Woods, Tiger, 212